本书由国家自然科学基金委员会"中国西部环境和生态科学"重大研究计划资助

"中国西部环境和生态科学"研究丛书

中国西部典型内陆河生态—水文研究

程国栋　肖洪浪　陈亚宁　等　编著

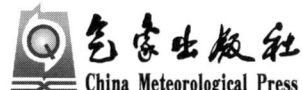

内容简介

本书为国家自然科学基金委员会西部计划支持的项目群的阶段成果之一，是以我国西北部地区的黑河流域和塔里木河流域为单元的、多尺度的生态—水文科学的理论和案例研究，主要内容包括基于观测试验模拟的流域生态—水文过程研究、流域生态系统水循环与水平衡(资源)、人类活动与流域生态—水文系统相互作用、流域生态系统服务功能、生态安全与生态系统健康及流域生态—水文研究亟待解决的科学问题等，以求深入探讨以流域为单元，多尺度、综合研讨水文、生态、经济的科学问题，寻求流域水效益的提高。

本书可供从事水文学、环境科学、生态学等专业的科研和管理人员，以及相关专业高等院校的师生及科技人员阅读和参考。

图书在版编目(CIP)数据

中国西部典型内陆河生态—水文研究/程国栋编著. —北京：气象出版社，2010.9
(中国西部环境和生态科学研究丛书)
ISBN 978-7-5029-5046-0

Ⅰ. ①中… Ⅱ. ①程… Ⅲ. ①流域-生态学：水文学-研究-西北地区 Ⅳ. ①X321.24

中国版本图书馆 CIP 数据核字(2010)第 178665 号

Zhongguo Xibu Dianxing Neiluhe Shengtai-Shuiwen Yanjiu
中国西部典型内陆河生态—水文研究
程国栋　肖洪浪　陈亚宁　等　编著

出版发行：	气象出版社			
地　　址：	北京市海淀区中关村南大街 46 号		邮政编码：	100081
总 编 室：	010-68407112		发 行 部：	010-68409198
网　　址：	http://www.cmp.cma.gov.cn		E-mail：	qxcbs@263.net
责任编辑：	蔺学东　李太宇		终　　审：	章澄昌
封面设计：	燕　彤		责任技编：	吴庭芳
印　　刷：	北京中新伟业印刷有限公司			
开　　本：	787 mm×1092 mm　1/16		印　　张：	33.75
字　　数：	860 千字			
版　　次：	2010 年 9 月第 1 版		印　　次：	2010 年 9 月第 1 次印刷
印　　数：	1～1500		定　　价：	100.00 元

本书如存在文字不清、漏印以及缺页、倒页、脱页等，请与本社发行部联系调换。

"中国西部环境和生态科学"研究丛书编委会名单

主编：孙鸿烈

编委（以姓氏笔画为序）：

丁仲礼　马福臣　田均良　任继周　孙鸿烈

李秀彬　张宗祜　陈宜瑜　周秀骥　袁道先

蒋有绪　程国栋　童庆禧

序

西部大开发战略，是中国政府在世纪之交做出的重大决策。旨在推动经济结构的战略性调整，促进地区经济协调发展。是实施区域发展总体战略的重要组成部分。然而，人类基本生存环境恶劣和生态脆弱是西部发展的重要制约因素；矿产资源、化石能源和水土资源的不合理利用，加剧了水资源的短缺和生态的破坏；环境质量的退化和自然灾害的加重构成了对重大基础设施的威胁。因此，切实加强生态环境保护和建设，是推进西部开发重要而紧迫的任务，也是实施这一战略的基础。

西部的环境和生态问题，根源在于陆地表层环境的脆弱性。然而，西部陆地表层过程的许多基本科学问题尚不清楚。例如，西部现代的环境状况，哪些是自然因素造成的？哪些是人为因素导致的？尘暴中的粉尘到底是从哪里来的？关系到西北地区命脉的冰雪资源在气候变化影响下将如何演化？西北干旱区和西南岩溶（喀斯特）地区的水循环过程遵循什么样的规律？如何科学评估西部水资源的数量、质量以及生态系统在其中的作用？在干旱半干旱地区，什么样的植被覆盖模式既有利于生态又不会对人类水资源的需求构成严重制约？在西南地区的复杂地质背景下，如何在提高工程设施稳定性的同时保护环境和生态？对于这些问题的圆满回答，依赖于对构成陆地表层环境核心的土壤-植被-大气系统基本过程及其演变背景的科学探索。而限制这一探索继续深入的原因，主要是围绕主攻科学目标的多学科交叉和综合不够充分。首先，该领域的科学进展越来越多地依赖于长期持续的地面和空间遥感的观测数据，这是靠单个科学家和个别项目难以完成和支撑的。其次，该领域的研究对象比较复杂，研究工作的深入越来越依赖于综合集成和跨学科协同攻关。特别是，该领域许多学科虽然有着相近的研究对象，但往往出现学科背景不同的科学家之间难以沟通和对话的情形，问题主要在于各学科侧重的时间或空间尺度存在较大的差异。为了有效地动员起解决西部环境和生态重大科学问题所需的广泛的人才和技术，国家自然科学基金委员会于2001年启动了"中国西部环境和生态科学"重大研究计划（简称"西部计划"），组织实施围绕西部环境和生态建设的基础性、战略性和前瞻性的基础研究项目。旨在以"重大研究计划"的顶层设计来保证科学目标的统一性和研究、观测工作的持续性；鼓励科学家围绕总体科学目标与核心科学问题从不同角度开展高水平的探索，以保证科学探索的综合性和原始创新性；并以重大研究计划中项目设置的灵活性来鼓励竞争。

实施重大研究计划是完善科学基金制的一项举措,其战略意图是为了提高我国解决重大科学问题的能力,围绕一个明确的科学研究方向,为多学科的交叉和不同学术思想的碰撞提供研究平台。坚持在顶层设计下的自由申请,针对核心科学问题,整合集成具有不同学科背景、不同学术思想和不同层次的科研项目,形成具有统一目标的项目群,提高基础研究的源头创新能力。

相对于项目模式,重大研究计划的最大优势在于:(1)不断深化顶层设计,突出重大科学问题,引导不同学科、不同领域的科学家围绕同一目标协同研究;(2)不断引进新的队伍,以促进不同学术思想相互碰撞,激励创新;(3)一个较长时间的持续支持、不断优化又相对稳定的队伍以及长期连续的科学积累。

"西部计划"的宗旨在于,通过对围绕中国西部环境和生态建设的基础性、战略性和前瞻性科学探索的组织和支持,推动地球系统科学的发展,并为西部地区环境和生态管理服务。

该计划的总体思路,是以陆地表层系统的物理、化学、生物、人文过程及其相互作用为主要研究对象,以各种时间和空间尺度上物质和能量传输过程的耦合与嵌套,以及这些过程在人类干预下从自然状态偏离的机理为核心,以中国西部特殊地理环境为"区域操作平台",资助、协调和集成相关领域的研究项目,从而提高我国解决西部环境、生态和可持续发展中重大科学问题的能力。

该计划的目标,试图回答三大基本科学问题:(1)西部的现代环境格局是如何形成的?(2)如何区分西部环境和生态的演化中自然和人文因素的作用?(3)在全球变化的背景下,西部环境和生态今后的发展趋势如何?在此基础上为西部环境和生态管理决策提供科学依据。围绕这些科学问题,西部计划从"西部环境系统的演化及未来趋势"、"水循环过程与水资源可持续利用"、"生态系统过程与调控"和"主要人类活动方式与环境"四大研究主题,分年度发布项目申请指南。通过"上下结合"的立项模式,前后共资助了64个研究项目。

经过近十年的努力,已经形成了围绕西部环境和生态领域重大科学问题开展交叉协同研究的平台,获取了大量的第一手数据,构建了科研数据共享平台,取得了丰硕的科研成果。特别是围绕以下四个综合性主题,形成了集成性的研究成果:(1)中国西部环境系统演化;(2)黄土高原生态环境效应;(3)内陆河流域水循环;(4)人类活动与环境相互作用。作为"西部计划"科研成果的总结,本丛书只收录了这四个综合集成主题的部分研究成果。其他成果已广泛发表于国内外学术期刊上。

作为国家自然科学基金委员会资助的资源环境领域中第一个重大研究计划,"西部计划"不仅培育了一支致力于中国西部环境和生态科学研究队伍,取得了丰硕的科研成果,也探索出了与这一新型科研组织形式相适应的管理模式。这要感谢"西部计划"的科学指导与评估专家组,他们是:孙鸿烈、陈宜瑜、周秀骥、程国栋、袁道先、任继周、田均良、童庆禧、蒋有绪、张宗祜、李秀彬。也要感谢"西部计划"的协调组和秘书组成员,包括:马福臣、柴育成、冷疏影、王爽等。在"西部计划"的实施规划制订过程中,黄鼎成、宋长青、王会军、李晓波、郭正堂、姚玉鹏等作出了突出的贡献。在此,谨向他们表示诚挚的谢意!

程国栋

国家自然科学基金委员会地球科学部主任

2010 年 8 月

前　言

自 20 世纪后半叶以来，由水资源短缺所引发的生产、生活和生态等问题引起了国际社会的高度重视，在世界个别水资源严重短缺的国家和地区，甚至演化成国家之间或地区之间的冲突。为此，各国政府和科学界积极开展区域水文过程及其资源环境效应研究，为合理规划和利用水资源提供科学依据。近年来，随着涉水问题影响面的扩大和水科学研究的不断深入，研究的重点逐渐转向以流域为单元的生态—水文过程研究，旨在为流域环境综合管理奠定更为坚实的科学基础。

20 世纪末水文学与生态学的交叉和综合确立了生态水文学的诞生，进入 21 世纪，生态水文学主要研究水文循环和生态系统的相互作用，探索生态系统模式、多样性、结构和功能的水文学机理；认识非生物环境中的生物学过程；构建水文学和生态学之间的知识桥梁。针对全球水问题和生态问题寻求流域尺度的解决方案，生态水文学成为集成流域管理的重要工具。

在我国西北干旱区，水是生命和经济活动之源；有水就是绿洲，无水便成荒漠。西北地区每个内陆河流域都是一个山区与平原、绿洲与荒漠、地表水与地下水相互转换的独立单元，可持续地运行该单元的根本是流域内水生态经济的协调发展。我国的内陆河集中分布在西北干旱区和青藏高原，行政上分属新疆、内蒙古、甘肃、青海、西藏、宁夏、陕西等省区，占国土面积的 34.7%，仅有全国 5% 的水资源，塔里木河、黑河分别是我国第一和第二大内陆河。我国的内陆河地区也是中亚内陆区的重要组成部分，锡尔河、阿姆河等世界著名内陆河分布在中亚干旱内陆区。

我国内陆河地区具有高山盆地相间分布的格局。从南到北有著名的昆仑山、祁连山、天山、阿尔泰山等高大山系，均以东西走向为主，主峰海拔多在 5000 m 以上；其间分布着柴达木盆地、塔里木盆地、河西走廊、阿拉善高平原、准噶尔盆地等。各大山系海拔 4000 m 以上为高寒荒漠和多年积雪带，其下至海拔 2000 m 左右依次为高山草甸—草原带、中山森林—草原带和荒漠—草原带，2000 m 以下多为荒漠景观。分布于高大山系间的盆地、平原、残丘多属戈壁、沙漠等景观。

众多的内陆河均发源于这些名山大川，高山草甸、草原、寒漠带是主要的产流区，中山森林—草原带径流贡献较小，因此，在山区随流长的增加径流不断增大，而浅山区只有暴雨过程可能产流，出山后随流长的增加径流量逐渐减小，消逝于大漠戈壁之中。由于我国内陆河地区多在温带和高寒区,以西风气流为主,季风为辅;山区冬半年储水于山,夏半年汇流出山。

在我国内陆河地区,汉代便开始了大规模的灌溉农业开发,一些灌溉方式、农作技术沿袭至今。随着近百年来大规模的灌溉农业快速扩展,传统生产方式下水资源捉襟见肘。目前在所有较大的河流出山口均建起了调蓄水库,有的河流库容已经超过年径流量。为此,生产、生活、生态水之争,上、中、下游分水的矛盾日益激化,河川断流,湖泊干涸,沙尘暴、沙漠化等严重地影响区域稳定和发展。诸多内陆河流域已经成为国家水、生态重点工程区。

国家自然科学基金委员会结合国家西部大开发的战略举措启动了"中国西部环境和生态科学研究计划",开展中国西部环境和生态建设的基础性、战略性和前瞻性科学问题研究,推动相关学科的发展,为西部地区的环境和生态建设及管理决策提供科学依据。《中国西部典型内陆河生态—水文研究》是该计划支持的"黑河流域生态—水文过程研究集成(90702001)"、"塔里木河下游生态安全与生态需水量研究"(90502004)"等项目群在我国塔里木河和黑河两大内陆河的部分研究成果的集成,同时也是中国科学院西部行动计划"黑河流域水循环与水资源管理研究(KZCX2-XB2-04)"和"塔里木河下游绿色走廊保护恢复与沙漠化防治试验示范(KZCX1-08-03)"成果的集中体现。

相关项目执行和书稿撰写过程中得到了中国科学院寒区旱区环境与工程研究所、中国科学院内陆河流域生态水文重点实验室、中国科学院绿洲生态与荒漠环境重点实验室、甘肃省水文局、西北师范大学等单位的大力支持和协作,在此表示衷心感谢!

全书由程国栋、肖洪浪、陈亚宁组织撰稿和定稿,肖洪浪、肖生春负责全书统稿;全书按流域分成上、下两篇,共14章。上篇:黑河流域由8章组成;第1章和第2章主要研讨了黑河流域水、土、生态系统的特征与格局;第3章至第6章是基于野外长期观测试验的能水循环、生态水文过程的研究集成;第7章和第8章总结了黑河流域水环境变化的生态效应及其生态修复的试验研究。下篇:塔里木河流域由5章组成;第9章和第10章概述了塔里木河流域的自然和社会概况并介绍了流域6大类生态系统;第11章至第13章先后讨论了塔里木河流域生态服务功能,评估了流域生态健康,并立足于生态安全探讨了生态水问题;第14章概要了流域科学近年来的发展与趋势。各章主要撰稿人如下:

第1章:肖洪浪,肖生春,程国栋,王芳;

第2章:蓝永超,胡兴林,赵良菊,杨秋;

第3章:高艳红,程国栋;

第4章:陈仁升,康尔泗,阳勇,金博文;

第5章:吉喜斌,赵文智;

第 6 章:司建华,席海洋,冯起;

第 7 章:肖生春,任娟,王勇,杨永刚;

第 8 章:赵成璋,司建华,焦亮,张小由;

第 9~10 章:傅爱红,李卫红,黄湘;

第 11~13 章:陈亚宁,黄湘,傅爱红,叶朝霞;

第 14 章:肖洪浪,程国栋。

此外,周茂先、杨秋、王芳、侯兰功、杨永刚、任娟、尹力负责对书稿字句、格式、单位等进行了最后的检查。

尽管我们在内陆河流域水资源管理和生态恢复领域进行了多年的探索,但因其综合性强、涉及学科多,以及覆盖决策、科研、管理等范畴;加之我国干旱区流域尺度的生态、经济、社会综合研究仍然处于起步和发展阶段,还有不少科学和实践问题需要进一步研究和探索;编写组科学审慎地几易其稿,但错误和疏漏之处在所难免,敬请读者不吝指正。

编者

2009 年 12 月

目 录

序
前言

上 篇

第1章 黑河流域概述 ·· (3)
  1.1 黑河流域水资源及其利用 ··· (3)
  1.2 黑河流域土地类型及其利用 ··· (6)
    1.2.1 流域自然条件与土地分异 ··· (6)
    1.2.2 流域土地分类 ·· (7)
    1.2.3 土地类型的一般特征及其内部分异 ································ (8)
  1.3 黑河流域生态系统及其特征 ··· (12)
    1.3.1 祁连山地系统 ·· (12)
    1.3.2 绿洲系统 ·· (18)
    1.3.3 荒漠系统 ·· (23)

第2章 黑河流域水系统 ·· (28)
  2.1 黑河流域水系与水文地质概况 ·· (28)
    2.1.1 祁连山区 ·· (29)
    2.1.2 北山地区 ·· (30)
    2.1.3 走廊平原区 ·· (30)
  2.2 黑河干流水系与径流预测 ··· (31)
    2.2.1 上游出山径流的变化 ··· (31)
    2.2.2 黑河干流出山径流的预测 ·· (36)
    2.2.3 黑河干流出山径流对气候变化的响应 ··························· (42)
  2.3 黑河中游地下水系统 ·· (44)
    2.3.1 平原区地下水分带 ·· (44)
    2.3.2 中游地表水、地下水转化 ·· (46)
    2.3.3 地下水平衡 ·· (48)
    2.3.4 黑河中游盆地水资源转化模型 ····································· (50)
  2.4 黑河流域水循环的同位素初步研究 ······································ (54)
    2.4.1 黑河上游不同水体的联系 ·· (55)
    2.4.2 $\delta^{18}O$ 表明黑河流域不同水体转化 ······························ (62)

2.4.3 放射性同位素T及^{14}C揭示黑河流域地下水的更新速度的揭示 ……… (64)
2.5 巴丹吉林沙漠地下水来源研究 ……………………………………………… (67)
 2.5.1 巴丹吉林沙漠地下水与其周围水体的关系研究 ………………… (67)
 2.5.2 巴丹吉林沙漠地下水与降水的关系研究 ………………………… (69)
 2.5.3 巴丹吉林沙漠地下水来源及形成条件探讨 ……………………… (71)
 2.5.4 结论 …………………………………………………………………… (73)

第3章 黑河流域生态—水文系统的地气过程 …………………………… (74)
3.1 陆面水文过程与大气过程相互作用 …………………………………… (74)
 3.1.1 陆面过程模式 ………………………………………………………… (74)
 3.1.2 方案设计 ……………………………………………………………… (79)
3.2 分布式基础数据制备 …………………………………………………… (81)
 3.2.1 地形高程 ……………………………………………………………… (81)
 3.2.2 土地利用类型分布 …………………………………………………… (83)
 3.2.3 植被覆盖度分布 ……………………………………………………… (84)
 3.2.4 土壤质地类型分布 …………………………………………………… (86)
 3.2.5 土壤特征参数修正 …………………………………………………… (88)
 3.2.6 模拟方案设计 ………………………………………………………… (89)
 3.2.7 模拟结果分析 ………………………………………………………… (90)
3.3 荒漠、绿洲系统与大气过程的相互作用 ……………………………… (90)
3.4 大尺度资料转换 ………………………………………………………… (93)
 3.4.1 资料选取 ……………………………………………………………… (94)
 3.4.2 降尺度转换方案 ……………………………………………………… (95)
 3.4.3 主要结论 ……………………………………………………………… (95)
3.5 地面蒸散的大气遥感估算 ……………………………………………… (96)
 3.5.1 资料介绍 ……………………………………………………………… (96)
 3.5.2 计算方法 ……………………………………………………………… (96)
 3.5.3 计算个例及其验证 …………………………………………………… (97)
 3.5.4 讨论 …………………………………………………………………… (99)

第4章 祁连山生态系统能水循环和水平衡 ……………………………… (100)
4.1 高山寒漠带能水循环观测与模拟 ……………………………………… (100)
 4.1.1 数据和方法 …………………………………………………………… (100)
 4.1.2 模型验证 ……………………………………………………………… (101)
 4.1.3 水热传输过程初步解析 ……………………………………………… (101)
 4.1.4 高山寒漠带蒸散、凝结和水文效应 ………………………………… (105)
4.2 高山草甸冻土区能水循环观测与模拟 ………………………………… (107)
 4.2.1 数据和模型 …………………………………………………………… (107)
 4.2.2 模型验证 ……………………………………………………………… (108)
 4.2.3 水热传输 ……………………………………………………………… (110)
 4.2.4 能水平衡 ……………………………………………………………… (111)

  4.2.5 小结 … (113)
4.3 山区植被变化及其控制因素 … (114)
4.4 高山草甸生态－水文功能 … (116)
4.5 森林草原能水平衡及水源涵养 … (121)
  4.5.1 山地青海云杉林的气候、水文和生态功能 … (122)
  4.5.2 高山草原试验点水热平衡 … (125)
4.6 山区径流形成过程及水量平衡 … (126)

第5章 黑河中游人工绿洲生态－水文过程观测与模拟 … (131)
5.1 绿洲农田环境要素特征分析 … (131)
  5.1.1 太阳辐射 … (131)
  5.1.2 气温、气湿与气压 … (134)
  5.1.3 土壤温度与湿度 … (137)
  5.1.4 二氧化碳浓度 … (139)
  5.1.5 风速与风向 … (140)
5.2 绿洲灌溉农田土壤－植被－大气系统水热传输过程观测与模拟 … (144)
  5.2.1 绿洲土壤－植被－大气系统水热传输过程模型构建 … (145)
  5.2.2 模型验证 … (145)
  5.2.3 模拟结果与讨论 … (148)
  5.2.4 中游绿洲农田作物生长季水量平衡 … (151)
5.3 中游绿洲农田防护林树木耗水与尺度转换 … (152)
  5.3.1 二白杨林木耗水规律 … (153)
  5.3.2 沙枣林木耗水规律 … (155)
  5.3.3 梭梭林木耗水规律 … (157)
  5.3.4 树木耗水规律尺度转换 … (159)
5.4 中游草地能水平衡观测与模拟 … (161)
  5.4.1 草地生态系统水热传输过程观测试验 … (161)
  5.4.2 草地热量传输过程的季节与日变化 … (162)
  5.4.3 草地蒸散过程估算 … (164)

第6章 黑河下游天然绿洲生态－水文过程 … (166)
6.1 天然植被多尺度蒸散耗水过程 … (166)
  6.1.1 枝叶尺度 … (166)
  6.1.2 单株尺度 … (170)
  6.1.3 林分尺度 … (176)
  6.1.4 区域尺度 … (180)
6.2 荒漠绿洲天然植被对水文过程的响应 … (182)
  6.2.1 地下水位变动对荒漠绿洲植被的影响 … (182)
  6.2.2 荒漠绿洲临界地下水位推求 … (192)
  6.2.3 荒漠绿洲植被生长与土壤水分、盐分的关系 … (194)
  6.2.4 荒漠绿洲水分调控的生态响应 … (195)

6.3 地下水运动模拟及生态环境演变预测 …………………………………………(212)
   6.3.1 地下水运动模拟 …………………………………………………………(212)
   6.3.2 地下水模型的生态预测 …………………………………………………(225)

第7章 人类活动与流域生态—水文系统相互作用 …………………………………(230)
7.1 黑河流域水环境演变及其驱动机制研究 ………………………………………(230)
   7.1.1 流域上游成水环境研究——气候变化影响 ……………………………(231)
   7.1.2 中游平原区用水环境研究——人类活动影响 …………………………(235)
   7.1.3 下游水成环境研究——人类活动与气候变化双重影响 ………………(237)
   7.1.4 流域水环境演变驱动机制研究 …………………………………………(242)
7.2 历史时期水环境演变与水平衡估算 ……………………………………………(243)
   7.2.1 黑河流域中游历史时期的人口和耕地面积统计与估算 ………………(244)
   7.2.2 黑河流域上游水资源量与中游利用量概算 ……………………………(244)
   7.2.3 黑河下游尾闾湖泊水域与水量估算 ……………………………………(245)
   7.2.4 历史时期黑河流域下游水环境演变驱动分析 …………………………(246)
7.3 流域中下游水资源利用与环境效应 ……………………………………………(248)
   7.3.1 近50年来黑河流域水资源变化时空特征 ………………………………(248)
   7.3.2 近50年来黑河流域区域耗水特征 ………………………………………(249)
   7.3.3 近50年来黑河流域水问题阶段特征 ……………………………………(250)
7.4 居延海恢复及其生态服务价值评估 ……………………………………………(253)
   7.4.1 黑河分水的水量调度特征及居延海湖水域变化 ………………………(253)
   7.4.2 生态系统服务价值评估方法 ……………………………………………(254)
7.5 绿洲社会经济系统水循环过程及其水资源效应 ………………………………(257)
   7.5.1 社会经济系统水循环过程研究 …………………………………………(257)
   7.5.2 社会经济系统水循环的水资源效应 ……………………………………(264)
   7.5.3 社会经济系统水循环调控模拟 …………………………………………(268)

第8章 黑河流域生态修复试验研究 …………………………………………………(281)
8.1 祁连山生态修复试验研究 ………………………………………………………(281)
   8.1.1 祁连山毒杂草型退化草地生态修复研究 ………………………………(281)
   8.1.2 祁连山退耕地生态修复研究 ……………………………………………(302)
   8.1.3 祁连山退化林地生态修复试验研究 ……………………………………(308)
8.2 下游河岸林系统保育及其环境效应 ……………………………………………(319)
   8.2.1 河岸胡杨林更新复壮 ……………………………………………………(319)
   8.2.2 绿洲边缘梭梭林补建 ……………………………………………………(322)
   8.2.3 荒漠绿洲草地改良与生态经济型草库仑建设 …………………………(324)
   8.2.4 河岸林保育对策 …………………………………………………………(325)

下 篇

第9章 塔里木河流域概况 ……………………………………………………………(329)

9.1	地理位置	(329)
9.2	地形地貌	(329)
9.3	气象特征	(330)
9.4	水文水资源	(331)
9.5	土壤概况	(331)
9.6	植被概况	(332)
9.7	社会经济概况	(332)

第10章 塔里木河流域生态系统类型 (334)

10.1	森林生态系统	(334)
10.2	草地生态系统	(335)
10.3	农田生态系统	(335)
10.4	水域生态系统	(336)
10.5	湿地生态系统	(336)
10.6	难利用地	(337)
10.7	生态系统类型景观格局	(337)

第11章 塔里木河流域生态系统服务功能 (339)

11.1	生态系统服务功能与价值研究	(339)
	11.1.1 国内外研究进展与评述	(339)
	11.1.2 生态系统服务功能与评价模型	(344)
	11.1.3 生态系统服务功能研究的主要问题	(356)
	11.1.4 绿色GDP核算方法	(358)
11.2	流域生态系统服务功能	(360)
	11.2.1 气体调节	(360)
	11.2.2 气候调节	(360)
	11.2.3 水分调节	(361)
	11.2.4 土壤形成与保护	(361)
	11.2.5 废物处理	(361)
	11.2.6 生物多样性保护	(362)
	11.2.7 食物和原材料生产	(362)
	11.2.8 娱乐文化价值	(362)
11.3	流域生态系统服务功能评价	(363)
	11.3.1 塔里木河农田生态系统食物生产价值单价确定	(363)
	11.3.2 塔里木河干流生态系统生态服务单价订正	(364)
	11.3.3 塔里木河干流生态系统服务功能的价值现状	(366)
	11.3.4 塔里木河干流土地利用变化状况	(369)
	11.3.5 塔里木河干流生态系统服务功能价值的时空变化特点	(373)
11.4	生态恢复工程的既得经济效益	(379)
11.5	塔里木河生态系统服务价值与绿色GDP核算	(381)
	11.5.1 传统GDP简析	(381)

  11.5.2 现行 GDP 的修正——绿色 GDP 应运而生 ……………………………… (382)
  11.5.3 绿色 GDP 的核算 ……………………………………………………………… (383)
  11.5.4 生态系统服务价值与绿色 GDP 核算 ……………………………………… (383)
  11.5.5 塔里木河干流绿色 GDP 核算 ……………………………………………… (383)
 11.6 生态系统服务功能与可持续发展 ……………………………………………………… (385)
 11.7 结果与讨论 …………………………………………………………………………… (387)

第 12 章 塔里木河流域生态安全与生态系统健康 …………………………………… (391)
 12.1 流域生态安全与健康评价理论基础 …………………………………………………… (391)
  12.1.1 流域生态安全理论基础 …………………………………………………… (391)
  12.1.2 流域生态系统健康的理论与方法 ………………………………………… (396)
 12.2 流域生态系统健康评价 ………………………………………………………………… (401)
  12.2.1 指标体系分析法及其应用 ………………………………………………… (402)
  12.2.2 层次分析法及其应用 ……………………………………………………… (406)
  12.2.3 基于 PSR 模型的生态系统健康评价 ……………………………………… (420)
  12.2.4 基于活化能—结构活化能—生态缓冲量的流域生态系统健康评价 …… (432)
  12.2.5 小结 ………………………………………………………………………… (440)
 12.3 流域生态安全评价 …………………………………………………………………… (441)
  12.3.1 生态安全问题 ……………………………………………………………… (441)
  12.3.2 流域生态安全分析 ………………………………………………………… (442)
  12.3.3 基于层次分析法的流域生态安全评价 …………………………………… (449)
  12.3.4 基于属性识别模型的流域生态安全评价 ………………………………… (455)
  12.3.5 基于生态足迹的流域生态安全评价 ……………………………………… (458)
 12.4 流域生态安全体系的构想 …………………………………………………………… (462)
  12.4.1 流域生态安全组织管理系统 ……………………………………………… (462)
  12.4.2 流域生态安全规划、决策与建设管理系统 ……………………………… (462)
  12.4.3 流域生态安全法律与政策配套系统 ……………………………………… (462)
  12.4.4 流域生态安全管理信息系统 ……………………………………………… (463)
  12.4.5 流域监测、预警、监督和评估系统 ……………………………………… (463)
  12.4.6 流域生态安全资金保证系统 ……………………………………………… (463)
 12.5 改善流域生态安全问题的建议 ………………………………………………………… (464)
  12.5.1 建立科学合理的生态补偿机制 …………………………………………… (464)
  12.5.2 建立完善的流域生态安全评价标准体系 ………………………………… (464)
  12.5.3 保护流域森林资源,加强生物防治措施与水利设施建设,防治水土流失
     …………………………………………………………………………………… (464)
  12.5.4 加快农业生产结构调整,发展生态农业 ………………………………… (464)
  12.5.5 加强水资源管理,严格控制水污染 ……………………………………… (465)
  12.5.6 强化生态安全意识,建立公众积极参与机制 …………………………… (465)
 12.6 流域生态安全发展模式与恢复措施 …………………………………………………… (465)
  12.6.1 生态安全发展模式 ………………………………………………………… (465)

12.6.2　生态恢复措施 …………………………………………………………………… (466)
　12.7　结论与展望 ……………………………………………………………………………… (469)
　　12.7.1　主要结论 ……………………………………………………………………… (469)
　　12.7.2　有待进一步研究的问题 ………………………………………………………… (470)

第13章　维系塔里木河流域生态安全的生态需水量估算 …………………………………… (472)
　13.1　区域生态需水估算方法研究 ……………………………………………………………… (473)
　13.2　生态安全与生态需水量研究的关键问题 ………………………………………………… (473)
　13.3　研究区概况 ………………………………………………………………………………… (475)
　13.4　四源流天然植被生态需水量 ……………………………………………………………… (476)
　13.5　基于不同保护目标的干流生态需水量 …………………………………………………… (477)
　　13.5.1　定额法 …………………………………………………………………………… (477)
　　13.5.2　潜水蒸发法 ……………………………………………………………………… (478)
　　13.5.3　地下水储量变化法 ……………………………………………………………… (480)
　13.6　下游天然植被最低生态需水量 …………………………………………………………… (481)
　　13.6.1　数学方法 ………………………………………………………………………… (481)
　　13.6.2　地下水与天然植被的关系 ……………………………………………………… (482)
　　13.6.3　土壤水与天然植被的关系 ……………………………………………………… (485)
　　13.6.4　植被面积与模型参数的确定 …………………………………………………… (485)
　　13.6.5　生态需水量 ……………………………………………………………………… (486)
　13.7　下游天然植被适宜生态需水量 …………………………………………………………… (487)
　　13.7.1　河道耗水规律研究 ……………………………………………………………… (487)
　　13.7.2　生态输水影响范围 ……………………………………………………………… (489)

第14章　国内外流域科学发展、现状与趋势 …………………………………………………… (492)
　14.1　基本认识与理解 …………………………………………………………………………… (492)
　14.2　流域科学的发展过程 ……………………………………………………………………… (492)
　14.3　流域科学的最新进展和发展趋势 ………………………………………………………… (493)
　14.4　流域科学的应用前景 ……………………………………………………………………… (494)

主要参考文献 ……………………………………………………………………………………… (495)

上篇

第1章 黑河流域概述

黑河流域约 $1.3×10^5$ km²，黑河源于青藏高原北缘的祁连山区，穿越河西走廊、阿拉善高原大漠，止于居延海。东起山丹县境内的大黄山，与石羊河流域接壤；西部以嘉峪关境内的黑山为界，与疏勒河相邻；南起祁连县境内的祁连山南北分水岭；北至中蒙国界。按行政管辖区域，黑河流域横跨青海省海北州，甘肃省张掖地区、酒泉地区和嘉峪关市，以及内蒙古自治区阿拉善盟，计三省（区）、五地州、十一县市（旗）。黑河是集国防、航天一体，且多民族聚居、水问题典型的流域，受到国内外政界、学界的广泛关注。

黑河流域历史上人烟稀少，经济、文化落后，人口增长缓慢。在两千多年漫长的历史演变中，因战争频繁、过多的自然灾害的侵袭，以及社会经济发展情况的落后，黑河流域的人口呈现周期性的振荡变化。2000 年黑河流域总人口达 193 万人，新中国成立后的 51 a 人口年均增长率为 7.38‰，汉族占 96.34%，以蒙、回、藏、裕固族为主的少数民族人口占 3.66%；农业人口占 73.71%，非农业人口占 26.29%；全流域人口密度为 10.57 人/km²，其中上游人口密度 2.15 人/km²（1995 年为 2.10 人/km²），中游人口密度为 67.89 人/km²（1995 年为 63.70 人/km²），下游人口密度为 1.27 人/km²。黑河流域共有城镇 20 座，其中地级市 3 座，县城 8 座，其他镇 9 座。流域内无特大、大城市，仅有中等城市（人口 20～50 万人）张掖市。国内生产总值构成中，一、二、三产业比重分别是 35.41%、37.53% 和 29.16%。整体水平处于人均 GNP 300～400 美元的阶段。农村经济特征明显，第三产业发展落后，产业、劳动结构依然以第一次产业为基础。科技含量较低的粗放型开发，水、土、能源和矿产资源高强度消耗，产品价值量低，流域产业发展尚未走出传统的、粗放的发展阶段。

张掖市是黑河干流主要经济子系统，农业经济系统基本是以种植业为主的单一型农业系统，林业、牧业和渔业产值比例较小。2000 年种植业产值比例为 79.42%，畜牧业、林业和渔业产值分别为 17.62%、2.70% 和 0.26%，仍然是以粮食生产为主。2001 年全市农村一、二、三产业比重达到 67∶20∶13；大农业内部农、林、牧产值比重达到 77∶3∶20；农作物粮、经种植比例调整到 45∶55。全区加工企业增加值达到 8 亿元，60% 的农户参与产业化经营。农业科技应用率达到 84.20%，科技进步在农业增长中的贡献率达到 50%，高于全国、全省平均水平。乡镇企业已成为地方经济振兴的支柱和增加农民收入的主要途径。2001 年农业增加值达到 25.1 亿元，乡镇企业增加值达到 20.8 亿元，农民人均纯收入达到 2931 元，全区农村基本实现小康目标。

1.1 黑河流域水资源及其利用

黑河流域位于欧亚大陆腹地，远离海洋，属于典型的大陆性季风气候。夏季，东南太平洋暖湿气流可途经我国大陆，翻越秦岭和黄土高原，影响本区（陈隆亨等，1992）；西南气流因受青藏高原影响，可把印度洋和孟加拉湾等南亚洋面的水汽输入本区（胡隐樵，1990）；西部大西洋和北部北冰洋气流,远途跋涉欧亚大陆,经中亚、里海、翻越准噶尔界山、天山,至本区已成强弩之末,水汽匮乏,空气干燥。冬季,本区在蒙古—西伯利亚高压控制之下,显得格外寒冷。本区跨越了两个不同类型的气候区:南部祁连山区属青藏高原的祁连—青海湖区;走廊高平原及额济纳盆地属于温带蒙—甘区(王介民,1990)。祁连山区气温低,蒸发弱,降水相对充沛;河西走廊地区气候相对干燥,无霜期日数长,降水较少;额济纳盆地极度干燥,年均降水量仅为 47.3 mm(表 1.1.1)。

黑河流域祁连山区径流丰富,北部径流贫乏。5 mm 径流等深线基本与 1500 m 地形等高线一致;50 mm 径流深等值线基本处于各河流出山口附近;100 mm 等值线在祁连山中东部,位于中山区 2000 m 等高线附近,西部讨赖河推进到冰雪覆盖区前沿;200 mm 等值线处于祁连山中东部沿冷龙岭深山区分布,接近冰雪覆盖前沿。大渚马河等个别河流发源区,径流可达 500 mm 以上。黑河流域各河流的径流年内分配,主要受降水补给、出山口地下水溢出补给和冰雪/冻土融水补给,流域大小和下垫面条件也是影响径流年内分配的重要因素。一般来说,河流来水集中在汛期 5 个月。各大河流汛期径流占年径流量的 52.3%~80.5%,小河流所占比重更高,可达 90% 以上。

表 1.1.1　黑河流域气象要素特征

位置		祁连山			走廊高平原		高原
地区		东部	中部	西部	张掖	酒泉	额济纳
气温(℃)	年均	0.7	3.6	−3.1	7	7.3	8.2
	极高	30.5	32.4	28.4	38.6	38.4	43.1
	极低	−31.1	−27.6	−39.6	−28.7	−31.6	−37.6
≥10℃ 年积温(℃)		785	1631	233.3	2896.6	2954.4	
降水(mm)	年均	340.8	386.9	238.8	193.3	73.5	47.3
	6—9月	253.6	257.8	186.1	136.5	53.7	30.7
年均蒸发量(mm)		867.1	980.3	1017.1	1324.6	1704.8	2248.8
干旱指数		2.5	2.5	4.3	6.8	23.2	82
无霜期日数(d)		60	123	11	153	161	130
年均风速(m/s)		2	2.5	2.1	2.2	2.4	4.2
≥8 级风日数(d)		29.9	7	54.4	14.9	17	88

黑河流域有系列水文资料的河流有 13 条,其多年平均出山径流量分别为:山丹河李桥水库 0.57×10^8 m³/a;洪水河双树寺水库 1.17×10^8 m³/a;大渚马河瓦房城水库 0.84×10^8 m³/a;黑河干流莺落峡 15.60×10^8 m³/a;梨园河梨园堡 2.17×10^8 m³/a;海潮坝水库 0.48×10^8 m³/a;童子坝河 0.72×10^8 m³/a;酥油口河 0.45×10^8 m³/a;摆浪河 0.45×10^8 m³/a;马营河红沙河 1.15×10^8 m³/a;丰乐河 0.94×10^8 m³/a;洪水坝河新地 2.40×10^8 m³/a;讨赖河冰沟 6.41×10^8 m³/a。整个流域多年平均出山径流量为 33.35×10^8 m³/a,其中,黑河干流片多年平均出山水资源量为 23.60×10^8 m³/a,讨赖河片多年平均出山水量为 9.75×10^8 m³/a。

设有水文控制点的小河共 15 条,其出山径流量评估分别为:山丹瓷窑口河水量为 0.01×10^8 m³/a;流水口沟 0.09×10^8 m³/a;三十六道沟 0.02×10^8 m³/a;寺沟 0.08×10^8 m³/a;大野口水库 0.14×10^8 m³/a;大瓷窑河 0.11×10^8 m³/a;大河 0.05×10^8 m³/a;水关河 $0.06 \times$

$10^8 \mathrm{m}^3/\mathrm{a}$;石灰关河 $0.55\times10^8\mathrm{m}^3/\mathrm{a}$;黑大板水库 $0.07\times10^8\mathrm{m}^3/\mathrm{a}$;黄草坝沟 $0.04\times10^8\mathrm{m}^3/\mathrm{a}$;涌泉坝沟 $0.07\times10^8\mathrm{m}^3/\mathrm{a}$;观山河 $0.15\times10^8\mathrm{m}^3/\mathrm{a}$;红山河 $0.17\times10^8\mathrm{m}^3/\mathrm{a}$。这部分出山径流总量为 $1.61\times10^8\mathrm{m}^3/\mathrm{a}$。

黑河流域山前地区多年平均天然径流量达 $36.56\times10^8\mathrm{m}^3/\mathrm{a}$,出山径流量 $35.69\times10^8\mathrm{m}^3/\mathrm{a}$;其中,东部子水系拥有天然径流量占总量的 68.7%,中部子水系占总量的 7.2%,西部子水系占总量的 24.1%(表 1.1.2)。黑河流域山前地区多年平均地下水资源不重复量为 $4.31\times10^8\mathrm{m}^3/\mathrm{a}$,其中东部子水系占 77.4%,中部子水系占 4.3%,西部子水系占 18.3%。

表 1.1.2 黑河流域多年河流径流量

水系		河流名称	测站或测量断面	集水面积(km^2)	多年平均径流量($10^8\mathrm{m}^3/\mathrm{a}$)		
					出山	还原	天然
东部子水系	有测站河流	马营河	李桥水库	1143	0.568	0.172	0.748
		洪水河	双树寺	578	1.17	0.087	1.257
		大渚马河	瓦房城	217	0.859		0.859
		酥油口河	酥油口	217	0.440		0.440
		黑河	莺落峡	10 009	15.884	0.100	15.984
		梨园河	梨园堡	2240	2.120	0.376	2.496
		小计		14 404	21.041	0.735	21.776
	无测站河流	瓷窑口沟	山丹老君	14	0.0082		0.0082
		流水口沟	山丹老君	42	0.0872		0.0872
		二十六道沟	山丹陈户	43	0.0224		0.0224
		寺沟	山丹陈户	73	0.0819		0.0819
		童子坝河	民乐扁都口	331	0.644		0.664
		海潮坝河	民乐顺化	146	0.480		0.480
		小渚马河	民乐新忝	101	0.190		0.190
		大野口河	张掖花寨子	102	0.142		0.142
		大瓷窑口河	张掖甘浚	220	0.110		0.110
		大河	高台大河水库	28	0.514		0.0514
		摆浪河	高台新地	211	0.400		0.400
		水羊河	高台红崖	67	0.0564		0.0564
		西河	高台红崖	68	0.0548		0.0548
		黑大板河	高台红沙河	34	0.0657		0.0657
		小计		1480	2.394		2.394
	浅山区	山丹			0.209		0.209
		民乐			0.523		0.532
		张掖			0.090		0.090
		高台			0.024		0.024
		小计			0.846		0.846
中部子水系	有测站	马营河	红沙河	619	1.09		1.09
		丰乐河	丰乐河	568	0.94		0.94
		小计		1187	2.030		2.030
	无测站	黄草坝河	酒泉黄草坝	49	0.0311		0.0311
		榆林坝河	酒泉榆林坝	53	0.0436		0.0436
		涌泉坝河	酒泉涌泉坝	75	0.066		0.066
		观山河	酒泉金佛寺	135	0.154		0.154
		红山河	酒泉红山河	117	0.173		0.173
		小计		429	0.4677		0.4677
	浅山区				0.116		0.116

(续表)

水系	河流名称		测站或测量断面	集水面积(km²)	多年平均径流量(10⁸ m³/a)		
					出山	还原	天然
西部子水系	有测站	洪水坝河	酒泉新地	1574	2.510	0.039	2.549
		讨赖河	酒泉冰沟	6883	6.234		6.234
		小计		8886	8.744	0.039	8.783
流域合计	有测站河流			24 477	31.815	0.774	32.589
	无测站河流			1909	2.8617		2.8617
	浅山区河流				0.962		0.962
	合计				35.639		36.413

在气候变化条件下，祁连山高寒地区温度上升的幅度和趋势明显。根据黑河山区 50 a 温度、径流、降水资料计算，气温每增加 1℃，山区陆面蒸散量增加 21.5 mm，相当于使莺落峡断面减少 $2.15×10^8 m^3/a$ 的出山水资源；走廊区温度上升引起的蒸散增加更加显著，对莺落峡和正义峡区间农田灌溉耗水资料计算，温度每增加 1℃，农田蒸散量增加 184.2 mm，按张掖、临泽、高台灌区现有 $1.62×10^5 hm^2$ 农田和林草灌溉面积计算，相当于每年多消耗 $2.98×10^8 m^3/a$ 水资源量。

1.2 黑河流域土地类型及其利用

土地是一个综合体，它包括气候、地貌、植被、土壤等要素和人类活动，它是各要素长期相互作用的结果。干旱内陆河地区土地类型以流域为单元自成体系，且类似的组合在各流域重复，空间特征表现为上游森林、草原山地，中游灌溉绿洲，下游荒漠绿洲(陈隆亨等，1991)。在时序上具有灌溉绿洲取代荒漠绿洲、中游绿洲取代下游绿洲的总趋势(樊胜岳等，1998；肖洪浪等，1998)。源于祁连山的黑河流域穿越河西走廊，曾汇流于居延古泊，无论是土地类型还是土地利用，都是我国西北干旱区的一条十分有代表性的内陆河。该流域灌溉农业已有两千多年的历史，流域水资源开发强度仅次于石羊河和乌鲁木齐河。

1.2.1 流域自然条件与土地分异

主导黑河流域土地分异的因素首先是从南到北的南部祁连山地、中部河西走廊和北部阿拉善高平原三大地貌单元。南部祁连山地在受喜山运动的直接影响而成为青藏高原的边缘隆升带的同时也成为了流域的水源地，北部的阿拉善高平原随青藏高原的大面积抬升而干旱化，二者之间的走廊平原因其特有的流域位置和地势而成为人类活动相对较多的地区。

南部祁连山区海拔高度从 2000 m 以下到 5500 m 以上，水热条件随高度的变化主导着土地的垂直分异，并以森林草原带为界，林线以下水分条件为土地分异的主要因素，林线以上温度是土地分异的主要因素。海拔高度 2300 m 以下的山前低山丘陵，年平均降水量多在 200～250 mm，景观为山地荒漠或草原化荒漠；海拔高度 2300～2800 m 的中低山带，年降水量增至 250～350 mm，景观自下而上从荒漠草原过渡为干草原；海拔高度 2800～3200 m(西部山地可高达海拔 3400 m)的中山带，年降水量在 400 mm 左右，年均温 0℃ 左右，为森林草原景观，林地分布在阴坡，阳坡主要为草原、草甸草原；海拔高度 3200～4000 m 的高山，年降水量可达 500 mm 以上,但年均温多在－2℃ 以下,制约了森林的生长,并且低温条件下蒸发减小,土壤水分条件较好,景观以灌丛草甸为特征,尤以阴坡灌丛长势茂盛;海拔高度 4000～4500 m 的高山,年降水量可超过 500 mm,但因月平均气温仅 2 个月左右在 0℃ 以上,终年低温,仅有斑块状垫状植被生长,景观为高寒荒漠;海拔高度 4500 m 以上为永久寒冻带,难见植物生长,景观表现为零星的冰川和永久积雪点缀于残积、坡积的角砾和裸岩之中。

中部走廊平原夹持于南部祁连山与走廊北山(合黎山、龙首山)之间,年降水量由南部的 250 mm 向北降低到 100 mm 以下。随地势从东南向西北倾斜,海拔高度从 2000 m 以上降至 1000 m 左右。以黑河干流为轴线将走廊平原分为南北两半,南半部走廊平原在祁连山大幅度隆升过程中形成了宽阔的洪冲积扇,并且多呈串珠状叠置形态,这些洪冲积平原南北跨度普遍超过 30～50 km,南伸进入干草原带,北延达到极端干旱荒漠带。走廊北部平原大都依托于低山丘陵,发育、演进的速率远不如南部,南北跨度很少超过 10 km,多是干旱荒漠戈壁景观。源于南部山区的诸河出山后受地形与隐伏构造的制约,自东而西汇流于大马营盆地、山丹盆地、张掖盆地及酒泉东、西盆地,形成了荒漠中的绿洲。值得注意的是,中部走廊平原是流域内人类活动的集中之地,在人工水系逐渐取代天然水系、人工绿洲取代天然绿洲的今天,人类活动已成为该区土地分异的主导因素,人工绿洲无论在规模、位置、结构以及生产能力等方面均是天然绿洲所不可比拟的,随着生产力水平的提高,绿洲规模仍然具备成倍扩展的潜力,人类活动有可能根本改变今天的荒漠、绿洲分布格局。

北部阿拉善高平原,海拔高度在 1000 m 左右;气候极端干旱,年降水量低于 50 mm;地广人稀,大漠浩瀚,绿洲仅点缀于河、湖、渠系及地下水浅埋之区,自然条件仍然主导着该区土地分异。从东向西受沉积物的影响该区明显分为三大类型:一是东部巴丹吉林沙漠,它是干旱气候条件下风水沉积和风沙运动长期作用的结果,沙丘高度多在数十米以上,腹地可达数百米,高大的流动沙丘上裸露而不稳定的地表限制了植物的生长,仅在一些地下水浅埋甚至出露地表的丘间地、风蚀洼地有利用价值;中部冲积、洪积戈壁,一望无际,地表沙砾覆盖,裸露无植被,仅在少数丁沟中有稀疏的旱生、盐生的灌木、半灌木生长;西部以低山、残丘以及缓起伏的剥蚀平原为主要景观,残积的角砾覆盖地表,零星的旱生小灌木出现在临时性的汇流干沟或低地。该区绿洲所占比例甚微,主要集中在金塔盆地和黑河下游三角洲,前者为灌溉绿洲,后者大部是荒漠化的大然绿洲。

1.2.2 流域土地分类

1.2.2.1 分类原则与土地类型命名

主导因素原则首先被考虑,虽然构成土地的诸因素均对土地类型的形成、演变有一定的影响,但它们的作用不是均等的,某些长期稳定的要素经常主导着土地类型的发生和发展,例如,黑河流域的南部山区随海拔高度的增加而产生的水热条件不同主导着该区土地类型的分异。其次考虑的是综合性原则,土地本身是个综合体,许多土地类型的存在明显受到不可替代的多种因素的共同影响,它们的相互作用才可能决定相应类型的存在,例如,人工绿洲是自然条件和人类活动长期相互作用的结果。其三,必须考虑的是实用性原则,也就是我们进行土地分类是什么目的,结合特定的目标便于选取分类的主导因素;为此,本章对土地分类所考虑的主要是:土地本身的属性、大农业利用评价和环境管理的基础。

黑河流域土地类型采用土地纲、土地类、土地型、土地单元四级分类,在前三级类型中结合分类的原则简明扼要以地貌或景观名称命名;在土地单元中考虑土地自身的属性,采用植物建群种和优势种、土类或亚类、地貌三名法命名,以便提供较为详细的基础信息。

1.2.2.2 土地分类

鉴于上述,黑河流域土地类型首先按大地貌差异分为山地、荒漠和绿洲三大土地类型纲,它们在直接反映大地貌与气候差异的同时,是黑河流域水热条件组合的大分野,也揭示了人类活动尚不能超越自然限制的格局。必须指出的是,本次土地分类区别于以往的许多有关该方面的研究,突出了西北干旱区的荒漠、绿洲、山地的本质,并在土地类中充分揭示了西北干旱区风沙、干旱、盐碱的特征,强调了人类活动在土地形成、演变中的重要作用。

九个土地类中山地土纲以地貌命名为高山、中山、低山丘陵三个土地类,荒漠土纲主要按物质组成分为土质平地、盐漠、沙漠、戈壁四个土地类,绿洲土纲依据人类活动强度划分为天然绿洲和人工绿洲两个土地类。需要说明的是,山地的划分既考虑海拔高度,又照顾土地类型在特定环境的完整性,如中山森林的上限在阴坡可达到海拔 3400 m 以上,在西部山区甚至可达海拔 3600 m,为此,实际划界时仍以类型的整体性为依据。

土地型的划分依据主要是景观特征,共分出 31 个土地型。几点处理分述如下:其一,在土地型中没有分出极高山、高山河谷和亚高山,而是将其纳入第四级的分类中加以区别,主要因为南部山区类型分布在海拔高度上的东西差异明显,并且类型单一;其二,分类中所涉及的一些景观学、生态学、地学等的术语应以土地类型的概念待之,如从荒漠土纲中见荒漠的概念,已超出了普通生态学的范畴,它已将诸如草甸盐土这样的类型纳入其中;其三,赋予了人工绿洲更为广泛的意义,如水库、居民点甚至盐池均纳入人工绿洲的范围,主要是因为它们均是人类活动的中心,并且是人工绿洲的一个有机部分。也正是基于这些考虑,最终将黑河流域的土地类型分为 66 个土地单元(表 1.2.1)。

1.2.3 土地类型的一般特征及其内部分异

1.2.3.1 山地土纲

该土纲集中分布在黑河流域的南部,总面积 4.34×10^4 km^2,占全流域土地面积的 34%;最高海拔高度可达 5584 m,海拔 4550~4700 m 以上为终年积雪区,海拔 4000 m 以上仅有稀疏垫状植被,年降水量超过 400~500 mm,受温度限制景观为高寒荒漠。海拔 2500~3400 m 的中山区有 350~500 mm 的降水量,景观为森林草原,起着流域水源涵养的重要作用。海拔 2500 m 以下的山地已属向荒漠的过渡地带。受海拔高度和坡向制约的水热条件分异主导着土地类型的形成演变,将山地土纲分为高山、中山和低山丘陵三个土类。山地土纲包括 12 个土地型,29 个土地单元,前者进一步区分土地类中的水热条件,后者主要考虑土壤植被条件的不同。

高山土地类包括冰雪、寒漠、草甸沼泽、草甸、草原五个土地型,热量状况限制了植物的生长,其中以草甸和寒漠所占面积较大,草甸面积 1.07×10^4 km^2,寒漠面积 6275 km^2,二者占高山土地类面积的 84%。高山草甸植被以嵩草、苔草等为主,覆盖度可达 80% 以上,但草层高度很少超过 20 cm,产草量 2000~2300 kg/hm^2。在草甸带的西段降水减少,在一些石质土地段因土壤保持水分能力差和过牧地段植被退化,为草原植被,建群种为紫花针茅,群落覆盖度在 60%～80%。在局部低洼或土层深厚的缓平地段渍水成为沼泽。冰雪、寒漠带有年均 500～700 mm 的降水量，而蒸发多在 200 mm 以下，大量的水分在冬半年以冰川、积雪和冻土形式存储下来，在夏半年融解补给河川径流，对调节区内水资源的时空分布起着极其重要的作用。

表 1.2.1　黑河流域土地分类

纲	类	型	土地单元	面积(km²)
山地	高山	冰雪	01 冰川和永久积雪-极高山	474.64
		寒漠	02 垫状蚤缀、垫状驼绒藜、雪莲、紫花针茅-寒漠土-极高山	6274.82
		草甸沼泽	03 苔草、三棱草、嵩草、沼针蔺-草甸沼泽土-高山	145.32
		草甸	04 嵩草、苔草、菱陵菜、杂类草-草甸土-高山(含河谷)	9153.91
			05 嵩草、针茅、杂类草-草甸土-高山宽谷	1293.45
			06 山柳、金腊梅、苔草、灌丛草甸土-高山	188.41
			07 旱耕灌丛草甸土-人工草地-亚高山	42.76
		草原	08 紫花针茅、扁穗冰草、苔草、多根葱-草原土-高山	2434.11
			09 稀疏紫花针茅、嵩草、苔草、金腊梅-草原石质土-高山地	129.58
	中山	森林	10 云杉、圆柏-灰褐土-森林中山	747.22
		草甸	11 苔草、嵩草、杂类草-河谷草甸土-中山	36.76
			12 旱耕草甸土-河谷草甸中山地	39.39
		草甸草原	13 苔草、披碱草、针茅 黑钙土-草甸草原中山	186.98
			14 冰草、针茅、禾草-暗栗钙土-草甸草原中山	63.18
			15 灌溉黑钙土-草甸草原中山地	273.31
			16 旱耕黑钙土-草甸草原中山地	107.13
		草原	17 针茅、冰草、芨芨-栗钙土-草原中山	1824.52
			18 窄叶锦鸡儿、克氏针茅-栗钙土-灌丛草原中山	335.20
			19 针茅、冷蒿、锦鸡儿-淡栗钙土-草原中山	1216.81
			20 针茅、合头草-棕钙土-荒漠草原中山	213.29
			21 小针茅、珍珠、蒿属-灰钙土-荒漠草原中山	1292.94
			22 灌溉栗钙土-草原中山地	380.32
			23 旱耕栗钙土-草原中山地	345.22
		荒漠	24 小针茅、合头草、红砂-灰漠土-草原荒漠中山	907.86
			25 红砂、合头草-灰棕漠土-荒漠中山	237.76
	低山丘陵	荒漠草原	26 旱耕灰钙土-荒漠草原低山	130.19
		荒漠	27 珍珠、麻黄、合头草-灰漠土-草原化荒漠低山丘陵	325.47
			28 红砂、合头草-灰棕漠土-荒漠低山丘陵	1501.32
			29 裸露灰棕漠土-荒漠低山丘陵	13 075.15
荒漠	土质平地	荒漠	30 合头草、珍珠、蒿类-灰漠土-草原化荒漠土质平地	254.71
			31 红砂、泡泡刺、麻黄、红柳-灰棕漠土-荒漠土质平地	1466.34
			32 红砂、尖叶盐爪爪、红柳-盐化灰棕漠土-荒漠土质平地	411.00
			33 裸露灰棕漠土-荒漠土质平地(含风蚀残丘)	587.50
	盐漠	草甸	34 芦苇、红柳、胡杨-草甸盐土-低平滩地盐漠	1436.30
			35 胖姑娘、甘草、红柳、芦苇-荒漠化草甸盐土-土质平地盐漠	2554.43
		典型	36 盐爪爪、苏枸杞、盐穗木、红柳-典型盐土-低平滩地盐漠	362.01
		矿质	37 裸露矿质盐土-河湖滩地盐漠(含干湖盆)	1493.24
	沙漠	固定沙丘	38 红柳、梭梭、白刺-风沙土-固定沙丘沙漠	1084.04
		半固定沙丘	39 梭梭、红砂-风沙土-半固定沙丘沙漠	1264.05
			40 蒿类、胡杨、红柳-风沙土-半固定沙丘沙漠	1450.71
		流动沙丘	41 裸露风沙土-流动沙丘沙漠	6422.65
		平沙地	42 裸露风沙土-平沙地沙漠	350.32

(续表)

纲	类	型	土地单元	面积(km²)
	戈壁	荒漠	43 合头草、珍珠－灰漠土－荒漠戈壁	3001.34
			44 红砂、泡泡刺－灰棕漠土－荒漠戈壁	5559.79
			45 梭梭、红砂－灰棕漠土－荒漠戈壁	455.71
			46 红砂、零星红柳、零星胡杨－灰棕漠土－荒漠戈壁	1127.73
			47 裸露灰棕漠土－荒漠剥蚀戈壁	44933.15
绿洲	人工绿洲	水域	48 水库	44.45
		灌耕地	49 灌耕土-人工绿洲	4807.64
			50 盐化灌耕土-人工绿洲	302.22
		人工林地	51 灌淤果园、人工林地-人工绿洲	49.89
			52 沙枣、杨树-盐化林灌草甸土-人工林地绿洲	67.67
			53 胡杨、沙枣、红柳、芦苇-灰棕漠土-漫灌戈壁绿洲	75.83
		居民点	54 居民点(城市)	82.26
		盐池	55 盐池	20.24
		水域	56 湖泊	0.62
	天然绿洲	沼泽	57 莎草、三陵草、蒲草、杂草类-沼泽土-低湿滩地绿洲	239.38
			58 芦苇、苔草、菱陵菜-草甸沼泽土-低湿滩地绿洲	139.01
		草甸	59 芦苇、芨芨盐化沼泽草甸土-低湿滩地绿洲	911.93
			60 芦苇、芨芨、滨草、拂子茅-草甸土-低湿滩地绿洲	26.52
			61 胡杨、沙枣、红柳-林灌草甸土-河滩地绿洲	339.88
			62 红柳、芦苇、沙枣-胡杨-盐化林灌草甸土-河滩地绿洲	433.04
			63 芦苇、红柳、苦豆子、苏枸杞-盐化草甸土-低湿滩地绿洲	2830.56
			64 芦苇、芨芨、甘草、荒漠化草甸土-低湿滩地绿洲	829.50
		荒漠草原	65 针茅、珍珠、蒿类-灰钙土-荒漠草原冲积平原	64.46
		河床	66 平原游荡性河床	227.69
纲	类		合计	129 084.81

中山土地类的森林、草甸、草甸草原、草原和荒漠草原五个土地型中，森林和草甸草原构成该类的主体，森林(郁闭度≥0.3)作为一个重要的土地型所占面积仅 747 km²，主要分布在山地的阴坡。草甸草原和草原型为中山类的主要土地型，分布在山体的阳坡和半阳坡，甚至穿插在林地中间，并且由于南部山地的西段气候更趋干旱，森林带消失，整体代之以草原型，故草甸草原和草原型有 6239 km²，占中山土地类的 76%，覆盖度 30%～80%不等，产草量 800～1500 kg/hm²。本类中的草甸型和荒漠草原型具有上下过渡带的特征，所占比例不大，而且本次分类中在海拔 3200 m 以上的部分草甸，若周围无林地，则将其归并于高山类中，而未统一使用海拔 3400 m 的中、高山分界线(高前兆等,1990)。

低山丘陵土地类由荒漠草原和荒漠两个土地型组成，以后者为主，这充分体现了干旱地区垂直带谱荒漠基带的特征，植被稀疏，仅有零星的珍珠、红砂等小灌木分布；该土地型有 1.49×10^4 km²，占该类土地面积的 99%，其中的 50% 以上又集中分布在流域下游的西部马鬃山地；覆盖度 5%～25%，产草量 150～1200 kg/hm²。荒漠草原仅出现在东边的黑河与石羊河流域的分水岭地段，多为旱耕地。

1.2.3.2 荒漠土纲

此处的荒漠土纲并不包括前述的山地荒漠，但其仍然占有全流域最大的比例，体现了干旱区的本色。荒漠土纲广泛地分布在山地土纲以北的广大洪积、冲积和湖积平原上，绝大部分海拔高度低于 2000 m，年均降水多在 50～100 mm，大部分地区年蒸发量超过 3000 mm。

景观多是戈壁、沙漠,植被稀疏,生物产量低下,风沙、干旱、盐碱是其基本特征。该土纲面积74 215 km^2,占全流域面积的57%,包括土质平地、盐漠、沙漠、戈壁四个土地类。

土质平地类仅包括一个土地型—荒漠土地型,鉴于土质平地的单独划分主要考虑灌溉条件的改善可供农业利用,本分类中其他的一些土质平地类型,如盐化草甸、荒漠化草甸、草甸盐土等更多地考虑了其整体特征而列入了其他土地类型中。该型土地主要分布在冲洪积平原的中下部、扇缘地段,因其土壤保持水分的能力相对周围地区较好,而有稀疏的灌木半灌木生长,但其覆盖度一般不超过15%,产草量低于400 kg/hm^2,植物以红砂、合头草等为主。

盐漠土地类进一步分为草甸、典型和矿质盐漠三个土地型,其中以草甸型所占比例最大,有3991 km^2,占该类土地面积的68%,产草量300~1200 kg/hm^2,主要集中在一些排水不畅的低地,地下水位一般在3~5 m范围内,表土30 cm可溶盐含量在3%左右,植物生长受盐分制约,仅有耐盐的芦苇、胖姑娘、红柳、甘草等生长,覆盖度可达20%~40%。典型盐土盐分含量可达5%~10%,仅少数盐生植被,覆盖度在20%~30%。矿质盐土土壤含盐量高达60%,植物已不能生长。

沙漠土地类主要分布在流域下游东部的巴丹吉林沙漠边缘和中游中段的骆驼城以北的沙地。流动沙丘占有该类土地面积的61%,地表裸露,仅零星的灌木点缀于丘间低地。

戈壁土地类仅分出一个荒漠土地型,地表为砾石覆盖,生长稀疏的小灌木,覆盖度55%左右,产草量低于300 kg/hm^2。在流域西北部与一些低山残丘相间分布的剥蚀戈壁是该类土地的主体,面积有4.49×10^4 km^2,占该类土地面积的82%,地表角砾覆盖,除少数冲沟和个别集流低地外,基本没有植被。其他的戈壁多分布在冲洪积平原上,有稀疏的小灌木生长,在冲洪积平原的中下部,砾石层覆盖于沙砾之上,俗有假戈壁之称。

1.2.3.3 绿洲土纲

该土纲所占流域土地面积比例仅为9%,但却以其水丰草美的鲜明对比点缀于浩瀚大漠之中,绿洲是人口的聚居之地,黑河流域绿洲的开发已有数千年的历史,中游地区人工绿洲基本上已经取代了天然绿洲,下游的天然绿洲也在不断退缩,一部分转变为人工绿洲,而更多的正在变成荒漠。绿洲土纲划分成人工绿洲和天然绿洲两个土地类,二者分别构成绿洲土地纲面积的47%和53%。需要指出的是,以往的许多分类多将天然绿洲类归于土质平地(陈隆亨等,1992)、低湿滩地(Xiao等,1996)之中,本次分类主要考虑了荒漠和绿洲的本质区别,并且有利于提供区域水土平衡的基础数据而采用了上述分类系统。

人工绿洲土地类主要为灌耕地及其附属土地,由灌耕地和盐化灌耕地两个土地型组成,占有绿洲类土地面积的94%,是区域人类活动的中心,是农、林、牧综合发展的精华地段,人类数千年的改造利用中人工水系取代了自然水系,天然绿洲改造成了人工绿洲,一个适合人类生存的人工环境已经形成。人工林地主要为分布在区内平原上的成片人工林,仅占绿洲土地类面积的3.54%,包括灌淤果园,河滩地段的人工和半人工的沙枣林、杨树林和戈壁漫灌人工林地三个型。前者是绿洲的主要生产用地,而后两者在以绿洲生态建设为主要目的的同时也兼顾牧业利用。点缀于荒漠平原上的一些用地较多的人工设施,如居民点、盐池等作为人类活动的中心之一归并在人工绿洲类中。

天然绿洲土地类由水域、沼泽、草甸、荒漠草原和河床五个土地型构成,面积有6043 km^2,其中草甸土地型占有最大的比例,占该类土地面积的91%。天然绿洲的分布基本与人工绿洲相一致,除了古日乃湖和额济纳旗河滩地绿洲之外,总体上具有环绕人工绿洲分布的特点。在中游地区以人工绿洲和天然绿洲相间分布为特色,一些不便开垦的盐化土地、沼泽等镶嵌在人工绿洲之中。下游地区天然绿洲仍然占主导地位,人工绿洲呈斑块状点缀于天然绿洲之中,近十多年来下游的天然绿洲不断退化、缩小是个值得注意的问题(Xiao,1998)。

1.3 黑河流域生态系统及其特征

黑河流域各生态系统之间存在着复杂的同质性和异质性,其复杂性不仅表现在系统内部结构、功能的异同,以及时空演变和分布的异同,更重要的是人类活动对自然系统的大规模持续干预,这种干预包括有计划的和无计划的、理性的和非理性的,带来了原有自然组分与人类创建的组分之间的深度交叉与替代。在不同尺度上认识这种同质性和异质性,并将其组织成具有层次关系的类型体系,是对水—生态—经济系统进行科学管理的基础。而这种基于可持续管理需求的生态系统在分类原则和类型体系不同于以认识自然和开发资源为目标的分类。

主要考虑生态系统的水分因子、生态系统的系统分类、生态系统可持续管理等原则,从生态系统结构、系统功能、系统生产力、系统动态、生态环境和人类活动分类生态系统,根据地形、气候、生态系统主体类型和水资源的变化趋势,将黑河流域划分为三个大的生态功能区,即"黑河上游天然垂直带水资源产蓄生态区"、"黑河中游荒漠与高效人工绿洲水资源耗用生态区"和"黑河下游荒漠与尾闾河、湖岸天然绿洲水资源消解生态区"。生态区按类、组、型三级进一步划分,黑河流域分出 18 个生态系统类,55 个生态系统组,163 个生态系统型(程国栋等,2009)。下面分祁连山、绿洲、荒漠生态系统进行阐述。

1.3.1 祁连山地系统

黑河发源于青藏高原东北缘祁连山地,干流全长 821 km。出山口莺落峡以上为上游,主河道长 303 km,流域面积 1.0×10^4 km^2,河道两岸山高谷深,河床陡峻,气候阴湿寒冷,植被较好,多年平均气温不足 2℃,年降水量 350 mm 左右,是黑河流域水资源产蓄区。行政区划上包括青海省祁连县的大部分和甘肃省肃南县的部分地区。上游山区高山面积占 72%,河流台地占 27%,绿洲丘陵占 1%。土地利用类型主要包括林草地、耕地。受自然条件差异和人类活动的影响,形成了山地森林、山地草地、山地荒漠、冰川、雪峰、农田、城镇、村落、厂矿、河道水库等结构与功能各异的生态系统。

1.3.1.1 山地森林

山地森林分布在祁连山的中段,行政区划上对应于青海省的祁连县,以及甘肃省张掖市的肃南、民乐、山丹各县,以寒温性针叶林的天然林为主,林地面积达 2.4×10^5 hm^2,其中乔木林地面积 8.0×10^4 hm^2(郁闭度≥0.3 的乔木林面积 6.0×10^4 hm^2,郁闭度<0.3 的乔木林地面积 2.0×10^4 hm^2),灌木林地面积 1.6×10^5 hm^2,活立木蓄积量达 1.0×10^7 m^3。山地森林生态系统是祁连山生态系统的重要组成部分,由于地处青藏高原、蒙新高原和黄土高原的交汇地带,地形地貌复杂,致使山地森林生态系统的组成、结构呈现多样性。

山地森林主要以乔木林、灌木林组成。乔木林主要由青海云杉(*Picea crassifolia*)、祁连圆柏(*Sabina przewalskii*)、山杨(*Populus davidiana*)等优势种组成,灌木林以高山柳(*Salix oritrepha*)、箭叶锦鸡儿(*Caragana jubata*)等优势种组成。青海云杉林面积为 4.6×10^4 hm^2,占乔木林地面积的 57.2%;祁连圆柏林面积为 0.5×10^4 hm^2,占 6.0%;山杨林与疏林地、混交林地占 36.8%。

青海云杉林一般为纯林,可分为林冠层、下木层、草本层和苔藓层,但在大多数发育良好而稳定的林型中林下层次并不完整,仅有 1~2 个层次。它与林下植被结合,组成藓类青海云杉林、草类青海云杉林和灌木青海云杉林等林型。藓类青海云杉林分布于海拔 2700~3300 m,是青海云杉林中分布最广、面积最大的林型;主林层由青海云杉构成单层纯林,林下藓类盖度达 70%~90%,表现出北方暗针叶林的外貌特征。草类青海云杉林分布在青海云杉林的最下部,海拔 2700 m 以下的阴坡、半阴坡或河滩地及半阳坡,地形比较破碎,草地与森林相互交错,多呈带状分布。林下草本盖度达 60% 以上,主要以苔草(*Carex* spp.)为主,其次有马先蒿(*Pedicularis* spp.)、蓼(*Polygonum* spp.)、棘豆(*Oxytropis* spp.)和紫菀(*Aster* spp.)。灌木青海云杉林位于青海云杉林分布的上限,林下灌木盖度达 40%~60%,主要灌木有金露梅(*Dasiphara fruticasa*)、银露梅(*Dasiphara davurica*)、箭叶锦鸡儿和忍冬(*Lonicera* sp.)等,伴有莎草科(*Cyperaceae*)及蓼科(*Polygonaceae*)等草类。

祁连圆柏林也多为单层纯林,根据林下植被可划分为苔草祁连圆柏林、灌木祁连圆柏林。苔草祁连圆柏林郁闭度在 0.6 以上,林下草本盖度达 50%~70%,主要以苔草和马先蒿为主。灌木祁连圆柏林多见于阳坡和半阳坡,林内立木疏密不均,郁闭度在 0.3~0.6,林下以金露梅、银露梅、柳类(*Salix* spp.)、鲜黄小檗(*Berberis diapnana*)、小叶忍冬(*Lonicera microphylla*)等为主,伴有珠芽蓼(*Polygonum vivparum*)、高原唐松草(*Thalicyrum cultratum*)、火绒草(*Leontopotium leontopodioides*)、野草莓(*Fragaria vesca*)等,还存在不同程度的藓类植物。

山地灌木林一般由灌木层和草本层组成,阴湿条件下有团块状苔藓分布,以高寒灌木林和温性荒漠灌木林为主。高寒灌木林以柳属、金露梅属(*Dasiphara*)、锦鸡儿属(*Caragana*)、绣线菊属(*Spiraea*)为主,荒漠灌木林以耐旱的锦鸡儿属为主。根据优势种的差异,可分为高山柳(*Salix oritrepha*)灌木林、金露梅灌木林和箭叶锦鸡儿灌木林等。高山柳灌木林是以高山柳为优势种的混交林,总盖度在 40%~80%,主要伴生灌木有箭叶锦鸡儿、高山绣线菊(*Spiraea alpine*)、金露梅等,草本层有苔草、珠芽蓼、小大黄(*Rheum pumilum*)等草本植物。金露梅灌木林单优种群很少,基本都是以金露梅为优势种的混交林,总盖度在 50%~90%。灌木层有柳、绣线菊、锦鸡儿、小檗(*Berberis* sp.)等灌木;草本层植物种类较丰富,有嵩草(*Kobresia* spp.)、苔草、针茅(*Stipa* spp.)、火绒草、香青(*Anaphalis sinica*)、马先蒿、龙胆(*Gentiana* spp.)、萎陵菜(*Potentilla* spp.)、毛茛(*Ranunculus* spp.)和唐松草(*Thalicyrum* spp.)等。箭叶锦鸡儿灌木林是以箭叶锦鸡儿为主的混交林,总盖度在 40%~80%。灌木层有高山柳、金露梅、绣线菊、小檗等,草本层有嵩草、苔草、珠芽蓼、香青和马先蒿等。

受地貌和水热状况的影响,阳坡、半阳坡多为草地、干性灌木林和祁连圆柏林,阴坡和半阴坡多为青海云杉林。在半阴坡青海云杉林常常与分布在半阳坡的草地、灌木林、祁连圆柏林镶嵌在一起组合为森林草原景观;在海拔 2900 m 以上有少数青海云杉与祁连圆柏形成混交林(魏克勤,1990)。在海拔 2100~2500m 的浅山区和干旱河谷,年平均气温 2~5°C,≥10°C 积温 1130~2200°C,最热月平均气温 14~19°C,年降水量为 235~330 mm,是森林向荒漠的过渡带,分布有适应干旱条件、以窄叶锦鸡儿(Caragana stenophyua)为主要建群种的地带性灌丛——干性灌木林。河谷地带分布有以中国沙棘(Hippophae rhamnoide)、旱柳(Salix matsudana)为建群种的灌木林。在海拔2500~3300 m的中山区,年平均气温－0.7~2℃,≥10℃积温200~1130℃,7月平均气温10~14℃,年降水量为330~500 mm,相对湿度达到60%。水热条件适宜乔木林和灌木林生长,植被组成复杂、类型丰富。阴坡和半阴坡分布有青海云杉林,林下分布高山柳、箭叶锦鸡儿、金露梅、银露梅和小叶忍冬等灌木;阳坡和半阳坡有祁连圆柏林零星分布,林下分布金露梅、银露梅、高山绣线菊(Spiraea alpinaturcz)、蔷薇(Rosa sp.)等灌木;有些地方青海云杉与祁连圆柏、山杨(Populus davidiana)组成针、阔混交林;河谷地带分布有小片山杨、小叶杨(Populus simonii)、白榆(Ulmus pumilal)等乔木林。总体上呈现森林与草原交错分布景观。在海拔3300~3800 m的亚高山区,年平均气温－1.5~－0.7℃,≥10℃积温小于200℃,7月平均气温6~10℃,年降水量≥500 mm。因温度条件不能满足乔木生长,植被类型为灌丛草原。阴坡和半阴坡分布高山柳灌丛林,主要建群种为高山柳、箭叶锦鸡儿等,灌丛下分布有嵩草、紫花碎米荠(Cardamine tangutorum)、高山龙胆(Gentiana algide)、藓类等极耐低温的草本植物;阳坡、半阳坡以嵩草和五花草甸为主,零星分布金露梅灌丛。嵩草草甸由矮生嵩草(Kobresis humilis)、西藏嵩草(Kobresis tibetica)、高山嵩草(Kobresis pygmaea)组成,混生有香青、火绒草、苔草及禾本科植物等;在降水较多的山峰周围及峰顶夷平面分布有兔耳草(Lagotis sp.)、珠芽蓼、高山龙胆、高原毛茛(Ranunculus brotherusii)等组成的五花草甸。

1.3.1.2 山地草地

草地是黑河上游重要的土地利用类型,也是覆盖面积最大的植被类型;畜牧业是上游地区最主要的人类生产活动,因此是上游重要的生态系统之一。祁连山深居欧亚大陆腹地,远离海洋,加之受青藏高原的影响,降水少,蒸发强,贡献热量有限,属典型的高寒半干旱气候。气候特点为夏季短暂、冬季漫长,自然植被结构表现出与气候相适应的特征。由于山地北坡较陡的坡降对气温和降水的影响,形成了草地生态系统明显的垂直分异特性和土地利用格局(表1.3.1),草地植被从山顶分水岭到河西走廊腹地,从降水比较充沛的草甸草地到极度干旱的荒漠草地,草地类型丰富多样。草地主要分布在海拔4000 m以下,由高到低,年均温在－6.8~－6.5℃,≥0℃的积温在300~3300℃;从西到东降水量介于280~600 mm。

放牧是人为干扰草地生态系统的主要形式。此外,种植业、矿藏开发、水利水电建设、交通道路建设、野生动植物采食以及人类聚居地建设等人类活动也对草地生态系统影响明显。

此外,分布于走廊北部雅干山海拔1400 m以上,马鬃山、白头山海拔在1600 m以上的石质山地上的低山草原是重要的山地系统组成部分,植被盖度很小,产量很低,丛生禾草的产量相对更低,土壤为石质灰棕荒漠土、沙质灰棕荒漠土。残山的坡度较大,风蚀严重,地表岩石裸露,植被稀疏,只有旱生、超旱生植物生长。该类草场只有覆沙低山灌木、半灌木、丛生禾草草场组。土壤为沙质灰棕荒漠土、洪积沙土,土壤养分贫瘠。植物生长不良。该组只有一个草场型,即膜果麻黄＋沙蒿＋戈壁针茅。该草场型主要分布在山地阴坡及沟谷,以膜果麻黄、沙蒿为主要建群植物,伴生种有戈壁针茅、短叶假木贼等。植物盖度为10%左右,在冲沟的边缘,植物生长良好,但产草量很低。

(1)草地生态系统特征

上游草地生态系统由初级生产者亚系统、次级生产者亚系统、消费者亚系统和非生命亚

表 1.3.1　上游土地利用垂直地带性

地带	亚地带	土地利用分区	海拔高度范围(m)	年均温(℃)	降水量(mm)	土壤类型
难利用带	冰川亚带	冰川区、积雪砾漠区	4330±300～5564 4300±300～5564	−8.8～−16.7 −8.8～−16.7	250～400 250～400	高山寒漠土
	寒冻砾漠亚带	寒冬砾漠区	3950±150～4300±300	−6.5～−8.8	250～450	高山寒漠土
放牧利用带	可牧草地亚带	高山草甸宜牧区	3800±50～3950±150	−5.2～−6.5	300～500	高山草甸土
	可牧灌丛草地亚带	灌丛草甸宜牧区	3500±50～3800±50	−3.5～−5.2	300～550	亚高山灌丛草甸土
		高山草甸宜牧区	3500±50～3800±50	−3.5～−5.2	300～500	高山草甸土
		高寒草原宜牧区	3500±50～3800±50	−3.5～−5.2	250～300	高山草原土
林业、放牧利用带	可林疏林草地亚带	圆柏宜林区	3250±50～3500±50	−2.0～−3.5	250～550	亚高山灌丛草原土
		灌丛草甸宜牧区	3250±50～3500±50	−2.0～−3.5	350～550	亚高山灌丛草甸土
		山地草甸宜牧区	3250±50～3500±50	−2.0～−3.5	350～550	亚高山草甸土
	可林及可围栏草地亚带	云杉宜林区	3000±100～3250±50	0.0～2.0	300～600	山地森林灰褐土
		灌丛草甸宜林区	3000±100～3250±50	0.0～2.0	250～400	亚高山灌丛草甸土
		圆柏宜林区	3000±100～3250±50	0.0～2.0	250～400	亚高山灌丛草原土
		可围栏山地草甸区	3000±100～3250±50	0.0～2.0	250～400	亚高山草甸土
		山地草甸宜牧区	3000±100～3250±50	0.0～2.0	250～400	亚高山草甸土
		山地半荒漠宜牧区	3000±100～3250±50	0.0～2.0	250～400	山地棕钙土
农业、林业、放牧利用带	可林可建人工草地亚带	云杉宜林区	2850±50～3000±100	1.2～0.0	350～550	山地森林灰褐土
		云杉林灌丛草甸草原宜林牧区	2850±50～3000±100	1.2～0.0	350～500	山地黑钙土
		可建人工草地区	2850±50～3000±100	1.2～0.0	350～500	山地黑钙土
		山地草甸草原宜牧区	2850±50～3000±100	1.2～0.0	350～500	山地黑钙土、粗骨栗钙土
	可旱作农林牧亚带	林缘灌丛草原宜林区	2500±100～2850±50	3.0～1.2	350～500	山地黑钙土
		大麦、油菜、马铃薯区	2500±100～2850±50	3.0～1.2	350～500	暗栗钙土、黑钙土
		人工草地建设区	2500±100～2850±50	3.0～1.2	300～500	暗栗钙土、黑钙土
		杨树、柳树宜林区	2500±100～2850±50	3.0～1.2	250～350	草甸土
		山地草原放牧区	2500±100～2850±50	3.0～1.2	250～500	栗钙土
	山区灌溉农林牧亚带	小麦、豆薯宜农区	1700～2500±100	7.0～3.0	150～250	灌耕土、棕钙土
		杨树、柳树宜林区	1700～2500±100	7.0～3.0	150～250	草甸土、棕钙土
		人工草地区	1700～2500±100	7.0～3.0	150～250	棕钙土、灰漠土
		荒漠、半荒漠宜牧区	1700～2500±100	7.0～3.0	150～250	棕钙土、灰漠土

注：根据肃南县牧业区划报告整理。

系统组成。这里着重讨论初级生产者亚系统和次级生产者亚系统。

1) 初级生产者亚系统

上游草地可分为9大类草地类型(表1.3.2)。草地生态系统的特征主要表现在：生长季短,枯草期长(6~7个月),家畜只能采食草地植物的立枯物和凋落物,牧草供应不仅数量不足,且营养价值也低。草地牧草供应的季节性与家畜放牧利用的常年均衡需求之间存在严重的季节相悖,放牧家畜因此长期处于一种"夏饱、秋肥、冬瘦、春亡"的恶性循环,导致家畜的饲草报酬率低下,出栏周期长,越冬牲畜处于"饥寒交迫"之中,冬季掉膘损失严重,制约畜牧业效益的提高。

表 1.3.2 黑河上游主要草地类型及可食牧草产量

草地类型	主要分布地区	植被特征	利用特点	可食牧草产量 (kg/hm^2)
山地荒漠草地类	祁连山北坡海拔高度为1600~2000 m的低山丘陵及洪冲扇顶部	旱生小半灌木为主	由于干旱缺水,放牧利用价值极低	872.5
山地草原化荒漠草地类	祁连山北坡浅山丘陵及山前洪冲积平原顶部,如肃南县东西牛毛山下部、榆木山下部	旱生灌木、草本植物为主	利用价值低	910
山地荒漠草原草地类	肃南县康乐、大河等海拔2300~2450 m地带,祁青、祁丰海拔2700~3000 m地带	旱生小半灌木、草本植物为主	利用价值较低	870
山地草原草地类	北坡海拔2500~2800 m,如肃南县皇城、康乐、大河、马蹄等地区	旱生多年生草本植物为主,针茅属占优势	是良好的冬春草场,可发展人工草地	1020
山地草甸草原类	祁连山地森林带,与祁连山天然林地镶嵌分布,海拔范围多在2800~3000 m	中旱生丛生和根茎型禾草为主,伴生杂类草和次生灌木	为优良草场	1425
高寒草原草地类	祁连山北大河以西,如珠龙关、陶莱、洪水坝、土大坂等地	寒旱生多年生丛生禾草为主	中等草场	510
山地草甸草地类	位于林线以上或林间草地,海拔2900~3800 m	湿中生灌木和多年生草本为主	优良草场	2265
高山草甸草地类	高山砾石带以下,海拔3500~4100 m	中生、中旱生植物为主,如嵩草属	优良夏季草场	1140
高山沼泽草甸草地类	海拔3000~3600 m山间低湿地、河漫滩、流水沟谷中	湿生、湿中生植物为主,如嵩草属、苔草属、蕉草属	优良夏季草场	1560

大量草场缺水,尽管地处径流形成区,但在北坡海拔 3000 m 以下,降水不足,气候干旱,植被生产力不高,存在大面积缺水草场。据肃南县资料,全县缺水草原面积达到 3.79×10^5 hm^2,占全县草原总面积的 22%。受地形限制,过境河水处于落差较大的河谷,一般无法自流灌溉草地,而提灌成本太高,缺水草地很难利用河流过境水资源。降水总量不足导致的缺水使大面积高寒荒漠和高寒草地承载力低下;降水的季节不均衡导致缺水,尤其是 5 月份的干旱威胁,常常对地处中高山地的冷季牧场造成严重影响;在降水量偏少的年份,不仅暖季草场承载能力下降,而且冷季草场储草不足,进一步加剧本来就超载的冷季草场压力。旱灾使系统结构稳定性差,系统功能发挥的持续性降低。

旱灾年,牧区大量抛售家畜,扰乱正常的家畜繁育制度,畜群的非正常缩减不仅破坏当年畜牧业生产,而且影响来年畜群的正常繁殖,对畜牧业生产构成严重威胁。

2) 次级生产者亚系统

家畜是草地生态系统次级生产者的主体,草原鼠类等啮齿动物、鸟类也是重要的次级生产组分。虽然鼠类种群对草地退化也有重要影响,但本节中仅讨论放牧家畜。

绵羊和牦牛是上游草地主要的放牧畜种。2003年肃南县饲养大牲畜2.81万头(匹),其中牛2.18万头、马2864匹、驴1973头、骡1298头和骆驼179头;饲养羊45.7万只,其中绵羊34.2万只,山羊11.5万只。牲畜数量由新中国成立初期的8万多头增加到目前的70多万头,增长了约9倍(表1.3.3)。

表1.3.3　近50 a肃南县家畜数量和草地承载量变化

年份	1949年	1960年	1970年	1980年	2003年
羊单位	127 530	541 871	707 297	886 887	902 140
1个羊单位占有可利用草地面积(hm^2)	11.13	2.60	2.00	1.60	1.56

季节轮牧是合理利用不同类型草场的有效措施。由于草场载畜能力不高,放牧家畜需要频繁变换放牧场地。上游草地大部分地区实行冬春场、夏场、秋场三季轮牧,有些地区仅分春场、早秋场。在中高山地区,6月初从冬场转入夏场,9月初入秋场,10月中旬返回冬场。冬场建有定居点、补饲草地。补饲草地设在定居点周围,便于青干草的耕种、收割、晾制和家畜的饲喂。

黑河上游草地理论载畜量1.20×10^6个羊单位,2003年实际饲养各类牲畜73.7万头只,载畜量看起来似有剩余,实际上由于剩余载畜能力是在利用比较困难的高山夏季草场,而地处中山的冬春季草场则超载严重。加上旱灾频繁发生,冬春草场的植被退化严重,牧草产量减低,草地实际承载能力已经饱和,许多地方存在超载和严重超载现象。2001年严重干旱,导致草地牧草存量大幅度减少,如按照正常规模繁殖则牲畜难以越冬,牧民大量抛售牲畜以减小畜群,结果严重影响当年和次年畜牧业生产。实践证明,只有通过合理调整畜群畜种结构,大力发展种草补饲,逐步推行放牧加舍饲的生产方式,才能有效调节草畜供需矛盾,维持草畜动态平衡。

(2) 草地生态系统的功能

1) 气候调节功能

草地植被对水分的吸收和蒸腾作用,有利于提高局部区域地表、空气水热状况,从而促进生物的生长发育和繁衍。小气候的改变进而影响区域气候变化,同时也提高了人类居住环境的质量。

2) 水源涵养功能

草地对强降水产生的径流有明显的缓冲作用,增加了草地土壤对降水的入渗,从而减少洪水灾害与水土流失,从而调洪补枯,维持河溪长流。

草地是上游径流形成区,山地草原的植被覆盖程度与黑河干流的径流大小有直接的关系。近年来,由于超载过牧、开矿淘金修路、气候暖干化等原因,草地植被退化严重,水源涵养功能减弱。上游源头地区经常出现黑河支流流量减小,甚至断流现象,一方面影响干流流量的稳定性,另一方面影响了上游的人畜饮水。植被退化致使强降雨时水土流失加剧,山洪发生次数增多,危害加大。为了保持干流径流量与上游地区水环境的稳定,以及全流域生态系统的安全及经济发展,加强上游植被建设是非常重要的。

3) 生物多样性的载体

森林草原孕育了丰富的生物物种,是遗传多样性、物种多样性、生态系统多样性的载体。据20世纪80年代肃南县牧业区划队的调查,县境内共有常见的天然植物4门、71科、302属、706种,其中森林树种6科、7属、13种;饲用牧草植物32科、15属、378种;药用植物52科、94属、155种,著名的有水母雪莲、中麻黄、大黄、黄芪、羌活、柴胡等。野生珍贵动物19种,如国家一类保护动物白唇鹿、雪豹、野牦牛、野驴、盘羊;二类保护动物白臀鹿、马麝、兰马鸡、藏雪鸡、高山雪鸡、马熊等。除了放养牛羊以外,祁连山区的马鹿、梅花鹿人工养殖规模在全国也是闻名的,其中肃南县饲养马鹿700头,可为市场提供大量优质的鹿产品。

4) 观光旅游功能

黑河上游旅游资源十分丰富。仅从肃南县来看,既有建于北魏时期的马蹄寺、文殊寺、金塔寺等历史文化遗迹,又有裕固族等独特的民族风情和历史文化;既有可与敦煌莫高窟相媲美的石窟壁画艺术,又有博大精深的藏传、汉传佛教等宗教文化。马蹄寺旅游观光区是国家AAA级旅游景区,是甘肃省省级森林公园,马蹄寺的旅游业已经有了丰富的开发经验。2003年,肃南县全县共有20万人次前来观光旅游,旅游收入达到800万元。宁张公路的升级修建,将把中国的夏都古城西宁、祁连山森林草原风光、张掖、酒泉、嘉峪关、敦煌等历史名城和文物古迹的观光旅游串成一条新的旅游线。沿这条旅游线路游览,一路上既有雪山冰川,又有大漠戈壁;既有河流瀑布,又有森林草原;既有高原平湖,又有塞上古城的美丽景色。黑河上游草地的绚丽风光,别具一格的裕固族、藏族等少数民族牧民的生活风情习俗和悠久的历史文化传统,成为开发上游山区旅游业的宝贵资源。

1.3.2 绿洲系统

1.3.2.1 河西走廊人工绿洲

黑河中游地区是由绿洲生态系统、绿洲-荒漠过渡带生态系统、荒漠草原生态系统、荒漠生态系统、水域生态系统和人居生态系统共同组成的荒漠绿洲景观系统。荒漠绿洲景观系统中荒漠为背景基质,其植被类型均为地带性植被。黑河中游地区从东至西,由荒漠草原逐渐过渡到不连续的荒漠斑块植被,其物种贫乏、耐旱,大部分以白刺、红砂、草麻黄等旱生植物为优势种,在空间上呈斑块格局分布。但是该生态系统在没有外界干扰的条件下比较稳定,群落演替速率、系统内的物质信息交换速率都比较慢。而绿洲是在荒漠大背景下,依赖于河流而形成的,在空间上呈相对孤立的斑块分布,具较高的第一生产力,以中生或旱中生植物为主体植被类型的中、小尺度非地带性景观。人工绿洲是在人类开发经营活动影响下形成的,由天然绿洲或荒漠经人工改造而来的高度人工化的生态系统。黑河中游地区主要以人工绿洲为主,绿洲面积大小及分布都受到河流及流量的控制。近年来,随着人口增加,原有的人工绿洲产出已不能满足人们的物质生活需要。因此,扩大人工绿洲规模便成为必然的发展趋势。而人工绿洲扩展会带来一系列负面影响,其中有两个问题尤为重要:一是水资源的承载能力,这个问题已经引起了人们的重视,如分水措施的实施、虚拟水研究等;二是绿洲荒漠过渡带变窄甚至消失。黑河中游地区绿洲荒漠过渡带主要包括绿洲戈壁过渡带和绿洲沙漠过渡带两种类型,过渡带的植被盖度、物种多样性均高于荒漠区,对绿洲的生态安全具有不可忽视的作用。如果一旦被破坏或消失,将给绿洲带来不可预测的灾害。

人工绿洲生态系统是荒漠绿洲景观系统中经济活动的核心区域。绿洲内部以农田为基本单元,由农田防护林网、水渠等相互连接,绿洲外缘是由人工建植的条带状防护林体系构成。人工绿洲的种群格局明显,大部分种群都是以独立的斑块存在,如农作物、林地(尤其是防护林网,基本上由纯杨树组成)、人工草地等,绿洲景观类型存在易变性。人工绿洲不仅是一个经济核心区,而且是一个高耗水、高生产力的区域。人类作为系统的主要组分之一,直接参与系统的调控,从而使绿洲具有自然、社会、经济复合体特征。

干旱内陆河的人工绿洲,其发展受自然和人为因素的共同作用。它不仅存在空间上的扩张和迁移,也具有功能的发展和完善,还存在消亡的威胁。对人工绿洲的生产力特征及发育度的评价,要考虑到它的生态和社会经济两个功能,并从灌溉体系的建设状况、水资源的利用水平、植被与生态建设、农业发展程度、社会经济水平和绿洲景观结构等多个方面进行分析评价。这里提到的绿洲发育度是指人类通过水土资源的开发、利用、改造和维护,使具有一定自然生产潜力的天然绿洲向人工绿洲转变的程度,或在不同基质上人类新建绿洲的成熟程度。通过变异系数法、专家打分法、因子分析法和综合评分法对黑河中游地区各绿洲的发育度分析结果表明,发育度强弱顺序是:张掖>临泽>酒泉>高台>金塔,其中,张掖绿洲的发育度远大于平均值0,说明该绿洲的发育度较高,酒泉和临泽绿洲接近0,说明这两个绿洲的发育度处于中间水平,而高台和金塔绿洲的发育度值均为负值,其中金塔绿洲发育度水平最低(表1.3.4)。

表1.3.4 各绿洲景观发育度一级指标算术平均评价值(变异系数法)

	张掖	临泽	高台	金塔	酒泉
①灌溉体系建设	0.096	−0.043	0.044	0.036	−0.134
②水资源利用水平	−0.030	−0.041	−0.065	−0.001	0.137
③植被与生态建设	0.035	0.054	−0.031	−0.013	−0.045
④土壤发育程度	0.233	−0.052	−0.059	−0.057	−0.065
⑤农业生产水平	−0.023	−0.002	−0.035	0.056	0.048
⑥社会经济水平	0.076	0.079	−0.046	−0.057	−0.052
⑦景观结构指标	0.110	0.020	0.008	−0.188	0.050
综合指标值	0.497	0.014	−0.183	−0.223	−0.062

绿洲景观格局是水土资源条件和人为干扰共同作用的产物。绿洲所处的地貌部位、海拔高度决定了绿洲水土资源条件的优劣,如张掖为处在河流冲积扇扇缘的中位绿洲,地表水和地下水资源相对丰富,土层厚而肥沃,同时,该区农业发展历史悠久并且开发程度高,已形成了完善而发达的灌溉渠系,因而景观类型丰富,斑块粒径小而均匀,形状复杂,斑块类型间连接性不高;处于黑河干流沿岸的临泽绿洲、高台绿洲、鼎新绿洲,由于水分条件随距离河流的远近而呈现明显的空间差异,使这些绿洲体现出单调、斑块粒径粗大、斑块聚集度和连接性很高的荒漠绿洲特征;位于山前冲洪积扇上的花寨、高台新坝、酒泉清水和红山等高位新绿洲,受水源条件限制,绿洲规模小,但由于地处祁连山北缘,具有海拔高、温度低、降水多等条件,使绿洲边缘分布有大片草地,加之人工开发时间短,因而绿洲呈大斑块格局出现,景观类型以草地和耕地为主,荒漠类型比例小,斑块密度较低。因此,绿洲景观格局特征也是水土资源条件与开发程度差异的主要标志,是人类对具有农业开发条件的干旱绿洲区进行强烈干扰的结果。

1.3.2.2 下游河岸林天然绿洲

绿洲生态系统包括河岸林和草地生态系统两类(表1.3.5)。干旱荒漠绿洲生态体系是以广袤的戈壁、荒漠景观为基质的镶嵌体,且二者之间存在截然不同的生物作用强度和生产力,使二者之间对比明显。构成绿洲的天然植被主要有沼泽植被、草甸植被及河岸林灌植被等非地带性植被类型,空间分布上沿河流廊道带状分布,部分零散分布于低湿湖盆地带;荒漠绿洲生物种类稀少,种群结构单一,景观类型相对简单。干旱区荒漠绿洲景观是在极其严

表1.3.5 黑河下游荒漠生态系统分类及其结构、功能与利用状况

生态系统	生态子系统	类别	结构	利用状况	功能*
绿洲生态系统	河岸林系统	河岸疏林灌丛结合禾草草甸系统	稀胡杨—柽柳—芦苇+杂类草	保护林与季节性草场	Ⅳ等4级
			胡杨—白刺—黑果枸杞—杂类草		Ⅳ等7级
			沙枣—红柳—芦苇+杂类草	季节性草场	Ⅳ等5级
		河泛地多枝柽柳灌丛、杂草系统	多枝柽柳—杂类草		Ⅳ等6级
	草地系统	河泛地、湖盆低地、沼泽草甸草场	芦苇—杂类草型	草库仑	Ⅲ等5级
			芨芨草+杂类草型		Ⅲ等6级
		细枝盐爪爪+西伯利亚白刺+红砂组		可改善部分为草库仑	Ⅳ等8级
		固定、半固定沙丘灌木小乔木荒漠草场			Ⅲ等7级
戈壁和荒漠生态系统	荒漠	低山草原化荒漠草场	膜果麻黄+沙蒿+戈壁针茅组	保护草场或封育	Ⅳ等8级
		高平原荒漠草场	砾石戈壁小灌木、灌木或小乔木荒漠草场		Ⅳ等8级
					Ⅳ等8级
					Ⅳ等8级
			砂砾质戈壁灌木、小灌木草场		Ⅳ等8级
					Ⅳ等8级
			覆沙戈壁半灌木、灌木荒漠草场组		Ⅳ等8级
					Ⅳ等8级
			盐土盐生半灌木、半灌土草场组		Ⅳ等7级
					Ⅳ等8级
			半固定—流动沙丘灌木组		Ⅲ等5级
					Ⅲ等6级
	戈壁	红砂荒漠		不可利用	Ⅲ等8级
		梭梭—红砂			Ⅲ等8级
		巴丹吉林沙漠区			

注:功能一栏中:Ⅲ—中等牧草重量占60%以上,良等及低等牧草占40%以上;Ⅳ—低等牧草重量占60%以上,中等牧草重量占40%以上;Ⅴ—劣等牧草重量占60%以上;4级草场—产鲜草4500~6000 kg/hm²;5级草场—产鲜草3000~4500 kg/hm²;6级草场—产鲜草1500~3000 kg/hm²;7级草场—产鲜草750~1500 kg/hm²;8级草场—产鲜草750 kg/hm²以下。

酷的自然环境下由外来径流作用的产物,其脆弱性决定了其抗干扰性质。尤其是景观的水源依赖性使其随水资源变化的演变十分显著而深刻,且这种演变发生的范围较大,具有区域性(肖笃宁等,1998;傅伯杰,1995),具体特征如下。

(1)河岸林系统

河岸疏林灌丛结合的禾草草甸系统面积为 1.67×10^5 hm^2,占额济纳旗面积的 6.1%,主要分布在额济纳河两岸。此类林地水分条件好,土壤为沙土、盐化灰棕荒漠土、盐化草甸土、沙质草甸土。河岸林系统包括河岸疏林灌丛结合的禾草草甸系统组和河泛地多枝柽柳灌丛、杂类草系统组两类。植被以乔木胡杨、沙枣建群,该类地产草量高,植被盖度大,是骆驼、羊的良好牧场,也是在冬季的保膘牧场。该系统组根据乔木、灌木结合情况,分为三个类型,即:稀胡杨-柽柳-芦苇+杂类草、胡杨-白刺+黑果枸杞-杂类草、沙枣-红柳-芦苇+杂类草。

稀胡杨-柽柳-芦苇+杂类草面积为 8.25×10^4 hm^2,主要分布于额济纳河岸边,土壤为灰棕漠土。该草场型植物群落中胡杨林多呈条状或斑块状沿河分布,其下常有风积沙,甚至形成沙丘,沙丘上一般红柳、林下生长的苦豆子、芦苇分布最多,其次是甘草呈斑块状分布,整个植物群落盖度为 47.2%,100 m^2 内种数有 5 种。

胡杨-白刺+黑果枸杞-杂类草的面积为 7.25×10^4 hm^2,分布于额济纳河沿岸,土壤为灰棕荒漠土和盐化草甸土。该草场盖度为 30% 左右,100 m^2 内种数有 4 种,群落组成成分比较复杂。小灌木有齿叶白刺、黑果枸杞、唐古特白刺、麻黄,在覆沙的地段有沙拐枣,草本有芨芨草、碱草、芦苇等。胡杨的郁闭度为 0.1~0.2。

沙枣-红柳-芦苇+杂类草面积为 1.20×10^4 hm^2,主要分布于西河河岸的中下游,土壤为沙土。该草场型中灌木占优势,有红柳、枸杞、沙拐枣;伴生草本植物有甘草、骆驼刺、苦豆子等,人工沙枣林长势良好,郁闭度在 0.6 以上;天然沙枣林郁闭度在 0.1 左右。100 m^2 内种数有 9 种。

柽柳灌丛、杂类草系统,面积为 9.41×10^4 hm^2,土壤为沙土、盐化草甸土、盐化灰棕荒漠土。分布于额济纳河岸。该草场组(型)中,多枝柽柳占绝对优势。在盐碱化程度较重的地段,常伴生一些黑果枸杞、西伯利亚白刺等。在沙质程度较重的地段常伴生有沙蒿、苦豆子、麻黄等。在额济纳河中下游,盖度达 40%~60%,100 m^2 内种数有 8 种。

(2)草地生态系统

草地生态系统包括河泛地、湖盆低地、沼泽草甸草场组、细枝盐爪爪+西伯利亚白刺+红砂组和固定、半固定沙丘灌木及小乔木荒漠草场组等三个组。

1)河泛地、湖盆低地、沼泽草甸草场组面积为 2.16×10^5 hm^2,主要分布于古日乃湖、拐子湖、木吉湖、苏泊淖尔及两条河流间的低洼地、戈壁上的低洼地。土壤为盐化草甸土、盐化灰棕荒漠土,有的地段有风积的覆沙,该草场组以高禾草占绝对优势,伴生一些盐生灌木、半灌木。产量较高,是良好的打草场。

2)细枝盐爪爪+西伯利亚白刺+红砂组以细枝盐爪爪占优势,植株一般在 50 cm 以下,群落比较密集,植被盖度在 10% 以上,在保存良好的地段,盖度可达 40%。该草场型植物种类组成简单,100 m^2 内种数有 5 种。常伴生有西伯利亚白刺、红砂等。

3)固定、半固定沙丘灌木、小乔木荒漠草场组面积为 3.59×10^5 hm^2,主要分布于巴丹吉林沙漠边缘的固定沙丘、半固定沙丘、沙地上,土壤为沙土。植被盖度变化较大,为 7%~

30%。产草量较高,利用价值较大,一年四季都可以放牧利用,是骆驼的良好放牧场。

1.3.2.3 荒漠—绿洲过渡带

绿洲与荒漠之间存在一个"过渡带",既有荒漠系统的影响,又有到绿洲系统的支持,人为活动的干扰,往往出现灌丛沙堆和荒漠植被共存的景观。从生境条件和生态功能来看,过渡带既提供了荒漠野生动植物的栖息地,又是保护绿洲生态安全的屏障。由于过渡带更多是绿洲存在的结果,故此归于该部分进行阐述。

荒漠—绿洲过渡带在维护绿洲生态安全方面具有不可替代的作用。黑河流域荒漠—绿洲过渡带一般可分为两种类型,即绿洲—沙漠过渡带和绿洲—戈壁过渡带。绿洲—沙漠过渡带长期受到风沙危害,生态系统比较脆弱。其植被类型从绿洲至沙漠依次可分为半人工植被和天然植被。半人工植被包括梭梭、花棒、甘蒙锦鸡儿等,这类植被在人工栽植时期灌水 3~4 次,当成活以后就靠降水和地下水来维持生存。天然植被以泡泡刺为主,在沙埋的作用下泡泡刺产生大量的不定根,扩大对水分的吸收面积,同时也提高繁殖能力。其次,每年的雨季还有碱蓬(Suaeda glauca)等一年生植物生长,这些植物靠降水来维持生命。绿洲—戈壁过渡带的物种比较单一,靠近绿洲是由泡泡刺灌丛沙堆和红砂组成的优势群落,群落总盖度在 3%~5%。泡泡刺受地表径流和地下水的控制,具有明显的空间分布格局,而红砂呈随机分布,表现出更强的耐旱性,整个生态系统相对稳定。在远离绿洲的区域,泡泡刺种群逐渐退出。

从气候条件看,过渡带天然植被处于不连续的斑块状分布。在较小的尺度上,生境条件起到了明显的作用。图 1.3.1 反映了过渡带优势植物种泡泡刺的空间分布格局,从图中看出,泡泡刺在沙埋的作用下形成大小不等的沙堆,戈壁生境中的灌丛沙堆趋向于斑块小、密度大、空间自相关距离短,而沙漠生境中的结果则相反。过渡带半人工植被在栽植初期受人为控制呈均匀分布或条带分布,20 a 后,虽然有其他物种的入侵,如在人工梭梭林内出现泡泡刺、花棒、锦鸡儿等,在干旱的环境条件下,演替速率非常慢,还不能改变它原有的分布格局。

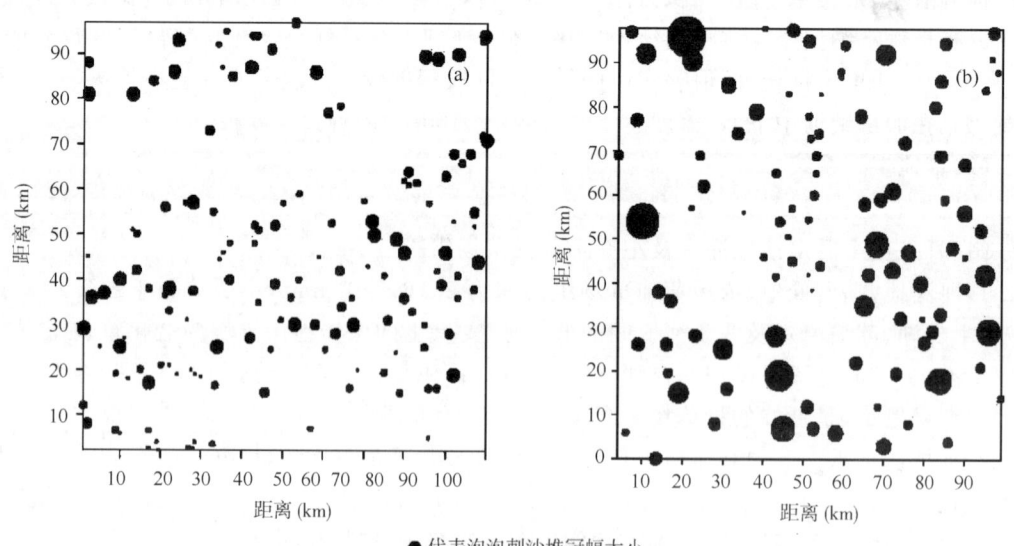

● 代表泡泡刺沙堆冠幅大小

图 1.3.1　样地内泡泡刺沙堆的空间分布图
(a)戈壁生境;(b)沙漠生境

荒漠绿洲过渡带地下水位和相对湿度均高于荒漠区。不同类型的旱生植物(包括泌盐、储水、高渗透压、枝叶肉质化、枝叶极度缩小等)普遍存在。群落的生活型组成以旱生的灌木、半灌木为主，在雨季还有大量的一年生植物存在，群落盖度较高，也为一些荒漠动物提供了较好的栖息地。过渡带植被(天然和人工)能够明显地降低风速和近地层输沙率(表1.3.6，表1.3.7)，保护和提高过渡带植被覆盖率是阻止风沙危害的有效途径，植被建立可以改变小气候环境，阻止沙地表层蒸发，使得表沙层含水量提高，沙粒之间黏性增强，提高了抗风蚀的能力。

表1.3.6 绿洲与流动沙丘防护林体系的输沙率特征 (单位：g/(m²·s))

年份	断面位置	流动沙丘	2 a龄梭梭固沙区	20 a龄梭梭固沙区	农田林网内
2002	0~20 cm	9.47±0.49	1.78±0.40	0.17±0.08	0.03±0.02
2003	0~20 cm	6.68±0.31	2.95±0.62	0.07±0.02	0.03±0.01

表1.3.7 绿洲与流动沙丘防护林体系的风速特征 (单位：m/s)

年份	观测高度(cm)	流动沙丘	2 a龄梭梭固沙区	20 a龄梭梭固沙林地	农田林网内
2002	20	8.7±0.29	7.1±0.15	4.1±0.22	2.8±0.13
	200	10.4±0.27	9.1±0.18	3.3±0.12	4.3±0.23
2003	20	7.9±0.67	7.3±1.36	1.9±0.51	2.2±0.80
	200	9.9±0.95	8.9±1.76	3.1±0.59	4.8±1.15

1.3.2.4 巴丹吉林沙漠边缘湖盆绿洲

在沙漠的西部和北部边缘分布有面积较大的湖盆，如北部的拐子湖湖盆，东西延伸长约100 km，宽6 km，西部的古日乃湖湖盆作南北延伸，长约180 km，宽10 km。它们的形成与古水系有关，或为古代水系网的一部分，其后受到风蚀等作用的影响，使之扩大加深而成。湖盆中仅个别低凹处有不厚的现代湖泊沉积，反映其前身并非湖泊，而是河床。这两个大湖盆共同的特征是：

①只有局部地方积水，湖水矿化度高(4.5 g/L)，水质差，土壤一般均盐渍化；

②湖盆边缘均有台地，如拐子湖南缘有两级台地，第一级高30~40 m，第二级高20 m，古日乃湖湖滨台地高度也在20 m左右；

③湖盆中心至湖盆边缘都具有明显的带状变化的特色，即湖盆底部局部积水，普遍生长芦苇等，湖缘或为芨芨草、梭梭(如拐子湖)，或为白刺沙堆、梭梭林(如古日乃湖)，外则为沙丘，唯拐子湖北缘为戈壁，已无沙丘的分布；

④梭梭林在巴丹吉林沙漠边缘有较广泛的分布，面积约有3.00×10⁵ hm²，主要在古鲁乃湖、库乃头庙、拐子湖附近等地，由于这些地区或处于湖盆周围，或处于洪积平原及干三角洲前缘潜水位较高的地带，水分条件较好，所以梭梭生长较好或成片分布，成为巴丹吉林沙漠边缘地区主要的天然绿洲。

巴丹吉林沙漠中高大沙山之间有较多的丘间湖分布，因其属于巴丹吉林沙漠的整体部分且面积通常不大，可纳入荒漠生态系统中。

1.3.3 荒漠系统

在强烈的大陆气候和区域小气候共同作用下，荒漠形成很多种具有明显差异的生境类型,如按基质可分为沙质荒漠、砾质荒漠、壤质荒漠、黏土荒漠和岩石荒漠等。这些不同基质的荒漠生境,其植被也有较大的差别。荒漠植被在空间分布上极端不均匀,从完全裸露到极度稀疏,进而造成不同程度集结成丛或密集斑块的分布格局普遍存在。通常较稠密的斑块所占面积比例很小,绝大部分处于裸露和稀疏散生的状态。极端干旱的气候和贫瘠多盐的土壤条件,限制了荒漠植物的生长、发育和分布,造成植物种类贫乏,植被结构简单,景观类型单调。在广阔的沙漠和戈壁土地上,所有高等植物不超过 150 种,其中绝大部分是生长缓慢、株形矮小的旱生灌木和半灌木,植被覆盖度较低。

1.3.3.1 黑河中游荒漠

黑河中游地区从东至西,其降水量逐渐减少,相应的植被系统也发生了明显的变化。于 2001 年 8 月分别在永昌、山丹、张掖、临泽、高台和酒泉等地选择 10 个荒漠样地,在每块样地上布设 3 条 1 m×100 m 的平行样线(小样方为 1 m×1 m),样线相距 50～100 m,调查每个样方内的植被种类、盖度、高度、密度以及根径等。数据分析结果表明:沿调查样线(从永昌到酒泉),降水量呈递减趋势,相应的植被盖度也呈递减趋势,但是在小尺度上并不完全符合这种规律,这可能与局地地形和人为干扰有关。例如,在山丹和张掖的调查样地更靠近祁连山山脉,受山前径流影响大,土壤水分较好,植被盖度相对较高。而临泽和高台等地,由于降水量很少,加之放牧等干扰,植被盖度较低。植被高度和密度在整个样线上无明显变化规律,平均高度在 10 cm 左右,平均密度为 20 株/m^2。

黑河中游荒漠生态系统的物种贫乏,在黑河中游沿山丹至酒泉依次调查的 10 个 1 km^2 的荒漠植被样地,调查结果表明,样地内最多物种数为 35 种/km^2(表 1.3.8);然而,尽管荒漠植被物种丰富度不高,但却含有大量古老残遗物种,分布于这里的植物很多是第三纪,甚至是白垩纪的残遗种,如棉刺属(*Potaninia*)等是这里发育的一些本地特有种之一。

表 1.3.8 荒漠区主要物种及其丰富度

中名	学名	样方中出现的频率(%)
珍珠	*Salsola passerina*	35.5
白茎盐生草	*Halogeton arachnoideus* Miq.	52.6
红砂	*Reaumuria soongorica* Maxim	7.4
紫菀木	*Asterothamnus alyssoides* Novopokr	5.8
碱蓬	*Suaeda glauca* Bunge	29.7
合头草	*Sympegma regelii* Bunge	24.2
大蓟萝蒿	*Artemisia anethifolia* Weber	20.7
猪毛蒿	*Artemisia scoparaia* Waldst	35.7
草麻黄	*Ephedra sinica* Stapf	7.3
泡泡刺	*Nitraria sphaerocarpa* Maxim	0.2
拐轴雅葱	*Scorzonera muriculata* Chang	6.3
大籽蒿	*Artemisia sieversiana* Willd	0.1
猪毛菜	*Salsola collina* Pall.	2.8
骆驼蓬	*Peganum harmala* Linn	0.1
香叶蒿	*Artemisia rutifolia* Steph	0.8
尖头叶藜	*Chenopodium acuminatum* Willd	1.4
狗尾草	*Setaria viridis* Beauv	10
蝎虎霸王	*Zygophyllam mueronatum*	4.6
丝颖针茅	*Stipa capilcea* Keng	0.6

(续表)

中名	学名	样方中出现的频率(%)
白刺	*Nitraria tangutorum* Bobr	0.3
甘蒙锦鸡儿	*Caragana opulens* kom	1.4
二裂棘豆	*Oxytropis biloba* Suposhn	2.1
鹅绒藤	*Cynanchum chinense* R.	10
阿尔泰狗娃花	*Heteropappus altaicus* Noyopokr	2.9
冷蒿	*Artemisia frigida* Willd	1.5
长矛黄芪	*Astragalus macrotrichus* Pet	0.4
栉叶蒿	*Neopallasis pectinata* Poak	0.8
刺旋花	*Convolvulus tragacanthoides* Turcz	3.5
紫筒草	*Stenosolenium saxatile* Turcz	0.4

注：此表为 3000 个 $1\ m \times 1\ m$ 小样方的统计数据。

由于在地形、土壤、小气候和干扰等的作用下，荒漠植被在不同的尺度上表现出较大的差异，即存在空间分布格局的尺度依赖性。对黑河中游荒漠区从东（山丹县）至西（酒泉市）随机选择的 10 个面积为 $1\ km^2$ 受人为干扰较小的样地在 6 个尺度上（$1\ m^2$、$10\ m^2$、$100\ m^2$、$1000\ m^2$、$10000\ m^2$、$1\ km^2$）物种多样性调查数据进行分析，结果表明：在小尺度上（$<100\ m^2$），荒漠植被物种多样性对尺度的依赖性显著，随尺度增大其空间依赖性减弱；在荒漠地区，当空间尺度放大，其生境替换速率慢，在 $1\ km^2$ 尺度上很少有新的生境出现，因为决定荒漠生境特点的因素除了受控于气候条件外，土壤质地也是主要影响因子，如沙质荒漠、砾质荒漠、壤土荒漠、黏土荒漠和岩石荒漠等，不同土壤质地的荒漠，分布的植物种类及多样性有较大的差别，但这类生境变化尺度远远超出 $1\ km^2$。在内陆河流域的荒漠地区生长着以红砂（*Reaumuria soongorica*（*Pall.*）Maxim.）、珍珠（*Salsola passerina*）等超旱生植物为优势种的荒漠植被，尽管其低矮、生长量小，但经过长期地适应进化，对干旱荒漠具有很强的适应性，同时也形成了比较独特的分布格局。从气候条件看，地带性植被呈不连续的斑块状分布。

荒漠植被的物种相对贫乏，在地带性气候作用下，一般呈斑块状格局分布。在没有人为干扰的情况下，荒漠生态系统比较稳定，但是该植被系统一旦被破坏，重新恢复是非常困难的，而且需要很长的时间。除人为干扰外，荒漠植被的稳定性还受到沙埋和地下水埋深变化的控制。以荒漠典型植物白刺为例，在戈壁生境中，水分条件是白刺属植物生长的主要制约因素，白刺种群的自然消长不但受降水的影响，而且地下水埋深变化也极大地制约群落的发育。当地下水埋深下降至 10 m 以下，土壤趋于干燥，从白刺的演替过程来看，白刺进入发育盛期，生态位变宽，其他种类相继衰退（杨自辉等，2000）。在沙漠生境中，沙埋是白刺种群生长发育的有利条件，沙埋枝条产生不定根，扩大了白刺根系的水分和养分吸收面积。

1.3.3.2 黑河下游荒漠

黑河下游额济纳旗属于阿拉善高原西部，地形较平坦，整个地势南高北低，坡降 $1/1000 \sim 1/1500$，海拔高度 $900 \sim 1100$ m。中部湖积和洪、冲积平原绿洲生态系统，位于额济纳旗中部，其地貌类型呈南北条状分布。平原区北部邻近国境线，湖泊聚集，是居延海湖积平原，这里海拔最低，不足 900 m。西南部和东部准平原化戈壁和荒漠草原生态系统，西南部低山、残丘是阿拉善高原西部马鬃山和北山的东段和北缘。

额济纳旗荒漠植被属于亚非荒漠区、亚洲中部亚区、中央戈壁荒漠省的额济纳荒漠州与阿拉善荒漠省的西阿拉善荒漠州。植被的主要群落是红沙荒漠，砾石戈壁上为膜果麻黄、霸王，覆沙戈壁上为泡泡刺，石质低山残丘上为合头藜、短叶假木贼，山丘间谷地有麻黄、沙拐枣、霸王、西伯利亚白刺群落，本地植被的垂直带分布不明显，仅在西部的马鬃山海拔1600 m以上和东部的雅干山海拔1500 m以上，出现戈壁针茅、荒漠细柄茅、多根葱、耆状亚菊等植物的草原化荒漠。地带性土类有灰棕漠土、灰漠土、风沙土，灰棕漠土是温带荒漠地带性土壤，在额济纳旗普遍分布。根据该地区的植被、土壤和水分条件将其划分为荒漠和戈壁。

高平原荒漠类面积为 1.90×10^6 hm^2，分布在广大的冲积平原戈壁滩上，是本地面积最大的一类草场，土壤为石膏灰棕荒漠土、粗骨性灰棕荒漠土、灰棕荒漠土、沙土、盐土。砾石戈壁小灌木、灌木或小乔木荒漠草场面积较大，占该草场类的73.8%。小面积的覆沙戈壁上生长有沙拐枣、沙蒿群落；盐土戈壁上生长有柽柳灌丛、盐爪爪、齿叶白刺群落；在固定、半固定的沙丘上生长有梭梭、小果白刺群落。该类型包括：Ⅰ.砾石戈壁小灌木、灌木或小乔木荒漠草场组；Ⅱ.砂砾质戈壁灌木、小灌木草场组；Ⅲ.覆沙戈壁半灌木、灌木荒漠草场组；Ⅳ.盐土盐生半灌木、灌木草场组；Ⅴ.半固定—流动沙丘灌木组，共5组13种草场类型。

戈壁类上生长着红砂，在地下水位较高的地段有梭梭生长，砂砾质戈壁上生长有泡泡刺、麻黄等群落。砾石戈壁的面积较大，分布于砾石戈壁上，土壤为石膏灰棕荒漠土和灰棕荒漠土，土壤瘠薄，植物生长不良，盖度小，其中包括红砂荒漠和梭梭—红砂两种类型。

红砂戈壁荒漠面积为 4.32×10^6 hm^2，占本组面积的67.2%，分布于额济纳全旗砾石戈壁滩，土壤为石膏灰棕荒漠土或灰棕荒漠土。有的地段整个砾石戈壁滩的积水线以上只生长红砂一种植物。在有覆沙的大冲沟中，常伴生泡泡刺、沙拐枣、霸王；在较低的地段常伴生一些盐生植物和耐盐植物，如珍珠、柽柳、黑果枸杞，有的地段原来生长一些梭梭，但由于居民烧柴，几乎被砍光，现在尚存一些残余，植被由红砂所代替，且生长良好，该草场型植被盖度低于5%。

梭梭—红砂戈壁荒漠面积为 1.59×10^6 hm^2，分布于赛汉陶来的西部和达镇的东部山前冲积平原上。在地下水位较高的地段，大的冲沟、古代干河床及覆沙戈壁为该草场型的主要分布地。该草场型植被盖度为5%~10%，100 m^{2}内种数为3~7种，全为灌丛产量灰绿色疏林状的梭梭，常与红砂伴生。在沙质程度较大的地段，常伴生有泡泡刺、霸王、沙拐枣、沙蒿；在山前洪积扇上，伴生有合头藜、雾冰藜、沙蒿等。在水分较好的地段，还有红柳出现。

1.3.3.3 巴丹吉林沙漠

巴丹吉林沙漠位于黑河下游，弱水东岸的古日乃湖以东，宗乃山和雅布赖山以西，拐子湖以南，北大山以北的地区，面积为 4.92×10^4 km^2。巴丹吉林沙漠以流动沙丘为主，流动沙丘占整个沙漠面积的83%。巴丹吉林沙漠主要发育了新月形沙丘、新月形沙丘链、复合型新月形沙垄和星状沙丘等地貌形态。新月形沙丘及沙丘链主要分布在沙漠的西北部，复合新月形沙垄分布在沙漠腹地和南部，星状沙丘主要分布在沙漠南部地区。对巴丹吉林沙漠来说，其具有以下主要特征(朱震达等，1980)。

(1)复合、复杂新月形沙垄(沙山)密集分布，其面积约占沙漠总面积的61%，主要集中在沙漠中部，一般高200~300 m，最高可达500 m。按其形态特征可以分成为三种：第一种为迎风坡具有叠置沙丘的复合型沙垄；第二种也为巨大的沙垄，但迎风坡上无明显的叠置沙丘链；第三种为星状沙丘，主要分布在沙漠南部及东部邻近山岭的地带，特别是在山岭的迎风面。

（2）巴丹吉林沙漠虽然以流沙为主，但在这些沙丘及沙山上仍生长有稀疏的植物，在沙山上有稀疏植物占据的地段约占整个沙山面积的 1/3 左右。植物主要分布在迎风坡和背风坡下部，有时也可见于斜坡的上部。植物成分在东西部亦有差别，西部主要有沙拐枣、籽蒿、花棒、霸王（*Zygophyllun xanthoxylon*）、麻黄、木蓼（*Atraphaxis frutescens*）等。而在沙漠东部主要为籽蒿和沙竹，沙拐枣已不占重要地位，麻黄、霸王、木蓼等向东逐渐减少。

（3）湖泊/海子分布于高大沙山之间的丘间地，共有 144 个之多，面积一般小于 1 km²，其中面积最大的为 1.5 km²，最大深度达 6.2 m（如巴丹吉林庙以西 40 km 的伊和扎格德海子），主要集中分布在沙漠的东南部，北部及西部分布较少。由于强烈蒸发，湖泊累积盐分，矿化度高，多为咸水，不能饮用或灌溉。但在湖盆边缘及有些小湖的中心都有泉水出露，流向湖内，均系沙丘水，受大气降水及凝结水的补给，或成下降泉的形式，或成上升泉，水质较好，大多数为矿化度小于 1 g/L 的淡水，可供饮用。自然景观呈现出同心圆环状分异的特征，中心为海子，湖水矿化度很高，如巴丹吉林庙以东的他马义克海子，矿化度达 8.64 g/L。海子周围为沼泽化草甸，地下水埋深不到 1 m，植物低矮而密，主要为海韭菜（*Triglochin maritimum*）、海乳草（*Glaux maritima*）和鸡爪芦（*Aeluropus litoralis*）等，往外为盐生草甸，地下水埋深 1 m 左右，主要为芦苇及芨芨草等。再往外则为白刺沙堆，并生长有沙蒿，地下水埋深超过 3 m。湖盆的最外缘为固定、半固定沙丘，并与流沙相连。目前这些湖盆主要利用作为放牧，沙漠中两个固定居民点——上巴丹吉林庙和音德尔图也都分布在湖盆中。

第 2 章 黑河流域水系统

2.1 黑河流域水系与水文地质概况

黑河水系的集水区域位于 $96°42'\sim102°04'$E，$39°45'\sim42°40'$N。黑河干流上游分东、西两支，分别发源于青海省境内祁连山山脉托勒南山和冷龙岭，上游东支八宝河，长约 75 km，西支即干流黑河，长约 175 km，这两股干流在青海省祁连县黄藏寺汇合后进入甘肃省境内，流经出山口莺落峡进入张掖灌区，至金塔县又有讨赖河汇入（因鸳鸯池水库的修建，现已成单独流域）。黑河干流经正义峡流入内蒙古自治区额济纳旗，最后汇入居延海。流域内有大小河流 39 条，主要支流有山丹马营河、民乐洪水河、大渚马河、梨园河、酒泉马营河、丰乐河、酒泉洪水河及讨赖河，这些河流均有独立的出山口，大都修建拦蓄工程，大部分径流被农业引灌，下游基本为季节性河流。黑河流域的水资源除天然降水补给外，还主要靠泉流、潜流和祁连山冰川的融水补充。黑河干流从祁连山发源地到尾闾居延海，全长约 819 km，流域面积约 11.4 万 km^2。

根据近代地表水、地下水的水力联系，黑河流域可划分为东、中、西三个子水系。其中西部水系为洪水河、讨赖河水系，归宿于金塔盆地；中部为马营河、丰乐河诸小河水系，归宿于明花、高台盐池；东部子水系包括黑河干流、梨园河及东起山丹瓷窑口、西至高台黑大板河的 20 多条小河流，总面积 6811 km^2。流域中集水面积大于 100 km^2 的河流约 18 条，地表径流量大于 0.10 亿 m^3 的河流有 24 条，在山区形成的地表径流总量为 36.32 亿 m^3，其中东部子水系出山径流量 24.75 亿 m^3，包括干流莺落峡出山径流 15.50 亿 m^3，梨园河出山径流量 2.32 亿 m^3，其他沿山支流 6.93 亿 m^3。流域地表水时空分布规律主要取决于祁连山大气降水和冰雪融水的时空分布以及祁连山区水文气象垂直分带性、下垫面条件等。一般来说，出山径流年内分配与降水过程和高温季节基本一致，径流量与降水量集中于暖季，春季以冰雪融水和地下水补给为主，夏秋季以降水补给为主，具有春汛、夏洪、秋平、冬枯的特点。年内变化受气温、森林植被的影响，呈明显的周期规律，冬春枯水季节为 10 月至翌年 3 月，其径流量占年径流总量的 19.73%，降水基本以固态形式存在，占年降水量的 5%～10%。春末夏初，随气温升高，地表径流量上升，占全年总流量的 24.55%，雨季（7—9 月）降水量迅速增加，冰川融水量增大，地表径流达 55.71%（蓝永超等，1999a；胡兴林，2000）。

与其他河西内陆河流相同，祁连山区是黑河流域地表径流的形成区，中游走廊平原区为径流利用区，下游尾闾湖部为径流消耗区。由于山区冰川、积雪和冻土等与气温密切相关的水文要素的存在，除受大气降水补给外，径流对气温的变化亦非常敏感。径流年内分配不均匀，由于受祁连山区降水和融冰化雪补给。径流变幅比单一降水补给型小，径流量的大小受降水、融冰及森林植被覆盖度等影响。黑河干流出山口莺落峡以上的上游山区流域位于祁连山中部北坡,东至石羊河水系西大河的源头,西以黑山与疏勒河水系为界,黑河上游流域东西几乎横跨整个河西走廊。上游东西两支是与山脉走向平行的纵向河谷。在同一高度带上,西支降水大于东支,西支源远流长,是黑河的主流。根据水文、气象观测记录,流域内多年平均降水量的变化范围从上游(野牛沟站)的401.70 mm到出山口(莺落峡站)减少至175.6 mm,山区降水量随海拔高度的平均递增率为15 mm/100 m。年平均气温变化也很剧烈,从出山口到上游,平均递减率为0.80 ℃/100 m。山区流域集水面积10 009 km²,海拔高度1700～4823 m,流域平均高程3608 m。山区流域50%的地区分布在海拔3700 m以上的地带;西支平均海拔高度为3860 m,东支为3600 m。由于东西相距甚远,降水系统不仅相同,流域西部主要受西风环流的影响,东部受西南和东南季风的影响。流域内干支流及出山口设有祁连、扎马什克和莺落峡3个水文站,祁连、野牛沟2个国家二级气象站和俄博一个雨量观测点(1997年后撤消)。此外,流域西北部分水岭外附近还有1个国家二级气象站——托勒气象站(表2.1.1)。

表2.1.1 黑河山区流域水文站、气象站及其特征值

测站类型	站名	经度(E)	纬度(N)	海拔高度(m)	集水面积(km²)	起止年限(年)
气象站	祁连	38°25′	99°35′	2788.5		1957—2006
	野牛沟	38°42′	99°58′	3320.0		1957—2006
	托勒	99.37	38°30′	2311.8		1957—2006
水文站	祁连	100°14′	38°12′	2788.5	2452	1957—2006
	扎马什克	99°59′	38°14′	3320.0	4589	1957—2006
	莺落峡	100°11′	38°48′	1700.0	10 009	1945—2006

黑河流域地下水受地质构造条件和自然地理环境制约,且高山区由于降水较多,成为水资源的发源地;走廊区相对沉降的大型构造盆地,堆积着巨厚的第四纪松散地层,汇集和蕴藏着丰富的地下水。在大地构造控制和晚近地质时期新构造运动的影响下,形成了由南而北平行排列的、与大地构造格架吻合的3个明显不同的自然地理—构造单元:南部祁连山褶皱断裂强烈隆升带、中部新生代强烈沉降带、北部北大山褶皱断裂缓慢隆升带。其水文地质条件因地理位置、气候和地质构造条件的不同而各具特点。

2.1.1 祁连山区

祁连山区东起乌鞘岭,西至党金山口,东西长约800 km。祁连山褶皱带大致沿北西西—南东东方向延伸,经加里东运动和海西运动,岩层大多褶皱变形,阿尔卑斯期经过多次断块隆起,构造活动极其强烈,经最后的昆仑运动,始形成今日之巍峨高山,并成为走廊地区第四纪以来沉积物质的主要来源。祁连山山体自第四纪以来,剧烈上升,受历次构造运动的影响,山体侵蚀及堆积作用强烈。主要地貌类型有:高山、中山、山间盆地与宽谷,以及山前区的低山、红土丘陵等。

在构造上属祁连山地向斜北褶皱带,在地貌上属中、高山地形,海拔高度大部分在3000～6000 m,海拔4500 m以上终年积雪,有冰川发育。由于地势高,水文、气象分带规律明显,降水比较丰富且随海拔高程而增加,大部分地区年降水量为300～700 mm。但祁连山前山丘陵区,气候干旱,年降水量不足300 mm。山区的降水除部分蒸发外,其余则转化为地表和

地下径流,汇集于河道流出山外,成为山前平原水资源的主要来源。山区地下水的含水层主要是互有水力联系的岩石风化裂隙、风化—构造裂隙和断裂破碎带,主要为循环积极的裂隙水类型,通常只形成一个与地表自由相通的含水层,直接接受降水和冰雪融水的补给,并排泄于地表河网。其富水性除与裂隙发育程度和断裂破碎带规模有关外,还取决于地势和降水量。如在降水充沛的中高山地区和顺断裂带发育的河谷盆地,地下水丰富;在断裂构造比较发育的中低山,蓄水性则中等;在气候干旱的祁连山西部和前山低山区,地下水则贫乏。

2.1.2　北山地区

阿拉善地台和北山断块带濒临祁连山大地槽以北,以前寒武纪变质岩为基底,形成了一些小型的陷落盆地,并沉积了石炭纪、侏罗纪、白垩纪及第三纪地层,地台受地壳运动影响不显著,整个地区长期相对稳定并趋于准平原化。

走廊北山系长期剥蚀的中山、低山和残丘,成东西走向,断续分布。龙首山在北山东段,系剥蚀的中山和低山,高度和景观同于祁连山的亚高山地带,山体南坡陡峭,北坡较缓,从地质构造上看应属于阿拉善台块边缘褶皱带,以逆断层和走廊高平原相接触,成为褶皱断块山;合黎山是一座石质干燥剥蚀低山,上覆侏罗纪、白垩纪和第三纪地层,风化剥蚀后成为崎岖不平、相对高差 500 m 以下的低山,山麓有沙砾质倾斜高原,有的地段有流动沙丘覆盖;马鬃山区为准平原化的干燥剥蚀山地,只有中部褶皱断裂隆升为中山、低山,马鬃山顶峰海拔高度 2583 m,其余地方以准平原化的高地和剥蚀洪积滩地为地面主要结构,其二级地貌区有:马鬃山中、低山,马鬃山区东南部基岩戈壁高平原低山与滩地,马鬃山区西南部基岩戈壁高平原与滩地,马鬃山区北部准平原化低山与滩地。阿拉善高原是古生代以来剥蚀堆积、缓和起伏的古老地块,以剥蚀低山残丘与覆盖着第四纪沉积物的山间戈壁、沙漠为主。发源于高平原区的沟谷常年干涸,只在大雨之际有暂时性洪流下泄,其后干燥,剥蚀剧烈。

2.1.3　走廊平原区

河西走廊坳陷是与祁连山隆起相毗连的山前坳陷,开始于二叠纪、三叠纪,至侏罗纪大量接受沉积,晚第三纪以前,从祁连山冲刷下来的砾石覆盖了河西走廊的大部分地面,区内受构造褶皱影响,隆升了一些构造山体,如玉门镇以东的宽坦山、黑山,山丹城东的绣花庙、熊子山、大黄山等,它们把区内分隔成若干不相连贯的盆地。山丹、民乐盆地、张掖、酒泉盆地为南盆地,金塔、鼎新盆地为北盆地。

从祁连山和北山冲刷下来的沙砾物质覆盖了走廊的大部分地面,受搬运距离和重力影响,冲积、洪积物呈明显的分选规律,使地貌结构成带状分布:①南山北麓坡积带,地面物质组成为大粒径的碎石和类黄土物质;②洪积扇带,为山前洪积坡积扇裙,由 3~4 个叠置的洪积扇组成,往北逐渐合聚为一,地面物质组成为粗粒质;③洪积冲积带,为山前洪积倾斜平原,分布于中央坳陷带,沉积物一般厚 300~700 m,有的达上千米,洪积扇的扇体到此均为较新的冲积洪积层所覆盖,本带沙砾质粒径较小,成层性较好,在洪积扇下部有细土物质沉积;④湖积带,为湖积微倾斜平原,亦称细土平原,沉积地层以黏质沙土和沙质黏土为主,其间夹有沙层透镜体,地下水在冲积洪积带与本带衔接,在扇缘大量溢出,亦称泉水溢出带,在地下水浅藏区形成大片沼泽及盐沼地;⑤北山南麓坡积带,类同于南山北麓坡积带,但规模较小,以干燥剥蚀作用为主导,基本无水流活动,地面物质组成以碎石为主。走廊内部有较大面积的流动沙丘,覆盖在砾石戈壁及河湖滩地上(陈隆亨等,1992)。

2.2 黑河干流水系与径流预测

2.2.1 上游出山径流的变化

根据蓝永超等(2005)的统计,黑河流域共有大、小河流近 30 余条,集水面积大于 100 km^2 的河流约 18 条,地表径流量大于 0.1 亿 m^3 的河流有 24 条。在山区形成的地表径流总量为 36.32 亿 m^3,其中水文站控制部分约占 32.50 亿 m^3,占流域总量的 89.48%。其中,黑河干流与讨赖河是黑河水系最大的两条河流,且观测时间较长,黑河干流出山口莺落峡水文站于 1944 年开始设站观测,距今已有近 70 a 的径流观测序列,讨赖河出山口冰沟水文站于 1948 年开始设站观测,距今也已有 60 余年的径流观测序列。其中,黑河干流多年平均量出山径流 15.50 亿 m^3,山区流域面积 10 009 km^2,分别占黑河水系山区总面积 25 961 km^2 的 38.55% 和出山径流总量的 42.68%,占水文站控制部分山区出山径流总量和流域面积的 47.69% 和 43.83%;讨赖河山区流域面积 6883 km^2,出山径流 6.37 亿 m^3,分别占黑河水系山区总面积的 27.64% 和出山径流总量的 17.54%,占水文站控制部分山区流域总面积和水文站控制部分总量的 30.14% 和 19.60%;二者之和分别占流域山区总面积的 67.84% 和出山径流总量的 60.21%,及水文站控制部分山区流域总面积和水文站控制部分总量的 73.97% 和 67.29%,并且两条河流分别位于流域的东、西两端。无论从集水面积、出山径流量和河流的位置上,这两条河流出山径流的变化基本可以反映整个黑河流域出山径流的变化。因此,本节主要对黑河干流与讨赖河近 50 a 来出山径流的变化特征与趋势进行分析和研究。

黑河出山径流的补给来源有降水、冰雪融水和山区地下水,其中降水是径流最主要的补给来源,河流水量随降水的变化而变化,径流变化过程与降水过程基本对应,来水量主要集中在汛期;高山区的降水基本以固态形式出现,一部分转化为冰川,再由冰川融化补给河流;非汛期河流主要由山区地下水补给。冰雪融水与地下水实际上是大气降水在时空域上的重新分配,其补给量随河流的发源地与地理位置的不同而不同,对于冰雪融水与地下水的补给而言,发源于高山地带的大河流其补给大于发源于浅山区的小河流,发源于祁连山西段的河流其补给大于祁连山东段的河流(表 2.2.1,表 2.2.2,图 2.2.1,图 2.2.2)。

表 2.2.1 黑河水系各河流出山径流年内分配

河流	测站	流域面积 (km^2)	地理位置 经度(E)	地理位置 纬度(N)	1—3 月 (%)	4—5 月 (%)	6—9 月 (%)	10—12 月 (%)	全年 (%)
黑河干流	莺落峡	10 009	100°11′	38°48′	7.11	11.56	68.47	12.86	100
梨园河	肃南	1080	99°38′	38°51′	2.1	7.87	82.21	7.82	100
大渚马河	瓦房城	217	100°31′	38°29′	2.51	11.46	78.14	7.89	100
山丹马营河	李桥水库	619	101°08′	38°31′	1.16	5.76	87.75	5.33	100
丰乐河	丰乐河	568	98°49′	39°21′	1.16	5.76	87.75	5.33	100
讨赖河	冰沟	6883	98°00′	39°36′	15.22	11.64	55.18	17.96	100
酒泉洪水坝河	新地	1574	98°25′	39°34′	0.65	5.75	89.68	3.95	100

表 2.2.2 黑河水系主要河流出山径流多年变化特征

河流	测站	多年平均流量（m³/s）	Cv 值	年最大流量			年最小流量			年极值比
				出现年份	流量（m³/s）	与多年均值比	出现年份	流量（m³/s）	与多年均值比	
黑河干流	莺落峡	49.15	0.17	1989	73.3	1.49	1973	32.4	0.66	2.26
梨园河	肃南	5.39	0.21	1998	8.54	1.58	1968	3.25	0.60	2.63
大渚马河	瓦房城	2.72	0.16	1989	3.57	1.31	1973	2.14	0.79	1.67
马营河	李桥水库	2.35	0.13	1989	2.64	1.12	2001	1.30	0.55	2.03
丰乐河	丰乐河	3.03	0.21	1981	4.12	1.36	1985	2.19	0.72	1.88
讨赖河	冰沟	20.2	0.19	1952	36.2	1.79	1948	14.17	0.73	2.46
洪水坝河	新地	8.16	0.23	1958	12.4	1.52	1956	4.47	0.55	2.77

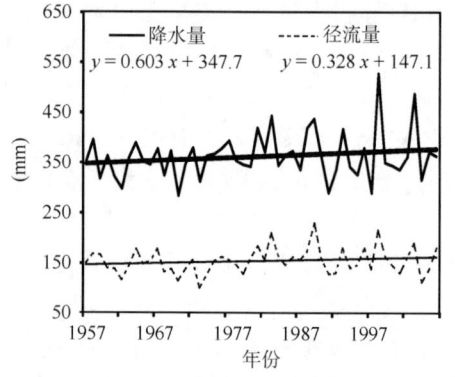
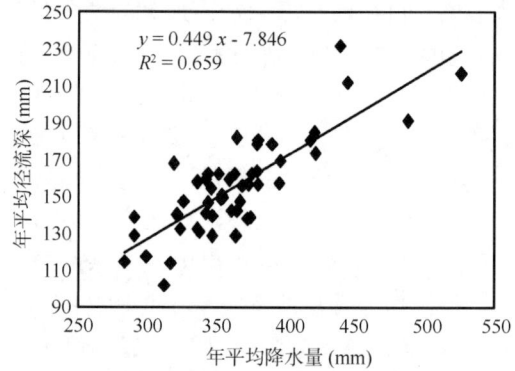

图 2.2.1 黑河山区降水量与径流深年际变化过程　　图 2.2.2 黑河山区年平均降水量与径流深的相关关系

出山径流的时空分布规律，主要取决于山区降水的时空分布、山区水文气象垂直分带性、下垫面条件等。黑河上游祁连山区为流域的地表径流形成区，这里地势高，降水较为丰沛，气温较低，蒸发较弱，高山区有冰川与永久性积雪分布，有利于径流的形成，径流量随集水面积的增大而增大，并在出山口达到最大值。一般来说，内陆河流域山区地表径流的地区分布首先取决于气候因素，其次是地形的高低、坡度和朝向等，另外，与高山冰雪的分布亦有密切的关系（高前兆，1985；1990；赖祖铭，1985；1988；1992a；1992b；杨针娘，1992）。由于出山径流形成于山区，故其地区分布与年降水量的分布大体是一致的，总体而言，二者均与流域的平均海拔有着极密切的正比关系，即径流深从南向北递减，高山区大，平原小，干流莺落峡以上的山区流域为丰水区，出山口的平原和沙漠地区以下为少水区和干涸区。

黑河出山径流的年内分配受补给条件的影响，分布极不均匀（图 2.2.3）。一般规律是：冬季河流封冻，径流靠地下水补给，最小流量出现在2月份，最大流量出现在7月份；1—3月主要为地下水（基流）补给，黑河水系各河流出山径流量仅占年总量的1.16%～15.22%；4—5月主要为季节性融雪径流补给，占5.75%～18.38%；6—9月主要为大气降水补给，占55.18%～89.68%；10—12月为河流退水期，河流水量逐渐减少，来水量占年总量的3.91%～17.69%（表2.2.1，表2.2.2）。从表2.2.2中可以观测到，发源于高海拔地带（深山区）的河流的基流占年径流总量的比例要大于发源于中低海拔地带（浅山区）的河流，面积较大河流的基流占年径流总量的比例要大于面积较小的河流，而发源于中低海拔地带（浅山区）的河流径流的集中程度（6—9月径流占年径流总量的比例）往往要大于面积较大的河流。

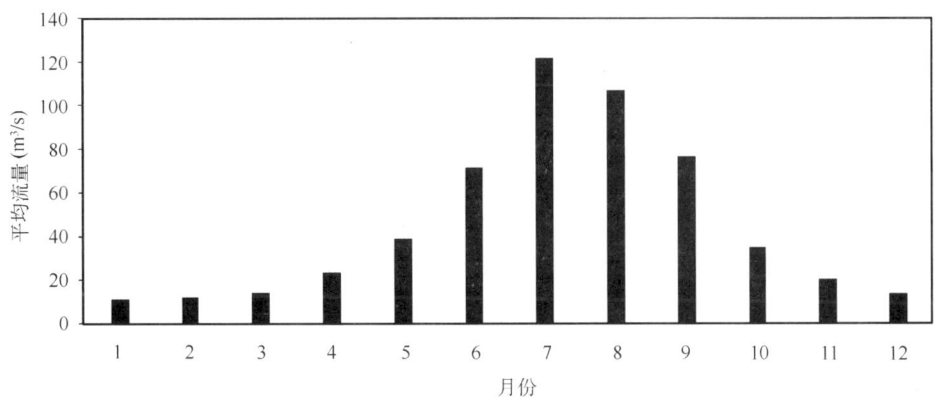

图 2.2.3 黑河干流出山径流年内分配过程

与降水相同，径流年际变化的总体特征也常用变差系数（Cv 值）或年极值比（年最大流量与最小流量之比）来表示。Cv 值反映一个河流或地区径流过程的相对变化程度，Cv 值大表示径流的年际丰枯变化剧烈，对水资源的利用不利，Cv 值小则反之。从黑河水系各河流出山径流的 Cv 值（表 2.2.2）来看，它们的 Cv 值基本在 0.11～0.23，年极值比在 1.67～2.87，反映出黑河流域径流年际变化相对稳定，其主要原因是祁连山冰川融雪径流对年径流的调节作用和祁连山水源涵养林的涵养水分补充，使径流年际变化的振幅明显小于汛期降水补给占更大比例的石羊河水系的河流（表 2.2.2）。

从表 2.2.2 可以观察到，黑河水系各河流出山径流中，主要为大气降水补给的 6—9 月来水占 55.18%～89.68%，出山径流量主要随山区降水的变化而变化。图 2.2.1 中可以观察到，近 50 a 来山区径流深与降水量均呈现出微弱的增长趋势，黑河山区年平均降水量与出山径流高度相关，R^2 达到 0.6821（图 2.2.2），意味着出山径流变化的 68.21% 可以用降水量的变化来解释，表明其他因素如山区地下水、冰雪融水及人类活动对黑河出山径流的影响是次要的。分析表明，山区降水量与径流深的时序 R^2 分别为 0.0084 和 0.0275，均未通过 $\alpha=0.05$ 的显著性检验，所以可以认为，近 50 a 来黑河出山径流与山区降水的变化均无明显的增长趋势，年际变化基本稳定。

径流量的多年变化主要受补给来源与降水量变化的影响（曲耀光等，1992）由于黑河流域的径流基本上为降雨和地下水及高山冰雪融水的混合补给，且流域面积较大，调蓄能力较强，水量变化相对比较稳定，故径流量的丰枯波幅不是很大，Cv 值与年极值比（W_{max}/W_{min}）均小于周边以降雨补给为主的河流（高前兆等，1985；1990；蓝永超等，1999a；胡兴林，2000）。从黑河山区年径流深变化过程线（图 2.2.1）上可以观察到，径流的变化过程具有明显的阶段性。

为便于分析，以平均年径流距平大于 0 为丰水、小于 0 为枯水为标准进行划分径流丰枯阶段的划分，近 60 a 来黑河水系主要出山径流的丰枯变化见表 2.2.3。从该表中可以观察到，60 余年来黑河干流出山径流经历了 3 次比较大的丰枯循环阶段，且每个丰、枯水段的持续时间平均都在 10 a 上下，每个丰、枯水段的均值都在多年均值附近变化，显示出黑河干流出山径流的变化比较平稳。而讨赖河出山径流的丰枯变换比较频繁，不到 60 a 的时间里出现 6 次丰枯循环，且每个枯水段的平均持续时间为 6.33 a，每个丰水段的平均持续时间为

3.67 a,且每个丰枯段丰枯振幅明显大于黑河干流。如前所述,黑河水系这两条河流多年变化过程的差异主要是由于其分别位于黑河流域的东、西两端,所受环流系统的影响不同而造成的。黑河水系主要河流出山径流的丰、枯水段统计及近 60 a 来各年代的丰枯变化见表2.2.3 和表 2.2.4。

表 2.2.3　黑河水系主要河流出山径流丰、枯水段统计

水系	河流	枯水段			丰水段		
		起讫年	年数(a)	径流距平	起讫年	年数(a)	径流距平
讨赖河	冰沟	1948—1950 年	3	−0.14	1951—1953 年	3	0.44
		1954—1957 年	5	−0.11	1958—1959 年	2	0.14
		1960—1965 年	6	−0.10	1966—1967 年	2	0.08
		1968—1970 年	3	−0.07	1971—1972 年	2	0.31
		1973—1980 年	7	−0.03	1981—1983 年	3	0.13
		1984—1997 年	14	−0.13	1998—2007 年	10	0.11
		平均	6.33	−0.10	平均	3.67	0.20
黑河干流	莺落峡	1944—1951 年	8	−0.09	1952—1959 年	8	0.10
		1960—1979 年	20	−0.08	1980—1990 年	11	0.11
		1991—1997 年	7	−0.04	1998—2007	10	0.06
		平均	11.7	−0.07	平均	9.7	0.09

水文要素及影响水文要素的大气环流和气象要素的长期变化,都存在着不同程度的波动现象(黄嘉佑,1984)。以傅立叶分析为基础的谱分析是研究这些波动现象规律性的一种手段。波谱分析方法在时间序列分析中相当于一种非线性自回归模型,可以用来提取周期分量和做周期外延预报。根据这一思路,对黑河干流出山径流年径流量进行功率谱分析、谐波分析及方差分析并进行显著性检验,从中提取出 3 a、6~7 a、11~13 a 和 22~23 a 的主周期。黑河干流出山径流量主要周期特征值见表 2.2.5,利用功率谱与 FFT 谱方法计算出了黑河出山径流的变化周期曲线(图 2.2.4,图 2.2.5)。

表 2.2.4　黑河干流与讨赖河出山径流不同年代的丰枯变化

年代	平均流量(m^3/s)/丰枯程度(距平(%))	
	黑河干流	讨赖河
1940s	44.85/偏枯(−9.33%)	17.6/偏枯(−14.1%)*
1950s	52.63/偏丰(+6.39%)	22.64/偏丰(+10.3%)
1960s	45.77/偏枯(−7.48%)	19.43/偏枯(−0.21%)
1970s	45.59/偏枯(−7.84%)	21.13/偏丰(+8.41%)
1980s	55.26/偏丰(+11.7%)	19.49/偏枯(−5.13%)
1990s	49.80/偏丰(+0.67%)	18.89/偏枯(−7.82%)
2001—2007 年	50.97/偏丰(+3.03%)	23.18/偏丰(+13.1%)
多年平均	49.47	20.49

注:* 仅有 3 a 观测数据。

表 2.2.5　由方差分析选取的黑河干流出山径流量主要周期特征值

序号	原序列分析			新序列分析		
	L	F	$F\alpha$	L	F	$F\alpha$
1	6	2.68	2.0	7	2.09	2.0
2	22	2.05	2.0	22	2.29	2.0
3	3	2.60	2.0	3	2.95	2.0
4	11	2.30	2.0	13	3.20	2.0

注：L 为周期长度(a)；$F\alpha$ 取显著性水平 $\alpha=0.05$。

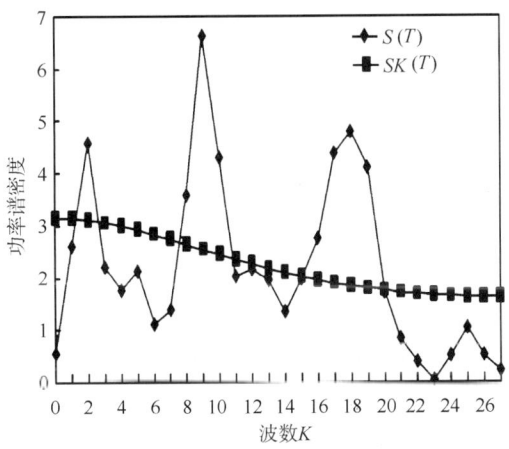

图 2.2.4　黑河干流出山径流功率谱估计曲线图变化周期

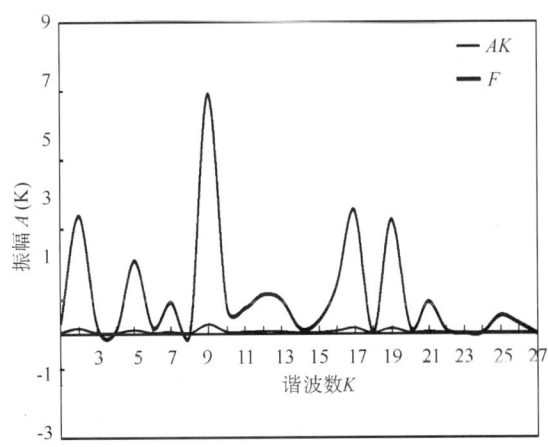

图 2.2.5　利用 FFT 谱所计算出的黑河出山径流的变化周期

黑河干流出山径流量上述变化周期的存在是有一定物理意义的,与副高脊线位置的变化周期、地极移动振幅变化的周期及天体运动规律和太阳黑子强弱变化的中长波周期均有着密切的关系(徐国昌,1981;徐国昌等,1982;陈兴芳,1994;霍世青等,1996)。首先,3 a 及 6～8 a 的变化周期与副高脊线位置的准 3 a 周期(徐国昌等,1982)及地极移动振幅变化的 7 a 左右的周期是一致的,它们均是影响我国西部广大地区降水的重要系统。并且其变化将会引起地球离心力系统的变化,从而造成地球上大气环流及空气质量、水分输送的变化,进而影响水文气象要素的变化。至于 11～12 a、16 a 周期及 22 a 周期的存在,可能与天体运动规律和太阳黑子强弱变化的中长波周期有关(陈兴芳,1994;2000)。研究表明(Herman 等,1978;王云璋等,1997),太阳黑子有 200 a 左右的长周期变化和 22 a、11 a 左右的中短期变化。太阳黑子的活动与气候要素变化及我国大范围旱涝有着密切的关系,因此,黑河干流出山径流量的变化也不例外地要受其影响。当太阳黑子活动增强时。往往是 W 型(纬向)环流发展、E 型(经向)环流减弱的时期;E 型(经向)环流的加强有利于空气南北交换。同时,由于 E 型(经向)环流的加强使青藏高原热低压加强,祁连山东部地区的降水增多,从而使黑河出山径流量增加。反之,E 型(经向)环流减弱,W 型(纬向)环流发展,而使黑河出山径流量减少。有关资料的分析结果还表明,1990 年是太阳活动 22 a 周期的峰年(霍世青等,1996),故 1990 年以后的几年里,随着 E 型(经向)环流的逐渐减弱及 W 型(纬向)环流的不断增强,祁连山东部地区的降水有所减少,从而使黑河流域的径流量在 20 世纪 90 年代总体上呈现一个下降的趋势。但是,受西风环流加强的影响,从 2002 年开始黑河流域的径流量又出现上升的趋势。

2.2.2　黑河干流出山径流的预测

水文现象的发生与发展是一种多因子综合作用的结果,气候是影响其变化的主要因素。在目前西北地区中高山区降水、气温资料稀少的情况下,流域出口断面的径流能比较好地反映中高山区气候环境的变化。但径流的中长期预报预测是自然与科学领域内的一项研究难题。目前就国内外的研究现状而言,由于其复杂性,径流中长期预测研究还处于探索阶段,因而其方法的研究具有十分重要的理论意义和应用价值。目前广泛应用于径流中长期预测的数学方法大致可分为成因预测和统计预测两大类型(陈守煜,1997;金菊良等,2001)。前者是基于研究大气环流、长期天气过程的演变规律和流域下垫面物理状态的确定性预测模型,是径流预测的一个重要发展方向,但离实际应用尚有较大差距。而后者则大多基于模拟实测径流变化过程来建立预测模型。20世纪中期以来,随着水文与计算机等学科的发展,许多具有明确物理意义概念性水文模型已应用于水文预报系统,并取得了许多成果。但这类模型一般结构比较复杂,需要大量的试验和观测资料,且遇见期亦很有限。故在地域辽阔、测站稀少、观测资料不足的地区难以应用。因而,在我国西部,径流的中长期预报和超长期预测中多借助于数理统计方法。

径流预报的水文学模式是以数学方程来模拟和预测被看作过程或系统的自然水文现象,它是一个反演从流域输入到出流的转换模式。从一般系统论的观点来看,若令 x_i 为流域各状态参量的测度,如气温、降水、雪盖等,则流域出流过程满足下述状态方程:

$$\mathrm{d}x_i/\mathrm{d}t = f_i(x_1, x_2, \cdots, x_n) \qquad i = 1, 2, \cdots, n \qquad (2.2.1)$$

位于青藏高原东北侧的祁连山黑河山区流域几十年来的气候波动与其地质时期的大尺度的气候变迁相比可谓是微乎其微,从而在数学上可将其视为在平衡态 x^* 附近的随机涨落波动。若 x^* 为 $\mathrm{d}x_i/\mathrm{d}t=0$ 的解,令 $x_i=\overline{x}_i-x^*$,则上式可在其附近作泰勒级数展开:

$$\mathrm{d}x_i/\mathrm{d}t = \sum_{j=1}^{n} a_{ij} x_i + \sum_{k=1}^{n}\sum_{j=1}^{n} a_{ij}k\ x_j x_j k_j \qquad k = 1, 2, \cdots, n \qquad (2.2.2)$$

考虑到 x^* 附近高阶项作用很小,可将其作为随机误差忽略,故此时方程只剩下线性项的作用,即:

$$\mathrm{d}x_i/\mathrm{d}t = \sum_{j=1}^{n} a\ ij x_j + \varepsilon_i \qquad j = 1, 2, \cdots, n \qquad (2.2.3)$$

由于研究区域地域辽阔,水文、气象及下垫面各种因素错综复杂,要对如此庞大的系统输出进行严密的数学描述是非常困难的,必须对系统作某些概化,才能推求出比较实用的径流模式。这里,我们将径流序列看作一个时间序列,式(2.2.1)显然可概化成如下形式:

$$x(t) = x_T(t) + x_F(t) + x_S(t) + x_R(t) \qquad (2.2.4)$$

这里,$x_T(t)$ 是趋势项,它反映了径流在一个时期内总的变化趋势,只有在具有相当长的观测时才能观察到这种变化。把径流序列相关参数长时期的增长判断为一种发展时,必须参证气候资料,否则就会把低频周期性的一部分理解为趋向性。通过拟合趋势项 $x_T(t)$,可预测径流的长期变化趋势;$x_T(t)$ 是周期项,它反映了径流变化过程中存在着的称之为突变的某种不连续现象。根据突变原因可划分为两类:一类为简单突变,它常发生在径流系统内部,即不考虑系统边界外力影响下或外界气候系统没有的变化情况下出现的突变,这种突变呈规则的周期变化,如径流的年周期变化。另一类突变则正与前者完全相反,这种突变缺乏规律性,如暴雨形成的洪水等。在年、季节和月径流量的分析和预报研究中,可利用径流变化的这一特征。$x_S(t)$是相依随机项,根据随机系统理论(马开玉,1993),剔除了趋势项和周期项的时间序列为平稳序列,故$x_S(t)$反映径流序列中变化非常稳定的那部分,即枯水期径流,因此可用平稳随机序列作出很好的拟合$x_S(t)$。$x_R(t)$为纯随机项,在计算中常作为随机误差处理。

  常用的径流统计预报方法有两类,即多要素综合预报法和周期分析法。前者假定水文要素序列仅受各种前期因子(如降水、气温等)的支配,其他影响可忽略不计,建立前期因子与预报对象间的统计模式;后者则假定水文要素序列是由几个确定的周期波叠加成的发展波动,采用时间序列方法提取若干主要周期以叠加外推作预报。实际上径流序列的变化不仅受气象、天文等各种前期因子的支配,同时又有其自身随时间的演变规律,两者在不同时期、不同条件下的作用大小是不同的(李邦宪,1987)。预报对象的不同和预见期的不同,分别运用了上述两种不同类型的预测预报模式。如灰色拓扑模型、周期外延与逐步回归耦合模型、卡尔曼滤波、混合门限自回归模型等模式。在借助于多要素综合预报模式预报径流时,需首先进行预报因子的筛选,以确定建模需要的与径流变化关系最密切的各种因子。几个黑河预测结果如下。

2.2.2.1 Local Modeling 方法及其在黑河出山径流预测中的应用

  Local Modeling 模型是国际上近年才发展起来的一种新型的动力系统预测方法(J Mc Names 等,1999),属统计预测模型,但在很大程度上弥补了一般统计预测模型的不足。该模型的基本思想是将河流当作一个由流域气象、水文等自然地理状况要素控制的多维非线性动力系统,其中径流量是一个重要的状态因子,认为系统的未来状态即存在于历史数据中,并从中找出和当前系统状态最为相似的状态点,即搜索时间序列历史数据所确定的状态向量空间中与当前状态向量最为邻近点,并利用得到的距离和邻近点的后续状态来估计系统的未来状态。因而该计算方法不但有良好的应用价值,而且有明确的数学理论支持和算法实现。

  将 Local Modeling 方法应用于黑河干流出山径流月平均流量的预测,利用位于出山口的莺落峡水文站各月平均流量观测数据系列,根据上述 Local Modeling 方法的数学原理和计算步骤建立黑河干流月出山径流流量预测模式。通过对黑河干流各月平均流量的相关分析,可以观察到各个月的平均流量与前期 3~4 个月的平均流量有显著的相关关系。因此,可建立系统状态向量$(R_{t+1}, R_t, R_{t-1}, R_{t-2}, R_{t-3})$。并且认为通过前期的 3~4 个月的流量,可以确定控制当前时段的气候气象组合,该组合必然会决定或影响下月河流来水量。本研究应用 1946—1995 年该站逐月流量系列数据建立历史状态空间,进行逐月递推预测,得到了 1996—2000 年黑河干流各月平均流量计算结果(表 2.2.6)(蓝永超等,2004)。由表 2.2.6 可见,利用 Local Modeling 方法建立的西北干旱内陆区黑河干流月径流预测模式所计算的西北干旱内陆区黑河干流 1996—2000 年各月平均流量的 60 个数值中,相对误差超过 20% 的仅有 10 个,占 16.7%,且多集中于汛期,其中误差较大的 3 个计算值出现在发生稀遇特大洪水的 1998 年汛期。根据分析,这种情况主要是模型中未能考虑汛期极值降水的影响所致。其余各计算值与实测值吻合良好,基本符合水文预报规范的要求(中华人民共和国水利部,2000)。因此,可以认为基于 Local Modeling 方法建立的黑河干流月径流预测模式具有较高的计算精度。如果对该模型进行适当改进,加入极值降水的影响和专家经验与决策后,该模型的计算精度可进一步改进,完全可满足生产实际中水文业务预报的需求。

将该模型应用于黑河干流月径流预测,对于非主汛期各月的月平均流量的预测,可直接利用模型进行计算,对于主汛期 6—9 月的月平均流量的预测,可考虑前期来水与预见期内降水的影响及专家经验进行适当校正。由此得到 2001—2002 年黑河干流各月平均流量预测结果(表 2.2.7)(蓝永超等,2004)。

表 2.2.6 黑河莺落峡水文站月平均流量计算结果 (单位:m³/s)

年份	项目	1月	2月	3月	4月	5月	6月	7月	8月	9月	10月	11月	12月
1996	实测	12.8	14.3	15.6	34.3	50.6	68.5	136	192	78.6	39.5	26.1	14.3
	计算	12.3	12.6	14.7	27.9	57.9	79.2	160.1	174.6	90.9	38.2	25.7	15.7
	误差(%)	−3.9	−11.9	−5.8	−18.7	14.4	15.6	17.7	−9.1	15.6	−3.3	−1.5	9.8
1997	实测	15.3	14.3	18.1	29.7	53.9	61.1	113	103	57.3	27.6	18.6	11.7
	计算	14.9	15.6	15.2	28.6	49.2	71.4	134.5	83.6	71.2	30.6	19.5	14.0
	误差(%)	−2.6	9.1	−16.0	−3.7	−8.7	16.9	19.0	18.8	24.2	10.9	4.8	19.7
1998	实测	14.0	14.4	15.7	29.7	44.9	101	203	172	116	53.7	32.7	19.3
	预测	15.5	12.4	15.3	28.6	41.9	136.3	157.4	140.1	79.8	46.3	28	18.1
	误差(%)	10.7	−13.9	−2.5	−3.7	−7.2	35.0	−22.5	−18.5	−31.2	−13.8	−14.3	−6.2
1999	实测	12.7	14.7	18.5	26	30.3	92.1	167	109	67.7	35.5	23.7	16
	计算	13.3	16.6	16.3	27.6	41.9	81.9	145.3	129.2	66.8	34.9	22.2	15.4
	误差(%)	4.7	12.9	11.9	6.2	38.3	−11.1	−13.0	18.5	1.3	−1.7	−6.3	−3.8
2000	实测	15.5	15.7	18.5	28.1	31.3	98.9	91	96.5	75	44.9	23.6	15.5
	计算	13.1	15.8	16.4	26.1	48.5	91.5	103	95.2	73.8	37.2	23.3	14.4
	误差(%)	−15.5	0.6	−11.4	−7.1	55.6	−7.5	13.2	−1.3	−1.6	−17.1	−1.3	−7.1

表 2.2.7 黑河莺落峡水文站月平均流量预测结果 (单位:m³/s)

年份	项目	1月	2月	3月	4月	5月	6月	7月	8月	9月	10月	11月	12月
	多年均值	12.4	13.6	15.7	25.8	41.9	76.9	129.8	115.4	82.0	38.2	22.7	15.4
2001	实测	13.1	16	16.1	23	25.7	41.1	88.3	73.7	117	44.7	22.9	14.1
	预测	13.5	13.5	16.4	26.5	35.6	47.9	103.7	86.0	98.4	38.2	23.2	15.7
	误差(%)	3.0	−15.6	1.86	15.2	35.5	16.5	17.4	16.6	−15.9	−14.5	2.2	11.3
2002	实测	12.1	13	17.4	22.4	39.6	101.8	147	113	67.7	35.1	22.8	16.8
	预测	12.1	13.7	15.5	26.3	45.3	88.5	161.9	135.4	71.5	34.4	23.3	15.7
	误差(%)	0.0	5.4	−10.9	17.4	14.4	−13.7	10.1	19.8	5.6	−1.99	0.2	−6.5

从表 2.2.7 可以看到,基于 Local Modeling 方法建立的黑河出山径流月径流预测模型有较高的计算精度,尤其适用于非主汛期各月的月平均流量的预测;对于主汛期 6—9 月的

月平均流量的预测,在考虑前期来水与预见期内降水的影响及专家经验进行适当校正后,亦可获到较为理想的预测结果。该方法稳定性较好,数学、物理意义明确,计算过程相对简单(即所有的预测因子都是实测资料,不存在因为概率相乘造成的累积误差问题,而且对数据要求低,容易操作)等优点,主要缺点是有平化数据的现象,即对于突变数据不敏感使其对汛期多变的降水影响难以考虑,使其预测精度受到了一定影响。今后如果根据流域的气候特征及下垫面的物理状态对模型进行进一步的改进,其预测精度和可靠性可望得到显著改善(蓝永超等,2004)。

2.2.2.2 灰色 Markov 链预测模型及其在黑河出山径流预测中的应用

Markov 链预测模型的理论基础是 Markov 过程(刘海波,1996),Markov 链表述了这样一个随机变化的动态系统:一个 n 阶 Markov 链由 n 个状态的集合 $\{E_1, E_2, \cdots, E_n\}$ 和一组转移概率 $P_{ij}(i,j=1, 2, \cdots, n)$ 所确定,该过程在任一时刻只能处于一个状态,如果在时刻 K,过程处在状态 E_i,则在状态 $K+1$ 时刻,它将以概率 P_{ij} 处在状态 E_j。Markov 链的上述特点决定了 Markov 模型是根据状态之间的转移概率来推测系统未来发展的。例如,某条河流下一年径流的丰枯也许无法确定,但丰水、平水、枯水等各种可能状况的概率是可以确定的。可以根据转移概率的大小顺序来推测来年的径流状况。转移概率 P_{ij} 反映了各种随机因素的影响强度。因此,Markov 链预测适宜于像河川径流系列的年际变化这种随机波动较大的变量的预测问题(张坚,1988;董胜等,1999;蓝永超等,2000,2003)。

根据有关径流资料分析,组成黑河干流水系的黑河干流与梨园河两条河流的年径流丰枯变化过程十分相近,相关系数为 0.93;两河多年平均天然径流量之和为 18.64 亿 m^3(其中黑河干流多年平均天然径流量 16.11 亿 m^3(莺落峡站),梨园河(梨园堡站)多年平均天然径流量 $2.53 \times 10^8 m^3$),占黑河干流水系多年平均天然径流量(25.94 亿 m^3)的 71.8%,而黑河干流水系多年平均天然径流量占整个流域天然水资源总量(37.55 亿 m^3)的 69.1%。因而可以黑河干流作为代表来分析研究整个黑河流域天然水资源量动态变化过程。应用 Markov 链预测模型,对 1995—1999 年黑河莺落峡水文站年平均流量预测验证,并对 2000—2002 年黑河莺落峡水文站年平均流量进行预测验证,计算结果见表 2.2.8 与表 2.2.9(蓝永超等,2003)。

表 2.2.8 黑河干流年平均流量丰枯状态划分

重现率区间	≤12.5% (特丰年)	12.6%～37.5% (偏丰年)	37.6%～62.5% (平水年)	62.6%～87.5% (偏枯年)	>87.5% 特枯年
流量(m^3/s)	>56.5	>49.5,≤56.5	>46.0,≤49.5	>40,≤46.0	≤40
状态编号	5	4	3	2	1

由表 2.2.9 可见,利用灰色 Markov 模型计算的黑河干流径流预测值除 1998 年(由 1997 年偏枯水年跨越两种状态直接转移到丰水年)外,其余各年与实测值吻合良好,相对误差均大大小于水文预报规范规定的小于实测值 20% 的标准,平均误差值只有 9.76%,因而完全符合实际应用的要求。因此,可以认为基于 GM(1,1)模型与 Markov 链原理所建立的灰色离散随机过程模型具有较高的预测精度。根据该模型的预测,未来 10 余年间,以黑河干流的出山径流为代表的黑河流域天然水资源量的动态变化总体上将处于一种平水或平水偏丰状态,根据由甘肃省水文水资源局提供的实测资料验证,预测结果基本与实际相符。

表 2.2.9 利用灰色 Markov 预测模型计算的黑河干流年平均流量成果表

年份	实测值 Q_m(m³/s)	上年起始状态	最大可能转移状态	流量(m³/s)*	相对误差 $|R|$(%)
1995	46.1	4	3	46.0～49.4	3.47
1996	47.7	3	2	40.0～45.9	9.85
1997	43.9	3	2	40.0～45.9	2.16
1998	68.4	2	3	46.0～49.4	30.2
1999	51.4	5	4	49.5～56.5	3.11
2000	46.3	4	3	46.0～49.4	3.02
2001	41.5	3	2	40.0～45.9	3.50
2002	51.3	2	3	46.0～49.4	7.20
平均	51.5				9.76

注：* 为中间值。

2.2.2.3 混合门限自回归模型(Box-JenKins 模型)及其应用

Box-JenKins 时间序列模型的建模方法在理论上比较完善，预测精度较高，是目前随机过程理论中最为常用的建模方法之一。由于所研究的径流序列不具有平稳性和遍历性，而 Box-JenKins 时间序列模型中的自回归模型(AR)、滑动平均模型(MA)和自回归滑动平均模型(ARMA)一般均要求时间序列为平稳序列，故不能直接采用该模型对黑河莺落峡水文站年径流量序列建模。为解决这一矛盾，需要对 Box-JenKins 的时间序列模型进行某些改进。以黑河干流出山地表径流预测计算为例，在预测莺落峡水文站的年平均流量时，可将其历年的年平均流量看作时间序列$\{x_t\}$的一级观测值$x_1,\cdots,x_n$，然后利用$x_1,\cdots,x_n$建立门限自回归模型 TAR 来预测今后各年的年平均流量。另一方面，该站的年平均流量与其上游山区流域的平均降水量有关，如果将每年的这种平均降水量所组成的时间序列记为$\{y_t\}$，就可以利用$\{x_t\}$和$\{y_t\}$的过去资料来预测今后各年的年平均流量。此时就需要考虑混合门限自回归模型(郑宗成等,1984)。黑河莺落峡站年平均流量的混合门限自回归模型如下所示：

$$x_t = \begin{cases} 55.9 + 0.25x_t - 1.47y_{t-1} - 4.25y_{t-2} + \varepsilon_t(j) & \text{当 } y_{t-1} \leqslant 6.7 \\ 0.77x_{t-1} - 0.48x_{t-2} + 0.6x_{t-3} - 0.1.92x_{t-4} + 14.4y_{t-1} - \\ 13.5y_{t-2} - 8.17y_{t-3} + 33.8y_{t-4} + 21.6y_{t-5} - 89 + \varepsilon_t(2) & \text{当 } y_{t-1} > 6.7 \end{cases} \quad (2.2.5)$$

式中：x_t为黑河莺落峡站年平均流量；y_t为莺落峡以上流域平均年降水量；模型的均方差为 5.82，最大拟合差为 14.8，合并方差估计为 0.18，计算结果及误差评定见表 2.2.10、表 2.2.11(蓝永超等,1999)。

2.2.2.4 GM(1,1)模型与灰色拓扑预测模式及其应用

灰色系统建模是利用较少的或不确知的表示系统行为特征的原始数据序列作生成变换后建立微分方程。灰色预测是指根据过去及现在已知的或非确知的信息，建立一个从过去引申到将来的 GM 模型，从而确定系统在未来发展变化的趋势，并为规划决策提供依据。GM(1,1)模型是形状比较简单的指数型曲线方程，它不能反映变化幅度大、呈波形起伏的不规则情况。在运用 GM(1,1)进行径流趋势预测时，必须通过分析径流多年变化过程与变化周期寻找出其丰、枯变化的转折点(径流在一个包括丰、枯水段的完整的水循环周期变化趋势内总是单调递增或递减的)。由于年径流序列变化曲线呈现不规则的波形变化，故不能直

表 2.2.10 各模式计算的黑河莺落峡站 1990—1996 年预报结果

年份	实测值 (m³/s)	预测模式 1 预报值	精度(%)	预测模式 2 预报值	精度(%)	预测模式 3 预报值	精度(%)	预测模式 4 预报值	精度(%)	预测模式 5 预报值	精度(%)
1990	50.0	51.4	97.3	45.2	90.4	45.5	91.0	41.9	83.8	56.4	87.2
1991	33.7	39.3	83.5	39.9	81.6	38.5	85.8	44.4	68.2	45.2	65.7
1992	41.7	42.9	97.1	39.9	85.4	46.3	88.5	33.8	78.8	37.6	90.2
1993	56.8	47.0	84.5	45.6	80.3	53.5	94.2	47.3	83.3	38.9	82.8
1994	44.8	44.7	99.5	47.3	93.8	47.3	93.0	52.3	81.1	38.4	86.0
1995	46.7	51.4	90.0	41.3	88.4	43.5	93.1	42.9	83.5	39.8	85.2
1996	50.6	48.7	97.6	47.9	94.6	40.5	86.7	43.9	86.7	40.2	79.4

表 2.2.11 各模式预报精度比较

预测模式	|平均误差|(%)	最大误差 绝对误差(m³/s)	最大误差 相对误差(%)	小于某一相对误差的百分比(%) <±20%	小于某一相对误差的百分比(%) <±10%
模式 1	12.6	10.3	+31.1	85.4	42.8
模式 2	12.2	11.2	−19.7	100	42.8
模式 3	9.67	4.80	+14.2	100	51.2
模式 4	19.2	10.7	+31.8	71.4	0
模式 5	18.8	11.5	+34.1	71.4	14.3

注：模式 1 为周期外延逐步回归混合模式；模式 2 为混合门限自回归模式；模式 3 为灰色拓扑模式；模式 4 为单一时间序列分析模式；模式 5 为多元回归模式。

接将 GM(1,1) 模型运用于年径流量的预测。因此，将 GM(1,1) 拓扑预测模型（傅立，1992；蓝永超，1997）引入年径流序列的预测。拓扑预测实际上就是 GM(1,1) 模型群的预测。

以黑河干流出山径流预测为例，应用拓扑预测方法对莺落峡水文站 1944—1990 年年平均流量资料进行建模预测。由于 $\max X^{(0)} = 72.8 \text{ m}^3/\text{s}$，$\min X^{(0)} = 32.3 \text{ m}^3/\text{s}$，从原始序列中取一组阈值（经验表明，阈值的下限和上限分别取 $0.2\min X^{(0)}$ 的值和 $0.2\max X^{(0)}$ 的值为宜）：38.5，39.5，…，60.5 m³/s（阈值个数 $m=23$）来建模。可建立如下模型：

$$\hat{X}^{(1)}(K+1) = 1515 \times e^{0.019k} - 1461 \tag{2.2.6}$$

为了解上述预测模式的精度和准确性，以黑河干流出山口莺落峡水文站年平均流量的预报为例，采用相同的 1944—1990 年资料序列作为模型的一个输入，将周期外延逐步回归耦合模式、混合门限自回归模式及灰色拓扑模式与多元回归模式和单一的时间序列模式等传统预报方法的计算结果进行比较（表 2.2.10，表 2.2.11），由表 2.2.10 和表 2.2.11 可以看到，无论是周期外延逐步回归耦合模式，还是为混合门限自回归模式和灰色拓扑模式，其计算精度均高于传统的预报方法，并已成功地应用于生产部门的业务预报（蓝永超，1999b；2003）。

利用上述各种模式计算的河西主要河流出山口水文站出山径流量的趋势预测结果见表 2.2.12。从该表可观察到，从 20 世纪 90 年代末到 21 世纪前 10 a 内，河西各主要河流出山径流的变化趋势存在着明显的区域性差异，河西走廊东段河流出山径流的变化以枯水为主，但进入21世纪后水量逐渐开始回升转丰;中段、西段河流出山径流变化基本以平水或平水偏丰为主(蓝永超等,2003;2005)。

表 2.2.12　河西内陆区主要河流出山径流量变化趋势预测　　　(单位:10^8 m³)

年份	西营河 (九条岭站)	杂木河 (杂木寺站)	黑河 (莺落峡站)	梨园河 (梨园堡站)	讨赖河 (冰沟站)	昌马河 (昌马堡站)	党河 (党城湾站)
1997	9.00	6.00	46.5	4.59	18.6	25.5	11.0
1998	8.13	6.50	60.0	12.2	23.7	28.1	10.0
1999	8.75	5.40	55.0	10.4	19.9	37.3	12.0
2000	11.0	9.00	48.0	5.50	19.4	35.3	11.5
2001	8.50	8.10	46.0	4.20	18.5	34.6	12.0
2002	10.0	5.60	47.5	4.95	26.8	28.6	10.5
2003	13.5	10.5	59.5	11.5	22.0	35.4	11.0
2004	12.0	6.90	40.0	4.20	24.3	28.7	12.5
2005	9.90	7.00	48.5	4.60	22.6	33.4	10.0
2006	12.8	8.10	53.0	9.14	21.9	39.5	11.5
2007	14.5	9.30	57.5	11.0	23.2	44.8	13.0
2008	13.8	8.50	49.0	8.10	20.0	45.5	12.0
2009	13.0	7.90	48.5	5.60	23.3	50.0	10.5
2010	14.4	10.0	46.5	4.80	20.6	47.0	11.0
平均	11.40	7.80	50.4	7.20	21.8	36.7	11.4

2.2.3　黑河干流出山径流对气候变化的响应

径流对气候变化的敏感性是指流域的径流对假定的气候变化情景响应的程度(IPPC,1996)。假定的气候变化情景由给定的降水变化(如0,±10%,±20%,…)和气温升高(如0℃,1℃,…)组合而成。径流等水文要素对不同气候情景的响应程度,即敏感性以下式表示:

$$\Delta R_{\Delta P, \Delta T} = (R_{P+\Delta P, T+\Delta T} - R_{P,T})/R_{P,T} \times 100\% \tag{2.2.7}$$

式中:$R_{P,T}$为现状径流量;$R_{P+\Delta P, T+\Delta T}$为降水变化$\Delta P$(%)与气温变化$\Delta T$(℃)情景下的径流量;$R_{\Delta P, \Delta T}$为径流量在降水变化量$\Delta P$(%)与气温变化$\Delta T$情况下的变化量。

在径流对气候变化响应程度的研究中,假定气候变化情景不改变历史气候的时空分布,且未来将重现降水、气温和蒸发缩放后的序列。在相同的气候变化情景下,响应的程度愈大,水文要素愈敏感;反之则不敏感。敏感性研究可提供气候变化影响的重要信息,对于揭示不同流域水文要素响应气候变化的机理和差异有一定的作用。径流敏感性的分析可以确定影响径流变化的主要因素和次要因素。然而,水文要素对假定的气候变化情景的响应程度并不是对未来气候变化条件下的预测(王国庆等,2000;陈玲飞等,2004)。

水文水资源系统对气候变化的响应过程是十分复杂的,它主要表现在径流与降水、径流与气温之间的各种非线性关系之中。通过建立模型近似地去模拟原型仍然是一种合理可行的途径(袁作新,1990;傅国斌等,1991;汪美华等,2003;蓝永超等,2008)。考虑到水文水资源系统与气候变化的非线性关系,采用幂函数连乘的形式来描述黑河山区流域径流深 R

(mm)与山区流域平均降水量 P(mm)、山区流域平均气温 T(℃)之间的关系,建立黑河出山径流对气候变化的响应模型,即:

$$R(R,P,T,\alpha,\beta,k) = e^k \cdot P^\alpha \cdot T^\beta \tag{2.2.8}$$

为计算方便,用祁连站气温观测值代表山区流域平均气温值;α、β、k 为待定系数。对上式两边同时取对数,以黑河山区流域近 50 a 水文气象观测数据系列为基础,可求出 α、β、k 的具体数值。

将黑河山区流域有关水文气象观测数据输入 Excel 工作表,直接利用表中的数据分析工具,便可得到黑河山区流域径流深的计算模式,即:

$$R(P,T) = e^{12.1} \cdot P^{1.386} \cdot T^{-0.251} \tag{2.2.9}$$

回归统计结果表明,模型的 R 为 0.73,显著性水平值远小于 0.01,$F=23.9>F_{a=0.05}=7.296$,这说明流域径流深与流域平均降水量及以祁连站气温代表的流域平均气温有着较密切的非线性关系。由于降水 P 和温度 T 是独立的自变量,将温度与降水的可能变化对径流的影响叠加起来,就可得出径流对未来各种气候变化情景的响应。据 IPCC 评估报告及全球气候模型模拟计算的结果(IPCC,2007;秦大河等,2005;许吟隆等,2005),21 世纪全球气候将继续变暖,预计全球气温将增加约 2.5 ℃,可能的范围为 1.5~4.5 ℃,对于大多数的 SRES 方案(IPCC 发布的温室气体排放情景的 A2 和 B2 方案),全球模拟的结果表明,21 世纪全球平均降水量将增加 3%~15%(IPCC,2007)。根据流域的具体情况,表 2.2.13 给出了在 20 世纪 90 年代平均降水气温水平条件下,黑河山区流域径流深对假定的几种气候变化情景的响应。

表 2.2.13 黑河干流出山径流对于各种气候变化情景的响应

ΔP(%) \ ΔR(%) \ ΔT(℃)	0℃	0.1℃	0.5℃	1℃	1.5℃	2℃
−10	−15.72	−17.17	−22.48	−28.28	−33.39	−37.97
−5	−7.36	−8.71	−13.64	−19.02	−23.76	−28.01
−1	−1.40	−2.67	−7.32	−12.41	−16.88	−20.90
0	0.00	−1.25	−5.84	−10.85	−15.26	−19.23
1	1.37	0.14	−4.39	−9.33	−13.69	−17.59
5	6.54	5.37	1.08	−3.60	−7.73	−11.43
10	12.38	11.28	7.26	2.87	−1.00	−4.47
15	17.61	16.58	12.80	8.67	5.03	1.77
20	22.33	21.36	17.80	13.90	10.47	7.40

注:ΔR、ΔP、ΔT 分别为未来不同气候情景下的出山径流量、山区年降水量与山区气温的变化量。

参照 IPCC 的评估报告与中国发布的全球气候变化及其影响的国家评估报告(IPCC,2007;秦大河,2002;秦大河等,2005;许吟隆等,2005)根据目前黑河山区(主要参照祁连气象站)年平均气温与降水量变化特征及其气候倾向率,对各种气候情景下黑河上游山区出山径流对气候变化的响应进行分析估算,分析结果见表 2.2.13。

由表 2.2.13 可见,黑河干流出山径流随着降水量增加而增加,但增幅随着气温升高而逐渐减小。在降水量不变的情况下,气温升高 0.1℃,出山径流量将减少 1.25%;在气温不变的情况下,降水量增加或减少 1%,出山径流将增加 1.40% 或减少 1.37%。未来 50 a 里,如遭遇到气温上升 2.0℃ 和降水减少 10% 或气温不变和降水增加 20% 的极端气候情景,黑河出山径流将比目前水平减少 15.72% 或增加 22.33%。根据黑河山区气温和降水量的变化趋势,在未来 50 a 间黑河流域出山径流量,出现可能性较大的气候变化情景及其径流量变化见表 2.2.14。

表 2.2.14　黑河流域未来较可能出现的气候变化情景及其径流量变化

较可能出现的情景	径流量变化 $\Delta R(10^8 \mathrm{m}^3)$	变化幅度(%)
$T: +1.5℃, P: 0\%$	< -4.94	$\leqslant -15.3\%$
$T: +1.5℃, P: +5\%$	< -2.82	$\leqslant -7.75\%$
$T: +1.5℃, P: +10\%$	< -0.37	$\leqslant -1.00\%$
$T: +1.0℃, P: 0\%$	< -3.96	$< -10.9\%$
$T: +1.0℃, P: +5\%$	< -1.31	$\leqslant -3.60\%$
$T: +1.0℃, P: +10\%$	$< +1.05$	$\leqslant +2.87\%$
$T: +0.5℃, P: 0\%$	< -2.13	$\leqslant -5.85\%$
$T: +0.5℃, P: +5\%$	$< +0.66$	$\leqslant +1.08\%$
$T: +0.5℃, P: +10\%$	$< +2.64$	$\leqslant +7.26\%$

2.3　黑河中游地下水系统

2.3.1　平原区地下水分带

地下水除水平运动外,还有以通过包气带接受降雨入渗、灌溉水入渗和蒸发损耗方式的垂直运动,其交换强度取决于一系列自然和人为因素(陈隆亨等,1992)。地下径流的流向与地形坡向基本一致。地下径流的水力坡降为 3‰～7‰,单宽径流量为 1250～50 000 m³/(d·km) 时,径流强度在接近溢出带的洪积扇扇缘时最大。按地下水水平和垂直径流强度分布特点,走廊区自南向北可划分出 3 个径流运动带。

①水平运动带。分布于南盆地山前洪积扇裙带,含水层具有很强的水平径流,将河床、渠系线性入渗迅速转化为径流过程,是本带地下水运动的基本方式,而面上的垂直入渗－蒸发量很小,可略而不计。

②水平—垂直运动带。分布在走廊区中部和北部大部分地区,含水层既有较强的水平径流,又有较大面积的垂直入渗和蒸发、蒸腾消耗。

③垂直运动带。分布在走廊区的河流终止(或消散)带的灌区,这里的含水层水平径流基本停滞,而大面积的垂直径流却非常活跃,蒸发、蒸腾损耗成为地下水的主要排泄途径。

黑河流域地下水水质及水化学类型受地质条件、河水入渗溶滤及潜水蒸发等因素的影响,自南向北可划分为 3 个水质带:

①淡水带。位于南盆地的大部分地区和北盆地的南端,淡水层总厚度可达 200～1000 m,矿化度为 0.3～0.96 g/L。

②微咸水带(咸水覆盖下的淡水)。占据南盆地北部和北盆地中部地区,地下水盐分有积累,不仅表层潜水已盐渍化,下层弱承压水也呈较高的矿化现象(矿化度为 1～3 g/L),但表层潜水的矿化度明显高于下层。

③咸水带。分布于北盆地中部到北盆地尾部,矿化度达 3～10 g/L。

黑河流域地处干旱地区,稀少的降水不构成对地下水动态的显著影响;而河流(包括部分雨洪)入渗、渠道引水与灌溉入渗、地下水开采及蒸发蒸腾等,则是制约地下水动态变化的主要因素。但由于所处位置的差异,控制地下水动态的主要因素也不尽相同。

①水文-径流型:南部山前洪积扇群带,地下水埋藏较深,河流包括部分雨洪的入渗过程是引起这里地下水动态变化的主要原因,随着与山体和河流距离增大,河流对地下水动态的影响逐渐减小。

②灌溉-开采型:洪积扇前缘和细土平原带,人类活动包括灌溉入渗和地下水开采直接制约着地下水的动态变化。

③径流-蒸发型:北部荒漠区,河流已成为间歇性河流,除近河地带外,蒸发就成为地下水动态的决定因素。

第四纪以来内陆干旱盆地的地下水系统演变过程概化。从山前至盆地中心大致可分为三个盐分迁移特征带和四级地下水流系统。三个盐分迁移特征带分别为盐分溶滤带(A)、盐分迁移带(B)和盐分聚集带(C);四级水流系统分别为山前局部地下水流系统(Ⅰ)、区域地下水流系统(Ⅱ)、滞流地下水流系统(Ⅲ)和下游易变局部地下水流系统(Ⅳ),其对应关系见表 2.3.1(李文鹏等,1999)。

表 2.3.1　河西内陆干旱盆地盐分迁移特征带与地下水流系统对应关系

地貌位置	冲洪积戈壁平原	冲湖积细土平原	湖积平原
盐分迁移特征分带	盐分溶滤带(A)	盐分迁移带(B)	盐分聚集带(C)
地下水流系统划分	山前局部地下水流系统(Ⅰ)	下游易变局部地下水流系统(Ⅳ)	
		(a)交互补给型局部地下水流系统(Ⅳ1)	湖泊汇流型局部地下水流系统(Ⅳ3)
		(b)洼地汇流型局部地下水流系统(Ⅳ2)	
	区域地下水流系统(Ⅱ)		
	浅部滞流地下水流系统(Ⅲ1)		
	深部滞流地下水流系统(Ⅲ2)		

(1)山前局部地下水流系统(Ⅰ)

分布范围从山前到冲洪积扇裙前缘的溢出带,以单一大厚度潜水含水层为主,沉积物颗粒粗大,导水性极强,接受补给条件好,是盆地地下水的主要补给区。在其形成的整个地质历史过程中,河流出山口后大量入渗补给地下水,入渗系数一般为 0.65～0.8,有的高达 0.95。地下径流至冲洪积扇前缘,由于地形变缓和地层颗粒变细而受阻,溢流成泉(集河)。该水流系统内,地下水补给、径流和排泄速度较快,为地下水积极循环交替带。地下水的积极交替使溢出带上游含水层骨架始终处于淋滤状态,可溶盐含量极低,形成了难溶而稳定的地球化学背景,地下水咸化程度很低,其矿化度与补给河水相差无几。

(2) 区域地下水流系统(Ⅱ)与易变的局部地下水流系统(Ⅳ)

区域地下水流系统的分布范围可从山前一直到盆地最低洼处的尾闾湖区,以第四系松散沉积层为主,按盐分迁移特征可分为三个带:山前地段局部地下水流系统之下属盐分溶滤带(A);溢出带下游广阔的细土平原区属盐分迁移带(B);尾闾湖区为盐分聚集带(C)。易变的局部地下水流系统分布在细土平原和尾闾湖区的浅表部,相当于"漂浮"在区域地下水流系统之上,根据水循环交替特点和盐分迁移规律又可分为三种类型,即细土平原区的交互补给型局部地下水流系统、洼地汇流型局部地下水流系统和尾闾湖区湖泊汇流型局部地下水流系统。

(3) 滞流地下水流系统(Ⅲ)

区域地下水流系统之下的松散沉积层(某些地区包括固结程度较低的第三系顶部)中,地下水的径流交替速度十分缓慢,基本处于停滞状态,这一特点在湖区盐壳带表现尤为明显,埋藏深度也较小,我们称之为浅部滞流地下水流系统。该水流系统中,地质历史时期聚集在地层中的盐分很难向浅部和下游迁移,赋存其中的地下水也就具有较高的矿化度。

2.3.2 中游地表水、地下水转化

内陆河流域诸河流地表水和地下水是一个统一循环体,在一定条件下相互转化,这种转化关系总是向着有利于开采的方向发展。盆地地下水可开采量的计算必须服从两个条件:首先是各盆地地下水的采补在一个相对时期内基本维持平衡,不能引起地下水水位大面积持续下降;其次是不能采用超采的办法截用地下水径流量,不能使下游泉水溢出量显著减少。对南、北盆地地下水可开采量应该相对明确(表 2.3.2)(胡兴林等,2005a;2005b)。

表 2.3.2 黑河中游平原区地下水可开采量计算与实际开采量统计

区域				可开采量(10^8 m^3)	实际开采量(10^8 m^3)
黑河	张掖市		山丹县	0.6483	0.3794
			民乐县	2.0486	0.0923
		张掖盆地	甘州区	4.6600	3.6017
			临泽县	1.5953	0.4263
			高台县	1.0754	0.5798
	酒泉市	酒泉盆地	肃州区	3.1303	1.3138
	嘉峪关市		嘉峪关市	1.7278	1.0221
	酒泉市	金塔盆地	金塔县	0.9348	1.0150
		鼎新盆地		0.7604	0.1323
		合计		16.5809	8.5627

山区河流多数是山区基岩裂隙水的排泄通道,地下水在河流出山之前几乎全部转化为地表水,经河道流出山外。普遍经历了"河水—地下水—泉水—河水"的转化过程。山前洪积扇群带,河流水位一般高出地下水位 10~200 m,河床及其以下的地层,均为大空隙的卵砾石层,具有极强的透水性。河流水量较小时,出山后不久即消失。平原地区是一个多排构造盆地,所以"入渗"、"溢出"的水资源转化过程可重复出现多次,为地下水的形成和开发利

用创造了得天独厚的自然条件,汇集于河流中的泉水和排泄到河床中的地下水,成为平原河流的主要补给来源,最终以地表水的形式穿越北山地下水阻滞带进入北盆地,成为北盆地的唯一地表水源。1980—2000 年期间南盆地水资源转化量见表 2.3.3(胡兴林等,2005a;2005b)。进入北盆地的河水除黑河外,绝大部分被纳入水库,引进渠系灌溉农田。1980—2000 年期间北盆地水资源转化量见表 2.3.4(胡兴林等,2005a;2005b)。

表 2.3.3 1980—2000 年南盆地水资源转化量

水系	出山地表水资源量 ($10^8 m^3$)	地下水资源量 ($10^8 m^3$)	地下水占地表水资源量 (%)	降水入渗补给量 ($10^8 m^3$)	降水入渗补给量占地下水资源量 (%)	地表水补给量 ($10^8 m^3$)	地表水补给占地下水资源量 (%)	山前侧向流入量 ($10^8 m^3$)	山前侧流入量占地下水 (%)
黑河	32.50	18.06	55.56	1.20	6.65	15.74	87.18	1.11	6.17

表 2.3.4 1980—2000 年北盆地(鼎新)水资源转化量

水系	入盆地地表水资源量 ($10^8 m^3$)	地下水资源量 ($10^8 m^3$)	地下水占地表水资源量 (%)	降水入渗补给量 ($10^8 m^3$)	降水入渗补给占地下水资源量 (%)	地表水补给量 ($10^8 m^3$)	地表水补给占地下水资源量 (%)	山前侧向流入量 ($10^8 m^3$)	山前侧流入量占地下水 (%)
黑河	9.23	3.84	41.63	0.06	1.47	3.67	95.51	0.12	3.02

地下水的自然补给来源主要有:大气降水、地表水、凝结水、来自其他含水层的水;人类活动补给来源有:渠系、渠灌田间入渗、水库渗漏和专门性的人工补给的水量,这些单项补给量是经过选取水文地质参数计算出的水量。1980—2000 年期间黑河各盆地地下水资源补给量见表 2.3.5(胡兴林等,2005a;2005b)。均衡计算区的浅层地下水实际开采量通过调查统计获得。1980—2000 年期间黑河各盆地地下水资源排泄量见表 2.3.6(胡兴林等,2005a;2005b)。

表 2.3.5 1980—2000 年黑河中游各盆地补给量计算统计表

区域		补给量($10^4 m^3$)							
		降水入渗	山前侧渗	地表水体补给量				井灌回归	地下水总补给
				渠灌田间入渗	渠系渗漏	库塘渗漏	河道渗漏		
黑河	山丹民乐	8429.66	602.00	6619.93	12 185.37			352.66	28 189.62
	张掖盆地	2031.58	35 164.00	23 734.45	38 831.14	949.00	32 372.03	3987.72	137 069.93
	酒泉盆地	1542.25	4630.00	13 031.71	12 792.14		16 898.49	2853.34	51 747.93
	金塔盆地	334.11	1160.00	7233.69	7411.10	3585.57		758.59	20 483.06
	鼎新盆地	230.16	1100.00	3124.08	3328.21		12 011.11	317.54	20 111.10
	合计	12 567.76	42 656.00	53 743.87	74 547.96	4534.57	61 281.63	8269.85	257 601.64

表 2.3.6 1980—2000 年黑河中游各盆地排泄量计算统计表

区域		排泄量($10^4 m^3$)						
		实际开采	潜水蒸发	泉水溢出	河道排泄量($10^4 m^3$)		侧向流出	总排泄量
					合计	其中:降水入渗补给形成的河道排泄量		
黑河	山丹民乐	707.90		6010.70			26 770.00	33 488.60
	张掖盆地	12 069.06	80 952.16		51 704.93	5064.12	0.00	144 726.14
	酒泉盆地	12 325.77	36 226.92				5080.00	53 632.69
	金塔盆地	5772.97	16 094.30				110.00	21 977.27
	鼎新盆地	1323.06	19 167.53				20.00	20 510.60
	小计	32 198.77	152 440.90		51 704.93	5064.12	31 980.00	274 335.30

2.3.3 地下水平衡

在井灌、引流灌溉等人类活动影响下,地下水水位上升或下降,水均衡便与均衡计算期间浅层地下水的蓄变量 ΔW 有关。

$$Q_{总补} - Q_{总排} + \Delta W = X \qquad (2.3.1)$$

$$\frac{X}{Q_{总补}} \times 100\% = \delta \qquad (2.3.2)$$

式中:δ 为均衡计算的相对误差(%);X 为均衡计算的绝对误差($10^4 m^3$)。$|X|$ 或 $|\delta|$ 值较小时,被认为计算精度高,反之则认为精度低。若 $|\delta| > 20\%$ 则要对该均衡区各项补给量、排泄量及浅层地下水蓄变量进行核算,甚至对某个或某些参数做合理调整,直至其 $|\delta| \leq 20\%$ 为止。1980—2000 年各盆地地下水总补给量、排泄量、蓄水变量均衡计算结果见表 2.3.7(胡兴林等,2005a;2005b)。

表 2.3.7 黑河中游各盆地补给量、排泄量、蓄变量均衡计算统计表

	区域	总补给量($10^4 m^3$)	总排泄量($10^4 m^3$)	总蓄变量($10^4 m^3$)	绝对误差($10^4 m^3$)	相对误差 δ(%)
黑河	山丹民乐	28 189.62	33 488.60	2076.84	−3222.15	−11.4
	张掖盆地	137 069.93	144 726.14	4493.66	−3162.56	−2.3
	酒泉盆地	51 747.93	53 632.69	4413.01	2528.25	4.9
	金塔盆地	20 483.06	21 977.27	565.67	−928.53	−4.5
	鼎新盆地	20 111.10	20 510.60	259.67	−139.83	−0.70
	小计	257 601.64	274 335.30	11 808.84	−4924.82	−1.91

近几十年来,黑河流域地下水动态过程都不同程度地受到人为因素的干扰,这种干扰主要表现在两个方面:其一,河水调配利用率的提高改变了地下水的补给条件;其二,较大规模地开采地下水,改变了地下水的排泄条件。这些人为因素的干扰,导致了全流域地下水水位的持续下降(图 2.3.1,图 2.3.2)。

各水文地质单元绿洲空间分布的几何形态是受人类多年来经济活动影响后形成的,各绿洲内逐年消耗的水量基本稳定。出山径流量多则地下水开采量就少,出山径流量少则地

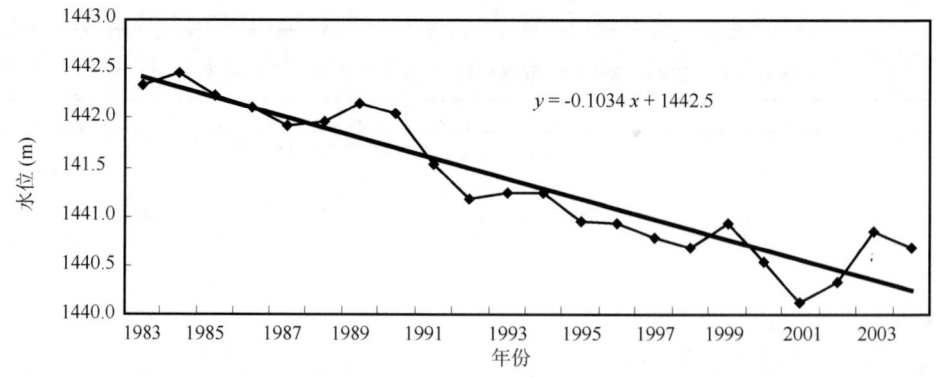

图 2.3.1 甘州区(下崖子)井地下水水位逐年变化过程线

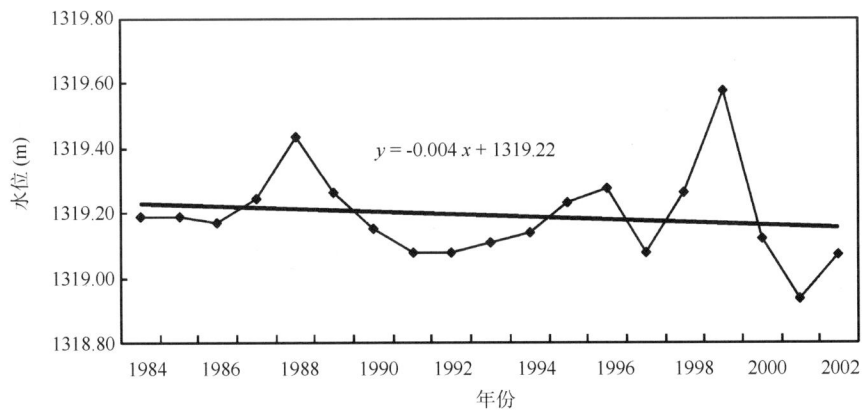

图 2.3.2　高台县(黑泉乡)井地下水水位逐年变化过程线

下水开采量就多。各盆地就是在地表水与地下水相互补充、相互制约的前提下维持着绿洲的生态与环境。

甘临高盆地 2005 年实测出山径流量为 $21.06\times10^8\ m^3$，地下水开采量为 $2.43\times10^8\ m^3$，盆地流出量为 $11.16\times10^8\ m^3$，实际用水量为 $14.32\times10^8\ m^3$。

为了与生产单位常用的上游来水量保证率相一致，这里假定在出山径流保证率 P 分别为 25%、50%、75%、90% 时，其对应的出山径流量分别为：$21.07\times10^8\ m^3$、$18.64\times10^8\ m^3$、$16.54\times10^8\ m^3$、$14.91\times10^8\ m^3$。如果要维持盆地内现状条件下的用水量，则地下水开采量分别为：$2.43\times10^8\ m^3$、$4.52\times10^8\ m^3$、$6.15\times10^8\ m^3$；黑河分水方案中，当莺落峡站来水保证率 P 在 25%、50%、75%、90% 时，正义峡站必须下泄 $10.9\times10^8\ m^3$、$9.5\times10^8\ m^3$、$7.6\times10^8\ m^3$、$6.3\times10^8\ m^3$ 的水量。考虑到由于平原区降水量、蒸发量与山区来水量频率不同、降水量较少且变化幅度不大的实际情况，不同保证率来水条件下盆地内的降水量和蒸发量用多年均值代替，即 $\overline{P}=5.16\times10^8\ m^3$ 和 $\overline{E}=67.77\times10^8\ m^3$。将以上数据代入盆地内水资源转化模型式 (2.3.3)，可计算出盆地地下水水位变幅分别为：0.09 m、-0.08 m、-0.24 m、-0.40 m (胡兴林等，2005a；2005b)。

同样，金塔盆地在鸳鸯池水库下泄量保证率 $P=25\%$、$P=50\%$、$P=75\%$、$P=90\%$ 的天然来水量分别为 $W_{25\%}=3.26\times10^8\ m^3$、$W_{50\%}=2.82\times10^8\ m^3$、$W_{75\%}=2.45\times10^8\ m^3$、$W_{90\%}=2.17\times10^8\ m^3$。如果要维持盆地内现状条件下需水量，在水库下泄保证率 $P=25\%$、$P=50\%$、$P=75\%$、$P=90\%$ 时，地下水开采量分别为 $W_{开采25\%}=0.40\times10^8\ m^3$、$W_{开采50\%}=0.84\times10^8\ m^3$、$W_{开采75\%}=1.21\times10^8\ m^3$、$W_{开采90\%}=1.49\times10^8\ m^3$。假定盆地内的降水量和蒸发量用近 5 a 均值代替，即 $\overline{P}\times10^8\ m^3$ 和 $\overline{E}\times10^8\ m^3$。将以上数据代入盆地内水位变幅模型式 (2.3.5)，可计算出盆地内 4 种情景下的地下水水位变化幅度为：-0.16 m、-0.33 m、-0.41 m、-0.44 m。由此看出，金塔盆地由于地下水开采量逐年增加，今后无论上游来水量偏多还是偏少，金塔盆地要维持目前的耕地面积，地下水将出现持续下降的情况 (胡兴林等，2005a；2005b)。

2.3.4 黑河中游盆地水资源转化模型

2.3.4.1 南盆地(甘临高)水资源转化模型

甘临高盆地的入流主要有黑河和梨园河,盆地计算面积 F 为 4435 km^2,含水层给水度 μ=0.18。该盆地是一个内陆闭合盆地,河流水量在盆地内经过"地表水—地下水—地表水"的反复转换后流出正义峡水文站断面。

如果计算正义峡站的出流量,则根据模型结构,由盆地实测水文数据拟合出水资源转化模型为:

$$Y = -31.8173 + 0.7367X_1 + 0.3523X_2 + 0.4701X_3 + 0.2502X_4 + 0.3552X_5 \quad (2.3.3)$$

式中:Y 为正义峡站的出流量;X_1 为莺落峡站和梨园堡站的合成水量;X_2 为盆地降水量(已折合成水量);X_3 为地下水蓄变量(已折合成水量,给水度 μ=0.18);X_4 为盆地内实际开采量;X_5 为盆地内 E601 蒸发器的蒸发量(已折合成水量);单位均为 10^8 m^3(胡兴林等,2005a; 2005b)。

该模型的复相关系数 R 为 0.974,标准差为 0.681,通过了显著性水平 α=0.05 的 F 检验。模型计算值与实测值比较见图 2.3.3。从图中可以看出,计算值与实测值的拟合效果较好。

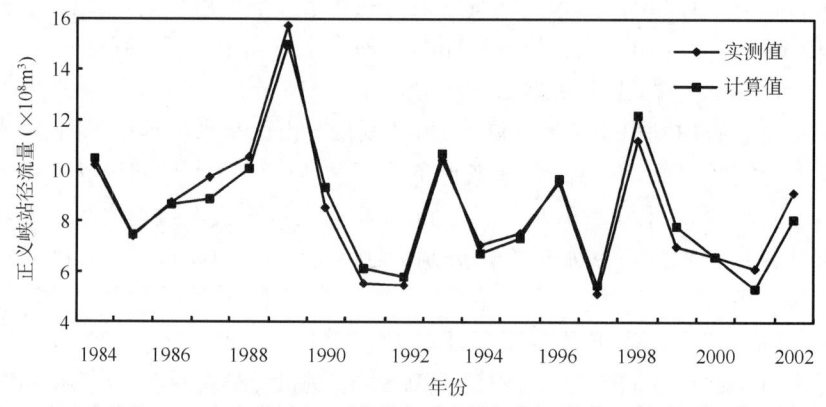

图 2.3.3 甘临高盆地水资源转化模型计算值与实测值比较

如果计算盆地地下水平均水位变幅,则根据模型结构,由实测水文资料获得平均水位变幅变化模型为:

$$Y = -16.4254 - 0.0583X_1 - 0.0831X_2 + 0.2751X_3 - 0.6810X_4 - 0.2397X_5 \quad (2.3.4)$$

式中:Y 为地下水蓄变量(已折合成水量,给水度 μ=0.18;计算面积 F=4435 km^2),地下水变幅 $\Delta H = 10^2 Y/\mu F$;X_1 为莺落峡站和梨园堡站的合成水量;X_2 为盆地降水量(已折合成水量);X_3 为正义峡站出流量;X_4 为盆地内实际开采量;X_5 为盆地内 E601 蒸发器的蒸发量(已折合成水量);单位均为 10^8 m^3。

该模型的复相关系数 R 为 0.905,标准差为 0.521,通过了显著性水平 α=0.05 的 F 检验。模型计算值与实测值比较见图 2.3.4。从图中可以看出,模型计算值与实测值吻合得较好。

两种计算模式中模型计算值与实测值吻合较好,表明模型可以满足计算盆地地下水水位变幅和计算正义峡断面控制水量的要求。

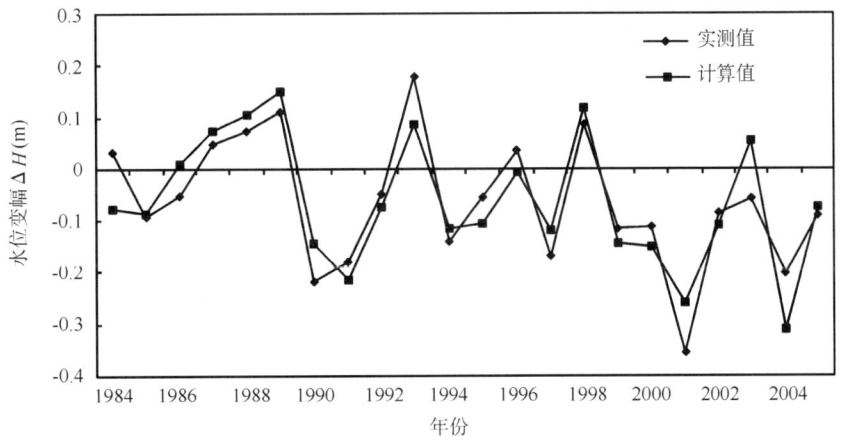

图 2.3.4 甘临高盆地水位变幅模型计算值与实测值比较

2.3.4.2 北盆地(金塔)水资源转化模型

金塔盆地的输入水量主要是鸳鸯池水库的下泄水量和盆地内的降水量,输出(排泄)的水量主要是工业和城市生活用水量、植物蒸散发量。盆地计算面积为 1103 km², 含水层给水度 $\mu=0.10$。由此得出计算盆地水位变幅的模型为:

$$Y = 0.8036 - 1.0958X_1 + 0.2248X_1^2 - 3.2241X_2 + 2.6369X_2^2 + \\ 0.0605X_3 + 0.0009X_3^2 - 0.1533X_4 \tag{2.3.5}$$

式中:Y 为地下水蓄变量(已折合成水量,给水度 $\mu=0.10$,计算面积 $F=1103$ km²),单位为 10^8 m³;用 $\Delta H = 10^2 Y_t/\mu F$ 换算出水位变幅,单位为 m;X_1 为鸳鸯池水库站的下泄水量,单位为 10^8 m³;X_2 为金塔县降水量(已折合成水量),单位为 10^8 m³;X_3 为盆地内 E601 蒸发器的蒸发量(已折合成水量),单位为 10^8 m³;X_4 为盆地内地下水实际开采量,单位为 10^8 m³。

该模型的复相关系数为 0.822,标准差为 0.129,通过了显著性水平 $\alpha=0.05$ 的 F 检验。实测值与计算值比较见图 2.3.5。从图中可以看出拟合效果较好,说明模型能达到计算盆地地下水水位变幅的要求(胡兴林等,2005a;2005b)。

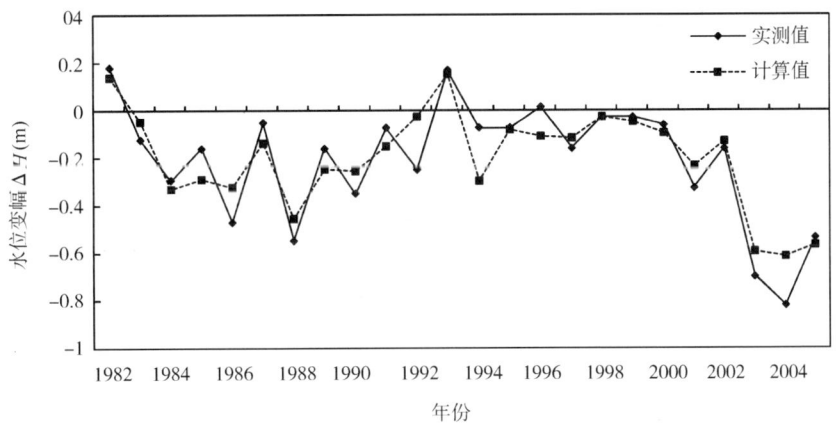

图 2.3.5 金塔盆地水资源转化模型计算值与实测值比较

2.3.4.3 中游盆地地下水动力模型

中游区地下水由南部或西南部单一大厚度的潜水向北或北东、北西逐渐过渡为双层或多层结构的潜水—承压水系统。受开采井与透水天窗的联通影响,在区域上潜水与承压水含水层之间没有稳定连续的隔水层,二者之间的水力联系极为密切,其水头(位)变化与水力特征基本一致,故将其概化为统一的非均质各向同性潜水含水层系统(丁宏伟等,2002)。

区内地下水位动态变化很小,年变幅一般小于 2 m,相对于含水层厚度(80~200 m)变化来说可以忽略,故视导水系数($T=KM$)为常量,将地下水流系统近似用承压水方程描述。根据区域水文地质条件,模型区地下水流场符合达西定律,概化为非稳定的平面二维流。

根据黑河中游模型区边界条件为二类(流量)边界条件;区内西边界属人为划定的地下径流流入边界外,其余边界基本与水文地质盆地界线一致。区内南部、北部、东部为盆地与山体接触(断裂)带,属补给边界和弱补给边界;西部为人为划定的地下径流流入边界,亦属补给边界。依据钻探及物探资料综合分析,黑河中游区下伏基底一般为 Q1-N 的砂砾岩及泥岩、泥质砂岩,富水性差,径流微弱,几乎不参与现代大陆水循环,将其视为相对隔水的模型区底边界;顶边界为自由潜水面。

根据概化的水文地质条件,满足上述三个水文地质概念模型的数学模型用通式表示如下:

$$\begin{cases} \frac{\partial}{\partial x}\left(T\frac{\partial h}{\partial x}\right)+\frac{\partial}{\partial y}\left(T\frac{\partial h}{\partial y}\right)+W_b-W_p = \mu\frac{\partial h}{\partial t} \\ h(x,y,0) = h_0(x,y,t_0) \\ T\frac{\partial h}{\partial n}\bigg|_{\Gamma_2} = -q(x,y,t) \end{cases} \quad (2.3.6)$$

式中:h 为含水层水位标高(m);T 为含水层导水系数(m²/d);μ 为含水层给水度(无量纲);W_b 为垂向各补给项强度之和(m³/(km²·d));W_p 为垂向各排泄项强度之和(m³/(km²·d));q 为二类边界单宽流量(m³/(km²·d));Γ_2 为二类边界代号;n 为边界内法线方向。

采用三角形剖分和线性插值,应用伽辽金(Galerkin)有限元法将数学模型离散为下列常微分方程的初值问题:

$$\begin{cases} [A]_{m\times n}\{h\}_{n\times 1}+[D]\left\{\frac{dh}{dt}\right\}_{n\times 1} = \{F(t)\}_{m\times 1} \\ \{h\}|_{t=0} = \{h^0\} \end{cases} \quad (2.3.7)$$

对上式取对称差分格式,并将已知项移到方程右端,整理得下列有限差分方程:

$$\left(\frac{[A]_{m\times m}}{2}+\frac{[D]_{m\times m}}{\Delta t}\right)\{h\}_{m\times 1} = \{F(t)\}_{m\times 1}-\left(\frac{[A]_{m\times n}}{2}-\frac{[D]_{m\times n}}{\Delta t}\right)\{h_0\}_{n\times 1}-\left(\frac{[A]_{m\times(n-m)}}{2}+\frac{[D]_{m\times(n-m)}}{\Delta t}\right)\{h_1\}_{(n-m)\times 1} \quad (2.3.8)$$

式中:m 为内节点和二类边界点总数;n 为节点总数;$[A]$ 为导水矩阵;$[D]$ 为储水矩阵;$\{F(t)\}$ 为水量矩阵;Δt 为计算时段长度(d)。

采用三角剖分法进行单元剖分,总的原则是:三角形三边尽量相等,以不出现钝角为佳;

观测点剖分在结点上；水利化工程分布密集区剖分相对较细，戈壁区剖分相对较粗。黑河中游模型区共剖分为 1421 个三角形单元，799 个结点，其中，内结点 624 个，边界结点 175 个；观测点 31 个，均分布于结点上。

模型评价与校正以 1999 年 1 月 1 日模型区的水位统测结果，结合动态监测点资料，采用线型插值的方法，确定各节点的初始水位，作为模型调参阶段的初始流场，见图 2.3.6。将各种源汇项量及初始流场数据代入模型，运行程序。结果表明（表 2.3.8），模型区的源汇项量的计算数据与水均衡计算数据非常吻合，模型区误差为 $1.84\times10^4\,\mathrm{m}^3$。说明所建立的数学模型基本符合实际情况，可以进行模型的调参校正和预测。

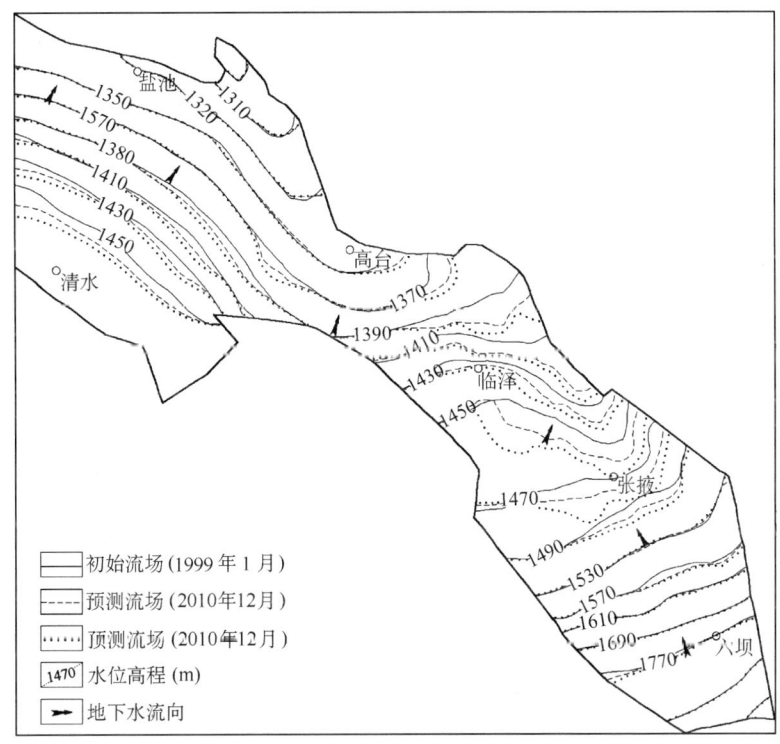

图 2.3.6　黑河中游地区地下水动力学模型区边界条件及初始、预测流场

表 2.3.8　模型区源汇项调试结果与均衡计算结果对比统计　　　　　　　　（单位：$10^4\,\mathrm{m}^3/\mathrm{a}$）

源汇项	模型计算	均衡计算	误差
河流入渗	37 809.2	37 809.2	0.00
渠系入渗	44 983.59	44 982.98	0.61
田间入渗	25 372.19	25 372.77	−0.58
降水/凝结水入渗	10 599.68	10 599.03	0.65
侧向流入/流出量（边界）	17 470.09	17 470.18	−0.09
开采量	−25 472.19	−25 471.11	−1.08
蒸发量	−51 606.1	−51 605.83	−0.27
泉水量	−87 232.64	−87 231.56	−1.08
均衡差	−28 076.18	−28 074.34	−1.84

注：模型计算中部分源汇项量处理方法：边界侧向量为概化边界外的雨洪散流、沟谷潜流及边界侧向径流（流入、流出）量的代数和。其中，模型区垂向入渗量祁家店灌区按 50% 计算，丰乐灌区按 80% 计算。

2.4 黑河流域水循环的同位素初步研究

通过测定黑河流域降水、地表水和地下水稳定氢氧同位素组成（δD 和 $\delta^{18}O$）、放射性同位素氚（T）及 ^{14}C 等指标，对黑河源区大气水汽来源、地表水和地下水等不同水体的转化及流域水循环过程进行了研究。并对浅层和深层地下水的更新时间进行了探讨。

研究区域及样点分布：本研究中主要采集面上河水样品 71 个，野牛沟连续样品 52 个；降水样品：野牛沟 51 个，大野口 13 个；地下水：132 个（图 2.4.1a，图 2.4.1b）。

另外通过对巴丹吉林沙漠地下水（75 个样品）、巴丹吉林沙漠附近地下水（24 个样品）、黑河上游降水（64 个样品）、河水（33 个样品）和地下水（14 个样品）、黑河流域中游（60 个样品）及下游（28 个样品）地下水、右旗降水（2 个样品）及巴丹吉林沙漠降水（4 个样品）等水样稳定氢氧同位素（δD 和 $\delta^{18}O$）的测定及氘过量参数（d-excess）的计算，同时对巴丹吉林沙漠 4 个土壤剖面（40～960 cm）土壤重量含水量、8 个土壤样品的含水量、饱和含水量及其 48 h 内每隔 6 h 含水量的变化进行了测定（图 2.4.1a，图 2.4.1b）。

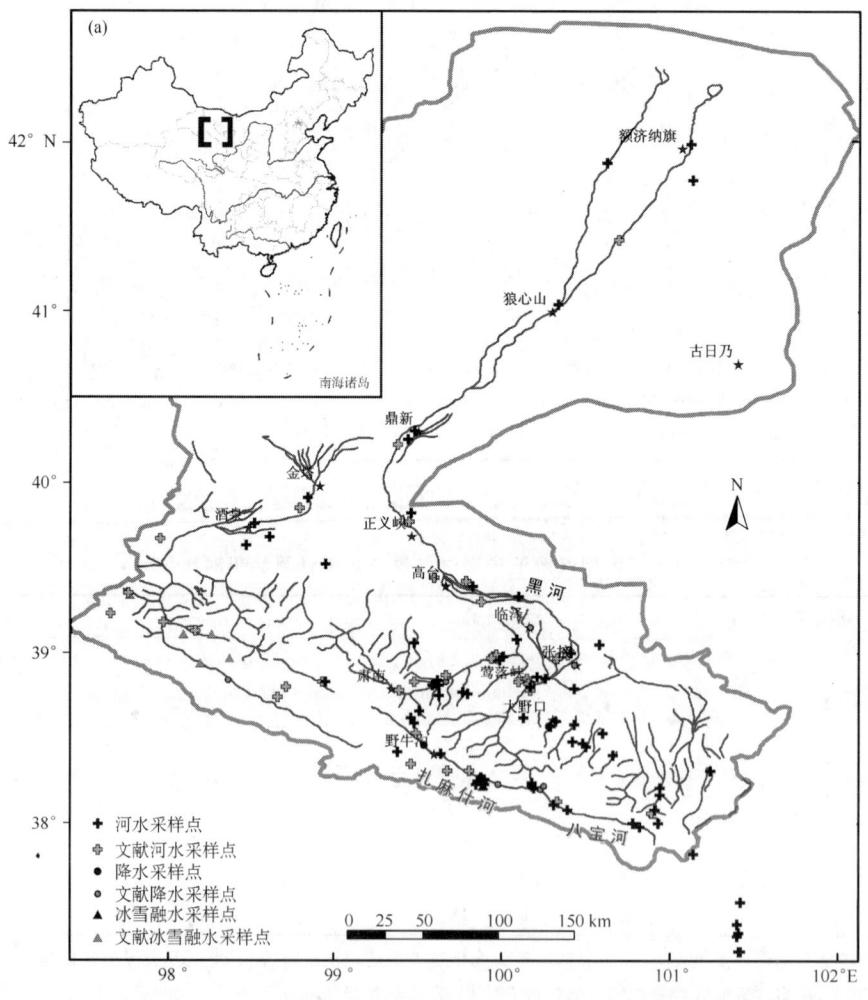

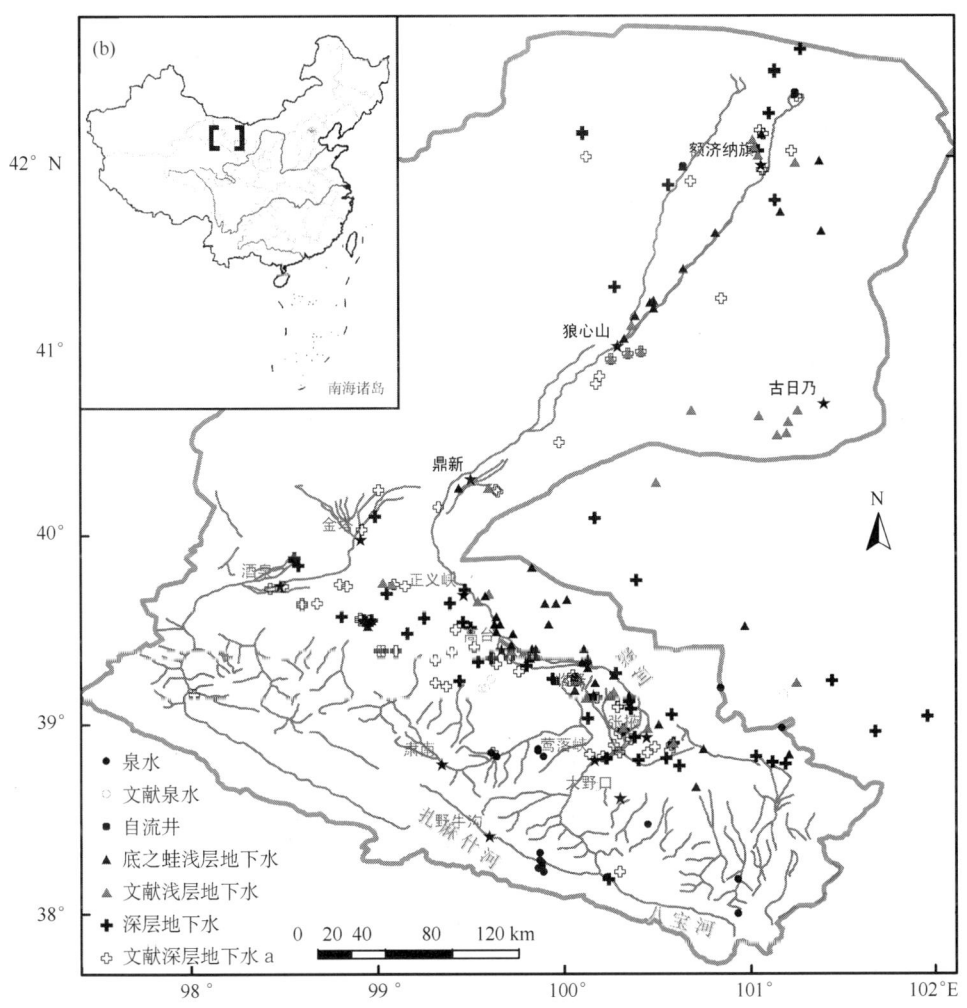

图 2.4.1 黑河流域及巴丹吉林沙漠及其周围地区样点图

2.4.1 黑河上游不同水体的联系

该研究区位于黑河上游西支干流野牛沟气象站和中国科学院寒区旱区环境与工程研究所临泽内陆河流域综合研究站大野口野外观测站。野牛沟地处黑河上游西支干流中段(99°35′E, 38°25′N),海拔高度3320 m。1959—2000年年均降雨量为401.40 mm,80%的降水集中在6—9月;年平均温度为-3.1℃,5—9月份平均温度高于0℃,其余月份温度在0℃以下。月均最低温度在1月(-17.2℃),最高温度在7月(9.2℃)。大野口观测站位于祁连山中段(100°17′E, 38°34′N),海拔高度2720 m,年平均气温0.7℃,平均温度7月最高为12.2℃,1月份最低为-12.9℃;年降水量433.60 mm;年蒸发量1081.70 mm;年均相对湿度60%;年日照时数1892.60 h;日辐射总量110.30 kW/m²。

降水样品采集:2008年6月—2009年2月和2008年9—11月分别在黑河上游野牛沟

气象站和大野口观测站以每次降水为单位收集降水(图 2.4.2)。河水样品采集:分别在 2008 年 5—12 月对野牛沟气象站附近黑河西支干流扎麻什河和 2008 年 7—10 月对坝头沟支流河水水样进行定时采集;采集周期以每周一次为标准,采样时间严格控制在 16:00 左右;每种类型的水样各收集 2 个重复,样品采集后立刻装入 8 ml 玻璃瓶中,并用美国 Parafilm 封口膜进行密封。需要说明的是,降水和河水样品的收集仍在进行中(图 2.4.2)。

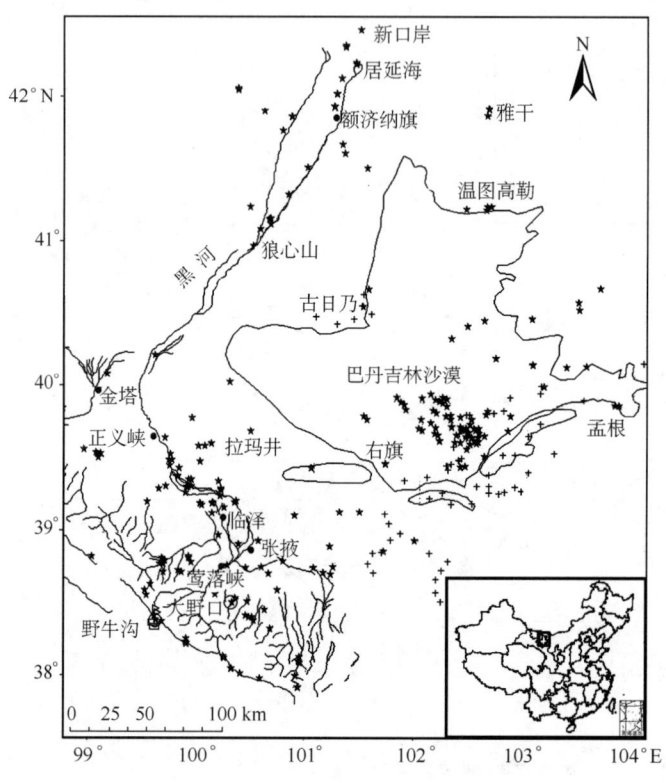

图 2.4.2 研究区域及样点图
(RX 和 SX 表示河水和泉水采样点;PX 和 LRX 表示降水和河水长期采样点)

样品分析:水样的 δD 和 $\delta^{18}O$ 在中国科学院寒区旱区环境与工程研究所内陆河流域生态水文重点实验室进行分析。水样在 EuroPyrOH-3000 元素分析仪+Isoprime 质谱仪上经高温裂解及还原炉反应后在线测定 δD 和 $\delta^{18}O$ 值,每个样品重复测定 5 次。部分样品在日本名古屋大学进行交叉试验和对比。δD 和 $\delta^{18}O$ 的分析误差分别小于 1.00‰ 和 0.20‰,测定结果用 VSMOW 和 GISP(用于测 $\delta^{18}O$)或 SLAP(用于测 δD)两种国际标准进行校正,最终结果以 VSMOW 表示(Nelson,2000)。氚含量在中国地质科学院水文地质环境地质研究所利用超低本底液体闪烁谱仪(Quantulus1220)记数测定,分析误差为 ±1 TU,检测限约为 2~3 TU。

2.4.1.1 黑河源区水汽来源特征的同位素证据

(1)黑河源区次降水中 δD、$\delta^{18}O$ 与 d-excess 的时间变化

黑河上游高山区(野牛沟)与低山区(大野口)降水的 $\delta^{18}O$ 和 δD 具有相同的季节变化趋势,季节变化特征明显(图 2.4.3)。$\delta^{18}O$ 和 δD 在 6—9 月中旬偏正,而 9 月至翌年 2 月显著

偏负,显示了黑河源区高山带和中山区的水汽来源相同。对野牛沟 2008 年 6 月至 9 月中旬和 9 月下旬以后降水中的 δD、$\delta^{18}O$ 进行统计,发现 9 月中旬以前 δD、$\delta^{18}O$ 均值分别为 $-24.60‰$ 和 $4.60‰$,而其后分别为 $-120.90‰$ 和 $-18.10‰$(图 2.4.3a,2.4.3b)。另外,从 7 月 26 号至 8 月 1 号,野牛沟为连续阴雨天气,降水中 δD、$\delta^{18}O$ 呈持续偏负的趋势,最低达 $-125.30‰$ 和 $-22.10‰$(图 2.4.3a,2.4.3b),其原因可能是这段时间的降水为同一个水汽云团。随着降水的发生,^{18}O 和 ^2H 富集的水汽先凝结成为降水,随着降雨的持续,越来越贫 ^{18}O 和 ^2H 的水汽凝结形成降雨。如在降水开始阶段(7 月 26 号),尽管降雨量较大(8.7 mm),但因刚开始降水,水汽富 ^{18}O 和 ^2H,且大汽湿度较低,雨滴在凝结和下降过程中均存在较强的蒸发效应,因而降水中 δD、$\delta^{18}O$ 偏正。而在 7 月 31 号,降水量虽然很低(2.1 mm),而降水中 δD、$\delta^{18}O$ 达 $-125.3‰$ 和 $-17.4‰$(图 2.4.3a,2.4.3b),这与连续降水导致降水的"淋洗"作用与瑞利分馏使得贫 ^{18}O 和 ^2H 的水汽凝结有关(Clark 和 Fritz,1997)。

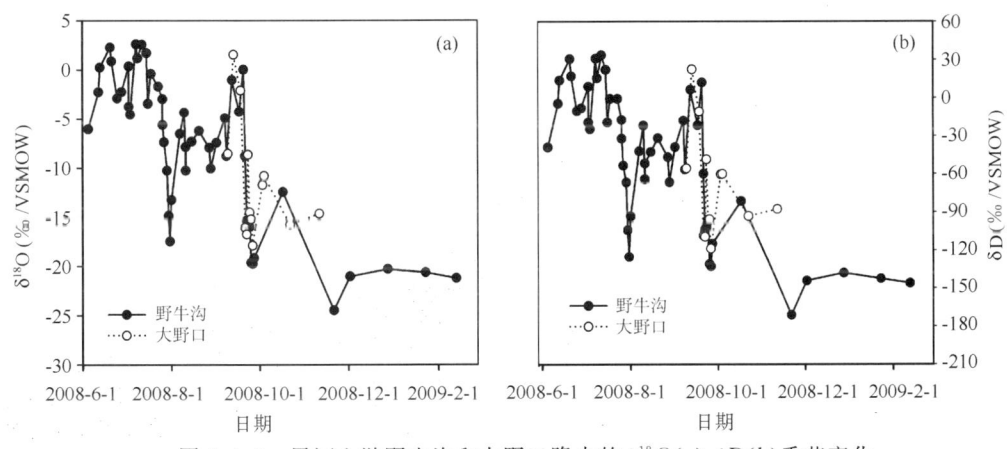

图 2.4.3　黑河上游野牛沟和大野口降水的 $\delta^{18}O(a)$、$\delta D(b)$ 季节变化

降水中的 d 值与水汽蒸发时的动力分馏过程有关,其主要受水汽来源地的空气相对湿度和温度的影响(Merlivat 和 Jouzel,1979;Jouzel 和 Merlivat,1984;Jouzel 等,1997)。一般而言,由低纬度海面蒸发而来的水汽形成的降水的 d 值较低,而来自干旱地区的水汽形成的降水则具有较高的 d 值。与 9 月中旬前相比,自 9 月下旬开始野牛沟和大野口降水中 d-excess 均急剧增加,其中,野牛沟降水的 d-excess 平均值在 6 月至 9 月中旬为 12.1‰,而 9 月至次年 2 月为 23.9‰(图 2.4.4);大野口降水平均 d-excess 在 8 月至 9 月上旬为 9.5‰,而在 9 月中旬至 11 月为 25.6‰。许多研究表明,如果水汽源区的空气相对湿度降低,则降水中 d 的值会升高;反之,d 值降低,二者具反相关关系(Van der Straaten 和 Mook,1980)。且由低纬度海面蒸发而来的水汽形成的降水中的 d 值较低,而来自干旱地区的水汽形成的降水具有较高的 d 值(田立德等,2001)。因此,初步认为黑河上游 6—9 月份水汽来源与其他时段的不同。从现有的数据来看,6—9 月份降水中 d 的低值期与夏季季风降水期一致,反映了海洋蒸发水汽的影响;而在 9 月份之后 d 值急剧增加,偏高的 d 值反映大陆性局地水汽气团降水及其水汽来源地的气候干燥条件。特别是局地水体在空气相对湿度非常低的干旱背景下强烈蒸发形成局地水循环,致使降水中出现一些极高的 d 值(田立德等,2005)。

野牛沟和大野口历次降水的 δD-$\delta^{18}O$ 关系表明(图 2.4.5),二者回归方程的斜率和截距均略低于全球的平均水平(斜率和截距分别为 8.0 和 10.0),说明黑河上游降水主要来源于大尺度水汽循环,且受降水期间的二次蒸发及降水的季节变化等地方气候因子的影响。王宁练等(2008)和张应华等(2007)研究表明,黑河上游降水中 δD、δ^{18}O 与气温存在正相关的事实。因此,大野口的地方大气雨水线的斜率低于野牛沟的现象说明在大野口降水过程中的蒸发作用强于野牛沟的,这与大野口气温(年均温度 0.70℃)高于野牛沟(年均温度 −3.10℃)有关。

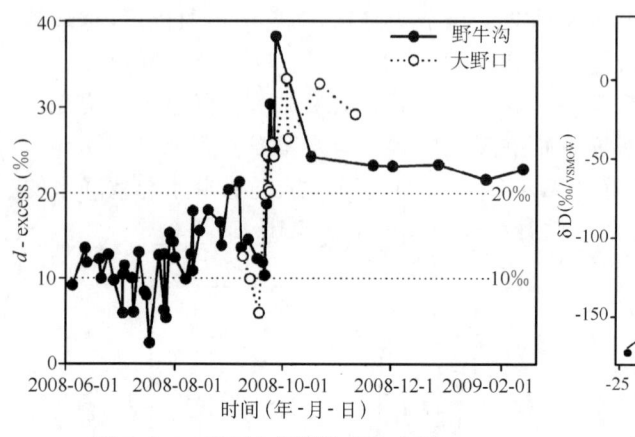

图 2.4.4 黑河上游野牛沟和大野口
历次降水 d-excess 变化

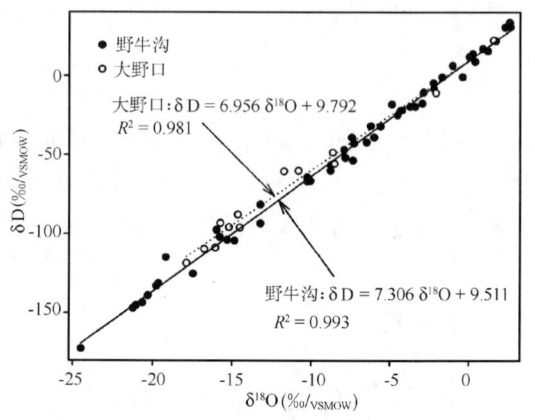

图 2.4.5 野牛沟和大野口历次降水的
δD-δ^{18}O 关系

(2)降水中 δ^{18}O 及 d-excess 季节变化

因本研究区降水样品取样点相对较少,取样持续时间较短(6月至翌年2月),本研究引用已有的研究结果(王宁练等,2009)与本研究结果进行对比(图 2.4.6)。发现本研究结果与前人研究结果具有较好的一致性,均表现出夏高冬低的季节变化特征,这与北半球中纬度 δ^{18}O 变化趋势相似(Vuille 等,2003),说明温度是控制黑河源区降水中 δ^{18}O 的主要限制因子。据以上分析,我们认为,可以用野牛沟降水中 δ^{18}O 和 d-excess 结果为代表来探讨黑河源区水汽来源的变化。根据中国季风影响区域(Wang 和 Lin,2002),本研究将我国分为四个部分(图 2.4.7),通过对比野牛沟与我国不同区域降水中 δ^{18}O 和 d-excess,发现野牛沟降水中 δ^{18}O 在9月份与地处 35°N 以南、75°～105°E 附近降水中的 δ^{18}O 接近;d-excess 的季节变化明显,冬高夏低,表明 d-excess 的季节变化由完全相反的大气环流引起。即该区域降水在9月份受到西南季风(印度夏季风)的影响(图 2.4.7)。而当年 11 月、12 月及翌年 1—2 月降水 δ^{18}O 与地处 35°N 以北、75°～105°E 附近降水中的 δ^{18}O 一致,说明在冬季黑河源区主要受西风及高原季风的影响。低的 d 值反映强的季风降水与相对较弱的西风水汽输送时期,而高的 d 值对应弱的季风活动与强的西风输送时期(Thompson 等,2000)。野牛沟降水中 δ^{18}O 和 d-excess 的变化与水汽来源地的季节变化有关:季风爆发期,该地区降水受西南季风(印度夏季风)影响,d-excess 的值与其他受海洋水汽来源的地区一样,为低值,δ^{18}O 相对偏正;而在非季风期,水汽以西风和高原季风输送为主,降水中 d-excess 为高值,δ^{18}O 偏负。且 d-excess 值冬季高、夏季低的特征说明野牛沟水汽再循环很强烈。

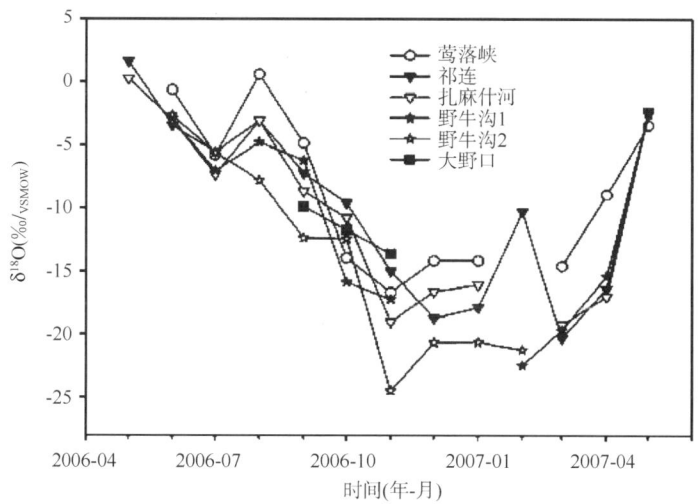

图 2.4.6 降水中 δ^{18}O 月变化特征

(其中野牛沟 2（2008 年 5 月—2009 年 2 月）和大野口（2008 年 9—11 月）为本研究内容；莺落峡、祁连、扎麻什克和野牛沟 1（2006 年 5 月—2007 年 5 月）数据引自王宁练等（2009））

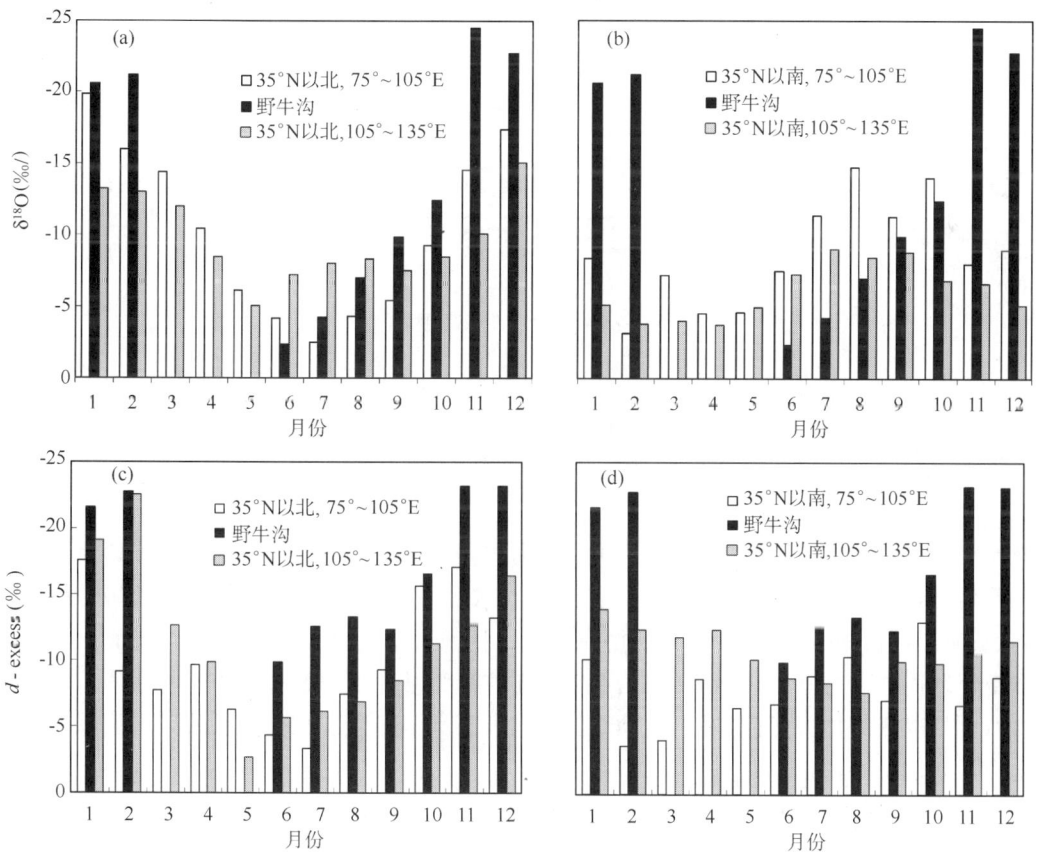

图 2.4.7 野牛沟降水与中国不同区域降水中 δ^{18}O、δD 及 d-excess 季节变化比较

2.4.1.2 稳定同位素揭示的黑河上游降水、河水及地下水的关系

黑河上游河水与地下水（主要为泉水）的 $\delta^{18}O$-δD 关系（图 2.4.8）说明，黑河源区地表水和地下水均来源于大气降水。野牛沟降水、扎麻什河干流及坝头沟支流河水的 δD、$\delta^{18}O$ 及 d-excess 的时间变化趋势也说明降水对河水的补给作用（图 2.4.9）。野牛沟降水中 δD、$\delta^{18}O$ 及 d-excess 分别在 $-172.6‰\sim33.5‰$、$-24.5‰\sim2.6‰$ 和 $0.1‰\sim31.5‰$ 间变化。扎麻什河和坝头沟河水中 $\delta D(\delta^{18}O)$ 平均值分别为 $-50.7‰(-8.2‰)$ 和 $-50.1‰(-7.8‰)$，分别在 $-59.9‰\sim-42.2‰(-8.8‰\sim-7.4‰)$ 和 $-55.1‰\sim-47.5‰(-8.6‰\sim-7.3‰)$ 间变化（图 2.4.9），d-excess 平均值分别为 $15.0‰$ 和 $12.1‰$，分别在 $10.5‰\sim19.2‰$ 和 $8.9‰\sim14.2‰$ 间变化（图 2.4.9）。

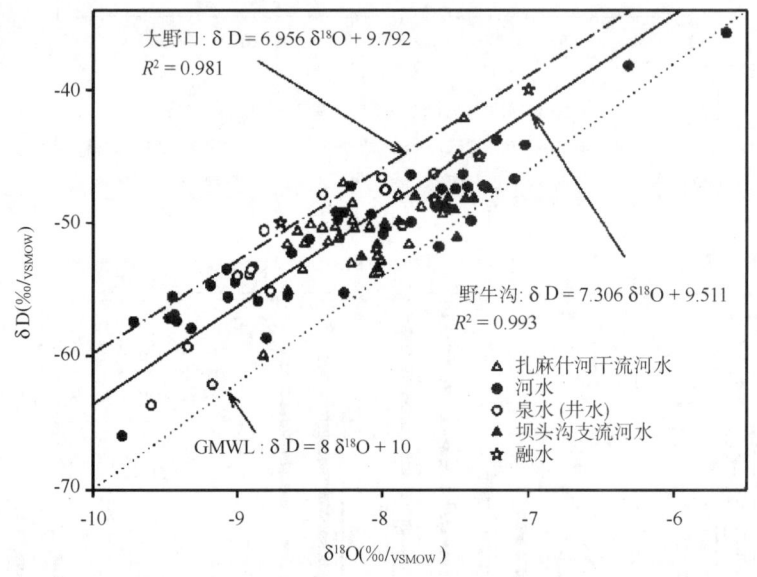

图 2.4.8 黑河上游地表水 $\delta^{18}O$ 和 δD 关系图及与区域大气雨水线的关系

对比图 2.4.9，可见河水中 δD、$\delta^{18}O$ 及 d-excess 的变化幅度远低于降水，这与王宁练等（2008）的研究结果相一致。扎麻什河和坝头沟河水中 δD、$\delta^{18}O$ 和 d-excess 在 6 月至 9 月中旬与降水中的 δD、$\delta^{18}O$ 具有相似的变化规律，且有明显的滞后效应（大约 8~10 d），而从 9 月下旬以后河水中 δD、$\delta^{18}O$ 并未随降水中 δD、$\delta^{18}O$ 的偏负而减小，也没有随 d-excess 的急剧增加而增加，表明在雨季（6 月至 9 月中旬）降水是河水的主要来源，且降水落到地面后经过一系列的转化如壤中流、地表径流及基流等方式后才汇入河流。王宁练等（2008）研究也表明，黑河出山口河水中 $\delta^{18}O$ 季节变化幅度较小且滞后于其上游祁连山山区降水中 $\delta^{18}O$ 的季节变化。而在 9 月下旬以后降水对河川径流的补给量降低，融水或地下水等其他水体对河水的贡献逐渐增加。然而，对于不同时空条件下降水、融水抑或地下水对河水贡献的比例及途径等问题，还有待于做进一步的详细研究。

2.4.1.3 放射性同位素揭示的黑河上游降水、河水及地下水的关系

一般来说，对于氚含量大于 2 TU 的地下水，说明参与现代水循环积极，是年轻的现代水。通过恢复 1953—1986 年张掖降水的氚含量和 IAEA 1986 年以来的实测数据（陈宗宇

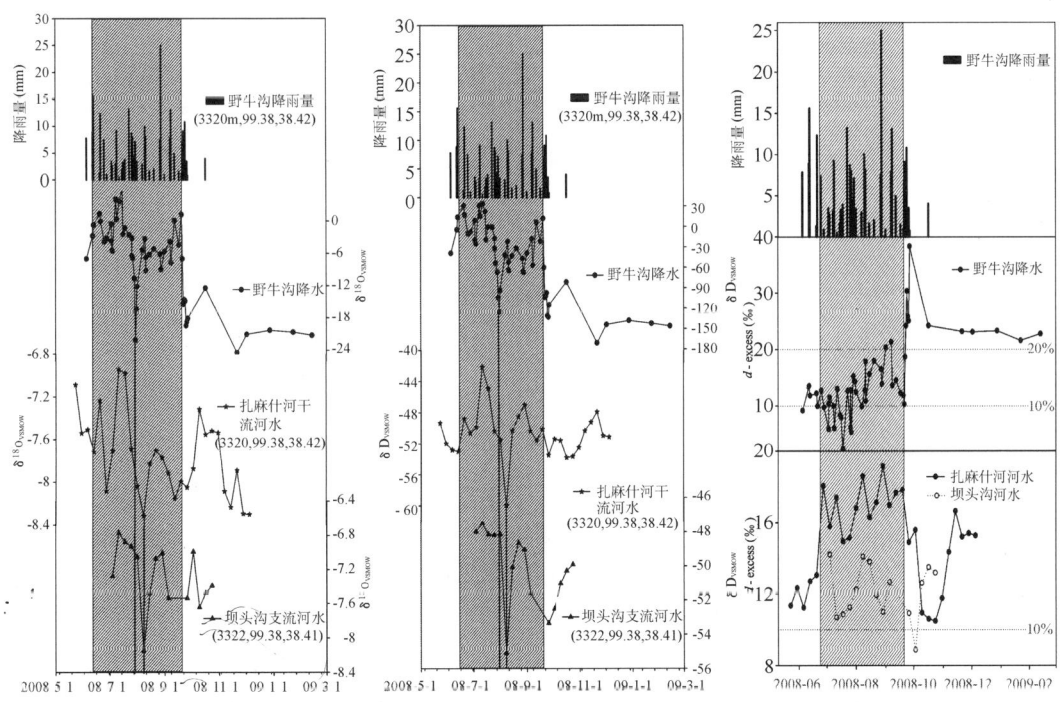

图 2.4.9 黑河上游降水和河水的 δD、δ^{18}O 及 d-excess 变化

等,2004),假设衰变至 2001 年地下水样品中氚含量为 30 TU 和 60 TU,定性确定为样品含有 15~30 TU 说明是 20 世纪 50 年代后期或者 1972—1987 年补给,30~60 TU 可能是 1988 年以来的近期补给,样品氚含量大于 60 TU 说明是 20 世纪 60 年代核爆时期的补给。

在黑河源区,2001 年祁连县降水氚含量为 62 TU(陈宗宇等,2006),2001—2003 年张掖降水氚含量为 57.2 TU(IAEA);祁连山区大部分地表水的氚含量在 30~60 TU(Chen 等,2006;陈宗宇等,2006;贾艳琨,2008;张光辉等,2005);除俄博岭(26.6 TU)和东措台(29.8 TU)泉水中氚含量略低于 30 TU 外,其余地下水氚含量均高于 30 TU(表 2.4.1)。可见,黑河源区地表水与地下水氚含量均与近期降水中氚含量接近,说明黑河源区地表水和地下水均由近代降水补给为主,且存在河水和泉水之间的快速转化,即降水与河水快速入渗补给泉水及泉水快速补给河川径流等。

表 2.4.1 黑河源区降水、地表水与地下水关系

采样点	样品类型	采样日期	海拔高度(m)	氚含量变化范围	氚含量(TU)	资料来源
黑河干流源区	降水	2001 年	/		62.0	
黑河干流源区	冰雪融水	2001 年	>3800	43.0~49.0	46.0	
黑河干流源区	地表水	2001 年		40.0~93.0	63.0	
K330 km 处	河水	2008 年 5 月 17 日	3763	/	47.0	本研究
梨园河出山口	河水	/	/	/	163.0	贾艳琨等,2008
肃南梨园河	河水	/	/	/	31.0	贾艳琨等,2008
柳泉沟河	河水	/	/	/	49.0	贾艳琨等,2008
莺落峡	河水	/	/	/	58.0	贾艳琨等,2008

(续表)

采样点	样品类型	采样日期	海拔高度(m)	氚含量变化范围	氚含量(TU)	资料来源
祁连山区	河水	/	/	/	40.0	贾艳琨等,2008
59号样点	河水	2001年5月8日	3285	/	49.0	Chen等,2006
60号样点	河水	2001年5月8日	3855	/	43.0	Chen等,2006
61号样点	河水	2001年5月8日	3796	/	40.0	Chen等,2006
62号样点	河水	2001年5月8日	3027	/	63.0	Chen等,2006
63号样点	河水	2001年5月8日	1659	/	58.0	Chen等,2006
64号样点	河水	2001年5月8日	1700	/	41.0	Chen等,2006
65号样点	河水	2001年5月8日	1900	/	31.0	Chen等,2006
地表水平均值					55.4	
祁连山区	泉水	2001年6月	/	/	33.4	张光辉等,2005
黑河干流源区	泉水	2001年			54.0	
民乐扁都口	泉水	2008年5月16日	2938	/	41.0	本研究
俄博岭	泉水	2008年5月16日	3655	/	26.6	本研究
43道班西南2 km	泉水	2008年5月17日	2924	/	30.4	本研究
马粪沟口阴坡	泉水	2008年5月17日	2962	/	40.1	本研究
东措台村	泉水	2008年5月17日	2698	/	29.8	本研究
祁连县	井水(150m)	2008年5月17日	2704	/	36.5	本研究
泉水(井水)平均值					36.5	

结合黑河源区不同水体,如降水、地表水和地下水(主要为泉水)中 $\delta^{18}O$、δD 及氚含量,说明黑河源区地表水来源于降水、冰雪融水和地下水的补给,但降水补给所占份额较大。主要原因是河川径流的流量与降雨量变化趋势一致,且河川径流的流量和降雨量在降水对河水主要贡献时段(6—9月)均为高值(王宁练等,2008)。

2.4.1.4 结论

黑河上游野牛沟、大野口降水的 δD、$\delta^{18}O$ 及 d 值分析表明,野牛沟降水的地方大气雨水线与全球大气雨水线接近,黑河上游降水主要由大尺度水汽循环所决定,同时黑河上游在6—9月份的降水与之前和之后的降水水汽来源有所不同,即在6—9月份由西南季风(印度夏季风)控制。而在9月份之后主要水汽来源为大陆性局地水汽气团,主要由高原季风和冬季风控制。在6月至9月中旬期间,黑河上游的野牛沟,无论是干流还是支流均有相同的冰雪源和大汽降水源,且在6—9月中旬降水对河水的补给量很大。黑河源区降水、冰雪(川)融水、河水及泉水中 δD、$\delta^{18}O$ 及氚含量表明,黑河源区河川径流、冰雪(川)融水及地下水均来源于现代降水。且降水入渗后在地下停留的时间较短,而后以泉水的形式补给河川径流。由此可见,降水对黑河流域水资源的形成具有很重要的作用,在全球变化背景下黑河源区降水的丰缺将对整个黑河流域水资源产生极为重要的影响。

2.4.2 $\delta^{18}O$ 表明黑河流域不同水体转化

2.4.2.1 黑河流域河水 $\delta^{18}O$ 的空间变化特征

沿黑河径流方向上 $\delta^{18}O$ 的空间变化特征反映了地下水和河水的转化关系(图2.4.10)。一般而言,由于暴露在空气中,河水在流动过程中往往经历一定的蒸发,从而使河水中 $\delta^{18}O$

值逐渐偏正。研究结果表明,与中游(−7.4‰)和下游(−7.1‰)相比黑河上游河水 $\delta^{18}O$ 值明显偏负(−8.2‰),说明河水在流动过程中存在蒸发效应。但是一般而言,蒸发对常年性大河的稳定同位素影响相对较小。上游 $\delta^{18}O$ 值偏负,自张掖、高台至鼎新一带,河水稳定同位素 $\delta^{18}O$ 剧烈变化(图 2.4.10),这种变化显然不能简单从河水流动过程的直接蒸发来解释。如河水流经张掖、临泽、高台和鼎新灌区的过程中,河水 $\delta^{18}O$ 发生剧烈变化,有些区域的 $\delta^{18}O$ 值甚至比上游偏负,说明在灌区由于抽取了富含 ^{16}O 的深层地下水,深层地下水通过灌溉补给河流,从而导致河水 $\delta^{18}O$ 值偏负。因此黑河干流 $\delta^{18}O$ 的变化之因主要是河水经过张掖、临泽、高台和鼎新灌区,经历了灌溉水→地下水→河水的转化过程,受灌溉水强烈蒸发影响所致,这种影响在鼎新灌区尤为明显;由于黑河下游灌溉量少,因而河水 $\delta^{18}O$ 在下游的变化不明显。

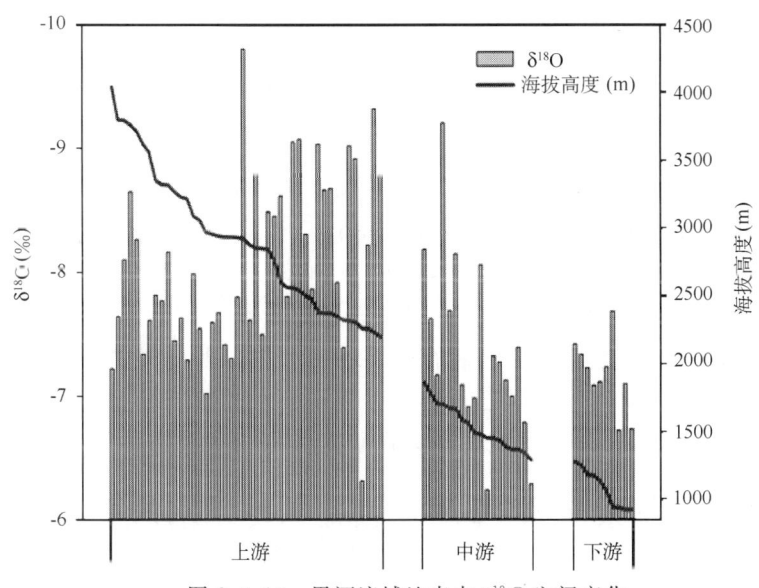

图 2.4.10 黑河流域地表水 $\delta^{18}O$ 空间变化

2.4.2.2 黑河流域地下水 $\delta^{18}O$ 的空间变化特征

黑河中游河水 $\delta^{18}O$-δD 关系线位于黑河上游(野牛沟)雨水线附近,但其斜率低于上游雨水线(图 2.4.11),显示出黑河中游的河水主要来自黑河源区的降水,同时河水在流动过程中发生蒸发,$^{18}O(^2H)$ 趋于富集($\delta^{18}O$ 和 δD 值越大),尤其是到黑河下游,蒸发效应更加强烈,河水的 $\delta^{18}O$-δD 关系线逐渐远离上游雨水线。与地表水相比,黑河中、下游浅层地下水的 $\delta^{18}O$-δD 关系线更加远离上游雨水线,表明在河水补给地下水的过程中蒸发效应强烈。造成上述结果的主要原因是研究区气候干旱,蒸发强度大,同位素的分馏导致同位素的富集(Craig,1961)。同时在黑河下游的巴丹吉林沙漠和蒙古方向,个别浅层地下水 $\delta^{18}O$-δD 点远远低于张掖雨水线,说明这些区域的地下水源除黑河干流外还有其他来源。另外除黑河下游个别地下水 $\delta^{18}O$、δD 值位于张掖雨水线外,黑河中上游河水、地下水的 $\delta^{18}O$、δD 值均远离张掖雨水线,说明在年降雨量为 200 mm 左右的干旱区,降水对河水及地下水的 $\delta^{18}O$、δD 值的影响很小,降水对地表水和地下水的补给可以忽略不计。

与浅层地下水不同,黑河流域深层地下水 $\delta^{18}O$ 无明显的沿河流变化的规律(图 2.4.12a),主要表现为上游 $\delta^{18}O$ 值偏负,中游至狼心山偏正,狼心山以北逐渐偏负,尤其在

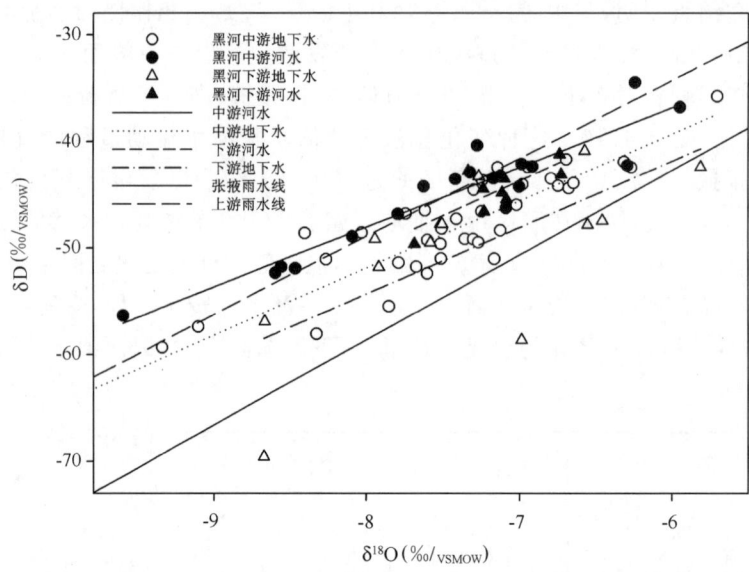

图 2.4.11 黑河流域浅层地下水(<40 m)与地表水 $\delta^{18}O\text{-}\delta D$ 关系图

蒙古和巴丹吉林方向明显偏负。黑河中、下游深层地下水 $\delta^{18}O$ 的空间分布规律表明,对 100 m 以下的深层地下水的 $\delta^{18}O$ 而言,黑河干流对其影响很小,特别是 100 m 以下的深层地下水与河水基本上没有关系(图 2.4.12a)。同时东居延海和策克口岸方向及巴丹吉林沙漠方向显著偏负的 $\delta^{18}O$ 值表明,黑河下游北部的深层地下水主要来自蒙古补给,而中下游北部的深层地下水则可能受石羊河流域及巴丹吉林沙漠地下水的影响。另外,黑河流域深层地下水的氚过量参数(d-excess)也表明上述事实的可靠性(图 2.4.12b)。

2.4.3　放射性同位素 T 及 ^{14}C 对黑河流域地下水的更新速度的揭示

2.4.3.1　黑河流域地下水的更新速度

(1) 放射性同位素氚

由于 ^3H 是水分子的组成部分,因此,氚(T)是目前唯一可以直接测定地下水年龄的放射性同位素。^3H 是氢元素的一种放射性同位素,其半衰期 $T_{1/2}$ 为 12.43 a,由于 ^3H 的半衰期很短,因此 ^3H 一般适用于分析 50 a 以内补给的浅层地下水。1952 年以前,大气中 ^3H 浓度较小,大约为 10.0 TU,自 1952 年后,由于核爆试验,大量 ^3H 进入大气层,1962—1963 年北半球夏季观测到其浓度高达 6000 TU(数据来自 IAEA)。核爆形成的 ^3H 进入到地下水系统中,可作为指示是否存在现代补给的重要证据。核爆试验前大气降水的 ^3H 浓度平均为 10 TU,这种含氚的降水进入地下水系统后,其 ^3H 浓度按放射性规律而减少,据其半衰期 12.43 a 计算,由于衰减至今地下水的氚浓度应小于 1.0 TU。1953 年以后降水 ^3H 浓度受到核爆影响而增加,因此,根据地下水是否受到 20 世纪 50—60 年代核爆影响,可将 1953 年以前形成的地下水"老水"与 1953 年后形成的地下水"新水"相区别。若地下水 ^3H 浓度小于 1 TU,一般认为是核爆前补给的,地下水年龄大于 50 a;若 ^3H 浓度大于 1 TU,则为核爆后补给的,地下水年龄小于 50 a。

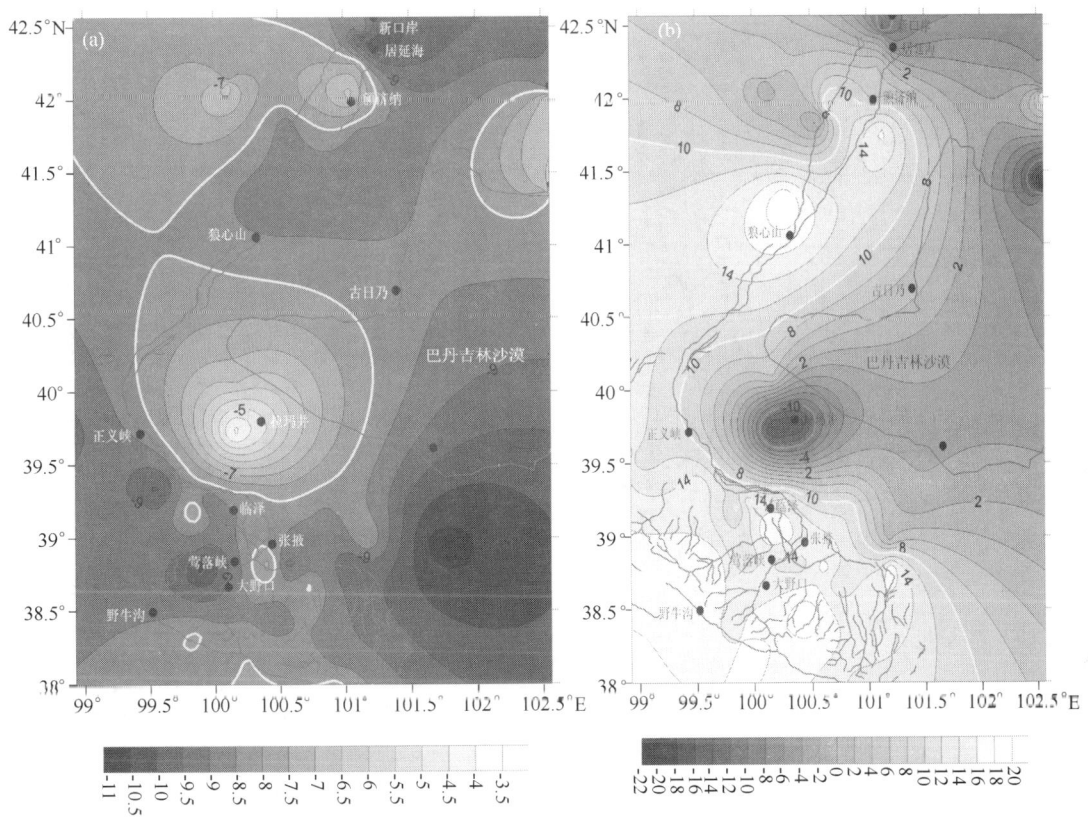

图 2.4.12　黑河流域深层地下水(100 m 以下)δ^{18}O(a) 和 d-excess(b) 空间变化

(2)放射性同位素 ^{14}C

1957 年 Munnich 首次将 ^{14}C 方法应用于测定地下水年龄,而后经过改进和完善,成为目前测定年龄介于 2000~20 000 a 古地下水的重要手段。利用地下水 ^{14}C 测龄结果可以确定古地下水流向和地下水的循环速度。

相关研究结果表明:对上游而言,降水 ^{3}H 浓度最高(达 62 TU),河水、泉水(深层井水) ^{3}H 浓度也较高,即河水和泉水(深层井水)均来自现代降水,其年龄均小于 50 a,说明在黑河源区降水为浅层和深层地下水及河川径流的主要补给源(表 2.4.2),且补给速度快。黑河中、下游浅层地下水 ^{3}H 浓度较高,且其空间分布与黑河干流流向相似,说明浅层地下水含有核爆期补给的现代水,即黑河中、下游浅层地下水的主要补给源为河川径流。从上游至下游的狼心山浅层地下水 ^{3}H 浓度较高,与河水变化趋势一致,说明黑河河水与浅层地下水的转化频繁,更新时间快(图 2.4.13a);与此相反,除上游外,深层地下水 ^{3}H 浓度无明显的沿河流变化的规律,且 ^{3}H 浓度很低, ^{3}H 浓度低于 2.0 TU 的深层地下水 ^{14}C 定年在 5000 a 以上,即黑河中、下游深层地下水的更新时间长,更新速度慢(图 2.4.13b,表 2.4.3),表现了深层地下水的古补给特征,尤其是远离河道的区域如巴丹吉林沙漠北部和黑河下游的西北部。另外,中游浅层地下水 ^{3}H 浓度低于下游,其原因为中游抽取深层地下水进行大规模的灌溉,通过灌溉深层 ^{3}H 浓度较低的地下水对浅层地下水的补给所致。总之,黑河流域放射性同位素 ^{3}H 浓度及 ^{14}C 结果表明:黑河源区现代降水主要补给河水和地下水,且存在河水与地下水的快速转化;在黑河中、下游,河水主要补给浅层地下水,而对深层地下水的补给很弱。

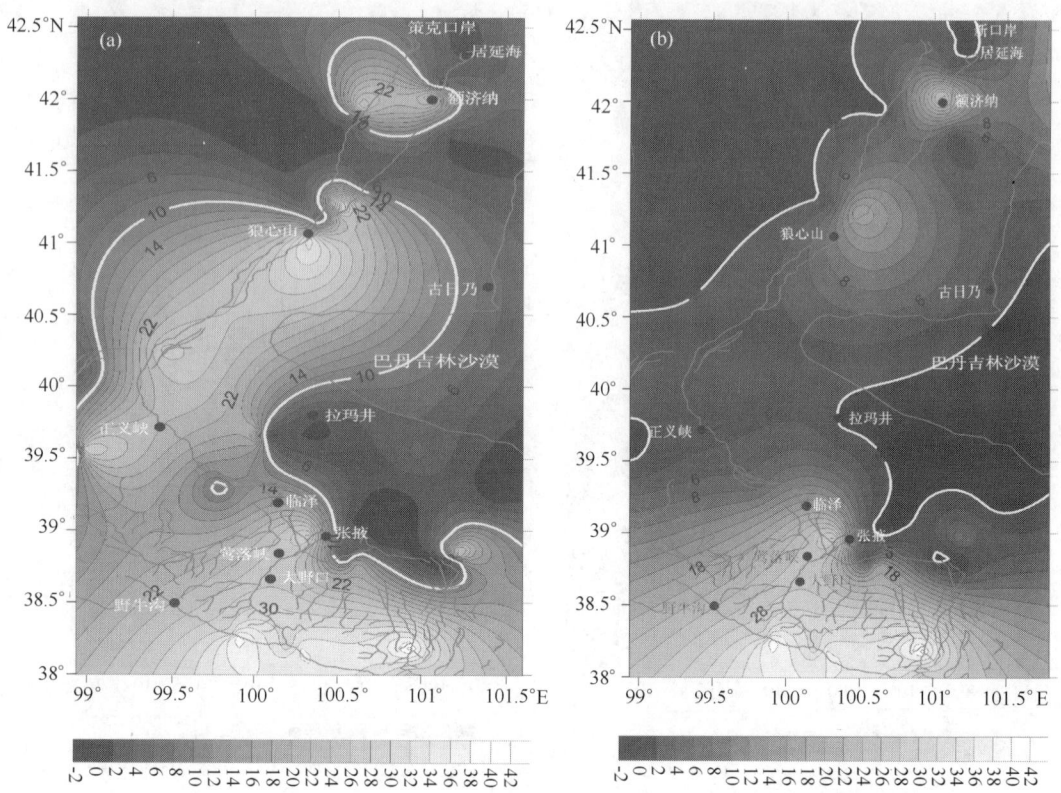

图 2.4.13 黑河流域浅层地下水(a)与深层地下水中(b)^{3}H 浓度和^{14}C 年龄空间变化

表 2.4.2 黑河流域不同水体 T 含量比较 （单位：TU）

	黑河上游		黑河中游		黑河下游	
	平均值	变化范围	平均值	变化范围	平均值	变化范围
降水	62.0		41.3(2001—2003 年)		/	
河水	55.4	31.0~163.0	37.0	25.0~42.0	29.9	23.0~35.1
浅层地下水(<80 m)	/		13.0	1.4~31.4	15.8	1.6~39.7
深层地下水(>80 m)	36.5	26.6~54.0	2.5	0.5~9.6	2.3	0.5~3.7

表 2.4.3 黑河中游深层地下水中 T 含量和^{14}C 年龄对比

地点	经度(°E)	纬度(°N)	井深(m)	T(TU)	标准差	表观年龄(a)	不确定度(a)
山丹至右旗高速	101.1	38.8	100	1.9	0.9	5426	211
清泉镇十号村	101.0	38.8	100	0.8	1.0	8363	291
红沙窝新建村	100.6	39.0	80	1.8	0.9	15937	538
上寨十六庄	100.5	38.8	100	1.6	0.8	5000	280
下河清五坎	98.9	39.5	130	1.4	1.3	7543	296

2.4.3.2 黑河中、下游 T 值异常揭示的地表水与地下水转化

黑河中、上游和干流邻近区域如张掖南石岗墩和明水乡地下水深度超过 100 m，但是地下水^{3}H 浓度很高(20.0 和 30.9 TU)(表 2.4.4)，说明出山径流为近山前平原地下水的主要

补给源,补给深度达 130 m。狼心山水文站 30 m 地下水与其附近河水 ^{3}H 浓度相同(表 2.4.4),说明从黑河中游至狼心山段,河水对浅层地下水的补给很强,对狼心山 30 m 左右的浅层地下水的补给作用也很明显。另外,雅干 120 m 的深井其 ^{3}H 浓度较高,可能与近期的核爆试验有关。

表 2.4.4 黑河中、下游地下水异常 T 含量

	采样地点	样品类型	井深(m)	T 含量(TU)	备注
中游	黑河中游	河水	/	37.0	邻近上游居干流边
	石岗墩(张掖南)	地下水	100	20.0	
	明水乡(张掖南)	地下水	130	30.9	
下游	狼心山水文站	地下水	30	35.8	河水对地下水的补给
	狼心山分水枢纽	河水	/	35.1	
	雅干	地下水	120	34.9	核爆污染

2.4.3.3 结论

总之,黑河流域河川径流主要来源于祁连山区降水、融水和地下水(主要为泉水)。河流出山后,在山前强入渗带大量渗入地下转化为地下水,地下水通过地下径流向黑河中游和下游运动,少量地下水在冲积扇前缘以泉水的形式排出,出山径流与地下水完成第一次循环转化。河川径流通过黑河中游张掖—临泽—高台盆地和下游的金塔—鼎新盆地后,河水通过灌溉和侧渗转化为浅层地下水,同时深层地下水通过灌溉后汇入河水和渗入浅层地下水。在额济纳盆地,地下水除河水补给外,还接受蒙古方向的补给;同时地下水以泉水和蒸发形式排泄,少部分排入居延海,流域水循环完成二次转化。

2.5 巴丹吉林沙漠地下水来源研究

2.5.1 巴丹吉林沙漠地下水与其周围水体的关系研究

已有研究表明,巴丹吉林沙漠地下水通过大断裂带来自黑河上游(Chen 等,2004a)。本研究表明,黑河上游地下水、河水和降水的 δ^{18}O、δD 远低于、d-excess 远高于巴丹吉林沙漠地下水(图 2.5.1~图 2.5.3,表 2.5.1)。且 δ^{18}O-δD 回归方程的斜率和截距远低于黑河上游降水、河水和地下水的斜率和截距,表明巴丹吉林沙漠地下水与黑河上游降水、河水及地下水无水力联系。同时,巴丹吉林沙漠地下水与其周围区域地下水的 δ^{18}O、δD 和 d-excess 差异显著,δ^{18}O-δD 回归方程的斜率和截距之间也有显著差异(图 2.5.1,图 2.5.2,表 2.5.1)。通过对巴丹吉林沙漠地下水与周围区域及黑河上游不同水体中 δ^{18}O、δD 和 d-excess 含量比较发现,在巴丹吉林附近区域,如西边(黑河中游的拉玛井)、南边(右旗)及东边(孟根)与巴丹吉林沙漠地下水具有补给与混合作用。然而,除蒙古方向有深层地下水对巴丹吉林地下水的补给外,在远离巴丹吉林沙漠的区域,如巴丹吉林沙漠西部的黑河流中下游、南部的黑河上游、雅不赖山及北山、东部的孟根以北等区域与巴丹吉林沙漠地下水无明显的水力联系。

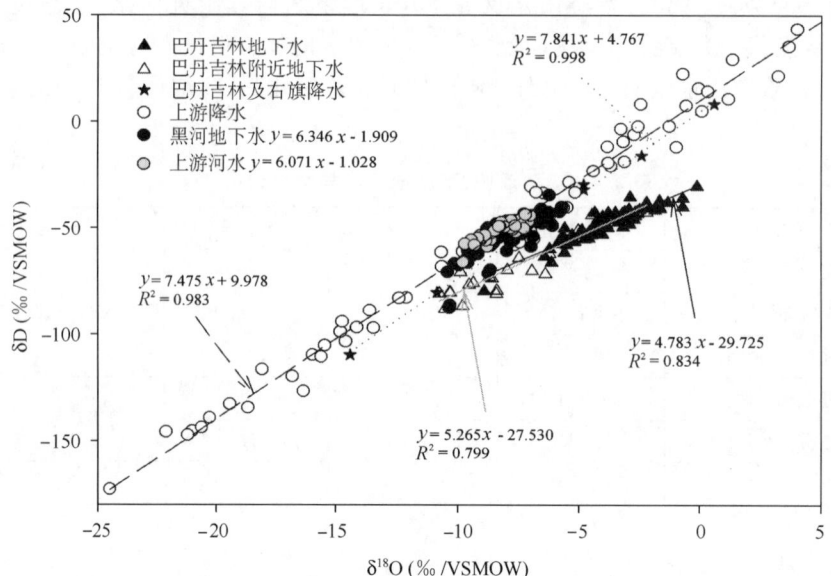

图 2.5.1　巴丹吉林沙漠及其周围区域 $\delta^{18}O$-δD 关系图

(巴丹吉林沙漠降水数据引自文献(Gates 等,2008b))

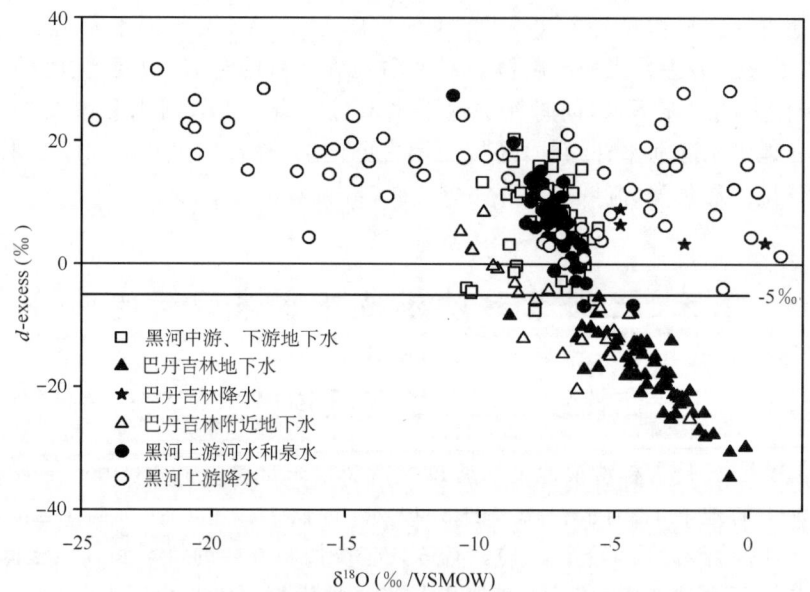

图 2.5.2　巴丹吉林沙漠及其周围区域 d-excess 与 $\delta^{18}O$ 关系图

(巴丹吉林沙漠降水数据引自文献(Gates 等,2008b))

表 2.5.1　巴丹吉林沙漠及其周围区域 $\delta^{18}O$、δD 和 d-excess 值

研究区域	$\delta^{18}O$(‰)	δD(‰)	d-excess	采样日期*	数据来源	样品类型
巴丹吉林沙漠	−3.8	−47.8	−17.4	2007 年 4—5 月(67)	本研究	地下水
巴丹吉林沙漠附近	−7.7	−68.1	−6.4	2007 年 4—5 月(24)	本研究	地下水
巴丹吉林沙漠	−2.8	−43.8	−21.4	2004—2005 年(13)	Gates 等,2008a	地下水
巴丹吉林沙漠	/	/	−22.0	1987—1996 年	Geyh 等,1998	地下水

(续表)

研究区域		$\delta^{18}O$(‰)	δD(‰)	d-excess	采样日期*	数据来源	样品类型
巴丹吉林沙漠以北	附近	−5.9	−61.8	−14.4	2007年4—5月(3)	本研究	地下水
		−3.1 −1.9	−49.0 −43.3	−24.0 −28.4	2004—2005年(4); Gurinai(3)	Gates等,2008a; Gan等,2008	地下水
		−4.0	−53.4	−21.7	Gurinai(2)	Qian等,2005	地下水
	远离	−8.4	−72.0	−4.6	2007年4—5月(3)	本研究	地下水
巴丹吉林沙漠以东	附近	−5.5	−60.1	−16.1	2007年4—5月;2008年;2009年(4)	本研究	地下水
		−5.0	−51.9	−12.1	2004—2005(7)	Gates年,2008a	地下水
	远离	−9.9	−75.8	3.5	2007年4—5月;2008年;2009年(4)	本研究	地下水
		−8.2	−62.8	2.5	2004—2005年(3)	Gates等,2008b	地下水
巴丹吉林沙漠以南	远离	−8.9	−66.9	4.2	2007年4—5年;2008年;2009年(5)	本研究	地下水
		−8.6	−62.9	6.0	2004—2005年(27)	Gates等,2008a	地下水
巴丹吉林沙漠以西	黑河上游	−8.3	−52.3	14.3	2008年6月—2009年2月(64)	本研究	降水
		7.8 −7.7	−50.6 −48.0	11.8 13.9	2008年5—10年(51) /(5)	本研究; Gan等,2008	河水
		−8.9	−51.3	20.1	/(3)	Gan等,2008	融水
		−8.1 −7.7	−48.9 −46.2	16.0 15.4	2008年5月(6) /(5)	本研究; Gan等,2008	地下水
	黑河中游	−5.3	−54.7	−12.2	2008年7月(1)	本研究	地下水
		−8.0	−51.7	11.9	2008年7月;2008年9月(42)	本研究	地下水
	黑河下游	−7.8	−52.4	10.0	2007年;2008年(28)	本研究	地下水

注:采样日期一栏中括号内数字为样品数。

同时通过对巴丹吉林沙漠及其周围区域 $\delta^{18}O$ 和 d-excess 的空间分布特征(图 2.5.3)的比较可知,巴丹吉林沙漠地下水 $\delta^{18}O$ 和 d-excess 的变化存在特殊的区域,即在 39.3°~41.3°N 和 100.3°~103.8°E 范围内,$\delta^{18}O$ 值明显偏正,而 d-excess 极端偏负,且在此范围附近存在一个过渡区域(如黑河中游以东、雅不赖山以北及孟根以西的区域)。而雅干以北方向显示有蒙古深层地下水对巴丹吉林沙漠地下水的补给,除此之外,巴丹吉林沙漠地下水与其周围区域无明显的水力联系。

2.5.2 巴丹吉林沙漠地下水与降水的关系研究

为了研究巴丹吉林地下水与大气降水的关系,引入巴丹吉林沙漠及其附近地区(右旗、兰州、张掖、银川)及蒙古(Altanbulag 和 Lun)(数据源于 IAEA)降水中的 $\delta^{18}O$、δD 及 d-excess 相关研究结果。结果表明,巴丹吉林沙漠 δD-$\delta^{18}O$ 关系线与上述区域接近(表 2.5.2),且其斜率略低于全球大气雨水线,显示出降水过程中的蒸发过程。巴丹吉林沙漠降水的 d-excess 值(5.5‰)远高于地下水(−17.4‰),说明在巴丹吉林沙漠极端干旱的气候条件下,年均降雨量为 89 mm 的降水对地下水的贡献可以忽略不计。

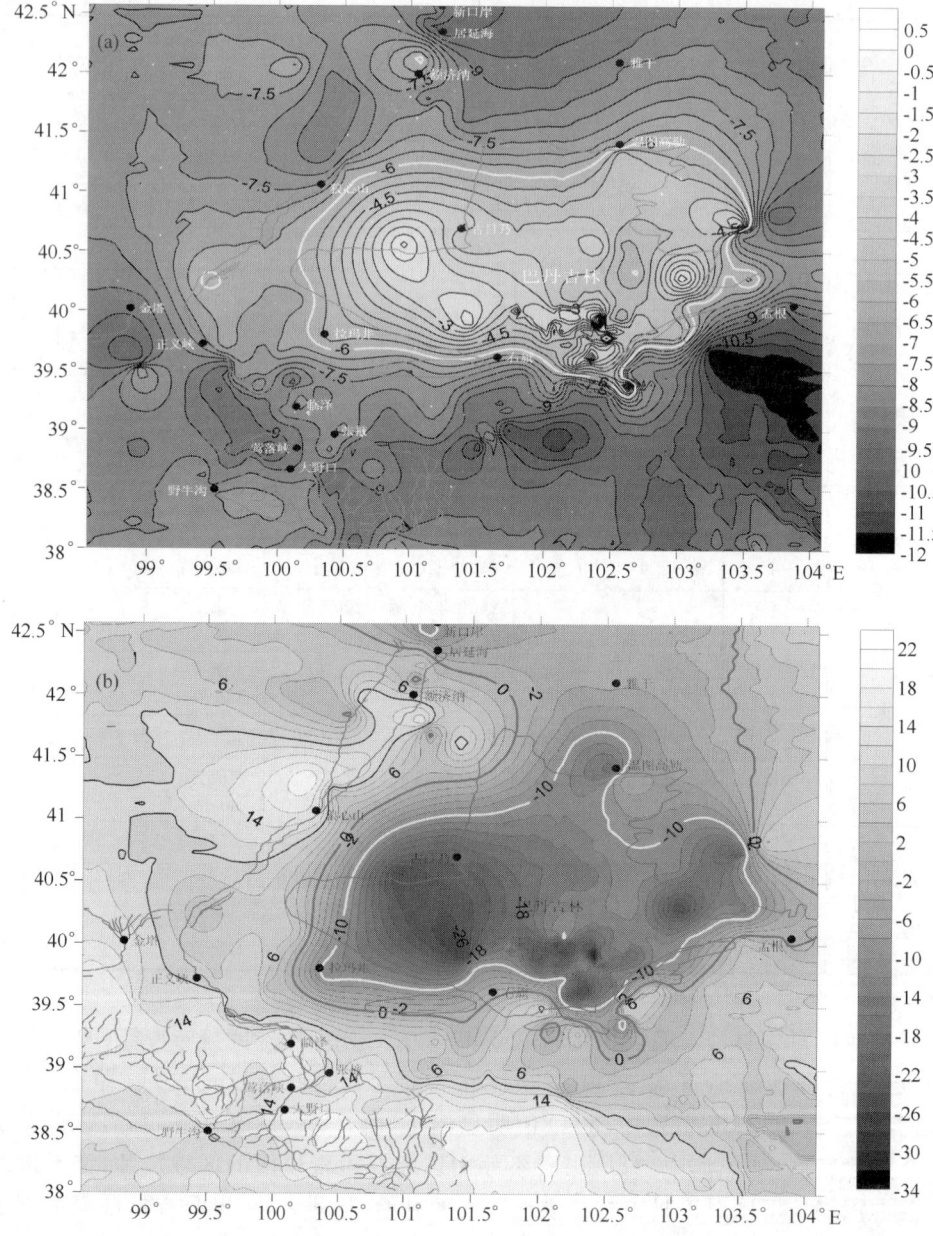

图 2.5.3 巴丹吉林沙漠及其周围区域不同水体 $\delta^{18}O$ (a) 和 d-excess (b) 空间分布图

同时巴丹吉林沙漠 4 个土壤剖面土壤含水量(图 2.5.4),8 个不同深度土壤的含水量、饱和含水量及变化含水量在 48 h 内每隔 6~12 h 的含水量变化表明(图 2.5.5):土壤含水量分别在 0.25%~3.27% 和 0.5%~5.6% 间变化,而饱和含水量分别为 24.6% 和 24.4%,饱和含水量(24.4%)经过 48 h 后变为 18.7%。已测的土壤最大含水量(5.6%)远低于 18.7%,说明在年均降水量为 89 mm 的条件下很难在土壤剖面形成饱和流补给深层土壤水或地下水。另外,沙土中大量空隙在一定程度上也阻止了地下水和深层土壤水的蒸发损失,这也许是巴丹吉林沙漠地下水除通过轻微蒸发、上升泉及形成湖泊而能够长期存在的原因之一。

表 2.5.2 巴丹吉林沙漠及其周边地区降水 δD-$\delta^{18}O$ 对比

公式	平均 d-excess(‰)	斜率	采样时段	采样点	数据来源
$\delta D = 7.157\delta^{18}O + 3.097$, $R^2 = 0.993$	5.5	7.157	/	巴丹吉林沙漠	Gates 等,2008
$\delta D = 7.006\delta^{18}O + 1.527$, $R^2 = 0.9384$	9.0	7.006	1985 年 7 月—1999 年 7 月	兰州	IAEA
$\delta D = 7.885\delta^{18}O + 12.453$, $R^2 = 0.983$	12.2	7.885	1988 年 2 月—2000 年 8 月	银川	IAEA
$\delta D = 7.016\delta^{18}O - 2.791$, $R^2 = 0.950$	6.9	7.016	1986 年 7 月—2003 年 11 月	张掖	IAEA
$\delta D = 7.137\delta^{18}O - 5.129$, $R^2 = 0.962$	2.6	7.137	1999 年 9 月—2000 年 12 月	蒙古 Altanbulag	IAEA
$\delta D = 6.658\delta^{18}O - 9.500$, $R^2 = 0.960$	2.9	6.658	1999 年 9 月—2000 年 12 月	蒙古 Lun	IAEA

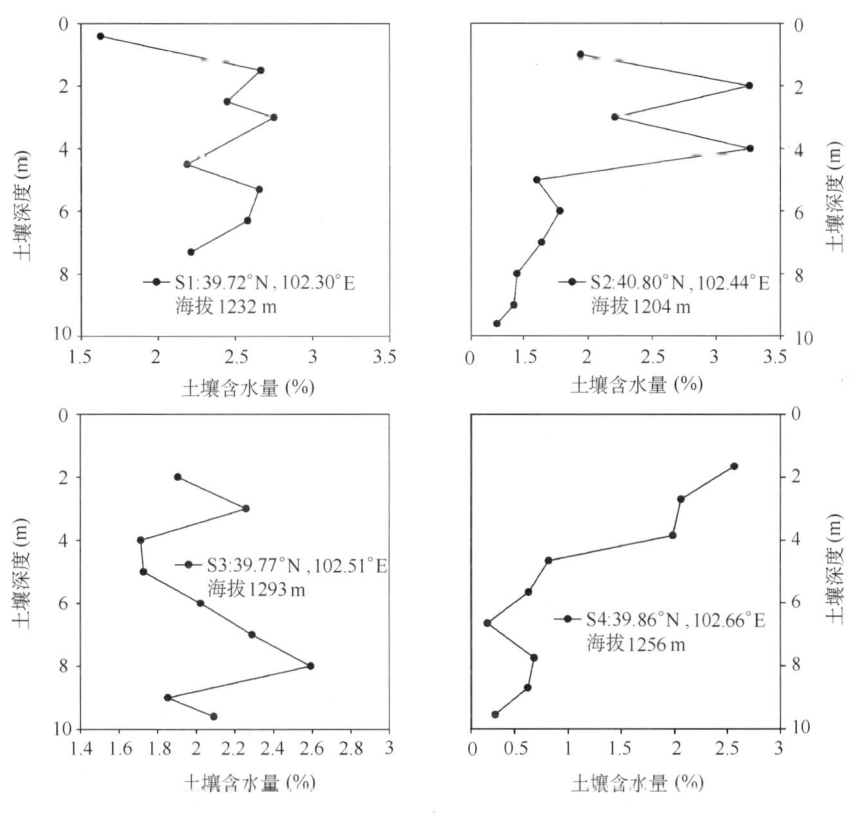

图 2.5.4 巴丹吉林沙漠土壤含水量($W/W\%$)

2.5.3 巴丹吉林沙漠地下水来源及形成条件探讨

本章 2.2.1 节和 2.2.2 节表明,巴丹吉林沙漠地下水与其周围区域不同水体及降水无明显的关系,本节据异常偏负的 d-excess、历史时期气候变化及已有研究结果(表 2.5.3)探讨巴丹吉林沙漠地下水的来源及其形成的气候条件。

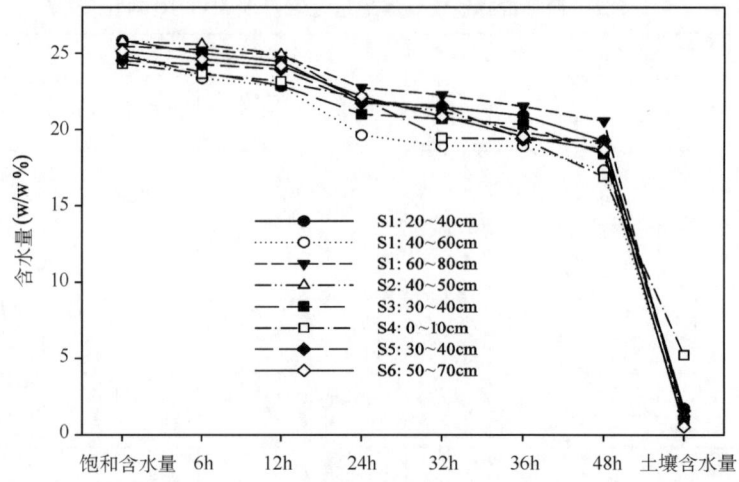

图 2.5.5　巴丹吉林沙漠土壤含水量、饱和含水量及其经过 48 h 后土壤含水量的变化
（S1~S6 为样品编号）

表 2.5.3　历史时期 d-excess 变化及低 d-excess 值对应气候变化文献

时间	d 值	气候条件	样点	文献
末次冰期：18 000 aBP 左右	d-excess 低于 4.5‰	相对湿度很高	南极以东冰芯	Jouzel 和 Merlivat,1982
冰盛期	d-excess 大约 4.5‰		南极 Dome C 冰芯	Grootes, 1983
50.1 kaBP 左右	d-excess 为 5‰		格陵兰冰芯	Masson 等,2005
11 660 aBP	d-excess 连续降低 15 a	气候寒冷		Petit 等,1991 Dansgaard 等,1989
公元 1950 前 11 640 a 和 11 740 a	d-excess 小于 0			Taylor 等,1997
古水	d≈ +5‰	洋面湿度差降低	撒哈拉沙漠以北	Sonntag 等,1979
地下水年龄为 17 901 a BP	d=-24‰		古日乃	Gates 等,2008b
9.435±0.345 kaBP 到 31.75±0.485 kaBP		降雨量高	巴丹吉林沙漠	Yang, 2000
33 kaBP		湖面水位高	巴丹吉林沙漠附近	Norin, 1980
39—21 kaBP		气候冷湿；湖面水位高	巴丹吉林沙漠	Pachur 等,1995；Wünnemann 等,1998
13 kaBP		湖面水位上升	巴丹吉林沙漠附近	Pachur, 1995；Wünnemann 等,1998
全新世早中期		湖面面积和水体很大	巴丹吉林沙漠	杨小平,2002
末次冰期		降雨量高	巴丹吉林沙漠	杨小平, 2000
30—20 kaBP,全新世早期；2 kaBP		湿度比现代高	巴丹吉林沙漠	杨小平, 2000

在全球大气雨水线中，d-excess 值为 10‰ 时代表了降雨时 85% 的空气相对湿度。然而在干旱区，如果水汽来源于相对湿度低的区域，降水中的 d-excess 值会大于 10‰（Gat 和 Carmi, 1970）。Johnsen 等（1989）及 Merlivat 和 Jouzel（1979）据模型得出，洋面水汽中的 d-excess 随洋面气温的增加而增加（+0.35‰/℃），而随相对湿度的增加而降低（−0.43‰/%）。在干旱区如南非（马里）和中东（沙特阿拉伯），与现代降水相比古水的

d-excess 很低,这些古水的 d-excess 为 5‰ 或者更低,被认为是在更新世多雨的气候条件下补给的。巴丹吉林沙漠地下水的 d-excess 极端偏负(-17.4‰),据 Johnsen 等(1989)及 Merlivat 和 Jouzel(1979)的模型,巴丹吉林沙漠地下水应该是在与现代相比冷湿的气候条件下形成的。同时结合已有研究结果(表 2.5.3),如杨小平(2000)认为在全新世早期,苏古诺尔和嘎顺诺尔地区都有较大、较深的湖泊。即使是到了全新世中期,巴丹吉林地区的湖泊范围也比较广。巴丹吉林沙漠地下水垂向补给微弱,地下水很可能是更新世晚期至全新世早期周边的雅布赖山区降水径流补给的古水。根据古湖岸线的分布和湖泊水化学组成的变化可以推断,巴丹吉林沙漠地区全新世的古气候有明显的差异性,全新世早、中期时,沙漠地区湖面广,水体体积大,水分状况较好。Gates 等(2008b)报道巴丹吉林沙漠及其附近地下水平均年龄为 7863 a,其中古日乃最大年龄为 17 901 a。从巴丹吉林沙漠地下水异常偏负的 d-excess、降水补给及已有研究结果表明:巴丹吉林沙漠地下水为一个相对独立的水体,地下水为古水且形成于更新世前冷湿的气候条件。

2.5.4 结 论

对巴丹吉林沙漠地下水及其周围区域地下水、地表水及降水等不同水体中 δD、$\delta^{18}O$ 及氘过量参数(d-excess),以及巴丹吉林沙漠土壤水等分析结果表明:

1) 巴丹吉林沙漠地下水 δD、$\delta^{18}O$ 与其周围区域相比明显偏正,d-excess 极端偏负(-17.4‰),远低于全球降水的斜率(全球大气雨水线的斜率为 8‰)和 d-excess 值(全球大气雨水线的截距为 10‰),且 δD-$\delta^{18}O$ 的斜率和截距远低于其周围区域的不同水体,显示除蒙古方向有对巴丹吉林沙漠地下水的补给外,巴丹吉林沙漠地下水与其周围区域地下水无明显的水力联系。

2) 巴丹吉林沙漠降水与其周边地区地方大气雨水线、土壤含水量及土壤饱和含水量动态变化表明:降水对巴丹吉林沙漠地下水的贡献很小。

3) 通过对巴丹吉林沙漠地下水 d-excess、降水同位素特征及土壤含水量的变化分析,结合已有研究结果表明:巴丹吉林沙漠地下水形成于更新世前冷湿的气候条件。

第3章 黑河流域生态－水文系统的地气过程

3.1 陆面水文过程与大气过程相互作用

3.1.1 陆面过程模式

Noah 陆面过程模式是一个一维陆面模式,用来描述土壤湿度、土壤温度、地表温度、雪深、雪水当量、冠层水含量及地球表面能量和水分通量(Mitchell 等,2002)。这个模式的前身是 20 世纪 80 年代中期发展的 OSU/LSM(Oregen State University/Land Surface Model)。之后被纳入了陆面过程方案比较计划(the Project for Intercomparison of Land Surface Paramerization,PILPS)及全球土壤湿度计划和分布式模式比较计划(the Global Soil Wetness Project and the Distributed Model Intercomparison Project),经过了大量的检验和评估。它不仅以单点模式被广泛使用(Chen 等,1996;1997;Chen 和 Mitchell,1999),而且与许多大气模式(ETA、MM5 和 WRF 等)耦合(Chen 等,1997;Chen 和 Dudhia,2001)。其 2.2 版本被作为陆面参数化方案之一加入了 NCEP 实时陆面数据同化系统(NCEP real-time Land Data Assimilation System,LDAS,2003)。

与大气模式(水平分辨率一般$>10 \text{ km}^2$)耦合的陆面过程模式大都有一个假设:不考虑表面和次表面的土壤水分传输。这一假设的一个重要原因是与大气模式空间尺度比较,格点与格点之间的地形坡度很小,可以忽略不计。然而随着计算机技术的发展,大气模式空间尺度越来越精细,格点之间地形坡度显得越来越重要,尤其是在地势陡峭、地形复杂的山区地带。所以随着空间尺度越来越精细,表面和次表面水分的侧向流动在局地水分平衡中起着越来越重要的作用,成为高分辨率陆面过程模式必须考虑的部分。现在的 Noah 模式中也没有考虑地表积水的二次下渗及饱和土壤水的反渗,这些反映水文变化的缓慢过程在长期气候态的模拟和陆面数据同化过程中起着越来越重要的作用。本章针对以上问题,对 Noah 陆面过程模式进行改进。

Noah 模式中主要的水文变量包括降水、冠层截留降水蒸发、土壤下渗、土壤表面直接蒸发、垂直土壤水通量、植被蒸腾、表面径流及次表面径流(或土壤底部浸渗)。

对 Noah 陆面水文过程的改进主要针对直接蒸发及地表径流和次表面径流部分。

3.1.1.1 地表积水处理

(1)地表积水的直接蒸发

直接蒸发部分增加了两个变量:超渗水量($INFXS$)和积水深度($SFHEAD$)。于是地表的蒸发计算变为直接蒸发量($EDIR$)与积水蒸发量($ETPND$)之和。

改进之前的地表直接蒸发 $EDIR$ 计算式如下:

$$EDIR = (1.0 - SHDFAC)ETP1 \tag{3.1.1}$$

式中:$SHDFAC$ 是植被覆盖,$ETP1$ 是潜在蒸发。

改进方案中引入一个临时变量 $EDIRTMP$,由于有积水存在,地面蒸发需要减去地表积水蒸发量($ETPND$):

$$\begin{aligned}&\text{if }(EDIRTMP > SFHEAD):\\&ETPND = SFHEAD\\&SFHEAD = 0.\\&EDIRTMP = EDIRTMP - ETPND\end{aligned}$$

$$\begin{aligned}&\text{if }(SFHEAD \geqslant EDIRTMP):\\&ETPND = EDIRTMP\\&EDIRTMP = 0.\\&SFHEAD = SFHEAD - ETPND\end{aligned} \tag{3.1.2}$$

于是,由于积水表面参与了蒸发,积水深度会有相应变化,需要减去蒸发量。剩下的积水(如果有余)将被传递到下渗及土壤水平衡计算模块。最终的 $EDIRTMP$ 用于计算裸土蒸发:

$$EDIR = EDIRTMP \times FX \tag{3.1.3}$$

式中:FX 可用于蒸发的土壤湿度标度。

于是,表面总的蒸发通量(ETA)计算变为:

$$ETA = EDIR + EC + ETT + ETPND \tag{3.1.4}$$

式中:EC 是植被截留蒸发,ETT 是植被蒸腾。

(2) 地表积水的二次下渗

土壤水下渗过程计算在蒸发计算之后。在原始的 Noah LSM 中,地表径流是指超过最大下渗能力的有效降水,每个时间步长都计算径流的累积量,不参与以后的水量平衡计算。

改进方案中,在计算下渗之前,地表积水($SFHEAD$)与有效降水合起来称为地表水($SFCWATR$)。于是下渗的计算公式中 $SFCWATR$ 代替了 $PCPDRP$。

在原模式中,$SRFRUN$ 被累积计算,并从水量平衡中移除。而在改进方案中,$SFHEAD$ 累积计算后,被赋值为一个新的变量 $INFXS$,为超过下渗能力的水量,继续参与以后的水量平衡计算。

3.1.1.2 次表面径流

次表面径流在一维能量、水量平衡计算之后,在整个流域范围内格点执行。次表面径流计算先于表面径流,因为超饱和土壤的反渗会改变 $INFXS$,最终会改变地表积水深度 $SFHEAD$,而地表积水深度的变化是影响地表径流计算的重要变量。

饱和土壤湿度侧向流动的计算方法来自 Wigmosta 等(1994),Wigmosta 和 Lettenmaier

(1999)的研究成果,发展并应用于分布式水文—土壤—植被模型(Distributed Hydrology Soil Vegetation Model,DHSVM)。它是一个包括地形效应、饱和土壤厚度及饱和水力学导度的计算准三维流动方法。水力学梯度近似由两个临近格点的水位梯度表示。

使用 Dupuit-Forcheimer 假定(Freeze 和 Cherry,1979),t 时刻的饱和次表面流计算如下:

$$q_{i,j} = \begin{cases} -T_{i,j} \cdot \tan \beta_{i,j} \cdot w_{i,j} & \beta_{i,j} < 0 \\ 0 & \beta_{i,j} \geqslant 0 \end{cases} \quad (3.1.5)$$

式中:$q_{i,j}$ 是格点 (i,j) 的出流速率;$T_{i,j}$ 是该点的水力学扩散系数;$\beta_{i,j}$ 是水位梯度,指相邻两个格点的水位深度差除以格距;$w_{i,j}$ 是格点宽度。

水力学扩散系数 $T_{i,j}$ 是饱和水力学导水率($Ksat_{i,j}$)和土壤厚度($D_{i,j}$)的指数函数:

$$T_{i,j} = \begin{cases} \dfrac{Ksat_{i,j} \cdot D_{i,j}}{n_{i,j}} \left(1 - \dfrac{Z_{i,j}}{D_{i,j}}\right) & Z_{i,j} \leqslant D_{i,j} \\ 0 & Z_{i,j} > D_{i,j} \end{cases} \quad (3.1.6)$$

式中:$Z_{i,j}$ 是水位高度;$n_{i,j}$ 是局地幂指数因子,是一个反映饱和导水率随深度衰减的可调参数。式(3.1.6)代入式(3.1.5),得到点 (i,j) 在 X 方向的出流速率:

$$q_{x(i,j)} = \gamma_{x(i,j)} h_{i,j} \quad \beta_{x(i,j)} < 0 \quad (3.1.7)$$

式中:

$$\gamma_{x(i,j)} = -\left(\frac{w_{i,j} \cdot Ksat_{i,j} \cdot D_{i,j}}{n_{i,j}}\right) \tan \beta_{x(i,j)} \quad (3.1.8)$$

$$h_{i,j} = \left(1 - \frac{Z_{i,j}}{D_{i,j}}\right)^{n_{i,j}} \quad (3.1.9)$$

重复计算 Y 方向出流速率,于是点 (i,j) 的饱和次表面土壤湿度净出流速率(Q)就是:

$$Q_{net(i,j)} = h_{i,j} \sum_x \gamma_{x(i,j)} + h_{i,j} \sum_y \gamma_{y(i,j)} \quad (3.1.10)$$

单位时间步长(Δt)的水量平衡以水位变化(ΔZ)表示:

$$\Delta Z = \frac{1}{\phi(i,j)} \left[\frac{Qnet(i,j)}{A} - R(i,j)\right] \Delta t \quad (3.1.11)$$

式中:ϕ 为土壤孔隙度,R 是由于下渗或深层水分注入等导致的土壤水分补给率,A 是格点面积。

次表面流的计算过程如下:
①基于侧向次表面流通量的计算调整各层土壤湿度;
②饱和层的界定,$SMC = SMCMAX$,其中:SMC 为土壤湿度,$SMCMAX$ 为最大土壤湿度阈值;
③饱和后的土壤水的再分配;
④超饱和土层水的反渗;
⑤再分配后新水位的诊断;
⑥执行侧向流动。

水量平衡的计算依赖于次表面流的符号,土壤湿度的调整同样依赖于次表面流的符号。正的次表面流(SUBFLO)情况下,土壤湿度由深层向表层逐渐增大。

次表面流计算中,所有格点循环计算两遍,首先是 x 方向,然后是 y 方向,能量梯度线计算如下:

$$\beta = SOX_{i,j} - \mathrm{d}z\mathrm{d}x \tag{3.1.12}$$

式中:SOX 为 x 方向的地形坡度,$\mathrm{d}z\mathrm{d}x$ 为水位坡度:

$$\mathrm{d}z\mathrm{d}x = \frac{(z_{i+1,j} - z_{i,j})}{gsize} \tag{3.1.13}$$

式中:$gsize$ 是模式格点。

水力学计算方程为:

$$hh = \left(1 - \frac{z}{SOLDEP}\right)^n \tag{3.1.14}$$

式中:$SOLDEP$ 为土壤深度。

3.1.1.3 坡面流

坡面流的计算使用完全不稳定的、显式、二维有限差分扩散波方程,与传统使用的运动波方程比较,扩散波方程更复杂一些,考虑了水波的停滞及回退,扩散波方程是圣维南方程的简化,地表洪水波的二维连续性方程为:

$$\frac{\partial h}{\partial t} = \frac{\partial q_x}{\partial x} + \frac{\partial q_y}{\partial y} = i_e \tag{3.1.15}$$

式中:h 是表面水流深度;q_x、q_y 分别是 $x-$、$y-$方向单位流量;i_e 是地表径流(INFXS)。动量方程 $x-$方向的表达式为:

$$S_{fx} = S_{ax} - \frac{\partial h}{\partial x} \tag{3.1.16}$$

式中:S_{fx} 是 $x-$方向能量梯度线坡度,S_{ax} 是 $x-$方向地形坡度,$\partial h/\partial x$ 是 $x-$方向地表水深度变化。

要解方程(3.1.15),需要知道 q_x、q_y 在大多数水文模式中流量计算使用曼宁(Manning's)方程或 Chezy 方程,这里用的是 Manning's 方程:

$$q_x = \alpha_x h^{\beta} \tag{3.1.17}$$

式中:

$$\alpha_x = \frac{S_{fx}^{1/2}}{n_{OV}}; \quad \beta = \frac{5}{3} \tag{3.1.18}$$

式中:n_{OV} 是陆面粗糙系数,β 是单位调整系数。

Julien 发展的坡面流方程已经有效地应用于精细网格尺度,尺度范围为 $30\sim1000$ m,这是因为坡面洪水波的波长小于 1 km,微地形可以影响洪水波,较粗的分辨率情况下,洪水波的特征描述受到影响,而且由于地形平滑处理,格点之间的地形坡度会有所降低,这将降低动力波对地表水流的模拟能力。因此,总的来说,分辨率越是精细,模拟结果会越好。

时间步长直接受格距影响,为了防止洪水波能量频散,时间步长的选取必须与格距相匹配。匹配原理依赖于波速(c),依据 Chaudhry(1993)的研究成果,为了防止能量频散,Courant 数 $C_n = c\left(\dfrac{\Delta t}{\Delta x}\right)$ 应该接近 1.0。而且 C_n 值的选取也影响计算的稳定性,所以 C_n 应该小于 1.0(Downer 等,2002)。表 3.1.1 列出了相应格距对应的建议时间步长。

表 3.1.1 格距与时间步长对应的建议表

x(m)	30	100	250	500	1000
t(s)	2	6	15	30	60

坡面流计算所需的参数包括:$x-$方向地形坡度;$y-$方向地形坡度;地形粗糙度;最小持水深度(RETDEP)。

只有表面水量超过最小持水量时才进行坡面流的计算。坡面流的计算过程中首先判断格点是否位于河道,如果是,进行河流流量计算,然后计算能量梯度线坡度(S_{fc}):

$$S_{fc} = SOX_{i,j} - \mathrm{d}h\mathrm{d}x \tag{3.1.19}$$

式中:$SOX_{i,j}$ 是 $x-$方向地形坡度,$\mathrm{d}h\mathrm{d}x$ 是地表水面坡度,由下式得出:

$$\mathrm{d}h\mathrm{d}x = \frac{h_{i+1,j} - h_{i,j}}{\mathrm{d}x} \tag{3.1.20}$$

坡面流的计算公式如下:

$$qqS_{fc} = \frac{(S_{fc}/ABS(S_{fc}))\alpha hh^{5/3}\mathrm{d}t}{\mathrm{d}x} \tag{3.1.21}$$

式中:$hhS_{fc} = h - RETDEP$。

QS_{fc} 为正,表示洪水波从该点前进,负值表示洪水波后退。

3.1.1.4 次网格水文参数化

近期很多研究显示次网格地形特征的描述对面平均地表通量有很大影响。主要是由于许多重要的陆面过程发生在小尺度上,这些尺度远小于全球大气环流和中尺度模式格点。如前面提到的完全显式表达的坡面流方法,适用的空间尺度就要小于或等于 1 km,如果空间格距太大,不仅不能抓住坡面洪水波特征,而且地形坡度及小尺度地形特征不能得到精确描述,会降低对坡面流的模拟能力。

解决大尺度大气模式与小尺度陆面过程尺度问题的方法之一就是次网格降解/聚合。Hahmann 等(2001)使用一种所谓的"精细网格模式界面"的次网格降解/聚合方案,在陆面过程模式与大气模式耦合时,在高于大气模式分辨率数倍的精细分辨率上运行陆面过程模式。研究结果显示次网格降解/聚合方案可以显著提高对复杂的、非均匀地形条件下地表能量、水分通量的表达。鉴于陆面水文与中尺度大气模式尺度的不连续性,Molders 等(2002)在中尺度大气—水文模式的完全耦合过程中也运用一个次网格降解/聚合方案。出于同样的动机,在中尺度大气模式 MM5 与陆面水文过程耦合过程中我们也使用了这一方法,发展了高分辨率陆面水文—大气耦合模式。为了尽量细致描述黑河流域非均匀下垫面,在不影响运算速度的条件下,中尺度大气模式水平分辨率取为 3 km,陆面水文过程空间分辨率为 1 km,降解系数为 3。

3.1.2 方案设计

2002 年 7 月,黑河流域上游山区连续发生了几次大的降雨过程,导致莺落峡出山口径流几次达到洪峰,2002 年 7 月 9—18 日期间黑河流域上游经历了三次降水过程,其中第一次降水最大,最大面雨量高达 17.90 mm,第二次为 11.00 mm,第三次为 10.70 mm。

2003 年 6 月 23—28 日在黑河流域也发生了较大的降水事件。分别采用改进前(CNTR)和改进后(Router)的 MM5-Noah 模式对黑河流域上游 2002 年 7 月 9—18 日和 2003 年 6 月 23—28 日的降水过程进行模拟。模式采用两重网格嵌套,网格距分别是 30 km 和 3 km。内网格个点数分别为 120×160,占地 360×480 km^2,位于黑河流域上游(96.6°~102°E, 37.3°~42°N)。初始时间分别是 2002 年 7 月 9 日 08:00 时(北京时,下同)和 2003 年 6 月 23 日 08:00 时(北京时)。初始场利用 NCEP 1°×1°再分析资料。通过 Router 和 CNTR 两套方案的模拟结果比较,揭示内陆河流域陆面水文过程对流域水循环的影响。除陆面过程方案以外,其余物理过程参数化方案的选取分别为:MRF PBL 边界层参数化方案;简单冰相微物理过程;不采用积云参数化方案;云辐射方案。

首先检验模式对流域产流过程的模拟能力,然后展示小坡面汇流模拟结果,最后分析陆面水文过程对流域水循环的影响。

3.1.2.1 流域产流过程的模拟结果分析

通过模式模拟的莺落峡径流量与莺落峡水文站观测的模拟期内的出山口径流量随时间的变化对比可以看出:模式对黑河流域 2002 年 7 月三次洪水过程产流量的模拟比较好,前两次洪峰径流量的模拟比较准确,第三次洪水径流量模拟没有前两次好,模拟与观测的洪峰之间的时间差是产流区到莺落峡出山口的汇水时间。第一次模拟洪峰与观测的莺落峡水文站流量峰值之间的时间差较大,主要是因为第一次洪峰产流区在上游山区,离出山口较远,汇流时间较长,第二、三次洪峰产流区离出山口较近,汇流时间较短。具体汇流过程模拟见下一部分。

3.1.2.2 坡面汇流的模拟

由以上结果分析可知,模式对流域产流量的模拟是比较成功的。第一次洪峰水量最大,而且降水过程发生在山区,到达莺落峡出山口的汇流时间及汇流路径都是三个洪水过程中最大的一次,第二、第三次洪水过程水量没有第一次大,而且产流区在接近出山口的地方,在流过出山口后就基本消失了。下面我们针对第一次洪水过程 2002 年 7 月 9—12 日作具体分析,比较加入了汇流方案与没有加汇流方案模拟的变化。

第一次洪峰相应的产流过程发生在海拔 3000~4000 m 的山区,距离出山口较远,积分 12 h 左右水头到达出山口附近,山区地形坡度大,水流速度快,水头到达 3 h 以后洪峰到达出山口。洪峰抵达出山口后,出山口下游地势没有上游山区陡峭,洪水沿着地势继续向低处流,速度减缓,遇到分岔路时,水流按照地形坡度大小不同,自动按比例分流,较大部分从地势坡度大的方向流向低处,也会有较少部分向坡度较小的方向流去。当模拟到 76 h 时,水头到达黑河流域中游。中游地势比较平坦,汇流过程中地形高度显示有一个低凹地势存在,周围地势没有比它更低的点,于是水都流入其中,流动停止,这些水会在原地蒸发、下渗直至消耗完毕。

MM5 flow 方案中没有水分的侧向流动,所以模拟的流量就是该点的产流量,可以看到出山口上游点的产流量为正,而且每点的产流量不同,越靠近降水中心的点产流量越大,反之,越是远离降水中心的点产流越小,同理,莺落峡水文站下游点的产流量很小,几乎为零。也就是说,没有侧向水分流动的情况下,各点的产流量只与该点垂直方向的水分变化,如降水强度、下渗能力及蒸发速率有关,降水天气过程中,降水强度大,空气湿度大,温度低,蒸发速率相对降低,径流开始产生后地表下渗速率几乎为零,所以模拟期内流量没有太大变化。而在 MM5 noflow 方案中加入了水分的侧向流动。各点的流量除了垂直方向的变化外,还叠加了水分的侧向流动,每一个点都可以接收到比它地势高的邻近格点的水流,同时该点的水也会向比它地势低的相邻格点流出,于是,流量过程线与 MM5 flow 大不相同。首先,每点都有洪峰出现,而且洪峰到达逐点的时间各不相同,再现了洪水的流动过程,而不像 MM5 flow 一样,径流量只是一个过剩水的累积;其次,各点的流量与距离降水中心的远近没有直接关系,并没有遵循越向上游流量越大的规律,流量最大的点在莺落峡 G,而不在其上游点,洪峰流量以莺落峡为中心呈正态分布;第三,MM5 flow 与 MM5 noflow 之间的流量差为汇流量,即上游点汇入该点的流量与该点流向其下游点的流量差,表明了地表水的侧向流动对径流量的贡献。莺落峡上游点 A~F 中,越靠近莺落峡 MM5 flow 与 MM5 noflow 之间的流量差越大,地势最高点的汇流量与当地产流量相当,它下游点的产流量越来越小,汇流量占径流量的比例越来越大,在莺落峡以下的点产流量几乎为零,径流量主要依赖上游点的汇水量。

3.1.2.3 陆面水文过程对流域水循环模拟的影响

函数 $P \times \dfrac{X_{\text{Router}} - X_{\text{CNTR}}}{X_{\text{CNTR}}} \times 100\%$ 被用来定量描述模拟要素受陆面水文过程的影响程度,式中:P 为影响百分比;X 是模拟要素,如土壤湿度等;Router 与 CNTR 分别代表两个试验。

(1)土壤湿度与蒸发量

陆面水文过程的改动首先引起了地表蒸发量及土壤湿度的改变。地表总蒸发量中增加了地表积水蒸发,表现在模拟结果中为地表蒸发量增大,同时地表积水的再下渗首先引起最上层土壤湿度的变化,随着进一步的下渗,逐步影响深层土壤湿度。在模拟时段内区域平均而言,浅层土壤湿度增大了 2%,蒸发量增大了 21.4%。也就是说,蒸发量受陆面水文过程的影响程度大于土壤湿度。

坡面流改变了土壤湿度的水平梯度分布,这一结果与 Gochis' offline 运行结论一致,不过 David 进行的 offline 运行,没有进一步讨论土壤湿度变化对大气场分布的影响。这里运用陆面水文—大气耦合模式分析陆面水循环对大气过程的影响。

(2)能量要素

到达地面的净辐射明显增大,区域平均增大了 57%,潜热通量也平均增大了 35%,地热通量在山区和平原表现相反,陆面水文过程改进后,山区地热通量降低,而平原区域正好相反,地热通量是增大的趋势,说明陆面水文过程的改变使得平原区有更多的热量由地面传送至大气,而在山区地面向大气的地热通量的传输则呈现减缓趋势。

不论是在对流发展初期(积分 9 h)还是对流发展旺盛时期(积分 54 h),陆面水文过程改进后计算的对流有效位能为改进前的两倍。改进前没有陆面汇流过程计算的对流有效位能基本为 100 J/kg 左右,而改进后的的计算值基本在 200 J/kg 以上,说明陆面汇流过程可以使得更多的不稳定能量积累,用于对流活动。

垂直运动也相应增强。平均而言,垂直运动增大了 36.3%,垂直涡度增大了 12%。

总而言之,陆面水文过程的改进引发的土壤湿度的变化导致了到达地面净辐射的增大,地气间感热通量增大,地热通量在山区和平原区呈现相反的变化趋势,对流有效位能增强,激发了更强烈的垂直运动,构成一种正循环,增强了大气的不稳定性。

(3) 云结构

陆面水文过程的改变影响了整层大气的湿度分布,进而对云结构和云内含水量产生影响。中云和高云云量减少,区域平均中云、高云分别减少 26.9% 和 43.8%。云水含量及雨水含量增大,平均增大 6.4% 和 23.6%。云量与云中水分含量的变化说明原始陆面过程下云多为干云,云量虽多,云中水汽含量却不高;而增加了陆面水循环过程以后,云体水平方向发展较小,覆盖面积小,但是在垂直方向发展比较旺盛,加之近地层湿度的增大,从大气底层向云中输送更多的水汽,使得云中垂直运动更加复杂,云滴间碰撞较原始方案剧烈,更多的水汽凝结为云滴,云滴增长为雨滴,雷达回波强度变化与土壤湿度变化分布的空间相关系数分别为 0.62。两方案模拟的云水、雨水含量差表明,陆面水循环过程对云水含量的影响主要体现在酝酿阶段,对雨水含量的影响主要体现在降水初期,总之,陆面水循环对云中垂直运动有显著的影响。

(4) 降水

模式改进引起了降水场的变化,土壤湿度变化分布与降水场变化的空间相关系数高达 0.85,说明土壤湿度变化场的分布与降水场的变化分布非常一致。通过与观测比较可见,改进前模拟的降水量偏小,加入了陆面水循环过程后增大了山区降水量,雨区内区域平均降水量增大了约 40 mm,具体到每个测站表现不同。山区测站降水量的模拟值均有 10%~20% 的提高。降水模拟值整体偏小,主要是因为受初始状况影响较大。所以,准确的山区降水模拟需要更加完善的数据同化技术。

研究结果表明,加入了陆面水循环过程以后,引起了大气场的一系列变化,首先影响了土壤湿度及蒸发量的变化,进而对局地大气稳定度发生影响,进一步对云结构有很大影响,热量分布发生变化,对降水分布及降水量也产生了一定的影响。然而,此次试验陆面水文过程对降水的增强作用是建立在大尺度环流不稳定基础之上的,对稳定层结条件下可能的影响还需要进一步研究。

3.2 分布式基础数据制备

3.2.1 地形高程

地形因素是影响大气过程以及地气间能量、水分循环过程的重要因子。陶诗言(1980)曾指出,夏季我国大到暴雨的日频分布和雨量分布都受到地形的影响。随着数值模拟技术的不断发展,数值模拟及其方法研究取得了众多成果,目前数值模式中已经能够较好地描述大尺度地形对大气的机械强迫、动力阻塞、摩擦作用等动力效应,以及由于地形范围和海拔高度不同所引起的大尺度热源、热汇的空间分布、季节变化及其天气气候效应的差异。关于地形对暴雨影响机制的研究越来越深入。同时高学杰等(2006)指出,使用平滑地形但分辨率较高,与使用实际地形但分辨率较低相比较,前者会取得更好的模拟结果。在中尺度数值模拟方面,翟国庆进行了地形作用的数值模拟对比试验,指出中尺度地形对暴雨的增幅达70%以上,高艳红等(2001)成功模拟了地形引发的祁连山北麓的山谷风环流,陈贵川等(2006)模拟研究了江南丘陵和云贵高原地形对一次西南涡暴雨影响,陈斌等(2006)研究了地形起伏对模式地表长波辐射计算的影响。

近年来,随着计算资源的大幅度增强,模式运算的空间尺度越来越精细,对高分辨率地形分布数据的需求越来越高。尤其是分布式水文方案的引入,准确的高分辨率DEM数据作为基础数据为大气模式提供了精细的下垫面地形分布,为水文方案提供较准确的坡度、坡向信息,从而为流速、流向的准确控制提供保障。目前,美国地质调查局(U.S. Geology Survey,USGS)制作的全球30 s(经度)地形数据被作为高分辨率的下垫面地形分布广泛应用于陆面模式和分布式水文/生态模式中,这套全球地形数据可以在较大尺度上比较准确地描述地形分布,但在地形分布复杂的小尺度上则略显不足。本章就是将黑河流域30 m分辨率的DEM数据与全球30 s(经度)分辨率的地形数据进行比较,并且将两套数据分别引入中尺度大气模式MM5,以评估两套地形数据对大气要素模拟能力的影响。

将两套地形数据在黑河流域范围的分布进行比较。两套数据在流域范围内整体分布基本一致,在黑河流域范围内的差别主要体现在黑河流域中、上游。表3.2.1中列出了模拟区域内各观测站的地形高程在两套数据中的差别。Heihe数据与USGS数据区别最大的地方在于高海拔山区,模拟区域内地形高度区别最大为160 m。由表3.2.1看到,模拟区域内19观测站地形高度差别最大的测站是野牛沟,相差46.6 m。19个测站中,只有民乐和托勒两个站的地形高程数据USGS比Heihe更接近测站的海拔高度;5个观测站所在网格没有在黑河流域范围内,所以两套数据地形没有区别,分别是德令哈、门源、永昌、玉门、阿拉善右旗。其余12个站的Heihe数据都比USGS数据更接近测站海拔高度。总体来讲,Heihe数据比USGS数据与观测站的海拔高度更接近。

表3.2.1 两套地形高度数据与模拟范围内各观测站海拔高度对比

站名	经度(°E)	纬度(°N)	海拔高度(m)	Heihe数据地形高度(m)	USGS数据地形高度(m)	Heihe数据-海拔高度(m)	USGS数据-海拔高度(m)	Heihe数据-USGS数据(m)
鼎新	99.5	40.306	1178.6	1175.081	1152.038	-3.519	-26.562	23.043
金塔	98.883	39.998	1271.2	1267.026	1257.471	-4.174	-13.729	9.555
高台	99.823	39.361	1332.9	1346.331	1350.68	13.431	17.78	-4.349
临泽站	100.147	39.359	1382	1386.353	1374.629	4.353	-7.371	11.724
临泽	100.18	39.137	1454.6	1454.487	1442.894	-0.113	-11.706	11.593
酒泉	98.487	39.773	1478.2	1464.818	1462.165	-13.382	-16.035	2.653
张掖	100.428	38.94	1483.7	1482.644	1470.999	-1.056	-12.701	11.645
阿拉善	101.687	39.227	1511.5	1535.393	1535.393	23.893	23.893	0
玉门	97.02	40.277	1527	1504.779	1504.779	-22.221	-22.221	0

(续表)

站名	经度(°E)	纬度(°N)	海拔高度(m)	Heihe数据地形高度(m)	USGS数据地形高度(m)	Heihe数据-海拔高度(m)	USGS数据-海拔高度(m)	Heihe数据-USGS数据(m)
山丹	101.067	38.794	1765.9	1760.574	1742.913	−5.326	−22.987	17.661
永昌	101.97	38.221	1976.5	1990.319	1990.319	13.819	13.819	0
民乐	100.81	38.437	2271.5	2290.066	2256.925	18.566	−14.575	33.141
肃南	99.607	38.833	2311.3	2428.251	2436.881	116.951	125.581	−8.63
水涵所	100.281	38.581	2731	2888.993	2919.13	157.993	188.13	−30.137
祁连	100.241	38.193	2788.5	2744.126	2728.869	−44.374	−59.631	15.257
门源	101.624	37.37	2851	2858.232	2858.232	7.232	7.232	0
德令哈	97.376	37.37	2982.4	2967.481	2967.481	−14.919	−14.919	0
野牛沟	99.571	38.417	3320	3328.836	3282.201	8.836	−37.799	46.635
托勒	98.432	38.8	3368.3	3403.221	3372.793	34.921	4.493	30.428

3.2.2 土地利用类型分布

在 2000 年黑河流域土地覆盖分类和植被分类遥感图像基础上,参照 Loveland 等 (1991)提出的全球土地覆盖分类系统(下称 USGS 全球分类),综合制作了与前者分类标准一致的黑河流域 30 s(经度)土地覆盖类型分布图(下称综合分类);然后,利用 MM5 中尺度模式,在黑河地区进行了这两种不同土地覆盖类型对土壤及大气影响的模拟试验。

USGS 全球土地覆盖类型将地表土地覆盖分为 24 类。而原来黑河流域仅有 2000 年的 1:100 000 的土地覆盖类型(黑河流域有 15 类)分布数据。它的土地覆盖类型分类标准与 USGS 全球分类有两大区别:没有对森林再进行详细划分,只有"有林地"一种;同时,对裸岩、裸土、稀疏植被等一些植被覆盖度小于 5% 的裸土划分细致。下面是如何参照 USGS 分类、原黑河土地覆盖分类及植被分类三者,得出黑河综合分类的处理方法。

在原黑河流域 1:100 000 的植被分类图中,将森林分为 5 类:常绿阔叶林、落叶阔叶林、常绿针叶林、落叶针叶林和混合林区,这与 USGS 全球数据中森林的分类一致,于是将原黑河流域土地覆盖类型中的"有林地"结合当地的实况,分别给定相应的森林细类。原黑河流域土地覆盖分类中有许多植被覆盖度小于 5% 的土地覆盖类型,如裸岩、裸土、盐碱地、沙地稀疏植被等,而在 USGS 全球土地覆盖分类系统中没有详细划分上述土地类型,类似的类型中只有稀疏植被一类,于是把这些植被覆盖度小于 5% 的土地覆盖类型统统归类为稀疏植被类型。类似的,对水体、冰雪、农田等类型做了相应调整,从而产生了一套与全球土地覆盖分类标准一致的黑河流域土地覆盖类型分布图。

黑河流域土地覆盖类型的综合分类与 USGS 分类有一定的区别(表 3.2.2),变化最大的区域主要位于流域中游的绿洲区,张掖、临泽、酒泉、山丹、民乐、金塔、鼎新及靠近上游的水源涵养林区,主要区别在于:①综合分类中人工灌溉农田增多,如中游绿洲,在 USGS 分类中为草地,综合分类中为水浇农田;靠近上游的水源涵养林区,在 USGS 分类中为草地,综合分类中为混合林区;②综合分类中草场破碎,尤其是金塔绿洲和酒泉绿洲比较明显;③综合分类对黑河中游段水体描述更精确,而 USGS 分类中只有湖泊位置是水体,河流没有体现;④综合分类中城镇用地类型大大增加,而 USGS 分类中城镇用地几乎为零。

表 3.2.2 模拟范围内两套植被类型数据各个观测站所在网格植被类型对照表

站名	经度(°E)	纬度(°N)	海拔高度(m)	土地覆盖类型数目	
				综合分类	USGS 分类
水涵所	100.281	38.581	2731	15	7
临泽站	100.147	39.359	1382	7	7
玉门	97.02	40.277	1527	2	2
鼎新	99.5	40.306	1178.6	3	7
金塔	98.883	39.998	1271.2	3	7
酒泉	98.487	39.773	1478.2	3	7
高台	99.823	39.361	1332.9	3	3
临泽	100.18	39.137	1454.6	3	5
阿拉善	101.687	39.227	1511.5	19	19
托勒	98.432	38.8	3368.3	7	7
肃南	99.607	38.833	2311.3	7	7
野牛沟	99.571	38.417	3320	7	7
张掖	100.428	38.94	1483.7	3	2
民乐	100.81	38.437	2271.5	3	7
祁连	100.241	38.193	2788.5	7	7
山丹	101.067	38.794	1765.9	3	2
永昌	101.97	38.221	1976.5	7	7
德令哈	97.376	37.37	2982.4	7	7
门源	101.624	37.37	2851	7	7

3.2.3 植被覆盖度分布

植被覆盖度测量的传统方法是地面测量。遥感技术的发展，为植被覆盖度的测量提供了一个新的发展方向，尤其是为大范围地区的植被覆盖度监测提供了可能。由遥感数据计算出的植被指数，可以直接反映地表植被的状况，因而引起了普遍重视。

在线性像元分解模型中最常用的的模型是像元二分模型。其假设像元只由两部分构成：植被覆盖地表与无植被覆盖地表，因而可以使用此模型来估算植被覆盖度。

反映植被覆盖度的重要参数是植被指数。归一化植被指数 NDVI（Normalize Difference Vegetation Index）是广泛应用的植被指数，是植物生长状态和植被空间分布密度的指示因子。所以本章主要采用流域的 NDVI 植被指数进行植被覆盖度的统计。

目前用于植被指数计算的遥感资料主要有改进的高分辨率扫描辐射仪（Advanced Very High Resolution Radioater, 缩写为 AVHRR）资料、陆地资源卫星热成像传感器（Landsat Thematic Mapper, 缩写为 Landsat TM）资料和 SPOT 卫星数据。其中，Landsat TM 资料空间分辨率为 30 m，SPOT 资料为 10 m，后者虽然具有分辨率高的优点，但由于试验区在土地覆盖动态监测中属于较大的范围，所以存在运行周期长、覆盖面积小和经费高的不足。在大尺度（如全球范围）和中尺度（如中国西北地区）的土地覆盖或植被覆盖遥感动态监测上，AVHRR 具有以上两种资料无法比拟的优势。

针对 AVHRR 扫描带宽（2800 km）、地球曲率、大气和目标方向反射特征及传感器扫描角和太阳高度的差异，导致 AVHRR 数据分辨率低、数据变形较大和几何畸形严重的缺点，比利时 VITO 研究所开发了土地覆盖动态监测系统(NOAA-Chain),对 AVHRR 资料进行预处理,该系统包括辐射纠正、大气纠正、太阳高度角和视角的修正、几何纠正等步骤,可以尽可能地恢复光谱反射系数的真实值,进而提高遥感自动解译的精度,实现试验区的土地覆盖动态监测。利用该系统处理后的 AVHRR 资料同样可以大大提高其监测精度。

Gutman 等(1998)利用像元二分模型基于 1985—1990 年 5 a 的 NDVI 数据建立了一套 0.15°空间分辨率的全球逐月植被覆盖图(下称原覆盖度数据),以表示全球多年平均植被覆盖度分布状态,并且将这套数据用于数值模拟中,改善了对地表通量的模拟。目前这套数据已被广泛用于数值预报模式中,中尺度大气模式 MM5 就是利用这套数据作为植被覆盖度分布的。因为这套数据是基于 1985—1990 年 5 a 的 NDVI 数据建立的气候态全球植被覆盖状况,体现了 20 世纪 80 年代中后期的植被覆盖状况。

马明国等(2002)利用 NOAA-Chain 系统对比了中国西北地区 1990 年与 1999 年 NDVI 数据,对近 10 a 来土地覆盖变化的研究结果表明,中国西北植被指数普遍减小,植被退化严重。只有伊犁河流域、新疆北部、青海南部、甘肃兰州附近和陕西的秦岭等局部地区植被有所增加。

因此,20 世纪 80 年代中后期的植被覆盖度不能代表近年来的植被覆盖状况,在模式中使用可能会产生模拟偏差。本章运用 2002 年 AVHRR 1 km 数据经过 NOAA-Chain 系统预处理,得到了黑河流域 2002 年全年 NDVI 数据,经过了去云处理、区域平均及最大化合成,得到黑河流域与模式中使用的全球数据相同分辨率的月平均 NDVI 数据,利用像元二分计算方法建立了一套黑河流域植被覆盖图(下称新覆盖度数据),其中 $NDVI_0$ 与 $NDVI_\infty$ 是黑河流域 NDVI 的最大值与最小值。

对比黑河流域中、上游新(原)两种植被覆盖度状况可知,主要高值区与低值区分布基本一致,都沿祁连山山势分布,其中高值区位于祁连和门源一带,低值区位于西部(玉门一带)及北部;但是相当明显,近 10 多年来植被退化严重,具体表现在:①模拟区域内原植被覆盖度区域平均值为 19.7%,而新覆盖度平均值为 18.9%,下降了将近 1%;②黑河流域植被分布比较零散,除了主要绿洲区植被覆盖度变化为正值外,大部分荒漠区为负值;③最高值也有变化,二者相差最大值的位置位于门源和祁连附近,新数据中该位置的植被覆盖度比原数据低 65%;④变化的正值主要分布在肃南、托勒及黑河中游绿洲区中心位置,原覆盖度数据分布图中,模拟区域内最高值为 65%,而新数据最高值为 75%,且其周围却存在大范围的负的变化中心。对照表 3.2.3 可见,观测站所在网格植被覆盖度都没有变小,以张掖为首的绿洲附近覆盖度增加,荒漠区和祁连山区覆盖度维持原状或退化。导致这些差别的主要原因是近年来人类活动所致,其中绿化及引水灌溉占主导作用,当然,也不排除 2002 年与多年气候平均态之间的差别。

表 3.2.3 观测站所在网格植被覆盖度变化

站名	经度(°E)	纬度(°N)	海拔高度(m)	黑河植被覆盖度(%)	全球植被覆盖度(%)
德令哈	97.376	37.4	2982.4	26	10
门源	101.624	37.4	2851	62	64
祁连	100.241	38.2	2788.5	49	53
永昌	101.97	38.2	1976.5	35	30
野牛沟	99.571	38.4	3320	52	41

(续表)

站名	经度(°E)	纬度(°N)	海拔高度(m)	黑河植被覆盖度(%)	全球植被覆盖度(%)
民乐	100.81	38.4	2271.5	50	48
水涵所	100.281	38.6	2731	51	45
托勒	98.432	38.8	3368.3	23	26
山丹	101.067	38.8	1765.9	12	16
肃南	99.607	38.8	2311.3	38	29
张掖	100.428	38.9	1483.7	58	40
临泽	100.18	39.1	1454.6	38	34
阿拉善右旗	101.687	39.2	1511.5	1	2
临泽站	100.147	39.4	1382	17	27
高台	99.823	39.4	1332.9	25	21
酒泉	98.487	39.8	1478.2	5	25
金塔	98.883	40	1271.2	11	11
玉门	97.02	40.3	1527	32	10
鼎新	99.5	40.3	1178.6	6	1

3.2.4 土壤质地类型分布

为了获得更准确的天气预报,各种土壤—植被—大气传输模式被耦合到大气模式中。与植被一样,土壤在地气间能量交换中起着重要的作用,对近地层大气温、湿场有着重要影响,很多研究表明,由于土壤的存储和传输水分的功能,它对植被覆盖及地气间湍流通量交换有着影响,如 Wilson(1987)等的研究表明土壤对近地层大气影响程度很大,Baker 等(2001)的研究表明土壤湿度能激发对流。总之,土壤在气候系统中起着重要的作用。土壤类型分布是研究土壤—植被—大气相互作用最基本、也是最重要的土壤参数,其余的二级参数都是基于这一土壤类型确定的。在天气数值预报系统预报过程中发现,土壤质地类型分布是一个非常重要而且敏感的模式输入参数,它的准确与否直接关系到预报结果的好坏。目前绝大部分数值模式对于土壤特性的输入参数都是沿用美国农业部(USDA)制定的土壤质地分类标准进行分类的土壤质地类型分布资料,但在我国及周围邻近区域尚没有 USDA 标准的土壤质地类型分布资料。

在我国黑河流域,目前为止只有发生学土壤分类数据,还没有可以直接与数值模拟接轨的土壤质地分类数据。本章基于流域范围53个发生学亚类土壤剖面黏砂含量数据和土壤发生学分类图,建立了可以直接用于数值模拟的黑河流域土壤质地分类数据,并且对该数据与美国农业部建立的全球土壤质地类型分布数据进行了对比,分别运用两套土壤质地类型分布数据对黑河流域进行了模拟,比较了土壤质地类型分布对大气模拟的影响。

目前被广泛用于陆面过程模式的土壤质地分类数据是美国农业部(USDA)土壤地理数据库发展的30 s(经度)分辨率全球16类土壤分布数据。显然,这一土壤类型分布很粗糙,砂土类型粗略地分布在黑河下游东侧的沙漠地区,中游和上游山区的土壤类型则以壤土为主,对绿洲区没有清晰的勾画,更不能体现河西地区山地土壤垂直带谱的分布特点,这样的土壤质地类型分布数据必然会给模拟带来误差。发生学分类则可以很鲜明地体现出山区垂直带谱特征,因此,我们需要基于发生学分类图建立更为真实的流域土壤质地类型分布图,为数值模拟提供更为准确的土壤分布数据。

本章共收集了 53 个黑河流域亚类土壤剖面数据,按照美国农业部土壤质地分类标准,进行样条差值,得到与美国农业部分类标准一致的每个剖面数据的黏、砂粒含量;对照美国州级土壤地理数据库(the State Soil Geographic data base,STASGO)的土壤三角,得到对应 STASGO 土壤质地类型的每个亚类土壤质地类型,在两种分类系统间建立了对应关系。每个亚类分属于 20 个土类,通过比较发现,同一土类土壤的黏、砂粒含量基本属于 STASGO 土壤质地类型中同一质地类型,只有灰棕漠土土类中的石膏灰棕漠土亚类与其他灰棕漠土亚类不同,石膏灰棕漠土亚类对应的质地类型是壤土,其他灰棕漠土亚类对应的质地类型是粉壤土,而且石膏灰棕漠土亚类所占面积较大,达到流域面积的 45%,因此,把这一亚类单独列为一类。于是将发生学分类的亚类土壤归并到 21 类(表 3.2.4);对应的土壤质地类型见表 3.2.4 所示。将同一质地类型的土壤黏、砂粒含量取平均值,得到该类土壤的平均黏、砂粒含量值,见表 3.2.5,从而得到黑河流域 30 s(经度)高分辨率的土壤质地分布图。显然黑河数据对模拟区域内土壤质地分布的描述更为细致,清晰地勾勒出了绿洲及流域范围内各景观带的分布。

表 3.2.4 黑河流域土样的土壤发生学分类与土壤质地分类对照表

土类	对应 USDA 分类
菜园土,潜育土(沼泽土),粉质黏壤土潮土(草甸土),灌淤潮土,灌淤土,灰钙土,石膏灰棕漠土之外的灰棕漠土亚类	粉壤土
风沙土	砂土
干盐土,寒冻钙土,寒漠土,黑钙土,灰褐土,叶垫潮土	粉土
龟裂土	砂质黏壤土
寒冻毡土,寒钙土,寒毡土,灰漠土,栗钙土,石膏灰棕漠土亚类	壤土

表 3.2.5 黑河流域土壤分类黏、砂粒含量

名称	砂(%)	粉砂(%)	黏土(%)	样本数
砂土	89.1	1.4	9.5	2
粉壤土	62.5	23.9	13.6	13
粉土	40.0	41.7	18.3	15
壤土	23.9	62.3	13.8	19
砂质黏壤土	54.0	6.5	39.5	1
粉质黏壤土	35.8	33.2	31.0	3

比较黑河流域范围的全球土壤分布数据及建立的黑河流域 30 s(经度)分辨率土壤质地数据发现,黑河数据中流域范围内土壤质地类型比美国农业部制作的全球 30 s(经度)分辨率土壤质地类型分布在黑河流域分布的类型多,主要增加了粉土、砂质黏壤土、粉质黏壤土类型,尤其是在中游绿洲区的土壤分布勾画更为清晰,对上游山区和下游荒漠区的土壤类型分布描述也更为客观,表现出了沿河道分布土壤类型的区别,总之,新建的黑河流域土壤质地类型分布数据更能体现出山区随海拔高度变化的景观带特征、中游绿洲区的土质差别及下游沿河道分布的土壤类型不同,更能客观地表现黑河流域土壤类型的非均匀分布特征。

3.2.5 土壤特征参数修正

陆面过程中的水平衡过程在很大程度上是由土壤水运动过程决定的,而描写土壤水运动过程又涉及土壤含水量、土壤水势、土壤导水率及田间持水量等土壤参数,本节介绍黑河流域上述土壤参数的确定方法和结果。土壤含水量、土壤水势和土壤导水率是表征土壤水运动的基本参数。土壤含水量与基质吸力之间的关系可用一条函数曲线描述,这条曲线称为"土壤水分特征曲线"。土壤水分特征曲线受土壤质地和土壤结构的强烈影响。

虽然已经提出过土壤水基质势与土壤含水量的若干理论模型,但到目前为止还没有满意的理论能从基本的土壤性质预示土壤水势与湿度的关系。吸附和孔隙几何形状的作用太复杂,难以用简单的模型说明。常采用一些经验函数来描述土壤水势与湿度的关系。虽然这些公式只能说明某些土壤和在有限吸力范围的土壤水分特征,但在难于获得观测资料的地区或资料代表性差的地区,这些经验公式在土壤水运动的模拟计算中仍然是十分有用的。目前使用较多的是 Van Genuchten 提出的公式。

在常见的土壤含水量范围内,土壤水势经常使用下面的简单公式表示:

$$\psi = \psi_s \left(\frac{\theta}{\theta_s}\right)^{-b} \tag{3.2.1}$$

式中:ψ 为土壤水势,ψ_s 为饱和土壤水势,θ_s 是土壤孔隙度,θ 为土壤含水量,b 是参数。

即土壤水势和土壤含水量决定于 ψ_s、θ_s 及 b 等土壤参数。

Clapp 和 Hornerger(1978)及 Cosby 等(1984)曾利用大量资料求得 11 类土壤的黏、砂粒含量。Cosby 等(1984)还通过方差回归分析研究了土壤质地、结构、地形、土地利用及作物根系等因素与上述 ψ_s、θ_s 及 b 等土壤参数的关系,结果表明,土壤质地(指土壤黏、沙粒含量)是影响这些参数的关键因素,并得到如下的回归方程:

$$\begin{aligned}
b &= 2.91 + 0.159 C_p, \quad \gamma = 0.983 \\
\ln(\psi_s) &= 1.88 - 0.0131 S_p, \quad \gamma = 0.809 \\
\ln(K_s) &= -0.88 + 0.0153 S_p, \quad \gamma = 0.914 \\
\theta_s &= 48.9 - 0.126 S_p, \quad \gamma = 0.878
\end{aligned} \tag{3.2.2}$$

上述式中:C_p、S_p 分别是黏粒和砂粒含量(%),K_s 是饱和土壤导水率,γ 为相关系数。这样,只要知道某地区土壤的黏粒含量和砂粒含量即可大致估算出 θ_s、ψ_s、b 和 K_s 参数。在本章中,这四个土壤参数就是依据土壤的质地按 Cosby 等(1984)的回归方程求取。

陆面过程运算中另外两个重要的土壤参数是田间持水量 θ_{ref} 及萎点含水量 θ_w,它们决定了土壤蒸发率,然而目前并没有特定的标准方法测量或计算这两个参数。在一些文献中,田间持水量 θ_{ref} 被假定为最大土壤含水量的 75%,或者是当土壤导水率 K 等于 0.1 mm/d 的土壤含水量,这里我们采用 Hillel(1980)提出的方法,即假设当植被根区底部排水量为 0.5 mm/d(可以忽略)的土壤湿度为田间持水量 θ_{ref}。萎点是指蒸发过程停止时的临界土壤含水量。采用 Wetzel 和 Chang(1987)提出的方法,萎点含水量 θ_w 为植被根区土壤水势降至 -200 m 时的土壤含水量。这样这两个参数计算如下:

$$\theta_{ref} = \theta_s \left[\frac{1}{3} + \frac{2}{3} \left(\frac{5.79 \times 10^{-9}}{K_s} \right)^{1/(2b+3)} \right]$$

$$\theta_w = 0.5\theta_s \left(\frac{200}{\psi_s} \right)^{-1/b} \tag{3.2.3}$$

这样,我们按上述式(3.2.2)、式(3.2.3)和黑河流域土壤剖面数据,计算了黑河流域砂土及粉壤土等 6 种土壤的 b 参数和饱和土壤水势等 6 个土壤参数(见表 3.2.6 中的 Heihe 数组);为了比较,在表 3.2.6 中同时也列出了 Cosby 统计的土壤参数的中值(见表 3.2.6 中的 Cosby 数组)。初步比较发现,每个土壤类型对应的两组参数差别不同。砂土类的参数变化最大,最明显的区别在于饱和土壤导水率,Heihe 数组中的饱和土壤导水率比 Cosby 数组值大很多;其次是 b 参数和萎点含水量,Heihe 数组中这两个参数是 Cosby 数组值的两倍。粉壤土类参数区别在于饱和土壤水势、饱和导水率和萎点含水量,Hiehe 数据该类土壤的饱和土壤水势只有 0.1149 m,而 Cosby 数据为 0.759 m;Heihe 数据饱和导水率的计算值则是 Cosby 的几乎 3 倍;而萎点含水量却只有 Cosby 统计值的一半。粉土类和粉质黏壤土类的区别一致,都是饱和土壤水势和导水率两参数的差别。Heihe 数组中的饱和土壤水势是 Cosby 的 1/3;而饱和导水率是 Cosby 的 3/2;两组参数对粉质黏壤土类的萎点含水量描述也略有差别,Heihe 参数略低于 Cosby 参数。壤土类只有饱和导水率 Heihe 数据低于 Cosby 参数,其余参数差别不大。砂质黏壤土类的差别主要在于 b 参数和饱和导水率,Heihe 参数为 Cosby 参数的 3/2。总的来说,所有土壤类型的饱和导水率都发生了变化,Heihe 参数大多比 Cosby 参数大,尤其是砂土类,增幅明显;只有壤土类的饱和导水率 Heihe 参数低于 Cosby 参数。其次的差别是粉土类、粉壤土类和粉质黏壤土类的饱和土壤水势,Heihe 参数低于 Cosby 参数。再次是 b 参数的区别,砂土类和砂质黏壤土 Heihe 参数分别为 Cosby 参数的 2 倍和 3/2 倍。两组参数的萎点含水量也有一定差别。各类土壤的土壤孔隙度和田间持水量在两组参数中的差别不大。

3.2.6 模拟方案设计

这里设计了 6 个敏感性试验用以检验地面数据对区域气候要素模拟的影响:
①使用全球地面数据试验(CNTRL);
②在全球数据的基础上替换了黑河流域的地形高程(TOPO);
③在试验②的基础上替换黑河流域土地利用类型数据(LU);
④在试验③的基础上替换黑河流域土壤质地类型分布数据(SOIL);
⑤在试验④的基础上替换黑河流域土壤特征参数(PARA);
⑥在试验⑤的基础上替换黑河流域植被覆盖度(GVF)。

分别比较几个试验对气温、湿度、降水、风场的模拟结果,探讨地表特征场变化对区域气候模拟的影响。这里运用评估函数 BP 来定量计算各个地面要素对区域气象要素模拟的影响程度:

$$BP_j = \frac{\frac{1}{n}\sum_{i=1}^{n}(Y_{E(j)} - Y_{E(j-1)})}{\frac{1}{n}\sum_{i=1}^{n}Y_{obs}} \times 100\% \tag{3.2.4}$$

式中:$n=19$ 是站点数;$Y_{E(j)}$ 为敏感性试验 $E(j)$ 模拟的气象要素,这里对 5 个气象要素:2 m 高度气温,2 m 高度相对湿度,10 m 高度风速、风向和降水展开评估;Y_{obs} 是站点观测值。

表 3.2.6 黑河流域不同土壤质地类型及若干土壤特征参数

名称	数据组	b	饱和土壤水势(m)	饱和导水率 (10^{-6} m/s)	孔隙度 (cm^3/cm^3)	田间持水量 (cm^3/cm^3)	萎点含水量 (cm^3/cm^3)
砂土	Heihe	4.4152	0.0516	21.4952	0.3767	0.2509	0.0290
	Cosby	2.79	0.069	1.07	0.339	0.236	0.010
粉壤土	Heihe	5.0671	0.1149	8.4362	0.4102	0.2938	0.0470
	Cosby	5.33	0.759	2.81	0.476	0.360	0.084
粉土	Heihe	5.8106	0.2269	3.8108	0.4386	0.3338	0.0683
	Cosby	5.33	0.759	2.81	0.476	0.383	0.084
壤土	Heihe	5.1085	0.3690	2.1595	0.4589	0.3484	0.0669
	Cosby	5.25	0.355	3.38	0.439	0.329	0.066
砂质黏壤土	Heihe	9.1841	0.1488	6.2374	0.4210	0.3427	0.0961
	Cosby	6.66	0.135	4.45	0.404	0.314	0.067
粉质黏壤土	Heihe	7.8342	0.2577	3.2836	0.4439	0.3587	0.0949
	Cosby	8.72	0.617	2.04	0.464	0.387	0.120

3.2.7 模拟结果分析

(1)试验⑥和控制试验①对地表温度和降水的模拟

Modis 数据 8 d 平均地表温度产品用来检验模拟的地表温度,19 个气象站的 2 m 高度气温观测值用来检验模拟的 2 m 高度气温,19 个气象站观测的降水通过插值得到流域降水分布。比较结果表明,使用加强地表资料后模拟的地表温度、气温和降水比控制试验结果更接近观测值。

(2)影响要素分析

很明显,5 个地面要素任何一个变化都对近地层大气湿度有显著影响。土地覆盖类型对近地层大气温度有显著影响,土壤类型分布和土地覆盖类型分布对流域降水量的模拟都有影响,其中土壤类型分布影响尤其显著。土壤参数的改变对近地层风速模拟有一定程度的影响,这可能是因为土壤参数的改变影响了土壤湿度的计算,对蒸散模拟产生影响,改变了局地环流,最终改变了近地层风速的模拟。

3.3 荒漠、绿洲系统与大气过程的相互作用

使用美国 NCAR 中尺度非静力平衡模式 MM5 V3.5,设计了一个理想的绿洲—沙漠配置,以静止大气为初值,模拟研究了绿洲—沙漠环流的形成过程研究边界层特征。发现绿洲—沙漠下垫面的能量和水分的输送差异是形成绿洲系统特殊边界层结构的关键。绿洲的地面蒸发耗费了热量,地表低温引起地表绿洲风,然后驱动绿洲—沙漠环流的形成。绿洲—

沙漠环流形成之后，通过绿洲下沉气流输送，在绿洲上空形成干冷稳定的边界层，而绿洲边缘的沙漠形成湿热的不稳定边界层。这种边界层高度达到 600 hPa。绿洲外围的暖湿气柱可能是保护绿洲系统的屏障。

从绿洲和沙漠地面能量平衡方程和水分平衡方程出发，得到了表达绿洲稳定度和绿洲环流的表达式，绿洲地表温度低于沙漠的最主要原因是绿洲地表明显的蒸发。绿洲上大气稳定度的增加对于维持绿洲是一个重要的自我保护机制。从动力学角度来看，绿洲上明显的下沉（上升）运动将使大气稳定（不稳定）。反照率效应将减弱绿洲风环流，相反，蒸发效应会驱动绿洲风环流。绿洲中过多的蒸发使绿洲地表温度低于周围沙漠的地表温度。这种温度差异使绿洲风环流产生，并且使绿洲上存在下沉运动、沙漠上存在上升运动。

使用美国 NCAR 新版 MM5 V3.5 非静力平衡模式，通过三重嵌套，模拟研究了不同尺度绿洲环流及边界层特征，发现尺度较小的绿洲其地面潜热大，感热相对小。尺度在 15 km 以上的绿洲可以形成绿洲—沙漠环流和绿洲的小气候特征，有较低的边界层，同时在绿洲边缘的沙漠形成湿气柱。尺度在几千米的绿洲不能形成绿洲—沙漠环流和绿洲边缘的湿气柱。尺度较大的绿洲形成的温度和湿度边界层结构和环流配合，使绿洲形成的具有自我保护的绿洲小气候环境，有利于绿洲生态的发展。对绿洲自维持机理的研究在国际上也不多见。项目研究绿洲维持机理有利于绿洲系统的开发和保护，是非常有意义的研究课题。通过理论分析和数值模拟研究了绿洲存在自维持机制，绿洲是否能够稳定发展与绿洲尺度有关，绿洲的自维持机制对绿洲稳定发展起到了关键作用。

(1) 绿洲边缘地表负感热通量

利用加强期（Intensive Observation Period，IOP）金塔绿洲的观测资料，分析了夏季金塔绿洲边缘的小气候特征及地表辐射收支和地表能量平衡特征。在绿洲边缘上的总辐射在 1000 W/m² 左右，净辐射大于 700 W/m²；白天，仅有个别天数的感热通量超过 100 W/m²，最大值仅为 150 W/m² 左右，在整个观测期，有超过 70% 的天数出现负感热通量。而波文比（bowen rate）在 ±10 量级，地表能量不平衡的差额较大，约为 28%。

(2) 绿洲地表能量不平衡现象及日变化特征

利用观测资料分析了夏季晴天、阴天、降水三种不同天气背景和两种绿洲上土壤湿度异常（降水和灌溉后）下晴天时的金塔绿洲小气候特征、辐射和能量平衡特征的日变化规律。不同天气和土壤湿度背景下辐射和能量平衡特征有较大差异。观测中发现有较大的能量不平衡差额，晴天个例的能量亏损在 20%～30%；阴天不平衡幅度约为 17%；降水时的能量不平衡最大，高达 58.6%。观测还发现，能量不平衡现象有明显的日变化特征，一般早晨不平衡现象严重，傍晚能量不平衡现象。

(3) 绿洲边界层日变化特征明显，边界层高度可到 3000 m

利用 2004 年 6—7 月在金塔绿洲陆—气相互作用试验的观测资料，分析了该地区夏季夜间和中午风、温、湿的垂直结构特征，结果表明：在夏季夜间，当地面风较小时，金塔绿洲高空基本为偏西风气流；夜间稳定层高度大致在 100～190 m，3500 m 高度可能是夜间大气边界层顶盖逆温层底。在中午附近，低空为偏东风时，风速随高度的变化比较复杂，总的说来，存在着东风急流，急流高度在 1000～4000 m 之间变换，大气边界层顶盖逆温层底约在 3000～3600 m 高度，可能在 500～800 m 高度下存在绿洲内边界层。

(4)金塔绿洲辐散风现象

利用2004年6—8月在金塔地区开展的"绿洲—沙漠能量和水分循环的野外观测试验"的风场资料,分析了该地区两种不同的绿洲沙漠低层风场结构。首次得到了两次明显围绕绿洲的绿洲风环流,在白天绿洲沙漠边缘低层是辐散气流,夜间表现为辐合气流;在大背景风场较强的情况下,主方向风场中背景风场占主导地位,次级环流被掩盖。此方向风场上,次级环流占主导地位;大背景风场处于转换期,如西风转东风时,当西风削弱,而东风还没有产生时,绿洲地区背景风场很小,绿洲沙漠环流较为明显。

(5)绿洲边缘内外的冷湿舌和干热舌现象

有研究证实戈壁绿洲边缘内外的确存在冷湿舌和干热舌;冷湿舌持续时间区间大致从早晨08时至下午05时,高度一般在0~700 m;冷湿舌和干热舌受风速、风向、太阳对地面加热强度等因素的影响很大,也与午后绿洲辐散风有密切关系。

(6)卫星遥感与实地观测结合估算沙漠绿洲地表特征参数

使用Landsat-5 TM数据推算金塔地区地表反射率、地表温度、地表净太阳辐射及地表净辐射。反演值与实测值较一致,其频率分布也基本反映了当地各参量的实际分布情况。利用天气状况较好时采集的高空温、压、湿、等气象要素计算出的整层大气水汽含量,与利用同期EOS-MODIS卫星资料近红外波段、采用通道比值法反演的整层大气水汽含量也较接近。在戈壁沙漠上空水汽含量相对较少,绿洲上空水汽含量相对较大;在绿洲边缘或通过沙漠的窄长护林带、河流及水渠附近,存在着影响绿洲稳定和发展的"晒衣绳效应"。因此,为保护金塔绿洲,必须尽量调整绿洲格局,将破碎绿洲连通成片,减小"晒衣绳效应"。

(7)灌溉对流域小气候的影响

绿洲被荒漠包围,景观却与荒漠截然不同,关键因素是水。绿洲伴随水资源的出现而存在,伴随人类合理开发而发展,足够的水源使植物生长摆脱了当地降水的制约,向绿洲化方向发展。同时绿洲也随着水资源的减少或消失而衰退和消亡。水系变迁、河道断流、湖泊干涸、地下水位下降,直接引起绿洲环境的改变,导致绿洲动态演化。总之,绿洲形成与演化过程中,水是基础,人类对水的利用、改造是绿洲稳定和发展的决定因素。

历代以来,绿洲的变迁可归纳为两种类型。一类为溯源上迁。这种老绿洲最终因水源枯竭而沦为沙漠,新绿洲溯源上迁的现象是干旱缺水地区长期无计划竞争用水的产物,河西走廊黑河流域骆驼城古绿洲就是一个典型范例。另一类变迁方式为脱河沙化。黑河下游沿岸的古居延绿洲就是一例。《额济纳旗志》附录三有黑城的传说:"皇帝派军赴鄂木纳河上游咽喉要道部位,筑坝断水。"(马秀峰等,1999)。繁荣历时长达1000多年的古居延绿洲最终沦为沙漠。总而言之,无论哪类变迁方式都是由于水源匮乏而导致的绿洲退化或消亡。

绿洲处于干旱荒漠包围之中,降水稀少,农作物生产必须依赖灌溉,植树种草也需浇水。绿洲是荒漠地区存在水源且可供人类居住的特殊系统,因为人类的引水灌溉农耕而形成绿洲农业生态系统,是荒漠区精华所在。灌溉是荒漠绿洲农业发展的根本,没有灌溉就没有干旱区农业,农业规模的大小由水源来决定。当前完全由自然因素形成的绿洲已不复存在,从这种意义上讲现代绿洲基本上都是灌溉绿洲。

高艳红等(2006)运用非静力平衡中尺度三维模式MM5 V3,通过数值模拟研究了荒漠中不同尺度绿洲对水汽及温度场的影响,找出了绿洲自身繁衍的临界尺度,并展示了局地环流的三维图像,为绿洲的维护提供了理论依据(Gao等,2004);模拟了喷灌与不同水量滴灌对绿洲土壤湿度、地下径流及感热、潜热通量的不同影响,结果表明,喷灌可以抑制地表蒸发与植被层的蒸腾,对土壤水的保持更有利(高艳红等,2004a)。在张掖绿洲区域内进行的感热、潜热通量的控制试验模拟,相应地模拟了如不进行灌溉时的地表感热、潜热通量及波文比随时间的变化状况,验证了灌溉是现代绿洲维持与发展的基础,是绿洲的生命线的结论(高艳红等,2004b)。

通过数值模拟的方法比较了喷灌、少量地灌、大量地灌、没有灌溉4种情况下的土壤湿度、地下径流量及感热通量与潜热通量。结果表明:①没有灌溉试验的土壤湿度比施以灌溉的3个试验都小,且是随时间减小的;而喷灌可以抑制地表蒸发与植被层的蒸腾,对土壤水的保持更有利;灌溉速度过快容易造成水资源的浪费。②喷灌试验要在土壤湿度达饱和以后才会形成地下径流量,而地灌试验则是土壤湿度与地下径流量同时增长。由地下径流量的比较可知:喷灌要比地灌节约水量,对土壤水分的保持更有利。③没有灌溉时感热随模拟时间增长而增大、潜热则随积分时间增长而减小,最终绿洲将退化为沙漠;灌溉的两个试验感热都比没有灌溉试验小,而潜热大;喷灌与滴灌试验结果相比较,可以看到喷灌方式更有利于绿洲农业生态系统的温度整体降低,不论土壤湿度还是大气湿度都会相应增大,抑制地表土壤水分的蒸发,有利于绿洲农业的维持。

通过数值模拟的方式,运用保持土壤体积含水量稳定等技术确定灌溉制度的方法研究了我国西北干旱区绿洲7月下旬在不同灌溉制度滴灌下土壤+径流与近地层大气的不同变化状况,结果表明:①当按每天 50 m^3/hm^2 的水量进行隔天灌溉或隔天灌溉一次,土壤体积含水量不能保持稳定,需要补充灌溉才能保证其稳定,所以这样的灌溉制度不适合于7月下旬的河西绿洲;②均匀施灌 5 d,每天施灌 50 m^3/hm^2,施灌 10 d,每天施灌 100 m^3/hm^2 以及隔 4 d 施灌一次,每次灌水 250 m^3/hm^2,这三种灌溉制度中,第一种形成的径流最小,土壤湿度变化幅度也最稳定,所以是最优的灌溉制度。

3.4 大尺度资料转换

气象及水文过程的尺度转换问题已成为科学研究的前沿问题之一,它的难点在于大尺度全流域的要素特征值并非由其若干支流小尺度特征值的简单叠加,小尺度的特征值也不能通过简单的插值或分解得到,在不同尺度之间建立某种尺度转换关系,对于解决无资料或缺少资料地区的区域特征具有重要意义。在理论上,观测尺度、模拟尺度应该尽量与过程尺度相吻合。但是,受测量条件、技术和模拟水平的限制,实际上往往达不到。因此,需要引入尺度转换的概念来弥补这种缺陷。

进入 20 世纪 90 年代,全球气候变化问题已成为世界关注的焦点。大气圈、水圈、冰冻圈、岩石圈和生物圈处于不停的相互作用之中,全球化和集成化(水文—气候—地貌—生态—环境等多系统的耦合,全球—大陆—区域—流域—局地等多尺度的嵌套,自然—经济—社会—管理等多领域的集成)的发展趋势已十分强劲。数值模拟无疑是集成化研究陆气相互作用的强有力工具,而尺度转换就是要对具有时空变化的尺度要素进行数学、物理上的处理,以及在气候、水文和生态模型之间建立转换关系,建立所谓的尺度连结"桥"。但尺度转换容易导致时空数据信息的丢失,而且需要观测与反映网格尺度上异质性的方法和不同尺度之间连结状态参数的方法。尽管这一问题一直为科学家所重视,但却一直未能真正得到解决。

大气过程和陆面水文过程在空间变化尺度上存在明显差异,大气过程在空间上比较均匀,而陆面水文过程则往往相反,空间分布很不均匀。目前气候模式空间网格范围在 $10^4 \sim 10^5 \text{ km}^2$,每个模式网格内土壤结构、地形地貌、植物种类及覆盖程度都存在十分突出的空间不均匀性;气候模式预测的气候变化资料与水文模拟所需资料之间尺度不匹配,正如 Grotch 等(1991)所指出的,用 GCM 模式直接给出区域尺度或更小尺度气候变化的敏感性试验,其置信度很低。由于上述原因,如何在 GCM 模式得出的全球气候变化背景下得到区域气候变化特征,使得气候资料的转换成为人们十分关心的问题。

解决这一问题目前主要有两种途径:一是发展高分辨率的区域气候模式与全球气候模式嵌套,这些区域气候模式应有较详细地描述区域气候形成变化中的某些重要物理和动力过程(如地形、地表不连续等)的能力,但这种模拟计算量相当大,且其网格分辨率也是有限的;另外一种是寻求某种尺度转换关系,把大尺度空间气候变化资料系列转换到小尺度空间上,以得出更为详细的局地气候变化,也就是所谓的降尺度方法或尺度分解法(downscaling)。

3.4.1 资料选取

(1)待转换数据

为了克服资料短缺的不足,近几十年来,有许多国家和气候研究中心为建立一个较长时期的全球气候资料序列付出了许多的努力。目前,再分析资料时间序列较长的 3 个主要中心是:NCEP、EC2MWF、NASA/DAO,其中分析时间序列最长的是 NCEP。在 1997 年 10 月和 1999 年 8 月召开的第一、二次世界气候研究计划(WCRP)国际会议上,对 NCEP 再分析资料的使用给予了承认和赞同,肯定了再分析资料在气候研究及其他领域的价值。

本章使用的气候资料为 2002 年 6—12 月 NCEP 逐日 00 时、06 时、12 时和 18 时(世界时)每日 4 次的再分析资料,水平分辨率为 $1°×1°$ 经/纬度。气象观测资料取自中国气象局 MICAPS 系统,黑河流域内及流域外相邻的气象站共 22 个。观测资料的准确性与连续性直接关系到降尺度结果的好坏。要说明的是,本章所处理的资料中存在一些缺测数据,如 7 月 15 日 06,12 及 18 时、10 月 16 日 06 时、11 月 5 日 12 时、11 月 30 日 06 时、12 月 4 日 00 时及 12 月 13 日 00 时(上述时间均为世界时)。观测资料存在一些质量差的数据,如马鬃山站 12 月 24 日 00 时湿度及 6 月 13 日 06 时风场数据,这些缺测数据及质量差的数据不可避免地导致了降尺度结果出现偏差,需要剔除。

(2)输出数据参照系

根据《黑河模型集成数据标准(草案)》,黑河模型集成所需的各种数据统一采用 1954 年北京坐标系双标准纬线阿尔伯斯等面积圆锥投影(alber sconical equal-area projection)。投影椭球体采用 Krasovsky 椭球体,长半轴为 6 378 245.000 00 m,短半轴为 6 356 863.018 77 m;中央经线在 105.0°E;两条标准纬线分别为 25.0°N 和 47.0°N;坐标系起始纬度为 0.0°;坐标系 X 轴西移值为 3 000 000 m,Y 轴偏移值为 0 m。

(3)基础网格

输出网格数据采用直角坐标网格系统(投影为阿尔伯斯等面积圆锥投影),网格大小为 1000 m×1000 m。覆盖了包括黑河流域在内的 500 km×700 km 范围,参照系中具体位置位于东西方向 2300~2800 km、南北方向 4000~4700 km。

3.4.2 降尺度转换方案

(1)转换方案设计

①首先对 NCEP 再分析资料解码,分离出了研究范围内的 2 m 高度气温、相对湿度及 10 m 高度风场 U,V 分量;②研究范围内 NCEP 再分析资料是经纬度资料,而最后要求得到阿尔伯斯等面积圆锥投影的正方形网格资料,于是进行了坐标投影转换;③对阿尔伯斯等面积圆锥投影参照系下的基础网格数据进行双线性插值,得到分辨率为 1000 m×1000 m,700×500 个网格分布的阿尔伯斯等面积圆锥投影。2002 年 6—12 月每天 4 个时次的 2 m 高度气温、相对湿度及 10 m 高度风场 U,V 分量正方形网格资料;④经过时间插值得到逐时 1 km×1 km 分辨率,700×500 格点资料(E1);⑤使用观测数据进行客观分析,提高网格上气象数据的质量。本方案将研究区域内 22 个气象站观测资料信息加入 E1 背景场,得到逐时 1 km×1 km 分辨率,700 km×500 km 范围内的格点资料(E2)。

(2)Cressman 客观分析

客观分析的目的就是将不规则分布的空间站观测资料客观地插值到规则分布的网格点上,从而得到更精确的格点资料。资料经过客观分析后,由于观测资料含有中尺度信息,因而处理得到的气象场资料较之原始气象场包含了更多的小尺度信息。

Cressman 客观分析方案的基本思想是首先给定第一猜测场,然后用实测资料逐步订正它,通过几次连续的扫描过程使猜测场逼近测站的实测数据,直到订正的场接近实测记录为止。最后得到的分析场实质上是各种可利用信息的加权平均。

标准的 Cressman 方案,对每个格点 P 的第一猜测场的值根据所有能影响该点的测站数据进行调整。为考虑气流或流线曲率在每个测站给定的影响半径圆内对高空风和相对湿度的影响,上述影响圆被拉成沿气流方向的影响椭圆或香蕉的形状,在弱风场的情况下就变成了标准的 Cressman 方案。本章中处理的风和相对湿度都是高度场的值,而且是近地层变量,所以使用标准的 Cressman 方案处理。

上面提到资料经过客观分析后,由于观测资料含有中尺度信息,因而处理后得到的气象场资料较原始气象场包含了更多的中尺度信息。通过对经过客观分析后所得精细网格资料(E2)和未经过客观分析得到的网格资料(E1)与观测资料的对比分析,说明客观分析的重要作用。

3.4.3 主要结论

通过对 E1 方案和 E2 方案尺度转换后精细网格点温度场、湿度场、风场与观测值的对比分析,得到以下主要结论:

(1)大尺度温度、湿度场直接插值所得的细网格值可用于平坦地区的温、湿状况的描述,而对高海拔山区的区域特征描述不够;正如徐影等(2001)指出的 NCEP 资料在我国东部和低纬度地区的可信度比我国西部和高纬度地区的高。观测资料进行客观分析后得到的精细网格温度、湿度场可以更准确地反映黑河流域复杂下垫面条件下近地层大气温、湿场的区域特征,尤其是对湿度场的改进。

(2)大尺度 10 m 高度风场 U,V 分量直接插值所得的细网格值基本不能反映实际观测站的情况,尤其在高海拔山区地带;经过客观分析后的精细网格值可以用于描述区域风场特征。

(3)实测站点的多少、分布及观测资料的准确性对于最终结果有重要影响

需要指出的是,这里只对 2002 年 6—12 月有观测资料的时段进行了分析、比较,论证了观测资料客观分析的重要性,更准确的统计降尺度模式的建立还需要更长时段的资料累积与分析。因此,有必要发展高分辨率的区域气候模式与全球气候模式嵌套,较详细地描述区域气候形成变化中的某些重要物理和动力过程(如地形、地表不连续等)进行动力降尺度研究。

3.5 地面蒸散的大气遥感估算

遥感估算蒸散量是目前获取区域尺度上蒸散量的主要手段。利用遥感进行蒸散研究具有快速、准确、大区域尺度及地图可视化显示等特点。从 20 世纪 90 年代初开始,中日合作在中国西部黑河地区开展了地气相互作用实验研究,先后进行了地表特征参数遥感反演和地表能量通量遥感研究,并用于青藏高原地区,为寒旱区蒸散遥感研究奠定了基础。本节使用中分辨率成像光谱仪 MODIS 资料并依据空气动力学方法,通过遥感手段研究中国西北内陆干旱区黑河流域的蒸散量时空分布。

3.5.1 资料介绍

研究中主要采用 MODIS 资料作为遥感信息源。MODIS 探测器包括从可见光至热红外波段 36 个通道,其较高的时间分辨率和光谱分辨率,使其可以完成陆地、海洋、大气及生物等多领域遥感观测任务。本节计算输入资料为 MODIS 网站提供的全球覆盖 1 km 分辨率归一化差值植被指数 NDVI、地表温度和地表反照率资料。由于每日过境时刻传感器观测视角不同,加之大气因素影响,MODIS 地表温度在相同地区不同晴空日会有一定变化,故采用月内多个晴空日地表温度的平均值作为该月典型晴空状态下的地表温度。同时利用 Landsat-5 TM 资料对估算方法进行验证。

研究使用了黑河流域各气象站的地面观测资料,同时采用了国家自然科学基金重点项目"绿洲系统能量与水分循环过程观测和数值研究"于 2004 年夏季在黑河地区金塔绿洲开展的观测实验(以下简称"金塔实验")的相关资料。有关"金塔实验"更详细的介绍可参考文献(孟宪红等,2007)。

3.5.2 计算方法

(1)瞬时蒸散量的计算

本节估算地表瞬时蒸散量即潜热通量时,依据地表能量平衡和空气动力学原理,将地表潜热通量 λE 作为地表净辐射 R_n、地热通量 G_o 和感热通量 H_s 的余量处理。

$$\lambda E(x,y) = R_n(x,y) - H(x,y) - G_o(x,y) \tag{3.5.1}$$

在计算该项主要因子即地表太阳总辐射时,考虑地形起伏变化影响,按田辉等(2007)所

述方案和计算精度获得。地表反照率和地表温度均采用 1 km 分辨率 MODIS 资料;地表比辐射率是植被覆盖度 Pv 的函数,而植被覆盖度又利用植被指数 NDVI 的区域分布按 Tobyn 等(1997)的方法获得,这里 NDVI 亦采用 1 km 分辨率 MODIS 资料获得;地热通量 $G_o(x,y)$ 以文献(马耀明等,2003)中的方法获得。

$$G_o(x,y) = R_n(x,y)(T_s(x,y))/r_o(x,y)(a + b\overline{r_o} + c\overline{r_o^2})[1 + dMSAVI(x,y)^e] \tag{3.5.2}$$

式中:r_o 为地面观测的日平均地表反照率;常数 a,b,c,d 利用野外观测确定;植被指数 $MSAVI(x,y)$ 可利用 MODIS 近红外波段 2 和可见光波段 1 地表反射率计算。

$$H(x,y) = \rho C_p \frac{T_s(x,y) - T_a(x,y)}{r_a(x,y)} \tag{3.5.3}$$

式中:T_s 为地表温度;T_a 为气温;ρ 为空气密度;C_p 为空气定压比热;r_a 为空气动力学阻抗。

(2) 蒸散量从瞬时值到日总量的时间扩展方法

前述步骤可计算典型晴空下卫星过境时刻瞬时蒸散量。为获取较长时段内地表蒸散总量,需对其瞬时值作时间尺度扩展,采用美国爱达荷大学用于区域水资源管理和蒸散量估算的 METRIC(Mapping Evapotranspiration at high Resolution with Internalized Calibration)模式中有关方法(Allen 等,2005)。METRIC 模式根据日尺度或更长时段内参考作物蒸散量,利用时段内平均参考蒸发比 EF_{ref},获取该时段实际蒸散总量。参考蒸发比表示为:

$$EF_{ref} = ET_{\text{actual},dT}/ET_{ref,dT} \tag{3.5.4}$$

式中:$ET_{\text{actual},dT}$ 为 dT 时段内蒸散量的观测或计算值;$ET_{ref,dT}$ 为 dT 时段的地表参考作物蒸散量,这里采用 FAO-56 Penman-Monteith 公式并利用流域气象站资料计算获得。METRIC 模式假定每日参考蒸发比 EF_{ref} 为一常数,则在 1 h 或更短时段内所获取的平均参考蒸发比,可以作为全天平均值,用于获取日蒸散量。

(3) 月蒸散量的计算

由于地形相互遮蔽作用,导致山区晴空条件下日蒸散量同平原地区相比,有较大的实际改变。这种改变,可以用晴空下存在地形遮蔽作用的太阳直接辐射日总量与无地形遮蔽下日总量的比值,即地形遮蔽系数加以近似修正。为简化计算过程,只需求出山区每月的月中 15 或 16 日地形遮蔽系数,用以修正典型晴空下日蒸散总量输出结果。计算较长时期如月或年总蒸散量时,必须考虑云量变化对地表辐射平衡和水热传输的影响。本节以气象站日照时数资料代替云量资料,用月平均日照百分率对流域典型晴空下日蒸散量加以修正,以逼近实际天气条件,获得该月全流域蒸散总量。

3.5.3 计算个例及其验证

(1) 参考蒸发比的日变化特征验证

利用"金塔实验"5#中心绿洲观测点 2004 年 6 月 29 日至 7 月 4 日逐小时蒸散量湍流观测结果,同时结合该观测点逐时地面气象要素观测值,获取参考蒸发比 6 d 的逐时平均值以分析其日变化过程。参考蒸发比在白天基本保持稳定,日出、日落前后变化较大。虽然在夜间参考蒸发比会很小从而导致其全天变幅较大,但地表面在夜间实际蒸散量(曲线下积分面积)只占日蒸散总量很小部分,如 7 月 4 日在 5#和 1#观测点 07:00 之前和 19:00 之后(北京时)蒸散量只占日总量的 5.4%和 3.5%,故参考蒸发比昼夜平均值基本就是其白天平均值。参考蒸发比在白天(08:00 至 18:00,北京时)基本保持稳定,可由白天尤其是正午前后 1 h 或更短时段(如 10 min)内计算或观测的参考蒸发比平均值,代替其日平均值用于求取日蒸散量。

(2) 日蒸散量计算结果验证

采用前面介绍的蒸散量扩展方法,利用 Landsat-5 TM 资料获取金塔绿洲 2004 年 7 月 4 日典型晴空下日蒸散量空间分布。

根据日蒸散量空间分布,将 5#和 1#观测点遥感估算值相对于地面观测值的相对误差进行对比。其中地面观测值一栏所列日均参考蒸发比,是利用"金塔实验"在各观测点的气象要素资料计算得到。

由相对误差对比可知,一方面,由于金塔绿洲较为破碎,地面湍流资料只代表所观测农田冠层表面特征量值,而 1 km 网格的 MODIS 资料估算结果却包含有地表较大范围内不同性质组分的共同作用,空间代表性差异必然导致后者与地面观测真值的差异。MODIS 资料蒸散量估算结果与地面真值之间偏差,明显大于 Landsat-5 TM 资料估算值与真值的偏差,后者空间代表性与地面观测基本一致。另一方面,地面观测存在能量不闭合问题,而本算法基于地表能量平衡关系,这也可能导致估算偏差。空间代表性与地面观测基本匹配的 TM 资料估算结果与地面真值比较吻合,说明本计算方法是基本正确和可以接受的,可按该方案并利用 MODIS 资料估算整个黑河流域日蒸散量空间分布。

利用 2004 年 7 月黑河流域多个晴空日平均的 MODIS 地表温度和反照率及植被指数 NDVI 资料,结合流域内各气象站点风速、温度、湿度资料,依据前面所述计算方法,获取夏季典型晴空条件下全流域日蒸散量空间分布。

由于没有黑河山区 2004 年夏季地表湍流观测资料,本章借助中国科学院寒区旱区环境与工程研究所在黑河流域上游大野口的野外观测站 2005 年 7 月的地表潜热通量湍流观测资料,间接验证该计算方案对山区的适用性。大野口站处在黑河地区张掖绿洲西南方向的祁连山中,海拔 2700 m,观测点在一个北向山坡上,坡度大致为 23°。

本章计算的典型晴空条件下 2004 年 7 月黑河山区大野口平均日蒸散量为 2.92 mm,与相同地点 2005 年 7 月的 10 个晴空日观测平均值较为接近,间接说明本章计算方法可以用于山地复杂环境。

(3) 月蒸散量空间分布及蒸散引起的流域水分总损失量

进一步由气象观测日照时数资料得到 2004 年 7 月黑河流域月蒸散量空间分布,由流域夏季 7 月蒸散量空间分布易知,当月总蒸散量为 $28.8 \times 10^8 \text{m}^3$,相当于 21.1 mm 的月蒸散量。按海拔高度将黑河流域划分为海拔 2000 m 以上的上游山区和海拔 2000 m 以下的山前走廊平原区,则两区当月总蒸散量分别为 $11.9 \times 10^8 \text{m}^3$ 和 $16.9 \times 10^8 \text{m}^3$,上游山区占全流域月蒸散总量的 41.2%,而其实际面积却仅占流域总面积的 24.6%,山前走廊平原区占流域月蒸散总量的 58.8%,其面积却占全流域的 75.4%。虽然流域水分总损失量以山前走廊平原区为多,但上游山区平均蒸散量(35.3 mm)是中下游地区(16.4 mm)的 2.2 倍,这是因为中下游地区蒸散多集中于黑河水体沿岸的绿洲地带,广大的荒漠、戈壁地区尽管蒸发潜力很大却没有充足的水分供给用于实际蒸散过程,上游山区充沛的降水量是中下游区的数倍并且降水中很大部分参与森林冠层和草地的实际蒸散过程而返回大气并同时造成了山区独特的小气候。

根据上述月蒸散量计算结果,黑河中下游荒漠地区(NDVI≤0.10 的区域)蒸散量为 $5.56×10^8 m^3$,占中下游总量的 32.8%,其面积却占中下游总面积的 85.7%;绿洲地区(NDVI>0.10 的区域)蒸散量为 $11.4×10^8 m^3$,占中下游总量的 67.2%,其面积仅占山前走廊平原区总面积的 14.3%,绿洲植被区月平均蒸散量为 77.4 mm,而荒漠戈壁区仅为 6.3 mm,即绿洲部分平均蒸散量约为荒漠部分的 12.3 倍,由此可见,中下游绿洲特别是农业耕作灌溉地区是主要的水资源消耗区。

3.5.4 讨 论

依据地表一维能量平衡方程和空气动力学方法,利用 MODIS 资料估算了黑河流域夏季典型晴空下地表蒸散量。通过对瞬时蒸散量的时间扩展,获取了夏季典型晴空下黑河流域日蒸散量空间分布,配合流域内气象站日照百分率资料,并通过对起伏地形遮蔽作用的考虑,获取了逼近实际天气状况和地形条件下该月全流域蒸散量空间分布。对月蒸散量计算分析表明,黑河流域海拔 2000 m 以上的祁连山区夏季 7 月平均蒸散量是海拔 2000 m 以下中下游地区的约 2.2 倍,而中下游地区绿洲农田上蒸散量又是荒漠戈壁地区的 12.3 倍,由此获得了夏季黑河流域蒸散量空间分布较详细的物理图像。但今后仍需要结合该流域较高分辨率土地利用资料,详细分析不同土地利用状况下蒸散分布和变化特征,为该地区水资源管理和水文气候研究提供更准确的依据。

同时结合 Landsat-5 TM 资料和"金塔实验"地面观测资料,简单对比分析了在下垫面高度非均匀绿洲上,卫星分辨率对地表水热传输计算的影响,发现高分辨率卫星资料估算结果受下垫面非均匀性影响的程度,要明显小于中分辨率卫星资料。分析本章蒸散计算方案,一方面,计算中忽略水平平流作用,而绿洲和荒漠过渡带上水平平流作用往往较明显而强烈。张强等(1997)通过对西北干旱区绿洲野外观测与数值模拟部分结果的总结,认为绿洲地表蒸散水汽在垂直输送过程中,有相当一部分通过水汽的水平平流输送及水平湍流扩散流向其周围荒漠大气,因而忽略水平平流作用将导致一定的计算误差;另一方面,本章的计算完全建立在地表能量平衡基础之上,而作为验证资料的地面涡旋相关系统湍流观测结果表明,地表能量各量值并不闭合,近年来国际上许多文献也都对该现象做了报道分析,这一点很可能是本章计算误差的另一来源。

第4章 祁连山生态系统能水循环和水平衡

祁连山区为河西内陆河流域的主要水源地,由青藏高原寒区、半干旱区向北方干旱平原区过渡的高大山地系统决定着其垂直植被带谱的生物多样性及景观格局的破碎性,复杂山地地形条件、生态系统格局及相应的小气候环境形成了该区特殊的冰川、积雪、冻土和植被分布格局,造成了山区水循环过程的复杂性及其对全球变暖的敏感性。山区产流量多寡及其年内变化预测和水源地保护为内陆河寒区水文过程研究的目标和出口,贯穿于不同生态系统的能水循环是山区生态—水文过程研究的核心。

4.1 高山寒漠带能水循环观测与模拟

据我国1:400万植被图,高山寒漠带在我国大约有75.8×10^4 km²,主要分布于我国的青藏高原和新疆天山、阿尔泰山等高大山区。其中,青藏高原高山寒漠带占绝大部分,面积73.7×10^4 km²,约占我国高山寒漠带总面积的97.2%。黑河干流祁连山区(莺落峡控制流域,面积10009 km²,)高山寒漠带约占22%(源于2000年TM影像),而源区扎马什克控制流域(面积4589 km²)高山寒漠带比例为29%(源于2003年Aster影像),下限海拔高度3700 m,平均海拔高度4267 m。高山寒漠带天气变化无常,降水较多且多为固态,蒸发微弱,凝结频率及水量相对较多。地形复杂,坡度陡,植被盖度为1%~2%,土壤颗粒粗,产流迅速,产流系数高,应是我国寒区流域的主产流区(陈仁升等,2010)。

4.1.1 数据和方法

该试验区位于中国科学业院寒区旱区环境与工程研究所黑河上游生态—水文试验研究站马粪沟试验小流域内。2008年在高山寒漠带布设了一套综合环境观测系统(99°53′E,38°13′N,海拔高度4164 m),观测项目包括2层气温、2层相对湿度、2层风速和风向(二维超声)、4分量辐射、近红外地表温度、降水量(雨雪量计)、雪深、日照时数,以及8层地温、含水量和3层地热通量。应用CoupModel模型(Jansson和Moon,2001)将0~250 cm土壤分为13层,模拟了高山寒漠带2008年9月12日—2009年9月12日期间日尺度一维水热传输过程。CoupModel模型是由SOIL和SOILN模型发展而来的,能够模拟土壤(冻土)—积雪—植被—大气一维传输系统中的水、热传输过程,同时也能模拟碳、氮等养分的运动,是一个一维的动态模型。模型核心是水热耦合的连续性方程,遵循质量和能量守恒定律,用有限差分法求解方程。

2009年还在试验区布设了一个高山寒漠带试验小流域,海拔高度3611~4280 m,平均坡向324°,平均坡度50.6°。在出口处布设了水文断面,自记加人工观测。在海拔3719 m处一个半阳坡(99°51′E,38°14′N),布设了一个简易气象场(降水、蒸发力、蒸散对比和凝结观测等)。其中包括6个小型Lysimeter测量蒸散发,内径20.5 cm,深度分别为20 cm(A型)、30 cm(B型)和35 cm(C型),每组两个对比(粗、细颗粒不同)。颗粒粗细随机选取样本,按四分法选用。采用电子称(感量0.1 g)每天07:00—08:00和20:00时(北京时)称重,以及大雨后称重。研究区相关土壤和植被等都进行了调查和室内实验。根据2009年有限观测结果,对高山寒漠带2009年夏季蒸散、凝结和水量平衡做初步分析。

4.1.2 模型验证

总体来看,CoupModel模型基本能够反演土壤日平均温度的变化(表4.1.1,图4.1.1),8层地温实测与模拟值对比的R^2介于0.78~0.98,平均为0.92(表4.1.1)。相对而言,土壤液态含水量计算结果与实测值有一定的偏差,R^2介于0.77~0.91之间,平均为0.83(图4.1.2,表4.1.1)。总体看,浅层地温和含水量模拟结果好于深层的,原因可能是由于土壤参数是根据颗分试验结果利用经验公式求得,导致深层土壤地温和含水量模拟误差较大,而浅层地温、含水量和大气温度及降水的关系更为密切,所以模拟结果相对较好。通过一个整年度的计算、实测对比分析,发现代表土壤水热基本状况的地温和含水量都较符合实测值,说明CoupModel模型所计算的水热传输过程是基本可信的。

表4.1.1 计算与实测各层土壤日平均地温及液态含水量对比的 R^2

土壤分层	20 cm	40 cm	60 cm	80 cm	100 cm	120 cm	140 cm	160 cm	平均
地温	0.98	0.98	0.97	0.97	0.94	0.92	0.85	0.78	0.92
土壤含水量	0.80	0.81	0.86	0.91	0.77	—	—	—	0.83

4.1.3 水热传输过程初步解析

利用CoupModel模型输出土壤热通量和水分通量,以探求高山寒漠带土壤的水热传输过程,以70 cm深度处的模型输出结果为例(图4.1.3)。在高山寒漠带试验点70 cm深度处的土壤热通量与上下层土壤温度有较好的关系,土壤热通量从温度高的土壤层向温度低的土壤层传导。在非冻结期,寒漠带土壤液态水分主要受重力势和基质势控制(试验点细颗粒物质较多)。根据2009年5月12日—2009年9月12日试验点10 cm、30 cm和50 cm深度处土壤水运动结果(图4.1.4),表层土壤水受降水和蒸发影响较大,故活动较剧烈。下部土壤水分运动平缓,主要原因是底部颗粒较粗,且试验点水平。相关规律在进一步分析中。

在冻结期,以模型2008年10月18日—2009年4月4日的输出结果为例。图4.1.5为10 cm、30 cm和50 cm深度处土壤水运动,图4.1.6展示了70 cm、130 cm、170 cm、210 cm和250 cm深度处土壤液态水分的运动。当表层土壤开始冻结时,冻结过程导致土壤中毛细孔增多而向下层吸水,导致冻结过程中下层土壤水向上层移动(图4.1.5)。另外,寒漠带土壤多为砾石碎块,孔隙较大,重力水一般受水势作用进入地下水或参与产流,而本区降水较多,且蒸发相对较小,所以较深层土壤基本全年保持着最大持水量。故较深层土壤(70 cm以下)在冻结过程中一般没有土壤毛细水分运动;而当上层土壤冻结后,土壤冰填充了部分土壤孔隙,使上层土壤的毛细孔增多,有较强的虹吸能力,能吸取下层土壤中的液态含水量直到平衡状态,而当下一层土壤液态水分不足时,随着时间推进,会继续吸取更深层土壤的液态水量,直到另一个平衡状态(图4.1.6)。计算过程中假定最大深度250 cm处为模型隔

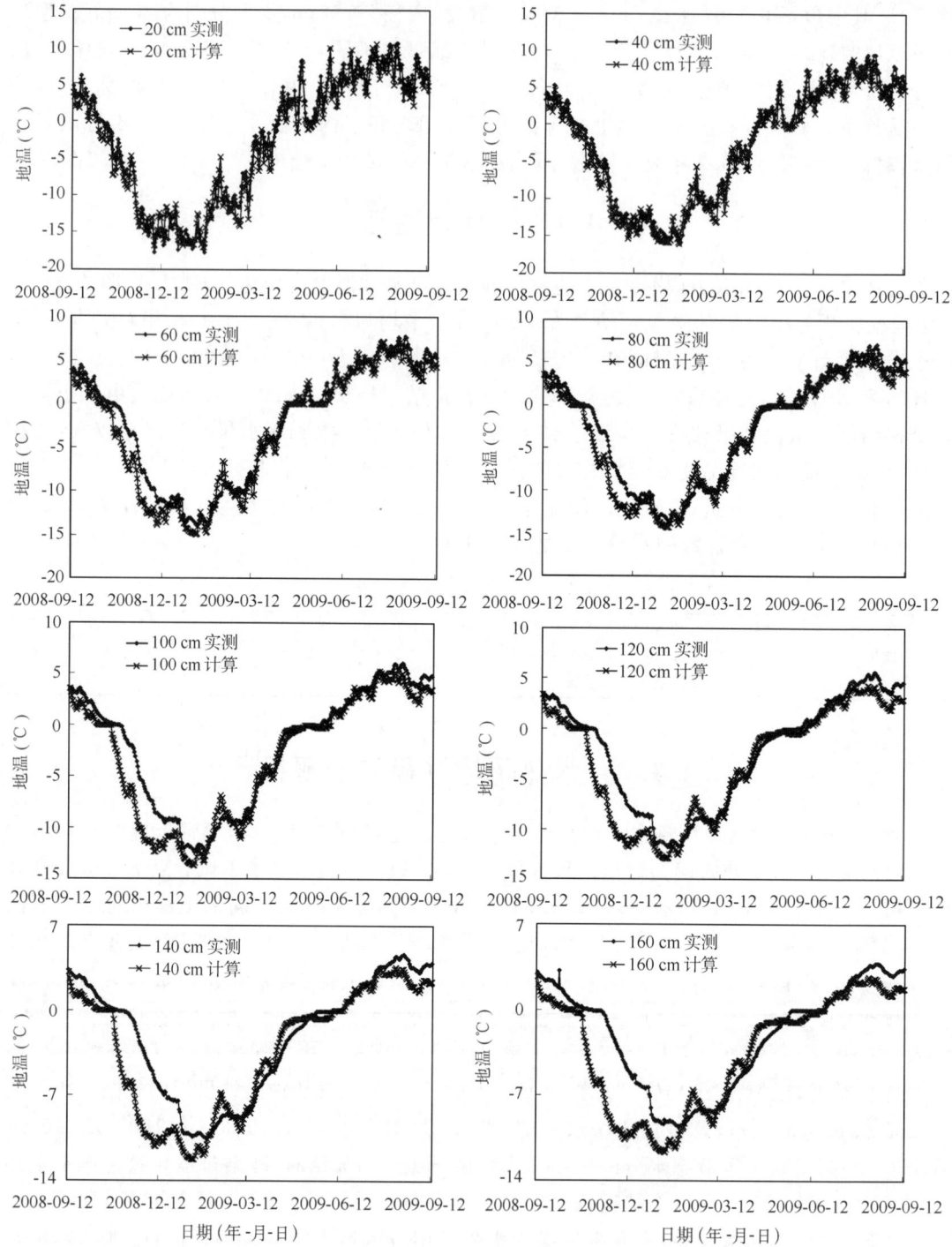

图 4.1.1 高山寒漠带日平均地温计算与实测对比图

水边界,因此,模型输出结果在 250 cm 处土壤水分无下渗(图 4.1.6)。模型设置的完全冻结(土壤液态含水量仅为残余含水量)温度为 −6℃,因此 10 cm 深度处偶有不同于其他层的土壤水运动(图 4.1.5)。2009 年 3 月 18 日以后由于地温上升至 −6℃以上,逐层开始出现复杂的土壤水运动。当各层土壤融化以后,冻融过程不再影响土壤水分运动。

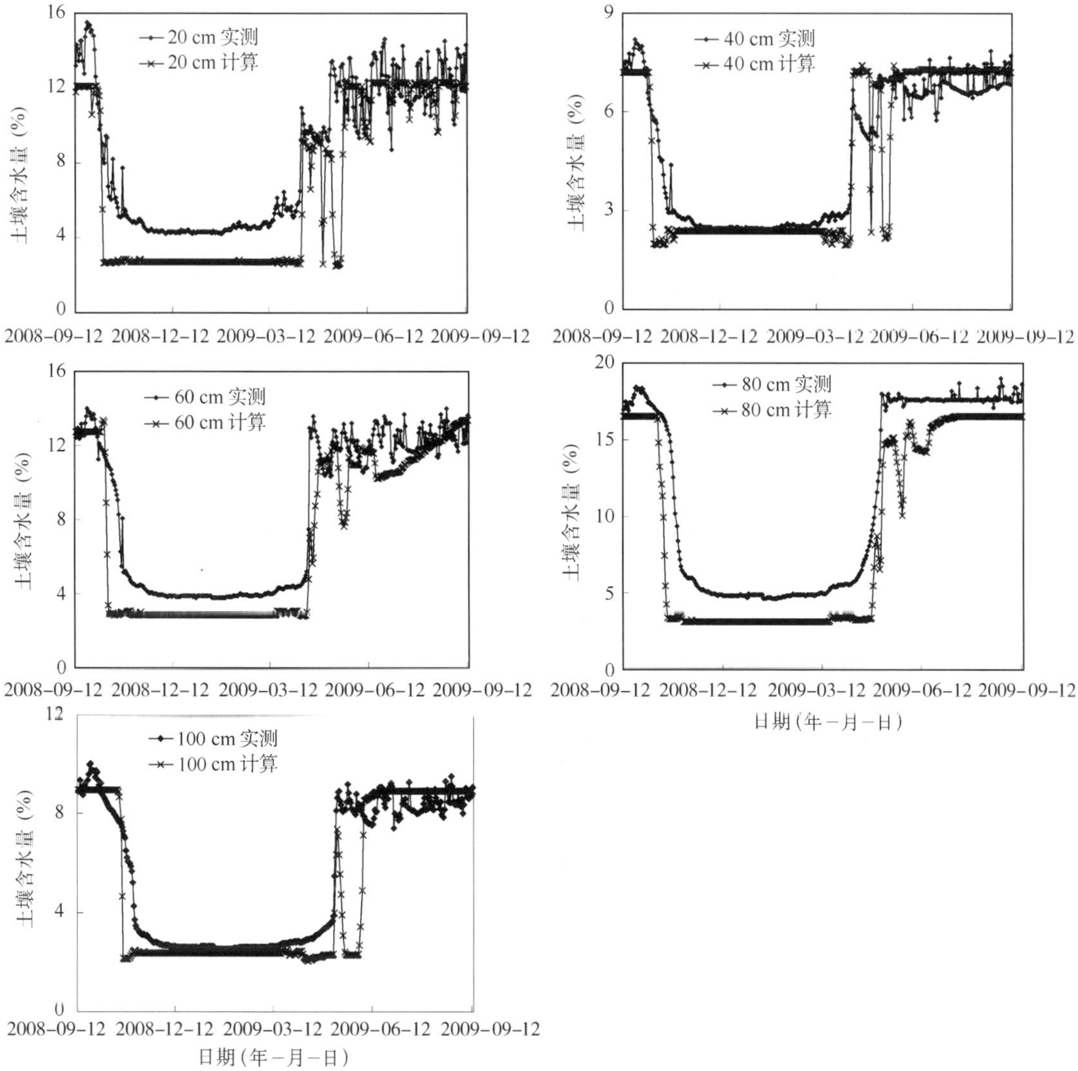

图 4.1.2 高山寒漠带日平均土壤液态含水量计算与实测对比图

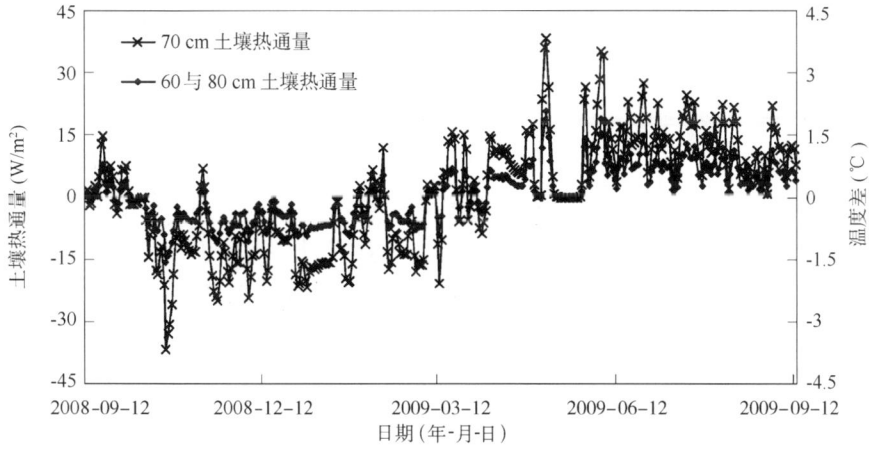

图 4.1.3 70 cm 深度处计算土壤热通量及相邻两层土壤温度差变化图

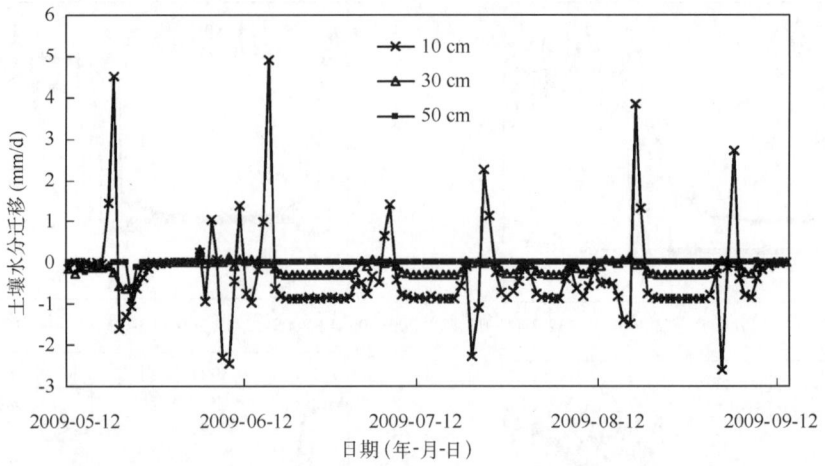

图 4.1.4　高山寒漠带消融期近地表土壤液态水分迁移变化图

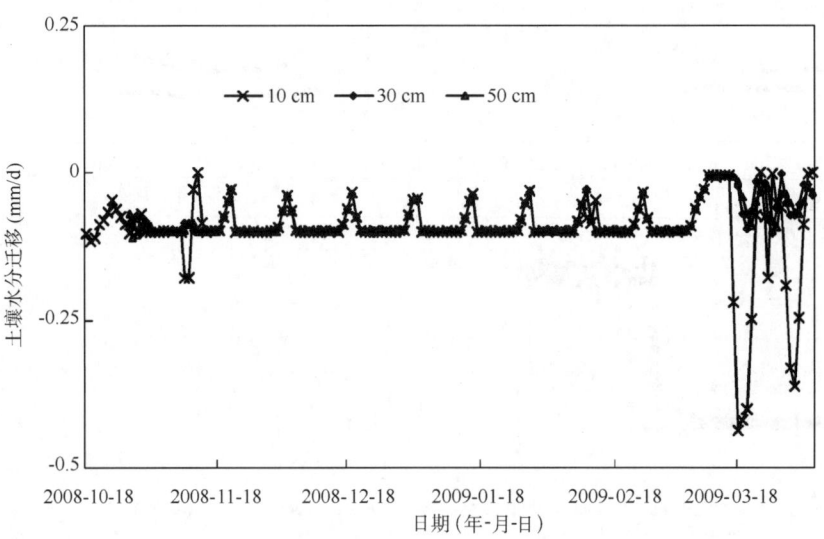

图 4.1.5　高山寒漠带冻结期近地表土壤水分运动变化图

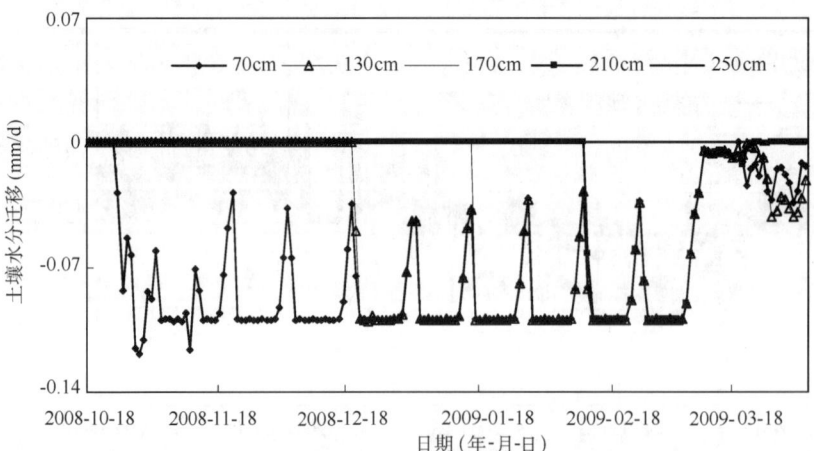

图 4.1.6　高山寒漠带冻结期深层土壤水分运动变化图

4.1.4 高山寒漠带蒸散、凝结和水文效应

4.1.4.1 蒸散发

2009 年 6 月 14 日—9 月 30 日期间,高山寒漠带各蒸渗仪(Lysimeter)结果如表 4.1.2 所示,可以总结出高山寒漠带蒸散发的如下规律。

表 4.1.2 高山寒漠带 2009 年夏季蒸散发量(6 月 14 日—9 月 30 日)

降水量 (mm)	蒸发力 (ϕ20,mm)	蒸渗仪类型	A 型(20 cm 高)		B 型(30 cm 高)		C 型(35 cm 高)	
		颗粒形状	细	粗	细	粗	细	粗
541.4	256.9	蒸散发量(mm)	166.7	89.1	140.1	91.3	157.2	92.3

(1)蒸发能力较弱。观测期间基本是高山寒漠带蒸散发最强烈的时期,半阳坡蒸发皿实测蒸发力也仅仅为 259.4 mm。

(2)可蒸发水量少。快速入渗性质限制了可蒸发的水量。

(3)颗粒大小对蒸发影响很大。较粗颗粒蒸散发约是细颗粒物质的 50%。对于较粗颗粒来说,30 cm 左右深度的水分已经基本不参与蒸发过程;粗颗粒物质蒸发,应该主要为颗粒表面截留降水的蒸发;较细颗粒物质,受入渗慢和毛细作用的影响,除颗粒表面水分的蒸发外,还存在一些水分向上运动参与蒸发的过程。

(4)总蒸散发量很少。高山寒漠带主要为粗颗粒、甚至是巨大块体,细颗粒物质凤毛麟角。植被盖度一般为 1%~2%。由此可以判断,高山寒漠带总蒸散发量很少。

(5)高山寒漠带夏季消融季节实际总蒸散发量可以用颗粒截留降水量表征。春季初始消融季节,水分供应相对充足,可近似按蒸发力处理(尚需进一步观测);冬季冻结季节,视观测地点各异,有积雪按升华处理,无积雪按 0 近似处理。

由图 4.1.7 知,高山寒漠带蒸渗仪蒸散发和水面蒸发之间的相关性并不高。这说明水分是限制其蒸散发的一个关键因素,特别是粗颗粒物质的蒸散发过程。总体来看,观测期间,细颗粒物质蒸散发约是水面蒸发的 0.6 倍,而粗颗粒物质蒸散发约为水面蒸发的 0.3

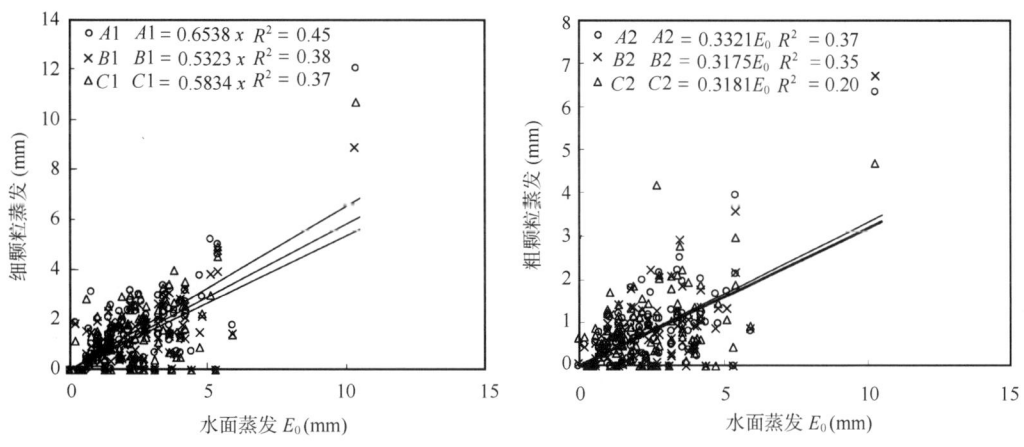

图 4.1.7 高山寒漠带夏季蒸渗仪蒸散发和水面蒸发的关系

倍。

4.1.4.2 凝结

高山寒漠带由于其气候变化无常,在一年各季节均出现较多的水平降水,凝结水量较多。尽管其不参与实际狭义的水文循环,但其蒸散消耗了较多的能量,同时凝结水量的蒸发减小了近地表层的饱和差,由此减少了狭义水循环中的蒸散发量。从这个角度讲,也提高了高山寒漠带的产流量和径流系数。

凝结过程一般发生在凌晨。但由于高山寒漠带天气无常,夜间降水也较多,凝结观测极为困难。在2009年6月20日—8月4日期间,一共观测到9次有效凝结。该试验选用白底面长方形托盘(32.2 cm×41.7 cm)观测,试验点海拔高度3719 m,半阳坡。托盘A盛有粗颗粒的石块和碎屑岩,托盘B为空,对比观测。由表4.1.3知,盛放高山寒漠碎屑和空的托盘,所获取的凝结水量相差不大,空的反而大一些。这可能与热量传输过程不一致有关。总体来看,9次有效凝结观测平均值约为0.6 mm,最大可达1.4 mm。

表4.1.3 高山寒漠带观测场(海拔高度3719 m)凝结水量观测结果

日期	观测时段	蒸发力(mm)	A重量变化(g)	B重量变化(g)	凝结水A(mm)	凝结水B(mm)
2009.6.29	20:00—06:12	0.50	10.30	10.90	0.58	0.58
2009.7.1	20:00—07:30	0.60	1.50	1.70	0.61	0.61
2009.7.3	20:00—06:10	0.10	52.60	60.40	0.49	0.55
2009.7.4	20:00—07:15	0.70	96.90	98.10	1.42	1.43
2009.7.5	20:00—06:38	0.20	37.10	33.60	0.48	0.45
2009.7.9	20:00—06:10	0.10	6.70	9.30	0.15	0.17
2009.7.23	20:00—06:00	0.30	67.20	69.20	0.80	0.82
2009.7.25	20:00—06:02	0.60	3.70	5.10	0.63	0.64
2009.8.4	20:00—06:02	0.40	3.70	1.00	0.43	0.41
合计		3.50	279.70	289.30	5.59	5.66

由表4.1.3蒸发皿结果还可以看出,观测时段内还存在蒸发,平均每次0.5 mm。这个蒸发实际上是扣除凝结以后的蒸发,如果没有凝结过程,实测数量应该更大。反过来讲,当天所测量的凝结也不是真正的凝结水量,因为许多凝结水量蒸发了,或者蒸发先使托盘中高山寒漠碎屑中的水分损失了,这也可能是托盘B所测凝结比托盘A偏多的原因之一。因此,目前的测量方法无法真正获取凝结水量。蒸发—凝结过程的矛盾,以及测量方法和仪器需求,还需要进一步深入研究。

4.1.4.3 水文效应初步解析

根据3套综合环境观测系统和标准气象场及寒漠带降水量观测结果,获取了小流域观测期间的面降水量为639.1 mm(表4.1.4),高山寒漠带径流系数要远远大于黑河流域的径流系数(黑河干流山区流域多年平均径流系数约为0.39,约为试验小流域的50%)。主要原因有:

表4.1.4 高山寒漠带小流域水量平衡初步结果(2009年6月14日—9月30日)

流域面积(m²)	总流量(m³)	降水量(mm)	径流深(mm)	径流系数
111 782.0	51 552.4	639.1	461.2	0.72

①降水多；

②前期土壤含水量接近饱和；

③坡度陡，产流迅速；

④颗粒粗，入渗迅速，可蒸散发水量补给少；

⑤蒸发能力低：天气变化无常，阴天多，净辐射弱；凝结水量较多，消耗蒸发能力；水汽饱和差小。

但表 4.1.4 估算结果尚存在如下问题：

①观测期间仅仅为夏季，但整个秋、冬季节所储存的水量在春季甚至 6 月份之前（此段时间降雨很少）的河道径流，主要靠此补充，特别是消融洪峰，没有纳入估算，导致径流系数估算偏小；

②试验小流域海拔跨度相对较小，仅仅代表了最高海拔 4200 m 左右的寒漠带（当然在黑河也具有较大的比例），而黑河祁连山区最高海拔在 5000 m 以上。下一步增加一个试验小流域，最高海拔可达 4620 m。连续观测结果，将有望获取高山寒漠带总的水量平衡信息。

根据上述分析，高山寒漠带总体径流系数应该比表 4.1.4 结果大。如果按表 4.1.4 结果推算，占黑河干流山区流域 22% 的高山寒漠带，所产流量最少占山区流域的 65% 以上（按山区多年平均径流量 15.8×10^8 m^3 计），实际结果应该更大。尚需进一步加强观测和深入研究。

4.2 高山草甸冻土区能水循环观测与模拟

4.2.1 数据和模型

该试验区位于黑河源区开阔河谷，典型高山草甸区（植被盖度 80% 以上），多年平均降水量 403.9 mm，多年平均气温 -3.0 ℃（1959—2006 年，野牛沟气象站（99°35′E，38°25′N，海拔高度 3320 m）），受全球变暖影响，1959—2006 年间，年平均气温升高了 1.4 ℃，研究区多年冻土也退化为冻深不足 3 m 的季节性冻土（陈仁升等，2007）。试验以野牛沟气象站为依托，该站建设于 1959 年 1 月，自 2000 年起补充布设一套自动气象站（M520 系统），观测时间步长为 1 min。2004 年 9 月起，在该气象站内布设了一套综合环境观测系统（ENVIS），该系统能够测量每半小时的两层气温、降水、两层风速、总辐射、反射辐射、净辐射、两层相对湿度、CO_2 通量、气压等微气象要素，以及 7 层土壤水分、7 层地温和地热通量等。

仍然采用 CoupModel 模型模拟试验点尺度的水热传输过程。在我国寒区，当土壤温度高于 0 ℃ 或低于完全冻结温度 T_f（~-6 ℃）时，土壤处于非冻结或完全冻结状态（液态含水量为残余含水量），此时不存在水分相变问题，简单的 Darcy 定律或热传导方程即可反映土壤的水、热运动。但当土壤温度低于 0 ℃ 但高于 T_f 时，土壤水分迁移与土壤温度和热量状态紧密相连，土壤实际孔隙分布、热传导系数和水力传导率随土壤液态和固态含水量的变化而变化，土壤水分运动极为复杂，必须考虑土壤水热耦合过程，此为 CoupModel 模型的精髓。

驱动气象数据主要为降水、气温、相对湿度、风速和云量或日照等。由于部分时段综合环境观测系统数据缺测，用野牛沟气象站观测数据进行补充。模型植被参数输入包括：植被高度、盖度及根系分布和根深;植被表面阻抗、表面粗糙度函数、辐射消弱系数等。土壤数据主要为土壤剖面结构及其基本物理性质,包括土壤分层厚度、粒度、干密度、孔隙度、比重、饱和导水率及土壤水分特征曲线等,其中,0~130 cm 的土壤基本物理性质为实测。130 cm 以下仅测量了土壤剖面结构及粒度,并由模型内土壤数据库及相应模块自动推求其他基本水热参数。

模型输出变量可依据需要进行选择,本次模拟输出主要包括七层地温、七层液态含水量、土壤冻结深度和冻结时间、净辐射、总辐射、土壤热通量、土壤水通量等。地温、含水量是基本的水热条件,冻土冻结深度和冻结时间是重要的冻土指数,选择输出这些变量来检验模型在试验点的合理性和可行性。

模拟时间为 2005 年 9 月 10 日—2007 年 9 月 10 日两个完整年度,时间尺度为日尺度。将 0~310 cm 土壤分为 12 层(距地表 0~10 cm、10~30 cm、30~50 cm、50~70 cm、70~90 cm、90~150 cm、150~170 cm、170~210 cm、210~250 cm、250~270 cm、270~290 cm 和 290~310 cm),并利用 0~160 cm 实测地温和液态含水量数据(探头位于土壤分层的中间位置,分别为 0 cm、20 cm、40 cm、60 cm、80 cm、120 cm 和 160 cm)进行验证。试验点地表水平,地下水位较深,故该模拟不涉及地下水与地表产汇流过程(阳勇等,2010)。

4.2.2 模型验证

总体来看,模型基本能够反演土壤日平均温度的变化(表 4.2.1,图 4.2.1,部分时段数据缺测),7 层地温实测与模拟值对比的 R^2 介于 0.94~0.96,平均为 0.95(表 4.2.1)。相对而言,土壤液态含水量计算结果与实测值有一定的偏差,R^2 介于 0.74~0.90,平均为 0.83(图 4.2.2,表 4.2.1)。总体看,较深层地温和土壤含水量模拟结果略好于表层。其原因可能在于影响土壤表层温度和含水量的因素较多,对天气变化极为敏感;部分植被参数为静态经验系数。120~160 cm 土壤层地温和含水量模拟结果略差于其上部的土壤,其原因一是土壤数据非实测数据,其次是土壤中出现大颗粒物质(砾石)。

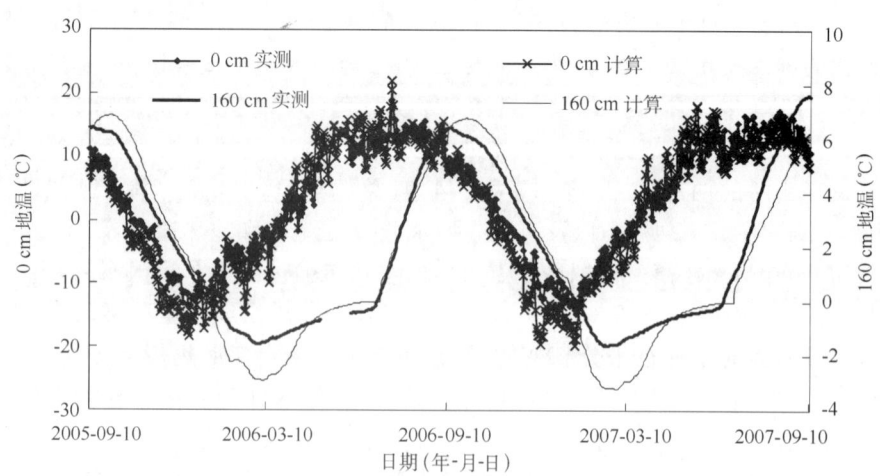

图 4.2.1 高山草甸带日平均地温计算与实测对比图(0 cm 和 160 cm 深度)

表 4.2.1 高山草甸带计算与实测各层土壤日平均地温及液态含水量对比的 R^2

土壤分层	0 cm	20 cm	40 cm	60 cm	80 cm	120 cm	160 cm	平均
地温	0.94	0.94	0.95	0.96	0.96	0.95	0.94	0.95
土壤含水量	0.78	0.74	0.85	0.85	0.85	0.90	0.81	0.83

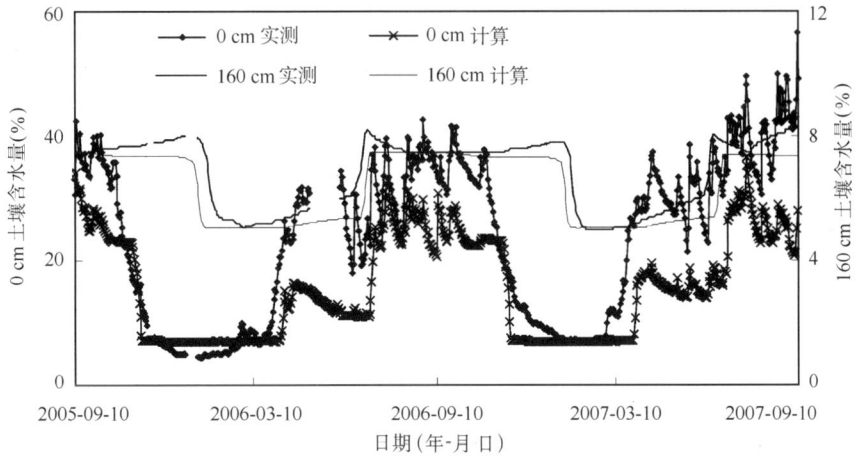

图 4.2.2 高山草甸带土壤日平均含水量计算与实测对比图(0 cm 和 160 cm 深度)

模型计算的土壤冻结时间和冻结深度与实测值也基本吻合(图 4.2.3)。总的来说,开始冻结状态模拟较好;在消融时,计算消融时间略晚于实测消融时间,并且模型计算的冻结深度略大于实测值。其中,2005—2006 年度计算最大冻深为 280 cm,高于实测值 12 cm;2006—2007 年度计算最大冻深为 279 cm,高于实测值 19 cm,这个结果也反映在 2005—2006 年度地温模拟结果要好于 2006—2007 年度的,且总体浅层地温模拟好于深层。出现这种误差的原因可能在于试验只有浅层土壤的实测水热参数,而深层土壤的水热参数为经验值。已有研究表明,CoupModel 模型设计的土壤完全冻结临界温度阈值 T_f 偏高,会造成冻结过程中地温模拟值偏低(陈仁升等,2007),这也可能影响深层地温的模拟精度。模型输入的植被参数是 2005 年实测数据,2007 年地表实际植被生长状态也与 2005 年不同,也是出现模拟误差的一个原因。

胡和平等(2006)通过考虑冻土的陆面过程模型,模拟了青藏高原安多观测点 1998 年 5、7 月各 3 d 的近地表地温、土壤含水量及近地表能量通量,Li 和 Sun(2008)利用自主发展的土壤水热耦合模型,对青藏高原北部 D66 站 1999 年 10 月土壤冻融过程中不同深度的土壤温度和液态含水量进行了模拟,计算结果都较符合实测值,但两者都只涉及了 0~20 cm 土壤层,缺乏深层土壤温度和含水量的结果,也没有考虑冻土层的冻结时间和冻结深度的变化,并且模拟时间都为短期模拟,缺乏整个冻融周期的对比验证。本章通过两个完整水文年的计算实测对比分析,发现代表土壤水热基本状况的地温和含水量、作为冻土指数的冻结时间和冻结深度等各种计算值都较符合实测值,说明 CoupModel 模型所计算的水热传输过程是基本可信的。

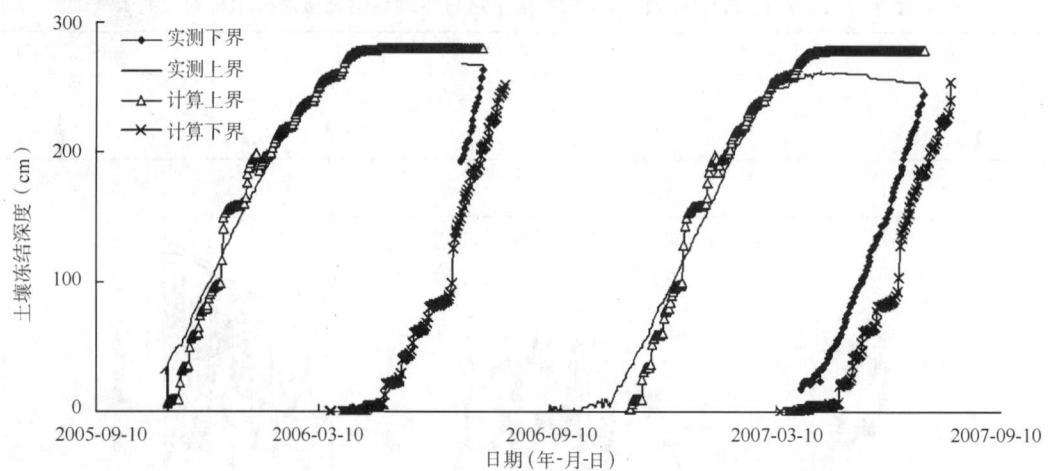

图 4.2.3　高山草甸带冻结时间及冻结深度计算与实测对比图

4.2.3　水热传输

根据 2005 年 9 月 10 日—2007 年 9 月 10 日的模型结果,分析高山草甸试验点季节性冻土对土壤层一维水热传输和耦合过程的影响机制。鉴于地表或深层土壤水热状况波动过大或过小,不易在图上显示,以 50 cm 深度处水热通量变化为例来分析冻融过程中的水热传输过程(图 4.2.4)。

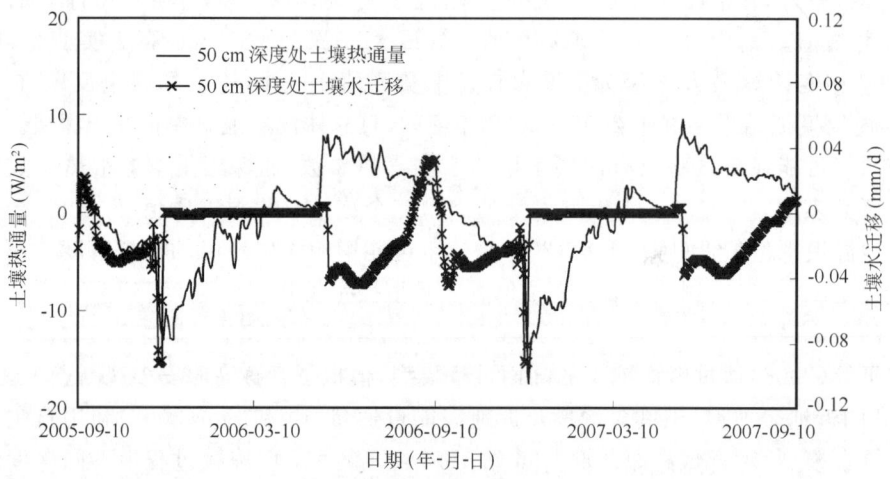

图 4.2.4　高山草甸带土壤热通量及水分迁移(50 cm 深度)

非冻结期,土壤水运动主要受土壤水势及土壤水力传导系数影响,50 cm 处的土壤水大都由下往上运动(图 4.2.4);但在雨季,由于降水增加,50 cm 处土壤接受上层土壤的下渗水量相应也较多,土壤水向下运动。50 cm 处土壤开始冻结之前,也就是冻土深度逐渐加深过程中,土壤水自下而上运动,并且逐渐减少。当 50 cm 处土壤开始冻结时,土壤水迁移曲线出现一个明显下降并迅速回升的曲线,说明这个时间土壤水由下层往上输送。温度继续下降,但土壤未完全冻结,固态含水量未到达饱和,而上层土壤已经完全冻结不能提供液态水分向下输送,此时下层土壤水分向上运动,继续冻结达到完全冻结后,土壤液态水运动基本停止,土壤水通量接近零。在 50 cm 深度处土壤开始融解时,由图 4.2.4 可以看出,土壤消融对土壤水运动并没有太大影响,土壤水运动迅速改变并与非冻结土壤一致。

地热通量主要与地温有关,当上层地温高于下层时,地热通量自上向下;当下层地温高于上层时,地热通量自下而上。图 4.2.4 表明,当土壤开始冻结的时候,地热通量有一个急剧下降的曲线,正好对应下层土壤水向上运动的时间,说明这个时期地热通量的急剧增加主要是下层土壤水向上运动带来的热量变化及液态水的冻结释热;开始消融前的一个时段出现相对稳定的比较小的地热通量。这是因为冻结期土壤热传导为自下而上运动,在开始消融前,上层土壤温度逐渐回升,产生一个向下的地热,刚好抵消自下向上的热量,于是在界面处形成了一个相对稳定的接近零的地热通量;在土壤消融时,自上而下的地热通量急剧变化,这是因为上层土壤融化后温度上升及下层土壤融化吸热,而此阶段对应的土壤水通量迅速回到非冻结状态,受到土壤水势及土壤水力系数的影响。模型输出其他各层的结果显示,土壤水热传输过程相近,仅是在出现同一现象的时间上有先后。

通过以上分析可知:冻土开始冻结时,会从下一层吸水以达到土壤完全冻结,并且吸水的同时也会带来下一层的热量,加上液态水冻结释热,致使向上的地热通量急剧增加;完全冻结之后,土壤水几乎不运动,处于零通量的状态,地热通量只与上下层的温度有关;开始融解时,上层土壤融解以后温度升高及下层土壤融化吸热,产生了向下的地热通量,此时土壤水的运动在每一处表现出不一样的运动状态,各层土壤水分运动跟上下层的土壤性质和含水量有关。

国内外众多学者在不同时期通过各种室内实验探讨了冻土中的水分迁移过程,得到了在冻结和融化过程中,水分向相变界面附近迁移的结论(何平等,2000;2001)。本节通过 CoupModel 模型及野外观测数据,也得出了在冻结阶段水分向冻结锋面集结的结论,但是在融解阶段却没有出现前人观测到的正融土中的水分迁移现象,原因可能在于:①模拟时间尺度较粗;②土壤分层与室内试验相比较厚;③野外条件复杂(消融期间气象变化剧烈、冻土消融过程中的再冻结、冻土分层等(Ma 等,1999)),无法人为控制。

另外,分析距离地表不同深度的土壤水迁移和土壤热通量,还可以看出水热传输随深度的变化规律:越接近地表,土壤水运动越频繁,越深层的土壤水运动越缓慢,并且在非冻结时间处于接近零通量的状态,只有很少的水分运动;在冻结时间上,随着深度的增加,土壤层从开始冻结到向下吸水至完全冻结的时间越来越长,说明随着深度的增加,土壤达到完全冻结需要更多的时间,这跟深层土壤含水量逐渐减少,地温传输速度较慢及土壤颗粒变粗有关。

4.2.4 能水平衡

4.2.4.1 水量平衡

以 2005 年 10 月—2006 年 9 月模拟结果为例。期间降水量为 374.8 mm,蒸散发为 230.7 mm,其中,截流蒸发、植被蒸腾和土壤蒸发分别占 13.0%、18.6% 和 68.4%。2006 年的 7—9 月是降水相对较多的月份,降水量为 318.5 mm,对应的蒸散发为 133.7 mm,其中,截流蒸发、植被蒸腾和土壤蒸发分别占 17.5%、22.1% 和 60.4%;对应于植被生长期的 5—9 月降水为 348.8 mm,蒸散发为 193.3 mm,其中,截流蒸发、植被蒸腾和土壤蒸发分别占 15.3%、19.8% 和 64.9%(表 4.2.2)。

由表 4.2.2 可知,2005 年 10 月—2006 年 9 月 0~300 cm 深度土壤储水量减少 28.0 mm,下渗到 300 cm 深度以下土壤层储水量为 0 mm,地表产流量为 172.1 mm。鉴于试验点地表水平,即使存在超渗产流过程,所产径流也无法汇流,均消耗于蒸散发。如果按此计算,实际总蒸散为 402.8 mm,这与实测蒸散发较为接近(约 410 mm)。高山草甸拦蓄并缓慢入渗的这部分水量,使浅层土壤保持着较高的含水量(图 4.4.2),从而形成了研究区湿润的下垫面状况。也就是说,平坦地区高山草甸的生态功能更多于其水文功能,高山草甸具有明显的水源涵养作用。

表 4.2.2 试验点水量平衡(2005 年 10 月—2006 年 9 月) (单位:mm)

日期(年.月)	降水量	蒸散发				土壤储水变化	3.0 m 下渗	洼地产流
		蒸散	截流蒸发	植被蒸腾	土壤蒸发			
2005.10	19.1	12.2	0.2	3.6	8.4	−0.1	0.0	7.0
2005.11	0.0	1.2	0.0	0.0	1.2	−1.2	0.0	0.0
2005.12	0.0	−2.1	0.0	0.0	−2.1	2.1	0.0	0.0
2006.1	0.0	−3.4	0.0	0.0	−3.4	3.4	0.0	0.0
2006.2	0.1	2.2	0.0	0.0	2.2	−2.1	0.0	0.0
2006.3	1.0	9.6	0.0	0.2	9.4	−8.6	0.0	0.0
2006.4	5.8	17.8	0.2	0.8	16.8	−12.0	0.0	0.0
2006.5	4.7	22.2	1.4	1.1	19.7	−17.5	0.0	0.0
2006.6	25.6	37.3	4.8	7.6	24.9	−13.8	0.0	2.1
2006.7	112.5	48.6	10.1	11.2	27.3	5.7	0.0	58.2
2006.8	143.8	56.0	10.9	13.5	31.6	10.1	0.0	77.7
2006.9	62.2	29.0	2.3	4.8	21.9	6.0	0.0	27.2
2006.7—2006.9	318.5	133.6	23.3	29.5	80.8	21.8	0.0	163.1
2006.5—2006.9	348.8	193.1	29.5	38.2	125.4	−9.5	0.0	165.2
2005.10—2006.9	374.8	230.7	29.9	42.8	157.9	−28.0	0.0	172.1

4.2.4.2 能量平衡

2005 年 10 月—2006 年 9 月,模型计算的试验点土壤表面和高山草甸叶片表面的能量要素组成见表 4.2.3 和表 4.2.4。月平均结果表明,在植被生长期的春、夏季,叶片表面的净辐射、潜热和感热都相对比较高(表 4.2.3),这和春、夏季的太阳辐射和植被生长有关。在土壤表面,当进入春、夏季时,太阳辐射开始变大,净辐射、潜热和感热也变大;但是进入植被生长期后,由于叶片的遮荫,导致土壤表面的能量有下降的趋势(表 4.2.4)。地热通量在春、夏季为正值,表示土壤从大气中吸收能量,但所占比例很小;进入冬季,由于气温降低,大气从土壤中吸收能量,此时地热通量呈负值。从波文比可以看出,在冬季,大部分能量活动是感热交换。到了春、夏季,潜热逐渐增加,所占能量比重也越来越多。在植被生长期,土壤表面的波文比明显小于叶片表面的波文比,在 7、8 月处于 1 以下,说明在这个时段,土壤表面比叶片表面湿润。

表 4.2.3　高山草甸叶片表面月平均能量平衡要素构成(2005 年 10 月—2006 年 9 月)

日期(年.月)	月均净辐射(W/m²)	月均潜热(W/m²)	月均感热(W/m²)	冠层波文比
2005.10	1.8	0.7	1.1	1.6
2005.11	0.2	0.0	0.2	
2005.12	0.2	0.0	0.2	
2006.1	0.3	0.0	0.3	
2006.2	1.3	0.1	1.2	10.4
2006.3	3.1	0.1	3.0	26.9
2006.4	4.7	0.8	3.9	4.8
2006.5	26.7	5.2	21.5	4.1
2006.6	107.0	14.2	91.9	6.5
2006.7	122.4	20.9	101.5	4.9
2006.8	88.7	26.2	62.6	2.4
2006.9	3.6	1.1	2.5	2.3

表 4.2.4　土壤表面月平均能量要素构成(2005 年 10 月—2006 年 9 月)

日期(年.月)	月均净辐射(W/m²)	月均地热通量(W/m²)	月均潜热(W/m²)	月均感热(W/m²)	地表波文比
2005.10	35.7	-4.8	17.9	22.5	1.3
2005.11	5.7	-12.4	2.2	15.8	7.3
2005.12	-4.7	-13.3	0.4	8.6	20.1
2006.1	4.7	-5.1	0.4	9.4	24.5
2006.2	25.7	-2.3	0.7	27.3	38.9
2006.3	57.6	1.6	3.2	52.5	16.6
2006.4	87.9	6.8	5.1	76.0	15.0
2006.5	98.2	8.4	10.3	79.6	7.8
2006.6	50.1	7.4	13.0	29.9	2.3
2006.7	37.7	6.2	23.3	8.8	0.4
2006.8	43.9	4.2	31.1	9.9	0.3
2006.9	70.6	1.2	28.3	41.4	1.4

从叶片表面和土壤表面的能量分配来看,全年能量主要是用于土壤表面的能量活动,主要以土壤蒸发为主,植被蒸腾和截流蒸发很少,绝大部分时间感热大于潜热;植被生长期和雨季,植被表面能量活动加剧,植被蒸腾和截流蒸发增多,潜热也逐渐增加。由于叶片的遮荫,有的月份土壤表面的能量活动小于叶片表面的。总体来看,试验点净辐射主要消耗于感热(约 74%),潜热比例约为 26%。感热/潜热比例大于祁连山相对低矮的浅山区(排露沟流域感热/潜热比为 62.1/34.5),而干旱区感热与潜热的比例则往往小于 1。

4.2.5　小　　结

利用 CoupModel 模型模拟黑河源区高山草甸试验点季节性冻土水热传输过程是基本可行的,其输出结果基本可信。利用水热耦合的连续性方程及其分冻结状态的数值解法,基本能够阐明野外复杂条件下的土壤水热传输过程,但模型中多数公式均为经验性的,尚需根据室内试验结果和野外实测数据做进一步修正和补充。

季节性冻土区的冻土水热耦合过程为:在土壤层开始冻结期,土壤热传导自下而上,下层土壤液态水向冻结锋面集结,集结水的同时会带来下一层的热量,加上液态水冻结释热,致使集结期向上的地热通量急剧增加;在完全冻结期,土壤热传导自下而上,地热通量大小主要与上下层的土壤温度有关,融化前有一段相对稳定的零通量时期;土壤水在完全冻结期基本处于零通量状态;在融化期,土壤热传导自上而下,在融化锋面未出现液态水分集结现象,底部冻结层仅起隔水板作用,融化层土壤水热传输过程迅速改变并与非冻结土壤一致,上层土壤融解后温度升高及下层土壤融化吸热,导致融解期向下的地热通量急剧增加。

水平试验点绝大部分降水量消耗于蒸散发,密集高山草甸的径流拦蓄作用,也使土壤层保持较高的含水量,从而形成了湿润的下垫面状况。研究区净辐射主要消耗于感热,其感热/潜热比例明显大于祁连山浅山区和干旱区。

4.3 山区植被变化及其控制因素

在全球变暖的背景下,冰冻圈萎缩—寒区水循环变更—寒区生态退化—区域气候—干旱/半干旱区水资源息息相关,寒区生态在人类活动和气候变化的双重作用下,已经发生了明显的变化。应用 1998 年 4 月—2005 年 7 月期间 1 km×1 km 空间分辨率的 10 d 合成 NDVI 数据,分析了黑河源区野牛沟流域(扎马什克水文站控制流域,面积 4589 km^2)近年来的植被变化情况(图 4.3.1)。结果表明,近年来高山寒漠带地区的植被有明显的退化趋势,而多数高山草甸地区植被有不显著的长好趋势。这可能与全球变暖有关。据研究流域内唯一的气象站——野牛沟气象站(99°35′E,38°25′N,海拔高度 3320 m)观测资料,1959—2006 年期间年平均气温上升了 1.4℃,冻结深度也从 1998 年前的 3.0 m 以下变为 2.7 m 左右。地形对高山地区植被生长也有较大的影响,其中,海拔对植被生长影响最为明显,特别是生长季的早期和晚期(表 4.3.1)。

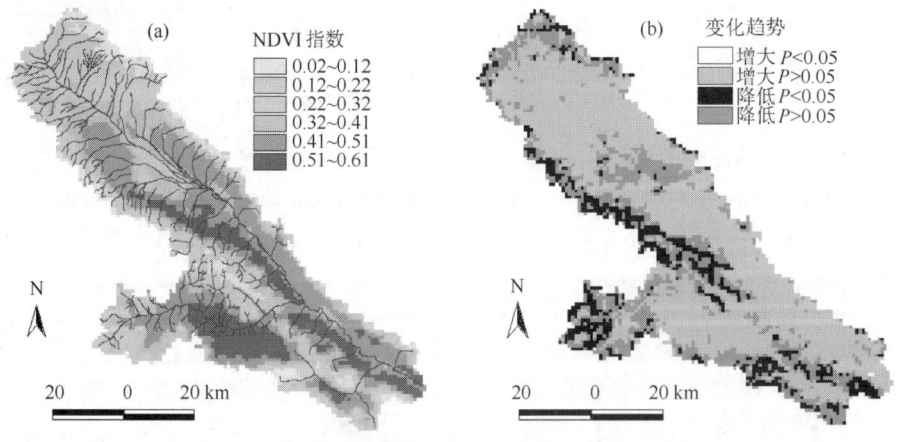

图 4.3.1 黑河源区 1999—2004 年生长季节(5—9 月)平均 NDVI 指数(a)及其变化趋势(b)

表 4.3.1 1 km 格网平均 NDVI 指数(1999—2004 年)与周围地形的线性关系

NDVI 指数	海拔		坡度		坡向		纬度		经度	
	关系	R^2	关系	R^2	关系	R^2	关系	R^2	关系	R^2
年	负*	0.45	负**	4×10^{-6}	正*	0.04	正*	0.13	正*	0.14
5月	负*	0.45	负**	0.003	正*	0.06	正*	0.09	正*	0.11
6—8月	负*	0.39	正**	0.0007	正*	0.06	正*	0.16	正*	0.15
9月	负*	0.48	正**	0.0001	正*	0.04	正*	0.15	正*	0.18

注:* 为 $P<0.01$,** 为 $P<0.05$,均通过 F 检验。

野牛沟气象站的观测数据统计结果表明,不管是在 10 d 尺度上(图 4.3.2),还是月尺度上(图 4.3.3),NDVI 指数主要与热量条件(气温、地温和冻结深度)具有较好的统计关系。

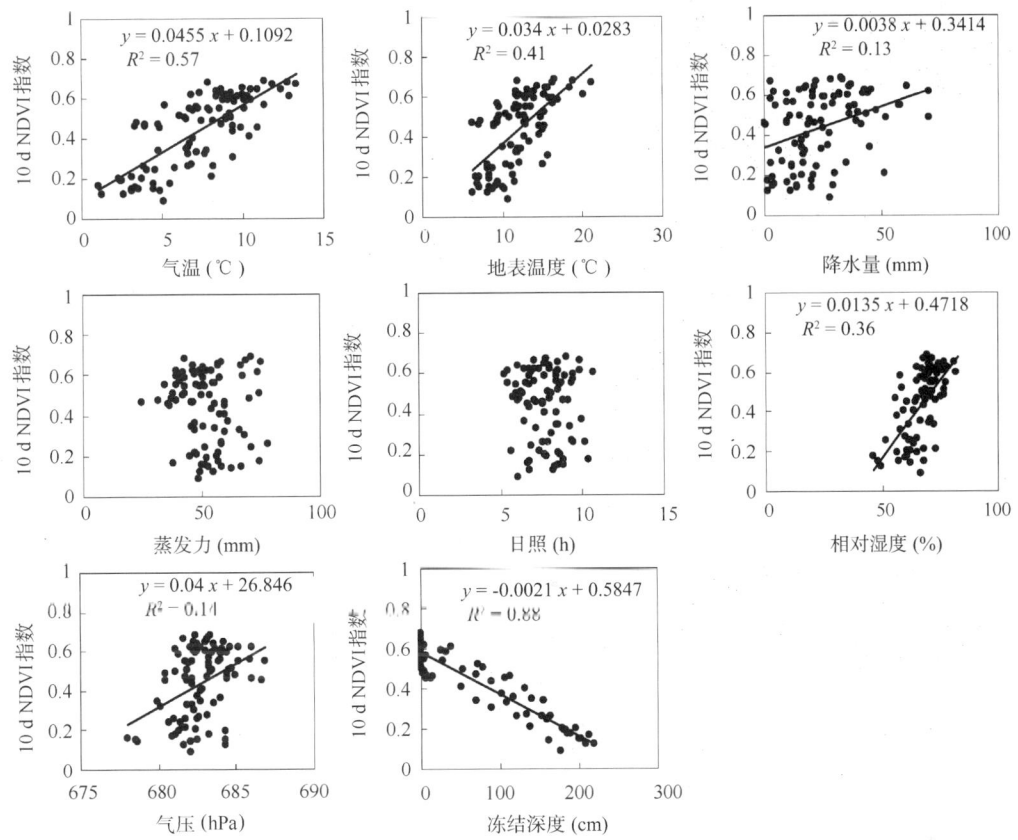

图 4.3.2　1999—2004 年生长季节(5—9 月)10 d NDVI 指数与周边气象因子(野牛沟气象站)的关系
(图中给出趋势线的则 $P<0.05$)

为探讨该区植被生长主要受限于热量条件还是水分条件,以 10 d 合成 NDVI 指数为例,分别进行统计(图 4.3.4,图 4.3.5)。由于统计期间气温和含水量观测数据有限,统计时段为 2004 年 10 月—2005 年 9 月。结果发现,NDVI 指数与 40 cm 深度以上土壤含水量具有一定的统计关系,但与 40 cm 深度以下土壤含水量基本不存在统计关系(图 4.3.5)。NDVI 指数与 80 cm 深度以上地温具有良好的统计关系,特别是与 20~40 cm 的地温关系最好(图 4.3.4)。综合图 4.3.4 和图 4.3.5,该区植被生长主要与根系层的水热条件有关,热量条件比水分条件更为重要,限制该区植被生长的主要因子是热量条件而不是水分供应。全球变暖已经引起该区冻土退化(陈仁升等,2007)、地温升高,由此影响土壤层之间的热传导过程及土壤—大气界面间的水热传输过程(阳勇等,2010),这将在一定程度上影响该区植被的生长。

野牛沟气象站周边 10 d 最大 NDVI 和月最大 NDVI 指数(生长季节)与气象因子具有较好的综合响应关系,实测与模拟序列的 R^2 分别为 0.90 和 0.96(式(4.3.1),式(4.3.2),图 4.3.6)。

$$NDVI_{10\,d} = 8.8 \times 10^{-3} T + 6.9 \times 10^{-3} T_s + 2.0 \times 10^{-4} P + 1.0 \times 10^{-4} E + 6.0 \times 10^{-4} RH$$
$$+ 3.0 \times 10^{-4} AP + 5.0 \times 10^{-3} S - 1.7 \times 10^{-3} F_d + 0.13 \qquad R^2 = 0.90 \quad (4.3.1)$$

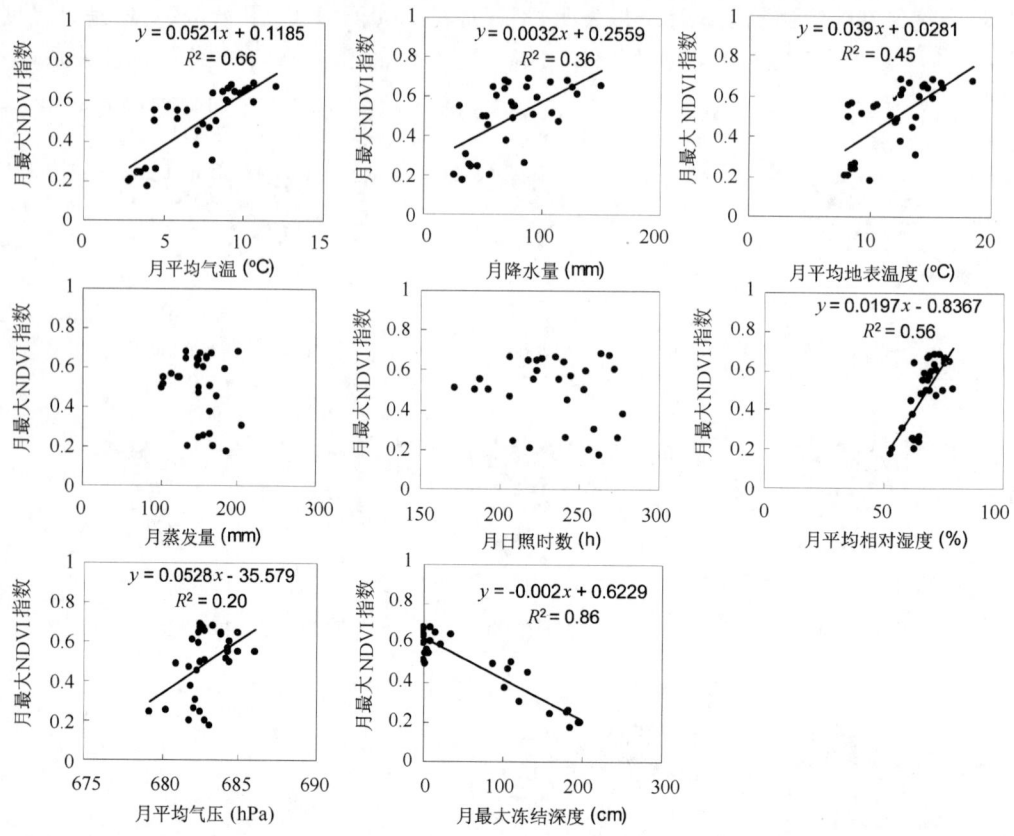

图 4.3.3 1999—2004 年生长季节(5—9 月)月最大 NDVI 指数与周边气象因子(野牛沟气象站)的关系(图中给出趋势线的则 $P<0.05$)

$$NDVI_{month} = 0.03T + 8.0 \times 10^{-4} T_s + 4.7 \times 10^{-7} P - 1.4 \times 10^{-3} E + 3.0 \times 10^{-4} RH$$
$$- 8.6 \times 10^{-3} AP + 3.0 \times 10^{-4} S - 1.2 \times 10^{-3} F_d + 6.30 \qquad R^2 = 0.96 \quad (4.3.2)$$

式中:$NDVI_{10\,d}$ 和 $NDVI_{month}$ 分别为 10 d 和月最大 NDVI 指数。T 为平均气温(℃),T_s 为平均地表温度(℃),P 为降水量(mm),E 为蒸发量(ϕ20,mm),RH 为相对湿度(%),AP 为气压(hPa),S 为日照时数(h),F_d 为冻结深度(cm)。

4.4 高山草甸生态—水文功能

高山草甸/草原是祁连山区分布最广的高寒生态系统。以黑河干流祁连山区(莺落峡水文站控制,流域面积 10009 km²)为例,草甸/草原面积约占总面积的 72.4%。

研究区地处黑河源区野牛沟气象站(99°35′E,38°25′N,海拔高度 3320 m)附近,为典型的开阔河谷高山草甸区,植被类型主要有嵩草、苔草、针茅等,植被盖度 80% 以上。由于过度放牧,植被高度一般低于 15 cm。尽管本区多年平均降水量仅为 403.4 mm(1959—2006 年),最大年降水量 602.3 mm(1998 年),但最大日降水量可达 45.6 mm(1961 年 7 月 20 日)。据 1960—1998 年日降水量资料,一年中日降水量超过 10 mm 的日数平均为 9.3 d,最多为 15 d(1989 年)。但在高山草甸山坡上,很少出现地表径流。

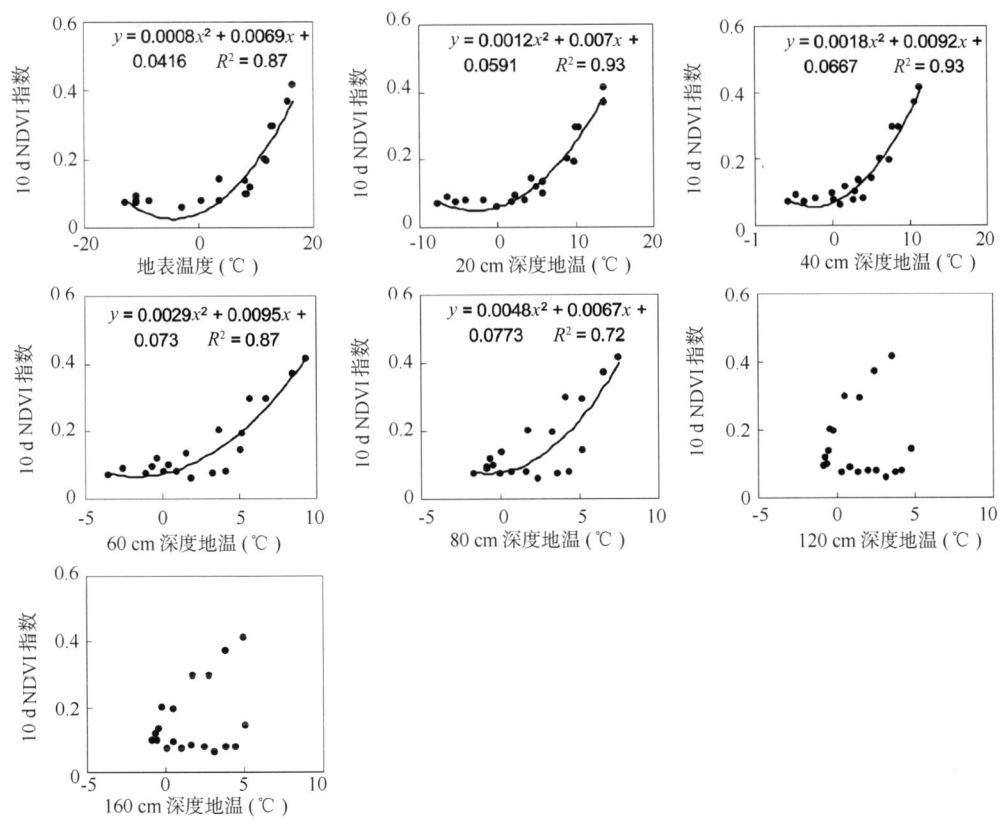

图 4.3.4　10 d 合成 NDVI 指数与野牛沟气象站地温的关系(图中给出趋势线的则 $P<0.01$)

野牛沟高山草甸区表层土壤主要为根系密布的壤土类土,厚度波动于 50～300cm,据 2005 年 8 月野外测量结果(土壤入渗仪 WPT-4,GCL),表层土壤饱和导水率一般为 4～7cm/h。在没有草皮覆盖的地方,如路边坑道、农家院子和高原鼠兔洞穴等地,次降雨量在 10 mm 左右的降水就会产生积水或水流;次降雨量 2～5 mm 则有明显水痕。但据野外调查和野牛沟气象站观测结果,在植被覆盖很好的高山草甸山坡上,一般不会有地表径流出现,除非日降雨量或连续几天的降雨达到一定阈值,或发生强对流降水过程,高山草甸山坡上才会有流速很慢的地表径流过程,但一般不会有冲沟出现。在原先是草皮覆盖、后来发生坍塌的陡峭山坡上,却存在明显的冲沟。

2005 年 9 月—2006 年 9 月期间,3 个山坡径流场(面积分别为 83.4 m²、187.6 m² 和 160.1 m²)均没有收集到地表和壤中流,而同期降水量为 432.3 mm(部分数据缺测),最大日降水量为 35.6 mm。据气象观测场内 6 个蒸渗仪观测结果(2005 年 8 月布设,野牛沟气象观测场旁边,共有两种型号:Ⅰ型(内径 31.5 cm,深度 40 cm)3 个和Ⅱ型(口径 27 cm,深度 27 cm)3 个,同期实际蒸散发量约为 410.1 mm。也就是说,仅有 22.2 mm 的降水入渗到 30～40 cm 深度以下。三个山坡径流场坡度分别为 16.7°、16.0°和 17.3°,如果不考虑土壤厚度和海拔高度的影响,那么至少坡度在 17.3°以下的高山草甸季节性冻土区一般无地表和壤中流产生。据 1∶50 000 地形图及其生成的 30 m×30 m 数字地形模型(Digital Terrain Model, DTM),黑河源区流域(扎马什克水文站控制,流域面积 4589 km²)平均坡度为 14.8°,而坡度

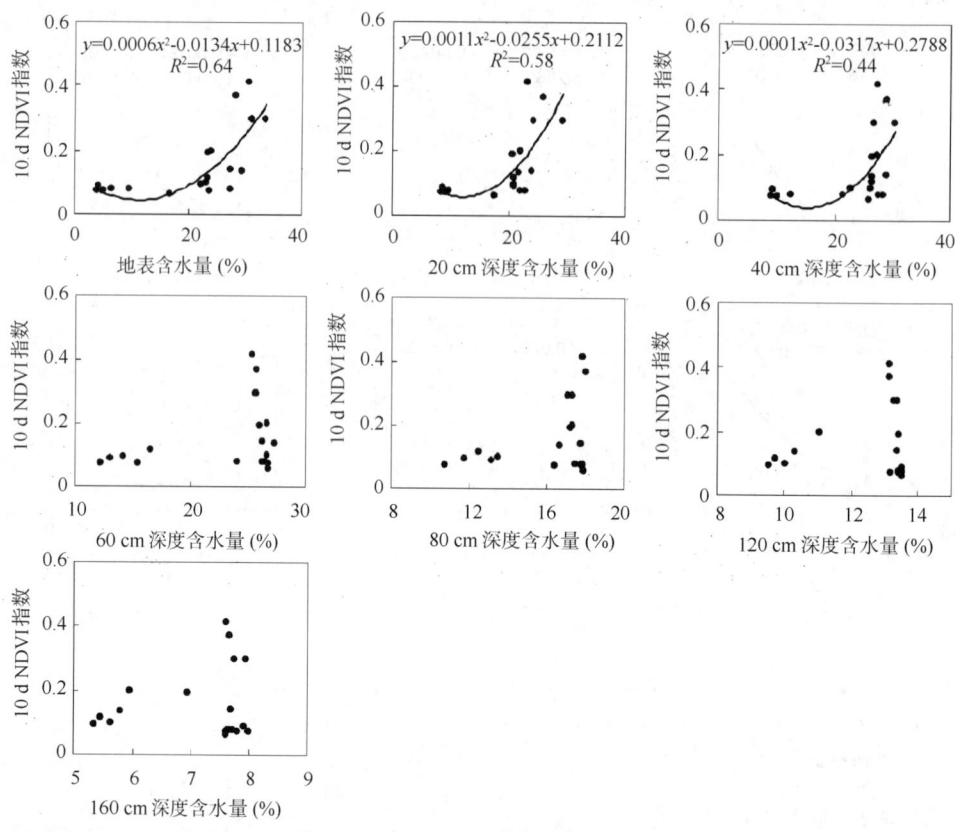

图 4.3.5 10 d 合成 NDVI 指数与野牛沟气象站土壤含水量的关系（图中给出趋势线的则 $P<0.01$）

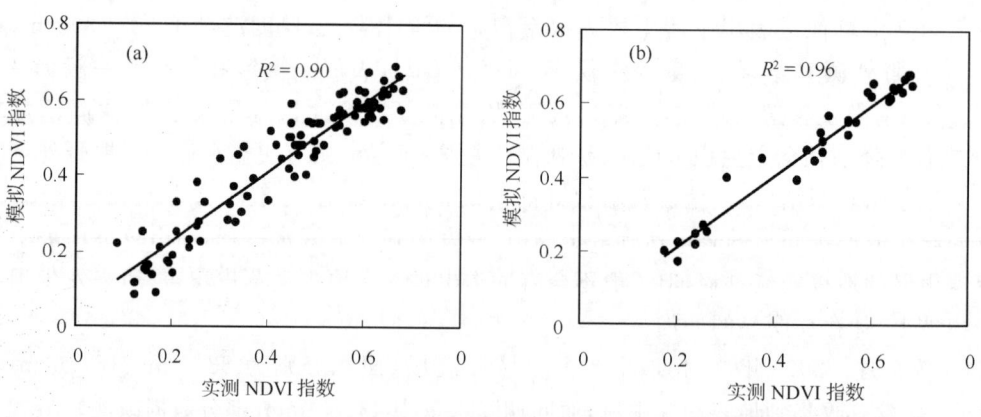

图 4.3.6 实测与模拟 NDVI 指数 (a)10 d;(b)月

小于 17.3°的面积则达 2808.2 km², 占流域总面积的 61.2%（图 4.4.1a）。其中高山草甸面积 2210.2 km², 其平均坡度为 11.8°, 坡度小于 17.3°的面积则占 75.1%（图 4.4.1b）, 这说明所布设的 3 个山坡径流场坡度较陡。若这些具有较大坡度的径流场观测不到流量, 则流域内约 75% 的高山草甸区对流域产流量贡献应该较小。当然, 还需要考虑海拔高度、土壤厚度和冻土类型的影响。

上述结果表明, 高山草甸对到达地表的降雨径流存在明显的拦蓄作用。高山草甸植被

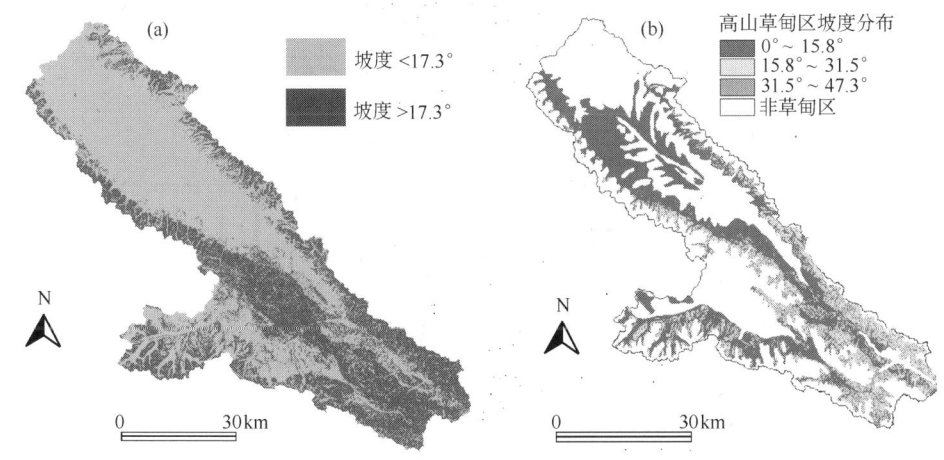

图 4.4.1 黑河野牛沟流域坡度分类(a)及高山草甸分布图(b)

可缓冲到达地表的降雨能量,通过密集的植被覆盖和多层次结构,阻碍了地表径流的产生,使降雨缓慢入渗到下部土壤中去。这就可以解释,本区较大一些的小流域很少产生地表径流,以及多年冻土和季节冻土发育的黑河干流山区流域产流系数较低的现象。

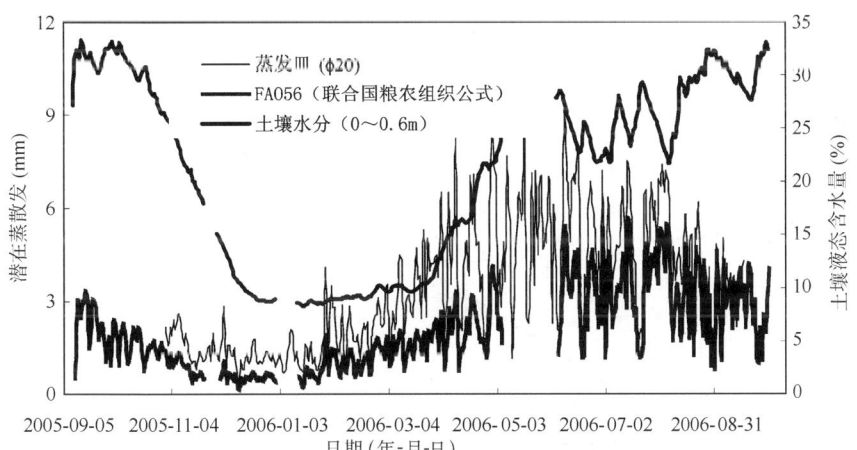

图 4.4.2 观测场潜在蒸散发量及浅层土壤液态含水量

由于本区气温较低,蒸发相对较弱(观测期间潜在和实测蒸散发约为 697 mm 和 410 mm,如图 4.4.2 所示),高山草甸拦蓄并缓慢入渗到下部土壤中去的这部分降水,使本区浅层土壤保持着较高的含水量(图 4.4.2),从而更好地维持着植被的生长,也就形成了黑河山区流域湿润的下垫面状况及本区特殊的小气候环境(陈仁升等,2007)。

上述蒸散发数据是委托野牛沟气象站观测,数据质量无法保证,特别是 2006 年 9 月—2007 年 6 月期间的数据。连续观测两个年度后,到 2007 年蒸渗仪内的植被生长与周边植被基本无差别。为进一步了解高山草甸的蒸散发状况,2007 年夏季研究人员连续观测两个多月(图 4.4.3,降水事件造成无效观测,有效观测为 60 d),观测期间蒸散发量分别为 188.3 mm(Ⅰ型)和 172 mm(Ⅱ型),平均日蒸散发量约为 3 mm,是高山寒漠细颗粒物质的 2 倍;与蒸发皿结果的比例约为 0.66(图 4.4.4),R^2 达 0.85,这说明观测期间,水分供应相对充足。

观测期间(2007 年 7 月 1 日—9 月 10 日),总降水量 299.3 mm(蒸散发有效观测时段降

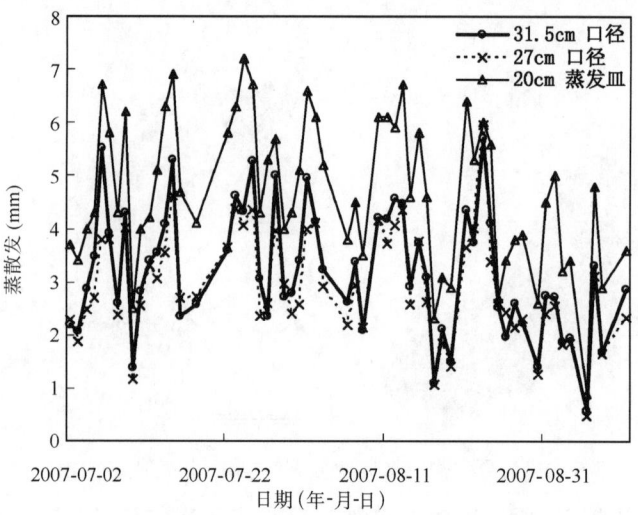

图 4.4.3 高山草甸带 2007 年夏季蒸散发

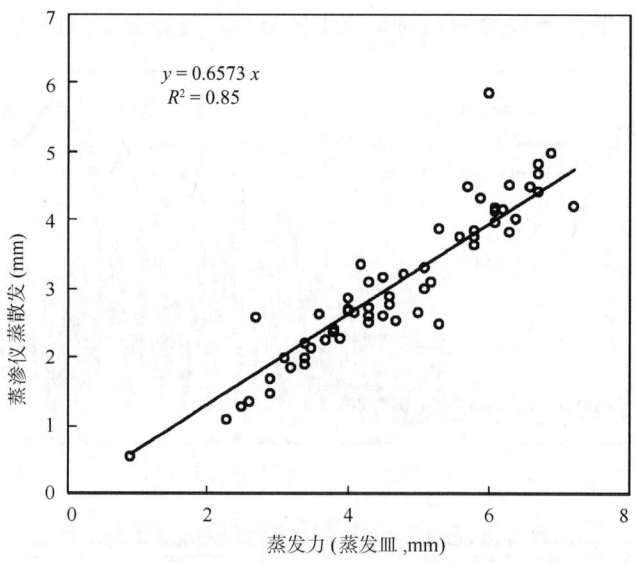

图 4.4.4 高山草甸蒸散发(I 型,3 个平均)与蒸发皿水面蒸发的关系

水量为 139.3 mm),蒸发皿实测蒸发量为 324.7 mm(蒸散发有效观测时段蒸发力 276.7 mm)。蒸散发缺测的原因均是由于强降水过程导致,因此,可假定缺测期间基本无蒸散发。按此推算,观测期间蒸散发大约占总降水量的 60% 左右。这个比例比上述 2005 年 9 月—2006 年 8 月期间的统计结果偏低(94.5%),主要原因是观测时段为全年降水量的高峰期,而在其他时段降水量较少而蒸散发较多。另外一个原因是 2005—2006 年观测期,部分降水数据缺失。相关蒸散发研究还需要进一步深入。应用美国土木工程协会推荐的改进 ASCE-PM 方法,可以较好地模拟日尺度高山草甸的蒸散发量($R^2=0.5$),而 Priestley-Taylor 方法模拟效果则较差($R^2=0.4$,图 4.4.5)。

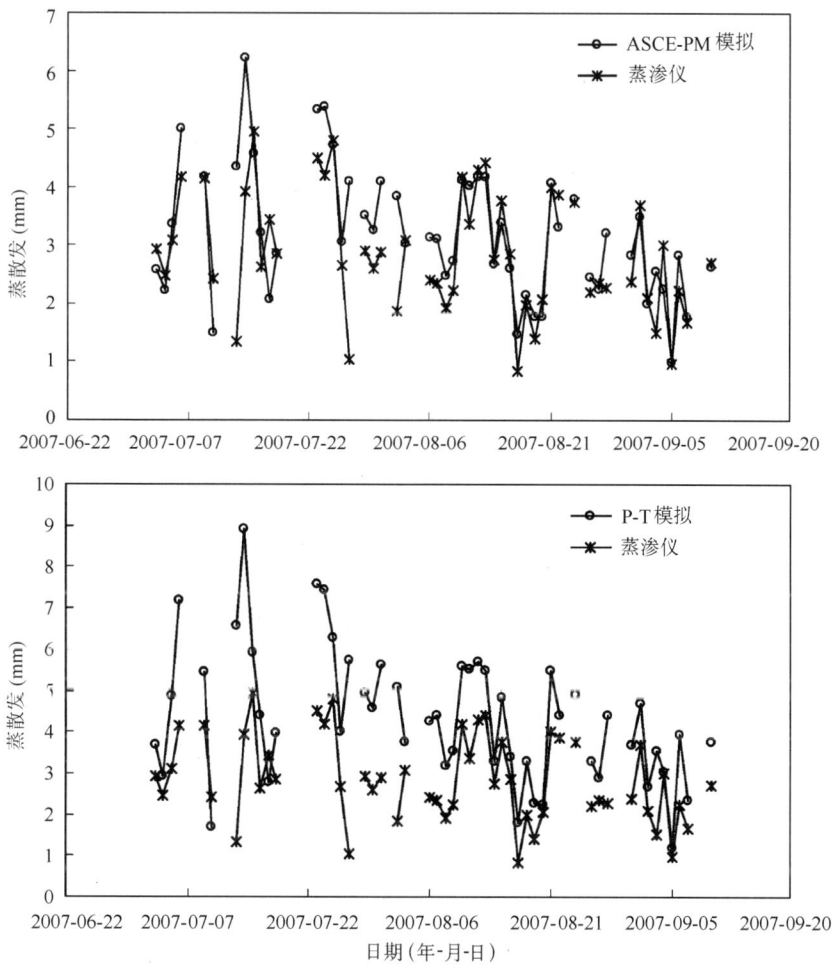

图 4.4.5　2007 年夏季高山草甸蒸散发观测与模拟对比

4.5　森林草原能水平衡及水源涵养

甘肃水源涵养林研究院早在 1973 年就开始定位观测祁连山森林水文过程(傅辉恩和车克钧,1987),35 a 来就林区小气候、降水时空分布、降水截留、苔藓和枯枝落叶层水文效应、土壤水文及生态效应、河川径流调节、碳循环、水热平衡及景观格局等进行了长期观测与分析。但相对而言,这些工作主要着眼于传统森林水文学的静态分析,缺乏动态和过程的研究,特别是没有考虑冻土的作用机埋。因此,尽管有很好的研究积累,一直没有完成系统的定量化过程。中国科学院寒区旱区环境与工程研究所自 1998 年开始与水源涵养林研究院合作,开展了以能水循环为核心的过程研究。

针对青海云杉林区蒸散发观测数据的匮乏,宋克超等(2004)利用两种小型蒸渗仪对比分析了不同坡向林旁草地的蒸散发量,并评价了 PM、ASCE-PM 和 PT 等 3 种经典的潜在蒸散发计算方法在本区的适用性,推荐利用 PM 方法计算该区草地蒸散发量,同时指出本区热量主要消耗于蒸散发。陈仁升(2005)、金博文(2007)等利用树汁液流观测数据估算了单株青海云杉的蒸腾量,解决了青海云杉林长期蒸腾无法估算的问题。康尔泗等(2004)、宋克超(2005)根据蒸散发和入渗观测试验数据,对考虑详细冻土水热过程的 Shaw 模型进行改进,成功模拟了青海云杉和草地的水热传输动态过程。金博文(2007)则根据大量观测数据,系统总结了青海云杉林的气候、生态和水文效应,并将研究成果由试验点/单株尺度推广到斑块和小流域尺度,推算了小流域尺度不同海拔带的水量和能量平衡,初步系统定量了青海云杉林区森林和草原的水源涵养功能,是对过去研究工作的一次系统总结。

4.5.1 山地青海云杉林的气候、水文和生态功能(金博文,2007)

2003—2006 年山地青海云杉林内外对比观测结果表明,林内年平均气温比林外低 0.2℃(图 4.5.1a);年均林内日较差要比林外低 0.5℃,其中森林暖季增加日较差,冷季则相反(图 4.5.1b);年均相对湿度林内高约 9%(图 4.5.1c);林内降水比林外略高约 1.8%(图 4.5.1d);对浅层土壤冬季保温、夏季降温作用(图 4.5.1e);同时减少林内土壤蒸发和日照(图 4.5.1f)。

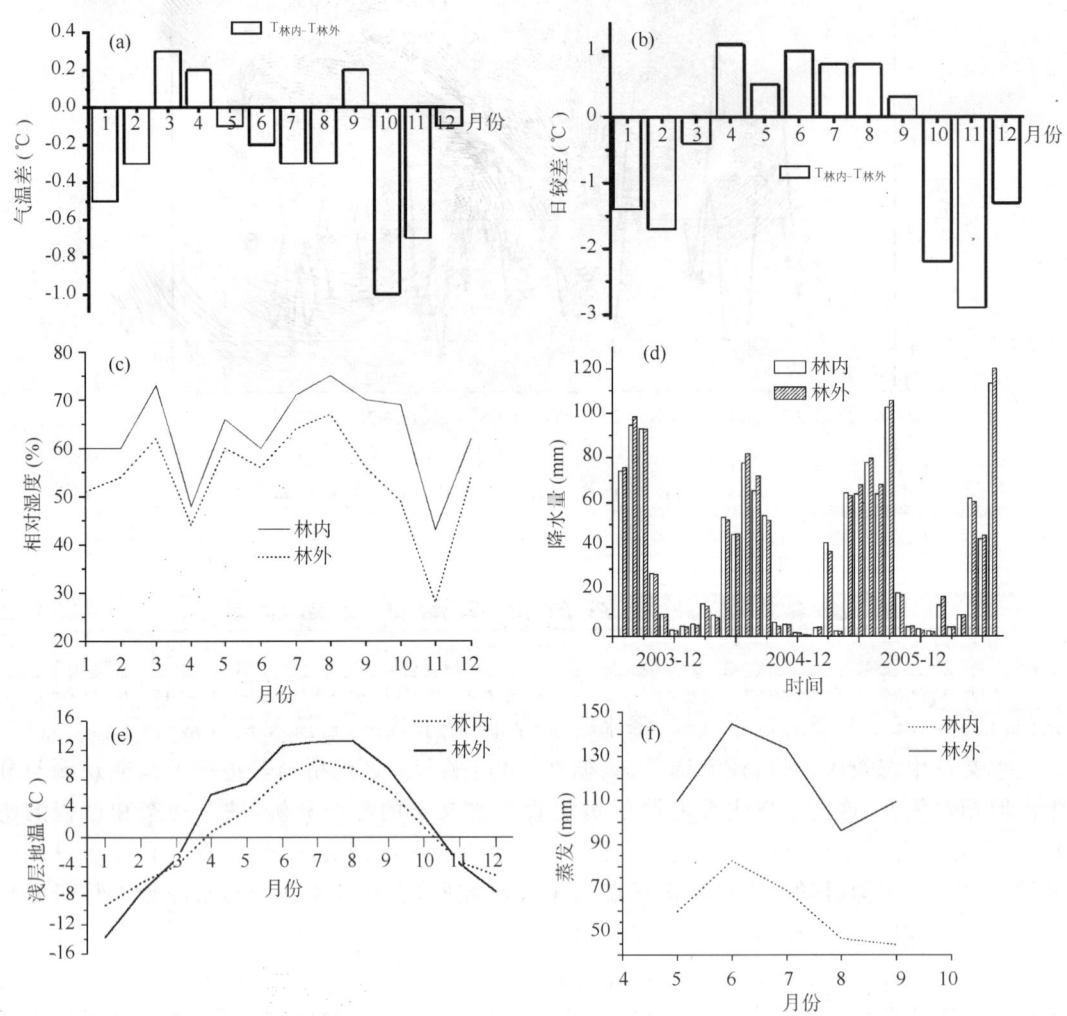

图 4.5.1 青海云杉林内外气象要素对比

青海云杉林区年降水海拔梯度约6%～7%(图4.5.2);林区径流年际变化小,但主要集中于5—10月份;苔藓覆盖的林地土壤蒸发要比枯落物覆盖的林地土壤蒸发小30%左右,支撑了藓类青海云杉林在祁连山所有林型中涵养水源效果最好的结论(图4.5.3);青海云杉蒸腾量约是樟子松的1/25,是二白杨的1/3(图4.5.4),仅占同期降水量的14%。

水平林地和草地对比观测结果表明,青海云杉林对径流的贡献量略大于草地(表4.5.1)。在植被盖度较好的地区,径流贡献的多寡与地形坡度关系最为密切。

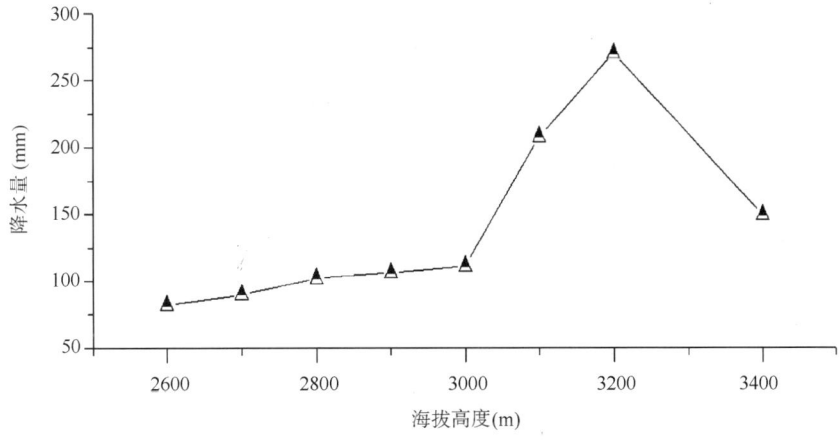

图 4.5.2 祁连山排露沟小流域降水海拔梯度

表 4.5.1 青海云杉和牧草地降水再分配(水平场地)

植被类型	降水(mm)	冠层截留流量(mm)	比例(%)	植被蒸腾量(mm)	比例(%)	土壤蒸发量(mm)	比例(%)	径流潜力量(mm)	比例(%)
青海云杉林	446.1	138.7	31.1	62.6	14.0	158.4	35.5	86.4	19.4
牧草地		蒸散发量(mm)			比例(%)			50.5	11.3
		395.6			88.7				

试验小流域水量平衡计算结果表明,流域降水有81.4%用于蒸散;1.4%储存于土壤中;17.2%汇集成河川径流,而这一概算结果比实测的河川径流量大10.9 mm,相对误差为11.6%。对径流量贡献最大的是位于海拔2930～3240 m的青海云杉林带,径流贡献占43.7%;其次是海拔3350 m以上的高山灌丛和裸岩带,占20.7%;再者是海拔3240～3395 m的亚高山灌丛带,占9.7%。而占流域面积1/3还多的牧草地对流域径流的贡献率只有11.9%(表4.5.2)。

上述结果仅仅来源于排露沟2005年共1 a的观测资料,且缺乏高海拔地区的降水数据,流域面降水量是根据有限观测数据推算的。另外排露沟小流域面积较小(2.84 km²),任何一个观测项目误差较大,就会造成流域尺度水量平衡估算有误。此外,流域海拔范围为2640～3798 m,高山寒漠带面积很少(表4.5.2),因此其对径流的贡献比例比整个黑河山区的结果小。青海云杉林径流比例较大的原因,主要是该区坡度相对较陡,枯枝落叶层渗透性较强,排露沟主河道深切,青海云杉林地下潜流能够迅速汇流到主河道。从山区产汇流过程和流域水量平衡角度讲,排露沟小流域并不是一个很理想的试验流域。

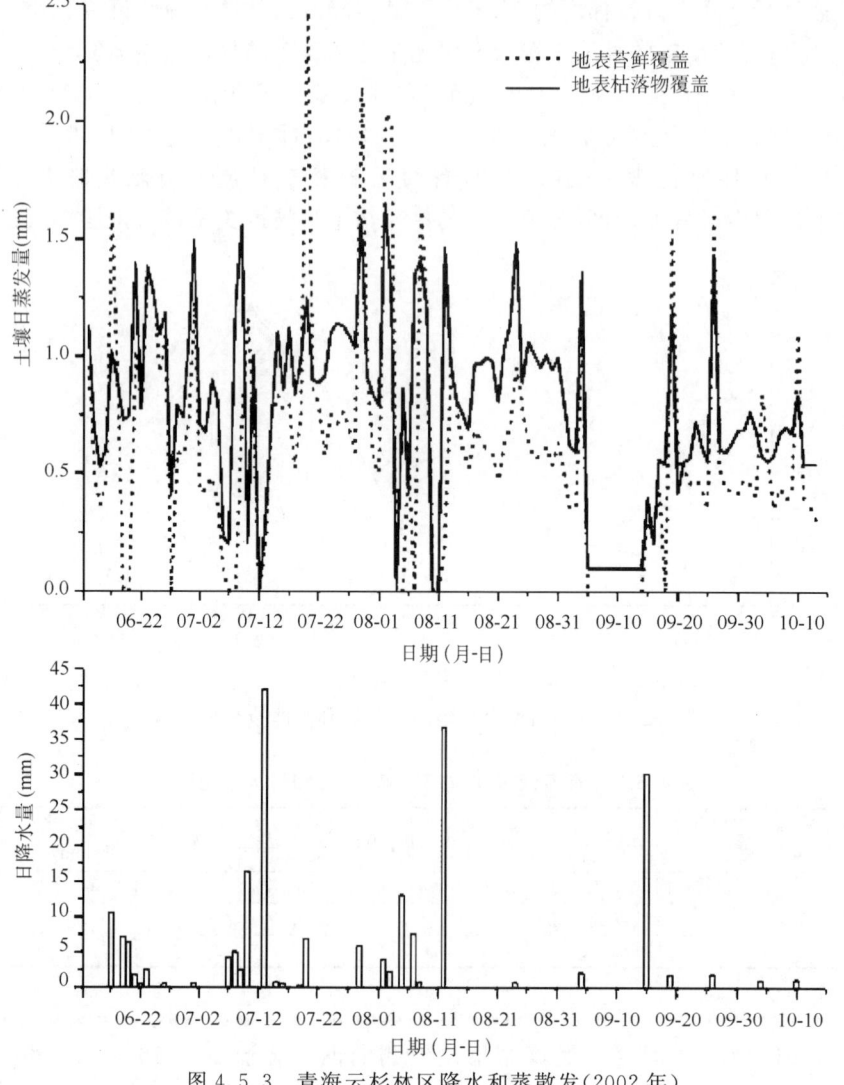

图 4.5.3 青海云杉林区降水和蒸散发(2002 年)

表 4.5.2 祁连山排露沟试验小流域水量平衡(2005 年)

坡向	海拔高度 (m)	植被	面积 (km²)	样带降水量 (mm)	流域降水量 (mm)	样带蒸散发量 (mm)	流域蒸散 (mm)	样带土壤储水量变化 (mm)	流域土壤储水量变化 (mm)	样带径流 (mm)	流域径流 (mm)
阴坡	2620～2775	青海云杉	0.083	446.1	13.0	359.6	10.5	6.7	0.2	79.8	2.3
	2775～2930	青海云杉	0.214	449.9	33.8	362.6	27.2	6.7	0.5	80.6	6.1
	2930～3085	青海云杉	0.743	618.6	161.4	498.6	130.1	6.7	1.7	113.3	29.6
	3085～3240	青海云杉	0.191	1271.9	85.3	1025.2	68.8	6.7	0.4	240.1	16.1
	3240～3395	灌丛－青海云杉	0.146	1074.4	55.1	866.0	44.4	11.4	0.6	197.0	10.1
	3395～3550	灌丛－青海云杉	0.188	550.9	36.4	444.0	29.3	11.4	0.8	95.5	6.3
	3550～3860	亚高山灌丛	0.286	512.6	51.5	289.2	29.0	8.0	0.8	215.4	21.6
阳坡	2620～2775	草地	0.275	423.2	40.9	375.4	36.3	9.4	0.9	38.4	3.7
	2775～2930	草地	0.324	426.9	48.6	378.6	43.1	9.4	1.1	38.8	4.4
	2930～3085	草地	0.398	586.9	82.0	546.6	76.4	9.4	1.3	30.9	4.3
合计	2620～3860		2.848		607.9		495.0		8.3		104.5

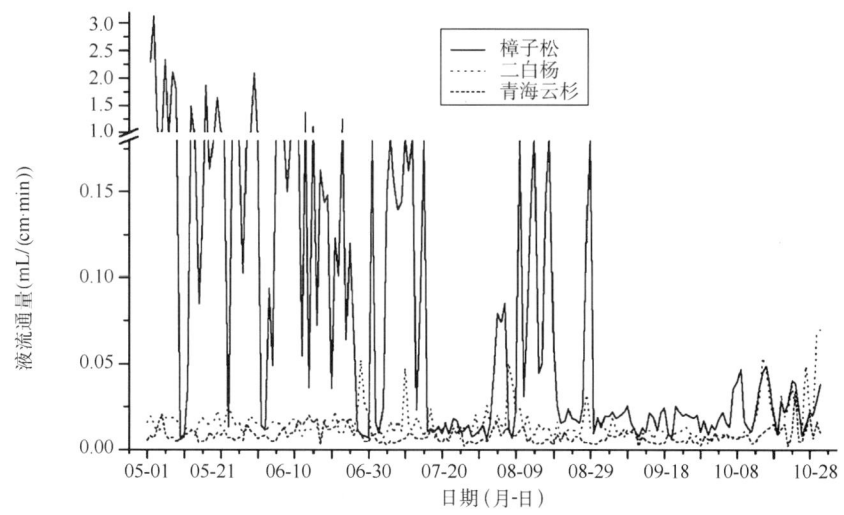

图 4.5.4　黑河典型树种蒸腾对比(2005 年)

青海云杉林冠对降水拦截导致林地矿质输入量为 61.0 kg/(hm²·a)，祁连山青海云杉林每年从大气中吸收 9.85 t/hm² 的 CO_2，其生态功能总价值约 5 亿元/a(表 4.5.3)。

表 4.5.3　祁连山青海云杉林生态功能及其价值估算

林型	面积(10^4 km²)	土壤层平均储水量(mm)	涵养水源总量(10^4 m³)	价值(10^4 元)
青海云杉林	10.79	108.0	11 653.2	4661.3
灌丛林	29.36	143.1	42 014.2	168 505.7
合计	40.15	133.7	53 667.4	21 466.9

养分	侵蚀量(10^4 m³)	泥沙比重(t/m³)	养分含量(%)	化肥折算系数	化肥单价(元/t)	价值(10^4 元)
全N			0.58	2.1	600	1338.6
全P	130.8	1.4	0.16	2.1	800	492.3
全K			2.34	5.8	300	7457.6
合计	130.8					9288.5

效能	系数	成本(元/t)	年生长量(10^4 m³)	干密度(t/m³)	效益(10^4 元/a)
固碳	1.63	273.3	43.1886	0.411	7907.48
制氧	1.2	369.7	43.1886	0.411	7874.83
合计			43.1886	0.411	15 782.31

4.5.2　高山草原试验点水热平衡(宋克超,2005;金博文,2007)

2003—2004 年平坦草地观测试验与模拟结果表明，大约 62.1% 的净辐射消耗于感热，34.5% 的净辐射消耗于潜热，这个比例大于干旱区而小于高山草甸区。由于平坦草地土壤层的低渗透性，大约 93.2% 的降水消耗于蒸散发，其他则调节了土壤含水量，对径流贡献很小(表4.5.4)。蒸散发/降水量也大于高山草甸地区。

表4.5.4 高山草原水热平衡(2003—2004年)

太阳短波辐射(J)					地面长波辐射(J)					感热(J)	潜热(J)
冠	雪	残留	土壤	总计	冠	雪	残留	土壤	总计		
8163.9	21.4	2281.4	181.5	10648.2	−1987.4	3.3	−1306.0	230.0	−3060.1	−4713.6	−2617.7

降水(mm)	截留(mm)	蒸散(mm)	蒸腾(mm)	储水量变化(mm)				深层渗漏(mm)	径流(mm)	填注(mm)	误差(mm)
				冠	雪	残留	土壤				
609.6	177.6	568.2	260.2	0.0	−0.01	1.0	55.2	−14.8	0.0	14.8	−0.06

4.6 山区径流形成过程及水量平衡

山区径流形成过程研究离不开观测与模拟。水文模型是观测数据的定量化手段，是对分散研究成果的系统集成。水文模式经历了系统理论模型、概念性集总模型、概念性分布参数模型和分布式模型等几个阶段。黑河祁连山区流域尺度水文模型近10a来的发展如火如荼，并也经历了上述发展历程。在系统理论模型研究方面，蓝永超等(1999b)利用功率谱、滑动平均等方法，陈仁升等(2002a;2002b;2001a)利用秩次分析法、灰色系统和小波方法等分析了黑河出山径流量的变化趋势及周期变化。此外，蓝永超等(1999a;2001)利用Kalman滤波法和BP神经网络、陈仁升等(2001b;2003a)利用GRNN神经网络以及非线性统计方法等模拟和预测了黑河出山径流量，并探讨了假定气候变化情景下，黑河未来出山径流量的可能变化。之后，蓝永超等(2004)又引进了Local Modeling模型，张举等(2005)提出了灰色拓扑方法，胡兴林等(2001)提出了一种新的洪水预报方法——河道洪水演变模型。近年来，楚永伟等(2005)还提出了一个黑河年出山径流长期预报模式。

康尔泗等(1999)最早在黑河山区流域推出了一个考虑冰川、积雪和冻土水文物理过程的概念性分布参数模型，之后陈仁升等(2003b;2004)提出了黑河分布式出山日径流模型和月径流模型，这是当时国内较早借助遥感和GIS、考虑流域土壤和植被作用的、较为适合内陆河山区流域的分布参数模型。同时，夏军等(2004)等提出了分布式时变增益模型(DTVGM)，但该模型没有考虑土壤和植被对流域水循环的作用。贾仰文等(2006)提出的黑河流域分布式水文模型，统筹考虑黑河上、中、下游的水循环，但在处理黑河山区特色水循环方面过于简单。在经典模型应用方面，陈仁升等(2003c)在黑河山区引进了Top-model模型，黄清华等(2004)引进了SWAT模型。此外，李宏毅等(2008)应用SRM模型模拟了黑河山区流域的融雪径流。

随着对冻土水文过程重要性的逐步认识，陈仁升等(2006a;2006b;2006c)推出了一个内陆河高寒山区流域分布式水热耦合模型(DWHC)，该模型吸收了在黑河山区森林带和高山草甸带的相关研究成果，并借鉴SHAW模型、CoupModel模型及内陆河山区之前模型的优点，将土壤水热耦合和传输过程与流域的产流、入渗和蒸散发过程耦合起来，较为深入地探讨了山区流域的水循环过程，并实现了与中尺度大气模式MM5的单向嵌套。但该模型仍然缺乏大量的气象、土壤和植被数据支撑,模型结果缺乏中间过程验证。最近,周剑等(2008)借助模块化建模系统(MMS, Modular Modeling System)环境,构建了一个降雨—径流模型,该模型在积雪消融、入渗和混合产流等方面具有较好的进展。

总体而言,由于观测数据相对有限,以及研究成果的分散性,目前对黑河山区流域径流形成的物理过程还缺乏清晰的认识,由此导致模型结果的低可靠性及全球变化背景下预测结果的不确定性。下面以DWHC模型为例,简要概述山区径流的形成过程及水量平衡特征。

内陆河高寒山区流域分布式水热耦合模型(DWHC)主要由气象因子模型、植被截留模型、冰川和积雪融化模型、土壤水热耦合模型、蒸散发模型、产流模型、入渗模型和汇流模型等8个子模型组成。模型根据大气降水到达地表以后各水文过程发生的先后进行构建,考虑了寒区流域冰川水文、积雪水文和冻土水文过程,其中最关键之处是利用土壤水热耦合模型将流域产流、入渗和蒸散发过程融合成一个整体,弥补了分布式水文模型中缺乏冻土水文过程的问题,从而能够全面定量描述整个寒区水文过程。在大量吸收已有成果的基础上,模型在植被截留、入渗、产流和蒸散发计算方面也有所改进和创新,部分模块还设计了多套可选择方案。具体模型原理详见陈仁升等(2006a)的研究文献。

以黑河出山日平均流量作为对比,利用26个降水站点、11个气温站点和14个潜在蒸发站点2000年的日均资料,模型设计了6套气象因子空间分布方案,进行数值模拟试验,结果表明,在黑河流域现有观测站点的情况下,利用各种空间插值方法所得结果基本相当,考虑地面高程的三维插值与不考虑地面高程的二维插值结果相差不大,补充距离研究区较远的站点观测资料,模型结果反而变差。最终模型采用基于二维算法的最近距离法(nearest neighbor algorithm),利用2000年资料校正模型,计算与实测黑河日出山平均流量序列的效率系数 NSE 为0.61,平衡误差 B 为0.08%(图4.6.1)。以1999年资料来验证模型,效率系数和平衡误差分别为0.63和−2.98%(图4.6.2)。

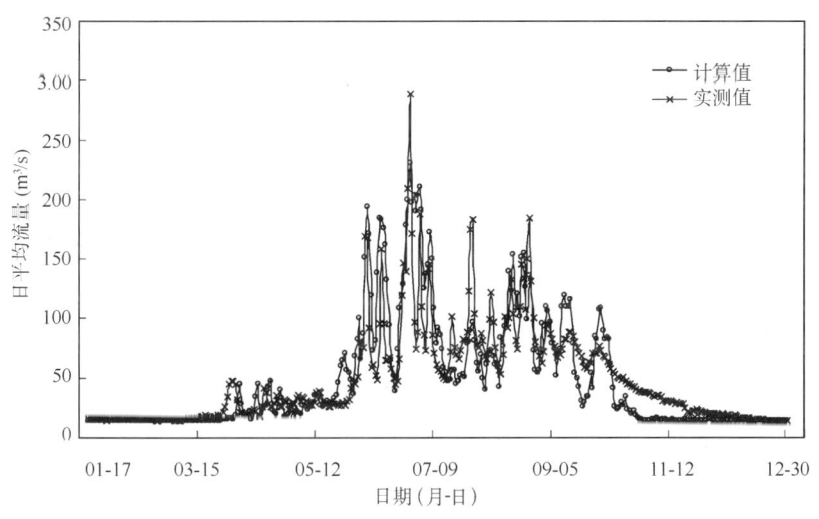

图4.6.1 莺落峡2000年日平均流量计算与实测对比结果

利用中尺度气候模式MM5计算黑河山区流域及其周边地区的2003年2月11日—6月30日的水汽通量,运行周期为10 d,积分步长为3 s,空间分辨率为3 km,并将其输出的日降水量、2.0 m高度的日平均气温和潜在蒸散发,利用最近距离法插值到1 km×1 km格点

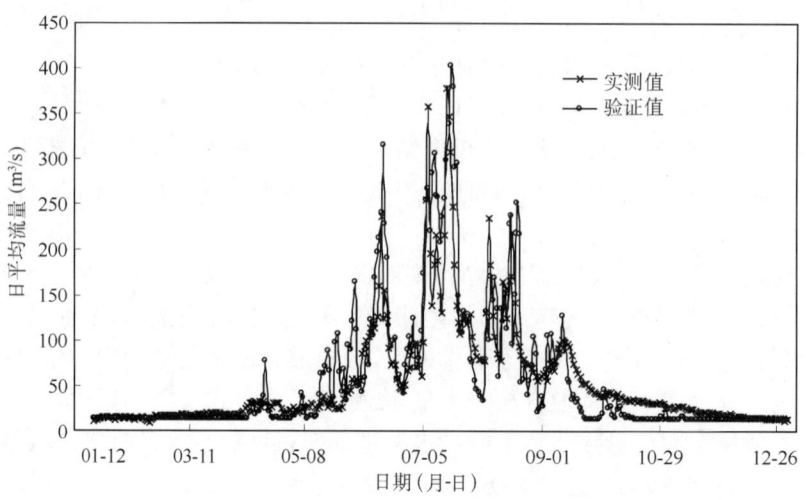

图 4.6.2 莺落峡 1999 年日平均流量验证与实测结果对比图

上,从而嵌套到内陆河高山山区流域分布式水热耦合模型(DWHC)中,所计算的黑河干流出山口日平均流量与实测序列的 $NSE=0.79, B=-0.79\%$(图 4.6.3)。而利用基于三角网格的立体插值法(cubic interpolation)插值 MM5 输出结果,最终模型计算与实测日平均流量的 $NSE=0.79, B=-0.65\%$。由于缺乏 2003 年地面观测资料,没有进行同期对比,但根据 1999 年和 2000 年地面观测资料驱动模型结果相差不大的情况分析,利用 2003 年地面观测资料驱动 DWHC 模型,应该与 1999 年和 2000 年结果相差不大。因此,MM5-DWHC 嵌套结果,总体应该比利用地面观测资料驱动结果要好。利用最近距离插值法所获结果与立体插值法结果相当,这与利用地面资料驱动模型结果一致。

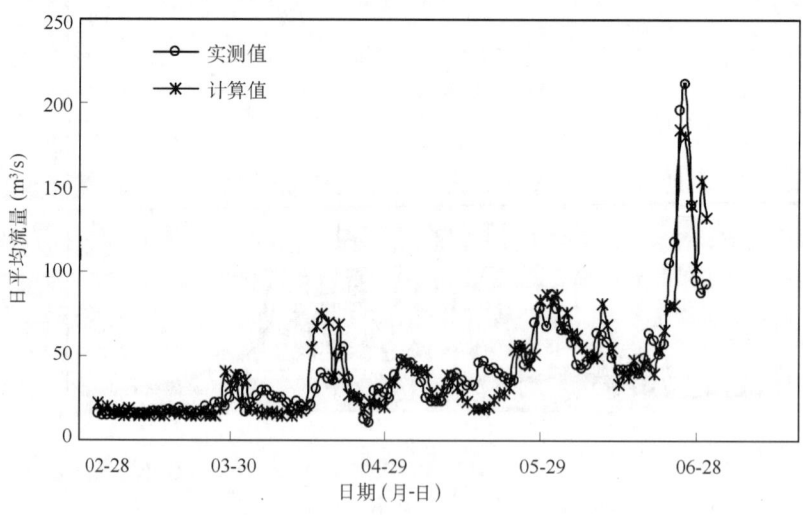

图 4.6.3 黑河莺落峡 2003 年日平均流量计算与实测对比结果(MM5-DWHC 模型)

MM5-DWHC 嵌套模型的建立,初步解决了地面气象观测站点稀少的问题,实现了将分布式模型移植到无资料地区的径流模拟、反演和预报中去的研究思路。模型基于水热连续方程模拟了黑河山区流域水热交换和耦合过程,探讨了流域的水量平衡,结果表明,黑河干流山区流域 2000 年平均降水量为 424.0 mm,蒸散发量为 308.9 mm(表 4.6.1),产流量为 150.3 mm(表 4.6.2),土壤储水量减少 35.2 mm。并分析了水量平衡因子的时空分布(图 4.6.4,图 4.6.5)。

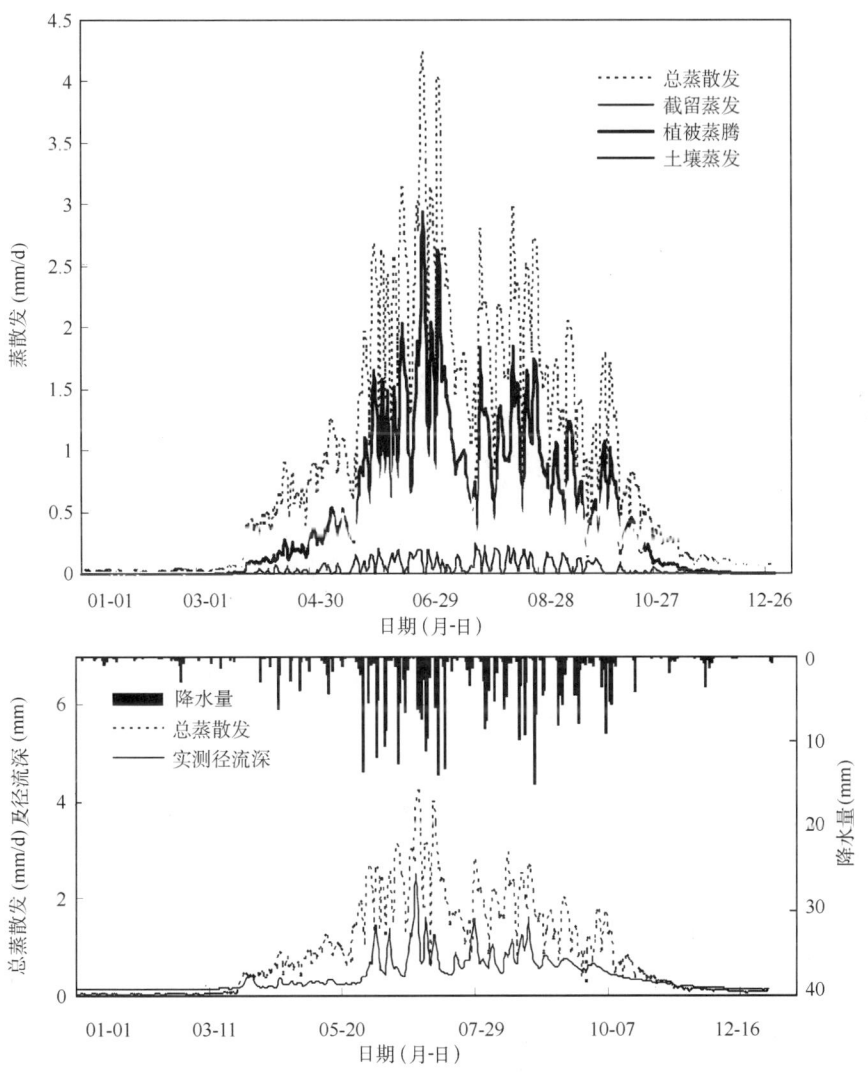

图 4.6.4　黑河干流山区流域 2000 年蒸散发、降水及径流变化

模型总体模拟结果表明,内陆河高寒山区流域主要为浅表产流,径流主要来自高海拔地区,高山草甸具有拦蓄降水和水源涵养作用,并反映了高山地区浅表土壤地下厚层冰的聚集过程。各种模型结果与本区野外实际调查结果基本一致,也符合当前对寒区流域水文循环过程的定性认识。

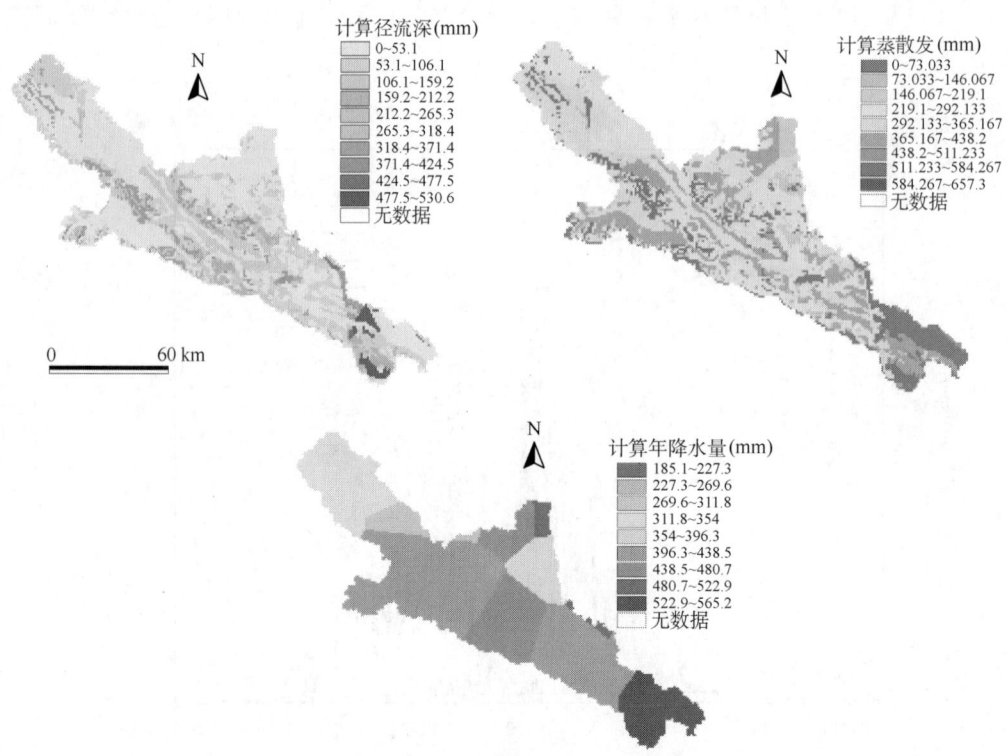

图 4.6.5 黑河干流山区流域 2000 年降水、产流及蒸散发空间分布

表 4.6.1 黑河干流山区流域 2000 年蒸散发组分　　　　　　　　　　（单位：mm）

E601 型蒸发量	总蒸散发		植被截留蒸发		植被蒸腾		土壤蒸发	
823.9	308.9		14.0		166.7		128.2	
土地利用类型	高山寒漠	高山草原	冰川	高山草甸	亚高山草原	荒漠	森林	高山沼泽	亚高山草甸
土壤蒸发	241.3	191.2	288.6	68.1	147.7	146.7	23.3	22.8	31.7
植被蒸腾	6.0	83.3	0.0	235.7	129.7	25.7	209.1	290.3	235.0
植被截留蒸发	0.4	4.8	0.0	21.2	15.2	2.1	79.2	11.6	14.7
总蒸散发	247.7	279.3	288.6	325.0	292.6	174.5	311.6	324.7	281.4

表 4.6.2 黑河干流山区流域各土壤层 2000 年产流量　　　　　　　　（单位：mm）

地表	第一层土壤	第二层至第五层土壤	土壤产流量	基流量	总产流量
56.7	47.9	1.5	106.1	44.2	150.3

第 5 章 黑河中游人工绿洲生态－水文过程观测与模拟

5.1 绿洲农田环境要素特征分析

为了进行内陆黑河流域山前农田绿洲 SVAT(Soil-Vegetation-Atmosphere Transfer)系统水热传输耦合过程问题的研究，于 2002—2005 年在国家生态网络临泽内陆河流域综合研究站农业综合试验田($39°21'$N，$100°08'$E，海拔高度 1382 m)进行了春小麦生育期内的土壤—植被—大气系统水热传输耦合过程的系统试验研究。该区北接浅山冲洪积水蚀风蚀区，南邻临泽近几十年新开垦的农田，地下水位埋深在 3.5～5.6 m，土壤质地为砂地。春小麦生长季灌溉 7～8 次，每次灌溉定额为 1200 m³/hm²，灌溉措施为漫灌。

作物生长期内，田间设有 ENVIS 综合环境系统(德国 IMKO 生产)，观测项目有：总辐射、净辐射、反射辐射、气压、气温和大气空气相对湿度、风速、风向、地热通量、降水、土壤体积含水率、土壤温度、土壤水势、CO_2 浓度等要素，通过 ENVIS 综合环境系统集成并进行每隔 10 min 数据采集且以 30 min 平均值自动存储数据(吉喜斌，2007；Ji 等，2007)。田间的地下水位观测井每 10 d 观测一次地下潜水水位埋深。棵间蒸发量采用棵间蒸发皿每天的称重结果得到(蒸发皿直径 10 cm，深度 10 cm)。

5.1.1 太阳辐射

根据布设在黑河流域典型景观带(西水山区水源涵养林带、山前农田绿洲带(临泽)、额济纳旗荒漠绿洲带)ENVIS 综合环境观测系统 2005 年总辐射、净辐射、光合有效辐射的逐日资料分析，得出以下结论。

① 黑河流域典型景观带的太阳辐射通量的年内各月变化呈"二次曲线"型(图 5.1.1)，从 1 月份开始，总辐射通量逐渐增大，6 月份达到最大值，之后逐渐减小，12 月份达到最小值；西水山区水源涵养林带、山前农田绿洲带和额济纳旗荒漠绿洲带年内总辐射的最大值与最小值分别为：246.86 W/m²、293.21 W/m²、344.17 W/m² 和 5.72 W/m²、94.06 W/m² 和 84.97 W/m²，在一定程度上反映了山前农田绿洲带是山区气候与极干旱气候之间的过渡区。

② 山前农田绿洲带月均太阳辐射通量介于额济纳荒漠绿洲和山区西水植被带之间，平均约为额济纳荒漠绿洲总辐射的 91.3%，为西水山区水源涵养林带的 1.31 倍，这种状况主要由气候背景和地理位置的差异所致，额济纳全年大部分时间都在蒙古高压控制之下，天气晴朗干燥，日照充沛，大气中的水汽和云量较少，致使到达地面的总辐射较大；而山前农田绿洲南靠祁连山，北临沙漠戈壁，大气透明度较差，削弱了太阳直接辐射，加之受西风带影响，太阳辐射较强的时候与雨期重合，也削弱了太阳辐射的收入；山区植被带的仪器观测布置于

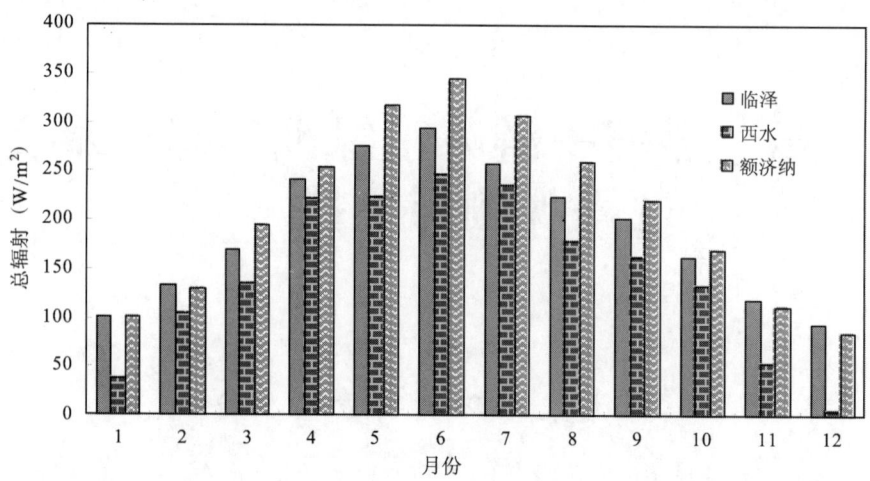

图 5.1.1 黑河流域典型景观带太阳辐射月平均值对比

阴坡水源涵养林旁,日照时间短,加之较多的降雨削弱了太阳总辐射强度的收入。

③ 山前农田绿洲反照率的变化范围为 0.17～0.29,且存在明显的季节变化。研究区地表反照率最小值出现在 8 月份,此时正值该区雨季,土壤湿润,地表反照率最低,约为 0.17,9 月与 8 月接近,为一年最低谷(图 5.1.2)。11 月由于进行农田冬灌,致使土壤湿度增大,地表反照率出现了次低谷;12 月以后,冬季来临,土壤冻结,反照率明显增大,至来年 2 月达到最大值,约为 0.29 左右;4 月份开始,作物种植发育,地表覆盖度逐渐增大,地表反照率逐渐降低。作物生长季各月反照率均值日进程也反映了作物生长季不同时期及其日进程的基本情况(图 5.1.3),春小麦生长初期(4 月),农田绿洲地表反照率是作物层和裸露地表共同影响的结果,春小麦拔节(5 月)至抽穗期(6 月初),作物叶层充分覆盖地面,反射率主要受叶层的影响,地表反照率基本稳定于 0.19 左右;春小麦乳熟期(7 月初)至成熟期(7 月中旬),作物穗层的存在使农田绿洲地面反照率又略有下降,约 0.18。另外,地表反照率日最小值出现于日出和日落前,随着太阳高度角减小,反照率随之变小;地表反照率的次低谷出现于中午时分。

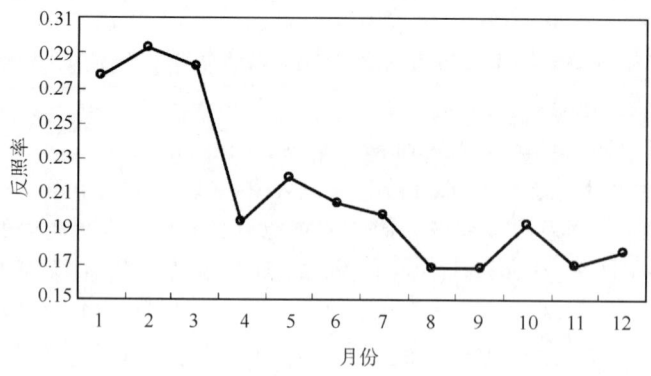

图 5.1.2 黑河中游临泽站小麦农田地表反照率月变化

④ 各月总辐射与净辐射的日变化过程基本一致(图 5.1.4),在日出后,净辐射通量随着太阳高度角的增大而增大,正午 12 时(地方时)达到最大值,而后又随着太阳高度角的降低而减少。作物生长季不同时期的净辐射日变化过程,从 3 月份春小麦播种后,总辐射和净辐

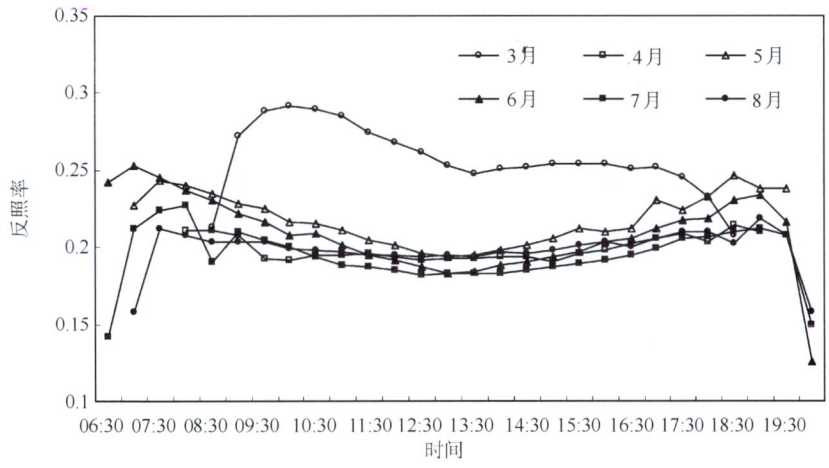

图 5.1.3 黑河中游临泽站小麦农田作物生长季地表反照率变化日进程

射逐渐增大,至 6 月达到最大值,而后逐渐减少,这是因为在作物生长初期(3—4 月),农田绿洲覆盖度较小,土壤的裸露部分很多,地面的辐射增温远远大于绿色的作物冠层,致使向上的热辐射较高,地表有效辐射较大;加之这时总辐射较小,且地表反照率亦大,造成作物生长初期地表净辐射值略小于作物生长中期(5—6 月);作物生长中后期(5—7 月),冠层加密,裸露地表面积很小,农田绿洲的长波辐射主要来源于冠层的贡献,而冠层在吸收辐射能量后,大部分用于作物蒸腾,即冠层热量被蒸腾所消耗,冠层的增温有限,且绿色冠层发射率较小,地面有效辐射最小,农田绿洲所获得的净辐射最大,这有利于作物生长发育。

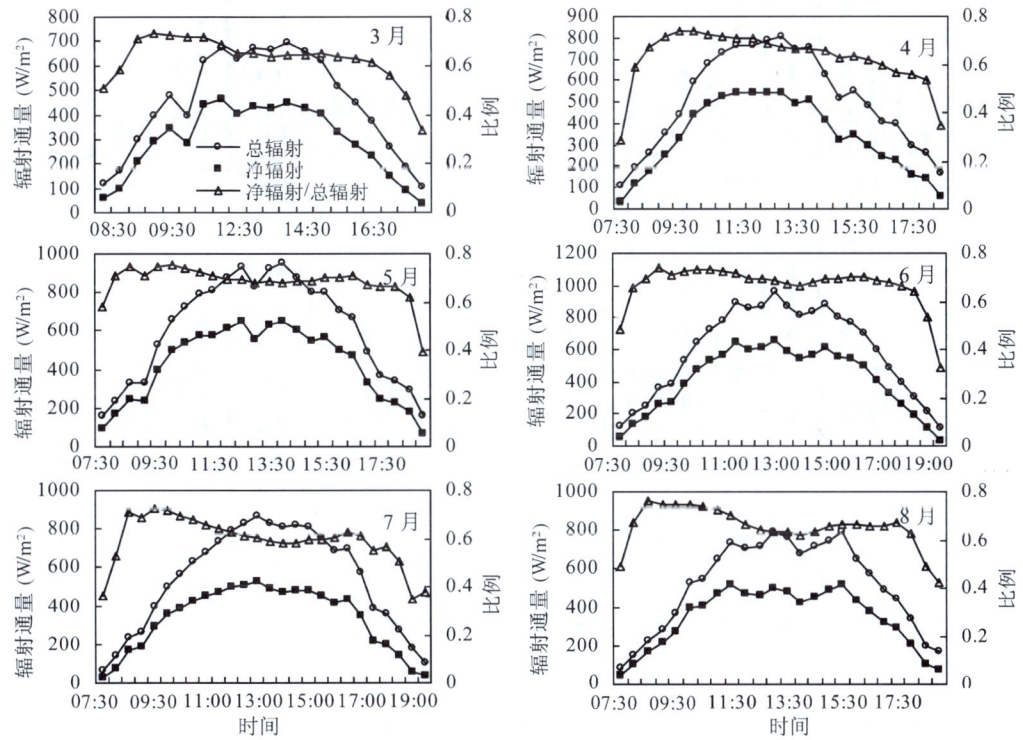

图 5.1.4 黑河中游临泽站小麦农田作物生长季各月总辐射与净辐射变化日进程

为了进一步了解不同作物生长期所获得的能量相对值的差别,我们计算了各月净辐射与总辐射比值的日变化过程(图5.1.4)。从图5.1.4可以看出,各月净辐射与总辐射之比值的变化规律基本一致,随着太阳高度角的升降而增大和减小,在正午达到最大值;就不同作物生长季来看,作物生长中期(5—6月)为最大,约为0.67~0.68;作物生长初期(3—4月)后期(7—8月)较小,这与它们净辐射绝对值的大小相对应。这种差异,是由地表状况和地表热力学性质的差异造成的。

⑤ 作物生长季各月光合有效辐射通量变化趋势与总辐射一致(图5.1.5),变化范围为0.39~0.48,作物生长初期(3—4月)最小,约0.39~0.40,中期(5—6月)次之,约0.43~0.46,后期(7—8月)最大,约0.46~0.48。就光合有效辐射各月日均值变化过程而言,光合辐射通量所占总辐射通量的比例随太阳高度角有明显的变化,在太阳高度角较小时,其比例较大,随着太阳高度角的增大,其比例迅速减小。

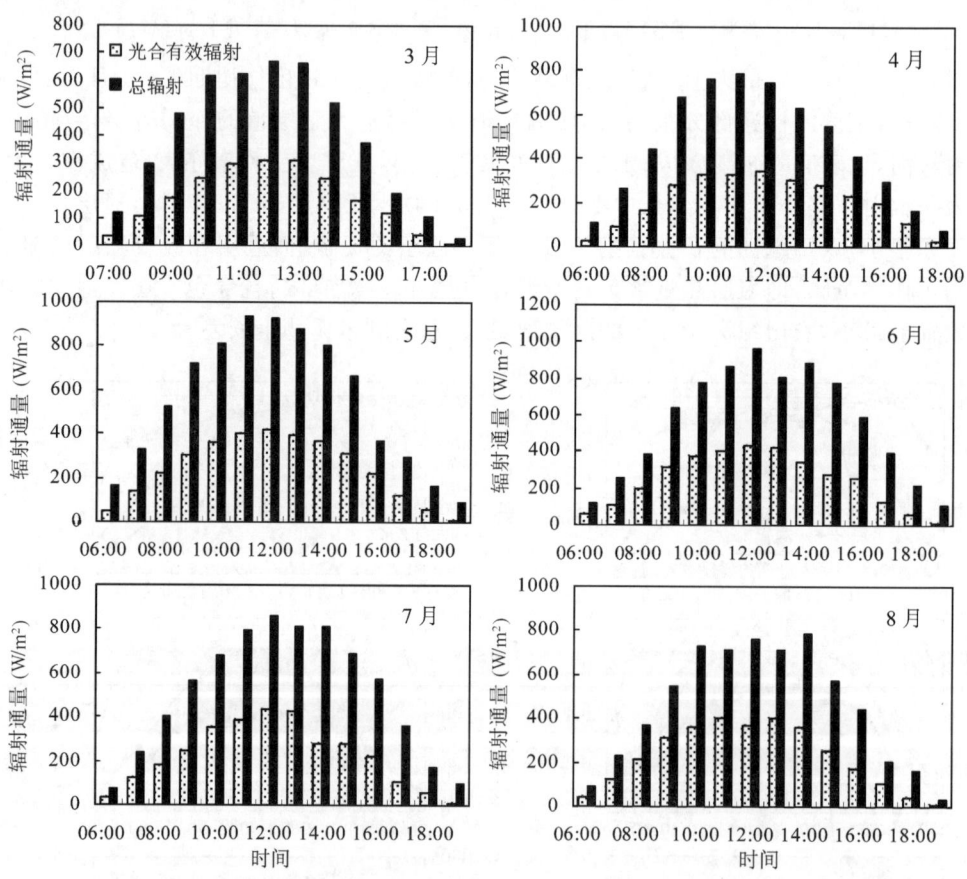

图5.1.5 黑河中游临泽站小麦农田作物生长季各月光合有效辐射日变化过程

5.1.2 气温、气湿与气压

各月气温均值变化趋势基本与太阳辐射通量均值变化趋势一致(图5.1.6),但气温的最高值却滞后总辐射和净辐射变化一个月,即总辐射和净辐射的最大值与最小值出现在6月份和12月份,而气温在7月份和12月份分别达到最大值和最小值,分别为24.33℃和

-10.11℃。造成年波动滞后的原因主要为受太阳辐射和地表热力学性质所致,6月份虽然太阳辐射达到最大值,而地面完全被作物覆盖,入射太阳辐射的大部分都被作物冠层和土壤吸收,使得地表有效辐射减小,大气获得增温的长波辐射减小。

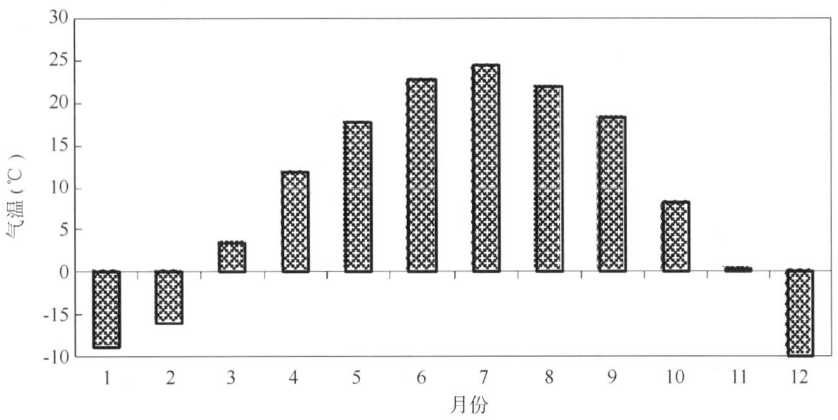

图 5.1.6　黑河中游临泽站小麦农田各月气温均值变化过程

作物生长季大气温度的日波动可表示为一近似正弦(或者余弦)曲线(图 5.1.7),明显受太阳辐射影响,且普遍滞后于辐射通量的变化,其滞后时间大约为 2~4 h,其中,6月份辐射于 12:30 达到最大值,而气温于 16:30 达到最大值,气温滞后辐射时间最长,达 4 h 左右。这种现象主要是由于地—气系统辐射收入与支出平衡过程所致,从日出开始,大量的辐射能就用于加热土壤与植被,当时其温度是最低的,直至地表温度比近地层气温高时,才出现流向空气的感热通量。当表面变得较热时,就有越来越多的能量使空气增暖。另外,中午和午后植物水汽压力低于正常时蒸散作用降低,于是,消耗于潜热部分的能量减少,产生感热的有效能量增加。从图 5.1.7 可看出,作物生长季日气温变化幅度较大,3、4、5、6、7 和 8 月日温差分别为:14.56℃、15.35℃、14.08℃、14.85℃、19.01℃ 和 11.68℃;日温差大,充分说明这是河谷气候的特点。

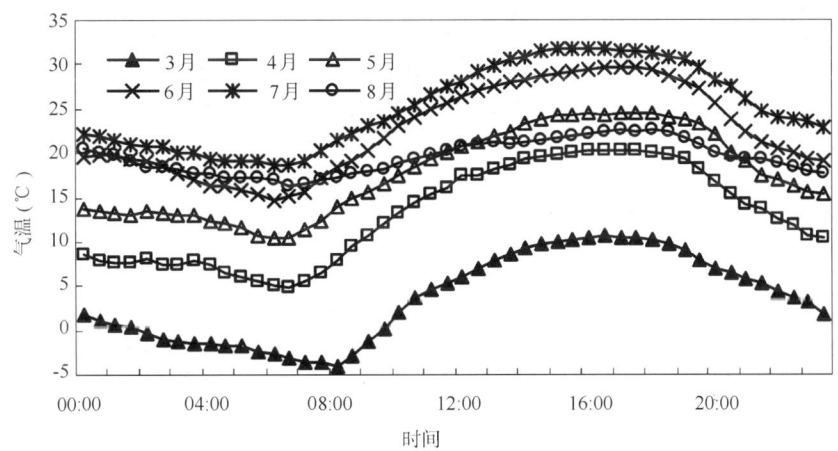

图 5.1.7　黑河中游临泽站小麦农田作物生长季各月气温日变化进程

研究区年均相对湿度为 42.61%,是山区气候(较湿润)与极干旱气候(极干燥)之间过渡区的明显特征。年内大气相对湿度变化过程呈"双峰"趋势(图 5.1.8),8月份和12月份达到两个峰值,分别为 54.73% 和 53.15%,4 月份为最小值 24.63%;大气相对湿度的这种变化是气候、农田绿洲下垫面物理性质等共同作用的结果,7、8 和 9 月该区进入雨季,作物蒸腾较强,空气湿度达到一个高峰值;进入冬季,气温下降,空气对水汽的容量急剧下降,空气饱和水汽压的绝对值较低,使空气相对湿度较高。

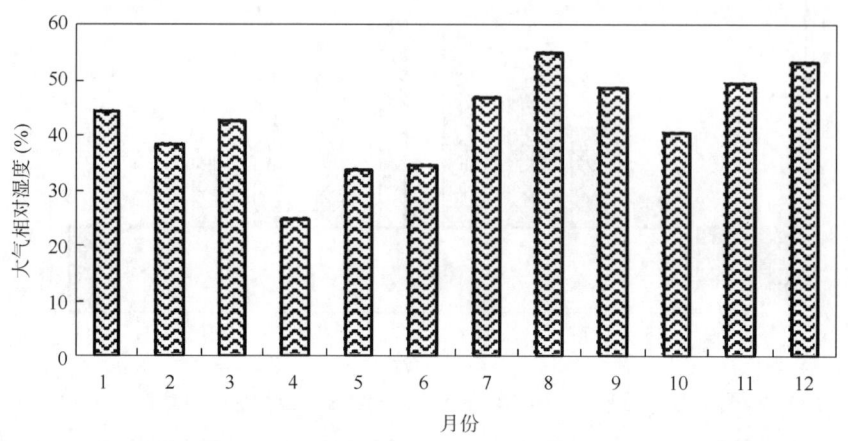

图 5.1.8　黑河中游临泽站小麦农田各月大气相对湿度变化过程

作物生长季大气相对湿度的日进程变化趋势基本相同,明显受太阳辐射的影响,且与大气温度变化趋势相反。日出后大气相对湿度迅速降低,在气温最高、太阳辐射最强时,相对湿度最低,日落后,大气湿度又迅速上升;白天,水汽压在中午前后出现最大值,夜间,由于温度下降,空气对水汽的容量急剧下降,相对湿度出现最大值(图 5.1.9)。

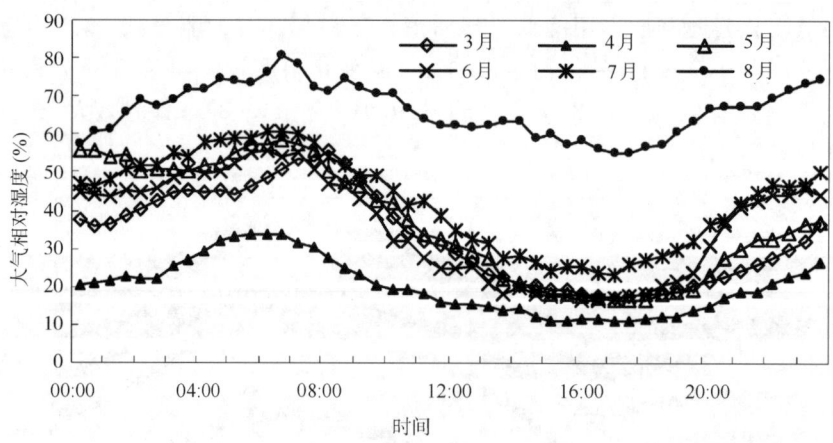

图 5.1.9　黑河中游临泽站小麦农田作物生长季各月大气相对湿度变化日进程

大气相对湿度的日变化过程同样受到气温和下垫面物理性质等因素的共同影响,气温较高时,空气饱和水汽压较高,当空气中水汽绝对含量变化很小时,空气相对湿度则变小;气温较低时,则相反。太阳辐射、气温和空气湿度的日变化过程不同步效应造成了,至少是部分造成了农田绿洲在中午前后具有强烈作物蒸腾和土壤蒸发通量。

5.1.3 土壤温度与湿度

研究区年内土壤温度剖面分布的基本特征为：上层土壤温度的年变化幅度高于下层土壤，其中地表温度（0 cm 处）年变化为 39.87℃，地表以下 160 cm 处年变化为 17.22℃；3—9 月随着土壤深度的增加，土壤温度减小，即上层土壤温度高于下层土壤温度（图 5.1.10）；进入冬季（10 月至翌年 2 月），土壤温度的剖面分布状况则相反。若以向下为正，全年各月土壤剖面温度梯度变化范围为 −3.34℃（7 月）与 2.55℃（12 月）之间，且上层梯度高于下层，说明春、夏季土壤向下传输能量，土壤储存热量，属于热量的汇；秋、冬季向上传输能量，土壤释放能量，属于热量的源；全年土壤剖面平均温度变化几乎为零，说明土壤热量收入与支出基本平衡。作物生长季土壤温度日变化过程呈正弦（或余弦）曲线变化，变化趋势与太阳辐射和净辐射一致，且距地面向下，土壤温度日变化幅度减小（图 5.1.11）；作物生长季地表（0 cm 处）日波动幅度为 9.65℃（6 月）和 30.11℃（4 月）之间；其他各层变化趋势与地表相同，但变化幅度较小，例如，160 cm 深度处的日变化幅度仅为 0.18℃（8 月）和 0.31℃（4 月）之间。

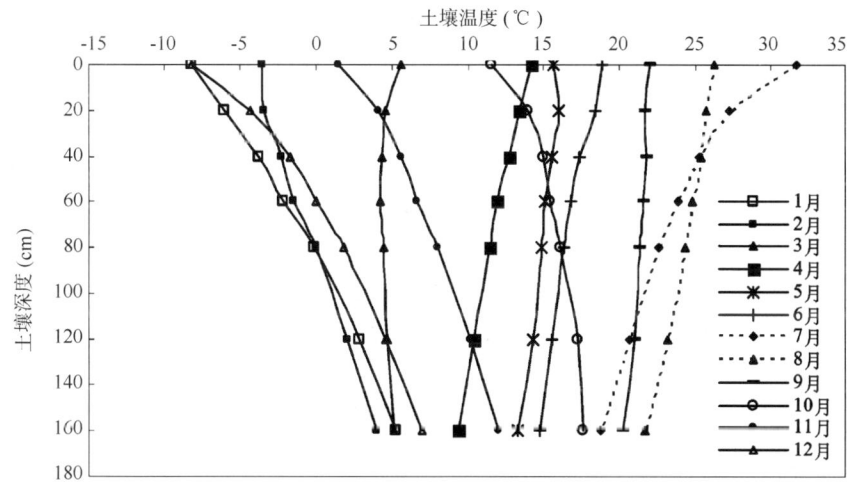

图 5.1.10 黑河中游临泽站小麦农田年内各月土壤剖面温度分布

根据 2005 年田间观测资料（每 30 min 输出结果），研究区土壤湿度（体积含水量）的变化过程明显受农田灌水和降雨量的影响（图 5.1.12），作物生长季（3—8 月）土壤水分剖面分布规律完全受田间灌水的控制，每次灌水都能引起土壤水分观测剖面的剧烈变化，且各层反映相当灵敏。另外，作物生长状况、农田小气候与前期土壤水分储量等也影响土壤水分剖面的分布，无作物生长条件下，3 月初田间一次灌水后，灌溉水从土表运移至 160 cm 处，需要 1 h 左右；10 月 30 日则需要 11 h 左右；而在作物生长中期（6 月），则需要 6 h 左右；其主要原因是 3 月由于土壤水分前期储量很小，高导水率（砂地）保证下，土壤水分迅速向下移动，且在较高土壤蒸发力条件下，土壤水分同时向上迅速运输，导致各层土壤水分变化极为迅速。作物生长中期，由于作物生理需水达到很高水平，在高蒸发力条件下，向下水分传输梯度较之前期有所下降，延长了水分向下输送时间；10 月 30 日（冬灌，无作物生长）一次灌水，前期水分储量较之 3 月初明显要高，且大气蒸发力较弱，土壤水分向下输送过程具有充足的水分供应，土壤水分消退过程较为缓慢。

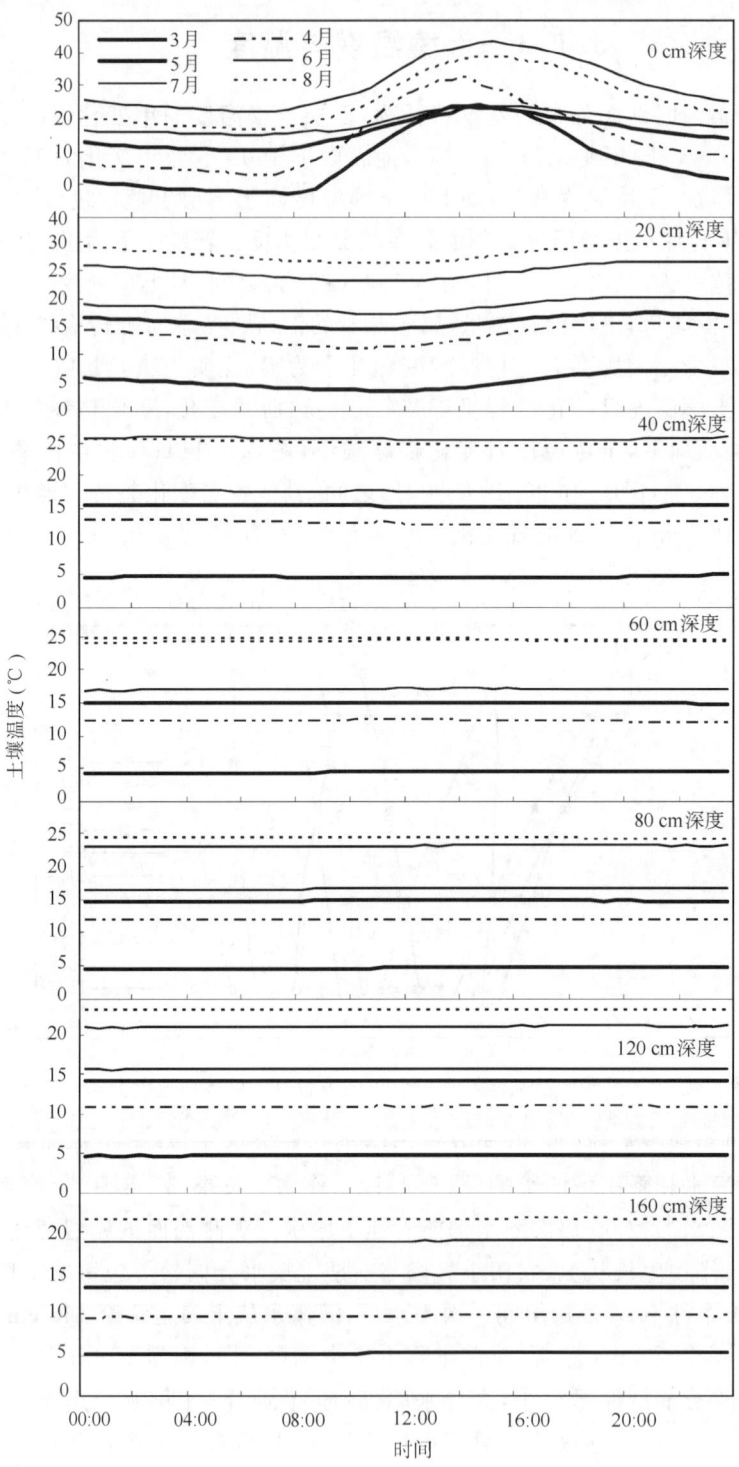

图 5.1.11 黑河中游临泽站小麦农田作物生长季土壤温度剖面分布日进程

降雨过程(如 8 月 14 日—9 月 12 日期间 6 次降雨过程)引起的土壤水分剖面分布状况明显要弱于灌水,且短期涉及土壤剖面深度最大约 80 cm。这与该区弱降雨强度、小降雨量、土壤水分储量、农田小气候等条件有关。降雨前,土壤水分为作物收割后最低值,土壤水分储量较少,加之高土壤蒸发力,使得土壤接受到的少量降雨绝大部分被土壤蒸发和土壤水分储存所消耗,土壤水分实际入渗量较小。

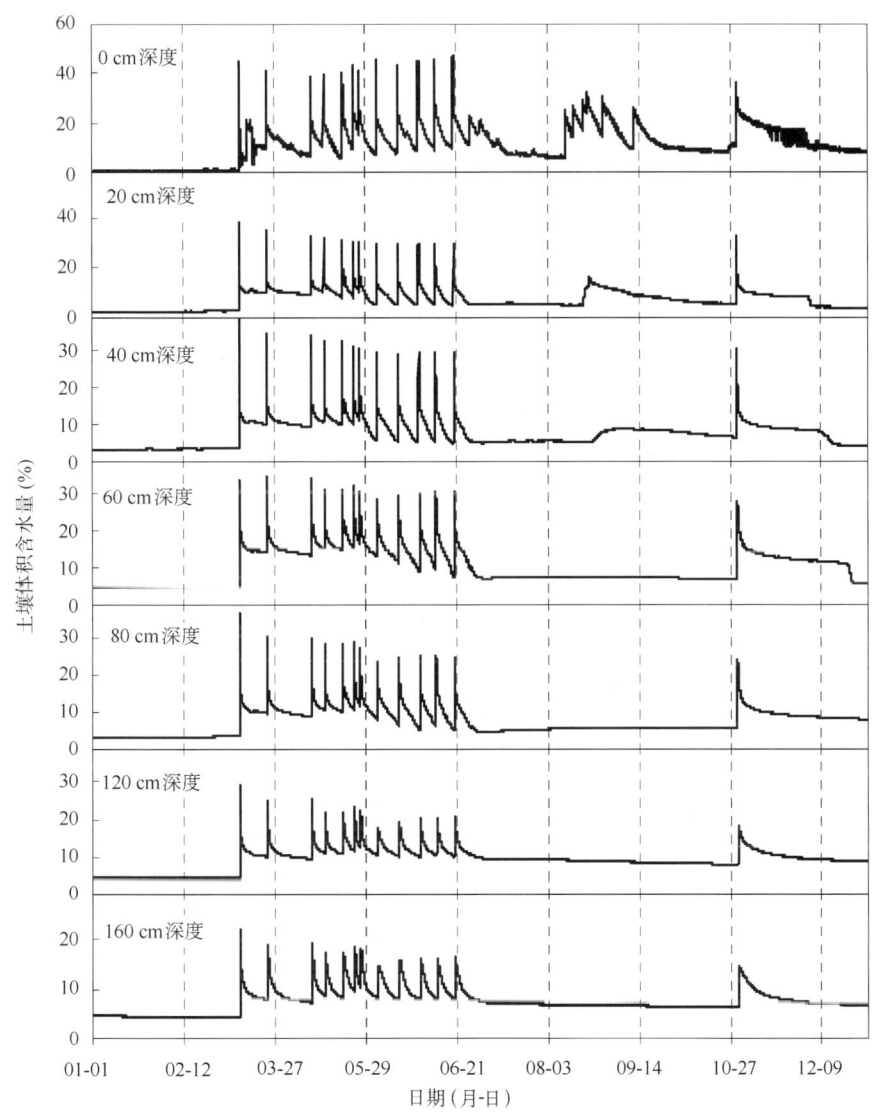

图 5.1.12　黑河流域中游临泽站小麦农田土壤水分剖面分布动态变化过程(2005 年)

从图 5.1.12 可看出,从观测到的整个土壤剖面水分变化过程而言,上层土壤水分变化比下层土壤水分变化剧烈,符合农田水分运移的普遍规律。但 160 cm 深度处土壤水分对田间灌溉水分输入极为敏感,9 d 左右完成水分消退过程,达到其田间持水量(约 8%),且长时间保持这一恒定土壤含水量,在短时间内,土壤剖面 160 cm 深度处的土壤水分积极参与土壤水分向下运移过程(深层渗漏)和向上运移(毛管水上升)。

5.1.4　二氧化碳浓度

根据 2005 年资料统计,山前农田绿洲年内各月空气中 CO_2 浓度均值变化为 330.8～

511.03 ppm,从 1 月份开始,CO_2 浓度逐渐减少,至 6 月份达到最小值,而后逐渐增高,至 12 月份达到全年最高值,平均为 511.03 ppm(图 5.1.13)。

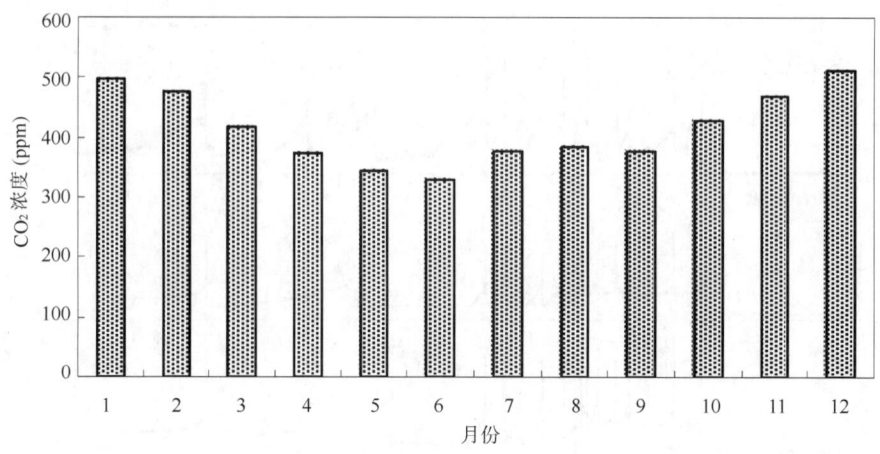

图 5.1.13 黑河中游临泽站小麦农田 CO_2 浓度年内各月变化

年内各月 CO_2 浓度的变化规律主要是:在作物生长季,荒漠绿洲植物(农田作物、防护林)光合作用强烈,大气中的 CO_2 经过光合作用被绿色植物所固定,为年内 CO_2 的吸收汇,非作物生长季,光合作用微弱,农村燃烧煤取暖,风速小,空气不易扩散,CO_2 浓度较高,表现为 CO_2 的排放源。

农田绿洲对 CO_2 的吸收与释放会引起大气中 CO_2 浓度的变化,同时,农田绿洲 CO_2 浓度的变化又是影响植物光合作用生产力的一个重要因素。根据 2005 年农田绿洲实际观测资料,对作物生长季 CO_2 浓度各月平均日变化过程进行了统计分析(图 5.1.14),发现:①作物生长季各月 CO_2 浓度的变化趋势一致,日出以后光合作用开始,CO_2 浓度开始下降,到午后至日落前这一时间段某一时刻达到最低值,而后又开始缓慢升高,在日出前达到最高值,表明在日出后至午后某一点时间内农田绿洲系统大气 CO_2 交换主要表现为植物光合作用吸收过程;其他时间段表现为土壤—大气与作物—大气的呼吸释放过程;②作物生长季各月 CO_2 浓度平均日变化幅度范围为 96.3 ppm(4 月)到 217.7 ppm(7 月),7 月正值作物生长最旺盛时期,作物冠层光合作用对大气 CO_2 吸收最多,白天发生净光合固定,加之气温较高,夜间植物叶片、植物的根、土壤中的微生物、土壤内部或表面的有机质,通过呼吸和分解的过程释放出大量的 CO_2;③ 随着光合有效辐射增强,植被光合作用吸收 CO_2 的能力亦显著增强,通常在 15:00(地方时)左右达到最低值,而不是在光合有效辐射最强的午间(12:00),说明在 15:00 之后,农田绿洲作物吸收固定 CO_2 量小于作物呼吸和土壤呼吸释放出的 CO_2 量。

5.1.5 风速与风向

根据 2005 年农田绿洲全年风速、风向观测资料分析,得出:

①各季节平均风速总体变化趋势为:3 月风速达到最大值,平均为 1.49 m/s,之后逐渐减小,至 11 月达到最小值,平均为 0.51 m/s,之后逐渐上扬;即春季风速最大,冬季风速最小(图 5.1.15)。

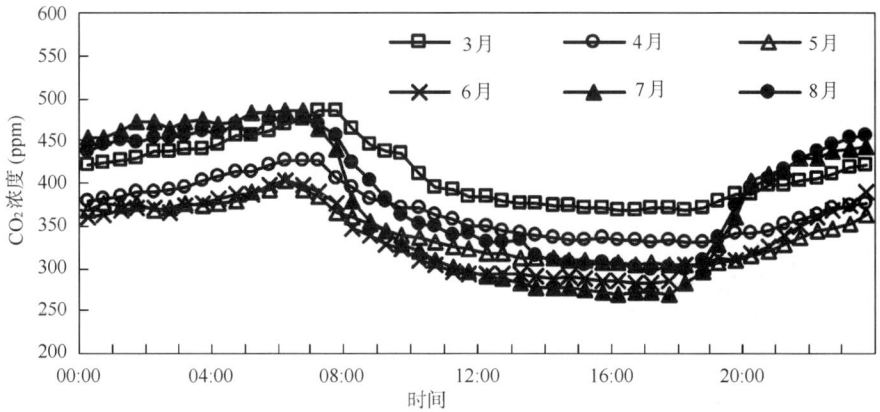

图 5.1.14 黑河中游临泽站小麦农田作物生长季各月 CO_2 浓度平均日变化过程

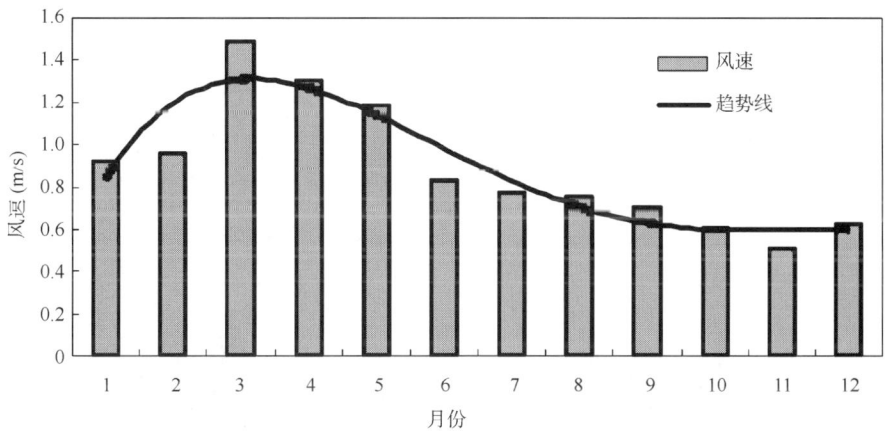

图 5.1.15 黑河中游临泽站小麦农田年内各月平均风速变化

②作物生长季平均风速日变化过程表现为:白天平均风速大于夜间,且与太阳辐射变化趋势基本一致;日、夜风速变化幅度与各月平均风速变化趋势一致,即春季最大,夏季最小,其中 4 月达到最大值,8 月份达到最小,其日夜风速变幅分别为 2.98 m/s 和 0.96 m/s(图 5.1.16)。

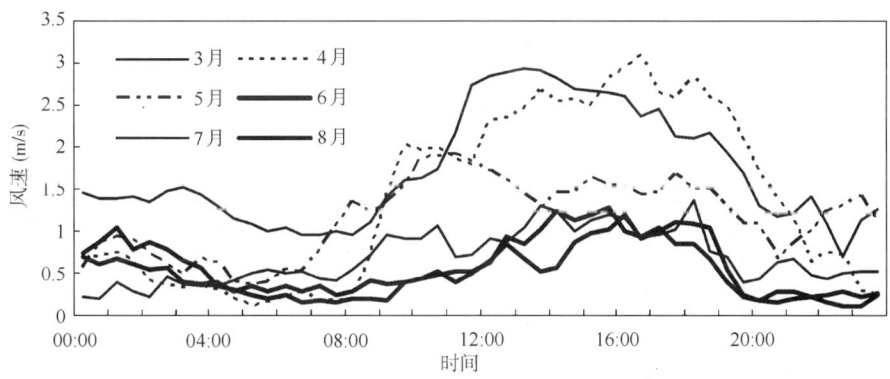

图 5.1.16 黑河中游临泽站小麦农田作物生长季各月平均风速日变化过程

③ 生长季各月盛行风向都很不稳定,次多风向(东南风)与最多风向(西北风)几乎相反,且出现频率能达到最多风向的 80% 以上;该区风向日变化明显,夜间多吹东南风,白天多吹西北风(但东南风频率也较高),本区盛行风向稳定度很小(图 5.1.17a 和图 5.1.17b,左图为白天,右图为夜间)。

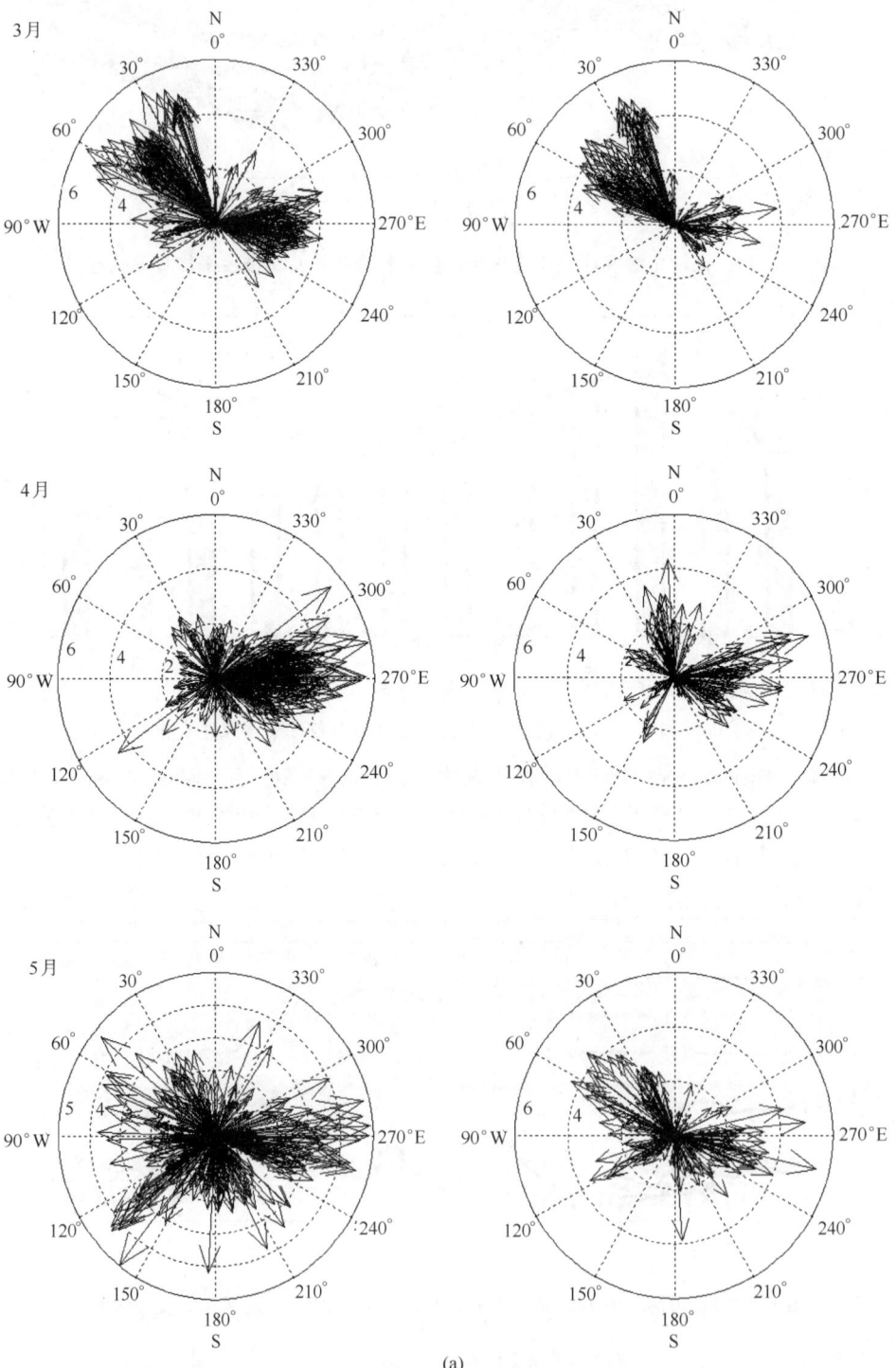

(a)

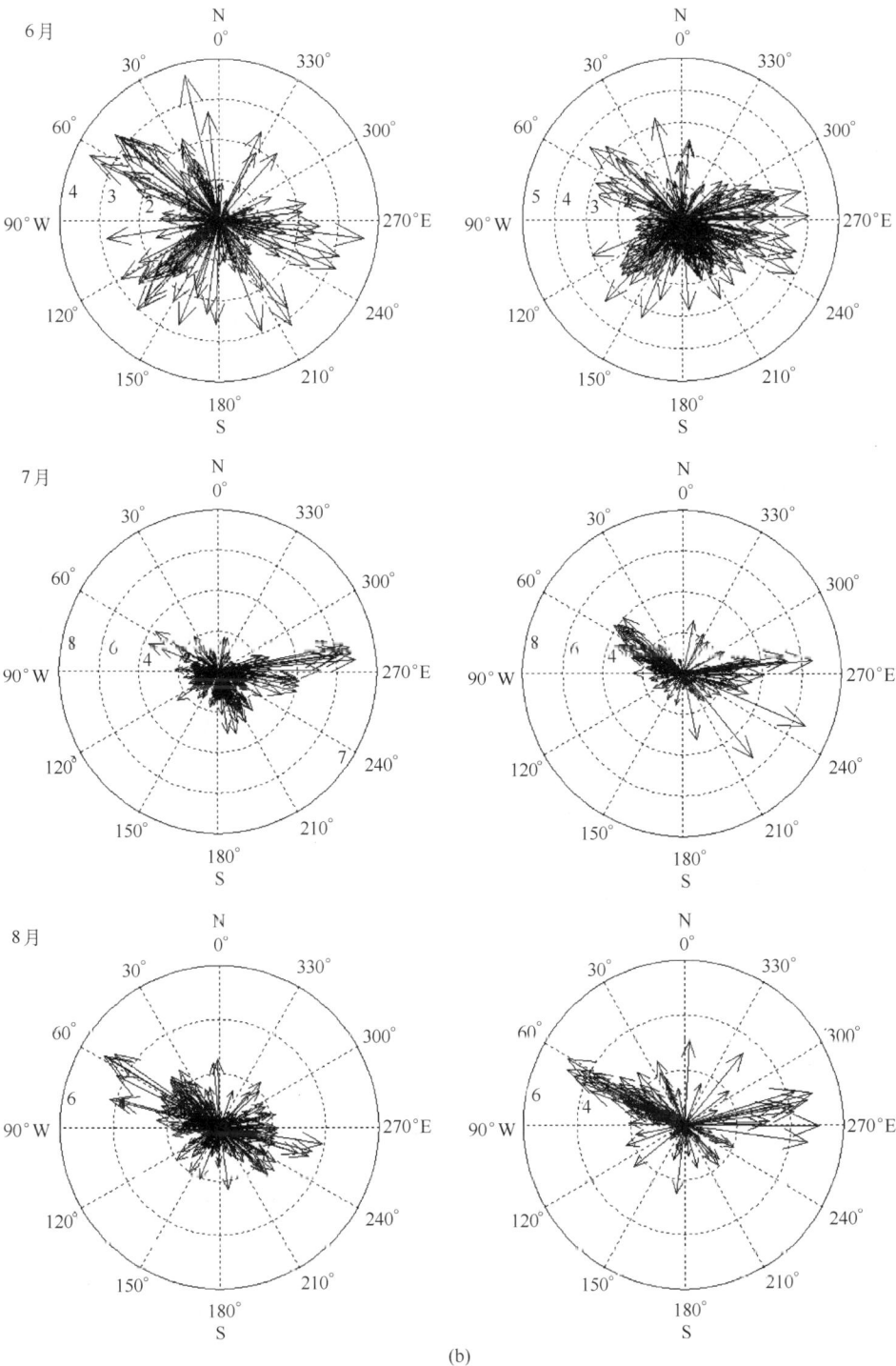

(b)

图 5.1.17 黑河中游临泽站小麦农田作物生长季农田绿洲风速风向矢量分布图
(a)(3—5月);(b)(6—8月)

5.2 绿洲灌溉农田土壤—植被—大气系统水热传输过程观测与模拟

利用先进的 ENVIS 数字化网络观测系统(IMKO MICROMODULTECHNIC GMBH,德国)及其他辅助观测试验对黑河流域山前中游灌溉绿洲内部、绿洲荒漠交错带沙地农田生态系统水热传输过程进行大量的观测试验。观测项目包括:总辐射(CM 7B,KIPP&ZOEN,荷兰)、净辐射(TYPE 8110,Wein & CO. KG,奥地利)、反射辐射(CM 7B,KIPP&ZOEN,荷兰)、气压(PTB100,Vaisala,芬兰)、气温和空气相对湿度(HMP45D,Vaisala,芬兰)、地热通量(HFP01,Campbell Scientific Ltd.,英国)、风向与风速(RITA Gray 与 LISA,Siggelkow Geratebau Gmbh,德国)、降水(RG50,SEBA Hydrometrie GmbH,德国)和 CO_2 浓度(Gmm222,Vaisala,芬兰)等要素通过 ENVIS 综合环境系统(ENVIS,IMKO,德国)数据采集系统集成并进行每隔 10 min 数据采集、30 min 平均值自动存储数据记录。

其中,总辐射、净辐射、反射辐射、CO_2 通量探头位于作物冠层上方 2 m 处;气温、空气相对湿度、风速、风向探头均在作物冠层顶端和冠层上方 2 m 处布设,共两层;降水观测采用翻斗式,观测高度为 120 cm。

土壤体积含水率(TRIME-EZ,IMKO,德国)、土壤温度和土壤水势(T8,UMS,德国)观测位置为:土壤表面以下 5 cm、20 cm、40 cm、60 cm、80 cm、100 cm、120 cm、和 160 cm 处,共 8 层;土壤水分辅助观测中,土壤表面 0~5 cm 范围的土壤含水量采用称重法测量;在 20~180 cm 范围每隔 20 cm 用 L520 智能型中子水分仪测定土壤含水量。每次灌溉或降雨后,连续 2~3 d 测定土壤含水量;土壤热通量板(共 3 个)采集深度为土表以下 5 cm 处。

土壤剖面各层次饱和导水率采用美国 MODEL 2800 GUELPH 入渗仪测定;土壤容重、残余含水量、土壤孔隙度采用环刀,其他土壤水热参数见表 5.2.1(吉喜斌,2007)。

表 5.2.1 土壤水热参数一览表

参数	单位	土层 1	土层 2	土层 3	土层 4	土层 5
土壤深度	cm	0~10	10~30	30~50	50~70	70~120
容重	$kg \cdot m^{-3}$	1.63	1.66	1.68	1.72	1.75
孔隙度	—	0.48	0.47	0.46	0.46	0.45
饱和含水量	$m^3 \cdot m^{-3}$	0.45	0.43	0.43	0.43	0.43
残余含水量	$m^3 \cdot m^{-3}$	0.01	0.01	0.01	0.01	0.01
pF 曲线参数 h_g	m	−0.238	−0.238	−0.238	−0.238	−0.238
pF 曲线参数 n	—	2.67	2.55	2.53	2.46	2.46
pF 曲线参数 m	—	0.63	0.61	0.60	0.59	0.59
饱和导水率	$m \cdot s^{-1}$	5.4×10^{-5}	3.5×10^{-5}	2.10×10^{-5}	2.10×10^{-5}	2.10×10^{-5}
非饱和导水率参数 η	—	13.81	16.02	14.36	15.67	15.67
土壤热传导率	$W \cdot m^{-1} \cdot K^{-1}$	2.16	2.15	2.13	2.13	2.13
干沙土热容量	$J \cdot m^{-3} \cdot K^{-1}$	1.24×10^6	1.26×10^6	1.28×10^6	1.28×10^6	1.28×10^6
沙土热惯性	$J \cdot m^{-2} \cdot K^{-1} \cdot s^{-1/2}$	2803	2807	2811	2815	2815

作物生长参数如作物叶面积指数、作物生长高度分别在于出苗后每隔 10 d 取样测定一次。作物叶面积采用 LI-3100 型叶面积仪进行测量,叶面积指数通过统计单位面积叶面积求出;采用排水法测定作物根系密度;测得叶面积指数、作物生长高度、作物根系密度分布,中间值采用线性差值获得。农田微气象数据包括净辐射、地热通量、气温、气压、空气相对湿度、风速等通过安装在农田中的综合环境观测系统 EERIL3 获得,系统数采仪每 30 min 读取一次数据。

5.2.1 绿洲土壤—植被—大气系统水热传输过程模型构建

根据 SiSPAT(Simple Soil Plant Atmosphere Transfer)模型基本框架(Braud,1995),黑河中游人工灌溉农田作物种植条件下土壤—植被—大气传输系统的能量分配和湍流交换可由图 5.2.1 所示的三层结构来描述。第一层为位于冠层上方参考高度处(2 m)的大气层;第二层为位于动量传输源汇处的植物冠层;第三层为土壤层,计算深度为潜水水位。SVAT 内部水热耦合、传输与转换过程采用电路模拟网络进行模拟,模型物理结构示意图如图 5.2.1 所示。并做如下假定:①假设冠层在水平方向上是足够均匀的;②空气中分子输送项远比湍流输送项小,可忽略不计;③植物冠层内植物体吸收的净辐射能将全部用于与周围空气进行潜热和感热交换,能量和水分传输在系统内具有守恒性和连续性,忽略植物体和空气的能量储存;④热量和水分的传输仅发生在垂直方向上,且遵循梯度—扩散理论。

5.2.2 模型验证

为了验证 SiSPAT 模型对黑河中游人工绿洲灌溉农田生态系统水热传输模拟的可靠性程度,选取具有连续实测且可进行比较的 2004 年 5 月 10 日至 6 月 10 日共 32 d 的以 30 min 为时间步长的土壤体积含水率和土壤温度剖面实测分布与模拟结果进行比较,并同时采用模型效率或判定系数(ME)、均方根差($RMSD$)和平均偏差(MBE)对本节所建立的模型进行有效性评价。其中模型效率(ME)、均方根差($RMSD$)和平均偏差(MBE)具体计算如下:

$$\begin{cases} ME = 1 - \dfrac{\sum\limits_{i=1}^{N}(Y_i - \hat{Y}_i)^2}{\sum\limits_{i=1}^{N}(Y_i - \overline{Y})^2} \\ RMSD = \left[\dfrac{1}{N}\sum\limits_{i=1}^{N}(\hat{Y}_i - Y_i)^2\right]^{1/2} \\ MBE = \dfrac{1}{N}\sum\limits_{i=1}^{N}(\hat{Y}_i - Y_i) \end{cases}$$

式中:Y_i、$\hat{Y}_i$ 和 $\overline{Y}$ 分别为观测值、模拟值和观测值的平均值;N 为观测值个数。

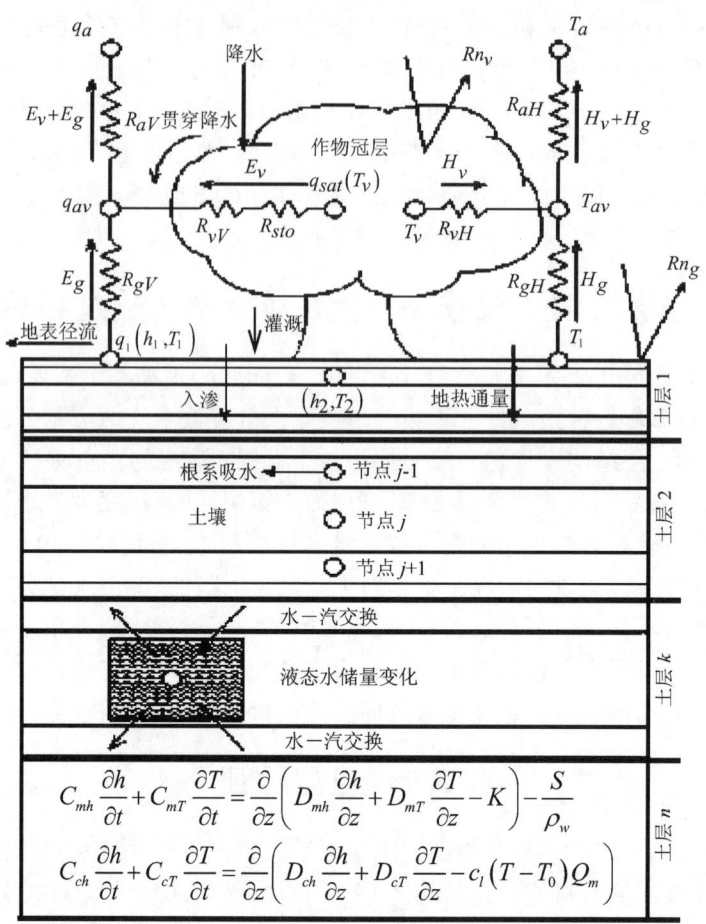

图 5.2.1 黑河中游绿洲农田土壤—作物—大气连续体系统水热传输模型物理示意图

(图中：q_a、q_{av}、$q_{sat}(T_v)$ 和 $q_1(h_1,T_1)$ 分别为冠层上方参考高度大气比湿、冠层大气比湿、冠层温度的冠层饱和比湿和土壤表面比湿(kg/kg)；Rn_v 和 Rn_g 分别为冠层和土表接受到的净辐射(W/m²)；T_a、T_{av}、T_v 和 T_1 分别为参考高度气温、地表上方冠层气温、冠层叶温、土壤表面温度(K)；E_v 和 E_g 分别为冠层蒸散和土壤蒸发速率(kg/m²s)；H_v 和 H_g 分别为冠层和土表感热通量(W/m²)；R_{aV}、R_{gV}、R_{vV} 分别为参考高度和冠层高度之间、土表和冠层之间、冠层高度叶片与周围空气之间的水汽扩散空气动力学阻力(s/m)；R_{sto} 为冠层气孔阻力(s/m)；R_{vH}、R_{aH} 和 R_{gH} 分别为冠层高度叶片与周围大气之间、冠层与参考高度之间和土表与冠层之间的热量传输空气动力学阻力(s/m)；h_2 和 T_2 分别为第二层土壤水势(m)和温度(K)；C_{mh} 为等温毛管持水量(m⁻¹)；C_{mT} 为恒定基质势毛管持水量(m/s)；C_{ch} 为土壤等温体积热容(J/m³K)；C_{cT} 为土壤恒定基质势体积热容(J/m³K)；c_l 为水比热(J/mgK)；h 为土壤水势(m)；D_{mh} 为等温土壤水分(液态、气态)传输系数(m/s)；D_{mT} 为温度梯度下的水分扩散率(m²/SK)；K 为土壤导水率(m/s)；S 为作物根系吸水项(kg/m²s)。ρ_w 为液态水密度(kg/m³)；t 为时间(s)；z 为土壤深度(m)；T 和 T_0 分别为土壤温度和参考温度(K)；D_{ch} 为等温水汽热扩散率(W/mK)；D_{cT} 为土壤表观传导率或恒定水势热扩散率(W/mK)；Q_m 为土壤内水分通量(kg/m²s))

限于篇幅，这里只讨论与作物生长有密切关系的 0～60 cm 深度土壤剖面的水热传输过程，并根据土壤含水率和土壤温度探头的观测剖面分布，选取 5、20、40 和 60 cm 深度四个层次的土壤体积含水率和土壤温度的模拟值及观测值进行比较，并作模型模拟结果的 ME、RMSD 和 MBE 误差评价，分别见图 5.2.2 和图 5.2.3。从图 5.2.2 和图 5.2.3 可以看出，各层土壤含水率和土壤温度的模拟和实测结果吻合较好，观测值和模拟值散点基本分布在

1∶1线两侧很密的区域内,且没有集中于1∶1线的一侧,说明模型没有系统的误差。就整个土壤剖面的含水率和土壤温度的观测值和模拟值比较而言,模型模拟结果的各项误差评价指标都较好,模型总体上较为准确地模拟了土壤剖面不同位置的土壤含水率和土壤温度随时间变化的过程。

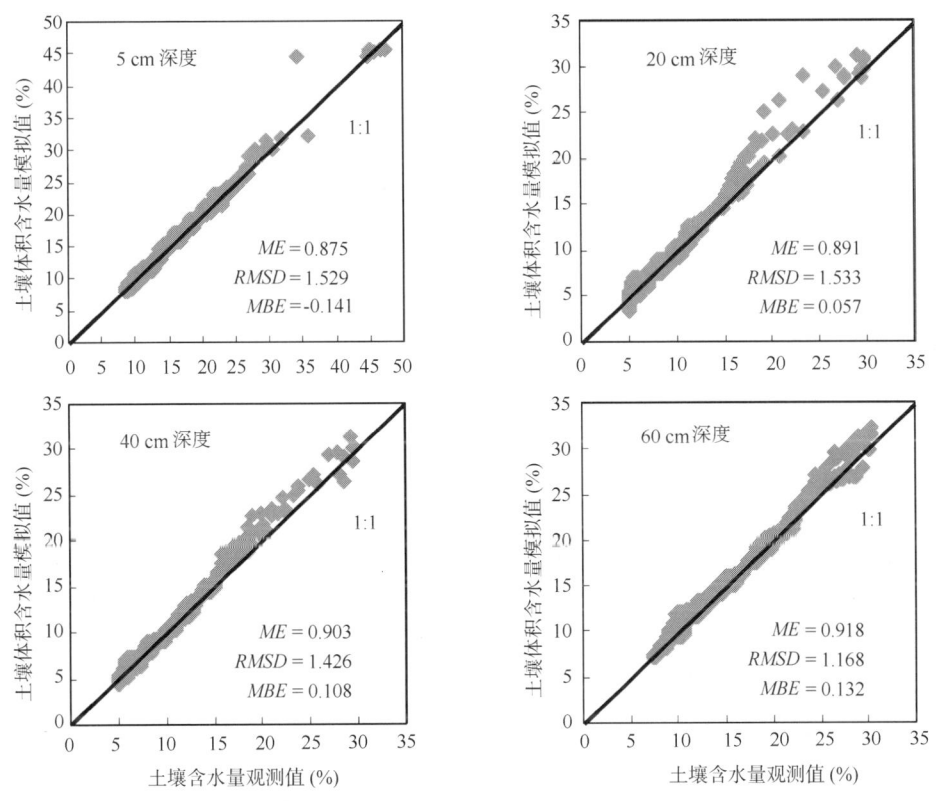

图 5.2.2　土壤体积含水量剖面分布模拟值与观测值对比

从图 5.2.2 还可以看出,随着土壤剖面深度的增加,ME 逐渐增大,$RMSD$ 逐渐减小,说明下层土壤含水率比上层土壤效果要好,但是 5、20、40 和 60 cm 四个层次的 MBE 分别为 -0.14%、0.06%、0.11% 和 0.13%,与 ME 和 $RMSD$ 模型评价结论相反,说明对模型进行多项误差评价更能够揭示其模型效果评价。干旱地区沙地灌溉种植条件下,土壤水分向上、向下运移速率较快,模型将土壤内部的水热传输过程耦合,充分考虑了土壤水分和热量传输的相互作用,模拟结果较为符合实际情况,尤其是对土壤水势较低时,模拟效果最好,克服了对 SVAT 系统水热传输过程温度梯度对水分通量的影响的简单处理。但是,模型低估了土壤剖面 20 cm 深度处的土壤含水率,高估了其他层次的土壤含水率,主要是因为作物根系大量分布于这一层,土壤水分在这一层次的消耗最大;其次,对 SVAT 系统潜热通量的低估,也是造成土壤剖面总体含水率高估的一个重要原因;另外,模型对整个土壤热力学参数采用均一化处理,即假定模拟土柱高度内,土壤的热力学性质相同,加之土壤剖面观测探头在土壤剖面位置设置的不确定性,也是干旱区灌溉农田 SVAT 系统水热传输过程模拟研究过程中必须注意的问题。

图 5.2.3 基于土壤温度的剖面分布对模型进行了评价,模型较好地模拟了土壤温度变化的滞后效应,且发现土壤温度变化的滞后效应随着深度的增加而增加。从图 5.2.3 可以

看出,ME在土壤剖面不同层次的变化不大,且在 0.898~0.912 间分布;$RMSD$ 则逐渐减小,说明下层土壤温度比上层的模拟效果好;5、20、40 和 60 cm 四个层次的 MBE 分别为 0.25℃、−0.11℃、0.07℃ 和 −0.02℃,整体上高估了上层土壤温度。主要原因有:模型对整个土壤热力学参数采用均一化处理,即假定模拟土柱高度内,土壤的热力学性质相同,加之土壤剖面观测探头在土壤剖面位置设置的不确定性;田间冷水(地下水)灌溉措施,引起土壤温度的突变,使得误差增大,这是引起土壤温度高估的最主要原因,同时也反映了模型对于田间管理措施没有进行灵活的处理,使模型运行缺乏适应性,是今后研究需要重点讨论的问题。

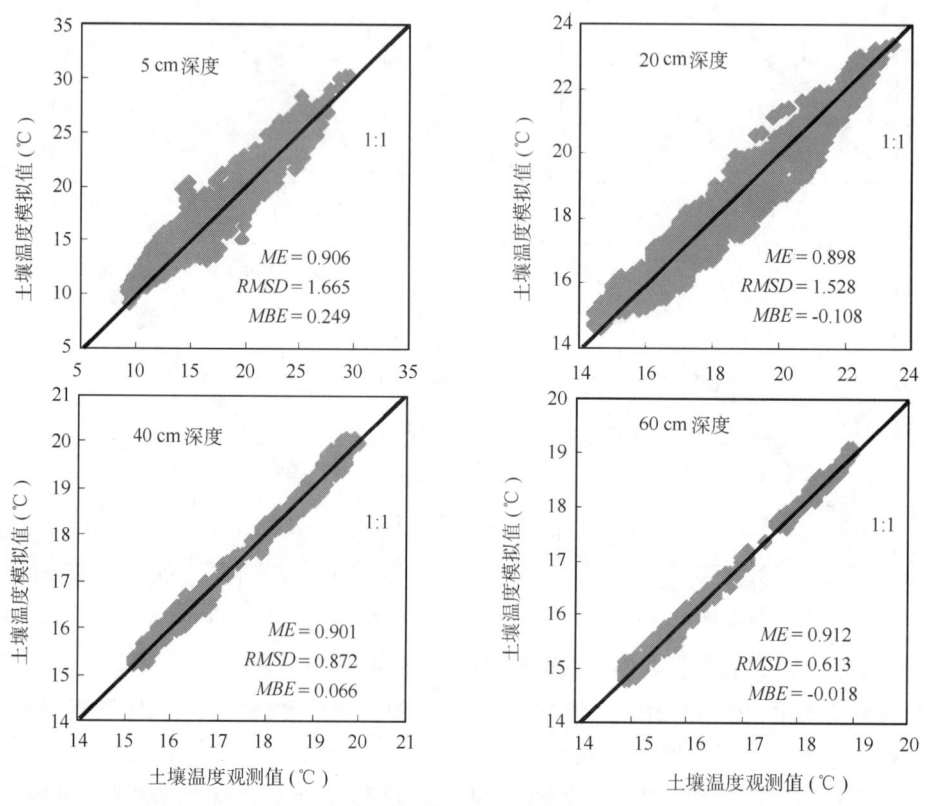

图 5.2.3 土壤温度剖面分布模拟值与观测值对比

5.2.3 模拟结果与讨论

5.2.3.1 绿洲农田 SVAT 系统热量传输过程

根据农田生态系统系统水热传输 SVAT 模型,对西北干旱区内陆山前绿洲灌溉农田土壤—作物—大气系统水热传输过程进行了以 30 min 为时间步长的模拟,其热量传输过程如图 5.2.4 所示。从图 5.2.4 可以看出,夜间春小麦农田仍具有一定数量的潜热向上输送,尤其是一次灌溉或降雨事件后,则更为明显;从日落后至次日日出前,潜热通量逐渐减小,凌晨接近于零通量;夜间感热通量为负值,说明热量由大气向农田土壤—作物系统输送,其交换强度在日出前达到最小值并接近于零;白天感热交换与潜热交换随太阳高度角的增加而迅速增强,潜热在 13:30(北京时)左右达到最大值,但在 12:30—15:30 期间,感热交换却略有减小,是气孔的高温调节,即叶片的水分亏缺或由于高温导致的较大的叶片—空气水汽压差所致,还是由于太阳高度角增大,引起太阳辐射反照率增大而使土壤—作物系统所接受的净辐射减小所致,或者是二者共同作用的结果,还有待进一步研究;感热通量一般在11:30左右达到最大值,提前于潜热通量达到最大值并维持长时间的高强度交换,尤其是下午主要以感热交换为主(除土表湿润外);土壤热通量变化不大,主要受土壤—作物系统净辐射通量、土壤含水率、叶面积指数等共同影响。

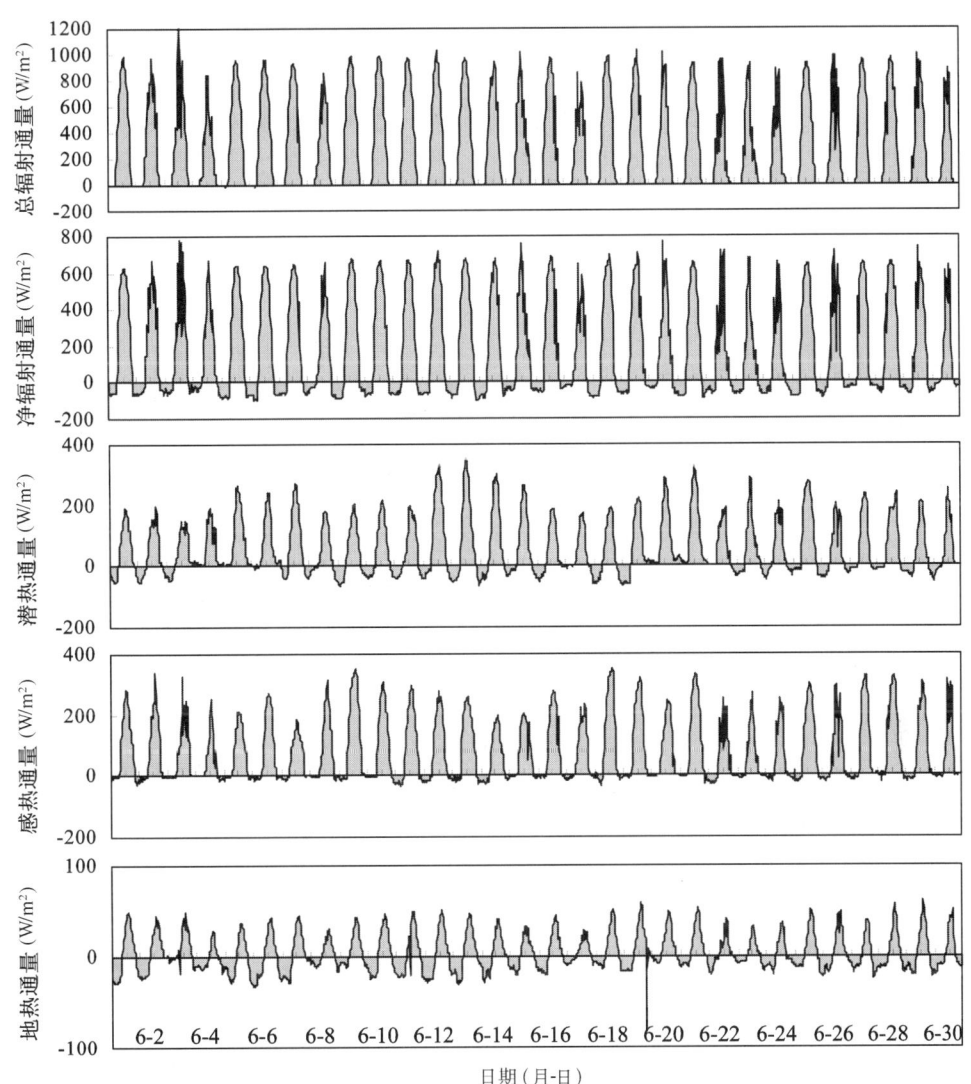

图 5.2.4 2005 年 6 月荒漠绿洲农田土壤—植被—大气系统热量传输过程

扣除天气和作物生长影响,土壤水分含量的多寡,尤其是土壤表层(0～20 cm)含水量对 SVAT 系统热量传输过程影响很大,一次灌溉或降雨后,作物冠层与参考高度之间的水汽压差明显增大,增强了向上的湍流通量,水汽输送增大,太阳辐射到达土壤—植被系统后,潜热占主导地位,感热次之;在同等条件下,叶面积指数也是控制 SVAT 系统水热传输过程的一个至关重要的因素,从 2005 年 6 月 1—30 日期间,春小麦生长经历了灌浆期和成熟期,因冠层叶片逐渐枯黄、凋落,叶面积指数减小而导致的郁闭度减小,地表裸露,土壤—作物系统接受到的净辐射主要用于感热交换,潜热交换减弱,地热通量增加。

5.2.3.2 绿洲农田 SVAT 系统水分传输过程

从图 5.2.5 可以看出,模拟期内是春小麦生长的灌浆期和乳熟期,经历了三次降水(降水量分别为 8.5、2.9 和 1.8 mm)和三次灌水(灌水量均为 105 mm)。2005 年 6 月 20 日后,冠层叶片逐渐枯黄、凋落,叶面积指数减小,地表裸露,但是由于作物生理需水仍然较高,且土壤水分含量较高,SVAT 系统也保持相当高的向上水汽通量,约占水分输入(降水量和灌水量之和)的 67.2%,且以作物冠层叶片蒸腾为主,约占向上水分输送的 73.5%,土壤蒸发次之,约占向上总水分通量的 26.5%。向下的水分输送表现为土壤内部的达西流,即田间下渗量,约占总水分输入的 32.8%,模拟期内是春小麦整个生长季水分田间下渗量的最小值出

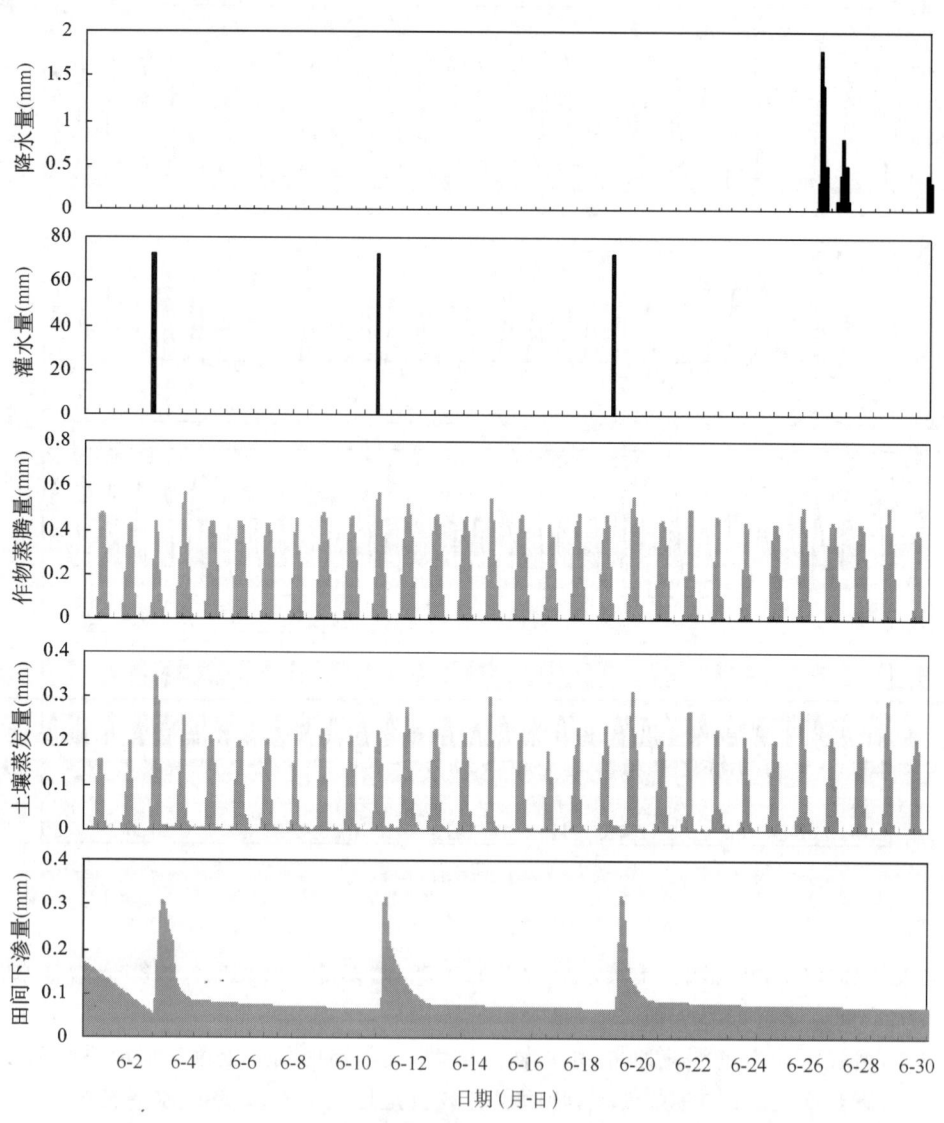

图 5.2.5 2005 年 6 月荒漠绿洲农田土壤—植被—大气系统水分传输过程

现的阶段,主要是春小麦生长根系密度达到最大值,其生理需水也相当可观,在无土壤水分胁迫的情况下,植物根系吸水始终维持某一高水平。

一次灌水后,土壤水分迅速向下运移,达西流速率很快达到最大值,而后则呈近似指数下降,最后保持某一低水平向下运移;3 d 以内,土壤剖面 60 cm 深度以上土壤含水量剧增,土壤含水量平均增大了 57.68%~61.23%,向上水分输送增加了 41.69%~53.71%,其中,土壤蒸发增加了 60.17%~72.3%,作物蒸腾增加了 39.9%~47.1%;三次灌水后,土壤水分下渗的速率达到最大值的时间分别为 1.32 d、1.45 d 和 1.55 d,在灌浆期,作物生理需水、叶面积指数和根系吸水速率达到了最大值,土壤水分向上、向下传输速率受到不断减小的土壤蒸发和增大的植物蒸腾的双重影响,延缓了土壤水分向下输送过程,而在成熟期,冠层叶片逐渐枯黄、凋落,叶面积指数减小,地表裸露,加之部分根系枯死,下层根系栓化程度增加,作物需水量减小,根系吸水速率减小,吸水范围缩小,使得土壤蒸发和土壤内部水分向下输送速率增大,作物冠层蒸发则减小。

5.2.4　中游绿洲农田作物生长季水量平衡

5.2.4.1　绿洲内部大田制种玉米生长季田间水量平衡估算结果

绿洲内部大田制种玉米生长季灌溉量为 954.3 mm(每次灌溉量约为 119.7 mm),降水量为 90.9 mm,合计水分收入 1045.2 mm。田间水分输出分配中,有 442.7 mm 被作物蒸腾所消耗,土壤蒸发 294.6 mm,土壤深层渗漏 308.5 mm(表 5.2.2)。作物生长期始末土壤储水量变化仅为 -0.6 mm。田间作物蒸腾、土壤蒸发、深层渗漏量分别占水分总输入量的 42.3%、28.2%、29.5%。

表 5.2.2　绿洲内部大田制种玉米生长季各月田间水量平衡　　　　　　　　(单位:mm)

水分平衡项	大田植种玉米生长季田间水分平衡					
	5月	6月	7月	8月	9月	全生育期
降水量	3.3	5.0	43.2	11.3	28.1	90.9
灌溉量	119.7	238.3	238.3	238.3	119.7	954.3
作物蒸腾量	18.9	76.2	143.3	136.7	67.6	442.7
土壤蒸发量	67.9	62.3	60.6	49.5	54.3	294.6
深层渗漏量	35.8	104.6	78.3	63.3	27.5	308.5
土壤储水变化	+0.4	+0.2	-0.7	+1.1	-1.6	-0.6

5.2.4.2　绿洲边缘灌溉农田春小麦生长季田间水量平衡估算结果

绿洲边缘灌溉农田沙地春小麦生长季灌溉量为 840 mm(每次灌溉量约 105.0 mm),降水量为 20.5 mm,合计水分收入 860.5 mm。田间水分输出分配中,有 352.3 mm 被作物蒸腾所消耗,土壤蒸发 152.9 mm,土壤深层渗漏 364.9 mm。作物生长期始末土壤储水量变化为 -9.6 mm(表 5.2.3)。田间作物蒸腾、土壤蒸发、深层渗漏量分别占水分总输入量的 40.9%、17.8%、42.4%。

表 5.2.3　绿洲边缘灌溉农田春小麦生长季各月田间水量平衡　　　　　　（单位：mm）

水分平衡项	绿洲边缘沙地春小麦生长季田间水分平衡				
	4月	5月	6月	7月	全生育期
降水量	2.2	4.4	12.0	1.9	20.5
灌水量	105.0	315.0	315.0	105.0	840.0
作物蒸腾量	1.5	128.4	196.8	25.6	352.3
土壤蒸发量	32.6	52.7	37.7	29.6	152.9
深层渗漏量	83.4	134.0	98.9	48.6	364.9
土壤储水变化	−10.3	+4.3	−6.4	+2.8	−9.6

5.3　中游绿洲农田防护林树木耗水与尺度转换

目前,黑河流域中游地区农田防护林已形成以林、路、渠、田相配套的农田林网,占地面积达 1.8 万 hm² (2000 年)。农田林网的主、副林带设置主要按农田水利基本建设规划而定。普遍以干、支、斗渠和道路两旁的树木为主林带,主林带间距为 300~600 m,其走向与有害风的方向呈 30°~45°的夹角;农渠上的树木为副林带,副林带间距为 100~250 m,网格面积 3~15 hm²。在一些井灌区,主、副林带间距较小,主林带一般为 80~100 m,副林带一般为 300~500 m,网格面积仅为 3~5 hm²。干渠两侧植树 6~8 行,支渠两侧一般植树 4~6 行,斗渠两侧植树 3~4 行,农渠两侧一般植树 2 行;国道、省道两侧植树 4~8 行,县、乡、村道路两侧植树 4~6 行,田间道路两侧植树 2~4 行。以上林带株距为 1.0~2.0 m,行距为 1.5~2.0 m。林带结构以疏透结构为主,透风系数为 0.40~0.56(常学向,2006)。

防风固沙林是在流动、半固定和受风沙活动危害的固定沙地上营建的人工林生态系统,其目的是防风固沙、保护沙地资源、改善沙地生态环境。防风固沙林主要以梭梭(*Haloxylon ammodendron* (C. A. Mey.) Bunge)、花棒(*Hedysarum scoparium*)、柠条(*Caragana korshinskii*)、怪柳(*Tamarix*)、沙枣(*Eleaegnus angustifolia*)等乔灌木为主。在流动和半流动沙丘,防风固沙林一般定植于丘间低地和沙丘坡地;对于用草方格等机械工程措施固定的沙地,无论是丘间低地,还是沙丘坡地、沙丘顶部,均定植防风固沙林。但防风固沙林不像农田林网那样整齐划一,一般呈片状、条状分布。至 2000 年,黑河流域中游地区的防风固沙林已达 4.5 万 hm²(常学向等,2004)。

黑河流域中游人工绿洲防护林是该区典型的景观之一,对于保障当地的经济发展和生态环境改善起了重要作用,但树木为了维护自身的正常生长所进行的光合作用和蒸腾作用,需要消耗一定量的水分,这对水分缺乏的干旱地区影响很大。尽管农田防护林对土壤水分的吸收抑制了土壤表层盐碱化,然而农田林网可致使地下水位下降,防风固沙林也存在同样的问题。

黑河流域中游防护林地水分循环及耗水规律是当前西部生态环境研究领域中的一个重要科学问题,也是确定干旱、半干旱地区水土资源开发规模、社会可持续发展中迫切需解决的实际问题。科学分析和研究主要防护林地水分循环及耗水与需水规律,可对选择耗水性较低的防护树种,建设节水型防护林体系提供理论依据;也可为解决水资源的管理问题、评价森林的蒸腾量以至林地的水文过程、量化短期的水分需求等奠定基础;同时对现有防护树种的合理搭配、科学布局和未来建设节水型防护林体系具有重要的指导意义。

5.3.1 二白杨林木耗水规律

5.3.1.1 探头插入不同深度树干液流速率变化

监测二白杨树干1、2、3、4、5、6、7、8 cm 的深度树干液流速率时发现,液流主要发生在07:30—19:30,热脉冲探头插入树干 4 cm 深度时树干液流速率最高,其次是 3 cm 与 5 cm 深度时的树干液流速率,再次从大到小分别是 2 cm、1 cm、6 cm 和 7 cm。尽管二白杨在生长过程中木质部中心部位的导管木栓化,但心材(8 cm)仍有一定量的液流通过,但是比边材处要小(图 5.3.1)。同一天,1、2、3、4、5、6、7、8 cm 的深度树干液流速率分别为 11.8、12.3、16.3、28.7、17.8、9.9、7.8、3.8 kg/h,其相应的偏差分别为 8.1、9.1、12.8、22.0、11.6、5.6、4.2、1.5 kg/h,不同深度的树干液流日均值,在边材厚度 0~4 cm,从外向里,树干液流速率逐渐增大;而在 4~8 cm,树干液流速率逐渐减小,但是 3 cm、4 cm、5 cm 的树干液流波动更大,而其他的则波动小(图 5.3.2)。对 1、2、3、4 cm 处的树干液流速率的平均值为 17.4 kg/h,因此可以确定热脉冲探头插入二白杨树干的深度应在 3~4 cm 或 5~6 cm,但是有些二白杨的边材厚度还达不到 5 cm,因此应选择在 3~4 cm(常学向等,2004)。

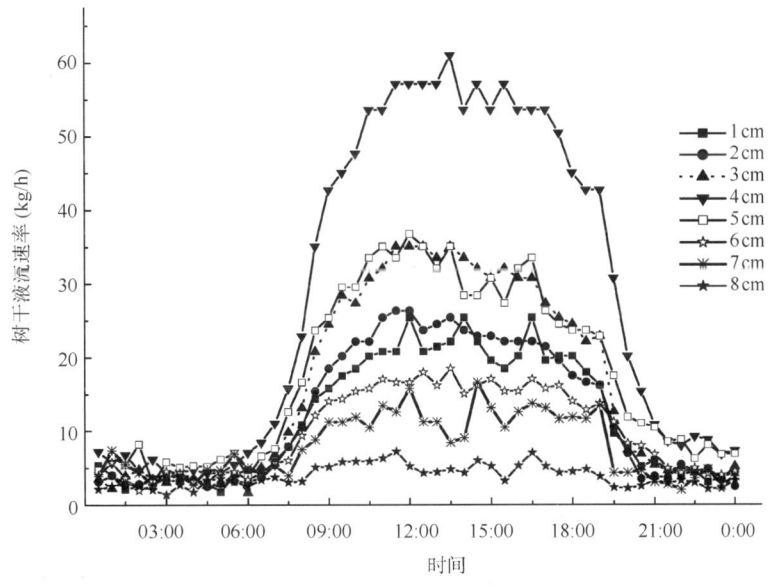

图 5.3.1 热脉冲探头插入树干不同深度的液流速率

5.3.1.2 二白杨树干液流速率日变化

在生长季节,二白杨树干液流速率日变化呈如下特征:晚间维持在较低水平,02:00—03:00 最低,在 07:00—08:30 开始升高,13:00—14:00 达到最大值,16:00—18:30 开始下降,整个过程呈单峰型或双峰曲线(图 5.3.3)。

不同月份,二白杨树干液流速率日变化存在差异,表现在开始升高、达到最大值的时间及开始升高与开始下降的时间间隔不同。5 月 12 日 08:30、7 月 12 日 07:00、8 月 12 日

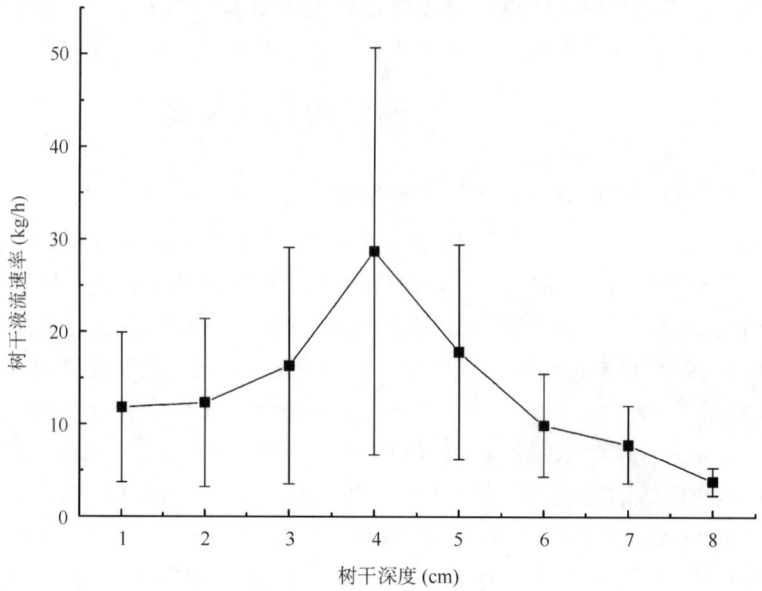

图 5.3.2　二白杨不同深度树干液流速率日均值

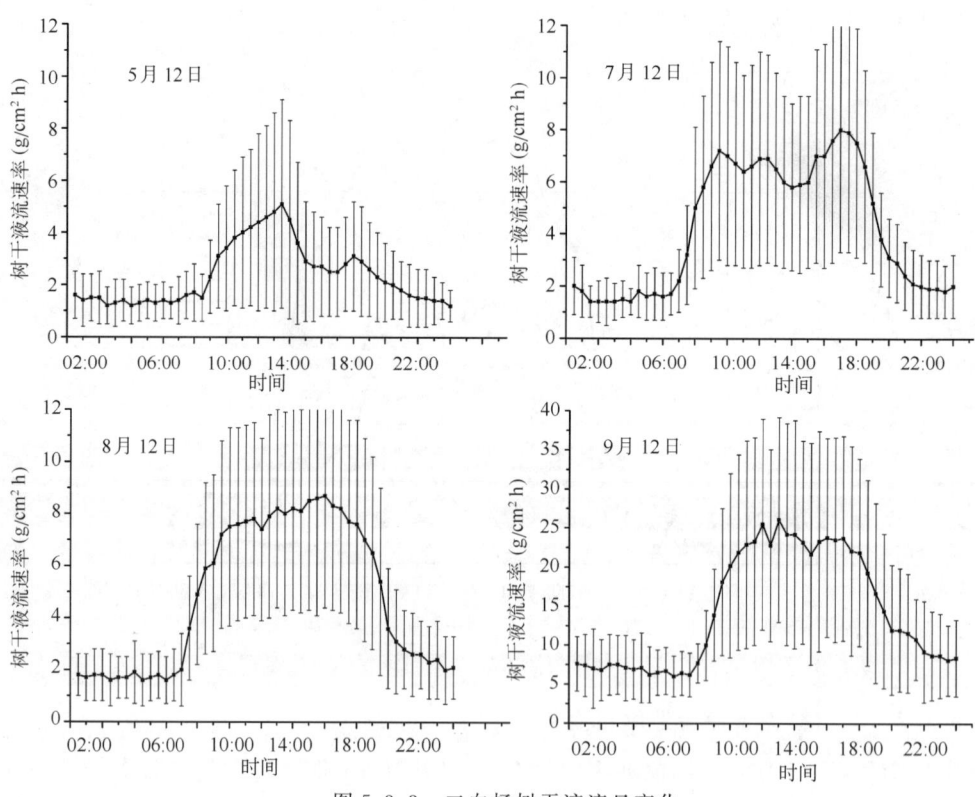

图 5.3.3　二白杨树干液流日变化

07:00 及 9 月 12 日 08:30 二白杨树干液流速率开始升高,5 月 12 日 13:30、7 月 12 日 12:30、8 月 12 日 14:00 及 9 月 12 日 13:30 二白杨树干液流速率达到最大值,开始升高与开始下降的时间间隔在 5 月 12 日、7 月 12 日、8 月 12 日和 9 月 12 日分别是 6.5 h、12.5 h、13.0 h 和 7.0 h。

在不同的生长日,二白杨树干液流速率日均值存在差异(图 5.3.4)。二白杨日均值 5 月份介于 10.1±4.9～12.4±8.8 g/cm²h,7 月 13 日升高到 19.6±5.8 g/cm²h(可能与 7 月 7 日灌水有关),之后逐渐下降,8 月 12 日又升高到 23.3±8.2 g/cm²h(可能与 8 月 7 日灌水有关),9 月 23 日降到 11.1±6.9 g/cm²h。在观测期间,二白杨树干液流速率日均最小值出现在 5 月,为 10.1±4.9 g/cm²h,最大值出现在 8 月,为 23.3±8.2 g/cm²h。

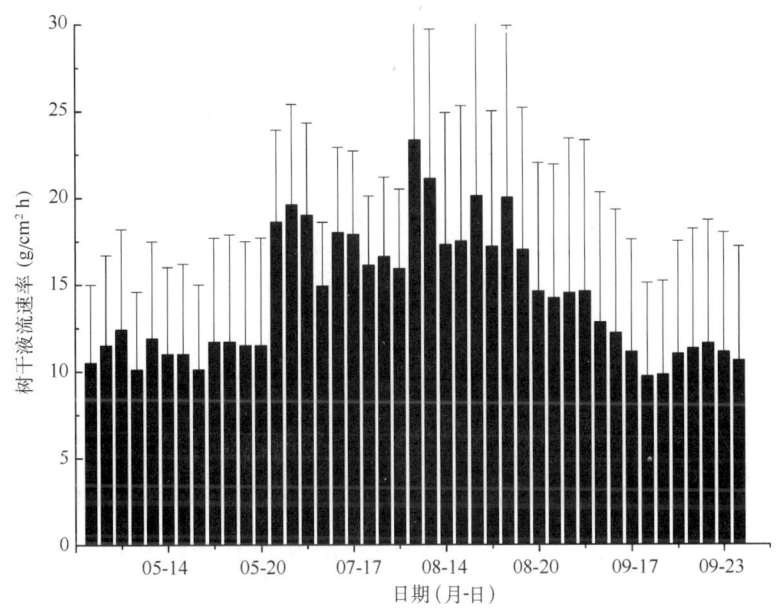

图 5.3.4　二白杨树干液流速率日均值

5.3.1.3　二白杨树干液流速率月变化

8 株二白杨树干液流速率随月份变化规律存在差异,但总体上表现为 8 月份最高,7 月份次之,5 月与 9 月份基本一致的规律(表 5.3.1)(常学向等,2004)。

表 5.3.1　树干液流速率的月变化　　　　　　(单位:g/cm²h)

月份	样树编号								平均
	1	2	3	4	5	6	7	8	
5 月	19.7±12.9	18.4±9.5	8.9±4.7	8.0±3.6	11.8±6.9	11.4±6.8	7.2±2.8	4.3±1.1	11.2±6.0
7 月	22.4±14.8	20.7±8.6	9.2±4.1	18.6±10.6	22.9±13.9	14.2±7.9	17.5±11.7	15.2±7.4	17.6±9.9
8 月	21.5±10.9	27.3±13.0	9.9±4.3	9.5±4.1	13.6±8.5	26.8±16.5	13.6±8.4	28.3±16.5	18.8±10.3
9 月	14.0±8.4	24.7±11.1	4.3±1.3	19.0±12.6	7.2±3.5	9.8±4.7	6.9±2.3	9.0±4.2	11.9±6.0

5.3.2　沙枣林木耗水规律

5.3.2.1　沙枣树干液流速率日变化

沙枣生长季节树干液流变化没有明显的规律,昼夜差别很小(图 5.3.5)。6 月 1 日,沙枣树干液流速率最大值为 1.8±0.3 g/cm²h (17:00),最小值为 1.1±0.5 g/cm²h (13:30);7 月 4 日,沙枣树干液流速率最大值为 2.3±0.3 g/cm²h (18:30),最小值为 1.3±0.2 g/cm²h

(01:00);8月2日,沙枣树干液流速率最大值为 2.3±0.5 g/cm² h (06:30);最小值为 1.4±0.5 g/cm² h (00:30);9月4日,沙枣树干液流最大值为 1.8±0.2 g/cm² h (18:00),最小值为 1.3±0.3 g/cm² h (05:00)(Zhao 等,2009)。

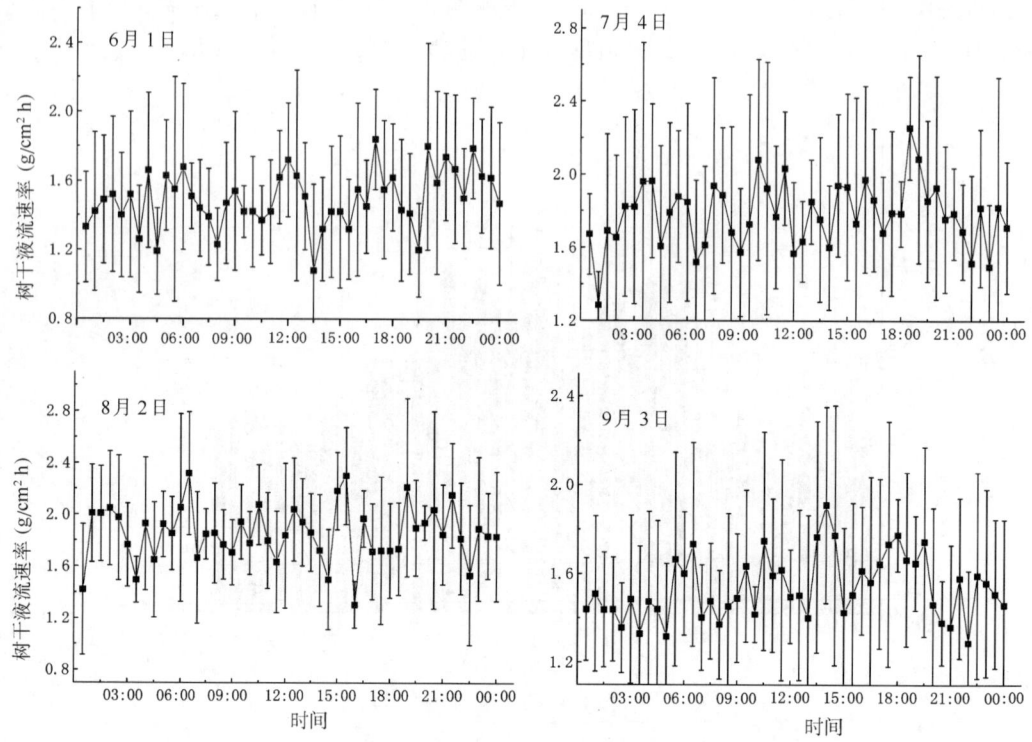

图 5.3.5　沙枣树干液流速率日变化

在不同的生长日,沙枣树干液流速率存在差异(图 5.3.6)。沙枣树干液流速率日平均值 6 月份在 1.4±0.5~1.6±0.5 g/cm²h;7 月份在 1.7±0.4~2.0±0.5 g/cm²h;8 月份在 1.7±0.6~2.0±0.6 g/cm²h;9 月份在 1.6±0.4~1.7±0.3 g/cm²h。在观测期间,沙枣树干液流速率日平均值最小出现在 6 月,为 1.4±0.6 g/cm²h,最大值出现在 8 月,为 2.0±0.4 g/cm²h。

5.3.2.2　沙枣树干液流速率月变化

对于同株沙枣样树,平均树干液流速率最大值出现在 8 月的是 2~5 和 7 号样树,分别是 2.0±0.6 g/cm²h、1.9±0.5 g/cm²h、1.7±0.5 g/cm²h、1.7±0.5 g/cm²h 和 1.9±0.5 g/cm²h,出现在 7 月份的是 1、6 和 8 号样树,分别为 1.9±0.4 g/cm²h、2.0±0.6 g/cm²h 和 1.8±0.4 g/cm²h;最小值出现在 6 月的是 1、2、3、5 和 8 号样树,分别为 1.6±0.4 g/cm²h、1.4±0.3 g/cm²h、1.3±0.3 g/cm²h、1.5±0.4 g/cm²h 和 1.6±0.4 g/cm²h,最小值出现在 9 月的是 4、6 和 7 号样树,分别为 1.5±0.4 g/cm²h、1.6±0.4 g/cm²h 和 1.5±0.4 g/cm²h。8 株沙枣树干液流速率总体上表现为 7 月、8 月份最高,9 月份次之,6 月份最低的规律(表 5.3.2)。

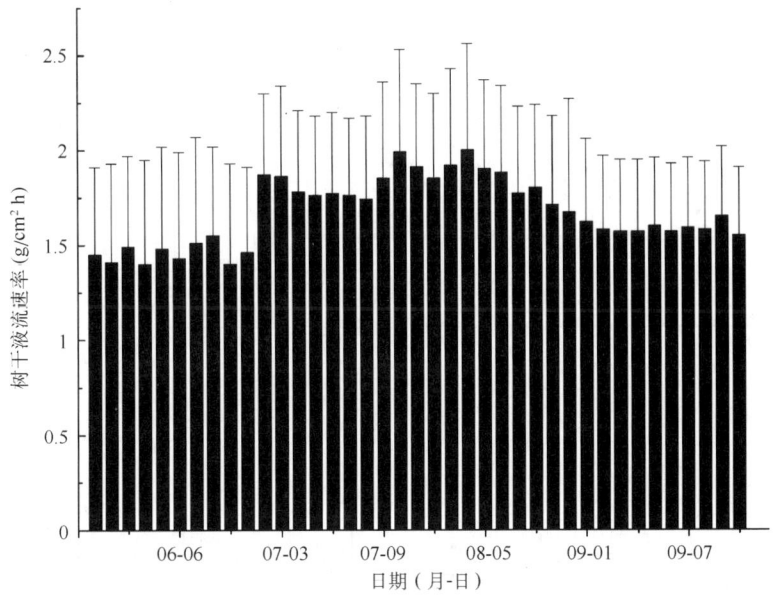

图 5.3.6　沙枣树干液流速率日均值

表 5.3.2　树干液流速率的月变化　　　　　　　　　　　　　　（单位·g/cm²h）

月份	样树编号								平均
	1	2	3	4	5	6	7	8	
6月	1.6±0.4	1.4±0.3	1.3±0.3	1.6±0.4	1.5±0.4	1.7±0.4	1.6±0.4	1.6±0.4	1.5±0.1
7月	1.9±0.4	1.8±0.4	1.8±0.5	1.6±0.4	1.5±0.4	2.0±0.6	1.8±0.5	1.8±0.4	1.8±0.2
8月	1.8±0.5	2.0±0.6	1.9±0.5	1.7±0.5	1.7±0.5	1.9±0.5	1.9±0.5	1.8±0.5	1.8±0.1
9月	1.7±0.4	1.6±0.4	1.5±0.4	1.5±0.4	1.7±0.4	1.6±0.4	1.5±0.4	1.7±0.4	1.6±0.1

5.3.3　梭梭林木耗水规律

5.3.3.1　梭梭树干液流速率的日变化

在生长季节的 5、6、7 和 8 月，梭梭每天的树干液流速率在 23:30—07:30 最低，峰值在 11:00—15:00 出现，16:00—17:30 开始下降，整个过程呈现单峰或多峰型曲线（图 5.3.7）；经对所观测日的昼(08:00—20:00)夜(20:00—08:00)的梭梭树干液流速率的方差齐性与平均值的差异显著性检验，得到 $F=2.05\sim2.47<F_{0.01}(23,23)=2.72$，$T=2.483\sim2.657<t_{0.01}(46)=2.691$，因此昼夜梭梭树干液流速率的方差是齐性的，且平均值差异不显著，这说明梭梭的树干液流速率昼夜差异小（常学向，2006）。

不同的生长日，梭梭树干液流速率也存在差异（图 5.3.8）。随着季节推移，梭梭枝叶生长，树干液流速率逐渐增大，5 月 22 日梭梭树干液流速率为 5.9±0.7 g/cm²h，5 月 29 日达到 7.8±1.9 g/cm²h，6 月 22 日达到最大，为 14.5±3.6 g/cm²h，到 9 月 1 日时，其树干液流速率降至 6.3±1.1 g/cm²h。

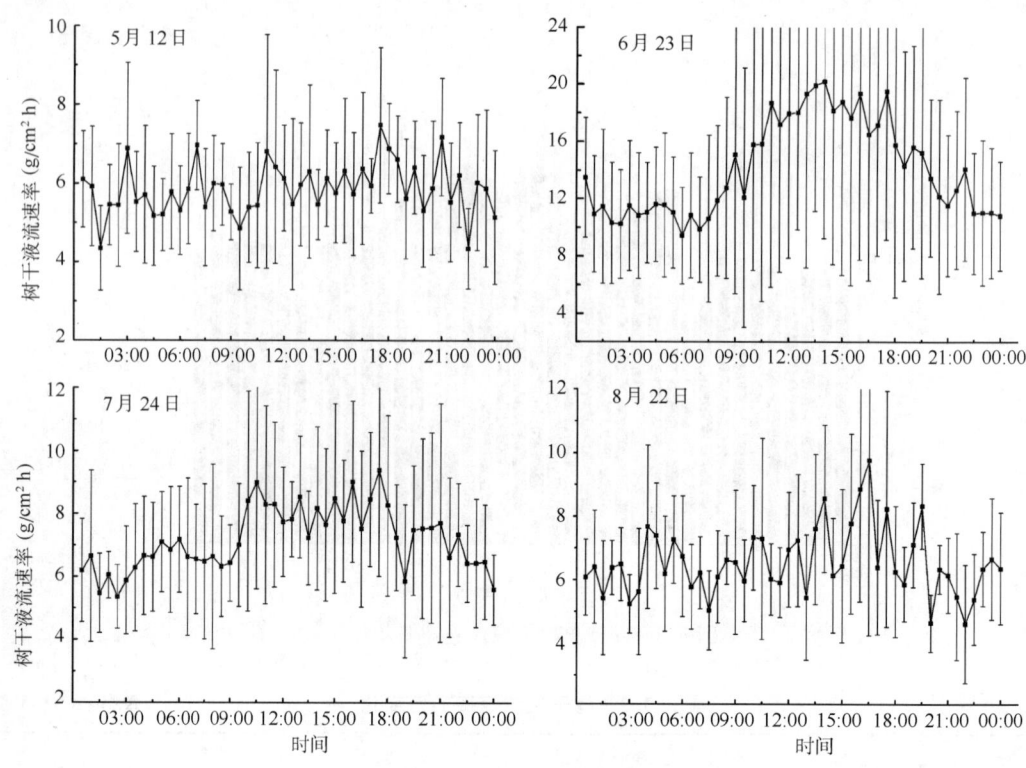

图 5.3.7 梭梭树干液流速率日变化

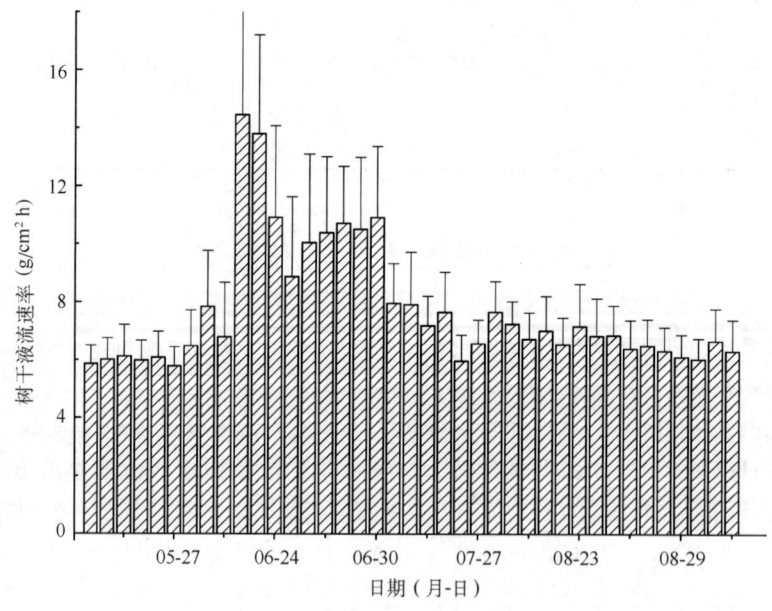

图 5.3.8 梭梭树干液流速率日均值

5.3.3.2 梭梭树干液流速率月变化规律

梭梭树干液流速率的月变化呈现为 6 月份最高(11.3 ± 4.4 g/cm^{2}h),其次是 7 月份(6.9 ± 1.3 g/cm^{2}h),再次为 5 月份,8 月份最小(6.3 ± 1.2 g/cm^{2}h)(表 5.3.3)。但对单株梭梭

来说,样树 1~4 号的树干液流速率月均值为 6 月最高,8 月次之,5 月最小;样树 5、6 号树干液流月均值为 6 月份最高,5 月次之,8 月最小;样树 7 号树干液流速率最高为 6 月,7 月份次之,8 月最小;样树 8 号则为 7 月最高,5 月次之,8 月最小,树干液流速率月均值表现出较大差异。这种差异可能与梭梭个体的大小和梭梭同化枝的数量有关,需在今后做进一步的探讨研究。

表 5.3.3 梭梭树干液流速率的月变化 （单位:g/cm²h）

月份	样树编号								平均
	1	2	3	4	5	6	7	8	
5 月	5.2±1.5	5.3±1.7	5.4±1.6	4.6±1.7	7.1±3.5	8.0±2.9	7.9±2.9	8.1±3.3	6.5±1.4
6 月	8.4±2.6	16.3±7.6	6.6±1.8	19.2±9.1	7.8±2.7	14.5±6.2	10.0±3.6	7.8±2.4	11.3±4.4
7 月	5.5±1.8	5.5±1.1	5.7±1.3	6.1±1.3	6.7±1.5	7.1±2.0	9.3±3.3	8.1±1.8	6.9±1.3
8 月	6.6±2.0	7.8±2.1	7.8±0.7	7.2±2.6	4.9±1.2	4.6±0.7	6.4±0.6	5.1±1.3	6.3±1.2

5.3.4 树木耗水规律尺度转换

所测定 8 株二白杨单株木 43 d 的日均耗水量在 55.6±43.2~115.0±59.3 kg/d,平均值在 77.2±17.1 kg/d;所测定的 8 株沙枣单株木 38 d 的日均耗水量在 1.2±0.4~1.6±0.6 kg/d,平均值在 1.5±0.1 kg/d;所测定的 8 株梭梭单株木 38 d 的日耗水量在 6.6±5.2~1.7±0.6 kg/d,平均值在 3.5±1.0 kg/d(图 5.3.9)。

用测定的 8 株二白杨单株木 43 d 日耗水量的平均值(Q_{s1},kg/d),与相应观测日的温度(T,℃)、水汽压差(D,kPa)、总辐射(R,W/m²)和风速(W,m/s)建立了多元统计方程,其方程式如下(常学向,2006):

$$Q_{s1} = -7.67 - 13D + 0.011R + 5.33T - 2.27W \\ (R^2 = 0.76, P < 0.01, n = 43) \tag{5.3.1}$$

尽管上述方程的决定系数仅能解释二白杨单株木耗水量的 76%,但是按照 F 检验,$F = 29.89 > F_{0.01}(4, 38) = 3.86$,因此方程是在 0.01 水平上显著的。

用测定的 8 株沙枣单株木 40 d 耗水量的平均值(Q_{s2},kg/d),与相应观测日的温度、水汽压差、总辐射和风速也建立了多元统计方程,其方程式如下:

$$Q_{s2} = 0.612 + 0.0001D + 0.0001R + 0.049T + 0.057W \\ (R^2 = 0.73, P < 0.01, n = 40) \tag{5.3.2}$$

尽管此方程的决定系数仅能解释沙枣单株木耗水量的 73%,但是按照 F 检验,$F = 10.81 > F_{0.01}(4, 35) = 3.91$,因此方程是在 0.01 水平上显著的。

用测定的 8 株梭梭单株木 38 d 耗水量的平均值(Q_{s3},kg/d),与相应观测日的温度、水汽压差、总辐射和风速也建立了多元统计方程,其方程式如下:

$$Q_{s3} = -0.28 + 0.0001D + 0.001R + 0.11T + 0.79W \\ (R^2 = 0.71, P < 0.01, n = 38) \tag{5.3.3}$$

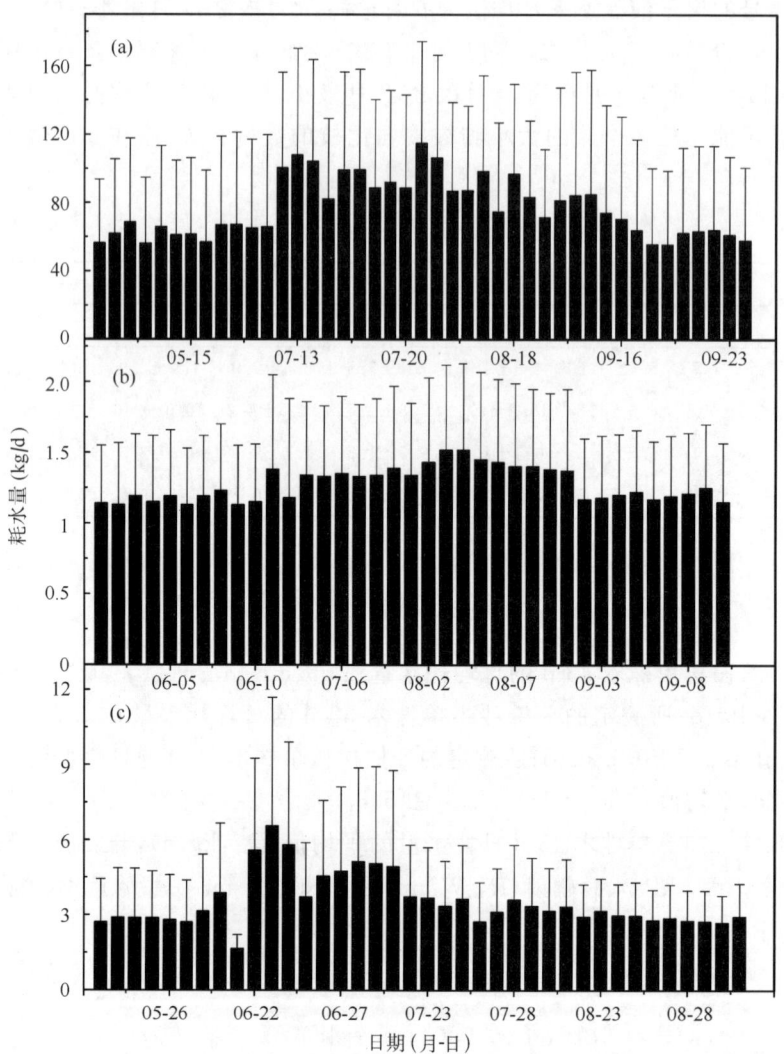

图 5.3.9 黑河中游主要树木日耗水规律
(a) 二白杨;(b) 沙枣;(c) 梭梭

尽管此方程的决定系数仅能解释梭梭耗水量的 71%,但是按照 F 检验,$F=8.10>F_{0.01}(4,33)=3.95$,因此方程是在 0.01 水平上显著的。

综上所述,上述三个方程可以分别用来预测二白杨单株木的日耗水量与沙枣单株木的日耗水量变化,即可以用来估算未测定日各树种每天的耗水量。

所测的 8 株二白杨单株木边材面积在 $93.0\sim337.9$ cm²,8 株沙枣单株木的边材面积在 $13.1\sim50.7$ cm²,8 株梭梭单株木的边材面积在 $9.6\sim39.3$ cm²,被测的二白杨、沙枣和梭梭林木的胸径也存在差异,因此,我们用林木的边材面积与胸径进行统计分析,建立了统计方程,其方程分别如下:

$$S_{sapwood1} = 20.29 D_{BH1} - 271.07 \quad (R^2 = 0.94, n = 8) \quad (5.3.4a)$$

$$S_{sapwood2} = -373.38 + 55.47 D_{BH2} - 1.84 D_{BH2}^2 \quad (R^2 = 0.84, n = 8) \quad (5.3.4b)$$

$$S_{sapwood3} = 0.33 D_{BH3} - 11.70 \quad (R^2 = 0.83, n = 8) \quad (5.3.4c)$$

式中：$S_{sapwood1}$（cm^2）是二白杨的边材面积，$S_{sapwood2}$（cm^2）是沙枣的边材面积，$S_{sapwood3}$（cm^2）是梭梭的边材面积。

利用上述三个边材面积与胸径统计方程可以确定二白杨农田防护林样地、沙枣和梭梭防风固沙林样地内的所有林木的边材面积，利用气象因素统计方程回归方程确定未观测日二白杨、沙枣和梭梭样树的耗水量。

用下式估算二白杨、沙枣和沙枣林地的耗水量：

$$E_{s1i} = E_{st1i} \times \frac{0.41 S_{T,sw1} - 11.40}{0.41 S_{S,sw1} - 11.40} \quad (5.3.5a)$$

$$E_{s2i} = E_{st2i} \times \frac{0.037 S_{T,sw2} + 0.067}{0.037 S_{S,sw2} + 0.067} \quad (5.3.5b)$$

$$E_{s3i} = E_{st3i} \times \frac{0.2 S_{T,sw3} - 0.38}{0.2 S_{S,sw3} - 0.38} \quad (5.3.5c)$$

式中：E_{s1i}、E_{s2i}、E_{s3i}（kg/d）分别是第 i 天二白杨、沙枣和梭梭林地的耗水量，E_{st1i}、E_{st2i}、E_{st3i}（kg/d）分别是第 i 天二白杨、沙枣和梭梭样树的耗水量，$S_{T,sw1}$、$S_{T,sw2}$、$S_{T,sw3}$（cm^2）分别是二白杨、沙枣和梭梭林地的总边材面积，$S_{S,sw1}$、$S_{S,sw2}$、$S_{S,sw3}$（cm^2）分别是二白杨、沙枣和梭梭样树的边材面积。

经计算，在 2003 年的整个生长季节，二白杨林分的耗水量在 1.7~5.6 mm/d，日均耗水量达 4.1 mm，总耗水量达到 624 mm；沙枣林分的耗水量在 0.2~0.4 mm/d，日均耗水量达 0.3 mm/d，总耗水量达到 45 mm；梭梭林分的耗水量在 0.2~0.5 mm/d，日均耗水量达 0.3 mm/d，总耗水量达到 47.1 mm（图 5.3.10）。

5.4 中游草地能水平衡观测与模拟

受地理、气候、水文地质和人类活动的影响，黑河流域中游分布有一定面积的天然草地，发育在河湖滩地或地下水位较高的区域，供水充足，草地生长旺盛，植被覆盖度大，是以荒漠为大背景条件下的另一景观类型。主要草本植物有芨芨草（*Achnatherum splendens* (*Trin*) *Nevski.*）、芦苇（*Phragmites communis*）、冰草（*Agropyron cristatum* (*Linn.*) *Gaertn.*）、针茅（*Stipa*）等，分布于过渡带、荒漠戈壁的旱生灌木林地，主要灌木种有沙拐枣（*Calligonum mongolicum*）、泡泡刺（*Nitraria sphaerocarpa*）和红沙（*Reaumuria soongorica* (*Pall.*) *Maxim.*）等。目前存在的草地对于能够有效减小沙区沙尘发生，输沙量减少，进入农区气流中的含沙量降低，农作物受风蚀、沙打和沙埋等灾害的程度减轻。因此，研究黑河中游荒漠与草地生态系统水热传输过程对于集成整个黑河流域陆面过程研究及生态水文过程有着至关重要的科学意义。

5.4.1 草地生态系统水热传输过程观测试验

草地生态系统试验区位于黑河中游临泽县小屯乡与新华镇交界处的兰州大学草原生态研究所临泽草地生态试验站内（39°15′03″N，100°03′52″E，海拔高度 1385 m）。地处祁连山山前倾斜平原末端，山区裂隙水和冲洪积扇河水入渗形成的地下水在此排泄，地下水位埋深在

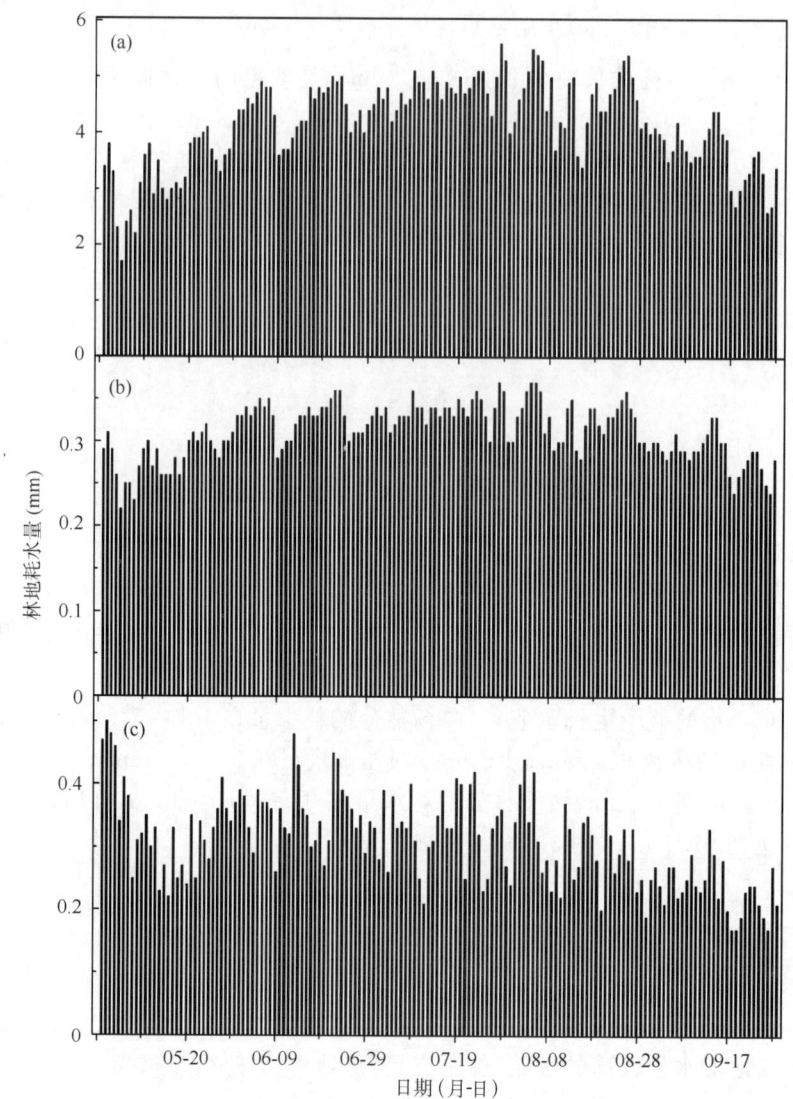

图 5.3.10 黑河中游绿洲主要林地耗水规律(2003 年)
(a)二白杨;(b)沙枣;(c)梭梭

0.2~2.0 m 间波动。春、秋两季地下水直接出露,形成积水。由于年降水稀少,且无灌溉措施,地下水是草地正常生长的主要水源。试验区天然湿草地植被覆盖度为 80% 左右,其中芦苇和赖草为优势种,有芨芨、盐爪爪、白刺等镶嵌出现。土壤为盐渍化草甸土,表层(0~10 cm)土壤盐分含量为 18%~42%;20~40 cm 土壤盐分含量小于 4%;40~60 cm 土壤盐分含量为 0.2%~3.9%。表层土壤 pH 值为 7.6~8.8(吴锦奎等,2005)。

观测试验于 2003 年 8 月开始。观测项目有三层(地表以上 1.2 m、1.4 m 和 10.7 m)风向、风速、气温、相对湿度、辐射和降水等,数据每 10 min 由数据采集器自动采集、存储。

5.4.2 草地热量传输过程的季节与日变化

春季草地净辐射在夜间稳定在 -60~-70 W/m² (图 5.4.1a)。早上 08:00 净辐射转为正值,此后迅速增大并于 13:00 出现最大值约 400 W/m²。下午净辐射减小的速度基本与上午的上升速度持平,至 19:00 转为负值。土壤热通量的变化趋势与净辐射基本一致,在 08:00—18:00 土壤热通量为正值,热量是由地面向下传递,在 13:00 左右出现最大值,约 60 W/m²。除在凌晨或夜间一段时间潜热通量为负值外,白天(08:00—18:00),潜热通量出现较快的增大趋势,并于 13:00 左右达到最大 110 W/m²。感热通量日变化规律明显,白天大部分时间(08:00—17:00)为正值,最高值出现在 13:00,为 260 W/m²。草地感热通量确定大于农田,主要是地面温度变化较大,湍流运动较强造成的。在白天草地净辐射的分配中,土壤热通量、潜热通量、感热通量分别占 18.2%、26.4% 和 55.4%,感热通量是热量消耗的主体。

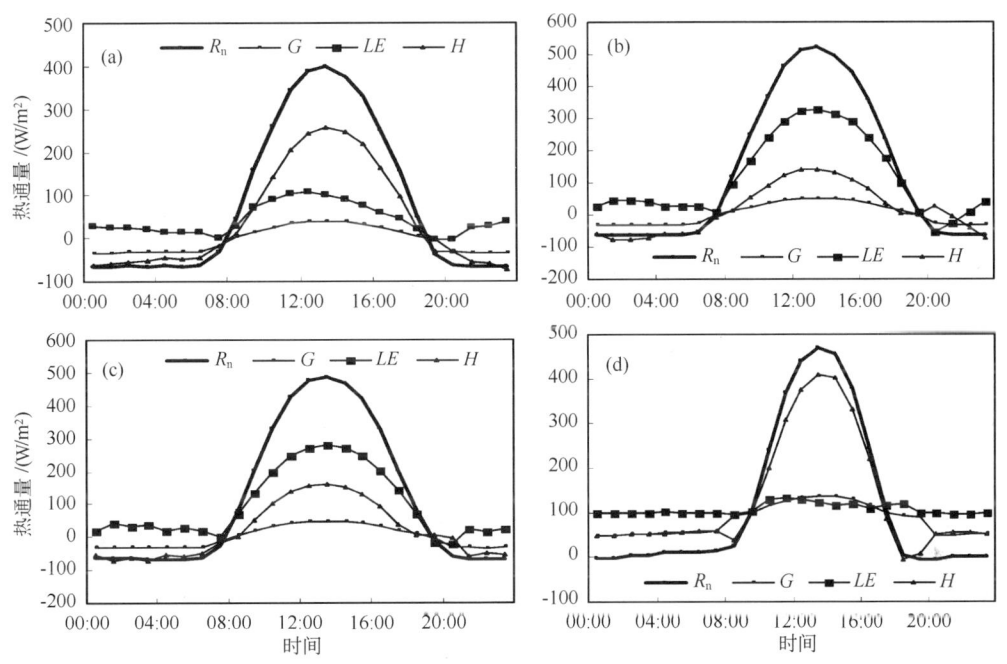

图 5.4.1 黑河中游各季节草地能量收支日变化过程 (a)春季;(b)夏季;(c)秋季;(d)冬季
(图中:R_n 为净辐射;G 为土壤热通量;LE 为潜热;H 为感热)

由于夏季是牧草最主要的生长季节,草地净辐射在夜间稳定在 $-55 \sim -65$ W/m²(图 5.4.1b)。早上 07:00 净辐射转为正值,此后迅速增大并于 13:00 出现最大值约 520 W/m²。下午净辐射减小的速度基本与上午的上升速度持平,至 20:00 转为负值。土壤热通量的变化趋势与净辐射基本一致,在 08:00—18:00 土壤热通量为正值,热量是由地面向下传递,在 13:00 左右出现最大值,约 60 W/m²。除在凌晨或夜间一段时间潜热通量为负值外,白天(08:00—18:00)潜热通量出现较快的增大趋势,并于 12:00—13:00 左右达到最大 330 W/m²,是春季的 3 倍,草地潜热消耗的剧烈增长是与牧草强烈生长形成的强烈蒸腾和土壤完全融化后潜水的蒸发是分不开的。感热通量白天大部分时间(08:00—19:00)为正值,最高值出现在 12:00—13:00,为 140 W/m²,约为春季的 50%,主要与地面覆盖增加引起地温变化幅度减小、风速降低有关。在白天草地净辐射的分配中,土壤热通量、潜热通量、感热通量分别占 10.1%、66.4% 和 23.5%,潜热通量是热量消耗的主体,约占总热量的 2/3。

黑河中游绿洲草地秋季热量及其分配的日变化过程与夏季有相似之处。随着牧草生长速率减慢和有效叶面积指数减小,蒸腾作用减弱和辐射强度减小,绿洲潜热消耗减小。秋季,白天草地净辐射的分配中土壤热通量、潜热通量、感热通量分别占 12.4%、57.8% 和 27.9%(图 5.4.1c)。

冬季草地净辐射强度也随着太阳辐射的减小而迅速变小,在 09:00—16:00 维持正值,13:00 出现最大值约 180 W/m²。在夜间,净辐射稳定在 −40~−50 W/m²。土壤热通量的变化趋势与净辐射一致:在 09:00—16:00 为正值。夜间潜热通量在 0 W/m² 左右,白天(07:00—18:00),潜热通量保持较小的正值,并于 13:00 左右达到最大约 20 W/m²。感热在白天大部分时间(09:00—16:00)为正值,最高值出现在 13:00—14:00,为 150 W/m²,夜间感热通量为负值。在白天净辐射的分配中,土壤热通量、潜热通量、感热通量分别占 20.1%、9.3% 和 70.6%,感热通量是主要的能量消耗方式(图 5.4.1d)。

5.4.3 草地蒸散过程估算

牧草地蒸散量的估算由参考作物蒸散量—作物系数法给出,其公式为(Allen,1998):

$$ET_c = ET_0 \times K_c \tag{5.4.1}$$

式中:ET_c 为草地实际蒸散量(mm/d),ET_0 为参考作物蒸散量(mm/d),K_c 为综合作物系数。

其中参考作物蒸散发量采用 FAO-Penman-Monteith 方法(Allen 等,1998)计算得出,即:

$$ET_0 = \frac{0.408\Delta(R_n - G) + \gamma \frac{900}{T+273} u_2(e_s - e_a)}{\Delta + \gamma(1 + 0.34 u_2)} \tag{5.4.2}$$

式中:R_n 为净辐射(MJ/m²d);G 为土壤热通量(MJ/m²d);T 为日平均气温(℃);e_s 和 e_a 分别为饱和水汽压和实际水汽压(kPa);u_2 为地表以上 2 m 处风速(m/s);Δ 为饱和水汽压与温度的关系曲线斜率(kPa/℃);γ 为干湿表常数(kPa/℃)。

综合作物系数 K_c 的计算采用 FAO-56 方案,结合研究区物候特征,确定计算期 2003—2004 年度牧草生育期为:2003 年 11 月 5 日—2004 年 3 月 5 日为非生长期;2004 年 3 月 6 日—2004 年 4 月 2 日为初始生长期;2004 年 4 月 3 日—2004 年 8 月 31 日为生长中期;2003 年 9 月 1 日—2003 年 11 月 4 日为生长后期。AO-56 推荐的牧草各生育阶段的单作物系数分别为:$K_{cini}=0.4$,$K_{cmid}=1.05$,$K_{cend}=0.85$。对于非生长期,牧草地为干草覆盖,由于土壤冻结等,其作物系数比 K_{cini} 值略小。由于本区气候条件与参考气候条件存在一定差异,作物系数的具体取值需要对推荐值进行调整。其中对中期和后期作物系数(K_{cmid} 和 K_{cend})具体调整如下(Allen,2000;吴锦奎,2006):

$$K_c = K_{c(\text{推荐})} + [0.004(u_2 - 2) - 0.004(RH_{\min} - 45)]\left(\frac{h}{3}\right)^{0.3} \tag{5.4.3}$$

式中:$RH_{\min}$ 为计算时段内每日最小相对湿度的平均值(%),$20\% \leqslant RH \leqslant 80\%$;$u_2$ 为计算时段内 2 m 高处日平均风速(m/s),$1 \text{ m/s} \leqslant u_2 \leqslant 6 \text{ m/s}$;$h$ 为计算时段内的平均株高(m),$0.1 \text{ m} \leqslant h < 10 \text{ m}$。

5.4.3.1 草地参考作物蒸散量季节与日变化过程

在 2003 年 9 月 1 日—2004 年 8 月 31 日期间,临泽湿草地参考蒸散量(ET_0)为 1193.9

mm,日均为 3.26 mm/d(表 5.4.1)。在草地不同生长季,ET_0 也随之变化。例如,在非生长季,由于辐射弱、气温低、相对湿度较大,草地的参考蒸散相应也小,平均为 0.92 mm/d。尽管这一时段历时较长,但在参考蒸散总量中所占比例很小。进入牧草生长初期后,由于气温升高、风速增大及辐射增加,草地 ET_0 大幅增大,达到 2.13 mm/d。在牧草生长中期,净辐射达到一年中的最大值,气温升高,大气相对湿度减小,加之牧草正好处于生长旺盛期,牧草蒸腾与土壤蒸发强烈,使得 ET_0 剧烈增大,平均达 5.33 mm/d,这一时段的 ET_0 占全年总 ET_0 的 70% 以上。而后,随着气温的降低、辐射减弱,牧草地 ET_0 也随之减小,在生长末期为 2.52 mm/d,呈明显下降趋势。

表 5.4.1 黑河中游牧草地全年参考作物蒸散量(ET_0)特征值

时段	起讫时间 (年-月-日)	日数 (d)	占总日数 百分比(%)	平均 气温 (℃)	平均相 对湿度 (%)	风速 (m/s)	净辐射 (MJ/m² d)	ET_0		
								平均 (mm)	合计 (mm)	占总量百 分比(%)
非生长期	2003-11-05— 2004-03-05	122	33.3	−6.4	33	2.8	0.6	0.9	120.4	10.1
生长初期	2004-03-06— 2004-04-02	28	7.7	2.1	22	3.4	3.8	2.6	73.5	6.2
生长中期	2004-04-03— 2004-08-31	151	41.2	17.5	21	2.8	10.2	5.4	820.3	68.7
生长末期	2003-09-01— 2003-11-04	65	17.8	9.7	24	2.0	3.7	2.8	179.7	15.0
合计		366	100.0					3.26	1193.9	100.0

5.4.3.2 黑河中游湿草地实际蒸散(ET_c)变化过程

根据 FAO-56 对综合作物系数 K_c 的确定原则,确定黑河中游牧草在非生长期、生长初期、生长中期、生长末期的 K_c 分别为 0.30、0.40、0.90 和 0.88。表 5.4.2 列出了用参考作物蒸散量-作物系数法计算出的研究区内草地在各时段实际蒸散量(ET_c)(吴锦奎等,2005),从表 5.4.2 中可看出,2003 年 9 月至 2004 年 8 月,黑河中游湿草地实际蒸散量为 962.0 mm,日均 2.63 mm/d。在牧草不同生长季节,ET_c 变化较 ET_0 更为剧烈。在非生长期,草地的蒸散值很小,平均为 0.30 mm/d,占总蒸散量的 3.75%,因此,此段时期内的蒸散量可以忽略不计。生长初期由于历时较短,在蒸散总量中所占比例也很小。生长中期是草地蒸散的集中期,地面蒸发和牧草蒸腾均处于旺盛季节,ET_c 平均达 4.89 mm/d,这一时段的蒸散量占全年总蒸散量的近 80%。在生长末期,尽管气温降低、辐射减弱、牧草蒸腾作用减弱,但实际蒸散仍维持在一个较高的水平,平均达 2.43 mm/d,但与生长中期相比呈明显的下降趋势。ET_c 的日变化、月变化及日内变化与 ET_0 的变化非常类似。

表 5.4.2 黑河中游牧草地全年实际蒸散量(ET_c)特征值

时段	起讫时间(年-月-日)	日数(d)	占总日数 (%)	ET_0		
				平均(mm)	合计(mm)	占总量(%)
非生长期	2003-11-05—2004-03-05	122	33.3	0.30	36.1	3.75
生长初期	2004-03-06—2004-04-02	28	7.7	1.04	29.4	3.06
生长中期	2004-04-03—2004-08-31	151	41.2	4.89	738.3	76.75
生长末期	2003-09-01—2003-11-04	65	17.8	2.43	158.2	16.44
合计		366	100.0	2.63	962.0	100.0

第6章 黑河下游天然绿洲生态-水文过程

6.1 天然植被多尺度蒸散耗水过程

研究和确定自然生态系统耗水量是干旱区可持续发展和自然生态保护的要求。天然植被是内陆河下游绿洲的主体,在绿洲的可持续发展中具有重要的作用和地位。然而,随着干旱区水文过程干扰的加强,天然植被的退化成为突出的问题,已引起国内外学术界的高度关注。天然植被多尺度蒸散耗水过程的研究是当今生态学、地理学和环境科学研究的热点。内陆河下游天然植被生态系统的生态过程是以水过程为主线的,水是维系绿洲天然植被生存最主要的因子。水分条件的变化不仅对天然植被的生长发育造成直接影响,而且与脆弱环境区的社会经济发展有着密切的关系。因此,研究天然植被多尺度蒸散耗水过程是内陆河下游天然绿洲生态水文过程研究中最主要的环节。

6.1.1 枝叶尺度

6.1.1.1 胡杨蒸散特征

(1) 不同林龄及不同叶型胡杨叶片日蒸散特征

利用 LI-6400 光合作用仪研究了胡杨叶片蒸腾时空变异特征,各林龄的胡杨蒸腾速率日变化曲线都呈单峰型,蒸腾速率如图 6.1.1 所示。对不同叶型的胡杨蒸腾速率研究表明,阔卵叶大于披针叶(图 6.1.2)。

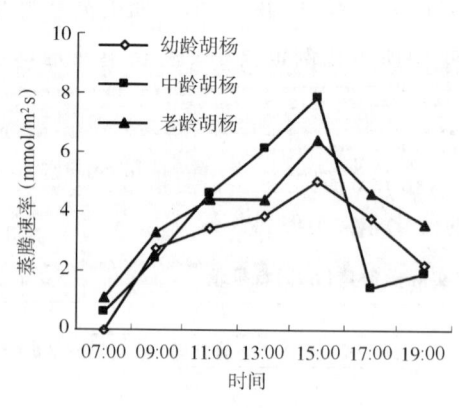

图 6.1.1 不同林龄胡杨蒸腾速率的日变化

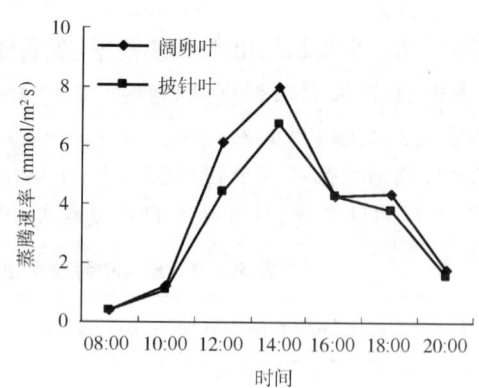

图 6.1.2 不同叶型蒸腾速率的日变化

(2) 蒸腾速率的空间变化

对河岸林胡杨标准地的标准木蒸腾速率日变化测定的结果(图 6.1.3)表明,蒸腾速率日变化呈单峰曲线。清晨蒸腾速率低,随着光合有效辐射增加、气温升高和相对湿度的下降,蒸腾速率增加,并在午前(10:00)和正午(12:00)增高至最大值,随后降低。从河岸至戈壁胡杨蒸腾速率空间日变化来看,靠近河岸的胡杨蒸腾速率高,从河岸到戈壁日均值逐渐降低。从胡杨蒸腾速率变化形式来看,距河岸 20 m 的胡杨蒸腾速率峰型呈单峰,距河岸 150 m 的胡杨为双峰,林带中间距河岸 200 m 的胡杨为不明显双峰,靠近戈壁(距河岸 280 m)的胡杨为单峰。

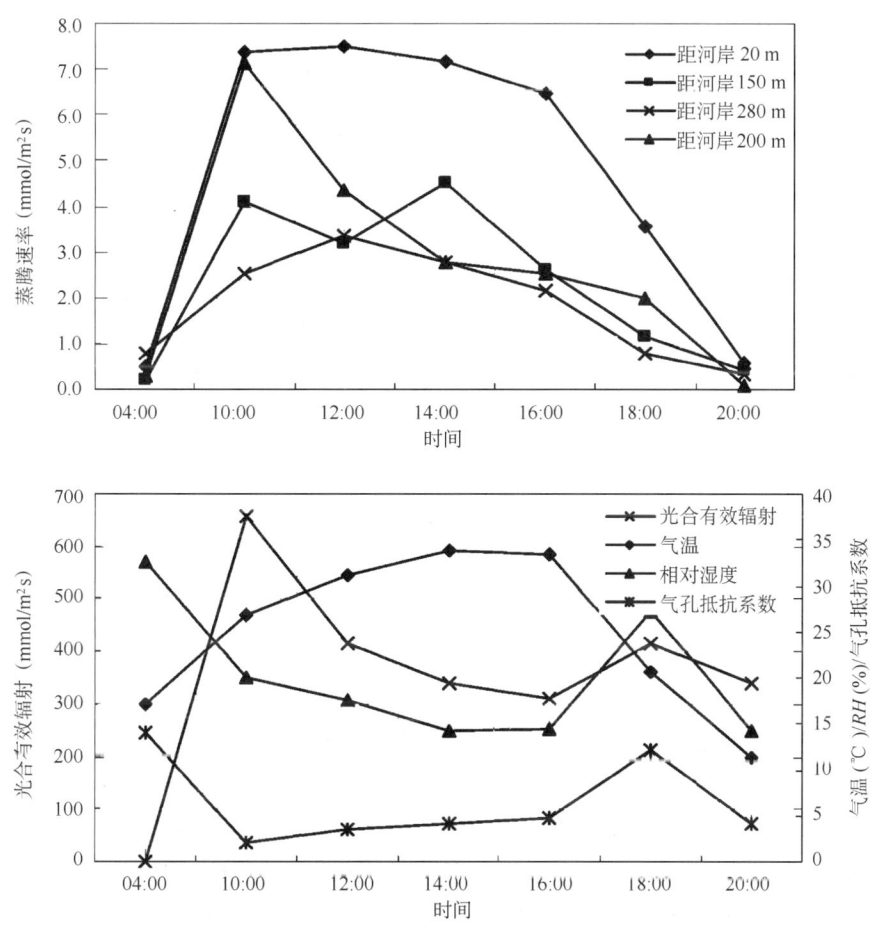

图 6.1.3　胡杨蒸腾速率的空间变化及环境因子

(3) 生长季胡杨叶片蒸腾量

胡杨在生长期内单位叶面积上月蒸腾量变化规律表现为 5—8 月,蒸腾速率逐渐升高,8—10 月,蒸腾速率下降,10 月份最小(图 6.1.4)。胡杨在生长期内蒸腾量呈单峰型变化(图 6.1.5)。

(4) 胡杨叶片蒸腾速率与环境因子的关系

通过对蒸腾速率日变化与环境因子的相关性分析(表 6.1.1)表明,在影响蒸腾速率多个环境因子中,最为重要的是气温和光合有效辐射,其次是相对湿度。对蒸腾速率(E)及其主要影响因素如气温、叶温、空气相对湿度、光合有效辐射、水汽压亏缺等进行了多元线性回归分析,并建立了回归方程(表 6.1.2)。

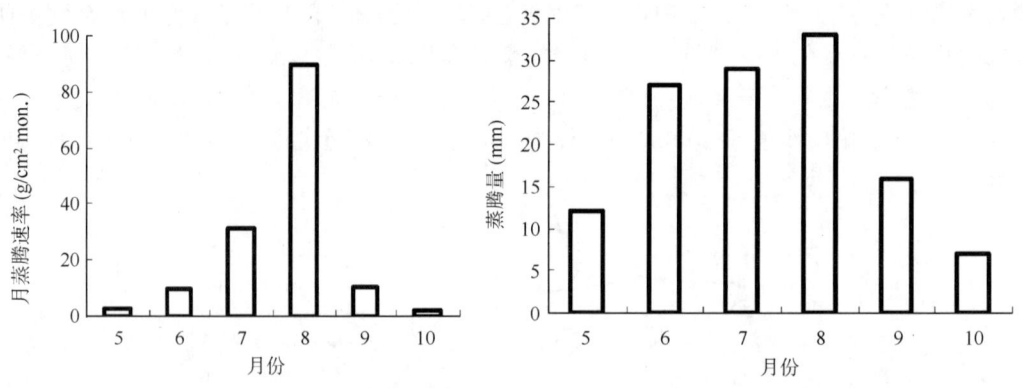

图 6.1.4 胡杨单位叶面积月蒸腾量的生长期变化　　图 6.1.5 胡杨蒸腾量的年变化

表 6.1.1　蒸腾速率与单个环境因子的相关系数表

月份	水汽压差	气温	叶温	相对湿度	光合有效辐射
5 月	−0.572	0.588	−0.686	−0.229	0.699
7 月	−0.526	0.209	−0.300	−0.169	0.077
9 月	−0.225	0.302	−0.179	−0.368	0.635
整个生长季	−0.386	0.453	−0.106	−0.296	0.398

表 6.1.2　不同月份胡杨蒸腾速率与环境因子回归方程

月份	回归方程	R^2
5 月	$E=-10.919-0.811VPDL+0.489Ta+2.236E-02T_l+0.135RH+7.024E-04PAR$	0.862
7 月	$E=-9.57E-02-1.674VPDL+1.285Ta-1.038T_l-0.136RH+4.7394E-03PAR$	0.966
9 月	$E=-12.151-0.726VPDL+1.279Ta-0.931T_l+0.199RH+3.743E-03PAR$	0.929
生长季	$E=-0.814-0.863VPDL+0.984Ta-0.874T_l-4.59E-02RH+4.227E-03PAR$	0.824

注：$VPDL$ 为水汽压差；Ta 为气温；T_l 为叶温；RH 为相对湿度；PAR 为光合有效辐射。

　　自河岸至戈壁，胡杨蒸腾速率与环境因子的相关性高低表现为：靠近河岸与靠近戈壁的胡杨蒸腾速率与气温相关性高，光合有效辐射对蒸腾速率影响低，相对湿度对蒸腾速率影响高；林带中间距河岸 200 m 的胡杨，各项因子对蒸腾速率影响与林缘胡杨相反。光合有效辐射和气温与气孔抵抗系数的关系表现为：气温与光合有效辐射与气孔抵抗系数成负相关，气温高、光合有效辐射大，气孔抵抗系数小，气孔关闭少，蒸腾速率大（表 6.1.3）。自河岸至戈壁温度与光合有效辐射对胡杨气孔关闭的影响表现为：靠近河岸光照与气温与胡杨气孔抵抗相关性高，林带中间降低，靠近戈壁更低。说明靠近河岸环境因子对蒸腾速率的影响可通过调节气孔关闭程度，靠近戈壁环境因子对蒸腾速率影响通过调节气孔关闭的能力降低，胡杨通过自我调节气孔关闭影响蒸腾速率（表 6.1.3）。

　　使用 SPSS 11.0 软件对蒸腾速率（E）及其主要影响因素气温（Ta）、空气相对湿度（RH）、光合有效辐射（PAR）、气孔抵抗系数（D）进行了多元线性回归分析，并建立了回归方程。由回归系数可以看出回归效果较好，显示出环境因子与胡杨蒸腾速率之间的密切关系（表 6.1.4）。

表 6.1.3　胡杨蒸腾速率空间变化与环境因子的相关系数

距河岸距离	蒸腾速率(E)与各因子之间的皮尔森相关系数					
	Ta	RH	PAR	D	$Ta \times D$	$PAR \times D$
20 m	0.732	−0.375	0.567	−0.802	−0.630	−0.417
150 m	0.666	−0.479	0.558	−0.739	−0.633	−0.426
200 m	0.423	−0.254	0.731	−0.550	−0.306	−0.423
280 m	0.629	−0.422	0.644	−0.748	−0.303	−0.404

注：D 为气孔抵抗系数，其他参数意义同表 6.1.2。

表 6.1.4　自河岸至戈壁胡杨蒸腾速率与环境因子回归方程

距河岸距离	回归方程	R^2
20 m	$E = 28.209 - 0.355Ta - 0.391RH + 0.005PAR - 0.458D$	0.892
150 m	$E = -7.117 + 0.299Ta + 0.152RH + 0.003PAR - 0.074D$	0.851
200 m	$E = 9.283 - 0.072Ta - 0.0195RH + 0.005PAR - 0.003D$	0.805
280 m	$E = -24.745 + 0.612Ta + 0.621RH + 0.005PAR - 0.058D$	0.944

6.1.1.2　其他天然植被蒸散特征

多年生矮灌木苦豆子、骆驼刺、胖姑娘，草甸植被苏枸杞，喜水禾草芦苇、芨芨草的蒸腾速率的日变化呈单峰型，但峰值出现的时间各不相同(图 6.1.6)；在生长期(5—10 月)，多年生矮灌木苦豆子、骆驼刺、胖姑娘，草甸植被苏枸杞，芨芨草的蒸腾量的变化也呈单峰型，其蒸腾量月变化具有共同性(图 6.1.7)。5—8 月，蒸腾量随时间的变化不断增加，最高蒸腾量出现在 8 月；8—10 月，蒸腾量逐渐减小，最小蒸腾量出现在 10 月。芦苇蒸腾量在 9 月份达最大(冯起等，2008)。

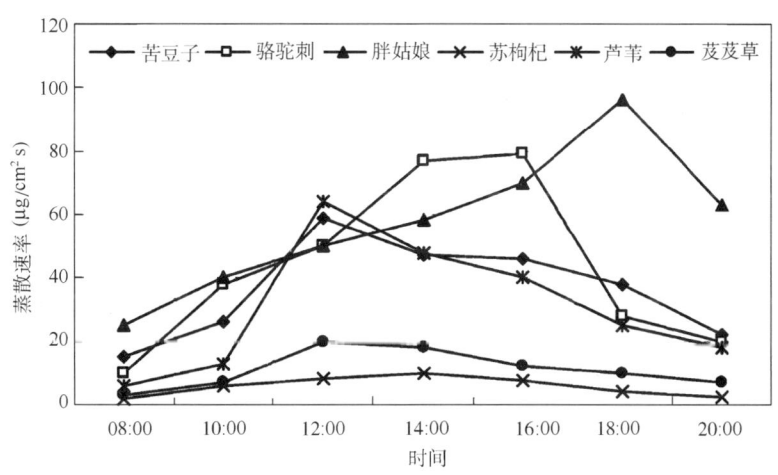

图 6.1.6　荒漠植物蒸散速率日变化

(1)矮灌木苦豆子、骆驼刺、胖姑娘的耗水

多年生矮灌木苦豆子、骆驼刺、胖姑娘蒸腾速率的日变化均呈单峰型变化，但峰值出现的时间各不相同。苦豆子的蒸腾速率在 07:00—11:00，呈迅速上升趋势，11:00 以后，呈缓慢下降趋势。清晨 07:00 蒸腾速率最小，11:00 达到最大值。骆驼刺的蒸腾速率在07:00—

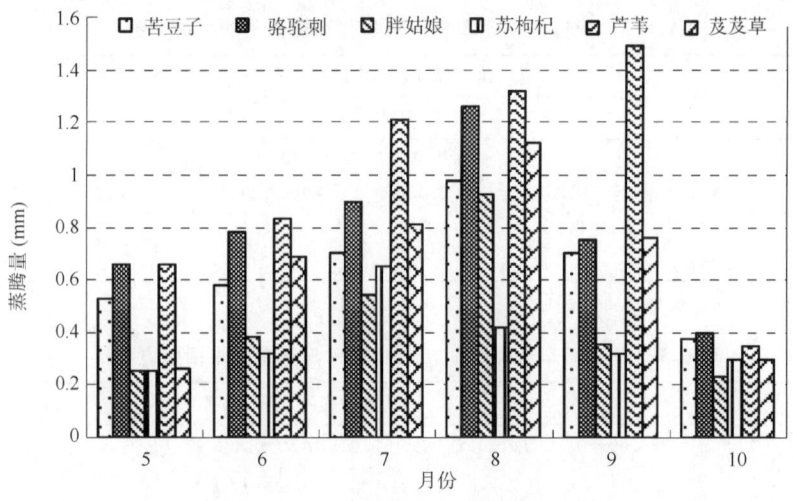

图 6.1.7 生长季节荒漠植物蒸腾量

14:00,呈缓慢上升趋势,14:00 以后,呈迅速下降趋势。清晨 07:00 蒸腾速率最小,14:00 达到最大值。胖姑娘的蒸腾速率在 07:00—17:00,呈缓慢上升趋势,17:00 以后,呈缓慢下降趋势。清晨 07:00 蒸腾速率最小,17:00 达到最大值。

在生长期(5—10 月),多年生矮灌木苦豆子、骆驼刺、胖姑娘蒸腾量的变化也呈单峰型,其蒸腾量月变化具有共同性。5—8 月,蒸腾量随时间的变化不断增加,最高蒸腾量出现在 8 月;8—10 月,蒸腾量逐渐减小,最小蒸腾量出现在 10 月。从三者的蒸腾量年变化来看,苦豆子、骆驼刺、胖姑娘的蒸腾量各不相同,各月和年蒸腾量的总量骆驼刺最大,苦豆子居中,胖姑娘最小。

(2)草甸植被苏枸杞的耗水规律

草甸植被苏枸杞的蒸腾速率的日变化呈单峰型,平均蒸腾速率的峰值出现在14:00。蒸腾量的年变化也呈单峰型,5—7 月,蒸腾量随时间的变化不断增加,最高蒸腾量出现在 7 月;7—10 月,蒸腾量逐渐减小,最小蒸腾量出现在 10 月。苏枸杞的蒸腾量的年变化不同于多年生矮灌木苦豆子、骆驼刺、胖姑娘,耗水量最大值出现在 7 月。且各月蒸腾量均小于苦豆子、骆驼刺、胖姑娘的耗水量。

(3)喜水禾草芦苇、芨芨草的耗水规律

喜水禾草芦苇、芨芨草蒸腾速率日变化呈单峰型,峰值都出现在 12:00 左右,且08:00—12:00 蒸腾速率增加迅速,12:00 以后缓慢下降。芦苇蒸腾速率峰值出现时间较芨芨草提前一些。芦苇的蒸腾速率远远大于芨芨草,芦苇、芨芨草蒸腾速率峰值各为 62.1 $\mu g/cm^2 s$、21.6 $\mu g/cm^2 s$;最小值分别为 6.2 $\mu g/cm^2 s$、2.98 $\mu g/cm^2 s$。从两者的蒸腾量年变化来看,芦苇耗水量在每各月均大于芨芨草,芦苇最大耗水月份出现在 9 月,芨芨草最大耗水月份为 8 月,其年变化也呈单峰型。

6.1.2 单株尺度

6.1.2.1 胡杨单株耗水规律

(1)胡杨树干液流日变化

图 6.1.8 为连续 9 d 对 25 a 林龄胡杨树干断面液流量变化测定曲线。可以看出,胡杨

树干断面单位时间内液流量具有明显的昼夜节律性变化,液流启动在06:00—06:30,液流启动与光照紧密相关,12:00左右达到高峰。白天的流速变化曲线呈多峰型,树干液流量较大,这是由于白天树木蒸腾量大,大量的水分通过根部以被动方式吸入体内。夜间,胡杨同样存在明显的树干液流现象,但随时间的推移呈减少趋势。这主要是由根压引起的,水分以主动方式吸收进入体内,补充白天植物蒸腾丢失的大量水分,恢复植物体内的水分平衡。

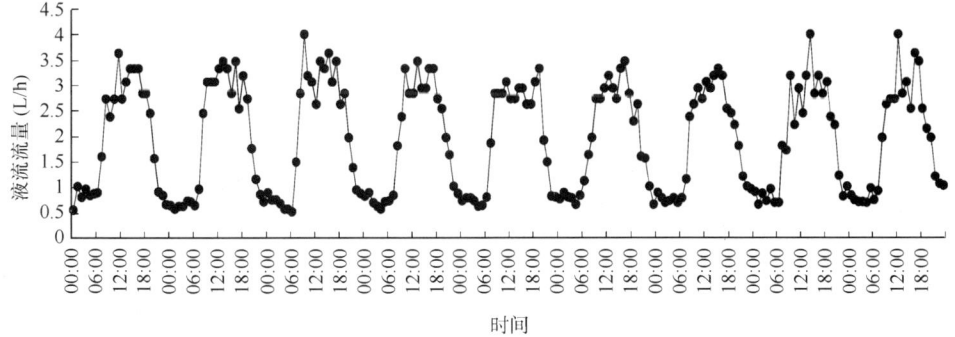

图 6.1.8 胡杨树干液流的时间变化

不同月份胡杨树干液流日变化以25 a龄胡杨为例进行说明。在整个生长季节,晴朗无云天气条件下,胡杨树干液流速率日变化具有明显的昼夜节律性变化。液流启动在06:00—07:30,在11:00—15:00左右达到最大值,在16:00—17:30开始下降。白天的流速变化曲线呈多峰型,树干液流量较大。夜间,胡杨同样存在树干液流现象,但液流速率维持较低的水平。最低值出现的时间在00:00—05:30,具体出现的时间因当日的气象条件而异(图6.1.9)。

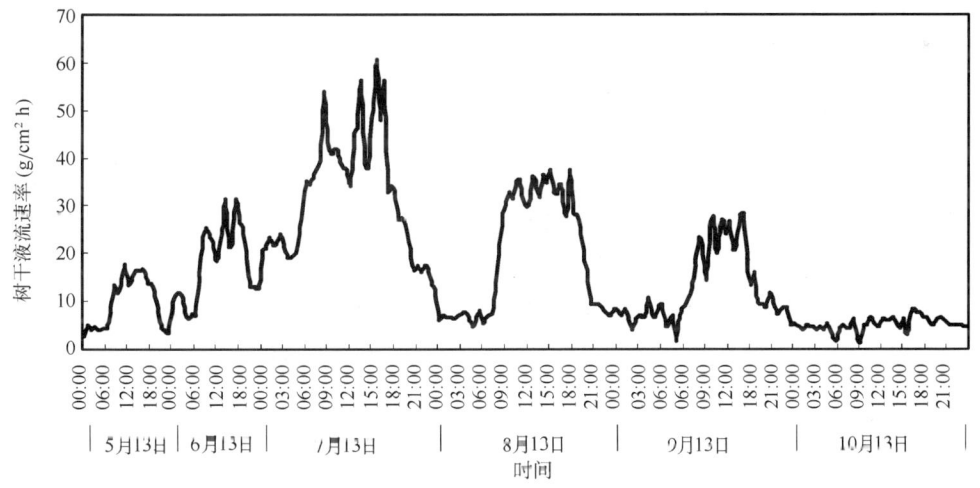

图 6.1.9 胡杨树干液流速率日变化

不同月份树干液流速率日变化存在差异,表现为液流速率的大小、液流开始启动时间、达到最大值的时间、出现最小值时间不同。5月13日、6月13日、7月13日、8月13日、9月13日、10月13日液流速率平均值分别为:9.56 ± 5.23 g/cm^2 h、17.89 ± 7.81 g/cm^2 h、31.99 ± 12.56 g/cm^2 h、19.57 ± 12.47 g/cm^2 h、12.87 ± 7.64 g/cm^2 h、5.16 ± 1.42 g/cm^2 h;液流开始启动时间分别为:07:00、07:00、06:00、07:30、06:00、06:00;达最大值时间分别为:

11:00、14:00、15:00、15:00、14:00、16:00;出现最小值时间分别为:00:00、04:00、03:30、04:30、02:00、05:30。

(2)胡杨树干液流季节变化

树干液流速率及耗水量的月变化统计结果表明(表6.1.5),胡杨树干液流速率和蒸腾耗水量表现为7月份最高,6月、8月份次之,9月份液流速率大于5月份,10月份最小。主要生长期6—8月份胡杨日均蒸腾量占整个生长季的70%以上。这与气象条件基本相似的黑河中游地区所测的二白杨有所不同,二白杨在生长季液流速率8月份最高,7月份次之,5月和9月液流速率基本一致(常学向和赵文智,2004)。究其原因,除气象条件影响外,可能与土壤湿度有很大关系,中游荒漠绿洲农田防护林在7月、8月份得到灌水后发现液流明显增加,而下游荒漠河岸林胡杨不曾得到灌水,在土壤湿度较高的7月份液流速率和蒸腾耗水量较高,对土壤湿度的观测发现7月份土壤湿度平均值为20.9%,8月份平均值为17.5%,8月份比7月份下降了3.4%(司建华等,2007)。

表6.1.5 树干液流速率及蒸腾耗水量的月变化

月份	5月	6月	7月	8月	9月	10月
液流速率($g/cm^2 \cdot h$)	7.86±2.42	16.73±7.16	27.19±15.86	13.29±4.67	10.76±4.99	5.76±1.52
日平均蒸腾量(kg/d)	15.2±3.53	29.23±3.15	46.47±13.42	21.19±1.54	19.68±5.11	2.85±2.84

(3)不同水分梯度下胡杨树干液流的变化动态

地下水位、土壤含水量的高低是影响树干液流的主要因素。针对水分不足对胡杨液流的影响进行观测。在观测期间连续干旱无雨,7月18日以前和9月以后,土壤剖面160 cm平均含水量在5%~8%(图6.1.10),接近胡杨土的凋萎含水量4%,远小于田间持水量的32%,地下水位在3 m以下。液流平均流速在5月为0.51 L/h,9月为0.83 L/h,日平均耗水量5月为12.4 L,9月份日平均耗水量为19.9 L。

从日变化来看,由于水分的不足,液流出现明显的断续特征。在7月21日灌溉后,土壤含水迅速增加,在7月下旬至8月底,剖面的平均含水量高于12%,地下水位高于1.5 m。液流平均流速为3.00 L/h,日耗水量达到72.00 L,分别是5月和9月的3.6倍和6.0倍,树干液流日变化没有出现明显的断续现象(图6.1.11)。

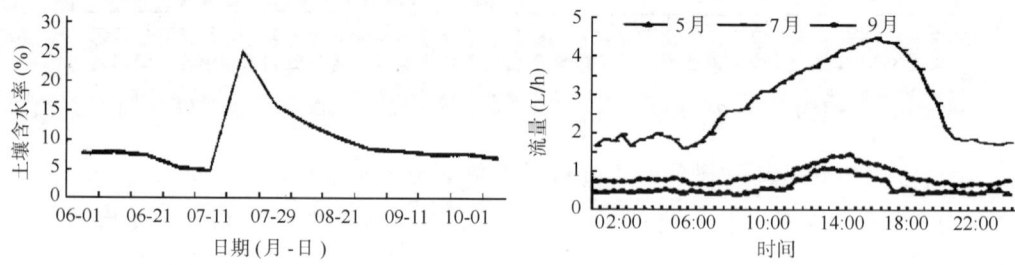

图6.1.10 胡杨林土壤含水量变化曲线(160 cm深度)　　图6.1.11 不同月份平均液流日变化

在持续的水分胁迫条件下,胡杨的树干液流出现明显的波动特征。产生这种特征的原因是:水分胁迫下叶片气孔开度不断变化,以维持根系吸水速率与蒸腾速率之间的平衡。树干液流通量昼夜差别不大。这是由于水分严重亏缺,白天根系吸收水分速率小于蒸腾速率,树冠组织和树干失水不足以补充水分的亏缺,强迫气孔导度维持在较低的水平;夜间,仍然存在液流补充是由蒸腾造成的亏缺。上述现象也充分说明了树冠和树干都存在水容,特别是在水分严重亏缺的情况下显得尤为突出。在利用热脉冲技术测定树干液流而确定树冠蒸腾时,要考虑水容是否存在,其影响究竟有多大。在模拟水分胁迫条件下的果树水分传输时,水容作用是不能忽视的(张小由等,2004;2006)。

(4) 环境因子与胡杨树干液流的关系研究

树木液流的变化除了受到树木的生物学结构、地下水位变化和土壤供水水平影响外,还受到周围气象因子的制约。建立环境中微气象因子与树干液流量的统计模型,不仅能够揭示微气象因子对植物水分生理活动的影响,而且可以通过环境指示来预测树木单株蒸腾量,了解水分平衡。在气象因子中,辐射强度、空气温度和相对湿度对树干液流的影响大,且树干液流对辐射强度、空气温度和相对湿度的反应较快。土壤热通量尽管与树干液流的相关性很高,但土壤热通量是辐射作用的结果,归结为辐射因子的影响。在极端干旱区地下水位变化对树干液流的影响较大,但反应较慢。地下水位的持续下降,使液流的变化呈现连续的衰减(图 6.1.12)。

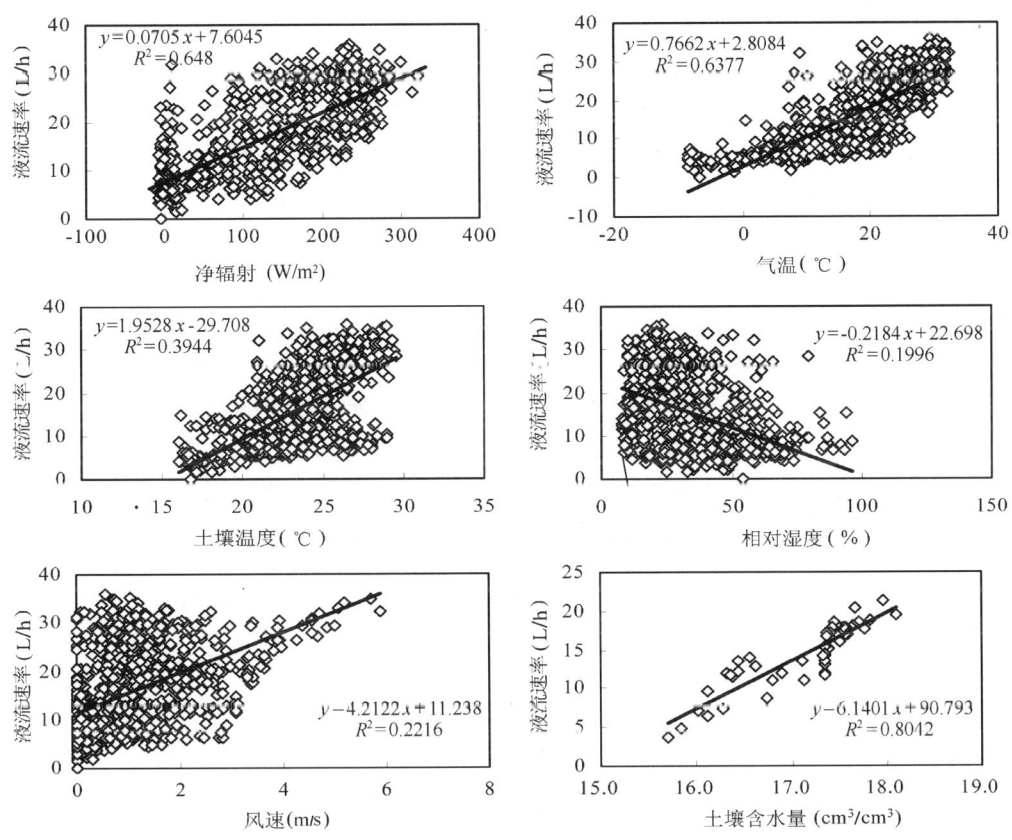

图 6.1.12 树干液流速率与环境因子的关系

为了搞清气象因子对树干液流的影响,采用自动气象站与树干液流同步观测的方法,将所测定的结果与树干液流速率进行相关分析(表 6.1.6)。

表 6.1.6　液流速率与各因子相关系数表（$P<0.01$）

环境因子	净辐射	空气温度	土壤热通量	风速	土壤温度	土壤水分	地下水位	相对湿度
相关系数	0.8734	0.7066	0.6902	0.3825	0.1707	0.1067	−0.5881	−0.6189

单个环境因子与树干液流相关性从大到小依次为：净辐射、空气温度、土壤热通量、相对湿度、地下水位、风速、土壤温度、土壤水分。净辐射变化与液流速率的变化相关性最高，相关系数达 0.8734，说明太阳辐射是影响树干液流速率较为直接的因子。土壤水分与树干液流的相关性并不明显。对上述因子进行主分量分析结果表明，净辐射、空气温度、相对湿度、土壤热通量、风速为第一主分量，这几个因子的共性是变动快，对液流的影响比较直接，而地下水位、土壤水分和土壤温度相对稳定，同时对液流的影响较慢，为第二主分量。影响液流速率变化最为直接的三个因素是净辐射、空气温度和相对湿度。综上，生物学结构决定液流的潜在能力，土壤供水决定液流的总体水平，而气象因素决定液流的瞬间变动（Si Jianhua 等，2007）。

6.1.2.2　柽柳单株耗水规律

（1）柽柳树干液流速率的日变化特征

由柽柳树干断面液流流速曲线可以看出（图 6.1.13），在 1 d 内液流呈多峰变化，在 13:30 达到最大，并且白天有短暂的液流剧减的现象，称为"液流流速的午休"现象，与柽柳叶片气孔调节有关，这是干旱区植物为了减小植物体内水分蒸腾所特有的现象。白天平均液流速率稍高于晚上，但夜间液流仍然存在，这并不表明此时树木仍有蒸腾，而是由于根压的作用，水分以主动方式进入体内，为了补充体内水分亏缺。

引起"液流流速的午休"现象的原因很多，主要的影响因素有：①白天气温较高，羧化效率下降；②由于缺水而导致气孔导度降低或造成水分胁迫。

（2）不同地径柽柳日耗水量变化

表 6.1.7 为柽柳 20 a 林龄不同地径树干液流变化的若干统计结果。地径 5 cm，日累积流量 15 d 的最大值为 1.34 L/d，平均为 0.6812 L/d，树干断面边材面积为 3.59 cm^2，单位面积液流通量平均值为 0.051 L/cm^2 d；地径 4 cm，日累积流量 15 d 的最大值为 0.68 L/d，平均为 0.3710 L/d，树干断面边材面积为 2.89 cm^2，单位面积液流通量平均值为 0.026 L/cm^2 d。

表 6.1.7　20 a 林龄柽柳不同地径树干液流变化的统计结果

地径 (cm)	取样总数	单位时间流量 (L/h)		树干断面各位点平均流速 (cm/h)		日累计流量 (L/d)		灌丛平均高度 (m)
		最大值	平均值	最大值	平均值	最大值	平均值	
5.0	1088	0.092	0.051	14.39	7.97	1.34	0.62	3.0
4.0	1088	0.057	0.026	8.91	4.02	0.68	0.37	2.5

图 6.1.14 为连续 20 d 对 20 a 林龄不同地径柽柳树干断面液流量日累计变化曲线。可以看出，在相同条件下，地径较大的柽柳根系庞大，吸水能量强，其日累计流量也较大，并且随着外界温度的增加，不同胸径日累计流量也随着增大（张小由等，2003）。

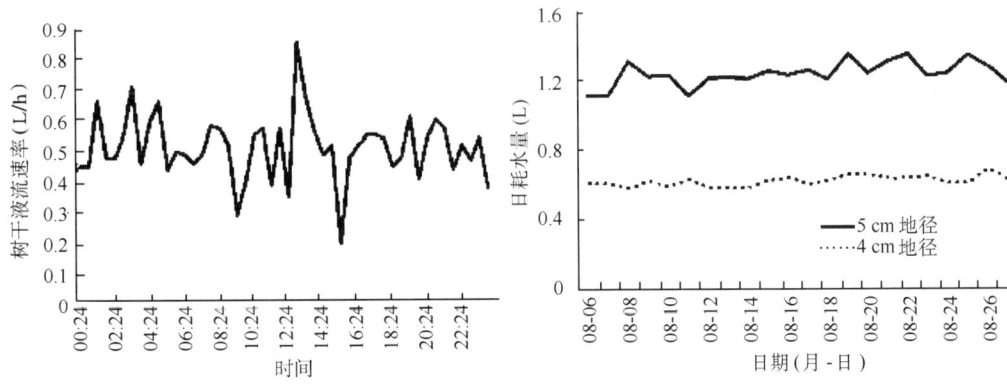

图 6.1.13　柽柳树干液流速率的日变化特征　　图 6.1.14　8月不同地径柽柳日耗水量曲线

6.1.2.3　梭梭单株耗水规律

(1) 梭梭树干液流日变化特征

梭梭的液流具有单峰变化特征(表6.1.8)。在7月11日,晚上和凌晨稳定维持在0.1 L/h左右,从上午05:00开始,液流流速缓慢增加,到13:00液流达到高峰并维持到14:00,之后呈缓慢下降,到23:00左右达到最低。9月26日液流速率变化基本与7月11日相同,只是高峰时期短,下降较快。梭梭液流的这种变化与当地土壤水分与空气温度有关(图6.1.15)。

表 6.1.8　梭梭树干液流变化的统计结果

地径(cm)	取样总数	液流速率(L/h)		平均流速(cm/h)		日累计流量(L/d)		树高(m)
		最大值	平均值	最大值	平均值	最大值	平均值	
5.5	965	0.345	0.131	30.146	11.46	4.37	3.11	3.0

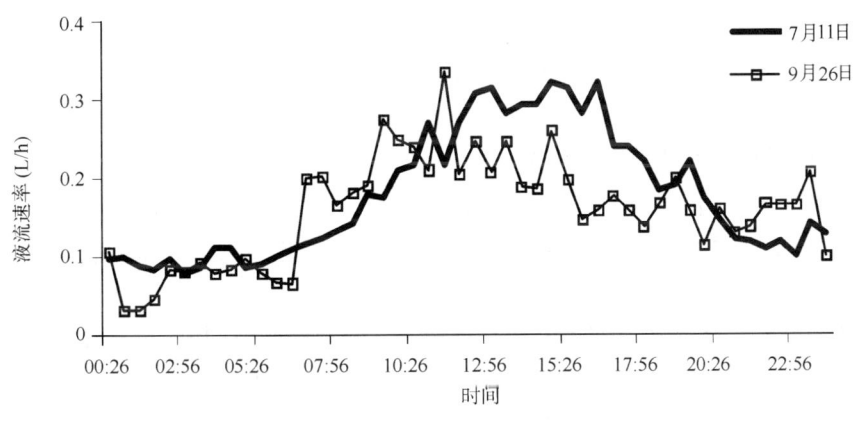

图 6.1.15　梭梭树干液流速率日变化曲线

(2) 蒸腾量变化特征

梭梭长期生长在干旱缺水的戈壁上,0~100 cm深度土壤含水量平均为8%,由于梭梭属于浅根系植物,根系主要集中在40~80 cm深度处,土壤含水量的高低,决定着蒸腾量的大小。在灌水前,梭梭林地的含水量在0~100 cm深度的平均含水量为8%,日蒸腾量为2.01~2.65 L。7月11日开始灌水,梭梭蒸腾量也随之增加,随后蒸腾量保持较高的水平,达到 4.25~4.36 L。

图 6.1.16 为梭梭 20 a 林龄树干液流变化的若干统计结果。地径 5.5 cm,灌水前,日累积流量 11 d 的最大值为 2.49 L/d,平均为 2.33 L/d,树干断面边材面积为 3.2 cm²,单位面积液流通量平均值为 0.728 L/(cm² d);灌水后,日累积流量 8 d 的最大值为 4.37 L/d,平均为 4.18 L/d,树干断面边材面积为 3.2 cm²,单位面积液流通量平均值为 1.306 L/(cm² d)。

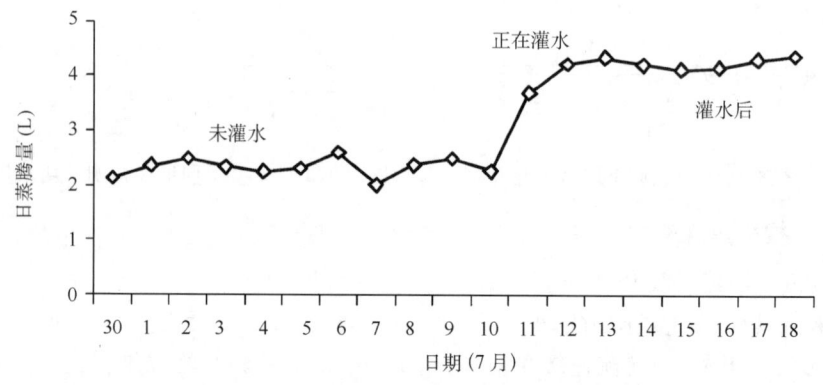

图 6.1.16 梭梭在不同水分条件下的日蒸腾量

(3) 梭梭年耗水量变化规律

从 5 月开始梭梭受气温等外界因素的影响下,开始出现液流,5 月份日平均流量为 0.6 L/d,随着气温升高,叶面积指数增加,液流速率和液流量随之增加,在 7 月份达到最大为 3.26 L/d,月累计流量为 101.06 L;其后随着温度的下降液流量也随之减小,在 10 月份,日平均液流量减小到 0.4 L/d。在生长期(5—10 月)中,梭梭总蒸腾量为 344.66 L。梭梭日蒸腾量与土壤含水量有密切的关系。土壤含水量在 8%左右,日蒸腾为 2.33 L/d,灌水后,土壤含水量到 12%时,日蒸腾量达到 4.18 L/d(张小由,2004b)。

6.1.3　林分尺度

6.1.3.1　胡杨林地的蒸散特性研究

胡杨林地的蒸散利用波文比—能量平衡法进行计算。胡杨林地蒸散日变化规律为:晴朗天气下,胡杨的蒸散速率日变化表现出明显的昼夜变化(图 6.1.17),表现为单峰曲线趋势。

通过对各日的胡杨林地蒸散速率的积分,得到了胡杨林地蒸散耗水量日际变化趋势(图 6.1.18)。蒸散的大小在一定程度上取决于下垫面的状况,根据试验结果,6 月份胡杨林叶面积指数大,蒸腾作用增强,潜热通量占净辐射的比例也较大,蒸散量大;7—9 月份,正值胡杨生长季节,由于受土壤水分的限制和林灌层遮蔽等因素的影响,胡杨林地蒸散量低于 6 月份;9 月份以后,由于叶片衰老,蒸腾能力减弱,蒸散明显减小。如图 6.1.19 所示,蒸散值有明显的季节变化。胡杨林平均日蒸散量变化波动大,6 月份平均值为 3.6 mm/d,7、8 月份平均值分别为 2.17 mm/d、2.17 mm/d,蒸散量有较大的波动。峰值分别为 5.2 mm/d、5.5 mm/d,低值小于 1.0 mm/d,9 月份的平均值为 2.45 mm/d。2002 年 6—9 月胡杨蒸散月总量分别为 107.12、66.41、71.72、75.92 mm,6 月蒸散最大(冯起等,2006;司建华,2007)。

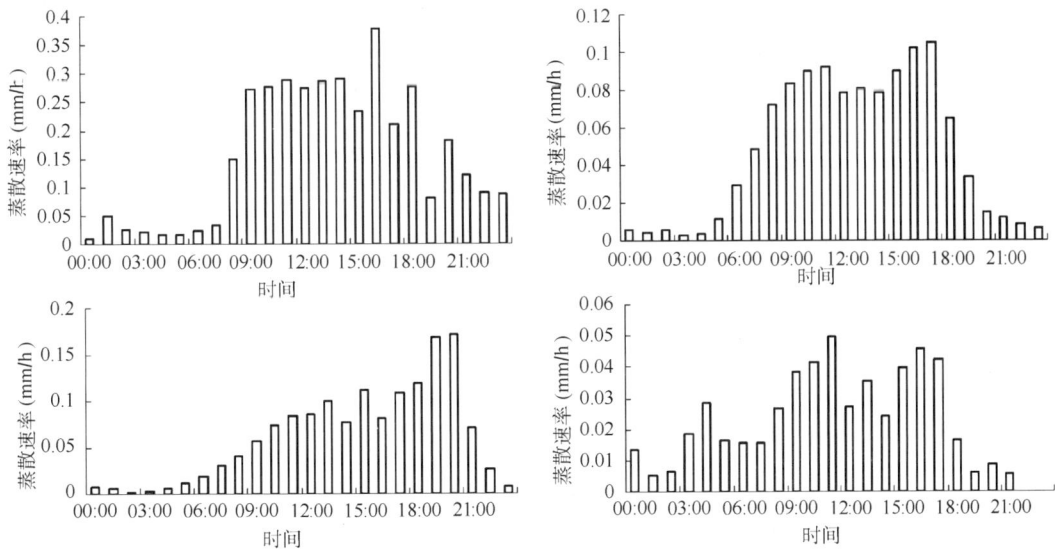

图 6.1.17　胡杨林地蒸散速率日变化

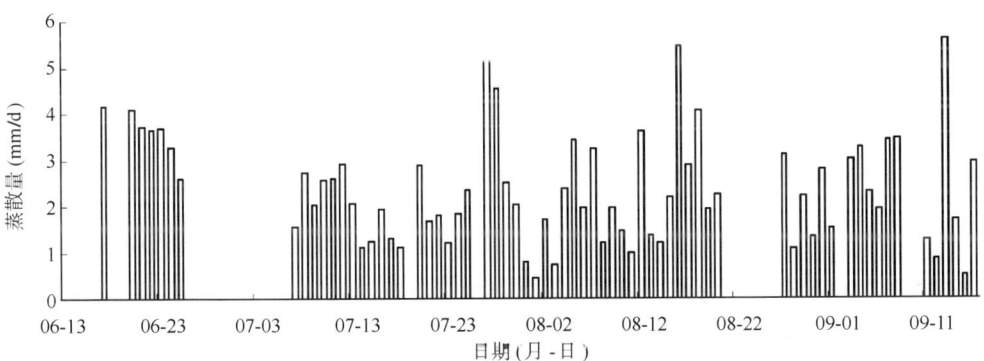

图 6.1.18　胡杨林地蒸散耗水量日际变化

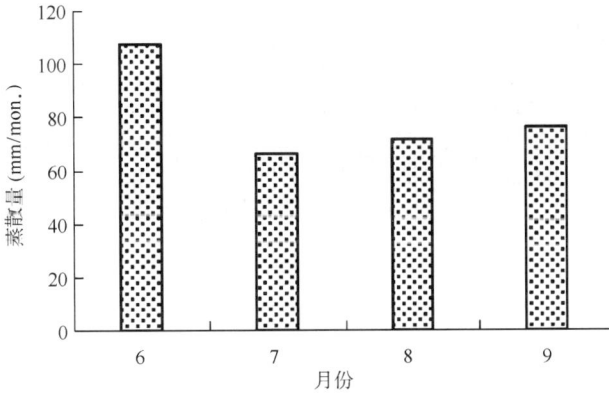

图 6.1.19　胡杨林地月蒸散耗水量

6.1.3.2 柽柳林地的蒸散特性研究

晴朗天气下,柽柳的蒸散速率日变化表现出明显的昼夜变化(图6.1.20),表现为单峰曲线趋势。在清晨,太阳辐射弱,气温低,蒸散速率上升缓慢;随着太阳辐射的逐渐增加,气温逐渐升高,空气相对湿度降低,蒸散速率逐渐增大,在12:00左右达到最高值。而后,光照强度减弱,气温降低,空气相对湿度增高,导致柽柳植株内外水汽压差减小,蒸散速率降低。

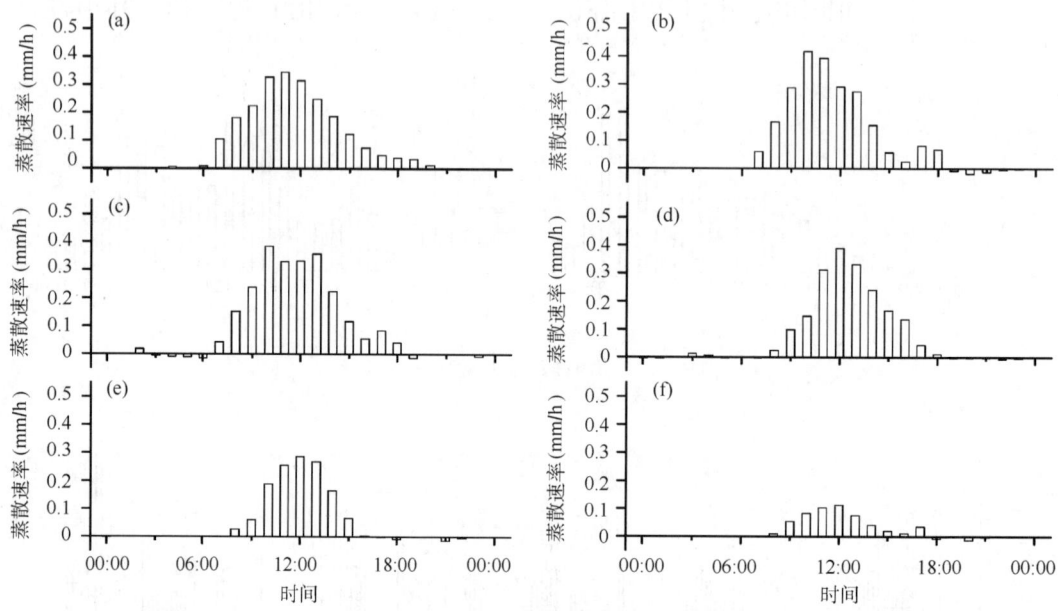

图 6.1.20 晴朗天气下柽柳蒸散速率日变化

通过对各日的蒸散速率的积分,得到了柽柳林蒸散耗水量日际变化趋势(图6.1.21)。

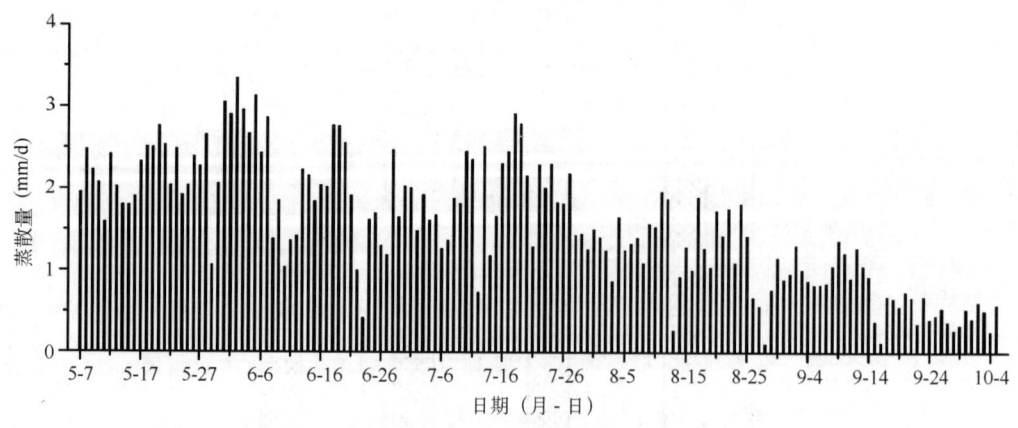

图 6.1.21 柽柳林蒸散量日际变化

6—9月柽柳蒸散月总量分别为 61.09、57.99、38.29、22.21 mm,6—7月蒸散较大(图6.1.22)。

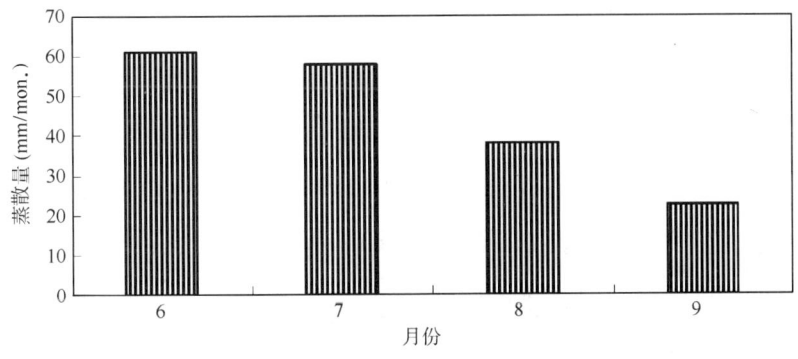

图 6.1.22 柽柳林月总蒸散量与降水量

6.1.3.3 芦苇地的蒸散特性研究

晴朗典型天气下,芦苇的蒸散速率日变化表现出明显的昼夜变化。上午随着太阳辐射的逐渐增加,气温逐渐升高,蒸散速率逐渐增大,在 12:00 左右达到最高值。而后,光照强度减弱,气温降低,空气相对湿度增高,导致芦苇内外水汽压差减小,蒸散速率降低(图 6.1.23)。

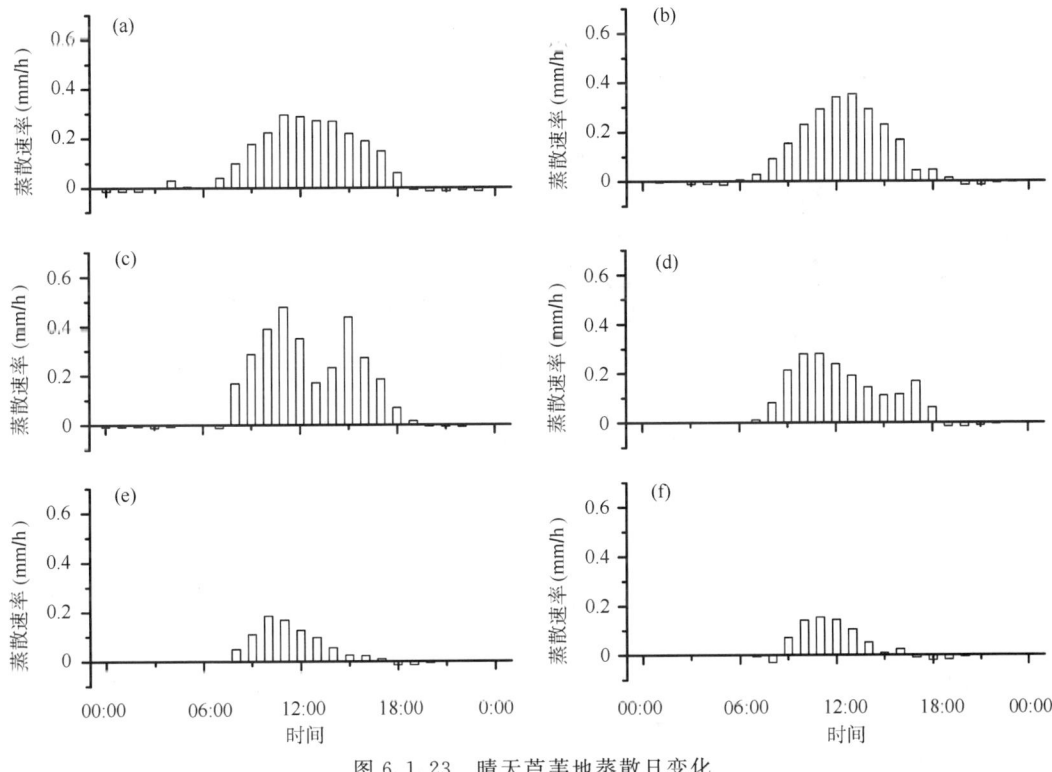

图 6.1.23 晴天芦苇地蒸散日变化
(a)5 月 27 日;(b)6 月 15 日;(c)7 月 21 日;(d)8 月 16 日;(e)9 月 17 日;(f)10 月 3 日

图 6.1.24 所示为芦苇蒸散量日际变化。芦苇地平均日蒸散量在 3 mm/d 以下。5 月份前,芦苇植株体小,叶面积系数小,所以植物蒸腾相对较弱,蒸散量较小;6 月随着芦苇生长发育,植被蒸腾作用增强及其对地表的遮蔽,导致潜热通量增大和感热通量减小。6 月大部

分日总量值接近 3 mm/d。7 月份叶面积系数达到最大,植物蒸腾最强,蒸散量达到最大;日总量值部分超过 3 mm/d。8 月份平均值在 1.5 mm/d 左右。9 月份,由于部分叶片枯萎,生命力弱,蒸腾能力减小,蒸散量减少,9 月上旬基本为 1 mm/d,9 月下旬在 0.5 mm/d 左右。

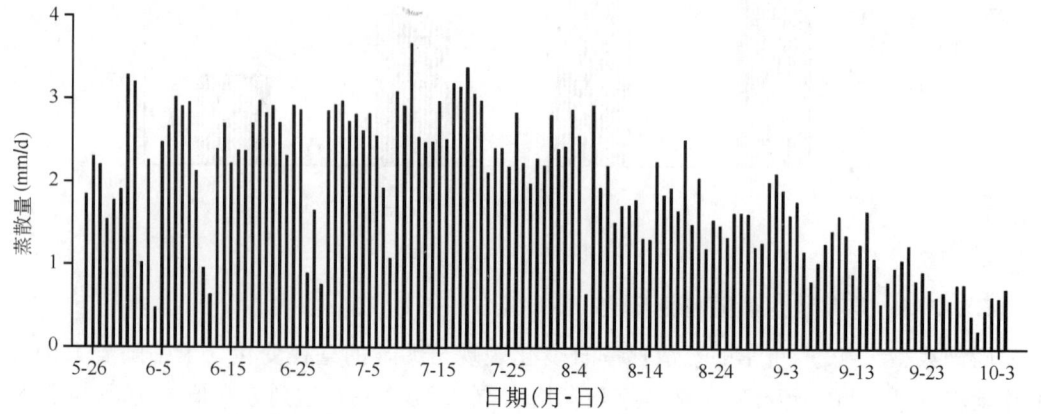

图 6.1.24 芦苇地蒸散量日际变化

2004 年 6—9 月芦苇蒸散月总量分别为 68.03、81.29、56.03、32.09 mm(图 6.1.25)。7 月蒸散量最大。与柽柳林相比,6—9 月份别高出柽柳蒸散 6.94、23.30、17.74、9.88 mm。

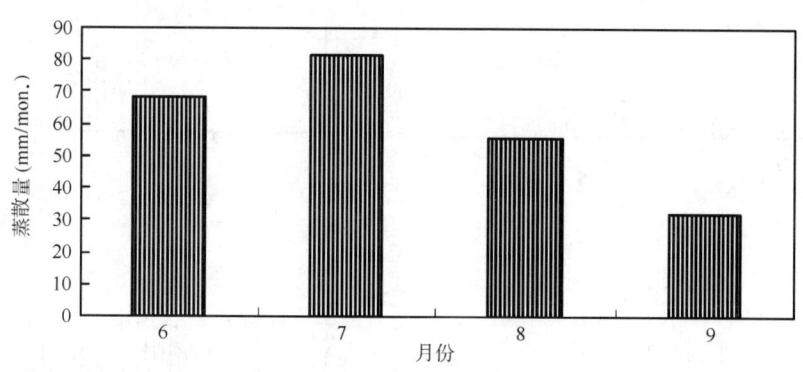

图 6.1.25 芦苇地月总蒸散量

6.1.4 区域尺度

6.1.4.1 植被生长区潜水蒸发蒸腾量

根据额济纳植物耗水量的研究结果,植被生长区潜水的消耗分为两种情况:一是在植被生长期,这个时期内植物主要通过根系从土壤中吸收所需要的水分,即所谓的蒸腾消耗;二是植被非生长期,即叶落到次年开始发芽期间,植物根系对土壤水分的消耗量接近于零,潜水主要通过土壤的蒸发而消耗。因此,对植被生长区的蒸发蒸腾量分成以下两种情况来计算。

(1)植被生长期潜水蒸腾总量的计算

根据额济纳绿洲航片的室内解译与野外调查统计,额济纳绿洲生长的植被有胡杨、柽柳、梭梭、芦苇等,其他植被如沙枣、苦豆子等混生于上述林地内。各类林地的生长面积、生长密度、生长状况的调查结果及植被蒸腾量计算如表 6.1.9 所示。

表 6.1.9 额济纳绿洲植被蒸腾量计算结果

植物种类		生长面积 (km²)	生长密度 (万株/km²)	单株蒸腾量 (m³/株)	蒸腾总量 (10^4 m³)
胡杨		81.25	1.95	6.3	998.15
胡杨、柽柳混生林	胡杨	43.75	0.18	6.3	49.61
	柽柳		2.94	0.6	77.18
生长较好柽柳		1120	5.12	0.6	3440.64
生长一般柽柳		261.25	5.12	0.3	401.28
柽柳沙包		388.75	2.95	0.6	688.09
生长较好梭梭		593.75	2	1.1	1306.23
生长一般梭梭		1457.5	1	0.55	801.63
芦苇		455	2000	0.005	4560
白刺		56.25			320.12
合计		4657.5			12 642.93

(2) 植被非生长期潜水蒸发量计算

潜水蒸发量的大小与地下水位的埋藏深度密切相关。因此,潜水蒸发量的计算首先要查清植被生长区地下水位的埋深。其次,确定地下水位不同埋深时的蒸发强度。

由于地下水位埋深是动态的,为了简化计算,取 1999 年 10 月地下水位埋深的实测值作为计算埋深。植被生长区非生长期不同水位埋深区植被生长面积、非生长期不同水位埋深条件下潜水的蒸发强度、潜水蒸发量的计算结果见表 6.1.10。

表 6.1.10 植被生长区非生长期潜水蒸发量计算结果

地下水位埋深(m)	分布面积(km²)	蒸发强度(mm)	蒸发量(10^4m³)
<0.5	68.75	116.7	802.3
0.5~1.0	100.0	85.2	852.0
1.0~2.0	390.0	76.0	1477.28
2.0~3.0	903.75	27.1	1234.63
3.0~4.0	1342.75	5.7	362.42
4.0~5.0	703.75		
>5.0	1148.75		
合计	4657.75		4729.4

综合以上计算结果,额济纳绿洲植被生长期地下水年蒸发消耗总量为 1.73×10^8 m³。其中,植被生长期的蒸腾量为 1.26×10^8 m³,非生长期蒸发量为 0.47×10^8 m³。

6.1.4.2 裸地潜水蒸发量的计算

根据近年来在西北内陆干旱盆地所进行的潜水蒸发实验研究结果,结合额济纳地区不同地下潜水位埋深区段所处的包气带岩性结构。地下水位埋深小于 1.0 m 的地段均位于地形低洼的盆地区,包气带岩性多为颗粒较细的黏壤土;地下水位埋深 1.0~1.5 m 的地段大部分处于洼地与沙丘的过渡地带,包气带岩性多为砂壤土;地下水位埋深 1.5~3.5 m 的地段主要分布于河流两侧及平原下游和戈壁区,包气带岩性多为砂壤土或砂壤土和黏壤土相间;地下水位埋深 3.5~4.5 m 的地段主要分布于盆地中游地区,包气带岩性颗粒较粗,不利于蒸发;地下水位埋深大于 5.0 m 的地段主要分布于平原区上游和盆地边缘地带,包气带厚度较大,因此,对埋深大于 5.0 m 的地段不考虑潜水蒸发量。

根据前人在河西走廊和新疆叶尔羌河流域所做的潜水蒸发试验资料,结合本次额济纳包气带试验结果,不同埋深时的潜水蒸发强度取值见表 6.1.11。

表 6.1.11　额济纳裸地不同潜水埋深年蒸发量

地下水位埋深(m)	面积(km²)	蒸发强度(mm)	蒸发量($10^8 m^3$)
<0.5	12.5	631.00	0.0079
0.5~1.0	256.25	303.00	0.78
1.0~2.0	1163.75	335.00	1.70
2.0~3.0	3699.75	116.00	2.22
3.0~4.0	4717.25	28.00	0.63
4.0~5.0	4595.00	13.00	0.31
>5.0	14 885.00	0	0
合计	29 329.5		5.65

根据不同地下水埋深的面积和蒸发强度,无植被生长区的潜水蒸发量为 $5.65 \times 10^8 m^3$。

6.2　荒漠绿洲天然植被对水文过程的响应

6.2.1　地下水位变动对荒漠绿洲植被的影响

6.2.1.1　地下水动态变化规律

(1) 地下水位年代际变化

随着黑河中游用水量逐年增大,额济纳盆地地下水的补给在时间尺度上呈不断下降的趋势。从近 50 a 来的水文统计资料分析来看(表 6.2.1),下游的东、西河流域,地下水位下降幅度表现为下段区域高于上段区域。其中,在西河流域上段地下水位从 1944—1998 年下降了 1.7~2.6 m,中段下降了 3.2~3.6 m,下段下降了 5.0~6.0 m;东河流域的地下水位上、中、下段则分别下降了 2.3~2.4 m、1.4~2.3 m 和 4.0~4.8 m。自补水以来,该区域的地下水位有一定的回升。其中,西河流域上段地下水位从 1999—2005 年上升了 0.2~0.3 m,中段上升了 0.7~1.0 m,下段上升了 1.6~2.4 m。东河流域的地下水位上、中、下段则分别上升了 1.0~1.3 m、0.1~0.6 m 和 1.0~1.5 m。

表 6.2.1　额济纳盆地近 50 a 东、西河流域地下水水位年代际变化

时期	西地下水位(m)			东河地下水位(m)		
	上段	中段	下段	上段	中段	下段
20 世纪 40 年代	0.5~1.0	0.5	1	1.0~1.5	0.5~1.0	0.5~1.0
20 世纪 70 年代	1.6~3.4	1.6~2.5	3.4~4.1	1.3~2.9	1.2~3.2	3.3~4.5
20 世纪 90 年代	2.3~3.6	3.2~4.1	5.0~7.0	3.3~3.9	1.9~3.4	4.5~5.8
2000—2005 年	1.94~3.37	2.2~3.37	3.4~4.6	1.92~2.85	1.34~3.25	3.5~4.25

(2) 地下水位年际变化

由图 6.2.1 可以看出,额济纳盆地不同观测井地下水潜水水位年变化的趋势基本一

致,多项式拟合结果(图中虚线)表明,潜水水位变化呈现多峰状波动变化。最低值出现在1992—1994年间,从1988—1997年间潜水水位变化呈下降趋势,1997年以后潜水水位开始上升,说明潜水水位受黑河下游河道径流的影响较大,且响应快速。

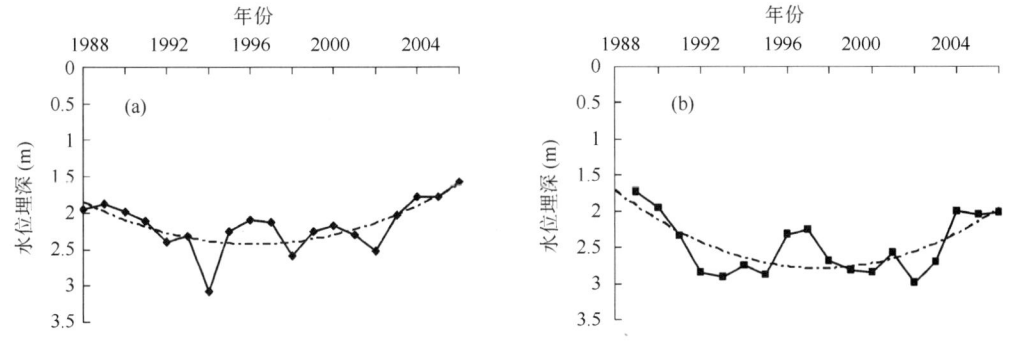

图 6.2.1 潜水水位变化趋势
(a)8号观测井;(b)12号观测井

从图 6.2.2 可看出,额济纳盆地承压地下水水位的变化呈下降的趋势,13号观测井在1989—2006年这18 a间承压地下水水位从1.5 m下降到2 m,地下水水位下降了0.5 m,而位于苏木策克嘎查的地下水下降幅度更大,这18 a间下降了2 m左右。

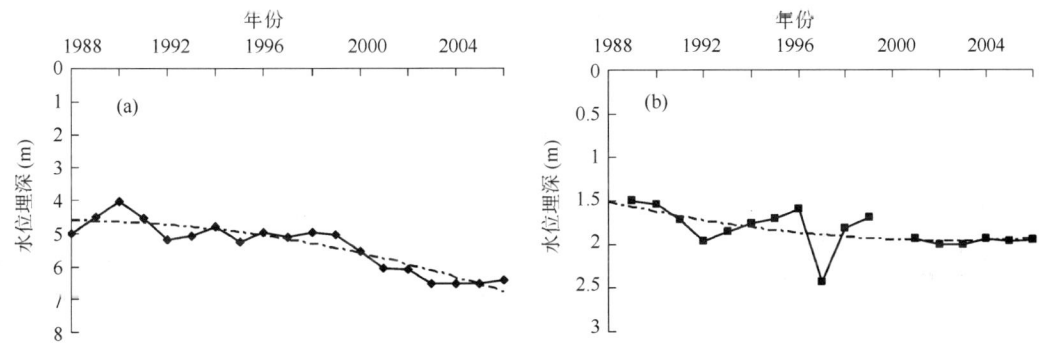

图 6.2.2 承压地下水水位变化趋势
(a)苏木策克嘎查观测井;(b)13号观测井

地下水潜水水位呈先下降后上升的趋势,而深层承压水水位则一直呈现下降的趋势,这主要是由于潜水受地表水影响较大,尤其是受河水径流补给的影响,其潜水对河水径流的响应速度也较快,而深层承压水对河水径流补给的响应速度较慢,且受其影响程度也较小。

(3) 地下水位月变化

通过分析额济纳盆地地下水水位的多年月平均变化分析可看出(图6.2.3),额济纳盆地潜水水位的多年月平均变化波动的幅度较大,变幅在1~2 m,且呈单峰波动,除1号观测井外,其他观测井的潜水水位都在4月份达到最高,4月份以后潜水水位开始下降,直到翌年1月份开始回升,而1号观测井的波峰位置提前两个月出现,且从7月份开始呈现回升的趋势,由于该井位于狼心山水文站门前,接收河流径流补给的时间较早且补给程度也大。

通过分析深层承压水水位的月变化可看出(图6.2.4),地下水水位的波动幅度较小,为0.5~1 m,呈单峰状波动,地下水水位的最高点出现在3—5月,随后开始呈下降趋势,一直到11月至翌年1月地下水水位开始回升。地下水波峰、波谷出现的时间主要是受局部开采条件和补给条件的影响,但整体的变化趋势大致和潜水水位变化的趋势一致。

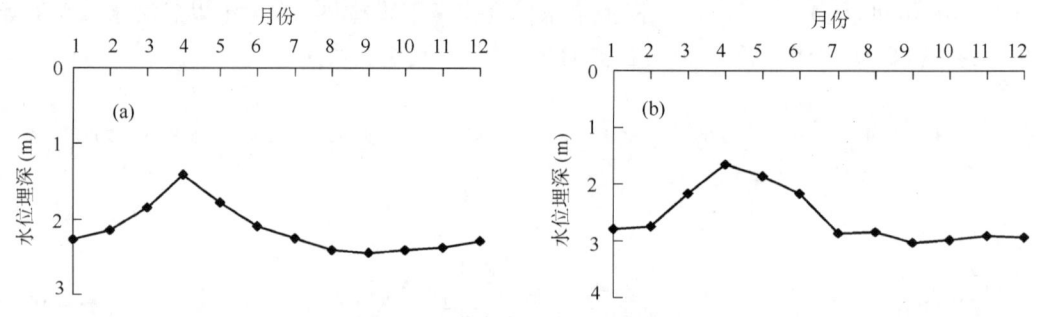

图 6.2.3　潜水水位多年月平均变化
(a)10 号观测井;(b)12 号观测井

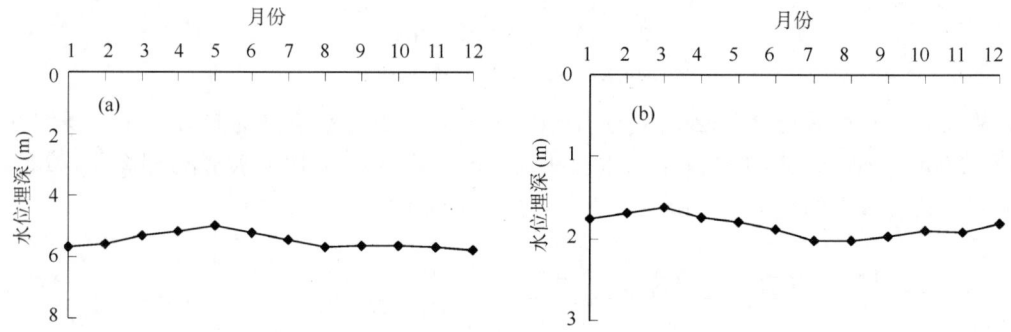

图 6.2.4　承压水水位多年月平均变化
(a)5 号观测井;(b)13 号观测井

通过对额济纳盆地潜水水位和承压水水位的变化分析可看出,水位变化基本上是在春季达到最高值,随着植被蒸腾量和土壤蒸发的增加,以及地下水开采量的增加,地下水水位在夏季和秋季出现最小值,直到冬季地下水水位开始回升。且地下水水位的波动幅度也有明显的不同,潜水水位的波动幅度较深层承压水水位的波动幅度要大,这主要是由于潜水受地表河流径流补给作用的影响较大,且潜水水位与植被生长和土壤蒸发关系密切。

(4) 地下水位空间变化

从图 6.2.5 中可看出,沿纬度方向,从南到北的地下水水位埋深的变化趋势基本上是呈现先增加后减小的趋势,南部狼心山地区地下水水位埋深较小,大约为 2~5 m;而在赛汉陶来和达来库布镇附近地下水位埋深较浅,为 0~4 m;而在北部的戈壁地区,以及东西居延海及策克口岸地区,地貌类型以戈壁为主,这一地区的地下水水位埋深普遍较深,在 3~10 m 之间,地下水水位埋深的变化差异显著。

从图 6.2.6 中可看出地下水水位埋深沿东西方向的变化呈递增趋势,地下水水位埋深在盆地西段处于 2~4 m;在盆地的中段有所升高,主要受到河道径流补给的影响,北部戈壁地区地下水水位埋深较大,变异程度较高;东部地段地下水水位观测井主要位于巴丹吉林沙漠边缘,这部分地下水水位埋深较浅。因此,沿经度位置上的整体变化趋势是从西向东地下水水位埋深呈升高的趋势。

基于 1987—2008 年的长期定位地下水观测数据,选择 1987 年、1997 年、2001 年、2008 年的数据作为分析地下水水位的空间变化特征。分别将 1987 年、1997 年、2001 年、2008 年

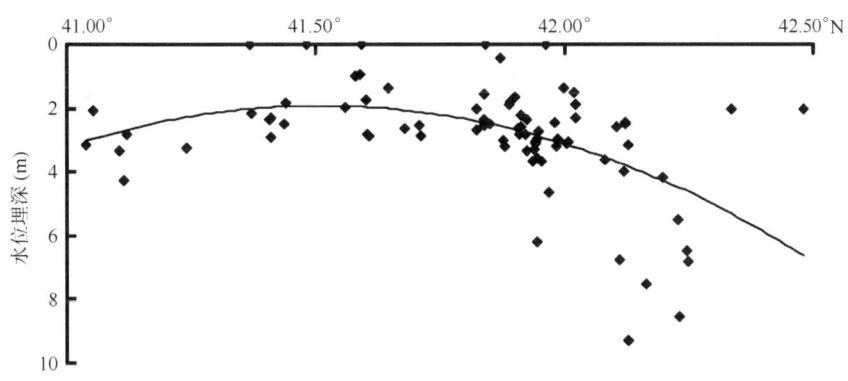

图 6.2.5　地下水水位埋深按纬度方向从南向北的变化趋势

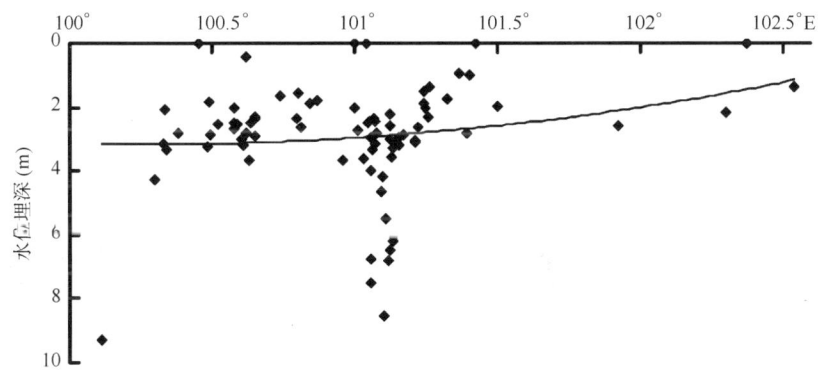

图 6.2.6　地下水水位埋深按经度方向（从西向东）的变化趋势

各地下水位埋深原始数据在 ArcView 软件中利用 Spatial Analyst 空间分析模块进行克里格（Kriging）空间差值（700 m×700 m），四期的空间差值结果见图 6.2.7～图 6.2.10 所示。由图可以看出，除了局部地区外，额济纳绿洲地下水水位埋深的空间分布大致呈现出以下主要特点：距离额济纳东、西两河主干道越近，地下水水位埋深越浅；地下水水位埋深自河流上段至中段再至下段先减小后增加；1987 年绿洲区主体部分地下水水位埋深大多在 1.2～2.8 m 范围内波动，1997 年绿洲区主体部分地下水水位埋深在 2.2～3.8 m 间波动，2001 年绿洲区主体部分地下水水位埋深在 2.0～4.5 m 范围内波动，2008 年绿洲区主体部分地下水水位埋深在 1.8～4.6 m 间波动。

基于额济纳绿洲 1987—2008 年地下水水位埋深图，同样在 ArcView 软件环境下利用 Spatial Analyst 空间分析模块，将 1987 年、1997 年、2001 年、2008 年地下水水位埋深图进行空间叠加分析，从而可以得到额济纳绿洲 1987—2008 年的地下水水位埋深的空间变化分布图，图 6.2.11～图 6.2.16 分别为额济纳绿洲 1987—2008 年的地下水水位埋深空间变化图及不同水位埋深变化范围内的面积统计图。

由图 6.2.11～图 6.2.16 可以看出，在 1987—2008 年间，额济纳绿洲地下水水位埋深发生了明显的变化。从 1987—1997 年间地下水位埋深下降幅度较大，下降幅度从 0.2～2.2 m 不等。其中下降 0.6～0.9 m 的面积最大，其次为 0.4～0.6 m 的面积，0.9～1.2 m 位居其后，其余地下水位埋深下降 0.2～0.6 m 及 1.2～2.2 m 的面积相对较小；从 1997—2001 年

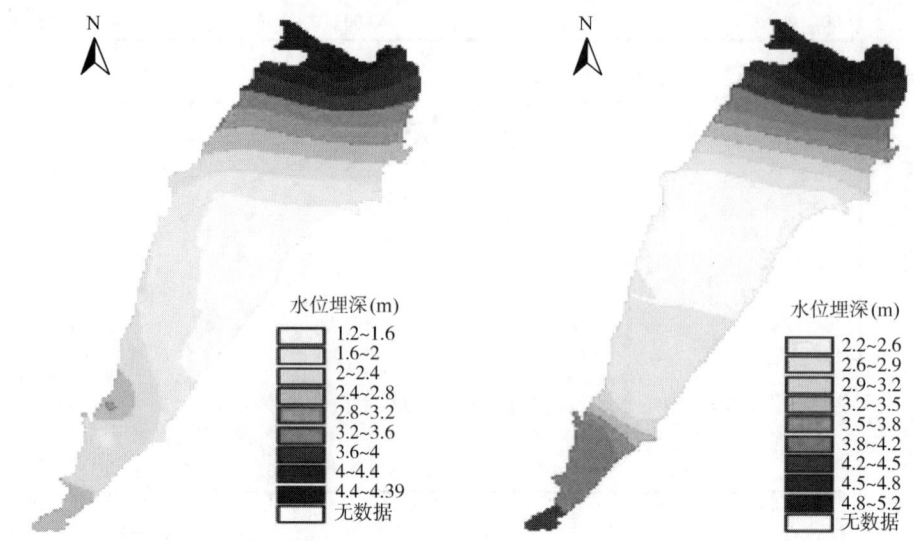

图 6.2.7　1987 年额济纳绿洲地下水水位埋深图　　图 6.2.8　1997 年额济纳绿洲地下水水位埋深

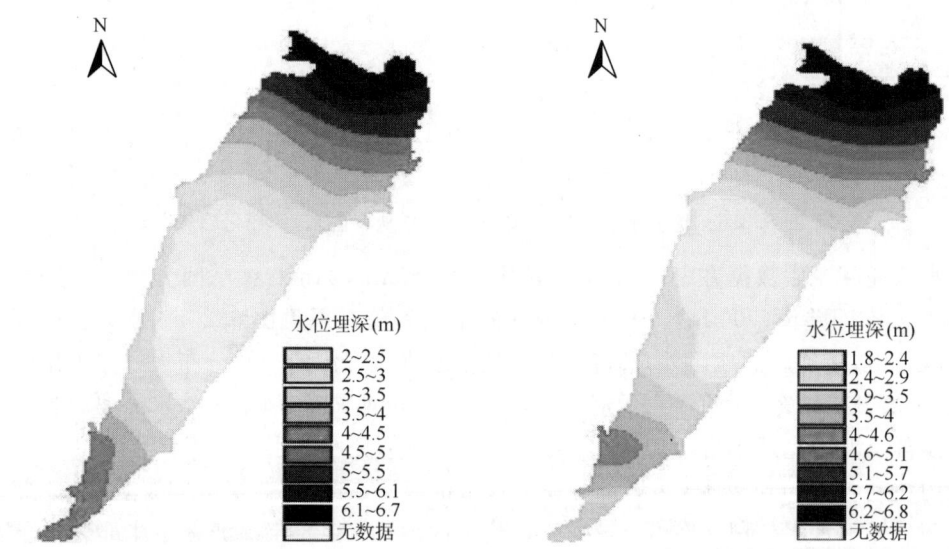

图 6.2.9　2001 年额济纳绿洲地下水水位埋深图　　图 6.2.10　2008 年额济纳绿洲地下水水位埋深

间地下水水位埋深下降幅度较小,下降的幅度不超过 1.5 m,且局部小区域有水位上升的情况,但整体上仍呈现下降的趋势,其中,水位埋深变化不大或者未发生变化的区域面积最大,其次是水位降幅在 0~0.2 m,其余水位埋深下降 0.25~0.5 m、0.5~0.75 m 及其他各区间段的水位埋深下降面积基本上相差不大,但整体上面积所占比例仍较大;2001—2008 年间的地下水位埋深整体上变化不大,其中,占面积最大的地下水位埋深变化区间是 −0.13~0.078 m,这说明地下水面积基本上维持不变或变化较小,第二位的是水位埋深下降 0.13~0.38 m 的区间,其余上升和下降的面积相差不大,且所占额济纳绿洲区面积的比例也较小。

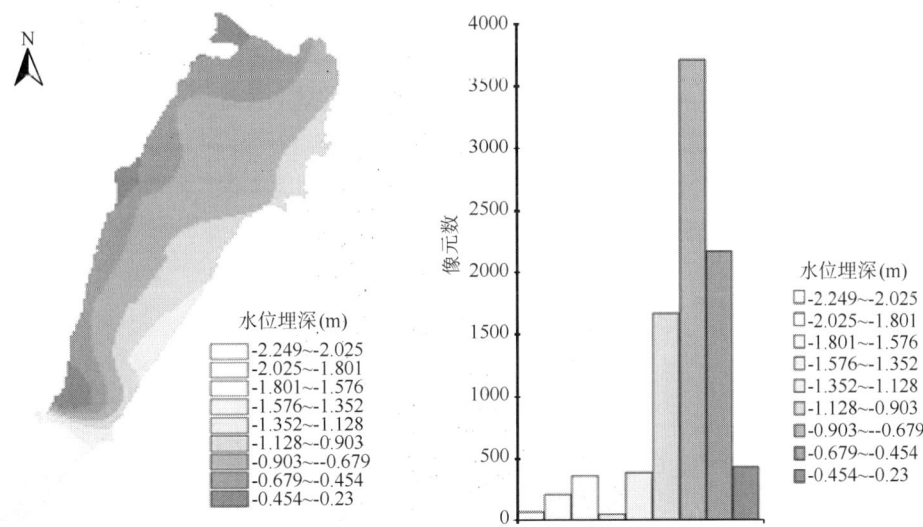

图 6.2.11　1987—1997 年额济纳绿洲地下水位变化　　图 6.2.12　1987—1997 年额济纳绿洲地下水位变化面积统计

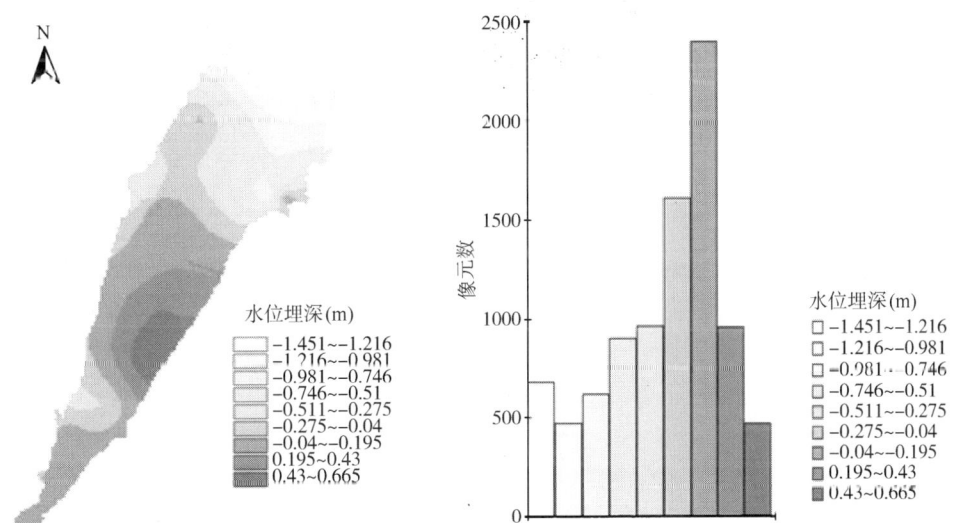

图 6.2.13　1997—2001 年额济纳绿洲地下水位变化　　图 6.2.14　1997—2001 年额济纳绿洲地下水位变化面积统计

6.2.1.2　地下水埋深与植物根系分布

根系在土壤中的分布具有向水性,地下水位越高,根系的平均长度越短,即地下水位高则根系分布较浅(严小龙,2007)。黑河下游额济纳荒漠绿洲主要植物种有荒漠河岸林——胡杨和沙枣,旱生盐生的白刺、沙蒿、梭梭、柽柳、有叶盐爪爪和胖姑娘,湿生系列有芦苇、拂子茅、赖草、芨芨草等。根据表 6.2.2 实地测试资料,该区植物的根系一般在地下 3 m 以内,根系密集层基本都在地下 1.5 m 以内。植物根系分布有两个明显的特点:一是具有发达的浅层水平根系,以吸收滞留在表层土壤中的大气降水和冷凝水;二是有深达地下水位的垂直根系,以满足生理需水要求。

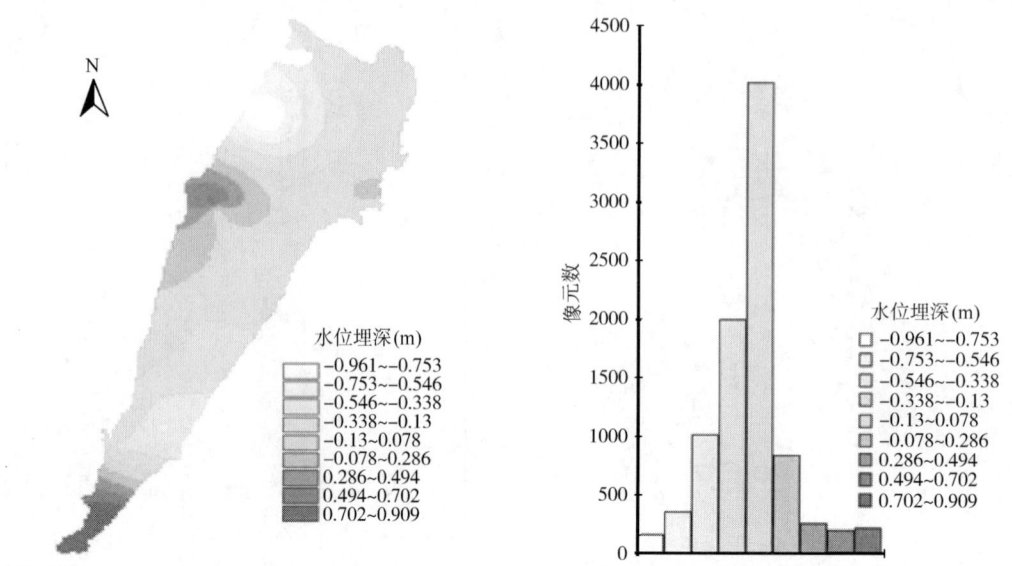

图 6.2.15　2001—2008 年额济纳绿洲地下水位变化　　图 6.2.16　2001—2008 年额济纳绿洲地下水位变化面积统计

表 6.2.2　额济纳荒漠绿洲植物根系与地下水位埋深的关系　　　　　　　　（单位:m）

植被种类	根系深度	根系密集度	水位埋深
胡杨	1.98～3.01	约 1.00	3.05
沙枣	2.00～3.49	1.00～1.50	3.08
柽柳	1.96	0.70～1.41	2.66
红沙	2.64	0.40～0.85	3.54
白沙蒿	1.24	0.20～0.44	2.00～3.03
白刺	3.15	1.00～1.83	3.36
细枝盐爪爪	1.81	0.80～1.01	3.05
胖姑娘	2.76	0.50～0.84	2.73
甘草	1.49～2.56	1.00～2.08	1.50～2.54
罗麻布	1.86	0.45～0.86	0.90～2.50
芦苇	2.40	0.30～0.85	2.65

6.2.1.3　地下水位埋深与植物长势

荒漠绿洲区降水稀少,乔、灌木和草本植物生长发育主要依靠地下水,植被的发育、退化与地下水位埋深基本呈动态平衡关系。实地测定结果显示,胡杨群落在地下水位埋深小于 4 m 时生长正常,4～6 m 时生长不良,6～10 m 时大部分枯死。柽柳白刺群落地下水位埋深小于 5 m 时生长正常,5～7 m 时生长不良,7～8 m 时大部分死亡。表 6.2.3 列出了古日乃湖盆区和终端湖居延海区域不同植被带地下水埋深和相应的植物覆盖度。表 6.2.4 给出了胡杨、沙枣和柽柳—白刺群落在不同水位埋深条件下的生长状况。

额济纳荒漠绿洲主要树种为胡杨,傍水而生,伴水枯荣,随着入境黑河水量的减少和河流改道,或繁衍发育于河流两岸,或龟宿消亡于河流故道。经实地测试,沿河吉日格郎图到策克一带的胡杨,表现为既耐湿又抗旱,适宜生长的地下水位埋深在 2～4 m,2 m 左右林间幼树丛生,4~5 m时幼树开始死亡,7~8 m时大多数胡杨死亡,仅少数树干的下部存有稀疏绿枝;下降到8 m时胡杨会全部干死;绿城子的地下水位埋深为4.30 m,胡杨生长状况不良。构成荒漠绿洲各种植物的消长关系与区域的地下水位变幅有关,梭梭为固沙植物的先锋种,但如地下水埋深降到4 m以下时,毛管水不能上升到沙丘底部,梭梭就会死亡;柽柳及白刺以营养繁殖为主,但如地下埋深下降到5 m时生长受阻,开始干枯;沙枣属浅根树种,适宜生长的地下埋深为2~3 m,如降到5 m以下,就会干枯(表6.2.4)。

表6.2.3 额济纳荒漠绿洲覆盖度与地下水位埋深和矿化度的关系

	植被类型	地下水位埋深(m)	地下水矿化度(g/L)	覆盖度(%)
古日乃湖区	芦苇带	<1	0.6~3.7	60
		1~2.2		20~30
	芦苇—黄蒿带	1.1~2.57	24.2	5~10
	胡杨—芦苇带	1.47~2.35	1.7~2.4	<5
	梭梭林带	0.4~3.85	0.6~3.7	5~10
	已枯梭梭林	>3.7	<1	
	白茨,麻黄,沙拐枣	>3	0.5~0.8	<5
	麻黄沙拐枣稀疏	0.44~0.73	0.5~2.5	<5
居延海	胡杨—沙枣	1~2	0.8~2.0	20~70
	柽柳—梭梭	4~5	<3	20~70
	柽柳	>5	5~10	稀疏

表6.2.4 地下水位埋深与植物长势关系

植物群落	地下水埋深及生长状况			
胡杨	<4 m,生长正常	4~6 m,生长不良,秃顶,叶枯,少数死亡	6~10 m,大部分枯死	>10 m,全部植物死亡
沙枣	2~3 m,生长正常	4~5 m,生长不良,枯梢,少数死亡	5~6 m,大部分枯梢衰败	>6 m,大部分植物死亡
柽柳、白刺	<5 m,生长正常	5~7 m,退化,枯梢,少数死亡	7~8 m,严重退化,大部分死亡	>8~10 m,全部植物死亡

6.2.1.4 地下水埋深与植被覆盖度

绿洲演化一般是指面积和植被覆盖度的变化。天然荒漠绿洲萎缩和植被覆盖下降这两个方面的变化与地下水位埋深有着密切的关系。植物根部是靠毛细作用吸收地下水来维持生长,其生长的好坏取决于地下水位埋深和根系的下潜深度,地下水位的高低直接影响植物的生长和发育。同样,额济纳荒漠绿洲的乔灌木及林下伴生的植物生长、衰亡与地下水位埋深关系密切。采用不同地下水位埋深与相应地段的植被覆盖度,可建立相关关系模型:

$$Y = 4.733X^3 - 41.533X^2 + 90.228X + 12.269 \quad (6.2.1)$$

式中:Y为植被部覆盖度(%);X为平均地下水位埋深(m),计算时的取值范围为1.5~5.0 m;相关系数$R=0.98$。

由于地下水位的持续下降,额济纳荒漠绿洲各种类型植被的面积在不同程度地减少,通过对 1982 年和 1995 年两期的卫星影像解译资料的对照分析得出,在 13 a 间,胡杨林面积减少了 3.1%,沙枣面积减少了 57.45%,柽柳林面积减少了 39.17%,梭梭林面积减少了 7.28%(钟华平等,2002)。当水位埋深在 1.5~5 m 时,地下水位埋深与绿洲变化关系可拟合为:

$$Y = 21156 X^{-6.871} \tag{6.2.2}$$

式中:Y 为绿洲面积(km);X 为平均地下水位埋深(m);相关系数 $R^2=0.997$。

6.2.1.5 地下水埋深与土地沙漠化

由于地下水位持续下降,大面积土地严重沙化。春季,表层干燥深度达到全年的最大值,当风速达 4.5 m/s 以上时就会起沙,年风蚀深度可达 2.2 mm。流动沙地在一场大风中侵蚀深度可达 4~5 cm。资料表明,同一地下水位埋深条件下不同类型的植被沙化程度不同。表 6.2.5 列举了额济纳荒漠绿洲主要树种在不同地下水位埋深情况下的土地沙化情况。

表 6.2.5 地下水位埋深与土地沙漠化程度

群落	非沙化	轻度沙化	中度沙化	强度沙化
胡杨	<4 m	4~6 m	6~10 m	>10 m
沙枣	2~3 m	4~5 m	5~6 m	>6 m
柽柳、白刺	<5 m	5~7 m	7~8 m	8~10 m

从表 6.2.5 可看出,胡杨生长区,当地下水位埋深在 4 m 以上时开始沙化,在 4~6 m 时发生轻度沙化,在 6~10 m 时发生中度沙化,大于 10 m 时发生重度沙化;沙枣生长区,当地下水位埋深在 3 m 以上时开始沙化,在 4~5 m 时发生轻度沙化,在 5~6 m 时发生中度沙化,大于 6 m 时发生重度沙化;柽柳、白刺生长区,当地下水位埋深在 5 m 以上时开始沙化,在 5~7 m 时发生轻度沙化,在 7~8 m 时发生中度沙化,大于 8 m 时发生重度沙化。因此,要避免土地沙化,地下水埋深应小于 5.0 m。

6.2.1.6 地下水埋深与植被归一化指数的关系

根据 1987 年和 2009 年计算植被归一化指数(NDVI)数据,绘制了两期 NDVI 的空间分布图(图 6.2.17,图 6.2.18)。由图可看出,额济纳旗达赖库布镇所在的绿洲植被的 NDVI 值大部分大于 0.2,植被发育良好。2009 年 NDVI 值整体上明显小于 1987 年的 NDVI 值,说明植被整体上呈现退化状态,在河岸附近变化不明显,说明尽管植被出现退化状态,但因河道附近受河水的补给,植被变化并不明显,而在东西河道间的中戈壁地区,NDVI 值变小较为明显,变化最为明显的区域是绿洲区,高覆盖度所对应的 NDVI 值出现明显的减小变化。且 NDVI<0.1 的面积也呈现增大的趋势,说明近 20 a 来植被发生显著的退化。

为研究地下水位埋深与植被生长的关系,我们以 0.1 m 为间距分别绘制了 1987 年、2009 年地下水位埋深与相应的 NDVI 平均值的关系曲线(图 6.2.19,图 6.2.20)。曲线显示地下水位埋深对植被生长具有明显的控制作用。

通过分析 1987 年地下水位埋深与相应的 NDVI 平均值关系发现(图 6.2.19),1987 年地下水位埋深和植被生长的关系表现为:当水位埋深小于 1.9 m 时,NDVI 平均值小于 0.13,表示植被发育差;当地下水位埋深在 1.9~4.2 m 时,NDVI 平均值大于 0.13,表示植被发育较好;而当地下水超过 4.2 m 时,NDVI 平均值减小,在 0.1 上下波动,表示植被发育

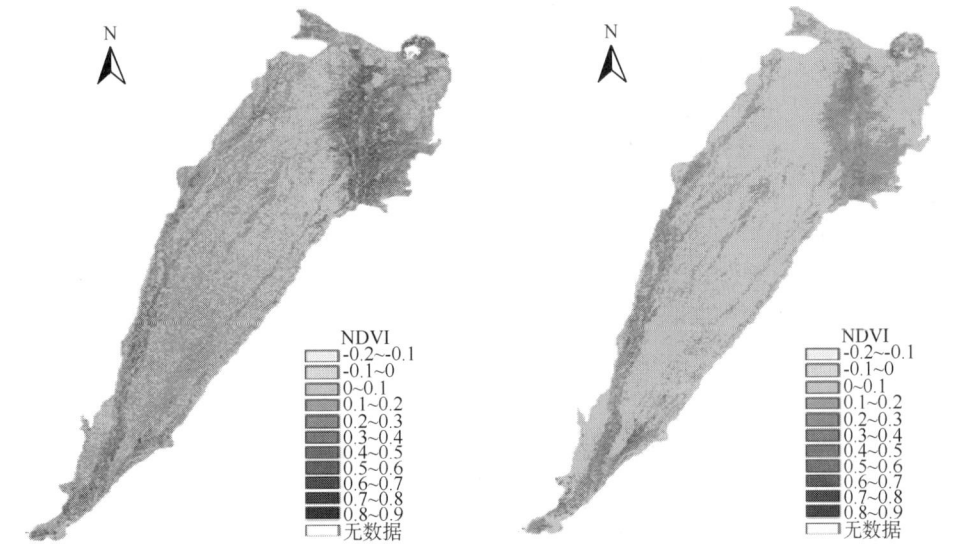

图 6.2.17 1987 年额济纳绿洲植被 NDVI 值　　图 6.2.18 2009 年额济纳绿洲植被 NDVI 值

较差,或者说是植被盖度较低;这说明当地下水位埋深超过 4.0 m 时,地下水与植被联系较差。NDVI 平均值的最大值约为 0.18,对应的地下水位埋深在 3 m 附近,说明 3.0 m 是植被生长的较佳地下水水位埋深,而 1.9~4.2 m 是较适宜植被生长的地下水水位埋深范围。

通过分析 2009 年地下水位埋深与相应的 NDVI 平均值关系发现(图 6.2.20):当水位埋深在 2.4~4.2 m 时,NDVI 的平均值在 0.11 上下波动,说明植被发育较好;而地下水位埋

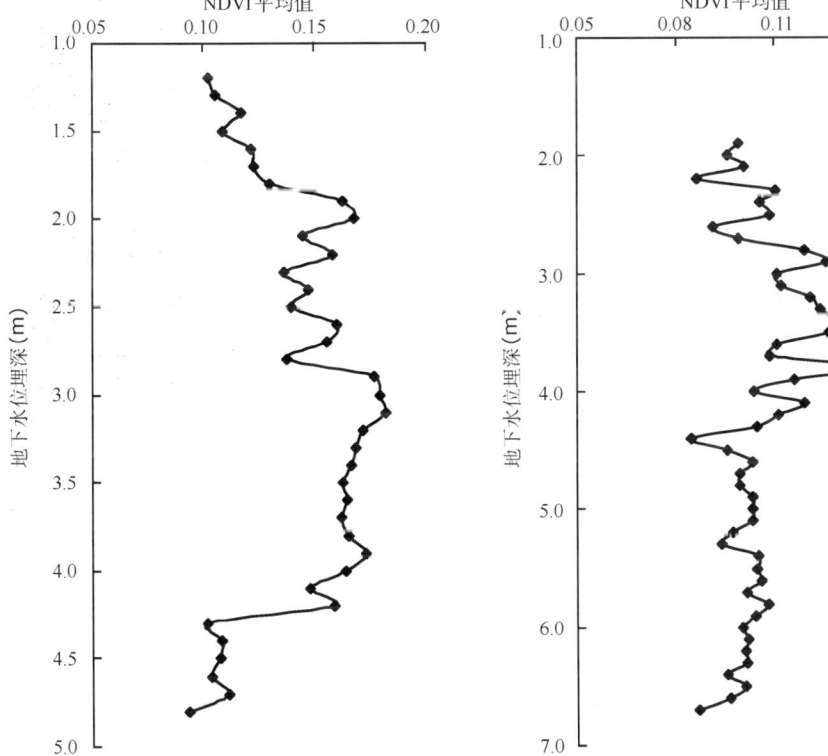

图 6.2.19 1987 年额济纳绿洲地下水位埋深　　图 6.2.20 2009 年额济纳绿洲地下水位埋深
　　　　　与 NDVI 的关系　　　　　　　　　　　　　　与 NDVI 的关系

深小于 2.4 m 时,NDVI 值在 0.09 附近波动,说明植被发育较 2.4～4.2 m 区域差;当地下水位埋深大于 4.2 m 时,NDVI 值出现明显的减小,且小于 0.09,说明植被发育较差,即当地下水位埋深超过 4.2 m 时,地下水与植被联系较差。NDVI 平均值的最大值约为 0.14,出现在 3～4 m。而 2.4～4.2 m 是较适宜植被生长的地下水位埋深范围。

通过比较 1987 年和 2009 年地下水位埋深与植被盖度的关系不难发现,地下水较为适宜的水位埋深仍保持在 2～4 m,只是上下区间有所波动,且整体上 2009 年地下水位较 1987 年有较大幅度的下降;通过计算出来的 NDVI 比较也可看出,NDVI 值在这近 20 a 间也有较大幅度的下降,说明地下水位下降是植被发育变差或者植被盖度降低的主要原因。

6.2.2 荒漠绿洲临界地下水位推求

临界地下水位即地下水位距地表面的深度,可分为两种:一种观点认为,地下水潜水蒸发接近于零的深度,地下水和土壤中的盐分也就不再积累至地表。另一种观点认为地下水位处于使干旱区植被能保持正常生长的埋深水位。在农业生产过程中,要求地表积盐的地下水位值很难找,一般考虑找一个值,使表土盐分在作物耐盐限度内。而干旱生态警戒水位要求,地下水位不能低于该深度。当地下水埋深加大时,干旱植物生长受抑制,植被开始死亡,土地大面积沙化。通常把前一种水位称为盐渍临界水位,把后一种称为生态警戒水位。介于这两者之间的称为生态适宜水位(冯起等,2009)。

盐渍临界深度不是一个常数。影响盐渍临界深度的因素很多,主要有气候、土壤、水文地质(特别是地下水矿化度)和人为措施等。这些因素综合地影响土壤的水盐运移和积盐状况。一般来说,气候越干旱,蒸发与降水量之比越大,盐渍临界深度越大;地下水矿化度越高,临界深度也越大。

6.2.2.1 临界地下水位数学公式

干旱区荒漠绿洲农业区多处于山前冲积平原及内陆河河谷地带,由于地形封闭,水盐难以外泄,在大陆性气候影响下,地下水埋藏深度是土壤蒸发盐化和地下水矿化的重要因素。地下水埋深与土壤蒸发量的相关数值(表 6.2.6),可以作为衡量土壤积盐程度的参考。国内外许多土壤和水文地质工作者对此均做过研究。

表 6.2.6 地下水位埋深与土壤蒸发的关系

地下水位埋深(m)	0.5	1.0	1.5	2.0	2.5	3.0	3.5	4.0
年蒸发强度(mm)	483	320	162	150	58	23	18	15

土壤蒸发是水位埋深的函数,由水位埋深决定的最大蒸发量:

$$E_{最大} = \frac{A\alpha}{h^n} \tag{6.2.3}$$

式中:h 为水位埋深(cm);A、α、n 均为经验常数,Gardner W R 提供经验公式为:

$$n = 3/2 \quad E_{最大} = 3.77\alpha h^{-3/2} \tag{6.2.4}$$

$$n = 2 \quad E_{最大} = 3.77\alpha h^{-2} \tag{6.2.5}$$

$$n = 3 \quad E_{最大} = 3.77\alpha h^{-3} \tag{6.2.6}$$

$$n = 4 \quad E_{最大} = 3.77\alpha h^{-4} \tag{6.2.7}$$

上述经验公式给出 A 值（$A=3.77$）；其中，n 为和土壤质地有关的经验常数，质地愈粗 n 值愈大，一般壤质土取 $n=2$；α 是与饱和导水率有关的经验常数。因此，若能取得各种土壤的 A、α、n 等参数，就可以求得不同地下水埋深的最大蒸发量。

通过实地测试土壤蒸发与潜水埋藏深度关系，结合公式分析可以看出，地下水位埋深愈浅蒸发量愈大，当地下水埋深在 2.5～3.0 m 以下时，蒸发量显著减少，地下水埋深降到 3.5～4.0 m 时虽然仍有土壤蒸发，但蒸发量很小不足以引起土壤盐化。

荒漠地带地下水埋深较浅，潜水蒸发引起的土壤次生盐渍化是荒漠盐土形成的主要因素。潜水埋深在 1 m 以内时土壤含盐量在 1%～4% 或者更高，往往形成内陆盐土。水位埋深在 3 m 以下时，则形成轻盐化土或非盐化土。

荒漠绿洲区土壤多为粉砂和砂土，临界深度或安全深度以 2～3 m 为宜。本区细砂含量占 80% 以上的流动沙丘地中，毛管水上升高度为 0.534 m，而在砾质戈壁土壤中只有 0.365 m，差别十分悬殊。在沙漠广布的西北地区需考虑有利于固沙植物生长和防治盐化的综合效益来确定最佳地下水位埋深。

对于干旱地区，表层土壤含盐量不但与地下水埋深有关，而且还与地下水的矿化度有关，即：

$$\Delta W = \frac{kW_0^a}{(1+\Delta)^b} \tag{6.2.8}$$

式中：ΔW 为土壤表层含盐量（%）；W_0 为地下水矿化度（g/L）；Δ 为盐渍地下水埋深（m）；k 为与土壤、气象、植被等有关的综合指数；a、b 为指数。

经在荒漠绿洲区推算，其基本公式为：

$$\Delta W = \frac{2.85W_0^{0.653}}{(1+\Delta)^{4.12}} \tag{6.2.9}$$

6.2.2.2 临界地下水位的估算

由上述公式 $\Delta W = \frac{kW_0^a}{(1+\Delta)^b}$ 可推导得：

$$(1+\Delta) = \sqrt[4.12]{\frac{2.85W_0^{0.653}}{\Delta W}} \tag{6.2.10}$$

即：

$$\Delta = \sqrt[4.12]{\frac{2.85W_0^{0.653}}{\Delta W}} - 1 \tag{6.2.11}$$

对荒漠绿洲区林草耐盐极限分别取 $\Delta W=0.5\%$、1.0%、1.5%、2.0% 四个值作为春、夏临界地下水深度的控制指标，根据测定的地下水含盐量，可推算得荒漠绿洲区临界地下水位如表 6.2.7 所示。

结合植物的长势和地表景观，对荒漠绿洲区几种植物生长的盐渍临界水位、生态适宜水位和生态警戒水位进行了估算（表 6.2.7）。结果表明，胡杨生长的适宜地下水位埋深为 2.5～3.5 m，相应的地下水位年变幅在 0.1～1.0 m，当地下水位下降到 5 m 以下，胡杨枯死；柽柳生长的适宜地下水位埋深为 2.0～3.0 m，相应的地下水位年变幅在 0～0.5 m，当地下水位下降到 3.5 m 以下,柽柳干枯;梭梭生长的适宜地下水位埋深为 2.5~3.5 m,相应的地下水位年变幅在 0~0.5 m,当地下水位下降到 4 m 以下,梭梭开始衰败(刘蔚等,2008)。

表 6.2.7　荒漠绿洲区几种植物生长临界地下水位估算结果　　　　　(单位:m)

名称	盐渍临界水位		生态适宜水位		生态警戒水位	
	埋深	变幅	埋深	变幅	埋深	变幅
芦苇	0~0.5	<0.5	0.5~1.0	<0.5	1.0~1.5	<0.5
胡杨	1.5~2.5	0.5~1.0	2.5~3.5	0.5~1.0	>5.0	0.5
柽柳	1.0~2.0	0.5~1.0	2.0~3.0	0~0.5	>3.5	<0.5
梭梭	1.5~2.5	<0.5	2.5~3.5	0~0.5	>4.0	<0.5

植物对水分条件的反应极为敏感,在干旱地区尤为明显。荒漠绿洲区深入沙漠之中,漫长的风沙线上生长着天然植被和人工植被,主要是依靠地下水生活的多年生灌木、半灌木、多年生草本及荒漠河岸林。主要植物种有荒漠河岸林——胡杨、沙枣,旱生和盐生系列的白刺、沙蒿、梭梭、柽柳、有叶盐爪爪、胖姑娘,湿生系列的芦苇、拂子茅、赖草、芨芨草、马蔺等。这些植物的根系在 3 m 以内,根系密集层多在 1.5 m 以内。野外调查表明,维持植物正常生长的地下水位埋深多在 2~3 m。

结合植物根系分布和不同地下水埋深、不同土壤质地的毛管水上升高度,荒漠绿洲区沙地最大毛管上升高度为 0.6~0.8 m,强烈上升高度为 0.5 cm,以此确定荒漠绿洲区植物生长最大地下埋藏深度值。该临界值可为进一步计算植物耗水提供参数。

由上述所推算的地下水临界埋藏深度可知,额济纳绿洲由于河道来水变化较大,加上气候有变干趋势,区内地下水埋深波动明显,但近年来人为进行水分调控,使得研究区植被状况有所好转。

6.2.3　荒漠绿洲植被生长与土壤水分、盐分的关系

6.2.3.1　植被生长与土壤水分的关系

在荒漠地区生长发育的草本和灌木主要依靠土壤中的水分,随土壤含水量的变化而明显变化。在年内如果有一次较大的暴雨可使旱生草本植物种子得以萌发,没有暴雨的天气,草本种子可以多年埋在地下而不萌动。根据实地对自然生长和人工种植的植物生长状况与土壤水分调查发现,草本、灌木在成活后对土壤水分要求很低,而乔木则对水分要求较高,沙地土壤含水量的变化决定该地区适宜的植物种。在额济纳绿洲,土壤含水量在 3.5% 以上,乔木、灌木和半灌木生长良好;土壤含水量在 2.0%~3.5%,绿洲大部分植物生长较好,含水量在 1.5%~2.0% 时胡杨等乔木生长开始减缓,柽柳等灌木、半灌木生长停滞,含水量在 1.5% 以下时胡杨开始出现枯梢,柽柳开始死亡(表 6.2.8)。

表 6.2.8　不同类型植物与土壤含水量之间关系

植被种类	生长状况	包气带土层 2.00 m 范围平均含水量(%)
柽柳	良好	3.0~13.6
	一般	1.9~2.1
	较差	1.5~2.0

(续表)

植被种类	生长状况	包气带土层2.00 m范围平均含水量(%)
胡杨、柽柳混生	良好	3.6~5.3
	一般	2.4~3.7
沙枣	一般	2.6~2.9
	较差	1.9~2.5
梭梭	一般	1.6~2.2
	较差	0.8
白刺	良好	2.0
芦苇、苦豆子、甘草	一般	4.5~6.2

6.2.3.2 植被生长与土壤盐分的关系

土壤盐分对植物的生长有很大的影响,土壤含盐量越高,植物受到盐分胁迫越严重,植物利用土壤水分就越难,这使得一些一年生植物和一些根系不太发达或者耐旱和耐盐能力较弱的植物在土壤含盐量较高的地段不能生长、繁殖。即使同一种植物,在不同含盐环境,其种类、形态、结构会发生不同的变化。如盐爪爪在盐分不同的土壤分布有不同的种类,有盐爪爪、细枝盐爪爪、圆叶盐爪爪等。这是由于土壤含盐越多,植被更趋于肉质化。含盐量过高对过氧化氢酶的活性有明显的抑制;但若含盐量变化不大,对过氧化氢酶的活性影响不是很显著。

额济纳地区气候干旱,蒸发强烈,全区土壤含盐量的深度均在0~0.2 m或0.2~0.4 m,随着土壤深度的增加,含盐量迅速降低。即盐分具有表聚现象。从总体上看,植物种类愈多或优势种盖度越大,土壤有机质则越大,含盐量较低,有机质含量越高则植物生长越好。但不同地点同种植物长势与土壤有机质并不呈严格的直线相关关系,这可能说明不同地点同种植物对土壤有着不同的要求和适应,土壤有机质与其他指标协同作用于植物的生长状况。

深度为0.4~0.8 m范围的土壤层,是多年生草本植物、灌木、半灌木和某些乔木的植物根群的主要分布区。受外界影响较之表层要小,水盐含量变化幅度较小,含盐量总体不高,约为0.58~1.99 mg/L,土壤中的有机质含量也较为稳定,范围为0.27%~1.56%。该层土壤条件较稳定,且养分含量和根系较集中,对植被的生长和分布起决定性作用。深度为0.8 m到潜水面,这一深度是大多数植物主根可及的范围,但不是根群的主要位置。与地表联系微弱,水分、盐分和有机质含量变幅很小,根系稀少,吸收养分比例较小,且气热条件不足,植物生理活动微弱。故该层对植物生长影响小(冯起等,2009)。

6.2.4 荒漠绿洲水分调控的生态响应

6.2.4.1 地表输水对荒漠绿洲水环境的影响

(1)输水对地下水位和湖泊面积的影响

从20世纪20—30年代至2005年分水后东、西河地下水位的变化分析表明(表6.2.9),输水前随着狼心山入境水量的减少,地下水位不断下降。20世纪40年代,狼心山入境水量

为 $13.49×10^8m^3$,地下水位在 $0.5\sim1.0$ m;70 年代,狼心山入境水量减少到 $10.53×10^8m^3$,地下水位变化在 $1.2\sim4.5$ m;90 年代,狼心山入境水量减少到 $3.47×10^8m^3$,地下水位为 $1.9\sim7.0$ m。输水后,从 2001—2003 年随来水量的逐年增加,地下水位随之逐年抬升,2001 年分水量为 $1.82×10^8m^3$,东、西河上段地下水位为 2.73 m,2002 年分水量为 $4.84×10^8m^3$,东、西河上段地下水位为 2.65 m,比 2001 年水位抬升 0.08 m,2003 年分水量为 $7.82×10^8m^3$,东、西河上段地下水位为 2.26 m,比 2001 年水位抬升 0.47 m(席海洋等,2007b)。

表 6.2.9 狼心山入境水量与东、西河地下水位及居延海面积变化关系

年代	狼心山入境水量(10^8m^3)	西河地下水位(m)			东河地下水位(m)			平均地下水位(m)	西居延海水域面积(km^2)	东居延海水域面积(km^2)
		上段	中段	下段	上段	中段	下段			
20 世纪 20—30 年代	>15								350	150
20 世纪 40 年代	13.49	0.5~1.0	0.5	1	1.0~1.5	0.5~1.0	0.5~1.0	0.7	276	58.4
20 世纪 50 年代	12.33								180	53.3
20 世纪 60 年代	10.52								干涸	35.5
20 世纪 70 年代	10.52	1.6~3.4	1.6~2.5	3.4~4.1	1.4~2.9	1.2~3.2	3.4~4.5		20	干涸
20 世纪 80 年代	9.68								干涸	23.6
20 世纪 90 年代	3.47	2.4~3.6	3.2~4.1	5.0~7.0	3.4~3.9	1.9~3.4	4.5~5.8	3.98	干涸	干涸
2000 年	2.82	2.14	2.16	3.44	3.13	2.89	3.82	3.1	干涸	干涸
2001 年	2.64	2.12	2.23	3.74	2.73	2.78	3.54	2.96	干涸	干涸
2002 年	4.85	2.06	2.23	4.85	2.65	3.33	3.01	3.12	干涸	23.8
2003 年	7.17	1.96	1.87	4.29	2.26	3.03	2.63	2.72	少量	31.5
2004 年	3.93	2.01	2.16	4.47	2.69	3.49	2.86	2.95	干涸	35.7
2005 年	4.89	2.03	2.09	4.69	2.51	3.62	2.72	2.94	干涸	33.9

对 20 世纪 20—30 年代至 2005 年不同入境水量条件下地下水位变化的研究表明,地下水位对入境水量的响应非常明显,呈典型的线性相关,相关系数达 0.986。入境水量越大,地下水位越高,当入境水量为 $13.5×10^8m^3$ 时,地下水位为 0.75 m;入境水量为 $10.5×10^8m^3$ 时,地下水位为 1.6 m;入境水量为 $7.8×10^8m^3$,地下水位为 2.26 m;入境水量为 $4.8×10^8m^3$,地下水位为 2.65 m(图 6.2.21)。

输水对地下水位空间上的影响表现在:纵向变化上,浅层地下水对河道水的响应程度基本表现为从河道上段至河道下段呈减弱趋势,地下水位随距离河道由远至近而降低(图 6.2.22)。横向变化上,随距河道的距离越近,地下水位越高,距离河道越远,地下水位越低,而且变幅也越来越小(图 6.2.23)。水位变化对河道来水有滞后的现象(司建华等,2006)。

(2)输水对浅层水化学的影响

1)输水对主要离子特征的影响

从图 6.2.24 中可以看出:2001 年所取水样中,整体样点的非碳酸盐硬度超过了 50%,

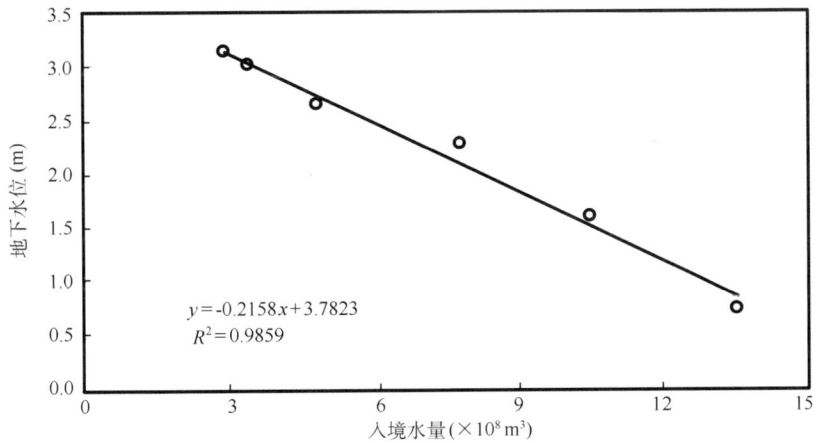

图 6.2.21 狼心山入境水量与地下水位的关系

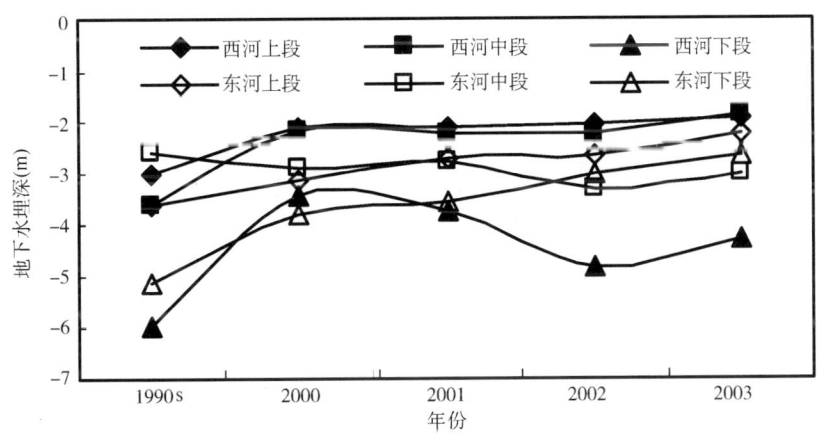

图 6.2.22 黑河下游输水前后地下水位纵向变化

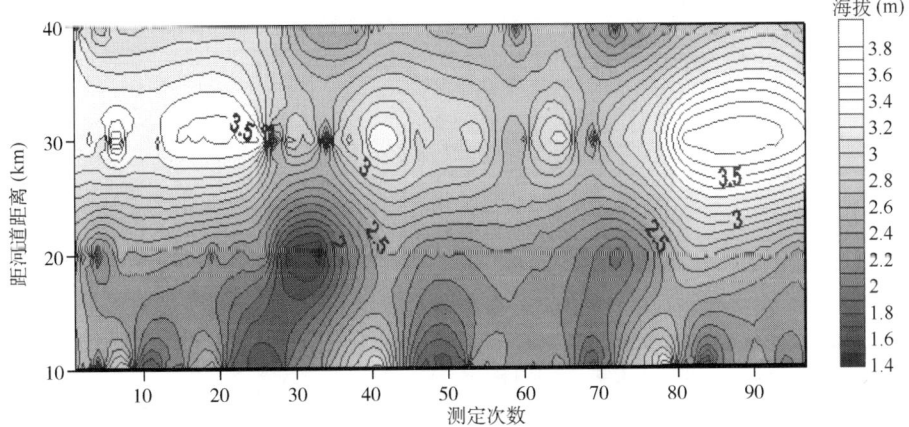

图 6.2.23 黑河下游来水与地下水位横向变化

阴离子 SO_4^{2-}、Cl^- 中,SO_4^{2-} 占 60%~80%,而 Cl^- 占 20%~40%;Cl^- 与 HCO_3^- 相比较,HCO_3^- 浓度含量不超过 20%,而 Cl^- 的含量超过了 80%,这说明在阴离子中以 SO_4^{2-} 浓度含量占绝对优势;在阳离子中,Ca^{2+} 浓度含量与 Mg^{2+} 相比较,二者基本相同,均占 40%~60%,而 Na^+ 浓度含量与它们相比较,含量在 20%~40%,略低于 Ca^{2+}、Mg^{2+} 含量。2003年输水后,全区的各种离子含量均有明显变化,阴离子中,SO_4^{2-} 的含量与 Cl^- 含量相比较,两种离子的含量相当,均为 40%~60%,而 HCO_3^- 与 Cl^- 相比较,HCO_3^- 占 20%~40%,其相对含量明显高于放水前含量;阳离子中,Na^+ 相对含量略有增加,Ca^{2+} 含量略有减少,与 2001 年相比,三者的相对含量均没有太大幅度的变化。

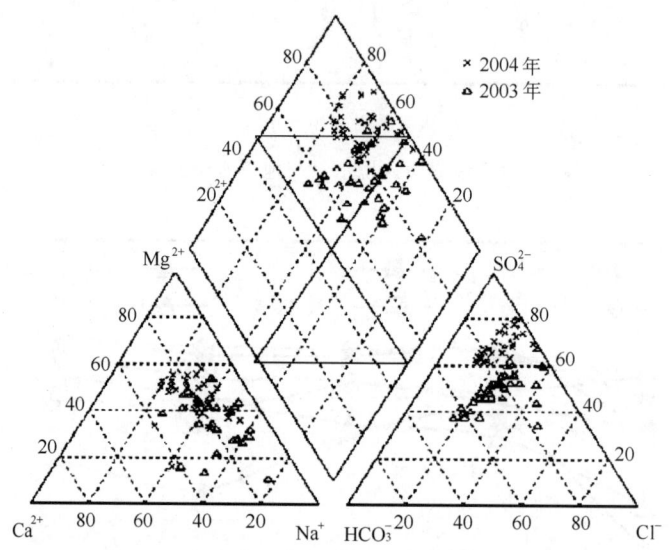

图 6.2.24　输水前后地下水主要离子特征皮伯三线图解

2)水化学空间变化

纵向上,从狼心山到东居延海,水的矿化度、总硬度、碱度总体表现为增加的趋势。横向上,从二道桥到七道桥逐渐增加,距离河道越远水的矿化度和总硬度越大。但由于受人为因素的控制,使得有的河道大量放水,有的河道从未放水,导致 2003 年水的矿化度、总硬度和碱度并未表现出此规律(图 6.2.25)。

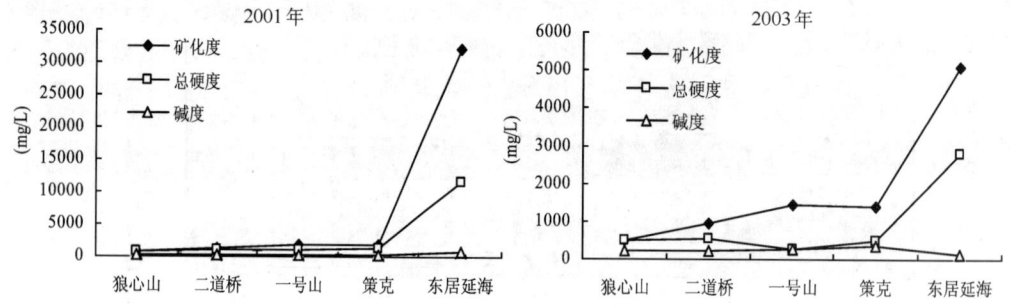

图 6.2.25　沿河道方向(纵向)水化学主要特征的变化

从 2001 年垂直河道方向上的水化学分析结果(图 6.2.26)可以看出,水的矿化度、总硬度、碱度总体上从二道桥到七道桥逐渐增加。这说明距主河道越远,水的矿化度和总硬度越大。但由于受人为因素的控制，出现有的河道大量放水，有的河道从未放水的现象，使得2003年水的矿化度、总硬度和碱度并未表现出此规律。

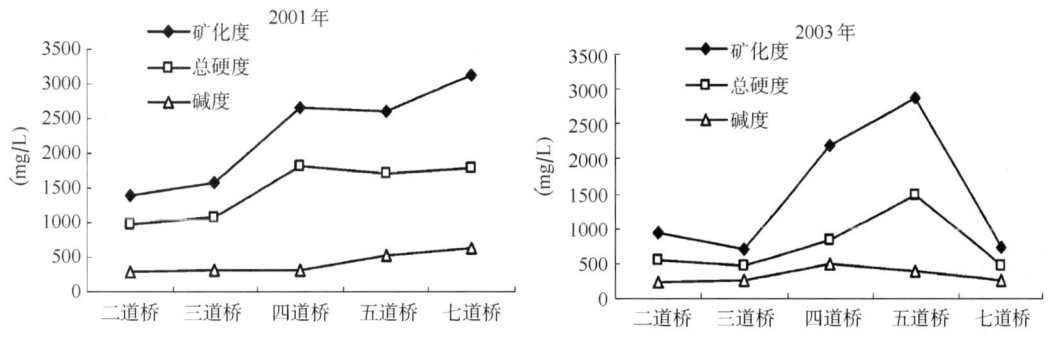

图6.2.26 垂直河道方向（横向）水化学主要特征变化

水化学的时间变化上，普遍表现为2003年水的矿化度、总硬度比2001年有大幅度的降低。以矿化度为例说明，纵向上，2003年的矿化度比2001年分别降低了231.8、431、318.5、559.4、26943.8 mg/L，降低比率分别为31%、31%、18%、29%、84%。可看出放水对干涸已久的居延海地下水化学影响非常明显。横向上，输水后地下水的矿化度有较明显的变化，从二道桥到七道桥按距离河道远近表现为2003年比2001年分别降低了431、892.1、479.6、2384.9 mg/L，降低比率分别为31%、56%、17%、76%（图6.2.27）。

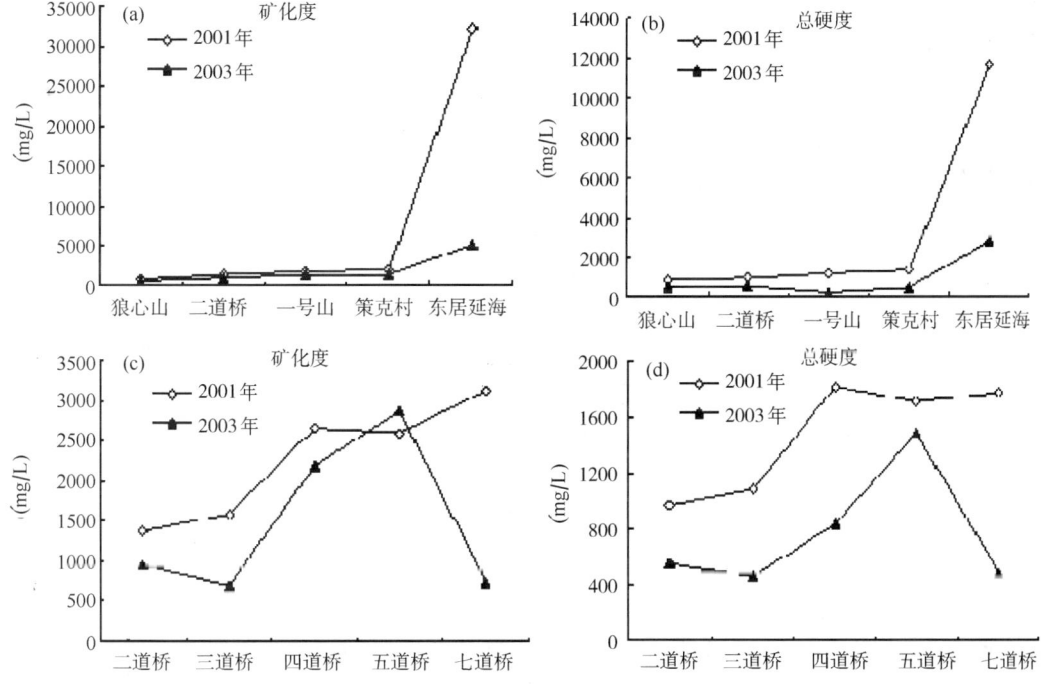

图6.2.27 水化学主要特征要素的时间变化
(a)、(b)为横向比较；(c)、(d)为纵向比较

从水化学类型来看（表6.2.10），2003年水化学类型中Cl^-比重增加，这是由于黑河下游地处腾格里沙漠和巴丹吉林沙漠之间，地势低洼，上、中游的易溶性盐类被地表和地下水

流携带到下游，使其成为流域的聚盐地。因此，造成黑河下游地下水的含盐量较高，当水位升高时，地下水在迁移补给过程中将大量盐分淋溶并携带析出。

表 6.2.10 水化学类型变化表

观测点	水化学类型	
	沿河道方向	
	2001 年	2003 年
狼心山	$Na^+ - Mg^{2+} - Ca^{2+} - SO_4^{2-} - HCO_3^-$	$Na^+ - Mg^{2+} - Ca^{2+} - SO_4^{2-} - HCO_3^-$
二道桥	$Mg^{2+} - Ca^{2+} - Na^+ - SO_4^{2-} - HCO_3^-$	$Mg^{2+} - Na^+ - SO_4^{2-} - HCO_3^- - Cl^-$
一号山	$Mg^{2+} - Ca^{2+} - Na^+ - SO_4^{2-} - HCO_3^-$	$Mg^{2+} - Na^+ - Ca^{2+} - SO_4^{2-} - Cl^-$
策克村	$Mg^{2+} - Ca^{2+} - Na^+ - SO_4^{2-}$	$Na^{2+} - Mg^{2+} - SO_4^{2-} - Cl^-$
东居延海	$Mg^{2+} - Na^+ - Ca^{2+} - SO_4^{2-} - Cl^-$	$Mg^{2+} - Na^+ - Ca^{2+} - SO_4^{2-}$

观测点	水化学类型	
	垂直河道方向	
	2001 年	2003 年
二道桥	$Mg^{2+} - Ca^{2+} - Na^+ - SO_4^{2-} - HCO_3^-$	$Mg^{2+} - Na^+ - SO_4^{2-} - HCO_3^- - Cl^-$
三道桥	$Mg^{2+} - Ca^{2+} - Na^+ - SO_4^{2-} - HCO_3^-$	$Mg^{2+} - Na^+ - Ca^{2+} - SO_4^{2-} - HCO_3^-$
四道桥	$Mg^{2+} - Ca^{2+} - SO_4^{2-}$	$Na^{2+} - Mg^{2+} - SO_4^{2-} - Cl^- - HCO_3^-$
五道桥	$Mg^{2+} - Na^+ - SO_4^{2-} - HCO_3^-$	$Mg^{2+} - Na^+ - SO_4^{2-} - Cl^-$
七道桥	$Mg^{2+} - Na^+ - SO_4^{2-} - Cl^- - HCO_3^-$	$Mg^{2+} - Na^+ - Ca^{2+} - SO_4^{2-} - HCO_3^- - Cl^-$

通过对 2001 年和 2003 年各种离子成分及总矿化度的分析可以看出，2001 年以前该区的浅层水主要受到长期蒸发浓缩作用，水的矿化度很大，而在 2003 年，在连续 3 a 的上游向下游分水的过程中，由于水流速度快，冲刷强烈，与沿途盐土接触时间较短，使得下游浅层地下水直接受上游河水补给，因而水质较好，矿化度普遍降低（席海洋等，2007）。

6.2.4.2 不同植被类型对生态输水的响应

（1）荒漠河岸林胡杨对生态输水的响应

胡杨是黑河下游荒漠河岸林的主要建群种，在维护黑河下游的生态平衡中起着非常重要的作用，是黑河下游极端干旱荒漠河岸绿洲天然生态屏障，在绿洲的生存和发展中起着重要的保护作用。黑河下游分水计划实施以后，在一些水分条件较好的地方，如河道拐弯处、河道两岸，老胡杨林下面出现根生苗，而且长势普遍较好。在额济纳旗二道桥、三道桥、四道桥和七道桥等地区河道两岸（距离河道 0~4 km 地区）出现新生胡杨次生苗，达到 1%~10%的盖度。

在生态指标上，胡杨冠幅由于受下游来水量和地下水位的影响大，较深的地下水位（4 m 以下）就能对胡杨生长带来影响。因此胡杨冠幅的变化与地下水水位抬升的变化相仿，说明胡杨冠幅对地下水位的变化相对敏感（图 6.2.28）。

从表 6.2.11 可以看出：在东河河水对胡杨个体的横向影响达到距离河道 1000 m 范围，随着距河道距离的增加，胡杨胸径生长量呈递减趋势。当河道水量增加后胡杨胸径生长量相对增加，在河道水量增加情形下随着距河道距离的增加，胡杨胸径生长量也呈减少趋势，在距离河道 1000 m 处，胡杨胸径在水量增加前后的生长量几乎一样。在东河下游河水对胡杨个体的横向影响达到距离河道 1000 m 范围，随着距河道距离的增加，胡杨胸径生长量总体上呈递减趋势，但在部分区段表现为随着距离的增加，胡杨胸径生长量增加，这种现象可能和地质状况及东居延海近几年一直保持一定水面有关。对比上、下游的胡杨生长情况,当河道水量增加,在距河道相同距离断面,上游胡杨胸径生长量大于下游胡杨胸径生长量;同时,上游胡杨胸径生长量与下游胡杨胸径生长量的大小关系不定,主要原因是河道水量较小时或下游断流,导致过水量小;当河道水量增加时,增加了下游的过水量,改变了地下水条件(司建华等,2005)。

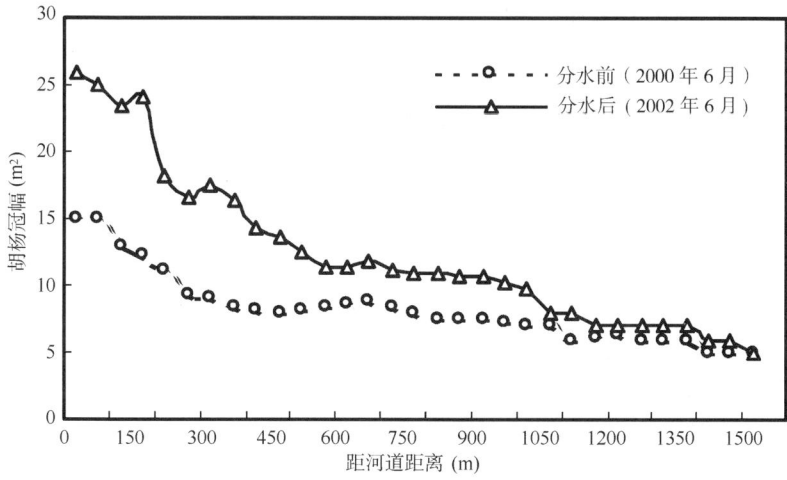

图 6.2.28　黑河下游胡杨冠幅对输水的响应

表 6.2.11　河道水量增加条件下东河上、下游胡杨胸径生长情况

位置	距河道距离(m)	胡杨树龄(a)	输水前5 a胸径生长量(mm)	输水后5 a胸径生长量(mm)	胸径生长量变化(mm)	地下水位变化(m)
东河上游	0	15	14.3	16.1	1.8	0.04
	100	13	12.5	13.4	0.9	0.1
	200	21	13.7	14.3	0.6	0.08
	500	30	8.5	9.0	0.5	0.03
	1000	52	7.8	7.9	0.1	0.05
	1500	62	7.2	7.2	0	0.05
东河下游	0	85	11.5	15.0	3.5	0.95
	100	26	10.5	14.2	3.7	0.77
	200	24	7.5	10.0	2.5	0.63
	300	12	8.3	9.5	1.2	0.47
	500	22	9.8	10.2	0.4	0.13
	1000	35	7.4	7.5	0.1	0.12

(2)灌木植被对生态输水的响应

研究区域内灌木主要为柽柳、白刺、芨芨草等,从调查结果(表6.2.12)可以看出,该区域内恢复最好的为多枝柽柳,在样方中盖度达36.2%,密度为26.03株/m²,其次为苦豆子,盖度达26.3%,密度为23.9株/m²,再次为白刺,盖度为2.7%,其他如芨芨草、盐蓬等盖度接近1%。与分水前相比,分水实施以后,由于地下水位的抬升,土壤水分得到一定的改善,使

得由于可溶性盐分大量积累而难以生存的植物得以复生,许多植物萌发出新的枝芽和叶片。调察中发现,三道桥和四道桥的大片柽柳林在 2000 年几乎全部枯死,但 2002 年发现这些枯死的枝条又萌发出新的枝条和叶片。说明耐盐、耐旱的灌木荒漠植被在分水后恢复势头很好。灌木植被对分水后地下水位的抬升响应十分明显,在黑河下游中段的横向断面对柽柳的测试结果表明,柽柳的平均高度和总盖度在横向上反应敏感区在 500~1000 m 区间(图 6.2.29)。另一方面表明,柽柳的适宜地下水位埋深为 2.0~3.0 m,大于 3.0 m 埋深后生长受到限制。

表 6.2.12　额济纳地区灌木荒漠植被调查结果

种类	株数(株)	标准差	高度(m)	标准差	盖度(%)	标准差	密度(株/m²)	标准差	样方(m×m)
柽柳	4.11	2.14	1.47	0.47	36.2	23.2	26.0	18.4	20×20
白刺	5.46	3.94	0.23	0.05	2.73	2.0	0.2	0.16	2×2
苦豆子	47.8	32.5	0.49	0.13	26.3	17.9	23.9	16.23	2×2
芨芨草	5.91	4.25	0.34	0.04	1.36	0.98	0.3	0.17	2×2
盐蓬	3.57	2.68	0.21	0.18	1.07	0.8	0.25	0.05	2×2

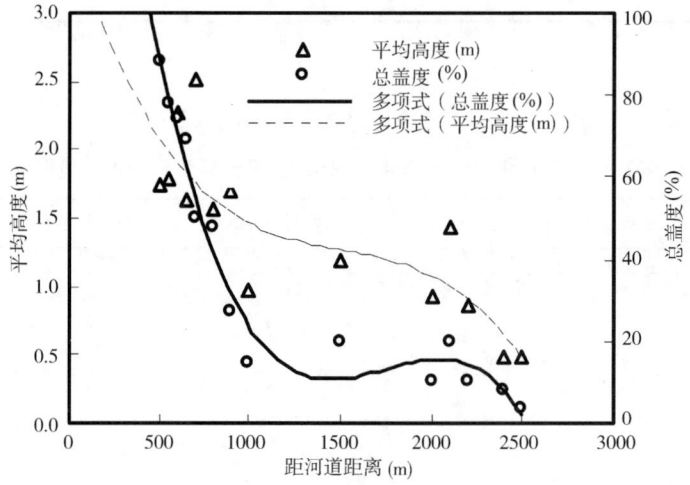

图 6.2.29　柽柳的高度和盖度变化

(3)草本植被对生态输水的响应

随着分水的进行,地下水位不断提高,在距离终端湖较近的一些低洼地和湖岸边,表层土壤含水量提高,因而有较为丰富的水分供给植物吸收和利用,这给一些尚未完全灭绝的植物恢复提供了可能。沿岸一些草本植被,如骆驼刺、红砂、芦苇、苦豆子、花花柴等又重新成片地出现在黑河下游河道附近的一些地段。天然草本植被对分水的响应和地下水位的抬升变化存在较好的同步性。而且,随着黑河下游分水的不断进行和地下水位的抬升,植被的响应范围逐渐扩大。以草本植物苦豆子为例说明,对下游中段横向断面上苦豆子盖度的变化分析(图 6.2.30)可看出,分水前(2000 年 6 月)苦豆子主要集中分布在距河道 1000~1700 m 范围内,盖度最高达 25%,分水后(2002 年 6 月),苦豆子主要集中分布在距河道 1000~2000 m 范围内,盖度最高达 45%。从苦豆子的分布范围来看,分水后其范围扩展了 300 m 左右,从盖度来看,分水后盖度增加了 20% 左右。反映敏感区在 1700~2000 m 范围内。

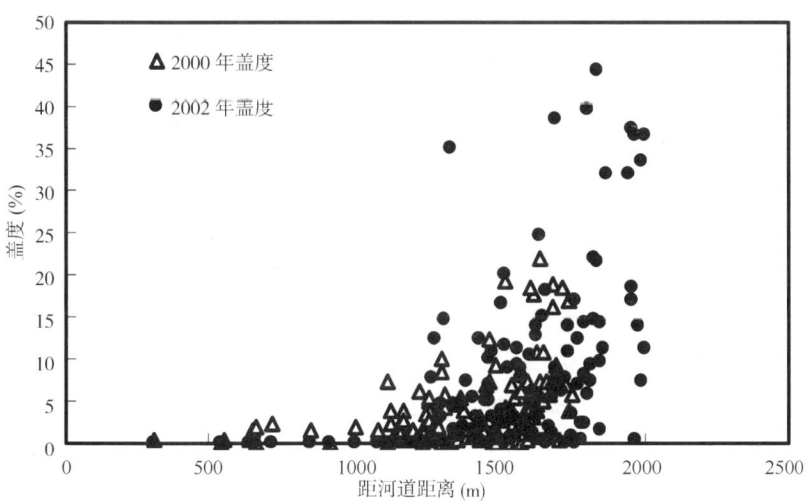

图 6.2.30　横向断面上苦豆子盖度在分水前后的变化

6.2.4.3　植被格局对水文过程的响应

地表和地下水文过程控制着荒漠河岸林的组成和格局，水文过程的改变会导致植被格局的变化，植被格局也对水文过程的改变做出响应。针对额济纳荒漠河岸林受水文过程影响的特点，选定人为控制地表水文过程和自然地表水文过程的梯度，应用 RS 和 GIS 手段，从荒漠河岸林的现状分布格局和地表、地下水文过程的变化入手，分析植被格局对水文过程的响应，从生态水文学的角度探讨荒漠河岸林植被与水文过程的相互作用（赵文智等，2003）。

（1）植被格局对人为调控水文过程的响应

黑河经正义峡进入额济纳旗后又分为东河和西河，东河继续分叉（分成 8 个支流）呈辫状水系。东河流经的区域形成了黑河下游最大的绿洲——额济纳荒漠河岸林，面积约 1300 km^2。目前 8 个河道的过水状况是由上游的水利枢纽控制，所以从头道河到八道河（从西向东）的植被分布可以被看作是对人为干预水文过程响应的结果，这种分布格局的信息可以通过平行河道的样带来获得。

相对林地面积（有林地面积与样地面积之比）和相对退化林地面积从西向东呈逐渐增加的趋势（图 6.2.31）。在核心区域（从头道桥到八道桥东侧，分别对应于第 3~11 样区），相对林地面积变化于 47.5%~91.7%，最高值出现在距起始点 10 km 左右（图 6.2.31a 中垂直箭头所指，在头道桥和二道桥之间），为 91.7%；第二个峰值出现在 19 km 左右（图 6.2.31a 中水平箭头所指，在七道桥胡杨林保护区范围内），为 88.9%。相对退化林地面积只出现一个峰值（图 6.2.31b 中垂直箭头所指），也出现在 19 km 处（七道桥胡杨林保护区），与相对林地面积分布的次高峰吻合。

林地和退化林地斑块平均面积的分布格局变化趋势基本一致（图 6.2.31c，图 6.2.31d），所不同的是，退化林地斑块平均面积普遍比林地斑块平均面积大，只有在最后一个样区二者的值相同，都为 720.1 hm^2。变化趋势为从西向东呈增加趋势，从 12 km 以后林地和退化林地斑块平均面积增长加快。退化林地斑块平均面积大于林地斑块平均面积，说明荒漠河岸林的退化趋势具有整体性，其中东侧的林地退化更为明显，在最后一个样区（八道桥东侧)100%为退化林地。

从林地斑块数量的分布格局来看,林地和退化林地斑块数量的最大值都出现在12 km左右(图6.2.31e,图6.2.31f),分别为84个和45个,斑块数量最大的区域位于绿洲的中部(在三道桥和四道桥附近)。

由平行河道取样反映的人为调控水文过程对额济纳荒漠河岸林的影响主要有以下特点:第一,从林地和退化相对林地面积的分布格局来看,相对林地面积在绿洲范围内的分布基本均衡(图6.2.31a中的虚线框内),但是退化林地的分布格局从西向东呈增加趋势(图

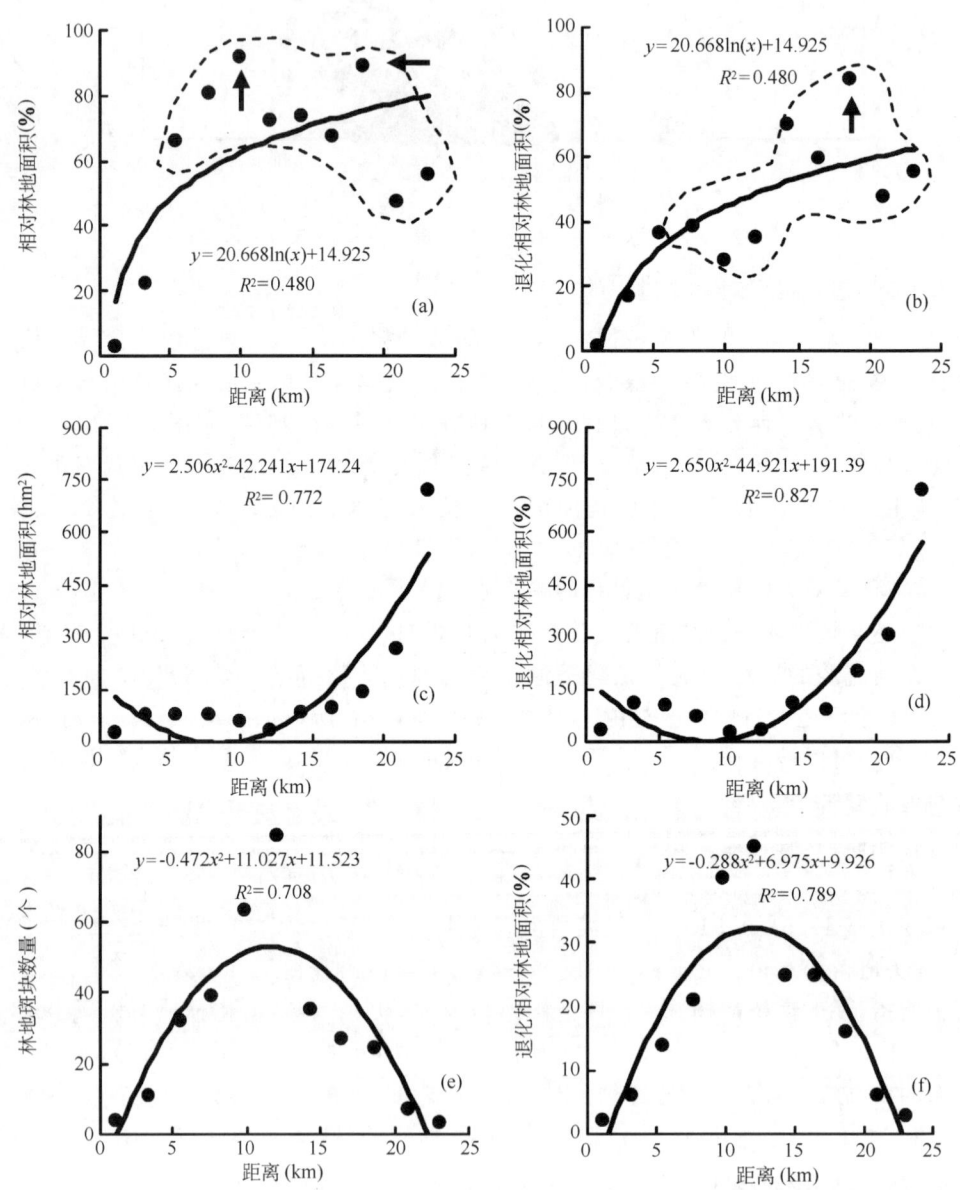

图6.2.31 人为调控水文过程影响下荒漠河岸林分布格局(赵文智等,2003)
(a)相对林地面积;(b)相对退化林地面积;(c)林地平均板块面积
(d)退化林地平均板块面积;(e)林地板块数量;(f)退化林地板块数量

6.2.31b 中的虚线框内）；第二，林地和退化林地斑块平均面积的分布格局基本一致，说明在斑块尺度额济纳荒漠河岸林目前处于全面退化的过程中；第三，从斑块数量的分布格局来看，在额济纳荒漠河岸林的中部区域（10~12 km 处）不仅受水文过程的影响，而且还受到种植业生产活动的影响，因为在这一区域内出现了斑块数量明显偏高的现象（图 6.2.31e，图 6.2.31f）。

(2) 植被格局对自然水文过程的响应

黑河在额济纳荒漠河岸林的流向基本呈南北向，垂直河道的样带（从南向北）基本反映了植被对河流由上到下自然水文过程响应的结果。

在样带上，相对林地面积和相对退化林地面积从南向北呈逐渐增加的趋势（图 6.2.32）。相对林地面积变化于 19.7%~74.7%，最高值出现在最后的样区（46 km 左右），说明额济纳荒漠河岸林相对林地面积的分布格局在绿洲内部沿河流从上到下呈逐渐增加的趋势。相对退化林地面积变化于 13.3%~70.3%，最低值出现在第 4 样区（15 km 左右），为 13.3%。

林地和退化林地斑块平均面积的分布格局变化趋势基本一致，呈波动式增加的趋势（图 6.2.32c，图 6.2.32d），最低和最高值分别出现在第 4 样区（15 km 处）和第 11 样区（46 km 处），但是二者的变化范围相差很大，其中林地斑块平均面积变化于 54.8~316.8 hm^2，而退化林地斑块平均面积变化于 48.7~516.8 hm^2。此外，在 0~37 km 范围内，林地和退化林地斑块平均面积（第 1 样区到第 9 样区，图 6.2.32c、6.2.32d 中虚线框内）变化幅度不大，但在 37~46 km 处发生了较大的变化，退化林地斑块平均面积在绿洲的最北端达到了 516.8 hm^2。

林地斑块数量的最大值出现在 20 km 左右（图 6.2.32e），斑块数量为 78 个；退化林地斑块数量的最大值出现在 37 km 左右（图 6.2.32f），斑块数量为 43 个，在其相邻的区域连续出现了 3 个几乎相等峰值（图 6.2.32f 中的虚线框内），分布范围在 29~37 km。

在自然水文过程作用下，林地和退化林地斑块平均面积退化趋势表明，自然水文过程对下游的影响大于上游，退化林地斑块数量在绿洲末端明显增加，这与黑河下游河流形状有关，因为黑河（东河）下游分叉增多，造成林地分割，导致斑块数量增加，此后随水文条件的恶化而退化。在最末端又汇成一个河道注入东居延海，使林地斑块数量减少（图 6.2.32e），因此，其退化林地斑块数量也相应减少，而这一区域内林地和退化林地的面积是最高的（图 6.2.32a，图 6.2.32b）。

垂直河道取样反映的自然水文过程对荒漠河岸林的分布格局的影响主要有以下几个特点：首先，由南到北林地和退化林地的面积和斑块数量呈增加趋势，说明绿洲植被的退化趋势是从下游开始恶化，逐渐向上游推进（图 6.2.32a、6.2.32b、6.2.32c、6.2.32d），这一过程是伴随着黑河下泄流量逐年减少的水文过程而发生的。其次，自然水文过程对额济纳荒漠河岸林的森林景观破碎化的影响主要表现在黑河的尾闾地区，是河流形状与来水量减少共同作用的结果。

(3) 植被格局对地下水文过程的响应

用林地面积和斑块数量表征的荒漠河岸林对人为控制地表水文过程和自然地表水文过程响应的共性在于：林地和退化林地面积、林地和退化林地斑块平均面积、斑块数量都表现出随距离的增加而增加的趋势。一般而言，地表水文过程具有较高的变异性，植被格局在东西和南北向的相似规律意味着控制荒漠河岸林的格局不仅仅是地表水文过程，地下水文过程也有重要作用。地表水文过程对荒漠河岸林的影响可能与胡杨的繁殖更新有关，而地下

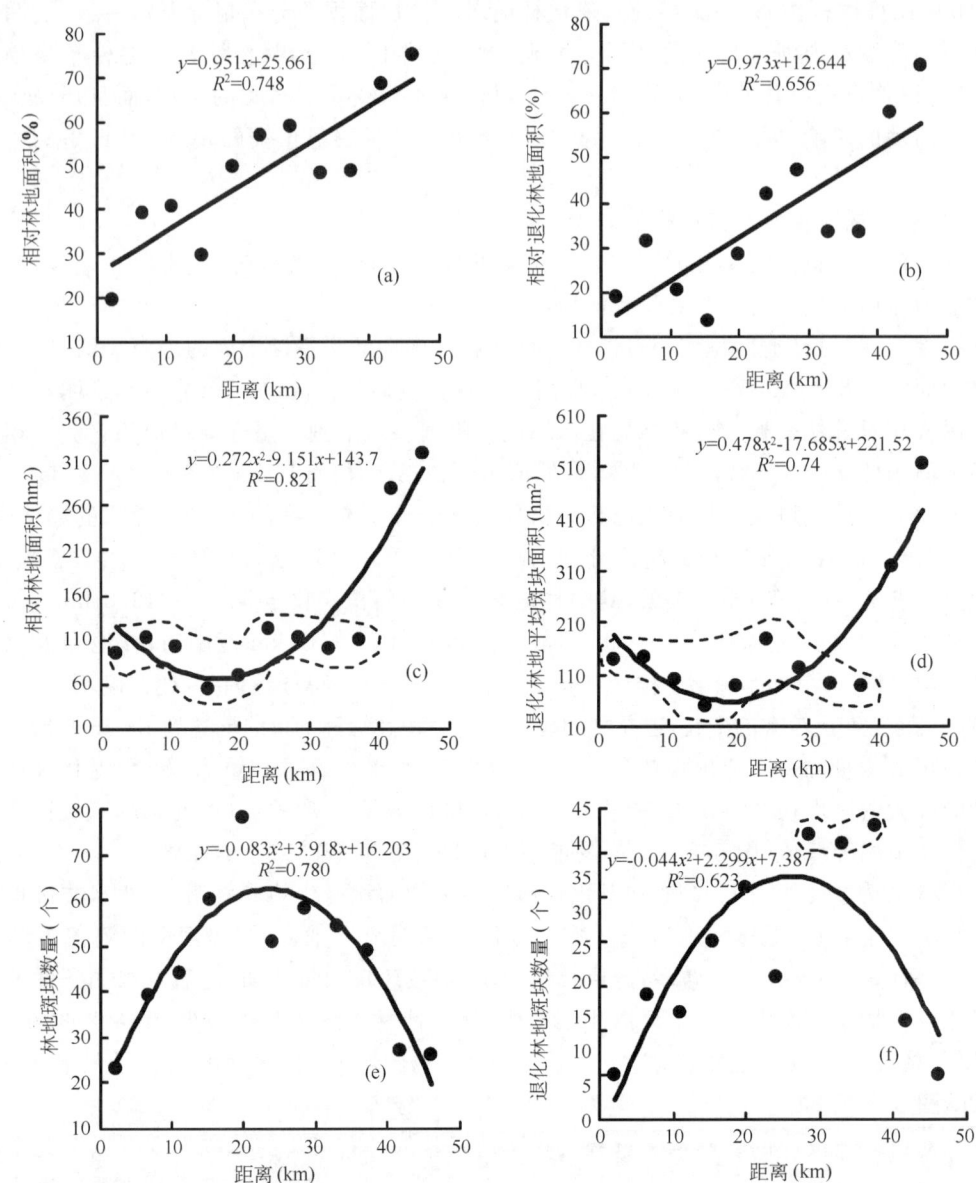

图 6.2.32 自然水文过程影响下荒漠河岸林植被分布格局(赵文智等,2003)
(a)相对林地面积;(b)相对退化林地面积;(c)林地平均板块面积;
(d)退化林地平均板块面积;(e)林地板块数量;(f)退化林地板块数量

水文过程与生长有关。

从1992年东居延海干涸后,黑河在额济纳荒漠河岸林内的过水时间非常之少,因此,地表水文过程直接对额济纳荒漠河岸林植被的影响微乎其微,水文过程主要是通过地表水补给地下水来影响植被的发育,所以此处着重强调的两个问题是:第一是地表水与地下水文过程的关系,第二是地下水过程与植被格局的关系。

采用正义峡下泄流量(表征地表水文过程)与3个地下水位埋深观测点的1990—2000年的数据进行关联分析表明(表 6.2.13),地表水文过程对额济纳荒漠河岸林地下水文过程的影响很小,说明在最近的十几年来额济纳荒漠河岸林的维持是以消耗原来储存的而不是由目前地表水转化补充的地下水来实现的。地表水对地下水的补充作用远远小于绿洲对水分的消耗。所以正义峡下泄流量的波动并不能引起绿洲地下水位的对应波动。

表 6.2.13　地表水文过程与地下水文过程的关联系数(赵文智等,2003)

	A 点	B 点	C 点
正义峡下泄流量(m^3/s)	−0.178	0.085	0.085

与地表水文过程不同,地下水文过程与绿洲植被的关系密切,对于荒漠河岸林而言,则与较长时间尺度上的地下水文过程的关系更为密切。在本节中,地下水埋深观测点 A、B 和 C 已有 11 a 的观测数据,其控制范围基本上包括了额济纳荒漠河岸林的核心区域。借助于 GIS 手段在三个点控制的核心区内生成的地下水埋深分布格局(图 6.2.33)与绿洲林地各因子的分布格局对应分析,可揭示地下水文过程对绿洲林地格局的影响。分析结果表明(表 6.2.14),在垂直河道的方向上,地下水文过程对相对林地面积(WA)、相对退化林地面积(DWA)、林地斑块平均面积($AWPA$)和退化林地斑块平均面积($ADWPA$)的影响较大,而对林地和退化林地的斑块数量(WPN 和 $DWPN$)的影响较小。其中影响显著的是退化林地相对面积,关联系数为 0.833。说明在垂直河道方向,随地下水位埋深的增加,退化林地在斑块尺度上呈显著的增加趋势(图 6.2.34a)。

表 6.2.14　地下水埋深与林地分布格局的关联系数(赵文智等,2003)

	WA	DWA	$AWPA$	$ADWPA$	WPN	$DWPN$
垂直河道	0.507	0.833**	0.431	0.453	0.068	0.222
平行河道	−0.386	−0.581	−0.841**	−0.802**	0.794**	0.590

注:**表示在 0.01 水平上显著。

在平行河道方向,地下水文过程对林地斑块平均面积($AWPA$)、退化林地斑块平均面积($ADWPA$)和林地斑块数量(WPN)的影响较大,其中对林地平均斑块面积和退化林地斑块平均面积负关联,关联系数分别为 −0.841 和 −0.802。说明随地下水位埋深的增加,林地和退化林地斑块平均面积呈显著减少趋势(图 6.2.34b～6.2.34d)。在研究范围不变的情况下,斑块平均面积越小,意味着景观破碎化程度越高(斑块数量越多),这一点从表 6.2.14 中 WPN 和 $DWPN$ 与地下水文过程正相关可以得到验证,这个变化是地下水文过程驱使林地斑块破碎造成的。

综上所述,干旱区河流水文过程受人为和自然因素的双重影响。采用平行河道(东西向)的样带和垂直河道(南北向)的样带很好地反映了植被对地表水文过程的响应。在东西样带上,相对林地面积在绿洲范围内的分布基本均衡,但退化林地从西向东呈增加趋势;在斑块尺度额济纳荒漠河岸林目前处于全面退化的过程中;斑块数量不仅受水文过程的影响,而且还受到种植业生产活动的影响。南北样带上揭示出绿洲植被的退化趋势是从下游开始恶化,逐渐向上游推进;受河流形状与来水量减少的影响,末端景观破碎化更加明显。

近 10 a 来地表水文过程对额济纳荒漠河岸林地下水文过程的影响很小。在垂直河道样带上,随地下水埋深增加,退化林地相对面积呈增加趋势;在平行河道样带上,随地下水埋深的增加,林地和退化林地斑块平均面积呈减少趋势,而斑块数量呈增加趋势。

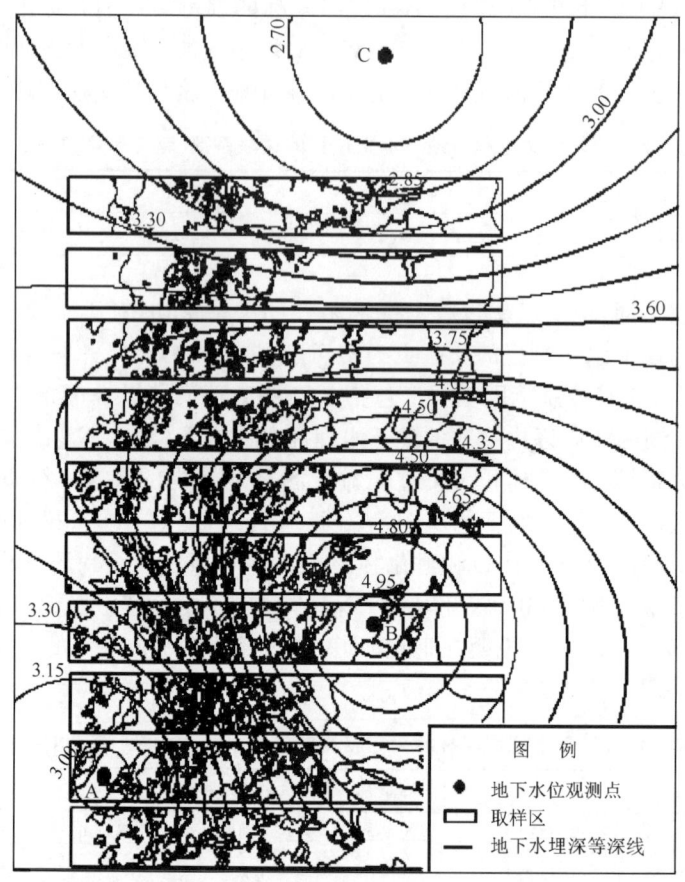

图 6.2.33　额济纳荒漠河岸林带植被格局与地下水埋深等值线叠加图（赵文智等，2003）

6.2.4.4　地表景观对生态输水的响应

(1) 1982—2000 年地表景观变化

1982—2000 年间,黑河下游地表水不断减小,2000 年狼心山来水仅 $3.35\times10^8\ m^3$,比 1957—1960 年间的来水减少了 $3\times10^8\sim4\times10^8\ m^3$。来水减少导致地表景观发生大面积的变化。

1) 河岸林生态系统变化：在 1982—2000 年间,乔木林面积严重萎缩,减少面积达到 $1063.0\ hm^2$,平均年递减率为 2.51%,在林龄结构上过熟林不断增加,在林相结构上病腐木、残存木增加。相反,同期的河岸灌草林增加,由 $2862.5\ hm^2$ 扩大到 $2865.2\ hm^2$,平均年增加率为 1.95%。河岸林生态系统变化反映了河岸林由乔灌草组成的乔木林向河岸灌草结构的灌木林演替,河岸林生态系统的结构、功能趋向简单(表 6.2.15)。

2) 荒漠草原生态系统变化：荒漠稀疏灌丛与荒漠稀疏草地组成了荒漠草原生态系统。荒漠草原生态系统是额济纳荒漠绿洲的重要组成部分,在 20 a 的变化中,荒漠稀疏灌丛有较大增加,年平均增幅为 1.44%,达到 $1272\ hm^2$。而荒漠稀疏草地面积不断减小,达到 $12\ 315.2\ hm^2$,年平均减小率为 0.81%,整个荒漠草原生态系统的面积减小 $824.6\ hm^2$,减小了 4.3%。生态系统结构日趋简单(表 6.2.15)。

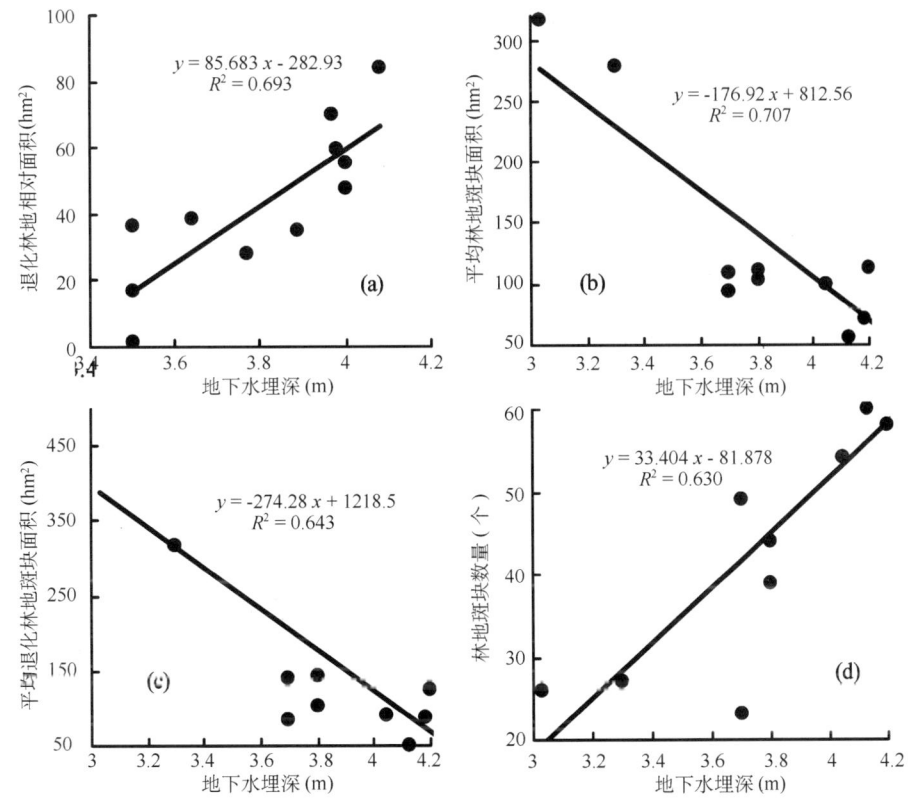

图 6.2.34 植被格局与地下水埋深关系(赵文智等,2003)

(a)垂直河道样带的退化林地相对面积与地下水埋深;(b)平行河道样带的平均林地板块面积与地下水埋深
(c)平行河道样带的平均退化林地斑块面积与地下水埋深;(d)垂直河道样带林地斑块数量与地下水埋深

表 6.2.15 黑河下游额济纳荒漠绿洲植被覆盖度变化与转移幅度   (单位:hm²)

土地利用类型	1982 年	2000 年	1982—2000 年	平均增长率(%)
河岸乔木林	2361.2	1298.2	−1063.0	−45.02
河岸灌草林	2862.5	3865.2	1002.7	35.03
荒漠稀疏灌丛	4917.2	6189.9	1272.7	25.88
荒漠稀疏草地	14 412.6	12 315.3	−2097.3	−14.55
河道与水域	177.4	12.9	−164.5	−92.73
盐碱化土地	84.9	15.0	−69.9	−82.33
城镇	34.8	46.5	11.7	33.62
戈壁	83 716.3	84 363.0	646.7	0.77
流动沙丘	762.8	1226.1	463.3	60.74
剥蚀地山丘陵	256.8	256.8	0	0.00

3)水域系统变化:主要是湖泊与河道的变化,额济纳荒漠绿洲在狼心山分为东西两个较大的支流,进而分解成 19 条支流散布于绿洲中,这些河流都是季节性河流,在每年洪水期或在冬季有径流,其他时间都是干枯的河床,成为沙尘暴源地。1982 年有大小湖泊 7 个,其中东河的尾闾湖其水域面积为 99 hm²,其他湖泊面积 68.4 hm²。在 20 a 中,大小湖泊先后完全干枯,湖泊底部成为盐碱化的沙地,湖泊边缘变成流动沙地。

4) 难利用土地变化:难利用土地类型变化可以直接揭示区域生态环境状况及其演变方向,其增量是土地严重退化的表现形式。在 20 a 中难利用的土地面积持续增加,表现在流动沙丘面积由 762.8 hm² 增大到 1226.1 hm²,增加了 463.3 hm²,年平均增加率为 3.37%;其次是城镇和乡镇用地面积增加,占用周围的林地;另外是盐碱化土地在缩小,累计减小了 69.9 hm²,这主要是因为原有的盐碱化土地,经过 20 a 的自然作用,变化成为风蚀沙地。

(2) 2000—2005 年地表景观变化

2000—2005 年间,黑河下游地表水来水不断增加,2000 年狼心山来水仅 3.35×10^8 m³,而 2005 年达 4×10^8 m³,2000—2005 年平均输水量达 4.36×10^8 m³,输水增加使地表景观发生大面积的变化,植被开始逐渐恢复。从表 6.2.16 可看出,除农田外三角洲的植被的总面积在 2000 年为 414.5508 km²,2003 年为 448.2243 km²,增加了 33.6735 km²;包括周边地区,2000 年植被的总面积为 703.2015 km²,2003 年植被的总面积为 786.834 km²,增加了 83.6325 km²;除去农田耕地之外的植被总面积 2000 年为 652.0338 km²,2003 年为 731.9565 km²,增加了 79.9227 km²。整个研究区域除农田外的植被变化总面积比额济纳绿洲三角洲的植被变化面积要小,是因为西河流域没有得到灌水,其生态继续恶化。

表 6.2.16 当河道水量增加后土地覆盖类型面积动态监测结果 （单位:km²)

分类	三角洲输水前后面积的变化			绿洲周边土地覆盖面积变化		
	2000 年 5 月	2003 年 9 月	变化量	2000 年 5 月	2003 年 9 月	变化量
水体	0.1775	42.8832	42.7057	1.4823	70.5834	69.1011
砾质戈壁	681.8283	814.6124	132.7886	6324.9984	6635.7387	310.7403
粉沙黏质戈壁	722.3796	511.8345	−210.5451	4006.8108	3543.3369	−463.4379
低覆盖度灌木林	146.6829	158.6664	11.9835	245.0979	291.6	46.5021
高覆盖度灌木林	179.9622	192.1014	12.1392	307.233	317.196	9.963
乔木林	87.9057	97.4565	9.5508	99.7029	123.1605	23.4576
农田	48.8988	50.2767	1.3779	51.1677	54.8775	3.7098
总计	1867.8321	1867.8321		11 036.493	11 036.493	

运用 2000 年 5 月和 2003 年 9 月的 Landsat TM 影像数据,从宏观上对黑河下游分水以来的地表景观变化进行了对比分析,结果表明(图 6.2.35),连续 3 a 的分水使得黑河下游沙漠化过程明显出现逆转过程。分水后,额济纳三角洲地区及周边地区水体、乔木林、灌木林面积明显增加,粉沙黏质戈壁面积减少。与分水前相比较,水体面积增加了 42.7057 km²,包括周边地区水体面积增加了 69.1011 km²;乔木林面积增加了 9.5508 km²,包括周边地区乔木林面积增加了 23.4576 km²;灌木林面积(包括高、低盖度的灌木)增加了 24.1227 km²,包括周边地区灌木林地面积增加了 56.4651 km²;粉沙黏质戈壁面积减少了 210.5451 km²,包括周边地区粉沙黏质戈壁面积减少了 463.4379 km²。

另外,植被总覆盖度与平均地下水位的关系呈三次曲线关系,当研究区平均地下水位为 1.5~2.0 m 时,总覆盖度最大。研究区绿洲面积与平均地下水位的关系为指数关系,且随着埋深的加大,绿洲面积显著减少。当地下水位小于 5 m 时,沙化趋势会得到有效遏制。

从荒漠绿洲的环境条件和土壤水分、盐分的分析结果可知,荒漠绿洲区主乔木演化方向有三种,其主要影响因子的差异导致其演化的复杂性。一是由于土壤水分的变化。当土壤水分减少时,如果土壤盐分变化不明显,会导致柽柳首先死亡。这是因为林层的郁闭度很

 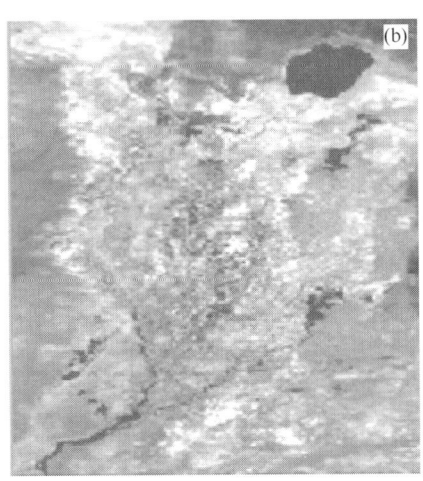

图 6.2.35 额济纳绿洲三角洲分水前后面积的变化
(a)2000 年 5 月影像；(b)2003 年 9 月影像

大,林下阳光不足,加上水分缺乏,所以在原来的胡杨—柽柳林型中柽柳首先开始死亡,继之胡杨幼树也开始死亡,接着第二林层的干林木逐渐枯死,到最后干林层中的林木枯干愈来愈多,整个林分最后变成了相对单一的胡杨林,即发生逆向演替。反过来,随着水分的增加,胡杨幼树开始萌发,柽柳也开始生长,生物多样性得到显著提高。二是当盐分变化时,如盐分增加,会明显引起胡杨—柽柳+盐穗木林型开始退化,变成胡杨—盐穗木—(柽柳)林型,土壤表面结成盐结皮,胡杨大部分死亡,只残存少量几株,柽柳也相继死亡,盐穗木逐渐增加;最后形成以盐穗木+(柽柳)群丛土壤,盐分不断增加,形成厚的盐结壳,结束了森林阶段。

如果土壤水分减少,同时盐分增加,使原为胡杨—芦苇林型(胡杨—柽柳—芦苇林型)退化。首先芦苇陆续死亡,形成胡杨 野麻(甘草)林型,然后变成胡杨林型,这里芦苇全部死亡,甘草大部分死亡,野麻开始形成优势种,形成暂时的稳定过渡类型,即胡杨—黑刺林型,胡杨在这一变化过程中衰退较慢。

荒漠绿洲区自然条件严酷,只要水分因素发生变化,就会引起环境条件的连锁反应。生境条件包括气候因素、土壤水分、包气带岩性、土壤盐分及其他因素。其他因素指人为破坏,如过度载畜、樵采、滥砍滥伐、采挖药材等,此外还有病虫害等。上述生境条件中,土壤水分和盐分可经人为调控以确保荒漠绿洲区生态环境向良性方向发展。如通过控制合理的生态警戒水位和盐渍临界水位,可使有限的入境地表水资源得到合理利用,遏制土壤盐化和土地沙化,实现绿洲面积的合理布局和植被生长状况良好。因此,荒漠绿洲区水分和盐分的变化,是区域植物种发生相应变化的主要控制因子,对水分和盐分的人为调控,是增加植物种、提高生物多样性、增加群落稳定性的有效手段。

6.3 地下水运动模拟及生态环境演变预测

6.3.1 地下水运动模拟

6.3.1.1 三维含水层结构模型

额济纳盆地地下水赋存的介质可划分为:第四系松散岩类孔隙水、侏罗系碎屑岩类裂隙孔隙水、基岩裂隙水三大类型。侏罗系碎屑岩类裂隙孔隙水和基岩裂隙水主要分布于额济纳平原外围的山区,其次是平原区零星出露的残山区,如狼心山、敖包山。分布于外围山区的碎屑岩类裂隙孔隙水和基岩裂隙水含水层水量贫乏。分布于平原区内部的基岩裂隙水含水层因其发育范围很小,为了模拟方便将其与第四系松散孔隙含水层一并视为统一含水体。

第四系松散孔隙层是平原区的主要含水介质,是模拟的主体。根据地下水流系统的划分,盆地内的含水层包括潜水含水层,第一、二承压含水层及第一、二弱含水层。潜水含水层在盆地南部厚度可达到 200 m 以上,一般地区厚度为 30~50 m,含水层底面埋深 40~60 m;第一承压含水层厚度一般为 50~70 m,顶底面埋深分别为 50~70 m,110~150 m;第二承压含水层厚度一般为 40~60 m,顶底面埋深分别为 160~170 m,200~210 m。

含水层空间 3D 模型构建:利用已有的钻孔资料及研究区域 1:5 万地形图,对地下水含水层进行空间插值,插值的方法采用模型中自带的克里格插值方法,生成如下的五层含水层空间模型,包括一层潜水含水层,两层透水承压水含水层和两层弱透水含水层。如图 6.3.1~图 6.3.6 所示。

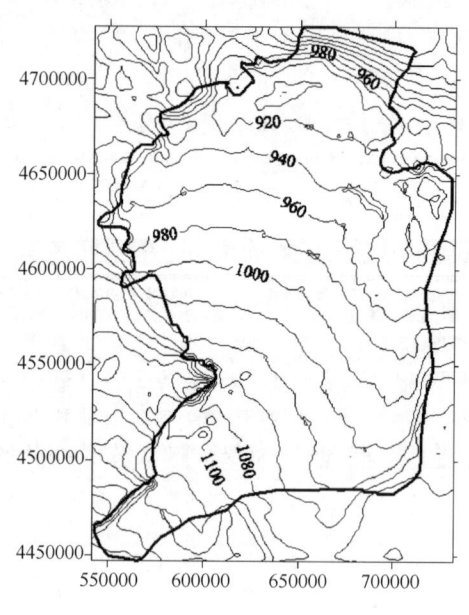
图 6.3.1 地表高程等值线图

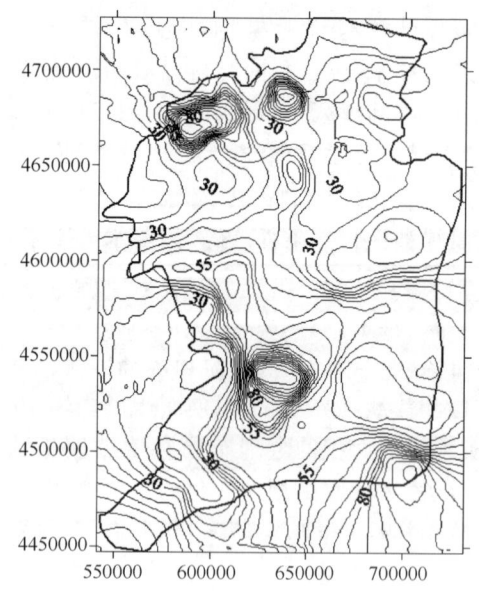
图 6.3.2 潜水含水层厚度等值线图

通过数据转换操作,利用模型自带的插值方法,完成研究区 3D 空间模型构建工作。构建的额济纳盆地含水层 3D 空间模型见图 6.3.7 所示。

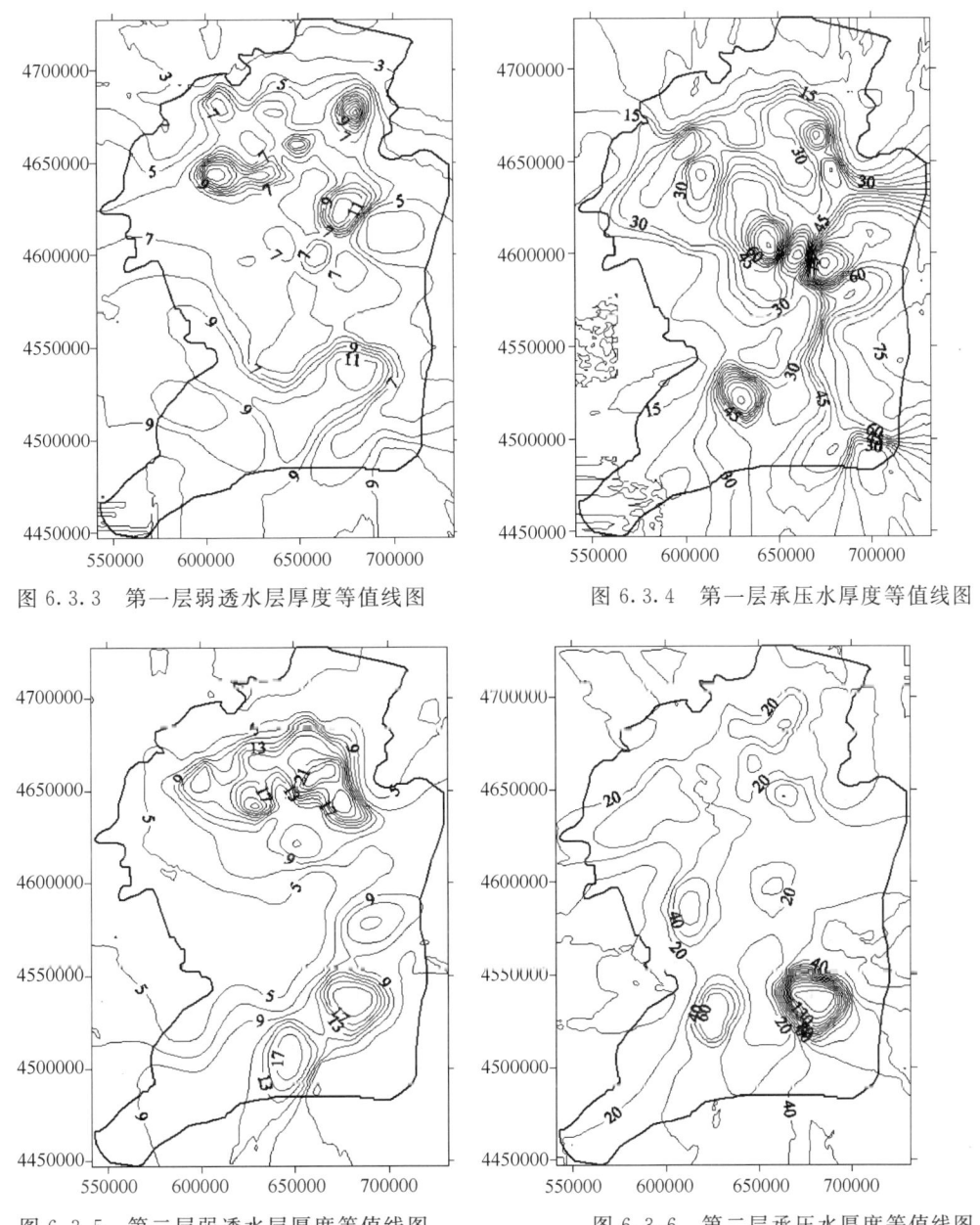

图 6.3.3　第一层弱透水层厚度等值线图　　　图 6.3.4　第一层承压水厚度等值线图

图 6.3.5　第二层弱透水层厚度等值线图　　　图 6.3.6　第二层承压水厚度等值线图

6.3.1.2　水文地质概念模型

(1) 含水层结构

根据含水层的水力特性,额济纳盆地的含水层系统内包括:碎屑岩类裂隙孔隙潜水含水层、基岩裂隙潜水含水层、第四系潜水含水层、第四系承压含水层及相对隔水的第四系弱含水层。根据第四系含水层间的空间关系,在平面上可将其划分为单一结构含水层区、双层结构区和多层结构含水层区(武选民等,2003)。单一结构区指只有第四系潜水含水层发育的地区;双层结构指上部为潜水含水层、下部为一层承压含水层,中间为一弱含水层的地区;多层结构区是指潜水含水层与两层承压含水层、两层弱含水层共同发育的地区。

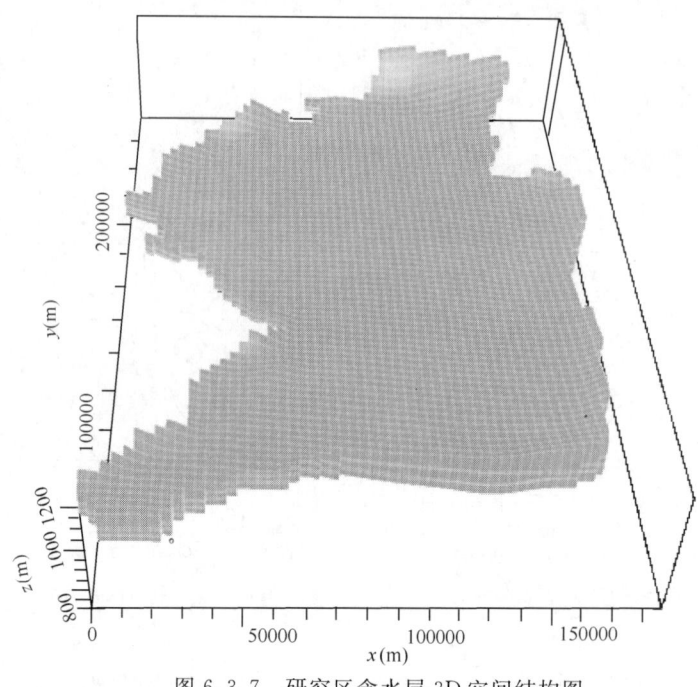

图 6.3.7　研究区含水层 3D 空间结构图

(2) 单一结构的潜水含水层

单一结构的第四系潜水含水层主要分布于盆地的西、南部地区,即地湾东梁—狼心山—老西庙一带,地湾东梁—梭梭头—额肯吉格德—额肯查干一线的扇状地域。其次是盆地的西部边缘戈壁区和北部中蒙边界—东西居延海一带。西南部的第四系潜水含水层分布区位于盆地的上游,含水层主要由河流形成的冲洪积砾石、砂砾石组成。据钻孔资料在局部地段夹有黏土、亚黏土透镜体,透镜体的范围和厚度不大。含水层的总体厚度一般为 150~200 m,局部地段可达到 250 m 左右。由于处于河流的上游,含水层颗粒较粗,有利于接受河流的渗漏补给,因此,含水层的透水性和富水性较好。分布于盆地西部边缘的第四系潜水含水层,主要由来自西部基岩山区的洪积物和黑河行程的冲积物组成。含水层厚度一般为 30~50 m,分选性较差,因其所处的位置较高,补给条件较差,富水程度一般。分布于盆地北部的第四系潜水含水层成因较为复杂,它由来自北部不同时期的洪积、冲积物和来自南部的河流冲积、湖积物等组成。东、西居延海以北的含水层组成以冲、洪积为主,结构相对较为简单,以南地区湖积和冲洪积交叉堆积,含水层岩性变化相对较为复杂,含水层厚度由北向南由小变大,富水程度由差变好。

(3) 双层结构的第四系含水层

双层结构的第四系含水层分布于盆地的中部地区,夹于单一结构含水层与多层结构含水层之间,呈条带状分布,其宽度在盆地南部地区为 5~25 km,盆地北部为 5~45 km。第一弱含水层是潜水含水层和第一承压含水层的分界标志,发育厚度为 5~15 m,主要由黏土、亚黏土组成。

双层结构的第四系含水层分布区,无论是上部的潜水含水层,还是第一承压含水层,其岩性结构较为单一,主要由河流行程的冲积砂层、砂砾石层、黏土及亚黏土组成。但岩相变化较为复杂。根据大量的钻孔资料分析结果,垂向上砂层、砂砾石层与黏土、亚黏土层交替分布,黏土与亚黏土层的累计厚度约占总厚度的30%左右。在盆地边缘向盆地内部的方向上,砂层和砂砾石层之间的黏土、亚黏土夹层的层数由少增多,但绝大多数黏土夹层发育的连续性较差,仅有埋深于30～50 m处的黏土和亚黏土层发育较为稳定,厚度为5～15 m,因此,以它作为潜水含水层与承压含水层的分界层。从整个盆地上看,第四系含水层(组)在这一地带由单层变为双层,含水层介质由粗变细,相对于单一结构区而言,含水层的渗透性由大变小,地下水流速变缓,因此该区极有利于地下水的富集。在河水渗漏对地下水补给充足的时期,该地带往往是地下水出流地表形成泉集河的地段。

(4) 多层结构的第四系含水层

该层分布于盆地东南部的古日乃地区和盆地北部的赛汉陶来—达来库布镇一带,基本与第四纪下更新统的沉积中心相一致。第一承压含水层顶面的埋藏深度为40～50 m,第二承压含水层的顶面埋深为80～120 m。含水层(组)的总厚度一般为150～180 m,局部地段可达到300 m。

含水层(组)的介质主要由不同时期的河流冲积和湖积形成的中细砂、粉砂、粉细砂及黏土、亚黏土组成,与区域含水层(组)相比较,含水层的颗粒相对较细,岩相变化复杂。与双层结构的含水层分布区相比较,砂层中所夹的黏土和亚黏土层的层数增多,据钻孔资料统计,黏土和亚黏土夹层的累计厚度占总厚度的40%左右。

第一承压含水层及第一弱含水层的埋藏及发育条件与双层结构的含水层区基本一致。第二弱含水层的埋深为80～120 m,厚度一般为10～15 m,个别地段可达到35 m以上。

与单一结构和双层结构含水层(组)区相比,多层结构的含水层(组)位于盆地的中心,所处的位置相对较低,是盆地内各含水层地下水的汇集区,潜水含水层地下水位的埋藏深度小,一般为1～5 m,水土条件良好,有利于不同类型植被的生长和繁衍。因此多层结构的含水层区基本与盆地内的绿洲分布范围相一致,古日乃是梭梭林、柽柳林及芦苇等植被的生长区,赛汉陶莱—达来库布镇是胡杨、沙枣、柽柳林等植被的生长区及著名的额济纳绿洲分布区。

(5) 源汇项

源汇项是均衡计算中的均衡要素,包括河水渗漏补给量、降水补给量、侧向地下水和河床潜流补给量、潜水蒸发量、植物蒸腾量、人工开采量(主要是地下水的人工开采)。研究区的工农业生产和人畜引用水依靠地下水的开采来供给。开采地点一是集中于平原区南部单一潜水含水层发育的地区,二是集中于平原区北部的绿洲区。根据开采井的分布和地下水的开采量作为点状排泄项。

(6) 边界条件

1) 隔水底板的概化:根据研究区域的水文地质资料及钻孔资料,额济纳盆地第四系含水层的底面为侏罗系、第三系的泥岩及砂质泥岩,局部地段为震旦界大理岩。据钻孔资料揭露,其含水层微弱,将其视为额济纳盆地含水层系统的统一隔水底板。

2) 隔水顶板的概化:额济纳盆地地下水系统的顶部边界为气—土界面,该界面与潜水面之间的非饱和带是联系大气降水、地表水与地下水的纽带。通过顶面边界进入系统的水流包括:地表水的入渗、大气降水的入渗、灌溉水的入渗补给。通过顶部边界流出的包括:潜水的蒸发、植被的蒸腾排泄。

3)侧向边界的概化:研究区(模拟区)选择以自然地形边界和地下水构造分水岭作为地下水流边界条件的依据,额济纳盆地第四系含水层系统的四周均可视为第二类边界。其中东部、东南部巴丹吉林沙漠区的地下水径流补给相对显著,作为非零流量的第二类边界;西部、北部及东北部,第四系含水层与山体间为断层接触,山区的侏罗系碎屑岩类裂隙水和基岩裂隙水对平原区的补给量甚微,将其作为零流量的第二类边界。

(7)初始流场的确定

初始流场采用2005年地下水水位调查结果进行水位的初始化设定。由于观测井大部分是混合井,因此,将本次测得的等水位线作为各个含水层的初始水位等值线。无资料的地区采用内插和外推法获得(图6.3.8)。可看出,研究区潜水位最高的地区在南部地湾东梁一带,其值为1100 m;水位最低点位于北部的东、西居延海,水位为910~915 m;进素土海子地区水位值为915~920 m。盆地内部,沿东、西河床地下水水位等值线相对密集,且突向东南,说明河床部位的水位高于两侧地带。地下水总体上由盆地周边向盆地中心径流,最终以蒸散发的形式而排泄于大气圈。盆地南部单一结构的潜水含水层区获得河水的渗漏补给后,地下水有两个主要径流途径,一是沿鼎新盆地—狼心山—达来库布镇—赛汉陶来一线,由南向北径流,最终汇聚于东、西居延海地区;二是从鼎新盆地—狼心山—古日乃由东向西径流,再从古日乃由南向北径流,最终汇聚于进素土海子地区。盆地的北部地下水水位北部高于东、西居延海,所以盆地北部的地下水流向是由北向南径流。从巴丹吉林沙漠边界进入的地下水流主要补给古日乃—进素土海子地区的含水层,在盆地的边缘地下水的流向以垂直盆地的边界方向为主,进入盆地后流向则以从南到北的方向为主。

6.3.1.3 数学模型

(1)多孔介质中地下水流动的数学模型

根据以上对额济纳盆地地下水流系统所概化出的水文地质概念模型,采用水平方向各项同性饱和非饱和水流三维数学模型来进行计算,在不考虑水的密度变化的条件下,孔隙介质中的地下水在三维空间的流动可以用下面的偏微分方程表示:

$$\frac{\partial}{\partial x}\left(k_{xx}\frac{\partial h}{\partial x}\right)+\frac{\partial}{\partial y}\left(k_{yy}\frac{\partial h}{\partial y}\right)+\frac{\partial}{\partial z}\left(k_{zz}\frac{\partial h}{\partial z}\right)-W=S_s\frac{\partial h}{\partial t} \quad (6.3.1)$$

式中:k_{xx},k_{yy}和k_{zz}为渗透系数在x,y和z方向上的分量,量纲为(L/T);h为水头(L);W为单位体积流量(T^{-1}),用以代表流进汇或来自源的水量;S_s为孔隙介质的贮水率(L^{-1});t为时间(T)。

式(6.3.1)加上相应的边界和初始条件,就构成了对于一个实际问题的地下水流动的定解问题,可采用数值计算方法进行求解,如有限差分法、有限单元法等。求解结果即为研究区地下水水头的分布值。

(2)有限差分求解原理

MODFLOW采用有限差分法对地下水流进行数值模拟,连续的时间和空间被划分为一系列离散的点,在这些点上,连续的偏导数也由水头差分公式来取代。将所求的未知点联合起来,这些有限差分公式构成了一个线性方程组;然后对这个线性方程组进行联立求解。这样获得的解就是水头在各个离散点上的近似解。数值解虽然不能给出描述水头随时间和空间变化的代数表达式,但它可以用来解决大量的实际问题。运用有限差分计算方法对公

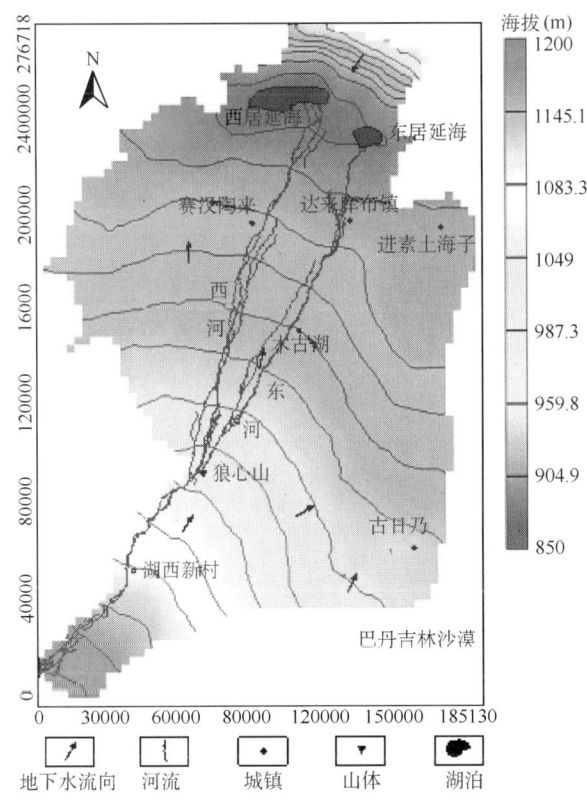

图 6.3.8 研究区初始潜水水位等值线图

式(6.3.1)及相应的边界和初始条件求解。

(3) 模拟类型和时间步长确定

MODFLOW 可以对饱和含水层(承压和非承压)与非饱和含水层的地下水稳定流和非稳定流及溶质运移进行模拟。根据研究的目的及额济纳盆地地下水运动特点和含水层结构特性,在 MODFLOW 的含水层设计中,上层含水介质选择饱和非承压含水层,水流选择瞬时地下水流,非承压含水层水面设定为可自由运动水面。下层含水层介质选择饱和承压水含水层。

在地下水瞬时流模拟过程中,模拟的时间序列需要进行离散。模拟的时间序列为1996—2006 年。模拟过程将时间序列离散为每年 365 d;以定时间步长方式选定模拟步长为 365 d,最终的时间序列离散结果为 11 a 总共 11 步,包含 4018 d。

(4) 水力参数的确定及模型校验

模型的水力传导系数、给水度(储水系数)等根据甘肃省地矿局第二水文地质工程地质大队编写的《内蒙古自治区额济纳旗黑河下游荒漠平原环境地质研究报告》、《内蒙古额济纳旗水文地质图》及抽水试验资料进行分区初始化设定。

模型的识别与检验采用试估—校正法。在地下水位变化预测之前,进行了模型参数调整,对模型进行了反复的校验。每次模型校验并运行完成后,计算模拟值和观测值根均方误差大小,并分析判断导致观测值和模拟值产生偏差的原因,调整可能导致偏差的有关参数,再次进行模型运行,使模拟值和观测值的根均方误差达到最小。即该模型可用于地下水位变化的预测。

选取1996—2006年的研究区内15个观测井的地下水位观测数据,用于模型的校验。通过反复调整参数和均衡量,识别水文地质条件,确定了模型参数(表6.3.1,表6.3.2)。

表6.3.1 额济纳盆地识别后潜水含水层给水度一览表

水力参数分区	剖分层	给水度(释水系数)	水力参数分区	剖分层	给水度(释水系数)
1区	1~5	0.28		1	0.19
2区	1~5	0.24		2	0.07
3区	1	0.19	6区	3	0.20
	2	0.12		4	0.07
	3	0.20		5	0.07
	4	0.10		1	0.17
	5	0.20		2	0.10
4区	1	0.22	7区	3	0.20
	2	0.15		4	0.10
	3	0.20		5	0.20
	4	0.10	8区	1~5	0.12
	5	0.20	9区	1~5	0.13
5区	1	0.21	10区	1~5	0.13
	2	0.08	11区	1~5	0.05
	3	0.20			
	4	0.10			
	5	0.20			

表6.3.2 额济纳盆地识别后水力参数一览表

水力参数分区	剖分层	Kx(m/s)	Ky(m/s)	Kz(m/s)	备注
1区	1~5	7.21×10^{-4}	7.21×10^{-4}	4.28×10^{-5}	盆地南部冲洪积中上部
2区	1~5	5.37×10^{-4}	5.37×10^{-4}	2.89×10^{-5}	平原区中部
3区	1	2.71×10^{-4}	2.71×10^{-4}	1.85×10^{-5}	
	2	4.19×10^{-5}	4.19×10^{-5}	2.31×10^{-6}	
	3	2.47×10^{-4}	2.47×10^{-4}	1.27×10^{-5}	古日乃地区
	4	4.98×10^{-5}	4.98×10^{-5}	3.47×10^{-6}	
	5	2.00×10^{-4}	2.00×10^{-4}	2.00×10^{-5}	
4区	1	4.66×10^{-4}	4.66×10^{-4}	2.43×10^{-5}	
	2	5.56×10^{-5}	5.56×10^{-5}	4.63×10^{-6}	
	3	3.67×10^{-4}	3.67×10^{-4}	1.97×10^{-5}	盆地南部和中部地区
	4	2.08×10^{-4}	2.08×10^{-4}	1.74×10^{-5}	
	5	2.00×10^{-4}	2.00×10^{-4}	2.00×10^{-5}	
5区	1	2.92×10^{-4}	2.92×10^{-4}	2.08×10^{-5}	
	2	5.36×10^{-5}	5.36×10^{-5}	8.10×10^{-6}	
	3	2.01×10^{-4}	2.01×10^{-4}	1.39×10^{-5}	赛汉陶来地区
	4	2.01×10^{-4}	2.01×10^{-4}	1.39×10^{-5}	
	5	1.78×10^{-4}	1.78×10^{-4}	1.74×10^{-5}	

（续表）

水力参数分区	剖分层	Kx(m/s)	Ky(m/s)	Kz(m/s)	备注
6区	1	2.71×10^{-4}	2.71×10^{-4}	1.85×10^{-5}	达来库布地区
	2	4.19×10^{-5}	4.19×10^{-5}	2.31×10^{-6}	
	3	2.47×10^{-4}	2.47×10^{-4}	1.27×10^{-5}	
	4	4.19×10^{-5}	4.19×10^{-5}	2.31×10^{-6}	
	5	4.19×10^{-5}	4.19×10^{-5}	2.31×10^{-6}	
7区	1	3.00×10^{-4}	3.00×10^{-4}	2.90×10^{-5}	平原区中部和北部地区
	2	3.59×10^{-5}	3.59×10^{-5}	1.72×10^{-6}	
	3	1.33×10^{-4}	1.33×10^{-4}	9.26×10^{-6}	
	4	3.24×10^{-5}	3.24×10^{-5}	2.31×10^{-6}	
	5	2.00×10^{-4}	2.00×10^{-4}	2.00×10^{-5}	
8区	1～5	5.79×10^{-5}	5.79×10^{-5}	5.79×10^{-6}	
9区	1～5	8.45×10^{-5}	8.45×10^{-5}	7.52×10^{-6}	盆地周边地区
10区	1～5	8.45×10^{-5}	8.45×10^{-5}	7.52×10^{-6}	
11区	1～5	5.79×10^{-5}	5.79×10^{-5}	5.79×10^{-6}	盆地周边及基岩出露区

模拟期含水层的地下水水位模拟值和观测孔实测值见图6.3.9所示。从图中可看出，11 a模拟的绝对平均残差是1.194 m，均方根值是1.406 m，估计的标准差是0.011，实测值与模拟值的相关系数为0.905。上述结果均是在95%的置信区间。

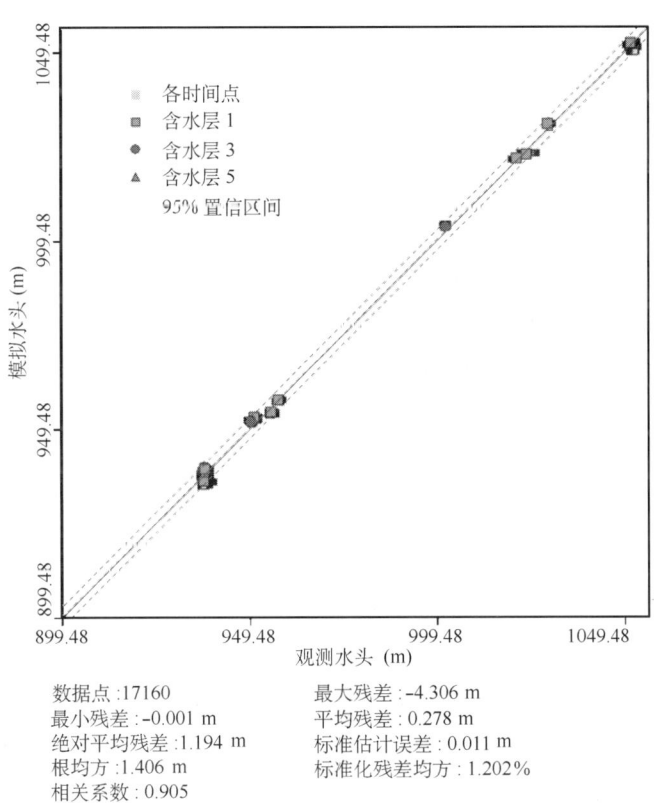

数据点：17160　　　　　最大残差：-4.306 m
最小残差：-0.001 m　　平均残差：0.278 m
绝对平均残差：1.194 m　标准估计误差：0.011 m
根均方：1.406 m　　　　标准化残差均方：1.202%
相关系数：0.905

图6.3.9　模拟水头和观测水头对比结果

图 6.3.10 是模拟水位埋深与观测水位埋深的对比值。模型选用 15% 作为模拟的合理误差范围,用 15 个观测井的观测数据对模型进行校验。15 个观测值与模拟值的均方根误差的平均值为 11.46%。说明模拟值与观测值偏离程度较低,模拟效果可满足校验精度要求。

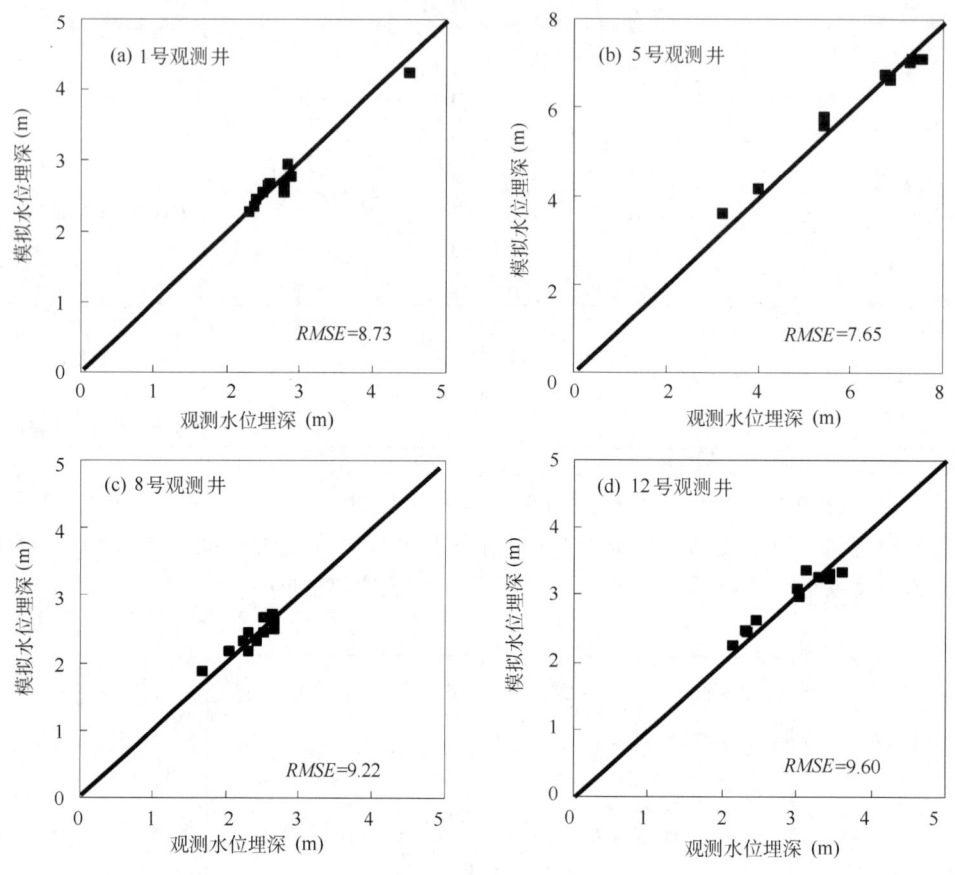

图 6.3.10 观测值与模拟值的偏离比较

由观测井拟合曲线、模拟水头与观测水头的结构对比可知,所建立的模拟模型基本达到模型精度要求,符合研究区水文地质条件,基本反映了地下水系统的动态特征,故可利用模型进行地下水位预报。

6.3.1.4 模拟结果

从模拟的地下水水头等值线图可看出,地下水水头变化由南到北呈递减的趋势,地下水水头变化范围在 850~1200 m。在河道附近区域地下水位明显高于垂直于河道的其他区域,河水补给地下水作用比较明显。另外,模拟区地下水水头的最低点出现在东、西居延海,这里也是盆地的最低点。

从地下水流向上看,整体趋势是从南向北流动,地下水沿河道方向从地湾东梁到狼心山,在狼心山分成两个方向,一个是向东北方向的进素土海子,另一个方向沿河道向北部的东西居延海流动。从南部巴丹吉林沙漠补给的地下水沿北向流动至进素土海子地区,而盆地北部及西部边界地下水的流向则是向盆地的最低处东西居延海汇集(图 6.3.11)。

地下水流速的大小主要受盆地含水层的水力坡度的影响,从图6.3.12可看出,盆地南部和盆地最北部的地下水流速较快,而其他地区的地下水流速相对较小,在盆地最低处的东、西居延海和进素土海子地区周围,地面较为平坦,地下水水力坡度较小,因此,该地区地下水水流的速度最小。

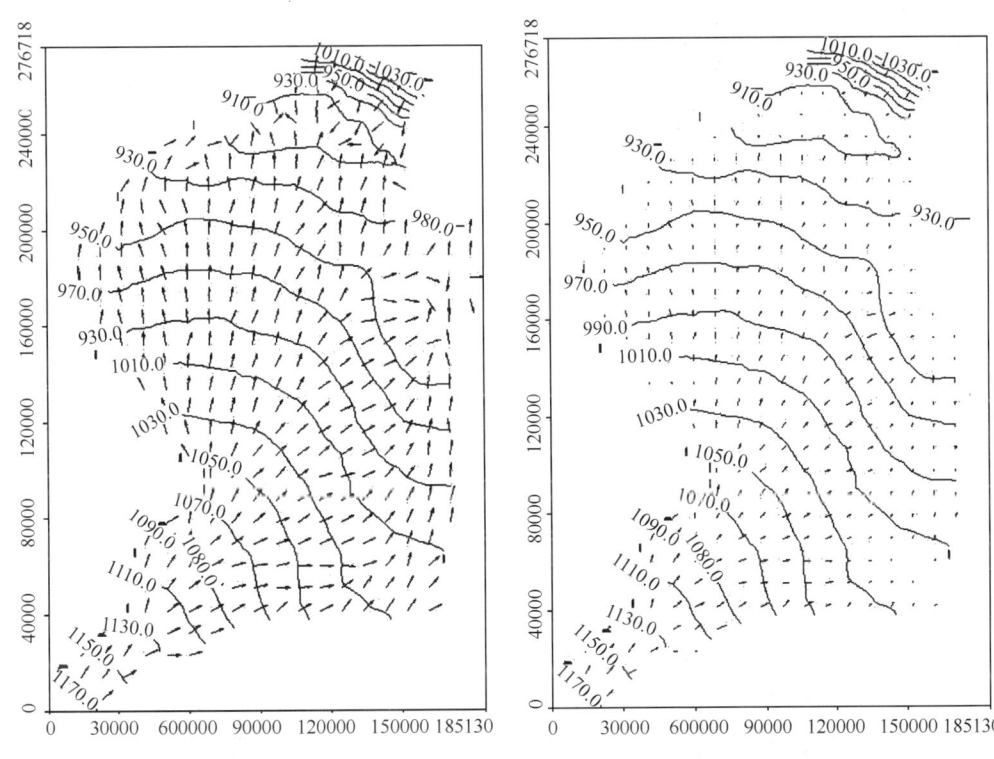

图6.3.11　模型模拟区流向图　　　　图6.3.12　模型模拟区流向流速矢量图

通过对地下水水位变化的模拟结果可看出,在模拟的11 a间,整体上地下水水位变化的趋势是先减小后增大,从1996—1999年间,地下水水位下降较为明显,这主要是由于长期以来,上中游河道来水量的不断减少,对地下水的补给量也随之减少,造成地下水水位的严重不足。尽管从1997年以来,从上中游开始增加补水,但是地下水整体上仍呈现下降的趋势,这主要由于地下水运动速度缓慢,地下水仍未表现出增加的趋势。而随着河道上中游来水量的增加,地下水从2000—2006年呈现出增长的变化趋势,但增长的速度较为缓慢。上述的这种变化趋势,在距河较近的区域比较明显,这与实际水均衡计算出来的结果较为一致。

根据模拟所得额济纳盆地地下水水头的时空分布数据,得到额济纳盆地1996年、1999年、2002年、2006年的额济纳盆地地下水水位高程空间分布见图6.3.13～图6.3.24。

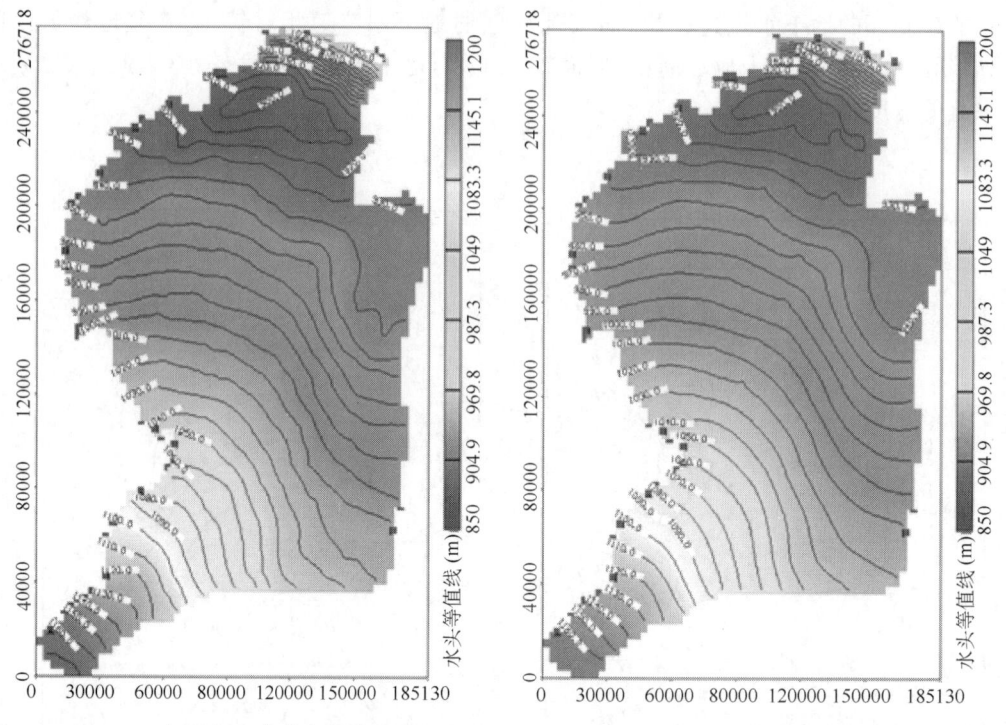

图 6.3.13　1996 年研究区潜水水头等值线分布图　　图 6.3.14　1999 年研究区潜水水头等值线分布图

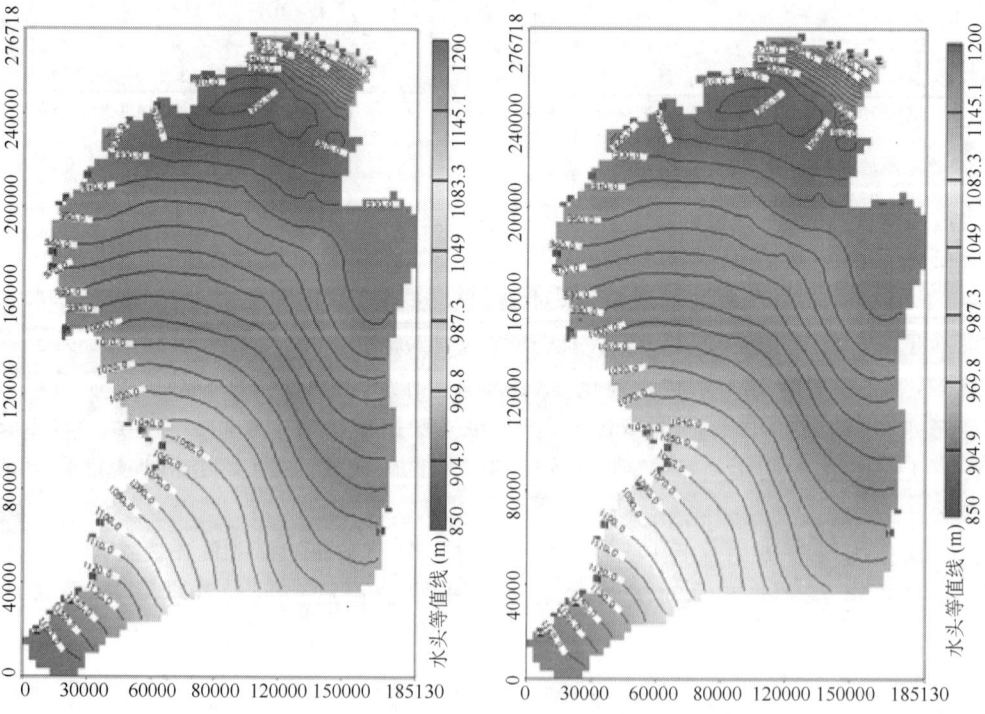

图 6.3.15　2002 年研究区潜水水头等值线分布图　　图 6.3.16　2006 年研究区潜水水头等值线分布图

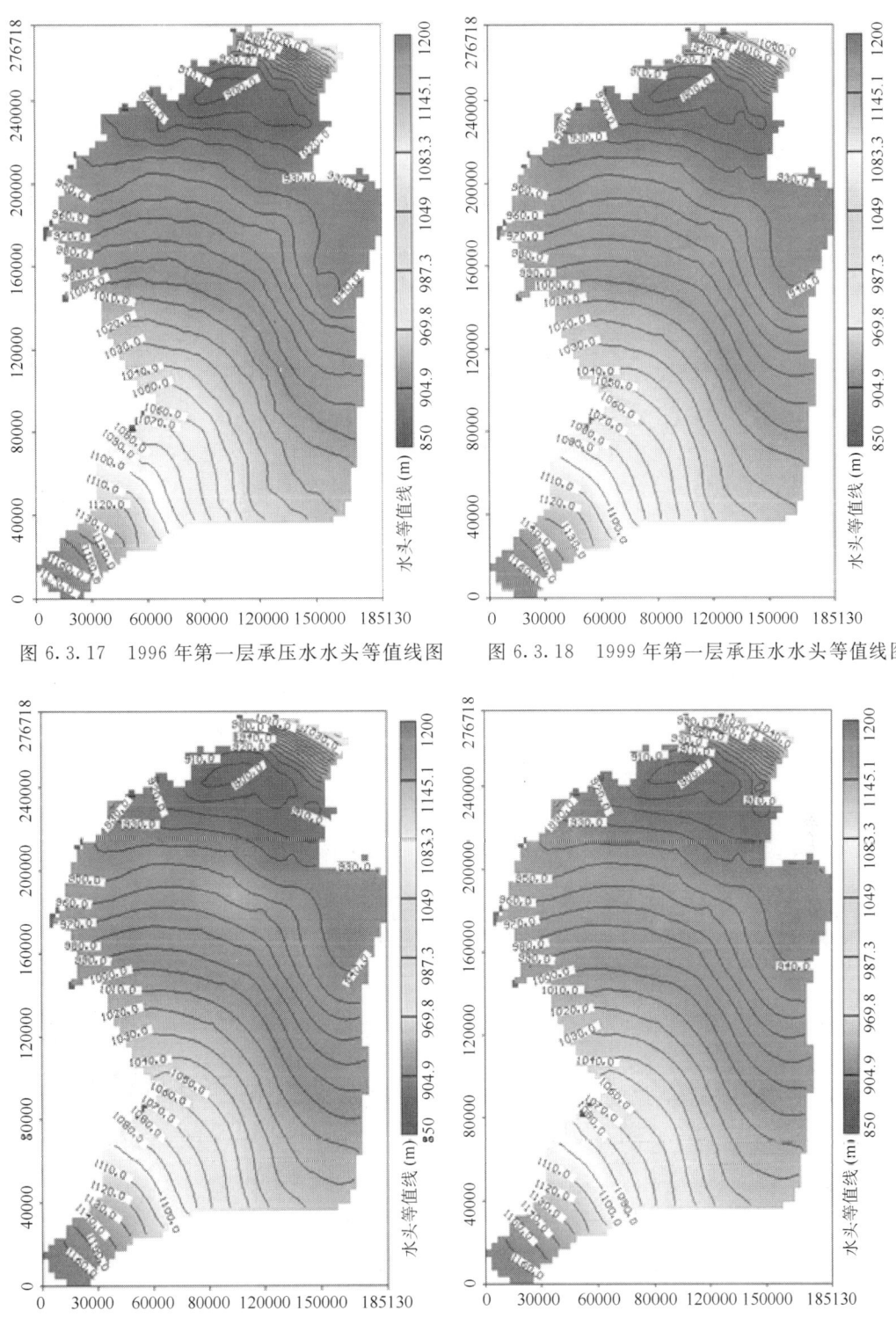

图 6.3.17　1996 年第一层承压水水头等值线图　　图 6.3.18　1999 年第一层承压水水头等值线图

图 6.3.19　2002 年第一层承压水水头等值线图　　图 6.3.20　2006 年第一层承压水水头等值线图

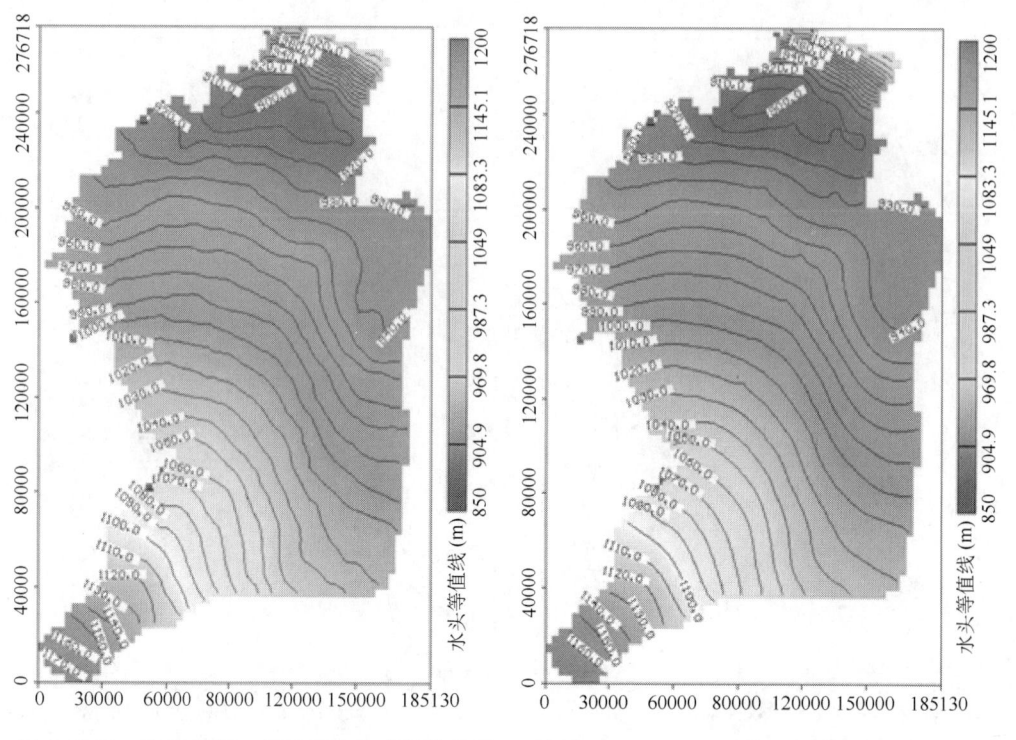

图 6.3.21　1996 年第二层承压水水头等值线图　　图 6.3.22　1999 年第二层承压水水头等值线图

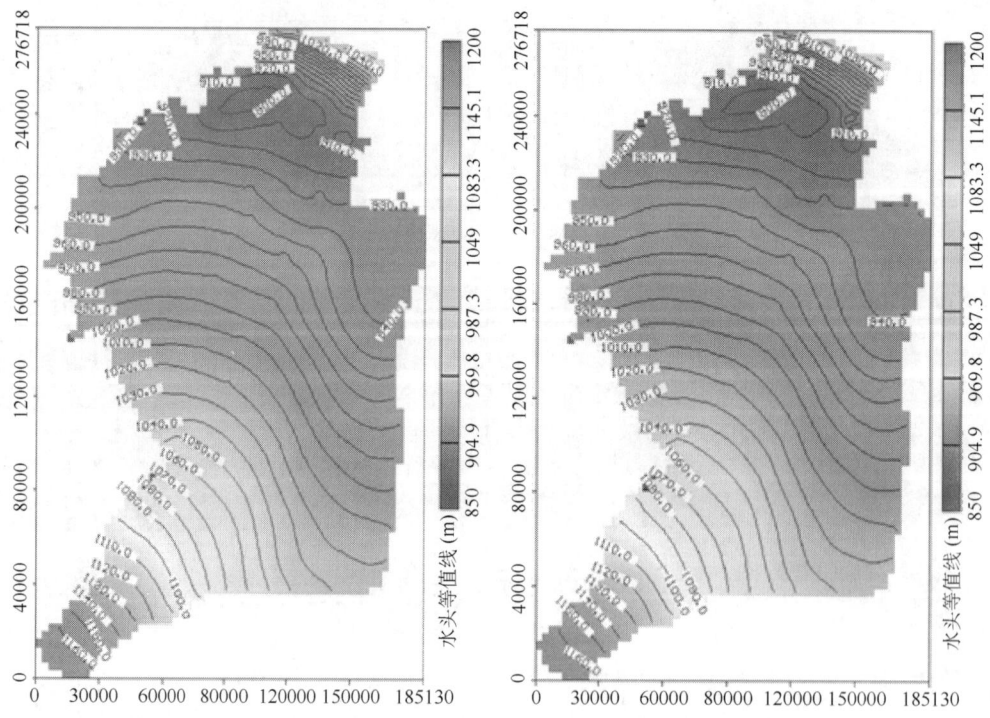

图 6.3.23　2002 年第二层承压水水头等值线图　　图 6.3.24　2006 年 1 月第二层承压水水头等值线图

6.3.2 地下水模型的生态预测

6.3.2.1 模拟情景

采用通过哨马营水文站的水量作为进入下游额济纳盆地的水量,模拟在识别阶段通过哨马营的最大流量为 $8.7\times10^8\text{m}^3/\text{a}$,最小为 $3.0\times10^8\text{m}^3/\text{a}$。因此,本次模拟选择三个来水方案进行设计,即哨马营水文站下泄水量分别为 $9.0\times10^8\text{m}^3/\text{a}$、$6.0\times10^8\text{m}^3/\text{a}$、$3.0\times10^8\text{m}^3/\text{a}$ 三种情景。河道入渗补给地下水的比例按照水均衡计算中的多年平均入渗比例来分配,其他各补给、排泄项依照模型识别阶段进行计算,模型的初始水位采用2006年12月的实际观测水位,模拟到2015年间的地下水位变化。

6.3.2.2 地下水位变化预测

根据通过哨马营的最大流量为 $8.7\times10^8\text{m}^3/\text{a}$,最小为 $3.0\times10^8\text{m}^3/\text{a}$。选择哨马营水文站下泄水量为 $9.0\times10^8\text{m}^3/\text{a}$、$6.0\times10^8\text{m}^3/\text{a}$、$3.0\times10^8\text{m}^3/\text{a}$ 三种输水情景来预测2006—2015年间的地下水位变化,预测结果如图6.3.25所示。

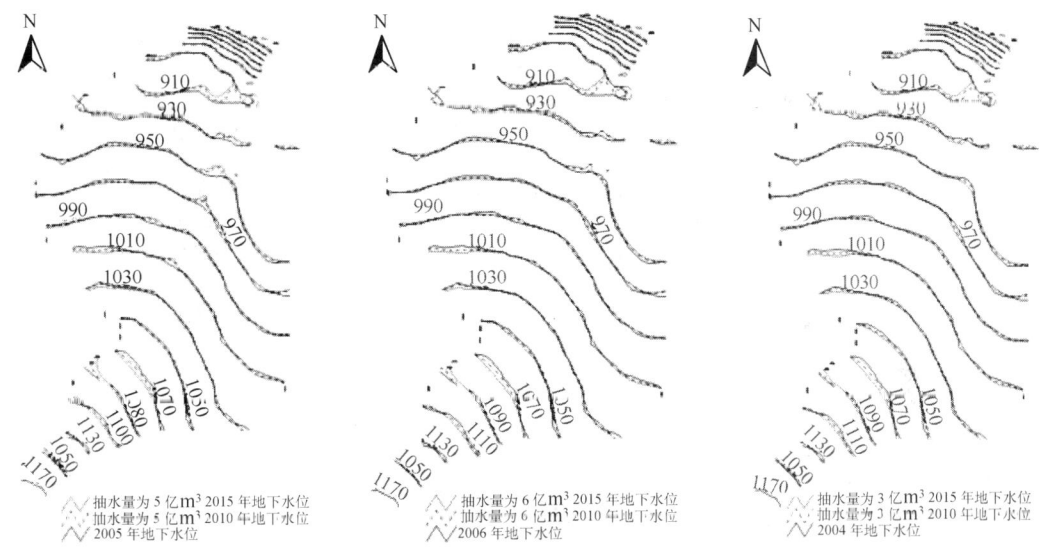

图6.3.25 三种输水情景下地下水水位变化预测

(1) 输水量为 $9.0\times10^8\text{m}^3/\text{a}$ 时,2010年额济纳盆地地下水位在盆地南部哨马营至狼心山段,地下水位有所降低,说明该段黑河对其补给的量有所减少,这与分配河流逐段渗漏补给的比例有一定的关系;西河以西区域地下水位也有小幅度降低,这说明该区域距河道较远,受河流补给作用较小,同时该区域降水量也较小,进而影响到地下水位的降低;绿洲区地下水位大幅度抬升,达赖库布镇地下水位抬升幅度最大;东、西居延海及巴丹吉林沙漠地区的地下水位也有一定的抬升。潜层地下水位的升高有利于植被恢复,抑制了绿洲植被的退化,促进生态环境朝有利的方向发展。

(2) 输水量为 $6.0\times10^8\text{m}^3/\text{a}$ 时,2010年盆地地下水的变化为:南部及西部地下水位下降;绿洲区地下水位抬升较高,按现状分配比例,基本能维持额济纳荒漠绿洲目前的地下水位,提供植物正常生长的需水量;居延海地区的地下水位及巴丹吉林沙漠地区地下水位有一定的抬升。

(3) 输水量为 $3.0\times10^8\,\mathrm{m^3/a}$ 时,整个区域地下水位普遍下降,地下水可开采量已经不能满足现状条件下的需求。地下水位下降最为严重的区域是盆地的南部,其次是盆地的西部及河岸两侧附近的区域;额济纳绿洲区除部分大水漫灌区地下水位有一定的回升外,地下水位普遍下降,影响植物的正常生长,进而造成生态环境的进一步恶化。

6.3.2.3 地下水水位变化对区域生态环境演变的影响

选取额济纳三角洲作为典型区域(图 6.3.26)并针对模拟的三种情景预测地下水水位变化下未来区域生态环境的演变。

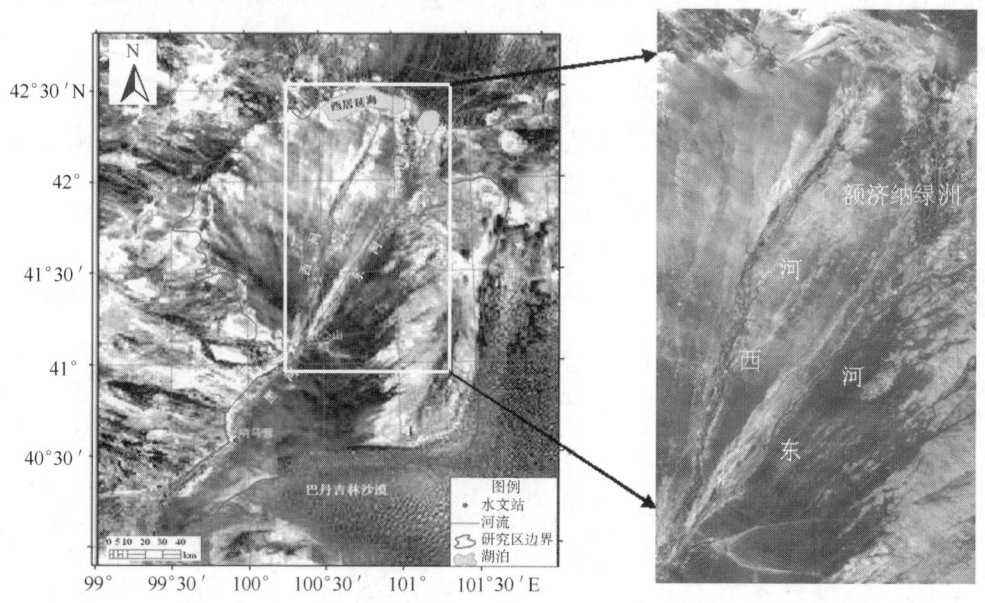

图 6.3.26 典型区域选择

通过模拟不同中、上游来水条件下,额济纳绿洲区地下水埋深的变化,分析三种条件下未来生态环境的可能变化,包括植被盖度、土地沙漠化面积、绿洲面积的变化。为方便说明额济纳三角洲地下水水位变化及其对生态环境的影响,把额济纳三角洲地区分成七个区域,包括北部的东、西居延海地区,居延海以南的北戈壁,赛汉陶来—达来库布镇地区,东河东南部的东戈壁,东、西河之间的中戈壁,西河以西的西戈壁地区,以及狼心山以下、达来库布—赛汉陶来以上的河道附近的绿洲区。

(1) 当上、中游来水量为 $9.0\times10^8\,\mathrm{m^3/a}$ 时,额济纳绿洲地下水水位如图 6.3.27 所示,从 2006—2015 年,地下水水位整体上呈现升高的趋势。北部的东、西居延海地区地下水水位抬升较为明显,地下水水位小于 1 m 的区域面积不断扩大,整体上从 0~3 m 变为 0~2.5 m;2006 年北戈壁地区地下水水位大部分在 2.5~5 m,而 2015 年地下水水位大于 3.5 m 的区域面积减小约为 2006 年的一半,地下水水位大部分在 1~3.5 m,10 a 间地下水水位抬升 1.5 m;赛汉陶来—达来库布镇地区地下水水位升高也较为明显,其中,达来库布镇地区地下水抬升幅度和范围比赛汉陶来地区大,这主要是与在狼心山水文站东、西河流量分配的比例有关,其中东河分配的比例要远大于西河,达来库布镇地区地下水水位从 2006 年的 0~3 m 变化为 2015 年的 0~1.5 m,而赛汉陶来地区地下水水位从 2006 年的 2~4 m 变化为 2015

年的 1～3 m；东河东南部的东戈壁地区，地下水水位有所下降，主要从 2006 年的 1～3 m 下降为 2015 年的 2～5 m，这主要是由于中上游集中向下游输送水量，缩短了河道的径流时间，同时为了向达来库布镇和东居延海地区输水，于 2001 年对河道进行衬砌并修建了干支渠道，这从一定程度上减小了河道对附近区域的地下水补给，进而造成东戈壁地区地下水水位的下降；东、西河之间的中戈壁地下水水位呈升高的趋势，但变化较小，从 2006 年的 1.5～3.5 m 变化为 2015 年的 1～3 m，地下水水位在 10 a 间升高 0.5 m；西河以西的西戈壁地区地下水水位也呈现降低的趋势，从 2006 年的 2～3.5 m 下降为 2015 年的 3.5～4.5 m，10 a 间地下水水位下降近 1 m，除了与东戈壁地下水水位下降的原因相同外，主要还与西河分配水量有一定的关系；狼心山以下达来库布一赛汉陶来以上的河道附近的绿洲区地下水水位呈现明显的升高趋势，地下水水位从 2006 年的 0.5～2.5 m 升高为 2015 年的 0～1.5 m，由于该区域地下水受河水径流补给较为明显，因此，这也是该区域地下水上升的主要原因。

2006—2015 年植被盖度的变化应是：北部的东、西居延海地区植被盖度由 36.95%～70.14% 变化为 52.21%～70.14%；北戈壁地区植被盖度由 8.55%～22.22% 变化为 11.56%～36.96%；赛汉陶来一达来库布镇地区植被盖度由 12.27%～36.95% 变化为 12.27%～65.7%；东戈壁地区植被盖度由 36.96%～52.21% 变化为 8.55%～36.96%；中戈壁地区植被盖度由 22.22%～36.95% 变化为 36.95%～52.21%；西戈壁地区植被盖度由 22.22%～36.95% 变化为 11.56%～22.22%；河道附近的绿洲区植被盖度由 52.21%～64.46% 变化为 64.46%～70.14%。由图 6.3.27 还可以看出，除东戈壁和西戈壁地区土地沙漠化有一定程度的恶化趋势外，其他区域土地沙漠化程度将都将呈现降低的趋势。

（2）当上、中游来水量为 $6.0 \times 10^8 \mathrm{m}^3/\mathrm{a}$ 时，额济纳绿洲地下水水位如图 6.3.28 所示，2006—2015 年地下水水位整体上变化不大。北部的东、西居延海地区地下水水位有所抬升，其中小于 1 m 的区域面积有所扩大，地下水水位基本上保持在 0～3 m；北戈壁地区地下水水位也有一定的抬升，大部分地区由 2.5～5 m 变为 2～4.5 m；赛汉陶来一达来库布镇地区地下水水位的变化为达来库布镇地区地下水抬升幅度和范围较大，而赛汉陶来地区地下水水位基本上保持不变，局部地区地下水水位甚至有 0～0.5 m 的下降，达来库布镇地区地下水水位从 2006 年的 0～3 m 变化为 2015 年的 0～2 m，而赛汉陶来地区地下水水位从 2006 年的 2～4 m 变化为 2015 年的 2.5～4 m；东戈壁地区地下水水位下降较为明显，主要从 2006 年的 1～3 m 下降为 2015 年的 2.5～5 m，由于输水量的减小，河道渗漏量的降低，从一定程度上减小了河道对附近区域的地下水补给，造成东戈壁地区地下水水位的下降较为严重；中戈壁地下水水位基本上保持在 2006 年的 1.5～3.5 m 变化区间；西戈壁地区地下水水位也呈现较为明显的下降趋势，从 2006 年的 2～3.5 m 下降为 2015 年的 3.5～5 m，地下水水位下降近 1.5 m；河道附近的绿洲区地下水水位呈现较为明显的升高趋势，地下水水位从 2006 年的 0.5～2.5 m 升高为 2015 年的 0～2 m。

2006—2015 年植被盖度的变化规律是：东、西居延海地区植被盖度没有明显的变化；北戈壁地区植被盖度由 8.55%～22.22% 变化为 11.56%～36.96%；赛汉陶来一达来库布镇地区，其中赛汉陶来地区基本上维持不变，而达来库布镇地区植被盖度由 12.27%～36.95% 变化为 12.27%～47.59%；东戈壁地区植被盖度由 36.96%～52.21% 变化为 8.55%～22.22%；中戈壁地区植被盖度维持在 22.22%～36.95% 不变；西戈壁地区植被盖度由 22.22%～36.95% 变化为 8.55%～12.27%；河道附近的绿洲区植被盖度由 52.21%～

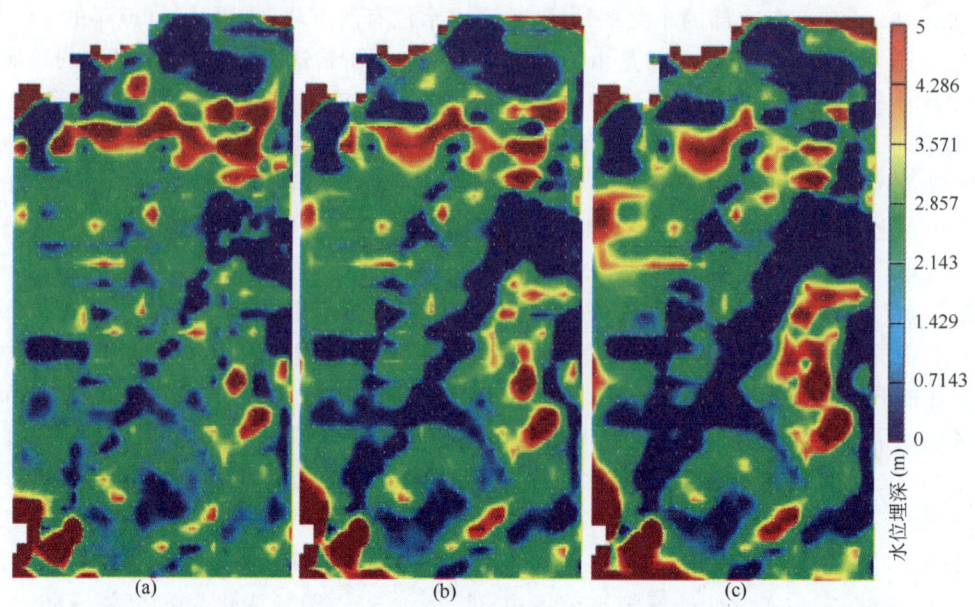

图 6.3.27 输水量为 $9.0×10^8 m^3/a$ 时地下水水位埋深预测值与 2006 年 10 月比较
(a)2006 年 10 月；(b)2010 年 10 月；(c)2015 年 10 月

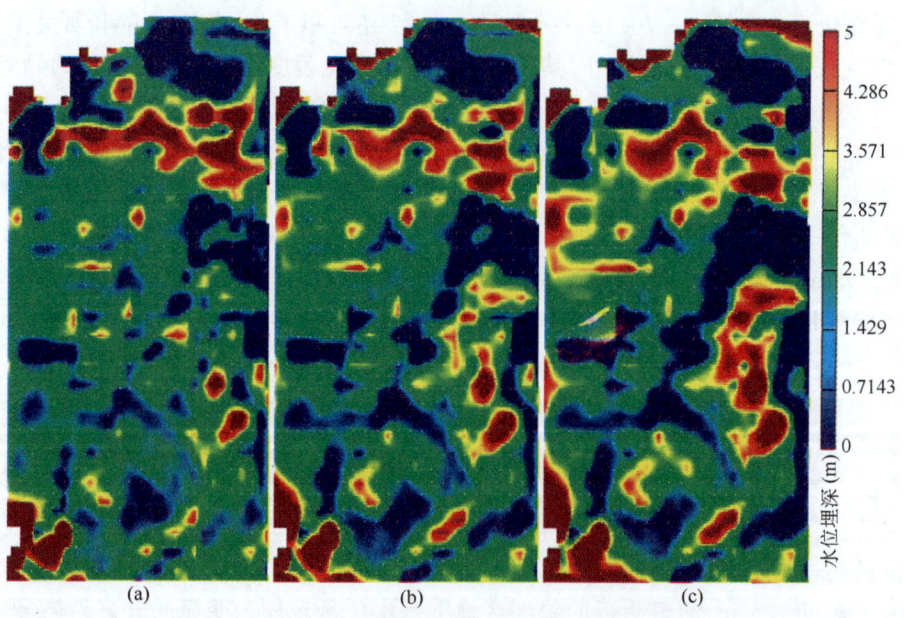

图 6.3.28 输水量为 $6.0×10^8 m^3/a$ 时地下水水位埋深预测值与 2006 年 10 月比较
(a)2006 年 10 月；(b)2010 年 10 月；(c)2015 年月 10 月

64.46%变化为 64.46%～70.14%。由图 6.3.28 还可以看出，东戈壁和西戈壁地区土地沙漠化有一定程度的恶化趋势，中戈壁和赛汉陶来地区沙漠化程度没有明显变化，其他区域土地沙漠化程度都将呈现一定的降低趋势。

（3）当上、中游来水量为 $3.0×10^8 m^3/a$ 时，额济纳绿洲地下水水位如图 6.3.29 所示。2006—2015 年地下水水位整体上呈现降低的趋势。东、西居延海地区地下水水位基本上保持不变,维持在 0~3 m 之间;北戈壁地区地下水水位有些许的抬升;赛汉陶来-达来库布镇地区地下水水位的变化为达来库布镇地区地下水水位保持不变,而赛汉陶来地区地下水水位呈较小的下降趋势,局部地区地下水水位甚至有 0.5~1 m 的下降;东戈壁地区地下水水位下降更为明显,主要从 2006 年的 1~3 m 下降为 2015 年的 3~5 m;中戈壁地下水水位有 0~0.5 m 的下降;西戈壁地区地下水水位也呈现更为明显的下降趋势,从 2006 年的 2~3.5 m 下降为 2015 年的 4~5 m;由于河道的输水渗漏,河道附近的绿洲区地下水水位基本上保持不变。

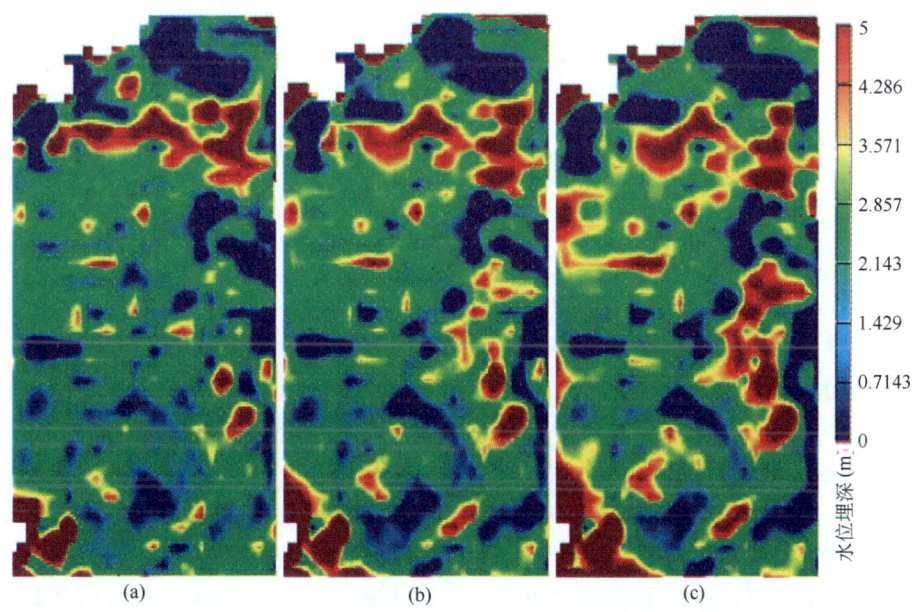

图 6.3.29 输水量为 $3.0 \times 10^8 \text{m}^3/\text{a}$ 时地下水水位埋深预测值与 2006 年 10 月比较
(a)2006 年 10 月;(b)2010 年 10 月;(c)2015 年 10 月

2006—2015 年植被盖度的变化规律是:东、西居延海地区、北戈壁地区、达来库布镇地区及河道附近的绿洲区植被盖度没有明显的变化;赛汉陶来地区植被盖度由 12.27%~36.95%变化为 8.55%~22.22%;东戈壁地区植被盖度由 36.96%~52.21%变化为 8.55%~22.22%;西戈壁地区植被盖度由 22.22%~36.95%变化为 8.55%以下。由图 6.3.29 还可以看出,除东、西居延海地区、北戈壁地区、达来库布镇地区及河道附近地区土地沙漠化维持不变外,其他区域土地沙漠化程度将都将呈现进一步的恶化趋势。

由上述分析可以看出,为维持额济纳三角洲地下水水位及生态环境的健康稳定,通过哨马营分配到下游的水量应不低于 $6.0 \times 10^8 \text{m}^3/\text{a}$,为进一步恢复额济纳三角洲的生态和区域地下水水位,应适当增加径流量;同时,东、西河分配的水量也应做出一定的调整,以增加流入西河的流量;另外,适当增加东、西河径流的时间,以增加河道渗漏对地下水的补给,以使额济纳盆地的地下水资源处于健康的可持续循环利用中。

第 7 章 人类活动与流域生态-水文系统相互作用

7.1 黑河流域水环境演变及其驱动机制研究

我国西北干旱区的地理环境早在第三纪就已初步形成,其后经青藏高原隆升,干旱程度加剧,形成现在的荒漠绿洲景观格局。千百年来,西北内陆河地区在干湿交替中干旱化程度不断加强,区域水环境不断退化(Mischke 等,2003;肖洪浪,2000)。近 50 a 来在全球变化背景和日益增强的人类活动影响下,内陆河流域生态环境表现为河川断流、湖泊干涸、绿洲迁移和沙漠化加剧(肖生春和肖洪浪,2004;肖生春等,2004a;龚家栋等,1998)。

水资源是人类生存和社会发展中最重要的成分,水资源稀缺是我国西北干旱区的特色,也是生态安全和经济发展面临的最大挑战(肖洪浪等,2004)。干旱区的内陆河流域径流形成于上游山区,开发利用于山前中游灌溉绿洲带,耗散下下游荒漠绿洲带。山区出山径流量决定了内陆河流域的水资源量,也决定了山前灌溉绿洲区所获得的水资源量,而中游灌溉绿洲供给下游天然绿洲的水资源量则取决于出山径流量的多少和中游地区对水资源量的开发利用状况(康尔泗等,2007)。因此,对于整个内陆河流域的水环境来说,上游山区又可称之为成水环境,中游绿洲区为用水环境,下游荒漠天然绿洲为水成环境。水资源的开发利用是人类对天然水循环过程的干扰。水不仅是人类生活生产不可缺少的基本资源,而且还是生态环境最重要的控制性要素之一。每一次流域水循环的改变都会驱动新的一轮绿洲格局调整(程国栋等,2006;肖洪浪和程国栋,2006)。

只有充分阐明环境变迁与人类活动的互馈机制,才能对人地关系进行有目的的调控,实现人地关系协调,达到经济—社会—生态环境的可持续发展。不同时间尺度常常与不同的分辨率和空间尺度相匹配。地球表层的时间维度是由慢变量和快变量共同决定的。相对而言,慢变量决定事物的发展趋势,快变量只是影响慢变量,使地球表层表现节律性(潘玉君,2001)。在长时间尺度研究中,有些环境影响因素被其他因素所掩盖,但在短时间尺度、高分辨率研究中又得以显现出来。另一方面,有些环境因素在短尺度研究中保持稳定,但在长尺度研究中则是重要影响因素(陈敬安和万国江,2003)。充分认识和揭示不同时间、空间尺度下的环境演变规律和驱动力机制,对于认识区域人地关系演进和实现可持续发展具有重要意义。

发源于祁连山的黑河跨越青海、甘肃、内蒙古三省区,是我国西北最典型的内陆河之一。晚更新世以来黑河流域整体处于一个干旱化过程之中,水环境的变化主导着流域环境演变。历史时期,随着人类调控自然能力的增强,水土资源的开发利用成为流域水环境变化的主导因素。随着整个流域的水土资源综合开发,黑河下游额济纳三角洲的自然环境由于气候变化和人类活动影响,表现出河道断流、绿洲植被退化、尾闾湖干涸和沙漠化扩张等严重的环境退化现象,并成为北方沙尘源区之一,引起了国内外政、学界的广泛关注。

客观认识黑河流域水循环演化规律及其与人类活动之间的关系,已经成为黑河流域水资源可持续利用和下游区生态环境修复所面临的重要科学问题之一(肖洪浪和程国栋,2006;龚家栋等,2002)。黑河流域水循环正面临前所未有的人类活动干扰,水资源不仅是维护流域内自然生态平衡、保护生态环境的决定性因素,而且也是协调流域上、中、下游山地、荒漠、绿洲合理布局的基础。认识流域水循环、水资源构成、平衡与变化,理解流域生态水文过程是提高流域科学认识层次、制定解决黑河流域水问题应对策略的基础。在流域尺度上认识内陆河地表过程及其演变规律,重视流域尺度的水循环,建立内陆河流域科学基础应为流域综合管理长期努力的方向(程国栋等,2006;肖洪浪和程国栋,2006;肖洪浪等,2004)。

7.1.1 流域上游成水环境研究——气候变化影响

我国西北干旱区水资源系统的主要特征表现为山区为冰川发育和降水较多的水资源形成区,山前干旱地带的平原盆地则为水资源耗散区。山区的冰雪融水和降水成为山前地带水资源的主要来源,因此,内陆河流域的出山口径流量基本上代表了内陆盆地的水资源总量。水资源是随气候变化而变化着的动态资源,同时又受人类活动的影响,由于西北干旱区人类活动主要集中在山前绿洲带,因此,出山径流的变化更直接地与气候变化相联系(康尔泗等,2002)。

7.1.1.1 上游成水环境变化研究进展

(1)万年尺度气候与环境变化。在万年尺度上的气候与环境变化研究主要借助于对冰芯的研究。对祁连山敦德冰芯氧同位素、离子含量、微粒含量等的研究,揭示了全新世以来(卫克勤和林瑞芬,1994)、近5000 a(姚檀栋和Thompson,1992)、小冰期以来(姚檀栋等,1990)、近150 a(霍文冕和姚檀栋,2001)等不同时段和分辨率的包括祁连山区在内的空间大尺度上的气候与环境变化。

(2)千年尺度气候、水文变化。在千年尺度上,基于树轮气候学/水文学原理,利用祁连山区及走廊区各气象站、水文站近50 a来的器测记录,重建了近千年以来祁连山区不同时段(重建长度)和不同季节(重建气象要素)的年际分辨率的温度(刘晓宏等,2004;卓正大等,1978)、降水(杨银科等,2005;康兴成等,2003;王亚军等,2001a;2001b)、湿润指数(张志华和吴祥定,1996)和黑河出山口径流量变化(王亚军等,2004;康兴成等,2002),并对利用森林上、中、下限样本重建的祁连山中、西部地区近500 a来的气温、降水变化进行了对比研究(田沁花,2006)。

(3)大气水环境。在祁连山区大气水环境方面,利用气象台站探空资料、地面观测资料和NCEP/NCAR(逐月平均通量和各等压面层资料)再分析气候资料等,分析了祁连山—黑河流域水循环中的大气过程,对祁连山—黑河流域的大气水资源量及近40 a来的年代际波动过程和影响因素进行了评估(张良,2006;王可丽等,2003)。

(4)冰雪冻土水资源变化。对祁连山代表性冰川的物质平衡观测始自于1975年,至今进行了1958年/1959年、1975—1979年、1985—1988年和2001—2005年几次不连续的观测(蒲健辰等,2005;刘潮海和谢自楚,1987),并利用酒泉气象站探空资料对1957—1988年间

"七一"冰川物质平衡进行了序列插补(刘潮海等,1987)。根据航空摄影相片、地形图、遥感影像数据,刘时银等(2002)分析了祁连山西段自小冰期至 1990 年的冰川面积和储量变化;阳勇等(2007)对黑河源头西支野牛沟流域的冰川时空变化进行了分析;沈永平等(2001)分析了祁连山北坡流域近 40 a 来冰川物质平衡波动、对河西地区水资源的影响及其趋势预测;通过对祁连山西段高海拔河谷灌木树轮冰川学研究,Xiao 等(2007b)重建了近 50 a 来七一冰川的冰川物质平衡线变化,同乌鲁木齐"河源一号"冰川对比结果表明,二者具有一致的变化趋势。

康尔泗等(2002)利用已有观测、考察和航卫片判读解译资料,选择包括河西走廊地区在内的西北干旱区有代表性的有限区域进行了近 40 a 来冰雪水资源变化状况定量评估和趋势分析及气候响应,并与小冰期进行了对比研究。利用卫星遥感资料、周边气象台站气象数据,张杰等(2005)和郭铌等(2003)研究了近十余年来祁连山积雪和雪线高度年际和季节变化,以及对降水和气温变化的响应。

早在 20 世纪 80 年代,黑河上游就开展了寒区水文研究,并取得了 10 a 以上的观测资料,在冻土水热状况对径流形成的影响等方面取得一定成果。通过"九五"攻关项目"西北冰雪水资源形成及其变化研究"的实施,初步阐明了冻土在黑河径流形成和变化中的作用(康尔泗等,2002)。

(5)山区气象、水文器测记录。利用近 50 a 来山区气候、水文、冰川变化的器测记录,众多学者对黑河上游山区气候变化、出山口径流量变化及洪峰变化,以及后两者对前者在季节、年际和年代际的响应进行了大量相关研究(曹玲等,2007;柳景峰和张勃,2007;李林等,2006;李栋梁等,2003;丁永建等,1999;杨针娘,1996;高前兆和李福兴,1990;杨针娘等,1988),并对黑河流域的东、西支干流(黑河和讨赖河)在近 40 a 气温升高的态势下,其各自出山径流变化的影响机制进行了深刻剖析(丁永建等,2000)。

(6)山区人类活动环境影响。通过史料、考古资料和古环境研究资料记录的植被状况、森林砍伐、平原区城池宫殿建设、寺庙建设、造林禁伐政策等方面的分析,李并成(2003)对祁连山植被西汉之前、汉至北魏、唐至西夏和明清四个时期的植被状况、人类活动对山区成水环境和山区水资源的影响,以及历史时期当地居民对人类活动与成水环境之间关系的认识等诸方面进行了复原和探讨。通过对近 50 多年来政府组织的几期山区农、林、牧业详查资料,分析了林草地面积变化、植被生产力变化、草地承载力变化、土地退化和水土流失状况,以及山区畜牧业发展和土地开垦开发利用等与人类活动相关的变化状况(宁宝英等,2004;陈隆亨和肖洪浪,2003);基于遥感技术许多学者对山区近 15 a 来的土地利用和覆被变化进行了研究(Qi 和 Luo,2006;蒙吉军等,2005);利用 1989 年和 1998 年 NOAA 气象卫星资料中的植被信息,郭铌等(2003)分析了十年来祁连山自然保护区植被空间分布状况及其变化特征。

7.1.1.2 上游成水环境研究展望

通过与其他研究结果对比研究,在万年尺度上,敦德冰芯温度变化记录与中国东部乃至北半球在重要阶段都有相似变化趋势,是全球变化的重要证据(章新平和姚檀栋,1993)。

在千年尺度上,冰芯和不同地点的树轮温度代用指标变化都显示出了从 1400 AD 以来的相似变化趋势(图 7.1.1),只是各冷暖期在起止和持续时间上存在一定差异;两个树轮记录在 1250 AD 之前存在相悖的变化趋势;这些差异可能与样本处理过程中自身分辨率、采样点、定年和重建指标选择等因素有关,早期的树轮记录则存在树轮样本复本量过少的问题。

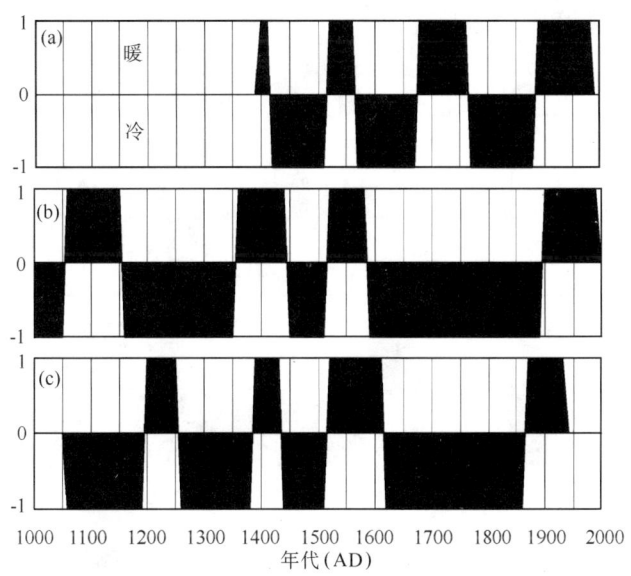

图 7.1.1 千年尺度上祁连山区冷暖变化简图

((a)敦德冰芯(姚檀栋等,1990);(b)祁连山树轮(刘晓宏等,2004);(c)祁连山树轮(卓正大等,1978);图中将文献中划分的冷暖时段分别与数值-1和1相对应)

千年尺度上,祁连山中部干湿变化各树轮代用指标表现出不一致的变化(图 7.1.2),尽管各自在要素重建时表现出与近 50 a 来器测记录高度的相关关系。这可能与采样地点的海拔高度、坡向和林相等局域环境,以及重建要素主成分提取和器测气象记录选取过程等有关,因为树轮生长是整个气候状况的综合作用的结果。刘晓宏等(2004)通过对树轮指数与气象水文要素在年际(高频变化为主)和年代际(低频变化为主)水平的相关分析,认为低频变化对区域温度变化的代表性更强。对祁连山不同海拔高度青海云杉树轮气候要素响应分析表明,森林上限的树轮生长对气候变化不敏感,这与目前大家普遍所认同的上限树木的生长受温度控制的概念并不一致(勾晓华等,2004)。对阿尼玛卿山不同海拔高度祁连圆柏树轮研究表明,各树轮指数曲线间的高频变化一致,在低频变化上存在差异;森林上限的树木对环境因子的响应滞后于森林下限,生长在最大降水高度附近的树木对环境因子敏感度最低(彭剑峰等,2006)。对祁连山中部树轮降水重建对比研究表明,不同海拔高度样点树轮序列可基本反映出相同的区域降水变化趋势(田沁花,2006)。

在气候因子组合上,主要以冷-干和暖-湿模式为主,如小冰期;也有暖-干组合,如近代(图 7.1.1,图 7.1.2)。

在百年尺度上,树轮年表代用指标反映出降水在近 250 a 来的一致变化趋势(图 7.1.3),特别是在一些大范围发生的气候事件上,表现尤为一致,如 20 世纪 20—30 年代中国北方大范围干旱事件(Liang 等,2003)。

总体上看,从万年、千年到百年尺度上各代用指标在不同分辨率上都有一致性变化趋势存在,同时也有许多不一致的阶段。树轮气候研究因其样本的易获得性和高分辨率特点,成为了研究近千年来不同尺度气候变化的重要手段和工具,但由于树种生理差异、生境异质性、气候信息提取等诸多因素和过程的影响,使得各代用指标序列间存在显著差异甚至相悖

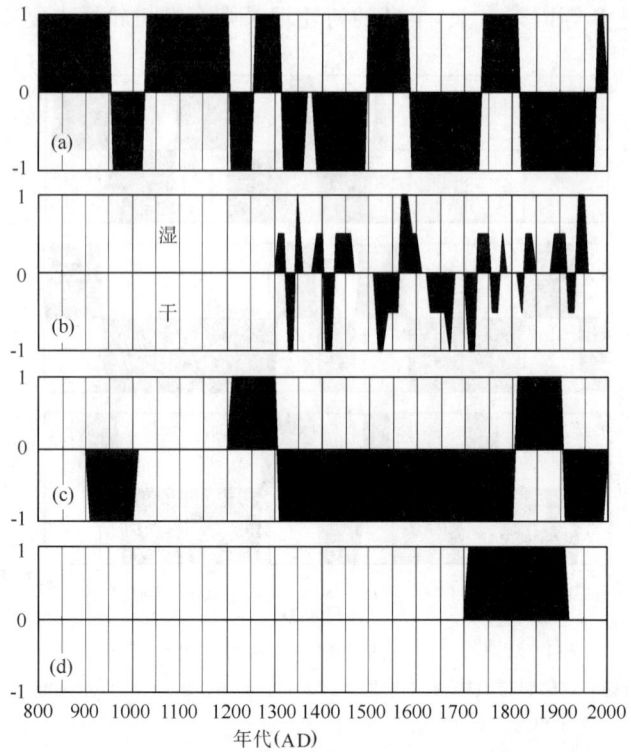

图 7.1.2 千年尺度上祁连山中部干湿变化简图

((a)出山径流(康兴成等,2002);(b)湿润指数(张志华和吴祥定,1996);(c)旱涝(康兴成等,2003);(d)降水(田沁花,2006);图中将文献中划分的不同等级的湿润/涝和干旱时段分别与数值-1~0和0~1相对应)

之处。从研究区域来看,树轮气候水文重建研究主要集中在祁连山中部黑河水系东支干流,对西支干流(讨赖河、北大河)的研究较少,且缺乏对比性研究;同时目前的研究多是单点的,缺乏对黑河流域上游气候水文变化系统化、格网化的研究,以及涵盖温度和降水两大气候因子的综合研究。20 世纪 40 年代以前,黑河流域下游还接受西支干流讨赖河和北大河的补给,因此非常有必要将西支干流纳入到整个黑河流域研究体系之中,对于深入认识与上游成水环境有关的气候变化和水环境变化及未来预测都具有非常重要的意义。近 500 a 和 50 a 来是人类活动逐步加强和影响最为剧烈的时期,认识上游山区成水环境变化,主要是气候变化规律,重建与还原近 500 a 来流域出山径流,准确评估上游水资源量及时空分布特征,有利于中游平原区人口聚居区用水环境的科学合理调控和下游荒漠生态屏障的保护和建设。

在年代、年际、季节尺度上,利用近 50 a 来的器测气象、水文和环境等记录和普查资料,有学者对黑河上游祁连山区的大气、冰雪、冻土、河川径流等水环境变化和水资源量进行了研究和评估。针对祁连山区－黑河流域的大气水环境变化和水资源量的研究还很薄弱。我国已完成的全国冰川编目反映了 20 世纪 50 年代末至 60 年代初的冰川水资源状况。我国开展冰川变化监测研究较晚,并断续停留在个别定点的冰川监测上,还未建立合理的有代表性的冰川变化观测网(康尔泗等,2002)。许多学者对祁连山冰川变化进行了有益的序列插补和重建工作,弥补了监测资料的缺乏和不连续,并对冰川水资源变化及其环境效应进行了评价。世界上许多国家都非常重视冰川变化的监测研究,并把它作为全球气候变化响应的

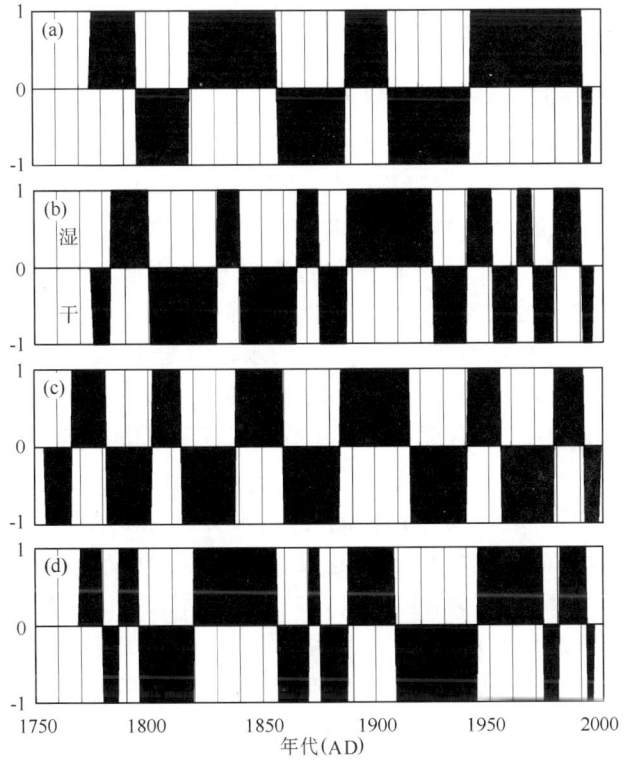

图 7.1.3 百年尺度上祁连山中部降水变化简图

((a)春季出山径流(王亚军等,2004);(b)春季降水(王亚军等,2001a);(c)年降水(杨银科等,2005);(d)春季降水(王亚军等,2001b);图中将文献中划分的湿润和干旱时段分别与数值-1和1相对应)

主要研究对象。在干旱区极其有限的地表水资源中,季节积雪是其中重要的组成部分。在全球气候变暖背景条件下,冻土区广泛退化,新融区与融化夹层形成及活动层加深对黑河上游表面和地下水文过程有深刻影响(康尔泗等,2002)。近几十年来,我国多年冻土严重退化现象已经引起了严重的生态与环境问题,并造成大江大河上游产汇流机制的改变。内陆河山区流域季节冻土比例较大,对气温的变化更为敏感(陈仁升等,2007;康尔泗等,2002)。涵盖气候变化、冰雪、冻土和水涵林调蓄等与水循环相关过程的综合研究,将是全球变暖现状和趋势下,针对干旱区内陆河流域综合管理的水资源研究中的重要课题。

对上游山区土地利用和覆被变化研究主要集中在近十余年,研究区域局限于行政区划范围,其间的影响因子和驱动机制分析多处于定性描述阶段,还缺乏定量甄别气候变化和人类活动影响的研究。

7.1.2 中游平原区用水环境研究——人类活动影响

内陆河流域山前平原区是人类活动最为集中的区域和主要的水资源耗散区,由于中游绿洲扩张,将大量水资源截留利用,导致下游荒漠区因水资源缺乏而产生严重的生态环境退化问题,这不仅威胁到整个流域生态安全,甚至中国北方地区。人类控制和利用水资源的方法和手段都在一定程度上改变了水系统和水环境,最终影响到整个荒漠绿洲生态系统的演替和平衡,以及干旱荒漠绿洲景观格局。中游平原区环境变化不仅受到气候变化的影响,更重要的是人类活动的影响,而且近代的人类活动影响已经完全掩盖了气候变化影响的痕迹(肖生春和肖洪浪,2004)。

7.1.2.1 中游平原区用水环境变化研究进展

(1)史料研究。根据河西走廊丰富的史志资料,众多学者对历史时期平原区绿洲形成与演变过程(李世明等,2002)、农业发展阶段(贾海生和张虎如,1997;赵永复,1986)、水土资源开发利用(肖洪浪,2000;陈隆亨和曲耀光,1992;高前兆和李福兴,1990;唐景绅,1983)、用水制度演变(崔云胜,2005)、环境变化与荒漠化过程及驱动因子(王乃昂等,2003;李并成,1998)、人类活动对绿洲边缘植被影响(李并成,2003)等方面进行了深入研究;在总结前人研究成果的基础上,系统论述了黑河流域近百年来的水环境变化(肖生春和肖洪浪,2004);通过整理和研究黑河流域近2000年来各历史阶段人口变动、水土资源开发利用变化、流域水资源和气候变化等资料,对中游水资源利用量和流域水资源平衡进行了定量估算(肖生春和肖洪浪,2008)。

(2)器测记录研究。基于近50 a来的器测气象、水文记录和数次资源调查报告,许多学者对中游平原区人口变化、畜牧业发展、城镇建设、荒漠化、水环境变化和水土资源开发利用等进行了研究(常娟等,2005;杨玲媛和王根绪,2005;吴晓军,2000;王根绪和程国栋,1998),全面评估了黑河流域水资源和水环境状况,并提出合理的水土资源开发利用对策(肖洪浪,2000;陈隆亨和曲耀光,1992;高前兆和李福兴,1990)。通过分析河西地区过去40 a水土资源开发利用和生产力发展过程,认为水土资源利用现状已经接近资源的极限,畜牧业的发展已经出现超载增长的特征,资源利用率的提高将是逐步缓解流域水土矛盾、畜草矛盾、人田矛盾和生态建设与经济发展矛盾的唯一途径(肖洪浪等,1995)。近年来,着眼于流域尺度的水资源-生态-经济综合管理方面,以中游节水型绿洲构建为指导思想,旨在提高水利用率的试验示范研究正在逐步实施,并初具规模,包括种植业结构调整、综合节水技术、灌溉制度优化、防护林改造、农林畜牧业不同层次耦合等(程国栋等,2006;肖洪浪和程国栋,2006;肖洪浪等,2004)。

(3)LUCC研究。利用卫星影像解译和土地资源调查资料等,对黑河流域近十余年来土地利用/覆被变化(LUCC)的研究表明,中游地区耕地、城镇用地大量增加,但天然植被减少,土壤盐渍化、土地沙化、草场退化较为严重(Qi和Luo,2006;蒙吉军等,2005);全流域新增的耕地、城镇居民用地、沙漠化土地及减少的水域面积主要集中在中游地区,且人工绿洲的发展与天然绿洲的消失同步存在,耕地、城镇建设用地、水域和草地等是全流域变化最为剧烈的利用类型,与人类活动关系密切,说明人类活动是流域土地利用与覆被变化的主控因素(齐善忠等,2005)。

(4)LUCC的环境效应。中游土地利用和覆被变化对本区和下游都带来了巨大环境影响后果。利用20世纪60年代以来的遥感数据和1980年以来的地下水长期观测数据,分析了近30 a来黑河流域中游地区土地利用与覆被变化的水文水资源效应(王根绪等,2005)。选取土壤质量、土壤有机碳损失,以及河流N、P负荷特征与变化等环境要素,分析了黑河中游地区草地耕种利用和耕地荒漠草原化等现阶段主要的两种土地利用变化形式下这些环境要素的响应特征(王根绪等,2003);苏永中(2006)对比分析了黑河中游边缘绿洲退耕还草后的C、N固存效应。通过对黑河流域两个典型区域进行土地利用变化的空间差异与影响的对比研究,定量评价了土地利用变化对不同区域绿洲系统的稳定性和水资源空间分配的影响,认为山丹河流域的土地利用模式实际上导致了绿洲沿河流的溯源迁移,使得流域水资源在上游地区集中,并导致中下游绿洲逐渐废弃而演变为荒漠化土地;而张掖肃州区土地利用变化形成以区域下游老绿洲为核心的绿洲渐进性向外拓展模式,没有产生较大的局部集中式水资源空间再分配(王根绪等,2006)。

(5)流域分水效应。黑河流域自2000年开始实施中游分水计划,为保证下游分水量,中游实施了灌区节水改造、产业结构调整和水资源合理调度等配套工程。以1999年为对照,李爱军和闫成云(2007)对分水后对地下水资源补给和泉水资源量进行了评估;马文斌等(2007)研究了分水后近4 a来的中游地区地下水位变化;李启森和赵文智(2004)以黑河中游临泽县为例,对黑河分水后的水资源及利用方式变化、种植业结构及灌溉制度变化等方面进行了研究。

7.1.2.2 中游平原区用水环境研究展望

受历史资料所限,对近2000 a来与人类活动有关的水土资源开发利用、绿洲环境演变、水循环变化等的研究仍处于几百年粗略的分辨尺度上,其间包含的气候变化影响也还没有合适的方法从中甄别。生态环境是一个有机巨系统,系统间和系统内各层次的相互作用十分错综复杂,具有牵一发动全身的效应,因此人类活动的影响具有直接与间接性特点。人类活动又有其历史特点,20世纪50年代之前,人类活动主要通过引用河道径流影响地表水的时空分配,以后则表现为建设水库塘坝进行地表水调配。不同时期人类活动对地下水的干扰方式是不同的,20世纪50—70年代,主要由于河水调配地表水利用率的提高,改变了地下水的补给条件,70年代以后,则是由于大规模的地下水开发,改变了地下水的排泄条件。人类作为自然界的一部分,从环境变化中定量区分人类活动与自然过程作用力是十分困难的。

人类的主观能动性不断改造着自身的生存环境,使得人类社会得以不断进步。近年来实施的黄河、黑河、塔里木河流域分水计划和生态环境建设项目都已取得显著成效,在经济发展和生态环境保护方面达到和谐发展的目的。因此,深入研究历史时期流域聚落变迁、农业技术进步与水土资源承载力变化,及国家、区域重大政策的人水关系影响,认识历史时期用水变化及其趋势与绿洲格局演变,对于深刻认识近2000 a来流域环境演变、甄别人类活动影响都有十分重要的意义。

近50 a来的器测资料和近十余年来的遥感应用技术发展,对年代际以下尺度的水环境及景观格局变化有很深刻的认识,但对由于气候变化和人类活动强烈影响下不断改变着的流域水循环特征和模式及环境效应还有待于深入跟踪研究。

7.1.3 下游水成环境研究——人类活动与气候变化双重影响

黑河终端湖古居延泽、索果诺尔和嘎顺诺尔(又称东、西居延海),湖泊最大时面积可达1000~3000 km²(Wünnemann等,1998;Pachur等,1995),3000 a BP前后亦可达800 km²(朱震达等,1983)。近50 a来,西北干旱区河西内陆河流域下游表现出河川断流、湖泊干涸、地下水位持续下降、绿洲衰退和沙漠化加剧等严重环境问题,引起政府和学界高度关注(中国科学院地学部,1996a;1996b),成为近年来研究的热点。内陆河下游天然绿洲及其水环境变化主要取决于中游的下泄水量,其环境状况既受到中游和本区域人类活动影响,又受到气候变化及其影响下的上游山区出山口径流量影响,深刻体现了"有水即为绿洲,无水则成荒漠,水多则为盐碱化"的论断。但人类活动和气候变化影响下的水循环变化过程和水资源演变规律,一直是众多学者致力于解决流域经济、社会和环境可持续发展的基础科学问题之一(夏军等,2003)。

7.1.3.1 下游水成环境变化研究进展

(1)万年以上尺度的气候与环境变化。在十万和万年尺度上,通过地貌学、沉积学、孢粉学和年代学等研究方法,对包括巴丹吉林沙漠在内的黑河下游地区的沙山沉积地层、古湖岸阶地和沉积岩芯中的化学元素组成、植物孢粉、介类化石和同位素等研究,揭示了中更新世以来阿拉善高原、古居延泽和嘎顺淖尔(西居延海)不同分辨率下气候变化、尾闾湖水环境变化和植物群系等不同阶段特征,并在 7~5 ka BP 阶段表现出一致的气候干旱和湖泊水位较低阶段,和在 5~3 ka BP 阶段的气候湿润、湖泊水位较高阶段特征,以及之后的湖泊逐步波动变干过程(迟振卿等,2006;Herzschuha 等,2004;Chen 等,2003;Demske 和 Mischke,2003;Mischke 等,2003;杨小平,2000;Lu 等,1997)。

(2)千年尺度的湖泊水环境研究。在千年尺度上,根据东居延海不同高度湖岸阶地的年代、介形类丰度变化、$\delta^{18}O$ 含量变化,以及粒度、易溶盐、地球化学元素在地层中的变化研究结果表明(靳鹤龄等,2005;张洪等,2004;张振克等,1998),近 2500 a 来东居延海总体表现为不断缩小的过程,并经历了多次盛衰变化。对额济纳盆地柽柳沙包沉积序列粒度分析表明,近 2500 a 以来黑河下游环境经历了数次沙漠化的正逆变化阶段(温小浩等,2005)。

(3)历史时期水环境演变研究。根据地质地貌、历史、遗址和环境考古资料,众多学者对黑河下游水系变迁、终端湖变迁、三角洲沙漠化过程及其驱动机制等进行了单因素和综合研究(肖生春和肖洪浪,2004;龚家栋等,2002;仵彦卿等,2000;陈隆亨,1996;景爱,1994;刘亚传,1992;孔昭宸等,1985;朱震达等,1983;冯绳武,1981),认为在第四纪早期,额济纳盆地存在两个水流系统,且气候环境较为温暖潮湿;随后两个水流系统逐渐合并,区域气候亦有变干、变暖的趋势;至第四纪晚期,气候更加干旱,现代水文网定型。东、西居延海不是黑河流域的终端湖,在地质历史上属于黑河流域下游的河道湖。随着黑河水系不断地溯源萎缩,东、西居延海及居延泽也存在着一个逐步萎缩的过程,并经历了统一与分离,及交替作为主要受水终端湖的数次变化阶段。随水系变迁和终端湖退缩干涸,居延三角洲和额济纳三角洲绿洲相继衰退,发生沙漠化过程。

(4)百年尺度的水环境研究。在百年尺度上,通过研究额济纳旗地区与体现环境状况有关的水域、植被和沙丘三大类民间景观类型,对过去 300 a 该地区综合环境状况进行了探讨(肖生春等,2006)。利用天鹅湖(古居延泽北部残余小湖)和额济纳东河下段的木能淖尔、巴丹吉林沙漠东南缘湖泊沉积岩芯中的磁化率、碳酸盐含量、粒径、总有机碳含量和孢粉组成等综合指标,研究了黑河下游地区近 500 a 来的气候变化、湖泊水环境变化及可能的人类活动影响(马燕等,2006;许健,2005;Herzschuh 等,2006)。利用东、西居延海和锁阳坑(居延泽南部残余小湖)不同湖岸阶地上生长的灌木柽柳树轮年代表,重建了近 200 a 来湖泊水环境在年分辨率上的时空变化,根据不同阶地柽柳定居年代统计,确定了西居延海的三次湖退事件(肖生春,2006;Xiao 等,2005;肖生春等,2004b)。利用河岸林胡杨树木年轮年表,重建了 233 a 来额济纳地区的地下水位变化(孙军艳等,2006)和近百年来黑河下游正义峡春季径流量(刘普幸等,2005)。

(5) 器测气候水文植被变化研究。基于近 50 a 来额济纳地区器测气象水文记录和农、林、牧业普查资料,众多学者对近几十年来的气候、水资源(刘钟龄等,2001;陈隆亨和曲耀光,1992;高前兆和李福兴,1991)、水循环(武选民等,2002a;2002b;中国人民解放军 00927 部队,1980)、水环境和生态环境变化(曹文炳等,2004;张光辉等,2004;肖生春和肖洪浪,2004;陈江南等,2003;钟华平等,2002)、现代荒漠化过程及其驱动机制(李森等,2004;陈隆亨,1996)进行了研究。利用近 20 a 来的多期遥感影像,研究了 2000 年之前额济纳绿洲土地利用和覆被变化(张小由等,2005;严登华等,2005;王心源等,2001),以及景观演化驱动因子(薛忠歧等,2006;曹宇等,2004;2005)。

(6) 流域分水效应。通过多方不懈努力,黑河流域于 2000 年开始正式实施分水计划和水资源实时调度,进行拯救下游额济纳绿洲的应急输水工程。利用 2000—2004 年的遥感影像、径流和地下水观测资料,及植被等实地调查资料对实施分水计划以后下游的水体、地下水位、植被恢复和土地覆被变化响应进行了分析(乔西现等,2007;赵文智等,2005;郭铌等,2004),认为近年来初步实现了终端湖东居延海"碧波荡漾"和沿河线状植被的初步恢复(席海洋等,2007;司建华等,2005)。

7.1.3.2 下游水成环境研究展望

在大的时间尺度和低分辨率条件下,黑河下游尾闾湖湖泊沉积记录和湖岸地貌体现了该地区水环境演变过程中的重要事件主要受大空间范围气候变化影响的特点(图 7.1.4,图 7.1.5),其波动周期在千年和百年以上尺度。进一步准确揭示下游水环境演变特征,还需要更为全面的系统研究,以及对古河道变迁的深入研究。

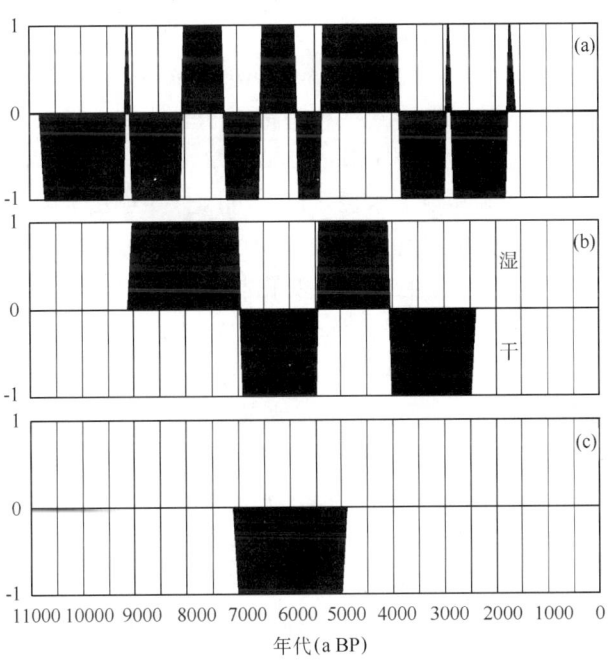

图 7.1.4 万年尺度上居延泽湖泊沉积记录的气候变化简图

((a)参见文献(Herzschuha 等,2004);(b)参见文献(Mischke 等,2003);(c)参见文献(Chen 等,2003);文献中气候湿润与干旱阶段分别与图中纵坐标轴数值 1 和 -1 相对应)

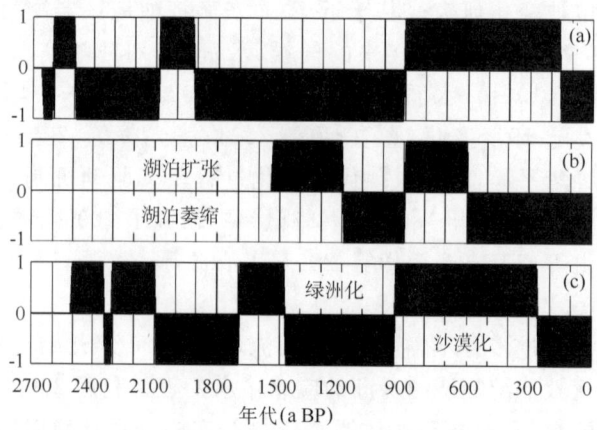

图 7.1.5　千年尺度上东居延海湖泊水环境与绿洲环境变化简图

(东居延海湖泊盛衰变化:(a)(张振克等,1998);(b)(靳鹤龄等,2005;Jin 等,2004;张洪等,2004);额济纳绿洲沙漠化过程:(c)(温小浩等,2005);文献中湖泊扩张/绿洲化与湖泊萎缩/沙漠化阶段分别与图中纵坐标轴数值 1 和 −1 相对应)

在百年尺度上,近年来的研究成果突出了以流域人类活动为驱动力的特点,在高分辨率的年代、年际尺度下,黑河下游水环境演变则与下游地区人类活动对水资源的人为分配休戚相关。百年尺度上的湖泊沉积和河岸林树轮等的气候、地下水位和湖泊水环境变化代用指标体现了额济纳绿洲和各湖泊水环境变化的异质性(图 7.1.6)。巴丹吉林沙漠内部众多的封闭湖泊均没有与之相联系的地表径流,其沉积记录应主要是空间大尺度的气候变化(Herzschuh 等,2006)。黑河下游湖泊水环境人类活动影响的辨识,还需借助于对巴丹吉林沙漠封闭湖泊沉积记录的认识。由于近几百年来高分辨率的下游水环境演变重建大多借助于荒漠河岸林树种(主要是胡杨和柽柳),这些树种都属于非地带性植被,主要受到河道水环境的影响,但是也不排斥气候变化的影响(Xiao,2007a;2007b;孙军艳等,2006)。同时下游支流水文记录较短且不连续(径流和地下水位),以 20 世纪 50 年代为界,水循环模式和水环境已完全改变(肖洪浪等,2004;肖生春和肖洪浪,2004),所以下游的树轮水环境重建代用指标还有待商榷。在对河岸林树种单株生长季节变化与水环境和大气环境相关研究的基础上,才能澄清树轮生长的限制因子;利用荒漠地带性植被(表达气候变化信息)与非地带性植被进行对比,从而提取准确的河道、湖泊水环境演变信息。

利用近 50 a 来的器测气象和水文记录、环境调查、土地利用和覆被变化等资料,众多学者都将研究重点聚焦在了人类活动影响下的下游环境恶化,以及上游水资源补给及水循环过程方面,基本明确了水资源对三角洲生态环境的限制作用。但对于周围山地对三角洲的洪水资源补给作用还缺乏深入研究和评价。

分水计划及天然河道、干支渠道工程建设,使得下游水资源在时空分配上完全受到人工控制,由此导致水循环和地下水流场发生根本改变。目前,正在修建的旨在防止河床渗漏的甘－蒙引水渠,遗弃原有河道,将会切断地下水的补给,导致依靠地下水滋养的古日乃荒漠绿洲植被消失,形成新的规模巨大的沙尘暴源区。因此,在人为控制水资源的情况下,合理的绿洲水环境调控和生态系统稳定性维持,如草场轮灌制度优化、居延海湿地与绿洲水资源时空分配、载畜量控制和荒漠河岸林生态(地下)水位保持等,成为干旱区生态

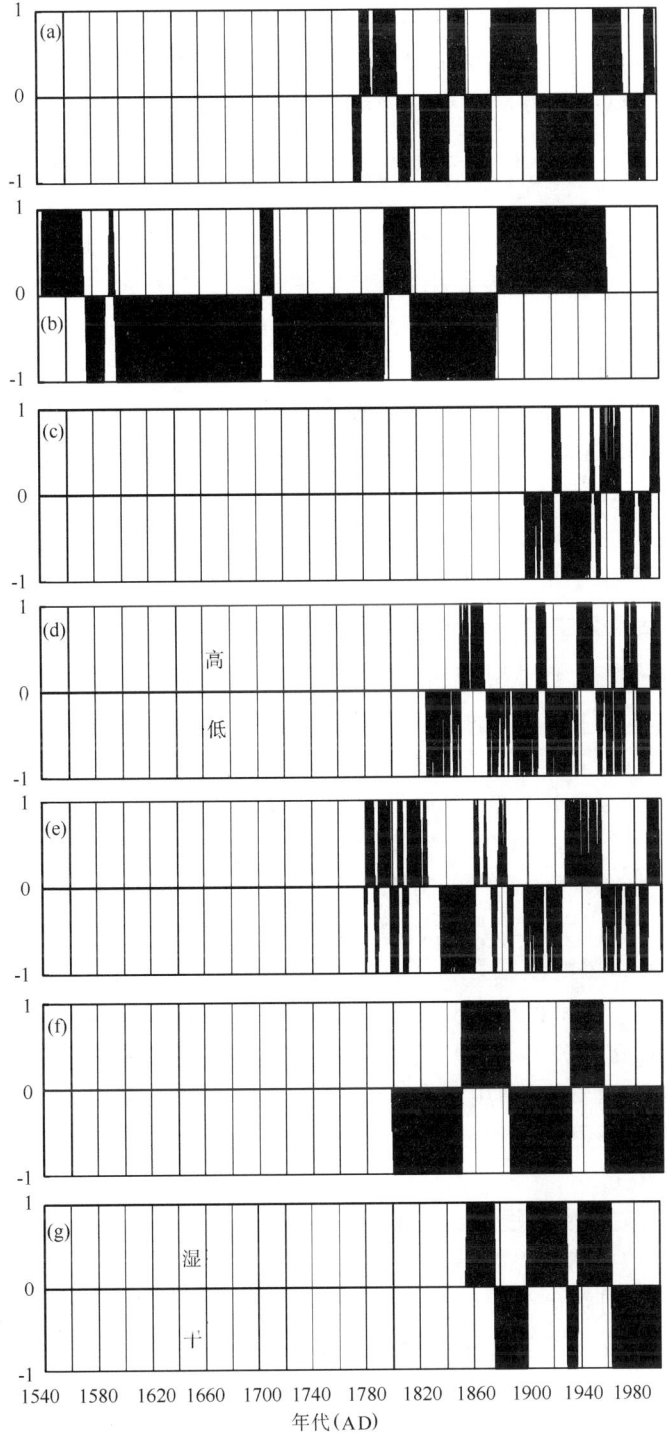

图 7.1.6　百年尺度上绿洲地下水位和湖泊水环境变化简图

((a)绿洲(东河中段)地下水位变化(孙军艳等,2006);(b)额济纳东河木能诺尔湖泊沉积(许健,2006);(c)东居延海湖泊水位变化(肖生春,2006);(d)西居延海湖泊水位变化(xiao 等,2005;肖生春等,2004b);(e)锁阳坑湖泊水位变化(居延泽南部退缩遗迹)(肖生春,2006);(f)天鹅湖(居延泽北部退缩遗迹)(马燕等,2006;马燕,2005);(g)巴丹吉林沙漠东南缘宝日陶勒盖湖(Herzschuh 等,2006);文献中气候湿/干(湖泊水位高/低)阶段与图中纵坐标轴数值1/-1相对应)

水文学研究的热点。额济纳绿洲植被耗水和生态需水量在单株和群落水平上取得了一定进展(张小由等,2006a;2006b),对整个绿洲尺度上的生态需水量评估,还需在个体、群落、生态系统、绿洲景观尺度转换方法上取得突破(zhao 等,2007;张小由等,2006c)。

7.1.4 流域水环境演变驱动机制研究

对干旱区绿洲演变过程的驱动机制还存在三种观点:一是强调历史时期以来人类活动影响,二是强调气候变化的主导作用,三是强调气候变化和人类活动在不同时空尺度的耦合叠加作用(肖生春和肖洪浪,2004a)。在过去的几个世纪,人类主导的地球生态系统正以前所未有的速度退化,人类成为生态系统演化最大的影响因素(Stephen 等,2001),人类活动已经引起水循环中最关键、最活跃的因子——土壤-植被系统的严重退化,陆地生态系统退化的总面积达 50×10^8 hm^2(Peters 等,1997),导致生态系统服务功能降低(Jonathan 等,2005)。从而改变了水文过程和生态过程的时空耦合机制,威胁着人类社会存在的基础——水循环与生态系统。人类活动导致的气候变暖可能已经在全球水平上对许多自然和生物系统产生了可觉察的影响。

7.1.4.1 人类活动为主的驱动机制及绿洲演变过程

通过史料分析,纵观历史时期与水资源密切相关的绿洲生态演变过程,孙洪祥等(2000)将其划分为良性循环期(史前人类基本无干扰期)、生态恶化期(人类干扰期)与生态危机期(绿洲全面衰退期)三个时期;陈隆亨和曲耀光(1992)以河西地区为例,分析和论述了近 2000 a 来包括农业、水资源、林业资源和畜牧业在内的开发利用历史、20 世纪 90 年代现状和存在问题,以及近代(20 世纪 60—90 年代初)人类开发利用水土资源引起的水-土-植被环境变化;吴晓军(2000)分析了河西走廊内陆河流域生态环境历史变迁与历史上该流域农牧业转换、水资源开发利用、人口增殖之间的关系;针对内陆河流域水资源问题,肖洪浪(2000)以黑河流域为例,剖析了流域历史时期的水资源开发利用历史和现状、流域生态系统退化现状和水环境演变特征;高前兆和李福兴(1990)以黑河流域为系统功能单元,概述了黑河流域水土资源开发利用的历史过程,系统调查和评价了 20 世纪 80 年代流域水、土、草场资源质量、利用现状和环境变化。胡春元等(2000)认为现代黑河下游生态退化的根本原因是中游人类活动造成的下泄水量减少,而历史时期下游人类活动对环境不会产生根本性影响。

利用近 50 a 来器测气象水文、资源普查和土地利用与覆盖变化资料,许多学者分析了黑河上游肃南县近 50 a 来数次草地开垦和超载放牧导致的上游环境荒漠化现状,以及由干旱区内陆平原土地利用变化引起的地下水持续下降及相关环境影响后果;论述了水资源条件变化对黑河流域及下游额济纳荒漠绿洲景观格局的影响及环境变化(王根绪和程国栋,2000;1998;丁宏伟和张荷生,2002)。Ta 等(2006)通过分析近 50 a 来中国北方人口迁徙、土地利用和沙尘活动变化特征,认为 20 世纪 50 年代大规模人口迁徙和土地开垦使得包括河西走廊在内的中国北方地区在 20 世纪 60 年代成为沙尘暴频发期。

7.1.4.2 气候变化与人类活动共同作用

对近几百年来黑河下游湖泊记录研究表明,在气候干旱化和湖泊缩小的大背景下,湖泊盛衰变化与全球性的气候变化具有较好的一致性(靳鹤龄等,2005;马燕,2005)。人类活动影响下,水资源在空间上发生极大位移,导致尾闾湖萎缩干涸;同时,历史时期的人类活动,特别是土地利用方式和强度变化对环境演变产生重要影响,并直接被湖泊沉积所记录。总体来看,人类活动在特定时段对湖泊环境演变产生明显影响,但湖泊沉积记录的环境演变主要受气候冷暖干湿变化的控制(马燕等,2006)。根据湖泊沉积和史料记载,按照气候变化和人类活动影响强度,将额济纳地区的环境演变过程分为四个阶段:元代之前为气候变化主导时期、明清至20世纪之前为人类活动逐渐增强时期、20世纪之后为人类活动主导时期、2000年以来为人类活动主导改善生态环境阶段(许健,2006)。城镇的发展过程也是人类对水资源的俘获过程,黑河流域的城市发展阶段,实质是在特定的地理环境和民族分布格局下,对优势生存空间的争夺,无论是农牧业的替变和农牧交错带的空间位移,还是社会结构突变和朝代的更替,都与历史时期气候的较大波动在时空上高度耦合(王录仓等,2005)。在分析黑河流域生态环境恶化的现状和主要特征基础上,认为水分条件是导致生态系统状态变化的主要驱动力,但气候变化在一定程度上加剧了生态环境恶化的进程和严重程度(张凯等,2006;龚家栋等,1998)。对黑河下游绿洲荒漠化研究表明,额济纳地区荒漠化驱动力包括区域气候暖干化、强盛的风蚀侵蚀力、上中游过度开发水土资源的人为活动和额济纳绿洲内的"三滥"活动等,其中绿洲内外过度的人类活动是其中的主要驱动因素。内外驱动力的时空耦合、驱动因子间的互动—激发作用和驱动力与荒漠化土间的正负反馈作用共同构成了额济纳地区复杂的驱动机制(李森等,2004)。

7.1.4.3 流域水环境演变驱动机制研究展望

综观流域水环境演变驱动机制研究的成果,在空间上,由于上、中、下游人类活动的强弱不同,而表现出不同的水环境驱动机制:上游水环境以气候变化为主要驱动力,人类活动效应也已初步显现;中游水环境以与人类活动相关的土地利用为主要驱动力,人类活动已经完全掩盖了气候变化的影响;下游则受到气候变化和中下游人类活动共同影响,人类活动影响逐步上升为主导驱动力;在时间上,表现为不同尺度上气候变化与流域人类活动耦合作用的驱动机制。

现代的流域中、下游水环境几乎完全受到人为控制,水资源和水循环模式已经完全不同于以前。对于已经和正在改变着的水环境,人类活动与土地利用变化驱动的流域水循环变化、水环境演变,水环境变化与荒漠化、绿洲化的互动机理将是今后流域水循环演变与驱动机制研究的重点。

7.2 历史时期水环境演变与水平衡估算

对流域水资源平衡的现代过程,通过现代器测资料已有大量的研究成果,但对于历史时期的研究还未见报道。本节试图通过分析千一百年尺度上黑河流域的气候变化、人口波动、水土资源利用、水资源变化等的演变脉络,剖析近2000 a来流域水资源供需平衡、下游水环境演变及驱动机制。

7.2.1 黑河流域中游历史时期的人口和耕地面积统计与估算

根据黑河流域中游地区(行政区域包括现张掖、酒泉和嘉峪关三市)历史时期的建制沿革、人口和耕地记载、民族组成、社会稳定状况,对历史上流域中游人口数量和耕地面积进行分时段统计估算(图 7.2.1)。各时段人口和耕地均统一到现在黑河流域中游行政区划范围,并以期间最大数据代表。如西汉时期张掖郡领属十县,包括了今武威地区三县和额济纳旗,因此根据张掖、武威两郡户口记载,依据每县平均人口进行扣除,即为黑河流域张掖郡实际人口。耕地面积根据各渠灌溉面积、征收赋税地亩等多个数据来源,取其中最大数据作为该时期耕地面积数。部分耕地面积依据人均耕地面积与人口进行估算(甘肃省张掖市志编修委员会,1995;钟赓起,1995;赵永复,1986;翁俊雄,1985;翟宛华,1985;唐景绅,1983)。

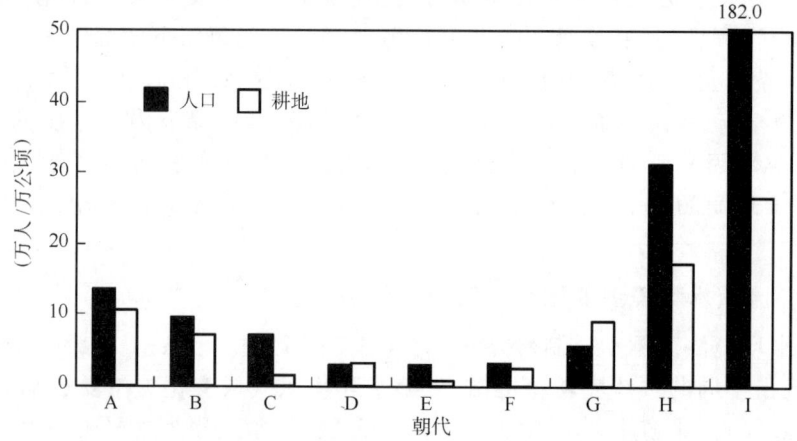

图 7.2.1 黑河流域中游地区历代人口和耕地面积变化
(A:西汉(公元前 121—前 9 年);B:东汉—三国(公元 8 年—265 年);C:西晋—隋(266—618 年);D:中唐之前(619—763 年);E:中唐—西夏(764—1226 年);F:元(1227—1368 年);G:明(1369—1644 年);H:清(1645—1911 年);I:现代(2002 年资料)(下同))

7.2.2 黑河流域上游水资源量与中游利用量概算

黑河流域多年平均出山口径流 36.8 亿 m^3,其中,黑河干流莺落峡断面径流量为 15.97 亿 m^3,占全流域径流量的 43.3%。康兴成等(2002)利用祁连山树轮重建的莺落峡出山径流平均值为 15.28 亿 m^3,变化幅度在 6.4~26.7 亿 m^3。其中枯水段年径流量小于 14.52 亿 m^3,平水年在 14.52~16.14 亿 m^3,丰水年大于 16.14 亿 m^3。基于莺落峡出山径流比例,对历史时期整个流域出山径流变动范围进行还原计算(图 7.2.2)。通过对黑河干流莺落峡近 1320 年重建径流的多年滑动平均统计表明,在 30 a 尺度上,近几十年的变化正处于由丰水期向枯水期的过渡时期,在 50 a 尺度上,则处于相对丰水阶段。因此近几十年由器测水文记录计算的多年平均出山径流变动范围,在一定程度上代表了历史时期丰水阶段的径流量水平。

中国北方自汉代到近现代的灌溉方式一直是大水漫灌和串灌,直至 20 世纪七八十年代以后,才出现小地块的畦灌和沟灌,以及小规模喷灌和滴灌等现代节水灌溉技术,特别是在河西走廊地区(郭斌,2001)。根据张掖市统计年鉴数据,张掖地区农田毛灌溉定额平均为 7872~17 356.5 m³/hm²。考虑到作物品种、水利设施条件、灌溉方式、耕作条件、复种情况等因素,估计古代农田灌溉定额与上述数字接近。基于上述灌溉定额对黑河流域中游地区历代用水量范围进行估算(图 7.2.2)。

通过山区水资源量和中游平原区水资源利用量比较,结果表明,在西汉、明代,黑河中游土地高灌溉定额下的水资源利用量已超过历史时期流域枯水期的出山口水资源总量;到了清代,土地平均灌溉定额下的水资源利用量也超过了历史时期流域枯水期的出山口水资源总量,而高灌溉定额下的水资源利用量则超过了历史时期丰水期的出山口水资源总量下限,已经表现出水资源的紧缺性;尽管随着现代社会进步和科技发展,生产力和承载力都得到极大提高,但巨大的人口压力,还是使多年平均状况的水资源在中游地区几乎消耗殆尽,这已是不争的事实(图 7.2.2)。

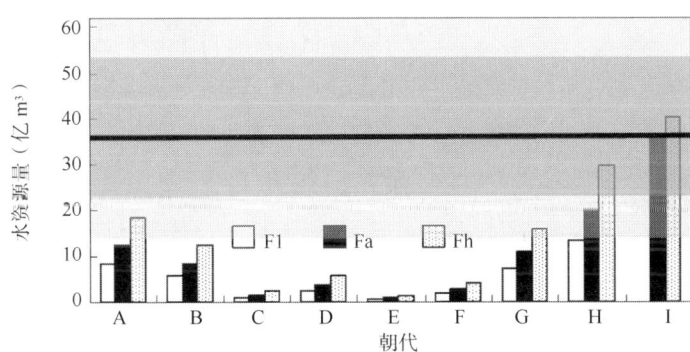

图 7.2.2 黑河流域中游地区历代土地开发的水资源利用量
(Fl:低灌溉定额水资源利用量;Fa:平均灌溉定额水资源利用量;Fh:高灌溉定额水资源利用量。图上部灰色区域指示历史时期流域出山口水资源量变动范围;深灰色区域指示现代有水文观测以来黑河流域出山口径流量变动范围,横线为多年平均出山口径流量。A~I为朝代,意义同图7.2.1)

7.2.3 黑河下游尾闾湖泊水域与水量估算

根据历史时期湖泊面积(Xiao 等,2005;刘亚传,1992)、近代气象记录的水面蒸发量及蒸发系数,对湖泊水面年蒸发耗水量进行了计算,并根据湖泊水量平衡,对入湖径流补给量进行估算,结果见表 7.2.1。

20 世纪 30 年代东西居延海水面面积在 340 km²,湖泊水面蒸发消耗在 6~7.5 亿 m³/a。在 19 世纪初仅西居延海的湖面面积就在 656 km²,估计当时东居延海也在 300 km²,整个湖面蒸发消耗在 18~21 亿 m³/a。额济纳盆地绿洲区耗水量估算结果表明,黑河每年向下游额济纳盆地合理的输水量应为 6.5~7.5 亿 m³(张丽,2004;武选民等,2003)。水文记录记载 1985 年正义峡径流量为 7.9 亿 m³,已无河水补给下游。因此维持 20 世纪 80 年代时东居延海水面和额济纳绿洲至少需要正义峡下泄水量在 8.0 亿 m³/a 以上;20 世纪 30 年代时的湖面和绿洲就需要至少在正义峡下泄水量在 13.5~15.0 亿 m³/a;达到 20 世纪初时的水平则需 18.0~19.5 亿 m³/a;达到 19 世纪初时的水平则需 25.5~28.5 亿 m³/a。古居延泽独立存在时期的需水量在 25~27 亿 m³/a,东西居延海相连时,需水量在 34~41 亿 m³/a。

表 7.2.1 黑河尾闾湖湖面蒸发耗水量估算

年代		湖面面积（km²）	年均蒸发量（10⁸m³/a）	最大蒸发量（10⁸m³/a）	最小蒸发量（10⁸m³/a）	年均降水补给量（10⁸m³/a）	最大降水补给量（10⁸m³/a）	最小降水补给量（10⁸m³/a）	入湖径流补给量（10⁸m³/a）
古居延泽	/	882	19.83	24.75	16.86	0.42	0.91	0.06	19.38
东、西海相连	/	1200	26.99	33.67	22.93	0.57	1.24	0.08	26.38
西居延海	/	804	18.08	22.56	15.36	0.38	0.83	0.06	17.67
	19世纪初	656	14.75	18.41	12.54	0.31	0.68	0.05	14.41
	20世纪初	346	7.78	9.71	6.61	0.16	0.36	0.02	7.59
	1932年	190	4.27	5.33	3.63	0.09	0.20	0.01	4.15
	20世纪50年代	261	5.87	7.32	4.99	0.12	0.27	0.02	5.72
	1958年	267	6.00	7.49	5.10	0.13	0.28	0.02	5.85
	1960年	213	4.79	5.98	4.07	0.10	0.22	0.01	4.66
东居延海	/	400	9.0	11.22	7.64		0.41	0.03	8.80
	20世纪30年代	150	3.37	4.21	2.87	0.07	0.15	0.01	3.29
	1958年	35.5	0.80	1.00	0.68	0.02	0.04	0.00	0.77
	20世纪80年代	23.6	0.53	0.66	0.45	0.01	0.02	0.00	0.51
	1991年	30	0.67	0.84	0.57		0.03	0.00	0.65

7.2.4 历史时期黑河流域下游水环境演变驱动分析

西汉时期的160多年中,大部分属于温暖略湿气候期,年平均气温比现代高1℃,在汉武帝时期的公元前131—前87年其后相对寒冷(董安祥,1993),在2500—2000 a BP 为流沙固定、缩小的逆过程时期和气候温凉湿润时期(董光荣等,1995)。流域农业用水量在8.3~18.4亿 m³/a,对进入下游的水资源量会有一定的影响。以后至隋初(公元前43—公元581年)气候变得干旱寒冷,也是甘肃地区历史上最干旱的时期;寒冷期在东汉前期达到一个高峰,自西汉末年到东汉末年是有历史记载以来旱灾比涝灾明显增多的时期。西汉对河西大规模移民开发了近120多年后,战乱使得东汉以后人口下降,牧业比重上升。东汉至三国时期流域农业用水量在5.7亿~12.5亿 m³/a,会对进入下游水资源量产生很大影响。两晋至隋初为1.1亿~2.4亿 m³/a,这对于流域总水资源量来说,影响很小。从东汉持续到隋初的气候干冷状况,估计黑河出山口水资源量处于偏枯水平,下游湖泊处于萎缩趋势,流域汉代遗址废弃和中下游以后各代古城的溯源迁移也证实了这一事实(肖生春和肖洪浪,2003;李并成,1998)。

自隋初起至五代时期(公元582—960年),气候大体上温暖潮湿,并在唐代中叶(公元710—822年)达到隋唐暖期的高峰。树轮记录表明(康兴成等,2002)(表7.2.2),唐代的丰水年比例占到43.2%,同时也是流沙固定、缩小的逆过程时期,虽然黑河流域农业开发较前朝有所增加和恢复,但还远未达到汉代开发水平,且中唐河西走廊的农业复兴只持续了一百多年。开发鼎盛时期中游的农业耗水量在2.6~5.7亿 m³/a,对于处于丰水期黑河流域水资源影响不大,估计唐代的居延泽处于扩张阶段(表7.2.3),同时东居延海湖泊沉积也记录了该时期气候相对湿润和湖泊扩张的事实。及至元代河西再次转变为以牧业为主,气候转入干冷,中游农业用水量在 1.2 亿~4.2 亿 m³/a,此期尾闾湖的萎缩主要是由气候干冷造成的。由于唐朝暖期到夏元冷期的大幅度气候转型,风沙活动增强,下游古东支河道堵塞,导致居延泽萎缩干涸,东、西居延海成为主要受水尾闾湖(肖生春等,2004)。

表 7.2.2 历史时期黑河上游出山口年径流量水平年统计表

朝代	唐 (680—907 年)	宋/西夏 (960—1279 年)	元 (1280—1368 年)	明 (1369—1644 年)	清 (1645—1911 年)
平水年数/比例	61/26.9%	167/52.3%	51/57.3%	132/47.8%	118/44.2%
枯水年数/比例	68/29.9%	72/22.6%	23/25.8%	78/28.3%	67/25.1%
丰水年数/比例	98/43.2%	80/25.1%	15/16.9%	66/23.9%	82/30.7%

在明代,14 世纪的气候相对湿润,15 世纪上半叶以后气候寒冷(董安祥,1993),湿润指数很小、旱象严重(李并成,1996),1470—1560 年和 1610—1700 年两个阶段属于雨土频发期(张德二,1984),1200—1500 年以沙地活化、扩大的正过程为主(董光荣等,1995),同期丰水年比例低于清代,平水年比例达到 47%(表 7.2.2)。如果以 19 世纪初湖面和当时最大耕地面积计算,其水资源需求量应在 32~39 亿 m³/a,处于稍枯状况的流域水资源也是不能维持其需求的,因此呈现出黑河下游河道迁移及其尾闾湖的变化,使古东支河道及古居延泽逐渐干涸,东、西河及东、西居延海成为当时的主要过水河道和尾闾湖泊。

清代如果维持 19 世纪初的尾闾湖面和中游最大耕地面积,就需要水资源量在 39 亿~58 亿 m³/a。根据树轮重建黑河干流出山径流水平年统计表明(表 7.2.2),清代丰水年数比例为 30.7%,平水年为 44.2%。同时清代处于小冰期,气候寒冷,并在 1622—1740 年达到近 500 a 来寒冷的顶峰(董安祥,1993),1700—1900 出现沙地活化、扩大的正过程(董光荣等,1995),1610—1700 年和 1820—1890 年也是近 500 a 来的雨土频发时段,雨土频发时段基本上都对应于低温阶段和干旱气候背景(张德二,1984)。在百年尺度上,相对于 15、16 世纪,17、18 世纪是比较湿润的时期(李并成,1996)。在年代际尺度上,近 500 a 来中国干旱区东、西部降水曲线对比表明(王涛等,2004):1640—1670 年、1710—1730 年、1810—1880 年和 1900—1960 年为干旱期,其中 1640—1670 年为显著干旱期;1670—1710 年、1730—1810 年和 1880—1900 年为湿润期,显然湿润期短于干旱期。因此,就整个清代而言,黑河流域出山口水资源应处于平水稍枯状况。在人口和农业开发急剧扩大的情况下,要维持近乎 950 km² 的尾闾湖水面是不可能的,所以东、西居延海交替成为主要受水尾闾湖。在土尔扈特蒙古族定牧时(18 世纪中叶)对当时西居延海的命名为嘎顺淖尔,意即对水质的认识,也证实了当时湖水蒸发浓缩、水质恶化的状况(肖生春等,2006)。

综观整个历史时期,黑河流域三次大规模的农业开发都发生在出山口年径流量处于丰水和平水的时期。公元前 111 年,河西归汉,汉武帝初置河西四郡,进行了第一次大规模的农业开发。进入隋唐时期,河西绿洲的农业开发在前代的基础上获得前所未有的发展。明清时期是河西绿洲历史上的第三次大规模开发时期。两汉时期是我国较为暖湿的时期,此期黑河下游尾闾湖扩张,为大湖时期(张振克等,1998)。根据树轮重建的自公元 680 年以来黑河出山口年径流量不同水平年统计表明(表 7.2.2),唐代(统计年自公元 680—907 年)的丰水年份为 98 a,占整个统计时段的 43.2%;明、清两代分别为 66 a(23.9%)和 82 a(30.7%)。两汉、隋唐和夏元时期在黑河下游额济纳地区也进行了农业开发,这几次农业开发的规模和持续时间是以上游来水量的多少为条件的。两汉和隋唐时期,黑河水资源较为充沛,中游利用量相对较少,到达下游的水量较多。西夏和元代,整个河西走廊以游牧民族为主,虽然上游水量减少,但中游用水量也相对较少,有一定的水量进入下游。明清两代中游地区大规模农业开发,利用水资源量急剧增加,进入下游水量减少。当然,黑河流域绿洲的大规模农业开发还与其他因素有关,如人口增长、地理位置和政策导向等,但水资源的多寡是农业开发的基础和保障。

表 7.2.3 近 2 ka 来黑河流域水资源状况、开发利用与下游水环境

朝代	气候	沙漠化过程	上游水资源状况	中游农业耗水(亿 m^3/a)	下游尾闾湖、绿洲状况	影响下游水环境的主要因素
2500—2000 aBP	温凉湿润	逆	丰水	—	扩张	气候
西汉	温凉湿润	逆	丰水	8.3～18.4	萎缩、扩大	气候 人类活动
东汉—隋初	干旱寒冷	正	平水偏枯	从 12.5 减少到 1.1	萎缩,居延绿洲下部沙漠化	气候
隋—唐	温暖潮湿	逆	丰水	2.6～5.7	扩张	气候
夏元	干冷	正	枯水	1.2～4.2	萎缩	气候
明	由相对湿润转向干冷	正	枯水	7.2～16.0	河道迁徙,尾闾湖迁移,居延绿洲沙漠化,额济纳绿洲形成	气候 人类活动
清	气候寒冷	正	平水稍枯	13.0～30.0	萎缩	人类活动

7.3 流域中下游水资源利用与环境效应

黑河流域平原地区存在着 3 个循环带:发源于祁连山的河流首先进入张掖、酒泉盆地的第一循环带,在山前洪积扇群带强烈补给地下水,成为南盆地的地下水主要补给源,到扇缘和细土平原,又以泉水形式出露地表,转换成为地表水,完成第一次循环;通过走廊北山的峡口进入金塔和鼎新盆地,又开始第二次循环;然后流出甘肃省进入内蒙古额济纳旗盆地,流向居延海完成第三次循环。

7.3.1 近 50 a 来黑河流域水资源变化时空特征

根据水文站观测资料及无测站小河沟估算数据,计算了近 50 a 来,进入黑河流域南盆地(走廊平原区张掖、酒嘉盆地)、北盆地(金塔、鼎新盆地)和额济纳盆地的地表径流水资源量。从图 7.3.1 可以看出,进入南盆地的地表水资源量基本保持在多年平均水平(约 35×10^8 m^3),并从 20 世纪 80 年代以来略有增加;经过南盆地走廊平原区大规模利用后,进入北盆地水资源量呈现出逐步减少的趋势,并在 20 世纪 90 年代急剧减少,表明近 50 a 来走廊平原区人类活动对水资源的开发利用在逐步增强,尤其在 20 世纪 90 年代以后;最终进入到额济纳盆地的水资源量呈现出与北盆地平行变化的趋势。

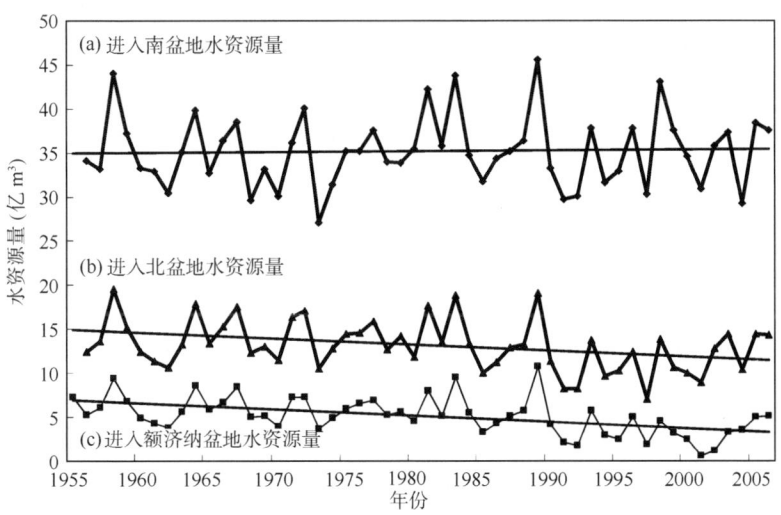

图 7.3.1　器测记录的近 50 a 来黑河流域水资源变化时空特征

7.3.2　近 50 a 来黑河流域区域耗水特征

7.3.2.1　流域耗水特征

从图 7.3.2 可以看出,在近 50 a 来,南盆地水资源消耗量是呈现递增趋势的,变动范围在 $5\times10^8 \sim 10\times10^8 \mathrm{m}^3$;受土地资源等自然和社会条件限制,北盆地水资源消耗量基本处于稳定状态;受下泄水资源量的影响,最终消耗于额济纳盆地的水资源量呈下降趋势,导致了自 20 世纪 90 年代以来该区域湖泊干涸、河道断流和生态严重退化的结果。

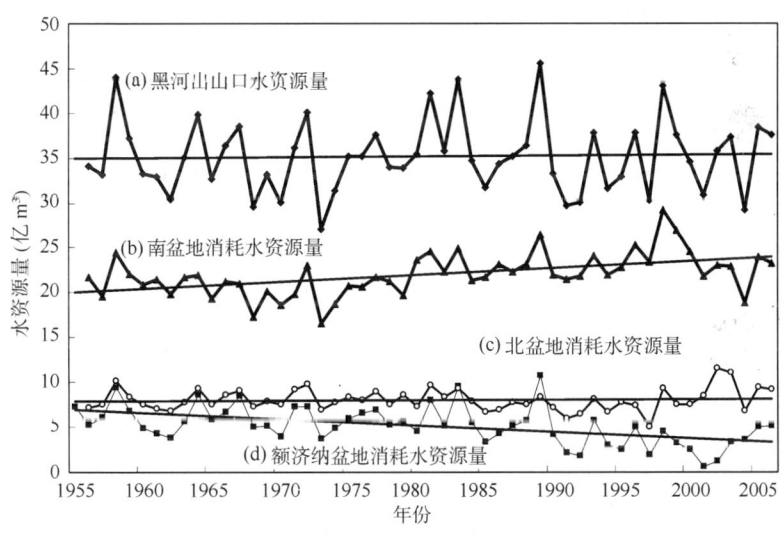

图 7.3.2　近 50 a 来流域南北盆地耗水特征

7.3.2.2　黑河西支水系耗水特征

处于祁连山中、西段的黑河上游东、西支水系,在出山地表水资源量上表现出明显的差异。在近 50 a 来,西支水系出山口水资源量呈现出递减趋势(图 7.3.3)。以工业为主的酒嘉盆地耗水量亦呈现出略微递减的趋势,基本与出山径流变化一致;而以农业为主的金塔盆地则一直处于稳定状态,耗水量在 $3.11\times10^8\,\mathrm{m}^3$ 左右。但西支水系从 20 世纪 40 年代开始,修建和加高解放村和鸳鸯池等水库后,完全断绝了与干流的地表水力联系,即不再有地表径流汇入干流,进入下游。西支水系出山水资源完全消耗在南、北盆地中。

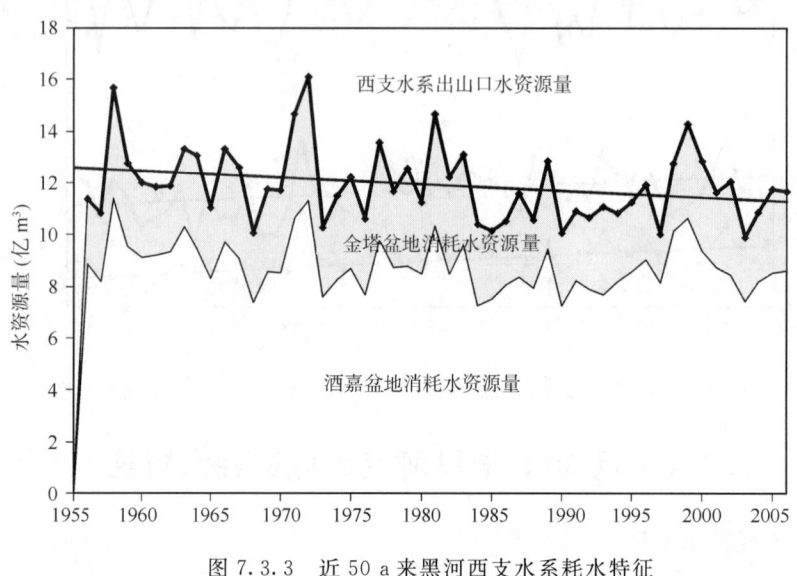

图 7.3.3 近 50 a 来黑河西支水系耗水特征

7.3.2.3 黑河东支水系耗水特征

东支水系出山径流在 20 世纪 80 年代之前表现为递减趋势,80 年代处于丰水期,90 年代以后则处于近 50 a 多年平均水平(图 7.3.4)。受水资源量限制,80 年代之前,张掖盆地水资源消耗量变化与上游水资源量变化基本一致;80 年代以后则一直呈急剧增加趋势;自 2000 年流域分水计划正式实施以来,为保证下游分配水量,水资源消耗量在一系列节水措施、限水政策调节下有所下降。鼎新盆地在近 50 a 来水资源消耗量基本处于同一水平:在平水年以下,消耗近乎一半的正义峡下泄水量;在枯水年份,几乎消耗掉全部来水量。但分水以来,该区域的水资源量大幅增加,并高于到狼心山断面下泄到额济纳盆地的水资源量,虽然同期下泄也呈逐步增加趋势。

7.3.3 近 50 a 来黑河流域水问题阶段特征

7.3.3.1 黑河下游水问题

由于 20 世纪 90 年代额济纳盆地的生态问题而引起国家各级政府与学术界的高度关注,最终促成了流域分水计划和水管理的实施。分水计划实施以来,在上游出山口径流量处于多年平均水平情况下,保证了正义峡和狼心山断面下泄水量(图 7.3.5)。在逐步实现居延海的常年碧波荡漾的同时,额济纳三角洲生态也在迅速全面恢复。

对额济纳盆地地下水位监测资料和地下水资源量估算结果表明:分水后(2004 年)下游三角洲的地下水位比分水前(1999 年)有不同程度的上升,范围在 0.2~0.4 m(图 7.3.6);相应的地下水可开采储量增加约 $0.17\times10^8\,\mathrm{m}^3$(表 7.3.1)。这部分增加的可开采水储量主要由当年分水所增加的入境水量转化而来。

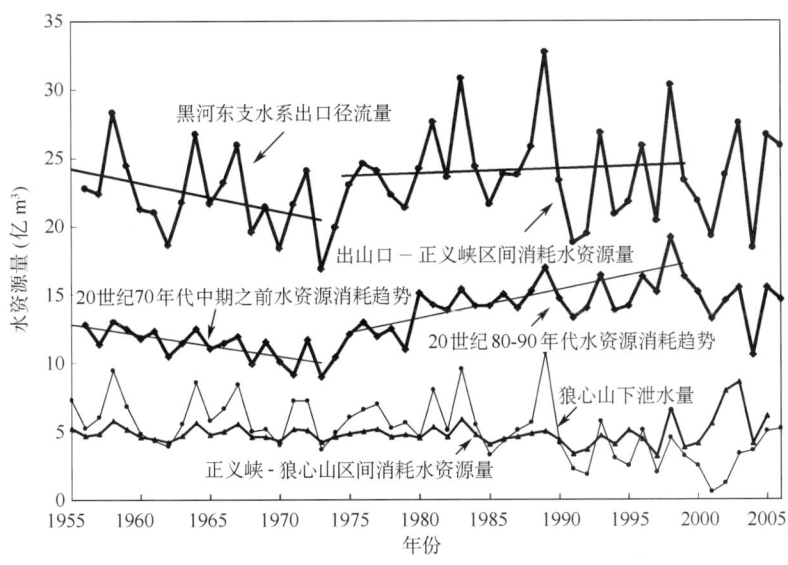

图 7.3.4 近 50 a 来流域南、北盆地耗水特征

7.3.3.2 黑河中游水问题

在黑河东支水系南盆地(张掖盆地)水循环过程中,扇缘和细土平原以泉水形式出露地表的泉水在张掖盆地水资源利用和水循环中占有重要的地位,泉水溢出量的变化体现了中游地区对地表水资源截留、利用,以及对地下水资源的引提影响。从图 7.3.7 可以看出,从 20 世纪 70 年代以来,张掖盆地泉水溢出量一直处于不断下降的趋势,虽然 80 年代以来上游水资源量处于多年平均水资源量以上。

对黑河中游(主要指甘州、临泽和高台)地下水数据分析的结果表明(表 7.3.1),受分水的影响,黑河干流中游地区 2004—2005 年间的地下水位比分水前的 1990—1999 年间普遍有所下降。在甘州区山前冲洪积扇区到细土平原区的过渡地带,地下水降幅最大,达 2.68 m;临泽县和高台县较小,分别为 1.55 m 和 1.3 m。随着地下水位的下降,中游地区地下水储量同样在减少,甘州、临泽、高台三地分别减少 $4.45\times10^8 m^3$、$1.72\times10^8 m^3$ 和 $1.61\times10^8 m^3$。

表 7.3.1 黑河干流中游地区分水前后地下水位和地下水资源量变化(魏智等,2008a;2008b)

区域	甘州	临泽	高台	额济纳
水位变化(m)	−2.68	−1.55	−1.30	0.2~0.4
地下水资源量变化($\times10^8 m^3$)	−4.45	−1.72	−1.61	0.17

盆地里河水向地下水转化的变化,是随着人工绿洲的建设,引水渠口从平原河道向山前上移,并在中小河流上修建拦蓄水库,使得从河道水量引流率大大提高,山前平原河道渠化,原有河道成为弃洪泄水道,地下水对盆地补给由原来河道渗漏占总补给量一半及其以上的比例,减少到不足三分之一,不仅使盆地地下水补给量大减,而且还使地下径流减缓和水头降低,因此,反映出河西走廊盆地的泉水流量逐年减少;而受人工引流和地下水开采的侧支水循环加强,库渠和农田入渗成为盆地的主要地下水补给源;同时随着渠道防渗和农田灌溉节水的提高,入渗地下水的补给量还会减少,增加地下水开采量,也会使盆地地下水补给量有所减少。

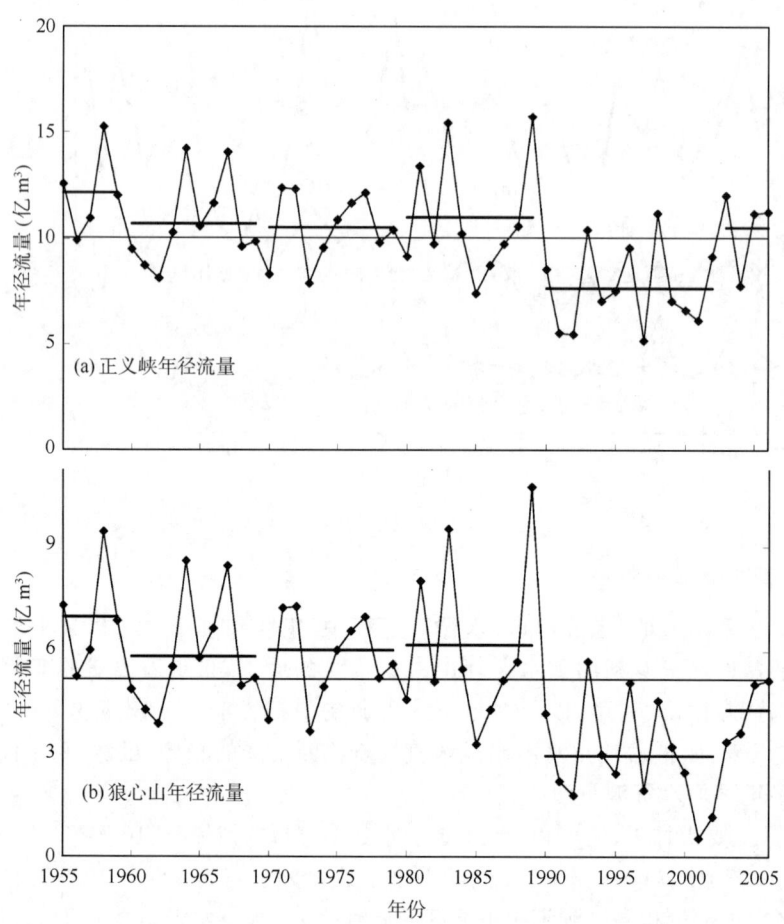

图 7.3.5　近 50 a 进入黑河下游的地表水资源量

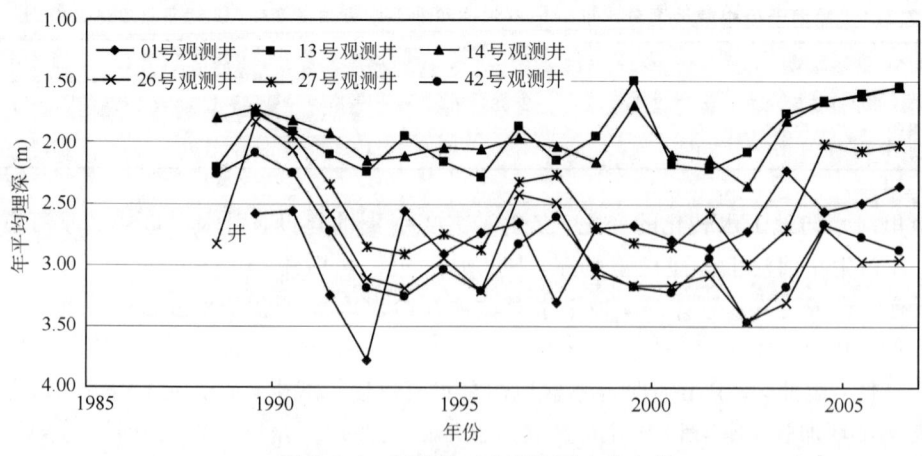

图 7.3.6　额济纳三角洲地下水位变化

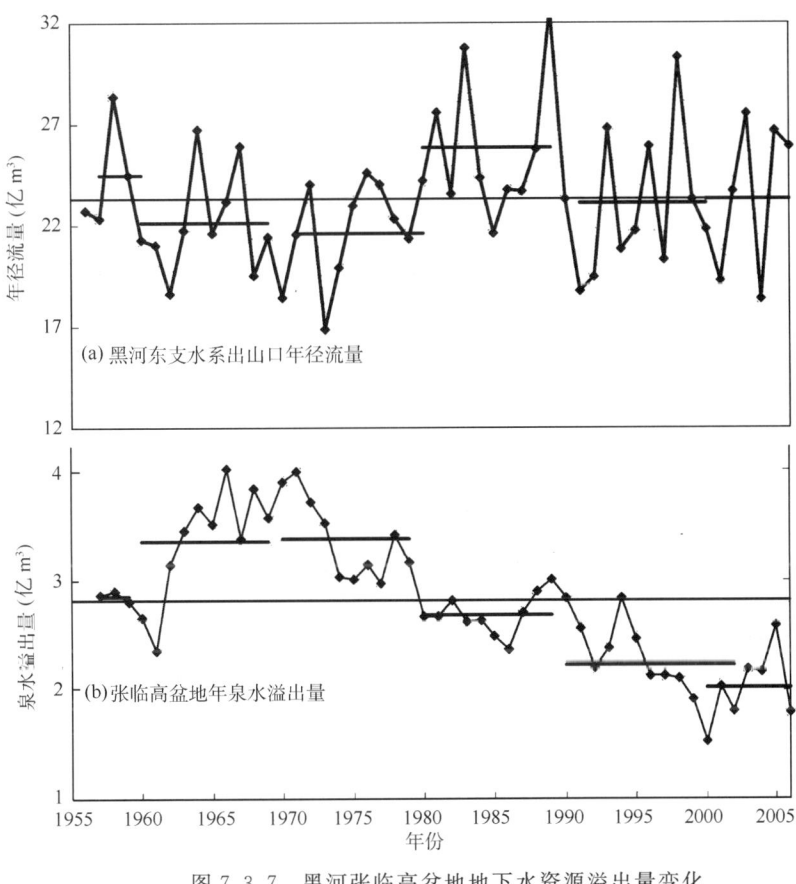

图 7.3.7　黑河张临高盆地地下水资源溢出量变化

7.4　居延海恢复及其生态服务价值评估

7.4.1　黑河分水的水量调度特征及居延海湖水域变化

针对黑河流域生态系统日益严峻恶化的局面,2000 年开始对黑河下游进行了调水(表 7.4.1)。1999—2000 年度,正义峡断面下泄水量达 $6.50\times10^8 \mathrm{m}^3$,输水到达狼心山以下 130 km 的额济纳旗政府驻地达来库布镇。2000—2001 年度,正义峡断面下泄水量 6.38×10^8 m^3,下游各支流过水河道较 2000 年度增加 70 km。2001—2002 年度累计调水 75 d,正义峡断面下泄水量达 $9.23\times10^8 \mathrm{m}^3$,首次将调度的黑河水送达干涸 10 a 的黑河尾闾东居延海。2002—2003 年度累计调水 86 d,正义峡断面下泄水量 $11.61\times10^8 \mathrm{m}^3$。于 9 月 24 日首次调水入干涸 43 a 之久的西居延海,累计入湖水量 $2723\times10^4 \mathrm{m}^3$。2003—2004 年度,正义峡断面下泄水量为 $8.55\times10^8 \mathrm{m}^3$,累计进水量达 $5228\times10^4 \mathrm{m}^3$,东居延海形成最大湖面面积 35.7 km^2,入湖水量及湖面面积均达到了实施黑河水量调度以来的最高水平。2004—2005 年度共 3 次调水进入东居延海,累计进水量达 $3630\times10^4 \mathrm{m}^3$,并首次实现了东居延海全年不干涸。东居延海形成最大水域面积 33.9 km^2,蓄水量 $3160\times10^4 \mathrm{m}^3$。

表 7.4.1　1999—2005 年黑河水量调度情况

调水年度	正义峡下泄水量 ($\times 10^8$ m³)	调水次数	调水天数 (d)	入湖水量($\times 10^8$ m³) 东居延海	入湖水量($\times 10^8$ m³) 西居延海	水域面积(km²) 东居延海
1999—2000 年	6.50	4	30			
2000—2001 年	6.38	2	27			
2001—2002 年	9.23	4	75	0.4924		23.8
2002—2003 年	11.61	4	86	0.4247	0.2723	31.5
2003—2004 年	8.55	5	89	0.5228		35.7
2004—2005 年	10.59	4	89	0.3630		33.9

随着进入黑河下游水量的增加,下游河道断流天数逐年减少,据水文资料统计,黑河下游正义峡水文站断面在 1989—1999 年期间,平均年断流天数为 83 d,年最高达 113 d,实施统一调度后,年断流天数减少 30～70 d;额济纳旗绿洲狼心山水文站断面断流天数在 1995—1999 年为 230～250 d,实施统一调度后,年断流天数减少 40～90 d。

7.4.2　生态系统服务价值评估方法

生态系统服务功能,是指生态系统与生态过程所形成及所维持的人类赖以生存的自然环境条件与效用(Daily,1997)。它不仅包括各类生态系统为人类所提供的物质产品,更重要的是支撑与维持了地球的生命支持系统(孙刚等,1999)。湿地生态系统作为地球上最富有生物多样性的生态系统,具有调节气候、净化水体、美化环境等多种生态系统服务功能,素有"地球之肾"之称(欧阳志云等,1999a)。研究表明:在各类型生态系统中,湿地生态系统提供的服务价值居于首位(傅娇艳和丁振华,2007)。目前,生态系统服务功能已成为国际生态学研究的热点(王建华和吕宪国,2007;Groot,1994;Richard T 等,2001;Carpenter 和 Turner,2000),但对干旱区、半干旱区湿地生态系统服务功能的研究较少。

7.4.2.1　评价体系

参考 Costanza 和 MA 等对湿地生态服务功能和价值的研究(Costanza 等,1997;千年生态系统评估项目概念框架工作组,2003),根据居延海湿地的特点和数据的可获得性,将生态系统服务功能价值分为具有直接使用价值和间接使用价值。直接价值包括物质生产功能产生的价值,间接价值包括大气调节、水质净化、防风固沙、生物多样性和文化科研功能产生的价值。

物质生产功能按直接市场价格法计算,计算公式如下:

$$V = \sum Y_i \cdot P_i \tag{7.4.1}$$

式中:V 为物质产品价值,Y_i 为第 i 类物质的单产,P_i 为 i 类物质的市场价格。居延海湿地生态系统提供的产品包括鱼类、芦苇和水草。由于芦苇和水草在当地没有被利用,所以不计算在内。鱼类的产量以 2007 年当地统计部门的数据为准,为 130 t。市场价格参照 2006 年国家物价年鉴及当地实际价格计算,取 10000 元/t。

大气调节功能主要分为 3 部分:植物固定 CO_2,释放 O_2 及排放温室气体。气体调节功能价值为植物固定 CO_2,释放 O_2 价值之和减去温室气体排放的价值。

以居延海湿地生态系统有机物质生产为基础,根据光合作用反应方程式推算每形成 1 g 干物质,需要 1.62g CO_2,释放 1.2g O_2。居延海湿地芦苇地上生物量平均为 2.59 kg/m^2(干重),水草的生物量平均为 1.48 kg/m^2(干重),芦苇以湖面积的 1/2 计,水草以明水区的 3/4 计。

植物的固碳价值方面,目前国际通常采用碳税法(carbon tax approach)进行评估,碳税率以 IPCC 得到的温带森林的碳率(14.25 USD/C)与我国的造林成本 260.9 元/t(C)的均值 189.37 元/t(C) 作为 CO_2 的碳税标准进行估算。

制造 O_2 及其价值分别用造林成本法和工业制氧影子价格法(market price)来估算其经济价值,取二者平均值进行计算。我国造林成本为 352.93 元/t(O_2),工业制氧价格为 0.4 元/kg,二者的均值为 376.47 元/t。根据居延海湿地面积释放的 O_2 的价值量乘以制氧的平均价格,得出最后的价值量。

根据湿地温室气体排放通量与自然湿地面积、湿地气体的散放值,三者的乘积得到温室气体的排放价值。本章中沿用 Pearce 等人在 OECD 中对气候变化的经济学分析中提出的 CH_4 的散放值(段晓男等,2005;Turner 等,2000),对居延海湿地排放价值进行评估,其散放值采用 0.11 USD/kg(即 0.91 元/kg)。排放通量参考干旱区湿地芦苇群落和沉水植物群落 CH_4 排放长期观测值,平均通量分别是 15.65 $mg/(m^2 \cdot h)$ 和 5.20 $mg/(m^2 \cdot h)$ 计算。

湿地净化水体的价值为湿地除去营养盐和重金属的价值之和。由于数据的限制,只运用生产成本法来估算居延海湿地生态系统去除水中营养盐的价值。计算公式为:

$$E_t = E_j \times P_j = \max\{T_j/N_j\%\} \times P_j \tag{7.4.2}$$

式中:E_t 为湿地净化 N、P 的价值(元/a);E_j 为湿地净化合流污水的量(t/a);P_j 为污水处理厂去除污水单位费用价值(元/t),这里取生活污水处理成本 N 为 1.50 元/kg,P 为 2.50 元/kg 进行计算。T_j 为湿地去除 N、P 的量,$N_j\%$ 为合流污水中的 N、P 的含量,($T_j/N_j\%$)的最大值为湿地净化污水的总量即 E_j。

居延海湿地 N、P 浓度采用 2002 年对居延海湿地土壤 N、P 浓度的监测数据,流入居延海湿地的含氮量为 4%;含磷量为 13%。根据居延海 2007 年入湖水量,通过计算得到去除的 N、P 量分别为 232.8×10^4 t/a 年和 756.6×10^4 t/a。

防风固沙功能根据公式:

$$V_d = Q_d \times S \times C_d \tag{7.4.3}$$

式中:V_d 表示研究区防风固沙效益(元/a),Q_d 表示研究区起沙量 $t/(hm^2 \cdot a)$,S 表示研究区面积(hm^2),C_d 为削减粉尘成本(元/t);起沙量按照居延海长期观测的平均值 48 $t/(hm^2 \cdot a)$ 计,削减粉尘的成本按 170 元/t 计。按照损失价值法和替代成本法相结合的办法计算居延海湿地防风固沙的价值。

居延海湿地具有丰富的动植物资源。植被主要包括干旱区典型植被:怪柳(*Tamarix* sp.)、芨芨草(*Achnatherum splendens*)、苦豆子(*Sophora alopecuroides*)、梭梭(*Haloxylon a mmodendron*)、白刺(*Nitraria sibirica*)、沙蓬(*Agriphyllum squarrosum*)、白皮锦鸡儿(*Caragana lencophloea*)等。这里生长特有的大头鱼,曾是稀有遗鸥(*Larus relictus Lonnberg*)模式标本的产地。采用全球生态系统湿地单位面积产生的年生态效益和居延海湿地

面积进行估算。根据 Costanza 等(1997)的研究表明,湿地生态系统维持生物多样性的年生态效益取 439 USD/hm^2,折合人民币 2985.2 元/hm^2。

湿地生态系统的人文功能主要包括科研和旅游价值两方面:

(1)对科研文化的价值往往利用科研投资或科研者的实际花费来估算。但对于居延海湿地科研经费没有具体的统计数据。所以综合全球和全国科研价值评价标准进行权变估值。这里取陈仲新和张新时(2001)研究得到的中国单位面积生态系统的平均科研价值 382 元/hm^2 和 Costanza 等(1997)对全球湿地生态系统科研文化功能价值 861 美元/hm^2 的平均值 3897.2 元/hm^2 作为居延海湿地单位面积科研价值。根据湿地面积求得这项功能的价值。

(2)随着额济纳旗"金秋胡杨节"的举办,每年到居延海的游客有逐年增加的趋势。居延海湿地虽然目前没有收取正式的景区门票,但是它作为当地的一个重要旅游景点,吸引了越来越多的游客。据当地旅游部门对旅游人数和旅游收入的统计(表 7.4.2),2007 年额济纳旗旅游人数达 27.48 万人次,到居延海湿地旅游的人数达 8 万人次,客源市场结构主要以周边银川、乌海、石嘴山、金昌、酒泉等地近距离游客为主,占到游客的总数的 70%,中远程距离如北京、西安、兰州、呼和浩特、包头游客占到 15%,长江三角洲、珠江三角洲、四川及其他地区的游客占到 15%。

表 7.4.2 额济纳旗调水后旅游人数及旅游收入统计表

年份	旅游人数(万人次)	旅游综合收入(万元)
2001	6.23	1251.35
2002	12.06	2006.80
2003	12.59	2597.95
2004	15.30	3998.53
2005	19.21	4922.02
2006	21.15	6051.24
2007	27.48	15 295
小计	104.32	36 122.89

7.4.2.2 评估结果

从表 7.4.3 可以看出,居延海湿地区主要生态系统具有巨大的生态系统服务价值,2007 年提供的服务价值为 11 523.33×10^4 元,平均为 29 852 元/hm^2。其中间接价值远远大于直接价值,生态系统各项服务功能的价值量排序为:防风固沙功能>净化水体功能>大气调节功能>科研文化功能>生物多样性功能>旅游功能>物质生产功能。

在居延海湿地生态系统服务价值中,防风固沙的生态服务价值最高,占总的生态服务价值的 27.3%,为 3149.76×10^4 元。净化水质价值在生态系统服务价值中占有重要的位置,为 2240.7×10^4 元,占生态系统服务价值的 19.5%。大气调节价值为 2007.55×10^4 元,只占总价值的 17.4%。在大气调节价值中对固碳价值量的计算,本节采用的碳税率未以瑞典政府提议的国际碳税法标准 150 USD/t (C)(即约为 1050 元/t)为标准,因为这个标准并不适合我国国情,其过高地估计了大气调节能力,而是以 IPCC 得到的温带森林的碳率为标准。直接价值中的物质生产价值只占居延海湿地生态系统服务价值的小部分,比例仅为 1.1%。

由经济上直接体现的直接价值只有物质生产价值,这类价值在本评估中仅占小部分,而占有生态系统服务价值较重的间接价值作为公共产品,往往在经济活动中被人们忽略。这样则导致人们为追求可见的经济利益而盲目发展破坏生态环境,从而引发生态系统服务功能的下降,以及生态系统总服务价值的减少。

表 7.4.3 居延海湿地的各生态服务功能价值评价结果

价值分类	功能类型	服务效益	物质量	单位价值	价值量(万元/a)		比例(%)
直接	物质生产	渔业养殖	130 t	10000 元/t	130.0		1.1
间接	调节大气	固碳	4.9×10^4 t	189.37 元/t(C)	927.9	2007.6	17.4
		释放 O_2	4.3×10^4 t	376.5 元/t(O_2)	1619.0		
		释放 CH_4	0.59×10^4 t	-910 元/t(C)	-539.3		
	净化水质	净化 N	232.8×10^4 t	1.50 元/kg	349.2	2240.7	19.4
		净化 P	756.6×10^4 t	2.50 元/kg	1891.5		
	防风固沙		18.5×10^4 t	170 元/t	3149.8		27.3
	栖息地	生物多样性维持	3860 hm^2	2985.2 元/hm^2	1152.3		10.0
	人文功能	科研文化	3860 hm^2	3897.2 元/hm^2	1504.3		13.1
		旅游价值			1339.5		11.6
合计					11 524.2		100.0

目前对生态系统服务价值评估正处于探索阶段,本节的评价是不完全的,首先仅选取了居延海湿地的一部分进行评价。在评价过程中忽略了宗教价值、遗赠价值、存在价值等,这在一定程度上降低了居延海湿地生态服务总价值。其次,由于服务功能的非完全市场性,尤其在发展中国家,它的价值不能完全通过产品或单位面积的价格来表示。并且对于某些功能如栖息地功能、文化科研功能等的理解,以及评价原则的选择还缺乏符合国情、深入的研究。这一切都有待于对湿地认知水平的提高而得到完善。

7.5 绿洲社会经济系统水循环过程及其水资源效应

7.5.1 社会经济系统水循环过程研究

7.5.1.1 过程认识

在社会经济系统中,水资源以实体水的形式参与了商品和服务的生产,又以虚拟水的形式参与了产品的加工、制造、销售和消费。因此,在人文作用的驱动下,水在社会经济系统中不是简单的流动,而是在不同产业、不同区域及不同消费领域之间进行转化和运动。其中,各类产品和服务是虚拟水流动与转化的载体,因而跟踪各经济部门产品和服务的运动是社会经济系统水循环研究的基础。

基于对产品和服务生产、分配、销售及进出口的认识与跟踪,图 7.5.1 展示了社会经济系统水循环的基本过程和框架。如图所示,一个地区社会经济系统中的水循环首先开始于这个地区经济生产和社会生活从自然界中的取水与用水。在经济生产中,各经济部门将开采的水资源作为生产要素用于产品和服务的生产,物理状态的水就会转化为虚拟水,"嵌入"到各经济部门的产品中,并形成各经济部门的虚拟水产出。在各经济部门的虚拟水产出中,其中一部分虚拟水随经济生产对各类产品的中间消耗而重新返回到经济生产的过程中,用于本部门和其他部门虚拟水的转化。其他部分的虚拟水则随各经济部门产品的最终使用用于满足区域社会生活对虚拟水的消费需求,参与地区间的虚拟水贸易及形成各经济部门虚拟水的累积。此外,在商品贸易中,也有一部分虚拟水随着外地产品流入到本地经济生产和社会生活中,参与到本地区社会经济系统的水循环中。经济生产和社会生活中所产生的污水经相关处理后排入自然环境。

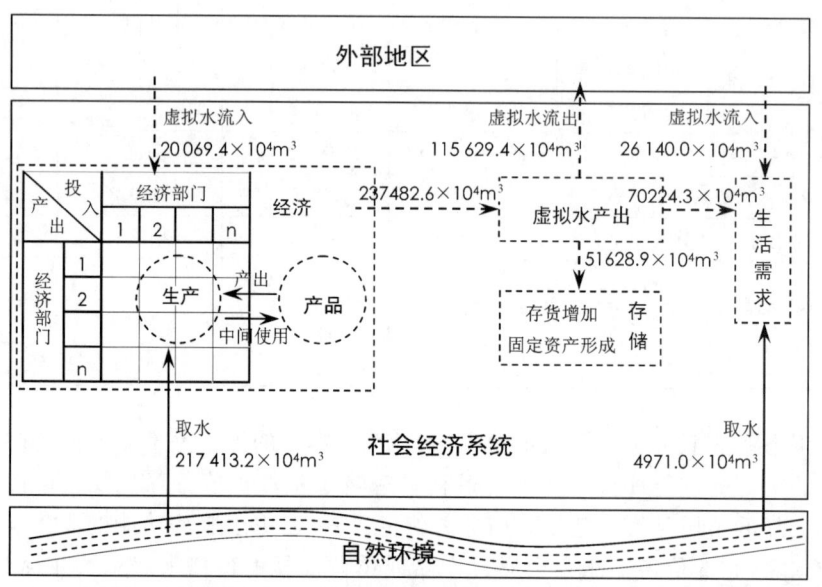

图7.5.1 张掖市社会经济系统水循环概图(实箭头表示实体水的流动,虚箭头表示虚拟水的运移和转化)

从整体来看,社会经济系统水循环可划分为三个连续的过程:一是本地实体水资源及外地产品中虚拟水资源的流入过程;二是上述两类水资源在经济生产中的转化过程;三是虚拟水随产品在社会经济系统内的流动过程。由于经济生产过程中产业链上各经济部门之间存在复杂的产品消耗关系(邱东,2003),所以在社会经济系统水循环的三个基本过程中,本地实体水和外地虚拟水的转化过程相对比较复杂一些。因此,社会经济系统水循环研究的关键就是阐明经济生产中本地实体水和外地虚拟水的转化过程。

7.5.1.2 水量计算

由于投入产出模型具有在定量分析经济部门间相互依存关系的优势,因此,这里将该模型作为基本工具,用于跟踪产业链上各经济部门虚拟水的转化和流动情况。在一个地区的经济生产中,外地流入产品和本地生产产品构成了该地区经济生产的中间使用,所以反映各经济部门产品产出与分配使用情况的投入产出模型可表示为:

$$z + k + y = (I - A)^{-1} \cdot y \tag{7.5.1}$$

式中:z 与 k 分别为本地产品和外地产品在经济生产中的中间使用向量;y 为各经济部门产品用于居民消耗、存货增加及出口等用途的最终使用向量;$(I-A)^{-1}$ 即为能全面揭示各经济部门之间技术经济联系的 Leontief 逆矩阵,它反映一定的技术水平下,各经济部门生产单位最终使用产品时对其他经济部门的直接和间接消耗关系(Leontief,1986)。关于经济部门用水投入产出研究更为详细的分析,可参阅文献(王勇等,2008)。

基于部门间的完全技术经济联系,便可从生产角度计算各经济部门产品的虚拟水含量系数,即单位产品中的虚拟水含量:

$$W^{t*} = W^{d*} \cdot (I-A)^{-1} \tag{7.5.2}$$

式中:W^{d*} 是各经济部门生产的用水系数,即单位产出的水资源使用量,可由各经济部门的用水量与产品产出量计算出来;W^{t*} 是各经济部门产品的虚拟水含量系数矩阵。

张掖市投入产出表和各经济部门的用水情况是计算过程中所需要的基础数据,其中,投入产出表是基于张掖市2002年经济数据,采用RAS法对陈东景编制的张掖市2000年9部门投入产出表进行数据更新,并重新平衡而获得的(Toh,1998;陈东景,2005)。该表反映了张掖市2002年经济运行中投入与产出的平衡关系,主要包括了各部门产品的总产出量、中间使用量、居民消费量、存货增加量及流入量等数据(表7.5.1)。各经济部门的用水数据(表7.5.2)则综合参考了甘肃省水利厅《2002年甘肃省水资源公报》、张掖市水利局《农田灌溉统计年报》及张掖市环保局《2002年张掖市环境保护统计报表》中的数据。

表 7.5.1 投入产出表中各部门产品的产出与使用情况 (单位:10^4 m³)

生产部门	本地产品产出				外地产品流入		合计
	中间使用	居民消耗	存货增量	流出	中间使用	居民消耗	
种植业	117 076.97	203 452.60	6326.00	117 984.60	440.14	764.86	446 045.17
林业	1865.77	10 544.24	4928.14	2275.80	573.96	3243.69	23 431.60
畜牧业	34 911.12	68 923.88	17 247.05	38 096.43	3132.10	6183.61	168 494.20
渔业	310.38	888.76	685.37	40.00	838.57	2401.24	5164.32
采掘业	39 913.97	34 222.03	11 184.70	21 014.59	7514.93	6443.26	120 293.48
制造业	219 442.42	185 808.58	150 337.73	28 516.00	88 930.14	75 299.86	748 334.73
电力业	27 273.50	9463.50	6754.00	0.00	65 120.98	22 596.00	131 207.98
建筑业	63 418.08	208 911.92	94 812.78	86 890.68	22 887.34	75 395.52	552 316.32
服务业	192 209.87	251 542.13	139 598.25	80 114.36	40 248.51	58 592.27	762 305.36
合计	696 422.08	973 757.64	431 873.99	374 932.46	229 686.67	250 920.31	2 957 593.15

表 7.5.2 张掖市2002年经济生产和社会生活的用水情况 (单位:10^4 m³)

	种植业	林业	畜牧业	渔业	采选业	制造业	电力业	建筑业	服务业	生活
地表水	167 686.0	10 600.3	9328.9	1551.9	147.3	1374.8	554.2	183.7	1332.5	3951.3
地下水	21 352.0	0.0	0.0	0.0	254.5	2377.8	958.5	317.4	2822.0	1019.7
总用水	189 038.0	10 600.3	9328.9	1551.9	401.8	3752.6	1512.7	501.1	4154.4	4971.0

为建立生产过程中各经济部门产品的相互转化与最终产出之间的联系,这里将式(7.5.1)中的最终使用向量(y)进行移动,并整理得到:

$$z + k = [(I-A)^{-1} - I] \cdot y \tag{7.5.3}$$

在式(7.5.3)的基础上,若将最终使用向量(y)表示成对角矩阵的形式,便可得到本地和外地产品在各部门产品生产中的转化过程。

$$C = [(I-A)^{-1} - I] \cdot \hat{y} \tag{7.5.4}$$

式中:符号"^"表示将相应向量表示成对角矩阵的形式;C是本地和外地产品在经济生产中转化过程的矩阵关系表达式,其元素C_{ij}表示经济部门j在生产中对本地和外地产品i的完全消耗量,包括了直接消耗和间接消耗。

为分开转化过程中的本地和外地产品,这里假设外地产品与本地产品具有相同的品质,且描述产品转化过程矩阵的每个组成元素可按照各部门产品中间使用中本地产品与外地产品的构成比例进行划分。

(1) 本地实体水资源在经济生产中的转化流量

任何经济部门在生产产品时,除了对实体水的消耗为直接用水外,其他对任何产品的消耗(包括直接消耗和间接消耗)都只能间接引起水资源的使用。因此,若要获得本地水资源在经济生产中完全转化的流量数据,必须要考虑各经济部门生产各自最终使用产品时所消耗的那部分水资源,即各经济部门的直接用水。这部分直接用水虽然转化到各经济部门产出产品的最终使用构成中,但是它同样实现了从实体水到虚拟水的转化,且这个转化也是在经济生产过程中完成的。基于这种完全消耗关系和各经济部门的用水系数,便可获得本地自然环境中水资源在经济生产中转化为虚拟水的过程表达式(W^z):

$$W^z = \hat{w}^{d*} \cdot [\hat{z} \cdot (\hat{z}+\hat{k})^{-1}] \cdot C \tag{7.5.5}$$

式中:"^"是表示将向量表示成对角矩阵的形式,如$\hat{w}^{d*}$是将各经济部门的直接用水系数表示成对角矩阵的形式。

表7.5.3以矩阵的形式给出了张掖市水资源在经济生产中的转化流量。从横向看,表中每一行上的各个数值表示某一经济部门所使用水资源随产品在其他经济部门中的转化量,各行之和即为各经济部门的水资源使用总量;从纵向看,表中每一列上的各个数值表示某一经济部门在生产过程中从其他经济部门所获取的虚拟水量,各列之和即为各经济部门的虚拟水产出量。从水资源转化的流量和存量角度来看,表中各行之和,即各经济部门的用水量就是本地水资源在经济生产之处的初始存量;各经济部门之间水资源的投入和使用就是本地水资源转化的流量;经转化后,各列之和即各经济部门的虚拟水产出量就是本地水资源在经济生产之后的最终存量。

从表7.5.3中的计算结果来看,畜牧业、采选业、制造业、建筑业和服务业等经济部门的虚拟水产出量要大于本部门的水资源使用量,说明他们在经济生产中从其他经济部门获得一定的水资源用于本部门虚拟水的生产和转化;而种植业、林业、渔业和电力业等经济部门的虚拟水产出量则要少于本部门的水资源使用量,则说明它们是畜牧业、采选业等经济部门虚拟水产出的主要水资源提供者。如对于畜牧业来说,它的水资源使用量是 9328.9×10^4 m³,而其虚拟水产出量却为 $20\ 166.3 \times 10^4$ m³,表明该经济部门在经济生产的过程中从其他经济部门获得 $10\ 837.4 \times 10^4$ m³ 的水资源用于本部门虚拟水的生产。相比之下,种植业部门则在经济生产的过程中损失了较多的水资源。

本地实体水转化的另外一个特点是各经济部门产出的虚拟水主要是由本部门所使用的实体水转化而来。如表7.5.4所示,除电力业以外,其他各经济部门所使用的水资源大都用于本部门虚拟水的生产。如在林业所使用的水资源中,有94.9%的水资源用于本部门虚拟水的转化。

表 7.5.3 张掖市 2002 年本地实体水资源在经济生产中的转化流量矩阵　（单位：$10^4 m^3$）

	种植业	林业	畜牧业	渔业	采选业	制造业	电力业	建筑业	服务业	合计
种植业	143 066.8	225.6	13 580.1	155.4	672.8	17 512.9	44.7	8749.4	5030.4	189 038.0
林业	134.8	10 060.1	36.0	1.9	13.8	105.5	0.5	66.2	181.6	10 600.3
畜牧业	1649.0	5.9	6425.1	2.0	25.5	691.3	1.7	324.7	203.7	9328.9
渔业	17.0	1.3	6.5	1159.3	10.2	40.6	0.5	45.3	271.1	1552.0
采选业	11.9	0.6	3.2	0.0	215.3	50.3	1.5	92.6	26.5	401.8
制造业	251.6	11.1	81.0	0.8	57.7	2194.9	4.1	765.8	385.6	3752.6
电力业	101.6	3.5	21.7	0.4	101.7	268.9	402.6	398.0	214.4	1512.7
建筑业	8.9	0.3	1.9	0.0	2.7	12.9	0.4	425.3	48.6	501.1
服务业	28.3	2.2	10.8	0.1	17.1	67.8	0.8	75.5	523.2	725.8
合计	145 269.8	10 310.4	20 166.3	1319.9	1116.2	20 945.0	456.8	10 942.9	6885.1	217 413.2

表 7.5.4 各经济部门所使用水资源在部门内和部门外的转化情况

	用水量 ($10^4 m^3$)	部门内转化		流入其他部门	
		水量($10^4 m^3$)	比例(%)	水量($10^4 m^3$)	比例(%)
种植业	189 038.0	143 066.8	75.7	45 971.2	24.3
林业	10 600.3	10 060.1	94.9	540.2	5.1
畜牧业	9328.9	6425.1	68.9	2903.8	31.1
渔业	1552.0	1159.3	74.7	392.6	25.3
采选业	401.8	215.3	53.6	186.5	46.4
制造业	3752.6	2194.9	58.5	1557.7	41.5
电力业	1512.7	402.6	26.6	1110.1	73.4
建筑业	501.1	425.3	84.9	75.8	15.1
服务业	725.8	523.2	72.1	202.6	27.9
合计	217 413.2	164 472.7	75.6	52 940.5	24.4

对于各农业部门来说，较多的水资源使用量使各农业部门成为各经济部门虚拟水转化和形成的主要来源，而部门内水的转化又使其具有较高的虚拟水产出。如种植业部门用于部门内部虚拟水转化的水量为 143 066.8×$10^4 m^3$，占其总用水量的 75.7%，剩余 24.3% 的水量则主要用于制造业、畜牧业、建筑业和服务业等部门虚拟水的转化和形成。相对于农业部门，各工业和服务业部门虽然使用较少的水资源，但是在经济生产中却能从农业部门获取较多的虚拟水，如制造业从种植业部门获取的虚拟水量为 17 512.9×$10^4 m^3$，占其虚拟水总产出的 83.6%；建筑业和服务业部门也从种植业部门产品中获得较多的虚拟水量。此外，尽管电力业部门在生产时消耗了一定的实体水资源，但是作为一种能源型行业部门，其所使用的水资源在经济生产中又以虚拟水的形式随电力能源流入其他经济部门。

(2) 外地输入虚拟水在经济生产中的转化流量

外地产品是外地输入虚拟水转化和运动的载体，因此，基于外地产品转化的数量与各类产品的虚拟水含量系数即可得到外地输入虚拟水在经济生产中转化和运动过程的矩阵表达式(W^k)：

$$W^k = \hat{w}^t \cdot k \cdot (\hat{z}+k)^{-1} \cdot C \tag{7.5.6}$$

式(7.5.5)与式(7.5.6)虽然都是使用了张掖市的用水系数，但是前者使用的是直接用水系数,而后者则使用了完全用水系数。这是因为,式(7.5.5)是为了计算张掖市本地实体水资源向虚拟水的转化情况,并且计算所使用的产品转化流量矩阵已经包含了各种直接和间接的联系,因而使用直接用水系数就能将各直接和间接产品消耗与水资源联系起来;而式(7.5.6)仅仅是为了将张掖市的完全用水系数作为其虚拟水含量系数,用于计算各类产品和服务中的虚拟水含量。

类似于本地实体水资源在经济生产中的转化,表7.5.5同样以矩阵的形式给出了外地各类虚拟水在经济生产中的转化流量。从横向看,表中各行上的数据表示各类外地输入虚拟水在各经济部门的转化量,各行上所有数据之和就是各类外地虚拟水的总流入量;从纵向看,各列上的数值则表示各经济部门在经济生产中对各类外地输入虚拟水的使用量,各列上所有数据之和就是张掖市各经济部门对各类外地流入虚拟水的总使用量。各类外地虚拟水的流入量就是外地虚拟水在张掖市经济生产中转化的初始存量;外地各类虚拟水与张掖市各经济部门之间的数量关系就是外地虚拟水转化的流量;而张掖市各经济部门对各类外地虚拟水的总使用量就是外地虚拟水在经济生产中的最终虚拟水存量。

从总量上来看,外地对张掖市2002年经济生产的虚拟水总输入量约为20 069.4×10^4 m^3。相对于本地水资源的使用,张掖市经济生产对外地虚拟水资源的使用量比较小,仅占对本地水资源使用量的9.2%。具体看来,尽管各农业部门在经济生产中从外地输入产品中获得相当数量的虚拟水,但是各经济部门对外地各类虚拟水的需求量却相对较小。随外地种植业产流入的虚拟水量为315.7×10^4 m^3,仅占全部外地虚拟水流入量的1.6%(表7.5.5)。相比之下,外地制造业和电力业产品中的虚拟水在张掖市虚拟水的转化过程中却占有相当重要的比重。如表7.5.5所示,随制造业和电力业产品流入到张掖市经济生产中的虚拟水量分别是10 566.6×10^4 m^{3}和3384.4×10^4 m^3,二者占经济生产对外地虚拟水总消耗量的71.0%。

表7.5.5　张掖市2002年外地流入虚拟水在经济生产中的转化流量矩阵　(单位:10^4 m^3)

	种植业	林业	畜牧业	渔业	采选业	制造业	电业	建筑业	服务业	合计
种植业	105.5	1.0	62.1	0.7	3.1	80.1	0.2	40.0	23.0	315.7
林业	49.0	383.3	13.1	0.7	5.0	38.4	0.2	24.1	66.1	579.9
畜牧业	486.3	1.7	68.6	0.6	7.5	203.9	0.5	95.8	60.1	925.0
渔业	53.6	4.2	20.5	28.8	32.4	128.6	1.5	143.4	857.9	1271.0
采选业	17.3	0.8	4.6	0.1	43.3	73.0	2.1	134.6	38.5	314.0
制造业	1308.3	57.5	421.0	4.2	300.2	2466.7	21.2	3982.4	2005.1	10 566.6
电力业	306.1	10.5	65.5	1.2	306.4	810.3	39.0	1199.3	646.1	3384.4
建筑业	104.5	3.4	22.5	0.3	31.9	150.7	4.7	478.5	568.2	1364.7
服务业	121.2	9.5	46.4	0.6	73.3	290.5	3.5	323.9	479.5	1348.0
合计	2551.9	471.9	724.3	37.0	803.1	4242.0	73.1	6421.7	4744.3	20 069.4

转化过程中,外地制造业产品中的虚拟水主要转化为张掖市建筑业、制造业和服务业等经济部门的虚拟水产出,而外地电力业产品中的虚拟水则随着电力能源的输送而广泛参与张掖市各经济部门虚拟水的转化和形成。

(3) 虚拟水在社会经济系统中的流量

融入了生产过程中所有投入的能源、资源、资金及劳动力等生产资料的价值,成为所有价值的凝聚体(Olsen,1985)。对于水资源来说,随产品的生产,本地的实体水资源和外地流入的虚拟水资源全部"嵌入"到各经济部门的最终产出产品中,并且随其在社会经济系统中流动。总的来说,其流动方向有三个:一是随当地居民对各类产品的消费需求而流入社会生活中,二是在商品贸易中流入其他地区,三是随各经济部门的存货增加和固定资产的形成而蓄积起来。在水量计算上,从总量平衡的原则出发,可根据各经济部门最终使用产品在居民消耗、资本形成和产品出口三个方面的构成比例计算各类虚拟水流向的流量。而对于流入社会居民生活的外地产品的虚拟水含量,由于假设与本地产品品质相同,则可由流入的各类产品和服务的数量与其相应的当地产品的完全用水系数计算获取。表7.5.6给出了虚拟水在社会经济系统各环节中流动的流量计算结果。

表 7.5.6 社会经济系统水循环过程中虚拟水的流动情况 (单位:$10^4 m^3$)

	使用		产出	分配			居民生活对外地虚拟水需求
	本地实体水	流入虚拟水		居民消耗	存储	流出	
种植业	189 038.0	315.7	147 821.7	57 501.9	4596.3	85 723.6	548.7
林业	10 600.3	579.9	10 782.3	3415.7	5039.4	2327.2	3277.1
畜牧业	9328.9	925.0	20 890.6	4116.2	5227.5	11 546.9	1826.2
渔业	1552.0	1271.0	1356.9	249.5	1046.4	61.1	3639.5
采选业	401.8	314.0	1920.0	113.5	627.5	1179.0	269.2
制造业	3752.6	10 566.6	25 187.1	942.8	20 378.9	3865.5	8947.1
电力业	1512.7	3384.4	529.9	151.7	378.2	0.0	1174.3
建筑业	501.1	1364.7	17 364.6	2261.9	7880.8	7222.3	4495.4
服务业	725.8	1348.0	11 629.4	1471.6	6454.8	3703.9	1962.4
合计	217 413.2	20 069.4	237 482.6	70 224.3	51 628.9	115 629.4	26 140.0

从计算结果来看,本地实体水资源与外地虚拟水资源经重新转化后,共产出 237 482.6×$10^4 m^3$ 的虚拟水。其中,种植业部门产出的虚拟水最多,为 147 821×$10^4 m^3$,约占全部虚拟水产出的 62.2%;制造业次之,其虚拟水产出量为 25 187.1×$10^4 m^3$,约占全部虚拟水产出的 10.6%。此外,畜牧业和建筑业的虚拟水产出量也相对较多。从虚拟水的流向来看,种植业、采选业和畜牧业等部门产出的虚拟水主要用于向外地的输出和本地居民生活的消费;制造业、建筑业及服务业等部门产出的虚拟水则主要随各经济部门产品的存货增加和固定资产的累积而存积起来。

综合各经济部门虚拟水的流向和流量,图 7.5.1 给出了张掖市社会经济系统水循环的概图。从各经济部门虚拟水的流向来看,用于本地居民生活消耗的数据较少,为 70 224.3×$10^4 m^3$,仅为其全部虚拟水产出的 29.6%;大部分虚拟水随产品在地区贸易中流出该地区,流出总量为 115 762.87×$10^4 m^3$,约占整个地区虚拟水总产出的 48.8%。相比之下,张掖市居民社会生活对外地虚拟水的消费需求相对较少,仅为虚拟水流出量的 22.6%,且主要集中于制造业、电力业及林、渔等农业部门的虚拟水。经核算,张掖市 2002 年净虚拟水流出量为 69 420.0×$10^4 m^3$,约占到水资源使用量的三分之一,数量相当可观。

7.5.2 社会经济系统水循环的水资源效应

7.5.2.1 国民经济生产的用水特征

直接用水系数是在分析国民经济用水时最常用来度量部门用水强度的指标。基于这一指标,借助于投入产出分析技术,并根据式(7.5.2)就可以计算出各经济部门的完全用水系数。与直接用水系数一样,完全用水系数也具有明确的经济意义:一个部门的完全用水系数等于该部门增产一单位产品所需整个经济体系总用水量的增加量,不仅包含了本部门直接用水,还包括了为生产本部门产品所需中间投入产品在生产中所使用的水资源。为研究直接用水与完全用水及间接用水的关系,这里引入用水乘数对此进行分析:

$$tWc_i = W^{t*}/W^{d*} \tag{7.5.7}$$

式中:tWc_i就是部门i的完全用水乘数,表示该部门单位直接用水所引起整个经济系统的总用水量(Proops,1988;Velázquez,2005)。仅需将总用水乘数稍作调整,就可得到间接用水乘数iWc_i,即一个部门单位直接用水所引起整个经济系统的间接用水量式:

$$iWc_i = tWc_i - 1 \tag{7.5.8}$$

从直接用水系数来看,各农业部门对自然形态水的消耗强度要远远超过工业和服务业部门(表7.5.7),其中渔业部门的直接用水强度最大,高达12 942.19 m³/10⁴元,这与该部门的生产特性,即对水依赖程度大有关系;种植业的直接用水量虽然最多,占国民经济总用水量的85.01%,但是较高的部门产出使其直接用水强度在各农业内部变得相对较低,为5897.68 m³/10⁴元;与此相比,一些农业部门,如林业,因其产出量很低,仅占社会总产值的0.74%,造成单位产出的用水量非常高,仅次于渔业部门,为8541.69 m³/10⁴元。从完全用水系数来看,相对于直接用水系数,各农业部门单位产出的用水量虽有所增加,但是除畜牧业外,其他各农业部门对水资源的直接消耗均超过了其完全消耗量的70%,林业更是高达83.33%(图7.5.2)。以上结果均说明农业部门在生产过程中很少间接消耗水资源,而是更多的依赖自然形态的水。

表7.5.7 张掖市2002年各经济部门的用水情况

经济部门	初始用水量(10⁴m³)	直接用水系数(m³/10⁴元)	完全用水系数(m³/10⁴元)	虚拟水产出量(10⁴m³)
种植业	189 038.00	5897.68	7173.55	145 269.84
林业	10 600.25	8541.69	10 103.06	10 310.41
畜牧业	9328.95	898.44	2953.27	20 166.28
渔业	1551.95	12 942.19	15 156.80	1319.90
采选业	401.82	54.20	417.87	1116.91
制造业	3752.62	92.60	1188.20	20 945.05
电力业	1512.74	411.78	519.71	456.84
建筑业	501.09	18.40	596.25	10 942.88
服务业	725.81	16.36	334.93	6885.11
合计	217 413.22	—	—	217 413.22

以上分析不难发现,农业是一种直接用水强度很高的生产部门,在缺水地区应当适当限

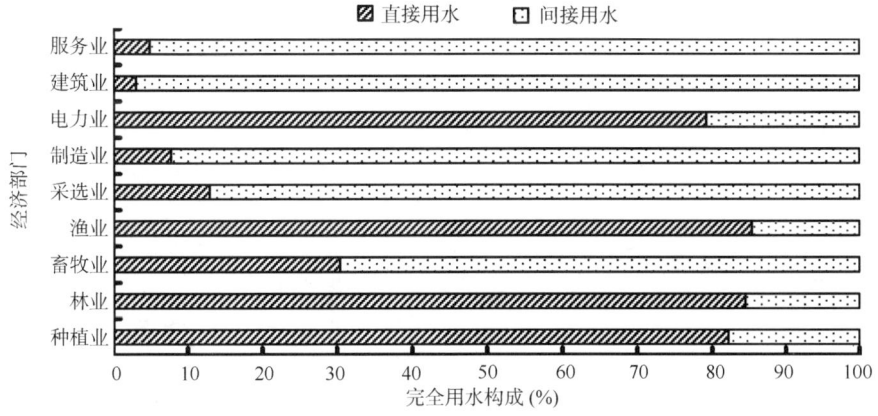

图 7.5.2 张掖市各经济部门完全用水的构成

制其发展,这样就可以为经济持续发展提供更大的空间。然而在张掖市,虽然其水资源十分有限,但自改革开放以来,各农业部门的发展却十分迅速。如表 7.5.8 所示,1978 年以来,直接和完全用水强度最高的渔业部门的产值从几百元增长到 2002 年的 1199.14×10^4 元;种植业、林业与畜牧业的发展同样迅速,其产值分别从 1978 年的 13597.55×10^4 元、240.38×10^4 元和 3312.68×10^4 元增长到 2002 年的 320534.21×10^4 元、12409.50×10^4 元和 103452.33×10^4 元(张掖市统计局,2006)。

表 7.5.8　张掖市 1978—2002 年各农业部门的产出　　　　　　(单位:10^4 元)

年份	种植业	林业	畜牧业	渔业
1978	13 597.55	240.38	3312.68	0.70
1980	16 924.72	241.42	3290.48	0.80
1985	28 672.81	1598.94	8862.07	6.71
1990	72 885.54	2798.38	24 298.90	110.91
1995	226 666.94	2456.61	96 759.93	909.60
2000	297 414.44	10 182.84	78 011.26	1097.60
2001	290 320.36	10 518.09	87 974.91	1429.55
2002	320 534.21	12 409.50	103 452.33	1199.14

注:以上数值均为各农业部门产出产品价值的当年当前价。

为考察张掖市各农业部门的相对发展速度,可将其与甘肃省和全国水平进行对比,计算过程为:首先基于各地方的消费者价格指数(CPI)计算出张掖市、甘肃省和全国各农产品产出价值相对于 1978 年的可比价(甘肃省统计局,1979—2003;张掖市统计局,2006);之后,将 1978 年的数值定为 100;最后就可以计算其他年份相对于 1978 年的发展速度,图 7.5.3 给出了具体计算结果。结果表明,除畜牧业外,种植业、林业和渔业的发展速度均远远超过同期全国和甘肃的平均发展速度。

近年来,尽管农业生产中的用水效率有了一定的提高,但是在研究地区大水漫灌等传统灌溉方式仍然被广泛采用,用水效率提高的力度十分有限(Zhang,2007)。相比之下,大规模生产而引起对水资源的大量消耗成为张掖市种植业部门生产对当地水资源产生巨大压力的主要原因。因此,较高的部门产出、较密集的水资源使用、较高的实体水使用比例,再加上较快的发展速度,这就说明了为什么农业部门的生产会对当地的水资源产生巨大的压力。此外,依靠地表水灌溉发展起来的种植业,其春灌用水量较大,且用水时间与黑河来水及当地降水时间冲突(吉喜斌等,2006),使张掖市本已十分紧张的水资源变得更为稀缺。

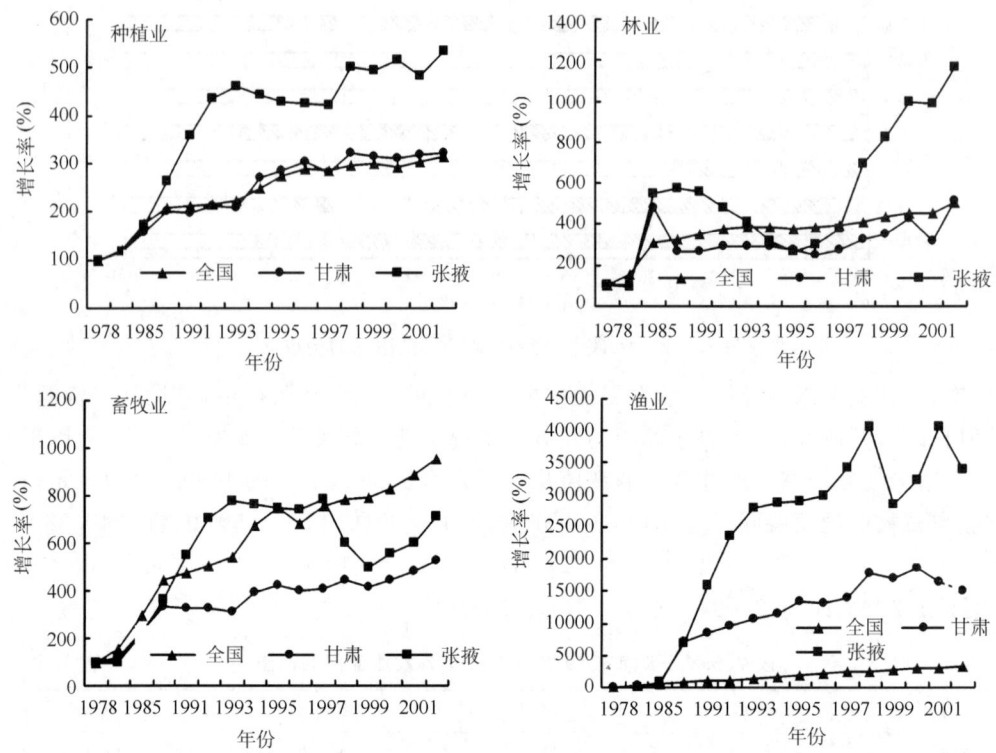

图 7.5.3 全国、甘肃和张掖 1978—2002 年期间各农业部门发展速度

对于各工业和服务业部门来说,相比直接用水系数,完全用水系数可以更准确地度量扩大生产对水资源产生的压力,因为在其生产过程中,生产一单位产品所引发整个经济系统对水资源的需求量会远远超过生产这一单位产品的直接用水量。如图 7.5.2 所示,除电力业外,其他工业部门的间接用水均占到其完全用水的 90% 以上,其中建筑业和服务业部门更是超过 95%,表明这些部门的生产虽然很少消耗自然形态的水,但是却更多地依赖其他各产业部门产品的投入。引入用水乘数后,就可以更为清晰地研究各产业部门的直接用水、完全用水及间接用水之间的关系。表 7.5.9 列出了各产业部门用水乘数的计算结果。从计算结果可以看出,对于建筑业和服务业来说,生产中每直接消耗 1 m^3 的自然形态的水,这两个部门将会分别引发整个经济系统消耗掉 31.40 m^3 和 19.48 m^3 的水资源,表明它们的生产会对水资源间接产生一定的影响力。此外,制造业和采掘业的间接用水乘数同样也比较大,分别是 11.83 和 6.71。如果仅仅考虑直接用水,以上几个部门都非常容易被从高耗水部门中排除掉,但是如果着眼于完全用水,就会发现它们的生产同样会引起大量水资源的消耗。

表 7.5.9 张掖市 2002 年各产业部门的用水乘数

	种植业	林业	畜牧业	渔业	采选业	制造业	电力业	建筑业	服务业
完全用水乘数	1.22	1.18	3.29	1.17	7.71	12.83	1.26	32.40	20.48
间接用水乘数	0.22	0.18	2.29	0.17	6.71	11.83	0.26	31.40	19.48

7.5.2.2 经济部门间水资源的隐性流动

尽管间接用水系数和间接用水乘数能从量上反映了各部门生产对水资源间接影响的强度，但是以上计算形式却不能反映间接用水是如何发生的。因此，利用投入产出模型在分解产业链上的优势，计算了反映各产业部门间水关系的矩阵 W^*：

$$W^* = \hat{W}^{d*} [(I-A)^{-1} - I] \qquad (7.5.9)$$

基于对列昂惕夫逆矩阵认识可知，矩阵 W^* 中的每个元素 W_{ij} 表示第 j 个部门生产单位产品时引起第 i 个部门对水资源的使用量，可理解为这些水资源嵌入部门 i 的产品后，随着对部门 j 的投入而流入部门 j。矩阵 W^* 中第 j 列各元素之和即为部门 j 的间接用水系数。

完全用水系数主要在数量上反映了各部门中间投入结构的用水强度，而水资源投入产出分析的优势更在于它能从宏观上揭示经济系统中间接用水发生的原因所在。依据公式(7.5.9)计算出了各产业部门间的水关系如表 7.5.10 所示。从纵向看，矩阵中每一列上的各个数值表示某一生产部门增产一单位产品时引起其他各经济部门用水的增加量，各列之和就是该部门的间接用水系数；各行仅能表示某一部门与其他各生产部门的间接水关系。从整体看，矩阵中较大的数据主要集中在各农业及制造业和电力业部门所在的行，其中种植业部门所在行的数据量最大，说明种植业在生产过程中虽然直接消耗了大量的自然形态的水，但当这些水嵌入产品后，却随着对各经济部门的中间投入而广泛地流入到经济系统中。对于间接耗水较多的建筑业、制造业和服务业等部门来说，间接消耗的水资源主要来自于种植业、畜牧业、电力业和制造业等部门产品，而其中的制造业和服务业等产业部门间接消耗的水资源还是主要来自于种植业等农业部门产品。综合以上分析，可以看出张掖市经济生产给水资源带来的压力最终是通过农业部门施加给水资源的。因此，当地发达的种植业与畜牧业通过水资源这种干旱区最重要的生产要素与工业和服务业部门建立了一定的联系，这就使得外地农产品难以进入张掖市，从而使张掖市难以具备从外地输入高含水农产品的条件和潜力，也就不能将经济生产对水资源产生的压力通过贸易的形式转嫁到其他富水地区。在这种情况下可以考虑利用当地粮食库存较多的有利条件，加强退耕还林(草)，并对退耕还林(草)地区的农民给予了一定的钱粮补贴，以此推动经济结构的转型(程国栋，2003)。

表 7.5.10 张掖市各产业部门间的水关系矩阵 （单位：$m^3/10^4$元）

	种植业	林业	畜牧业	渔业	采选业	制造业	电力业	建筑业	服务业
种植业	1138.53	214.72	1977.71	1754.62	197.34	946.07	47.39	420.38	200.73
林业	8.66	1306.47	6.83	27.23	5.27	7.42	0.72	4.14	9.44
畜牧业	88.32	6.07	36.79	24.05	8.13	40.54	2.01	16.94	8.82
渔业	3.08	4.66	3.48	378.65	11.09	8.10	1.90	8.03	39.90
采选业	0.69	0.62	0.54	0.48	10.36	3.21	1.85	5.27	1.25
制造业	17.38	14.73	16.51	12.90	23.70	35.88	6.07	51.51	21.54
电力业	16.91	11.18	10.68	14.58	100.66	49.02	46.38	64.54	28.88
建筑业	0.60	0.37	0.38	0.34	1.08	0.94	0.58	2.67	2.63
服务业	1.68	2.54	1.90	1.77	6.04	4.41	1.03	4.37	5.37
合计	1275.87	1561.36	2054.83	2214.61	363.67	1095.60	107.93	577.85	318.57

7.5.3 社会经济系统水循环调控模拟

源于瓦尔拉斯一般均衡理论的 CGE 模型非常适合模拟市场经济体制下各项政策实施的宏观效应。与其他经济学中常用的分析方法相比,CGE 模型最显著的特点就是将整个经济系统作为研究对象,全面考察系统中各种商品和要素的供给、需求和供求变化关系(Francisco 和 Jorge,2003)。模型涵盖了多个优化机制,如生产者会根据成本最小化原则,在资源约束条件下确定投入;消费者会根据效用最大化原则,在预算约束条件下确定支出等等。此外,在求解过程中,模型突出强调了商品和要素的价格变化在生产者生产和消费者消费决策中的作用(郑玉歆和樊明太,1999;Gürkan 和 Kumbaro,2003)。以上优势使 CGE 模型能够在经济系统的各个组成部分之间建立起数量联系,从而可以考察经济系统内外任何扰动对整个经济系统产生的影响。

7.5.3.1 模型基本构成

(1) 价格模块

价格模块是 CGE 模型中的核心模块,对商品和要素的市场调节起着决定性作用。在定义价格的过程中,模型采用了国际贸易理论的"小国假设",认为研究地区的对外贸易量在全国或国际市场贸易量中所占的份额非常小,它的变化不会引起全国或国际市场商品价格的变动,所以各种商品的进出、口价格维持恒定(Irma 和 Erinc,2000;Fatma 等,2003)。基于以上假设,模型定义了复合购买价格 P_i 和复合销售价格 PX_i:

$$P_i = (PR_i \cdot R_i + PM0_i \cdot M_i)/(R_i + M_i) \tag{7.5.10}$$

$$PX_i = (PR_i \cdot R_i + PE0_i \cdot E_i)/(R_i + E_i) \tag{7.5.11}$$

式中:R_i 和 PR_i 分别是商品 i 的区内供给量与区内销售价格,M_i 和 $PM0_i$ 分别是商品 i 的进口数量与进口价格,E_i 和 $PE0_i$ 分别是商品 i 的出口量与出口价格。

(2) 生产模块

在生产具有规模报酬不变特性假设的前提下,常采用双层嵌套的固定替代弹性(Constant Elasticity of Substitute, CES)生产函数①描述生产者的生产行为,其结构示意图如图 7.5.4 所示。第一层次上,最终产出水平是中间合成投入品与增加值的 Leontief 生产函数式(7.5.12);第二层次上,作为市场的价格接受者,生产者将会根据成本最小化原则式(7.5.13),在资源约束条件下进行最优投入构成决策。按照 Armington 假设,每种商品的合成投入都可表示为该类商品进口与本地构成的 CES 函数式(7.5.14),增加值则由劳动和资本等要素投入的 Cobb-Douglas 生产函数式(7.5.15)表示(郑玉歆和樊明太,1999;段志刚等,2003)。

$$X_i = \min[VA_i(L_i, K_i)/a_{0i}, V_{1i}/a_{1i}, \cdots, V_{ji}/a_{ji}] \tag{7.5.12}$$

$$\min \sum_j (VM_{ji} \cdot PM0_i + VR_{ji} \cdot PR_i) + L_i \cdot PL_i + K_i \cdot PK_i \tag{7.5.13}$$

---

① CES 函数的一般形式为 $V = \varphi[\delta \cdot VM^\rho + (1-\delta) \cdot VR^\rho]^{\frac{1}{\rho}}$,其中 φ 是效益参数,δ 是份额参数,ρ 是替代参数($\infty < \rho < 1$)。当 $\rho \to -\infty$ 时,表现为 Leontief 生产函数;当 $\rho \to 0$ 时,表现为 Cobb-Douglas 生产函数。

$$s.t. \quad V_{ji} = CES(VM_{ji}, VR_{ji}) \tag{7.5.14}$$

$$VA_i = \varphi_i \cdot L_i^{\alpha_i} \cdot K_i^{\beta_i} \tag{7.5.15}$$

式中:X_i 是部门 i 的总产出,VA_i 是部门 i 的增加值,V_{ji} 是部门 j 对部门 i 的中间投入,a_{0i} 是部门 i 对劳动力和资本的需求系数,a_{ji} 是部门 i 对部门 j 产品的直接消耗系数,VR_{ji} 和 VM_{ji} 分别是本地商品 j 与进口商品 j 对本地部门 i 的中间投入,L_i 和 PL_i 分别是部门 i 所需劳动力的数量与报酬系数,K_i 和 PK_i 分别是部门 i 所需资本的数量与回报率,φ_i 是要素投入的效益参数,α_i 和 β_i 分别是 C-D 生产函数中部门 i 的劳动力弹性系数和资本弹性系数。

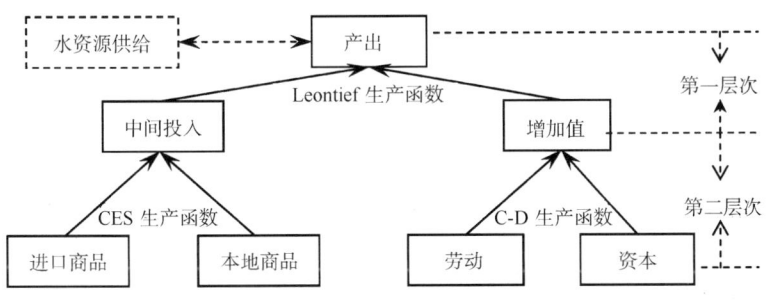

图 7.5.4 部门生产结构示意图

水资源是国民经济生产的重要要素之一,根据现实经济生产情况,这里将水资源与部门产品产出之间设置为相互约束的线性关系(图 7.5.4),即在用水系数(单位产出的用水量)一定的情况下,水资源的供给量决定着部门产品的产出,同样,部门产品的产出也决定着该部门对水资源的需求量。式(7.5.16)给出了部门产品产出与水资源需求量的关系表达式:

$$WD_i = WAT_i \cdot X_i \tag{7.5.16}$$

式中:WD_i 和 WAT_i 分别是经济部门 i 的水资源需求量和用水系数。通过改变各部门的供水量或产品产出水平就可实现对张掖市国民经济运行状况的模拟,以此实现对不同调控方案或措施的分析。

(3) 商品销售模块

对于所生产的商品,生产者还需要确定区内销售和出口销售的份额,使销售收入最大化式(7.5.17),常采用固定转换弹性(Constant Elasticity of Transformation,CET)函数描述区内销售和出口之间的转换关系式(7.5.18)。

$$\max R_i \cdot PR_i + E_i \cdot PE0_i \tag{7.5.17}$$

$$s.t. \quad X_i = CET(E_i, R_i) \tag{7.5.18}$$

(4) 收入分配模块

收入分配模块描述了企业、居民和政府的收入和分配情况,主要包括两个阶段:收入初次分配和收入再分配(图 7.5.5)。收入初次分配是指居民和企业通过提供生产要素获得劳动收入和资本回报的过程。初次收入分配之后,企业需要给政府缴纳收入所得税,并预留一部分资金用于再生产或作为企业储蓄,最后将剩余部以利润分配的方式转移给居民。生产中劳动力和部分资本的报酬及企业的利润分配构成了居民收入的主体。同企业一样,居民也需要缴纳个人所得税,并获得政府的部分补贴,最后形成可支配收入。政府则主要通过征

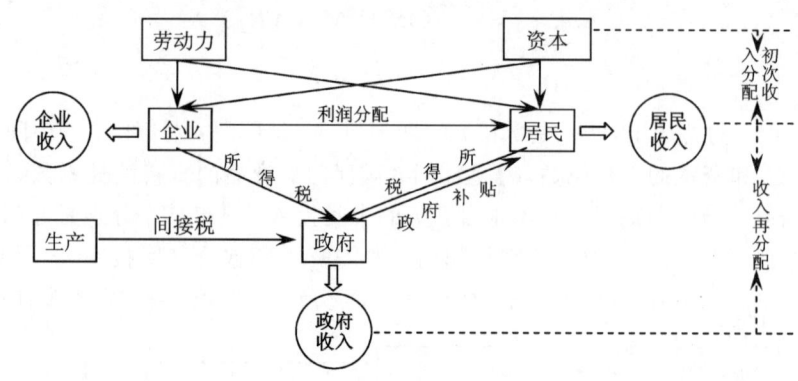

图 7.5.5 国民收入分配示意图

收各类直接和间接税费来获得收入,主要包括生产税、企业所得税、个人所得税等,同时政府还需要对部分企业、居民进行适当的补贴。

(5) 开支模块

模型识别了经济生活中的投资需求、居民消费和政府支出,其消费需求结构类似于生产的双层嵌套结构。在第一层,消费者将力求在预算约束条件下选择合成商品的最佳组合来实现尽可能高的效用,这样,各消费品的边际效用就会等于其价格式(7.5.19)。在第二层,当地生产商品和进口商品是不完全替代的,消费者将选择进口商品和当地商品的最优组合,使购买成本最小式(7.5.20),模型采用 CES 函数来描述这种需求行为式(7.5.21)。

$$\gamma_i^s \cdot HE^s / Q_i^s = P_i \tag{7.5.19}$$

$$\min \sum_i Q_i^s \cdot P_i \tag{7.5.20}$$

$$s.t. \quad Q_i^s = CES(QM_i, QR_i) \tag{7.5.21}$$

式中:上标"s"是居民、政府或企业等经济主体,γ_i^s 是经济主体 s 总预算中商品 i 所占的预算份额,HE^s 是经济主体 s 的总开支,Q_i^s 是经济主体 s 对商品 i 的需求,QM_i 和 QR_i 分别是经济主体 s 对进口商品和本地商品 i 的需求。

(6) 均衡模块

在一般均衡条件下,各经济部门产品的生产、进口、出口及地区消费之间,及劳动力、资金、水资源等生产要素的供给与需求需要达到平衡。为简便起见,这里不再呈现各产品与生产要素的供需平衡式。

7.5.3.2 数据库建设与参数估算

(1) 社会核算矩阵的构建

CGE 模型就是研究各经济部门之间的生产投入、经济主体对经济部门产品的消耗及生产和消耗与外部地区联系的经济模型。在数据组织形式上,社会核算矩阵(Social Accounting Matrix,SAM)是最理想的工具之一。SAM 在投入产出表的基础上增加了非生产性部门,如居民、政府及企业,以二维形式全面地反映了经济系统中产品的投入产出关系、增加值形成和最终支出的关系及非生产部门间的经济联系。下面简要介绍一下张掖市 2002 年 SAM 矩阵的构建过程。

1) 账户体系的确定:类似于其他研究中的 SAM(翟凡和李善同,1996;Mario 等,1999),将国民经济生产中的基本生产活动、生产要素、经济主体以及产品的进出口作为张掖市 2002 年 SAM 的基本账户。其中,生产活动账户主要反映各经济部门的产品生产与使用情况,生产要素账户主要描述劳动力和资金等价值型要素的供给与收益的分配情况,经济主体账户主要记录企业、居民、政府和资金等经济主体的收入来源与开支去向情况,进出口账户则主要反映了张掖市对外的经济联系,主要涉及商品贸易和经常性的收入转移。将确立的账户系统反映在表示收入情况的行和表示支出情况的列上,就构成了 SAM 的基本结构(表7.5.11)。

表 7.5.11 张掖市 SAM 矩阵的基本结构

	活动	要素	经济主体	外部地区	总计
活动	中间投入		最终需求	出口	总产出
要素	增加值				要素收入
经济主体	间接税	要素分配	转移支付	外部支付	主体收入
外部地区	进口		进口		总进口
总计	总投入	要素支出	主体开支	总调出	

2) 基本数据的整理与录入:由于计算软件的计算能力和模拟计算的实际需要,首先将原来 9 部门投入产出表中合并和调整为 5 部门投入产出表。将林业和渔业合并为一个其他农业部门,将采选业、电力业、制造业与建筑业合并为一个工业部门。用 Excel 建立 SAM 账户结构,并将投入产出表及有关数据填入,主要包括本地产品的中间投入、劳动力与资金的部门使用、各部门收取的间接税、居民和政府对本地产品的需求与各经济部门产品和服务的进出口数据。

3) 其他数据的录入与 SAM 表的平衡:投入产出表的数据录入后,剩下的数据主要是各经济主体、生产要素与外部地区之间的部分收支情况。对于这些数据,首先将能够直接在相关统计资料中查到的数据直接录入 SAM 表。如居民的劳动力收入来自《张掖市统计年鉴》中的劳动者报酬,居民的资本回报来自《张掖市统计年鉴》中的农村和城镇居民财产性收入,财政收入与支出及居民储蓄则直接来自《张掖市统计年鉴》。对于不能从相关统计资料中明确找到的数据,如企业的资本回报、企业对居民的转移支付、政府的内部转移、外部地区对居民和政府的支付等等,则需要通过 SAM 表的平衡而获得。SAM 表的平衡是指对于每一个账户,其行之和必须与列之和相等,即账户收入流之和必须与账户的支出流之和相等。这种恒等关系表现在三个方面:①生产的总投入等于生产的总产出;②经济主体的总收入等于总支出;③商品的总供给等于商品的总需求。经过平衡调整后得到的张掖市 2002 年 SAM 见表 7.5.12。

(2) 模型参数的估算

对于线形函数中的一些系数,如复合中间投入系数、增加值系数、部门间接税率、企业税率及家庭储蓄率,大多数 CGE 模型采用投入产出模型的参数校准方法,即在满足模型的均衡条件下,通过将基年 SAM 数据代入模型来确定这些参数。

非线性生产函数中的弹性参数,如 CES 函数中各替代弹性参数及 CET 函数中的出口转换弹性,估算这些弹性参数是一个比较困难的问题,一个似乎很显然的方法是用计量经济学的方法来估计这些参数。但是这种方法基本上是不可行的,因为要同时估计这些参数需要太多的信息,为能够进行统计推断而要保持足够的自由度,样本的个数就要相当大,所需数据的收集是一个很大的困难。对于这类参数,由于不能直接通过校准而获得,且参数数量较少,鉴于此,根据前人研究成果,并结合研究区域的经济特征进行一定的修正而获得这些参数成为目前大多数 CGE 模型普遍采用的方法。因此,该模型在确定这些弹性参数时,则主要参考了 Auerbach 和 Kotlikoff(1987)的弹性值并结合张掖市的经济特征进行一定的修正,参数的具体数值见表 7.5.13。

表 7.5.12 张掖市 2002 年社会核算矩阵简表　　　　　　　　　　　(单位:10^8 元)

		活动		要素		经济主体				流出	总产出
		商品	生产	劳动力	资本	企业	居民	政府	资本形成		
活动	商品		69.64				13.00	3.69	43.19	37.49	167.01
	生产	144.04									144.04
要素	劳动力		47.12								47.12
	资本		22.57								22.57
经济主体	企业				21.79						21.79
	居民			47.12	0.78	17.14		0.39		0.95	66.38
	政府		4.71			0.13	0.20	7.78		4.59	17.41
	资本形成					4.52	33.64		7.36	5.03	50.55
流入		22.97					19.54	5.55	0.00		48.06
总投入		167.01	144.04	47.12	22.57	21.79	66.38	17.41	50.55	48.06	584.93

表 7.5.13 CES 生产函数或 CET 函数中的替代/转换弹性参数

	种植业	牧业	其他农业	工业	服务业
中间投入替代弹性	0.72	1.42	0.32	3.15	1.6
产出转换弹性	1.4	1.26	0.32	1.22	0.85
家庭消费替代弹性	0.62	2.42	0.32	3.15	0.6
政府消费替代弹性	0.32	1.42	0.32	3.15	0.6
投资消费替代弹性	0.62	2.42	0.42	3.15	0.94

7.5.3.3 模型的求解

由于模型假设各经济主体的行为都是理性和优化的,所以,CGE 模型中包含了多个优化机制。为了便于求解,模型的处理方法是通过一阶优化条件,将每组优化机制转化为一个综合方程,然后再设立一个总的目标函数,即成为一个一般的最优化问题。这里以中间投入决策为例,说明将目标函数式(7.5.13)和约束条件式(7.5.14)转化为一个综合方程,即按照求 CES 函数份额参数 δ 的过程,得到:

$$\frac{VR}{VM} = \left[\frac{1-\delta}{\delta} \cdot \frac{PM0}{PR}\right]^{\frac{1}{1-\rho}} \tag{7.5.22}$$

这样就将目标函数和 CES 生产函数转化为一个综合的优化机制方程。其他各个优化机制的转化方法与此相同,这里不再累述。经过转化后,模型各个优化机制将转变为类似于式(7.5.22)的综合优化机制方程,最后再设立一个总的目标函数,一般是地区GDP最大,模型即成为一个一般的最优化问题。模型各系数值的确定和模型的求解都是通过世界银行开发的通用代数模型系统(General Algebraic Modeling System,GAMS)实现的。

7.5.3.4 情景模拟与结果分析

从当前研究来看,种植业部门的大量用水与区域用水结构的过度失衡是引发张掖市水资源供需矛盾尖锐、虚拟水资源损失及区域水资源利用效率不高等水问题的主要原因之一。面对有限的水资源供给能力,调整种植业部门的水资源使用量,优化区域水资源配置成为解决张掖市各种水问题的一个重要措施。假设各部门生产与水资源需求呈现一种刚性的线形关系,通过CGE模型,改变种植业部门的生产水平或产品出口水平等变量就可实现对张掖市各经济部门的用水情况与经济运行状况的模拟。为此,特从控制产品生产和出口等角度来限制种植业的生产规模,并据此设立情景进行模拟、分析和对比。

(1)情景一:在当前现有生产条件下,不改变地区水资源总供给量,仅从生产角度降低种植业部门的产品生产水平

资金投入与区域水资源利用效率有着较为明显的直接联系,如追加地区资金投入可以改善农业的灌溉设备,利于区域用水效率的提高。然而,先进灌溉设备和技术难以得到广泛的推广和应用,其主要原因还是由于受地区可支配资金的限制。因此,在地区资金和水资源投入难以增加的情况下,从产品生产角度控制种植业部门的生产规模会引起国民经济生产产生怎样的变化,特设立此情景进行模拟。

将模拟之前国民经济各指标的初始值定为1,图7.5.6给出了种植业部门不同产品产出水平下的模拟计算结果。图中,横轴表示种植业部门的产品产出量(初始产出量为320 329.57×10⁴元),纵轴表示种植业部门在不同产品产出水平下各国民经济生产指标的相对变化情况。从模拟计算结果来看,随着种植业部门产品产出的减少,除张掖市对外部地区各产品和服务的进口外,其他经济指标,尤其是地区GDP、地区产品总产出及经济生产对劳动力的需求等相对重要的国民经济指标均呈现出先增加、后降低的趋势。当种植业部门的产品产出降低至318 429.57×10⁴元时,张掖市地区GDP和经济生产对劳动力的需求分别

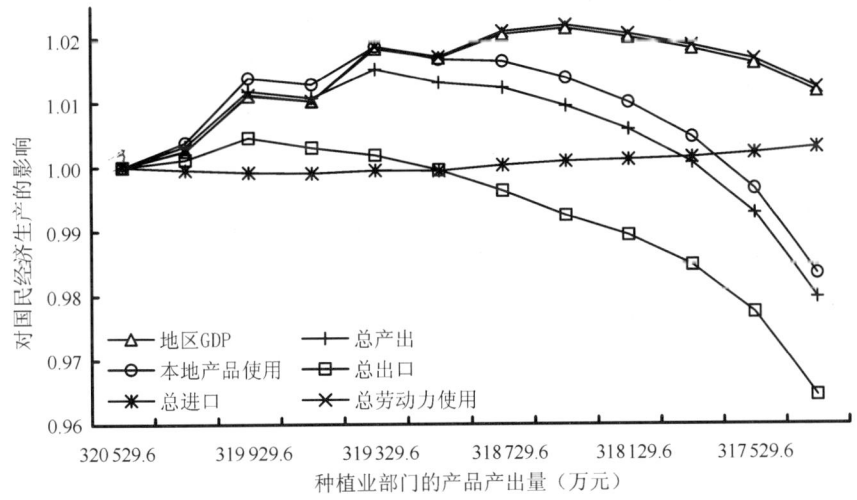

图7.5.6 情景一下各国民经济指标的相对变化情况

增长 2.15% 和 2.20%,达到最大。

当种植业部门的生产规模受到限制时,由于产业链上各经济部门之间的产品依存关系,经济系统内所有的经济生产和社会生活就会受到相应的波及影响。在各优化决策机制下,各经济主体就会相应地调整自己的生产和消费行为,使自己在最小成本投入的情况下获得最大的经济效益。各经济主体的决策调整使得水资源和资金等生产要素在国民经济各产业部门之间重新配置。对整个地区来说,水资源和资金的投入与使用总量虽然没有发生变化,但是这些生产要素在各经济部门的配置却发生了明显的变化。如表 7.5.14 所示,当种植业生产规模受到限制时,需要从种植业和服务业部门抽出一定数量的水资源和资金用于支持畜牧业、其他农业(林渔业)及工业等经济部门的发展,以提高其使用效率和经济效益。以上结果表明,在有限范围内控制种植业部门的生产规模有助于调整和优化区内生产要素的配置,这对地区社会经济的发展具有一定的积极作用。

表 7.5.14　情景一下各经济部门水资源使用的相对变化情况

种植业产品产出量 (10^4 元)	各经济部门对水资源使用的相对变化情况				
	种植业	畜牧业	其他农业	工业	服务业
320 529.57	1.0000	1.0000	1.0000	1.0000	1.0000
319 929.57	0.9981	1.0014	1.0123	1.0341	0.9842
319 329.57	0.9962	1.0032	1.0328	1.0529	0.9631
318 729.57	0.9942	1.0128	1.0553	1.0546	0.9472
318 129.57	0.9923	1.0319	1.0754	1.0456	0.9348
317 529.57	0.9905	1.0566	1.0979	1.0224	0.9218
317 229.57	0.9896	1.0641	1.1178	1.0006	0.9093

由于资金总投入量的限制,当种植业部门的模拟产出量降低至 $317\,036.33 \times 10^4$ 元时,模型不再获得可行解。综合以上模拟结果,从生产角度将种植业部门的生产规模控制在 $319\,329.57 \times 10^4 \sim 318\,429.57 \times 10^4$ 元,能够使张掖获得较好的社会经济效益。表 7.5.15 给出了种植业生产规模控制在 $318\,429.57 \times 10^4$ 元时,模型计算的国民经济运行情况。结果显示,种植业部门的生产受到限制时,水资源和资金的重新配置利于畜牧业、其他农业及工业等部门的发展。种植业和服务业部门的产出量虽然有所减少,但是它们在生产中却能吸纳更多的劳动力就业,同样会利于区域社会经济的发展。此外,限制种植业产品的生产还能增加外地种植业产品的流入,这些产品一般具有较高的虚拟水含量。如表 7.5.15 所示,当种植业部门的产出降至 $318\,429.57 \times 10^4$ 元时,外地种植业产品的流入量就会增加 2.36%。

表 7.5.15　种植业产出降至 $318\,429.57 \times 10^4$ 元时各部门生产的相对变化情况(情景一)

	种植业	畜牧业	其他农业	工业	服务业
部门产出变化	0.9935	1.0216	1.0658	1.0529	0.9394
产品出口变化	0.9647	1.0337	1.1183	1.0940	0.8372
产品进口变化	1.0236	1.0003	1.0593	0.9809	1.0702
劳动力需求变化	1.0194	0.9798	0.8352	0.9013	1.1612
资金使用变化	0.8404	1.4918	2.9914	1.2613	0.7019
水资源使用变化	0.9933	1.0216	1.0650	1.0527	0.9380

(2)情景二:在当前现有生产条件下,从生产角度降低种植业部门的产品产出水平,其节省下来的水资源量不再用于国民经济生产,即降低了国民经济生产的供水。

情景一的模拟计算结果表明:在不改变地区水资源和资金总供给量的情况下,适当控制种植业部门的生产规模是利于张掖市社会经济发展的。相对以上情景,如果在降低种植业生产规模的同时降低地区水资源供给量,使水资源供给的减少量等于由于种植业生产规模受到限制而节省的水资源量,即将控制种植业部门生产规模而节省下来的水资源不再用于区域社会经济生产,此时,张掖市国民经济生产又会出现如何变化,这里设立情景二与情景一进行对比。

图 7.5.7 给出了情景二的模拟计算结果。结果显示,随着种植部门产品产出水平的降低,张掖市社会经济发展的各经济指标均呈现出不断降低的趋势。在模型可行解的范围内,模拟计算的结果始终保持这种趋势,图 7.5.7 仅给出了种植业部门的产品产出量控制在 319 529.57×10^4 ~ 320 529.57×10^4 元范围内的模拟计算结果。结果显示,相对于情景一,从产品生产角度控制种植业部门的生产规模,并将节省下来的水资源从国民经济用水抽出后,张掖市的国民社会经济生产受到制约。

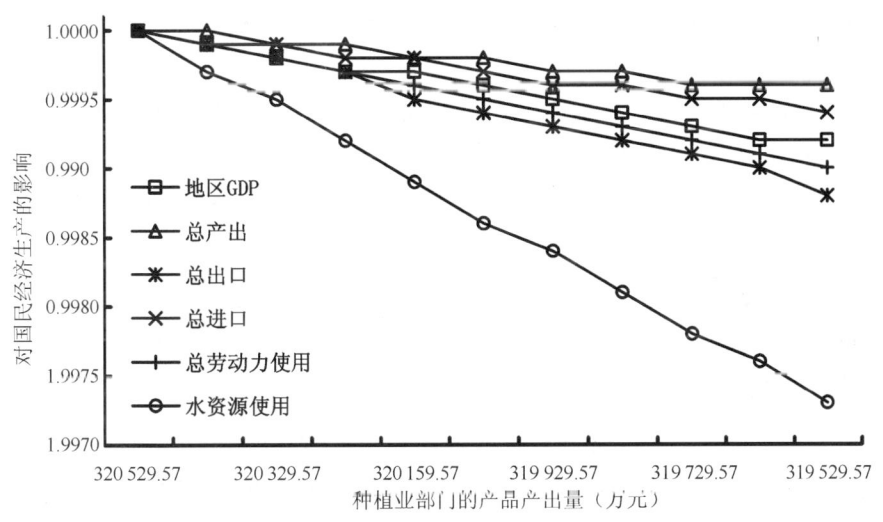

图 7.5.7 情景二下各国民经济指标的相对变化情况

由于各经济部门之间的产品消耗和使用关系,种植业部门产品产出量的降低就会影响到其他经济部门的生产和水资源使用。表 7.5.16 给出了情景二下各经济部门对水资源使用的相对变化情况。表中,种植业部门对水资源使用量的减少是由于该部门生产规模降低引起的,是情景设定的结果;而畜牧业、其他农业、工业及服务业部门等其他部门水资源使用的相对变化则是由于产业链上的部门依存关系引起的,是模拟计算的结果。结果显示,种植业部门的规模减小会引起水资源从林业、渔业等其他农业部门及工业部门向畜牧业部门和服务部门的转移。该情景虽然能够从张掖市国民经济生产用水中节约出一部分水资源,但这种模式却不利于地区社会经济的发展。

表 7.5.16 情景二下各经济部门水资源使用的相对变化情况

种植业产品产出量 (10^4 元)	各经济部门对水资源使用的相对变化情况				
	种植业	畜牧业	其他农业	工业	服务业
320 529.57	1.0000	1.0000	1.0000	1.0000	1.0000
320 429.57	0.9997	1.0000	1.0000	1.0000	1.0001
320 329.57	0.9994	1.0001	1.0000	1.0000	1.0002
320 229.57	0.9991	1.0001	0.9999	1.0000	1.0002
320 129.57	0.9988	1.0001	0.9999	0.9999	1.0003
320 029.57	0.9984	1.0002	0.9999	0.9999	1.0004
319 929.57	0.9981	1.0002	0.9999	0.9999	1.0005
319 829.57	0.9978	1.0003	0.9998	0.9999	1.0005
319 729.57	0.9975	1.0003	0.9998	0.9999	1.0006
319 629.57	0.9972	1.0003	0.9998	0.9999	1.0007
319 529.57	0.9969	1.0004	0.9998	0.9999	1.0007

(3) 情景三：在当前现有生产条件下，不改变地区水资源供给量，仅降低种植业部门产出产品的出口量。

各经济部门产出的产品主要有两个去向：一是区内消耗，主要包括经济生产的中间消耗和社会生活的最终消耗；二是区外出口，在商品贸易中流入到其他地区。由于种植业部门产品出口造成张掖市大量虚拟水资源的损失，因此，设立该情景的主要目的是模拟计算从控制产品出口角度降低种植业部门的产品生产时，张掖市国民经济生产会如何运行。相比于情景一和情景二，该情景将控制种植业部门生产规模的重点放在控制种植业部门出口产品的生产上。

图 7.5.8 给出了情景三下种植业部门在不同产品出口水平下的模拟计算结果，其中，种植业部门的产品初始出口量为 117 984.60×10^4 元。从模拟计算结果来看，随着种植业部门产品出口量的减少，除张掖市对外部地区各产品和服务的进口外，其他经济指标，尤其是地区 GDP、地区产品总产出及经济生产对劳动力的需求等相对重要的国民经济指标均呈现出先增加、后降低的趋势。如图 7.5.8 所示，当种植业部门产品的出口量降低至 113 584.60×10^4 元时，张掖市地区 GDP 和经济生产对劳动力的需求达到最大，分别增长 3.27% 和 3.42%。

模型构建时，由于将各经济部门产品的出口和区内消耗看作部门产出的 CET 函数，所以在产品固定的区外与区内配置弹性下，种植业部门出口产品数量的减少就会引起该部门生产规模的降低（表 7.5.17）。在各经济主体的最优化决策机制下，种植业部门产品配置与流向的变化同样会引起水资源和资金等生产要素在各经济部门之间的重新配置。如表 7.5.18 所示，随着种植业产品出口量的减少，畜牧业、林渔等其他农业及工业部门的水资源使用量不断增加。由于地区水资源的总供给量不变，因而，畜牧业、林渔等其他农业及工业部门对水资源使用的增加量主要来自于种植业和服务业部门。

第 7 章　人类活动与流域生态—水文系统相互作用　　277

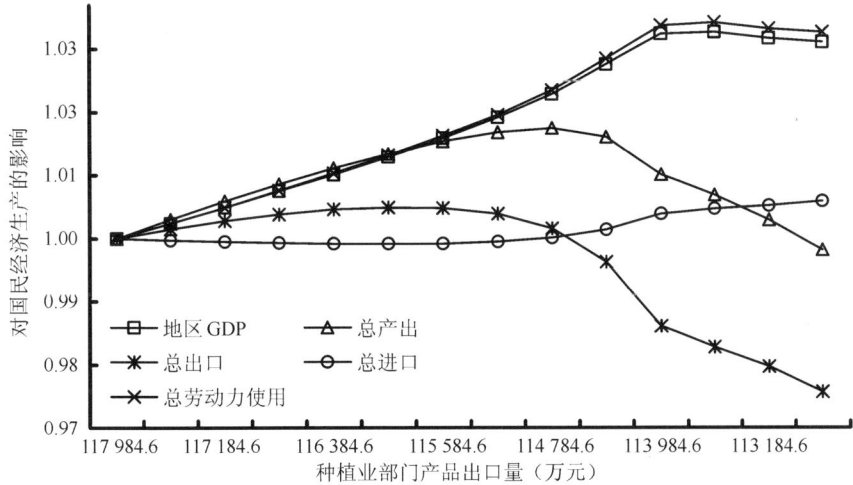

图 7.5.8　情景三下各国民经济指标的相对变化情况

表 7.5.17　情景三下各经济部门产品产出的相对变化情况

种植业产品出口量	各经济部门对各部门产出的相对变化情况				
(10^4 元)	种植业	畜牧业	其他农业	工业	服务业
117 984.60	1.0000	1.0000	1.0000	1.0000	1.0000
117 184.60	0.9993	0.9999	1.0041	1.0157	0.9946
116 384.60	0.9986	0.9996	1.0080	1.0315	0.9867
115 584.60	0.9979	0.9990	1.0114	1.0474	0.9750
114 784.60	0.9974	0.9976	1.0143	1.0633	0.9553
113 984.60	0.9969	0.9996	1.0207	1.0732	0.9097
113 184.60	0.9942	1.0332	1.0445	1.0606	0.8981
112 984.60	0.9934	1.0493	1.0497	1.0523	0.8922

表 7.5.18　情景三下各经济部门水资源使用的相对变化情况

种植业产品出口量	各经济部门对水资源使用的相对变化情况				
(10^4 元)	种植业	畜牧业	其他农业	工业	服务业
117 984.60	1.0000	1.0000	1.0000	1.0000	1.0000
117 184.60	0.9992	0.9999	1.0041	1.0157	0.9945
116 384.60	0.9985	0.9996	1.0080	1.0315	0.9866
115 584.60	0.9979	0.9989	1.0114	1.0473	0.9746
114 784.60	0.9973	0.9976	1.0143	1.0631	0.9543
113 984.60	0.9967	0.9995	1.0206	1.0729	0.9070
113 184.60	0.9940	1.0331	1.0442	1.0604	0.8949
112 984.60	0.9931	1.0489	1.0492	1.0521	0.8889

由于资金可支配使用总量的限制,当种植业部门产品的模拟出口量降低至 112 901.90×10⁴ 元时,模型不能再获得可行解。综合该情景的计算结果,当种植业部门产品的出口量控制在 112 984.60×10⁴~114 784.60×10⁴ 元的范围内,张掖市水资源和资金等生产要素的配置和区域社会经济效益达到最优。表 7.5.19 给出了控制种植业产品出口降至 112 984.60×10⁴ 元时,张掖市各经济部门的经济运行情况。从具体结果来看,种植业部门产品的出口受到限制时,水资源和资金在国民经济生产中的重新配置对畜牧业、林渔等其他农业及工业的发展非常有利。在此出口水平下,畜牧业、林渔等其他农业部门及工业部门的产品产出分别增加 1.37%、3.11% 和 6.89%。尽管控制产品出口降低了种植业部门的产品产出量,但是却能够增加外部地区水资源密集型农产品的流入量,从一定程度上可以缓解张掖市当前虚拟水贸易逆差的形势。如表 7.5.19 所示,当种植业部门产品的出口量降低至 112 984.60×10⁴ 元时,流入张掖市的外部地区种植业、畜牧业及林渔等其他农业部门的产品将分别增加 3.18%、2.38% 和 3.22%。

表 7.5.19 种植业部门产品出口降至 112 984.60×10⁴ 元时各部门生产的相对变化情况(情景三)

	种植业	畜牧业	其他农业	工业	服务业
部门产出变化	0.9957	1.0137	1.0311	1.0689	0.9024
产品出口变化	0.9627	1.0132	1.0525	1.1252	0.7535
产品进口变化	1.0318	1.0238	1.0322	0.9740	1.1139
劳动力需求变化	1.0209	0.9808	0.9108	0.8453	1.2502
资金使用变化	0.8463	1.3678	1.7432	1.4041	0.5764
水资源使用变化	0.9955	1.0137	1.0309	1.0687	0.8993

(4)情景四:在当前现有生产条件下,降低种植业部门产出产品的出口量,其节省下来的水资源量不再用于经济生产,即减少了国民经济生产的供水量。

情景三模拟计算了不改变地区经济生产供水量的情况下,控制种植业部门的产品出口水平而引起对张掖市国民经济生产的影响。相对于情景三,这里特设立了对比情景,即降低种植业部门产品的出口与生产,且减少地区国民经济生产的供水,以进一步考察区域供水变化引起张掖市国民经济生产的影响。

图 7.5.9 给出了该情景下种植业部门产品出口的减少引起对张掖市国民经济生产的影响,其中,种植业部门的产品初始出口量为 117 984.60×10⁴ 元。模型计算结果显示,随着种植业部门产品出口量的减少,除经济生产对本地水资源和外部地区产品的需求外,其他经济指标,尤其是地区 GDP、地区产品总产出及经济生产对劳动力的需求等相对重要的国民经济指标均呈现出先增加、后降低的趋势。如图 7.5.9 所示,当控制种植业生产规模,使其产品的出口水平降低至 110 184.60×10⁴ 元时,张掖市地区产品的总产出量达到最大,相对模拟之前增长 1.58%;当种植业部门产品的出口量降低至 107 184.60×10⁴ 元时,张掖市地区 GDP 和经济生产对劳动力的需求均达到最大,分别增长 2.58% 和 2.64%。当种植业部门产品的模拟出口量降低至 105 457.86×10⁴ 元时,由于资金可支配量的限制,模型不再获得可行解。

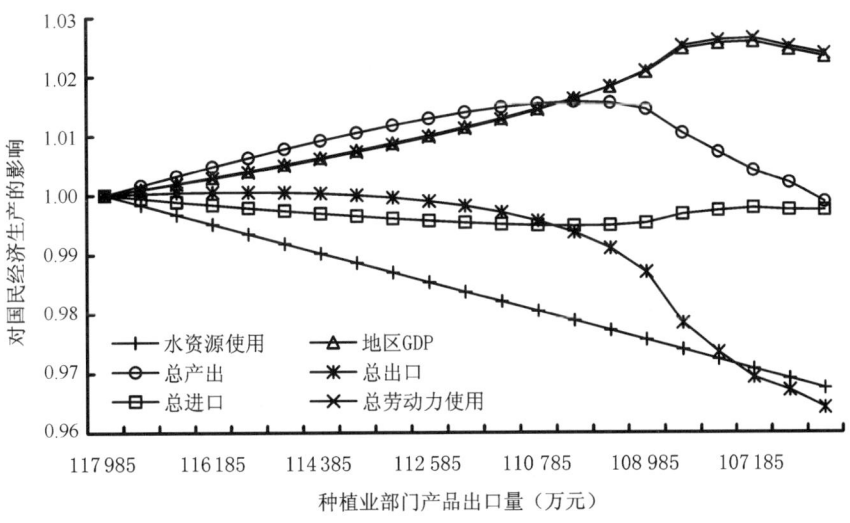

图 7.5.9 情景四下各国民经济指标的相对变化情况

种植业部门出口产品的降低及由此造成种植业部门用水的减少均会通过产业链上的相互依存和制约关系对国民经济生产造成一定的冲击。在多个优化决策机制作用下,各经济主体就会相应地调整自己的行为,使自己处于较为有利的形势。个体行为的调整最终导致整个区域范围内水资源和资金等生产要素在各经济部门之间的重新配置。如表 7.5.20 所示,随着对种植业产品出口量和用水量的减少,水资源则由畜牧业和服务业部门转向林、渔等其他农业部门和工业部门。

表 7.5.20 情景四下各经济部门水资源使用的相对变化情况

种植业产品出口量	各经济部门对水资源使用的相对变化情况				
(10^4 元)	种植业	畜牧业	其他农业	工业	服务业
117 984.6	1.0000	1.0000	1.0000	1.0000	1.0000
116 184.6	0.9940	0.9970	1.0009	1.0149	0.9967
114 384.6	0.9880	0.9937	1.0017	1.0299	0.9914
112 584.6	0.9821	0.9902	1.0025	1.0451	0.9833
110 784.6	0.9761	0.9863	1.0034	1.0604	0.9700
108 984.6	0.9703	0.9812	1.0041	1.0755	0.9438
107 184.6	0.9637	0.9911	1.0147	1.0766	0.9033
105 984.6	0.9581	1.0136	1.0307	1.0665	0.8996

表 7.5.20 给出了社会经济效益达到最大,即种植业部门产品出口降至 107 184.6×10^4 元时,张掖市各经济部门生产的相对变化情况。从计算结果来看,在此出口水平下,水资源与资金等生产要素将会优先支持畜牧业、林渔等其他农业部门及工业部门的发展。在产品出口上,水资源密集型的畜牧业产品的出口量有所减少,而水资源稀缺型的工业产品的出口量则有所增加。此外,限制种植业部门产品的出口同样会增加外地各农业部门产品的流入。如表 7.5.20 所示,当种植业部门产品的出口量降低至 107 184.60×10^4 元时,流入张掖市的外部地区种植业、畜牧业及林渔等其他农业部门的产品将分别增加 2.71%、2.79% 和

1.57%。这种产品的流入与流入结构有利于区域水资源利用效率的提高。

表 7.5.20　种植业部门产品出口降至 107 184.60×10⁴ 元时各部门生产的相对变化情况（情景四）

	种植业	畜牧业	其他农业	工业	服务业
部门产出变化	0.9643	0.9911	1.0147	1.0770	0.9062
产品出口变化	0.9085	0.9794	1.0244	1.1407	0.7605
产品进口变化	1.0271	1.0279	1.0157	0.9664	1.1091
劳动力需求变化	1.0130	0.9613	0.9432	0.8368	1.2461
资金使用变化	0.7005	1.3076	1.3823	1.4438	0.5848
水资源使用变化	0.9637	0.9911	1.0147	1.0766	0.9033

种植业部门是张掖市用水量最大的经济部门，也是导致区域水资源利用效率不高及大量虚拟水流出的主要原因。因此，情景一至情景四分别从种植业部门产品生产和产品出口限制角度模拟计算了不同控制水平下的张掖市经济运行、经济用水和劳动力就业情况。综合各情景的模拟计算结果，表 7.5.21 给出了各情景达到最佳社会经济效益下的综合结果对比情况。

表 7.5.21　社会经济效益最大时各情景模拟计算结果的对比

		控制种植业部门产品产出		控制种植业部门产品出口	
		情景一	情景二	情景三	情景四
最佳控制量(10⁴ 元)		2100.00	0.00	4400.00	10 800.00
水资源节约量(10⁴ m³)		0.00	0.00	0.00	7746.82
地区 GDP 增加(%)		2.15	0.00	3.27	2.58
劳动力需求增加(%)		2.20	0.00	3.42	2.64
产品总产出增加(%)		0.95	0.00	0.69	0.41
产品	流出变化(10⁴ 元)	−2831.07	0.00	−6444.62	−11 517.79
	流入变化(10⁴ 元)	427.27	0.00	2276.36	−1052.98
	净流出变化(10⁴ 元)	−3258.34	0.00	−8720.98	−10 464.80
虚拟水	流出变化(10⁴ m³)	−1384.77	0.00	−1741.35	−6505.42
	流入变化(10⁴ m³)	−47.61	0.00	−282.61	−748.63
	净流出变化(10⁴ m³)	−1337.17	0.00	−1458.73	−5756.79

在针对种植业部门产品产出或出口所设立的四个情景中，除基于情景二的政策调控措施会限制地区社会经济的发展外，基于情景一、三和四的政策调控措施均能促进地区社会经济的发展。若仅从社会经济效益来看，基于情景三对种植业部门产品的出口进行调控能够获得最大的社会经济效益。如表 7.5.21 所示，在当前现有的生产条件下，基于情景三的政策调控措施能够使地区 GDP 增加 3.27%，使劳动力就业扩大 3.42%；相比之下，基于情景一和情景四的政策调控措施所取得的经济效益与社会效益则相对小一些。但是从生态环境建设意义上来讲，基于情景四的政策调控措施不仅能够保证地区 GDP 的增加和劳动力就业的扩大，而且还能从当前经济生产用水中节约出一部分水资源。计算结果显示，基于情景四的政策调控措施能够使地区 GDP 和劳动力就业分别增加 2.58% 和 2.64%，并且能够节省 7746.82×10⁴ m³ 的水资源，这相当于种植业部门水资源总使用量的 4.10%。

第8章 黑河流域生态修复试验研究

8.1 祁连山生态修复试验研究

8.1.1 祁连山毒杂草型退化草地生态修复研究

本研究区位于黑河上游祁连山北坡康乐草原（38°45′～38°49′N,99°41′～99°46′E），海拔高度 2700～2940 m，年均温 0～4℃，≥0℃的年积温 1400℃，年降水量在 350 mm 左右，蒸发量在 1500 mm 以上，年日照时数 2200～2800 h，相对无霜期 80～110 d，属高寒山地半干旱气候。夏季凉爽，冬季寒冷干燥，降水主要集中在夏季，雨热同期，有利于牧草生长。土壤以山地栗钙土为主，pH 值为 8.3。供试样地分布在山前倾斜平原天然草地，属山地草原。原生植被以丛生禾草为主，同时混入一定数量的半灌木和杂类草，群落平均盖度超过 60%。禾本科牧草主要有：早熟禾（*Poa pratensis*）、赖草（*Leymus secalinus*）、扁穗冰草（*Agropyron cristatum*）；毒杂草有狼毒（*Stellera chamaejasme*）、披针叶黄花（*Thermopsis Lanceolata*）、冷蒿（*Artemisia frigida*）、阿尔泰狗娃花（*Aster tataricus*）、多茎萎陵菜（*Potentilla multicaulis*）、蒲公英（*Taxaxacum mongolicum*）、异叶青兰（*Dracocephalum heterophyllum*）、天山鸢尾（*Iris loczyi*）、龙胆（*Gentiana L*）、碱韭（*Allium polyrhizum*）等。20 世纪 80 年代以前，天然草地群落以禾本科牧草为主，人类活动适度，草原植被保护较好，曾经是祁连山地优良的牧场。1983 年牧区草场承包到户以后，牧民家庭的畜牧业生产规模不断扩大，随着家畜数量迅速增加，天然草地出现了过度放牧，草畜平衡矛盾日益突出，草地群落结构发生了逆向演替。尤其是近几十年来，在气候变迁和人类活动干扰下，天然草地发生了毒杂草型退化（赵成章等，2004a），其中狼毒群落是一种典型的草地退化类型。

本项工作集中在以下四个方面。

(1) 毒杂草型退化草地形成的过程：依据全国重点牧区草场资源调查大纲和技术规程，1984—2008 年的 8 月中下旬，在祁连山中山区的冬春季草场，选择山地草原类阿尔泰针茅+扁穗冰草-杂类草群落设置 6 个 10 m×10 m 的固定样地并进行了草地植被群落详细调查。观测期间供试草地在每年 6—11 月封育休牧，其余时间自由放牧。

(2) 毒杂草型退化草地土壤种子库与地上植被关系：选取地上植物生长较均匀一致、微地形差异较小、面积较大的地段。2007 年 8 月 12—18 日，根据草地狼毒分布状况，设置 50 m×50 m 的调查样地共 10 个，每个样地沿对角线布置 9 个 1 m×1 m 样方，对草地植被群落进行调查。在样方中用土钻随机钻取土壤种子库样品，分三层进行取样，每 5 cm 深为一层，共 10 次重复，将同一样方中同层土样混合装袋，带回室内进行种子活性鉴定，试验从 2007 年 9 月 5 日持续到 12 月 31 日。按狼毒的分盖度将所有样地依次归类于 6 个植被退化梯度：Ⅰ(分盖度 1%～10%)、Ⅱ(分盖度 11%～20%)、Ⅲ(分盖度 21%～30%)、Ⅳ(分盖度 31%～40%)、Ⅴ(分盖度 41%～50%)、Ⅵ(分盖度>50%)。

(3)天然草地新型除草技术防除狼毒效果试验：采用 43.2% 灭狼毒超低容量制剂，对照药剂为 72% 2,4-D 丁酯乳油(辽宁松辽化工公司生产)。药效对比试验设置 7 个处理：43.2%"灭狼毒"超低容量制剂设 0.45 L/hm²、0.75 L/hm²、1.05 L/hm²、1.35 L/hm² 和 1.65 L/hm² 共 5 个剂量，72% 2,4-D 丁酯乳油设 1.35 L/hm² 和 1.65 L/hm² 2 个剂量，分别为 A、B、C、D、E、F、G。最佳施药时间试验设置 4 个处理：分别于狼毒显蕾期、初花期、盛花期、结实期采用 43.2%"灭狼毒"超低容量制剂设 1.05 L/hm² 一个剂量施药。草地植物对 43.2%"灭狼毒"超低容量制剂敏感性试验于狼毒盛花期设 1.05 L/hm² 一个剂量施药。小区面积 3000 m²，各小区间留出 50 m 的保护行，4 次重复，采用不规则排列。43.2%"灭狼毒"超低容量制剂用东方红牌超低容量喷雾器(型号为 WFB-18AC，北京市植保机械厂生产)进行超低容量喷雾，喷头高度 1 m，宽幅 10 m，行走速度 80～90 m/s，原液喷雾，每台喷雾器工效 4 hm²/h；72% 2,4-D 丁酯乳油按 450 kg/hm² 的比例兑水后，用工农 16 型背负式喷雾器(兰州金农喷雾器厂生产)进行茎叶喷雾，喷头高 0.3 m，宽幅 0.5～1 m，行走速度 40～50 m/s。药效对比试验于 2001 年 6 月 14 日在狼毒现蕾期进行。最佳施药时间和草地植物对 43.2%"灭狼毒"超低容量制剂敏感性试验于 2002 年 6—7 月进行，2002 年 6 月 20 日调查上年受药害枯死狼毒的再生能力，2003 年 6 月中下旬试验小区对角线 5 点取样，每点 2 m²，调查翌年非靶标植物的返青情况。

(4)毒杂草型草地植被恢复生态效应：于 2001 年 7 月中旬选取狼毒分盖度 65% 左右的退化草地，用超低容量喷雾器叶面喷施一种新型除草剂，施药量 1050 mL/hm²，重复 3 次，在供试草地 50 m 外平行布置对照样地，叶面喷施相同剂量的清水，小区面积 3 hm²，所有样地于每年 4—11 月禁止放牧；供试样地和 CK(对照样地，即喷施清水为 1050 mL/hm² 的退化草地)的每个小区用竹签标记 100 株狼毒用于观测灭效。草地群落生物学特征观测：2001—2007 年 8 月 5—10 日；草地地下生物量测定：2007 年 8 月；狼毒根系测定：2007 年 8 月。

配合上述试验开展了以下四个方面的野外调查：

(1)草地群落学特征调查：用针刺法测定草地群落总盖度和物种分盖度，用计数法观测植物密度，用卷尺测量植物自然高度，用收获法测定各种植物的地上生物量，样地内随机选取 10 个样点，用内径 5 cm 的土钻分土层(每 10 cm)钻取 0～50 cm 土样。将采集的土样在 40 目的网孔筛中用流水冲洗，拣出所有根系，采用漂洗法分离活根和死根，65℃下烘干 72 h 称重获得地下生物量。

(2)种子库种子活性鉴定：首先，将每份土样依次过孔径为 3 mm 和 0.25 mm(尚占环等，2006)的土壤筛，然后在双筒显微镜下(4×10 倍)对留在 0.25 mm 筛的土样进行人工种子挑选，分类并统计。将筛过的土样均匀平摊在发芽盘内，厚约 2 cm，置于室内进行种子萌发试验，请经验丰富的专家对幼苗进行鉴定，分类并统计，一个月内无新幼苗视为萌发结束。用四唑法鉴定人工挑选出的种子活力，将活力鉴定与幼苗萌发的统计结果合并。

(3)狼毒根系测定：在各样地随机选取 25 株生长年限不同的狼毒，首先仔细挖出植株完整根系，测定根系深度和宽幅，然后从地面开始按 0～10 cm、10～20 cm、20～30 cm、30～40 cm、40～50 cm 和>50 cm 6 个层次剪下根系分枝，用量杯加水测定各组根系的体积，并风干后称重。采用公式 $s=4V/d$ 和 $h=4V/\pi d^2$ 求出每组根系的长度和表面积。

(4)狼毒防效调查:在施药前1 d每小区全区调查狼毒植株数,施药后2 h及第1、3、10、30和45 d调查狼毒伤害症状,施药后75和100 d调查各小区狼毒死亡数计算防效。可食牧草安全性调查在施药后5 h及第1、3、10、30、45和100 d调查可食牧草损害症状;非靶标生物副作用观察在施药后第1、3和10 d调查对非靶标生物(蜜蜂、蚂蚁、蜘蛛、瓢虫及蝶类等)的各种不良反应。

8.1.1.1 祁连山毒杂草型退化草地形成过程研究

草地群落中的植物种群一直处于不断变化的过程,从种子产生、扩散、萌发、幼苗定居和建成到衰老枯倒,每个阶段都面临着与外界环境的适应挑战。因而影响每个阶段的任何因子均会影响植物更新过程的完成(Osem 等,2002;朱志红等,2006;宋永昌,2001)。天然草地退化演替过程中群落的主要生物学特性变化,取决于内在的生物学特性、外界营养条件,以及种内、种间相互作用等(Sala 等,1996;王炜等,1996),是草地生态系统对干扰和环境演变的响应(章家恩等,1999;赵桂久等,1993),也是草原植物与环境协同进化的结果(Davis 等,1995;Davis,1996;Tilman,1996)。这个演替过程中,有许多科学问题是值得探讨的,如草地群落的组成、发展和变化规律如何,哪些要素促进了群落成员型结构变化。对上述问题的认识是发现草地生态系统退化的驱动力机制的基础,对于通过人工干预和引导,促进退化生态系统的恢复和重建具有重要意义。据此,报道了1984—2008年间祁连山北坡干旱草原群落退化演替过程中的定位调查结果,对草地群落生物学特征、植物功能群组成和优势种群更替规律进行了研究。

(1)草地群落的生物学特征变化

天然草地退化演替过程中草地群落的主要生物学特征出现两种变化趋势。草地群落的盖度和地上生物量表现出先降低后增加又降低的变化趋势(图 8.1.1a),年际间盖度和地上生物量之间差异显著($P<0.05$),在1983—1988年出现首次下降,从1993开始分别增加3.4%~3.3%和14.6%~16.3%,并于1998年达到最大值91%和154.3 g/m²,随后持续减小至2008年的56%和103.74 g/m²,地表裸斑比例达到45%。草地群落的密度和草层高度在观测期表现为持续降低趋势(图 8.1.1b),最大值均出现在1983年,最小值出现在2008年,草层高度只有9.7 cm。

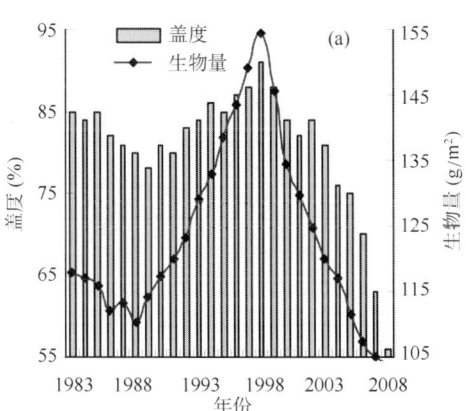 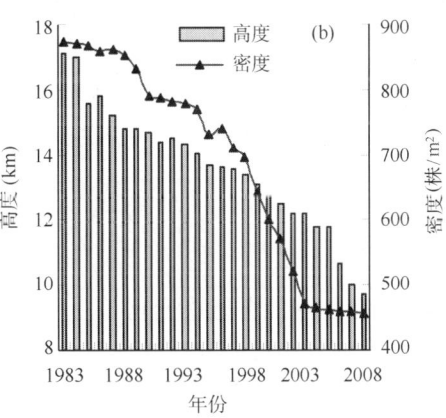

图 8.1.1 草地群落的主要生物学特征动态

图 8.1.1 表明，在演替进程中，草地群落的主要生物学特征具有突变性，盖度的突变点出现在 1993 年和 2008 年，地上生物量的突变点出现在 1993 年和 2003 年，在此期间地上生物量波动剧烈。草层高度的突变点出现在 1988 年和 2003 年，降幅分别达 15.6% 和 25.6%，草地群落密度的突变点出现在 2003 年，降幅高达 48%。

(2) 草地群落优势种的更替

优势种的更替是群落演替阶段的标志，在草地群落退化演替初期，阿尔泰针茅草地群落结构相对稳定，禾本科牧草占据着高度优势，杂类草种群规模较小，多数阔叶植物属于伴生种或者零星分布种(图 8.1.2)。不合理的人类活动加速了植被演替进程，过度放牧数年后，随着草层高度和盖度的下降，阿尔泰针茅的优势度降低，杂类草的资源利用条件得到了改善，狼毒和甘肃马先蒿($Pedicularis\ artselaeri$)等植物的种群规模逐步增大。

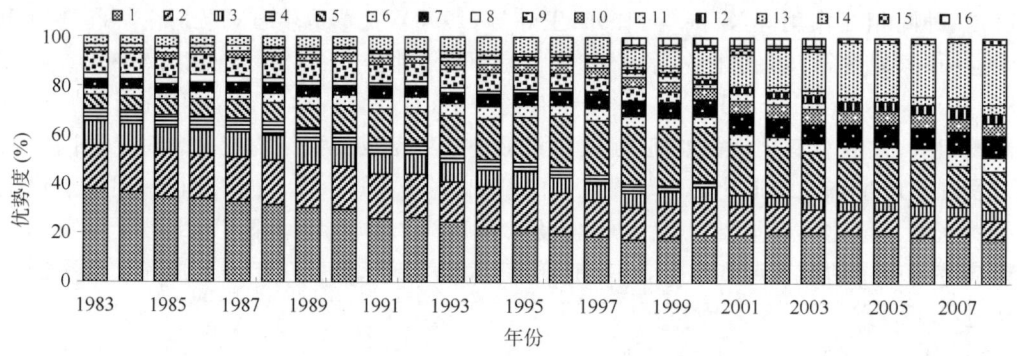

图 8.1.2 草地群落退化演替过程中主要植物的优势度动态

(1. 阿尔泰针茅($Stipa\ Krylovii$); 2. 扁穗冰草($Agropyron\ cristatum$); 3. 干生苔草($Carex\ aridula$); 4. 草地早熟禾($Poa\ pratensis$); 5. 狼毒($Stellera\ chamaejasme$); 6. 冷蒿($Artemisia\ frigida$); 7. 赖草($Leymus\ secalinus$); 8. 阴山扁蓿豆($Melissitus\ ruthenicus$); 9. 恰草($Koeleria\ cristata$); 10. 阿尔泰狗娃花($Aster\ tataricus$); 11. 蒙古马康草($Malcolmia\ mongolica$); 12. 火绒草($Leontopodium\ leontopodioides$); 13. 长柱沙参($Adenophora\ stenanthina$); 14. 甘肃马先蒿($Pedicularis\ artselaeri$); 15. 灰绿藜($Chenopodium\ glaucum$); 16. 麦瓶草($Silene\ conoidea$))

图 8.1.2 表明，草地群落退化演替 10 a 后，狼毒替代阿尔泰针茅成为草地群落的优势种群，长柱沙参($Adenophora\ stenanthina$)、火绒草($Leontopodium\ leontopodioides$)成功定居并繁衍。演替 15 a 时，一年生麦瓶草($Silene\ conoidea$)、灰绿藜($Chenopodium\ glaucum$)侵入草地群落，一年生牧草迅速发展，期间草地群落的干物质产出快速增加，影响了资源的供给平衡，造成了土壤的局部退化，轴根性植物狼毒和适口性较高的禾本科牧草面临着生存危机。20 a 后，草地早熟禾、洽草($Koeleria\ cristata$)等禾本科牧草，以及优良豆科牧草阴山扁蓿豆($Melissitus\ ruthenicus$)、杂类草蒙古马康草($Malcolmia\ mongolica$)逐渐消失，初步形成甘肃马先蒿、狼毒群落，甘肃马先蒿取代狼毒逐步占据群落优势地位，阿尔泰针茅成为草地群落的伴生种。

(3) 草地植物功能群组成变化

功能群的划分能帮助解释物种对生态系统过程影响的机理，而且可以简化对具有众多物种生态系统的研究(Vitousek 等，1993)，群落内植物的功能群组成也是反映群落特征的一个重要指标，对于功能群的分类也有许多不同的划分方法。植物功能群的分类要考虑结构、功能特点和重要的限制因子，并与分类学相互联系。在本研究所涉及的对象是高寒草原，组成群落的所有植物均为草本植物,根据草本植物的生物学特征,按照一年生禾草,多年生禾草类,一、二年生杂类草,多年生杂类草和豆科固氮植物对草地植物的功能群组成进行统计。

草地群落植物功能群组成结果表明(表8.1.1),在演替进程中,不同草地群落内植物的功能群组成存在明显差异($P<0.05$)。演替初期的草地群落中多年生禾草占绝对优势,是草地群落的主要生活型。1993年开始多年生禾草和多年生杂类草成为草地群落的混合功能群。2003年,草地群落中一、二年生杂类草的比例增加,草地群落的两层结构逐渐消失,2008年时形成了一、二年生杂类草占优势的功能群结构,草地群落结构简单化,群落环境进一步恶化。在不同时间段的草地群落中均未出现一年生禾草。

表8.1.1　草地群落退化演替过程中的植物功能群动态

功能群	1983年	1988年	1993年	1998年	2003年	2008年
多年生禾草	69.8±4.7	61.7±2.9	48.0±3.1	35.5±2.1	26.3±1.4	23.1±2.1
多年生杂类草	13.8±1.1	20.1±0.9	35.0±1.3	44.9±3.5	35.6±2.7	35.9±5.1
豆科固氮植物	4.1±0.3	3.5±0.2	3.0±0.1	1.0±0.1	—	—
一、二年生杂类草	3.8±0.17	6.5±0.4	8.7±0.32	15.1±0.5	25.4±1.3	37.4±2.3

注:表中数据为优势度。

(4)草地群落的多样性动态

从变化趋势来看,随着演替的进展,群落的Shannon-Wiener多样性指数(H)呈现先升高后降低的单峰变化(图8.1.3)。各群落的Simpson优势度指数(C)平均值为0.15,随着演替的进展,在观测期表现出明显的起伏变化。各群落的均匀度Pielou指数(J)平均值为0.82,在演替初期的1~10 a间,多样性指数呈现抛物线形状,10~20 a开始急剧升高,然后呈现下降趋势。

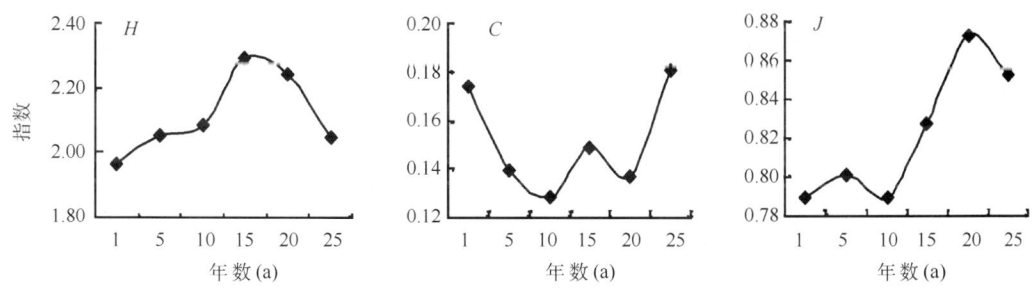

图8.1.3　天然草地退化过程中群落多样性指数动态(1983—2008年)

结合图8.1.1a和图8.1.2发现,演替10~20 a之间物种的替代率最高,植物种类数达到16种,群落的Shannon-Wiener多样性指数的最小值出现在物种数最少的阿尔泰针茅群落,最大值出现在物种数最多的狼毒群落。Simpson优势度指数两次低谷分别出现在群落优势种更替初期,而两次高峰出现在阿尔泰针茅和甘肃马先蒿优势度明显群落。均匀度Pielou指数的最小值出现在狼毒优势群落形成初期,最大值出现在一、二年生植物优势群落阶段。

(5)结论与讨论

1983—2008年间,草地群落经历了阿尔泰针茅+扁穗冰草—杂类草、狼毒+阿尔泰针茅—扁穗冰草、甘肃马先蒿+狼毒—阿尔泰针茅3个阶段,主要植物的功能群组成由多年生禾草演变成多年生杂类草和一、二年生杂类草,草地群落侵入物种 6 种,消失物种 5 种,群落结构趋于简单,质量下降。随着天然草地退化演替,草地群落的盖度和地上生物量呈现"下降—增加—下降"的波动趋势,草地群落的植被密度和草层高度持续下降,但是下降幅度和突变时间段不同,演替中期 15~20 a,草地群落的盖度、生物量和物种数出现了最大值。诸多研究发现,随着退化演替时间的延长,草地群落的物种数减少、科属减少,草地的地上生物量、盖度下降(汪诗平等,1999;李永宏,1995;赵成章等,2004a;周华坤等,2006),与此研究结果存在一定差异,需要进一步研究。

研究区域原生地带性草地群落的层片结构一般由两层组成,阿尔泰针茅、扁穗冰草等禾草平均株高 30~40 cm,组成高草层;大部分杂类草平均株高 10~20 cm,组成底草层。这种层片结构对草地群落的结构和功能稳定具有重要作用。由于植株高度影响光的竞争(Berkowitz,1988;Clements 等,1929;Mitchley 等,1986),位居草群上层的禾本科牧草,在光热资源利用方面具有明显优势,而杂类草缺乏生殖体拓展空间。放牧作为一种重要的人为干扰要素,为替代物种的散布、定居和繁殖等生态过程提供了机会(Hobbs 等,1991),在家畜的过度践踏和啃食下,1983—1988 年间优良禾本科牧草的节间缩短、植株矮化,种群规模变小,草层高度由 17.1 cm 下降至 14.8 cm(图 8.1.1b),群落层片结构趋于简单,改变了草群光热资源分配格局,杂类草获得了相对充足的光照、温度条件和空旷的环境条件,为种群规模的扩大创造了条件。

群落是由物种的不断更替形成的,那些更能适应群落环境条件的物种为取代者。通常这些环境不断被物种自身所改变,引起新的物种更替。1983 年以来,研究区域天然草地的可食牧草产量不断下降(图 8.1.1),受年际间降水量节律的影响(图 8.1.4),草地生产能力同时出现年际波动,但是祁连山地牧民饲养的家畜数量并没有根据草地生产状况进行调整,草畜供需矛盾日益突出,致使天然草地陷入"退化—过度放牧—退化"的恶性循环(赵成章等,2004a)。干旱地区天然草地的退化演替过程,实际上是草原植物对家畜放牧活动耐性的反映(周华坤等,2006;王仁忠,1998),供试草地为冬春草场,4 月下旬至 5 月下旬牧草返青期也是家畜的春乏期,6 月上旬家畜转场时,放牧草地几乎近似裸地。在这种情形下,虽然观测期间研究区域 5—9 月的降水量没有明显减少(图 8.1.4),但是禾本科牧草缺乏完成完整生活史所需的时间,不能产生健全的种子补充土壤种子库,致使分布范围逐步缩小。与优良牧草相比,毒杂草具有返青期推迟 20~30 d 左右、营养生长时间短及萌发初期生长速度快

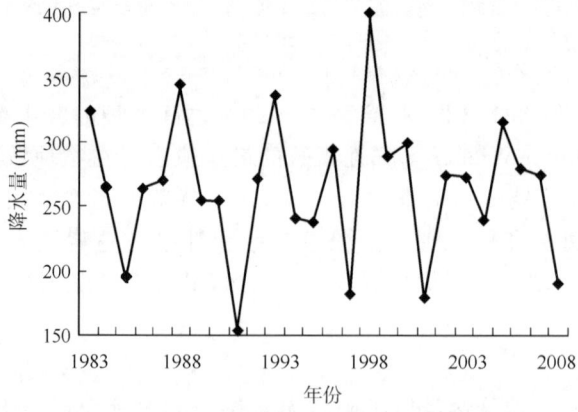

图 8.1.4　研究区域 5—9 月降水量动态

的习性,对祁连山北坡的家畜放牧活动和干旱气候节律有很强的适应性,6月上旬毒杂草返青时草地已经接受了有效降水,给狼毒幼苗发育和建植提供了适宜的生长环境(Lotze 等,2000;Sharma 等,2005;Davis 等,2005),其种群规模逐步扩大,经过数年繁衍,最终取代禾本科牧草成为草地群落优势种群。

研究区5—9月降水量为265 mm左右(图8.1.4),单位草地的平均干物质产出为117 g/m^2。受基因型多样性的影响(强盛,2001),狼毒的爆发性繁茂生长,使草地群落的盖度和干物质产出达到了最大值,1993—2003年草地群落的干物质产出保持在129~154 g/m^2,高于正常产量10.2%~31.6%。这种格局可能导致土壤营养供给水平和转化能力的变化,无法满足现存植物生长繁衍的资源供需平衡。

8.1.1.2 祁连山地毒杂草型退化草地土壤种子库与地上植被关系

土壤种子库是某一特定时间存在于土壤表面及其以下的土层中的具有活力的种子总数(Thompson 等,1979)。它是植物种群的记忆,是地上植被补充更新和生物多样性的源泉,减少了种群消失的可能性(Hyatt 等,2000),它也是群落演替的物质基础,为群落的演替、更新及受损生态系统的恢复提供稳定的繁殖体。要完整描述一个植物群落,就必须包括埋藏在土壤中的种子,因为它们和地上植被一样是群落物种的组成者(Major 等,1996)。其中的种子库种类、数量、格局及生物多样性可以携带较多的群落潜在的趋势信息,并可用以指导植被恢复和重建。

随着国际上对退化受损土地及生态系统恢复与重建的重视,土壤种子库的研究已成为植物种群生态学和恢复生态学研究的热点和前沿之一。采用土壤种子库对植物群落的研究已有一些报道,如群落种子库动态、种子雨散布格局(刘济明,2000;燕雪飞等,2007;刘足根等,2007);群落种子库研究(杨允菲等,1995;李全发等,2005);种子库在群落演替植被恢复中的作用(Saulei 等,1988;Arantzazu 等,2005)等。这些研究工作及已取得的成果为今后进一步开展群落方面的研究提供了有益的借鉴和宝贵的经验。然而,我国西北地区相关的研究甚少且已有的研究还远没有揭示植物群落种子库的生态学特征。

我国已有近25%的高寒草地受到狼毒的严重危害(沈景林等,2000a),仅祁连山北坡约有37.7%的高寒草地沦为了"狼毒型"退化草地(赵成章等,2004b)。狼毒群落土壤种子库特征及其生物多样性研究是了解天然草地退化机制,以及诊断草地群落健康状态和恢复途径的重要依据。目前,由于缺乏退化草地狼毒群落的土壤种子库物种组成、空间分布特征,以及退化草地毒草群落种子库构建与维持机制等研究基础,因而没有形成与区域环境特征相符合的退化草地恢复理论,严重制约了干旱区草原的保护和恢复的成功开展。以祁连山天然草原狼毒退化草地为研究对象,通过野外植被调查和室内试验,从240份土样中用物理方法挑选并鉴定种子库的植物种类及密度。分析了不同退化梯度草地群落土壤种子库的物种组成、分布格局及土壤种子库的物种多样性,旨在探讨退化草地狼毒群落不同植被梯度土壤种子库的内在特征与机理,为高寒干旱草原退化草地的优化提供理论基础。

(1)土壤种子库物种组成

狼毒群落土壤种子库共检测出有活力的草本植物种子个数为1823粒,平均密度为16 833±4961粒/m^2,共20个物种,分属于13个科(表8.1.2),其中禾本科占4种,菊科和豆科各3种,其他科各一种。种子库物种的功能群组成复杂多样,其中以灰绿藜、旋花为主的一、二年生杂草植物共5种,密度之和为4913±1334粒/m^2,占种子库总密度的29.19%;

以早熟禾、赖草为主的多年生禾草植物 4 种,密度为 2604 ± 1074 粒/m²,占 15.47%;以火绒草和小兰花棘豆为主的多年生杂草植物共 11 种,密度为 9316 ± 2553 粒/m²,占 55.34%。总体表现出毒杂草物种和密度在土壤种子库中占优势,以及狼毒群落科属组成较为集中的特点。

表 8.1.2 狼毒群落土壤种子库组成

植物种名	科	密度(粒/m²)
麦瓶草 Silene conoidea	石竹科 Caryophyllaceae	710±239
灰绿藜 Chenopodium glaucum	藜科 Chenopodiaceae	2289±880
鹤虱 Lappula myosotis	菊科 Compositae	231±66
甘肃马先蒿 Pedicularis artselaeri	玄参科 Scrophulariaceae	540±149
旋花 Convolvulaceae sepium	旋花科 Convolvulaceae	1143±0
扁穗冰草 Agropyron cristatum	禾本科 Gramineae	416±234
早熟禾 Poa pratensis	禾本科 Gramineae	1261±496
赖草 Leymus secalinus	禾本科 Gramineae	823±344
针茅 Stipa capillata	禾本科 Gramineae	104±0
阴山扁宿豆 Melilotoides ruthenica	豆科 Leguminosea	182±50
柴胡 Bupleurum	伞形科 Vmbelliferae	433±187
狼毒 Stellera chamaejasme	瑞香科 Thymelaeaceae	1782±299
阿尔泰狗娃花 Aster tataricus	菊科 Compositae	701±243
紫花韭 Allium polyrhizum	百合科 Liliaceae	649±146
小兰花棘豆 Oxytropis glabra	豆科 Leguminosea	1827±385
披针叶黄华 Thermopsis lanceolala	豆科 Leguminosea	104±0
巴天酸模 Rumex patientia	蓼科 Polygonaceae	234±50
火绒草 Leontopodium leontopodioides	菊科 Compositae	2325±1047
星毛委陵菜 Potentilla aclaulis	蔷薇科 Rosaceae	312±52
秦艽 Gentiana macrophylla	龙胆科 Gentianaceae	758±94

注:表中数据是在容量为 1 m×1 m×0.15 m 中的种子数。

(2)退化草地土壤种子库的空间分布

1)狼毒种子库的水平分布特征

在植被梯度下由于所处的环境不同,各梯度种子库物种均具有不同的变化趋势,表 8.1.3 列出了不同梯度下种子库中典型物种的密度变化。

表 8.1.3 狼毒群落水平方向典型物种分布 (单位:粒/m²)

	Ⅰ	Ⅱ	Ⅲ	Ⅳ	Ⅴ	Ⅵ
草地早熟禾	3148±547	2338±436	1039±87	104±0	416±69	520±43
灰绿藜	381±98	2182±573	416±69	2753±1103	6234±2369	1766±891
狼毒	1465±745	1347±675	1195±329	3047±1598	1351±179	2286±546
阿尔泰针茅	—	—	—	104±0	—	—

早熟禾种子库的密度在植被梯度下出现明显的减少趋势,而阿尔泰针茅种子库很小,只在梯度Ⅳ偶尔发现其种子。狼毒种子库较大,在植被梯度下呈现出增长态势,灰绿藜种子库密度在植被梯度下表现出明显的增长趋势。群落种子库典型性物种的密度变化表明,多年

生禾草种子密度随梯度的增加而减少最后消失,取而代之的是一、二年生杂草种子,如一、二年生杂草灰绿藜及麦瓶草等;多年生杂草优势物种具有较大的密度且普遍存在于各个植被梯度,如狼毒等。

2)土壤种子库垂直分布特征

群落垂直结构差异主要表现在物种数和密度上。在研究区域内,狼毒群落土壤种子库从土壤的垂直剖面来看,各土层不同物种种数、种子密度分布是不一致的(图8.1.5)。

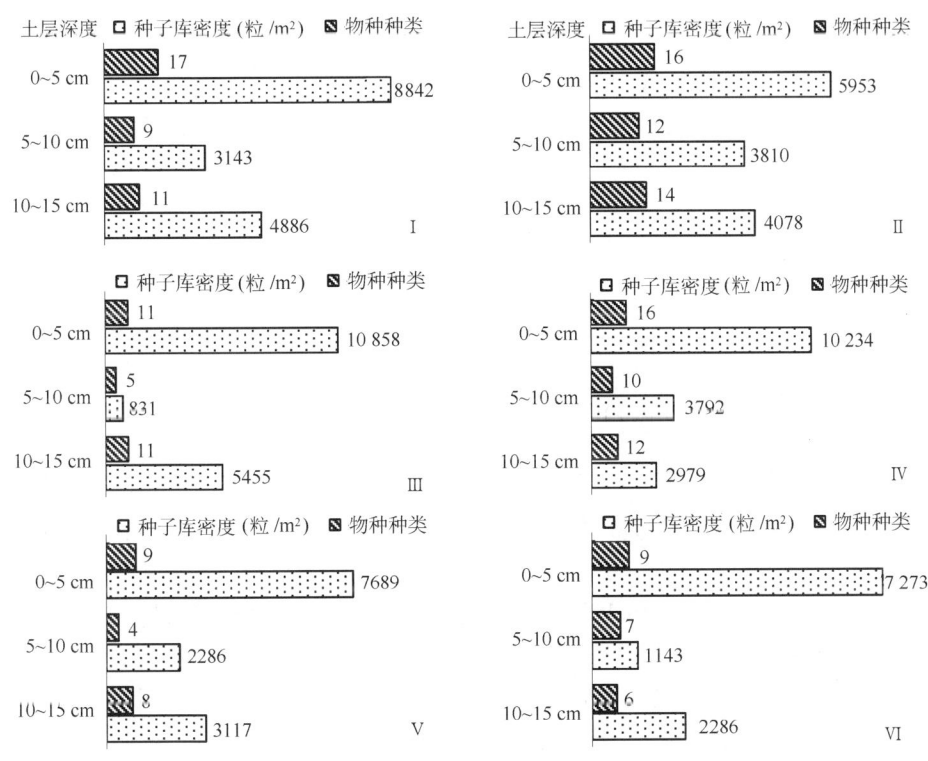

图8.1.5 狼毒群落土壤种子库物种的垂直分布

不同植被梯度下,狼毒群落种子库的物种数量在三个土层间表现出0~5 cm层>10~15 cm层>5~10 cm层的分布(梯度Ⅵ除外)。群落种子库的密度也表现出相应的分布趋势(梯度Ⅳ除外)。

这种分布现象除与植物种子的繁殖散布规律和群落的特点有关外,还与草原的季节动态有关,相对浅层的种子在当年大量萌发,特别是5~10 cm层,而在深层由于种子库取样后,生境异质性增大,打破了其土壤中种子的休眠状态。因此,植物的物种数量和种子存量相对较多。方差分析结果表明,狼毒群落不同植被梯度下,0~5 cm、10~15 cm层次内土壤种子库的密度差异达到了显著水平,5~10 cm层各梯度密度差异达到极显著水平。

(3)土壤种子库的多样性分析

物种多样性是群落的重要特征。狼毒群落的梯度不同决定狼毒群落生境差异的主导因子反映在土壤种子库的表现就是组成结构水平的差异,即群落土壤种子库组成种的数量、个体总数、空间配置的不同,形成了不同的结构格局,其各层次多样性也不同。

表 8.1.4　狼毒群落土壤种子库多样性指数

多样性指数	土层深度(cm)	Ⅰ	Ⅱ	Ⅲ	Ⅳ	Ⅴ	Ⅵ
H	0～15	2.334	2.567	2.040	2.442	1.830	2.157
	0～5	2.415	2.509	1.666	2.401	1.576	1.776
	5～10	1.627	2.036	1.544	1.932	1.169	1.768
	10～15	1.946	2.457	2.052	2.329	1.902	1.602
J	0～15	0.824	0.888	0.736	0.845	0.736	0.868
	0～5	0.852	0.905	0.695	0.866	0.717	0.808
	5～10	0.782	0.819	0.959	0.839	0.843	0.908
	10～15	0.811	0.931	0.856	0.937	0.915	0.894
Ma	0～15	1.644	1.783	1.539	1.745	1.160	1.186
	0～5	1.761	1.726	1.076	1.625	0.894	0.900
	5～10	0.869	1.334	0.595	1.092	0.388	0.852
	10～15	1.177	1.564	1.162	1.375	0.870	0.646
C	0～15	1.908	0.873	3.633	1.643	3.545	1.172
	0～5	0.470	0.177	3.242	0.664	2.004	1.092
	5～10	0.274	0.196	0.016	0.224	0.507	0.022
	10～15	0.375	0.083	0.365	0.055	0.173	0.166

从表 8.1.4 可以看出，不同植被梯度土壤种子库(0～15 cm 层)的 Shannon-Wiener 指数(H)、Pielou 均匀度指数(J)和 Margalef 丰富度指数(Ma)波动变化趋势基本一致，而优势度指数与之变化趋势相反。Shannon-Wiener 指数、均匀度和丰富度指数的最大值和最小值分别出现在梯度Ⅱ和梯度Ⅴ。在不同植被梯度下，群落的 Shannon-Wiener 指数、均匀度和丰富度指数呈一定的波动变化状态，而生态优势度在植被梯度下的波动变化明显。

在植被梯度下种子库表层(0～5 cm 层)与土壤种子库(0～15 cm 层)物种多样性的变化具有较大的相似性，而 5～10 cm 层和 10～15 cm 层则明显区别于 0～5 cm 层的多样性变化，总体来看，0～5 cm 层的 Shannon-Wiener 指数、优势度指数和丰富度指数值要高于 5～10 cm 层和 10～15 cm 层的指数值，而均匀度指数值则低于 5～10 cm 层和 10～15 cm 层的指数值。

多样性指数越低群落结构亦较简单，对环境波动的缓冲功能弱，不稳定性越大，群落各层不稳定性排序为：5～10 cm 层＞10～15 cm 层＞0～5 cm 层。物种多样性指数、丰富度指数和均匀度指数都低的梯度生态优势度指数值高。

(4) 土壤种子库与地上植被的关系

1) 物种组成关系

随着狼毒群落植被梯度的增加，土壤种子库与地上植被的共有物种数及其所占比例不断减少，相似性系数也出现一个较明显的递减趋势(表 8.1.5)。梯度Ⅰ、Ⅱ种子库与地上植被的共有物种数分别为 14 种和 11 种，并占总物种数的 70% 和 55%，相似性系数达到 0.903 和 0.71。而在梯度Ⅴ、Ⅵ共有物种数分别为 2 种和 1 种，共有种的比例减少到 10% 和 5%，相应的相似性系数仅为 0.267 和 0.125。

表 8.1.5 种子库与地上植被组成的相似性

梯度	地上植被种数	土壤种子库种数	共有物种数	共有种比例(%)	相似性系数
Ⅰ	14±0.6	17±1.6	14±1.2	70	0.903
Ⅱ	13±0.2	18±2.4	11±0.7	55	0.71
Ⅲ	6±0.3	16±1.8	5±0.5	25	0.455
Ⅳ	7±0.4	18±3.6	6±1	30	0.48
Ⅴ	3±0.1	12±0.7	2±0.3	10	0.267
Ⅵ	4±0.1	12±1	1±0	5	0.125

由于地上植被与种子库相似性随着植被梯度的增加而减少,使地上植被与种子库群落组成的相异性随着狼毒分盖度的增加而增加。物种针茅广泛存在于植被中,但在种子库中仅在梯度Ⅳ检测到一粒种子,苔草虽然在植被中检出,但在种子库中并未检测到。灰绿藜、麦瓶草、甘肃马先蒿等物种大量存在于种子库中。原生物种种子库对禾本科草原植被更新的贡献率越来越低。

2) 功能群组成关系

由狼毒群落各功能群优势度比例可以看出(图 8.1.6a,图 8.1.6b):地上植被功能群主要以多年生禾草和多年生杂草组成,其优势度比例平均值分别为 52.9% 和 42.76%,一、二年生杂草所占的比例很少,仅占 4.29%。在植被梯度下,多年生禾草优势度比例普遍高于多年生杂草且二者波动变化幅度较小,一、二年生杂草植被在梯度Ⅴ、Ⅵ缺失。在环境和人为干扰共同作用下,多年生禾草和多年生杂草占据了地上群落的大部分营养和空间生态位,对地上群落的稳定和生态功能的维持起着重要作用。相比之下群落中处于劣势的一、二年生杂草在群落中十分稀少。

不同植被梯度下土壤种子库植物功能群的优势度比例规律性变化较为明显,多年生杂草优势度比例很高,平均值达到 57.8%,基本表现为由低到高再转为低的单峰变化趋势;多年生禾草优势度比例平均值为 13.68%,出现较为明显的减少趋势,而一、二年生杂草总体呈现一个较为明显的上升态势。

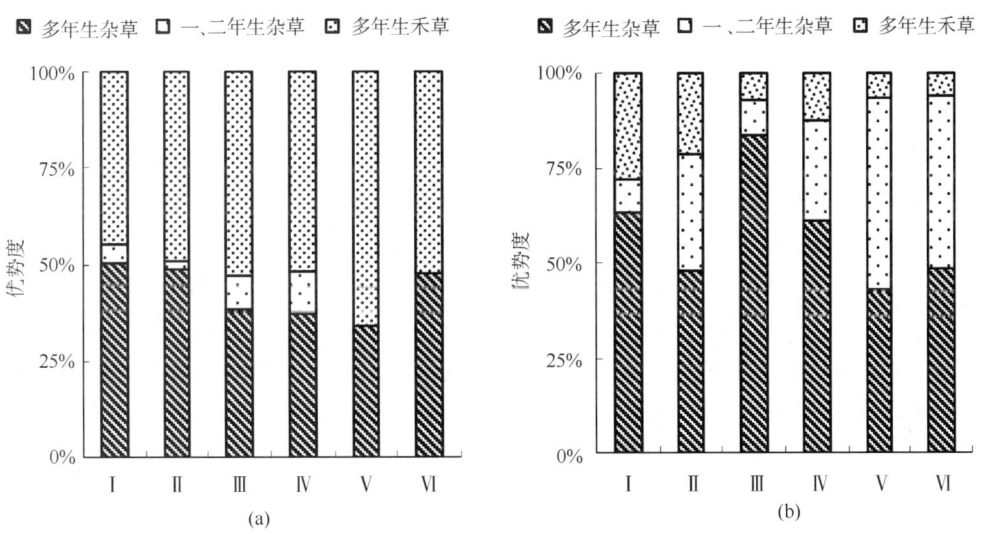

图 8.1.6 退化草地地上植被(a)和种子库(b)功能群组成

地上植被与种子库功能群组成间的不完全一致性的原因较多,多年生物种由于自身的生物学特征及草地频繁的放牧干扰,靠营养繁殖实现自我更新,有些物种甚至几乎全部靠营养繁殖实现自我更新,种子生产量很低,但在植被中占主要地位,一、二年生杂草利用雨季或在水分充足的生境中完成其生活周期,狼毒等多年生杂草地上部分丛生枝条多,冠层繁茂,为其创造了一定的庇荫和相对优良的小生境。从而使其密度随植被梯度的增大而增大。

(5) 讨论

Grimes(1989)认为,常用的幼苗萌发法和物理分离法各有利弊,一般来说,应用幼苗萌发法来测定种子库的大小,即使在合适的萌发条件下,也有一些种子处于休眠状态,暂不萌发,可能大大低估活性种子的丰富度。相对来说,直接计数法可以克服萌发法的一些缺点,但它要求对种子的鉴定要准确,并要综合当地土壤质地、群落特征等因素选择相应的鉴定方法。考虑到研究区植物种子的自身特点,本试验应用二者相结合的方法。

种子库的结构组成、数量是植被自然恢复的物质基础,也是植物生态学的焦点问题。Thompson(1986)曾认为:在不同的植被地带和不同的植物群落,其种子库的组成特性和生态功能各有不同;同一群落内部的不同物种,其种子库特性也可能有重大差异。研究区狼毒群落中毒杂草物种的数量及密度在种子库中占优势地位。

对土壤种子库中植物种子的垂直分布规律以往的研究表明,表层土壤中种子比例高,随着土层的加深而递减(杨小波等,1999;周先叶等,2000)。而本研究区三个层次间表现出上层＞下层＞中层。出现这种现象可能与采样季节和植物持久种子库特性有关,相对浅层的种子在当年已大量萌发,特别是5～10 cm层,而在深层由于种子库取样后,生境异质性增大,打破了其土壤中种子的休眠状态,因此,植物的物种数量和种子存量相对较多。相应的群落垂直方向的不稳定性以物种数和种子库密度最低的5～10 cm层最大。群落的物种多样性分析也证明了这一点。均匀度指数反映了群落或生境中全部物种个体数的分配状况,即各物种个体分配的均匀程度(杜茜等,2006)。狼毒群落均匀度指数较低且相差并不大主要是因为研究区生态环境恶劣,受环境的影响,植物物种少,群落组成相对简单造成较强的放牧干扰,致使种间资源竞争强度降低,一些竞争力强的物种可迅速成为群落优势物种。狼毒群落各层物种分布差异较为悬殊,不同植被梯度各层内生境异质性较大。种子库不同层次物种丰富度变化较大,这也说明狼毒群落物种的垂直分布不均匀,各个土层内环境异质性较大。群落结构严重破坏,生境恶化,植物成分出现不稳定状态。

狼毒群落土壤种子库与地上植被的种类组成和密度在植被梯度下差异渐趋显著,地上植被多年生禾草优势度比例很高并未表现出减少趋势,而种子库优势度比例则呈现明显的递减趋势。多年生杂草种子库具有比地上植被更高的优势度比例。一、二年生杂草的繁殖对策和种子生产特征往往决定其在种子库中的地位。狼毒群落植被中多年生杂草与多年生禾草生态位重叠较少,主要植物种间总体上趋向于共同利用群落中的非限制性资源,未发生激烈的竞争或排斥作用。但草地频繁遭受放牧干扰,抑制了植物的顶端优势形成不定根,靠营养繁殖实现自我更新,种子生产量低,有些物种特别是多年生禾草几乎全部靠营养繁殖实现自我更新,如存在于植被中而未在种子库中发现或种子存量很少的多年生禾草苔草、阿尔泰针茅等。也不排除它们的种子在土壤中仅具有短暂的生命力的可能。相反,生命周期相对较短的一、二年生杂草物种大量出现在种子库中而未在植被中检测到也是其相异性增大的一个原因。毒草的泛滥及优良禾本科牧草种子的锐减,也是与当地放牧模式的不合理、草原管理未受到充分重视有关的。

在植被梯度下种子库的变化趋势能够预测草地的生产能力与健康状况。对于自然恢复来说,即使微气候非常适宜,但如果缺乏种源的话,也很难实现植被自然恢复。研究区狼毒群落地上植被多年生禾草在植被梯度下趋向于营养繁殖,在频繁干扰下不利于种子的形成,种子库中多年生禾草种子在植被梯度下呈减少的趋势,而一、二年生杂草则趋于增大,在多年生杂草种子大量存在的情况下,土壤种子库在自然状态下萌发恢复成原禾本科草原的潜力还很小,植被恢复还需要适度的人为干预。

(6)结论

复杂多样的山地地貌条件是祁连山草原生态系统多样性形成的主要条件,研究区受人为干扰较为严重,许多优良牧草已经消失,草原毒杂草泛滥,退化严重。狼毒群落随着毒杂草的蔓延显著地改变了草地群落结构,也暗示着生态系统过程和功能的巨大变化。

狼毒群落植被梯度的划分能够反映出草地生态系统的退化过程及植物生存基质稳定性变化的趋向。群落种子库在不同植被梯度下物种的组成、分布格局、多样性指数和地上植被的关系变化,表明了草地退化的趋势和群落生态功能衰退的程度。多年生禾草种子库的密度随植被梯度的增加而减少直至消失,取而代之的为杂草种子库,多年生杂草存在于各个植被梯度且具有较大的种子密度。群落物种数量及其密度表现出 0～5 cm 层＞10～15 cm 层＞5～10 cm 层的分布规律,这种分布规律也决定了各层的稳定性。

狼毒等毒杂草具有很强的抗干扰能力。草原放牧时牲畜采食了地上的优良牧草,干扰了牧草正常的繁殖周期,很难产生健全的种子,而毒杂草种子的密度在各个梯度占有优势,群落禾草种子在植被梯度下密度减少,优势地位明显下降。放牧干扰成为群落退化的主要驱动力。

在植被梯度下土壤种子库与地上植被的差异显著增强,土壤种子库对地上植被更新的贡献率已经非常有限;草原多年生禾草种子密度在植被梯度下递减,虽然地上植被主要采取营养繁殖方式,但种子数量占优势的多年生杂草和一、二年生杂草致使草原在植被的自然恢复中的潜力减小。土壤种子库对原禾本科草原植被更新的贡献率越来越低。因此在狼毒物种占优势的草地即使围封在短时间内也很难恢复到原来植被状态。

8.1.1.3 天然草地新型除草技术防除狼毒效果研究

天然草地毒草大量滋生繁衍给天然草原畜牧业生产和生态环境建设保护带来了一系列问题(张自和,2000;邢福等,2000;史志诚,1997;姜海楼等,1987;刘延泽等,1987)。瑞香狼毒广泛分布于我国东北、西北和西南地区的天然草地上,属烈毒性常年有毒植物,其主要有毒成分为香豆素、黄酮、二萜原酸酯和木脂类化合物(黄祖杰等,1993)。狼毒全草有毒,但以根的毒性最大,牛、羊易发生误食中毒,马和其他家畜很少发生中毒。每年早春牛、羊抢青误食瑞香狼毒,中毒后能引起呕吐、腹痛、腹泻、四肢无力、卧地不起、全身痉挛、头向后弯、心悸亢进、粪便带血,严重时虚脱或惊厥死亡,母畜接触后可导致流产(朱蓓蕾,1989)。

20 世纪 80 年代以来,国内有关专家学者和基层工作人员在狼毒防除研究方面取得了初步进展(赵志义,1985;万国栋等,1996;张作发等,1992;沈景林等,1999;周淑清等,1998)。但还存在以下几个方面的不足:①人工挖除狼毒后补播优良牧草的方法,有可能降低草地植被覆盖度,造成生草土的侵蚀和植物的次生演替,狼毒的异株克生(allelopathy)作用,使补播的植物种子出苗困难或出苗后逐渐死亡,补播牧草因竞争力弱而难以成活,原有植被很难形成优势种,该法改良毒杂草型退化草地的难度非常大(甘肃省肃南县牧业区划办,1986;任继周,1998);②根部注射和单株喷雾等方法,耗费较大人力、物力,成本较高,不具备推广价值;③药物防除狼毒试验中样方面积小、施药量偏大,缺乏大面积喷雾的安全性;④采用的药物配方均兑水稀释,北方天然草地地表水缺乏且水体矿化度高,大量和常量喷雾法既增加了施药难度又降低了农药活性,加之光照强烈、蒸发量大等气象因素影响,毒草叶面药粒中的水分快速蒸腾后,有效成分无法被植物吸收致使灭效偏低,不具备大面积喷雾的可能性。应用中国科学院寒区旱区环境与工程研究研制的新型除草剂——43.2%"灭狼毒"超低容量制剂于2001—2003年在甘肃省肃南县康乐草原开展防除狼毒田间药效试验,取得了显著效果,为治理该类型退化草地提供了可靠依据。

(1) 不同药剂防除狼毒效果

试验结果表明(表8.1.6),43.2%"灭狼毒"超低容量制剂 1.65 L/hm²、1.35 L/hm²、1.05 L/hm²、0.75 L/hm² 和 0.45 L/hm² 5个处理对狼毒的防效分别为 99.08%、95.84%、95.29%、92.10% 和 76.14%,对照药剂 72% 2,4-D丁酯乳油 1.65 L/hm² 和 1.35L/hm² 2个处理对狼毒的防效分别为 85.48% 和 80.82%。43.2%"灭狼毒"超低容量制剂 1.65 L/hm² 处理的防效显著优于其他6个处理,1.35 L/hm²、1.05 L/hm² 和 0.75 L/hm² 3个处理间防效差异不显著,均显著高于 0.45 L/hm² 及对照药剂2个处理,灭狼毒 0.45 L/hm² 处理的防效显著优于 72% 2,4-D丁酯乳油的2个处理,72% 2,4-D丁酯 1.65 L/hm² 处理的防效显著高于其 1.35 L/hm²。同时,"灭狼毒"对另一种毒草披针叶黄花作用效果明显,1.65 L/hm²、1.35 L/hm²、1.05 L/hm²、0.75 L/hm² 和 0.45 L/hm² 5个处理对披针叶黄花的防效分别为 100.00%、98.71%、96.26%、93.70% 的 85.32%;72% 2,4-D丁酯 1.65 L/hm² 和 1.35 L/hm² 2个处理对披针叶黄花的防效分别 81.27% 和 77.40%。43.2%"灭狼毒"超低容量制剂防治狼毒的最佳施药量为 0.75~1.05 L/hm²。

表 8.1.6　不同处理间狼毒植株死亡率对比

处理	A	B	C	D	E	F	G
施药前株数	321±21	321±16.9	316±27.9	303±22.4	308±12.3	325±10.8	314±16
施药后株数	79±4.9	25±2.4	15±1.2	13±0.4	3±0.1	62±2.9	46±3.1
100 d 死亡率	76.1±4.6	92.1±6.5	95.3±3.1	95.8±2.5	99.1±4.2	80.8±3.8	85.5±4.1

注：A~E 分别对应 43.2%"灭狼毒"超低容量制剂 1.65 L/hm²、1.35 L/hm²、1.05 L/hm²、0.75 L/hm² 和 0.45 L/hm² 共5个处理；F,G 对应药剂 72% 2,4-D丁酯乳油 1.65 L/hm² 和 1.35 L/hm² 2个处理。

43.2%"灭狼毒"超低容量制剂对狼毒作用速度快,施药后 1~2 h 部分植株茎秆即开始扭曲下垂,剂量越高,反应速度越快;施药后第 1 d 植株茎秆扭曲下垂;第 3 d 叶片从叶尖和叶缘开始出现不规则干枯斑,顶叶开始干枯;第 10 d 茎秆变红、变粗、脆化易折断,仍畸形扭曲,但不失水,叶片开始干枯,地下根部正常;第 15 d 叶片脱落,茎秆仍未失水,根部正常;第 30 d 地上部分开始干枯死亡,部分植株根部从生长点开始向下腐烂;第 75 d 地上部全部枯死,根部腐烂。2002年6月对狼毒再生能力调查表明,在2001年受药害死亡的狼毒植株中,有 0.31% 的植株具有再生能力,可生长出不正常的茎叶,其余植株全部死亡。

(2) 不同施药时间防除狼毒效果

采用 43.2%"灭狼毒"超低容量制剂设 1.05 L/hm² 一个剂量在不同时间施药对狼毒的

杀灭率均可达到95%以上,其不同主要表现在施药作业对草地狼毒群落施药当年的整体控制效果和狼毒受药害后的死亡速度两方面。由于受到基因型的多样性、对逆境的适应性差异、种子休眠程度,以及草地水、湿、温、光条件的差异和对萌发条件要求和反应的不同因素等的影响,杂草的萌发时期参差不齐(强胜,2001)。狼毒一般在6月上旬萌发,实际上在7月上旬以前有一些生长年限较短的植株不断萌发,落在土壤中的狼毒种子一般在6月下旬降水充沛、气温适宜的条件下开始萌发。近年来的研究发现,狼毒萌发后的生长发育速度非常快,从萌发到盛花期只需30 d左右,每个物候期间隔10 d左右。在毒杂草型退化草地上应用超低容量技术喷施43.2%"灭狼毒"超低容量制剂,只能对已经萌发且叶片展开的植株产生杀灭作用;由于农药用量低,加之降雨稀释,草地土壤中农药残留量很少且残留时间短,对正在萌发或尚未萌发的植株不起毒害作用。因此,不同施药时间对草地狼毒群落的控制效果不同(图8.1.7),8月25日测定草地植物群落特征时,显蕾期施药小区的受药狼毒已经死亡,对重要值的测定不产生影响,而施药后新萌发的狼毒植株在草地植物中分盖度占20%～25%,重要值占13.2%;初花期施药小区的受药狼毒已经死亡,对重要值的测定也不产生影响,新萌发植株在草地植物中分盖度占17%～20%,重要值占10.8%;盛花期和结实期施药小区新萌发的狼毒植株很少,对草地重要值测定几乎不产生影响,而受药狼毒植株却有不同表现,盛花期施药小区受药植株大部分已经死亡,其余植株茎秆已扭曲变形,狼毒重要值7.5%,结实期施药小区受药植株一部分已经死亡,大部分处于茎秆扭曲变形阶段,在草地植物中狼毒分盖度占23%～25%,狼毒重要值达14.2%,尽管第二年这些小区的狼毒返青率极低,但施药当年草地植物群落中由于狼毒的分盖度和重要值较高,显然影响了禾本科牧草的生长发育。

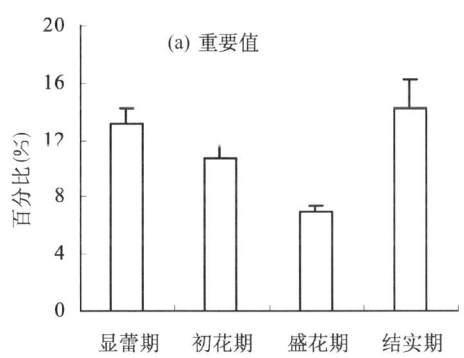
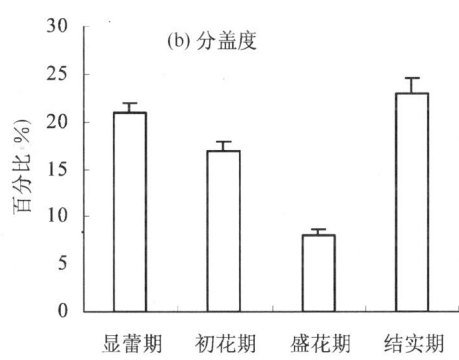

图8.1.7 不同施药时间对草地狼毒种群特征的影响

不同施药时间各处理狼毒死亡率和死亡速度不同,显蕾期施药各处理,施药后第3 d一些较小的狼毒植株开始死亡,施药第7 d狼毒死亡率达6%,施药45 d狼毒死亡率达96.1%,死亡速度最快;初花期施药各处理,施药后第8 d狼毒开始死亡,第15 d死亡率达15%,第45 d死亡率达90%,第75 d死亡率达96.7%,狼毒死亡速度居第二位;盛花期施药各处理,施药后第10 d狼毒开始死亡,第15 d死亡率只达到8%,第45 d死亡率达75%,第75 d死亡率达95.5%,狼毒死亡速度与初花期施药各处理区别不大;结实期狼毒死亡速度最慢,施药20 d后狼毒开始死亡,第30 d狼毒死亡率仅达9%,施药60 d后狼毒死亡率达80%,90 d后狼毒死亡率达96%。尽管不同施药时间各处理间狼毒的死亡速度不同,但是各处理2003年夏季受药狼毒的返青率均不足1%,可以说,不同施药时间对受药狼毒的致死效果基本一致。

结合图 8.1.7、图 8.1.8 可以看出,43.2%"灭狼毒"超低容量制剂以 1.05 L/hm² 的剂量在狼毒显蕾期、初花期、盛花期、结实期进行叶面喷雾,对受药狼毒植株的杀灭效果基本相同,但对草地狼毒群落的控制效果存在很大差异,对施药当年禾本科牧草的生长也有不同影响。为有效控制草地狼毒群落,促进禾本科牧草生长,盛花期为应用 43.2%"灭狼毒"超低容量制剂叶面喷雾防除狼毒的最佳时期。

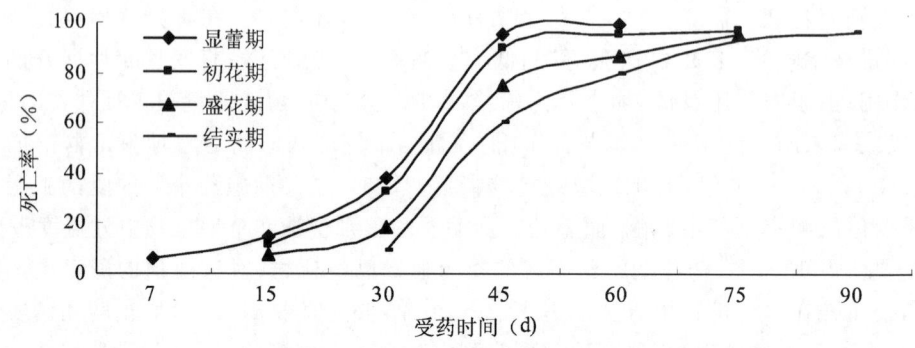

图 8.1.8　不同施药时间狼毒的死亡率

(3) 草地植物对 43.2%"灭狼毒"超低容量制剂的敏感性

43.2%"灭狼毒"超低容量制剂在 1.05 L/hm² 剂量下对草地植物的影响表现出 3 种情形(表 8.1.7),扁穗冰草、草地早熟禾、阿尔泰针茅、赖草等禾本科牧草不敏感;龙胆、鸢尾、异叶青兰、碱韭等杂类草也不敏感,两组植株受药后生长发育正常,次年返青正常,苗率、叶色、株高、长势等与对照无差异。

表 8.1.7　草地植物对超低容量除草剂的敏感性

植物名称	施药第一年							次年返青情况
	5 h	1 d	3 d	10 d	30 d	45 d	100 d	
草地早熟禾 Poa pratensis								正常
扁穗冰草 Agropyron Cristatum								正常
阿尔泰针茅 Stipa krylovii								正常
洽草 Koeleria cristata								正常
赖草 Leymus secalinus								正常
披针叶黄花 Thermopsi lanceolata	*	*	* *	* *	* * *	* * * *	* * * *	
冷蒿 Artemisia frigida		*	* *	* *	* * *	* * *		正常
阿尔泰狗娃花 Aster tataricus			* *	* *	* * *	* * *	* *	
龙胆 Gentiana L.								正常
天山鸢尾 Iris. Loczyi								正常
多茎萎陵菜 Potentilla multicaulis			*					正常
异叶青兰 Dracocephalum heterophyllum								正常
蒲公英 Taxaxacum mongolicum			*	*	*		*	
碱韭 Allium polyrhizum								正常

注:* 表示茎秆扭曲,叶不变形;* * 表示茎秆扭曲,叶片出现干枯斑;* * * 表示茎秆变形,叶片死亡;* * * * 表示植株死亡。

冷蒿、多茎萎陵菜、蒲公英受药后比较敏感,冷蒿受药 1 d 后茎秆出现扭曲现象,第 10 d

叶片开始出现干枯斑,30 d 后叶片恢复正常,茎秆仍然扭曲,45 d 后植株恢复正常,多茎萎陵菜受药 3 d 后茎秆出现扭曲,10 d 后恢复正常,蒲公英受药后的敏感情况与冷蒿基本相同,这 3 种植物第二年返青正常,出苗率、叶色、株高、长势等与对照无差异。

披针叶黄花和阿尔泰狗娃花受药后敏感性很强,披针叶黄花在受药 5 h 后茎秆扭曲,第 3 d 时叶片出现干枯斑,30 d 时茎秆变形,叶片开始死亡,45 d 时植株开始死亡,死亡植株第二年基本没有返青,阿尔泰狗娃花受药 1 d 后茎秆扭曲,30 d 后茎秆变形,叶片开始死亡,45 d 后植株死亡,第二年只有少量受药植株返青。

(4) 对非靶标生物安全性调查结果

施药后第 1、3 和 10 d 调查结果显示,"灭狼毒"对蜜蜂、蚂蚁、蜘蛛、瓢虫及蝶类等非靶标生物无不良影响。

(5) 结论与讨论

43.2%"灭狼毒"超低容量制剂各处理的防治效果极显著高于 72% 2,4-D 丁酯乳油各处理,灭效分别为 99.08%、95.84%、95.29%、92.10% 和 76.14%;43.2%"灭狼毒"超低容量制剂各处理间也存在极显著差异,1.65 L/hm² 处理的防效显著优于其他 4 个处理,1.35 L/hm²、1.05 L/hm² 和 0.75 L/hm² 3 个处理间防效差异不显著,均显著高于 0.45 L/hm² 处理。

43.2%"灭狼毒"超低容量制剂以 1.05 L/hm² 的剂量在狼毒显蕾期、初花期、盛花期和结实期进行叶面喷雾,尽管不同施药时间各处理间狼毒的死亡速度不同,但是各处理在 2003 年夏季受药狼毒的返青率均不足 1%。因此,不同施药时间对受药狼毒的致死效果基本一致。叶面喷施 43.2%"灭狼毒"超低容量制剂只能对已经萌发且叶片展开的植株产生杀灭作用,由于狼毒萌发时间参差不齐,不同施药时间对草地狼毒群落的控制效果存在很大差异,对施药当年禾本科牧草的生长也有不同影响,施药时期过早不能有效杀灭萌发迟的植株,施药时期太迟受药狼毒死亡速度慢,地上生物量过大,不利于禾本科牧草的生长发育。

由于采用超低容量喷雾,且具有较高的选择性,43.2%"灭狼毒"超低容量制剂对可食牧草和非靶标生物安全。该药剂的有效成分为 72% 2,4-D 丁酯,残效期短,对环境无污染。

43.2%"灭狼毒"超低容量制剂在狼毒盛花期采用 1.05 L/hm² 的施药量叶面喷雾,可有效治理毒杂草型退化草地。

8.1.1.4 祁连山地毒杂草型退化草地植被恢复生态效应

毒杂草型退化草地已经成为西北地区的一种主要草地退化类型,毒杂草型退化草地的扩散蔓延,不仅降低了天然草地的生产能力,对家畜生产安全构成了严重威胁,而且使高寒草地利用陷入了"过牧-退化-再过牧"的恶性循环之中,已经成为干旱、半干旱草原地区的生态灾难(赵成章等,2004a;沈景林等,2000a)。毒杂草型退化草地植被恢复是一项涉及草地群落物种多样性、优势种群更替和草地生产能力提高的综合性问题,几十年来人们采用封育禁牧、人工抚育措施来恢复退化草地群落结构和功能(闫志坚等,2002;沈景林等,2000b),但通过何种途径才能尽快地恢复天然草地植被,即何为西北牧区毒杂草型退化草地生态系统修复的最佳途径,对此并没有一个明确的答案。目前,对毒杂草型退化草地的论述多集中在毒杂草的入侵、扩散过程的生态学机制(Levine 等,1999;Naeem 等,2000;米湘成等,2003;Lockwood 等,2005),以及退化草地自然更新的生态学原理方面(Glasscock 等,2005;Ruizj 等,2005),而该类草地群落植被恢复演替过程和机理研究较为薄弱,尚未形成集成性植被恢复技术模式。退化草地生态系统的恢复与重建,对改善区域生态水文循环过程和西北地区草地生态系统的结构和功能具有极其重要的意义(魏兴琥等,2008;戚登臣等,2008)。据此,以祁连山北坡天然草地为例,报道了在"化学除莠+短期禁牧"相结合的人工干预条件下,2001—2007年间狼毒型退化草地的植被恢复过程,以期为黑河流域水－生态－经济系统协调管理提供依据。

(1) 退化草地恢复过程中的主要群落特征

天然草地恢复演替过程中草地群落的主要生物学特征出现两种变化趋势。草地群落的盖度、地上生物量和密度均在防除狼毒的第二年(2002年)出现最低值,而后持续增加至2007年(图8.1.9a~图8.1.9c),年际间密度和地上生物量之间差异显著($P<0.05$),盖度在2000—2005年间差异显著($P<0.05$)。草地群落的高度自防除狼毒以来表现出持续增加的趋势(图8.1.9d),2006年达到18.5 cm,年际间草层高度间差异显著($P<0.05$)。

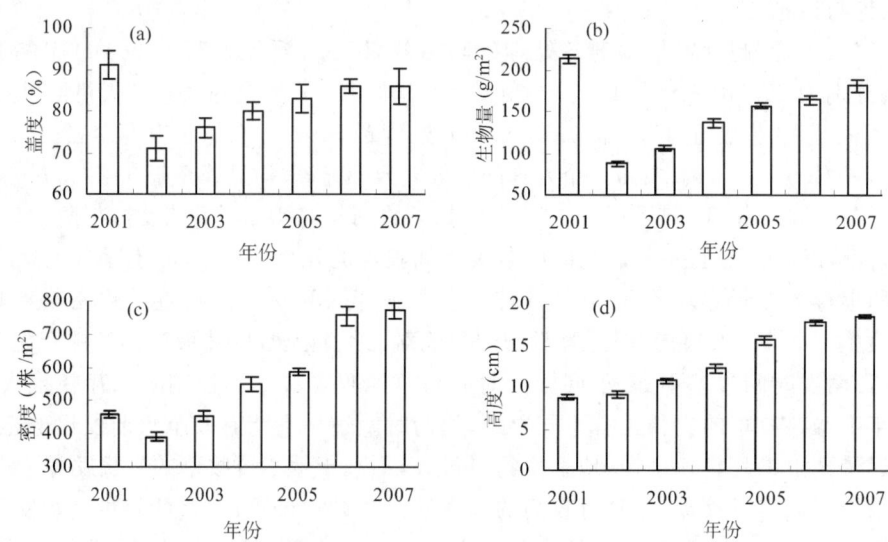

图8.1.9　草地群落的主要生物学特征动态(2001—2007年)

2007年恢复草地的草层高度和密度比治理初期草地(2001年)分别提高110.2%和68.3%,而盖度和地上生物量分别比2001年降低5.4%和14.8%,但是盖度和地上生物量的绝对值接近研究区域该类型原生草地状态。

(2) 草地恢复过程中群落优势种的更替

优势种的更替是群落演替阶段的标志,应用除草剂防除退化草地主要有毒植物的措施,人为改变了毒杂草型退化草地的演替趋势,草地群落主要植物的优势度出现阶段性变化特征(表8.1.8),年际间差异显著($P<0.05$)。2001—2002年杂类草的优势度高达52.5%~62.1%,狼毒和火绒草共同成为草地群落的优势种,禾草为伴生种。随着可食牧草的恢复性生产,禾草的优势度逐渐增加,2003年苔草和火绒草成为优势种,2004年苔草和针茅成为优势种,杂类草成为伴生种;2005—2007年原生地带性植被的优势种针茅取代苔草成为草地群落的优势种群,形成了禾草优势群落阶段,禾本科和莎草科牧草的优势度达到60%以上,火绒草、乳白香青(*Anaphalis lactea*)和狼毒成为伴生种。在观测期间嵩草(*Kobresia*)、赖草的优势度表现出先升高、后降低的变化趋势。

表 8.1.8 草地恢复过程中主要植物的优势度动态(2001—2007 年)

植物名称	2001 年	2002 年	2003 年	2004 年	2005 年	2006 年	2007 年
针茅	7.77±0.31a	11.44±0.41b	14.3±0.29b	21.7±0.76c	26.4±0.79d	26.8±0.98d	26.7±1.11d
嵩草	6.14±0.23a	9.41±0.37b	9.11±0.41b	7.85±0.28b	8.96±0.35b	7.57±0.14b	7.79±0.17b
苔草	12.18±0.43a	20.9±0.80b	24.2±1.09c	25.4±0.91c	20.5±0.49b	19.1±0.33b	18.8±0.41b
赖草	8.83±0.26a	11.9±0.34b	11.3±0.47b	10.6±0.48b	10.2±0.19b	9.90±0.27b	9.59±0.31b
狼毒	38.9±1.32a	3.17±0.11b	2.89±0.09b	3.31±0.12b	4.31±0.16b	5.18±0.18b	5.88±0.19b
阴山扁蓿	0.00±0.00a	0.00±0.00a	2.75±0.11b	3.28±0.08c	3.16±0.11c	3.39±0.06c	3.65±0.07c
蒲公英	1.54±0.03a	3.14±0.13b	2.31±0.06b	1.72±0.06a	2.20±0.06b	1.59±0.07a	1.63±0.04a
火绒草	12.50±0.35a	20.93±0.81b	18.28±0.27b	13.46±0.26a	11.1±0.48a	9.46±0.19a	7.94±0.37a
兰石草	0.64±0.01a	0.61±0.02a	0.51±0.01a	0.58±0.02a	0.54±0.02a	1.50±0.04b	1.63±0.03b
委陵菜	0.56±0.01a	1.13±0.02a	0.67±0.03a	0.57±0.01a	0.69±0.02a	0.68±0.01a	0.62±0.01a
球花蒿	0.00±0.00a	1.89±0.07b	1.67±0.05b	1.57±0.04b	2.49±0.05c	3.08±0.07c	3.37±0.11c
乳白香青	10.99±0.25a	15.48±0.46b	12.01±0.44a	9.97±0.38a	9.39±0.19a	11.57±0.34a	12.31±0.35a

注:表中数字为物种的重要值;同一行中只要有一个相同字母则表示无显著差异(显著性水平=0.05)(下同)。

(3)草地恢复过程中不同功能群植物的生物量和高度变化

1)草地群落的功能群组成

功能群的划分能帮助解释物种对生态系统过程影响的机理,而且可以简化对具有众多物种生态系统的研究,群落内植物的功能群组成也是反映群落特征的一个重要指标,对于功能群的分类也有许多不同的划分方法。植物功能群的分类要考虑结构、功能特点和重要的限制因子,并与分类学相互联系。在本研究所涉及的对象是高寒草原,组成群落的所有植物均为草本植物,根据草本植物的生物学特征,按照一年生禾草,多年生禾草类,一、二年生杂类草,多年生杂类草和豆科固氮植物对草地植物的功能群组成进行统计。

草地群落植物功能群组成结果表明,在演替进程中,不同草地群落内植物的功能群组成存在明显差异。草地恢复演替初期多年生杂类草占绝对优势,是草地群落的主要生活型。2003 年开始多年生禾草占据草地群落优势,禾草形成了高草层,杂类草形成底草层,草群层片结构逐渐恢复,群落环境进一步优化,为草地生态生产功能恢复提供了条件。

2)植物功能群的生产能力和高度变化

草地恢复演替过程中,随着群落主要植物功能群结构的变化,不同功能群的高度和地上生物量表现出不同的变化趋势(图 8.1.10)。多年生杂类草的地上生物量由 2001 年的 174.2 g/m^2 迅速下降至 2002 年的 45.6 g/m^2,从 2003 年开始缓慢增加,至 2007 年达到 49.6 g/m^2,比 2001 年降低 71.5%;2001 年防除狼毒后,苔草和针茅等优良牧草的种群规模逐年提高,多年生禾草的地上生物量在 2007 年达到 107.0 g/m^2,已经接近研究区域未退化草地多年平均水平,草地的生产功能得到了有效恢复。

图 8.1.10 表明,防除狼毒后草地的草层高度发生了分化,形成了合理的层片结构。多年生禾草的平均高度由 2001 年的 16.2 cm 增加至 2007 年的 22.5 cm,草地群落的高草层逐渐形成;而杂类草的平均高度呈现出倒"U"型变化,由 2001 年的 11.8 cm 下降至 2007 年的 7.8 cm。

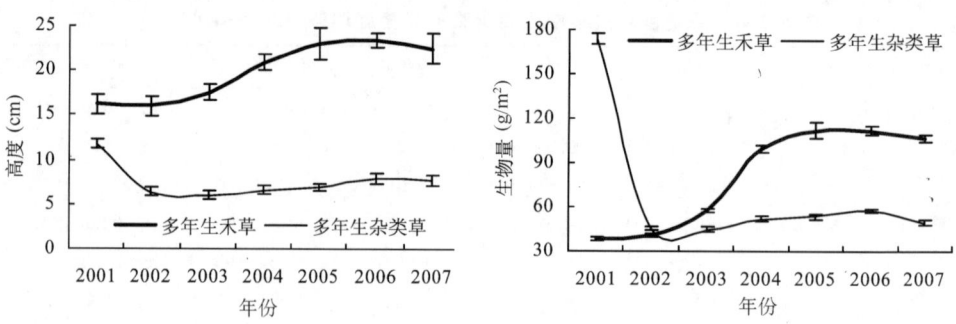

图 8.1.10　草地恢复过程中主要功能群的高度和生产能力(2001—2007)

(4) 草地群落和主要植物地下生物量动态

1) 草地群落地下生物量变化

草地恢复 6 a 后,随着植物功能群组成的变化,草地群落的地下生物量和分布格局发生了变化(表 8.1.9),与对照草地相比恢复草地的总地下生物量增加 56.9%,活根和死根干重分别增加 126.3% 和 20.9%。与此同时,恢复草地的地下生物量出现浅层化分布趋势,78.5% 的根系分布在 0~10 cm 土层,比对照草地提高 22.6%;只有 20% 的根系分布在 11~40 cm 土层中。

表 8.1.9　高寒草地地下生物量变化(2007 年)

土层深度 (cm)	治理草地(g/m²)			对照草地(g/m²)		
	活根	死根	合计	活根	死根	合计
0~10	2048.32±71.70	1626.7±61.81	3675.0±133.51	850.4±34.87	1068.6±22.44	1919.0±57.31
10~20	142.4±5.84	472.4±14.54	614.8±20.48	82.2±3.21	418.4±11.71	500.6±14.92
20~30	61.6±2.16	147.9±4.88	209.5±7.04	66.2±2.78	321.5±6.12	387.7±8.90
30~40	29.12±1.08	84.4±2.78	113.5±3.86	16.0±0.61	91.8±3.76	107.8±4.37
40~50	24.64±0.79	44.8±2.02	69.5±2.81	4.6±0.13	64.4±1.87	69.0±2.00
合计	2306.08±81.57	2376.2±86.13	4682.2±167.70	1019.3±41.6	1964.7±45.90	2984.1±87.50

2) 狼毒根系主要特征变化

在草地地下生物量变化的同时,随着恢复草地狼毒种群在草群中优势地位和竞争格局的变化,狼毒根系大小发生了明显变化(表 8.1.10)。与对照草地相比恢复草地狼毒根系生物量减少 93.57%,狼毒根系体积减少 93.51%,狼毒根系长度减少 89.94%,狼毒根系表面积减少 90.3%。

表 8.1.10　恢复草地单株狼毒根系的分布特征

土层深度 (cm)	恢复草地				CK			
	体积(cm³)	重量(g)	长度(cm)	表面积(cm²)	体积(cm³)	重量(g)	长度(cm)	表面积(cm²)
0~10	6.37±0.15	6.54±0.20	16.4±0.62	9.51±0.39	42.7±1.88	39.7±1.03	147.3±5.22	60.4±1.52
10~20	15.4±0.54	14.2±0.41	60.2±2.17	26.3±0.50	82.4±2.97	79.7±3.43	206.7±3.98	98.8±2.77
20~30	6.2±0.20	5.9±0.14	47.2±1.56	15.5±0.14	50.2±1.76	43.7±1.14	200.9±4.22	83.3±3.33
30~40	0.67±0.02	0.57±0.02	13.6±0.39	3.4±0.09	6.5±0.14	6.1±0.21	72.1±2.02	21.8±0.51
40~50	0.1±0.01	0.1±0.004	2.04±0.06	0.51±0.01	1±0.03	0.93±0.02	20.4±0.41	5.1±0.18

注:CK 为对照样地,即喷施 1050 mL/m² 清水的狼毒退化草地。

表 8.1.10 表明,不但恢复草地狼毒根系的大小比对照草地显著减少,而且狼毒根系的垂直分布特征也发生了明显变化。恢复草地群落狼毒种群根系分布浅层化,与对照草地相比,0~20 cm 土层狼毒根系体积、重量、长度和表面积的分布比例分别提高 11.2%、9.5%、8% 和 16%。

(5) 狼毒的年龄结构

狼毒种群是种子繁殖植物,土壤种子库是其种群更新的唯一来源,而且狼毒种群土壤种子库具有集中萌发的特性。狼毒种群的年龄构成叶面喷施除草剂杀灭狼毒植株次年,狼毒种群在草群中出现的几率(多点小面积频度)只有 3.6%,直到 2007 年狼毒种群的频度仍然低于 4%,分盖度不足 5%。多样方小面积取样结果表明,2007 年恢复草地群落中狼毒以 10~15 a 龄植株为主,5 a 龄以下植株较少,现存狼毒植株绝大部分是 2001 年施用除草剂时的幸存者,土壤种子库对种群更新繁衍的贡献不大,据此推测狼毒种群分盖度达到 25% 的轻度危害状态尚需较长时间。

(6) 讨论

草地群落中各种植物种群的数量消长幅度取决于内在的生物学特性、外界营养条件,以及种内、种间相互作用等(Osem 等,2002;宋永昌,2001)。草地的退化是一个复杂的过程,既是草地系统对外界的被动适应,也是草地对外界干扰的自我调节过程(Richard 等,2001a;Hans 等,2003)。毒杂草型退化草地是对气候变迁和过度放牧等恶劣生境的一种适应性表现,在自然状态下,短期内不可能依靠种群之间的竞争逆转草地群落结构,借助人为干扰改变草地群落的成员型结构,为草地多样性恢复提供资源空间,是治理该类退化草地的必要手段。

叶面喷施除草剂当年,试验小区狼毒植株的死亡率达到 95%,草地群落的总盖度和总密度下降。在草地恢复初期,这些植物快速占据狼毒植株死亡后形成的小裸斑,形成了杂类草优势阶段。狼毒种群的消失改变了草地群落结构,消除了竞争胁迫,为禾本科和莎草科牧草提供了相对空旷的生存空间;牧草生长季的禁牧措施,消除了家畜的过度采食和践踏,为禾草的繁衍生息提供了有效的时间,禾本科牧草的繁衍逐渐形成了高草层,相对于处于底草层的杂类草形成了光热资源和生存空间方面的优势(Berkowitz,1998;Clements 等,1929),禾草凭借营养生长和种子库不断完成种群更新,种群规模逐步扩大,最终取代了杂类草占据了草地群落的优势地位。

毒杂草型退化草地是一种特殊类型,受基因型多样性的影响(强盛,2001),狼毒的爆发性繁茂生长,使退化草地群落的盖度和生物量达到偏离正常值 5%~25.60%。研究区域属于半干旱地区,受水资源供给水平的制约,恢复草地的草层高度和密度虽然表现出持续增加趋势。但是,2007 年草地群落的盖度和地上生物量仍然没有达到防除狼毒前的水平。狼毒种群为轴根系,粗大根系主要分布于地下 30 cm 土层,而针茅和苔草为丛生性禾草,根系主要分布于地下 10 cm 土层,以禾草为优势的恢复草地地下生物量出现浅层化分布趋势。

(7) 结论

研究退化草地植被恢复群落的物种多样性特征及生物量分布格局,有助于科学评价植被恢复与重建效果。除草剂防除狼毒后,毒杂草型退化草地群落的成员型结构和资源竞争格局发生了根本性变化;死亡狼毒的根系增加了土壤的养分,疏松了土壤,改善了优良牧草生存环境;春季短期禁牧促进了禾本科、莎草科牧草的生长和繁殖。经过 6 a 的恢复,草地群落的地上生物量、密度、盖度和高度接近原生地带性植被状态,可食牧草的生产能力提高305.30%;草地的层片结构得到重建与恢复,草地群落的功能群由杂类草演变为多年生禾草,地下生物量明显增加,根系分布趋于浅层化,狼毒种群的地上生物量和根系数量均下降至较低水平,草地群落结构和功能趋于原生地带性植被。

8.1.2 祁连山退耕地生态修复研究

水文过程控制了许多基本生态学格局和生态过程(Rodriguez-Iturbe,2000),特别是控制了基本的植被分布格局(Jackson 等,2000),是生态系统演替的主要驱动力之一。草地水文特征与植被的覆盖度、种类等关系密切,植被群落形态是决定草地水文特征的关键因素。植被与土壤特性之间的相互作用改善了草地的水文条件,主要表现在降雨入渗特征和细沟间侵蚀速率的改变等方面(Thurow 等,1986)。植被群落的恢复可改善生态系统的小气候,同时,植被地下部分的生长发育对土壤性质的改善和提高具有重要作用,可达到生态修复的目标。从恢复生态学角度研究退耕区域生态系统的恢复与重建对策,成为 21 世纪国际环境科学界共同关注的热点问题之一。

人工草地是在完全破坏了天然植被的基础上,通过人为播种建植的人工草地群落。如何在有限的土壤水分条件下,选择适生植物种和植被类型,依据区域自然地理条件设计建群种组合,是干旱区退耕地植被恢复和生态系统重建面临的关键问题。国家实施退耕还林草以来,对祁连山区退耕地建植牧草适生机制、恢复效益的相关研究较薄弱,缺乏对不同人工干预模式下各草地群落恢复阶段性效益的评价,尤其在不同人工草地生产力、生态水文效应等方面关注较少。以旱泉沟流域 2003 年建植的人工草地为例,研究了人工抚育更新条件下退耕地群落的生物学特征、群落多样性、地下生物量空间格局、土壤含水量空间格局和草地群落涵水功能,比较分析了不同恢复措施下草地恢复演替的速度与恢复效益,为探索适应区域水分、土壤、气候和干扰的退耕地优化模式组合提供理论依据,并为我国西北内陆河流域退牧还林草工程提供参考资料。

试验研究区位于祁连山地旱泉沟流域(37°14′40″～37°20′13″N,102°58′04″～103°01′04″E),海拔高度 2420～3310 m。流域总面积 2232 hm²,其中农田为 565 hm²,人均耕地不足 0.13 hm²。年均气温 1.2℃,生长季 120～150 d,年均降水量 400 mm,蒸发量 1600 mm。地势呈南北走向,南高北低,地域狭长,以中山地貌为主,兼有黄土丘陵地貌,土壤为山地栗钙土和森林灰褐土。流域内森林、农田、荒山、草原镶嵌分布,植被类型复杂。农田多分布于阳坡、半阳坡及沟谷阶地,大部分水土流失严重的坡耕地实施了退耕还草,建植了多种禾草+紫花苜蓿(*Medicago sailva*)和紫花苜蓿单播人工割草地。

2003 年 4—6 月选择坡度 10°～30°的东南向耕地设置试验区,建植了紫花苜蓿单播人工草地(A)、垂穗披碱草(*Elymus nutans*)+紫花苜蓿混播人工草地(B)、无芒雀麦(*Bromus inermis*)+紫花苜蓿混播人工草地(C)、早熟禾+紫花苜蓿混播人工草地(D)4 类人工草地和自然恢复的撂荒地(E)。实验样地沿地势从坡顶平行建植,以避免径流的互相输入而互相干扰,混播草地禾本科牧草与豆科牧草的比例为 85∶15。试验区围栏禁牧,整个试验过程不做施肥灌溉处理,不去除杂草,试验区围栏封育,每年 7 月上、中旬由当地村民刈割收获青草。围栏内的天然草地、继续耕种的小麦地作为对照,简称 CK_1、CK_2。

野外调研主要完成如下三项工作:

(1) 植被调查。2008年7月5—10日在各组处理样地和对照样地选择代表性植被地段,用针刺法测定草地群落总盖度,用计数法观测植物密度,用卷尺测量植物自然高度,用收获法测定各种植物的地上生物量,样方面积 1 m×1 m,重复 6 次(小麦地不重复),共获得 37 个样方。各物种地上生物量分开,采用 105℃ 杀青 0.5 h,然后 80℃ 烘 72 h 以上直至恒重,测定地上杂草生物量、禾草生物量和牧草生物量,统计总生物量和总物种数。

(2) 土壤含水量和容重测定。为了便于分析比较,主要考虑不受降水影响,选择在一次降雨后 8~10 d 对整个样带进行集中采样,研究区 2008 年 7 月上旬无降雨过程。土壤调查采用剖面法,在各组处理标准地内随机设置主、副土壤剖面 2 个,详细观察并记载各剖面特征,用环刀法(环刀容积 50 cm³)分别按 0~10 cm、10~20 cm、20~30 cm、30~40 cm 和 40~50 cm 取自然状态土样,3 次重复,装入编号的铝盒中,带回实验室,采用烘干法测定土壤含水量。在 105℃ 的烘箱内烘 24 h 后,取出后称重,计算出土壤含水量。

(3) 草地地下生物量测定。在测定草地地上生物量的同时,各样地随机选取 10 个样点,用内径 35 mm 土钻在 0~50 cm 土壤深度每隔 10 cm 取土样。将采集的土样在 40 目的网孔筛中用流水冲洗,拣出所有根系,65℃ 下烘干 72 h 称重,计算各层根系重量及总根系重量。

8.1.2.1 修复群落主要生物学特征变化

群落生物学特征是恢复程度的重要指标,是植被管理、利用和生态恢复的基础依据。经过 6 a 的恢复,不同抛育史新退耕地群落的生物学特征发生较大变化(表 8.1.11)。人工草地群落的总盖度高于撂荒地和天然草地(CK_1)。在 4 种人工草地中早熟禾+紫花苜蓿混播草地群落出现大量斑块,植被覆盖度最低,为 68.7%,紫花苜蓿单播草地的盖度居中,垂穗披碱草+紫花苜蓿混播草地和无芒雀麦+紫花苜蓿混播草地的盖度分别为 87.5% 和 83.3%。自然恢复的撂荒地群落植被覆盖度最小,低于人工草地和天然草地。

受植被群落建群种和优势种群生物学特性的影响,各草地类型植被密度存在较大差异。以密丛型禾本科牧草为优势种天然草地植被密度达到 1407 株/m²,显著高于人工草地和撂荒地($P<0.05$)。以疏丛型禾草为建群种的人工草地植被密度虽然处于同一数量级,由于无芒雀麦+紫花苜蓿草地的生长状况较好,其群落植株密度明显高于垂穗披碱草+紫花苜蓿混播草地和早熟禾+紫花苜蓿混播草地($P<0.05$)。紫花苜蓿属于分枝能力较强的栽培牧草,形成多枝的稀疏株丛,单播草地植被密度为 772 株/m²,以杂类草为主的撂荒地群落密度只有天然草地的 21.5%。4 种人工草地群落具有显著的高度优势,生殖枝高度介于 21.2~33.4 cm,显著高于撂荒地和天然草地($P<0.01$)。人工草地群落之间草层高度亦存在差异,无芒雀麦+紫花苜蓿草地的草层高度高于其余 3 种人工草地。撂荒地草地群落草层高度最低,仅为 15.8 cm。

表 8.1.11 草地群落生物学特征比较

恢复方式	A	B	C	D	E	CK_1
盖度(%)	75.0±7.3a	87.5±6.3b	83.3±4.1b	68.7±8.6c	59.2±9.4d	63.0±4.6c
密度(株/m²)	772±46.2a	1230±66b	1418±49c	1209±82b	303±79d	1407±51c
高度(cm)	21.2±4.2a	28.3±3.8b	33.4±7.1c	23.7±6.4a	15.8±6.7d	17.5±9.2d
地上生物量(g/m²)	252±14.9a	271±21.3a	490±19.5b	168±17.7c	153±11.4c	134±15.3c

注:A~E 代表意义同表 8.1.6;CK_1 为 1# 对照样地。

各类供试草地中,无芒雀麦+紫花苜蓿混播草地的地上生物量达到 490.2 g/m², 显著高于其他草地类型($P<0.01$),紫花苜蓿草地群落退化严重,地上生物量降至 252.3 g/m², 早熟禾植株细小,群落盖度小,地上生物量为 168.3 g/m², 撂荒地草地群落中蒿属、密花香薷等杂类草干物质量增大了地上生物量,仅次于早熟禾+紫花苜蓿混播群落的地上生物量。人工草地建植时输入大量植物种子,为退耕地的更新提供了物质基础,各种人工草地在短期内形成了不同于撂荒地的植被格局,表现出较强的生态与生产功能。人工草地的盖度、高度和地上生物量等特性明显优于撂荒地和天然草地。

物种之间的直接竞争是恢复演替发生发展的动力(Pickett,1969)。植物群落的恢复演替也是群落对其初始阶段异化的过程,不但体现在物种的竞争上,也体现在环境条件的改变上,最终使生境更适合于恢复演替的后来种的生长发育(Odum,1969)。以不同类型草地群落物种重要值进行排序,选出前5位植物,研究不同草地群落优势种、亚优势种和伴生种(表 8.1.12)。

表 8.1.12 草地群落重要值

草地类型	种名	科	重要值(%)	重要值累计(%)
A	紫花苜蓿 Medicago sailva	豆科 Leguminosea	24.4	71.8
	赖草 Leymus secalinus	禾本科 Gramineae	17.5	
	艾蒿 Artemisia princeps	菊科 Compositea	8.3	
	臭蒿 Artemisia hedinii	菊科 Compositea	8.1	
	粘毛鼠尾草 Salvia roborowskii	唇形科 Labiatae	3.7	
B	垂穗披碱草 Elymus nutans	禾本科 Gramineae	41.2	89.5
	赖草 Leymus secalinus	禾本科 Gramineae	17.9	
	艾蒿 Artemisia princeps	菊科 Compositea	11.8	
	紫花苜蓿 Medicago sailva	豆科 Leguminosea	10.5	
	密花香薷 Elsholtzia densa	唇形科 Labiatae	8.1	
C	无芒雀麦 Bromus inermis	禾本科 Gramineae	50.6	81.6
	艾蒿 Artemisia princeps	菊科 Compositea	10.5	
	紫花苜蓿 Medicago sailva	豆科 Leguminosea	9.2	
	菟丝子 Cuscuta chinensis	旋花科 Convolvulaceae	6.8	
	凤毛菊 Saussurea epilobioides	菊科 Compositea	4.5	
D	早熟禾 Poa pratensis	禾本科 Gramineae	53.3	85.6
	赖草 Leymus secalinus	禾本科 Gramineae	13.8	
	茵陈蒿 Artemisia capillaris	菊科 Compositea	8.1	
	紫花苜蓿 Medicago sailva	豆科 Leguminosea	5.4	
	凤毛菊 Saussurea epilobioides	菊科 Compositea	5.0	
E	大白蒿 Artemisia kanashiroi	菊科 Compositea	26.5	67.7
	阿尔泰狗娃花 Aster tataricus	菊科 Compositea	12.0	
	密花香薷 Elsholtzia densa	唇形科 Labiatae	10.5	
	粘膜鼠尾草 Salvia roborowskii	唇形科 Labiatae	9.9	
	菟丝子 Cuscuta chinensis	旋花科 Convolvulaceae	8.8	

(续表)

草地类型	种名	科	重要值(%)	重要值累计(%)
CK$_1$	针茅 Stipa capillata	禾本科 Gramineae	52.9	94.4
	赖草 Leymus secalinus	禾本科 Gramineae	26.9	
	大白蒿 Artemisia kanashiroi	菊科 Compositea	6.7	
	阿尔泰狗娃花 Aster ataricus	菊科 Compositea	4.5	
	苔草 Carex duriuscula	莎草科 Cyperaceae	3.4	

表 8.1.12 表明,以疏丛型禾草为建群种的混播草地群落中,垂穗披碱草、无芒雀麦和早熟禾的重要值均保持在 40% 以上,赖草成为垂穗披碱草+紫花苜蓿混播草地和早熟禾+紫花苜蓿混播草地的亚优势种,艾蒿成为无芒雀麦+紫花苜蓿混播草地的亚优势种。表明经过 6a 的恢复性生长,垂穗披碱草+紫花苜蓿混播草地、无芒雀麦+紫花苜蓿混播草地和早熟禾+紫花苜蓿混播草地仍然维持了建植初期的种群格局,上述 3 种禾草虽然出现了不同程度退化,群落自然稀疏迹象明显,但是在没有灌溉条件的坡耕地表现出了良好的生态适应性。紫花苜蓿单播草地群落中建群种紫花苜蓿的重要值只有 24.4%,建植以来,由于紫花苜蓿越冬率低,种群自然稀疏,伴随着杂类草的大量侵入,失去了优势地位,赖草的重要值居紫花苜蓿之后。弃耕 6a 的撂荒地仍然处于演替初期阶段,草地类型为大白蒿+阿尔泰狗娃花—密花香薷,蒿属植物占绝对优势,重要值达到 34.7%。天然草地作为当地的顶级群落,针茅和赖草的重要值分别达到 52.9% 和 26.9%。

物种多样性指数和生态优势度是反映群落组成结构特征的定量指标,同时并用它们能更好地表征群落的结构组成水平(白文娟等,2007);均匀度指数反映了群落或生境中全部物种个体数的分配状况,即各物种个体分配的均匀程度。多样性指数表征群落的物种数量及各物种的个体数量对比关系,一般而言,群落的生态优势度越小、均匀度越大、丰富度越大,群落的多样性指数就越高。草地群落多样性指数(H)表现为紫花苜蓿单播草地大于撂荒地和天然草地,无芒雀麦+紫花苜蓿混播草地、早熟禾+紫花苜蓿混播草地均小于撂荒地和天然草地群落。Shannon 均匀度指数(E)表现为天然草地>撂荒地>人工混播草地。生态优势度(C)表现为人工混播草地>撂荒地>天然草地。

表 8.1.13 草地群落多样性指数

	A	B	C	D	E	CK$_1$
丰富度指数(S)	15±0.4	13±0.4	9±0.5	11±0.4	11±0.1	7±0.3
多样性指数(H)	2.30±0.17	2.01±0.07	1.51±0.06	1.64±0.07	2.03±0.12	1.90±0.07
均匀度指数(E)	0.85±0.04	0.79±0.03	0.69±0.02	0.69±0.02	0.84±0.06	0.92±0.05
生态优势度(C)	0.13±0.01	0.24±0.01	0.32±0.01	0.31±0.01	0.18±0.04	0.16±0.03

注:A~E 代表意义同表 8.1.6;CK$_1$ 为 1# 对照样地。

结合表 8.1.12 和表 8.1.13 认为,经过 6a 的生长,4 种人工草地中无芒雀麦+紫花苜蓿混播草地物种丰富度和多样性指数较低,与天然草地接近,而生态优势度最大,建群种仍然占据着草地群落的优势地位,且属上繁草,种群密度大,株丛数量庞大,草地群落处于高产和稳定阶段。紫花苜蓿单播草地群落侵入了大量一、二年生杂类草,草地群落的盖度和地上生物量处于较低水平,但是群落的物种丰富度和物种多样性指数较高,由于群落中所有植物的重要值均低于25%,没有形成优势种群,紫花苜蓿单播草地失去了稳定性和生产利用价值。垂穗披碱草+紫花苜蓿混播草地群落形成小型裸斑,赖草等多年生禾草、艾蒿等杂类草占据群落空隙,群落趋于多优群落,生态优势度减小,物种多样性指数明显增加。早熟禾+紫花苜蓿混播人工草地密度大,群落物种多样性指数、均匀度指数小,生态优势度大,表明群落极不稳定,所以随着恢复进行,大量物种必然入侵群落。撂荒地群落仍然处于裸地植被恢复演替的初期阶段。天然草地物种丰富度、多样性指数较低,且均匀度指数最大,群落稳定。与天然草地相比,人工草地生态优势度较大,稳定性较差。

植物功能群是指对环境条件具有相似反应、对主要生态过程有相似影响的植物组群,是具有确定的植物功能特征的一系列植物的组合,是研究植被随环境动态变化的基本单元。在人工草地植被恢复过程中以功能群为单位的群落组成结构动态变化具有不可忽视的作用。为了便于研究,将研究区物种划分为:豆科固氮植物(LP),一、二年生杂类草(AW),多年生杂类草(PW)和多年生禾草(PG)4种功能群类型。紫花苜蓿单播草地群落侵入了大量多年生禾草和杂类草,且一、二年生杂草比例趋于撂荒地群落,草地干物质重量下降到252.3 g/m²。紫花苜蓿优势度锐减,多年生禾草成为紫花苜蓿单播草地的优势功能群(图8.1.11)。

垂穗披碱草+紫花苜蓿混播草地、无芒雀麦+紫花苜蓿混播草地、早熟禾+紫花苜蓿混播草地多年生禾草为绝对优势功能群,建植目标物种禾草生产力较大,但一、二年生杂类草占相当比例,且群落中混播紫花苜蓿优势地位递减。撂荒地多年生杂类草占优势,一、二年生杂类草次之,多年生禾草优势度仅为12.7%,而天然草地禾本科植物优势度达到50%。紫花苜蓿单播草地退化严重,功能群结构变化大,草地群落趋于撂荒。其他3种人工草地维持了建植初期的禾本科功能群优势。

地下生物量的空间分布主要体现在根系生物量在空间梯度上垂直分布的差异性。各草地类型地下生物量分布总趋势是上层高、下层低,表现为"T"字形,但又有差异,表现为个别草地类型在"T"字形趋势下的锯齿状分布(图8.1.12)。各草地类型地下生物量从高到低依次为:无芒雀麦+紫花苜蓿混播草地>天然草地>早熟禾+紫花苜蓿混播草地>紫花苜蓿单播草地>撂荒地>垂穗披碱草+紫花苜蓿混播草地。0~10 cm土层地下生物量最大,占总量的30.0%~40.4%,20 cm土层以下生物量变化不明显。究其原因,主要是根茎、主根和各级侧根主要分布在0~10 cm土层。

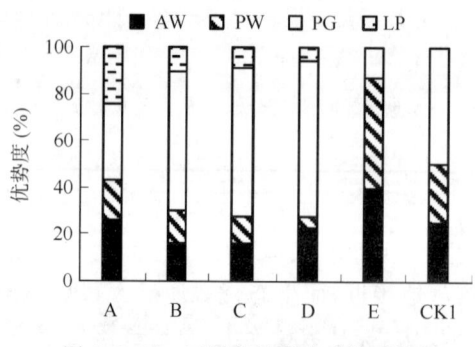

图8.1.11 不同草地群落功能群结构

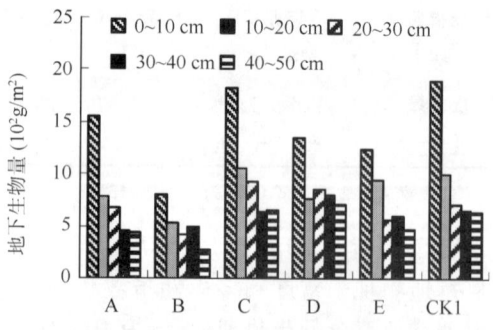

图8.1.12 草地群落地下生物量垂直分布变化

紫花苜蓿属轴根型牧草,具有粗壮的主根,茎与根融合处形成根颈,紫花苜蓿单播草地土壤表层(0～10 cm)生物量高达 1553 g/m²,明显大于其他各层,层际间生物量波动较大。无芒雀麦对霜冻有较强的抵抗力,经过漫长的冬季后根系营养仍能满足翌年植株的正常生长。无芒雀麦+紫花苜蓿混播草地表层(0～10 cm)生物量占整层的 35.8%,40～50 cm 生物量大于 30～40 cm,但只高出 3.8%。早熟禾+紫花苜蓿混播草地出现中层增大的现象。天然草地群落中针茅、赖草等禾草根茎浅层分布,土壤表层(0～10 cm)生物量明显大于其他草地类的表层生物量。0～10 cm 和 10～20 cm 土层根系重量分别达到 38.6% 和 20.3%,其他层际间变化较小。

8.1.2.2 修复群落土壤水分变化

土壤水分状况是气候、植被、地形及土壤因素等自然条件的综合反映,是干旱区生态系统和植被建设的基础,对土壤物理性质和植被生长状况有着重要的影响(杨文治等,2000)。不同类型植被因耗水性和耐旱性等的差异,使其根系土壤层含水量也有明显不同(王清华,2004)。表 8.1.14 表明,土壤含水量从高到低依次为:垂穗披碱草+紫花苜蓿混播草地>早熟禾+紫花苜蓿混播草地>天然草地>紫花苜蓿单播草地>无芒雀麦+紫花苜蓿混播草地>撂荒恢复的草地>小麦地。

受植被类型、降水、通风状况、植被丰富度等的影响,各类草地垂直向水分变化主要发生在 30 cm 土层中,0～20 cm 土层均具有最大含水量变化幅度。垂穗披碱草+紫花苜蓿混播草地、无芒雀麦+紫花苜蓿混播草地和早熟禾+紫花苜蓿混播草地土壤含水量在 20 cm 以下出现反弹,随深度的递增而增大。小麦地土壤含水量随深度的递增而减小,撂荒地土壤含水量层际变率在-3.3%～3.0%,变化不明显,撂荒恢复草地土壤含水量大于小麦地。早熟禾+紫花苜蓿混播草地在 30 cm 土层水分变化最大,变率为-41.4%～76.1%。

4 种人工草地对土壤水分的影响表现为提高 30～50 cm 土层的水分含量,显著高于天然草地(CK_1)和小麦地(CK_2)。早熟禾+紫花苜蓿混播草地水分含量明显增加,垂穗披碱草+紫花苜蓿混播草地明显高于其他草地类型,草地保水能力较强。总体上看,天然草地和紫花苜蓿单播草地土壤含水量趋于表层分布,其他人工草地趋于底层分布,人工草地改善了土壤的水分状况,为植被的恢复提供了基础。

表 8.1.14 草地群落土壤含水量 （单位:%）

土层深度(cm)	A	B	C	D	E	CK_1	CK_2
0～10	17.2±0.7	21.6±0.7	11.6±0.5	13.8±0.5	11.4±0.3	18.6±0.6	15.1±0.6
10～20	12.9±0.3	19.5±0.4	12.6±0.6	24.2±0.8	10.8±0.2	16.8±0.6	11.5±0.5
20～30	13.2±0.6	18.4±0.7	12.0±0.3	14.2±0.5	10.8±0.4	15.0±0.5	8.3±0.4
30～40	11.7±0.5	22.4±0.9	12.4±0.5	15.1±0.7	11.0±0.5	12.1±0.5	9.5±0.5
40～50	12.9±0.6	23.7±1.1	13.3±0.6	15.8±0.8	11.2±0.2	12.8±0.3	9.2±0.3
0～50	13.6±0.3	21.1±0.5	12.4±0.3	16.6±0.5	11.0±0.4	15.1±0.4	10.7±0.4

注:A～E 代表意义同表 8.1.6;CK_1、CK_2 为 1#、2# 对照样地。

人工草地土壤孔隙度的平均值在 59.9%～64.5%,土壤孔隙度较大,持水能力强(表8.1.15)。紫花苜蓿单播人工草地、垂穗披碱草+紫花苜蓿混播草地在 20 cm 以上土壤孔隙度随深度增加而减小,表层根系分布集中,虽然根系吸水强烈,但土壤孔隙度较大,土壤储水能力强,使表层土壤含水量不至于过度消耗。垂直方向上,早熟禾+紫花苜蓿混播人工草地土壤孔隙度先增大后减小,其余草地类型呈波动变化。无芒雀麦+紫花苜蓿混播草地土壤总孔隙度最大,撂荒恢复草地最小。撂荒地由于放牧践踏,土壤紧实,造成了土壤孔隙度下降,通气透水性变差,降水多集中在土壤表层而不能够向下渗透,这种情况下植物不能很好地从土壤中吸收水分,植物长势较差,覆盖度不到60%。

表 8.1.15 草地群落土壤孔隙度 （单位:%）

土层深度(cm)	A	B	C	D	E	CK_1	CK_2
0～10	60.4±3.5	62.4±6.1	64.8±4.1	62.0±3.2	57.4±4.1	65.3±1.8	60.0±1.3
10～20	58.9±2.9	61.8±5.6	65.0±5.7	63.5±1.0	59.2±4.5	65.7±5.2	58.5±1.1
20～30	59.9±1.7	62.8±2.8	62.4±2.1	63.4±4.2	59.8±1.2	62.6±5.3	61.1±1.5
30～40	58.2±2.4	63.8±1.1	65.4±7.5	60.1±4.3	60.4±4.2	60.4±6.4	60.7±3.8
40～50	62.0±5.1	61.6±4.2	64.9±5.3	59.7±2.6	61.9±3.3	61.5±5.1	63.8±2.5
0～50	59.3±4.6	62.5±6.8	64.5±7.1	61.7±2.8	58.5±5.5	63.1±6.7	60.8±5.3

注:A～E 代表意义同表 8.1.6;CK_1、CK_2 为 $1^\#$、$2^\#$ 对照样地。

降水及其形成的径流是干旱区生态水文过程的主要驱动力(赵文智等,2008),研究区年均降水量为 400 mm,人工草地无灌溉措施,水分供给水平低,以致草地将更多的资源投入到地上植株的生长,根系出现浅层分布趋势,部分牧草在缺乏冬灌条件下越冬严重受阻。因此,引种牧草与乡土植物竞争中处于劣势,草地群落发展往往受到区域气候、土壤、水分及各类干扰的阻碍,很难表现出优良状态。随着西部生态恢复、重建工作的进一步深入,维持不同土地利用类型总耗水量与可利用水总量的平衡、评价水土保持对不同尺度上水分行为的影响等方面将会得到更多的重视。

经过 6 a 的恢复,人工草地形成了不同于撂荒地的植被格局,与撂荒地相比植被覆盖度提高 15%～20%,地上生物量增加 8.7%～68.7%,土壤含水量上升 1.4%～10.1%,且保持较高的种群密度。以禾草为建群种的人工草地仍以多年生禾草为优势功能群。其中,无芒雀麦+紫花苜蓿混播草地的密度和地上生物量高于其他草地类型,处于高产阶段,但物种丰富度和多样性指数较低,而生态优势度最大,与天然草地相比稳定性差。紫花苜蓿单播草地自然稀疏,密度和地上生物量仅为无芒雀麦+紫花苜蓿混播草地的 54.4% 和 51.5%。人工草地地下生物量表现出浅层化分布趋势,除无芒雀麦+紫花苜蓿混播草地外,其他人工草地的地下生物量低于天然草地,甚至低于撂荒地。人工草地土壤含水量相对小麦地提高 1.7%～10.4%,对土壤含水量的影响表现为提高 30～50 cm 土层的水分含量。人工草地土壤含水量和土壤涵养水源功能与撂荒地、小麦地相比得到明显改善,特别是无芒雀麦+紫花苜蓿混播草地表现出了良好的生态适应性和较高的生产性能。但是与天然草地相比,人工草地植物功能群以疏丛型上繁草为主,缺乏能够形成草毡层的密丛型禾草,尚未形成适应研究区气候的植被顶级格局,草地群落的演替方向具有不确定性。

8.1.3 祁连山退化林地生态修复试验研究

试验研究区均在祁连山旱泉沟流域。植被由天然林和人工林组成,主要乔木树种有青海云杉(*Picea crassifolia*)、山杨(*Populus davidiana*)和白桦(*Betula platyphylla*),灌木树种有金露梅(*Potentilla fruticosa*)、银露梅(*Pltentilla glabra*)、小叶蔷薇(*Rosa willmottiae*)、高山绣线菊(*Spiraea alpina*)、忍冬(*Lonicera kansuensis*)、小檗(*Berberis brachypoda*)、高山柳(*Salix cupularis*)等植物,草本植物主要有圆穗蓼(*Polygonum macrophyllum*)、苔草(*Carex dispalata*)、珠芽蓼(*Polygonum viviparum*)、赖草、老鹳草(*Geranium wilfordii*)、针茅(*Stipa capillata*)、甘肃马先蒿(*Pedicularis artselaeri*)、披碱草等。

人工抚育次生林演替的研究于2008年8月在向当地居民和林业局工作人员充分了解的基础上并结合历史资料,对研究地区进行全面踏查。在海拔2459~2761 m的范围内,从代表着植被群落恢复不同阶段过程的样地上,随机取了28个样方,其中乔木样方(10 m×10 m)14个,灌木样方(4 m×4 m)8个,草本样方(1 m×1 m)6个,并分别在每个乔木样方内取灌木样方4个(4 m×4 m),在每个灌木样方内取1个草本样方(1 m×1 m)。28个样方共记录107个植物种,把频度<5%、盖度<5%的偶见种剔除后剩余96种,得28×96的原始数据矩阵,进行分类和排序。退化林地植被恢复过程及其生态水文效应的研究沿海拔高度间隔50 m设置4个10 m×10 m的定位观测点,在每个固定样方内沿对角线设置3个4 m×4 m灌木样方,在每个灌木样方内设置6个1 m×1 m的草本样方,并于2001—2008年8月上旬对群落指标进行调查。

野外对每个样方中植被种类组成,种的盖度、多度、高度,乔木的胸径、冠幅等数量指标进行了调查。同时记录每个样方的海拔高度、坡度、坡向等环境特征;在距固定样方右侧平行4~5 m处选取样点挖土壤剖面,从地表向下至50 cm深之间,每隔10 cm用容积为50 cm³的小环刀取原状土样3个,烘干法测定每层土壤的容重、孔隙度和土壤含水量等。土壤有机碳、全氮的样品在室温下风干,拣出植物残体和石块等杂物,研磨后过1 mm筛,土壤有机碳测定采用重铬酸钾氧化-外加热法,土壤全氮测定采用凯氏定氮法。

室内计算乔木、灌木和草本植物的重要值,Simpson优势度指数(C)、物种丰富度(R)、Shannon-Wiener多样性指数(H)和Pielou均匀度指数(J)。数量分类采用双向指示种分析法(Two-way Indicator Species Analysis,TWINSPAN),排序用除趋势对应分析法(Detrended Correspondence Analysis,DCA),前者采用PCORD 4软件包中Hill设计的TWINSAPN进行群落分类,后者用CANOCO分析软件完成。采用SPSS 16.0统计分析软件,对不同恢复阶段群落土壤理化性质进行One-Way ANOVA方差分析和最小显著差异法(LSD)比较不同数据组间的差异。数据制图采用Origin 7.5软件。

8.1.3.1 人工抚育次生林种群格局变化

作为地球陆地上物种丰富、结构复杂的森林生态系统,在保护生物多样性、维持全球碳氧平衡、养分循环和调节气候变化等方面具有重要作用(Richards,1996;Whitmore,1998)。但是随着人类活动范围急剧扩大及干扰强度的加剧,全球大多数森林都遭到了不同程度的破坏,相应地,次生林在提供资源及生态系统服务功能方面的作用不断提高。如何恢复那些被人类破坏的森林退化生态系统及如何保护现有天然林和次生林具有重要的科学价值和现实意义(臧润国等,2008),因而以森林次生演替为主的恢复生态学已经成为当今生态学研究的热点(Chazdon,2003;Guariguata等,2001)。近20 a来,出现了许多新的研究方法,也取得了大量的成果。许多研究表明,生物多样性的恢复是区域生态健康(Odum,1989;Kim,1993)和实现可持续发展的重要指征(李新荣等,2005),并且关系到生态系统的稳定性(Grime,1998;Peterson等,1998)。因此,研究种群个体在水平空间的配置状况及分布样式,对生态脆弱区的植被恢复是十分重要且必要的。

本项工作定量分析了旱泉沟流域植被恢复过程中群落的种类组成、结构特征及不同植物种群多样性变化规律。以期通过对植被恢复过程的研究,揭示了近十多年封山育林后植被恢复的总体情况,对植被恢复的方向有一定的了解,并得出其恢复规律,采取合理的科学措施,人为加速植被恢复,力争在最短的时间内达到最好的效果。

(1) TWINSPAN 分类

对旱泉沟流域的 28 样方进行 TWINSPAN 等级分类,划分为 9 个组,但结合实际生态意义,最终归并为 7 个组(表 8.1.16),代表 7 个群落类型。

表 8.1.16　旱泉沟流域植物群落的 TWINSPAN 分类结果

组	样方编号	植被类型	盖度(%)	海拔高度(m)
I	1、6	银露梅+金露梅—早熟禾+艾蒿群丛(Asso. P. glabra+P. fruticosa—P. pratensis+A. princeps)	66	2468~2625
II	10	老灌草-马先蒿群丛(Asso. G. wilfordii-P. artselaeri)	100	2530
III	7、8、9	山杨树—小檗+忍冬—赖草+乳白香青群丛(Asso. P. davidiana-B. brachypoda+L. kansuensis-L. secalinus+A. lactea)	98	2459~2556
IV	2、3、4、5	山杨树+桦树—金露梅+小叶蔷薇—珠芽蓼+苔草群丛(Asso. P. davidiana+B. platyphylla—P. fruticosa+R. willmottiae—P. viviparum+Carex SP.)	72	2489~2599
V	11、12、13、14、15、17、18	桦树—金露梅+小叶蔷薇—珠芽蓼+早熟禾群丛(Asso. B. platyphylla—P. fruticosa+R. willmottiae—P. viviparum+P. annua)	100	2550~2687
VI	19、23、24、26	青海云杉+桦树—红果北极果+小叶蔷薇—珠芽蓼+菟丝子群丛(Asso. P. crassifolia+B. platyphylla—A. ruber+R. willmottiae—P. viviparum+C. chinensis)	99	2614~2701
VII	16、20、21、22、25、27、28	青海云杉—金露梅+忍冬—赖草+珠芽蓼+苔草群丛(Asso. P. crassifolia—P. fruticosa+L. kansuensis-L. secalinus+P. viviparum+Carex SP.)	100	2692~2761

该分类结果较为客观地对旱泉沟流域植被群落进行划分,比较准确地揭示出植物群落类型与环境梯度之间的关系,同时所划分群落的指示种也较为充分地反映了群落生境的特征。

(2) DCA 排序

采用 DCA 对旱泉沟流域 28 个植被样方进行分析,以前两个排序轴为坐标轴作群落排序值的散点图(图 8.1.13),28 个样方的 DCA 二维排序,其结果较好地反映了植物群落之间及群落与环境之间的生态关系。从排序轴来看,第一轴基本上反映各植物群落所在的湿度梯度,从左到右湿度逐渐增大。第二轴基本上反映各植物群落所在环境的温度变化,从下而上气温逐渐降低,DCA 排序图的对角线基本上反映海拔梯度的变化,即从左下到右上海拔逐渐升高。从群落类型来看,各群落类型在

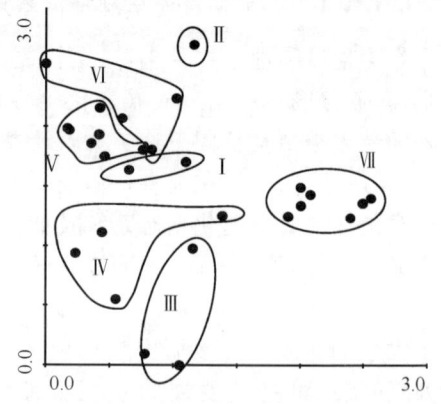

图 8.1.13　28 个样方的 DCA 二维排序图

排序图上有规律地分布。适宜于寒冷、湿润的高海拔生境的第Ⅵ、Ⅶ类森林群落位于排序图右上部;耐旱喜阳的第Ⅰ、Ⅱ、Ⅲ类草本、草本小乔木群落位于排序图的最左端,同时它们的海拔也最低,受到人类影响最大,这表现在它的总盖度明显较海拔高的群丛低;而对于Ⅴ类群落来说,生境范围较广,而位于排序图较为中心的位置。

在排序图中,TWINSPAN 的分类结果得到较好体现,二者结果的正确性得以相互印证。

(3) 不同植被群落多样性指数比较

物种多样性反映了群落的组织化水平,并通过结构与功能的关系间接地反映群落功能特征(董鸣等,1996),是度量植被发育进程和稳定性的重要指标(赵哈林等,2002)。以所分群丛代表植被恢复的不同阶段,计算各恢复阶段的物种多样性,其结果见表 8.1.17。

表 8.1.17 不同恢复阶段生物多样性指数对比

群丛	分层	物种丰富度	Shannon-Wiener 多样性指数	Simpson 优势度指数	Pielou 均匀度指数
Ⅰ	乔木	—	—	—	—
	灌木	3	0.1464	0.9877	0.1332
	草本	31	2.8023	0.9443	0.8161
Ⅱ	乔木				
	灌木				
	草本	18	2.7438	0.9273	0.9493
Ⅲ	乔木	1	0.1087	0.7455	1
	灌木	7	0.2777	0.9980	0.1427
	草本	34	2.5670	0.9428	0.7279
Ⅳ	乔木	2	0.2348	0.9905	0.3388
	灌木	9	0.6246	0.9886	0.2843
	草本	26	1.9342	0.9499	0.5937
Ⅴ	乔木	1	0.0805	0.9933	1
	灌木	8	0.2295	0.9985	0.1104
	草本	43	2.7866	0.9461	0.7409
Ⅵ	乔木	2	0.3059	0.9960	0.4413
	灌木	5	0.3340	0.9959	0.2075
	草本	31	2.5962	0.9548	0.7560
Ⅶ	乔木	1	0.2695	0.8614	1
	灌木	8	0.3905	0.9788	0.18779
	草本	23	2.2109	0.9496	0.7052

表 8.1.17 显示物种多样性、丰富度、优势度和均匀度指数在植被恢复不同阶段的差异。可以看出,从阶段Ⅰ到Ⅶ,各层片的物种丰富度先明显升高,而后又逐渐降低,这种现象在草本植物表现得尤为明显,这说明随着植被的恢复,生境向着有利的方向改变,各植物种相继出现。当植被恢复到一定阶段,某一物种占据优势,则抑制其他物种生长,如阶段Ⅶ,以青海

云杉为优势建群种,在该样地中,郁闭度变大,这不利于喜阳的植物生长,再加上在竞争中其他物种完全处于下风,因此物种丰富度较前几个阶段开始下降。Shannon-Wiener 多样性指数的变化与物种多样性变化基本保持一致,而 Pielou 均匀度指数以灌木的最小,草本变化不是很大,但各层片之间的差别较大,达到了 0.89。Simpson 优势度指数变化趋势符合双峰模型。由于在此调查区域内,乔木种只有 3 种,且恢复程度相差较大,杨树、桦树恢复年限一般为十多年,而青海云杉恢复年限大多为几十年,有的甚至达百年。因此,乔木种的各种指数变化较大。

(4)讨论

对次生植物群落恢复过程的预测,必须结合影响群落稳定性的各种因素加以综合评估,才能得出较客观的结论(阳小成等,1995)。植被恢复虽是在弃耕地上的裸地开始的,但不能完全排除群落原有植被及在恢复过程中受群落立地条件和群落周边环境的影响,如坡向、坡度、土壤理化性质、土壤水分、养分(刘胤汉等,1996)等的差异,会造成植被恢复速度和方向的不同。

运用 TWINSPAN 等级分类将旱泉沟流域乌鞘岭茶树沟的次生植被分为 7 个群落类型,分别代表了次生植被不同的恢复阶段。该分类较为准确地揭示了植物与植物之间及植物与其生境之间的关系,再结合 DCA 排序,更加客观地反映了植物群落的生态规律。

DCA 排序图明显反映出排序轴的生态意义,第一轴基本上突出反映了湿度变化,沿第一轴从左到右,湿度逐渐增大;第二轴主要表现了温度梯度,沿第二轴从下到上,温度逐渐降低。研究表明,在特定的研究区旱泉沟流域,制约植被群落类型、植物种分布格局的主要因素是海拔梯度,即水和热两个环境因子。

多样性是受群落本身及其所处环境条件等多种因素共同决定的。位于不同恢复阶段群落的物种多样性不同,一般随恢复过程的进展,群落的物种多样性和均匀度逐渐升高,优势度趋于下降,使群落的物种结构和空间组成趋向多元化、复杂化,逐渐趋于稳定(Grime,1997)。通过对不同样地的比较,各试验地群落、种群特征有所差异。从阶段Ⅰ到阶段Ⅶ,群落物种数量逐渐增加,物种丰富度逐渐提高,群落优势度指数、多样性指数也略有提高。各样地的覆盖度也逐渐增加,各个群落中物种数量也不断增加,群落多样性指数逐渐增大。Simpson 优势度指数反映群落中各种群优势状况,乔木、灌木、草本基本持平。Shannon-Wiener 多样性指数反映群落中物种的数目和个体之间的差异,其顺序为乔木＜灌木＜草本。Pielou 均匀度指数反映群落中个体的分配状况:乔木＞草本＞灌木。群落总体多样性指数的这种动态特征符合植物群落恢复过程中的多样性变化规律。

退化生态系统植被的恢复与重建,最有效和最省力的是顺从生态系统的恢复发展规律来进行,生态系统演替理论是指导退化生态系统恢复和重建的重要理论基础(宋永昌,2001)。因此,在退耕还林还草工程建设中,应根据当地的土壤水分及气候特点、地形与立地条件,结合林草的生长特性,在遵循恢复生态学的普遍原理的基础上,把握一定的科学规律,通过人工科学干预,因地制宜地进行恢复建设,加速植被的演替速度,在短时间内改变该地区脆弱的生态环境,获得较大的生态、经济和社会效益。但需要注意的是,发展适宜物种时,应尽可能选取本地原生物种,在引进外来物种时一定要经过严谨的论证和试验,确保恢复后的生态系统尽可能达到原生状态,避免发生新的生态灾难。

8.1.3.2 退化林地恢复过程及其生态水文效应

人类对陆地生态系统格局和过程的改变,已经引起了许多全球性的环境问题(赵文智等,2001)。山地生态系统是全球变化最敏感的区域(Daniel 等,2008),近半个世纪以来,由于全球气候变暖和人为因素影响,山地生态系统出现冰川退缩、天然林面积减少、山地草场退化、水源涵养功能降低和水土流失加重等明显的退化迹象。《21 世纪议程》认为,山地生态系统对全球生态系统的生存非常重要,对其生态水文过程的研究将有助于水土保持、生境恢复和生物多样性的保持(Chases 等,1999)。近年来退化生态系统的恢复和生物多样性保护得到世界各国的关注和普遍重视(马克平,1994;白永飞等,2001),但退化山地生态系统恢复的方向和效果是人类面临的挑战课题。退化林地是退化山地生态系统的主要类型之一,对其生态演替过程的研究将有助于加速当地生态秩序的重建。

在生态演替过程中,植被群落的结构、生活型功能群和物种多样性的建立受植物生活史特征、资源可用性和不同优势种的生态位差异决定(Connell 等,1997;Grubb,1977;Tilman,1988)。植被恢复梯度上优势种在群落中的地位和作用对群落演替和环境演变起主导作用(Walker,1992;Lawton 等,1993)。物种丰富度可以通过提供关键功能群组中的多物种成员的冗余度来提高群落稳定性(Peterson 等,1998)。尽管群落物种成员处于不断的波动之中,但功能群组物种成员的增加将有助于维持其在生态系统中的作用(Walker,1995)。Tilman (1988)指出,次生演替中物种史替过程取决于植物对资源可用性,特别是光照、土壤水分和土壤氮素。在陆地生态系统中,土壤是植被群落物种生存的避难所(Giller,1996)。然而,植物有改善土壤性状的强大能力,同时也暗示其在碳储存(Vågen 等,2005)、群落演变动力(Valiente 等,2006)和生态系统功能恢复(Whitford,2002)方面的巨大作用。

祁连山是青藏高原、内蒙古高原(Peterson 等,1998)和黄土高原的过渡区,形成的山地生态系统具有独特性和对环境变化敏感性的特点。旱泉沟流域地处东祁连山乌鞘岭脚下,这里环境复杂,物种丰富(胡发成等,2007),但由于长期不合理的人类活动导致了该区域森林生态系统的严重退化,植被群落结构渐趋简单、生态功能已经衰退(马金宝等,2007)。在祁连山生态恢复工程中,有学者已经研究了该区次生林演替过程中植被种群格局动态(达光文,2009),但是对植被恢复演替过程和土壤特征方面的研究较为欠缺。鉴于此,本节以祁连山旱泉沟流域自然恢复的天然次生林为研究对象,研究了人工抚育下 2001—2008 年退化林地植被恢复过程中物种组成和优势种更替、群落结构、生活型功能群、多样性和土壤特征变化,以期为解释干旱、半干旱区退化林地植被恢复演替对生态水文效应的影响提供基础数据,进而为祁连山或者其他山区的生态恢复提供科学依据和一定的借鉴意义。

(1)群落物种组成和主要物种更替过程

群落调查共发现 85 种高等植物,分属于 35 科 68 属,其中含 6 种以上的科依次有菊科(10/14)、蔷薇科(5/8)、豆科(7/8)、禾本科(5/6)、毛茛科(6/6)、蓼科(2/6),以上 6 个科共计有 48 种,占全部种数的 80%。菊科是祁连山旱泉沟流域植被组成的主要科,而蔷薇科、豆科、禾本科等温带属的出现在该地区植物区系和植被组成中占主导地位。同时仅含 1 种或 2 种的科有 26 科,占了全部科数的 74.29%。

在不同恢复阶段,群落的物种组成有着明显的变化规律(图 8.1.14)。随着植被的恢复演替,群落的科、属、种均呈现较明显的增长趋势,表现为乔木群落>灌木群落>草本群落,当恢复到先锋灌丛乔木混交群落阶段(2005—2006 年)时,群落属种分别达到最大值,表明随着退化林地抚育更新时间的延长,群落的物种多样性和复杂性在演替进程中都得到了很好的恢复。

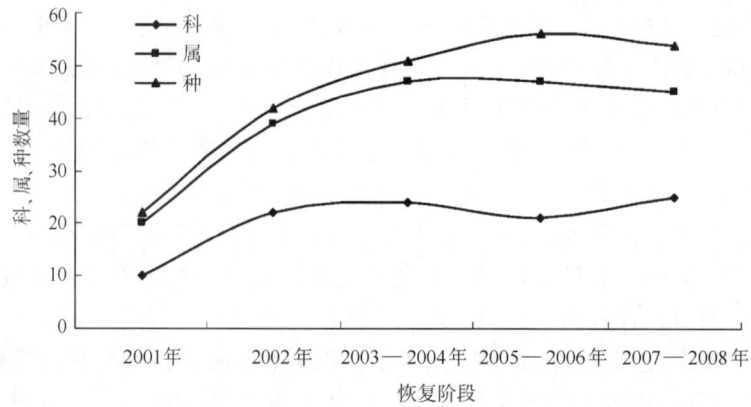

图 8.1.14　植被恢复过程中植物科、属、种数量的变化

以圆穗蓼为优势种的 4 个草本植物占整个山地草甸群落(2001 年)重要值的 40%(图 8.1.15)。随着退化林地干扰胁迫的消失,粗根老鹳草、风毛菊、黄蒿等一、二年中旱生草本植物在群落中的重要值逐渐下降,到乔木群落阶段时(2007—2008 年)被其他多年生草本植物代替,随着植被群落垂直高度的增高,遮阴效应和较大的土壤湿度使珠芽蓼、苔草等多年生喜湿草本植物的重要值逐渐增加,并成为草本层的优势种。以金露梅、高山绣线菊和小叶蔷薇等蔷薇科为主的落叶灌木在草本灌丛阶段(2002 年)开始大量出现并呈聚集分布,在群落中的重要值逐渐增加,到灌丛乔木混交群落阶段(2005—2006 年)时,灌木树种的重要值占到整个群落的 60% 以上,而后开始下降。在植被恢复到乔木灌丛混交群落阶段(2007—2008 年)时,速生树种白桦和山杨的重要值占整个群落的 50% 以上,成为整个群落的建群物种。

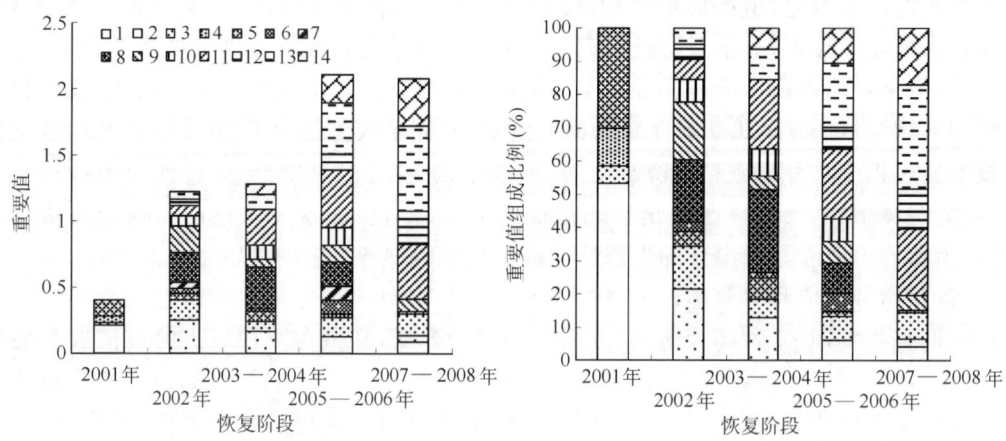

图 8.1.15　植被恢复过程中主要物种重要值变化

(1. 圆穗蓼 Polygonum macrophyllum;2. 苔草 Carex dispalata;3. 珠芽蓼 Polygonum viviparum;4. 草地早熟禾 Poa pratensis;5. 粗根老鹳草 Geranium dahuricum;6. 风毛菊 Saussurea epilobioides;7. 黄蒿 Artemisia scoparia;8. 金露梅 Dasipnora fruticosa;9. 银露梅 Pltentilla glabra;10. 高山绣线菊 Spiraea alpina;11. 小叶蔷薇 Rosa willmottiae;12. 忍冬 Lonicera kansuensis;13. 白桦 Betula platyphylla;14. 山杨 Populus davidiana)

(2)群落结构动态

退化林地恢复演替过程中,群落结构出现成层现象(图8.1.16)。草本层和灌木层高度变化不大,乔木层的平均高度由2002年的43.5 cm增加至2008年的310.3 cm,群落组成变化,以及以先锋速生树种白桦和山杨为主的乔木层高度变化是引起植被群落高度变化的主要原因。草本层密度先增大后减小,灌木层的变化呈双峰型,乔木层密度从0.04株/m²增大到1.38株/m²(图8.1.17)。在植被恢复到早期的先锋乔木灌丛混交群落阶段(2007—2008年)时,植被群落结构趋于明显,改变了群落内部的温度、光照和水分因子,群落环境逐步优化。

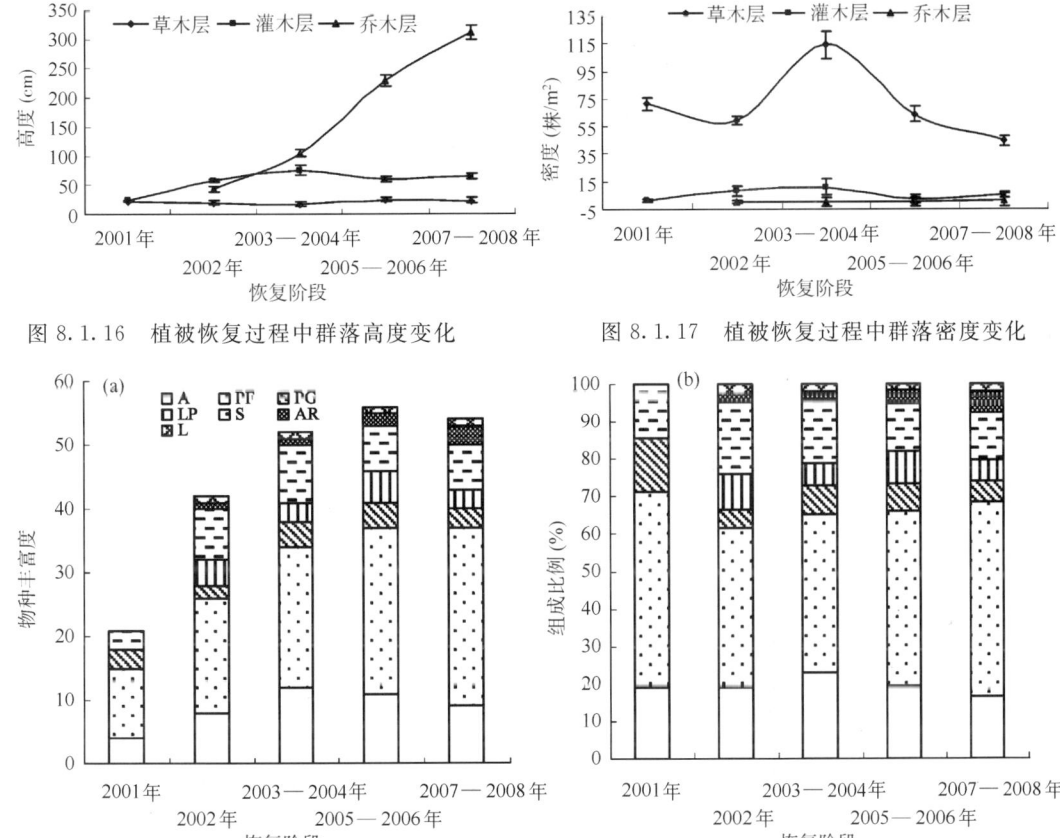

图8.1.16 植被恢复过程中群落高度变化　　图8.1.17 植被恢复过程中群落密度变化

图8.1.18 植被恢复过程中植物生活型功能群物种丰富度(a)及组成比例(b)的变化
(A:一、二年生草本;PF:多年生杂类草;PG:多年生禾草;LP:豆科固氮植物;S:灌木和半灌木;AR:乔木;L:藤本植物)

(3)植物生活型功能群组成

根据植物的生活型及其在群落中发挥功能的不同,划分为7个功能群:一、二年生草本,多年生杂类草,多年生禾草,豆科固氮植物,灌木和半灌木,乔木,藤本植物。随着植被恢复进程,植物的功能群组成逐渐复杂,物种丰富度逐渐增加(图8.1.18a)。在植被恢复初期,主要以一、二年生草本和多年生杂类草为主;恢复到灌木群落阶段,群落物种丰富度明显增加,其中灌木种类逐步增多,多年生杂类草略为减少,群落生活型趋于多样化;在乔木群落阶段,一、二年生草本和多年生杂类草的物种丰富度处于波动状态,灌木、乔木种类持续增加,层间藤本植物也明显增多,表明群落的层次结构更加复杂,植物利用空间资源的能力加强。多年生禾草和豆科植物对于群落N、C循环具有不可忽视的作用(Hobbie,1996)。多年生禾草和豆科植物在群落中一直保持一定比例。

在植被恢复过程中,各功能群的组成比例变化也反映了群落结构趋于稳定的恢复过程(范玮熠等,2006)(图 8.1.18b)。多年生杂类草在恢复的早期占的比例较大,随后逐渐减少并趋于稳定;灌木和半灌木所占比例逐渐上升,而后略为减少直至与乔木共同趋于稳定。多年生禾草和豆科植物在植被恢复过程中一直保持着相对稳定的比例。

(4)群落多样性动态

退化林地植被恢复演替 5 个阶段的群落总体多样性指数表现出一定规律(表 8.1.18),物种丰富度、Shannon-Wiener 多样性指数和 Simpson 优势度指数在植被恢复到灌丛乔木混交(2005—2006 年)群落时分别达到最大值,而 Pielou 均匀度指数随着植被的恢复演替逐渐增大。从整个恢复过程来看,退化林地自抚育更新以来植被群落从草本群落恢复到乔木群落,乔木层的种数相对单一,物种丰富度与多样性远低于灌木、草本层。植被丰富度和多样性在空间结构上的变化表现为:草本层＞灌木层＞乔木层,优势度的变化则与多样性相反。

表 8.1.18 植被恢复过程中群落多样性变化

恢复阶段	层	物种丰富度	Shannon-Wiener 多样性指数	Simpson 优势度指数	Pielou 均匀度指数
2001 年	草本层 HL	22	2.46	0.11	0.79
	灌木层 SL	—	—	—	—
	乔木层 TL				
	加权值 D	5.72	0.64	0.03	0.21
2002 年	草本层 HL	32	2.38	0.15	0.68
	灌木层 SL	9	1.96	0.18	0.89
	乔木层 TL	1			
	加权值 D	10.98	1.09	0.08	0.39
2003—2004 年	草本层 HL	43	2.52	0.09	0.68
	灌木层 SL	7	1.63	0.22	0.91
	乔木层 TL	1	—	—	—
	加权值 D	13.36	1.05	0.08	0.40
2005—2006 年	草本层 HL	47	2.50	0.09	0.68
	灌木层 SL	7	1.47	0.27	0.82
	乔木层 TL	2	0.34	0.81	0.49
	加权值 D	14.90	1.17	0.49	0.62
2007—2008 年	草本层 HL	45	2.63	0.09	0.73
	灌木层 SL	6	1.54	0.26	0.86
	乔木层 TL	3	0.69	0.50	0.99
	加权值 D	14.64	1.40	0.34	0.89

(5)土壤特征

退化林地恢复演替过程中,土壤容重在 0.64~1.29 g/cm³ 变化,平均为 0.86 g/cm³,表层土壤容重较深层土壤容重小(ANOVA:$F_{4,10}=14.973$;$P<0.05$)。土壤含水量由初期的

16.1%增加到后期的 38.91%,增加了 22.81%,且土壤含水量由表层向下有逐渐减小的趋势,但也表现出较强的空间异质性。土壤有机碳和全氮含量分别为介于 4.66~70.65 g/kg、3.13~5.85 g/kg,且土壤有机质和全氮含量表层大于下层。土壤碳氮比介于 1.49~12.09 (ANOVA: $F_{4,10}=12.48$; $P=0.001$)。土壤含水量、有机碳和全氮含量在乔木灌丛群落阶段时达到最大值(ANOVA: $F_{4,10}=16.731$; $P<0.05$、$F_{4,10}=13.612$; $P<0.05$ 和 $F_{4,10}=16.643$; $P<0.05$)(表 8.1.19)。

表 8.1.19 植被恢复过程中土壤特征变化

恢复阶段	土层深度 (cm)	土壤容重 (g/cm³)	土壤含水量 (%)	有机碳 (g/kg)	全氮 (g/kg)	碳氮比
2001 年	0~10	1.12±0.09	18.38±2.76[a]	14.44±2.02[a]	3.64±0.29[a]	3.97±0.38[a]
	10~30	1.23±0.09[b]	16.59±2.32[b]	9.07±1.27[b]	3.46±0.25[ab]	2.62±0.21[a]
	30~50	1.29±0.08[c]	13.34±1.20[c]	4.66±0.37[c]	3.13±0.21[a]	1.49±0.13[b]
	平均	1.21±0.06[A]	16.10±1.59[A]	7.61±0.72[A]	3.41±0.28[A]	2.23±0.37[A]
2002 年	0~10	0.73±0.07[a]	23.40±4.21[a]	19.50±2.87[a]	4.14±0.39[a]	4.71±0.71[a]
	10~30	0.81±0.06[b]	20.27±2.84[b]	10.11±1.11[b]	3.83±0.28[b]	2.64±0.23[b]
	30~50	0.97±0.04[c]	20.21±2.63[b]	9.93±0.85[b]	3.82±0.28[b]	2.60±0.22[b]
	平均	0.84±0.04[B]	21.29±2.98[AB]	13.18±1.58[AB]	3.93±0.31[AB]	3.35±0.33[AB]
2003—2004 年	0~10	0.71±0.04[a]	33.61±5.71[a]	50.13±9.95[a]	5.16±0.49[a]	9.71±1.41[a]
	10~30	0.83±0.12[b]	27.64±4.15[b]	32.22±5.28[b]	4.56±0.38[a]	7.06±0.67[b]
	30~50	0.93±0.09[c]	25.98±3.12[b]	27.24±3.40[c]	4.40±0.29[a]	6.19±0.52[b]
	平均	0.82±0.04[B]	29.08±2.85[B]	36.53±6.58[B]	4.71±4.06[B]	7.76±0.85[B]
2005—2006 年	0~10	0.64±0.03[a]	34.23±6.16[a]	51.99±10.09[a]	5.22±0.51[a]	9.95±1.22[a]
	10~30	0.72±0.04[b]	23.83±3.34[b]	20.79±2.95[b]	4.18±0.33[b]	4.97±0.38[b]
	30~50	0.77+0.04[b]	23.14±2.55[b]	18.72±2.66[b]	4.11±0.29[b]	4.55±0.34[b]
	平均	0.71±0.04[B]	27.06±2.41[B]	30.49±5.09[B]	4.51±0.38[B]	6.77±0.95[B]
2007—2008 年	0~10	0.69±0.03[a]	40.45±7.52[a]	70.65±14.06[a]	5.85±0.70[a]	12.09±1.81[a]
	10~30	0.71±0.04[ab]	38.34±5.56[b]	64.32±10.03[b]	5.63±0.53[a]	11.42±1.40[ab]
	30~50	0.79±0.05[b]	37.94±5.16[b]	63.12±9.97[b]	5.59±0.49[a]	11.28±1.24[b]
	平均	0.73±0.04[B]	38.91±5.91[C]	66.03±11.56[C]	5.69±0.62[C]	11.60±1.37[C]

注:小写字母表示土层间存在显著差异($P<0.05$),不同大写字母表示为不同恢复阶段间差异显著($P<0.05$)。

(6)讨论

植被恢复与群落演替具有密切的关系,植被恢复的实质是群落演替的过程。植被的恢复演替遵循群落演替的一般规律,群落的种类组成由简单到复杂,演替的各个阶段由不同生活型的种类占据着优势(任海等,2007)。自 2001 年对祁连山退化林地进行封育后,植被群落物种数明显增多,多样性增大,结构复杂化,各功能群物种丰富度逐渐增加,组成比例趋于稳定,并在较短时间内从草本群落恢复到了乔木群落。这是因为演替是从草甸群落开始的,而并非来自裸地或弃耕地,因此,在群落内保存了大量原先群落的繁殖体(果实、种子库和实生苗等)和土壤条件(宋永昌,2001),再加上生态系统恢复过程中植被发育使土壤基质的稳定性提高,更多物种的繁殖体得以散布和定居,促进恢复演替的顺利进行,进而有可能使次生演替在较短时间内发生,但这种演替的过程受原先群落的影响,速度一般要比原生演替快5～10倍,在本研究中演替速度可能更快。

菊科是研究区主要的科,同时蔷薇科、豆科、禾本科等温带属的出现在该地区植物区系和植被组成中占主导地位,但这些科主要集中在灌草层。桦木科白桦为多年生落叶乔木,是研究区乔木层的优势树种之一,白桦具有喜光性和喜湿冷的生活特性,白桦种群对环境具有较强的适应能力。随着植被恢复演替的进行,阳性先锋树种白桦凭借其对环境的适应性能快速生长,使得群落垂直高度迅速增大,群落的垂直结构和层次性表现更为复杂。高大的乔木层片对太阳光照进行了削减,群落内遮阴效应增大,温度降低,大量喜光的中旱生的草本物种消失,逐渐被喜阴耐湿草本和灌木植物取代(图8.1.15),并与高大的乔木共同组建群落的结构,森林小气候逐步形成,从而影响植被的恢复演替。由于多年生植物具有比一年生植物更强的抵抗环境扰动和保持种群稳定的能力(杨慧等,2007),因此,多年生植物在植被恢复的中后期占的比例较大,物种生活型组成上的这种变化反映植被恢复过程生态系统结构与功能的变化特征,群落结构趋于稳定,生态功能增强。

物种多样性的恢复与群落环境的演变密切相关,群落环境的演变是物种多样性恢复的基础。物种多样性作为群落的基本特征,既表征群落的组成结构,也是对环境状况的指示(张继义等,2004)。植物多样性的恢复是退化生态系统恢复与重建的重要内容与标志(李裕元等,2004),但植物种的多样性并不能完全代表群落的稳定性,仅是群落稳定性的必要条件,群落(或生态系统)的稳定性体现在更多方面或者多种生物组织层次意义上的多样性,例如生态系统、群落、种群、个体、甚至基因水平上的多样性(王国宏,2004)。我们发现的乔木灌丛混交群落,只是退化林地演替到白桦山杨混交群落的幼林期,由于气候变化、人为干扰、土壤特征的复杂化和种间替代等多种因素,使这种群落可能具有极大的不稳定性和风险性,该阶段群落稳定性需要在较长时间尺度上进一步观察研究。我们估计这个阶段发展和衰落可能还需要15～20 a的时间或更长,合理加强对这种初期乔木群落阶段的人为保护,将有助于很好地规避上述不确定因素的干扰,并有可能在相对较长时间尺度上维护其稳定性。

土壤对植被恢复具有重要作用。它不仅影响植物群落的发生、发育和演替的速度(杨小波等,2002),而且也对生态系统过程、生产力和结构等产生重要影响(Potthoff等,2005)。植被恢复过程中,土壤容重平均值仅为 0.86 g/cm^3,而土壤总孔隙度都在53%以上,说明林地土壤结构疏松,通气、透水性较好,涵养水分能力强,这有利于土壤层下渗降雨,在一定程度上控制地表径流,减少土壤冲蚀。土壤水分作为植物生存的基本生活因子,不仅影响植物的个体发育,更进一步决定着植物群落的类型、分布和植被动态(杜峰等,2005)。土壤水分状况不仅与气候、植被、地形、土壤性质等自然因素有关,而且与物种组成、优势种群分布格局等影响群落环境的因素有关。从草本、灌丛群落向亚顶级乔木林演替过程中,土壤水分有显著的梯度变化,土壤水分逐渐增加。可以看出,土壤水分的变化是导致植被恢复演替的重要因素之一。在干旱山区,受到水分胁迫的原因,灌丛林群落土壤含水量也表现出了相对较高的变化范围(表8.1.19),说明在祁连山区保护并建立一定的灌木林植被类型,对于维持山地水文功能也具有重要作用。

在生态系统的物质循环中,土壤碳素和氮素被紧密地联系在一起(张鹏等,2009),并在全球碳氮循环中起着重要作用。随着植被恢复演替进程,群落物种增多,高度增大,使得群落地上生物量急剧增加,在群落底层积累大量的枯落物,使土壤表层富集了大量的有机质,因此,土壤有机碳含量逐渐增大,碳汇能力加强,在乔灌混交群落阶段 50 cm 厚度的土壤可以储存大约 24.1 kg/m² 的有机碳,是草本群落阶段的 5 倍多。占全氮含量 95% 以上的有机氮,是土壤氮素的主要储存形式,有机氮在微生物的作用下,易矿化为能被植物直接吸收利用的生物有效氮。在植被恢复的早期阶段,由于通气良好,温度、湿度和酸碱度适中,土壤矿化率较大,使得前期物种增加较快并迅速生长,积累大量的生物量;而恢复的后期,矿化率较小,累计的有机酸增多,使得新物种增加较慢。另外,硝化作用导致的土壤酸化及土壤含水量的增加,使土壤易形成嫌气环境,这将使土壤溶液中的溶解氧浓度减少,反硝化的强度逐渐加强,土壤中的氮素将以气体的形式逸出,从而又造成大量氮的损失。因此,对于对气候变化较为敏感的祁连山地,植被的恢复不仅要考虑植物群落本身的演替变化,还要更多的考虑全球气候变化对植被群落土壤碳循环的影响。

（7）结论

气候变化对植物群落的影响不容置疑,但是植物的可塑性使它们仍然能够适应小尺度的气候变化。观察发现,在消除人为干扰的状态下,祁连山地生态功能重建较快,经过 8 a 的封育措施,退化的森林植被发生了正向演替,植被群落经历了由草本群落向灌丛群落再向乔木林方向的演替过程。当植被恢复到早期的先锋乔木灌丛混交群落阶段时,群落组成、结构特征和多样性近似于成熟次生植被,并且这种群落类型在现阶段显示出较好的土壤生态水文效应,但这种在短时间内恢复的效果具有一定特殊性和不确定性,需要在更长的时间上恢复到顶级的复杂物种组成阶段。总之,关注次生林的保护与修复是非常重要的,因为它们有能在相对较短的时间内积累生物量的能力,反映了它们在全球碳汇和提供其他生态系统服务功能的潜力。较早停止人为破坏,改变当前不合理的土地利用方式,实施各种保护措施,将有可能在相对较短时间内实现区域山地生态系统的快速恢复,有利于发挥生态系统服务价值的作用。

8.2 下游河岸林系统保育及其环境效应

8.2.1 河岸胡杨林更新复壮

采取围栏封育措施,避免牲畜啃食,保护现有胡杨林,对河岸林进行保育。围栏封育对加快胡杨残林更新复壮和林下植被恢复,可起到积极而显著的作用。从胡杨残林封育更新调查表可看出,封育 4 a 后,胡杨残林地幼树由 285 株/hm² 增加到 1997 株/hm²,平均高度由 0.9 m 增加到 1.9 m,平均地径由 0.8 cm 增加到 3.0 cm。围栏封育两年后,封育的 5009 hm² 胡杨林已经复壮,残林出现了更新苗,有 2/3 的封育区已完全达到了更新复壮的要求(表 8.2.1)。围栏封育对加快荒漠河岸林的复壮更新和林下天然植被的恢复,起到了积极而显著的作用。从围封区和未围封区植被产草量对比结果可看出,围封区乔灌木株数较未围封区多,林分的郁闭度有明显的提高,植被产草量大大提高(表 8.2.2)。

截至目前,胡杨残林围栏封育面积占胡杨残林总面积的 3.6%,除普遍复壮外,恢复更新面积占围封保存面积的 31.7%,表明有近 1/3 的围封区达到了复壮更新的要求。在东河七道桥定位研究示范区,封育 3 a 的样地内,每公顷母树仅 60 株,更新的幼树达 1291 株,幼树高 1.5 m；2000 年西河赛汉陶来 200 hm² 封育区内调查，对单株胡杨的典型调查表明，当年根蘖萌生幼苗 573 株，幼苗最高 1.22 m，一般为 0.78 m，地径 1.1 cm。形成乔、灌、草三层立体结构，植被盖度大，有利于防风固沙，产草量高，为畜牧业提供了冬暖夏凉、稳产、高产的优质放牧地；丛状胡杨根蘖萌生的间苗定株、幼林整枝抚育、灭虫、卫生伐等营林技术措施的应用，改善了胡杨生境，加快了胡杨残林的复壮更新，缩短了围栏封育复壮更新周期，使幼龄林比重由 2000 年的 4.3% 提高到 2004 年的 6.0%。

表 8.2.1 胡杨残林封育 1~4 a 更新效果调查

封育年限(a)	幼树(株/hm²)	幼树长势	
		平均高度(m)	平均地径(cm)
1	285	0.9	0.8
2	1396	1.2	1.6
3	1711	1.6	2.8
4	1997	1.9	3.0

表 8.2.2 围封区和未围封区植被产草量对比

围封类别	样方面积(m²)	株数	年龄(a)	平均树高(m)	平均胸径(cm)	胡杨鲜叶量(t/hm²)	其他植被产草量(kg/hm²)	郁闭度
未封区	400	12	70	6.3	47	0.7	0.05	0.05
围封区	400	58	15	6.7	56	50.8	16.2	0.7

利用胡杨根蘖能力强的特点，选择胡杨生长稀疏地段，以母树为中心，以 5 m、10 m、15 m 为间距，利用机引截根刀在胡杨母树四周开挖垂直深达 40 cm 的沟，将部分水平根截断，促进根蘖苗的萌发。通过开沟，打破了土壤表皮板结层，疏松了土壤，利于根蘖苗萌生，根蘖苗由断根前的每株母树萌发 24 株提高到了 71 株。同时也促进了苗木侧根和须根的增加，扩大了根系吸收面积，使苗木生长量提高。断根间距不同，其效果也不相同，三种对比试验结果以距母树 5 m 间距开沟为最好，根蘖苗数量多，长势也好（表 8.2.3）。

表 8.2.3 开沟断根后胡杨更新苗统计

年度	2002 年			2003 年		
断根间距(m)	5	10	15	5	10	15
出苗数(株)	24	24	22	71	61	39
苗高(cm)	35.1	35.6	34.7	44.9	56.2	57.1

注：出苗数是指断根后一株母树周围的更新苗数量。

胡杨残林经围栏封育和灌溉后，会萌生大量的根蘖苗。由于根蘖苗多呈丛状分布，少则几株，多则几十株，相互之间对于营养、水分竞争激烈，同时也不利通风透光。为了扩大苗木生长所需的营养面积，改善苗木生长条件，获得健壮苗木，对胡杨根蘖丛状苗进行了间苗定株。在萌生根蘖苗较多的地方，采取了四种对比试验，即为留苗数 15 000 株/hm²、20 000 株/hm²、25 000 株/hm² 和 30 000 株/hm²。从调查结果看，当年根蘖萌生苗经过间苗后苗木生长高和地径都比对照有所增加，综合评价以 20000 株/hm² 为宜（表 8.2.4）。该技术的实施有效地促进了胡杨老树的根蘖更新。其工作重点应保证更新幼树、幼林的正常生长发育，以实现最终取代古老胡杨林的目标。

表 8.2.4 胡杨更新苗间苗定株后苗木生长状况调查

年度	2002 年					2003 年				
苗数(株/hm²)	15 000	20 000	25 000	30 000	对照	15 000	20 000	25 000	30 000	对照
苗高(cm)	71.1	72.9	58.4	49.7	39.0	96.9	99.4	87.6	76.6	48.3
地径(cm)	2.3	2.2	1.9	1.6	0.8	2.1	2.0	1.6	1.4	0.9

一个良好的森林环境和群体结构必须以合理的林分密度作依托，而合理的密度必须符合林木在发育高峰期中各生长发育阶段对营养空间的基本需求，这是进行群体管理的基本原则。根据本地胡杨实地调查结果，合理密度的确定主要依据林分中树木个体的高度、胸径、冠幅等生长指标（表 8.2.5，表 8.2.6）。更新幼林的对象是幼龄期胡杨（树龄在 10 a 以下）。

根据胡杨林的生长发育规律，确定 0~60 a 为一个抚育更新期，其中包括幼龄期（0~10 a）、中龄期（11~20 a）、近熟龄期（21~50 a）和成熟龄期（51~60 a）4 个生长发育时期。按各时期抚育管理任务与树木生长状况安排牧业开放时间，并结合实际进行抚育更新。经过研究和示范，确定了河岸胡杨更新林合理密度为：幼龄期为 3330 株/hm²，中龄期为 1665 株/hm²，近熟林期为 600 株/hm²，成熟林期为 135 株/hm²。

表 8.2.5 胡杨不同龄阶最佳密度理论值

年龄	胸径(cm)	冠幅(cm²)	密度(株/hm²)	株行距(m)
5	0.29	0.632	25 074.70	
10	0.58	1.266	6241.74	1×1.5
20	1.57	3.453	839.40	3×4
30	2.63	5.830	294.40	4×5
50	4.03	9.028	122.74	9×9

表 8.2.6 胡杨更新林合理密度参考表

	生长发育阶段	成熟龄期	幼龄期	中龄期	近熟龄期
		51~60 a	<10 a	11~20 a	21~50 a
合理密度	密度(株/hm²)	3330	1665	600	135
	株行距(m)	1.5	2	4	8
参考样地	样方号	1	7	4	8
	密度(株/hm²)	3375	1700	666	132

通过以上河岸林保育措施的试验与示范，提出胡杨可持续发展模式如下：有效实施封育，进行根蘖繁殖，通过对封育与人工造林的成本和恢复速度的比较，提倡以封育恢复为主。围栏封育胡杨残林的生境得到了较大的改善，多数已复壮更新已至成林，加快了整个植物群落的演替，生物多样性有所提高，形成了乔、灌、草多层次结构，增加了地表粗糙度，降低了风

速,防止了土壤风蚀。

生态效益方面,通过复壮更新,使 5009 hm² 严重退化的胡杨残林由项目实施前的 12 株/hm² 提高到了 325 株/hm²,郁闭度由 0.05 提高到了 0.53;通过近河戈壁人工生态绿洲建设,使植被盖度由 5% 提高到 63.2%,并扩大人工绿洲面积 1000 hm²;项目的实施可有效地促进额济纳荒漠绿洲的恢复与重建,扭转绿洲严重退化的局面,从而减少沙尘暴的发生频率,降低沙尘暴强度,减轻对周边地区的浮尘危害,逐步实现生态环境的良性循环和农牧民收入的稳定提高。

经济效益方面,通过围栏封育,减少了牲畜对封育区的破坏,如按每年胡杨产叶量和产草量计算,5009 hm² 胡杨林可产草 1500×10^4 kg,以 0.1 元/kg 计,年产值可达 150 万元;按建成人工绿洲 1000 hm² 计算,每年可产饲草 270×10^4 kg,可实现产值 27 万元。产沙枣 30×10^4 kg,可实现产值 15 万元;5009 hm² 围栏封育的胡杨残林,经过复壮更新后,随着幼林的生长,每公顷木材蓄积量可达到 30 m³,除 40% 枯朽木外,5009 hm² 可出民用材约 9×10^4 m³,每方按 150 元计,产值约为 1350 万元。

社会效益方面,河岸林的生态保育降低了风沙危害,使额济纳地区人民的生产、生活条件得到明显改善,这对促进当地社会稳定和区域经济繁荣,加强民族团结,维护边疆稳定,将起到积极作用。同时,通过成熟技术的配套组装及大面积转化,可形成在整个地区推广的模式,为整个区域乃至西北同类地区的生态环境治理提供科学技术支撑。

8.2.2 绿洲边缘梭梭林补建

在荒漠绿洲的边缘或绿洲里零星分布的沙漠化土地、裸露戈壁,不论是戈壁砾石土,还是风沙土,地表土壤盐分不超过 3%,地下水矿化度在 3~5 g/L,在暖温带气候条件下,并有适量的水进行补充灌溉,都能获得造林成功。在地下水埋深具备在 2~5 m 条件下,成林后根部可以吸取地下水成活;若地下水埋藏很深,也可以采用适度灌溉保存林地。这样,就可以通过造林补植措施对绿洲边缘进行保护,不仅可以构建或加固绿洲边缘防护带,也可对道路、水渠、居民点、建筑物等营造防沙林带,起到防风固沙作用。

梭梭是耐旱植物,不宜经常灌溉,否则会烂根发病。一般在播前一次灌水,以沟灌较好,也可穴灌。可采用地膜覆盖或秸秆和干草覆盖,以防止土壤水分散失。为了保证造林成活率和生长量,可利用河水春汛的来水机遇,每年对林地进行一次适量的水分补充,一般灌水量不超过 1500~2250 m³/hm²,造林前几年,梭梭根系还未伸达地下水的影响区时,需要采取季节补水措施,也可以采用打井开采地下水,采用微滴灌对梭梭林灌溉,每株 1 个滴头,可以大大节约水量。抗旱保苗措施主要是为了改变地表严酷的立地条件,在栽植前一年进行整地和开挖栽植沟。开挖栽植沟能积沙客土,改善土壤结构,提高土壤墒情和肥力,增强苗木抗旱和抗风沙能力。栽植灌水后采用地膜覆盖或其他覆盖措施,可保持土壤水分,防止水分蒸发散失过快。另外,可采用肉苁蓉种子在梭梭根部嫁接,用 20 粒种子可成功接种一穴,成活 3000 株/hm²,按市价,共计产值约为 1.0~2.1 万元/hm²。按本地区的生活费用,0.3 hm² 土地可养活一人。平均公顷产鲜肉苁蓉 600 kg,小区试验可达 1500~3000 kg。可见,梭梭造林除改善生态外,还有可观的直接经济效益。

绿洲边缘人工林绿洲生态系统建成后,显著地削弱了近地表的风速。根据对林地内部、林带边缘和林外戈壁地表风速的同步观测表明:林带内部的风速较林地边缘和林外戈壁分别降低了 48.3% 和 55.3%，并使林带附近 10 m 左右的区域内风速有不同程度的降低(表 8.2.7)。由于林带的防风作用，使戈壁地表的风沙堆积在林带西侧林地边缘，形成一条平均 37.7 m 宽的风沙堆积带，平均积沙厚度为 52.05 cm，积沙量近 5×10^4 m³，年均积沙量 5225 m³。林带建设使小气候也在一定程度上得到改善。6 月下旬，对林带内部和林外戈壁气温、地温和相对湿度进行 24 h 连续观测，观测的结果表明，林地外平均气温较戈壁下降了 0.5℃，变化不大，但林带内部平均地表温度较戈壁地面下降 6.3℃，变化是相当显著的。在戈壁地表，平均相对湿度为 14%，到林地内部上升到 29%，有了大幅度的提高。地面温度日较差在戈壁为 39.5℃，在林地内部下降到 33.5℃。

表 8.2.7 造林补植后小气候的变化

时段	造林前			造林后		
	气温	地表温度	相对湿度	气温	地表温度	相对湿度
平均值	21.5℃	28.7℃	14%	21.0℃	22.4℃	29%
日较差	17.9℃	39.5℃	25%	18.0℃	33.5℃	28%
变率	5.8%	16.3%	7.6%	6.0%	11.3%	8.8%

由于林带的防风固沙作用，使大量沙粒和粉尘被截留下来，从而加速了林地的成土过程。根据林地土壤调查，造林 7 a 后，林地表层形成厚约 5 cm 土壤，造林 11 a 后，林地表层形成 5.5 cm 的土壤，造林 15 a 后，形成 9.5 cm 的土壤(表 8.2.8)。植物枯枝落叶的作用土壤结构和质地也发生明显的变化，形成片状和团状结构，>0.25 mm 的细沙和粉粒含量显著提高，>2 mm 的砾石含量大大降低(表 8.2.9)。

表 8.2.8 造林补植后林地土层厚度及土壤结构的变化

造林年限	7 a	11 a	15 a
土层厚度(cm)	5.0	5.5	9.5
土壤结构	片状	片状	片状、团块

表 8.2.9 不同年限造林地表层土壤的粒度组成　　　　　　　　　　(单位：%)

造林地年份	深度(cm)	>2 mm	2~1 mm	1~0.5 mm	0.5~0.25 mm	<0.25 mm
原始戈壁	0~5	74.97	6.19	3.95	5.01	9.97
1986 年	0~5	6.65	3.79	14.32	21.22	53.97
1990 年	0~5	17.28	8.67	13.58	18.58	41.88
2002 年	0~5	10.45	6.25	9.60	18.11	56.57

在黑河下游，现建成人工绿洲面积 1200 hm²，每年产叶量可达 205×10^4 kg，每年可产牧草 255×10^4 kg，两项合计 460×10^4 kg，可供 20 535 只羊三个月过冬渡春补饲用草，产值可达 69 万元；每年可产沙枣 144×10^4 kg，产值可达 72 万元，两项合计 141 万元。封育后的胡杨林在短时间内就更新恢复成林，按每 hm² 平均产干叶 450 kg，产优质干草 5796 kg，间伐 10 m³ 幼树，则 2×10^4 hm² 的胡杨围封区可产优质干草 1.158×10^8 kg，年产干叶 900×10^4 kg，间伐幼树木材可达 30×10^4 m³，其总产值约为 8000 万元。围封 12×10^4 hm² 梭梭林，可采

集寄生于梭梭根部的苁蓉 75×10^4 kg,每公斤 24 元,总计 1800 万元。

如果黑河水得到合理分配,下游水资源得到充分利用,下游荒漠绿洲生态工程全部实施之后,可使居延绿洲 22×10^4 hm² 天然乔、灌、木残林复壮更新,从而使植被盖度增加 60% 以上,植物生长状况良好,植物群落步入良性循环。人工绿洲的建设,辐射带动了广大农牧民的积极性。现已建立小生物经济圈 407 处共 799 hm²,种植沙枣树 2×10^4 株,年产饲草 184×10^4 kg,粮料 78×10^4 kg,大部分牧民不仅实现了饲草料自给自足,还引种了棉花、籽瓜、茴香等经济作物,其经济、生态、社会效益均十分显著。

8.2.3 荒漠绿洲草地改良与生态经济型草库仑建设

保护草被,改良天然草地,发展人工草地,建设生态经济型草库仑,逐步使草业经营向集约化、机械化、化学化方向发展,这是荒漠绿洲发展草地畜牧业的必由之路,也是提高沙区草场水土资源利用重要途径。当前,增产大量饲草是解决牲畜超载过牧及阻止草地退化、沙化的关键,因此,需要根据水资源条件,通过大兴草业,发展商品畜牧业。

荒漠地区的草被除了可供发展畜牧业饲草利用外,更重要的作用是保护土壤,改善生态。由于在干旱荒漠地区草皮需要长期的适应和适宜的水分条件才能形成。因此,对于荒漠外围的草被,要严格加以保护;绿洲内部退化的草地,也需要采取措施着力保护。可采取人畜撤离,减轻放牧,在一段时期里使绿洲里的草地在水分条件得到改善后,根据植被弹性恢复其生产能力,待恢复到自然生长能力时,就可采取适度的控制放牧。

在沿河滩地、河间洼地、冲积扇缘低平地及湖泊、湿地的周围,甚至沙漠的丘间低地,因水分条件较好,生长有以芦苇、芨芨草及禾草为主的草地,不仅是荒漠中最好的草地,而且也是荒漠绿洲中最有价值的牧场和主要天然草场。目前,我国北方沙区产草量低于标准 50%~60%。为此,必须采取多种措施改良天然草地:通过围栏封育,辅以补播、灌溉等措施,可使水分条件较好地区提高产草量 1.5~2 倍。在围栏封育地段,需要注重选择植被具有自我更新复壮的基础,即植被的建群种、优势种具有一定盖度和优势度。建立草畜配套的畜群草库仑与草畜配置的优势组合,建立水、草、料、粮、林配套的畜群草库仑,是牧区改良天然草场的一项创举,可在干旱的沙区大面积推行,使草地畜牧业走向集约化经营,同时根据各地沙区的气候、土壤、植被的不同,配置相宜的畜种;以沙生灌木、半灌木与豆科牧草相结合,采用飞播方式对东部流动、半流动沙地、复沙丘陵进行播撒草种,也是一项改良天然草地、整治土地沙漠化的一项成功措施。特别在缓起伏高平原旱地及风蚀沙区,可通过人工播种和种植,使旱生灌木、半灌木隐蔽下层的地面,形成"木、草"双层草地,可建立起抗旱、耐风沙的灌木、半灌木草场。

发展人工草地是解决沙区发展畜牧业冬春草料缺乏的严重问题的途径之一,也是改进农业结构,建立"草—畜—肥—粮"的良性农业生态系统的必然选择,也可为发展商品性畜牧业提供坚实基础。发展人工草地应根据区域的水、土、气、热资源,确定每个羊单位所需人工草地面积。按照北方沙区人工草地建设 920 万 hm² 计,届时草场生产力提高 15% 以上,可以解决草场超载过牧,并发展季节畜牧业,使牛羊存栏数比 1985 年增加近一倍。这种人工草地建设潜力巨大,现已为发展现代化畜牧业,促进商品化提供了动力。

为推广舍饲、半舍饲畜牧业,满足生态移民需要,以不开荒为原则,在分析土地资源、水资源、农牧民生活水平及牲畜容纳量的基础上,确定饲草料基地建设地。饲草料基地采用井灌、地下水为灌溉水源。一般选择在地下水条件较好的地区。如巴音宝格德和赛汉陶来草库伦的地下水分条件更好,单井涌水量分别达 3000 t/d 和 100~3000 t/d。在这些地区以井为单元,埋设输水管道进行井灌。在依靠井灌的同时,还须考虑利用河水补充灌溉。

生态—经济型草库伦的饲料品种应以作为青饲料的禾本科和豆科为主。选择青玉米、饲料高粱等,牧草应选择多年生豆科牧草(如紫花苜蓿)。依据饲草料地四周、地埂、道路、渠系分布状况,以栽植适合本地水土、气候等条件的沙枣、胡杨树为主。对于面积较大的饲草料基地,应布设主副林带。其中,主林带间距 200 m,垂直于风向布设,副林带间距 400 m,垂直于主林带布设,主副林带宽均为 15 m。

本着生态保护的原则,每户有 3.3 hm² 饲草料地,就地转移的农牧民要以种植多年生优质牧草为主,视生产经营能力,牲畜头数控制在 300 头以内为宜,从半舍饲逐步过渡到全舍饲。按舍饲养户畜群的需要,可适当种植一年生优质牧草和饲料。而由分散牧民向草库伦转移的农牧民在种植多年生、当年生优质牧草和饲料的同时,还可适当种植一些经济作物。牲畜头数控制在 150 头以内,全部实行舍饲圈养。

8.2.4　河岸林保育对策

8.2.4.1　合理分配荒漠绿洲内用水,维持最低的生态需水必保量

保证黑河向额济纳河的年供水量达到最低限额,这是实现绿洲生态保育的首要目标。黑河流域下游因水资源短缺而引起的生态环境急剧恶化,在 20 世纪 90 年代就得到了国家的重视。自 2000 年开始国家实施黑河干流水量分配方案:在相当于莺落峡来水量 15.8×10^8 m³ 的条件下,正义峡下泄水量达到 9.5×10^8 m³ 的目标(李强坤等,2006)。自 2006 年后正义峡下泄水量达到 10.0×10^8 m³。进入额济纳绿洲,还受到其上游甘肃省金塔县鼎新盆地农业灌溉及沿途渗漏消耗,到进入额济纳三角洲顶端的狼心山断面可达到 $7.0 \times 10^8 \sim 7.5 \times 10^8$ m³,到达三角洲中部东河和西河合计的地表径流量为 $5.0 \times 10^8 \sim 6.0 \times 10^8$ m³。根据实施黑河流域水资源定量分配分析,尽管前期泄放到下游的水量不足,但随着实施分水年限的延续,基本上满足从正义峡断面下泄水量 9.5×10^8 m³,到达额济纳三角洲中部的水量达到 $4.5 \times 10^8 \sim 5.0 \times 10^8$ m³,并随着流域水资源统一管理和节水型社会建设,以及上游河流径流增加,只要严格控制上游耗水,泄放进入下游的水量基本可以得到保障。

要维持额济纳旗现状绿洲生态稳定,遏制生态环境进一步恶化,对有限的水资源进行优化配置,首先保证生态用水要求,在保证生态需水的前提下发展经济。考虑到黑河下游额济纳绿洲东、西河绿洲分布,按照水资源、生态环境、经济目标并重为第一优先级的优化方案,即黑河入狼心山水量为 5.3×10^8 m³ 时,东河分水 3.42×10^8 m³,西河分水 1.88×10^8 m³,可发展草场灌溉面积 12.1×10^4 hm²,耕地面积 0.1×10^4 hm²,发展草库伦 1.07×10^4 hm²。

8.2.4.2　充分利用盆地地下水的调节,维护适宜的地下水位

在干旱年份,上游来水对维持下游绿洲水量稳定的目标就难以实现,个别年份上游来水短缺,会影响到植被的生长,特别是对荒漠河岸林和人工的植被,会出现枯梢和枝叶干枯,引起疾病毁灭。因此,充分利用盆地的地下水调节,可以起到在干旱年份上游来水不足的情况下,保持供给生长植物的水分作用。黑河下游存在一个巨型的地下水盆地,面积约 3.8×10^4 km²,不仅存在有潜水含水层,而且还有深层承压水。当下泄水量出现持续减少时,就会引起

地下水位的连续下降、承压含水层水头降低,地下水下降幅度达 10~20 cm/a,导致绿洲植被水分供给不足,造成生态环境的急剧恶化。分水水量除了补充河岸林植被需水外,更重要的是补充盆地的地下水,恢复地下水位。因此,要维持下游荒漠绿洲的水分稳定,将泄放到下游的河水来恢复盆地的地下水很重要,不仅使绿洲区的整个面上的地下水水位得到恢复,并维持和满足绿洲植被的稳定供水,为大面积绿洲植被恢复提供基础,而且可为植被长远生存提供可靠的水源保障。

通过合理调配地表水和地下水,开展生态节水,可充分发挥生态水的效益。这是由于在干旱地区的积水沼泽、湖泊及地下水位较高的湿地,蒸发耗水量高。因此,需要衡量用水,除了保存有一定"风景"意义的湖泊用水面外,不需要过于"奢侈"水面,使得过多的水分浪费于无效蒸发。为此,尽可能充分利用地表水和低地下水位地区蕴含水源,用以建设绿色人工湿地,使得流入干旱地区的每滴水发挥效益;也可在地下水位较高地区,或当地表水缺乏时,适当开采部分地下水来降低水位,减少区域地下水的蒸发耗水,发挥有限水资源的效益;进一步考虑荒漠绿洲的水利用效率,可考虑改良草场和饲草料,种植高产牧草和饲料,或种植高经济灌木或药材,提高单位水的产出效益。同时,加强荒漠绿洲恢复中的水资源管理,开展灌溉节水、咸水利用,还要进行生态节水,这无论在保护绿洲植被,还是在生态林草建设过程中都有较大的潜力。

8.2.4.3 绿洲林灌草植被的保育与生物多样性保护

胡杨林、沙枣林、柽柳灌丛的恢复与更新是绿洲植被保育的主要内容,在供水量切实保证的条件下,争取胡杨林与沙枣林面积恢复到 5 万 hm^2,柽柳灌丛恢复到 10 万 hm^2,森林覆被率达到 20% 左右。并逐步更新,形成合理的种群树龄结构。采用轮封轮用方法进行草甸植被的恢复,力争在水量充足的地段恢复芦苇沼泽草甸,形成绿洲中的湿地生态系统,以利于形成良好的水文生态过程。根据水资源的空间分配和适地适草的原则,建立一定比例的人工草地,这是增强绿洲生态保护功能和提高草地质量和经济效益的一项目标(刘钟龄等,2001)。

胡杨、沙枣、柽柳、芨芨草、苦豆子、赖草、芦苇等都具有耐盐的适应性和种群繁殖的生物学特性,应进行广泛的实验生态学研究,做出定性与定量解释,以便在植被与生态系统的恢复及重建中充分利用和发挥其遗传优势,保障绿洲系统的稳定是适应干旱气候、水土盐碱、强风侵蚀等生态胁迫因子的自然历史产物。

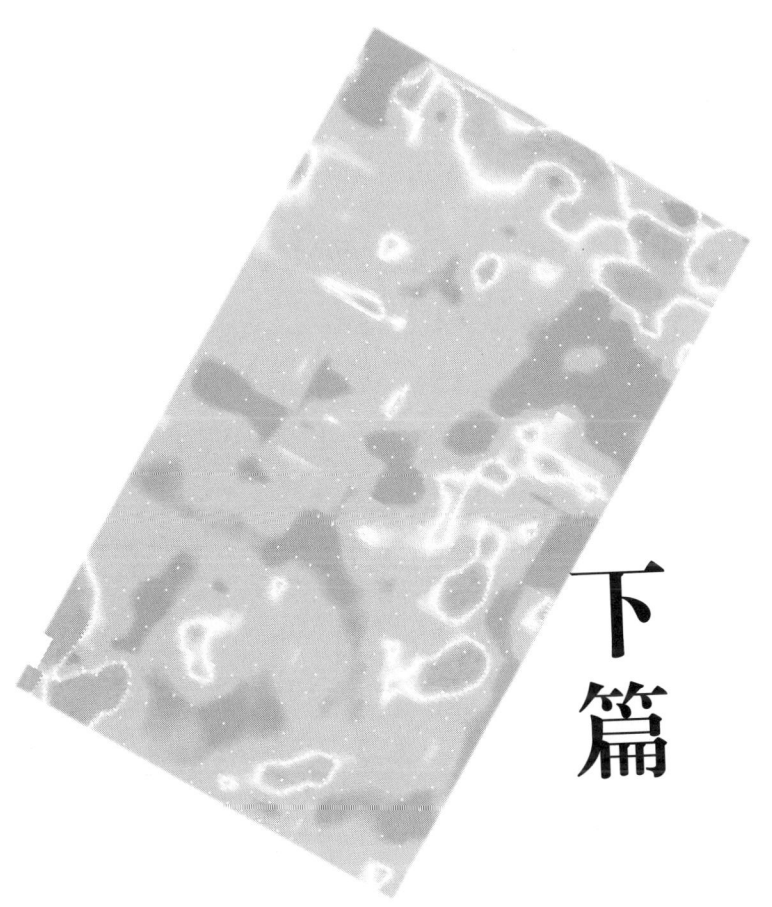

下篇

第9章 塔里木河流域概况

9.1 地理位置

塔里木河干流位于塔里木盆地北缘,起始于叶尔羌河、阿克苏河及和田河的交汇处——肖夹克,归宿于台特马湖,为典型干旱区内陆河。地理位置处于 $81°51'\sim88°30'E$ 和 $39°30'\sim41°35'N$,即北以天山南麓山前倾斜平原下部边缘为界,南抵塔克拉玛干大沙漠,西端为农一师阿拉尔垦区,东与孔雀河及其尾闾罗布泊洼地以西为邻。塔里木河流域由阿克苏河、叶尔羌河、和田河、开都河—孔雀河四条源流和塔里木河干流组成四源一干(王顺德等,2003)。四条源流流域面积 $3.47×10^5 km^2$,从叶尔羌河源头到台特玛湖,塔里木河全长 2437 km。流域内有五个地(州)的 42 个县(市)和生产建设兵团 4 个师的 55 个团场。塔里木河(干流)全长 1321 km,由上游、中游和下游三部分构成。自塔里木河三源流汇合口肖夹克到阿克苏地区与巴州在塔里木河上的分界点英巴扎称上游段,长 495 km;英巴扎至尉犁县的恰拉为中游段,长 398 km;恰拉以下到台特玛湖为下游段,长 428 km。在行政区域上隶属于新疆维吾尔自治区阿克苏地区的阿克苏市、沙雅县、新和县、库车县和巴音郭楞蒙古自治州的轮台县、库尔勒市、尉梨县、若羌县以及生产建设兵团农一师、农二师所属的 15 个团场。

9.2 地形地貌

塔里木河流域位于新疆南部,环绕于塔里木盆地周边地带。塔里木盆地远离海洋,四周为高山阻挡,北部有天山,南部有昆仑山和阿尔金山,西部有帕米尔高原,盆地中部则是著名的塔克拉玛干大沙漠,形成封闭的自然环境,是我国乃至世界最大的内陆盆地。塔里木盆地东西长约 1500 km,南北宽约 600 km,整个地势南高北低、西高东低。塔里木河流域沿着天山南侧山前褶皱带与塔里木地块之间的第三系凹陷区发育,第四纪以来,受新构造运动的影响,塔里木河河道南北摆动,摆幅宽度达 80~120 km。

塔里木河流域内高山和盆地相间,形成极为复杂多样的地貌形态。整个流域地形地貌可分为高原山区、山前平原和沙漠区。塔里木河历史上是著名的游荡性河流,北至秋立塔格山麓,向南伸入塔克拉玛干沙漠。北部受天山褶皱构造抬升而使冲积扇形平原向南延伸,迫使河流南移;南部冲积平原受冲积物和风成沙的堆高,又迫使河流北返,如此往复,便形成了广阔而深厚的塔里木河冲积平原,地势十分平坦。

山麓砾漠带:为河流出山口形成的冲洪积扇,主要为卵砾质沉积物,在昆仑山北麓分布海拔高度 1000~2000 m,宽 30~40 km;天山南麓海拔高度 1000~1300m,宽 10~15 km。地下水位较深,地面干燥,植被稀疏。

冲洪积平原绿洲带：位于山麓砾漠带与沙漠之间，由冲洪积扇下部及扇缘溢出带，河流中、下游及三角洲组成。因受水源的制约，绿洲呈不连续分布。昆仑山北麓分布在海拔 1500～2000 m，宽 5～120 km；天山南麓分布在海拔 920～1200 m，宽度较大；坡降平缓，水源充足，引水便利，是流域的农牧业分布区。

塔克拉玛干沙漠区：以流动沙丘为主，沙丘高大，形态复杂，主要有沙垄、新月型沙丘链、金字塔沙山等。

塔里木河干流可分为上、中、下游三段：

(1) 上游段

由阿克苏河、叶尔羌河、和田河三河汇合口至英巴扎，河道长 495 km，河道纵坡平均 1/5400，滩槽高差 2～4 m，河道比较顺直，水面宽一般在 500～1000 m，河漫滩广阔，阶地不明显，只在局部河段，由于河流强烈的侧蚀作用，形成一些不对称的河曲阶地；地面坡度较缓，河床下切较深，多在 2～3 m，河道较稳定，河漫滩广阔。河北岸冲积平原较窄，地面较平，沙丘较少。河南岸平原较宽，有多条近期和远期干河床。由于地下水位较深，植被退化，地表覆盖度降低，粗糙度降低，在风力作用下形成较多的固定和半固定沙丘。

(2) 中游段

英巴扎至恰拉河道长 398 km，河道纵坡平均 1/7000，滩槽高差 1～3 m，水面宽一般在 100～500 m，河道弯曲，水流缓慢，土质松散，泥沙沉积严重，河床不断抬升，加之人为扒口，致使中游河段形成众多汊道，这些汊流在汛期跑水，如恰阳河、拉依河、阿拉河、乌斯满河、阿其河等；由于地势平坦，河床坡度小，河道分散，汊流众多，每条汊流还有一些小的汊流，水网紊乱，河曲、河心滩、迂回扇、河漫滩发育，这一河段洪水泛滥形成许多湖沼，水到之处胡杨茂盛，红柳沙包丛生。局部地区存在固定、半固定沙丘及沙垅。部分河间洼地，牛轭湖集水成湖或积水形成湖沼平原、湖沼干枯又形成盐碱地。由于河道改道频繁，平原上有较多的干河床，经过风蚀和风积，形成许多固定、半固定沙丘，草灌丛沙堆等不同类型的风成地貌。

(3) 下游段

恰拉至台特玛湖河道长 428 km，河道纵坡较中游段大，平均 1/5900，滩槽高差一般为 1～3 m，河床宽 100 m 左右，比较稳定。20 世纪 70 年代大西海水库建成后，彻底拦截了塔里木河，从此塔里木河下游 321 km 河道长期断流，其下游的台特玛湖和罗布泊也分别于 1974 年和 1972 年干涸。塔里木河下游大片的胡杨林死亡，风蚀、风积作用强烈。塔里木河两侧有了不少风蚀洼地、草灌丛沙堆，以及线状沙垄、固定和半固定沙丘、流动沙丘等多种风成地貌形态。由孔雀河与塔里木河形成的冲积平原，呈东南向狭长条状，河道弯曲，两岸固定、半固定沙丘及流动沙丘星罗棋布，绿色走廊带较窄，英苏以下因河水多年断流，河床多处被流沙掩埋，有些河段河床已分辨不清。下游河段天然植被明显变少，绿色带宽度仅有 1～8 km，且林带稀疏、衰败。

9.3 气象特征

塔里木河流域地处欧亚大陆腹地，因远离海洋和高山阻隔，形成中纬度干旱区典型大陆性暖温带、极端干旱沙漠性气候。山区部分有一定降水，可达 300～500 mm，而平原区降水稀少，蒸发强烈，多风，年温差较大，日照充足，热量丰富，年日照时数在 2550～3500 h，平均太阳总辐射量为 1740 kW·h/(m²·a),年降水量 17.4～42.8 mm,年蒸发量高达 1800～2900 mm,无霜期为 190～220 d。流域平均气温多大于 10℃,流域最高气温可达 39～42℃,大于 10℃ 年积温多在 4000℃ 以上。夏热冬寒是大陆性气候的显著特征,夏季 7 月平均气温为 20～30℃,冬季 1 月平均气温为 -20～-10℃。干旱指数自北向南、自西向东依此增大,在 5～20 之间。

本区多风沙、浮尘天气,起沙风(≥5 m/s)年均出现次数 202 d,多年最大风速 17～24 m/s,主导风向为北东到东北东,年沙尘暴日数以若羌最高,达 15.1 次,其次为阿拉尔、库车、阿克苏及铁干里克,分别为 12.8、10.0、9.6 和 8.6 次。

9.4 水文水资源

实测资料分析表明,塔里木河流域地表水资源量为 3.9×10^{10} m³,其中境外流入 6.3×10^9 m³,国内为 3.3×10^{10} m³,主要以冰川融水补给为主。流域内地下水资源总量为 2.1×10^{10} m³,地下水资源与河川径流不重复量约为 3.1×10^9 m³,因此,全流域水资源总量为 4.3×10^{10} m³。

四源流多年平均天然径流量为 2.6×10^{10} m³(含国外入境水量 57.3×10^8 m³),地下水资源与河川径流不重复量约为 1.8×10^9 m³,流域水资源总量为 2.7×10^{10} m³,其中阿克苏河、叶尔羌河、和田河和开都河—孔雀河分别为 1.1×10^{10} m³、78.25×10^8 m³、4.7×10^9 m³ 和 4.3×10^9 m³,分别占四源流平均年径流量的 38.8%、28.47%、17.24% 和 15.48%。三源流(阿克苏河、叶尔羌河、和田河)多年平均汇入塔里木河干流的水量为 4.6×10^9 m³,其中,叶尔羌河为 1.7×10^8 m³、和田河为 1.1×10^9 m³、阿克苏河为 3.3×10^9 m³。

从 20 世纪 50 年代至 21 世纪初,塔里木河上游源流区的山区来水量虽然呈明显增加的趋势,但是源流补给塔里木河干流的水量呈逐年减少的趋势(陈亚宁,2003)塔里木河干流的洪水特点是洪峰流量大,历时长,洪量大,且年内有多次洪峰。由于河道状况不良,洪水期不仅造成大量漫溢,而且因洪水泛滥,冲刷河道,影响沿岸的农牧业生产,阻碍交通。三源流来水量由 50 年代的 4.95×10^9 m³ 下降到 90 年代的 4.1×10^9 m³(阿拉尔),进入 21 世纪,三源流汇入塔里木河干流的水量进一步减少,已不足 2.5×10^9 m³。塔里木河干流上中游耗水严重,到达下游的水量不断减少。在塔里木河干流自身沿程水量变化对下游水量减少的影响,远大于塔里木河上游源流来水变化对下游造成的影响(陈亚宁,2003)。

塔里木河属于内陆耗散性河流,径流量沿程递减,多年平均径流量从上游阿拉尔断面的 4.6×10^9 m³,经 189 km 至新其满衰减到 3.7×10^9 m³,经 258 km 至英巴扎衰减到 2.9×10^9 m³,经 179 km 至乌斯满衰减到 1.5×10^9 m³,再经 219 km 至恰拉断面衰减到的 6.8×10^8 m³,最后耗散于下游。随着人类活动影响的加剧,阿拉尔、新其满、英巴扎、乌斯满和恰拉五个水文站的年径流量随时间推移有显著递减趋势。各断面分别以 2.4×10^7 m³/a、3.2×10^7 m³/a、3.7×10^7 m³/a、4.8×10^7 m³/a、2.8×10^7 m³/a 的速率递减。

9.5 土壤概况

流域内主要土壤类型有绿洲潮土、风沙土、草甸土、盐土等,流域中以风沙土面积最广,占流域面积的53%,其余为绿洲潮土、草甸土、盐土等。塔里木河流域的土壤形成及分布与其独特的自然地理环境分不开,也具有明显的地带性规律。在天山南坡山区,高山带主要为高山草甸土,亚高山带为亚高山草甸土和亚高山草甸草原土,中山带为山地黑钙土,低山带多为山地栗钙土、山地棕钙土和山地棕漠土。昆仑山北坡,从高山带到低山带,依次为高山寒漠土、亚高山草原土、山地淡栗钙土、山地淡棕钙土与山地棕漠土。在洪积扇上,多为棕漠土;在冲积平原上,多为盐土、干盐土、草甸土、灌木林土、绿洲黄土与潮土等;在山间谷地、沼泽、湖滨内,为沼泽土;沙漠区为风沙土。在塔里木河沿河两岸还发育着胡杨林土,又名林灌草甸土。塔里木河干流分布有11个土类,23个亚类,47个土种,主要土壤类型有流动风沙土、半固定风沙土、盐化红柳林土、盐化胡杨林土、胡杨林土、盐化草甸土、草甸土、草甸沼泽土、盐土、残余盐土、残余泥炭沼泽土及人工绿洲灌耕土。长期以来,由于水资源的不合理利用,盲目开垦、乱砍滥伐、超载过牧等人为活动影响,造成干流土地沙漠化和土壤次生盐碱化十分严重。特别是下游,沙漠化面积已达90%以上。

9.6 植被概况

塔里木河流域地处干旱地理环境,荒漠地带占统治地位,在中国植被分区中属荒漠、裸露荒漠带,植被由山地植被和平原区植被组成。流域林草总面积为 $2.3 \times 10^7 \text{hm}^2$,林木覆盖率为5.6%,不含灌木林的覆盖率为1.58%,远低于全国的平均水平。干旱的大陆性气候制约着森林植被的生长发育。除绿洲平原外,森林植被一般以林相稀疏、分布零散、林线升高与组成单纯等特征反映出水平分布的规律性,森林植被的覆盖率很低,据统计,天山南坡及昆仑山北坡山地林地面积仅有 $9.37 \times 10^4 \text{ km}^2$。由于降水量随海拔高程的变化,植被也有明显的垂直分布规律。天山南坡山地从高山带到低山带,植被依次为高山草甸带、亚高山草甸带与亚高山草甸草原带、山地森林带(云杉针叶林)与山地草原带、山地干草原带与山地荒漠草原带及山地荒漠带。昆仑山北坡从高山带到低山带植被依次为寒漠带、草原带、干草带、干草原带、半荒漠带与荒漠带。从山前平原到荒漠,除人工绿洲外,植被一般为半灌木荒漠、灌木荒漠和砾石戈壁。平原区植被主要由不依靠天然降水的非地带性植被构成,多分布在地下水位较高的河漫滩、低阶地、湖滨及低洼地,依靠洪水漫溢或地下水维持生命,沿河形成断续的、宽窄不一的由乔、灌、草组成的绿色植被带。人工绿洲镶嵌于平原区绿洲之中,因而平原区的天然植被对绿洲影响最大。在塔里木河盆地平原荒漠地区,沿塔里木河两岸集中分布着有名的胡杨林,是亚洲乃至全世界罕见的干旱地区森林植被群落,它对维护干旱荒漠地区脆弱的生态系统平衡起着十分重要的作用。

9.7 社会经济概况

塔里木河流域包括南疆的阿克苏地区、喀什地区、和田地区、克孜勒苏柯尔克孜自治州和巴音郭楞蒙古自治州五个地(州)行政区的28个县(市)以及生产建设兵团4个师的55个团场,总面积为 $1.04 \times 10^6 \text{ km}^2$(不含原中苏待议地区面积),人口总计为950万人,约占新疆总人口的47%,其中85%为少数民族,农业人口占74.8%。农田灌溉面积 $1.7 \times 10^4 \text{hm}^2$,粮

食面积 $7.77×10^4 hm^2$,棉花面积 $4.7×10^4 hm^2$,牲畜头数 $2.5×10^5$ 头,粮食总产量 $4.9×10^5$ t,棉花总产 $1.2×10^5$ t,国内生产总值 63 亿元,与全国相比,目前塔里木河流域的国民经济发展总体水平还不高,全流域还有近 50 万人没有脱贫,是全国最贫困的地区之一。总体上看,开都河—孔雀河流域经济发展水平相对较高,阿克苏河流域次之,叶尔羌河流域位列第三,和田河流域和干流则处于落后的水平。

第10章 塔里木河流域生态系统类型

地球表面由于气候、土壤、地形和动植物区系不同,形成多种多样的生态系统,怎样划分生态系统的类型,目前尚无统一的分类原则。从生态与环境的角度,可将塔里木河流域内的生态系统划分为森林、草地、农田、水域、湿地及难利用地生态系统。

10.1 森林生态系统

塔里木河流域的植被由山地和平原植被组成。山地植被具有强烈的旱化和荒漠化特征,中、低山带超旱生灌木,寒生灌木是最具代表性的旱化植被;高山带形成成片分布的森林和灌丛植被及占优势的大面积旱生、寒旱生草甸植被。

在塔里木河流域,天然胡杨林分别占世界和中国胡杨林总面积的54%和89%,形成了世界上面积最大、生长最旺盛的胡杨荒漠森林带,也叫吐加依林。以塔里木胡杨林保护区最为典型;其次为灰杨,主要分布在干流区上部,三源流汇合口一带,以和田河沿岸数量较多。

塔里木河流域区森林生态系统中第二种重要植物为柽柳,它是组成该流域灌木林中面积和种群数量最大的灌木树种。柽柳在新疆有27种,其中沙生柽柳(Tamarix spp.)等种已经被列为一级濒危保护植物。塔里木河干流区不少于6种,其中最耐干旱的为塔克拉玛干柽柳,它多生长于距离河道较远的沙丘地带,根系可下扎$7\sim8$ m,它能生存的沙丘地带因地下水位太深,其他种的柽柳和其他深根系乔、灌、草本植物均不能存活,因此,塔克拉玛干柽柳可称得上是塔克拉玛干沙漠边缘的先锋植物,在胡杨林中极少分布。柽柳中最能耐盐的是短穗柽柳,它能在重盐碱地上成活。保护柽柳灌木林是塔里木河干流生态保护中的第二项重要任务。

灌木林中在局部地段能形成适群种的还有铃铛刺、苏枸杞、沙拐枣、盐节木、盐穗木、梭梭、白刺等,常作为胡杨林下的伴生植物,与柽柳组成较浓密的灌木层,组成典型的吐加依林。林中还有特产的羊肚菌等多种菌类及苔藓、地衣等组成该生态系统。

胡杨林型动物种类主要有塔里木马鹿、塔里木兔、野猪、兔狲、猞猁、狼、赤狐、沙狐等。鸟类有环颈雉、斑鸠、白翅啄木鸟、白尾地鸦、鸢、红隼、欧鸽、长耳鸮、丛纹腹小鸮等。两栖爬行类有塔里木鬣蜥、麻蜥、绿蟾蜍、棋斑游蛇、黄脊游蛇等。其中,塔里木马鹿、塔里木兔、白翅啄木鸟、塔里木鬣蜥是当地特有种,但因人类捕捉,塔里木马鹿数量已迅速下降。

干流区天然林分布较多(表10.1.1),生长较好的主要分布在阿拉尔到铁干里克河段的沿岸,源流区叶尔羌河流域分布较为集中。天然林生长的盛衰、覆盖度的大小,受水分条件的优劣而异。

表 10.1.1　2005 年塔里木河干流区天然植被面积统计表　　　　　（单位：hm²）

塔里木河干流区	林地+草地	林地				天然草地
		小计	有林地	灌木林地	疏林地	
上游	120 759.00	39 607.72	2181.45	34 937.98	2488.29	81 151.32
中游	822 673.70	159 899.90	42 948.75	46 056.75	70 894.39	662 773.80
下游	109 140.30	11 385.05	4620.53	932.56	5831.96	97 755.25
合计	1 052 573.00	210892.70	49 750.72	81 927.29	79 214.64	841 680.30

注：本表为解译数据。

10.2　草地生态系统

草地主要分布在塔里木河两岸的低阶地、高河漫滩及北岸接近天山北坡洪积冲积扇扇缘带地下水位较浅的地带，在人工绿洲周围也有分布。源流区主要分布在阿克苏河流域与开—孔河流域，干流地区尉犁县南部草地分布面积较大。草地有低地盐化草甸及河漫滩盐化草甸两个植被类型，以佛子茅、芦苇、甘草、芨芨草、骆驼刺、蒲公英、野生油菜、獐茅等为主。植物所需水分主要来源于地下水及河道侧渗，土壤普遍有不同程度的盐渍化。草被是草地生态系统的主体，除草被外还有多种蘑菇等菌类和部分适于该区域生长的苔藓、地衣类低等植物及大量的微生物。

草地常见的动物主要有塔里木兔、沙狐、子午沙鼠、小家鼠、草原斑猫、兔狲、鸢、红隼、家麻雀、斑鸠、白鹡鸰、密点麻蜥、荒漠麻蜥、棋斑游蛇及绿蟾蜍等。不少水禽也常在水域旁草地上觅食，如豆雁、鸿雁、赤麻鸭等。无脊椎动物和昆虫等也是草地生态系统中的主要组成部分。草地是塔里木河流域生态系统中的一种主要土地类型，对该区畜牧业有重要贡献。

10.3　农田生态系统

塔里木河干流农田生态系统集中分布于上游兵团农一师阿拉尔垦区和下游兵团农二师恰拉垦区。农田生态系统是在荒漠或自然绿洲的基础上，经过长期人类活动的参与和改造而发展起来的，它是人类劳动的产物。在干旱荒漠区，人类为了生存，兴修水利，开荒造田，营造防护林，发展种植和养殖业，于是就形成以人工水域为支撑，以人工栽培植物为主体的农田生态系统。人工水域是支撑农田生态系统的条件，农田生态系统是绿洲的基础，人工林是农田生态系统的卫士。

农田生态系统是适应人类生存需要而建立起来的，通过人类干预自然、改造自然，改变了荒漠水热条件搭配不当、不适合人类生存的严酷环境。农田生态系统中土壤、植被、水文、气候和地形则受人类活动控制，取得了优化组合，搭配得当，使生物生产量高，小气候条件优越，为人类在荒漠地区生存、繁衍创造了条件和提供了有机质。农田生态系统一方面能够在较小空间和有限时间内产生较高生产力，提供某一种生态系统服务功能，另一方面经过改造重建，富有再生产性，形成更有价值的生态系统。它"不是自然"，却"胜似自然"。

农田生态系统服务的对象针对性较强，范围比较固定；其次，农田生态系统服务功能输出则更多以产品和环境效益的形式表现,具有市场交换性的特点,能够直接用生态效益来表现其环境效益。加强对农业生态系统的保护,实际上就是加强对农业水土资源、人工林资源和农业生物资源的保护,实际上就是保护农业生产力,保护农业生态系统的服务功能。

10.4 水域生态系统

水域生态系统在地球表面生态系统中具有十分重要的地位。水是水域生态系统的主体,塔里木河流域、水库和积水湖泊、河流都属典型的水域生态系统。塔里木河流域已修建各类平原水库76座,总库容 $2.5\times10^9 m^3$,兴利库容 $2.1\times10^9 m^3$,其中大型水库6座,总库容 $1.3\times10^9 m^3$,兴利库容 $1.1\times10^9 m^3$,76座平原水库设计灌溉面积为 $5.1\times10^5 hm^2$,有效灌溉面积为 $3.6\times10^5 hm^2$,占总灌溉面积的 29.1%,设计供水量 $3.9\times10^9 m^3$。

塔里木河流域还有数百个大小不等的湖沼,但大多数湖沼枯水期干涸,只有少部分能延续到第二年洪水来临。塔里木河流域内湖沼最多的地区是库尔勒北部和尉犁南部地区,湖沼面积大,积水湖沼数量多;其次为轮台南部地区和渭干河冲积扇外缘东南部和西南部与塔里木河冲积平原交接区及塔里木河支流区。历史上塔里木河干流下游考干等地湖沼面积是相当广阔的,在1921年以前,塔里木河和孔雀河合流流经此地,形成了大面积淡水湖泊,后因塔里木河改道断流而干涸。

在塔里木河河道及其牛轭湖和积水汊流湖泊中,在过去有塔里木河特有种新疆大头鱼、塔里木裂腹鱼(尖嘴鱼)及多种鳅鱼等土著鱼类分布,以后人们引进赤鲈(五道黑)及鲤、鲫、鲢、鳙、三角鳊等多种外来鱼类和家鱼,导致大头鱼灭绝,尖嘴鱼也已残存不多。水域中有燕鸥、渔鸥、大天鹅、豆雁、苍鹭、翠鸟、赤麻鸭、绿头鸭、赤膀鸭、针尾鸭、凤头䴙䴘虎鸟、骨顶鸡、黑水鸡、白鹈鹕、大麻鳽、苇莺、鹭鹚、凤头麦鸡、红脚鹬等多种水鸟活动,也有两栖爬行类绿蟾蜍、棋斑游蛇、牛蛙等在水中生活,此外还有大量的水生昆虫。在洪水季节和洪水期过后的秋季,水域中鸟类种群数量较大,冬季种群数量最少。

水域生态系统食物链中,鸟类多以水生昆虫、水草和鱼类为食,而鸢、雕等猛禽又以小型鸟类和兽类为食,鸟类成为在该水域活动的狼、狐等食肉兽的捕食对象。该地水域中,由国外引进的麝鼠在该区生活适应性很强,繁育数量较多,分布较广。

水域生态系统以其所处地貌部位差异、积水深浅及时间长短、植物及动物类型的变化,可分为多种次级生态系统类型。如季节性积水的草甸沼泽,浅水中以挺水植物为主的浅水湖沼,深水区以沉水植物为主的湖泊,都有自己独特的动植物类群和生态关系,均可成为独立的一个生态系统,如以密集的芦苇群落来说,它本身可成为独立的一个生态系统,除鱼类外,苇莺和大麻鳽等水鸟是光顾该系统的常客。

10.5 湿地生态系统

湿地是指天然或人工、长期或暂时的沼泽地、湿源、滩涂地或为水、半咸水、咸水水域地带。在塔里木河流域内,凡是洪水能漫流浸淹的地带均属于湿地,因此,"暂时性"成为塔里木河流域湿地生态系统的重要特征。在塔里木河下游,洪水漫溢之后形成的水洼常常成为野生动物的补给水源地。湿地有"地球的肾"之称,其生态系统服务功能包括物种生境、减少洪水灾害、水质净化、休憩娱乐等多种服务功能。由于大规模的水利开发,塔里木河流域范围内湿地形成越来越困难,人类对湿地的干扰越来越严重,湿地生态系统遭到空前的冲击和破坏,其生态系统服务功能正在迅速衰退,直接影响区域生态环境。

湿地生态系统中的植物主要由草甸沼泽植物和挺水植物及沉水植物组成,草甸沼泽植物主要有苔草、稗、水茛根、菱陵菜、蒲公英等,挺水植物有芦苇、菖蒲、荆三棱、毛蜡灯心草等,沉水植物有多种轮藻、眼子菜及多种水藻类等。

10.6 难利用地

本章将裸岩石砾地、荒漠、居民用地、交通用地和田埂等都归为难利用土地。在塔里木河古老冲积平原上,绝大部分地区为荒漠,且以沙漠和盐漠为主。区域内无地表水,气候极端干旱,植被多为旱生及超旱生种类,且覆盖度极低,主要分布灌木荒漠、小半乔荒漠、半灌木荒漠、多汁盐柴类荒漠。在荒漠植被之间,分布有流动沙丘、半流动沙丘、固定沙丘及裸地,在塔里木河南岸与塔克拉玛干沙漠相邻的局部地段,沙丘上分布有小丛的耐干旱性极强的塔克拉玛干柽柳,丘间低地分布有芦苇、甘草、罗布麻、骆驼刺、猪毛菜等植被,盖度<10%。

在荒漠生态系统中分布有荒漠动物,由于荒漠与绿洲交错分布,食物较为丰富,常到荒漠地带活动的动物种类有野双峰驼、草原斑猫、鹅喉羚、沙狐、狼、漠䳭鸟、沙䳭鸟、猎隼、大鵟、棕尾鵟、南疆沙蜥、叶城沙蜥、黄脊游蛇、子午沙鼠等。除沙蜥外,动物种群数量和分布密度均很小,特别是野骆驼,由于近代人类活动影响,在塔克拉玛干沙漠分布区仅剩 50~60 只,在沙漠公路沿线,塔里木河南 100 km 左右处的古老河道残存的胡杨林地带较易见到。

10.7 生态系统类型景观格局

塔里木河流域六大类生态系统,其分布格局有着明显的规律,水域生态系统分布在最低洼的地带,即河流主流及干流区、河间洼地、牛轭湖及塔里木河冲积平原与天山南坡洪积冲积扇及低洼地带,还有人工筑成的水坝上游及水库下游积水区。

草地生态系统分布于水域生态系统的周边及与胡杨林之间的交错地带,呈环状或条状分布。受塔里木河洪水的直接或间接影响,若没有塔里木河水源的补充,地下水位持续下降,该类型生态系统将不复存在。

森林生态系统分布在河道两岸的低阶地和高阶地上。除低阶地小面积的新生胡杨林外,大部分胡杨林已不能被洪水浸漫,仅靠塔里木河下渗的地下水供给水分。若地下水位持续下降,将导致胡杨林枯死,使该生态系统劣变,阿拉干下游区和古塔里木河沿岸的胡杨林就属于这种类型。

农田生态系统分布在塔里木河高阶地上,如阿拉尔绿洲和铁干里克绿洲及沙雅、尉犁等地的部分绿洲属这种类型,它们完全靠人工引水灌溉来维持。沙雅、轮台南部新开垦的部分人工绿洲因位于高河漫滩和低阶地上,在塔里木河洪水期常遭受浸淹而造成巨大损失,对这些新开垦地应实施"退耕还林"和"退耕还草",以维护塔里木河生态系统的稳定。

难利用地分布在离塔里木河干流和支流较远和最高的地貌部位,即塔里木河南部的沙漠带及北部的盐土带,还有古河道之间的高地上,主要以流动沙漠和盐漠的形式存在,部分地区为土漠,但风蚀严重,部分地表出现雅丹地貌现象。

第 11 章 塔里木河流域生态系统服务功能

11.1 生态系统服务功能与价值研究

11.1.1 国内外研究进展与评述

早在古希腊,著名哲学家柏拉图就认识到雅典人对森林的破坏导致了水土流失和水井的干涸。1864 年 George(1864)出版的《Man and Nature》记述了地中海地区人类活动对生态系统服务功能的破坏,并注意到了腐食动物作为分解者的生态功能;Leopold(1948)也认识到人类自己不可能替代生态系统服务功能;Osbom(1948)指出人类居住地的水、土壤和动物是人类赖以发展的条件,是人类赖以生存的基础;Vogt(1948)第一个提出自然资本概念,自此以后生态系统概念和理论的提出与发展,促进了人们对生态系统结构的认识,并逐渐关注生态系统服务功能。其后直到 20 世纪,生态系统的结构的变化导致其功能改变逐渐引起人们的注意。在 SCEP(Study of Central Environmental Problems)(1970)的《人类对全球环境的影响报告》中首次提出生态系统服务功能的概念,同时列举了生态系统对人类的环境服务功能。自 20 世纪 70 年代以来,生态系统服务功能开始成为一个科学术语及生态学与生态经济学研究的分支。

11.1.1.1 生态系统服务功能的研究

Holder 和 Ehrlich(1974)、Westman(1977)先后进行了全球环境服务功能、自然服务功能的研究,提出生物多样性的丧失将直接影响着生态系统服务功能。自此,生态系统服务功能的研究开始向科学体系发展(Daily,1997;De Groot,1992;1994;Limburg,1999)。之后,许多关于阐述生态系统生物多样性(Pearce,1993)及其各项服务功能关系(Pimentel 等,1997)的文献如雨后春笋般纷纷出版。Sala 等指出,草地生态系统在生物多样性方面为人类提供的功能主要是:为人类提供一个大量基因物质的基因库,是作物和牲畜的主要起源中心(谢高地等,2001)。Mosier 等做过一个著名的实验,他在科罗拉多北部温带草原连续作了 4 a 野外观测后,根据其试验结果,假定该草原能够代替全球温带草原的情况,对全球 1150 $\times 10^4$ hm^2 的温带草原 N$_2$O 的排放量作了估算,估算值为 0.16 Tg/a,该草原吸收量占全球每年 N$_2$O 排放量的 1.1%,后者消耗了 CH$_4$ 年生产量的 1%(Mosier,1991)。研究表明,草地生态群落由于结构、组成及覆被状况的不同,导致地表能量反射率的改变,进而对气候产生一定的影响。美国的实验资料显示,在 1964—1969 年的实验期间,5 a 中玉米地的水土流失量平均为 673 t/hm^2,而管理良好的无芒雀麦草地水土流失量仅为 0.676 73 t/hm^2,建立与风向垂直的高草草帐,能够能有效地降低两草帐之间的风速(中国草地资源编辑委员会,1996)。据估算(Schlesinger,1991),土壤中碳的储量是植物总储量的 18 倍,而土壤中的氮的储量更是植物中总储量的19倍。研究表明,全世界有22万种显花植物需要动物传粉占已记载的显花植物的92%。若没有动物的传粉(Buchmann 等,1996),不仅会导致农作物减产,而且会导致一些物种的灭绝。Caims(1997)和 Constanza 等(1997)对生态系统服务进行了论述,他把生态系统提供的产品和服务统称为生态系统服务,将生态系统服务分为气体调节、气候调节、水调节、控制侵蚀和保持沉淀物、土壤形成、食物生产、原材料、基因资源、休闲、文化等17个类型。生态系统服务功能的内涵可以包括有机质的合成与生产、生物多样性的产生与维持、调节气候、营养物质储存与循环、环境净化与有毒有害物质的降解、植物花粉的传播与种子的扩散、有害生物的控制、减轻自然灾害、降低噪声、遗传、防洪抗旱等诸多方面。国际科学联合会环境委员会于1991年发起了一次会议,主要讨论怎样展开生物多样性的定量研究,促进了生物多样性与生态系统服务功能关系的研究以及生态系统服务功能经济价值评估方法的发展(Schulze,1993;Tilman,1997)。美国生态学会组织了以Gretchen Daily 负责的研究小组,对生态系统服务功能进行了系统地研究,形成了能反映当时这一课题研究最新进展的论文集(Daily,1997)。

11.1.1.2 生态系统服务功能评价

随着自然价值中经济学概念的引入,1972年,诺贝尔经济学奖获得者 James Tobin 和 William Nordhaus 提出净经济福利指标(James 等,1972);1990年世界银行资深经济学家 Herman Daly 和 John B. Cobb 提出可持续经济福利指标(index of sustainable economic welfare)(Herman 等,1989);他们都试图测算经济增长和发展与全球资源环境的对应关系。直到1993年联合国统计委员会推出了新的国民经济核算体系(Pavol 等,2000),即:现有的 GDP 中要扣除以自然资源消耗、生态环境破坏为基础的直接经济增长以及为保持生态平衡而必须支付的经济投资,从而形成了环境与经济综合核算体系。1997年 Constanza 等(1997)和 Vitousek 等(1997)首次系统地设计了测算全球自然环境为人类所提供服务的价值"生态服务指标体系"(Ecological Service Index,ESI)。该指标体系的提出,促进了生态系统服务定量评价研究的兴起,对深刻理解人与自然之间的关系,揭示可持续发展的本质内涵具有重要的科学价值。

1997年 Sala 等的《Ecosystem Services in Grasslands》一书中专门就草地生态系统服务功能的特点进行总结探讨。其间主要针对草地生态系统中没有市场价值同时存在评价困难的服务功能展开,主要包括维持大气组分、基因库、改善气候、保持土壤4个方面(谢高地等,2001)。Costanza 利用基于全球静态部分平衡模型,在将生态系统服务划分成17个主要类型的基础上,以生态系统服务供给曲线为一条垂直曲线为假定的条件下,逐项估计各种生态系统类型的年均服务价值,其中得出草地生态系统服务功能的价值为906亿 USD/a,占全球总价值的2.72%,占陆地生态系统总价值的7.3%。另外,还有一些学者进行了相关研究:Peters 等(1989)对亚马逊热带雨林的非木材林产品的价值评估;Tobias 等(1997)和 Maille 等(1993)对热带雨林的生态旅游价值的研究;Hanley 等(1993)对森林的休闲、景观和美学价值的研究;Adge(1995)等对墨西哥森林的价值的评估研究及政策建议;Edward(1994)对热带湿地环境功能价值的研究等。

我国对湿地和森林生态系统服务价值方面的评价进行了较多探索,并且取得了一系列的研究成果。我国学者在对湿地的基本理论,湿地的结构、功能、动态变化,湿地的环境效益分析,湿地的研究方法等方面研究的基础上,也开展了一些对单个地区的湿地价值评估(庄大昌,2000;辛琨等,2002;崔丽娟,2001;潘文斌等,2002)。另外,许多学者对江西鄱阳湖湿地的生态环境和资源利用等方面开展了很多研究(吴江天,1994;谢钦铭等,2000;刘信中,2000;简永兴等,2001;李仁东等,2001;刘桃菊等,2001;毛端谦等,2002;关文彬,2002)。同时,我国学者也采用了较精细的方法对森林生态系统的服务功能进行了评价(侯元兆,1995;薛达元等,1997;赵同谦等,2004b;余新晓等,2005;靳芳等,2005;李长荣,2004)。

与国际上的研究相比,国内的研究主要存在以下方面的差距:①在生态系统服务的价值理论、评估方法方面,基本上是对国外价值理论和方法的模仿应用,缺乏对生态系统服务价值评估的理论与方法的创新研究;②在具体评估方法的应用上,主要是市场评估法和替代市场评估技术中的影子工程法、机会成本法、替代花费法、旅行费用法等几种方法,对假想市场评估技术(即条件价值法 CVM)应用不多;③在生态系统服务价值评估研究的案例中,着重于评估利用价值(直接利用价值和间接利用价值),而对非使用价值(选择价值、遗产价值和存在价值)较少涉及,对生态系统服务的价值揭示不够全面。究其原因,主要是缺乏多学科的综合研究。

11.1.1.3 生态系统服务评价的方法

国际上对生态系统服务价值评估研究的努力已有二十余年历史。Constanza 等(1997)按 20 种不同生物群区将生态系统服务功能用货币形式进行测算,从而推算出所有生物群区的服务价值。

到目前为止,大部分对区域性生态系统服务的总价值的评价都是基于 Constanza 的研究方法,即用不同生态系统的面积与单位面积的生态服务价值相乘得到总服务价值(Guo 等,2001)。为了计算各种生态系统的面积,需要各种途径得到面积数据,一是以行政单元为区域范围进行生态系统服务价值评价,在这种评价中各生态系统面积数据来自于各行政单元的土地利用统计资料或者土地利用分类图数据。欧阳志云(1999b)等从有机物质的生产、维持大气 CO_2 和 O_2 的平衡、营养物质的循环和储存、水土保持、涵养水源、生态系统对环境污染的净化作用等 6 个方面,对中国陆地生态系统服务的价值进行了估算,6 个方面的总经济价值为 30.488×10^{12} 元/a;还有很多学者在植被图、各种科考报告以及统计资料的基础上,对研究区域进行识别、判定和分析,划分出不同生态系统类型,并对其价值进行评价(刘敏超等,2005;王晓峰等,2006;秦珊等,2004)。另一方面是以自然区域为范围进行生态系统服务价值评价,这种评价很大程度上依赖于各种航空图片或者遥感影像资料。张志强等(2001)引用 Constanza 对全球尺度生态系统服务单位公顷价值的平均估算结果,结合黑河流域土地利用与植被覆盖的 Landsat TM 影像解译数据,对黑河流域及其上、中、下游生态系统职务的价值予以估算。毕晓丽等(2004)在国际地圈生物圈计划(IGBP)所提供的 1 km^2 分辨率土地覆盖分类数据的基础上,对中国陆地及各省市的生态系统服务功能价值进行评估。陈仲新等(2000)参照 Constanza 等的分类方法、经济参数与研究方法,对中国生态系统的功能与效益进行了价值评估。

遥感观测为各种生态系统信息的获取提供了最佳方式,可以进行大面积的调查,并且有利于研究生态系统面积不同时期的动态变化,在各期数据之间具有较大的综合性和可比性。但是也因为影像图片拍摄及覆盖的空间尺度的不同,导致生态系统分辨程度不同,这在一定程度上对生态系统服务价值评价造成误差。一般来说,空间分辨率不同会直接影响不同生态系统类型的分辨能力,而且由于各个生态系统类型自身的空间分布异质性,同一区域采用不同空间分辨率的空间测度技术得到的生态系统类型面积会有所不同,其生态系统服务价值量也会有显著差异(Seidl 等,2000)。Konarske 等利用了基于不同分辨率的两种数据库资源 NOAA-AVHRR(national oceanic and atmospheric administration advanced very high resolution radiometer)和 NLCD(the national land cover dataset),以美国作为评价区域,其中,NOAA-AVHRR 将该区域划分为 17 个生态系统类型,采用 1 km 的分辨率,而 NLCD 采用 30 m 的分辨率将该区域划分为 21 个土地覆盖类型,两种方式计算的结果相差很大,前者计算出的生态系统总价值为 258 billion USD/a,而后者为 773 billion USD/a(Keri 等,2002)。作者分析空间分辨率高的地表覆盖数据会使生态系统服务价值评价的估算更精确(Villa 等,2002)。

生态系统服务功能的大小除了与其所属的生物群落类型有关外,还与该生态系统的生物量有密切关系,一般来说,生物量越大,生态服务功能越强(谢高地等,2001)。Portela 等(2001)在其对热带雨林地区经毁林改为耕地和草地后的生态系统服务功能变化的预测研究中指出,由于土地利用形式变化而受其影响最大的因子就是生物量,生物生产力的高低对于局部地区、区域乃至全球尺度生态过程的稳定性和协调性具有决定性作用。因此,他在评价生态系统的部分生态功能时建立它们与当地生物量的联系,来推导由于土地利用形式变化导致生态系统服务价值变化的定量值。

2001 年联合国正式启动一项国际性大型研究计划——千年生态系统评估计划(millemium ecosystem assessment)中,将生态系统服务功能及其评价作为主要研究任务之一。

生态系统服务价值大致可以划分为三种类型:经济价值、生态价值、社会文化价值。已有大量的文献对这三种类型价值的概念进行了详细的阐述(Farber 等,2002;Howarth 等,2002;Limburg 等,1999;Wilson 等,2002)。生态系统服务价值评价的方法主要有直接市场法(direct marker valuation)、间接市场法(indrect marker valuation)、条件价值法(contingent valuation)和团体商议法(group valuation)。其中,直接市场价值法主要用于在市场上有交换价值的生态系统服务,如商品的生产及娱乐等功能。这种评价结果随社会经济发展水平不同而有所差异,并且具有区域特点。后三者评价方法都是在不存在明确市场时使用的方法,这些评价方法需要测度人们对这些服务功能的支付意愿或接收补偿意愿,因此受社会文化因素影响很大。社会文化因素所发挥的重要作用主要体现在以下方面中,包括鉴别重要的环境功能、加强身体和精神健康、教育、文化多样性和遗传价值、存在价值、自由和精神价值等(Mac 等,1999)。生态系统产品和服务的价值评估会由于研究规模的不同而不同,也会由于研究者认知的不同将其分为不同的类别(De Groot,2002)。

在后三种评价方法中,条件价值法争议最多。自 1963 年 Davis 等(徐中民,2003)首次提出并应用于环境娱乐价值的评估到目前为止,一直在越来越多的研究案例中发展和完善。一方面,生态系统功能恢复后带来的价值换算为经济价值,可以为生态恢复工程的实施提供即得利益的依据(Holl 等,2000);另一方面,从条件价值评估法自身的特点看,人们一般能够通过问卷调查的方式对其周围环境损失或恢复的总价做出判断(Swarz 等,2001)。条件价值评估法在调查问卷的设计上可根据被访者的文化背景特点采取图文并茂的形式,例如,Loomis 等 (2000)对美国中部普拉特河河段沿岸的五项生态服务功能恢复的研究,最终统计结果发现,只要每月每户以缴纳水费的方式多支付 21 USD 就足以实现生态恢复的目标并弥补由此而带来的经济损失。Holmes 等(2004)采用的是 CVM 中离散型两分式的问卷格式,以 5 项生态服务功能作为指标对不同恢复尺度带来的经济利益进行估值,结果发现,恢复尺度与其带来的效益并不是成线形相关的,生态系统完全恢复会带来超值的利益。同时,该研究还发现,包括所有测算到的空间尺度的恢复项目在内,其效益成本比值为 4.03～15.65,说明公众对生态恢复的资金投入具有经济可行性。

随着生态经济学、环境和自然资源经济学的发展,生态学家和经济学家在评价自然资本和生态系统服务的变动方面做了大量研究工作(De Groot,1993;Boyle,1993),将评价对象的价值分为直接和间接使用价值、选择价值、内在价值等(李文华,2002),并针对评价对象的不同发展了直接市场法、替代市场法、假想市场法等评价方法(Kulshreshiha 等,1993;Ehrlich 等,1992)。中国生物多样性国情研究报告编写组(中国生物多样性国情研究报告编写组,1998)将中国生物多样性的经济价值分为直接使用价值、间接使用价值、潜在使用价值等 3 类开展了评估研究,结果是上述 3 类价值每年总计达 39.33 万亿元。

11.1.1.4 生态系统服务价值的动态及驱动评价

在生态系统服务价值经历了很长时间的静态平衡评价之后,许多学者开始指出研究生态系统服务价值的动态变化更有意义。一方面,正如经济学家靠分析市场行为来理解传统价值的内涵及其变化规律,生态经济学家也要通过分析自然界的生态学机制和生态过程来理解生态服务价值的内涵及变化规律;另一方面,生态系统服务功能的发挥受限于生态系统的承载力阈值,对生态过程的动态模拟有助于界定这个阈值,分析生态服务价值在不同情况下的动态变化(Turner 等,2003)。在 Portela 等(2001)对巴西亚马逊河地区热带雨林退化过程建立的模拟模型中,主要包括 4 个模块,分别是森林滥伐的驱动因素、土地利用覆盖、生态系统服务功能、生态系统价值评估。当地人口增长和社会经济的发展刺激了将森林砍伐变更为草地和农田的土地利用需要,而土地覆盖形式的变化又会引起生态服务功能物质量及价值量的变化,通过动态模拟这一过程预测了生态系统服务价值未来某一时段后的变化结果。Gambiza 等(2000)则利用动态模型模拟了坦桑尼亚林地在不同管制措施下的生态过程并说明了其对经济和生态的影响。Grasso(1998)为了研究红树林地区林业和渔业之间的生态和经济关系,达到生态服务功能维持和两种经济活动利益最大化的双赢目标,将动态最优化模型和动态模拟模型结合应用确定它们之间的量化联系。

总之,有关生态系统服务价值的研究在理论方法和评估技术方面都取得了显著的进展,但是要完善动态评价体系仍然还需要进一步探讨。

11.1.1.5 讨论

(1)研究资料尚待充实的生态类型的服务价值评估。现有的案例研究大多集中于森林、湿地等这些生态服务价值较高的生态类型(庄大昌等,2003;辛琨等,2002;鄢帮有,2004),对荒漠、苔原等生态系统的研究则较少。而从生态恢复及可持续发展的角度来说,今后对这些生态类型的评估案例应有所积累。

(2)物质稀缺性和经济稀缺性不一致的矛盾。对生态系统从物质量和价值量两种角度进行评价所得到的结论往往不一致(赵景柱等,2000)这主要是由于从微观支付意愿出发估算生态环境对社会经济发展的宏观贡献所致(赵景柱等,2004)。所以应从考虑不同规模的受益群体出发,利用环境服务和产品的经济价值)替在供需双方推算生态环境的相对经济价值,如小组协商式条件价值评估法的发展(Wilson 等,2002)。

(3)国民经济核算体系的修正和绿色 GDP 的建立。虽然人们已认识到国内生产总值

(GDP)从可持续性角度来说是有缺陷的估算方法,并提出绿色 GDP 的概念(陈仲新等,2000)。但实际上,由于现有价值评估理论和技术的不完善,并牵涉到利益冲突和政策调整等方面,所以国家环境—经济核算体系的建立还需要大量的基础工作,是生态系统服务价值评估研究的根本目标(张志强等,2004)。

(4)总的来看,生态系统服务价值评估已经形成较为完整的理论和评估方法的框架。能量学和经济学理论各自指导建立了相应的评估方法体系,如前者的能值转换法,后者的直接市场法、替代市场法和虚拟市场法等。但在这个研究框架里,还有一些细节问题不容忽视,如本书提出的评估方法和技术的一些改进以及尚待解决的难点等,而预测今后生态系统服务价值评估的研究趋势也将集中在这些细节问题的完善方面。

11.1.2 生态系统服务功能与评价模型

对生态系统服务价值进行经济评价既是生态系统领域研究的一个热点,又是一个难点。就生态系统而言,单独探讨其某一项或某几个功能对人类福利的总价值及一些特殊形态的服务价值没有太大的意义,相反,研究这些变化对人类发展的数量和质量的影响具有重大意义。生态系统服务价值评价主要任务有两个方面:一是综合评价生态系统变化对人类持续发展产生的影响,当人类的经济发展造成环境退化,同时决策制度又不响应时,生态系统服务价值的评价结果就可以引导人们如何使用生态系统;二是加深生态系统功能和生态系统平衡在自然资源开发和经济发展过程中重要性的认知,当人们认识到生态系统的重要意义之后,才能进行生态建设和恢复,从而加强生态系统保护、提高生态系统以满足人类需求的能力。近些年来,人们开始重视对不同区域、不同尺度、不同类型的生态系统的服务功能经济评估。

11.1.2.1 生态系统服务功能与价值

(1)生态系统服务功能

生态系统服务功能是指自然生态系统及其物种所提供的能够满足和维持人类生活需要的条件和过程,是生态系统对人类生存和生活质量有贡献的产品和服务(Costanza 等,1997),也可称为是生态系统与生态过程中所形成的、能够维持人类生存的自然环境条件及其效用(Daily,1997)。

(2)生态系统产品

生态系统产品是指生态系统通过第一性生产与次级产生的、合成了人类生存所必须的有机质和原料,是能为人类带来直接利益的因子,它包括食品、药材、加工原料、动力工具、欣赏景观、娱乐材料等。据统计,每年各类生态系统为人类提供粮食 18 亿 t,肉类约 6 亿 t(WRI,1994),同时海洋还提供 1 亿 t(UNFAO,1994)。生态系统还为人类提供了木材、粮食、纤维、橡胶以及其他工业原料。除此以外,生态系统还是重要的能源来源,据估计,全球每年约 15% 的能源来源于自然生态系统(Hall 等,1997)。据研究,人类已知约有 8 万种植物可以食用,而人类历史上仅利用了 7000 多种植物(Wilson,1989),只有 150 种粮食植物被人类广泛种植和利用,其中 82 种作物提供了人类 90% 的食物(Prescott—Allen 等,1990)。那些尚未被人类驯化的物种,都由生态系统所维持,它们既是人类潜在食物的来源,还是农作物品种改良和新的抗逆品种的基因来源。生态系统还是现代医药的最初来源,最新研究表明,在美国用途最广泛的 150 种医药中,118 种来源于自然,其中 74%源于植物,18%源于真菌,5%源于细菌,3%源于脊椎动物(Grifo 等,1997)。

(3) 生态系统服务的含义

生态系统服务是指生态系统形成的人类生存所必需的环境条件,在生态系统产生功能的过程中逐渐积累形成的服务。包括生物多样性的产生与维持、调节气候、营养物质储存与循环、土壤肥力的更新与维持、环境净化与有毒有害物质的降解、植物花粉的传播、种子的扩散、有害生物的控制、减轻自然灾害等许多方面。

Odum 在对生态系统功能的研究中提出,生态系统的基本功能,从根本上来说,可以归结为三流:能量、物质流和信息流(Eugene 等,1954)。生态系统的各项功能都是由能量、物质流和信息流派生的。不同生态系统具有不同的结构,而不同生态系统的结构决定其功能,在结构产生的同时就具备了相应的功能,可以说二者是在同一空间上对应出现的;一定的功能就会提供一些服务,一般来讲,生态系统服务与功能有对应的关系,但并不是一一对应的,有时一种服务是由两种或多种功能共同作用的产物,有时一种生态系统功能可以具有两种或两种以上的服务价值。因为,生态系统功能和生态系统服务可能发生在不同空间、不同时间里。如生产者提供的服务既可以为消费者服务,又可以为分解者服务。通常状况下,消费者和分解者的物质循环周期可能是不一致的,同时,各自的需求又不一致,这样生产者的某种功能所产生的服务就会在不同空间、时间上体现不同。

生态系统服务具有三方面的功能:一是为生活或生产提供物质、产品,如森林生态系统提供的工业原材料、药材,农田生态系统提供的粮食,草地生态系统提供的畜产品等;二是为支持生命系统提供服务,如维持生物物种与遗传的多样性、涵养水源和保持水土等;三是提供精神生活的享受,如森林、水体提供的休闲娱乐、文化功能等。Daliy(1997)在对生态系统功能研究过程中,将其归纳为 15 类。这其中不仅包括为人类所提供的食物、医药及其他工农业生产的原料,而且包括支撑与维持地球的生命支持系统、维持生命物质的生物地化循环与水文循环、维持生物物种与遗传多样性、净化环境、维持大气化学的平衡与稳定等方面。Constanza 等(1997)将全球生态系统类型划分为海洋、森林、草原、湿地、水面、荒漠、农田、城市等 16 个大类 26 个小类,将生态系统功能划分为调节大气的化学成分,调节全球气温、降水及其他气候过程,干扰调节,调节水的流动,存储和保持水分,保持土壤,土壤形成,养分的贮藏、循环及获取,废物处理,授粉,生物控制,永久居住者和暂时人口的栖息地,食物生产,原材料,基因资源,娱乐和文化等 17 项功能。他们对生态系统功能的划分基本上被大家所接受,成为目前人们进行生态服务评价的标准和参照。

(4) 生态系统服务功能价值的划分

根据生态服务功能和其利用状况可以将服务功能价值分为直接利用价值、间接利用价值、选择价值和存在价值 4 类(傅伯杰等,2001)。有学者认为生态系统的总经济价值包括利用价值和非利用价值两部分,利用价值包括直接利用价值(直接实物价值和直接服务价值)、间接利用价值(生态功能价值);非利用价值包括选择价值、遗产价值和存在价值(张明军等,2004)。还有学者在对河流生态系统的休闲娱乐功能进行价值评估时,认为存在价值等同于内在价值(鲁春霞等,2001)。从生态服务功能和利用状况的角度出发,根据环境经济学对环境资源价值的划分方法,还可以把生态系统服务价值(TEV)划分为:①使用价值(use value,UV)或有用性价值(instrumental value);②非使用价值(non-use value,NUV)或内在价值

(intrinsic value)(马中,1999)。而使用价值又可以进一步分解为直接使用价值(direct use value,DUV)、间接使用价值(indirect use value,IUV)和选择价值(option value,OV)。直接使用价值是指生态系统产生的产品直接满足人们生产和消费需要的价值。如森林提供的木材、药品、植物基因;森林景观提供的教育、休闲旅游及度假疗养等也是森林的直接使用价值。直接使用价值已经进入了市场,参与了市场的运作,可以用产品的市场价格来估计。间接使用价值包括生态系统所提供的用来支持目前的生产和消费活动的各种功能中间接获得的效益。间接使用价值不直接进入生产和消费过程,但为生产和消费的正常进行提供了必要条件。选择价值同人们愿意为保护某一生态系统以备未来之用的支付愿望的数值有关,包括未来的直接和间接使用价值(生物多样性、被保护的栖息地、生物基因等)。选择价值是人类为了避免将来失去某种资产而带来的风险,为其所愿意支付的保险金,是一种支付意愿。非使用价值或存在价值,它是人类为确保生态系统服务功能继续存在的支付意愿。因此,选择价值和存在价值是人们对生态系统价值的一种道德上的评估。从这个意义上讲,生态系统的服务价值可以通过下式进行评价:

$$TEV = UV + NUV = (DUV + IUV + OV) + NUV \qquad (11.1.1)$$

由于使用的社会学、经济学方法评价生态系统服务功能的价值,所以评估受以下因素的影响:①市场因素,是指地方经济的繁荣程度以及同类产品的市场需求程度;②处置时间因素,是指将生态系统产品加速买卖对交易时间的特殊要求,或处置时间与一般交易时间的差异;③处置费用因素,是指自然资产处置前可能发生的资产维护、存放保管以及补办手续方面的各项费用开支等;④使用状态因素,是指自然资产的使用功能与市场同类资产的比较;⑤资产质量因素,是指待估自然资产与市场同类资产的品质比较;⑥处置方式因素,是指批量处置相对于拆零处置的差异;⑦人类认知因素,是指人类对生态系统价值的预期价格。因此,在评估生态系统服务功能时,要考虑多种因素,以减少风险的不确定性。

非利用价值是独立于人们对生态系统服务的现期利用的价值。其中,选择价值(及准选择价值)是与利用价值有关的一种价值类型,也有人将其称为期权价值(及准期权价值),是生态系统目前未被直接和间接利用而将来可能利用的某种服务的价值,涉及人们为将来可能利用某种生态系统服务而愿意支付的费用,Pemrce等(1989)认为选择价值就像保险费一样为并不确定的将来提供保证。存在价值被认为是生态系统的内在价值,是争论最大的价值类型,是对生态环境资本的评价,这种评价与其现在或将来的用途都无关,可以仅仅源于知道环境的某些特征永续存在的满足感而不论其他人是否受益(Turner等,2000)。某些环境学家支持纯自然概念的内在价值,这完全与以人为中心的价值分离。这种观念导致对自然的权利与利益取向的争论,即认为自然资本有其自身存在的"权利",是与人类的利用无关的价值形态。这种哲学观点的存在是为什么不应将生态系统的"总经济价值"(TEV)的概念与其"全部价值"相混淆的原因之一。而且,一个生态系统的社会价值不一定相当于该生态系统的各组成部分的经济价值之和,正如一个生态系统可能超出其各部分之和一样(Tobtds等,1997)。因为生态系统还存在着一些潜在的基础功能,Turner称之为"原始价值",即生态系统的原始特征。它们甚至比人类了解的生态功能更重要,因为它们将生态系统的各种因子"胶"在一起,而且这种"胶水"具有经济价值(Constanza等,1997)。如果这种设想正确,则生态系统或生态过程有一个总的价值,该价值高于每种单项功能的价值之和。

(5) 生态系统服务功能价值的评价方法

生态系统服务功能价值的定量评价方法主要有三类：能值分析法、物质量评价法和价值量评价法。能值分析法是指用太阳能值计量生态系统为人类提供的服务或产品，也就是用生态系统的产品或服务在形成过程中直接或间接消耗的太阳能焦耳总量表示；物质量评价法是指从物质量的角度对生态系统提供的各项服务进行定量评价；价值量评价法是指从价值量的角度对生态系统提供的服务进行定量评价（赵景柱等，2000）。这三种方法是互相联系的。物质量评价法和价值量评价法是最常用的方法，价值量评价方法主要包括市场价值法、机会成本法、影子价格法、影子工程法、费用分析法、人力资本法、资产价值法、旅行费用法和条件价值法。对生态系统服务价值的评估中，三种方法又各有不同（表11.1.1）。

很多学者把生态系统服务功能的价值评估方法分为两类，一是替代市场法，它以"影子价格"和消费者剩余来评价直接利用价值；二是假想市场法，又称模拟市场法，它以支付意愿和净支付意愿来评价生态系统服务价值，包括旅行费用法、防护费用法、意愿调查法等，主要评价间接利用价值和存在价值。

对同一种价值的评估方法有很多种，但是不同的评估方法导致了不同的评估结果，因此对不同评价方法进行比较和区别是必要的。如替代法和支付意愿法都可用于对栖息地、文化科研和美学等间接价值的估算，两种方法评价结果存在很大的差异性。从目前对生态系统服务功能的评价来看，其评估主观性很大，在方法的选择上受到评估者的知识背景、个人喜好等方面的影响，从而会影响评价结果。价值量评价法的优缺点见表11.1.2。

表 11.1.1　生态系统服务功能价值定量评价方法比较

内容	优势	局限性
能值分析法	①标准统一，用于衡量自然资源、商品、劳务等的真实价值 ②将自然与人类社会经济联系起来	①对评价对象进行系统的能值分析，工作量大 ②并不是所有物质都可以用太阳能焦耳来度量
物质量评价法	①结果客观，不受稀缺性的影响，适用于空间尺度较大的区域 ②适合对不同生态系统的同一功能进行比较	①对生态系统不同服务功能的量化单位不一致，给评价综合服务功能造成困难 ②不像货币价值量给人印象直观
价值量评价法	①价值评估的单位统一，易于汇总。 ②货币化的结果有助于将自然利益与社会利益进行比较	生态系统服务的价值量评价法的结果与生态系统本身的稀缺性有关

表 11.1.2　三种价值量评价法比较

类型	适用前提	评价模式	优势	局限性
市场价值法	间接使用价值	简单市场价格法、人力资本法或收入损失法、机会成本法、生产率变动法、置换成本法、疾病成本法、有效成本法、预防性支出法和重新选址成本法	比较直观，易于计算和调整	在确定对受者的影响时，很难把环境因子从诸多因素中分离出来；存在消费者剩余和忽略外部效应，市场价格常常会低估真实的经济价值
替代市场法	适合于存在私人物品可以替代某种生态服务功能的情况	财产价值法、工资差异法、旅行费用法和资产价值法	替代商品的市场信息比较容易获得，可选择性大	需要大量的数据调查，市场信息获取与分辨比较困难；替代品的非唯一性；替代商品的信息与所反映的环境影响存在偏差

(续表)

类型	适用前提	评价模式	优势	局限性
调查评价法	适用于缺乏实际市场和替代市场交易的情况	投标博弈法、权衡博弈法、无费用选择法、优先评价法、德尔菲法、意愿调查法	能够提示环境资源存在价值；可以解决别的方法无法解决的问题	存在多种偏差；支付意愿与接受赔偿意愿之间存在不一致性，评估主观性较大；抽样结果的汇总存在技术问题

(6) 生态系统服务功能评价方法选择

生态系统服务的经济价值构成的分析和科学分类是进行生态系统服务的经济价值评估研究的基础，现有的评价技术比较容易区分利用价值和非利用价值。但由于选择价值、遗产价值和存在价值之间存在一定的价值重叠，因此将它们分开是困难的；现有的经济价值分类框架也不是尽善尽美的，可能并没有包括生态系统价值的所有类型，特别是人类尚不知晓的生态系统的一些基础功能的价值。另外，目前对生态系统服务的总经济价值的估算，采取分类计算各类价值然后加总的方法进行，这种方法的主要问题是割裂各种生态系统服务之间的有机联系和复杂的相互依赖性。

在我国，多位学者对不同区域的生态系统服务功能的价值进行了研究，在价值评价方面做得比较多的主要是以谢高地为代表的科研团队以及以欧阳志云为代表的科研团队，前者研究的重点区域在青藏高原，后者研究的重点区域是中国海南岛。欧阳志云在遥感资料基础上，根据研究区域的生态、气候、地理特性和空间异质性，将海南岛生态系统划分为植被—土壤—地形复合体，从小尺度上分析复合体的结构和功能，结合区域参数评价该生态系统的各项生态系统服务价值，然后耦合各类复合体的功能，综合评价较大尺度上的一类生态系统服务的功能。谢高地等在对生态系统服务价值的评价方法上也进行了不少尝试，一方面在 Constanza 等提出的评价模型的基础上，对国内 200 多位生态学学者进行问卷调查，得出了"中国生态系统生态服务价值当量因子表"，该表利用生态系统服务功能之间相互贡献的大小和农田食物生产服务经济价值评价区域生态系统服务功能经济价值，比以往评价方法更为全面，具有更强的针对性；另一方面，在 Constanza 等的研究基础上，通过生物量订正，对草地生态系统的各项生态系统服务价值进行了逐项估计，利用此思路对青藏高寒草原及中国不同草地类型生态系统服务价值进行了定量评价。关于生态系统服务功能的价值评价大多数都没有考虑生态因子空间异质性的影响，仅是将生态系统作为均一整体来研究，谢高地的这一思路结合了不同类型的生态系统服务的空间分布异质性，具有很好的借鉴性；另一方面，通过比较各类生态系统生态服务功能相对重要性的方法来评价整个复杂生态系统服务价值，绕开生态系统服务价值选择价值、遗产价值和存在价值之间重叠问题，并且在评价中既体现自然生态系统的相对贡献率又体现了人们的支付意愿。因此，这一评价方法对生态服务功能评价理论和评价方法的研究都有重要意义。

11.1.2.2 生态系统服务评价模型

一些学者从不同角度对不同区域、不同尺度、不同类型的生态系统的服务功能进行了经济评估，采用的定量评价模型主要有以下几种。

(1) 旅游服务价值

旅行费用法(travel cost method)又称为 TCM 法。1959 年，美国学者 Clawson(1959)创立了该法。旅游服务价值＝交通费＋住宿费＋饮食费＋门票费＋旅游时间费用＋其他费用具体的计算模型有：

$$P_a(t) = TV(t) + P_b(t) + \int_0^{P_m} Y(x)\mathrm{d}x(t) \tag{11.1.2}$$

式中：P_a 为生态系统生态旅游服务价值；TV 为旅行费用支出；P_b 为旅游时间价值；P_m 为增加费用最大值；$Y(x)$ 为费用与旅游人次的函数关系，Y 为增加费用，x 为旅游人次；t 为年度。

(2) 涵养水源的价值(薛达元等，1999)

通常是指森林生态系统的一项主导功能：

$$W = (R - E) \times A \times V = \theta R \times A \times V \tag{11.1.3}$$

式中：W 为涵养水源价值(m^3/a)；R 为平均降雨量(mm/a)；A 为研究区域面积(hm^2)；E 为平均蒸散量(mm/a)；V 为水价(可以用每建设 1 m^3 库容需要的成本表示)($元/m^3$)；θ 为径流系数。

或者：

$$R(t) = \left(P(t) - \sum(R_i(t) + E_i(t)S_i(t))\right) \times WP(t) \tag{11.1.4}$$

式中：R 为土壤涵养水源价值；P 为年降水量；i 为森林等群落类型；R_i 为第 i 类森林群落单位面积年径流量；E_i 为第 i 类森林群落单位面积平均蒸发量；S_i 为第 i 类森林群落的面积；WP 为单位体积的水价。

(3) 保持水土价值(薛达元等，1999；李少宁等，2004；鄢帮有，2004；Ouyang 等，1996)

1) 第一种模型

评价土壤保持水土的价值主要从两个方面计算。

一方面要计算通过有林地比无林地每年减少土壤侵蚀量中营养元素(N、P、K)的含量：

$$V_s = S_i(D_o - D_i)K_iP_i \tag{11.1.5}$$

式中：V_s 为某类森林年保土效益($元/hm^2$)；S_i 为某类森林面积；D_o 为无林地上土壤侵蚀模数(t/hm^2)；D_i 为某类林地上土壤侵蚀模数(t/hm^2)；K_i 为土壤中 N、P、K 含量(%)；P_i 为价格($元/t$)。

或者：

$$V = S \times h \times R_1 \times R_2 \times P \tag{11.1.6}$$

式中：V 为湿地减少土壤肥力流失的价值；S 为每年废弃的土地面积；h 为无植被的土壤中等程度的侵蚀深度；R_1 为土壤容重；R_2 为单位土壤养分的平均含量；P 为我国化肥的平均价格。

另一方面，要计算有林地比无林地对河川、水库的淤积而减少的损失费用。这部分包括：

①减少土地废弃的价值：

$$E_s = A_c \times B / (h \times 10000 \times \rho) \tag{11.1.7}$$

式中：E_s 为减少土地废弃的经济价值($元/a$)；A_c 为土壤保持量(t/a)；B 为林业年均受益($元/hm^2$)；h 为土壤表土平均厚度(m)；ρ 为土壤容重(t/m^3)。

②减轻泥沙淤积价值：

$$E_n = 24\%A_c C/\rho \tag{11.1.8}$$

式中：E_n 为减轻泥沙淤积经济价值(元/a)；A_c 为土壤保持量(t/a)；C 为水库工程费用(元/m³)；ρ 为土壤容重(t/m³)。

2）第二种模型

$$P_s(t) = \sum_j S_j(t)P_{sj}(t) + \sum_k N_k P_k(t) \tag{11.1.9}$$

式中：P_s 为水土保持价值；j 为森林土壤类型；S_j 为第 j 类土壤类型的面积；P_{sj} 为第 j 类土壤类型单位面积恢复因土壤侵蚀而荒废的经济价值；k 为营养元素的种类；N_k 为单位面积 k 类营养元素因无植被覆盖的流失量；P_k 为 k 类营养元素单位重量的化肥价值。

3）第三种模型

$$A_c = R \times K \times L \times S(1-CP) \tag{11.1.10}$$

式中：A_c 为土壤保持量；R 为降雨侵蚀力指标；K 为土壤可蚀性因子；LS 为坡长坡度因子；C 为地表植被覆盖因子；P 为土壤保护措施因子。

(4) 净化空气的价值（薛达元等，1999；李少宁等，2004；Li 等，1998；马新辉等，2004；赵同谦，2004）

对于生态系统净化空气的价值主要体现在固碳制氧、滞尘、杀菌，以及吸收 SO_2、NO_x、HF 等气体上。

1）固碳制氧价值的计算主要有三种途径

①通过光合作用和呼吸作用方程式计算：

$$CO_2(264\ g) + H_2O(108\ g) \longrightarrow C_6H_{12}O_6(108\ g) + O_2(193\ g) \longrightarrow 多糖(71\ g) \tag{11.1.11}$$

根据上述反应方程式得出：

$$Q_{CO_2} = W \times 1.62 \times S \times n\% \times V \tag{11.1.12}$$

式中：Q_{CO_2} 为每公顷植被年净化大气污染物的价值量；$n\%$ 为植被覆盖率；S 为植被面积(hm²)；W 为每公顷植被干叶质量(t)；V 为固定碳煤炭制造所需的市场价格。一定面积植被可吸收的污染物量取决于植被吸收量和植被干叶质量。

②通过实验测定森林年固 CO_2 量，即实测法；

③通过数学模型估算 CO_2 量：

$$Q(t) = (A(t) - R_d(t) - R_s(t)) \times V \tag{11.1.13}$$

式中：Q 为固定 CO_2 价值量(t/hm² a)；A 为净第一性生产力所同化的 CO_2 量(t/hm² a)；R_d 为凋落物层呼吸释放的 CO_2 量(t/hm² a)；R_s 为土壤呼吸释放 CO_2 量(t/hm² a)；V 为煤炭制造的市场价格(元/t)。

或者：

$$Q = (S - R_d - R_s) \times V \tag{11.1.14}$$

式中：Q 为固定 CO_2 价值量(t/hm² a)；S 为净第一性生产力所同化的 CO_2 量(t/hm² a)；R_d 为凋落物层呼吸释放的 CO_2 量(t/hm² a)；R_s 为土壤呼吸释放 CO_2 量(t/hm² a)；V 为煤炭制

造的市场价格(元/t)。也可以通过碳税法或造林成本法的平均值得到其价值量。

2)生态系统吸收污染物(SO_2、NO_x、HF)的价值：

$$V_i = Q \times P_i \quad (11.1.15)$$

式中：V_i 为植被净化大气的价值，Q 为植被净化大气污染物质量，P_i 为植被净化大气的单价，i 为净化大气的某种功能。

$$Q_i = W \times f\% \times S \times n\% \times V_i \quad (11.1.16)$$

$$Q = \sum Q_i \quad (11.1.17)$$

式中：i 是大气污染物 S、N、F；Q 为每公顷植被年净化大气污染物总价值量；Q_i 为每公顷植被年净化第 i 类大气污染物的总价值；W 为每公顷植被干叶质量(t)；$f\%$ 为污染物吸收量(干叶中 S、N、F 的含量)；S 为植被面积(hm^2)；$n\%$ 为植被覆盖率；V_i 为消减第 i 类大气污染物单位质量的工程成本。

3)滞尘物质量计算：

$$Q = q \times k \times 21 \times n\% \times V \quad (11.1.18)$$

式中：$Q(t)$ 为每公顷植被年滞尘的价值量；q 为每 m^2 叶面积 7 d 滞尘量；k 为叶面积相对占地面积的倍数(一般取 20)；21 为 21 周生长期(即 147 d)；$n\%$ 为植被覆盖率；V 为工业滞尘所需的市场价格；

或者：

$$V_d = Q_d \times S \times C_d \quad (11.1.19)$$

式中：V_d 为滞尘价值(万元/a)；Q_d 为滞尘能力(t/hm^2 a)；S 为面积(hm^2)；C_d 为消减粉尘成本(元/t)。

4)杀菌的价值：

$$V = a \times T \times u \times A(1/x - 1) \quad (11.1.20)$$

式中：V 为森林杀菌的价值量；a 为森林杀菌占森林成本比例系数(%)；T 为林价(元/m^3)；u 为林木单位蓄积量(m^3)；A 为主要市区森林总面积(hm^2)；x 为森林直接实物性使用价值占森林有形和无形总价值比例系数(%)。

5)净化环境的价值：

$$C = D \sum f_i W(W_{i1}, W_{i2}) \quad (11.1.21)$$

式中：C 为森林净化环境的总价值；f_i 第 i 项森林净化环境功能的价值；W_{i1} 为第 i 项价值在总体中的权重；W_{i2} 为其他因素对第 i 项功能的权重；W 为权重系数，是前二者之间的函数关系；D 为与总价值有关的参数调整变量。

(5)营养元素循环的价值(薛达元等，1999；肖寒等，2000)

$$P_e(t) = \sum_i \sum_k S_i(t) M_{ik}(t) P_k(t) \quad (11.1.22)$$

式中：P_e 为营养元素累计价值；S_i 为 i 类林分类型的面积；M_{ik} 为 i 类林分类型第 k 类营养元

素的持留量；P_k 为第 k 类营养元素的价格。

或者：

$$N = (N_i - N_o) \times V \tag{11.1.23}$$

式中：N 为养分持留量(kg/hm² a)；N_i 为大气输入养分量(kg/hm² a)；N_o 为径流输出养分量(kg/hm² a)；V 表示平均化肥价格。

(6) 物质生产价值(薛达元等,1999；吴玲玲等,2003；辛琨等,2002)

1) 通常模式：

$$V = \sum(S_i \times Y_i \times P_i) - \sum W_i - \sum R_i \tag{11.1.24}$$

式中：V 为物质产品价值；S_i 为第 i 物质的播种或生产面积；Y_i 为第 i 类物质的单产；P_i 为第 i 类物质的市场价格；W_i 为生产第 i 类物质的物质成本投入；R_i 为生产第 i 类物质的人力成本投入。

2) 森林生态系统的物质生产价值主要包括林副产品价值和活立木价值

① 林副产品的价值：

$$P_v(t) = \sum_{i=1}^{n} Q_i(t) P_i(t) \tag{11.1.25}$$

式中：P_v 为林副产品年生产价值；i 为林副产品种类；Q_i 为 i 类林副产品年生产数量；P_i 为 i 类林副产品的价格。

$$FP = \sum(S_i \times V_i \times P_i) \tag{11.1.26}$$

式中：FP 为区域森林生态系统木材；S_i 为第 i 类林分类型的分布面积；V_i 为第 i 类林分单位面积的净生长量；P_i 为 i 类林分的木材价值(元/m³)。

② 活立木价值：

$$P_f(t) = \sum_{i=1}^{n} S_i(t) V_i(t) P_{wi}(t) \tag{11.1.27}$$

式中：P_f 为区域森林生态系统木材价值；S_i 为第 i 类林分类型的面积；V_i 为第 i 类林分单位面积的净生长量(m³)；P_{wi} 为第 i 类林分的木材价值(元/m³)。

(7) 污染物降解的价值(赵同谦,2004)

$$G = \lambda \sum_{i=1}^{2} \sum_{i=1}^{3} W_i r_{ij} \omega_{ij} V \tag{11.1.28}$$

式中：G 为废弃物降解及养分归还的经济价值；λ 为牲畜粪便归还草地的比率；W_i 分别取牛、马、羊载畜量；r_{ij} 为不同类型牲畜个体粪便量；ω_{ij} 为不同类型牲畜个体粪便中营养元素的平均含量；V 为我国平均化肥价格；i,j 分别为评价的牲畜类型(牛、马、羊)和营养类型(N、P_2O_3)。

(8) 水分调节价值(吴玲玲等,2003)

$$Q = \sum S_i D_i v \tag{11.1.29}$$

式中:Q 为湿地的总水分调节量;S_i 为第 i 种土地利用类型的面积;D_i 为第 i 种土地利用类型的蓄水深度;v 为单位蓄水量的库容成本。

1)净化水体价值(吴玲玲等,2003)

$$E_t = E_j P_j = \max\left\{\frac{T_j}{N_j\%}\right\} P_j \tag{11.1.30}$$

式中:E_t 为湿地净化 N、P 的价值(元/a);E_j 为湿地净化河流污水的量(t/a);P_j 为污水处理厂去除污水单位费用价值(元/a);T_j 为湿地去除 N、P 的量;$N_j\%$ 为河流污水种的 N、P 含量,$\frac{T_j}{N_j\%}$ 的最大值为湿地净化河流污水的总量。

2)有机质的间接价值(鄢帮有,2004)

$$V = \sum(Y_1 P_1 + Y_2 C_2 P_2 / C_1) \tag{11.1.31}$$

式中:V 为湖泊有机质得生产间接价值;Y_1 为浮游植物可提供得渔产潜力;Y_2 为水生植物的生产量;P_1、P_2 分别为鱼类市场平均价格和配合饲料的市场价格(元/kg);C_1、C_2 分别为水生植物与配合饲料的饵料系数。

3)截留降水、涵养水分(赵同谦,2004)

$$Q = \left(\sum_{i=1}^{n}\sum_{j=1}^{m}\sum_{z=1}^{p} A_{ij} J_{oi} K_j R_z\right) V \tag{11.1.32}$$

式中:Q 为截留降水、涵养水分的经济价值;A 计算区草地面积;J 计算区多年平均产流降雨量;K 为不同区域的侵蚀性降雨比例;R 与裸地比较,草地生态系统截留降水、减少径流的效益系数;V 为单位库容成本价格;$i=1,\cdots,n$,n 为计算区降雨量 J_o 分区数;$j=1,\cdots,m$,m 为降雨特征。

4)土壤 C 的积累(赵同谦,2004)

$$M_c = M_0 \lambda V = \left(\sum_{i=1}^{18}\sum_{j=1}^{n} A_{ij} H_i \rho_i C_{ij}\right) \lambda V \tag{11.1.33}$$

式中:M_c 为土壤有机质折合 C 总量的经济价值;M_0 为土壤有机质总量;λ 折算系数(有机质含 C 比例);A_{ij} 为各草地类型各侵蚀斑块面积;H_i 为各草地类型的平均计算深度;ρ_i 为各草地类型的平均土壤容重;C_i 为各草地类型土壤有机质含量;i 为草地类型数,$i=1,\cdots,18$;j 为各草地类型不同有机质含量斑块数,$j=1,\cdots,n$;V 为 C 的市场价格。

(9)农田生态系统服务价值的计算(肖玉,2003)

1)单位面积农田食物生产服务功能的确定:

$$E_a = 1/7 \sum_{i=1}^{n} \frac{m_i p_i q_i}{M} \quad (i=1,\cdots,n) \tag{11.1.34}$$

式中:E_a 单位面积农田生态系统提供食物生产服务功能的经济价值(元/hm²);i 为作物种类,m_i 为 i 种粮食作物面积(hm²);p_i 为 i 种粮食作物全国平均价格(元/t);q_i 为 i 种粮食作物单产(t/hm²);M 为 n 种粮食作物总面积(hm²);1/7 是指在没有人力投入的自然生态系统提供的经济价值,是现有单位面积农田提供的食物生产服务经济价值的 1/7。

不变经济价值换算方法

$$V_n = \frac{V_m}{\phi_{n+1} \times \phi_{n+2} \times \cdots \times \phi_{m-1}} \quad (11.1.35)$$

式中：V_n 为研究期以基期不变价格计算的不变经济价值；V_m 为以现价计算的研究期的经济价值；ϕ 为各年的通货膨胀系数；m 为研究期；n 为基期；$n+1$ 是基期的下一个年份。

2）某种单位面积生态服务经济价值的确定（肖玉，2003）

$$E_{ij} = e_{ij} E_a \quad (i = 1, 2, \cdots, 9; j = 1, 2, \cdots, 6) \quad (11.1.36)$$

式中：E_{ij} 为 j 种生态系统 i 种生态服务功能的单价（元/hm²）；e_{ij} 为 j 种生态系统 i 种生态服务功能相对于农田生态系统提供生土服务单价的当量因子；i 为生态系统服务功能类型，包括……；j 为生态系统类型，包括森林、草地、农田、湿地、水域及难利用土地生态系统。

3）某区域生态系统服务经济价值（肖玉，2003）

$$V = \sum_{i=1}^{9} \sum_{j=1}^{6} A_j E_{ij} \quad (i = 1, 2, \cdots, 9; j = 1, 2, \cdots, 6) \quad (11.1.37)$$

式中：V 为区域生态系统服务总价值；A_j 为 j 类生态系统的面积；E_{ij} 为 j 类生态系统的 i 类生态服务单价；i 为生态系统服务类型；j 为生态系统类型。

(10) 区域参数订正模型

1）草地生态系统生物量订正：根据草地生态系统的单位面积服务价值与其生物量成正比（谢高地，2003），按单价订立公式，根据生物量订正该类型草地生态系统服务单位价值

$$p_i = (b/B) P_i \quad (11.1.38)$$

式中：p_i 为订正后的单位面积生态服务价值；i 为生态系统服务功能类型，包括气体调节、气候调节、水源涵养、土壤形成与保护、废物处理、生物多样性维持、食物生产、原材料生产、休闲娱乐；P_i 为生态系统服务价值参考基准单价，b 为草地生物量，B 为我国同类草地单价面积平均生物量。

2）森林生态系统服务单位价值订正：森林生态系统的单位面积服务价值与其覆盖度成正比，按单价订立公式，根据覆盖度订正该类型森林生态系统服务单位价值：

$$f_i = (a/A) F_i \quad (11.1.39)$$

式中：f_i 为订正后的单位面积生态服务价值；i 为生态系统服务功能类型，包括气体调节、气候调节、水源涵养、土壤形成与保护、废物处理、生物多样性维持、食物生产、原材料生产、休闲娱乐；F_i 为生态系统服务价值参考基准单价，a 为该区森林覆盖度，A 为我国同类森林覆盖度。

3）水域生态系统服务单位价值订正：水域生态系统的单位面积服务价值与其产量成正比，按单价订立公式，根据产量订正该类型水域生态系统服务单位价值

$$c_i = (d/D) C_i \quad (11.1.40)$$

式中：c_i 为订正后的单位面积生态服务价值；i 为生态系统服务功能类型，包括气体调节、气候调节、水源涵养、土壤形成与保护、废物处理、生物多样性维持、食物生产、原材料生产、休

闲娱乐；C_i 为生态系统服务价值参考基准单价；d 为水域单位面积产量；D 为我国同类水域单价面积平均产量。

11.1.2.3 讨论

对生态系统服务价值的评估研究目前仍然处于初级阶段，生态系统功能的运作机制仍然没有完全清楚，生态服务价值并没有完全体现，因此，对生态系统服务价值的评价只是一个粗略的尝试，在定量评估中尚存在一些误差。

目前，大多数生态系统服务价值评价所引用的数据来源都较早，或尺度较大，并不能完全反映研究区生态系统的真实情况，而且利用现有生态系统价值的核算体系和技术方法只能对生态系统服务价值进行粗略评价，因此测量工具精度的提高与测量方法的完善是今后必做的工作。

由于对具体的生态系统单元的结构目前还没有完全弄清楚，再则，由于计算的复杂性和技术上的难度，有一些服务和功能是不能人为区分和定量描述的，因此生态系统内部的主要、主导功能统计不全面，这给生态系统服务价值的定量计算带来很大困难。

估价过程中受很多不确定因素的影响，对于生态系统服务选择价值和内在价值的评价很大程度上受人们的偏好、认识水平、价值观的局限和影响，如意愿调查法中根据人们对生态系统服务功能的补偿意愿进行估价，而被调查者对生态服务的认识未必符合客观公正的原则，从而导致调查结果偏离实际。另外，对于生态系统服务价值的货币化评价是基于现有相似性物品的市场价格体系，由于有些市场发育不良或完全空缺，致使无法准确反映生态系统服务价值的价格，那么对其评价的同时必定受到时代局限。因此，在对生态系统服务价值进行综合评价时，考虑如何结合这些不确定因素是比较有意义的。

目前，学者们多是基于全球静态总平衡输入、输出模型或是基于全球静态部分平衡模型的基础上，假设各项服务功能都是独立的，通过累加得到总生态系统服务价值，这样计算的结果只能表明该生态系统服务功能某点上的静态价值，而不能表明生态系统的动态价值。首先，生态系统的多种功能之间的相互依赖性很强。流域水体与沿岸陆地景观组合在具有休闲娱乐功能的同时还提供了美学功能，在水体休闲娱乐价值减少的同时其美学价值也会减弱。同时，生态系统的一些服务功能可能会通过某些途径在空间上转移到系统之外的具备适当外部条件的地区并产生效能（薛达元等，1999），因此，需要构建一个动态的输入、输出模型，考虑研究区的区域差异性，建立物理/生物过程的复杂动态模型，得出具有连续性的比较数据，而不是现在简单的点与点之间数据的比较。例如，根据研究区域生态、气候、地理特性和空间异质性，将各类生态系统划分成不同复合体，如植被—土壤—地形复合体等。首先在小尺度上分析各类型复合体的结构和功能，然后耦合各类复合体的功能，综合评价较大尺度上的生态系统服务的功能（吴刚等，2001）。

对生态系统服务价值的货币化衡量不是越大越好，如农田生态系统服务价值的高转化率是以生态系统退化为代价的，评价目的是既要保障生态系统的平衡性，又要促进区域经济的进一步发展。如果要考虑为经济发展提供决策依据，应该首先考虑在不同系统、不同等级、不同领域下的生态系统价值。在对生态系统服务价值进行定量评价时，还要完善生态系统公益价值的核算体系和技术方法，使这一部分价值能够可靠地纳入国民经济核算账户，最终建立生态环境和经济综合核算体系。目前无法用一个非自然资本完全代替自然资本，所以对自然资本的经济评估研究结果如何进行实证仍然是一个尚待解决的难题。

11.1.3 生态系统服务功能研究的主要问题

11.1.3.1 探讨生态系统服务功能形成机制

生态系统给人类提供的产品和服务与生态系统的结构密切相关,是生态系统中生态过程的产物。一般说来,生态系统结构都比较复杂,各种生态过程相互交织、相互作用,往往一项生态过程与多项生态服务功能相关;而一项生态系统服务与多项生态过程相关。生态系统的这一特点要求研究者能够在众多的生态因子中,根据所研究的生态系统类型确定关键因子,从而分析生态特性的空间异质性,划分各种生态因子组合形成的复合体,从而确定生态系统服务功能形成机制。同时,生态系统服务功能可能会通过某些途径在空间上转移到系统之外的具备适当外部条件的地区并产生效能(郭中伟,2000),因此,了解生态系统服务功能空间转移的机理、载体、过程、途径、方向和强度,以及转移中发生的转化、转移的辐射和影响范围等是生态系统服务功能形成机制研究的重要方面。

11.1.3.2 探寻新的更科学的生态系统服务功能物质量和价值化评价方法

生态系统生命支持系统功能是指生态系统所提供的维持人类赖以生存和发展的服务,主要包括 CO_2 固定、O_2 释放、大气调节、气候调节、缓冲干扰、水文调节、水资源供应、水土保持、营养元素循环、废弃物处理、传授花粉、生物控制、提供生境、食物生产、原材料供应、生物多样性维持、休闲娱乐等。

对生态系统服务的评价方法主要有两类,一类是物质量评价法,另一类是价值量评价法;物质量评价法主要是从物质量的角度对生态系统提供的服务进行整体评价,而价值量评价法主要是从价值量的角度对生态系统提供的服务进行评价。

从物质量的角度对生态系统进行评价时,如果该生态系统提供服务的物质量不随时间的推移而减少,那么通常认为该生态系统是处于比较理想的状态,设 t 为时间,Δt 为时间增量,生态系统提供 n 种服务为 $Q(t)$,在 t 时刻提供的 n 种服务分别为 $Q_1(t), Q_2(t), \cdots, Q_n(t)$,$Q(t)=(Q_1(t), Q_2(t), \cdots, Q_n(t))$ 为生态系统在 t 时刻提供的服务向量,则有 $Q(t+\Delta t) \geqslant Q(t)(\Delta t \geqslant 0)$,那么认为该生态系统是处于比较理想的状态。

从价值量的角度对生态系统进行评价时,如果该生态系统提供服务的价值量不随时间的推移而减少,那么通常认为该生态系统是处于比较理想的状态,设 $P(t)=(P_1(t), P_2(t), \cdots, P_n(t))$ 为生态系统服务在 t 时刻的价格向量,其中 $P_n(t)$ 为第 n 中服务在 t 时刻的价格 $(n=1,2,\cdots,n)$,进一步设 $v(t)$ 为生态系统服务的价值量,即:

$$v(t) = Q_n(t) \times P_n(t) \tag{11.1.41}$$

则上述文字叙述可表达为:如果 $v(t+\Delta t) \geqslant v(t)$ $(\Delta t \geqslant 0)$,那么认为该生态系统是处于比较理想的状态(赵景柱等,2000)。

对于生态系统服务功能的物质量和价值化评价方法,国内以欧阳志云和谢高地为首的两个科研团体为代表。欧阳志云在 TM 影像图解译基础上,参照各种土地利用类型图,对生态系统的生态过程进行研究,对各项生态服务的物质量进行计算,然后利用影子价格法、市场价格法等方法对海南岛及中国森林草地生态系统服务价值进行评价;谢高地在 Constanza 研究的基础上,将生态效益评价权重因子定义为生态系统产生的生态效益的相对贡献大小,定义"1 hm² 全国标准产量的农田每年粮食自然产量的经济价值"的权重因子等于1。通过对国内200位生态方面的专家进行问卷调查,将其转化为生态系统生态效益评价权重因子表,然后根据市场价格法研究了青藏高原高寒草地及莽措湖流域等地的生态系统服务价值(肖玉等,2003)。本研究重点在于评价生态系统服务价值,研究生态系统服务的经济价值与国民经济以及各种人类活动的关系,提高人们对生态系统服务的重视程度,并为绿色 GDP 的核算提供成本和效益量化的基础,因此采用价值量评价方法比物质量评价方法更有优势。

11.1.3.3 探讨将生态系统服务功能纳入国民经济核算体系而最终实现绿色 GDP 的方法

传统的国民经济核算体系,认为自然资源低价或无价,既不考虑自然资源作为成本的投入与消耗,也不考虑环境遭到破坏要付出的代价。生态系统提供的生态、环境价值并没有被纳入到国民经济核算体系当中,这样传统的国民经济核算指标就无法反映环境污染以及自然生态系统受损对人类和生态带来的负面作用,同时也无法反映自然资源的耗减和折旧,这样误导了"GDP 增长,则社会生产能力就增加"的认识,导致传统经济发展模式认为资源无价或低价的误区,从而导致了社会经济发展与环境污染、生态破坏之间的矛盾越来越严重,造成 GDP 与其试图反映的社会福利的目标越来越远。因此,在可持续发展战略要求下,必须对现有国民经济核算体系加以适当改造,尤其是其中的国内生产总值指标:改造的基本思路就是必须将生态系统服务价值作为环境因素引入到现有经济核算体系,即把可持续发展的思想引入到现行的 GDP 核算当中,对现有的 GDP 核算进行完善,从而建立新的绿色国民经济核算体系。

11.1.3.4 生态系统服务功能与可持续发展的关系研究

近几十年以来,随着生产力的发展,人们干预自然的能力不断加强,森林采伐、湿地开发、生物资源的开发利用,以及土地利用方式的改变,全球生态系统的格局发生了极大的变化。塔里木河流域自然生态系统面积少,受人类控制的生态系统面积迅速增加;同时,大量环境污染物进入生态系统,大大超过生态系统的承载容量,进而破坏生态系统的结构与功能,生态系统服务功能受到损害。生态系统调节大气化学环境、保育生物多样性及进化进程、维持土壤肥力等的能力受到削弱,从而导致了全球性的生态环境危机,使人类未来的发展受到威胁,从这个角度理解可持续发展的核心就是要通过维持与保护生态系统服务功能,来保护人类的生存环境,保护地球生命支持系统,维持一个可持续的生物圈。现代研究也证明,生态系统服务功能是人类生存与现代文明的基础,科学技术能影响生态系统服务功能,但不能替代自然生态系统服务功能,维持生态系统服务功能是可持续发展的基础,我们必须加以保护。

11.1.3.5 探讨保育自然生态系统,维持生态系统服务功能的策略和方法

生态系统服务的保护面临着许多困难和压力,只有当地的、眼前的并且对实际生活具有直接影响的生态系统服务,才容易被人们理解和重视,区域性的生态系统服务往往在缺失时才会备受瞩目。自然生态系统保育、生态系统服务功能维持成为环境问题研究的热点,并且引起了国家和地方各级政府以及社会各界的广泛关注。生活水平的低下也阻碍着对生态系统服务的保护,越是经济落后的地区,人们对生态和环境的重视程度就越低,随着经济的不断发展,人们保护环境、恢复生态的热情和自觉性逐渐觉醒,经济探讨对保护生态系统完整性、维持自然生态系统服务功能、减弱人工生态系统替代自然生态系统的程度和强度的策略

和方法,主要从政府政策和经济措施两方面展开保护工作。

11.1.3.6 塔里木河生态系统服务功能问题的研究与任务

很多研究成果表明,生态系统能够提供人类需要的产品和服务,是人类赖以生存和发展的基础。生态系统服务功能对人类究竟有多重要,用货币表示到底值多少钱,生态系统恶化或恢复究竟使人类损失或获得多少经济利益,如何用经济杠杆来评价其价值的变化,关于生态系统服务功能及其价值评价的研究成为生态学、经济学及恢复生态学研究的热点及前沿问题之一。目前的研究成果表明,在生态系统服务功能评价中引入了遥感技术,可以了解不同时期的生态系统服务价值变化状况,对生态系统服务价值的动态评价很有帮助,但是由于遥感影像空间尺度的不同给生态系统服务评价造成误差,因此对于生态系统服务价值评价的技术方法还需要进一步探讨。另外,由于现有国民经济核算体系(GDP)中没有引入与人类社会经济持续发展密切相关的自然生态系统的非市场经济价值,导致了 GDP 未能体现经济发展对生态环境的"损耗",甚至是毁灭性地不计成本地利用,社会经济最终得不到持续发展。

目前已有的研究多数集中在森林和湿地等这些生态服务价值较高的生态类型的服务功能及其价值评价上,对荒漠等生态系统的研究则较少。而从生态恢复及可持续发展的角度来说,今后对荒漠生态系统的案例研究应有所积累。荒漠退化生态系统保育恢复需要一定的资金作为保障或者是以损失某一种既得利益作为交换,因此,对荒漠退化生态系统进行生态恢复所产生的价值用经济手段评估,为生态工程的经济效益评价提供了重要的依据。另一方面,通过对该干旱区生态系统服务价值进行评价,有利于人们对其周围环境损失或恢复的总价作出判断。因此,对于各类型生态系统的服务功能的价值研究的越清楚,越有利于了解各区域生态系统的重要性,推进绿色 GDP 核算的尝试和推广,促进区域生态保育和恢复工程的实施,最终促进社会经济的可持续发展。尤其是在我国大面积的西部干旱区,以第一性生产产品为主要基础而缺乏对第一性生产产品及各项生态功能价值量了解的内陆河流域——塔里木河流域,此项工作就显得更加重要了。

同时,由于目前研究工作主要集中在对各类型生态系统面积变化的研究,没有强调生态系统各项生态服务功能单价的变化。从哲学和经济学的角度而言,生态系统服务价值应该受社会经济发展水平及人们的文化认知水平限制,这种基于静态基础上的评价,其价值无法体现社会发展水平及区域发展程度,不符合发展的观点。另外,很多学者研究表明,生态系统服务功能是人类生存与现代文明的基础,科学技术能影响生态系统服务功能,但不能替代自然生态系统服务功能,维持生态系统服务功能是可持续发展的基础,但是在绿色 GDP 核算的尝试中却没有引入生态系统服务功能的价值;同时也注意到各项社会因素对生态系统服务价值的变化影响重大,对其主要的影响因素却缺乏了解。因此,我们还不足以对区域生态系统服务价值评价方法、生态系统服务价值与可持续发展的关系、生态系统服务价值变化的驱动因子等问题作出系统性的科学回答。

11.1.4 绿色 GDP 核算方法

GDP 是宏观经济中备受关注的经济统计数字。因为它在过去一直被认为是衡量国民经济发展状况中最重要的一个指标。GDP 的英文名是"gross domestic product",中文名称叫"国内生产总值"。它代表一国(或一个地区)所有常驻单位在一定时期内生产活动(包括产品和劳务)的最终成果,是国民经济各行业在核算期内增加值的总和(各行业新创造价值与固定资产转移价值之和)(吴优,2004)。传统 GDP 指标未将负效益扣除,将环境保护作为投资活动,结果是污染物排放越多,环境保护支出就越大,GDP 也就越大(吴优,2004)。另外,传统 GDP 指标未计入自然资源的环境价值。

绿色 GDP 概念是 1993 年由联合国经济和社会事务部在修订《国民经济核算体系》(SNA 体系)时,根据经济可持续发展理论提出的新的经济核算概念。从 GDP 中扣除自然资源耗减价值与环境污染损失价值后剩余的国内生产总值,称为可持续发展的国内生产总值(sustainable gross domestic product),简称 SGDP,即绿色 GDP(green economic GDP)(钟超,2006)。在国内生产总值(GDP)中扣除资源和环境成本的消耗,经过环境调整得到绿色 GDP。进行绿色 GDP 核算时,一是从存量核算和流量核算考虑;二是从资源、环境容量、生态服务不同功能上对环境进行分解,考虑环境的资源功能、环境的受纳功能和生态功能;三是区分实物量核算和价值量核算,在实物核算基础上通过估价进行价值量核算;四是考虑现实发生的环境保护活动。绿色 GDP 在核算中要扣减资源耗减和恶化价值、增加环境资源的改善收入并且要扣减阻止环境恶化的防护性支出(杨缅昆,2003)。在国民经济核算基础上,得到绿色 GDP 计算公式:

绿色国内生产总值(GEGDP)=国内生产总值(GDP)−自然资源损耗−环境资源损耗(环境污染损失)+外部因素调整项 (11.1.42)

11.1.4.1 自然资源耗减价值的核算

(1)核算范围

自然资源包括土地、森林、水资源等。其中,森林和水随着人类社会的开采与使用,是日趋减少的,因此,应当核算耗减价值,而土地资源则不宜核算其使用价值冲减 GDP 价值。但是由于环境污染造成土地的部分价值消失,则应当作为环境污染核算其损失价值,而不应作为资源使用耗减价值核算。

(2)核算方法

其核算公式为(李艳春,2003):

自然资源的耗减量 = 期初环境资源资产 + 本期增加的环境资源资产 − 本期耗用的环境资源资产

(11.1.43)

根据不同环境资源的耗减量,乘以相应用市场估价计算的自然资源的价格或价值,即为该自然资源耗减的经济价值。这些耗减意味着原有社会财富积累的净减少和未来生产潜力的降低,其累积额应当从当期 GDP 中扣除(赵万华,2005)。

11.1.4.2 环境污染损失价值的核算

(1)环境污染损失价值核算时间长度应当与 GDP 的时间长度一致。环境污染所造成的损失是指一个报告年度所产生的环境污染而带来损失的价值,而不是累积损失的价值。

(2)对于环境污染损失价值的核算,一是直接计算损失;二是维护成本法。维护成本法是一个报告年度内,为治理环境污染的基础设施建设费用、维护和管理防止污染设施的投资额、建设防止污染设施而造成的机会成本(许宪春,2004)。

11.2 流域生态系统服务功能

生态系统服务功能是指生态系统与生态过程中形成及所维持的人类赖以生存的自然环境条件与效用。不仅为人类提供了食品、药材和其他生产和生活原料,更重要的是维持了人类赖以生存的生命支持系统,维持生命物质的循环,维持生物物种与遗传多样性,净化环境,维持大气化学平衡和循环。无论人类对生态系统产生的服务功能是否付费,人类作为生态系统服务功能的对象,免费消费着生态系统提供的各种功能服务。塔里木河主要的生态系统功能主要有:气体调节、水分调节、土壤形成与保护、废物处理、生物多样性保护、食物和原材料生产、娱乐文化价值。

11.2.1 气体调节

气体调节功能主要是指调节大气的化学成分。绿色植物将所吸收的环境化学物质转变为生物体本身的有机物质,这个过程称为生物合成作用。生态系统通过光合作用和呼吸作用与大气交换 CO_2 和 O_2,对维持大气中二者的动态平衡起着不可替代的作用。

塔里木河生态系统净化空气的价值主要体现在固定 CO_2、制造氧气、杀菌、滞尘等方面。大气中的某些微量气体,如 CO_2(按体积计算占大气成分的 0.03%)及含量更少的 N_xO 等,能够大量吸收来自地面的长波辐射,使之返回地面和低层大气,从而减少地球表面热量的散失,起到温室作用。生态系统中的植被通过光合作用,大量吸收和固定最主要的温室气体 CO_2,转化为有机物。在全球陆地植物与大气的 CO_2 交换中,90%左右是由植被完成的。同时,通过呼吸作用释放出 O_2,从而在大气平衡中起着至关重要的作用。荒漠生态系统中森林生态系统通过吸收同化、吸附阻滞等形式,使污染气体、固体颗粒转移到另外一个环节,从而净化空气。树木中具有杀菌作用的物质被称为"杀菌素",杀菌素是树木的独特组织——油腺在新陈代谢过程中分泌出来的香精、酒精、有机酸等化学物质,从而具有杀菌功能。

塔里木河生态系统最重要的一项功能就是防风作用,它可以改变沙区气候环境,促进沙区植被和昆虫区系的发展演替过程,使物种变得丰富;另一方面,可以改善沙土的理化性质,减少风蚀,阻止流沙的扩展。滞尘作用,一方面,植被使灰尘失去移动动力而降落,另一方面,树木叶片蒸腾使树冠周围和森林表面保持较大湿度,使灰尘湿润加重,加上湿润的树木叶片吸附能力增强,这样灰尘较容易降落而被吸附,污染空气形成清洁空气;再就是树木的部分器官能分泌多种黏性汁液,从而起到黏着、阻滞和过滤灰尘的作用。

11.2.2 气候调节

气候对地球上生命进化与生物的分布起着主要的作用,同时生物本身通过生态系统在全球气候调节中也起着重要的作用。生态系统对大气候或局部气候的调节作用,包括对温度、降水和气候的影响,从而可以缓冲极端气候的不利影响。例如,生态系统通过固定大气中的 CO_2,改变大气 CO_2 含量,减缓地球的温室效应,从而影响气象过程(Alexander,1996)。森林大面积蒸腾,可以增加大气水分含量,降低局部气温,减少区域水分损失。在亚马逊流域,50%的年降水量来自于森林的蒸腾(Salati,1987)。新疆塔里木河流域的天然胡杨林分别占世界和中国胡杨林总面积的54%和89%,是世界上数量最多、分布面积最广的天然胡杨林资源库,该胡杨林生态系统对固定大气CO_2价值是巨大的。

11.2.3 水分调节

在自然生态系统对气候现象和物质循环的种种调节作用之中,其水分调节功能往往最受重视。发育良好的植被层具有调节降雨和径流的作用,凋落物层具有蓄水和阻滞降水的作用,植物根系深入土壤,使土壤对雨水更具有渗透性,土壤层蓄水透水,这些生态过程延长径流流出时间,减缓水循环速度,从而使河川径流的季节分配趋向均匀、稳定。这样有植被地段比裸地的径流缓慢,从而减弱洪水,旱季提供地下水补给河流,稳定枯水流量。

塔里木河调节水分功能主要指涵养水源、截留地下水、保持土壤水分等功能。水是荒漠生态系统正常运转、保持生态平衡的限制性因子,同时也是荒漠生态系统中能量流动、物质循环的重要载体。在荒漠生态系统中水源丰富的地方常常有森林生态系统分布,森林生态系统具有巨大的渗透和蓄水能力,由于森林生态系统吸水、减少降水蒸发,调节了降水进入河道的水量和时间,削弱和调节了洪峰,从而减少了洪水径流。涵养水源的功能重点表现在塔里木河四源流区域以及干流的森林生态系统集中范围内,截留地下水及保持土壤水分的功能重点表现在塔里木河下游水分缺乏区域。因此,塔里木河生态系统调节水分的价值在不同地理位置具有不同的表现形式,但其都体现在提高水量的利用率,延迟水分使用期。

11.2.4 土壤形成与保护

土壤流失一方面指由于盐渍化及不合理的土地利用,造成可利用土地面积减少,难利用土地面积增加;另一方面是指土壤养分流失,肥力下降。土壤是营养元素循环的主要场所,其中,一部分以枯枝落叶形式和倒木的砍伐、燃烧、腐烂分解转移到土壤中。土壤中养分积累的服务价值取决于森林生态系统的面积、质量、单位面积生态系统养分持留量和持留时间以及市场化肥价格。在塔里木河流域,生态系统的土壤形成与保护价值主要是通过减少表土损失量、缓解土壤风蚀、保护土壤肥力、减轻风沙灾害等4个生态过程来实现其经济价值。塔里木河流域因土壤侵蚀,每年损失大量的表土,其经济损失表现在两个方面:一是因水土流失而造成土地荒废;二是流失土壤中大量的养分。

11.2.5 废物处理

土壤、水域和湿地在有机质的还原中起着关键作用,在还原过程中,还将许多人类潜在的病原物无害化。人类每年产生的废弃物约1300亿t,其中约30%是源于人类活动(Vitousek等,1987),包括生活垃圾、工业固体废弃物、农作物残留物及人与各种家畜的有机废弃物。有幸的是,生态系统中一些动物、微生物像流水线上的工人,各自摄取或分解某种特定的能量和化合物,并合成新的化合物,再由其他生物利用,直到还原成简单的无机化合物。近几十年来,由于工农业发展,大量有毒、有害的物质以污水的形式进入水体,造成水体污染,引起水质恶化,淡水资源缺乏。荒漠生态系统中水体生态系统中丰富的生物资源,尤其是根际微生物的旺盛活动,能截留大部分营养物质,降解相当数量的有机物,净化水质。并且由于水体生态系统中泥炭的良好持水性及质地黏重的不透水底层,使其具有巨大的蓄水能力,为人们的生产、生活提供充足的淡水资源。

11.2.6　生物多样性保护

生物多样性是自然生产和许多生态系统服务功能的源泉。生态系统不仅为各类生物物种提供繁衍生息的场所,而且还为生物进化及生物多样性的产生与形成提供调节。塔里木河处于一个相对比较封闭的区域,各类生态系统沿河道形成明显的层次分布,其生态系统具有多样性的特点。因此,塔里木河流域为生物多样性保存了丰富的遗传基因信息。塔里木河为多种多样的干旱区物种的生存提供了适宜的条件,因而形成了具有干旱区内陆河流域特征的物种多样性。塔里木河在中国植被分区中属荒漠、裸露荒漠带,植被类型有灌木荒漠、小半乔木荒漠、半灌木荒漠、多汁木本盐柴类荒漠、杜加依林、杜加依灌丛、低地河漫滩盐化草甸、沼泽与水生植被等九种主要植被类型。将塔里木河的主要野生植物27科、79种按绿洲农田区、荒漠区、阔叶林区、盐化草甸区及水域5种主要分布生境类型划分,塔里木河区域属蒙新区、西部荒漠亚区、塔里木盆地省、天山南麓平原州、塔里木河中游区。该区域分布有野生脊椎动物类115种以上,其中,两栖类3种,爬行类17种,鱼类18种,鸟类64种,哺乳类23种。

11.2.7　食物和原材料生产

生态系统中的营养物质通过复杂的食物网而循环再生,并成为全球生物循环不可或缺的环节。据统计,每年各类生态系统为人类提供粮食18亿t、肉类6.0亿t(WRI,1994),同时海洋还要提供鱼类食物约1.0亿t(UNFAO,1994)。生态系统还为人类提供了粮食、木材、纤维、橡胶、药材及其他工业原料。

利用太阳能,将无机化合物,如CO_2、H_2O等合成有机物质是生态系统一个十分重要的功能,它支撑着整个生态系统,是所有消费者(包括人)及还原者的食物基础。第一性生产力(即在农业生态系统的生产过程中,无机环境中的能量——太阳能和物质资源首先被作物固定为生物有机产品)及生物量(泛指单位面积上所有生物有机体的干重)是反映有机物质生产的两个重要指标。生态系统有机物质生产的一小部分,通常约10%为人类所利用,成为人类赖以生存的食物或生活必需品,而表现为直接使用价值,其余大部分未被人类直接利用,这部分却支撑着整个生物界,为所有动物、异养微生物提供食物和生活的场所,其经济价值实际上是无法估计的。农田生态系统和森林生态系统中的林果业生产对此项功能贡献最大。

11.2.8　娱乐文化价值

自然生态环境往往影响着人们的美学倾向、艺术创造、精神情绪、心理状况,而多种多样的区域生态系统更加养育了精神文化生活的多样性,总之,自然生态系统为人类提供了多种多样的娱乐和休闲的空间、场所。如人类在自然河流风光中进行划船、钓鱼及游泳等娱乐活动,在自然环境中进行露营、野餐和远足等休闲活动。随着生活质量的提高,人们对自然生态系统和环境消遣的需求不断增长,自然生态系统的休闲娱乐功能也越来越受到人们的重视。

塔里木河生态系统由于其独特的自然地理环境,生态系统类型多样,地貌形态典型,使其在景观上呈现独特性;其次,由于荒漠区"逐水而居"的典型特征,塔里木河的自然变迁,也造就了不少神秘的古城遗迹,干旱的荒漠气候,为消失了的绿洲文明保存提供了可能。因此,塔里木河流域开发了众多旅游景点,有山,有水,有大漠,有古迹,有文化,有历史,具有相当的探索旅游价值。塔里木河生态系统生态旅游服务价值有两方面的涵义:一是游客的直接消费价值,体现了该生态系统生态旅游服务价值的经济表现程度;二是该生态系统生态旅游最大负荷能力的经济价值,体现了生态系统本身具有的生态旅游服务功能的总体价值,这一总体价值是动态的,是随生态系统的结构、功能及其资源量动态变化而变化的。由于荒漠环境背景,塔里木河生态系统生态旅游服务功能经济价值的增长是很有极限的,它的最大极限就是塔里木河生态系统的承受能力。这是一个理论值,受经营者的管理水平、游客的生态旅游素质等多方面决定,它的实际值远远小于理论值。

11.3 流域生态系统服务功能评价

塔里木河干流从20世纪90年代到现在其生态系统结构发生了较大变化,新生绿洲代替原始绿洲、人工植被代替自然植被、人工土壤代替自然土壤、人工生态代替自然生态、人工渠道代替自然河流、人工水库代替天然湖泊。由于人类与环境的相互关系,各类生态系统相互转化或相互消长,生态系统提供的产品和服务也产生很大变化。为了体现塔里木河生态系统服务价值的现状及其时空变化情况,我们以塔里木河干流为重点区域进行生态系统服务功能研究。

塔里木河干流系指自肖夹克至台特玛湖,位于天山地槽与塔里木地台之间的山前凹陷区,属塔里木河中、下游冲积平原,地势起伏和缓,全长1321 km,流域面积46万 km^2。近40 a来,随着人类社会经济活动强度的不断加大,塔里木河干流的生态和环境发生了急剧变化,突出表现在两个方面:一是塔里木河水质严重恶化,来水量不断减少;二是下游荒漠植被大面积衰败,沙漠化程度加剧。库鲁克沙漠和塔克拉玛干沙漠之间的绿色走廊严重退化、衰败,两大沙漠已经出现合拢之势,生态受损,环境急剧恶化。

以塔里木河干流1990年、2000年、2002年和2005年四期卫星影像数据为基础,对该区域上、中、下游各段土地利用现状进行评价与比较,在此基础上对各类生态系统服务价值现状进行比较,分析其状况差异即价值结构分布,并对该区域各段不同时期生态系统服务价值进行比较,分析其特点。通过生态系统服务价值评估的研究,将生态系统服务纳入社会经济体系和市场化的评价中,利用经济杠杆来调节塔里木河干流人与自然之间的相互关系,处理经济开发与环境保护之间的尺度。

11.3.1 塔里木河农田生态系统食物生产价值单价确定

塔里木河从行政区划上包括阿克苏地区的阿克苏市、沙雅县、新和县、库车县,巴音郭楞蒙古自治州的轮台县、库尔勒市、尉犁县、若羌县,以及生产建设兵团农一师(31、32、33、34、35团)、农二师(7、8、9、10、11、12、13、14、15、16团)所属的15个团场。通过新疆统计年鉴及新疆生产建设兵团统计年鉴(新疆统计年鉴,2006;新疆生产建设兵团统计年鉴,2006),可以计算出塔里木河干流所隶属的 8 个县市及 15 个团场的 2005 年的主要粮食作物价格及产量等数据(表 11.3.1)。

表 11.3.1 塔里木河干流 2005 年主要农作物产量和价格

年份	收购指数(%)	粮食单价(元/kg)	产量(t)	面积(hm²)
2005 年	85.86	1.474	795 159.3	122 795.9

区域生态系统服务单价由下面公式确定:

$$E_{ij} = e_{ij}E_a \quad (i=1,2,\cdots,9;j=1,2,\cdots,6) \tag{11.3.1}$$

式中:E_{ij} 为 j 种生态系统 i 种生态服务功能的单价;e_{ij} 为 j 种生态系统 i 种生态服务功能相对于农田生态系统提供食物生产服务单价的当量因子;i 为生态系统服务功能类型,包括气体调节、气候调节、水源涵养、土壤形成与保护、废物处理、生物多样性保护、食物生产、原材料和娱乐文化价值;j 为生态系统类型,包括森林、草地、农田、湿地、水域和难利用土地生态系统;E_a 为单位面积生态系统提供生产服务功能的经济价值(元/hm²)。

根据谢高地等(2001)制订的全国陆地生态系统生态服务价值当量因子表,利用上表数据,计算出 2005 年塔里木河干流农田生态系统食物生产服务的单价,为 935.59 元/hm²,并进一步计算出塔里木河干流各类生态系统各项生态服务功能单价(表 11.3.2)。

表 11.3.2 2005 年塔里木河干流生态系统服务功能单价(当年价) (单位:元)

2005 年	森林	草地	农田	湿地	水域	难利用地
A	3274.56	748.47	467.79	1684.06	0.00	0.00
B	2526.09	842.03	832.67	15 998.57	430.37	0.00
C	2993.88	748.47	561.35	14 501.63	19 067.30	28.07
D	3648.80	1824.40	1365.96	1599.86	9.36	18.71
E	1225.62	1225.62	1534.37	17 009.00	17 009.00	9.36
F	3050.02	1019.79	664.27	2338.97	2329.62	318.10
G	93.56	280.68	935.59	280.68	93.56	9.36
H	2432.53	46.78	93.56	65.49	9.36	0.00
I	1197.55	37.42	9.36	5192.52	4060.46	9.36

注:A:气体调节;B:气候调节;C:水源涵养;D:土壤形成与保护;E:废物处理;F:生物多样性保护;G:食物生产;H:原材料;I:娱乐文化。

11.3.2 塔里木河干流生态系统生态服务单价订正

由于生态系统结构和其服务类型的空间分布异质性,不同地理区域的生态系统单元各自的自然要素和经济要素特点有所不同,因此不同地理区域内生态系统服务价值就会有巨大差异。本研究在计算该区域农田生态系统食物生产单价时,选用的研究区粮食作物产量、面积及价格数据,因此单价计算结果就具有区域特点,不需要进一步订正。由于湿地资料获取难度较大,我们对森林、草地和水域生态系统生态服务单价进行订正。我们选取森林、草地及水域生态系统各自的典型特征指标,分别是森林覆盖率、草地地上部分生物量及水域单产量,在全国相应生态系统的基础上,分别对塔里木河干流的森林、草地和水域生态系统生态服务单价进行订正。

11.3.2.1 各参数计算

(1)塔里木河干流草地生态系统生物量的确定

生物量调查方法:2004 年 9 月在塔里木河下游 9 个断面上共布设大小为 30 m×30 m 的 18 个样地,分别测定每个样地内植株的冠幅、基径指标。为了确定草地生态系统地上部分的生物量,随机选取 47 株灌木和草本,将植株割下后叶和枝分离,称其鲜重,测定地上部分的生物量(W)。再依据生物量与植株长和宽的相关分析,选出建立回归模型的变量,并进行回归分析以选取生物量的最佳估测模型。根据 2006 年塔里木河干流各段植物样地冠幅和基径数据通过此模型计算各段单位面积生物量,确定林地生态系统的订正系数。

一般植株的形态特征与其地上部分生物量的关系很密切,通过 Pearson 相关分析发现,所取草地中的植株地上部分生物量与其植株的冠幅和基径在 0.01 显著水平上都存在着极为显著的相关关系(表 11.3.3)。

表 11.3.3 植株地上部分生物量与植株形态特征的关系

因素	相关系数	显著水平	均值	标准差
植株冠幅(m²)	0.974**	0.000	12.1854	38.571 85
植株基径(m)	0.818**	0.004	0.0648	0.084 27

注:"**"是指显著水平为 0.01。

通过相关性检验可以看出,植株地上部分生物量与其形态特征之间关系密切,二者通过了相关性检验,利用多元回归中的 stepwise 方法,逐步回归得到植株地上部分生物量与其形态指标(冠幅和基径)之间的多元回归方程,建立的方程各参数如表 11.3.4 所示。

表 11.3.4 植株地上部分生物量与植株形态特征的模型概述及回归系数表

模型型号	相关系数 R	R^2	调整后 R^2	显著水平	常数系数	冠幅(m²)	基径(m)
1	0.888ª	0.788	0.762	0.000	1948.83	1049.38	—
2	0.976ᵇ	0.953	0.939	0.000	−277.73	745.542	80 216.4

依托塔里木河下游生态输水工程,在塔里木河下游各典型断面植物样地进行了连续地测定。2006 年在塔里木河下游 4 个断面(考干、阿拉干、喀尔达依、亚合甫马汗)、中游 3 个断面(沙其力克、乌斯满和阿其克)分别布设大小为 50 m×50 m 的 22 个和 21 个草本样地,对其植株的冠幅和基径指标进行了调查。基于 2006 年样地调查资的料基础上,结合植株地上部分生物量与其形态因子的模型,计算得到 2006 年塔里木河干流中、下游各段单位面积平均生物量,见表 11.3.5。

表 11.3.5 塔里木河干流中、下游各断面草地平均生物量

区域	中游			下游			
断面	沙其力克	乌斯满	阿其克	亚合甫马汗	喀尔达依	阿拉干	考干
生物量(g/m²)	113.22	184.46	59.12	197.49	81.40	72.32	267.59
均值(g/m²)	118.93			154.7			

通过我国对全国草地资源进行调查后编写的《中国草地资源数据》(中国农业部畜牧兽医司等,1994)及文献资料(刘艾等,2005),得到我国草甸草原地上部分生产力变动范围为400~1200 g/m², 本书取中间值 900 g/m²。

(2) 森林及水域生态系统订正系数的确定

通过新疆各地、州统计年鉴以及 Landsat TM 影像图数据,计算塔里木河干流森林覆盖率及水产品单产量,并统计这两项指标的全国平均水平,通过计算得到塔里木河干流森林、草地及水域生态系统生态服务单价订正系数,见表 11.3.6。

表 11.3.6　2005 年塔里木河干流各生态系统订正参数情况

	森林覆盖度(%)	草地单位生物量(g/m²)	水域单位水产量(kg/hm²)
区域	10.66	136.82	3140.15
全国	18.21	900	3341
订正系数	0.59	0.15	0.94

11.3.2.2　参数订正

根据区域参数修订模型对森林、草地和水域生态系统生态服务单价的各项订正,计算得到 2005 年塔里木河干流各类生态系统生态服务单价,见表 11.3.7。

表 11.3.7　2005 年订正后塔里木河干流各类生态系统生态服务单价　　（单位:元）

	森林	草地	农田	湿地	水域	难利用地
A	2793.73	165.83	467.79	1684.06	0.00	0.00
B	2155.17	186.56	832.67	15998.57	589.52	0.00
C	2554.27	165.83	561.35	14501.63	26118.48	28.07
D	3113.02	404.21	1365.96	1599.86	12.82	18.71
E	1045.66	271.55	1534.37	17009.00	23299.02	9.36
F	2602.16	225.95	664.27	2338.97	3191.12	318.10
G	79.82	62.19	935.59	280.68	128.16	9.36
H	2075.35	10.36	93.56	65.49	12.82	0.00
I	1021.71	8.29	9.36	5192.52	5562.03	9.36

注:A:气体调节;B:气候调节;C:水源涵养;D:土壤形成与保护;E:废物处理;F:生物多样性保护;G:食物生产;H:原材料;I:娱乐文化。

11.3.3　塔里木河干流生态系统服务功能的价值现状

利用系数订正后的塔里木河干流生态系统生态服务单价,结合研究区各类生态系统面积,计算得到塔里木河干流生态系统各项生态服务价值以及干流总价值。

11.3.3.1　塔里木河干流生态系统服务功能的价值

通过生态系统服务评价模型计算得到,2005 年塔里木河干流生态系统服务价值为 $21.74×10^9$ 元/a(图 11.3.1),相当于 2005 年新疆国民生产总值的 8.35%。按照价值构成来比较,森林生态系统服务价值总值最大,为 $7.44×10^9$ 元/a,占研究区服务价值的 34.2%,是草地生态系统服务价值的3倍左右,而干流区森林面积仅是草地面积的1/4,这一结果表明,同样面积的森林生态系统比草地具有更巨大的服务功能价值。其次,水域和湿地生态系统服务价值较大,分别为6.31×10^9元/a和3.42×10^9元/a,分别占研究服务价值的29%和15.7%,这两者面积不及草地生态系统面积的1/20,但其生态系统服务价值却是草地生态系统的4倍多,可见在水域、湿地、森林及草地生态系统中,水域和湿地生态系统具有更高的生态服务价值。对于研究区而言,水是环境保护和经济发展的限制性因素,因此,从长远来看,全面考虑森林生态系统的综合效应,对于发挥其巨大的服务功能价值,具有重要意义。草地和农田生态系统,它们的服务价值分别占总值的10.8%和6.9%;虽然难利用土地所占价值量比重最少,但也有3%的份额。可以看出,在塔里木河干流生态系统中,森林、水域和湿地生态系统提供服务的经济价值是巨大的,为区域社会经济发展提供了保障,人类在进行农业开发和社会经济活动时,森林、水域和湿地生态系统为各种生产和生活活动提供的气体调节、气候调节、水源涵养、土壤形成与保护、废物处理、生物多样性保护、食物生产、原材料、娱乐文化的各项功能价值达17.17×10^9元。

研究区生态系统的各项生态服务功能的价值分布中,水源涵养和废物处理这两项服务功能价值最大(图11.3.1),分别为5.17×10^9元/a和4.73×10^9元/a;其次是气候调节、生物多样性、土壤形成与保护这三项,分别为2.4×10^9元/a、2.66×10^9元/a和2.4×10^9元/a;气体调节和娱乐文化再次之,分别为1.65×10^9元/a和1.36×10^9元/a;最后是原材料和食物

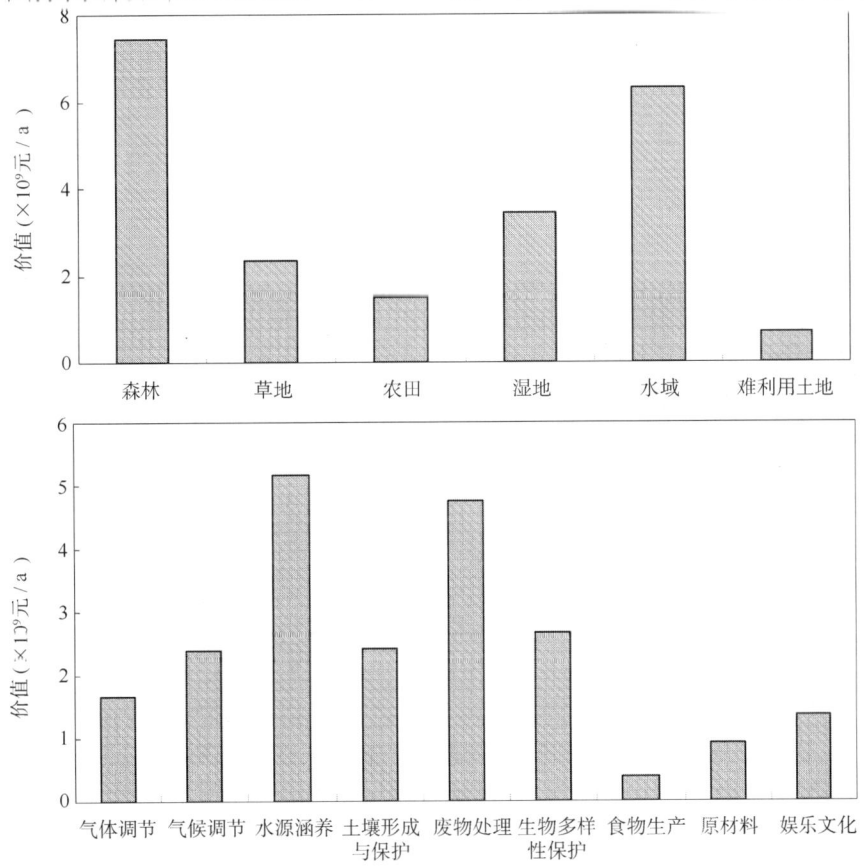

图11.3.1 塔里木河干流生态功能价值结构分布

生产价值最少,为 0.39×10^9 元/a 和 0.92×10^9 元/a。可以看出,在研究区生态系统中,贡献最大的是水源涵养和废物处理两项功能,森林、水域和湿地生态系统生态服务价值又最大,如果取服务功能最强的级别为该区域生态系统综合服务功能级别,那么该区域森林、水域和湿地生态系统服务功能就是该区域综合服务功能的代表,也是该区域优先保护的生态系统。

11.3.3.2 塔里木河干流生态系统服务功能价值的空间分布特点

从塔里木河干流生态系统服务价值的空间分布来看(图 11.3.2),上游生态系统服务价值为 13.15×10^9 元/a,占塔里木河干流生态系统服务总价值的 60%,比中、下游段生态系统服务价值之和都大,其次是中游段,下游段生态系统服务价值最小。在上游生态系统单元中,处于主导地位的是水域和森林生态系统服务价值,分别占 32% 和 39%,其次是湿地和农田生态系统,草地生态系统的贡献不大,仅有 6%;在上游各项生态服务功能中,起绝对作用的是水源涵养和废物处理功能的价值。可以看出,由于上游生态和环境的相对优势,在生态系统服务价值评价中,上游生态系统的价值极大地影响整个干流生态系统服务价值的大小及结构。

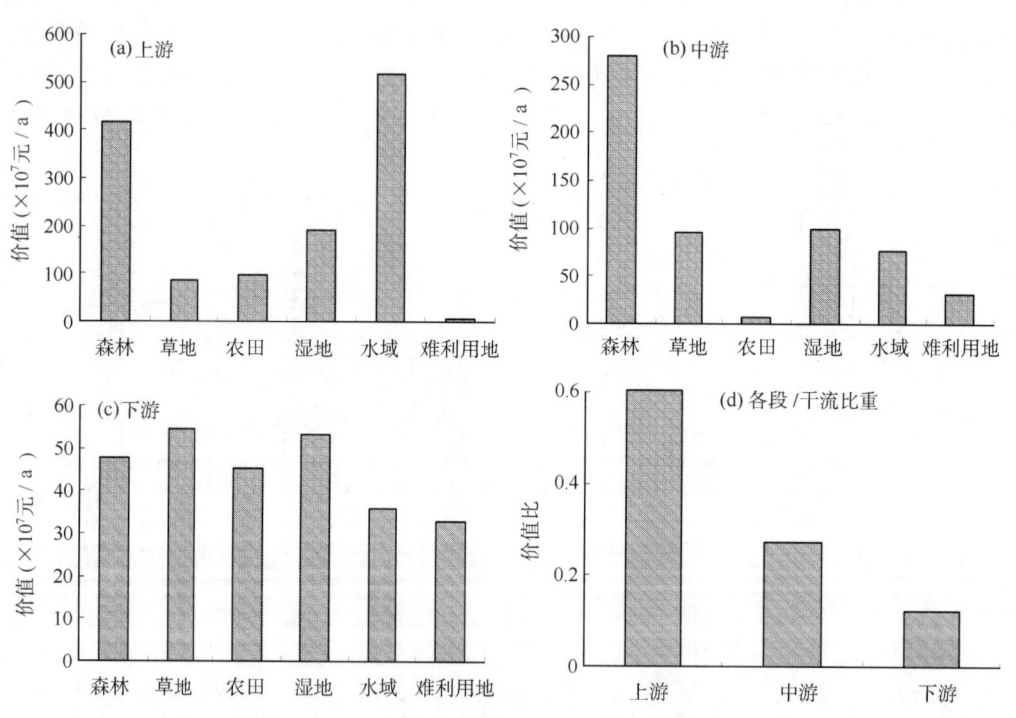

图 11.3.2 塔里木河干流各段生态系统服务功能的价值空间分布图

中游生态系统服务价值为 5.89×10^9 元/a,不到干流生态系统服务价值的 1/3。在中游生态系统单元中,处于主导地位的是森林和湿地生态系统服务价值,分别占中游总价值的 47% 和 17%,其次是草地和水域,农田生态系统服务价值贡献较小,仅为 1%,由于有大面积的难利用土地,其提供的价值也达 27%;此段虽然森林生态系统的面积有所减少,但由于单位面积森林生态系统的服务单价是草地生态系统的 11 倍多,所以整个森林生态系统服务价值在中游的贡献仍然最大;同时由于草地生态系统面积在此段有所增加,其对中游生态系统的贡献由上游的 6% 上升到中游段的 16%。在中游生态系统的各项生态服务功能中,水源涵养和废物处理功能的价值仍然贡献最大,其次是气候调节、生物多样性保护及土壤形成与保护的价值,这些功能均是森林、水域及湿地生态系统单元的典型功能。可以看出,中游生态系统服务价值结构与上游相比较,水域生态系统的价值地位已经由上游的主导地位转为中游的次要地位,湿地生态系统变得更为重要。可以看出,在中游段生态系统服务价值结构中,仍然是提供生态和环境基础的森林、湿地和水域生态系统提供的服务价值量最大,因此仍然是中游段优先保护的生态系统。

下游段生态系统服务价值为 2.69×10^9 元/a,不到干流总价值的 1/10,在整个干流生态系统服务价值中贡献最小。在下游生态系统单元中,各生态系统单元对其整个下游价值贡献略有差异,其贡献大小依次排序为:湿地≥草地＞森林＞农田＞水域＞难利用土地,并且各类型的价值贡献分别是:20%、20%、18%、17%、13%、12%,相互之间差异不大;从下游段生态系统各项生态服务功能的贡献看,废物处理＞水源涵养＞生物多样性保护＞气候调节＞土壤形成与保护＞气体调节＞娱乐文化＞食物生产＞原材料,从中游到下游,灌溉水质矿化度逐渐增大,此时生态系统废物处理功能显得尤为重要。可以看出,下游段生态系统中森林和水域生态系统已经不能够保障其环境基础的地位,农业的广泛发展,导致农田生态系统在提供食物和原材料的同时,替代部分自然生态系统,为人类生产和生活提供服务价值。干旱区的湿地具有脆弱性,且塔里木河下游的湿地发生又具有季节性,因此即使湿地生态系统贡献最大,也由于其自身特点造就了其在整个价值结构中的不稳定。

从塔里木河干流各类生态系统服务价值对各个区域人类生产、生活提供的基础看,在空间上,干流上游段生态系统服务提供经济价值最大,下游段自然生态系统服务提供经济价值最小,并且部分价值被人工农田生态系统替代;另外,从塔里木河干流各段的环境状况与生态系统服务提供的价值量比较来看,上游段生态系统比较稳定,环境没有退化,甚至得到改善;中游生态系统受损的区域,生态系统和环境有所退化,但稳定在一个较低水平上;下游段生态环境恶化严重,生态系统破坏,环境支撑作用逐渐消退。上游段森林、水域和湿地生态系统服务价值较大,各类型生态系统各项服务价值也相应较大,以至于某几项生态系统决定了整个区域生态系统价值的大小和结构;中游段生态系统服务价值相对较小,下游段各类生态系统在服务价值上没有突出优势,并且自然生态系统的部分价值被人工农田生态系统所替代,因此,可以说在同一时期,环境状况较好的区域,生态系统服务提供的经济价值较大,相反,环境状况差的区域,生态系统服务也受到抑制,其经济价值也较小。

11.3.4 塔里木河干流土地利用变化状况

11.3.4.1 塔里木河土地利用现状

利用 2005 年卫星遥感影像,经投影转换和精纠正后,对卫星影像进行逐地块判读解译,以目视解译为主,基于该研究区土地利用详查资料、土地利用图等数据资料,通过野外实地验证,对解译结果进行随机选点,GPS 点属性校验结果表明,土地利用类型判别的准确率达到 95% 以上。结合项目研究的要求,本节将塔里木河土地利用类型划分为 6 类:林地、草地、农田、水域、湿地及难利用土地。

通过 2005 年塔里木河干流影像图解译得到塔里木河干流土地利用现状构成(图

11.3.3a)。由图可见,塔里木河干流难利用土地和草地分布面积最广,分别占总面积的42.81%和39.23%,水域和湿地面积所占比重小,分别是2.68%和1.46%,森林面积占10.66%,农田面积较小,占总面积的5.82%,农、林、牧面积比为1:2:7。可以看出,塔里木河干流难利用土地面积大,水体面积少,荒漠化程度较严重;草地面积远远大于农田面积,畜牧业结构和模式对区域生态和环境影响很大。

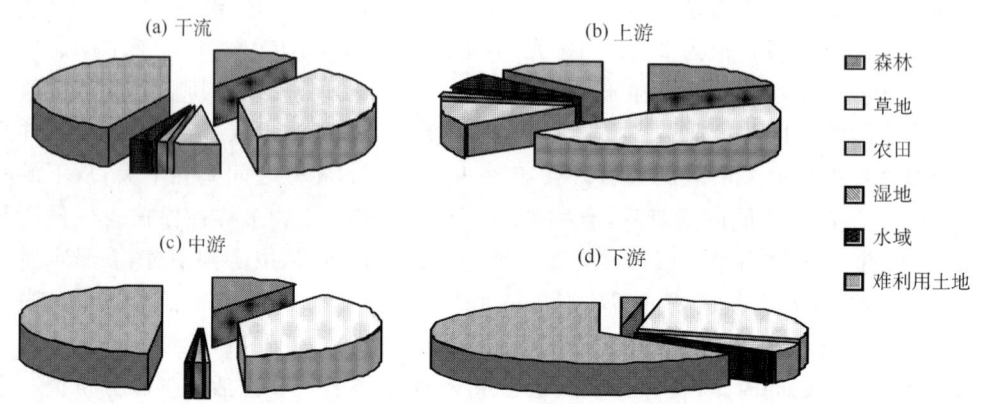

图11.3.3　2005年塔里木河干流土地利用状况图

在塔里木河干流各段中,上游段(图11.3.3b)生态环境相对较好,林灌草面积占64.8%,水域湿地面积占7.09%,农田面积占12.25%,难利用土地面积占13.19%;中游段(图11.3.3c)生态比较稳定,以难利用土地为主,占总面积的48.37%,林灌草面积占49.1%,水域和湿地面积占1.84%,农田面积较少,仅占0.65%;下游段(图11.3.3d)难利用土地面积比例在各段中是最大的,占总面积的63.89%,草地面积占27.54%,森林面积很少,仅占2.09%,水域和湿地面积也较少,仅有1.15%,农田面积比例比中游大,占5.33%。总的来说,中、下游段难利用土地面积最多,各段草地面积都较大,森林主要分布在上、中游,并且在上、中游水域和湿地也较大,下游二者面积均很小。在干旱区,水是区域社会经济发展和环境保护的限制性因素,森林和草地是区域环境承载能力大小的重要影响因素,几乎决定着区域发展的生态承载力,它们各自在其区域面积中的相对大小一定程度上决定了该区域环境背景的好坏。塔里木河干流各段相比较而言,森林、水域和湿地面积在上游段最大,其次是在中游;草地在中游段最多,其次是上游;农田面积上游段最大,其次是下游段,中游段最少。可以说,塔里木河干流各段环境背景相比较而言,上游段好于中游,中游好于下游;就各段的农业开发程度及农业生态系统服务功能的价值大小而言,上游段>下游段>中游段。

11.3.4.2　土地利用时空变化

土地利用是人类生存与发展不可缺少的活动之一,土地利用变化及由此导致的土地覆盖格局的改变,一方面改变了生态系统的结构,有可能使生物多样性损失、生态系统生产力下降;另一方面又导致了生态系统功能的改变。随着塔里木河干流区域人口的增加,人类活动的加剧,土地利用状况也发生了非常明显的变化。

根据已有相关研究和1990年、2000年、2002年及2005年四期影像图解译数据,可以得到1990—2005年塔里木河干流土地利用结构变化特点(表11.3.8)。

表 11.3.8　塔里木河干流土地利用类型动态变化(1990—2005 年)　　　(单位:%)

时间	森林	草地	农田	湿地	水域	难利用土地
1990 年	6.94	43.12	2.64	0.69	1.29	45.32
2000 年	4.65	14.00	3.85	0.87	1.65	74.98
2002 年	10.06	35.76	3.44	0.92	1.48	48.34
2005 年	10.19	37.49	5.56	1.39	2.56	42.81

从上表可以看出,这十几年期间,难利用土地始终是该区域主要的土地利用类型,其面积最大,占总面积的 40% 以上,湿地和水域面积所占比重仍然最小,分别为 0.69% 和 1.29%,因此塔里木河干流区土地荒漠化程度比较严重。该区草地面积比较大,从历史上看都是主要的土地利用方式。2000 年是塔里木河干流土地利用的一个转折点,1990—2000 年森林和草地面积均有所减少,难利用土地面积大大增加,达到历史高值,占到干流土地利用总面积的 74.98%;2000—2005 年,森林面积大大增加,草地面积也开始恢复,其中 2005 年草地面积占到干流土地利用面积的 35% 以上,难利用土地面积大大减少,水域和湿地面积也有所增加,农田也有所发展扩大。可以说,1990—2000 年期间塔里木河干流环境恶化,自然生态系统严重退化,荒漠化程度越来越严重;2000 年以后,塔里木河干流生态环境逐渐恢复并向改良方向发展,荒漠化程度减弱,受损生态系统逐渐恢复,环境质量大大改善。

从林地和草地的总面积看(图 11.3.4),两者在这几年期间变化不明显,1990 年总面积为 2 096 392.8 hm^2,到 2005 年总面积为 1 996 633.7 hm^2,减少了 4.76%。但是,林地和草地面积在不同时期的变化趋势差异较大,例如,林从 1990 年的 290 656.2 hm^2 增加到了 2005 年的 426 751.2 hm^2,增加幅度为 46.82%;草地面积有所减少,1990—2005 年减少了 235 854.2 hm^2;这二者自 1990—2000 年期间均出现减少趋势,减少幅度分别为 49.4% 和 20.8%。农田面积有所增大,从 1990 年的 110 578.4 hm^2 增加到 2005 年的 232 747.8 hm^2,增加幅度达 110.48%。湿地和水域面积大大增加,增加幅度分别为 101.4% 和 99.1%。难利用土地面积减少,减少幅度达 5.86%,但是在 2000 年也了出现反复。

从干流各段土地利用类型的时间变化上看,在上游(图 11.3.4a),1990 年草地面积远远大于难利用土地面积,占上游面积的 53.12%,各类型土地利用面积大小顺序分别是草地>难利用土地>森林>农田>水域>湿地;发展到 2000 年难利用土地面积大大增加,由 1990 年的 26.64% 上升到 2000 年的 57.18%,草地面积大大减少,仅为 18.53%,其他类型面积有所增加,但其相对大小没有改变;上游段自 2000 年以后生态系统迅速恢复,首先是草地面积大大增加,恢复到 40% 以上,森林面积大大增加,到 2005 年占上游段土地利用面积的 19.27%,难利用土地面积迅速减少,仅占 13.2%。2005 年各类型土地利用面积大小顺序变为草地>森林>难利用土地>农田>水域>湿地。农、林、牧面积比由 1990 年的 10∶53∶6 变为 2005 年的 19∶46∶12,三者面积差距缩小,生态系统更趋稳定,可以说,上游段生态系统经过 2000 年前的恶化后在近几年内快速恢复,生态系统向良性方向发展。

在中游(图 11.3.4b),1990 年该区域草地生态系统面积最大,其次是难利用土地,与同时期上游相比,该区农田面积较少,仅占 0.15%,各类型土地利用面积大小顺序为:草

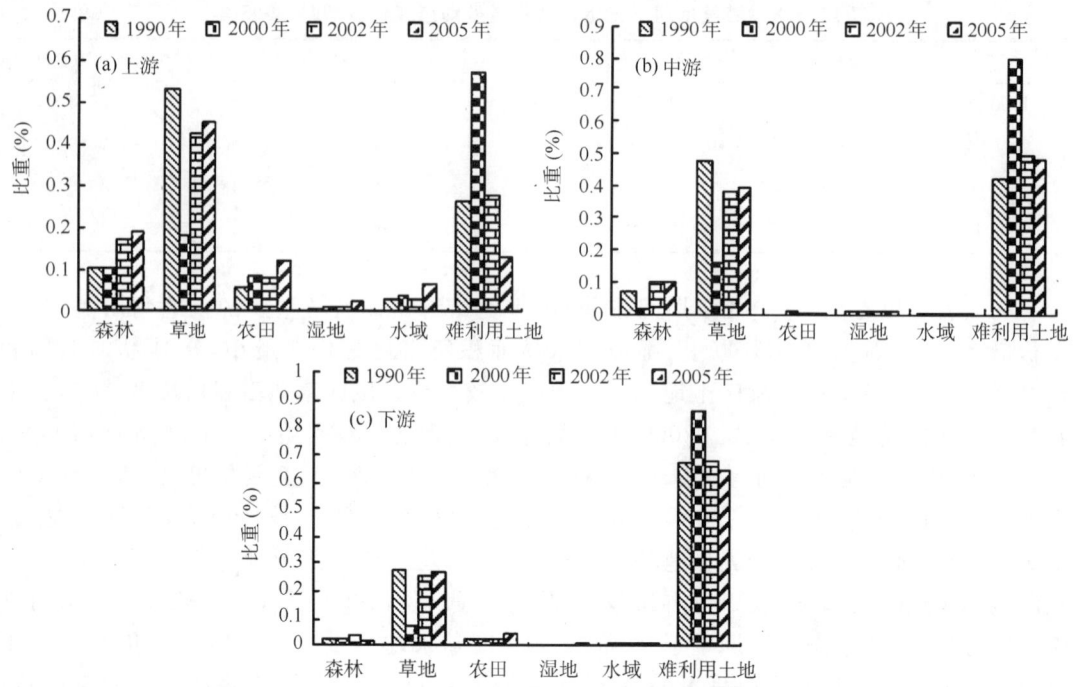

图11.3.4 塔里木河干流各段土地利用结构变化图

地>难利用土地>森林>湿地>水域>农田。2000年该区难利用土地面积大大增加,由1990年的42.58%增加到2000年的79.56%,草地面积大面积退化,由1990年的47.86%降为2000年的15.74%,森林面积大幅度减少,2000年仅占中游段面积的1.63%;中游段环境自2000年之后显著改善,土地利用结构全面调整,草地面积迅速恢复,森林面积也大大增加,由2000年的1.63%增加到2005年的9.81%,水域和湿地面积变化不明显,难利用土地面积持续减少,该期各类土地利用面积大小顺序为:难利用土地>草地>森林>湿地>水域>农田。可以看出,与上游段相比,中游段生态和环境较差,难利用土地始终是该区土地利用的主体,水域和湿地面积较小,因此,该区荒漠化程度较高,对该区干旱绿洲经济而言,受环境胁迫影响较大。

在下游(图11.3.4c),1990年难利用土地面积占绝大部分,达到66.36%,其次是草地面积,为27.79%,其他土地利用类型面积相差不大,所占比重都较小,不到7%;2000年该区难利用土地面积在原有的基础上又增加很多,达到88.10%,草地面积下降较多,由1990年27.79%下降到2000年的7.55%;该区自2000—2005年,难利用土地面积逐渐下降,但是始终占该区土地利用面积的绝大部分;草地恢复较快,到2005年草地面积增加到该区的27.54%,森林面积有所下降,该区农田面积扩展较快,增长速度超过中游。

根据塔里木河干流各段自1990—2005年四期土地利用变化分析可以看出,塔里木河干流各段土地利用变化在时间上有以下特点:

(1)1990年各段土地利用结构都较好,在1990—2000年土地利用类型发展过程中各段森林、草地面积均有大幅度的下降,难利用土地面积大大增加,2000年以后各段生态和环境开始恢复,草地、森林面积逐渐增加,难利用土地面积大大减少。因此可以说,2000年以前农业的大规模开发及粗放式经营,以及对森林滥砍滥伐、草场无序无节制放牧,导致草场退化、森林面积减少；与此同时,可以看出当自然生态系统面积减少时,农田面积却大大增加,从另一个角度反映了1990—2000年经济发展是以森林、草地面积的减少换取农田面积的增大,或者说社会经济的发展是以牺牲环境为代价的。2000年以后,干流各段的森林和草地面积都逐渐增加和恢复,这种变化在2000—2002年两年间尤为明显。当环境恶化、生态受损到一定程度,人类的社会经济活动也会受到限制和影响,干流各段农田面积在2000—2002年都有所下降。随着生态的恢复,环境的进一步良性发展,农、林、牧的比例逐渐减小,农田面积迅速增加,各段难利用土地面积大幅度减少,而由森林和草地增加来弥补。

(2)从各段各年的土地利用结构上看,塔里木河干流各段荒漠化程度比较严重,尤其是下游。如果以林草面积与难利用土地面积比来衡量各段荒漠化程度,则下游为1/2,中游为1,上游为5。

11.3.5 塔里木河干流生态系统服务功能价值的时空变化特点

11.3.5.1 塔里木河干流生态系统服务功能价值的时间变化特点

为了比较1990年、2000年、2002年和2005年塔里木河干流生态系统服务价值变化情况,本章将后三年的经济价值换算为1990年不变价格进行计算,通过计算得到各年生态系统生态服务单价(表11.3.9)。

根据塔里木河干流各年土地利用数据及生态系统生态服务单价,计算得到塔里木河干流各年生态系统服务的1990年不变价值(表11.3.10)。

表 11.3.9 塔里木河干流生态系统服务功能单价(1990 年、2000 年、2002 年和 2005 年)(当年价)

(单位:元)

年份	生态系统服务功能	森林	草地	农田	湿地	水域	难利用土地
2005年	A	1568.85	358.59	224.12	806.83	0.00	0.00
	B	1210.25	403.42	398.94	7664.93	206.19	0.00
	C	1434.37	358.59	268.95	6947.75	9135.17	13.45
	D	1748.14	874.07	654.43	766.49	4.48	8.96
	E	587.20	587.20	735.12	8149.03	8149.03	4.48
	F	1461.27	488.58	318.25	1120.60	1116.12	152.40
	G	44.82	134.47	448.24	134.47	44.82	4.48
	H	1165.43	22.41	44.82	31.38	4.48	0.00
	I	573.75	17.93	4.48	2487.74	1945.37	4.48
2002年	A	1434.79	327.95	204.97	737.89	0.00	0.00
	B	1106.84	368.95	361.85	7009.97	188.57	0.00
	C	1311.81	327.95	245.96	6354.06	8354.57	12.30
	D	1598.76	799.38	598.51	701.00	4.10	8.20
	E	537.02	537.02	672.30	7452.70	7452.70	4.10
	F	1336.40	446.83	291.06	1024.85	1020.75	139.38
	G	40.99	122.98	409.94	122.98	40.99	4.10
	H	1065.84	20.50	40.99	28.70	4.10	0.00
	I	524.72	16.40	4.10	2275.17	1779.14	4.10

(续表)

年份	生态系统服务功能	森林	草地	农田	湿地	水域	难利用土地
2000年	A	608.01	138.97	86.86	312.69	0.00	0.00
	B	469.04	156.35	154.61	2970.58	79.91	0.00
	C	555.90	138.97	104.23	2692.63	3540.37	5.21
	D	677.50	338.75	253.63	297.06	1.74	3.47
	E	227.57	227.57	284.90	3158.19	3158.19	1.74
	F	566.32	189.35	123.34	434.29	432.56	59.06
	G	17.37	52.12	173.72	52.12	17.37	1.74
	H	451.67	8.69	17.37	12.16	1.74	0.00
	I	222.36	6.95	1.74	964.13	753.94	1.74
1990年	A	1042.71	238.33	148.96	536.25	0.00	0.00
	B	804.37	268.12	265.15	5094.37	137.04	0.00
	C	953.33	238.33	178.75	4617.70	6071.53	8.94
	D	1161.87	580.94	434.96	509.44	2.98	5.96
	E	390.27	390.27	488.58	5416.12	5416.12	2.98
	F	971.21	324.73	211.52	744.79	741.81	101.29
	G	29.79	89.37	297.92	89.37	29.79	2.98
	H	774.58	14.90	29.79	20.85	2.98	0.00
	I	381.33	11.92	2.98	1653.44	1292.96	2.98

注：A：气体调节；B：气候调节；C：水源涵养；D：土壤形成与保护；E：废物处理；F：生物多样性保护；G：食物生产；H：原材料；I：娱乐文化。

表 11.3.10　塔里木河干流生态系统服务功能的经济价值（1990年、2000年、2002年和2005年）
（1990年不变价）　　　　　　　　　　　　　　　　　（单位：$\times 10^7$元/a）

年份	生态系统服务功能	森林	草地	农田	湿地	水域	难利用土地
2005年	A	6.70	5.63	0.52	0.47	0.00	0.00
	B	5.16	6.33	0.93	4.47	0.22	0.00
	C	6.12	5.63	0.63	4.05	9.80	0.24
	D	7.46	13.70	1.52	0.45	0.00	0.16
	E	2.51	9.22	1.71	4.75	8.74	0.08
	F	6.24	7.67	0.74	0.65	1.20	2.73
	G	0.19	2.11	1.04	0.08	0.05	0.08
	H	4.97	0.35	0.10	0.02	0.00	0.00
	I	2.45	0.28	0.01	1.45	2.09	0.08
2002年	A	6.04	4.91	0.30	0.28	0.00	0.00
	B	4.66	5.52	0.53	2.70	0.12	0.00
	C	5.53	4.91	0.35	2.45	5.19	0.25
	D	6.73	12.00	0.86	0.27	0.00	0.17
	E	2.26	8.04	0.97	2.87	4.63	0.08
	F	5.63	6.69	0.42	0.40	0.63	2.82
	G	0.17	1.84	0.59	0.05	0.03	0.08
	H	4.49	0.31	0.06	0.01	0.00	0.00
	I	2.21	0.25	0.01	0.88	1.10	0.08
2000年	A	1.18	0.81	0.14	0.11	0.00	0.00
	B	0.91	0.92	0.25	1.09	0.06	0.00
	C	1.08	0.81	0.17	0.99	2.45	0.16
	D	1.32	1.99	0.41	0.11	0.00	0.11
	E	0.44	1.33	0.46	1.16	2.18	0.05
	F	1.10	1.11	0.20	0.16	0.30	1.85
	G	0.03	0.31	0.28	0.02	0.01	0.05
	H	0.88	0.05	0.03	0.00	0.00	0.00
	I	0.43	0.04	0.00	0.35	0.52	0.05

(续表)

年份	生态系统服务功能	森林	草地	农田	湿地	水域	难利用土地
1990年	A	3.03	4.30	0.16	0.16	0.00	0.00
	B	2.34	4.84	0.29	1.47	0.07	0.00
	C	2.77	4.30	0.20	1.34	3.27	0.17
	D	3.38	10.50	0.48	0.15	0.00	0.11
	E	1.13	7.05	0.54	1.57	2.92	0.06
	F	2.82	5.86	0.23	0.22	0.40	1.92
	G	0.09	1.61	0.33	0.03	0.02	0.06
	H	2.25	0.27	0.03	0.01	0.00	0.00
	I	1.11	0.22	0.00	0.48	0.70	0.06

注:A:气体调节;B:气候调节;C:水源涵养;D:土壤形成与保护;E:废物处理;F:生物多样性保护;G:食物生产;H:原材料;I:娱乐文化。

由于塔里木河土地利用结构在这十几年中变化具有反复性,因此,在分析中不能简单地比较塔里木河干流生态系统服务价值的始末状态。从表11.3.10可以看出,塔里木河干流生态系统服务价值总体趋势是增加的,但是在1990—2000年出现减少的趋势。从各生态系统服务价值量上看(图11.3.5a),1990—2000年的生态系统服务价值的减少,表现在所有类型上,从2000—2005年所有类型的生态系统服务价值又都大幅度增加了,从2002年价值的变化可以看到增加的过程。在整个生态系统服务价值的变化中,不仅表现在价值量的变化上,而且表现在价值结构调整上。从各生态系统服务价值的比重上看,湿地和水域生态系统服务功能贡献在这十几年增加很快,分别从1990年的7.18%和9.8%增加到2005年的11.55%和15.58%,增加幅度分别为61%和59%。在整个生态系统体系中,农田生态系统服务价值贡献较小,但是其增加幅度不少,达到68%。草地生态系统服务价值在这15 a内持续减少,在1990年占总价值的51.72%,到2005年占总价值的35.93%,减少幅度达15%,这一部分的减少量大大消减了前三者生态系统服务价值的增加量。与1990年相比,2005年森林生态系统服务价值略有增加,但是2002—2005年又有所减少。在整个价值变化过程中,各类型价值贡献大小均有所调整。虽然森林和草地生态系统服务价值仍然贡献最大,但是其作用逐渐下降,由1990年的76.85%下降到2005年的65.5%,湿地、水域及农田生态系统服务价值所占比重逐步上升,由1990年的16.9%上升到2005年的27%。

无论生态系统服务价值如何变化,水源涵养、土壤形成与保护、废物处理及生物多样性保护这几项功能总是贡献最大,其次是气体调节和气候调节功能,食物生产、原材料生产和娱乐文化功能贡献最小(图11.3.5b)。本章引用土地利用类型动态度的概念来分析各项生态服务功能的价值变化速度。单一生态服务价值动态度K反映的是某研究区一定时间范围内某项生态服务价值的数量变化情况。其公式表达为:

$$K = (U_b - U_a)/U_a \times 1/T \times 100\% \tag{11.3.2}$$

式中:U_a、U_b分别为研究初期及研究末期某项生态服务价值的数量;T为研究时段,当T时段设为定年时,其值就是该研究区某项生态服务价值年变化率。据此,计算了塔里木河干流各项生态服务价值的变化率和动态度(表11.3.11)。

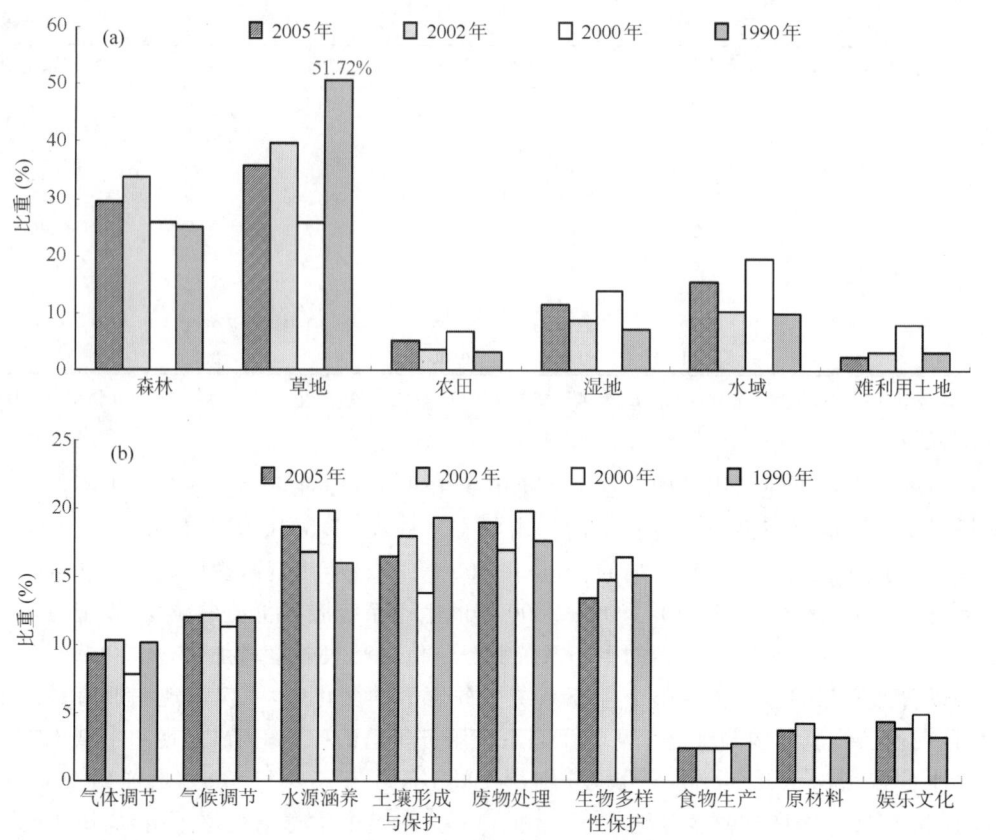

图 11.3.5 塔里木河干流生态系统服务功能价值量(a)及其结构变化(b)图

表 11.3.11 塔里木河干流各生态服务功能变化状况

生态系统服务功能	价值变化率(%)			动态度		
	1990—2005年	2000—2005年	1999—2000年	1990—2005年	2000—2005年	1999—2000年
气体调节	0.74	0.15	−0.71	0.05	0.03	−0.07
气候调节	0.90	0.26	−0.64	0.06	0.05	−0.06
水源涵养	1.20	0.42	−0.53	0.08	0.08	−0.05
土壤形成与保护	0.60	0.17	−0.73	0.04	0.03	−0.07
废物处理	1.04	0.43	−0.58	0.07	0.09	−0.06
生物多样性保护	0.68	0.16	−0.59	0.05	0.03	−0.06
食物生产	0.67	0.29	−0.67	0.04	0.06	−0.07
原材料	1.13	0.12	−0.62	0.08	0.02	−0.06
娱乐文化	1.48	0.40	−0.45	0.10	0.08	−0.05
合计	8.44	2.4	−5.52	0.57	0.47	−0.55

11.3.5.2 塔里木河干流生态系统服务功能价值的空间变化特点

在1990—2005年期间,塔里木河干流各段生态系统服务价值大小顺序一直是上游＞中游＞下游,但是各段的变化又各不相同。从各段的总体变化趋势上看,上游生态系统服务价值(图 11.3.6a)在这 15 a 内增加最多,且以 2000—2005 年增加幅度较大,增加幅度达 46.3%,1990—2000 年期间生态系统服务价值大大减少,减少幅度达 50.91%,可以看到增加幅度不及减少的幅度;中游生态系统服务价值(图 11.3.6b)总体趋势是增加的,但是从 1990—2000 年出现大幅度减少的趋势,减少幅度达 72.87%,但是自 2000—2005 年中游生态系统服务又迅速增加,增加了 81.76%,增加量大于减少量;下游生态系统对整个干流生态系统服务价值的贡献总是最小(图 11.3.6c),2005 年生态系统服务价值比 1990 年价值要大,该区生态系统服务价值同样在 1990—2000 年间大幅度下降,自此后又逐渐恢复增加。

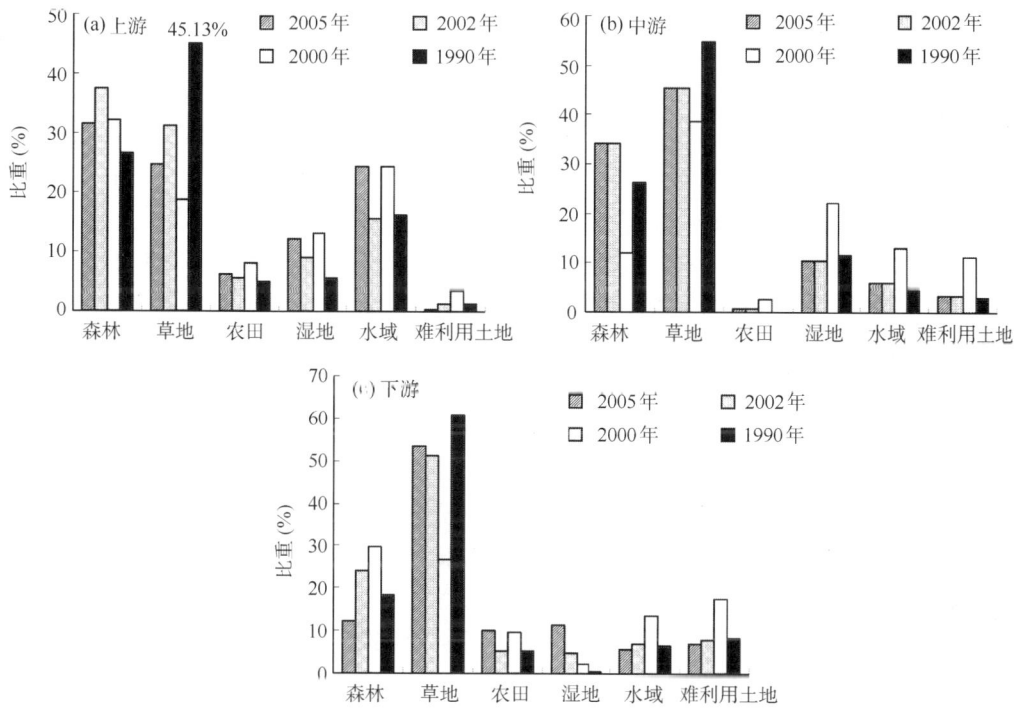

图 11.3.6　塔里木河各段服务价值结构及其变化图

从塔里木河干流各段各类型生态系统服务价值变化(图 11.3.6)上可以看出:与 1990 年相比,2005 年各段各类型生态系统服务价值基本上均有所增加(上游难利用土地生态系统服务价值变化除外),且增加幅度较大,这说明塔里木河干流各段生态系统服务功能提供的价值量大大增加。生态系统服务价值增加的一个重要原因就是在排除通货膨胀因素后,生态系统提供的"商品"价格增加了,这反映了该区生态系统服务价值的稀缺性大大增加。

从各段的各类型生态系统服务价值的结构上看,在上游段(图 11.3.6a),1990 年各类型生态系统服务价值所占该段总价值的比重大小顺序是:草地>森林>水域>湿地>农田>难利用土地,草地生态系统服务价值比重占绝对优势,达 45.13%,森林生态系统的服务价值比重与之差异很大,并且远远大于水域生态系统服务价值,二者分别占 26.65% 和 16.40%,湿地和农田生态系统服务价值比重均不到 10%;2000 年各类型生态系统服务价值结构有所调整,各类型的贡献大小顺序是:森林>水域>草地>湿地>农田>难利用土地,森林生态系统服务价值上升处于主导地位,草地生态系统服务价值比重大幅度下降,二者价值比重调整为 32.18% 和 18.7%,草地生态系统服务价值转移到其他生态系统服务价值当中,使得它们对总价值的贡献均有增加,这种价值结构的调整是在整体价值减少的基础上进行的内部调整;2000—2005年该段生态恢复,环境好转,生态系统服务价值也大大增加,草地生态系统服务价值逐渐恢复,各类型生态系统服务价值贡献大小顺序是:森林>草地>水域>湿地>农田>难利用土地,森林生态系统服务功能的贡献仍然最大,草地生态系统服务功能的贡献有所增加,与2000年比较多6.1%,水域和湿地生态系统服务功能的贡献也有所上升,分别为24.48%和12.27%。可以看出,在1990—2005年上游生态系统服务价值结构调整中,森林生态系统服务功能的贡献比较重要,一直处于前列,农田生态系统服务价值持续增加,草地、水域和湿地生态系统服务功能的贡献变化很大,变动率也最大。

在中游段(图11.3.6b),1990年各类型生态系统服务贡献大小顺序是:草地>森林>湿地>水域>难利用土地>农田,草地生态系统服务价值比重处于绝对优势,达54.71%,森林生态系统服务价值比重远远小于它,仅有26.38%,湿地生态系统服务价值比重为11.56%,处于第三位,农田生态系统服务价值比重最小,比难利用土地生态服务价值所占比重还小,主要由于农田面积远远小于难利用土地面积;2000年生态系统服务价值结构没有明显变动,各类型生态系统服务价值所占该段总价值的比重大小顺序仍然是:草地>森林>湿地>水域>难利用土地>农田,草地生态系统服务价值比重减少,森林生态系统服务比重增加,二者之间的差距明显减少,湿地生态系统服务价值比重有所减少,其他类型生态系统服务价值比重有所增加,但不影响其排序;2005年生态系统服务价值结构变动很大,各类型生态系统服务功能贡献大小顺序没变,草地生态系统服务功能对该区生态系统服务价值的贡献继续处于主要地位,比重达45.49%,湿地和水域生态系统服务价值比重变化不明显,分别为10.38%和5.94%,农田和难利用土地生态系统服务价值比重也略有增加,但并不影响其排序。可以看出,在1990—2005年期间中游生态系统服务价值构成中,草地生态系统的地位相对稳定,对该段整个生态系统服务价值贡献一直较大,森林和农田生态系统服务价值比重变化不大,但是其各个阶段变化最活跃,由于农田面积的限制,其生态系统服务价值贡献仍然小于难利用土地,处于末尾位置。

在下游(图11.3.6c),1990年各类型生态系统服务功能贡献大小顺序是:草地>森林>难利用土地>水域>农田>湿地,草地生态系统服务价值的优势非常明显,比重达60.65%,其次是森林生态系统服务价值,其比重仅有18.46%,远远小于处于主导地位的草地生态系统,水域和农田生态系统服务价值比重相差不大,分别为6.63%和5.27%,均小于难利用土地生态系统服务价值比重,湿地生态系统服务价值贡献最小,仅占0.59%;2000年生态系统服务价值结构变化很大,各类型生态系统服务功能贡献大小顺序变:为森林>草地>难利用土地>水域>农田>湿地,草地生态系统服务功能贡献大大减少,其他生态系统服务功能贡献增加,各类型生态系统服务价值之间的比重差距减少,也就是说,与难利用土地产生的生态系统服务价值相比,其他各类型生态系统服务价值并没有显示出很大的优势,这说明这个时期下游生态系统所能提供的功能和服务比较贫乏;2005年生态系统服务价值结构变化很大,草地生态系统服务功能的主导贡献地位开始恢复,达53.44%,湿地生态系统服务功能贡献持续增长,水域生态系统服务功能贡献降为其次,森林生态系统服务功能的贡献有所减少,仅有12.23%。可以看出,1990—2005年期间,下游湿地生态系统服务功能贡献变化最明显,草地生态系统服务功能贡献总体是下降的,但仍然处于优势地位,森林和水域生态系统服务功能贡献都有所减少,人工农田生态系统服务功能的贡献与1990年相比有所增加。

11.4 生态恢复工程的既得经济效益

新中国成立以来,随着国家大规模的开发建设边疆,尤其是 20 世纪 80 年代、90 年代以来农业经济的迅猛发展,水资源的供求矛盾日益突出。为加强流域水资源的统一管理,保护流域的生态环境,挽救干流下游的绿色走廊,1992 年,新疆自治区人民政府成立了塔里木河流域水利委员会与塔里木河流域管理局,塔里木河综合治理拉开了序幕。为确保用水总量定额的贯彻实施,2000 年 2 月 12 日塔里木河流域水利委员会常委会与各地、州、兵团有关师(局)签订了 2000 年度用水协议,推进了流域水资源的合理配置。塔里木河流域综合治理是以水资源合理分配和有效利用为核心的,旨在通过保护上游、治理中游来达到恢复下游生态系统的目的。从塔里木河流域综合治理的行为过程来看,上游重点是山地水源涵养区的保护问题,中游涉及的是河道工程治理问题,而下游则主要是生态输水后以自然生态过程为主的荒漠植被恢复、受损生态系统的重建问题。

近年来,由于人类对水资源不合理的开发利用和对自然生态的人为破坏,生态环境发生了显著变化,尤其在塔里木河下游水资源量锐减、地下水位明显下降、湖泊干涸,大西海子水库以下区段 320 km 的河道断流 30 余年,以天然植被为主体的生态系统和生态过程因人为对自然水资源时空格局的改变而受到强烈影响,天然植被大面积死亡,土壤次生盐渍化面积日益扩大、沙漠化过程加剧发展,进而使沙尘暴天气日益增多,生态环境严重退化,塔里木河下游已成为我国西部生态与环境问题最为突出的地区,并引起了政府和社会上的极大关注,国家把塔里木河流域生态环境建设列为"十五"规划,投资 107 亿元进行治理,并于 2000 年紧急向塔里木河下游断流 320 km 的河道实施生态输水工程,通过沿自然河道输水补给和抬升地下水位,挽救和逐步恢复濒临死亡的天然植被,拯救塔里木河下游"绿色走廊",恢复和重建受损生态系统。

生态恢复工程的实施一般都需要一定的资金作为保障,或者是以损失某一种既得利益作为交换,因此对生态服务功能恢复后带来的价值用经济手段评估为塔里木河下游生态输水后带来的生态经济效益提供了重要的依据。那么自 2000 年实施生态输水工程向塔里木河下游紧急输水后至今,由于生态服务功能恢复带来了多少价值,这是我们所关心的问题。

本节以 2002 年和 2005 年生态系统服务价值与 2000 年相比的增加值作为生态恢复工程所带来的直接生态经济效益进行计算;如果以 1990 年各类生态系统面积作为生态恢复工程的目标,那么 2002 年和 2005 年生态系统服务价值与 1990 年相比的增加值就可以作为生态恢复工程到达目标后的后续生态效益。生态恢复工程的主要目标是下游受损生态系统的恢复,在下游环境改善的同时,中游和上游作为生态恢复工程的间接受益区,其生态系统服务价值也会相应产生变化,因此,将中游和上游生态系统服务价值的变化值作为生态恢复工程得到的间接经济利益。那么塔里木河下游生态恢复工程的经济效益主要由三部分组成:即直接生态效益和间接生态效益,其中直接生态效益包括由于生态系统的良性发展导致的后续生态效益。

根据遥感影像解译,计算塔里木河干流及各段 2002 年和 2005 年相对于 2000 年和 1990 年的土地利用类型的增加量及减少量。结果见表 11.4.1。

根据生态系统服务价值计算方法,利用研究年份内生态系统生态服务单价(以 1990 年不变价为标准),计算生态恢复工程的各项经济效益,结果见表 11.4.2。

表 11.4.1 塔里木河干流各段各年土地利用类型变化量 (单位:hm²)

研究时段	研究区域	森林	草地	农田	湿地	水域	难利用土地
2000—2002 年	干流	226 634.7	911 271.6	−17 266	1941.895	−7018.38	−1 115 564
	上游	80 295.7	300 881.4	−5305.26	−658.016	−5676.73	−369537
	中游	131 311.4	376 253.5	−9078.28	−215.725	−603.185	−497 668
	下游	15 027.61	234 136.7	−2882.45	2815.637	−738.465	−248 359
2002—2005 年	干流	5540.767	72 387.54	88 595.92	19 731.87	45 157.95	−231 414
	上游	27 846.61	35 332.9	53 112.97	14 229.11	46 203.86	−176 725
	中游	2091.546	8386.909	137.6181	220.9869	172.5798	−11009.6
	下游	−24 397.4	28 667.72	35 345.33	5281.771	−1218.49	−43 678.9
1990—2002 年	干流	130 554.3	−308 242	33 573.41	9619.648	8217.762	126 276.6
	上游	82 374.79	−128 700	24 066.81	8612.676	4027.621	9618.174
	中游	33 178.71	−147 497	7970.026	−2353.52	3191.807	105 510.3
	下游	15 000.79	−32 044.3	1536.573	3360.49	998.3338	11 148.16
1990—2005 年	干流	136 095.1	−235 854	122 169.3	29 351.52	53 375.72	−105 137
	上游	110 221.4	−93 367.2	77 179.78	22 841.79	50 231.49	−167 107
	中游	35 270.26	−139 110	8107.644	−2132.53	3364.387	94 500.64
	下游	−9396.61	−3376.6	36 881.91	8642.261	−220.157	−32 530.8

表 11.4.2 塔里木河干流生态恢复工程的经济效益组成 (单位:10⁸ 元/a)

研究时段	分类	经济效益	合计
2000—2002 年	直接	8.37	45.62
	后续	1.51	
	间接	35.74	
2002—2005 年	直接	0.79	22.49
	后续	2.44	
	间接	19.26	

从表 11.4.2 可以知道,自 2000—2005 年生态恢复工程实施以来,环境改善,生态恢复,其产生的直接经济效益就达 1.83×10^8 元/a,对于上、中游的辐射影响产生的间接效益达 11×10^8 元/a;如果以 1990 年生态系统面积为恢复目标,那么到了 2005 年,生态恢复工程产生的后续经济价值达 2.44×10^8 元/a。从计算上看,经济效益的增加中包括生态系统面积的增加及生态系统生态服务单价的增加两个方面,因此,经济效益的增加包含物质量和价值量两方面增加的因素。排除价值量增加的因素,可以看出生态恢复工程所产生的经济效益是巨大的,其产生的影响是长远的。虽然生态恢复和环境改善不仅仅受生态恢复工程的影响,但是也不能排除其他因素对它的积极促进作用,因此这种估计存在很大误差。但是通过对其生态系统恶化还是恢复程度进行定量评价,对于生态恢复工程的继续实施在实际上还

是有重要的指导意义。

11.5 塔里木河生态系统服务价值与绿色GDP核算

人们在衡量经济成就时,如果忽略环境因子就势必忽视过度消耗环境资源的消极影响。尽管我们不能简单地将国民经济核算及其GDP指标作为经济发展不可持续的"罪魁祸首",但不可否认的是,它所造成的对一个时期生产成果和投资能力的偏高估计,给决策者提供了错误的信息,加深了经济与环境不相关联的假象。极易导致决策者以发展经济的名义忽略和毁坏环境,造成遍地污染。

从1990—2005年间,塔里木河干流GDP总量平均增长率达到了9.3%,超过同期国内大部分区域,甚至是部分低收入和中等收入国家。但是,塔里木河干流发展过程中的另一个事实是,塔里木河干流是一个以初级产品为经济结构基础的区域,以自然资源为基础的初级生产对整个塔里木河流域的发展具有举足轻重的作用。这样的经济结构基础所带来的一个后果是,塔里木河干流区域在以较高速度发展经济的同时,资源消耗的速度大大加快了。如果对森林、草地、水域和土地等资源的净变化加以粗略估价后转化为货币数据,作为经济活动对自然资源的消耗价值从原来估算的国内生产总值中扣除出去,原来的估算结果就有了很大变化,原本9.3%的经济增长速度变为负增长。可以推断,如果把其他自然资源因素和环境质量下降因素也考虑在内,其下降速度会更大。而如果经济增长的结果不仅没有通过积累扩大生产能力,反而因为过度消耗资源而降低生产能力,这样的经济增长显然不是可持续的发展。

生态系统服务的研究与进展近年来成为生态学研究领域的一大热点,在人们越来越认识到保护环境是可持续发展的唯一出路的基础上,用生态系统服务的概念来重新审视人与自然的关系,重新认识生态系统(特别是与人类密切相关的自然生态系统)对于人类的生存与生活的重要性是至关重要的,这对于人类如何更好地保护生态环境、如何可持续地开发利用自然资源以确保人类的利益需要、如何更好地保持人与自然的协调发展等方面具有重大的意义。而生态系统服务价值理论及其核算方法也可以在绿色GDP核算方法方面有所作为,特别是绿色GDP核算过程中涉及的自然资源对人类的直接或间接的服务的核算。因此,在可持续发展战略要求下,必须对现有国民经济核算体系加以适当改造,尤其是其中的国内生产总值指标。改造的基本思路就是必须将环境因素引入到现有经济核算体系,即把可持续发展的思想引入到现行的GDP核算当中,对现有的GDP核算进行完善和"修补"。

11.5.1 传统GDP简析

GDP是宏观经济中最备受关注的经济统计数字,因为它在过去一直被认为是衡量国民经济发展情况中最重要的一个指标,是现行国民经济核算体系SNA的重要指标。它代表一国(或一个地区)所有常驻单位在一定时期内生产活动(包括产品和劳务)的最终成果,是国民经济各行业在核算期内增加值的总和(各行业新创造价值与固定资产转移价值之和)(单良等,2006)。

没有GDP,人们便无法反映一国的贫富状况和人民的平均生活水平,无法确定一国承担怎样的国际义务、享受哪些优惠的待遇。GDP 更是一把尺子、一面镜子,衡量着所有国家与地区的经济表现。但是,传统的 GDP 无法对与人类社会经济持续发展密切相关的自然生态系统的非市场价值进行核算,导致了 GDP 未能体现经济发展对生态环境的"损耗",甚至是毁灭性的不计成本地利用,这样,传统的 GDP 在一定程度上是以自然资源的急剧消耗和生态系统的受损为代价的,这必定使体现社会财富的 GDP 的真实性大打折扣。

随着社会的发展和实践而产生可持续发展的思想,对现行 GDP 指标的片面性和缺陷也越来越多地为人们所认识。主要表现在:

①没有反映环境污染对人类和生态带来的负面作用,相反将环境保护作为投资活动,结果是污染物排放越多,环境保护支出就越大,GDP 也就越大(吴优,2004);

②没有反映自然资源的耗减和折旧,没有计入自然资源的环境价值。

只有自然资源的消耗得到了合理的补偿,完成资源的良性循环过程,人类才能实现可持续发展。但是现行 GDP 指标完全不反映经济发展过程中自然资源的丧失程度,一个国家或地区在发展过程中可能造成生态资源赤字。例如,人们通过草场放牧,获得牧业经济价值,GDP 得到增长,可是草地在其他 9 个方面的功能却未计入 GDP;当牧业迅速发展时,增长的牲畜年末存栏数带来了 GDP 的增长,可是草地生态系统的涵养水源、美化环境、防止水土流域的价值大大减少。

以上这些因素都会误导一些国家或地区片面地追求 GDP 的增长,导致了传统经济发展模式"产品高价、资源低价、环境无价"的特征,导致了严重的资源破坏与环境污染,对人类的健康与发展构成极大威胁,造成 GDP 与它企图反映一国居民的社会福利的差距越来越大。

11.5.2 现行 GDP 的修正——绿色 GDP 应运而生

根据可持续发展的理论,1993 年联合国经济和社会事务部统计处正式出版了《综合环境与经济核算手册》(简称 SEEA),首次提出生态国内产出(WDP),即我们现在所称的绿色 GDP,简称 GGDP。绿色 GDP 是在 SNA 核算的基础上考虑到外部影响因素和资源环境因素的一种新的 GDP 的核算,它代表着一个国家及地区更综合的经济福利水平。其中,资源环境因素主要包括自然资源耗减价值和环境污染所造成损失的价值。而最早将外部影响因素纳入经济研究领域的是英国著名的经济学家 A.C 尼古(杨缅昆,2003),他主要是利用外部影响理论来研究经济福利与非经济福利的问题。外部影响是指由于制度原因,某些经济活动完全或部分游离于市场价格机制之外,从而导致现行 GDP 无法体现这些活动对社会福利所造成的损益影响。当外部影响产生有益的效益称为外部经济;反之,当外部影响产生有害的效益就是外部不经济。外部影响的内容很多,对国民经济核算的影响也很大,最常见的有地下经济、自给自足性服务活动,以及由制度原因造成的外部影响因素。

绿色 GDP 是经过修正的新的 GDP,它建立在以人为本、协调统筹、可持续发展的观念之上,将经济增长与环境保护统一起来,综合反映了国民经济活动的成果与代价。它实际上代表了国民经济增长的净正效应,绿色 GDP 占 GDP 的比重越高,表明经济增长的正面效应越高,负面效应越低,反之亦然。实行以绿色 GDP 为核心指标的经济发展模式和国民核算新体系,不仅有利于保护资源和环境,促进资源可持续利用和经济可持续发展,而且有利于加快经济增长方式从粗放型增长模式向低消耗、高效率、低排放的集约型模式的转变,提高经济效益,从而增进社会福利(李敏翠等,2004)。

11.5.3 绿色 GDP 的核算

SEEA 中绿色 GDP 是在现行 GDP 的基础上发展和完善起来的,它对原有 SNA 的概念和框架不作根本性变革(程芳芳,2004)。核算内容在原来的内容上考虑了资源环境因素和外部影响因素。用 GGDP 表示绿色 GDP,GDP 仍表示调整前的国内生产总值。可以建立如下模型对绿色 CDP 进行核算:

GGDP＝GDP－自然资源耗减价值－环境污染所造成损失的价值＋外部因素调整项

自然资源的耗减量＝期初环境资源资产＋本期增加的环境资源资产－本期耗用的环境资源资产

11.5.4 生态系统服务价值与绿色 GDP 核算

生态系统服务功能是指通过生态系统的结构和生态过程直接或间接得到的生命支持产品和服务。Vogt(1948)第一个提出了自然资本的概念,这一概念为自然资源服务功能的有价评估奠定了基础。生态系统服务本身具有自然资本的性质与特点,自然资本含有多种与其生态系统服务功能相应的价值(Constanza 等,1997;Repetto 等,1992)。自然资本可以被看作支持生命的生态系统的总和。

在国际经合组织(Organisation for Economic Co-operation and Development,OECD)环境项目的经济评价中,认为自然资本的总价值由直接使用价值(可直接消费的产品,如食物、生物质、娱乐、健康等)、间接使用价值(功能效益,如生态功能、防洪等)、选择价值(将来的直接或间接使用价值,如生物多样性)、遗传价值(为后代保留使用价值和准使用价值的价值,如生境)和存在价值(认识到继续存在的价值,如生境、濒危物种等)构成。由自然资本积累产生的物质流、能量流和信息流组成了生态系统服务的价值,可以说,地球上的生态系统是人类最重要的自然资产。生态系统服务价值的减少包含生态系统面积的减少和生态系统各项生态功能的减少,将生态系统服务价值纳入绿色 GDP 核算,既包括了国民经济核算中的最终商品实物的内容,又包括了绿色 GDP 中关于环境价值的部分。

将生态系统服务价值纳入绿色 GDP 核算基于以下两个假设:①从生态系统服务功能的自然资本属性而言,它具有自然资本固定折旧的性质,那么各类生态系统服务价值的减少量可以作为自然资源耗减价值;②在维持正常社会经济发展的前提下,人类活动造成的环境污染量即为生态系统提供服务价值的增量。人类活动造成环境污染,生态系统为了消除人类活动的负面影响,从而为维持人类正常的生产、生活提供了更多的生态功能,从这一角度来说,人类对环境污染治理的投资也可以说是人类向生态系统增加的这部分生态功能价值的购买付费。为了避免重复计算,在绿色 GDP 核算中,要剔除各类生态系统提供食物生产的价值变化量。

11.5.5 塔里木河干流绿色 GDP 核算

通过统计资料计算 1990 年、2000 年和 2005 年塔里木河干流各个行政单位,即阿克苏市、沙雅县、新和县、库车县、轮台县、库尔勒市、尉犁县、若羌县及生产建设兵团农一师(31、32、33、34、35 团)、农二师(7、8、9、10、11、12、13、14、15、16 团)所属的 15 个团场的国内生产总值,结果见表 11.5.1。

表 11.5.1　塔里木河干流各单位各年国内生产总值　　　　　（单位:10⁴ 元）

	1990 年	2000 年	2005 年
库尔勒市	76 195	1 010 083	2 428 032
轮台县	8189	42 796	137 293
尉犁县	16 125	65 578	155 196
若羌县	6175	19 773	41 134
阿克苏市	90 157	379 928	501 326
沙雅县	45 559	168 071	115 699
新和县	12 997	73 314	76 994
库车县	12 734	43 644	296 999
上游 10 团	34 242	99 956.5	168 764.8
下游 5 团	22 631.42	27 211.5	54 124
合计	325 004.4	1 930 355	3 975 562

对于塔里木河干流绿色 GDP 的核算范围中,自然资源耗减主要是指森林和草地等资源。森林和草地资源随着人类社会的开采,是日趋减少的。因此,森林和草地等生态系统所提供的功能和价值随着人类社会的开采应当核算资源耗减价值。

如果使用生态系统服务价值替代自然资源价值,自然资源的耗减量就是研究区生态系统服务价值的耗减量。该值通过各类生态系统面积的减少量乘以相应的生态系统单价,计算得到生态系统服务价值,即为该种自然资源耗减的经济价值。因此,通过 Landsat TM 影像及统计资料,计算塔里木河干流各个时期自然资源价值变化,结果见表 11.5.2。

表 11.5.2　塔里木河干流各个时期自然资源价值变化　　　　　（单位:10⁴ 元）

时间(年)	1990 年	2000 年	2002 年	2005 年
价值	753 034.8	2 556 223	2 361 972.941	4 303 233
增加量	—	185 963.8054	989 068.8593	606 688.7
减少量	—	−987 342.799	−76 636.792 71	−12 937.3

因此,研究区自然资源耗减量 2000 年为 987 342.8×10⁴ 元,2002 年为 76 636.8×10⁴ 元,2005 年为 12 937.3×10⁴ 元。

本节中利用生态系统提供服务价值的增量来替代环境污染所造成的损失。环境污染所造成的损失是指一个报告年度所产生的环境污染而带来损失的价值,而不是累积损失的价值,它的核算时间长度应当与 GDP 的时间长度一致。通过计算得到生态系统提供服务价值的增量见表 11.5.3。

外部影响因素常见的有低下经济活动、自给自足性服务活动和由指定原因造成的外部因素。由于外部调节因素的价值很难获得,而这里只研究生态系统服务价值与 GDP 的关系,因此,在计算绿色 GDP 时暂时忽略外部因素调整项。

通过 GGDP=GDP−自然资源耗减价值−环境污染所造成损失的价值（忽略外部因素调整项）计算,得到研究区 GGDP 在 2000 年为 929 179.4×10⁴ 元,2002 年为 1 693 087.3 万元,2005 年为 3 760 395×10⁴ 元。绿色 GDP 核算占传统 GDP 核算的比重越高,表明国民经济增长的正面效应越高,负面效应越低,反之亦然(林丕,1997)。因此,比较塔里木河干流区绿色 GDP 与传统 GDP 之间的比例,2000 年为 48.13%,2002 年为 74.77%,2005 年为 94.58%。通过二者比重的各年比较说明,自 1990—2000 年社会经济的增长对生态和环境的负面效应最大,自 2000 年以后,到 2005 年经济增长的负面效应大大减少,其正面效应逐渐增加。

表 11.5.3　塔里木河干流生态系统生态功能的价值增量　　　　（单位:10^4 元）

生态系统服务功能	1990—2000 年	2000—2002 年	2002—2005 年
气体调节	367.1218	66 333.75	7141.257
气候调节	1717.229	63 704.74	23 505.12
水源涵养	4303.909	64 534.41	61 585.07
土壤形成与保护	818.7043	115 829.3	14 831.19
废物处理	4677.488	66 343.61	64 863.01
生物多样性保护	872.2341	75 517.57	14 619.1
原材料	54.01851	27 605.46	1305.267
娱乐文化	1022.082	14 665.56	14 379.55

绿色 GDP 的核算是一项非常复杂的系统工程,目前尚有大量的理论性和技术性的课题需要进一步研究,本节利用生态系统服务价值粗略简单估算绿色 GDP,只是从一个方面体现经济增长对生态和环境的影响:在不合理经济发展模式下,经济增长结果没有通过积累扩大生产能力,反而因为过度消耗资源,破坏原有生态系统平衡而降低了生产能力;兼顾生态和环境保护的经济发展模式下,经济增长对环境的正面效应会有明显增加,从而实现经济与环境同步发展的现有趋势。本估算中忽略外部因素调整项,在计算中存在较大误差,因此,还需要进一步探讨其核算内容、基本核算方法。

塔里木河干流荒漠化程度较严重,生态系统服务的保护在目前的人口压力和经济生产强度下面临许多困难和压力,因此该区域在进行社会经济活动的同时要继续兼顾自然生态系统的结构,保护生态系统的完整性,保护自然资源。

11.6　生态系统服务功能与可持续发展

人类社会的发展过程及人类社会经济活动与生态系统提供的服务和功能密切相关,生态系统为人类提供了食物、医药及其他工农业生产的原料,更重要的是支持与维持了地球的生命支持系统,维持生命物质的生物地化循环与水文循环,维持生物物种与遗传多样性,净化环境,维持大气化学的平衡与稳定。近代以来,经济发展和生产力的提高确实促成了塔里木河干流生态系统服务价值的提高(除下游以外),但生态系统内部的服务发生转移,有些生态系统正在丧失其基本服务功能,如森林生态系统对整个生态系统的贡献量由主要作用降为次要作用,农田生态系统由于大量科技因素的投入,其提供的食物生产的功能大大增加。随着森林采伐、湿地开发、生物资源的开发利用,以及土地利用方式的改变,原有生态系统的格局发生了极大的变化。塔里木河流域自然生态系统面积少,受人类控制的生态系统面积迅速增加;同时,人工生态系统功能逐渐增大,取代自然生态系统服务功能的主导地位,进而破坏了原有生态系统的结构与功能,生态系统服务功能受到损害。生态系统调节大气化学环境、保育生物多样性及进化进程、维持土壤肥力等的能力受到削弱,进而影响该区人们的社会福利水平。从这个角度理解该区可持续发展的核心就是要通过维持与保护生态系统服务功能,来保护该区的生存环境,保护人类社会经济活动的生命支持系统,维持生态系统完整性。现代研究也证明,生态系统服务功能是人类生存与现代文明的基础,科学技术能影响生态系统服务功能,但不能替代自然生态系统服务功能,维持生态系统服务功能是可持续发展的基础,我们必须加以保护。那么,该区生态系统服务功能的保护策略与途径主要有以下两个方面。

(1) 政府行为

在生态系统服务功能的保护行动中,政府具有规范和引领性的作用,对生态系统服务功能的保护贡献是巨大的。塔里木河下游断流以后,生态系统严重受损,政府投资 107 亿元治理塔里木河下游生态和环境问题。自 1993 年起,塔里木河干流实行"两费自理"租赁和拍卖经营,深化改革,加大基础建设和科技推广力度,在小流域综合治理中积累了不少有益经验,取得很好的生态效益和经济效益,在生态恢复中可进一步推行承包制。在塔里木河干流区,政府应当认真做好"退耕还林、退耕还草"工作。由于人为过度毁林毁草开荒,自然植被遭到严重破坏,降低了系统的生态承载力。退耕还林与退耕还草工作必须在土地适宜性评价的基础上,宜林则林,宜牧则牧,并结合当地的立地条件林牧搭配。尤其生态林、经济林、防护林、薪碳林等多种林木统筹兼顾,既要考虑生态效益,又要考虑经济效益。解决好农村的燃料问题。提高农民的积极性。另外,应大规模植树造林,绿化荒漠。植树造林、绿化荒漠是用人工林系统取代荒漠、半荒漠系统,既提高当地的生态承载力,又防止生态系统退化。最后,政府行为中重要的一点是要制定和完善有利于生态恢复和环境保护的政策和制度。完善各层次的环境评价制度,统一各县市环境调查和保护工作的内容与标准,制订生态系统服务功能评价的基础方法,将对生态系统服务功能的评价列入社会经济核算的工作中。

(2) 经济手段

将环境问题纳入到现行的市场体系和经济体系中,并结合政府规章条例,将制约人们破坏环境的行为。对生态系统服务价值进行经济评价,能够促使政府在制定政策时将生态系统服务的丧失考虑进去。在具体的工程项目上,可采用含义更广泛的损益分析,将开发过程中生态系统服务的损失与技术服务的收益同时考虑进来,可以尝试引入新的生态环境指标,建立绿色税收和绿色 GDP 系统。除了目前已经施行的排污费以外,还应征收对环境有损的活动税。

在塔里木河区域,发展生态农业是提高耕地生态系统的重要手段。生态农业不仅有利于利用和保护自然资源,减少对生态环境的污染,避免掠夺式经营,促进生态良性循环,而且又能提高劳动生产率、资源利用率及生态的承载能力,从而充分合理地利用、保护和增殖自然资源,加速物质循环与能量转化,投入少,产出多。另外,以经济型畜牧业取代传统的畜牧业,提高生态承载力,达到可持续发展的目的。首先要改变对草地只取不给的掠夺式经营,建立以人工或半人工草场为主的经济型畜牧业生产基地。根据研究,用人工草场比天然草场的净第一性生产力可提高 4~10 倍。

11.7 结果与讨论

(1)塔里木河在行政区划上包括两个地州的 8 个县市及 2 个师的 15 个团场,通过各地州及兵团统计资料,计算该区域内的粮食作物价格及产量,以谢高地等制订的中国生态系统生态服务当量因子表为基础,计算该区各类生态系统生态服务的单价表。该计算结果地区差异性较差,因此需要根据地区自然生态系统各指标与全国指标比较进行订正。通过塔里木河植物样地生物量的调查,分析植株冠幅和基径与地上部分生物量的关系,确定植株冠幅和基径在 0.01 显著性水平上与植株地上部分生物量存在极显著相关性($R^2_{冠幅}=0.97$,$R^2_{基径}=0.82$),确定植株地上部分生物量与植株冠幅和基径的线性回归模型($R^2=0.976$)。通过植株地上部分生物量与植株冠幅和基径的模型关系,以 2006 年塔里木河干流各段植物样地冠幅和基径数据计算得到中、下游单位面积生物量分别为 118.93 g/m³ 和 154.7 g/m³,全国草甸草原地上部分生物量取 900 g/m³,从而确定塔里木河干流草地生态系统的订正系数为 15%。

(2)通过统计资料及 Landsat TM 影像解译结果,计算得到塔里木河干流森林覆盖率是全国的 59%,水域水产单产量是全国的 94%,确定了塔里木河干流林地和水域生态系统服务价值计算的订正系数,其他各生态系统服务单价按照全国标准计算,从而确定了比较符合塔里木河干流区域的生态系统生态服务单价。

(3)通过 TM 影像解译结果可以知道,2005 年塔里木河干流土地利用构成中,难利用土地和草地分布最广,分别占总面积的 40.16% 和 39.23%,其次是森林占 10.66%,农田面积较小,占总土地面积的 5.82%,水域和湿地所占比重更小,分别是 2.68% 和 1.46%。塔里木河干流上、中游段生态环境相对较好,林灌草面积超过 50%,下游环境较差,难利用土地面积达 60%,上游和下游农业发展较好,中游牧业发展较好。通过计算得到,2005 年塔里木河干流生态系统服务价值为 21.74×10^9 元/a,相当于 2005 年新疆国民生产总值的 8.35%。按照价值构成来比较,森林生态系统服务价值总值最大,是草地生态系统服务价值的 3 倍左右,其次,水域和湿地生态系统服务价值较大,是草地生态系统服务价值的 5 倍左右,草地和农田生态系统服务价值贡献较少,它们分别占总值的 10% 和 6.9%。对于塔里木河干流的 9 项生态服务功能而言,水源涵养和废物处理的这两项服务功能价值最大,其次是气候调节、生物多样性和土壤形成与保护保持这三项功能,原材料和食物生产功能贡献的价值量最少。

(4)从塔里木河干流生态系统服务价值分布的空间特点来看,上游生态系统服务价值为 13.15×10^9 元/a,占总价值 60%,比中下游段生态系统服务价值之和都大;中游生态系统服务价值为 5.89×10^9 元/a,不到干流生态系统服务价值的 1/3;下游段生态系统服务价值为 2.69×10^9 元/a,不到干流总价值的 1/10,并且部分价值被人工农田生态系统替代。在塔里木河干流不同段内,各类生态系统服务功能贡献大小不同,上游是水域和森林生态系统,中游是森林和湿地生态系统,下游是湿地和农田生态系统。

上游段生态系统比较稳定,环境没有退化,甚至得到改善;中游生态受损的区域,生态和环境有所退化,但稳定在一个较低水平上;下游段生态恶化严重,生态系统破坏,环境支撑作用逐渐消退。上游段森林、水域和湿地生态系统服务价值较大,各类型生态系统的各项服务价值也相应较大,以至于某几项生态系统决定了整个区域生态系统价值的大小和结构;中游段生态系统服务价值相对较小,下游段各类生态系统在服务价值上没有突出优势,并且自然生态系统的部分价值被人工农田生态系统所替代,因此,可以说在同一时期,环境状况较好的区域,生态系统服务提供的经济价值较大,相反环境状况差的区域,生态系统服务也受到抑制,其经济价值也较小。

(5)塔里木河干流在1990—2005年期间,各类土地利用面积均出现反复,基本上以2000年为转折点。这十几年期间,难利用土地始终是该区域主要的土地类型,其面积最大,占总面积的40%以上,湿地和水域面积所占比重仍然最小,分别为0.69%和1.29%,因此,塔里木河干流区土地荒漠化程度比较严重。可以说1990—2000年期间塔里木河干流环境恶化,自然生态系统严重退化,荒漠化程度越来越严重;自2000年以后塔里木河干流生态环境逐渐恢复并向改良方向发展,荒漠化程度减弱,受损生态系统逐渐恢复,环境质量大大改善。

(6)从干流各段土地利用类型的时间变化上看,塔里木河干流上游农、林、牧面积比由1990年的10:53:6变为2005年的19:46:12,三者面积差距缩小,难利用土地面积迅速减少,仅占13.2%,经过2000年前的恶化后在近几年内快速恢复,生态系统向良性方向发展;与上游段相比,中游段生态和环境较差,难利用土地始终是该区土地利用的主体,水域和湿地面积较小,因此该区荒漠化程度较高,对该区干旱绿洲经济而言,受环境胁迫影响较大;下游生态脆弱,荒漠化程度最大,难利用土地面积达66.36%,可利用面积远远小于上、中游,并且由于其水域和湿地面积最小,可利用水量与上、中游比较最小,环境背景条件最差,因此,该区也最容易受到环境胁迫及人类活动干扰。根据塔里木河干流各段自1990—2005年四期土地利用变化分析可以看出,塔里木河干流各段土地利用变化在时间上有以下特点:①1990年各段土地利用结构都较好,在1990—2000年发展过程中各段森林、草地面积均有大幅度的下降,难利用土地面积大大增加,2000年以后各段生态和环境开始恢复,草地、森林面积逐渐增加,难利用土地面积大大减少。因此,可以说2000年以前农业的大规模开发及粗放式经营,以及对森林滥砍滥伐、草场无序无节制放牧,导致草场退化、森林面积减少;与此同时,当自然生态系统面积减少时,农田面积却大大增加,从另一个角度反映了1990—2000年经济发展是以森林、草地面积的减少换取农田面积的增多,或者说社会经济的发展是以牺牲环境为代价的。自2000年以后,干流各段的森林和草地面积都逐渐增加和恢复,这种变化在2000—2002年两年间尤为明显。当环境恶化、生态受损到一定程度,人类的社会经济活动也会受到限制和影响,干流各段农田面积在2000—2002年都有所下降。随着生态的恢复、环境的进一步良性发展,农林牧的比例逐渐减小,农田面积迅速增加,各段难利用土地面积大幅度减少,而由森林和草地增加来弥补。②从各段各年的土地利用结构上看,塔里木河干流各段荒漠化程度比较严重,尤其是下游。如果以林草面积与难利用土地面积比来衡量各段荒漠化程度,下游为1/2,中游为1,上游为5。

(7)塔里木河干流生态系统服务价值在过去15 a里没有减少,且有一定程度的增加,但在增加过程中在1990—2000年又出现减少的趋势。在整个生态系统服务价值的变化中,不仅表现在价值量的变化上,而且表现在价值结构调整上。研究期间,湿地和水域生态系统服务功能贡献在这十几年增加很快,并且其价值量持续增加,农田生态系统服务贡献较小,但是其价值增加幅度很大,草地生态系统服务价值持续减少,但是其对整个生态系统价值的贡献仍然处于重要地位。从2000—2005年期间,生态系统的各项生态服务价值增长的速度基本上不及1990—2000年的各项生态服务价值减少的速度,因此,虽然自2000年塔里木河干流生态在恢复,但其恢复的速度仍然赶不上过去恶化的速度。

(8)从塔里木河干流各段生态系统服务价值时间变化上看,上游生态系统服务价值持续增加,且以 2000—2005 年增加幅度较大,中游生态系统服务价值总体变化趋势是增加的,但是从 1990—2005 年出现减少的趋势,下游生态系统服务价值增加趋势是最慢的。研究期间内,在上游生态系统服务价值结构调整中,森林生态系统服务价值很重要,贡献一直较大,农田生态系统服务价值持续增加,草地和水域生态系统服务价值地位变化最明显,变动率最大;在中游,草地生态系统服务功能贡献很重要,森林生态系统的地位也相对稳定,对该段整个生态系统服务价值贡献一直较大,由于农田面积的限制,其生态系统服务价值贡献仍然小于难利用土地的,处于末尾位置;在下游,草地生态系统服务功能贡献一直较大,湿地生态系统服务价值变化最明显,从最末位置上升到主导地位,农田和水域生态系统服务价值比重也明显增加,仅次于湿地生态系统。

(9)在这 15 a 上游生态系统服务价值结构调整中,森林生态系统服务功能的贡献比较重要,一直处于前列,农田生态系统服务价值持续增加,草地、水域和湿地生态系统服务功能的贡献大小变化很大,变动率也最大;中游生态系统服务价值构成中,草地生态系统的地位相对稳定,对该段整个生态系统服务价值贡献一直较大,森林和农田生态系统服务价值比重变化不大,但是其各个阶段变化最活跃,由于农田面积的限制,其生态系统服务价值贡献仍然小于难利用土地的,处于末尾位置。下游生态系统服务价值构成及变化中,湿地生态系统服务功能贡献变化最明显,草地生态系统服务功能贡献总体是下降的,但仍然处于优势地位,森林和水域生态系统服务功能贡献都有所减少,人工农田生态系统服务功能的贡献与 1990 年相比有所增加。

(10)2000 年紧急向塔里木河下游断流 320 km 的河道实施生态输水工程,通过沿自然河道输水补给和抬升地下水位,挽救和逐步恢复濒临死亡的天然植被,拯救塔里木河下游"绿色走廊",恢复和重建受损生态系统。生态恢复工程实施至今,经过分析计算,得到其直接经济价值为 1.83×10^8 元/a,间接经济价值为 11×10^8 元/a,如果以 1990 年生态系统面积为恢复目标,其后续经济价值 0.26×10^8 元/a。可见,生态恢复工程所产生的经济效益是巨大的,其产生的影响是长远的。

(11)对于以初级产品为经济结构基础的区域,对自然生态系统的依赖性很强,这类区域的原有国内生产总值扣除了经济活动对森林、草地、水域等资源的消耗价值后,使原有的估算结果有很大变化,塔里木河干流由原来 9.3% 的增长率降为负增长。可以推断,如果把其他自然资源因素和环境质量下降因素也考虑在内,其下降速度会更大。而如果经济增长的结果不仅没有通过积累扩大生产能力,反而因为过度消耗资源而降低生产能力,这样的经济增长显然不是可持续的发展。

(12)传统的 GDP 没有核算与人类社会经济持续发展密切相关的自然生态系统的非市场价值,没有反映环境污染及自然生态系统受损对人类和生态带来的负面作用,同时也无法反映自然资源的耗减和折旧,这样误导了 GDP 的增长导致社会生产能力就增加的认识,导致传统经济发展模式认为资源无价或低价的误区,从而导致了社会经济发展与环境污染、生态破坏之间的矛盾越来越严重,造成 GDP 与它企图反映的社会福利的目标越来越远。只有自然资源的消耗得到了合理的补偿,完成资源的良性循环过程,人类才能实现可持续发展。因此,引入绿色 GDP 的概念对传统 GDP 进行修订。

(13) 自然资本中含有多种与其生态系统服务功能相应的价值,生态系统服务本身就具有自然资本的性质与特点,从生态系统服务功能包含物质流和价值流的特点出发,建立两个假设:①从生态系统服务功能的自然资本属性而言,它具有自然资本固定折旧的性质,那么各类生态系统服务价值的减少量可以作为自然资源耗减价值;②在维持正常社会经济发展的前提下,人类活动造成的环境污染量即为生态系统提供服务价值的增量。生态系统服务价值的减少包含生态系统面积的减少和生态系统各项生态功能的减少,将生态系统服务价值纳入绿色 GDP 核算,既包括了国民经济核算中的最终商品物质量的内容,又包括了绿色 GDP 中关于环境价值的价值量的部分。

(14) 通过引入生态系统服务价值核算塔里木河干流绿色 GDP,得到研究区绿色 GDP 在 2000 年为 929179.4×10^4 元,2002 年为 1693087.3×10^4 元,2005 年为 3760395×10^4 元。比较绿色 GDP 与传统 GDP 之间的比例,2000 年为 48.13%,2002 年为 74.77%,2005 年为 94.58%。通过二者比重的各年比较说明,自 1990—2000 年社会经济的增长对生态和环境的负面效应最大,自 2000 年以后,到 2005 年经济增长的负面效应大大减少,其正面效应逐渐增加。引入生态系统服务价值评价绿色 GDP 只是反映经济增长对生态和环境的影响,在计算中由于忽略外部因素调整项,结果还存在较大差异,因此,在今后的工作中仍然需要进一步研究基于生态系统服务功能的绿色 GDP 核算内容与基本核算方法。

近年来,塔里木河干流社会经济发展对生态系统服务功能的提高和价值的增加有促进作用,但是也看到自然生态系统的功能和服务开始向人工生态系统转移,人工生态系统取代自然生态系统成为主导地位,这使原有生态系统结构受到破坏,许多自然生态系统的功能受到削弱,人类的福利水平受到很大影响。因此,为了该区域的可持续发展,必须保护生态系统服务功能,减少人工生态系统替代自然生态系统的速度和程度。为此,应重点从政府行为和经济手段两个方面开展保护该区生态系统服务功能的工作。

第12章 塔里木河流域生态安全与生态系统健康

12.1 流域生态安全与健康评价理论基础

12.1.1 流域生态安全理论基础

12.1.1.1 生态安全概念

全球性环境恶化已经威胁到很多地区人类的生存和发展,对生态安全的研究和追求已经成为全世界的共识。20世纪90年代中期以来,生态安全的概念已经超出了生物安全或生态系统安全的范畴,特别是某些发达国家已经把生态安全提升到国家战略层面和政治的高度,对生态安全及其相关的各种冲突给予了深刻的分析和前所未有的关注。

生态安全概念在国外的产生适应于20世纪80年代出现的环境管理目标和环境管理观念的转变。生态安全有广义和狭义两种理解。前者以国际生态系统分析研究所提出的定义为代表,指在人的生活、健康、安乐、基本权利、生活保障来源、必要资源、社会秩序和人类适应环境变化的能力等方面不受威胁的状态,它包括自然生态安全、经济生态安全和社会生态安全;后者指的是自然和半自然生态系统的安全,即生态系统完整性和健康的整体水平。陈国阶(2002)认为,生态安全是指人类赖以生存和发展的生态环境处于健康和可持续发展的状态。郭明等(2006)认为,生态安全是从满足人类生存和发展的角度来衡量区域或更大尺度生态系统的一种状态,是自然环境安全、人类生存与发展需求的满足及社会经济安全和人类持续发展之间相互推动、相互促进,并达到动态平衡与协调的状态。自然环境的安全是整个生态安全的前提,满足人类的生存与发展需求是根本,实现社会经济安全和持续发展是最终目的。其他学者关于生态安全定义的叙述,大多是在上述概念的基础上引申或发展的。

曲格平(2002)认为,生态安全一般包括两层基本含义:其一是防止由于生态环境的退化对经济基础构成威胁,主要指环境质量状况差和自然资源的减少、退化削弱了经济可持续发展的支撑能力;其二是防止环境问题引发人民群众的不满,特别是导致环境难民的大量产生,从而影响社会安定。生态安全一旦遭到破坏,不仅影响经济和社会的发展,而且会直接威胁人类的基本生存条件。因此要努力实现生存和发展的可持续性,保持土地、水源、天然林、地下矿产、动植物物种资源、大气等"自然资本"的保值增值、永续利用,使之适应国民教育水平、健康状况水平所体现的"人力资本"和机器、工厂、建筑、水利系统、公路、铁路等所体现的"创造资本"持续增长的配比要求,避免因自然资源衰竭、资源生产率下降、环境污染和退化给社会生活和生产造成短期灾害和长期不利影响。

12.1.1.2　生态安全内涵和本质

生态安全是指一定区域内可以直接或者间接影响人类生活、生产的各种生物有机体和无机体共同组成的生态系统的平衡状态。它表现为与人类生存相关的生态环境和自然资源处于良好的状况或不遭受不可恢复性破坏的状态。

第一,从生态学的角度看,生态安全是自然状态下的安全,它强调的是生态系统的平衡、稳定和完整性,即生态系统自身的安全。在生态系统中,气候、土壤、水、生物等因子相互影响,相互制约,不断演进,并在一定的时期内形成相对稳定的动态平衡。但是,自然因素和人为因素的干扰经常导致生态系统失衡。其中,人为干扰是引起生态系统失衡的主要原因。而生态安全强调的就是一个国家乃至全球的生态环境和生态系统免受破坏、干扰和威胁的自然状态。

第二,从政治学的角度看,生态安全是国内和国际政治的组成部分。一方面,基于生态问题对国家安全的严重威胁,生态安全已成为国家的基础性安全,生态环境保护也成为国家的一项基本国策;另一方面,生态安全与国际安全相结合,构成国际政治关系的一部分,并成为各国外交和国际社会关注的焦点。

第三,从发展的角度看,生态安全是可持续发展的核心内容。生态安全与经济、政治安全密切相关,保证国家的生态安全,是实现经济、政治安全的前提条件,是实现可持续发展的基础,环境退化及其可能引起的暴力冲突将会导致经济、社会的不可持续性。

第四,从法学的角度看,生态安全是国际社会各成员的一项权利和义务,任何国家和地区都享有生态安全权,且负有保护国际生态安全的义务;生态安全也是一项基本人权,人人都享有在安全的生态环境下生活的权利,它是自然人环境权的有机组成部分,是实现人类自由安全的基础。

第五,从国际关系的角度看,生态安全具有跨国性和全球性特征。环境冲突发生在国家之间就会形成国际冲突,一国内部的生态问题会对该地区乃至世界安全构成威胁(张炳淳,2006)。

生态安全的本质是要求自然资源在人口、社会经济和生态环境3个约束条件下稳定、协调、有序和永续利用。区域生态安全的本质,应该围绕区域乃至周边地区人们可持续发展的目的,促使经济、社会和自然生态的协调统一,它是由自然生态安全、经济生态安全和社会生态安全组成的安全复合体系(廖利等,2006)。区域生态安全的本质有两个方面,一个是生态风险,另一个是生态脆弱性。生态风险是指在一定区域内,具有不确定性的事故或灾害对生态系统及其组分可能产生的不利作用,包括生态系统结构和功能的损害,从而危及生态系统的安全和健康,其特点是具有不确定性、客观性、复杂性和动态性等。生态脆弱性是指一定社会政治、经济、文化背景下,某一系统对环境变化和自然灾害表现出的易于受到伤害和损失的性质,这种性质是系统自然环境与各种人类活动相互作用的综合产物。对于生态安全来说,生态风险表征了环境压力造成危害的概率和后果,相对来说它更多地考虑了突发事件的危害,对危害管理的主动性和积极性较好;而生态脆弱性应该说是生态安全的核心,通过对脆弱性进行分析和评价,可以知道生态安全的威胁因子有哪些?他们是怎样起作用的?人类可以采取怎样的应对和适应战略?回答了这些问题,就能够积极有效地保障区域生态安全(高长波等,2006)。

12.1.1.3 内陆河流域的生态安全内涵

生态安全是指一国生态环境在确保国民身体健康、为国家经济提供良好的支撑和保障能力的状态。构成生态安全的要素是：充足的资源和能源，稳定与发达的生物种群、健康的环境因素和食品。如果在一个国家，其各种生物种群系统相对稳定，资源与能源充足，空气新鲜，水体洁净，土地肥沃，食品无公害，那么该国家的生态环境是安全的。反之，该国的生态环境就受到了威胁。从战略意义上来看，生态安全包括两层基本含义：一是防止由于生态环境的退化对经济基础构成威胁，主要是环境质量状况低劣和自然资源的减少或退化消弱了经济可持续发展的支撑能力；二是防止由于环境破坏和自然资源短缺引发人民群众的不满，特别是环境难民的大量产生，从而导致国家的动荡。流域生态安全是指流域内社会经济赖以发展的环境、资源处于一种不受威胁、没有危险的平衡状态。流域生态安全包括流域内的国土安全、水安全等。

(1) 国土安全分析

国土安全问题主要表现为土地干旱化、盐渍化、风蚀沙化和植被退化等问题。由于水资源的调控，内陆河下游洪水缩减，地下水位大幅度下降，致使土壤中水分含量降低，供植物可利用的水分减少，天然绿洲的水成型土壤转变成半水成型土壤和自成型土壤，土地逐渐干旱化。在流域下游，随着泛滥洪水的减少，河湖沿岸土壤中因强烈蒸发而积累的盐分得不到冲洗，含盐量越来越高，原来的非盐渍化土壤或轻盐渍化土壤发展成重盐渍化土壤或盐土。土地干旱化和土壤盐渍化，必然使天然绿洲植被因生长条件恶化而发生退化，向荒漠化植被类型演变，如塔里木河下游断流后，地下水位由原来的 $3\sim5$ m 降至地下 $8\sim13$ m，超过胡杨、红柳等乔、灌木和其他植物赖以生存的最低水位，导致植被大面积衰退和死亡，英苏以下 30 余万亩草场被毁，胡杨林由 5.4×10^4 hm^2 减少到 1.6×10^4 hm^2，原长达 180 km 的"绿色走廊"濒临毁灭。昔日水草丰美、林木葱郁的绿洲，而今因缺乏水分变成了萧条寂寞的茫茫荒原，生物生产力大大下降，给人类带来不利影响。由于河湖干涸、植被退化及农田弃耕等原因裸露出的地面遭受风蚀，形成风蚀残丘，吹扬的细粒物质随风远离，粗粒物质沉积于就近地面，形成覆沙和沙丘，出现"雅丹和沙质"荒漠景观。如塔里木河下游的楼兰，大约在 1500 a 前，当时的魏晋屯垦之地，现已为 $0\sim20$ m 高的沙丘占据，1961 年新疆生产建设兵团 32 团开垦的土地，因弃耕而遭受风蚀、沙化，到 1976 年，这里已被高 $1\sim1.5$ m 的新月形沙丘链覆盖，黑河流域的古居延垦区，大面积土地已演变成沙质荒漠和风蚀残丘景观，石羊河流域下游的青土湖干涸之后，景观也被沙丘代替，青土湖西北边缘干涸的湖滨，成为一片茫茫黄沙地面，同时，一些干涸的河湖不仅提供沙源，而且沙中还含有一定程度的盐分（据青土湖采取的水样分析，易溶性盐分含量达 0.632 g/kg），污染大气，加重对人类的危害。

(2) 水安全分析

所谓"安全"就是个体或系统不受到侵害和破坏。水安全问题在人类文明的早期主要表现为干旱、洪涝和河流改道等自然灾害问题。但随着人类文明的进步与社会经济的不断发展，水安全的内涵也随之得到了丰富和延伸。由于人类社会经济的发展和不合理地开发利用水资源，使得水污染加剧，降低了水质，使得水体的使用功能正在逐步弱化，甚至丧失，而且也不能维持其基本的社会价值与经济价值，从而引发人类对水的基本需求危机，影响人类社会经济的可持续发展。它既包括由于干旱、洪涝和河流改道等原因引起的自然性水安全问题，也包括由于人为活动而造成的人为性水安全问题。

12.1.1.4 生态安全评价原理

(1)生态安全评价理论基础

1)可持续发展理论

可持续发展的基本目标是要持续地满足人类的需求,发展的实现又加强了生态安全保障能力,而安全却是人类最基本的需求之一,同时它又是实现可持续发展的保障。可持续发展包含"需求"和"限制"两个概念,可持续发展要求满足全体人民的基本需求,而维护生态安全正是人们的一种基本需求,同时也是对重大环境问题的强制性限制。实现生态安全,就是要使生态环境能够有利于经济增长,有利于经济活动中效率的提高,有利于人民健康状况的改善和生活质量的提高,避免自然资源枯竭、资源生产率下降、环境污染和退化对社会生活和生产造成的短期灾害和长期不利影响,以实现经济社会的可持续发展(邹长新等,2003;吴开亚,2003)。可持续发展是一种能动地调控自然—经济—社会的复合系统的需要,使人类在不突破资源和环境承载力的条件下,促进经济发展,保持资源永续利用,提高生活质量。这实质上与生态安全的思想是一致的。生态安全是可持续发展的基础,没有生态安全,系统就不可能实现可持续发展。

2)生态系统服务功能理论

生态安全评价的核心内容是要尽最大可能达到自然资源乃至整个生态系统的持续利用,为实现可持续发展提供生态安全保障。因此,围绕可持续发展研究而产生的生态系统服务功能理论自然成为生态安全评价的理论基础。生态系统服务功能是指生态系统与生态过程所形成及所维持的人类赖以生存的自然环境条件与效用。它不仅为人类提供了生态商品,如食品、草料、木材、纤维、燃料、医药资源及其他工业原料等,同时它还创造与维持了地球生态支持系统,形成了人类生存所必需的环境条件,提供了诸如气候调节、养分循环、废物处理和美学文化等方面的功能(Costanza 等,2003)。

生态环境系统的服务功能反映了自然生态系统的安全程度、人类对自然生态系统的影响及自然生态系统管理的优劣程度。自然生态系统安全的核心就是通过维护与保护生态环境系统服务功能来保护人类需求,评价区域生态环境系统安全就是要评价自然生态系统服务功能对人类需要的满足程度,或者说是为满足人类需求生态环境系统服务功能的实现情况(左伟等,2003)。生态安全的显性特征之一是生态系统服务功能的状态:当一个生态系统服务功能出现异常时,表明该系统的生态安全受到了威胁,处于生态不安全状态。生态安全包含着两重含义:一是生态系统自身是否是安全的,即其自身结构是否受到破坏;其二是生态系统对于人类是否是安全的,即生态系统服务功能是否能提供足以维持人类生存的可靠生态保障。

3)生态承载力理论

生态承载力即生态环境的承载能力,是自然体系调节能力的客观反映,是生态系统的自我维持、自我调节能力及环境系统的供容能力,这种能力显示是用社会经济活动强度和具有一定生活水平的人口来衡量的,表现为可支持的经济规模和人口数量(高吉喜,2001)。生态承载力可以分为资源承载力、环境承载力和生态系统的抗干扰能力。

生态安全是一个特定区域的资源、环境和生态状态。可以从人类社会经济发展的压力和生态承载力之间的关系,说明生态安全与生态承载力之间的关系,生态承载力小于压力时,生态就不安全;生态承载力大于压力时,生态可达到安全。可以把生态安全理解为人与环境相互作用的过程中,生态系统的承载能力大于人类对它的影响时所处的一种状态(黄青等,2004)。

4)时空论

尺度一般指观察或研究对象(物体或过程)的空间分辨率和时间单位,它标志着对所研究对象细节的了解水平。在生态学中,尺度是指所研究生态系统的面积大小(空间尺度)或其动态变化的时间间隔(时间尺度)(肖笃宁等,1997)。以不同尺度研究时,内容也不相同。为解决区域生态环境问题提出有效的管理对策,我们无法回避对区域在空间上和时间上不同尺度的生态安全研究。研究区域生态安全随着时间和空间变化的规律性,对于进一步了解区域生态安全及动态变化有着更深层次的意义。

5)系统工程论

系统工程理论是具有普遍指导意义的科学理论,其基本观点是:任何复杂的大系统都由众多子系统构成,子系统与子系统、子系统与大系统之间相互协调、相互配合,共同确保大系统的有机存在(胡永宏等,2000)。区域生态安全评价研究必须以系统工程理论为指导,对自然—经济—社会人工复合生态系统中的各个维度给予关注,确定生态安全的不同层次和不同维度。

系统评价就是对研究问题所构成的系统的各要素(即评价对象)在总体上进行分类和排序。作为系统分析与决策分析的结合点,系统评价既是系统分析的后期工作,又是决策分析的前期工作,在系统工程理论和方法体系中处于"枢纽"地位,在各种应用系统工程实践中具有广泛的应用价值(胡永宏等,2000;汪应洛,2001)。

(2)生态安全评价标准

生态安全评价标准值的确定是探索性很强的一项工作。在进行具体研究时,应根据研究对象、区域生态环境特点及研究方法的不同,参考各指标的统计特征,本着准确性、适宜性、可操作性的原则从上述的标准来源中选择合适的评价标准以综合确定生态安全评价的标准值。

建立区域生态安全评价的标准可采用模拟模糊方法,由于区域生态系统的结构、服务功能、生态效应等极为复杂,而人类对它的认识又很有限,采用定性、模糊和模拟的方法,成了必需和可行的表征方法。评价标准的依据如下:

1)国际、国家、行业、地方规定的分类分级、保护与建设标准。国际标准为国际相关组织与部门发布的一些相关标准;国家标准指已发布的针对我国具体情况的标准等;行业标准指区域管理部门发布的评价规范、规定、要求等;牧区地方政府颁布的标准和规划区目标等均可作为评价标准。

2)背景和本底标准。以拟研究区生态环境的背景值和本底值作为评价标准。

3)类比标准。以未受人类严重干扰的、生态安全度高的相似生态环境或以相似自然条件下的区域生态系统作为类比标准;以类似条件的生态因子和功能作为类比标准。

4)科学研究已经判定的生态效应。通过当地或相似条件下科学研究已判定的保障生态安全的相关要求也可作为评价的参考标准。

总的来说,国际、国家、行业、地方规定的保护与建设标准是国际社会和国家各级相关行政主管部门发布的具有行业或地区普遍适用性的一些规范和标准,具有科学、严格、准确、易获取的特点,应是进行区域生态安全评价的首选标准。类比标准中所要求的未受人类严重干扰的、生态安全度高的相似生态环境,或以相似自然条件下的区域生态系统在人类活动规模和活动强度空前的今天是不易找到的,这类标准应根据评价内容和要求进行科学地选择(高长波等,2006)。

(3)生态安全评价指标体系

确定指标体系的思路:借鉴前人已有的区域生态安全评价指标体系和区域可持续利用指标体系,从区域发生学的原理出发,分析区域生态系统发生、发展的各种影响因素,理清各种因素之间的关系,深入分析影响区域生态系统的自然与人文因素,以区域生态安全评价原理为指导,从制约因素的影响力大小初步确定评价因子的权重,具体推导评价区域生态安全的指标体系。生态安全指标体系构建的原则如下。

1)科学性原则

指标体系的构建必须建立在科学的基础上,客观、真实地反映区域资源、生态环境、社会经济协调发展状况,能够度量和反映区域复合系统结构和功能的现状及发展趋势,反映区域生态安全目标的构成和指标之间的真实关系。指标的概念和物理意义必须明确,测定方法标准、统计方法规范,指标不宜过细、过多,否则指标之间相互重叠,也不能过少、过简,否则会使指标信息遗漏而影响评价效果。

2)可比、可量、可行原则

要求评价结果在时间上现状与过去可比,反映区域生态安全的演进轨迹;在空间上不同区域之间可比,反映各区域之间生态安全程度的差异。因此,要求指标统计口径、含义、使用范围在不同时段、不同区域一定要相同。可量化原则要求定性指标可间接赋值量化、定量指标直接量化。可行性原则要求指标资料易于获取、易于分析计算。

3)区域性原则

区域具有空间差异性和发展不平衡性,评价区域不同,其环境特点、生态系统类型、敏感因子、社会经济发展状况等都不同,因此,应根据地域特点选取适当指标。

4)动态和稳定的原则

区域复合系统总是处于不断变化之中,对其特点和规律的认识也具有相对性,因此指标体系必须不断修改补充。指标是随时空变动的参数,根据不同情况和发展水平采取不同指标,但在一定时期内又要保持指标体系的稳定以便于评价(胡秀芳等,2007)。

12.1.2 流域生态系统健康的理论与方法

作为一种特殊的区域,流域以其丰富的水资源哺育着人类,灌溉着农田,净化着环境,以蕴藏着的巨大水能为流域经济振兴提供强大的动力。然而长期以来,由于人们对流域生态环境的破坏和对流域资源的过度开发和利用,流域水体受到的污染已越来越严重。植被的破坏、水土流失的加剧和洪水频度的加大及程度的加剧,这些因素已严重影响到流域生态系统的健康。因此,流域生态系统健康研究已日益受到人类的重视,不同国家和地区已越来越把以流域为单元,建立生态系统健康的评价体系、恢复流域生态系统,或从生态系统健康的角度综合整治流域环境作为流域开发的重要措施。从流域巨系统出发,综合考虑流域内部不同生态系统(自然生态系统、社会生态系统和经济生态系统)之间及每一生态系统内部的健康作用机制,探讨流域生态系统健康的评价方法,对认识流域生态系统的健康程度,监测其演变规律,优化系统的结构与功能,以及对流域综合开发与管理及流域可持续发展具有重要的理论意义和指导意义。

12.1.2.1 流域生态系统健康的概念、标准

人们对流域生态系统的健康从不同立场有众多观点和侧重表述。从功利主义的观点，流域生态系统健康状态被认为是流域中对流域有影响的生物与非生物的因素（如害虫、种群、土地利用方式、收获等）对现在和未来的流域管理不产生威胁，即流域管理目标的满足。功利主义的观点使得流域生态系统健康能从多方面进行评价。但它会造成"认为是健康的某一单一的流域内不同子系统的状态从另一方面被认为是不健康的"。从生态系统的角度，人们也提出了许多概念。如"健康的流域生态系统是人类、植物、动物、水体、土壤及它们的物质环境的功能聚合体"、"健康的流域生态系统是处于平衡的生态系统"、"一个健康的流域生态系统是一个对变化有弹性的系统"、"健康的流域生态系统是具有流域生态系统生产力和受压迫后能恢复的巨生态系统"等等。然而，什么才是平衡？怎样意味着正常功能？如何去度量流域生态系统的弹性和恢复力？这些问题很难被人们理解和度量。因此，学者们提出具体的建议，认为健康的流域生态系统是远离流域生态系统危机综合症的，危机综合症主要表现为：初级生产力的下降（对流域内陆地生态系统而言）或增加（对流域内水生态系统而言）、营养的流失、生物多样性的丧失、关键种群的波动增强、生物结构的退化（正常演替过程的颠倒，由此机会种取代了在生境和资源利用上更专门的种）和疾病的广泛发生及严重性等。

然而，以上提出的这些定义倾向于强调流域生态系统健康的生态学方面，更为综合的考虑应该将流域看作一个社会—经济—自然复合生态系统，将人类健康和社会经济因素考虑在内。理解流域生态系统的全面性和整体性需要考虑把人类作为生态系统的组成部分而不是同其分离，所以流域满足人类需求和愿望的程度应该纳入流域生态系统健康的定义中。本章基于生态系统健康的概念，将塔里木河流域生态系统健康定义为：流域生态系统的能量流动和物质循环没有受到损害，系统对自然干扰的长期效应具有抵抗力和恢复能力，系统能维持自身的组织结构长期稳定，系统具有较强的社会服务功能等。从概念表述上可看出，健康的流域生态系统具有以下几个特点：①本身的组成及结构没有不良反应；②对人类的生存和发展具有良好的服务功能；③维持流域生态系统的动态平衡。总之，健康的流域生态系统具有以下特征：①对流域进化过程中遇到的正常干扰（如洪水、干旱、火灾等）具有恢复力；②远离流域生态系统危机综合症；③能自我维持，即在没有外部输入（如对塔里木河下游不进行输水时）能存在；④管理实践和生态系统过程不损害邻近生态系统；⑤经济上可行，能够提供合乎自然和人类需求的生态服务；⑥维持健康的人类群体。

12.1.2.2 流域生态系统健康评价的目的和理论基础

流域生态系统健康评价的目的是为了生态恢复与管理，实现流域的可持续性。对于受到人类强烈干扰的流域生态系统来说，要恢复到受干扰前的原始状态不仅是不可能的，也是不现实的。流域生态恢复应该以特定流域状况下可实现的最大自然性（maximum naturalness）为依据，以近自然状态（near-natural state）为其参考状态，以相对生态完整性（relative ecological integrity）为目标。因此，健康的流域生态系统不一定是原始的生态系统，但它必须是一个相对完整的生态系统，具有复杂生境异质性特征，是稳定和可持续的，即随时间的进程有活力并且能维持其组织及自主性，在外界胁迫下容易恢复。这是流域生态系统健康

评价的基础。

在流域生态系统健康评价中,要特别考虑流域的连接度(connectivity),即纵向、横向和垂直连接度。流域的连接度不仅依赖于环境特征,而且依赖于生物有机体的行为。功能意义上的连接度要与结构连接度区别开来,结构连接度是物理上的连接,包括流域各单元之间永久的或暂时的连接。如果物理连接度没有受到损害,生物有机体能在纵向、横向和垂直方向自由移动,则流域具有高连接度。例如,流域内水生态系统中洄游鱼类的生存依赖于它们生境的物理连接度(产卵—觅食—过冬生境的连接度)。流域的连接度是流域生态系统健康评价的一个重要科学基础。

流域生态系统健康评价必须达到以下 5 个目标:①评价结果能完整准确地反映流域生态系统的健康状况,能够提供现状的代表性图案,以判断其适宜程度;②对流域生态系统健康进行长期监测和评价能够提供流域生态系统健康状况随时间的变化趋势(退化或恢复);③为流域生态系统健康提供早期预警,以便在不利影响产生之前采取措施,预防不利影响的产生;④对流域内各类生态系统的生物物理状况和人类胁迫进行监测和评价,寻求自然、人为压力与流域生态系统健康变化之间的关系,以探求流域生态系统健康受损的原因;⑤定期地为政府决策、科研及公众要求等提供流域生态系统健康现状、变化及趋势的统计总结和解释报告,以便提出合理的流域综合开发和管理措施。

12.1.2.3 流域生态系统健康评价的方法

流域生态系统健康评价除了需要对流域内不同类型生态系统的生态过程进行研究监测外,从景观和流域尺度进行环境质量监测也是必不可少的步骤。将遥感(RS)、地理信息系统(GIS)和景观生态学原理及宏观技术手段与地面调查研究紧密配合,通过景观结构变化了解其功能过程。流域生态系统健康评价的最佳途径是微观与宏观相结合的综合性研究。具体方法有指示物种评价法和指标体系评价法。

(1)指示物种评价法

指示物种评价法是陆地生态系统和水生态系统健康评价的常用方法。指示物种评价生态系统健康主要是依据生态系统的关键物种、特有物种、指示物种、濒危物种、长寿命物种和环境敏感物种等的数量、生物量、生产力、结构指标、功能指标及一些生理生态指标来描述生态系统的健康状况。指示物种评价法比较适用于流域内自然生态系统的健康评价。鉴于流域生态系统的复杂性,经常需要采用一些指示类群(Indicator taxa)来监测流域内自然生态系统健康。指示物种评价法包括单物种生态系统健康评价和多物种生态系统健康评价。单物种生态系统健康评价主要是选择对生态系统健康最为敏感的指示物种,这一物种是特定生态系统所具有并对环境因子特别敏感,当生态系统的某一项或几项环境因子发生微小变化时,都会对这一物种的生长特征(生物量、活性、形态等)产生影响。同时,这一物种的多少也可以指示这一特定生态系统受胁迫的程度,也能反映生态系统对这一胁迫影响的反馈程度及特定生态系统的恢复程度。多物种生态系统健康评价主要是指在某一生态系统内,选定指示生态系统结构和功能不同特征的指示生物,建立多物种健康评价体系,这一体系内不同的指示物种指示了生态系统不同特征(结构、功能等)的健康程度,反映了生态系统不同特征的负荷能力和恢复能力,这是评价流域内自然生态系统较好的方法。由于流域自然生态系统的复杂性,通常采用多物种生态系统健康评价法,即从流域内陆地生态系统、水陆交错带生态系统和水生态系统中选取指示各生态系统结构和功能不同特征的指示生物,建立多物种健康评价体系来综合评价流域自然生态系统健康。虽然采用指示物种评价生态系统健康的研究取得了很大进展,成为生态系统健康研究常用的基本方法,但是仍然存在着一些问题。例如,指示物种的筛选标准不明确,有些采用了不合适的类群等。另外,一些监测参数的选择不恰当也会给生态系统健康评价带来偏差。可见,在流域自然生态系统健康评价研究中,指示物种和指标的选择应该谨慎,要综合考虑到它们的敏感性和可靠性,即要明确它们对流域自然生态系统健康指示作用的强弱。

(2) 指标体系评价法

前面介绍的流域自然生态系统健康评价的指示物种方法虽然简便易行,但存在一些不足,比较明显的有以下 5 点:①应该选择不同组织水平的物种类群;②应该考虑不同尺度;③同一组织水平内应考虑到指示物种间的相互作用;④应考虑到指示物种在不同尺度转换时的监测指标变化;⑤未考虑流域内社会经济和人类健康参数,不能全面反映流域生态系统的健康状况。因此,必须建立包括社会经济和人类健康指标在内的指标体系,对大量复杂信息进行综合。指标体系法评价流域生态系统健康首先要选用能够表征流域生态系统主要特征的指标;其次要对这些特征进行归类区分,分析各个特征对生态健康的意义;再次是对这些特征因子进行度量,确定每个特征因子在流域生态系统健康中的权重系数,以及每类特征因子在流域生态系统健康中的比重;最后建立流域生态系统健康评价的指标体系。针对流域内不同类型的生态系统,其特征因子、特征因子的权重、各类特征因子的比重及评价指标体系是不一样的。

12.1.2.4 流域生态系统健康评价的范畴及其相应指标

流域生态系统是一个社会—经济—自然复合生态系统,流域自然生态系统又包括陆地生态系统、水陆交错带生态系统和水生态系统;健康的流域生态系统不仅生态上合理,而且必须是经济上可行,能够提供合乎自然和人类需求的生态服务,且能维持健康的人类群体。因此,流域生态系统健康的指标体系评价必须考虑以下 4 个范畴。

(1) 生态学范畴。生态系统健康深深扎根于生物学和生态学,生物学和生态学在生态系统健康研究中起着关键作用。因此,生态学范畴是流域生态系统健康评价的主要范畴。流域生态系统健康的生态指标包括流域内不同类型自然生态系统之间及每一生态系统内部的生态指标,每一生态系统的生态指标又包括个体及种群水平、群落水平和生态系统水平指标。流域生态系统健康的生态指标见表 12.1.1。

表 12.1.1 流域生态系统健康评价的生态指标

指标类型	具体指标
陆地生态系统指标	动植物区系组成、物种多样性(种类数量和相对丰度)、生物量、初级生产力、外来物种比例、生境数量和质量、生态服务功能(保持水土、涵养水源、净化空气、营养元素循环等)、生态系统水平指标(稳定性、完整性、活力、组织结构及恢复力)
水陆交错带生态系统指标	生物多样性(物种丰富度、物种多样性指数、景观多样性指数、优势度指数等)、外来物种比例、物种垂直结构与水平分布、物种繁殖或再生、生物量及初级生产力、生境数量和质量、生态服务功能(调节功能、净化功能、社会文化功能及产品功能)、生态系统水平指标

(续表)

指标类型	具体指标
水生态系统指标	水生动植物区系组成、物种多样性、物种大小分布、生物量、初级生产力、食物网(营养)结构、水生生境的类型和面积、生态服务功能(调节功能、净化功能、产品功能)、生态系统水平指标
流域综合指标	流域自然生态系统类型和面积、不同类型生态系统间的景观格局状况、不同系统间的能量、物质和物种流、不同系统间的协调性、流域干支流的连续性,以及流域纵向、横向和垂直连接度

(2)物理化学范畴。物理化学范畴集中于流域生态系统的非生物环境的测定。物理化学因素可能是导致或影响流域生态系统生态过程变化和人类健康的原因。同时,物理化学因素的变化也是流域生态系统行为的反映。物理化学范畴涉及流域内大气、水、土壤等环境要素(表12.1.2)。

表12.1.2 流域生态系统健康评价的物理化学指标

指标类型	大气指标	水指标	土壤指标
具体指标	SO_2、NO_x的浓度,颗粒浓度,与疾病有关的空气污染事件,气象灾害,辐射暴露等	水资源总量、平均年降水量和蒸发量、水质、水位、水温、浊度、沉积物状况、河流淤积程度、水陆交错带的水状况等	土壤有机质含量、pH值、营养元素含量、土壤结构、土壤生物种类和数量、土壤酶活性、土壤污染程度等

(3)社会经济范畴。社会经济系统是流域复合生态系统的组成部分,流域生态系统健康评价着重于整体性评价,因为流域的生态环境质量与人类活动的变化密切相关,流域生态系统的健康问题是由人类产生的,不可能存在于人类的价值判断之外,而人类价值判断最终由社会经济和文化因素形成,因此,不考虑社会经济和文化因素的流域生态系统健康评价是没有意义的。健康的流域生态系统必须满足流域社会经济可持续发展的要求。可选取一些社会经济指标来评价流域社会经济系统的健康状况。这些指标包括来源于经济学的指标,如GDP、人均纯收入、失业率等。同时,还有着眼于造成环境压力的社会指标,如人口增长、资源消费和技术发展导致人类对生态环境的影响强度不断增加,是人类对生态环境造成压力的主要因素。因此,可用人口增长率、人均资源和能量消费与消费单位物质造成的生态环境影响来共同评价社会经济对生态环境造成的压力。此外,社会经济范畴还包括流域内的主要经济活动、流域土地利用和分布、施肥及农业灌溉等开发利用、流域保护、公众参与、环境意识、社会公共政策和相关法律等方面。

(4)人类健康范畴。人类是流域生态系统的一个组成部分,因此,健康的流域生态系统必须能够维持健康的人类群体,流域生态系统健康评价必须包括人类健康范畴。流域生态系统健康受损对人类的影响可分为直接影响和间接影响。直接影响是通过食物链中有毒物质的富集或通过疾病的传播而危害人体健康,间接影响如农业病虫害的增多导致流域内农业生态系统生产力的下降,食物不足引起人类营养不良及身体抵抗力的下降,最终使人类更易遭到疾病的侵袭。人类健康指标包括死亡率、主要疾病发生程度、文化水平,以及环境因子对健康的潜在危害、对健康有害的资源和消费限制等。

12.1.2.5 流域生态系统健康评价指标的度量

在上述流域生态系统健康评价指标中,大部分指标可通过常规的物理、化学、生物学、野外调查测试和社会经济调查的方法来度量,但有些生态指标是难以度量的,如生态服务功能,生态系统的稳定性、完整性、活力、组织结构、恢复力,流域自然生态系统间的协调性等。Schaeffer等(1988)首次探讨了生态系统健康的度量问题,Rapport等(1989)发展了生态系统健康评价的活力、组织和恢复力的度量公式。在健康评价中,直接的测量、网络分析和模型模拟是常用的指标度量方法。表12.1.3列出了部分流域生态系统健康评价指标的相关度量及方法。

表12.1.3 流域生态系统健康评价指标的相关度量及方法

健康指标	相关度量	可行的方法
营养元素循环	营养元素累积量	测量法
能量流动	能量累积量	测量法
净化空气	CO_2固定量	测量法
稳定性	演替趋势	模型模拟
完整性	生物多样性,群落结构	测量法
活力	初级生产力,新陈代谢	测量法
组织结构	多样性指数,平均互信息可预测性	网络分析
恢复力	恢复时间,可承受的最大胁迫	模型模拟
协调性	边界	测量法

流域生态系统健康评价指标的度量是一件十分复杂的工作,因为流域生态系统是一个社会—经济—自然复合生态系统,流域内每个生态系统都有许多组分、结构和功能,各有一套独立的系统,因此,必须对每个生态系统的健康指标加以具体度量。同时,流域生态系统是动态的,条件在变,新条件下生态系统内敏感物种能动性也发生相应变化;而且,生态系统健康评价指标的度量本身往往因人而异。事实上,每一位科学家都有自己的专长、特殊兴趣与追求,常用自己熟悉的专业技术去选择不同方法。显然,流域生态系统健康评价指标度量还不完善,尚需做更多工作,有待于新的发展。

12.2 流域生态系统健康评价

自20世纪40年代以来,随着人口的增加、资源的开发、环境的变迁和经济的增长,环境污染、森林破坏、水土流失和荒漠化等一系列世界性问题对人类生存和经济的持续发展构成了严重威胁。恢复退化生态系统和合理管理现有自然资源则日益受到国际社会的广泛关注。20世纪90年代,生态系统健康作为全球管理的新目标,是生态学研究的一个新领域,也是当今生态学最具活力的前沿之一。1994年成立国际生态系统健康学会之后,国内外相继开展了这方面的研究工作。Peter G. Wells详细描述了生态系统健康的概念,分析了Fundy Coastal Forum海湾生态系统退化现状,并提出了一系列与生态系统健康状况密切相关的重要指标(Peter,2003);Harvey Shear,Nancy Stadler-Salt等依据美国和加拿大150多位科学家和管理者共同讨论拟定的指标选择程序,讨论了北美五大洲盆地生态系统健康评价指标

(Harvey等,2003);为了及时有效地评价森林生态系统健康,美国农业部森林维护中心和美国环境保护局携手构建了森林生态系统健康监测规划,在经过 4 a 的实地监测和研究后,Craig J P 提出了相应的指标和方法(Samuel 等,1999);Aamlid D,Tùrseth K 和 Venn K 等人研究了 15 a 内空气污染对挪威森林生态系统健康状况造成的影响,得出空气污染会使森林中树木顶部生长状况减弱(Aamlid 等,2000)。从国内来看,徐福留等(2001)研究了化学胁迫下湖泊生态系统在结构、功能和系统状态方面的响应,建立了一套包括结构、功能和系统状态在内的生态指标;丛沛桐等(2003)基于生态系统的结构、功能、环境适应性及系统服务特征,建立了东灵山辽东栎林生态系统健康评价的人工神经网络仿真体系;彭涛等(2004)对农田生态系统进行研究,并建立健康评价指标体系,给出了评价指标标准;肖风劲等(2004)以森林生态系统的稳定性、可持续性和整合性为目标,提出了包括森林生态系统组成、结构、生物多样性、NPP 等森林生态系统健康的评价指标体系;崔保山等(2002a;2002b)分析了湿地生态特征指标体系、湿地功能整合性指标体系和湿地社会政治环境指标体系所包含的基本内涵。吴建国等(2005)对荒漠生态系统健康的定义、特征、指标和标准及评价方法进行了一些定性探索,对我国荒漠生态系统的健康状况做了简要评价。总体上看,过去对生态系统健康的研究主要集中在生态健康概念的辨析、生态系统健康的研究尺度等几个方面(欧阳毅等,2000;宋轩等,2003;高彦华等,2003;宋兰兰等,2004;曾晓舵等,2004)。同时,生态系统健康评价的研究领域已广泛涉及湖泊、草原、湿地、森林、干旱区自然生态系统及城市和农田等生态系统(崔保山等,2002a;2002b;李琪等,2003;钟业喜等,2003;袁明鹏等,2003;肖风劲等,2004;刘永等,2004),而对流域生态系统的关注较少(罗跃初等,2003;刘国彬等,2004)。流域生态系统健康研究仍处在初步阶段,还没有形成一套完整的理论体系和可行性的评价方法。

塔里木河是中国最长的内陆河,在过去的 50 a 里,塔里木河的水资源开发主要用于农业生产和居民生活,对新疆社会经济的发展起到了重要作用。然而,水资源利用过程中经济与生态的矛盾也日益突出。该流域生态系统不仅与荒漠化、沙尘暴等环境问题和绿洲发展密切相关(朱俊凤等,1999;申元村等,2001),还直接影响荒漠区环境和社会经济发展(吴征镒,1995)。伴随着流域源流和干流上游的高强度、大规模水资源开发利用,干流下游自然生态过程发生了显著变化,尤其是下游水量减少对塔里木河生态系统造成了很大的不利影响。塔里木河下游 321 km 河道彻底断流,河流尾闾湖泊——罗布泊和台特玛湖分别于 1970 年和 1972 年干涸,地下水位大幅度下降,由地下水维系的天然植被极度退化,风蚀沙化加剧,土地荒漠化过程加强,荒漠化限制了该地区的经济发展,造成了可利用土地面积减少,土地生产力下降,生产和生活基础设施受到严重威胁。因此,合理地建立一套塔里木河流域生态系统健康的指标体系,对其进行健康评价,揭示其存在的问题,对流域生态系统的管理、社会经济发展和生态系统的保护与恢复都具有重要的理论和现实意义,为我国西部水资源合理开发利用模式、荒漠化综合治理技术与管理模式的综合推广提供前提依据。

12.2.1 指标体系分析法及其应用

12.2.1.1 塔里木河流域生态系统健康影响因子分析

塔里木河流域生态系统健康受多种因素制约,总体分为自然因子和人为因子。

(1) 自然因子

影响塔里木河流域生态系统健康的因素首先是地质、地貌与气候因子。塔里木河流域四周高山环列,流域内高山、盆地相间,整个地势南高北低、西高东低。盆地边缘为一系列山麓石砾带,石砾带以下则是片状绿洲,中部为浩瀚的大沙漠——塔克拉玛干沙漠。因远离海洋和高山阻隔,形成中纬度干旱区典型的大陆性气候。干燥少雨,蒸发强烈,多风,气温年较差大,日照足,热量丰富。流域最高气温可达39~42℃,平均气温多大于10℃,且塔里木河干流区大于10℃年积温多在4039~4274℃。年蒸发量1800~2900 mm,而降水量仅18.6~50 mm。流域多风沙、浮尘天气,多年平均最大风速在17~35 m/s(宋郁东等,2000)。由于此类地质、地貌与气候条件等因素的影响,该流域形成了生态系统规模小、生物过程微弱、生态系统稳定性低的特点。水分因素是影响塔里木河流域生态系统健康的主要因素,制约着植被的生长与分布,对土壤等其他环境资源的发育和稳定构成威胁,是该流域生态系统退化的内因。

(2) 人为因子

生态系统健康既决定于其内在的自然因素,也决定于外在的人为干扰。人类活动包含的内容很多,主要有水利、农业、城市发展、畜牧、旅游、林业生产及科技和教育等,这些活动都不同程度地影响着流域生态系统的健康。水利工程的修建改变了河流的原有流动方式,如大坝水库改变了河流的流速、流量时空分布和水温,对大坝两侧植被状况造成影响。城市建设和工农业生产通过改变土地利用格局和土地利用方式,改变了流域或区域的植被覆盖状况和水资源的时空分布特征,1958年以后农垦团场建立,垦荒面积扩大,引用水量不断增加,致使下游河道逐渐无水下泄而干涸,两岸植被受损,荒漠化程度加剧,生态系统退化。科技和教育决定着人类对流域生态系统的认识水平和开发方式,因而也通过人类的意识间接影响着流域生态系统的健康。综上所述,塔里木河流域生态系统健康受损是其自身脆弱的生态基质和外界干扰共同作用的结果,起因于人口的增加、需求的增长。系统本身的脆弱和不稳定性是影响系统健康的内因,人为干扰则是健康受损的驱动力。

12.2.1.2 塔里木河流域生态系统健康评价

(1) 评价指标体系的确定

1) 指标体系建立的原则

生态系统健康评价指标必须达到3个目标:指标体系能完整准确地反映生态系统健康状况,能够提供现状的代表性图案;对各类生态系统的生物物理状况和人类胁迫进行监测,寻求自然、人为压力与生态系统健康变化之间的联系,并探求生态系统健康衰退的原因;定期为政府决策、科研及公众要求等提供生态系统健康现状、变化及趋势的统计总结和解释报告。指标的筛选应该遵循以下原则。

①可持续性原则。流域生态系统首先是天然生态系统的重要类型之一,其次是为人类提供服务的重要来源。因此,必须遵循可持续性原则,实现流域资源的科学开发和永续利用。

②指标定量性与可操作性原则。目前,在一些研究领域建立的指标体系往往在理论上反映较好,但实践性不强。因此,所确定的各项指标不能脱离指标相关资料信息条件的实际。尽量选择那些关键性的具有综合性的指标,使得建立的指标体系简单明了、有较强的可比性、参数易于获取及便于计算和分析等。由于现阶段流域生态系统的生态环境监测与评

价处在起步阶段,系列资料极其缺乏,因此,指标的定量性和可操作性显得尤为重要。

③整体性原则。建立流域生态系统健康评价指标体系,要求指标体系覆盖面较广,从众多的影响因子和指标中,提取能全面概括流域生态环境系统结构和功能的本质特征和现状、并可衡量系统中各种生态关系的紧密程度及其整体效应的指标,并通过这些指标去剖析系统整体功能的形成原因和发展变化机制。

④主导性原则。生态环境系统是一个非常复杂的系统,决定系统特征的因子很多。流域生态系统健康评价指标的选择,必须在充分研究系统功能与目标之间相互关系的基础上,提取那些信息量大、综合性强的指标,并力求简明,易于操作。

⑤指标敏感性与稳定性原则。流域生态系统健康评价指标体系的选取应具有对生态环境变化的敏感性,同时也应具有一定的稳定性。

2)指标体系的建立

在遵循指标体系构建原则的基础上,结合塔里木河流域生态系统健康影响因素和生态系统现状特征,从流域生态系统的结构、功能、生态系统服务功能及社会发展和人类健康等5个方面,提出了流域生态系统健康评价11个指标(表12.2.1)。

表12.2.1 塔里木河流域生态系统健康评价指标体系

序号	指标	指标权重	说明
1	植被生产力	0.02	生态系统平均净生产力
2	物种多样性	0.02	物种丰富度和物种均匀度的综合指标
3	恢复能力	0.05	自然干扰的恢复速度和生态系统对自然干扰抵抗力
4	资源利用率	0.10	/
5	防风阻沙效应	0.23	/
6	人口变化趋势	0.16	人口自然增长率
7	人类发展指数	0.26	人口受教育程度和人口健康状况
8	农牧民人均纯收入	0.04	/
9	公众参与	0.04	/
10	环境意识	0.04	/
11	法制完善程度	0.04	/

(2)评价方法

根据塔里木河流域生态环境现状特征,把流域生态系统健康各指标分为:优、良、中等、差和极差5个标准(表12.2.2)并分别赋予5、4、3、2和1的分值,对其进行加权平均,计算公式如下:

$$E = \frac{1}{5} \sum_{i=1}^{n} \lambda_i M_i \tag{12.2.1}$$

式中:E 为流域生态系统健康综合评价度;n 为指标数;M_i 为第 i 个指标的得分;λ_i 为权重,表示各指标在整个指标体系中的相对重要性程度。

式(12.2.1)中,权重 λ_i 的确定是至关重要的。迄今为止,对权重的确定问题已进行了大量的研究,有以研究人员的实践经验和主观判断为主来确定权重的,也有用各种数学方法来确定权重的,如经验权数法、专家咨询法、统计平均值法、指标值法、相邻指标比较法、灵活偏好矩阵法、抽样权数法、比重权数法、逐步回归法、灰色关联法、主成分分析法、层次分析法、模糊逆方程法等等。为了尽量减小主观随意性、提高权重的客观性和准确性,选用目前较常用的专家咨询法进行权重赋值,赋值结果见表 12.2.1。

最终评价结果分为三等,分别为优($E \geqslant 0.85$)、中($0.55 \leqslant E < 0.85$)和差($E < 0.55$)。

表 12.2.2 塔里木河流域生态系统健康评价指标标准

评价等级	优	良	中等	差	极差
植被生产力($g/m^2 d$)	$\geqslant 10$	8~10	6~8	3~6	$\leqslant 3$
物种多样性	$\geqslant 1.6$	1.2~1.6	0.8~1.2	0.4~0.8	$\leqslant 0.4$
恢复能力	$\geqslant 75$	70~75	65~70	60~65	$\leqslant 60$
资源利用率(%)	$\geqslant 40$	35~40	30~35	25~30	$\leqslant 25$
防风阻沙效应	$\geqslant 75$	70~75	65~70	60~65	$\leqslant 60$
人口变化趋势(‰)	$\geqslant 8.5$	8.5~9	9~9.5	9.5~10	$\leqslant 10$
人类发展指数	1	0.6~0.9	0.3~0.6	0~0.3	0
农牧民人均纯收入(元/a)	$\geqslant 3000$	2500~3000	2000~2500	1500~2000	$\leqslant 1500$
公众参与	$\geqslant 75$	65~75	60~65	50~60	$\leqslant 50$
环境意识	$\geqslant 75$	65~75	60~65	50~60	$\leqslant 50$
法制完善程度	$\geqslant 75$	65~75	60~65	50~60	$\leqslant 50$

(3)评价结果

根据2004年塔里木河流域生态环境现状,应用前文建立的指标体系及提出的评价方法对塔里木河流域生态系统健康状况进行评价,具体评价结果见表12.2.3。

表 12.2.3 塔里木河流域生态系统健康评价结果

区域		综合评价度	健康标准
阿克苏河	山区	0.82	中等
	平原区	0.89	优
	荒漠区	0.47	差
叶尔羌河	山区	0.84	中等
	平原区	0.86	优
	荒漠区	0.46	差
和田河	山区	0.86	优
	平原区	0.89	优
	荒漠区	0.47	差
开孔河(开都河-孔雀河)	山区	0.84	中等
	平原区	0.81	中等
	荒漠区	0.46	差
塔里木河干流	上游	0.85	优
	中游	0.78	中等
	下游	0.48	差

由表 12.2.3 可以看出,位于塔里木河源流的阿克苏河、叶尔羌河和开都河—孔雀河流域的山区生态系统健康状态处于"中等"级别,综合评价度小于 0.85,但接近于 0.85,生态系

统"中等"偏"良",和田河流域的山区生态处于"优"级别,综合评价度大于 0.85;阿克苏河、叶尔羌河和和田河流域的平原区生态处于"优"级别,开都河—孔雀河流域的平原区生态处于"中等"级别;四源流的荒漠区生态处于"差"级别;塔里木河干流的上游生态处于"优"级别,中游处于"中等"级别,下游生态环境"差"。

为了保持塔里木河流域生态系统的动态平衡和正常运转,实现生态、经济和社会的可持续发展,首先应加强对流域水资源的合理调配和有效利用,探索出适宜当地条件的农牧业节水灌溉新模式,从根本上解决全流域生产与生态、源流与干流、上游与下游的用水矛盾问题。其次,在塔里木河中下游大面积实施退耕还林和沙荒地造林工程,全面提高塔里木河河岸两侧地表植被覆盖率,增加物种多样性,增强植被防风固沙效应,提高塔里木河流域生态系统服务功能。再次,努力培育新产业,试图从源头做起,建立生态经济新格局。在生态严重破坏区大量种植优良牧草,有效提高当地农牧民人均纯收入,使草业成为前途光明的希望产业。这可能为塔里木河流域的生态环境改善、区域经济社会发展、经济结构的良性转轨作出重大贡献。

12.2.1.3 结语

随着可持续发展战略的实施,健康的流域生态系统必将成为流域管理的主要目标,所以很有必要开展相关研究,建立一套适用于我国的流域生态系统健康评价理论,对主要流域进行健康评价,为流域管理提供基础数据和决策依据,以期实现社会、经济和环境的可持续发展。本节基于水文学和生态学原理,建立了塔里木河流域生态系统健康评价指标体系,在此基础上,提出了塔里木河流域生态系统健康评价方法,评价结果基本与实际情况相吻合,说明该方法可行,并具有灵活、简单的特点。由于流域生态系统健康涉及的研究领域较宽,内容较多,制约流域生态系统维持和发展的因素及相互之间的关系也较为复杂,因此其健康评价还处于实验和摸索阶段,尚未形成一套成熟的方法,还存在不少问题,如一些评价指标只是一种定性的描述,其评价结果受到人为主观判断的影响,这需要在今后的研究工作中逐步得到改进和完善。

12.2.2 层次分析法及其应用

塔里木河流域生态系统健康评价需要考虑大量复杂的影响因素,这些因素既有定性的,也有定量的;既有确定的,也有不确定的。它们彼此相互影响、高度相关,因此,试图用纯定量或纯定性的方法来进行正确评价都是很困难的。20 世纪 70 年代初,美国著名运筹学家 Saaty 教授提出了一种将定性分析和定量分析相结合的多目标决策分析方法——层次分析法(Analytical Hierarchy Process,AHP)。该方法先把复杂问题中的各种因素划分成相互联系的有序层次并使之条理化,再根据对一定客观现实的判断,就每一层次各元素的相对重要性给予定量表示,利用数学方法明确计算出每一层次的全部元素相对重要性次序的权值,最后通过排序结果分析和解决问题。

用 AHP 解决问题,大致可分为 5 个步骤:一是明确问题,建立层次结构;二是构造判断矩阵;三是层次单排序;四是层次总排序;五是一致性检验。其中,后 3 个步骤在整个过程中需要逐层进行。

12.2.2.1 生态系统健康评价指标确定

生活、生产和生态用水之间的矛盾是塔里木河流域生态系统健康受损的主要原因。矛盾发展的结果成为该流域生态系统受损的主要表现。塔里木河上游和中游人们生产和生活用水过度,导致下游河道断流,聚集到一定程度造成"疾病"发生,如天然植被衰败、生产力下降、绿洲荒漠化、物种多样性降低、土壤盐碱化、土地风蚀等。恶劣的自然环境限制了生态系统的初级生产力水平、规模和营养层次,影响了生态系统的稳定。而人为不合理的土地利用更引起生态系统的退化甚至崩溃。

塔里木河流域疾病的具体表现形式多种多样,数不胜数。该流域生态系统健康综合评价是针对系统的整体健康水平,立足于系统指标,兼顾生态特征指标进行的评价。

生态系统健康就是其组分、结构和功能三者的完整存在和正常运转,这些条件一旦被破坏,系统就不再自我维持,所以,从某种意义上说,只有生态质量好、服务功能完善、正常的生态系统才是健康的生态系统,或者说,生态系统健康程度是由生态质量、生态服务功能的情况决定的。一般来讲,健康的生态系统能维持高质量的生活,来自于环境退化产生的对人类健康的威胁最小,并能以最小消耗来提供生态系统服务,这对社会满足其目标和期望是非常重要的。

(1) 建立层次结构

指标体系法是目前比较常用的生态系统健康评价方法,评价指标要根据生态系统健康的概念和内涵,选取可定量的、可操作的、可广泛推广的指标,切实反映出被评价对象的生态环境特点。根据塔里木河流域生态系统健康概念和内涵,构建了4个层次的塔里木河流域生态系统健康评价指标体系。第1层次是目标层,即塔里木河流域生态系统健康程度;第2层次是项目层,包括系统结构、系统功能、生态系统服务功能和社会发展与人类健康指标;第3层次是因素层,即系统结构和社会发展与人类健康指标分别由哪些因素构成;第4层次是指标层,说明各项目和因素是由哪些具体指标来表达的。

在流域生态系统健康评价中,影响评价的因素可以划分为4大项目、7个因素和34个指标,评价时还可以根据具体环境予以增减。每类项目可以视为两两比较的因素,9个因素由34个指标来衡量,其中,既有定性指标,也有定量指标(表12.2.4)。

表12.2.4 塔里木河流域生态系统健康综合评价指标体系

目标层	项目层	因素层	指标层
塔里木河流域生态系统健康综合指标(A)	系统结构(B1)	活力(C1)	植被生产力(D1)、生物多样性(D2)、土壤健康和质量(D3)
		组织结构(C2)	物种多样性(D4)、生态复杂性(D5)
		恢复力(C3)	自救能力(D6)、恢复能力(D7)
	系统功能(B2)		资源利用率(RVE)(D8)、群落生产力(D9)、固氮功能(净初级生产力 NEP)(D10)
	生态系统服务功能(B3)		防风效应(D11)、生物多样性(D12)、净化功能(D13)、调节小气候(D14)、药材及薪材(D15)、禽群食物承载力(D16)
	社会发展与人类健康指标(B4)	人口动态(C4)	密度(D17)、分布(D18)、变化趋势(D19)、死亡率(D20)
		人口健康(C5)	主要疾病发生程度(D21)、文化水平(D22)、环境因子对健康的潜在危害(D23)、对健康有害的资源和消费限制(D24)
		经济状况(C6)	区域内主要经济活动(D25)、经济发展的可持续性(D26)、技术发展水平(D27)、资源短缺和耗竭产生的经济限制(D28)
		人类活动健康(C7)	土地利用和分布(D29)、流域保护(D30)、土地退化(D31)、公众参与(D32)、环境意识(D33)、法制完善程度(D34)

(2) 构造判断矩阵并计算指标权重

在整个评价指标体系中,同一层次中各项指标对其父项评价的重要性是不一样的,这就涉及项目及每个项目的每个层次下面各分项指标的权重问题,为了确定每一层中各分项指标对其父项评价中的权重,需要构建每一层中各分项指标之间的判断矩阵。判断矩阵的正确建立直接关系到整个评价过程的成败。在判断矩阵中,上级指标与下级指标是一个上下级(或是父与子)的关系,两两比较判断是以上一层元素作为准则将其支配的下一层元素两两比较与评判而形成的。根据两两判断矩阵,采用专家问卷调查法,就每一层次各元素间的相对重要性给予定量表示,再利用数学方法确定表达每一层次的全部元素相对重要性次序的权值。

为了使问题得到进一步说明,下面根据层次分析法的步骤逐步确定表 12.2.1 中各项权重值,先以 $A-B$ 层的判断矩阵与排序为例进行讨论。$A-B$ 层的判断矩阵与排序,也就是两两比较系统结构、系统功能、生态系统服务功能与社会发展和人类健康指标在流域生态系统健康中的重要程度。下面构造判断矩阵 S 如下:

$$\begin{bmatrix} S & B_1 & B_2 & B_3 & B_4 \\ B_1 & a_{11} & a_{12} & a_{13} & a_{14} \\ B_2 & a_{21} & a_{22} & a_{23} & a_{24} \\ B_3 & a_{31} & a_{32} & a_{33} & a_{34} \\ B_4 & a_{41} & a_{42} & a_{43} & a_{44} \end{bmatrix}$$

例如,通过利用专家调查法得出矩阵内各系数为:

$$\begin{bmatrix} S & B_1 & B_2 & B_3 & B_4 \\ B_1 & 1 & 1 & 1/3 & 1/5 \\ B_2 & 1 & 1 & 1/2 & 1/5 \\ B_3 & 3 & 2 & 2 & 1/3 \\ B_4 & 5 & 5 & 3 & 1 \end{bmatrix}$$

再设权重 $K=(KB_1,KB_2,KB_3,KB_4)$,构造矩阵方程:

$$KB \cdot K = 4K \tag{12.2.2}$$

由于 KE 为已知,利用式(12.2.2)即可求得 $K(KB_1,KB_2,KB_3,KB_4)$,也即求得 KB 的特征向量(唯一解)。

$A-B$ 层各分项指标权重的排序应为:

$$\begin{vmatrix} S & B_1 & B_2 & B_3 & B_4 & 排序权重 \\ B_1 & 1 & 1 & 1/3 & 1/5 & 0.0977 \\ B_2 & 1 & 1 & 1/2 & 1/5 & 0.1081 \\ B_3 & 3 & 2 & 2 & 1/3 & 0.2286 \\ B_4 & 5 & 5 & 3 & 1 & 0.5657 \end{vmatrix}$$

依此类推，利用专家调查法和矩阵方程求解，可得出 B_1-C 系统结构下面各分项指标权重的排序应为：

$$\begin{vmatrix} S & C_1 & C_2 & C_3 & 排序权重 \\ C & 1 & 1 & 1/4 & 0.2125 \\ C_2 & 1 & 1 & 1/3 & 0.2283 \\ C_3 & 4 & 3 & 1 & 0.5592 \end{vmatrix}$$

C_1-D 活力下面各分项指标权重的排序应为：

$$\begin{vmatrix} S & D_1 & D_2 & D_3 & 排序权重 \\ D & 1 & 2 & 2 & 0.4531 \\ D_2 & 1/2 & 1 & 2 & 0.3204 \\ D_3 & 1/2 & 1/2 & 1 & 0.2265 \end{vmatrix}$$

C_2-D 组织结构下面各分项指标权重的排序应为：

$$\begin{vmatrix} S & D_4 & D_5 & 排序权重 \\ D_4 & 1 & 1/2 & 0.4142 \\ D_5 & 2 & 1 & 0.5858 \end{vmatrix}$$

C_3-D 恢复力下面各分项指标权重的排序应为：

$$\begin{vmatrix} S & D_6 & D_7 & 排序权重 \\ D_6 & 1 & 1 & 0.5000 \\ D_7 & 1 & 1 & 0.5000 \end{vmatrix}$$

B_2-D 系统功能下面各分项指标权重的排序应为：

$$\begin{vmatrix} S & D_8 & D_9 & D_{10} & 排序权重 \\ D_8 & 1 & 1 & 1/2 & 0.2716 \\ D_9 & 1 & 1 & 1/2 & 0.2716 \\ D_{10} & 2 & 2 & 1 & 0.4568 \end{vmatrix}$$

$B_3 - D$ 生态系统服务功能下面各分项指标权重的排序应为：

S	D_{11}	D_{12}	D_{13}	D_{14}	D_{15}	D_{16}	排序权重
D_{11}	1	1	2	1/2	1	1/2	0.1200
D_{12}	1	1	1/2	1/2	1	1/2	0.0900
D_{13}	1	1	1/2	1/2	1	1/2	0.0900
D_{14}	2	2	1	1	1	1/3	0.1000
D_{15}	1	1	1	2	1	1	1/2	0.1500
D_{16}	2	2	2	3	2	1	0.3800

$B_4 - C$ 社会发展与人类健康指标下面各分项指标权重的排序应为：

S	C_4	C_5	C_6	C_7	排序权重
C_4	1	1/2	3	3	0.2899
C_5	2	1	7	2	0.4578
C_6	1/3	1/7	1	1/5	0.0672
C_7	1/3	1/2	5	1	0.1902

$C_4 - D$ 人口动态下面各分项指标权重的排序应为：

S	D_{17}	D_{18}	D_{19}	D_{20}	排序权重
D_{17}	1	1/3	1/4	1/5	0.0699
D_{18}	3	1	1/2	4	0.3041
D_{19}	4	2	1	5	0.4895
D_{20}	5	1/4	1/8	1	0.1374

$C_5 - D$ 人口健康下面各分项指标权重的排序应为：

S	D_{21}	D_{22}	D_{23}	D_{24}	排序权重
D_{21}	1	1/4	1/4	1/4	0.0762
D_{22}	4	1	2	1/2	0.3049
D_{23}	4	1/2	1	1	0.2564
D_{24}	4	2	1	1	0.3626

C_6-D 经济状况下面各分项指标权重的排序应为：

S	D_{25}	D_{26}	D_{27}	D_{28}	排序权重
D_{25}	1	1/2	1/3	1/5	0.0963
D_{26}	2	1	1	1	0.2679
D_{27}	3	1	1	2	0.3526
D_{28}	5	1	1/2	1	0.2833

C_7-D 人口活动健康下面各分项指标权重的排序应为：

S	D_{29}	D_{30}	D_{321}	D_{32}	D_{33}	D_{34}	排序权重
D_{29}	1	1	1/2	2	2	2	0.2300
D_{30}	1	1	1	1	1	1	
D_{31}	2	1	1	2	1	1	0.2300
D_{32}	1/2	1	1/2	1	1	1	0.1100
D_{33}	1/2	1	1	1	1	1	
D_{34}	1/2	1	1	1	1	1	

（3）一致性检验

表 12.2.5 列出了各分项指标随机一致性检验表。由表 12.2.5 可知，各层指标之间的 CR 值均 <0.1，各判断矩阵的一致性可以接受。对上述判断矩阵计算后所得排序权重即为每一层次各元素对上一层元素的相对重要性。

表 12.2.5 判断矩阵随机一致性检验表

特征	$A-B$	B_1-C	C_1-D	C_2-D	C_3-D	B_2-D	B_3-D	B_4-C	C_4-D	C_5-D	C_6-D	C_7-D
CR	0.013	0.064	0.078	0	0	0.019	0.076	0.095	-0.042	0.069	0.069	0.042

12.2.2.2 评价指标权重确定

应用层次分析法和专家咨询法，确定项目层、要素层和指标层权重。首先请生态学家、水文学家、环境质量评价专家等，填写各指标权重的判断矩阵；采用和积法计算指标的权重，具体步骤如下：①将判断矩阵每一列正规化；②将每一列正规化的判断矩阵按行相加得到向量；③对向量做正规化处理，依次得到的列向量即为所求特征向量；④计算判断矩阵的最大特征根；⑤对判断矩阵进行一致性检验，得到各个评价指标对上一层的权重及各要素对目标层的权重。项目层、要素层和指标层的权重计算结果见表 12.2.6。

表 12.2.6 塔里木河流域生态系统健康综合评价指标体系权重

目标层	项目层	权重	因素层	权重	指标层	权重
塔里木河流域生态系统健康综合指数	系统结构	0.0977	活力	0.2485	植被生产力	0.4933
					生物多样性	0.3108
					土壤健康和质量	0.1958
			组织结构	0.2485	物种多样性	0.4142
					生态复杂性	0.5158
			恢复力	0.5030	自救能力	0.5000
					恢复能力	0.5000
	系统功能	0.1081			资源利用率	0.2500
					群落生产力	0.2500
					固氮功能	0.4998
	生态系统服务功能	0.2286			防风效应	0.1423
					净化功能	0.1423
					调节小气候	0.1731
					药材及薪材	0.1878
					禽群食物承载力	0.3545
	社会发展与人类健康指标	0.5657	人口动态	0.2899	人口密度	0.0699
					人口分布	0.3041
					人口变化趋势	0.4895
					人口死亡率	0.1374
			人口健康	0.4578	主要疾病发生程度	0.0762
					文化水平	0.3049
					环境因子对健康的潜在危害	0.2564
					对健康有害的资源和消费限制	0.3626
			经济状况	0.0622	区域内主要经济活动	0.0963
					经济发展的可持续性	0.2679
					技术发展水平	0.3526
					资源短缺和耗竭产生的经济限制	0.2833
			人类活动健康	0.1902	土壤利用和分布	0.2200
					流域保护	0.2200
					土地退化	0.1900
					公众参与	0.1600
					环境意识	0.1300
					法制完善程度	0.0700

12.2.2.3 健康评价方法

生态系统健康与否是一个相对的概念,是相对于标准值而言的,因此,流域生态系统健康与否可以作为一个模糊问题来处理。应用模糊数学的概念和方法建立流域生态系统健康评价模型:

$$A = W \cdot R \tag{12.2.3}$$

式中:A 为塔里木河流域生态系统健康状况矩阵;W 为评价要素的权矩阵,$W=(W_1,W_2,W_3,W_4)$;R 为各健康要素对各级健康标准(本章把健康评价标准分为"健康、临界状态、不健康"3个级别)的隶属度矩阵。

$$R = \begin{bmatrix} R_{11} & R_{12} & R_{13} \\ R_{21} & R_{22} & R_{23} \\ R_{31} & R_{32} & R_{33} \\ R_{41} & R_{42} & R_{43} \end{bmatrix} \tag{12.2.4}$$

$$R_{ij} = (W_{i1} W_{i2} \cdots W_{ik}) \begin{bmatrix} r_{1j} \\ r_{2j} \\ \vdots \\ r_{kj} \end{bmatrix} \tag{12.2.5}$$

式(12.2.4)和式(12.2.5)中:R_{ij} 为第 i 要素对第 j 级健康标准的隶属度,如 R_{33} 表示第3要素(生态系统服务功能)对第3级标准(不健康)的隶属度;W_{ik} 指第 i 评价要素对其包含的第 k 个指标所赋予的权重,其中 k 为各评价要素所包含的指标个数。r_{kj} 为第 k 指标对第 j 级标准的相对隶属度,r_{kj} 的计算对正向指标(指标值越大,健康程度越高)和负向指标(指标值越小,健康程度越高)有所不同,其计算方法(以第 Y 项指标值 x_y 为例,$y=1,2,\cdots,k$,S_{yj} 为第 Y 项指标的第 j 级健康标准值)如下:

(1)正向指标,如植被生产力、生物多样性等

当 $x_y > S_{y1}$ 时,$r_{y1}=1$,$r_{y2}=r_{y3}=0$

当 $S_{yj} \geqslant x_y \geqslant S_{yj+1}$ 时,$r_{yj+1}=S_{yj}-x_y/S_{yj}-S_{yj+1}$,$r_{yj}=1-r_{yj+1}$;($j=1,2$)

而对其他健康标准的隶属度均为0;

当 x_y 时,$r_{y3}=1$,$r_{y1}=r_{y2}=0$

负向指标,如主要疾病发生程度、环境因子对健康的潜在危害等

当 $x_y < S_{y1}$ 时,$r_{y1}=1$,$r_{y2}=r_{y3}=0$;

当 $S_{yj} \leqslant x_y \leqslant S_{yj+1}$ 时,$r_{yj+1}=x_y-S_{yj}/S_{yj+1}-S_{yj}$,$r_{yj}=1-r_{yj+1}$;($j=1,2$)

而对其他健康标准的隶属度均为0;

当 $x_y > S_{y3}$ 时,$r_{y3}=1$,$r_{y1}=r_{y2}=0$

12.2.2.4 健康评价结果

(1) 评价指标标准

根据塔里木河流域生态环境特点,共选取了34个指标进行评价。对于流域生态系统健康评价,目前尚无明确、统一的标准。评价标准的确定是塔里木河流域生态系统健康评价的难点。处于流域不同区域,面对不同人群的社会期望,评价标准也不同。Munawar等认为生态系统健康评价的目的不是为生态系统诊断疾病,而是在一个生态学框架下,结合人类健康观点对生态系统特征进行描述——定义人类所期望的生态系统状态。也就是说,评价标准的制订须在现状基础上,以最大发挥生态系统服务功能为目标,来定义生态系统健康状态。

根据上述观点,结合塔里木河流域的实际情况,通过实地考察,借鉴国家标准与相关研究成果,运用专家咨询、公众参与等方法确定评价标准,提出基于塔里木河流域现状的合理的指标标准和人类期望的目标。健康标准分级过程如下。

1) 植被生产力:以生态系统平均净生产力来表示,影响面积暂时按照河岸两侧1 km计算,根据奥德姆对地球上生态系统总生产力的高低划分标准进行判断,即最低(小于$0.5 \text{ g/m}^2\text{d}$)、较低($0.5 \sim 3.0 \text{ g/m}^2\text{d}$)、较高($3 \sim 10 \text{ g/m}^2\text{d}$)、最高($10 \sim 20 \text{ g/m}^2\text{d}$)。因此,平均净生产力$3.0 \text{ g/m}^2\text{d}$为不健康上限,$10 \text{ g/m}^2\text{d}$为健康下限,$3 \sim 10 \text{ g/m}^2\text{d}$为临界状态。

2) 生物多样性:包括生态系统多样性、物种多样性和基因多样性,本节运用物种多样性指数来反映生物多样性大小。具体计算方法同物种多样性。

3) 土壤健康和质量:土壤健康质量是土壤净化容纳污染物质、维护和保障人类及动植物健康能力的量度。以1 m土层储盐量来计算,依据塔里木河流域土壤水盐动态监测报告,确定1 kg/m^2为土壤健康标准上限,2 kg/m^2为土壤不健康标准的下限,$1 \sim 2 \text{ kg/m}^2$为土壤健康临界状态。

4) 物种多样性:对物种多样性的衡量可以通过对群落或生境内物种丰富度、物种均匀度的测量和计算获得。而物种多样性指数是物种丰富度和物种均匀度的综合指标。首先,计算重要值,然后,利用Simpson指数计算物种多样性指数。以1.5作为健康下限,0.5为不健康的上限,临界状态介于中间。

5) 生态复杂性:通过地表植物种数来表示,以9为健康下限,7为不健康上限,临界状态介于中间。

6) 自救能力:具体的健康评判标准与恢复能力相同。

7) 恢复能力:指生态系统所遭受的胁迫消失时,系统逐步恢复的能力,具体指标为自然干扰的恢复速度和生态系统对自然干扰的抵抗力。塔里木河流域主要受干旱、沙尘暴及用水矛盾等干扰影响,不同地段干扰强度不同,恢复能力也存在差异。通过专家打分确定,满分100分,以80分作为健康的下限,60分作为不健康的上限,临界状况介于中间。

8) 资源利用率:通过专家打分确定,以45%为健康的下限,其余级别向下浮动10%确定。

9) 群落生产力:健康评判标准的确定参考植被生产力。

10) 固氮功能:塔里木河流域生态系统固氮能力取决于氮素输入速率和氮素输出速率的对比。植物净初级生产力(NPP)反映碳素输入能力,土壤呼吸速率反映碳素排放能力,净生态系统生产能力反映生态系统固氮能力。因此,固氮功能的健康划分标准参考植被生产力。

11) 防风效应、净化功能、调节小气候、药材及薪材和禽群食物承载力：由于塔里木河流域地表植被覆盖度较低、生态系统服务功能较弱，可以推知以上指标健康的分数值均比较低。具体通过专家打分确定，满分 100 分，以 75 分作为健康的下限，其余级别向下浮动 10 分确定。

12) 人口密度：以 23 人/km² 为不健康的上限，11 人/km² 为临界上限，3 人/km² 为健康上限。

13) 人口分布：用人口密度来表示，具体健康标准同上。

14) 人口变化趋势：利用人口自然增长率来表示，以人口自然增长率为 8.5‰ 为健康上限，10.5‰ 为临界上限，10.6‰ 为不健康下限。

15) 人口死亡率：以 4‰ 作为健康上限，5‰ 作为临界上限，5.1‰ 作为不健康下限。

16) 主要疾病发生程度：通过主要疾病发生率即大病发生率来反映。由于人类发展指数（HDI）可综合表达人口受教育程度和人口健康状况，所以，以 HDI=1 表示健康，HDI=0 表示不健康，临界状态介于其间。

17) 文化水平：以拥有高中以上学历的人口占总人口的千分比作为健康标准，以拥有小学以下学历的人口占总人口的千分比作为不健康标准，临界状况为拥有初中文化水平的人口占总人口的千分比。这里以 70‰ 作为健康下限，59‰ 作为不健康的上限，临界状况介于中间。

18) 环境因子对健康的潜在危害、对健康有害的资源和消费限制、资源衡却和耗竭产生的经济限制：根据塔里木河流域各区段的水土资源和光热资源等状况，运用专家打分法，满分 100 分，确定 50 分为健康上限，其余级别向上浮动 20 分确定。

19) 区域主要经济活动：塔里木河流域社会经济活动主要以农牧业生产为主，这里以农牧民人均纯收入为健康标准，农牧民人均纯收入 1500 元/a 为不健康上限，人均纯收入 3500 元/a 为健康下限，人均纯收入 1500~3500 元/a 为临界状况。

20) 经济发展的可持续性：中国经济尤其是西部经济在实现可持续发展战略的过程中，应转变经济发展战略、深化体制改革、加强观念和制度创新、全面建立市场经济体制等。通过专家打分确定 80 分为健康下限，60 分为不健康上限，临界状态介于其间。

21) 技术发展水平：由专家打分确定，满分 100 分，70 分作为健康下限，60 分为不健康上限，临界状态介于中间。

22) 土壤利用和分布：通过专家打分确定，满分 100 分，确定 70 分作为健康下限，其余级别向下浮动 10 分确定。

23) 流域保护、土地退化、公众参与、环境意识、法制完善程度：通过专家打分确定，满分 100 分，确定 70 分作为健康下限，其余级别向下浮动 10 分确定。

具体的评价指标及各分级标准的标准值见表 12.2.7。

(2) 评价结果

1) 健康评价结果

依据 2006 年监测数据、实地调查结果和相关统计年鉴并结合上述评价模型，计算得到塔里木河流域 4 个要素对各健康级别的隶属度与各断面对各健康级别的隶属度（图 12.2.11 和表 12.2.8）。

表 12.2.7 塔里木河流域生态系统健康评价指标和标准

指标	健康	临界状态	不健康
植被生产力($g/m^2 d$)	≥10	3~10	≤3
生物多样性	≥1.5	0.5~1.5	≤0.5
土壤健康和质量(kg/m^2)	≤1	1~2	≤2
物种多样性	≥1.5	0.5~1.5	≤0.5
生态复杂性	≥9	7~9	≤7
自救能力	≥80	60~80	≤60
恢复能力	≥80	60~80	≤60
资源利用率(%)	≥45	25~45	≤25
群落生产力($g/m^2 d$)	≥10	3~10	≤3
固氮功能	≥10	3~10	≤3
防风效应	≥75	65~75	≤65
净化功能	≥75	65~75	≤65
调节小气候	≥75	65~75	≤65
药材及薪材	≥75	65~75	≤65
禽群食物承载力	≥75	65~75	≤65
人口密度(人/km^2)	≤3	3~11	≥11
人口分布(人/km^2)	≤3	3~11	≥11
人口变化趋势(‰)	≤8.5	8.5~10.5	≥10.5
人口死亡率(‰)	≤4	4~5	≥5
主要疾病发生程度	1	0~1	0
文化水平(‰)	≥70	60~70	≤60
环境因子对健康的潜在危害	≤50	50~70	≥70
对健康有害的资源和消费限制	≤50	50~70	≥70
区域内主要经济活动(元/a)	≥3500	1500~3500	≤1500
经济发展的可持续性	≥80	60~80	≤60
技术发展水平	≥70	60~70	≤60
资源衡却和耗竭产生的经济限制	≤50	50~70	≥70
土壤利用和分布	≥70	50~70	≤50
流域保护	≥70	50~70	≤50
土地退化	≤50	50~70	≥70
公众参与	≥70	50~70	≤50
环境意识	≥70	50~70	≤50
法制完善程度	≥70	50~70	≤60

表 12.2.8 塔里木河流域生态系统健康评价结果

区域		健康	临界状态	不健康	状态描述
阿克苏河	山区	0.966	0.115	0	健康
	平原区	0.816	0.233	0	健康
	荒漠区	0.291	0.086	0.623	不健康
叶尔羌河	山区	0.769	0.285	0	健康
	平原区	0.994	0.409	0	健康
	荒漠区	0.274	0.177	0.648	不健康

(续表)

区域		健康	临界状态	不健康	状态描述
和田河	山区	0.981	0.110	0	健康
	平原区	0.861	0.139	0	健康
	荒漠区	0.299	0.078	0.623	不健康
开孔河 (开都河—孔雀河)	山区	0.814	0.137	0	健康
	平原区	0.566	0.472	0	健康
	荒漠区	0.273	0.080	0.321	不健康
塔里木河干流	上游	0.773	0.227	0	健康
	中游	0.586	0.185	0.229	健康
	下游	0.272	0	0.729	不健康

由评价结果(图 12.2.1)可知,影响塔里木河源流山区健康的限制因子主要为系统结构和生态系统服务功能,生态系统服务功能对健康状态的隶属度均高达 1,系统结构对健康状态的隶属度也接近于 1。主要原因是塔里木河源流山区地表植被盖度大,生物多样性大,生态系统复杂,生态系统受干扰后恢复能力强,其防风阻沙、净化空气、调节小气候等服务功能较强。系统功能对塔里木河源流平原绿洲区的健康状况起决定作用,对健康状态的隶属度高达 1。平原绿洲区资源利用率,尤其是水资源利用率较高,均超过 40%,群落生产力较大,土壤固氮功能较强。制约塔里木河源流荒漠区健康的主要因素也是系统结构和生态系统服务功能,尤其是阿克苏河、和田河和开都河—孔雀河流域的荒漠区,此两个要素对源流荒漠区不健康状态的隶属度均高达 0.85 以上。荒漠区植被稀疏,生态简单,防风阻沙效应很弱,沙尘暴频繁,遭受干扰后难以恢复。

影响塔里木河上游、中游和下游健康的因素各不相同,影响上游健康的主要因素是系统功能和社会发展与人类健康指标,该二要素对上游健康状态的隶属度高达 0.8 以上。上游资源利用率高,群落生产能力较大,当地农牧民人均纯收入超过 4000 元/a,技术发展水平较高,当地居民的环境保护意识较强,可持续发展水平较高。中游主要受生态系统服务功能和社会发展与人类健康指标影响,虽然生态系统服务功能对不健康状态的隶属度高达 1,但因系统功能和社会发展与人类健康指标对健康状态的隶属度大于 0.6,而使中游处于健康状态。中游防洪堤的修建很大程度上减轻了洪水的漫溢,使得洪水灾害对健康的潜在危害减弱。制约下游健康的主要因素有系统结构、系统功能和生态系统服务功能,此三个要素对下游不健康状态的隶属度均高达 1。从 20 世纪 70 年代至今,塔里木河下游河道已断流 30 多年,河岸两侧天然植被大面积衰败,土地沙化严重,沙尘天气频繁,生物多样性严重受损,人烟稀少。

按照最大隶属度原则,塔里木河四源流——阿克苏河、叶尔羌河、和田河和开都河—孔雀河流域的山区和平原绿洲区均处于健康状态,四源流山区隶属度分别为 0.966、0.769、0.981 和 0.814,平原绿洲区隶属度分别为 0.816、0.994、0.861 和 0.566,开都河—孔雀河流域的平原绿洲区与其他源流平原绿洲对健康状态的隶属度相差较大。四源流的荒漠区均处于不健康状态,隶属度分别为 0.623、0.648、0.623 和 0.321,开都河—孔雀河流域的荒漠区与其他源流的荒漠区对不健康状态的隶属度相差较大。四源流山区对健康状态的隶属度

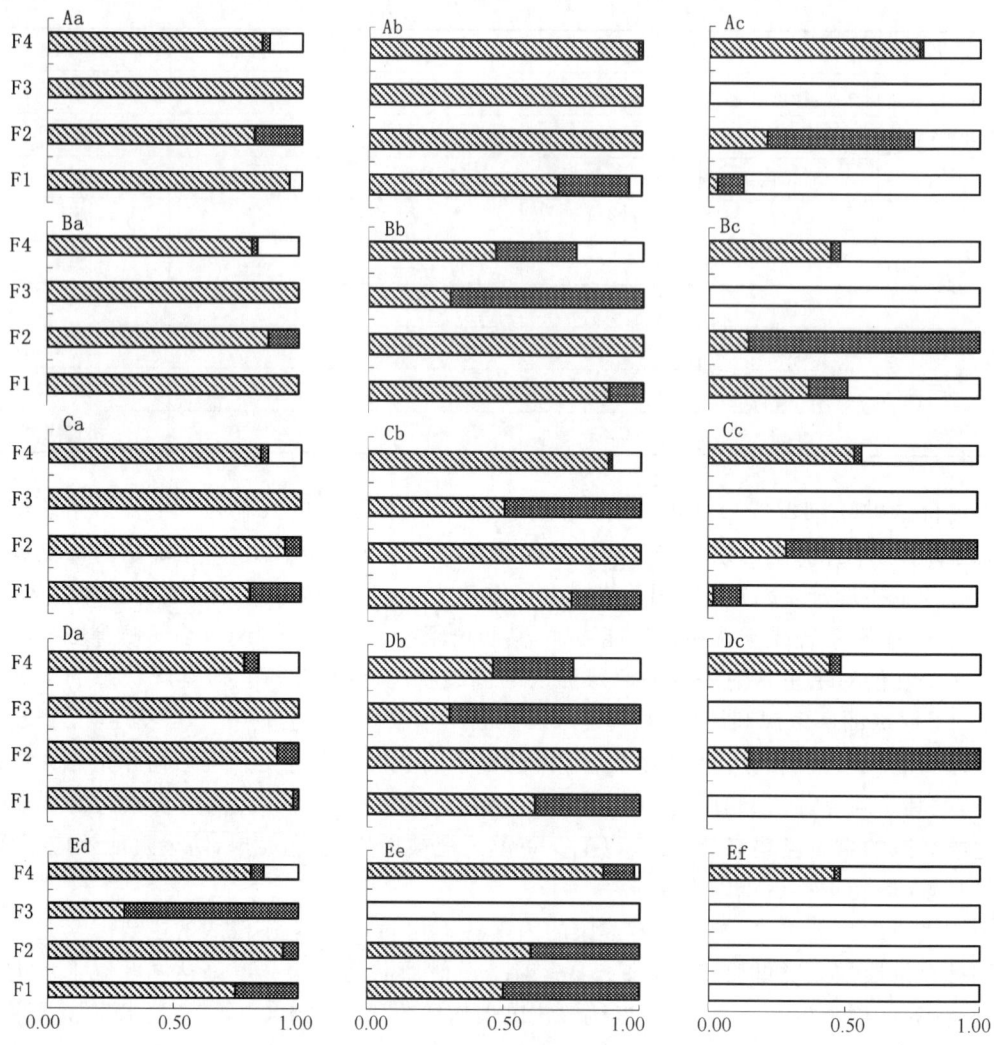

图 12.2.1 塔里木河流域生态系统健康评价结果

(A. 阿克苏河;B. 叶尔羌河;C. 和田河;D. 开孔河;E. 塔里木河干流;a. 山区;b. 平原区;c. 荒漠区;d. 上游;e. 中游;f. 下游;F1. 系统结构;F2. 系统功能;F3. 生态系统服务功能;F4. 社会发展与人类健康指标)

排序为:和田河＞阿克苏河＞开都河—孔雀河＞叶尔羌河;平原绿洲区对健康状态的隶属度排序为:叶尔羌河＞和田河＞阿克苏河＞开都河—孔雀河;荒漠区对不健康状态的隶属度排序为:叶尔羌河＞阿克苏河＞和田河＞开都河—孔雀河。塔里木河干流的上游和中游生态系统处于健康状态,隶属度分别为 0.773 和 0.586,下游生态系统处于不健康状态,隶属度为 0.729。

从表 12.2.8 可知,塔里木河干流上中游与源流的山区和平原区对健康状态的隶属度相差较大,中游最差,达 0.586。与四源流的荒漠区相比,塔里木河干流下游对不健康状态的隶属度最大,达 0.729。因此,从整体上看,下游生态环境最差。

2)塔里木河流域生态系统健康等级及可恢复程度划分

为了便于比较塔里木河流域生态系统健康程度和可恢复程度,将健康度细分为 5 个等级,可恢复程度划分为3个等级,等级划分范围规定为[0,1],按基本等量的原则来划分等级(表12.2.9)。

表12.2.9 塔里木河流域生态系统健康等级及可恢复程度

区域		健康等级[a]					可恢复程度[b]		
		优 (1.0~0.8)	良好 (0.8~0.6)	一般 (0.6~0.4)	差 (0.4~0.2)	很差 (0.2~0.0)	容易 (>1.0)	中等 (0.5~1.0)	困难 (0~0.5)
阿克苏河	山区	0.966	/	/	/	/	1.081	/	/
	平原区	0.816	/	/	/	/	1.048	/	/
	荒漠区	/	/	/	0.291	/	/	/	0.377
叶尔羌河	山区	/	0.769	/	/	/	1.054	/	/
	平原区	0.994	/	/	/	/	1.403	/	/
	荒漠区	/	/	/	0.274	/	/	/	0.451
和田河	山区	0.981	/	/	/	/	1.091	/	/
	平原区	0.861	/	/	/	/	1.000	/	/
	荒漠区	/	/	/	0.299	/	/	/	0.377
开孔河	山区	0.814	/	/	/	/	/	0.951	/
	平原区	/	/	0.566	/	/	1.038	/	/
	荒漠区	/	/	/	0.273	/	/	/	0.353
塔里木河干流	上游	/	0.773	/	/	/	1.000	/	/
	中游	/	/	0.586	/	/	/	0.771	/
	下游	/	/	/	0.272	/	/	/	0.272

注:a)此栏数字为对健康状态的隶属度;b)此栏数字为对临界状态和健康状态的隶属度之和。

从健康等级划分结果(表12.2.9)看出,塔里木河源流荒漠区的健康水平都属于"差"的级别,阿克苏河和和田河流域的山区和平原绿洲区的健康程度都属于"优"的级别,叶尔羌河流域山区的健康程度良好,开都河—孔雀河流域的平原绿洲区健康程度一般。塔里木河干流上游健康状况良好,中游一般,下游较差。从塔里木河流域生态系统可恢复程度难易来说,四源流的山区和平原绿洲区对健康和临界状态的隶属度之和都大于0.9,生态环境容易恢复,四源流的荒漠区对健康和临界状态的隶属度之和都小于0.5,可恢复程度属于困难级别;塔里木河干流上游生态环境容易恢复,中游可恢复程度属于中等级别,下游生态环境难以恢复。今后,应提高对四源流的荒漠区和干流下游生态环境的综合治理力度,增加管理设施,协调地方与兵团、源流与干流、生产与生活用水矛盾,为恢复源流荒漠区和下游生态提供充足的水源。在塔里木河中游采取有效的生态系统管理措施,改变影响中游健康的限制因子状况,中游生态环境可以向更好的方向发展。

12.2.2.5 建议

研究结果表明,制约塔里木河源流生态系统健康的因素主要是系统结构、系统功能和生态系统服务功能,制约塔里木河干流生态系统健康的因素主要是系统功能和社会发展与人类健康指标。因此,对塔里木河流域生态恢复和管理提出以下措施和研究内容。

(1)提高塔里木河流域地表植被覆盖度。根据塔里木河流域不同区段所具有的自然地理和社会经济特征,在雨水资源较丰富的源流山区和平原绿洲区,通过植树种草等方法,人为地加速地表植被恢复;在水资源非常缺乏的塔里木河源流荒漠区和干流下游,研发集成天然植被保育与恢复技术,并将该技术进行推广应用;塔里木河干流上中游是人工植被与天然植被融合区,属于绿洲农业生态系统,需进行农业产业结构调整。通过人工改造农田种植结构,提高种植效率,使农田生态系统向节水、节能、高产、高效方向发展。

(2)提高水资源利用率。从科研攻关角度,应加强对以下内容的研究:对重点地区的水资源开发利用现状进行系统评价,构建水资源合理配置理论方法和基本模式,坚持水—土平衡,以水定发展规模,提高水资源与土地资源和矿产资源的匹配程度;坚持水—量平衡,统筹考虑经济发展用水和生态建设用水;坚持水—盐平衡,通过地表水—地下水联合利用解决春旱和次生盐渍化问题。在调水方面,要考虑流域内和流域间的水资源统一配置,合理权衡需要与可能、近期与远期、局部与全局、经济与生态的关系。在水资源开发利用层次上,要考虑节流与开源、开发与保护、工程与管理的关系。在流域内,要考虑上游与下游、支流与干流的关系,通过水资源的合理配置、高效利用和统一管理,促进当地内涵发展方式的实现和生态型经济结构的调整。

(3)恢复并提高生态系统服务功能。研究表明,提高地表植被覆盖度可有效提高植被的防风阻沙效应,减少沙尘天气,净化空气,改善动植物栖息环境。提高地表植被覆盖度,生态系统服务功能才能得以发挥。

12.2.2.6 结语

(1)本节建立了以改善流域生态环境为目标的流域生态系统健康评价指标体系,包括系统结构、系统功能、生态系统服务功能和社会发展和人类健康指标 4 个评价要素,涵盖水文、生态、环境和社会 4 个方面。

(2)通过观察指标权重,可以清楚地看出社会发展与人类健康指标对塔里木河流域的生态系统健康状况贡献最大,其次是生态系统服务功能、系统结构的贡献最小。如果流域生态系统有利于当地的社会发展和人类健康,生态系统服务功能较强,那么该流域生态系统处于健康状态,反之亦然。同理,各评价元素在该层次中所占的权重也清楚地反映了各元素在其所属上一层次中的相对重要性或贡献率。

(3)根据生态系统健康理论,本节主要从生态系统的活力、组织结构、恢复力及生态系统功能和服务功能的维持、社会发展和人类健康指标等方面,依据流域各区段的健康状况确定了可恢复程度的等级。生态系统恢复力与生态系统健康状况二者的定量关系还有待于进一步研究。

12.2.3 基于 PSR 模型的生态系统健康评价

目前,有关生态系统健康评价方法的研究较多,但大多是单定性或单定量(纯数学模型)的评价(Mcmichael 等,1999;袁兴中等,2001;马克明等,2001;孔红梅等,2002;肖风劲等,2002;梁文举等,2002;刘惠清等,2003;张秋根等,2003)。由于流域生态系统健康是多维因素的综合体,对其评价需经过从单因素的小综合到多因素的大综合,这决定了单因素评价无法得出以地域为单位的生态系统健康的综合评语。20 世纪 80 年代蔡文创立的可拓学是把定性和定量科学结合的有力工具,它的理论支柱是物元理论和可拓集合论,其逻辑细胞则是物元(蔡文,1994)。本节把可拓学的原理和方法运用于塔里木河流域生态系统的健康评价,权作一种尝试与探索。

12.2.3.1 评价指标的选取

(1)指标选取的原则

作为衡量塔里木河流域生态系统健康的指标体系,不仅应遵循客观性、科学性、完整性和有效性的普遍原则外,还应从以下3个方面进行考虑。

1)塔里木河流域生态系统的特征

由于流域生态系统是一个开放的系统,有着许多能量与物质的输入与输出,其不但受自然规律的控制,也受人为因素的制约。由于生态环境的严酷性:干旱、寒冷、强风、强辐射、土质瘠薄、盐碱性强等不利因素,使生态系统通常处在生理生态临界线边缘,生命行为薄弱,生物多样性与生态系统脆弱,较易受到上述物理与人为因素,如伐林、樵采、滥垦、过牧等的影响而退化、甚至破坏和绝灭,而系统的更新与恢复则旷日持久,十分艰难,甚至不可逆转,从而成为生态环境与社会可持续发展的重大障碍。另外,塔里木河流域生态系统内部水资源利用率低,人们生产、生活与生态用水之间的矛盾突出。由于受自然和人为因素的影响,这种系统的结构可以理解为人的栖息劳作、区域生态环境与社会环境的耦合。因此,塔里木河流域生态系统健康评价指标必须考虑其具有复合性、脆弱性和开放性等特征。

2)PSR模型

根据经济合作和开发组织(OECD)与联合国环境规划署(UNEP)共同提出的环境指标P-S-R概念模型,即压力(Pressure)—状态(State)—响应(Response)模型(Tong等,2000)。在PSR框架内,某一类环境问题可以由3个不同但又相互联系的指标类型来表达:压力指标反映人类活动给环境造成的负荷,包括对环境问题起着驱动作用的间接压力(如人类的活动倾向),也包括直接压力(如资源利用、污染物质排放)。状态指标表征环境质量、自然资源与生态系统的状况,主要包括生态系统与自然环境现状、人类的生活质量与健康状况等。响应指标表征人类面临环境问题所采取的对策与措施,反映了社会或个人为了停止、减轻、预防或恢复不利于人类生存与发展的环境变化而采取的措施,如教育、法规、市场机制和技术变革等。PSR概念模型从人类与环境系统的相互作用与影响出发,对环境指标进行组织分类,具有较强的系统性。因此,本节根据PSR概念模型,从资源环境压力、资源环境状态、人文环境响应3方面选取一些能够反映塔里木河流域生态系统健康的指标。

3)选取的指标应可比、可量、可行

可比性要求评价结果在时间上现状与过去可比,在空间上不同区域之间可比。通过时间上的可比,反映塔里木河流域生态系统健康的演进轨迹;通过区际比较,反映各生态系统之间的优势与缺陷,以便提出相应的对策措施。这要求指标的统计、含义在不同时段、不同区域一定要相同。可量化一是要求定性指标可以间接量化;二是定量指标直接量化。可行性要求指标体系要以现实统计数据作为基础,要容易获取,易于分析计算。

(2)指标的选取结果

根据指标选取的原则,考虑到目前国内外有关生态系统健康评价的各种方法(Rapport等,1989;蔡文,1994;Schaeffer等,1996;袁兴中等,2001;马克明等,2001;肖风劲等,2002;梁文举等,2002;刘惠清等,2003;罗跃初等,2003),构建了3个层次的塔里木河流域生态系统健康评价指标体系。第1层次是项目层:资源环境压力、资源环境状态、人文环境响应;第2

层次是评价因素层,即每一个评价准则具体有哪些因素决定;第 3 层次是指标层,即每一个评价因素有哪些具体指标来表达。具体结果见表 12.2.10。

表 12.2.10 基于 PSR 模型的塔里木河流域生态系统健康评价指标体系

项目层	因素层		指标层
资源环境压力	人口压力		人口密度 x_1
	水资源压力		水资源利用率 x_2,地下水埋深 x_3,地下水质 x_4
	干旱压力		沙尘天数 x_5
资源环境状态	非生物指标	人口质量	(人口受教育程度,人口健康状况)DHI x_6
		水资源质量	地下水质指数 x_7
		环境质量	沙化指数 x_8
	生物指标	生物生理响应	水势 x_9,脯氨酸(脱落酸、丙二醛)x_{10}
		种群响应	种类数 x_{11},相对盖度 x_{12}
		群落响应	物种多样性 x_{13}
		生态系统响应	(活力,组织结构,恢复力)HI x_{14}
	功能指标		防风阻沙效应 x_{15},对局部气候的调节作用 x_{16}
人文环境响应	环境响应		生态退化率 x_{17}
	人文响应		生态保护意识 x_{18},用于生态保护财政支出 x_{19}

12.2.3.2 物元评判模型的建立

(1) 确定经典域、节域和待判物元

根据物元分析理论,要分析塔里木河流域生态系统健康状况,首先要分析该问题所涉及的各因素,依据有关国家标准和相关年鉴的统计数据,给出各因素因子的量值,建立塔里木河流域生态系统健康评价状况的物元模型:

$$R = (N, C, X) = \begin{bmatrix} N & C_1 & X_1 \\ & C_2 & X_2 \\ & \cdots & \cdots \\ & C_n & X_n \end{bmatrix} = \begin{bmatrix} \text{生态系统健康状况} & C_1 & X_1 \\ & C_2 & X_2 \\ & \cdots & \cdots \\ & C_n & X_n \end{bmatrix} \quad (12.2.6)$$

式中:N 表示流域生态系统健康状况,$C_i(i=1,2,\cdots,n)$ 表示影响流域生态系统健康状况的特征因子,$X_i(i=1,2,\cdots,n)$ 表示流域生态系统健康状况 N 关于特征因子 C_i 所确定的量值范围。

根据上述生态系统健康评价指标体系,运用可拓集合的概念,将塔里木河流域生态系统健康分异概念集合{健康→临界状态→不健康→极不健康}中的渐变分类关系从定性描述扩展为定量描述,从而辨识这个概念的层次关系。首先,将问题概述为设 $P=$ {健康→临界状态→不健康→极不健康},将 $N_{01}=${健康},$N_{02}=${临界状态},$N_{03}=${不健康},$N_{04}=${极不健康},则 N_{01}、N_{02}、N_{03}、$N_{04} \in P$,对任何 $p \subset P$,使判断 P 属于 N_{01} 或 N_{02}、N_{02}、N_{03}、N_{04},并计算隶属的程度。

经典域物元为：

$$R_{01} = \begin{bmatrix} N_{01} & C_1 & V_{011} \\ & C_2 & V_{012} \\ & C_3 & V_{013} \\ & C_4 & V_{014} \\ & C_5 & V_{015} \\ & C_6 & V_{016} \\ & C_7 & V_{017} \\ & C_8 & V_{018} \\ & C_9 & V_{019} \\ & C_{10} & V_{020} \\ & C_{11} & V_{021} \\ & C_{12} & V_{022} \\ & C_{13} & V_{023} \\ & C_{14} & V_{024} \\ & C_{15} & V_{025} \\ & C_{16} & V_{026} \\ & C_{17} & V_{027} \\ & C_{18} & V_{028} \\ & C_{19} & V_{029} \end{bmatrix} = \begin{bmatrix} N_{01} & C_1 & (a_{011}, b_{011}) \\ & C_2 & a_{012}, b_{012} \\ & C_3 & a_{013}, b_{013} \\ & C_4 & a_{014}, b_{014} \\ & C_5 & a_{015}, b_{015} \\ & C_6 & a_{016}, b_{016} \\ & C_7 & a_{017}, b_{017} \\ & C_8 & a_{018}, b_{018} \\ & C_9 & a_{019}, b_{019} \\ & C_{10} & a_{020}, b_{020} \\ & C_{11} & a_{021}, b_{021} \\ & C_{12} & a_{022}, b_{022} \\ & C_{13} & a_{023}, b_{023} \\ & C_{14} & a_{024}, b_{024} \\ & C_{15} & a_{025}, b_{025} \\ & C_{16} & a_{026}, b_{026} \\ & C_{17} & a_{027}, b_{027} \\ & C_{18} & a_{028}, b_{028} \\ & C_{19} & a_{029}, b_{029} \end{bmatrix} = \begin{bmatrix} N_{01} & C_1 & (1.11) \\ & C_2 & (30\%, 40\%) \\ & C_3 & (1, 4) \\ & C_4 & (0, 3) \\ & C_5 & (<20) \\ & C_6 & (1) \\ & C_7 & (<0.5) \\ & C_8 & (0, 0.3) \\ & C_9 & (<-6.5) \\ & C_{10} & (0, 0.0209) \\ & C_{11} & (9, 11) \\ & C_{12} & (0.16, 0.48) \\ & C_{13} & (>0.45) \\ & C_{14} & (\geq 0.58) \\ & C_{15} & (>0.9) \\ & C_{16} & (>0.9) \\ & C_{17} & (<0.5) \\ & C_{18} & (>0.9) \\ & C_{19} & (>0.9) \end{bmatrix}$$

$$R_{02} = \begin{bmatrix} N_{02} & C_1 & V_{011} \\ & C_2 & V_{012} \\ & C_3 & V_{013} \\ & C_4 & V_{014} \\ & C_5 & V_{015} \\ & C_6 & V_{016} \\ & C_7 & V_{017} \\ & C_8 & V_{018} \\ & C_9 & V_{019} \\ & C_{10} & V_{020} \\ & C_{11} & V_{021} \\ & C_{12} & V_{022} \\ & C_{13} & V_{023} \\ & C_{14} & V_{024} \\ & C_{15} & V_{025} \\ & C_{16} & V_{026} \\ & C_{17} & V_{027} \\ & C_{18} & V_{028} \\ & C_{19} & V_{029} \end{bmatrix} = \begin{bmatrix} N_{02} & C_1 & (a_{011}, b_{011}) \\ & C_2 & a_{012}, b_{012} \\ & C_3 & a_{013}, b_{013} \\ & C_4 & a_{014}, b_{014} \\ & C_5 & a_{015}, b_{015} \\ & C_6 & a_{016}, b_{016} \\ & C_7 & a_{017}, b_{017} \\ & C_8 & a_{018}, b_{018} \\ & C_9 & a_{019}, b_{019} \\ & C_{10} & a_{020}, b_{020} \\ & C_{11} & a_{021}, b_{021} \\ & C_{12} & a_{022}, b_{022} \\ & C_{13} & a_{023}, b_{023} \\ & C_{14} & a_{024}, b_{024} \\ & C_{15} & a_{025}, b_{025} \\ & C_{16} & a_{026}, b_{026} \\ & C_{17} & a_{027}, b_{027} \\ & C_{18} & a_{028}, b_{028} \\ & C_{19} & a_{029}, b_{029} \end{bmatrix} = \begin{bmatrix} N_{02} & C_1 & (1,3; 11,123) \\ & C_2 & (40\%) \\ & C_3 & (4, 6) \\ & C_4 & (3, 6) \\ & C_5 & (20, 30) \\ & C_6 & (0, 1) \\ & C_7 & (0, 5) \\ & C_8 & (0.3, 0.5) \\ & C_9 & (-6.5) \\ & C_{10} & (0.0293, 0.0296) \\ & C_{11} & (8, 9) \\ & C_{12} & (0.13, 0.16) \\ & C_{13} & (0.39, 0.45) \\ & C_{14} & (0.5, 0.58) \\ & C_{15} & (0.6) \\ & C_{16} & (0.6) \\ & C_{17} & (0.5) \\ & C_{18} & (0.6) \\ & C_{19} & (0.6) \end{bmatrix}$$

$$R_{03} = \begin{bmatrix} N_{03} & C_1 & V_{011} \\ & C_2 & V_{012} \\ & C_3 & V_{013} \\ & C_4 & V_{014} \\ & C_5 & V_{015} \\ & C_6 & V_{016} \\ & C_7 & V_{017} \\ & C_8 & V_{018} \\ & C_9 & V_{019} \\ & C_{10} & V_{020} \\ & C_{11} & V_{021} \\ & C_{12} & V_{022} \\ & C_{13} & V_{023} \\ & C_{14} & V_{024} \\ & C_{15} & V_{025} \\ & C_{16} & V_{026} \\ & C_{17} & V_{027} \\ & C_{18} & V_{028} \\ & C_{19} & V_{029} \end{bmatrix} = \begin{bmatrix} N_{03} & C_1 & (a_{011}, b_{011}) \\ & C_2 & a_{012}, b_{012} \\ & C_3 & a_{013}, b_{013} \\ & C_4 & a_{014}, b_{014} \\ & C_5 & a_{015}, b_{015} \\ & C_6 & a_{016}, b_{016} \\ & C_7 & a_{017}, b_{017} \\ & C_8 & a_{018}, b_{018} \\ & C_9 & a_{019}, b_{019} \\ & C_{10} & a_{020}, b_{020} \\ & C_{11} & a_{021}, b_{021} \\ & C_{12} & a_{022}, b_{022} \\ & C_{13} & a_{023}, b_{023} \\ & C_{14} & a_{024}, b_{024} \\ & C_{15} & a_{025}, b_{025} \\ & C_{16} & a_{026}, b_{026} \\ & C_{17} & a_{027}, b_{027} \\ & C_{18} & a_{028}, b_{028} \\ & C_{19} & a_{029}, b_{029} \end{bmatrix} = \begin{bmatrix} N_{03} & C_1 & (3, 23) \\ & C_2 & (>40\%) \\ & C_3 & (6, 8) \\ & C_4 & (6, 10) \\ & C_5 & (30, 40) \\ & C_6 & (0) \\ & C_7 & (0.5, 1) \\ & C_8 & (0.5, 0.8) \\ & C_9 & (-6.5, -7.7) \\ & C_{10} & (0.0296, 0.0368) \\ & C_{11} & (4, 8) \\ & C_{12} & (0.06, 0.13) \\ & C_{13} & (0.21, 0.39) \\ & C_{14} & (<0.5) \\ & C_{15} & (0.5) \\ & C_{16} & (0.5) \\ & C_{17} & (0.6) \\ & C_{18} & (0.5) \\ & C_{19} & (0.5) \end{bmatrix}$$

$$R_{04} = \begin{bmatrix} N_{04} & C_1 & V_{011} \\ & C_2 & V_{012} \\ & C_3 & V_{013} \\ & C_4 & V_{014} \\ & C_5 & V_{015} \\ & C_6 & V_{016} \\ & C_7 & V_{017} \\ & C_8 & V_{018} \\ & C_9 & V_{019} \\ & C_{10} & V_{020} \\ & C_{11} & V_{021} \\ & C_{12} & V_{022} \\ & C_{13} & V_{023} \\ & C_{14} & V_{024} \\ & C_{15} & V_{025} \\ & C_{16} & V_{026} \\ & C_{17} & V_{027} \\ & C_{18} & V_{028} \\ & C_{19} & V_{029} \end{bmatrix} = \begin{bmatrix} N_{04} & C_1 & (a_{011}, b_{011}) \\ & C_2 & a_{012}, b_{012} \\ & C_3 & a_{013}, b_{013} \\ & C_4 & a_{014}, b_{014} \\ & C_5 & a_{015}, b_{015} \\ & C_6 & a_{016}, b_{016} \\ & C_7 & a_{017}, b_{017} \\ & C_8 & a_{018}, b_{018} \\ & C_9 & a_{019}, b_{019} \\ & C_{10} & a_{020}, b_{020} \\ & C_{11} & a_{021}, b_{021} \\ & C_{12} & a_{022}, b_{022} \\ & C_{13} & a_{023}, b_{023} \\ & C_{14} & a_{024}, b_{024} \\ & C_{15} & a_{025}, b_{025} \\ & C_{16} & a_{026}, b_{026} \\ & C_{17} & a_{027}, b_{027} \\ & C_{18} & a_{028}, b_{028} \\ & C_{19} & a_{029}, b_{029} \end{bmatrix} = \begin{bmatrix} N_{04} & C_1 & (>3, >23) \\ & C_2 & (>40\%) \\ & C_3 & (>8) \\ & C_4 & (>10) \\ & C_5 & (>40) \\ & C_6 & (0) \\ & C_7 & (>1) \\ & C_8 & (>0.8) \\ & C_9 & (<-7.7) \\ & C_{10} & (>0.0368) \\ & C_{11} & (2, 4) \\ & C_{12} & (0.04, 0.06) \\ & C_{13} & (0.06, 0.21) \\ & C_{14} & (<0.5) \\ & C_{15} & (<0.5) \\ & C_{16} & (<0.5) \\ & C_{17} & (>0.9) \\ & C_{18} & (<0.5) \\ & C_{19} & (<0.5) \end{bmatrix}$$

节域物元为：

$$R_P = \begin{bmatrix} P & C_1 & V_{P1} \\ & C_2 & V_{P2} \\ & C_3 & V_{P3} \\ & C_4 & V_{P4} \\ & C_5 & V_{P5} \\ & C_6 & V_{P6} \\ & C_7 & V_{P7} \\ & C_8 & V_{P8} \\ & C_9 & V_{P9} \\ & C_{10} & V_{P10} \\ & C_{11} & V_{P11} \\ & C_{12} & V_{P12} \\ & C_{13} & V_{P13} \\ & C_{14} & V_{P14} \\ & C_{15} & V_{P15} \\ & C_{16} & V_{P16} \\ & C_{17} & V_{P17} \\ & C_{18} & V_{P18} \\ & C_{19} & V_{P19} \end{bmatrix} = \begin{bmatrix} P & C_1 & (a_{P1}, b_{P1}) \\ & C_2 & a_{P2}, b_{P2} \\ & C_3 & a_{P3}, b_{P3} \\ & C_4 & a_{P4}, b_{014} \\ & C_5 & a_{P5}, b_{015} \\ & C_6 & a_{P6}, b_{016} \\ & C_7 & a_{P7}, b_{017} \\ & C_8 & a_{P8}, b_{018} \\ & C_9 & a_{P9}, b_{019} \\ & C_{10} & a_{P10}, b_{P10} \\ & C_{11} & a_{P11}, b_{P11} \\ & C_{12} & a_{P12}, b_{P12} \\ & C_{13} & a_{P13}, b_{P13} \\ & C_{14} & a_{P14}, b_{P14} \\ & C_{15} & a_{P15}, b_{P15} \\ & C_{16} & a_{P16}, b_{P16} \\ & C_{17} & a_{P17}, b_{P17} \\ & C_{18} & a_{P18}, b_{P18} \\ & C_{19} & a_{P19}, b_{P19} \end{bmatrix} = \begin{bmatrix} P & C_1 & (1, 23) \\ & C_2 & (30\%, 40\%) \\ & C_3 & (1, 8) \\ & C_4 & (0, 10) \\ & C_5 & (20, 40) \\ & C_6 & (0, 1) \\ & C_7 & (0.5, 1) \\ & C_8 & (0, 0.8) \\ & C_9 & (-7.7, -6.5) \\ & C_{10} & (0.0, 0.0368) \\ & C_{11} & (2, 11) \\ & C_{12} & (0.04, 0.48) \\ & C_{13} & (0.06, 0.45) \\ & C_{14} & (0.5, 0.58) \\ & C_{15} & (0.5, 0.9) \\ & C_{16} & (0.5, 0.9) \\ & C_{17} & (0.5, 0.9) \\ & C_{18} & (0.5, 0.9) \\ & C_{19} & (0.5, 0.9) \end{bmatrix}$$

待判物元为：

$$R_I = \begin{bmatrix} P & & & & & & & & & & & & & & & & & & \\ C_1 & C_2 & C_3 & C_4 & C_5 & C_6 & C_7 & C_8 & C_9 & C_{10} & C_{11} & C_{12} & C_{13} & C_{14} & C_{15} & C_{16} & C_{17} & C_{18} & C_{19} \\ v_1 & v_2 & v_3 & v_4 & v_5 & v_6 & v_7 & v_8 & v_9 & v_{10} & v_{11} & v_{12} & v_{13} & v_{14} & v_{15} & v_{16} & v_{17} & v_{18} & v_{19} \end{bmatrix}$$

通过综合考虑活力(V)、组织结构(O)和恢复力(R)，Costanza 等已提出一个生态系统健康指数(Health Index, HI)，初步形成 $HI = V \times O \times R$ 的概念模型。由于 V、O 和 R 可以通过上述公式表示为变量 HI，本节在确定资源环境状态生物指标时，使用了由 V、O 和 R 构成的生态系统健康指数 HI。资源环境压力指标和资源环境状态生物指标均为定量指标，通过查阅相关文献即可归纳确定其节域。在资源环境状态非生物指标中，"地下水质指数"是由尼梅罗综合污染指数确定的；界定人口质量的两个指标——人口受教育程度和人口健康状况可用人类发展指数(HDI：联合国发展署(UNDP)1992 年提出的测度各国经济水平、受教育程度和健康水平的综合指数，$HDI=0$ 表示最差，$HDI=1$ 表示最好)来综合表达，并将其定量化。资源环境状态功能指标与人文环境响应指标均为定性指标，很难找到合适的数字量纲来界定其节域。为了研究的需要，根据健康—临界状态—不健康—极不健康四种界定标准，将功能指标和人文环境响应指标设置了四个相应的数量界定范围，即 >0.9、0.6、0.5 和 <0.5。在功能指标中，">0.9"表示该区植被覆盖率大，防风阻沙效应高，对局部气候的调节作用明显,生态系统处于健康状况;"0.6"表示生态系统健康处于临界状态;"0.5和＜0.5"表示该区植被覆盖率低,防风阻沙效应也低,对局部气候的调节作用不明显,生态系统处于不健康或极不健康状况。对于生态退化率指标来说,"0.6和＞0.9"表示生态系统处于不健康和极不健康状态,"＜0.5"表示生态系统处于健康状态。"0.5"表示生态系统健康处于临界状态。在人文环境响应指标中,"＞0.9"表示在当地水资源管理中已加大工程力度,实施统一管理和科学管理,各级政府生态保护意识强,用于生态保护的财政支出增多,生态系统处于健康状况;"0.5和＜0.5"表示当地水资源无统一管理,区域割据,各自为政,各级政府从各自角度出发,任意开渠引水,水资源浪费极其严重,用于生态保护的财政投资力度较弱,生态系统处于不健康或极不健康状态;"0.6"表示生态系统健康处于临界状态。

(2) 计算待判标本 P 与各评价等级 N_{0j} 的单项指标关联函数 $K_j(v_i)$

$$K_j(v_i) = \begin{cases} \dfrac{-\rho(v_i, V_{oji})}{|V_{oji}|}, & v_i \in V_{oji} \\ \dfrac{\rho(v_i, V_{oji})}{\rho(v_i, V_{pi}) - \rho(v_i, V_{oji})}, & v_i \notin V_{oji} \end{cases} \quad (12.2.7)$$

式中:$\rho(v_i, V_{oji}) = |v_i - (a_{oji} + b_{oji})/2| - (b_{oji} - a_{oji})/2$;$\rho(v_i, V_{pi}) = |v_i - (a_{pi} + b_{pi})/2| - (b_{pi} - a_{pi})/2 \quad (j=1,2,3,4; i=1,2,\cdots,14)$

12.2.3.3 确定指标在总生态系统健康内的权重和在单项生态系统健康内的权重

不少综合评判模型和识别模型对指标的权重是根据经验确定的,不免带有一定的主观性。为避免这一偏差,本节试用主成分分析法(PCA)来确定指标的权重分配。PCA 有严格的数学基础,能将众多的具有错综复杂关系的指标归结为少数几个综合指标(主成分),每个主成分都是原来多个指标的线性组合。通过适当调整线性函数的系数,即可使主成分相互独立,舍弃重叠信息,又能将各个原始指标所包括的不十分明显的差异集中地表现出来,使研究对象在主成分上的差异反映明显,便于做出较为直观的分析判断。对所选新疆塔里木河流域不同河段,通过大量阅读相关文献、查阅相关年鉴和报告①,获得大量相关数据,该数据可较充分地反映了 2001—2004 年塔里木河流域生态系统健康情况。按照 PCA 的一般步骤,确定了单项生态系统健康内的权重和指标在总生态系统健康内的权重(表 12.2.11)。

---

① 包括:《塔里木河阿拉尔生态综合检测站技术报告(2001 年)》;《塔里木河干流输水堤防及河道治理工程可行性研究报告(2002 年)》;《塔里木河流域近期水情通报(2002 年)》;《塔里木河干流输水堤工程—阿其河口—恰拉段左岸初步设计报告(2001 年)》;《焉耆盆地开都河北岸水源地水源论证报告(2001 年)》;《和田河流域环境影响评价报告(2001 年)》;《塔里木河干流涉水文调查报告(2002 年)》;《和田河流域灌区节水改造工程五年实施方案(2002 年)》;《塔里木河流域近期综合治理项目:阿克苏流域乌什县联合总干渠上段防渗改建工程可行性研究报告(2001 年)》;《塔里木河流域近期综合治理项目:塔里木河下游水土保持生态修复工程初步设计报告(2002 年)》;《塔里木河干流上游灌区 19.5 万亩退耕封育实施防案(2002 年)》;《新疆叶尔羌河流域水资源保护规划报告(2001 年)》;《叶尔羌河源流灌区节水改造工程五年实施方案(2001 年)》;《喀喇昆仑山叶尔羌河冰川突发洪水研究》;《阿克苏河—塔里木河流域水土资源合理利用与环境保护对策》;《塔里木河干流上中游灌区节水改造五年实施方案(2001 年)》;《塔里木河干流上中游灌区节水改造五年实施方案》等报告。

表 12.2.11 基于 PSR 模型的塔里木河流域生态系统健康评价权重结构

原始指标 x_i	总生态系统健康内指标权重 A_i	单项生态系统健康内指标权重 a_i	
x_1	$A_1=0.889$	资源环境压力	$a_1=0.814$
x_2	$A_2=0.935$		$a_2=0.719$
x_3	$A_3=0.924$		$a_3=0.762$
x_4	$A_4=0.794$		$a_4=0.865$
x_5	$A_5=0.705$		$a_5=0.884$
x_6	$A_6=0.965$	资源环境状态	$a_6=0.955$
x_7	$A_7=0.690$		$a_7=0.690$
x_8	$A_8=0.774$		$a_8=0.732$
x_9	$A_9=0.593$		$a_9=0.601$
x_{10}	$A_{10}=0.693$		$a_{10}=0.697$
x_{11}	$A_{11}=0.883$		$a_{11}=0.909$
x_{12}	$A_{12}=0.890$		$a_{12}=0.919$
x_{13}	$A_{13}=0.853$		$a_{13}=0.883$
x_{14}	$A_{14}=0.807$		$a_{14}=0.764$
x_{15}	$A_{15}=0.984$		$a_{15}=0.970$
x_{16}	$A_{16}=0.984$		$a_{16}=0.971$
x_{17}	$A_{17}=0.958$	人文环境响应	$a_{17}=0.984$
x_{18}	$A_{18}=0.984$		$a_{18}=0.996$
x_{19}	$A_{19}=0.984$		$a_{19}=0.996$

12.2.3.4 计算待判标本 P 与各评价等级 N_{oi} 的多指标综合关联度 $K_j(P)$

(1) 总生态系统健康关联度表示为：

$$K_j(P) = \sum_{i=1}^{22} A_i K_j(v_i) \tag{12.2.8}$$

式中：$K_j(P)$ 表示 P 属于 N_{oj} 的程度。若 $K_{jo}(P)=\max K_j(P), j\in\{1,2,3,4\}$，则判定 P 属于类型 N_{oj}；若对一切 $j, K_j(P) \leqslant 0$，则表示 P 不属于 P。

(2) 单项生态系统健康关联度。在上述公式中，若将 A_i 换成 a_i，且令 $i=1,2,3,4,5$，即可求出资源环境压力的关联度。类似地，若令 $i=6,7,8,\cdots,17$；或 $i=18,19,20,21,22$，则可分别求得资源环境状态或人文环境响应的关联度。

12.2.3.5 塔里木河流域生态系统健康评价

根据上述构建的生态系统健康评价指标体系和评价方法，对塔里木河流域生态系统健康状况进行评价，其物元评判结果见表 12.2.12、表 12.2.13 和表 12.2.14。表 12.2.12 和表 12.2.13 为塔里木河流域各河段单项生态系统健康评价和总生态系统健康评价指标关联度计算值。其中，各河段总生态系统健康评价和资源环境压力、资源环境状态与人文环境响应健康状况均由最大关联度数值而定（表 12.2.12 和表 12.2.13 中划横线数值），最大数值对应的健康状况即为该河段此时的健康状况。由表 12.2.12 和表 12.2.13 得出定性评价结果表 12.2.14。

表 12.2.12 塔里木河源流各河段各类指标关联度计算值

		断面	指标	健康	临界状态	不健康	极不健康
塔里木河源流	和田河流域	山区	总评价	−11.11	−11.46	−13.20	−20.45
			资源环境压力	−2.86	−3.38	−4.62	−6.25
			资源环境状态	−6.37	−6.46	−6.48	−10.22
			人文环境响应	−1.11	−0.86	−1.60	−3.44
		平原绿洲区	总评价	−5.63	−12.93	−17.27	−23.31
			资源环境压力	−1.23	−1.91	−1.36	−2.82
			资源环境状态	−3.93	−8.45	−12.96	−15.78
			人文环境响应	−0.12	−2.36	−3.10	−4.96
		荒漠区	总评价	−9.70	−7.92	−6.85	−14.64
			资源环境压力	−1.79	−2.52	−3.15	−5.33
			资源环境状态	−4.76	−4.11	−3.15	−6.70
			人文环境响应	−2.73	−0.74	0	−1.86
	叶尔羌河流域	山区	总评价	−12.17	−12.19	−12.98	−20.26
			资源环境压力	−2.49	−3.74	−4.98	−6.61
			资源环境状态	−5.79	−7.42	−8.08	−10.23
			人文环境响应	−1.81	−0.42	0.92	−2.78
		平原绿洲区	总评价	−6.41	−12.14	−16.09	−21.05
			资源环境压力	−2.06	−2.31	−1.34	−2.08
			资源环境状态	−3.45	−7.28	−11.79	−14.48
			人文环境响应	−0.49	−2.23	−2.98	−4.84
		荒漠区	总评价	−10.37	−8.88	−7.52	−14.90
			资源环境压力	−2.12	−2.84	−3.47	−5.48
			资源环境状态	−5.29	−4.46	−3.68	−6.50
			人文环境响应	−2.48	−0.49	−0.25	−2.11
	阿克苏河流域	山区	总评价	−13.21	−13.37	−14.17	−21.41
			资源环境压力	−3.44	−4.67	−5.91	−7.55
			资源环境状态	−5.72	−7.44	−8.09	−10.21
			人文环境响应	−1.81	−0.42	−0.92	−2.78
		平原绿洲区	总评价	−6.07	−9.64	−13.55	−20.01
			资源环境压力	−1.59	−1.74	−0.71	−2.46
			资源环境状态	−3.77	−6.16	−10.68	−13.55
			人文环境响应	−0.39	−1.59	−2.33	−4.19
		荒漠区	总评价	−12.05	−9.00	−8.55	−11.94
			资源环境压力	−2.06	−2.78	−3.41	−5.03
			资源环境状态	−6.11	−4.29	−3.80	−5.01
			人文环境响应	−3.42	−1.44	−0.69	−1.17
	开都河-孔雀河流域	山区	总评价	−12.12	−13.53	−14.80	−22.46
			资源环境压力	−3.59	−4.84	−6.08	−7.71
			资源环境状态	−6.42	−7.07	−6.51	−10.52
			人文环境响应	−1.19	−0.79	−1.54	−3.39
		平原绿洲区	总评价	−5.93	−12.47	−16.32	−22.86
			资源环境压力	−1.60	−1.63	−0.39	−2.14
			资源环境状态	−3.93	−8.26	−12.91	−15.87
			人文环境响应	−0.12	−2.36	−3.09	−4.96
		荒漠区	总评价	−12.12	−8.88	−8.27	−11.39
			资源环境压力	−2.00	−2.24	−2.87	−4.31
			资源环境状态	−6.39	−4.78	−4.14	−5.23
			人文环境响应	−3.42	−1.44	−0.69	−1.17

表 12.2.13 塔里木河干流各河段各类指标关联度计算值

	断面	指标	健康	临界状态	不健康	极不健康
塔里木河干流	上游	阿拉尔	总评价	−4.71	−7.48	−11.90	−18.03
			资源环境压力	−1.11	−1.44	−0.96	−3.14
			资源环境状态	−1.69	−3.95	−8.96	−11.92
			人文环境响应	−1.59	−1.89	−2.13	−2.99
		新渠满	总评价	−4.13	−6.68	−11.96	−18.08
			资源环境压力	−0.78	−1.03	−1.27	−3.44
			资源环境状态	−1.55	−3.67	−8.60	−11.56
			人文环境响应	−1.59	−1.89	−2.13	−2.99
		英巴扎	总评价	−3.51	−5.99	−12.07	−18.19
			资源环境压力	−0.41	−0.74	−1.61	−3.79
			资源环境状态	−1.40	−3.37	−8.25	−11.21
			人文环境响应	−1.59	−1.89	−2.13	−2.99
	中游	沙子河	总评价	−5.96	−7.33	−10.72	−14.82
			资源环境压力	−1.69	−2.23	−1.58	−2.32
			资源环境状态	−1.92	−2.83	−6.99	−9.96
			人文环境响应	−1.81	−1.81	−2.06	−2.77
		乌斯满	总评价	−5.88	−6.61	−9.81	−14.85
			资源环境压力	−1.33	−1.88	−1.17	−2.63
			资源环境状态	−2.31	−2.58	−6.60	−9.56
			人文环境响应	−1.81	−1.81	−2.06	−2.77
		阿其克	总评价	−6.21	−6.27	−9.35	−14.39
			资源环境压力	−1.29	−1.84	−1.10	−2.56
			资源环境状态	−2.28	−2.69	−6.23	−9.19
			人文环境响应	−1.81	−1.81	−2.06	−2.77
		恰拉	总评价	−5.32	−6.20	−10.12	−15.91
			资源环境压力	−1.29	−2.07	−1.57	−2.46
			资源环境状态	−2.63	−2.23	−6.53	−9.49
			人文环境响应	−0.67	−1.51	−2.26	−4.12
	下游	阿克墩	总评价	−6.72	−4.58	−9.41	−16.51
			资源环境压力	−0.27	−1.58	−3.26	−5.44
			资源环境状态	−3.92	−2.30	−5.28	−8.24
			人文环境响应	−2.40	−0.42	−0.32	−2.18
		亚合甫马汗	总评价	−6.81	−4.54	−9.18	−16.28
			资源环境压力	−0.27	−1.47	−3.14	−5.32
			资源环境状态	−4.01	−2.40	−5.19	−8.15
			人文环境响应	−2.40	−0.42	−0.32	−2.18
		英苏	总评价	−7.02	−4.11	−8.95	−16.05
			资源环境压力	−0.38	−1.36	−3.03	−5.21
			资源环境状态	−4.09	−2.12	−5.09	−8.05
			人文环境响应	−2.40	−0.42	−0.32	−2.18
		阿布达勒	总评价	−10.91	−8.18	−7.71	−13.62
			资源环境压力	−1.34	−2.12	−3.54	−5.71
			资源环境状态	−5.82	−3.84	−3.43	−5.79
			人文环境响应	−3.27	−1.29	−0.55	−1.31
		喀尔达依	总评价	−10.91	−7.60	−7.31	−13.04
			资源环境压力	−1.48	−2.15	−3.39	−5.57
			资源环境状态	−5.76	−3.43	−2.99	−5.35
			人文环境响应	−3.27	−1.29	−0.55	−1.31

（续表）

		断面	指标	健康	临界状态	不健康	极不健康
		吐格买莱	总评价	−13.72	−9.81	−9.16	−11.12
			资源环境压力	−1.45	−2.35	−3.42	−5.59
			资源环境状态	−7.36	−4.44	−3.25	−4.15
			人文环境响应	−4.54	−2.56	−1.81	−0.54
		阿拉干	总评价	−12.48	−7.32	−6.08	−12.33
			资源环境压力	−2.05	−2.73	−3.58	−5.72
			资源环境状态	−7.17	−3.25	−1.73	−3.86
			人文环境响应	−2.73	−0.74	0	−1.86
		依干不及麻	总评价	−17.62	−11.56	−11.06	−8.88
			资源环境压力	−2.12	−2.79	−3.54	−5.65
			资源环境状态	−9.99	−5.16	−2.38	−3.44
			人文环境响应	−4.96	−2.98	−2.23	−1.11
		考干	总评价	−14.20	−8.63	−12.48	−7.18
			资源环境压力	−2.30	−2.98	−3.61	−5.47
			资源环境状态	−8.07	−3.73	−2.25	−4.85
			人文环境响应	−3.27	−1.29	−1.31	−0.55

表 12.2.14　塔里木河流域生态系统健康多层次评价结果

		评价对象	资源环境压力	资源环境状态	人文环境响应	总评价
塔里木河源流	和田河流域	山区	健康	健康	临界状态	健康
		平原绿洲区	健康	健康	健康	健康
		荒漠区	健康	不健康	不健康	不健康
	叶尔羌河流域	山区	健康	健康	临界状态	健康
		平原绿洲区	不健康	健康	健康	健康
		荒漠区	健康	不健康	不健康	不健康
	阿克苏河流域	山区	健康	健康	临界状态	健康
		平原绿洲区	不健康	健康	健康	健康
		荒漠区	健康	不健康	健康	不健康
	开都河—孔雀河流域	山区	健康	健康	临界状态	健康
		平原绿洲区	不健康	健康	健康	健康
		荒漠区	健康	不健康	健康	不健康
塔里木河干流	上游	阿拉尔	不健康	健康	健康	健康
		新渠满	健康	健康	健康	健康
		英巴扎	健康	健康	健康	健康
	中游	沙子河	不健康	健康	健康	健康
		乌斯满	不健康	健康	健康	健康
		阿其克	不健康	健康	健康	健康
		恰拉	健康	临界状态	健康	健康
	下游	阿克墩	健康	临界状态	不健康	临界状态
		亚合甫马汗	健康	临界状态	不健康	临界状态
		英苏	健康	临界状态	不健康	临界状态
		阿布达勒	健康	不健康	不健康	不健康
		喀尔达依	健康	不健康	不健康	不健康
		吐格买莱	健康	不健康	不健康	不健康
		阿拉干	健康	不健康	不健康	不健康
		依干不及麻	健康	不健康	极不健康	极不健康
		考干	健康	不健康	极不健康	极不健康

表 12.2.14 给出 2000 年以来新疆塔里木河流域生态系统健康的多层次评价结果,由此可揭示出许多有用的信息。例如,在塔里木河源流,各子流域的山区和平原绿洲区生态处于"健康"状态,荒漠区生态处于"不健康"级。在塔里木河干流,属于塔里木河上游区段的阿拉尔、新渠满和英巴扎断面,中游区段的沙子河、乌斯满和阿其克断面及恰拉断面总生态系统健康均属最高级别,反映出断面优越的生态系统健康;下游区段的阿克墩、亚合甫马汗和英苏断面虽然资源环境压力"健康",却因资源环境状态和人文环境响应分别表现"临界状态"和"不健康"而难以发挥,其生态系统健康总体状态最终表现为"临界状态"级;阿布达勒、喀尔达依、吐格买莱和阿拉干断面资源环境压力处在"健康"级,但其余指标却处于"不健康"状态,因此,总生态系统健康处于"不健康"级;依干不及麻和考干断面人文环境响应表现"极不健康",使得总生态系统健康处于"极不健康"级。

对塔里木河流域生态系统健康评价的最终结果是:在塔里木河源流,生态系统处在"健康"标准的有和田河、叶尔羌河、阿克苏河和开都河—孔雀河流域的山区和平原绿洲区;处在"不健康"标准的有各子流域的荒漠区。在塔里木河干流,生态系统处在"健康"标准的有上游区段的阿拉尔、新渠满和英巴扎断面,中游区段的沙子河、乌斯满和阿其克断面及恰拉断面;处在"临界状态"标准的有下游区段的阿克墩、亚合甫马汗和英苏断面;处在"不健康"标准的有阿布达勒、喀尔达依、吐格买莱和阿拉干断面;处在"极不健康"标准的有依干不及麻和考干断面。因此,需要针对各自的特点和问题,加速生态恢复和生态环境建设,调整源流和上游用水、中游节水和下游输水的规模和频率,制订保护环境和可持续发展的总体规划,从根本上改变塔里木河流域生态系统的健康状况。

12.2.3.6 结语

塔里木河源流的山区和平原绿洲区降水丰富,水资源能满足当地生产、生活和生态用水,地表植被覆盖度高,物种多样性丰富,生态系统健康;荒漠区降水稀少,水资源短缺,人们生产、生活与生态用水之间的矛盾突出,生态系统不健康。在四源流尤其是阿克苏河的水源补给下,塔里木河干流上游和中游地表和地下水资源丰富,这不仅保证了当地人们的生产和生活用水,还为生态用水提供了充足的水分,该区植物生长繁茂,生态系统健康;由于塔里木河上、中游水资源的过度开发利用,塔里木河下游地表和地下水资源严重缺乏,维持植物生长所需的水分不足,地表植被濒临死亡,沙尘暴频繁,当地居民相继搬离,呈现出荒芜的景象,生态系统处于不健康甚至极不健康状况。

建立一整套完整而普遍适用的反映塔里木河流域生态系统健康状况的指标体系很难,本节根据压力—状态—响应模型选取了一些指标,但对于塔里木河流域生态系统这一特定类型的健康理论与方法还不成熟,很多问题还有待进一步研究和解决。本节应用可拓工程方法建立了塔里木河流域生态系统健康评价物元评判模型,克服了多角度、多因素识别评价中的主观片面性。该方法在本流域生态系统健康评价中的运用尚属尝试,诸如指标的选取、量值范围的界定及关联函数的设计等问题均需进一步深入研究。

12.2.4 基于活化能—结构活化能—生态缓冲量的流域生态系统健康评价

12.2.4.1 研究方法与原则

(1) 评价方法

流域生态系统健康的评价方法较多,本节采用 Jorgensen 等 1995 年在系统生态学能质概念基础上构建的目标函数活化能(exergy)、结构活化能(structural exergy)和生态缓冲容量(ecological buffer capacity)等指标对塔里木河中下游荒漠生态系统健康的区域分异状况进行评价。徐福留曾用该方法来评价巢湖生态系统健康,认为运用活化能、结构活化能和生态缓冲容量等指标对湖泊生态系统健康状况进行评价的指标体系和方法是可行的(徐福留等,2005)。

活化能为生态系统回复到无生命混沌平衡的无序状态所能做的功,表征荒漠生态系统所含的生物量及其所携带的信息量,可测量湖泊远离生态系统热力平衡状态的距离,可表示为:

$$Ex = \sum_{i=1}^{n}(B_i W_i) \tag{12.2.9}$$

式中:B_i 是第 i 种生物体的生物量,W_i 是第 i 种生物体的权重因子,n 为生态系统生物种类总数。

结构活化能是生态系统中的某一种有机体成分相对于整个系统所具有的活化能,生态系统单位生物量所具有的活化能,表征荒漠生态系统利用环境资源的能力。结构活化能可用公式表示为:

$$Ex_{st} = \sum_{i=1}^{n}\left(\frac{B_i}{B_t}\right)W_i \tag{12.2.10}$$

式中:B_t 是生态系统总生物量,是所有 B_i 的总和。

生态缓冲量是生态系统状态变量的变化量与其所受外部胁迫的变化量之比。外部胁迫是指能影响荒漠生态系统状况的外部条件变化,如气候干旱、土壤盐渍化、风沙、温度和太阳辐射等。荒漠生态系统状态变量是表征荒漠生态系统结构和功能的量,如乔木、灌木和草本生物量的变化等。根据定义生态缓冲量可表示为:

$$\beta = \frac{1}{\delta(c)/\delta(f)} \tag{12.2.11}$$

式中:c 为状态变量,f 为外部胁迫。生态缓冲量为负值表示生态系统受外部胁迫向反方向演变。在塔里木河中下游,地下水为胡杨、柽柳和芦苇等群落建群种生存和生长的限制性因子,胡杨是荒漠主要绿化树种,在荒漠生态系统中具有重要地位。因此,可以用胡杨生物量与地下水位的变化来计算生态缓冲量的值。

本节将乔木、灌木和草本看作荒漠生态系统的主要物种来计算活化能和结构活化能;用胡杨生物量和地下水位变化量的绝对值来计算生态缓冲量。

(2) 评价原则

活化能、结构活化能和生态缓冲量指标是相互独立的,只有将三个指标结合起来,才能对荒漠生态系统的健康状况进行评价。根据 Jorgensen 等人的观点:①如果湖泊生态系统的 Ex、Ex_{st} 和 $|\beta|$ 的值较大,湖泊就处于相对健康的状态;②如果 Ex 和 Ex_{st} 较大,$|\beta|$ 较小,湖泊处于亚健康状态;③如果 Ex 较大,Ex_{st} 和 $|\beta|$ 较小,湖泊就处于富营养化的不健康状态。本研究借用 Jorgensen 等人对湖泊生态系统健康评价的标准(Jorgensen 等,1995),尝试性地将其运用于荒漠河岸林生态系统的健康评价中,并将评价结果与实际情况作对比,来验证该评价标准是否适用于荒漠河岸林生态系统的健康评价。

(3) 聚类分析

聚类分析就是根据事物本身的特性,按照一定的准则对所研究的事物进行归类。指标聚类树状图可以形象地反映类间的距离(相似性或亲疏关系),有效地揭示类间的联系。选择不同的距离标准,可以得到不同的组,组内指标具有相似性。对塔里木河中下游各断面以活化能、结构活化能和生态缓冲量等指标在 SPSS 软件下做聚类分析,选择最远邻法(furthest neighbor)为聚类算法,将变量标准化到 0~1 值。

12.2.4.2 结果与分析

(1) 塔里木河中下游不同断面生态系统健康评价

1) 生态系统健康指标值

塔里木河中下游各断面活化能、结构活化能和生态缓冲量的统计结果见表 12.2.15,空间变化状况见图 12.2.2。

表 12.2.15 塔里木河中下游生态系统健康指标统计

区域	断面	Ex(J/L)	Ex_{st}(J/g)	β
中游	沙其力克	3 538 734	0.364	4.83×10^{-7}
	沙子河	1 060 612	0.176	1.39×10^{-6}
	乌斯满	589 407.5	0.152	2.603×10^{-7}
	阿其克	23 298 832	0.608	5.081×10^{-7}
	铁依孜	1 938 844	0.533	1.109×10^{-5}
下游	阿克墩	34 596.31	0.898	9.339×10^{-3}
	亚合甫马汗	1 470 848	0.218	7.604×10^{-8}
	英苏	53 778.9	0.023	9.884×10^{-8}
	阿布达勒	2 325 431	0.092	9.616×10^{-8}
	喀尔达依	50 292.1	0.075	2.296×10^{-7}
	吐格买莱	22 988.1	0.057	5.904×10^{-7}
	阿拉干	1 531 251	0.569	5.995×10^{-8}
	依干不及麻	505 786.3	0.469	1.695×10^{-7}
	考干	1 551 430	0.329	1.724×10^{-5}

活化能反映流域生态系统的发展水平与生存能力。对于一般的生态系统而言,系统对环境的响应有使 Ex 值变大的趋势,其值越大,表明流域对外做功的能力越强。Ex 值在阿其克断面最大,其次是沙其力克和阿布达勒断面,生物种类繁多,系统所含的生物量很大。沙子河、铁依孜、亚合甫马汗、阿拉干和考干断面 Ex 值均超过 1×10^6 J/L,阿拉干和考干两断面虽位于塔里木河下游下段,远离大西海子水库,但 2000 年实施生态输水以来,其生态系统发生了显著变化,生物种类和个数增多,系统所含的生物量与塔里木河中游和下游的上中

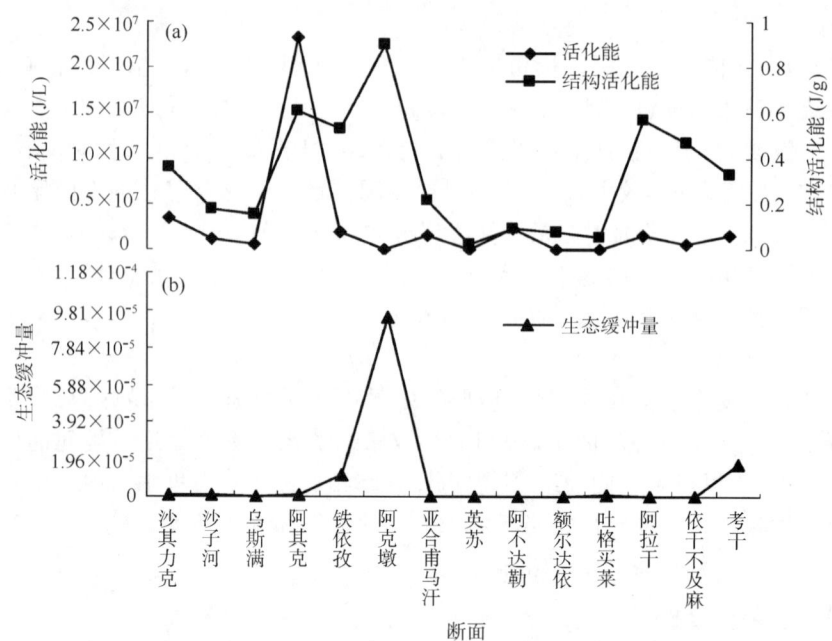

图 12.2.2 塔里木河中下游各断面活化能、结构活化能和生态缓冲量的变化

段相比相差不大。乌斯满、阿克墩、英苏、喀尔达依、吐格买莱和依干不及麻断面 Ex 值均小于 $6×10^5$ J/L，这些样点受地形、地貌及人类活动等影响，植被生长受阻或遭受严重破坏，系统所含的生物量较小，生态环境较差。

结构活化能反映流域生态系统的多样性和复杂性。一般而言，其值越大，生态系统结构就越复杂。结构活化能的值在阿克墩最大，阿其克和阿拉干较大，铁依孜和依干不及麻断面一般较大，在沙其力克、沙子河、乌斯满、亚合甫马汗和考干断面较小，在英苏、阿布达勒、喀尔达依和吐格买莱断面很小。

生态缓冲量反映流域生态系统的稳定性和弹性。其值越大，表明流域生态系统越稳定，自我维持和恢复的能力越强。生态缓冲量值在阿克墩断面很大，表明该断面生态系统非常稳定，抗干扰能力强。铁依孜和考干断面的生态缓冲量值较大，生态系统较为复杂，对人类活动的不利影响具有一定的承受能力。沙其力克、沙子河和吐格买莱断面生态缓冲量值一般较大，其他断面的生态缓冲量值很小，尤其是亚合甫马汗、英苏、阿布达勒和阿拉干断面，植被多以灌木和草本为主，一旦遭受人为影响，生态系统将很难恢复。

2) 塔里木河中下游生态系统健康评价

图 12.2.3 为塔里木河中下游各断面生态系统健康指标聚类分析树形图，图中横坐标为样点间距离，距离越近，表明两者越相似。选择 5 为组间距离标准，得到差异明显的 3 个组。阿其克和沙其力克各成一组，其余断面为一组。根据流域生态系统健康的评价指标，对各组不同断面的指标值进行定性分析和评价（表 12.2.16）。

位于塔里木河中游的阿其克断面活化能最大，结构活化能较大，生态缓冲量值一般较大，该断面植物种类繁多，植被盖度较大，生态系统的发展水平和生存能力较强，对外界干扰具有较强的抵抗力和恢复力，是塔里木河中下游健康状况最好的断面。沙其力克断面活化能较大，结构活化能较小，生态缓冲量值一般较大，该断面植物生长繁茂，地表植被生物量较大，处于相对较好的亚健康状况。位于塔里木河中游的沙子河、乌斯满、铁依孜及塔里木河下游9个断面生态系统活化能、结构活化能和生态缓冲量值一般较小,这些断面植被生长稀疏,对外界干扰的抵抗力较弱,处于相对较差的不健康状况。其中,亚合甫马汗、英苏、阿布达勒、喀尔达依和吐格买莱断面地下水位较大,受人类活动如放牧等影响强烈,地表植被极其稀疏,干旱灾害严重,已成为塔里木河下游生态环境最恶劣的区域。

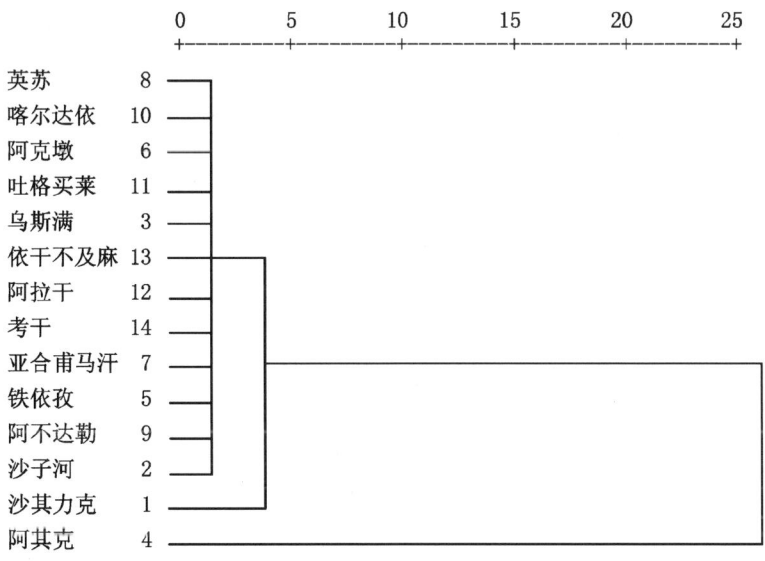

图 12.2.3 塔里木河中下游各断面聚类分析的树形图

表 12.2.16 塔里木河中下游生态系统健康评价结果

不同断面	活化能	结构活化能	生态缓冲量	健康状况
阿其克	+++	++		健康
沙其力克	++	−	+	亚健康
沙子河	+	−	+	不健康
乌斯满	−	−	−	不健康
铁依孜	+	+	++	不健康
阿克墩	−−	+++	+++	不健康
亚合甫马汗	+	−	−−	不健康
英苏	−−	−−	−−	不健康
阿布达勒	++	−−	−	不健康
喀尔达依				不健康
吐格买莱			+	不健康
阿拉干	+	++	−−	不健康
依干不及麻	−	+	−	不健康
考干	+	−	++	不健康

注:+++表示指标值很大或最大,++表示指标值较大,+表示指标值居中,−表示指标值较小,−−表示指标值很小。

本节用乔木、灌木和草本植物来计算活化能(Ex)和结构活化能(Ex_{st})的值,由于监测分析的难度而没有考虑动物和微生物等,所得到的 Ex 和 Ex_{st} 值是一个相对的指标,所做的评价是不完全评价。徐福留和刘永等在评价巢湖和滇池生态系统健康时只用了浮游植物和浮游动物来计算 Ex 和 Ex_{st} 值,相比较而言,本研究所用资料较丰富,评价更深入。此外,由于采样点个数和次数有限,以后还应该增加采样点个数和采样次数,以便能更好反映塔里木河中下游生态系统健康的状况及其区域分异特征。

(2)塔里木河下游不同年度生态系统健康评价

1)生态系统健康指标

塔里木河下游各断面 2002 年、2005 年和 2006 年活化能、结构活化能和生态缓冲量的统计结果见表 12.2.17,空间变化状况见图 12.2.4。

表 12.2.17 塔里木河下游生态系统健康指标统计

	2002 年			2005 年			2006 年		
	Ex(J/L)	Ex_{st}(J/g)	β	Ex(J/L)	Ex_{st}(J/g)	β	Ex(J/L)	Ex_{st}(J/g)	β
阿克墩	2 717	0.25	5.00×10^{-5}	1 626 170	0.98	7×10^{-5}	34 596	0.89	9.39×10^{-5}
亚合甫马汗	39 562	0.03	4.93×10^{-5}	395 629	0.04	4.93×10^{-7}	1 470 848	0.22	7.60×10^{-8}
英苏	136 997	0.14	5.49×10^{-6}	813 368	0.13	1.56×10^{-6}	53 778	0.02	9.88×10^{-8}
阿布达勒	121 434	0.06	1.00×10^{-6}	321 434	0.11	1.44×10^{-6}	2 325 431	0.09	9.62×10^{-8}
喀尔达依	6 513	0.02	2.02×10^{-5}	58 102	0.08	9.58×10^{-6}	50 292	0.08	2.30×10^{-5}
吐格买莱	11 130	0.03	8.00×10^{-6}	22 230	0.05	1.06×10^{-5}	22 988	0.06	5.90×10^{-5}
阿拉干	12 410	0.12	13.80×10^{-4}	250 839	0.41	8.52×10^{-6}	1 531 251	0.57	6.00×10^{-8}
依干不及麻	134 756	0.85	4.29×10^{-5}	1 158 002	0.46	2.30×10^{-6}	505 786	0.47	1.70×10^{-7}
考干	1 098 928	0.21	1.40×10^{-4}	1 498 928	0.40	2.00×10^{-5}	1 551 430	0.33	1.72×10^{-5}
均值	173 827	0.19	5.05×10^{-5}	682 745	0.29	1.38×10^{-5}	838 489	0.31	1.25×10^{-5}

活化能(Ex)值:2002 年 Ex 值在考干断面最大,英苏、阿布达勒和依干不及麻断面较大,这 4 个断面植物种类相对繁多,植被盖度相对较大,抵抗外界干扰的能力相对较强;亚合甫马汗、阿拉干和吐格买莱断面 Ex 值较小,植被相对贫乏,地上生物量较小;阿克墩和喀尔达依断面 Ex 值很小,植被盖度很小,生物量很低。2005 年 Ex 值在阿克墩、依干不及麻和考干断面 Ex 值最大,植物生长相对繁茂,地表植被生物量相对较大;亚合甫马汗、英苏、阿布达勒和阿拉干断面 Ex 值较大,处于相对较好的亚健康状况;喀尔达依和吐格买莱断面 Ex 值较小,植被生长稀疏,处于相对较差的不健康状态。2006 年亚合甫马汗、阿布达勒、阿拉干和考干断面 Ex 值最大,处于健康状态;依干不及麻断面 Ex 值较大,处于亚健康状态;阿克墩、英苏、喀尔达依和吐格买莱断面 Ex 值较小,处于不健康状态。从均值来看(表 12.2.17),2006 年 Ex 值最大,2002 年 Ex 值最小,由此可知,2006 年塔里木河下游健康状况优于 2002 年和 2005 年。

活化能(Ex)值:2002 年 Ex 值在考干断面最大,英苏、阿布达勒和依干不及麻断面较大,这 4 个断面植物种类相对繁多,植被盖度相对较大,抵抗外界干扰的能力相对较强;亚合甫马汗、阿拉干和吐格买莱断面 Ex 值较小,植被相对贫乏,地上生物量较小;阿克墩和喀尔达依断面 Ex 值很小,植被盖度很小,生物量很低。2005 年 Ex 值在阿克墩、依干不及麻和考干断面 Ex 值最大,植物生长相对繁茂,地表植被生物量相对较大;亚合甫马汗、英苏、阿布达勒和阿拉干断面 Ex 值较大,处于相对较好的亚健康状况;喀尔达依和吐格买莱断面 Ex 值较小,植被生长稀疏,处于相对较差的不健康状态。2006 年亚合甫马汗、阿布达勒、阿拉干和考干断面 Ex 值最大,处于健康状态;依干不及麻断面 Ex 值较大,处于亚健康状态;阿

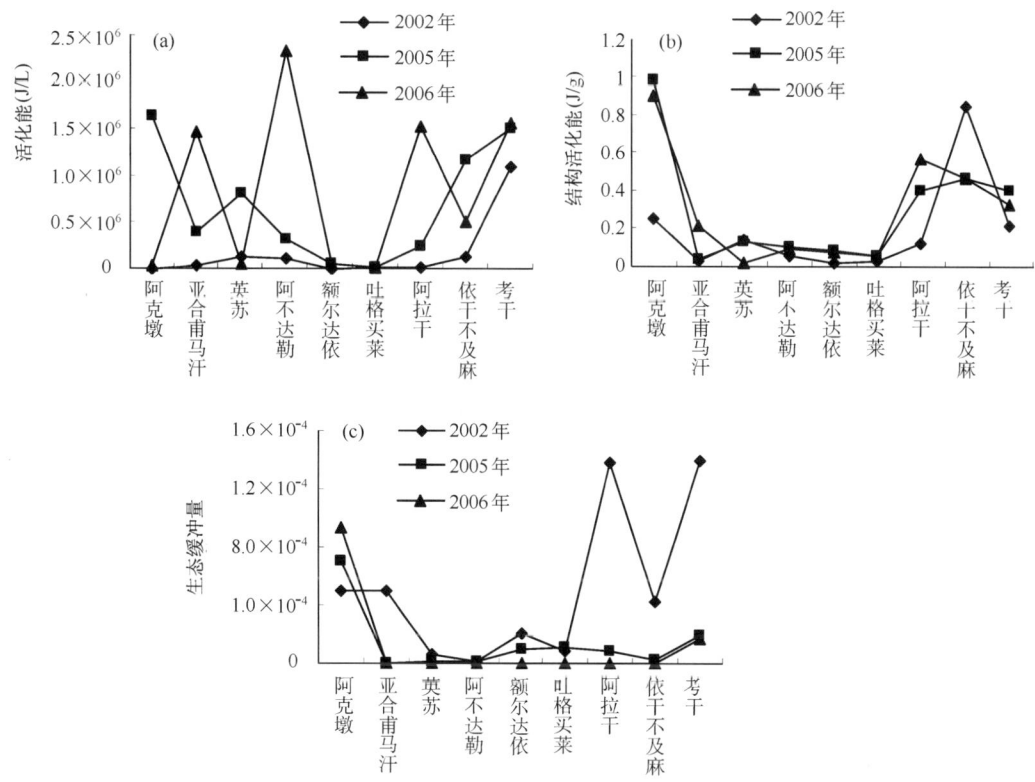

图 12.2.4 塔里木河下游 9 个断面活化能(a)、结构活化能(b)和生态缓冲量(c)年度变化

克墩、英苏、喀尔达依和吐格买莱断面 Ex 值较小,处于不健康状态。从均值来看(表 12.2.17),2006 年 Ex 值最大,2002 年 Ex 值最小,由此可知,2006 年塔里木河下游健康状况优于 2002 年和 2005 年。

结构活化能(Ex_{st}):2002 年、2005 年和 2006 年塔里木河下游 9 个断面 Ex_{st} 值变化大体相同,表现为阿克墩和依干不及麻断面最大,考干和阿拉干断面较大,其他断面较小。从均值来看,2006 年 Ex_{st} 值最大,2002 年 Ex_{st} 值最小。

生态缓冲量(β):2002 年阿拉干和考干断面 β 值最大,表明生态系统相对较稳定,抗干扰能力相对较低;阿克墩、亚合甫马汗和依干不及麻断面 β 值较大,喀尔达依断面 β 值一般较大,其他断面 β 值相对较小。2005 年阿克墩和考干断面 β 值最大,生态系统较稳定,对外界给予的不利影响具有承受能力;喀尔达依、吐格买莱和阿拉干断面 β 值较小,其他断面 β 值很小。2006 年阿克墩和考干断面 β 值最大,其他断面 β 值很小。从均值来看,2002 年 β 值最大,2006 年 β 值最小。

2)生态系统健康评价

图 12.2.5 为塔里木河中游 2002 年、2005 年和 2006 年各断面生态系统健康指标聚类分析的树形图。由图 12.2.5 可知,选择 5 为组间距离标准,2002 年、2005 年和 2006 年下游 9 个断面均得到差异明显但分配各异的三个组。2002 年考干断面自成一组,英苏、阿布达勒和依干不及麻断面成为一组,亚合甫马汗、阿拉干、吐格买莱、阿克墩和喀尔达依断面成为一组;2005 年英苏、阿克墩、依干不及麻和考干成一组,喀尔达依和吐格买莱成为一组,其他断

面成一组;2006 年依干不及麻断面自成一组,亚合甫马汗、阿布达勒、阿拉干和考干成一组,其他断面成为一组。

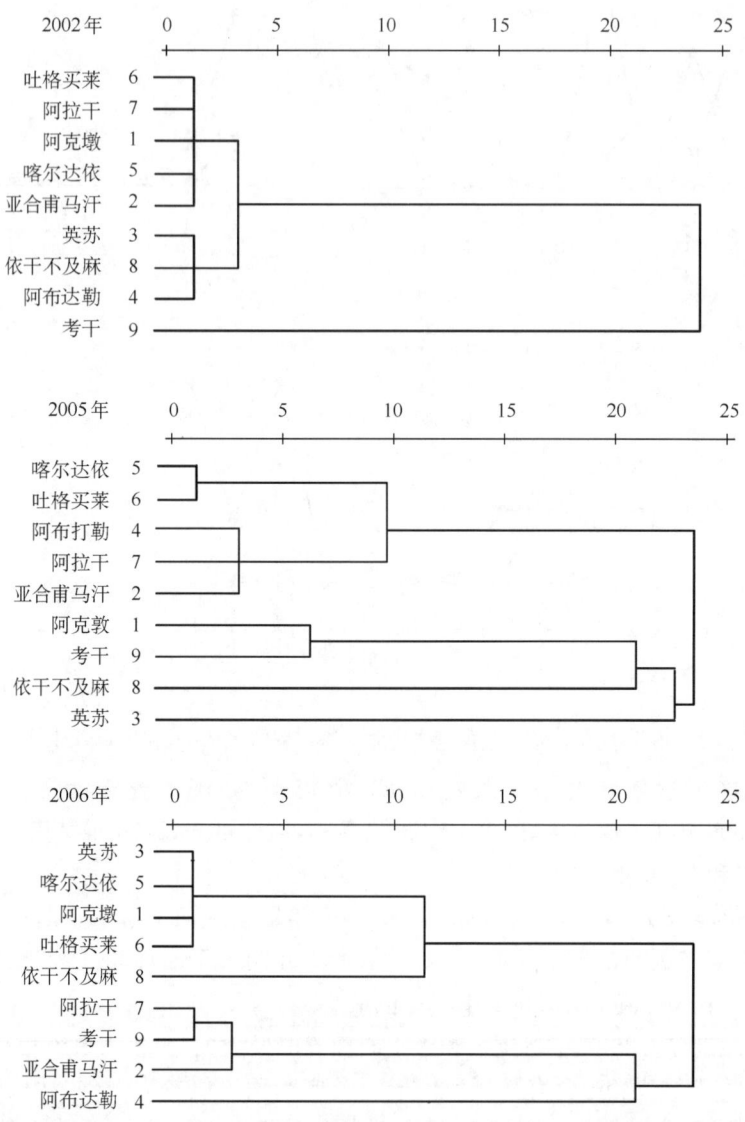

图 12.2.5 塔里木河中游 2002 年、2005 年和 2006 年各断面聚类分析的树形图

根据流域生态系统健康评价指标,对各组不同断面的指标值进行定性分析和评价(表 12.2.18)。结果表明:①2002 年考干断面 Ex 值和 β 值最大,Ex_{st} 值较大,是该年度塔里木河下游生态健康状况最好的;英苏、阿布达勒和依干不及麻断面 Ex 值较大,但 Ex_{st} 值和 β 值较小,生态系统处于亚健康状态;亚合甫马汗、阿拉干、吐格买莱、阿克墩和喀尔达依断面 Ex 值较小,Ex_{st} 值和 β 值也很小,处于不健康状态。②2005 年阿克墩、依干不及麻和考干断面 Ex 值最大,Ex_{st} 值和 β 值也较大,它们是该年度生态系统健康状况最好的;喀尔达依和吐格买莱断面 Ex 值、Ex_{st} 值和 β 值均较小,生态系统不健康;其他断面 Ex_{st} 值和 β 值较小,但 Ex 值较大,故生态环境处于亚健康状态。③2006 年亚合甫马汗、阿布达勒、阿拉干和考干断面

Ex 值最大，Ex_{st} 值和 β 值较大或较小，这些断面生态相对健康；依干不及麻断面 Ex 值和 Ex_{st} 值较大，β 值较小，生态系统处于相对较好的亚健康状态；其他断面 Ex 值、Ex_{st} 值和 β 值均比较小，生态系统不健康。

表 12.2.18 塔里木河下游生态系统健康评价结果

	2002 年				2005 年				2006 年			
	Ex	Ex_{st}	β	健康状况	Ex	Ex_{st}	β	健康状况	Ex	Ex_{st}	β	健康状况
阿克墩	—	＊＊	＊＊	不健康	＊＊	＊＊	＊＊	健康	—	—	＊＊＊	不健康
亚合甫马汗	—	—	＊＊	不健康	＊＊	—	—	亚健康	＊＊＊	—	—	健康
英苏	＊＊	—	—	亚健康	＊＊	—	—	健康	—	—	—	不健康
阿布达勒	＊＊	—	—	亚健康	＊＊	—	—	亚健康	—	—	—	健康
喀尔达依	—	—	—	不健康	—	—	—	不健康	—	—	＊＊	不健康
吐格买莱	—	—	—	不健康	—	—	—	不健康	—	—	＊＊	不健康
阿拉干	—	—	＊＊＊	不健康	＊＊	＊＊	＊＊	亚健康	＊＊＊	＊＊＊	＊＊＊	健康
依干不及麻	＊＊	＊＊	—	亚健康	＊＊	＊＊	＊＊	健康	＊＊	＊＊	—	亚健康
考干	＊＊＊	＊＊＊	＊＊＊	健康	＊＊	＊＊	＊＊	健康	＊＊＊	＊＊	＊＊	健康

注：表中符号意义同表 12.2.16

12.2.4.3 讨论

通过对 2002 年、2005 年和 2006 年塔里木河下游 9 个断面的健康状况进行比较，可以看出，自从 2000 年对塔里木河下游实施生态输水以来，距离大西海子水库最远的考干断面健康状况最好，考干位于塔里木河下游下段，干旱程度最强，然而，地表植被覆盖度和植物种类却较大，这可能与河道地形有极其紧密的联系，具体原因目前还没有被考证，还需进一步深入研究。阿克墩和依干不及麻断面由 2002 年的不健康和亚健康状态晋升为 2005 年的健康级别，亚合甫马汗、阿布达勒和阿拉干断面 2005 年处于亚健康状态，2006 年健康状况越发好转，超过阿克墩和依干不及麻断面，晋升为健康级别。从总体上看，塔里木河下游上段和下段生态系统健康状况逐渐好转，中段生态健康状况相对较差，特别是喀尔达依和吐格买莱断面从 2000 年至今一直处于不健康状态。这与水资源状况及人们对当地生态恶化的关注和投入程度有关，阿克墩断面地下水埋深较浅，地下水资源丰富，植被生长旺盛，生态较复杂，稳定性和弹性较大，抵御外界干扰的能力和恢复力较强。阿拉干、依干不及麻和考干断面位于塔里木河下游下段，20 世纪 90 年代末生态环境极其恶劣，流动和半流动沙丘严重，沙尘天气增多，塔克拉玛干沙漠和库鲁克沙漠面临合拢的危险，为了解决日益严峻的生态环境问题，当地政府和塔里木河流域管理局及时采取措施，对塔里木河下游实施生态应急输水工程，并委派专门看护人员对荒漠河岸林进行看管和修缮，制止了滥垦、滥伐和过度放牧等现象，有效提高了以胡杨为代表的荒漠河岸植被面积和以柽柳为代表的平原低地灌丛面积。位于塔里木河下游中段的喀尔达依和吐格买莱断面生态健康状况较差，这与人们对该段生态环境的关注程度较低有关，近几年，虽然地表植被也得到生态输水的滋养，但河道渗漏和河面蒸发现象严重，地下水补给甚少，地表植被恢复甚微，生长较弱，要想提高该段生态的健康状况，仅靠生态输水还远远不够，应加大对河道的整治和投资力度。

12.2.4.4 结语

本节利用野外调查资料,计算了表征塔里木河中下游生态系统健康的活化能、结构活化能和生态缓冲容量值,聚类分析结果表明,不同断面生态系统健康状况存在一定差异。阿其克是该区域各断面中健康状况最好的;沙其力克断面处于相对较好的亚健康状况;中游沙子河、乌斯满、铁依孜及下游 9 个断面均处于相对较差的不健康状况。总的来说,该区域生态系统健康状况为:中游相对较好,下游相对较差。阿克墩和依干不及麻断面由 2002 年的不健康和亚健康状态晋升为 2005 年的健康级别,亚合甫马汗、阿布达勒和阿拉干断面 2005 年处于亚健康状态,2006 年健康状况越发好转,超过阿克墩和依干不及麻断面,晋升为健康级别。该结果为进一步研究塔里木河流域生态系统健康评价指标阈值和流域科学管理提供了理论依据。

12.2.5 小　　结

运用指标体系法、层次分析法、PSR 模型等方法对塔里木河流域生态系统健康状况进行评价,得出基本相同的结论,即塔里木河源流的山区和平原绿洲区生态系统处于"健康"级别,荒漠区生态系统处于"不健康"级别;干流上中游生态系统"健康",下游生态系统"不健康"。

通过计算塔里木河干流中下游不同区段和不同年份生态系统活化能、结构活化能和生态缓冲量值,评价生态系统健康时空状况,得出如下结论:从空间上看,阿其克断面是该区域各断面中健康状况最好的;沙其力克断面处于相对较好的亚健康状况;中游沙子河、乌斯满、铁依孜及下游 9 个断面均处于相对较差的不健康状况。从时间上看,2002 年塔里木河下游考干断面生态健康状况最好,英苏、阿布达勒和依干不及麻断面生态系统处于"亚健康"状态,亚合甫马汗、阿拉干、吐格买莱、阿克墩和喀尔达依断面生态处于相对较差的"不健康"状态;2005 年阿克墩、依干不及麻和考干断面生态系统健康状况最好,喀尔达依和吐格买莱断面生态系统"不健康",其他断面生态环境处于相对较好的"亚健康"状态。2006 年亚合甫马汗、阿布达勒、阿拉干和考干断面生态相对"健康",依干不及麻断面生态系统处于"亚健康"状态,其他断面生态系统"不健康"。

在四种评价方法中,层次分析法最适宜塔里木河流域生态系统健康评价。这是因为,层次分析法是多指标综合评价的一种定性分析与定量分析有机结合的决策分析方法,评价指标和标准是在专家打分基础上结合流域生态特征确定的,评价结果与实际情况相符合;方法一即"指标体系评价法",在选取流域生态系统健康评价指标与标准的过程中受人的主观判断影响较大,评价结果准确性较低;方法三即"PSR 模型",在确定生态系统健康评价标准的过程中所选模型较复杂,健康级别仅分为健康、临界状态和不健康三个级别,级别不够深入;方法四即"活化能—结构活化能—生态缓冲量",在评价流域生态系统健康状况之前需收集大量野外数据,由于数据难以全面获得,所以,利用这种方法所做的评价是一种不完全评价,评价结果与实际情况不相符合。

12.3 流域生态安全评价

12.3.1 生态安全问题

生态安全问题是指由于生态系统的平衡遭到破坏而带来的各种始料不及的不良影响和后果,如生态退化、资源短缺、生态灾难、生态报复、生态难民及由此引起的暴力冲突和国际关系紧张等。生态安全问题包含两层含义:一方面,在国内层面上表现为由于生态退化和资源短缺对经济发展的环境基础构成威胁,从而使一个国家的环境和自然资源对于本国经济持续发展的环境支撑力不足,如水土流失、荒漠化导致的耕地减少,湖泊退化、水资源利用效率低下和污染导致的水资源严重不足,森林减少、草原退化导致的生物多样性锐减,以及由此产生的各种纠纷和社会不稳定因素;另一方面,在国际层面上表现为生态严重退化和资源严重短缺及跨界污染对区域稳定和国际安全构成的威胁,如跨国界的土地、水源、能源等自然资源竞争、生态难民迁徙和生态恐怖主义。造成生态安全问题的原因包括自然原因如自然灾害和人为原因如战争、环境污染、生态破坏、人口膨胀、全球化状态下的污染转嫁和资源掠夺、生态保护政策失灵等。因自然原因引起的生态安全问题只能由法律建立预警和防范机制加以解决;因人为原因造成的生态安全问题则须通过法律建立调控机制加以解决(张炳淳,2006)。

12.3.1.1 1978 年以前生态安全状况

塔里木河流域生态环境问题严重。塔里木河源流区水资源总量并未减少,但水资源利用规模扩大,河流水资源引用率提高,出现一些生态环境问题。阿克苏河流域土地开垦面积增大,水资源引用量增加,农田排水进入主河道,对其下段及塔里木河干流河流水质造成潜在威胁。叶尔羌河和和田河流域自然植被稀少,风沙大,沙漠化普遍发生,系统对外界的敏感性较强,恢复能力较差。开都河流域降水量较大,气温较低,地下水位较高,土壤盐渍化现象普遍。孔雀河流域气温较高、大风日数较多,土壤积盐较重,天然植被破坏严重,流域下段植被退化明显,土地荒漠化普遍发生。

12.3.1.2 1978 年以后生态安全状况

20 世纪 70 年代中期以后,塔里木河流域水土资源开发以巩固提高为主,对生态的破坏得到了抑制。首先,植被得到一定程度恢复。1983 年,用航片制图量得流域胡杨林面积为 $2.31 \times 10^5 hm^2$,比 1976 年增加了 $0.56 \times 10^5 hm^2$。其次,沙漠化发展速度减缓。1960—1978 年,沙漠化土地面积年递增率 0.76%,1978—1983 年为 0.27%,而 1983—1992 年出现沙漠化逆转,呈负增长趋势,营造防护林使得大风和沙尘暴日数明显减少。再次,垦区内耕地土壤盐渍化减轻,地下水矿化度降低,小气候条件有所改善。最后,野生动物资源有一定程度恢复。

然而,随着新一轮水土资源开发热的掀起,源流和干流中、上游用水增加,水资源地域分配更加不平衡,出现了很多新的生态问题。表现为:①源流补给干流水量减少,干流下游缺水严重;②水质盐化,河水矿化度增高;③下游沙漠化不断发展;④盲目开荒严重。

12.3.1.3 1995年以后生态安全状况

由于人类对塔里木河源流水资源的大强度不合理开发利用,塔里木河干流水量持续锐减,下游地下水位急剧下降,1982年下游阿拉干断面地下水埋深为6 m,1992年则下降到11 m,1995年下降到15 m以下;塔里木河干流径流由于接受源流农田灌溉排水中溶解的无机盐类、城镇污水及工业废水,导致河流水质恶化,地下水矿化度增加;塔里木河下游胡杨林面积锐减,自然植被衰退,60年代,塔里木河下游胡杨林面积为 $5.4\times10^4\ hm^2$,郁郁葱葱、一片苍翠,但多年来塔里木河下游断流、地下水位急剧下降使胡杨林萎缩衰减,到1995年仅剩 $1.3\times10^4\ hm^2$;风沙侵袭垦区,经济损失加重,1991—1995年风沙灾害造成34团直接经济损失达 1.4×10^8 元,1993—1995年造成35团直接经济损失达 0.4×10^8 余元;沙漠蔓延趋势逐年加剧,1982年在穿越绿色走廊的218国道铁干力克至若羌县公路上,被流沙掩埋路段不到50处,到1987年达106处,而到1995年发展到160多处;珍贵稀有野生动物迁离此地,一些特有种类处于濒危或绝迹的边缘,塔里木河下游约200 km形成一个生态断带;生态与环境的不断恶化导致人心不稳、劳力外流,持续断水和肆虐的风沙迫使牧群和牧民大都撤离,大部分屋宅被流沙掩埋,显现出一派萧条荒凉的景象。

12.3.1.4 2000年以来生态安全状况

2000年以来,通过对塔里木河源流和干流上游开展生态节水农业、中游实施人工渠化工程、下游实施生态应急输水等工程,塔里木河流域生态环境得到改善。塔里木河源流和干流上中游水资源利用率得到有效提高;塔里木河中游洪水随意漫溢现象得到有效制止,水资源浪费现象有所缓解,土壤盐渍化程度有所减轻;对塔里木河下游实施多次生态输水后,地下水位有所抬升,植被种类和盖度明显增加,天然植被得到拯救和恢复,部分地区沙漠化得到逆转,伴随放水过程调查表明,野生动物种类增多。

12.3.2 流域生态安全分析

12.3.2.1 水资源变化与生态安全

"有水则绿洲,无水则荒漠"是对塔里木河流域社会和生态环境的真实写照。水资源在塔里木河流域生态环境和社会经济正常运作过程中起着举足轻重的作用。过去50 a,随着源流人口的增多和大规模开荒强度的增强,源流水量被大量引灌,到达干流水量急剧减少,产生了许多生态、环境和社会问题。干流中游长期的洪水漫溢得不到治理,水资源浪费现象极其严重,土壤盐渍化逐年增强;下游由于来水补给越来越少,最终于1972年干涸,地下水位急剧下降,使得靠地下水为生的荒漠河岸林植被濒临死亡,荒漠化程度加剧。2000年以来,随着对塔里木河流域综合治理力度的加强,该流域生态环境发生了显著变化。源流和干流上游实施节水灌溉农业及中游修建防洪堤和生态闸,使得干流水量增加,水质好转,水资源浪费减轻。通过从开都河向塔里木河下游紧急调水,下游生态发生了显著变化,表现在地下水位急剧抬升、地表植被逐渐恢复更新、生态安全程度加强。水资源在维持塔里木河流域生态安全过程中起着关键作用。

(1)地表水资源量

塔里木河干流自身不产流,全长1321 km,历史上曾有九大水系汇入塔里木河干流,目前的车尔臣河、克里亚河、迪纳河、喀什噶尔河、开都河—孔雀河、渭干河等相继与塔里木河干流失去地表水利联系。和田河只在每年的7—9月洪水期才有水量进入塔里木河,叶尔羌河1986—2002年17 a中,仅有一年(1994年)在洪水期有水补给塔里木河,其余16 a均无水输入塔里木河干流。目前,在汇入塔里木河干流的三源流中,阿克苏河是塔里木河干流水量的主要补给来源,补给量占73.2%,和田河为23.2%,叶尔羌只占3.6%。

在过去50 a里,塔里木河流域在资源开发和经济发展的同时,生态环境发生了显著变化,尤其表现为水资源开发过程中生态与经济的矛盾日益突出,进入塔里木河干流的径流量逐年减少。1960—1994年三源流泄入塔里木河干流的水量呈逐渐下降趋势,通过观察塔里木河阿拉尔节点处河水流量,可以看出进入塔里木河干流的径流量由20世纪60年代的$52.12 \times 10^8 \text{ m}^3$减少到90年代的$42.78 \times 10^8 \text{ m}^3$,减少约$9.34 \times 10^8 \text{ m}^3$,平均每年以$0.25 \times 10^8 \text{ m}^3$速率递减。到达塔里木河下游恰拉水文站的水量从上世纪60年代的$13.53 \times 10^8 \text{ m}^3$减少到90年代的$2.67 \times 10^8 \text{ m}^3$,40年里减少了80%,塔里木河下游321 km河道断流,河流尾间湖泊相继干涸。孔雀河泄入塔里木河下游的径流量与60年代相比也有所下降,塔里木河下游基本处于断流阶段。2000年以来,随着生态应急输水工程的实施,塔里木河下游来水量有所增加,截至2006年年底,已累积向塔里木河下游输水$19.62 \times 10^8 \text{ m}^3$,下游生态环境得到明显改善(表12.3.1)。

表 12.3.1 塔里木河三源流补给干流水量的变化 (单位:10^8 m^3)

时段	阿克苏河	和田河	叶尔羌河	塔里木河阿拉尔节点	恰拉	孔雀河	下游
1960—1964 年	36.97	12.94	2.19	52.12	13.53	6	
1965—1974 年	34.52	11.35	2.67	48.65	/	/	断流
1975—1984 年	33.03	11.78	0.98	45.57	/	1.69	断流
1985—1994 年	30.82	9.83	0.33	42.78	2.67	2.12	断流
2000 年至今	/	/	/	/	/	/	19.62

(2)河流水质

由图12.3.1可知,1997年以前塔里木河三源流河水矿化度均小于1 g/L,其中和田河河水矿化度最高,阿克苏河和叶尔羌河河水矿化度相差不大。从1958—1997年,和田河河水矿化度呈逐渐增高趋势,阿克苏河河水矿化度在1988年表现增高现象,之后开始下降,叶尔羌河河水没有明显变化。这是因为,20世纪50—60年代前期,各源流尚未建立灌溉排水系统,灌区的余水和农田洗盐排水多滞留在洼地中,很少流入河道,即使有少量的高矿化度水流入,也会与泛滥洪水一同下泄,对河水水质影响不大,塔里木河水质较好。70—80年代,随着灌区排水工程的建设,大量农田洗盐排水流入河道,使塔里木河水质变差。80年代后期,水质继续恶化,矿化度急剧升高。河水矿化度显著升高,是近期塔里木河上游耕地面积扩大、洗盐排水增加的结果。叶尔羌河河水水质之所以没有明显变化,是因为叶尔羌河只有在洪水时才可能向塔里木河干流供水,所测河水水质均为洪水水质,洪水矿化度低,故水质没有明显变化。

从阿拉尔、新渠满和恰拉3个水文站1991年和2000年的水质监测结果可以看出,塔里木河干流河水矿化度基本超过1 g/L,塔里木河已成为一条咸水或微咸水河。塔里木河干流上游阿拉尔和新渠满水文站2000年所测河水矿化度与1991年相比均有所降低,这与干流来水增多有关;恰拉水文站2000年河水矿化度表现出明显增高趋势,随着干流上中游灌区

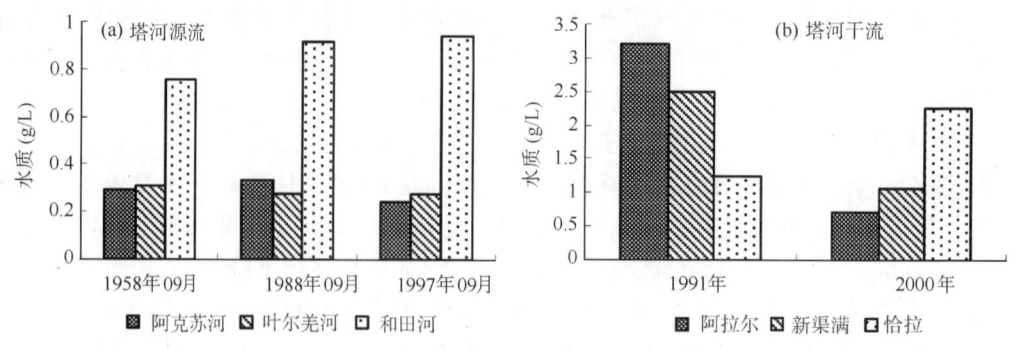

图 12.3.1 塔里木河流域河流水质时空变化

农田排灌工程的建立和配套,通过排灌区进入河道的高矿化度水将不断增加,所以,河水到达恰拉水文站时矿化度急剧上升。

(3) 地下水水质

塔里木河中游堤防和生态闸的修建及下游生态应急输水工程的实施,使塔里木河中下游地下水水质发生明显变化。在堤防修建前,从塔里木河干流的上游到下游,河道两侧地下水矿化度逐渐升高,此规律在同属中游地区的英巴扎和东河滩乡表现较明显,其矿化度分别是 1.01~1.20 g/L。输水堤防修建后,此规律在该区域不复存在。在塔里木河干流中游的上段沙子河断面(A),距输水堤防不同距离处的 6 口监测井的地下水矿化度在 2.54~26.32 g/L,而同期位于中下段阿其河断面的各监测井的地下水矿化度最大值为 4.75 g/L,最小值为 1.75 g/L,沙子河断面地下水矿化度的均值是阿其河断面的 5 倍。同样隶属于中游地区的英巴扎和东河滩乡在没有输水堤防前地下水水质状况相对较好,堤防修建后地下水矿化度明显升高,说明堤防修建对地下水化学有较为显著的影响。究其原因,是由于阿其河断面设有生态闸,洪水季节有计划的放水会使该断面得到一定量的地表过水,而沙子河断面却一直没有过水。生态闸对抑制堤防外地下水质恶化具有重要作用,认真研究堤防段生态闸的布设和最佳使用模式,对抑制地下水质的恶化、保护堤防外生态系统、促进全流域生态可持续发展有着重要意义。

输水堤防修建前,在丰水期漫溢洪水的渗漏作用下,地下水得到补充,而来自源流区相对较好的水质也对研究区水质的改善起到积极作用。输水堤防修建后,堤防外区域不再受洪水期漫溢洪水的影响,地下水质不再有丰枯期的变化,水质发生一定程度的下降是必然的。值得一提的是,堤防修建前,河道两侧丰水期地下水质优于枯水期,输水堤防修建后,在沙子河及阿其河两断面地下水质丰枯期的变化规律由于一年一度漫溢的洪水被抑制而改变,使整个沙子河口断面地下水的矿化度都基本维持在 15.30 g/L 左右,对塔里木河流域主要建群种胡杨的生存构成威胁。

对于塔里木河下游来说,生态输水对地下水化学的影响分 3 个阶段:初期、中期和后期。在输水初期阶段,河水通过渗漏补充了地下水,土壤中的盐分随之溶解到水中,运动中的水把盐分从距离河道较近处带到较远处,产生横向的累积效应。表现为水运动到某处时,该处地下水中离子含量和矿化度既比离河道较近处高,也比该处受输水影响之前高,这是地下水化学对生态输水响应的初期;在输水中期阶段,随着输水的继续,更多水量补充过来,对原含盐较高的溶液起到淡化作用。地下水在水平侧向渗漏的同时,还进行着垂直方向的下渗,下渗具有压盐作用,在这两种作用下,地下水中离子和矿化度随输水的继续实施而不断降低,这是输水对地下水化学影响的中期;随着间歇性输水的继续,地下水位逐渐被抬升到离地表 3 m 左右或更接近地表处,蒸发积盐作用开始,地下水中的离子含量和矿化度在蒸发浓缩作用下升高,另外,塔里木河下游地区距离地表 1 m 左右,尤其是 30~40 cm 的土壤层是盐分聚集层,当地下水埋深被抬升到该处时,由于盐分大量溶解致使主要离子含量和矿化度升高,这是地下水化学对生态输水响应的后期(李卫红等,2006)。

12.3.2.2 地表植被生长格局变化与生态安全

在干旱区的平原,自然绿洲生态系统由不依赖天然降水的非地带性植被构成,主要为中生、中旱生具有一定覆盖度的天然乔、灌、草植物,分布在地下水位较高的河滩地、低阶地、湖滨及低洼地,主要依靠洪水灌溉或地下水维持生命,是随着河流和水分条件的变化而变化的。塔里木河荒漠河岸林伴河而生、伴河而存,沿塔里木河形成连续、宽窄不一的绿色植被带。它除作林地和草地利用外,还是人工绿洲外围防风、固沙、阻沙的天然绿色屏障,起着"绿洲卫士"的作用,没有乔、灌、草的保护作用,人工绿洲就有可能被风沙吞噬,这在古代、现代屡见不鲜。自然绿洲和人工绿洲是唇齿关系,唇亡则齿寒。荒漠植被一旦破坏,很难恢复,必须坚决保护、全面封育、重点恢复、合理利用。通过发展绿洲林业、牧业和人工栽培资源植物,减轻对自然绿洲植被利用的压力。

(1)"绿色带"变化

通过查阅《塔里木河流域资源环境及可持续发展》等相关书籍和其他文献,获得 2000 年塔里木河干流"绿色带"宽幅变化数据,绘成"绿色带"宽幅变化图(图 12.3.2)。由图 12.3.2 可知,塔里木河干流中游"绿色带"宽幅最宽达 80 km,下游最宽处不到 10 km;干流上游"绿色带"宽幅最窄达 20 km,下游最窄处只有 2 km。总体上看,中游"绿色带"宽幅最大,下游最小。对于"绿色带"宽幅较大的塔里木河干流上中游地区,虽然生态安全度相对较高,但仍需对塔里木河两侧河岸植被加强保护,以免植被退化,生态安全度降低。下游"绿色带"处于消亡的边缘,塔克拉玛干沙漠和库鲁克沙漠呈合拢趋势,下游生态安全度极低,全面拯救濒临灭绝的"绿色走廊"、维护下游生态安全势在必行。

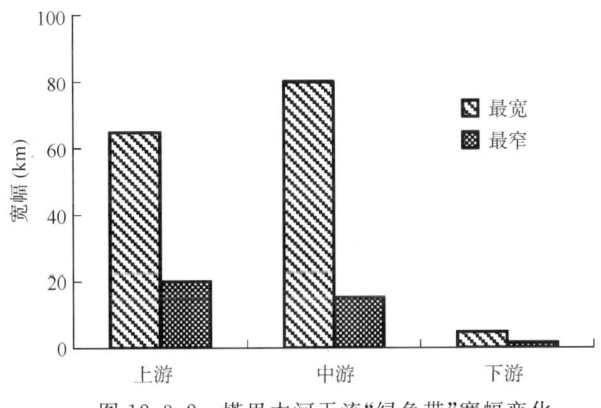

图 12.3.2 塔里木河干流"绿色带"宽幅变化

(2)植被变化

塔里木河流域荒漠河岸林植被具有乔木、灌木和草本 3 个垂直结构层,根据样地调查资料显示,研究区域内共发现植物种类 20 多种,其中乔木 3 种,灌木及半灌木 6 种,草本植物

10多种(刘加珍等,2004)。近几十年来,由于人类经济和社会活动的加强及流域水资源的大强度无序开发,致使塔里木河流域自然生态过程发生了显著变化,下游321 km河道彻底断流,地下水位大幅度下降,天然植被濒临死亡。在水、盐、沙漠化及人为作用的影响下,由地下水过程维系的天然植被严重退化,林间沙地活化,胡杨大面积衰败,风蚀沙化加剧,土地荒漠化过程加强(刘加珍等,2002;陈亚宁等,2003b),生态系统严重受损。天然植被在防风、固沙、阻沙、改善小气候、维护生态环境及提高生态系统服务功能等方面起着重要作用。

比较分析1958—2000年塔里木河干流乔木、灌木和草本面积的变化(图12.3.3),探讨植被格局的时空变化特征,有利于全面掌握人类活动影响下植被的演替过程和趋势,为提出合理的生态治理对策提供科学依据。由图12.3.3可知,1996年之前,塔里木河干流上游、中游和下游的乔木面积均表现出逐渐减少的趋势,2000年以后以胡杨林为主的乔木面积明显回升。2000年以来通过加大对流域生态环境的综合治理,胡杨等乔木在复壮的同时得到了更新,胡杨幼苗陆续出现,植被面积逐渐增加,盖度逐渐增大,生产力逐渐增高。然而,2000年灌木和草本面积却低于1992年。20世纪90年代以来生态环境退化现象极其严重,耐旱性较弱的灌木和草本大面积衰败,到2000年达最低。

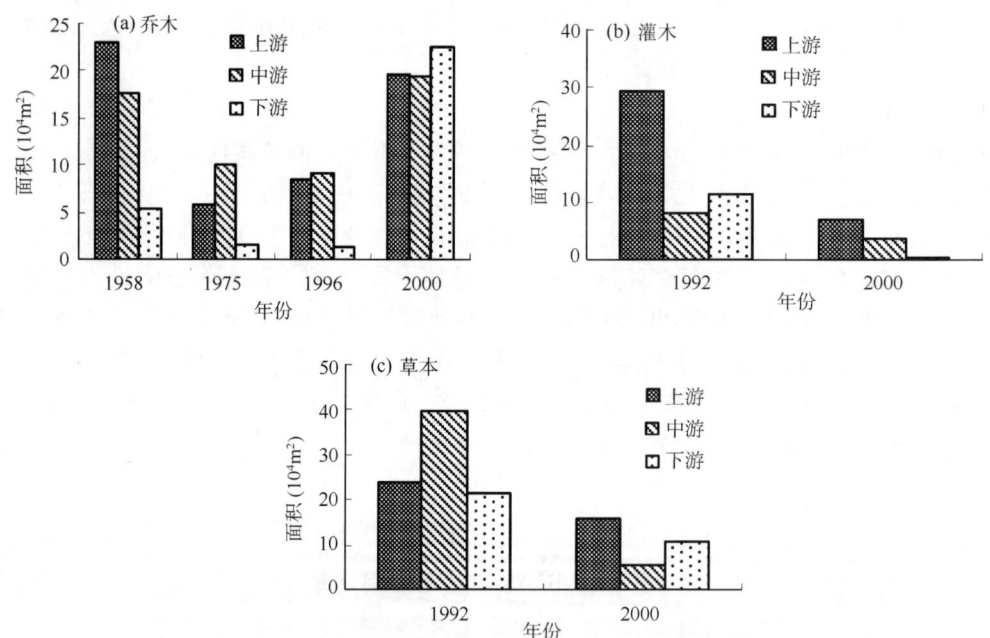

图12.3.3 塔里木河干流乔木(a)、灌木(b)和草本(c)面积时空变化

12.3.2.3 土壤盐渍化和荒漠化与生态安全

(1)土壤荒漠化与生态安全

在干旱、半干旱地区土壤荒漠化是土地退化的重要表现。造成该流域土地荒漠化、沙化并加速扩展的原因有气候因素,但更主要的是不合理的人为活动,表现在四个方面:一个过牧,这是草地沙化、退化的主要原因;二是滥樵、滥挖、滥采,这是局部地区土地荒漠化、沙化扩展的重要成因;三是滥砍,过去对塔里木河流域胡杨和柽柳等植被的大量砍伐,使得部分固定沙地变成半固定沙地和流动沙丘;四是滥用水资源,某些地区大规模开采地下水,使地下水位急剧下降,大片沙生植被干枯死亡,沙丘活化,形成"人造荒漠"。荒漠化破坏耕地,导

致粮食减产;破坏草地,使畜产品受损;降低生物多样性,使生态系统脆弱而不稳定。在维持塔里木河流域生态安全过程中,有效抑制盐渍化和沙漠化强度尤为重要。

图 12.3.4 反映了塔里木河干流过去 30 a 土地沙漠化面积变化趋势。由图 12.3.4 可知,1960—1992 年塔里木河干流上中游沙漠化程度逐渐增强,以最有代表性的中游英巴扎地区为例。具体来看,1960—1992 年英巴扎地区极度、强度和中度沙漠化面积均处于逐渐增高趋势,轻度沙漠化面积表现为先增高后降低的趋势,以 1978 年为界,1978 年以前轻度沙漠化面积逐渐增高,1978 年以后面积逐年减少。

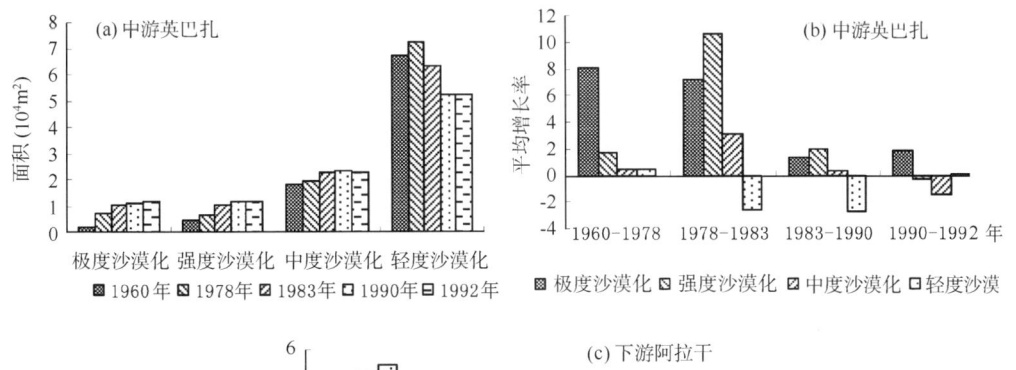

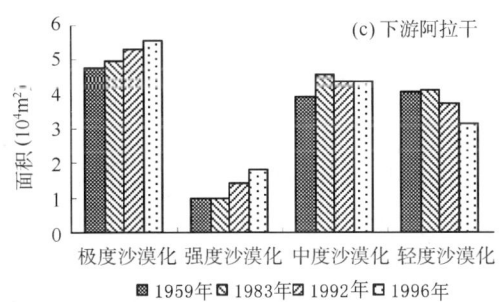

图 12.3.4 塔里木河干流土地沙漠化面积时空变化

由图 12.3.4b 可知,塔里木河干流上游和中游沙漠化发展速度减缓:1960—1983 年沙漠化处于强烈发展时期,而 1983 年以后开始逆转。1960—1978 年,沙漠化土地面积年递增率 0.76%,1978—1983 年减少为 0.27%,而 1983—1990 年出现沙漠化逆转,年增长率为 -1.12%。据统计,1959—1983 年 24 a 间中游段沙漠化土地由 69.23% 上升到 80.68%,上升了 11.45%,增长量高于上游的 6%,低于下游的 1%。

1959—1996 年 37 a 间塔里木河下游沙漠化程度逐渐增强,沙漠化面积逐渐扩大。据统计,1959—1996 年,阿拉干地区沙漠化的总面积由 13.7122 hm^2 增加到 14.9429 hm^2,增加了 1.2307 hm^2。具体来看,极度和强度沙漠化面积不断增高,1983 年以后中度和轻度沙漠化面积逐渐减小(表 12.3.2)。

表 12.3.2 塔里木河中游英巴扎地区沙漠化土地年平均增长率 (单位:%)

年份	极度沙漠化	强度沙漠化	中度沙漠化	轻度沙漠化	合计
1960—1978 年	8.1	1.72	0.44	0.39	0.76
1978—1983 年	7.17	10.57	3.16	-2.56	0.27
1983—1990 年	1.31	1.92	0.37	-2.72	-1.12
1990—1992 年	1.84	-0.32	-1.49	0.07	-0.14

(2) 土壤盐渍化与生态安全

塔里木盆地是一个封闭的内陆盆地,土壤普遍积盐,形成大面积的盐土。塔里木河干流盐土面积占总面积的 18.43%,盐化土占 57.59%。塔里木河地处极端干旱的暖温带荒漠气候区,降水稀少,蒸发强烈,随水分蒸发盐分在地表的积聚几乎呈单向积累,流域内土壤盐渍化的表聚性表现得格外强烈,地表十几厘米的含盐量占百厘米土层含盐量的 58%~87%。由于引水和灌溉等方面的原因,引发荒漠化另一种过程——土壤次生盐渍化。土壤盐渍化严重威胁着某些耐盐性较弱的植物的生长和生存,影响植被盖度,降低生态安全。本节从 2000 年土壤盐渍化面积占耕地面积比重、盐渍化指数和不同年代盐碱地面积变化三个方面来探讨塔里木河流域土壤盐渍化变化特征。

由图 12.3.5 可知,2000 年塔里木河三源流中叶尔羌河流域土壤盐渍化面积占耕地面积比重最大,其次是和田河,阿克苏河流域土壤盐渍化面积所占比重最小;塔里木河干流中游土壤盐渍化指数最大,其次是下游,上游土壤盐渍化指数(盐渍化指数等于盐渍化耕地面积/耕地总面积)最小。如何改善和减轻叶尔羌河流域和干流中游的土壤盐渍化现状当务之急。比较 1990 年和 2000 年塔里木河中下游土壤盐渍化面积变化(图 12.3.6),发现 2000 年土壤盐渍化面积明显高于 1990 年,这严重制约了当地植物的生长和发育,流域的生态安全遭受威胁。

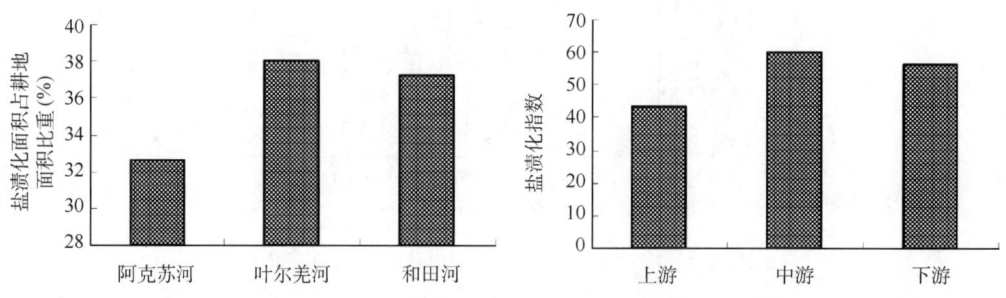

图 12.3.5　2000 年塔里木河流域土壤盐渍化变化

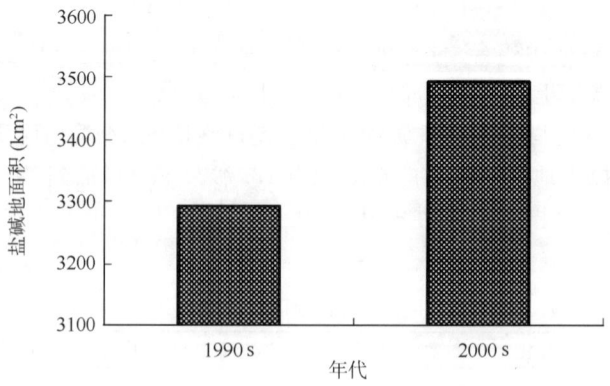

图 12.3.6　塔里木河中下游盐碱地面积

12.3.3 基于层次分析法的流域生态安全评价

本节应用层次分析法对塔里木河流域生态安全状况进行评价。层次分析法是目前最优的一种技术方法，它为分析由相互关联、相互制约的众多因素构成的复杂系统问题提供了简便而且实用的决策方法。层次分析法评价的具体步骤和评价指标体系的选取原则同本章"12.2.2 层次分析法及其应用"小节。通过构建评价指标体系，一方面对流域生态安全评价的内容有一个比较清晰的了解，另一方面能看清各项内容在整个体系中所处的层次和位置。在评价指标体系确定之后，由于各指标之间的量纲不统一，直接用它们去进行评价没有可比性。即使对于同一个参数，尽管可以根据实测数值的大小来判断它们对环境影响的程度，但也因缺少一个可作比较的环境标准而无法较准确地反映其对环境的影响。为此，必须对参评因子进行量化处理，用标准化方法来解决参数之间不可比的问题。量化处理的方法多种多样，本节应用极差标准化方法与专家级分法标准化方法对数据进行标准化处理。

(1) 极差标准化方法。参评因子的标准化量化公式：
如果某因子值越大其生态安全水平越高，则：

$$赋值 = 10 \times (X_i - X_{\min})/(X_{\max} - X_{\min}) \tag{12.3.1}$$

式中：X_i 为实测值，$X_{\max}$ 为实测最大值，$X_{\min}$ 为实测最小值。

如果某因子值越大其生态安全水平越低，则：

$$赋值 = 10 - 10 \times (X_i - X_{\min})/(X_{\max} - X_{\min}) \tag{12.3.2}$$

(2) 专家级分法标准化方法。该方法主要是采用专家意见，按照专家经验对指标因子直接赋值分级。

12.3.3.1 生态安全评价指标体系的建立

生态系统安全性指标的建立需要考虑多种因子的作用与影响特征，因此必须建立相关的影响特征指标体系。生态安全及生态环境的功能是多种多样的，一般不可能对所有的功能变化都做出定量评价，因而一般应根据主要功能，有选择地评价，主要的功能与状态要依据区域环境的特点、敏感环境、社会经济可持续发展对生态安全及功能的要求、主要限制因子和主要存在的生态问题进行筛选。根据影响塔里木河流域生态安全的主要因素，从水资源、土壤和植被的分布格局变化特征及社会经济与农业生产水平、人类活动对环境的影响等五方面入手构建塔里木河流域生态安全评价指标体系(表 12.3.3)。

12.3.3.2 生态安全评价指标权重的确定

在生态安全评价中，权重是体现某种意义下重要性程度的数值，具有权衡比较不同评价因子间差异的作用，只有通过加权综合，才能揭示不同评价因子间的内在联系，而使综合评价结果更接近和符合生态安全的实际状况。根据塔里木河流域生态安全评价指标体系的层次结构和所确定的层次，采用专家咨询法确定各个因子的权重值(表 12.3.4)。

由表 12.3.4 可知，在准则层中对生态安全影响最强烈的是植被状况，其次是社会经济发展水平，权重超过 0.200；土壤、水资源和人类活动的影响对塔里木河流域生态安全的影响依次减弱，权重超过 0.100，但小于 0.200；气象对流域生态安全的影响最弱，权重未超过 0.100。这表明在生态环境极其脆弱的塔里木河流域，地表植被在维护流域生态安全中起着

表 12.3.3 塔里木河流域生态安全评价指标体系

目标层	准则层	指标层
生态安全	水资源 A1	地表水资源量 B11
		河流水质 B12
		地下水水质 B13
		水资源利用率 B14
	土壤 A2	盐碱化面积 B15
		土壤沙化指数 B16
	植被 A3	植被盖度 B17
		植被生产力 B18
		生物多样性 B19
	气象 A4	干燥度 B20
		沙尘暴天数 B21
	社会经济发展水平 A5	经济发展可持续性 B22
		技术发展水平 B23
		人均纯收入 B24
	人类活动的环境影响 A6	人口密度 B25

表 12.3.4 塔里木河流域生态安全评价指标权重

目标层	准则层	权重	指标层	相对准则层权重	相对目标层权重
生态安全	水资源 A1	0.138	地表水资源量 B11	0.457	0.063
			河流水质 B12	0.292	0.040
			地下水水质 B13	0.173	0.024
			水资源利用率 B14	0.078	0.011
	土壤 A2	0.173	盐碱化面积 B15	0.667	0.115
			土壤沙化指数 B16	0.333	0.058
	植被 A3	0.261	植被盖度 B17	0.429	0.112
			植被生产力 B18	0.142	0.037
			生物多样性 B19	0.429	0.112
	气象 A4	0.098	干燥度 B20	0.748	0.073
			沙尘暴天数 B21	0.252	0.025
	社会经济发展水平 A5	0.205	经济发展可持续性 B22	0.249	0.051
			技术发展水平 B23	0.158	0.032
			人均纯收入 B24	0.593	0.122
	人类活动的环境影响 A6	0.127	人口密度 B25	1.000	0.127

非常重要的作用。在表征"植被"准则的指标层中,地表植被盖度和生物多样性所占比重较大,权重之和为 0.858,由此可以推知植被盖度和生物多样性降低,流域生态安全水平也将降低。社会经济发展水平对流域生态安全的影响也较大,如果流域人均纯收入较高,经济技术发展水平也较高,经济基本上处于可持续状态,可以表征流域生态安全程度较高。土壤是流域生产功能的主要承载者,土壤发生盐渍化和荒漠化必然导致植物产量降低,影响植被盖

度,因此,土壤对流域生态安全影响较大。水资源和人类活动的影响受经济发展水平制约,随着农业灌溉技术、人均纯收入等经济发展水平的提高,水资源短缺、水资源浪费及水资源利用率低下等制约问题都将得到有效解决,流域生态安全度也将明显提高。气候是一个长期性概念,在短期内改变较微弱,因此,气象对流域生态安全影响最小。

12.3.3.3 各区段生态安全变化比较

由表 12.3.5 和表 12.3.6 计算的指标层数据的标准化值经加权所得到的各准则层及目标层(表 12.3.7,表 12.3.8),计算结果可以看出,塔里木河流域生态安全水平的高低即目标层的大小是由水资源、土壤、植被、气象和人类活动的环境影响等因素构成的指标层得分高低,即权重大小决定的。

表 12.3.5 塔里木河源流指标层数据标准化值汇总表

指标	年代	指标名称							
		地表水资源量	河流水质	地下水水质	水资源利用率	盐碱化指数	土壤沙化指数	植被盖度(%)	植被生产力(g/m² d)
阿克苏河	1960s	0.35	60.75	43.39	55.23	0.61	60.75	15.58	1.01
	1990s	2.21	113.3	309	226.6	2.27	135.96	109.65	13.6
	21世纪初	3.09	194.3	539.72	285.74	3.47	242.88	149.46	24.29
叶尔羌河	1960s	4.24	30.93	30.93	51.56	0.46	37.12	37.12	0.93
	1990s	140.55	66.26	165.64	140.55	1.45	103.07	463.8	10.08
	21世纪初	89.5	141.97	411.7	222.54	2.74	216.68	457.44	16.47
和田河	1960s	0.82	26.5	13.77	53	0.53	35.33	22.08	1.18
	1990s	4.87	59.85	54.41	136.8	1.41	87.05	126	15.96
	21世纪初	8.75	137.28	123.93	234.82	2.79	171.6	223.08	24.79
开都河—孔雀河	1960s	1.92	76.8	24	50.09	0.46	38.4	36	1.15
	1990s	25.89	105.56	91.48	156.83	1.37	109.78	238.65	13.72
	21世纪初	20.24	215.89	186.83	255.66	2.56	231.31	346.96	21.12

指标	年代	指标名称						
		生物多样性	干燥度	沙尘天数	经济可持续性	技术发展水平	人均纯收入	人口密度
阿克苏河	1960s	13.21	0.93	3.04	0.3	0.3	0.81	10.13
	1990s	82.9	4.25	6.18	1.13	1.13	0.08	17.89
	21世纪初	255.66	5.4	10.79	1.21	1.21	0.08	22.08
叶尔羌河	1960s	51.56	0.52	1.86	0.27	0.27	0.93	3.71
	1990s	579.75	1.78	4.64	0.8	0.8	0.09	9.66
	21世纪初	457.44	2.94	10.29	1.06	1.06	0.08	15.54
和田河	1960s	13.59	0.53	1.77	0.28	0.28	1.06	4.82
	1990s	114	1.71	3.99	0.77	0.77	0.1	11.97
	21世纪初	207.51	3.43	9.91	1.19	1.19	0.08	19.83
开都河—孔雀河	1960s	32.91	0.38	1.44	0.29	0.29	1.15	5.76
	1990s	457.42	1.37	3.66	0.95	0.95	0.09	13.72
	21世纪初	404.79	2.56	7.47	1.28	1.28	0.08	21.12

表 12.3.6 塔里木河干流指标层数据标准化值汇总表

指标名称	上游			中游			下游		
	20世纪60年代	20世纪90年代	21世纪初	20世纪60年代	20世纪90年代	21世纪初	20世纪60年代	20世纪90年代	21世纪初
地表水资源量	0.26	1.69	2.23	0.76	19.00	18.94	3.29		
河流水质	26.77	21.26	125.45	12.88	42.27	71.97	9.36	22.36	26.92
地下水水质	44.62	103.28	83.63	20.61	46.11	23.99	14.03	22.36	12.92
水资源利用率	66.93	240.98	200.72	60.62	181.16	119.94	28.07	290.67	403.80
盐碱化指数	0.74	1.61	2.33	0.52	0.77	1.20	0.53	0.48	1.15
土壤沙化指数	111.56	289.17	501.79	46.84	169.09	257.02	24.06	36.33	107.68
植被盖度	17.16	150.61	182.47	15.15	120.78	138.40	14.52	96.89	184.60
植被生产力	1.49	24.10	28.67	1.29	33.82	39.98	1.68	36.33	21.54
生物多样性	17.16	150.61	193.00	15.15	120.78	146.87	14.52	96.89	184.60
干燥度	0.84	2.26	3.35	0.47	1.33	2.06	0.28	0.71	1.70
沙尘暴天数	3.35	9.04	9.12	2.06	5.64	6.00	1.40	2.91	4.97
经济发展可持续性	0.33	1.03	1.25	0.29	0.75	0.92	0.28	0.48	0.99
技术发展水平	0.33	1.03	1.25	0.29	0.75	0.92	0.28	0.48	0.99
人均纯收入	0.89	0.09	0.08	1.03	0.10	0.09	2.11	0.15	0.09
人口密度	3.35	9.04	11.15	3.44	12.68	14.39	4.21	290.67	258.43

由表 12.3.7 可知，从 20 世纪 60 年代到 21 世纪初流域生态安全水平呈逐渐增高趋势，阿克苏河、叶尔羌河、和田河和开都河-孔雀河，以及干流上游、中游和下游 2000 年以来生态安全水平分别为 60 年代的 7、9、8、7.8、7、9 和 8 倍。从指标层得分可知，水资源、土壤、植被对流域生态安全贡献最大，气象对生态安全贡献较小，人类活动对下游生态安全影响较强，社会经济发展水平几乎没有贡献。2000 年以来，国家投入巨资对塔里木河流域进行综合治理，效果显著，流域生态安全水平明显升高。

由表 12.3.7、表 12.3.8 和图 12.3.7 可知，2000 年以来塔里木河源流叶尔羌河流域生态安全值最高，其次是开都河—孔雀河流域，和田河流域生态安全值最低。塔里木河干流中游的生态安全值最高，下游最低。

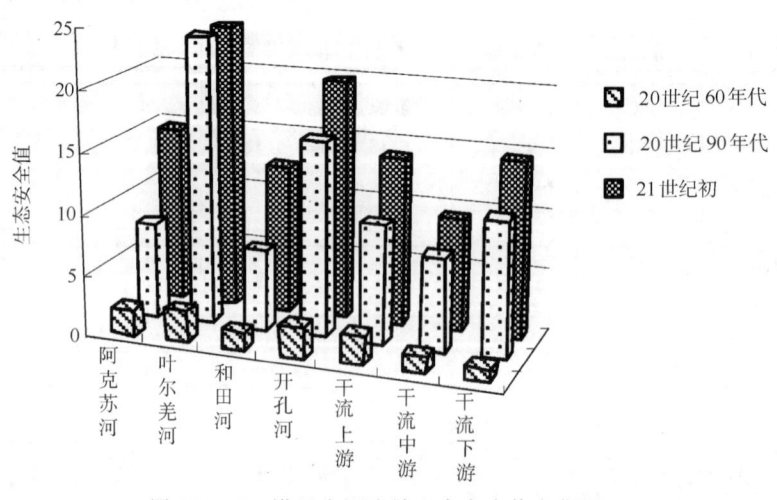

图 12.3.7 塔里木河流域生态安全值变化图

表 12.3.7 塔里木河源流目标层和指标层得分结果汇总表

干流	目标层生态安全			指标层	20世纪60年代	20世纪90年代	21世纪初
	20世纪60年代	20世纪90年代	21世纪初				
阿克苏河	2.08	7.93	14.72	土壤	3.59	8.15	14.49
				植被	3.26	22.07	46.27
				气象	0.14	0.46	0.66
				社会经济发展水平	0.11	0.05	0.05
				人类活动环境影响	1.29	2.27	2.80
叶尔羌河	2.61	23.66	23.68	水资源	2.81	17.03	23.65
				土壤	2.21	6.14	12.88
				植被	9.97	117.25	103.08
				气象	0.08	0.25	0.47
				社会经济发展水平	0.12	0.04	0.04
				人类活动环境影响	0.47	1.23	1.97
和田河	1.50	6.66	12.35	水资源	2.02	5.51	11.60
				土壤	2.11	5.21	10.27
				植被	4.04	27.47	49.14
				气象	0.08	0.22	0.50
				社会经济发展水平	0.14	0.04	0.05
				人类活动环境影响	0.61	1.52	2.52
开都河—孔雀河	2.55	16.12	19.83	水资源	4.32	9.77	17.21
				土壤	2.28	6.53	13.71
				植被	7.76	78.47	84.98
				气象	0.06	0.19	0.37
				社会经济发展水平	0.15	0.04	0.05
				人类活动环境影响	0.73	1.74	2.68

12.3.3.4 讨论

(1)塔里木河流域的关键问题在于水资源开发过程中生态与经济的矛盾非常突出,因此,塔里木河流域综合治理要以水资源合理分配和有效利用为核心,旨在通过保护上游、治理中游来达到恢复下游生态系统的目的。从塔里木河流域生态整治工程的行为过程来看,上游重点是山地水源涵养区的保护与绿洲灌区的水资源高效利用问题,中游是河道生态工程治理与生态保育问题,而下游主要是在生态输水后以自然生态恢复过程为主的生态修复和生态系统的安全问题。2000 年以来,国家投入巨资对塔里木河流域进行综合治理,在治理过程中,在源流和干流上游全面实施了节水农业,减轻了水资源浪费现象,提高了水资源利用率;在干流中游建设了防洪堤和生态闸,实施了河道整治、渠首控制和渠系配套等工程,有效遏制了洪水漫溢,减轻了土壤盐渍化程度;在源流和干流上中游顺利实施节水工程后,在下游实施了以恢复生态、拯救"绿色走廊"为目的的生态输水工程,近几年来,随着下游输

表 12.3.8　塔里木河干流目标层和指标层得分结果汇总表

干流	目标层生态安全			指标层	20世纪60年代	20世纪90年代	21世纪初
	20世纪60年代	20世纪90年代	21世纪初				
上游	2.08	7.93	14.72	水资源	2.89	6.09	9.37
				土壤	6.56	16.96	29.37
				植被	3.90	34.63	43.11
				气象	0.14	0.39	0.47
				社会经济发展水平	0.14	0.10	0.11
				人类活动环境影响	0.43	1.15	1.42
中游	2.61	23.66	23.68	水资源	1.72	5.99	5.97
				土壤	2.78	9.90	15.05
				植被	3.44	28.31	33.43
				气象	0.09	0.24	0.30
				社会经济发展水平	0.15	0.07	0.09
				人类活动环境影响	0.44	1.61	1.83
下游	1.50	6.66	12.35	水资源	1.02	4.63	6.04
				土壤	1.46	2.16	6.38
				植被	3.31	23.05	42.15
				气象	0.06	0.12	0.25
				社会经济发展水平	0.28	0.06	0.09
				人类活动环境影响	0.53	36.91	32.82

水量的明显增多,濒临死亡的天然植被得到有效恢复,沙漠化进程得到有效遏制。在对塔里木河流域实施全面治理后,生态环境恢复显著,生态安全度明显增强。

(2) 在生态环境极其脆弱的塔里木河流域,水资源对流域的生态安全起着决定性作用。如果水资源富足、水资源利用率高,那么地表植被将生长旺盛,植被防风阻沙效应将提高,土壤沙漠化程度将减轻,沙尘暴频率将减小,干燥度将会降低。塔里木河中游洪水随意漫溢现象得到有效控制,很大程度上减轻了表层土壤的盐渍化强度。水资源合理配置和有效利用缓解了流域的生态、经济和社会用水矛盾,提高了经济技术发展水平,实现了经济和社会的可持续发展。

12.3.3.5　小结

层次分析法是一种为分析相互关联、相互制约的众多因素构成的复杂系统问题而采用的既简便又实用的决策与评价方法,本节利用该方法对塔里木河流域的生态安全状况进行了科学评价,结果表明:在水资源、土壤、植被、气象和人类活动的环境影响等因素的共同表征下,20世纪60年代到21世纪流域生态安全水平呈现出逐渐增高趋势,水资源、土壤、植被对流域生态安全贡献最大,气象对生态安全贡献较小,人类活动对下游生态安全影响较强,社会经济发展水平几乎没有贡献。

12.3.4　基于属性识别模型的流域生态安全评价

12.3.4.1　生态安全评价指标体系

塔里木河流域是一个开放的系统，有着许多能量与物质的输入与输出，其不但受自然规律的控制，也受人为因素的制约。由于流域干旱、寒冷、强风、强辐射、土质瘠薄、盐碱性强等，生态系统通常处在生理生态临界线边缘，生命行为薄弱，生物多样性与生态系统脆弱。

在进行塔里木河流域生态安全评价指标选择时，必须考虑其具有复合性、脆弱性和开放性的特征，同时，还要充分考虑流域的生态环境现状、对生态安全有潜在影响的重要因素的变化和人类活动的能动反映等。通过多重筛选，本节建立了 3 个层次的塔里木河流域生态安全评价指标体系（表 12.3.9）。第 1 层次是目标层，反映塔里木河流域生态安全程度；第 2 层次是项目层，包括水资源安全、土地安全、气候安全与社会经济安全；第 3 层次是指标层，说明各项目是由哪些具体指标来表达的。根据塔里木河流域生态环境特点，共采用 18 个评价指标对 2000—2006 年全流域的生态安全状况进行评价。

表 12.3.9　塔里木河流域生态安全评价指标体系

目标层 O	项目层 A	指标层 B
塔里木河流域生态安全	水资源安全 A1	人均水资源量(m^3/人)B1
		水库总容量($10^8 m^3$/人)B2
		供水总量($10^8 m^3$/人)B3
	土地安全 A2	耕地面积百分比(%)B4
		年灌溉水面积(hm^2)B5
		年末牲畜存栏(10^4 头)B6
		森林覆盖率(%)B7
		治碱面积(hm^2)B8
		治水土流失面积(hm^2)B9
	气候安全 A3	年日照时数(h)B10
		年降水量(mm)B11
		年平均气温(℃)B12
	社会经济安全 A4	单位面积农业生产总值(10^4 元/hm^2)B13
		人均 GDP(元)B14
		农民人均纯收入(元/a)B15
		总人口密度(人/km^2)B16
		城市化率(%)B17
		适龄儿童入学率(%)B18

12.3.4.2　生态系统评价指标标准

评价标准设定的合理与否将直接影响评价结果的准确性。根据国际通用分类标准，结合大量该领域的文献资料，将塔里木河流域生态安全状况划分为 5 个等级：Ⅰ级为很不安全

(恶劣)、Ⅱ级为较不安全(较差)、Ⅲ级为安全(一般)、Ⅳ级为较安全(良好)、Ⅴ级为很安全(理想),各安全等级的划分标准见表12.3.10。

表12.3.10 塔里木河流域生态安全评价等级及指标取值范围

指标		生态安全等级				
		Ⅰ	Ⅱ	Ⅲ	Ⅳ	Ⅳ
B1	人均水资源量(m³/人)	[0,5000]	[5000,5400]	[5400,5700]	[5700,6000]	[6000,7000]
B2	水库总容量(10⁸m³/人)	[0,2]	[2,3]	[3,3.3]	[3.3,3.4]	[3.4,4.0]
B3	供水总量(10⁸m³人)	[0,400]	[400,450]	[450,480]	[480,500]	[500,600]
B4	耕地面积百分比(%)	[1.5,2]	[1.3,1.5]	[1,1.3]	[0.5,1]	[0,0.5]
B5	年灌溉水面积(hm²)	[0,220]	[220,240]	[240,280]	[280,320]	[320,400]
B6	年末牲畜存栏(10⁴头)	[0,400]	[400,430]	[430,440]	[440,450]	[450,480]
B7	森林覆盖率(%)	[0,2]	[2,2.5]	[2.5,3]	[3,4]	[4,6]
B8	治碱面积(hm²)	[0,70000]	[70000,75000]	[75000,80000]	[80000,75000]	[85000,100000]
B9	水土流失治理面积(hm²)	[0,6000]	[6000,8000]	[8000,10000]	[10000,15000]	[15000,20000]
B10	年日照时数(h)	[0,2800]	[2800,2900]	[2900,3000]	[3000,3200]	[3200,4000]
B11	年降水量(mm)	[0,40]	[40,60]	[60,80]	[80,100]	[100,120]
B12	年平均气温(℃)	[0,12.5]	[12.5,13]	[13,13.5]	[13.5,15]	[15,16]
B13	单位面积农业生产总值(10⁴元/hm²)	[0,14000]	[14000,15000]	[15000,17000]	[17000,18000]	[18000,25000]
B14	人均GDP(元)	[0,5000]	[5000,6000]	[6000,7000]	[7000,8000]	[8000,10000]
B15	农民人均纯收入(元/a)	[0,1500]	[1500,1600]	[1600,1800]	[1800,2000]	[2000,3000]
B16	人口密度(人/km²)	[13,20]	[12,13]	[11,12]	[10,11]	[0,10]
B17	城市化率(%)	[45,60]	[40,45]	[30,40]	[20,30]	[0,20]
B18	适龄儿童入学率(%)	[0,60]	[60,80]	[80,88]	[88,98]	[98,100]

12.3.4.3 熵权法确定指标权重

为了避免人为主观因素的干扰,权重的确定采用熵的方法,从实测数据出发,充分利用数据自身信息,客观地确定指标权重(胡安焱等,2006)。评价指标根据其不同属性,可以分为递增型和递减型。因此,在计算各指标权重之前有必要对每个指标进行标准化处理,本节采用最小—最大规范化对原始数据进行线性变换,具体方法如下:

$$x'_{xj} = \frac{x_{ij} - \min x_{ij}}{\max x_{ij} - \min x_{ij}} \tag{12.3.3}$$

式中:x_{ij}为各指标值,x'_{ij}为x_{ij}转换后的无量纲化指标测评值。

经过上述标准化处理,原始数据均转换为无量纲化指标测评值,即各指标值都处于同一个数量级别上,可以进行综合测评分析。

$$x'_{xj}=\begin{bmatrix} x'_{11} & \cdots & x'_{1m} \\ \vdots & \ddots & \vdots \\ x'_{n1} & \cdots & x'_{nm} \end{bmatrix} \quad (12.3.4)$$

设第 j 个评价指标下第 i 个待评价监测点评价指标比例为 p_{ij}，计算公式为：

$$p_{ij} = \frac{x'_{ij}}{\sum_{i=1}^{n} x'_{ij}} \quad (12.3.5)$$

计算第 j 个评价指标的熵为 e_j：

$$e_j = \frac{1}{\ln n} \sum_{i=1}^{n} p_{ij} \ln(p_{ij}) \quad (12.3.6)$$

式中：$0 \leqslant e_{ij} \leqslant 1$，为了使其有意义，假定 $e_j = 0$ 时，$p_{ij} \ln(p_{ij}) = 0 (i=1,2,\cdots,n, j=1,2,\cdots,m)$。

则第 j 个评价指标的权重为：

$$\omega_j = \frac{1 - e_j}{m - \sum_{j=1}^{m} e_j} \quad (12.3.7)$$

按照上述方法，计算得出塔里木河流域生态安全评价指标权重见表 12.3.11。由表 12.3.11 可知，耕地面积百分比在流域生态安全评价中所占比重最大，权重达 0.1223；其次是单位面积农业生产总值、人均 GDP、人口密度和年日照时数，权重均超过 0.07；农民人均纯收入、年末牲畜存栏、水土流失治理面积和适龄儿童入学率所占比重也较大，均超过 0.05；其他指标所占比重较小，均未超过 0.05。总体上看，耕地面积百分比、单位面积农业生产总值、人均 GDP、人口密度和年日照时数指标对塔里木河流域的生态安全状况起关键作用。

表 12.3.11 塔里木河流域生态安全评价指标权重

指标	B1	B2	B3	B4	B5	B6	B7	B8	B9
权重	0.0378	0.0441	0.0371	0.1223	0.0346	0.0547	0.0316	0.0275	0.0508
指标	B10	B11	B12	B13	B14	B15	B16	B17	B18
权重	0.0719	0.0499	0.0429	0.0891	0.0858	0.0616	0.0782	0.0296	0.0506

12.3.4.4 流域生态安全评价结果

通过对 2000 年以来塔里木河流域实地调查资料的分析和对相关统计年鉴的查阅，计算了 2000—2006 年塔里木河流域各样本的属性测度、等级和得分值（表 12.3.12），其中，置信度取 $\lambda=0.6, n_i=k+1-i, K=5$。由表 12.3.12 可知，该流域 2000 年和 2001 年的生态安全状况处于Ⅰ级，生态系统很不安全，生态环境恶劣；2002—2005 年生态安全处于Ⅱ级，生态安全度较差，生态系统较不安全；2006 年的生态安全为Ⅲ级，生态安全属于一般级别，生态系统处于安全状态。由此可知，2003—2006 年塔里木河流域生态环境正逐渐向良好方向发展。

表 12.3.12　塔里木河流域生态安全评价结果

年份	综合属性测度					等级	q_{x_i}
	u_{i1}	u_{i2}	u_{i3}	u_{i4}	u_{i5}		
2000	0.554450	0.156717	0.218333	0.070501	0	I	4.195116
2001	0.531452	0.222586	0.117761	0.128201	0	I	4.157288
2002	0.424177	0.318268	0.128392	0.129163	0	II	4.037459
2003	0.236754	0.345514	0.184925	0.164611	0.068200	II	3.518019
2004	0.239563	0.272880	0.272110	0.198211	0.017240	II	3.519320
2005	0.090215	0.232964	0.331477	0.244000	0.101340	II	2.966707
2006	0.118975	0.195506	0.219387	0.247666	0.218470	III	2.748859

注：q_{xi} 为流域某年的生态安全得分值；u_{ij} 为属性测度。

属性识别模型不仅可用于评判生态安全的等级，还可根据生态安全得分值（q_{xi}）的大小对历年的生态安全状况进行精确排序。由属性识别模型可知，生态安全得分值越高，生态安全状况越差；反之，生态安全得分值越低，生态安全状况越好。通过计算塔里木河流域 2000—2006 年的生态安全得分值，可知 2000 年流域生态安全得分值最高，生态安全状况相对最差；2006 年生态安全得分值最低，生态安全状况相对最优。历年生态安全状况从优到劣的排序为 2006、2005、2003、2004、2002、2001、2000 年。通过绘制塔里木河流域历年生态安全得分变化图（图 12.3.8），可更加清晰地看到得分值在各年份间的变化情况。由图 12.3.8 可以看出，随着年代增加，整个流域的生态安全得分值总体呈下降趋势，说明生态安全状况在逐渐好转。具体来看，2000 年生态安全得分值最高，2000 年以后开始下降，2002 年和 2004 年出现些许反弹，2006 年生态安全得分值最低，由此可知，2000 年生态安全状况相对最差，2000 年以后开始好转，2002 年和 2004 年存在些许变差的迹象，2006 年生态安全状况相对最好。众所周之，2000 以来对塔里木河流域实施全面治理后成效显著，本章研究结论与这几年流域的实际情况相似。因此，运用该模型对塔里木河流域生态安全状况进行评价是可靠的。

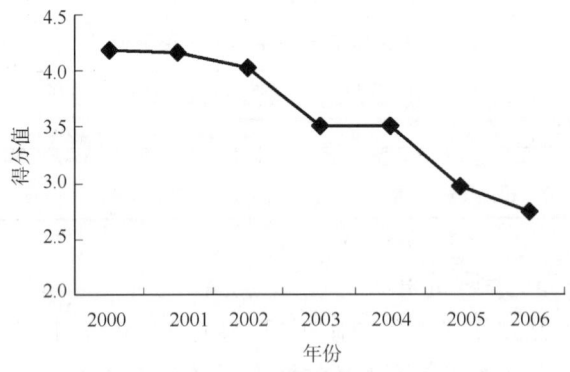

图 12.3.8　塔里木河流域历年生态安全得分变化

12.3.5　基于生态足迹的流域生态安全评价

12.3.5.1　历年生态足迹和生态承载力计算

依据《新疆统计年鉴》（2004—2006 年）、《巴音郭楞蒙古自治州统计年鉴》（2004—2006

年)、《阿克苏地区统计年鉴》(2004—2006 年)、《和田地区统计年鉴》(2004—2006 年)、《喀什地区统计年鉴》(2004—2006 年)和《克孜勒苏柯尔克孜自治州统计年鉴》(2004—2006 年)的数据,依据前述方法对 2003—2005 年塔里木河流域生态足迹进行了计算,计算所包涵的生产性土地包括耕地、林地和能源用地。塔里木河流域 2003—2005 年人均生态足迹和生态承载力计算结果见表 12.3.13 和表 12.3.14。

表 12.3.13　塔里木河流域历年人均生态足迹计算汇总　　　　　　　　(单位:hm²)

年份	耕地	林地	能源	人均生态足迹
2003	4.72761×10^{-3}	2.55945×10^{-2}	3.87094×10^{-2}	2.30×10^{-2}
2004	4.82797×10^{-3}	4.86373×10^{-2}	3.53279×10^{-2}	2.96×10^{-2}
2005	4.98705×10^{-3}	1.54121×10^{-1}	1.26711×10^{-2}	5.73×10^{-2}

表 12.3.14　塔里木河流域历年人均生态承载力计算汇总　　　　　　(单位:hm²)

年份	耕地	林地	能源	人均生态承载力
2003	7.02609×10^{-4}	5.97213×10^{-7}	1.25401×10^{-1}	4.20×10^{-2}
2004	8.76419×10^{-4}	1.24687×10^{-6}	1.79794×10^{-1}	6.02×10^{-1}
2005	8.79791×10^{-4}	4.90329×10^{-7}	7.08605×10^{-1}	2.36×10^{-1}

12.3.5.2　计算结果分析

(1)塔里木河流域历年生态足迹计算结果分析

由表 12.3.13、表 12.3.14 和图 12.3.9 显示:2003—2005 年中,从总体水平上看,塔里木河流域总生态足迹和生态承载力均呈较快上升趋势,但生态足迹远远大于生态承载力,流域生态系统出现严重的生态赤字;从 2003—2005 年,塔里木河流域生态足迹从 69.2×10^4 hm² 上升到 162.1×10^4 hm²,总的生态承载力从 0.72×10^4 hm² 上升到 0.89×10^4 hm²,2004—2005 年总生态足迹增长额远远大于 2003—2004 年增长额,但 2004—2005 年总生态承载力增长额却低于 2003—2004 年增长额,说明总生态足迹的增长速度比生态承载力快,生态赤字逐渐加重。2003 年,塔里木河流域人均生态承载力是 7.03×10^{-4} hm²,人均生态足迹为 2.30×10^{-2} hm²,人均生态赤字 2.23×10^{-2} hm²。2005 年人均生态承载力是 8.80×10^{-4} hm²,人均生态足迹为 5.73×10^{-2} hm²,人均生态赤字为 5.64×10^{-2} hm²。与 2003 年相比,2005 年人均生态赤字增长 3.41×10^{-2},意味着塔里木河流域的生态不稳定性日渐增强。

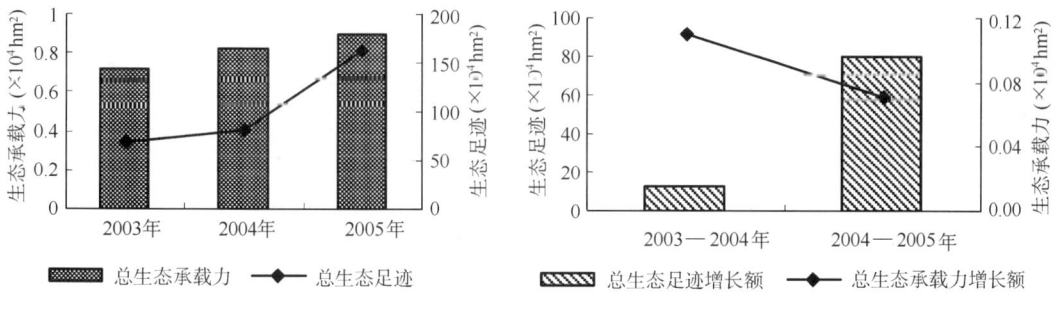

图 12.3.9　塔里木河流域历年总生态足迹和生态承载力及其增长额

生态足迹的增加表明研究区域对自然资源的利用程度加大,人口的过度膨胀是生态足迹上升的主要原因。从2003—2005年,塔里木河流域人口从9 023 300人上升到9 431 000人,其年增长速度为2.19%,人口的过快增长抵消了技术增长带来的生态承载力的增长,从而使人均生态承载力和人均生态足迹之间的差距越来越大。总生态承载力上升过于缓慢也是出现生态赤字的重要原因。

(2) 自然资源供需结构分析

从生态足迹的构成(图12.3.10)来看,林地占整个生态足迹的比例很大。2003年林地占整个生态足迹的比重为37.08%,2004年和2005年林地所占比重有所上升,分别达54.78%和89.72%。耕地用地的比例总体变化不大,2004年和2005年略有所下降,2003年耕地占整个生态足迹的比重为6.85%,2004年耕地所占比重降至5.44%,2005年仅为2.90%,耕地对整个生态足迹的影响不是很明显。2003年能源在整个生态足迹中所占比重最高,达56.08%,2004年以后开始下降,2005年所占比重仅为7.38%。

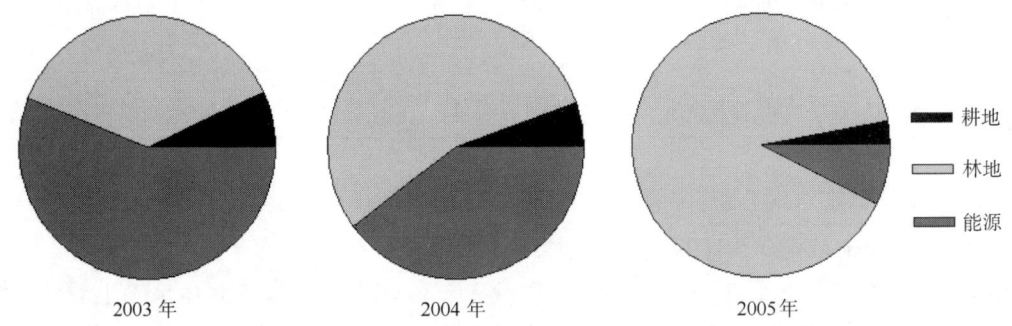

图12.3.10 塔里木河流域2003—2005年生态足迹构成

图12.3.12反映了塔里木河流域历年生态承载力的构成。从生态承载力的构成来看,2003—2005年耕地占整个生态承载力的比例很大,均超过95%,分别为98.16%、97.85%和92.50%;而林地和能源在整个生态承载力中所占比重很小,合计未超过10%。

生态足迹和生态承载力的构成变化反映了塔里木河流域对资源的利用和供给的变化、在处理发展经济和保护生态这对矛盾的过程中人们态度的转变及国家和当地政府对塔里木河流域生态环境的极大重视。为保证塔里木河下游荒漠区的生态用水,一方面对灌区大面积实施节水灌溉措施,提高水资源利用率,降低水资源的无效损耗;另一方面要全面提高当地人民的能源消费量,提高流域人民的生活水平有助于增大流域的生态承载力。

(3) 生态足迹的供需平衡分析

由图12.3.11可知,塔里木河流域生态赤字呈上升趋势,2004—2005年生态赤字增长额大于2003—2004年增长额,供需矛盾尖锐,表明塔里木河流域生态形势严峻。

由图12.3.12可知,2003—2005年随着耕地面积的减少,流域生态承载力逐渐增大,说明生态承载力能否增大与耕地面积能否降低之间存在非常密切的联系。前文已得出,流域生态承载力远远低于生态足迹,之所以造成生态承载力过低,一个重要的原因就是耕地面积过大,挤占了林地和能源用地。因此,缩小耕地面积、增加造林面积和能源消费是提高流域生态承载力的重要之举。

从人均生态足迹的供需结构来看,区域生态经济在生物生产性土地的供需结构和社会

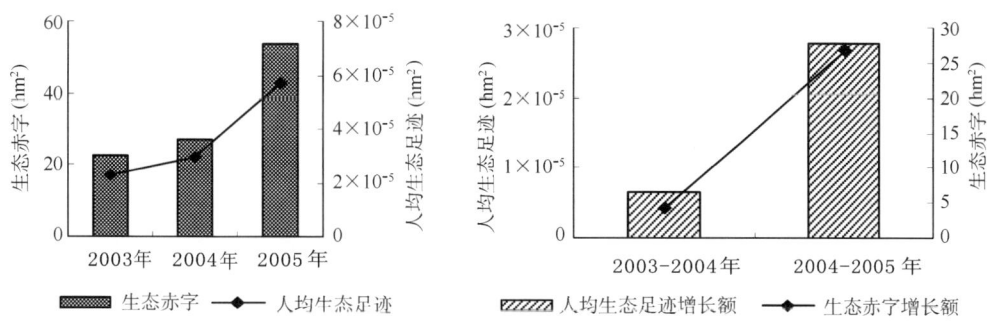

图 12.3.11 塔里木河流域历年人均生态足迹和生态赤字及其增长额

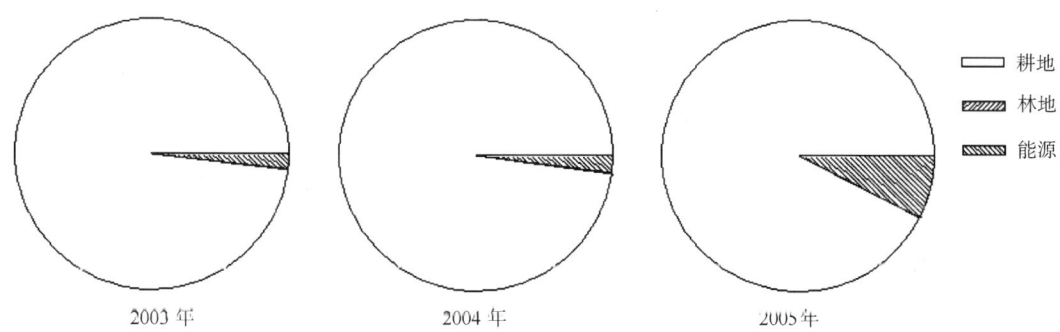

图 12.3.12 塔里木河流域 2003—2005 年生态承载力构成

经济发展的需求之间,具有明显的不对称,主要表现在以下几个方面:①林地供需矛盾突出,2005 年,林地的人均生态需求为 1.54×10^{-1} hm^2,而生态供给为 4.90×10^{-7} hm^2,缺口很大;②耕地需求逐渐增大,承载力也在增大,但承载力还远远不能满足生态足迹的要求,2003—2005 年生态承载力和生态足迹均呈逐渐增加趋势,2005 年供需分别为 8.80×10^{-4} hm^2 和 4.99×10^{-3} hm^2;③能源的供给一直比较大,2005 年人均生态需求仅 1.27×10^{-2} hm^2,而当年的生态供给达 7.09×10^{-1} hm^2,高达生态需求的 55.83 倍之多,2003—2005 年能源供给越来越多,但需求越来越少,说明当地居民的消费水平和生活水平还有待进一步提高。

12.3.5.3 结语

对塔里木河流域 2003—2005 年生态足迹计算结果表明,由于人口的膨胀和经济规模的增长,三年内流域生态赤字现象迅速增长。生态赤字的存在说明,人类的消费需求超过了自然系统的再生能力,反映了人类的生产和生活强度超过了生态系统的承载能力,区域生态系统处在人类的过度开发和利用的压力之下。由于塔里木河流域的林地和能源用地对生态承载力影响较大,所以,可以通过增加林地面积和能源消耗来弥补生态承载力的不足。可以认为,塔里木河流域 2005 年前的发展模式仍处在一种不可持续的状态之中。

如何减少生态赤字?结合塔里木河流域的实际,在逐渐提高人们生活需求和生活水平的前提下,需要从以下方面入手:①转变资源消耗型的经济增长模式,由"高投入、高污染、低产出"的粗放型增长方式转变为"低投入、低污染(或无污染、零污染)、高产出"的集约型发展模式,充分提高资源的利用效率,建立适应可持续发展的产业结构,运用生态经济理论指导社会经济的发展,发展循环经济,推进绿色生产,引导绿色消费;②控制人口增长,减轻生态系统的人口负荷,建立资源节约型的社会消费体系,以减少人均生态足迹;③积极调整农业产业结构,发展高效农业,避免粗放经营和管理;④增加造林面积,缩减耕地面积,同时,增加能源的消耗,将有助于流域生态承载力的提高。

生态足迹分析法是一种基于静态指标的分析方法,它只是一种关于现实情况的衡量,反映一种生态状态,计算结果不能反映未来的发展趋势。在计算生态足迹及比较评价各个年度生态足迹时,是以假定人口、技术、物质消费水平不变为前提,使用统一的产量因子和均衡因子会使区域生态承载力出现误差。同时认为各种土地类型在空间上完全割裂,空间上互斥,这会产生生态足迹供给计算结果偏低的系统误差。这些不可避免存在的缺陷,也是生态足迹方法需要不断完善和有待提高之处。

12.4 流域生态安全体系的构想

12.4.1 流域生态安全组织管理系统

新疆塔里木河流域行政分属性与流域管理的统一性之间存在着矛盾,给进行全流域生态环境管理带来了困难。为了解决这方面的矛盾,针对流域的特殊性,建立一个统一的流域生态环境管理和协调机构是十分必要的。一般流域管理机构分为3种类型:①偏重于管理协调性;②既有管理协调性,又具有建设实体性的机构;③实体性的机构。建议国家在内陆河流域采用第二种类型,成立内陆河流域生态环境保护委员会,由国家环保局负责组建,委员由各地区负责人担任,该委员会的主要职能是保护与恢复流域自然生态环境,协调人类活动与生态环境之间的关系,加强整个流域生态环境保护的规划、指导、协调和决策(吴豪等,2001)。

12.4.2 流域生态安全规划、决策与建设管理系统

制订生态安全规划决策系统是建立塔里木河流域生态安全体系的重要环节,它主要包括综合规划和专门规划。流域生态安全规划一定要采用系统的观点和整体的观点。应重点规划两类地区:①塔里木河流域重要生态功能区,这些功能区形成流域生态安全网络的关键点,对流域生态安全起着控制点的作用,这些重要功能区主要包括水源涵养区、湖泊湿地、森林草原区、野生动植物栖息和生长地、特殊生态系统等;②塔里木河流域重点生态脆弱区,许多生态安全事件都容易发生在这类地区。规划需提出生态保护、恢复、重建和治理的方案及对策措施,在此基础上进行方案评价与选择,便于科学决策。规划制订后,便要付诸实施。在实施过程中还需要进行跟踪和管理,一旦遇到问题或规划决策时的不确定性因素,应借助于决策管理系统,对规划方案进行科学调控。

12.4.3 流域生态安全法律与政策配套系统

国家已经基本建立起符合国情的生态环境保护法规体系,如《中华人民共和国环境保护法》、《中华人民共和国水法》、《中华人民共和国森林法》、《中华人民共和国土地法》、《中华人民共和国野生动物保护法》、《中华人民共和国草原法》、《中华人民共和国城市规划法》和《中华人民共和国自然保护区条例》等一系列法律和行政规章,并制定了相应的配套政策。所有

这些为保证塔里木河流域的生态安全提供了法律与政策框架。但是我们也要看到,法律与政策不能适应变化了的形势和人们对生态环境保护的需求,部分法律与政策不配套、不协调,执法不严、管理不力等情况不同程度地存在。因此,需要对现行的一系列法律、行政规章、政策及措施进行有效地调整、修改、补充和完善。除此之外,最重要、最具体的是流域法规,它是根据流域的生态环境特征和社会经济背景专门为保护流域生态环境、确保流域生态安全而制定的。在流域法规中,一般规定了流域生态保护的总方向、总体措施,并规定流域生态保护管理机构的权力范围、机构体制等一系列具有法律约束力的条文。

12.4.4　流域生态安全管理信息系统

塔里木河流域生态安全管理信息系统为建立塔里木河流域生态安全体系提供强有力的技术支撑。它是一个综合系统,由数据库管理子系统、分析子系统和决策子系统等部分组成。其中,数据库管理系统包括空间数据库管理、属性数据库管理和知识库管理等系统,分析子系统包括模型系统、分析系统和监测系统等;决策子系统包括咨询系统和决策系统等。该系统具有信息查询、分析评价、方案设计选择、动态监测和智能咨询决策等功能。构建这一复杂的信息管理系统需充分利用计算机技术、GIS 技术和 RS 技术等先进手段,并创造条件开发基于万维网技术的信息管理和决策支持系统,改善信息资源的可集成性、互操作性和分布访问能力。

12.4.5　流域监测、预警、监督和评估系统

加强生态监测站网建设,及时注意塔里木河流域生态环境状况的动态变化。合理布局监测站网,提高站网在空间上和监测对象上的覆盖面,在站网稀疏、监测资料缺乏地区要适当增加布点。利用卫星远传和自动监测系统,建立自动观测、传输和无人留守的气候、水文等生态环境监测站,逐步完善站网的建设,在此基础上建立生态环境变化的预警系统,未雨绸缪,提高对生态安全事件发生的预见能力,以便采取果断措施,及时加以预防和处理,防患于未然。同时对生态安全建设规划的实施要进行全过程监督,对实施结果要进行认真评估,这在很大程度上能确保规划顺利实施和执行。

12.4.6　流域生态安全资金保证系统

塔里木河流域生态安全建设需投入大量资金,投入后产生的生态、经济和社会效益也是巨大的。那么建设资金从何而来?塔里木河流域生态安全体系作为国家生态安全体系的一个组成部分,毫无疑问,国家应从中央财政中拨出专款用于塔里木河流域生态安全建设。各市、县也应从地方财政中拿出一部分资金,至于投资分摊办法和比例由各市、县协商解决。这两部分资金由塔里木河流域生态环境保护委员会集中管理和使用,重点用于流域内重点生态建设工程。鼓励各地自筹资金,加强其区域内重点生态工程建设,按照"谁投资,谁受益"的原则,鼓励企业个人和外商投资,积极参与塔里木河流域生态建设。

12.5 改善流域生态安全问题的建议

12.5.1 建立科学合理的生态补偿机制

森林生态环境资源是实现内陆河流域可持续发展的基础,只有科学、合理地利用生态环境资源,才能有效地保障流域的可持续发展。在建立森林生态补偿时,应遵循客观性、公正性、科学性、可操作性等原则建立适用于塔里木河流域的生态补偿体系,将流域的生态补偿纳入国家或地方税收体系,健全生态补偿机制,全盘考虑塔里木河流域的生态补偿(郑德祥等,2005)。

12.5.2 建立完善的流域生态安全评价标准体系

建立区域生态安全评价指标体系和监测预警系统,通过可量化的指标衡量资源与环境的安全度。以森林、土地、水源、矿藏、动植物物种资源、大气等自然资源和环境可实现的理想状态作为标准,将现实受损状态与之进行比较,对存在的不安全趋势发出预警报告,使之得以适时、适度地调整。同时,一个完整的标准体系涉及生态环境系统安全的不同方面,它不仅要包括生态环境自身的生物物理状态问题,也包括社会经济和人文压力的诸多方面。因此,应从多个角度选择评价指标,完成生态安全因子的确认与计量、生态安全指标的筛选和生态安全指标体系的构建、生态安全指标阈值(安全边界)的确定、生态安全预警系统的建立等等,从而形成一个完整的适合本区域的评价标准体系(郑德祥等,2005)。

12.5.3 保护流域森林资源,加强生物防治措施与水利设施建设,防治水土流失

加强塔里木河流域的天然林保护,严格控制天然林采伐,必要时采取封山育林措施,加强采伐证的发放管理,限期扭转超限额采伐林木的现象,并注意加强塔里木河的天然林及生态公益林的保护。同时要加强生物防治措施,保护好现有流域的植被,采取工程措施、生物措施和农业耕作措施相结合的方式,以小流域为单元,山、水、田、林、路、草统一规划,防治结合,综合治理,同时加强塔里木河流域的水利设施建设,提高流域的蓄水滞洪能力,建立、健全以 3S 技术为基础的水土保持监测网络和信息系统,完善塔里木河流域的水土保持生态环境建设(郑德祥等,2005)。

12.5.4 加快农业生产结构调整,发展生态农业

根据流域特点与不同地区的经济发展水平,因地制宜地对不同地貌类型的农业发展采用不同的发展模式,在城郊区要严格执行基本农田保护制度,防止"三废"污染;充分利用山区自然条件,发展立体农业和反季节农业,利用整体污染少的特点,积极推广无公害安全农产品、绿色食品生产技术,大力发展绿色食品工业,加强农产品开发和深加工,并与扶贫开发项目结合起来,统一规划;注重树立品牌意识,突出地方特色,积极根据市场需求调整结构,

开拓市场,增强绿色食品的市场竞争能力(郑德祥等,2005)。

12.5.5 加强水资源管理,严格控制水污染

加强塔里木河流域的水资源综合整治,按流域或区域制订水质管理目标,划定饮用水源保护区,重点保护好饮用水源和主要水域功能。加快工业污染源和生活污水治理,严格控制水域重金属污染,基本控制有机污染,控制农药、化肥对水体的污染,大力发展生产全过程控制技术、有毒有害污染物处理技术及具有地区性特点的污水处理技术,对城市排水实行雨污分流、污水截流,加快污水处理厂建设,完善排污管网,集中处理和利用城市污水。同时结合城市建设与改造,加快城市内河、内湖整治,加大上游水污染防治投入力度,加快法制建设,严格执法(郑德祥等,2005)。

12.5.6 强化生态安全意识,建立公众积极参与机制

利用各种传播媒介,加大生态环境建设与生态安全宣传和教育力度,提高全民生态安全意识和生态环境保护的危机感和紧迫感,强化生态意识,建立公众积极参与机制,充分调动全社会各方面力量开展生态环境安全建设工作,管理层要从生态环境利用、保护、法制和机制等多方面着手,采取综合措施,实现生态安全的最终目标;广大群众要树立保护生态环境,强化环境、资源、经济、社会协调和可持续发展的思想观念,牢固树立坚持长期建设、长期保护、综合治理的思想,正确处理社会经济发展与生态环境的辩证关系,实现整个流域的可持续发展(郑德祥等,2005)。

12.6 流域生态安全发展模式与恢复措施

12.6.1 生态安全发展模式

本章在深入分析过去 50 a 塔里木河流域生态环境问题的基础上,对该流域不同时空尺度的生态安全特征进行了比较分析,并提出了生态安全评价指标阈值,这为今后评价该流域的生态安全动态变化提供了方法依据,为寻求该流域的生态安全水平变化规律、提炼生态安全的发展模式提供了理论支持。

塔里木河流域不同区段自然环境、经济技术和社会发展状况各异,其发展潜力不同。依据塔里木河源流和干流不同区段近 50 a 的生态安全变化规律、基于 PSR 的塔里木河流域生态系统健康评价结果,以及不同区段生态、经济和社会特征,总结出今后流域生态安全的几个发展模式。

(1) 强均衡—高安全水平模式。主要适用于叶尔羌河流域。该模式特点是:在经济、社会较发达、自然系统相对较弱的条件下,注重社会人文资源的开发利用,注意在利用自然资源的同时,有限地保护自然系统,因此效益较高,资源环境压力小,资源环境状态较好,生态安全水平高。目前,叶尔羌河流域经济和社会欠发达,当地居民对自然环境的保护意识还不够强烈,今后,在该流域适合发展强均衡—高安全水平模式,提高当地居民环保意识,降低资源环境压力,有效地开发利用自然资源,减少对资源的破坏。

(2)资源驱动—中等安全水平模式。主要适用于开都河—孔雀河流域和阿克苏河流域。该模式特点是:资源环境状态较好,资源相对丰富,发展粗放,资源环境压力一般,生态建设无特色,人文环境对资源环境响应的能力不够强。今后,在开都河—孔雀河流域和阿克苏河流域要加大资源开发力度,加强人文关怀,增加投资渠道,发展资源驱动—中等安全水平模式。

(3)弱均衡—中等安全水平模式。主要适用于和田河流域。该模式特点是:资源环境状态较差,对生态安全施加了较强的负面作用,经济、社会较发达,对生态建设非常重视,投入较多,注重生态环境保护,资源环境压力较小。今后,不仅要注重和田河流域的社会、经济发展,更要加大对生态环境的保护力度,增加资金、技术和人才等的投入,增强生态建设力度,发展弱均衡—中等安全水平模式。

(4)资源驱动—低压力—高安全水平模式。主要适用于塔里木河干流中游。该模式特点是:资源环境状态较优,资源环境压力较小,生态安全建设投入不均匀,内部协调性差,人文响应能力较弱。今后,应继续降低中游资源环境压力,提高环境质量,协调各部门、各产业及各地州用水矛盾,发展资源驱动—低压力—高安全水平模式。

(5)资源驱动—低压力—中等安全水平模式。主要适用于塔里木河干流上游。该模式特点是:资源环境状态相对较好,资源环境压力较小,社会发展、经济发展、资源环境投入少,贡献也少,人文响应能力不够,生态安全处于中等水平。今后,应继续降低上游的资源环境压力,提高社会、经济发展水平,发展资源驱动—低压力—中等安全水平模式。

(6)人为驱动—中等安全水平模式。主要适用于塔里木河干流下游。该模式特点是:资源环境状态相对较优,发展以资源粗放式投入为主,经济、社会不够发达,对生态建设投入严重偏低,生态安全水平低下。今后,要增强人文环境的响应能力,加大生态建设投入力度,发展人为驱动—中等安全水平模式。

12.6.2　生态恢复措施

塔里木河流域长期不合理的水土资源开发利用,导致流域生态系统健康状况严重受损,沙漠化、盐渍化等各种土地退化现象大量存在,生态系统的严重退化已成为各区域经济社会发展的制约因素。针对退化生态系统的生态、经济和社会特征,提出相应的恢复对策,将有助于推进该流域的社会经济快速发展。结合塔里木河流域生态系统健康评价结果,对属于不同健康级别的塔里木河源流和干流,针对性地提出生态恢复措施。

12.6.2.1　源流生态恢复措施

源流以天然水源保护为主,有计划地实施退耕还林还草,压缩农田灌溉面积,限制高耗水作物种植,并以节水为中心加强现有灌区配套和更新改造;同时建设山区性控制水库,替代部分平原水库,合理开发地下水,逐步增加汇入干流的水量,实现源流、干流生态的同步改善。

为了保证源流经济发展用水,源流水资源利用应实现三个根本转变:一是由粗放、低效向合理、高效利用转变,优化渠系工程布局,加快渠系防渗处理,发展节水农业,大力开展平地缩块、田间节水配套,并推广节水灌溉制度,提高水资源有效利用率;二是由增引地表水转向开发地下水,源流地区地下水有一定开采潜力,适当发展井渠双灌,既可适时供水,也有利于控制地下水位,减少无效蒸发,防治土壤盐碱化,其社会和经济效益都将是很明显的。三是水利工程建设由平原向山区转移,在源流山区修建大型水利枢纽工程,对径流实行多年调节,以水发电,以电提水,实现向干流平稳供水。源流区平原水库过多,蒸发渗漏损失水量大,结合山区控制性工程的建设,有计划地废弃部分平原水库,并对部分保留的平原水库进行改造,以减少无效蒸发渗漏损失。

12.6.2.2 干流上、中游生态恢复措施

干流的上、中游地区以保护生态环境为核心,以堤防、河道整治工程、渠首控制工程和渠系配套等工程为重点,通过实施退耕还林、还草,调整产业结构,压缩农田灌溉面积,限制高耗水作物种植,实施节水等逐步增加进入下游的水量,使上、中、下游生态环境需水得到兼顾。

整治干流包括河道改造、水质改良和生产经营方式改变三个方面。

(1) 河道改造

针对塔里木河具有游荡性和泛滥性特点,工程治理措施主要有:①顺直河段修建束洪防护堤;②河道弯曲度大的河段截弯取直或人工渠化;③侵蚀冲刷严重河段实施护岸工程和丁坝导流;④行洪能力不足河段扩大河床断面;⑤对大的引水口全部修建永久性进水闸和控制闸,有控制地向两岸叉流输水和轮灌,封堵不必要的小引水口。

(2) 改善水质

塔里木河流域的水质咸化,是在自然及人为因素共同作用下形成的,研究表明,塔里木河流域水质恶化不是由于工业和污水排放造成的,而是由农业开发引起的农田高矿化排水泄入造成的,并且主要超标物是矿化度、总硬度、氯离子、硫酸根、氟化物等。塔里木河水质咸化对流域农林牧业生产和人民生活已经造成了很大影响,从全球变化、区域自然地理过程以及人类的经济、文化、政治、宗教等活动所引起的生产方式、生活方式及价值观念的差异对生态环境的影响出发,应用恢复生态学原理与方法,把握水盐动态变化规律,才能更好地寻求水质改良及恢复的途径。

1) 处理好整体与局部的关系,用系统科学进行水质咸化防治规划。从源流区及干流区可持续发展的高度出发,严格控制源流区及干流的上中游灌区盲目排水,在建立及完善源流区及上游灌区农田排水体系的过程中,科学地规划排水系统;同时,严格控制灌区排水超标,杜绝超标水质对中下游水资源的污染;从长远的角度出发,建立全流域的农田排水系统及水质保障体系是控制水质咸化的根本途径。

2) 积极倡导新技术应用,探索农田灌溉排水方式。塔里木河三源流区地下水资源丰富,可开采利用的潜力还很大。大力开发地下水,不但能解决干旱缺水问题,而且还能够降低地下水位,改良土壤。在农田水利建设过程中,要积极地应用各种新技术,通过技术的进步,改变落后的生产方式,减少人为因素对环境的不利影响。在具备发展竖井排灌的地方,应以竖井排水为主,把高矿化农田排水排入自然河道。通过开发地下水资源,降低地下水位,减少明渠排水,可以大大减少向塔里木河的农田排水量,从而有利于改善塔里木河的水质。

3) 加强流域水质监测,建立科学的决策体系。塔里木河流域的气候条件,尤其是水热条件和地貌特征是植被生态、土壤环境及水环境形成与分异最主要的控制性因素。塔里木河流域的不同地区,由于物质及能量匹配上不够协调,受自然及人为活动的长期影响,水资源及其水质变化有其自身的变化规律。针对流域不同区段水资源的变化规律,利用现有的水

文及生态环境监测站点进行系统观测,并在水质变化敏感区进行补充监测,把握水质演化的规律性。在此基础上,应用遥感(RS)、地理信息系统(GIS)等技术手段,建立科学的水质监测及其决策支持系统,结合不同区域的生态环境状况及社会发展目标,提出水质优化的多目标方案,供管理部门决策参考。

具体来讲,塔里木河水质恶化主要是由源流和上游农田排水造成的。因此,改善塔里木河必须实行咸淡分流。从排水矿化度和排水量看,老灌区影响不大,现对塔里木河水质影响最大的是从沙井子、阿拉尔和新和、沙雅排出的高矿化水。建议将从沙井子通过艾西曼湖入喀什噶尔河排入塔里木河的水,向喀什噶尔河和叶尔羌河的故道排放,不能自流采取扬排。塔北干排可向北岸排入博斯坦干河道;塔南干排可排入靠近塔克拉玛干沙漠边缘的阿合达利亚,新沙总排干渠应向东延伸排入轮台西南沙地。上述4条排水渠合计排水量 $4.26×10^8$ m^3,可减少盐量 $386.1×10^4$ t,相当于阿拉尔离子径流量的50%。现阿拉尔河水矿化度年平均为 1.85 g/L,减少一半盐量,年平均矿化度不会超过 1.0 g/L,枯水期矿化度在 3.0 g/L 以下,平水期在 1.5 g/L 以下,水质将得到很大改善。

(3)改变生产经营方式

塔里木河两岸天然植被过去主要作为林业及牧业利用,现在应主要发挥其生态功能。由于塔里木河水量洪枯变化悬殊,水质较差,所以不适合农业生产。在这种不适合农业生产的地方,勉强要发展农业,就得修建平原水库,由于平原水库蒸发渗漏强烈,水资源浪费十分严重。特别是近年来,盲目开荒,在沿河两岸无序架泵抽水,进一步减少了向下游输水量,同时又毁坏了林地和草地。因此,要改善这里的生态环境,必须加强对自然植被的保护,实行退耕还林还草。具体措施如下。

1)把英巴扎至东河滩之间自治区级的原始胡杨林保护区,建成国家级的荒漠林自然保护区。对于天然胡杨林实行自然封育,保留必要的湿地,招引水禽并为候鸟迁徙提供栖息地。加强对野生动物的保护,特别是对塔里木马鹿等珍稀动物,应有计划地使一部分由人工舍饲放归大自然。

2)把近年来盲目开垦的荒地退耕还林还草。其中一部分恢复自然植被;一部分用来种植甘草等植被,以补偿对乱挖甘草所造成的生态破坏;另一部分可用来发展怪柳,接种大芸,在生态建设中,寻求必要的经济效益。

3)实行牧民定居。把偏远地区的牧民向交通方便的国道和公路干线集中,改善牧民的劳动、生活、教育、医疗条件。改变砍树放羊对林地破坏,减少挖口漫灌造成的水资源浪费。英巴扎位于塔中公路塔里木河大桥处,附近有轮南和塔里木河油田,在这里定居一部分人口,发展为交通和油田服务的农、林、牧业,将易使牧民脱贫致富。

4)限制平原水库的修建,废弃利用率低于40%、水库面积比灌溉面积还要大的水库。牧民定居和建设人工饲草、饲料基地所需的灌溉用水,可在集中点按规划有序修建永久性扬水泵站,建立全防渗的扬水灌区。

5)结合防洪堤建设修建沿河道路,为塔里木河治理施工及护林防火提供交通条件。

12.6.2.3 干流下游生态恢复措施

拯救塔里木河下游保护绿色走廊具有重大的现实意义和深远的历史意义。具体表现在以下几个方面:①战略位置重要,218国道由此通过,拟议修建的青新铁路穿过走廊;②在生态方面能发挥廊道效应,是物种和生物迁移通道,能对塔克拉玛干沙漠和库鲁克沙漠起隔断作用；③在经济方面，农二师在这里有5个团场，农业生产总值占全师25%，已形成以棉花、香梨和马鹿为主导的特色农业基地，同时，还是保护下游绿色走廊的桥头堡。下游绿色走廊由于各段情况不一样，应采取的保护措施和工程项目也不一样。

(1) 阿克墩到喀尔达依，这里位于库鲁克沙漠下风向，铁干里克上风向，由于其生态恶化，加剧了铁干里克的风沙灾害。要恢复这里的自然植被，一期工程应继续向大西海子以下下泄生态用水，使沿河两岸地下水埋深上升到4.0 m，基本满足乔灌木需要。生态供水可以利用自然河道回灌地下水的方式，对于故河道风沙堆积严重地段要进行清淤，河道弯曲过大河段应截弯取直。

(2) 吐格买莱到考干，这一段绿色走廊已收缩到1~4 km，218国道风沙灾害严重，受风沙危害的路段由1983年的95处扩到145处，严重段16处。这段公路基本沿河道而行，可以通过恢复胡杨林来防沙保路，局部风沙严重段采用机械防沙。

(3) 考干至台特玛湖，公路偏离河道，沙化风蚀强烈，生物固沙困难较多，应以机械固沙为主。

随着西部开发战略的逐步实施，未来青新铁路也将修建，其防沙标准要高，在未来的生态建设中，可根据项目实施状况，考虑采用管道输水灌溉方式，沿铁路建立防沙林带。

(4) 伊犁河调水措施

从长远考虑，有必要从伊犁河调水，除满足工农业生产外，一部分用来维护天然植被，保护生态。

根据前人工作，伊犁河从水量和工程能满足向塔里木河外调的水资源极限量为23×10^8 m³。由于调水工程跨越多个地区，自然条件和社会经济背景各不相同，环境复杂，投资强度大，涉及政治、经济、社会及环境等多方面的问题，需要进一步地论证实施方案。

12.7 结论与展望

12.7.1 主要结论

塔里木河流域生态系统极其脆弱，生态环境问题突出。近几十年国家和当地政府加强对该流域的生态环境治理力度，社会各界和广大学者纷纷关注该流域，从不同方面研究了流域生态、经济和社会状况，从不同层次探讨了流域治理的效果、成绩及不足，从不同角度提出了流域治理的对策和措施。本章在广泛阅读国内外有关生态安全和生态系统健康研究文献，深入了解塔里木河流域生态、经济和社会特征，大量收集相关资料的基础上，集成形成了流域生态安全和生态系统健康的概念、研究尺度、评价方法和指标体系等理论基础，运用指标体系法、层次分析法、PSR模型等方法对塔里木河流域生态安全和生态系统健康状况进行评价，提出相应的生态安全发展模式和恢复措施，为塔里木河流域生态综合治理提供科学依据。具体研究结果如下。

(1) 形成了流域生态安全和生态系统健康的概念、标准、目标及研究方法和评价指标等，为塔里木河流域生态安全和生态系统健康评价提供理论基础。

(2) 运用指标体系法、层次分析法、PSR模型等方法对塔里木河流域生态系统健康状况进行评价,得出基本相同的结论,即塔里木河源流的山区和平原绿洲区生态系统处于健康状况,荒漠区生态系统不健康;干流上中游生态系统健康,下游生态系统不健康。

(3)通过计算塔里木河干流中下游不同区段和不同年份生态系统的活化能、结构活化能和生态缓冲量值,评价生态系统健康状况的时空变化特征,得出如下结论:从空间上看,阿其克是该区域各断面中健康状况最好的;沙其力克断面处于相对较好的亚健康状况;中游沙子河、乌斯满、铁依孜及下游9个断面均处于相对较差的不健康状况。从时间上看,2002年塔里木河下游考干断面生态健康状况最好,英苏、阿布达勒和依干不及麻断面生态系统处于亚健康状态,亚合甫马汗、阿拉干、吐格买莱、阿克墩和喀尔达依断面生态处于相对较差的不健康状态;2005年阿克墩、依干不及麻和考干断面生态系统健康状况最好,喀尔达依和吐格买莱断面生态系统不健康;其他断面生态环境处于相对较好的亚健康状态。2006年亚合甫马汗、阿布达勒、阿拉干和考干断面生态相对健康,依干不及麻断面生态系统处于亚健康状态,其他断面生态系统不健康。该研究结论与实际情况不相符合,因此,该方法不适用于塔里木河流域不同区段生态健康评价。

(4)在以上四种评价方法中,层次分析法最适宜塔里木河流域生态系统健康评价。这是因为,层次分析法是多指标综合评价的一种定性分析与定量分析有机结合的决策分析方法,评价指标和标准是在专家打分基础上结合流域生态特征确定的,评价结果与实际情况相符合;方法一即"指标体系评价法"在选取流域生态系统健康评价指标与标准的过程中受人的主观判断影响较大,评价结果准确性较低;方法三即"PSR模型"在确定生态系统健康评价标准的过程中所选模型较复杂,健康级别仅分为健康、临界状态和不健康三个级别,级别不够深入;方法四即"活化能—结构活化能—生态缓冲量"在评价流域生态系统健康状况之前需收集大量野外数据,由于数据难以全面获得,所以,使用该方法所作的评价是一种不完全评价,评价结果与实际情况不相符合。

(5)对塔里木河流域生态安全时空变化特征进行研究,结果表明,从20世纪60年代到21世纪塔里木河流域生态安全水平呈逐渐增高趋势,塔里木河综合治理成效显著。从空间来看,四源流中叶尔羌河流域生态安全度最高,阿克苏河和开都河—孔雀河流域次之,和田河流域生态安全度最低;干流中游生态安全度最高,下游生态安全度最低。

(6)基于以上研究结论,针对塔里木河源流和干流上、中和下游的生态安全和生态系统健康现状提出6个生态安全发展模式,分别是强均衡—高安全水模式、资源驱动—中等安全水平模式、弱均衡—中等安全水平模式、资源驱动—低压力—中等安全水平模式、资源驱动—低压力—高安全水平模式和人为驱动—中等安全水平模式,为今后流域生态发展指明了方向。

(7)结合塔里木河流域生态系统健康评价结果,对属于不同健康级别的塔里木河源流及干流,针对性地提出其生态恢复措施,包括生物措施和工程措施等,为塔里木河流域全面高效综合治理提供科学依据。

12.7.2 有待进一步研究的问题

尽管研究中尽了最大的努力,但是由于塔里木河流域生态系统多样,环境问题复杂,多学科交叉,加上时间紧迫,作者能力有限,使本研究在许多方面还不尽如人意,至少在以下几方面还有待进一步研究。

(1)对流域社会、经济与生态特征的分析和把握还比较粗放,有关生态安全和生态系统健康的理论基础概括高度仍不够。

(2)对塔里木河流域未进行长期的监测和定位研究,缺乏对流域生态安全与生态系统健康的长期评价。

(3)对生态安全和生态系统健康评价,选取的指标可能存在指标缺失现象,各指标之间的相互关系没有得到检验。对指标数据的获取和评价标准的确定困难,因此,采取了定性分析与定量分析相结合的方法。

第 13 章　维系塔里木河流域生态安全的生态需水量估算

新疆塔里木河流域的生态与环境问题之所以引起政府和社会各界的高度关注,是因为:①塔里木河流域各种资源异常丰富,具有国家和国际级战略意义,是支撑中国 21 世纪经济社会可持续发展的一个后备资源库,发展前景广阔;②塔里木河流域是我国信仰伊斯兰教群众分布最为集中的地区,也是经济发展相对滞后的地区,生态环境的严重恶化,将会使得依托自然生态系统的社会、经济失稳,进一步导致贫困地区和贫困人口的增多,因此,加速流域受损生态系统的恢复和重建,加快经济发展和社会的全面进步,对改善和提高各族人民的生活水平,保证新疆的社会稳定和国家的长治久安具有重要的现实意义;③塔里木河下游"绿色走廊"是联接我国内地与新疆的重要战略通道,保护和拯救濒临消失的"绿色走廊",在国际安全环境日趋严峻的今天,还有着深远的战略意义;④塔里木河是我国最长的内陆河,以塔里木河为对象,研究内陆河流域生态水文问题,探讨脆弱生态区退化生态系统恢复整治对策,在干旱内陆河流域资源开发与生态保育研究方面具有广泛的代表性。

干旱区天然植被作为生物生态系统中的重要组分,在抑制荒漠化过程和保护生物多样性等方面有着重要的生态意义。干旱地区的植被通常较为稀疏,多呈斑块状分布,且时空变化幅度较大,使干旱环境中的生态系统极为脆弱,加之人类活动的干扰,极易发生荒漠化(Tongway 等,1994)。作为干旱区最关键的生态环境因子,水不仅是干旱区绿洲生态系统构成、发展和稳定的基础和依据,而且决定着干旱区绿洲化过程与荒漠化过程这两类极具对立与冲突性的生态环境演化过程(陈亚宁等,2003b;邓伟等,1993)。水资源的短缺引导人们走进了水资源利用的误区:攫取本属于天然植被和其他生命的水,人为地改变水资源的时空配置,实施不合理的再分配。由于过度强调绿洲水资源的利用,自然生态系统不断恶化,并伴随土壤盐化、沙化等现象。

在水资源管理方面,生态需水问题是十分重要并被众多学者关注的焦点问题,尤其是在干旱内陆河流域。生态水文学是一门新兴的交叉学科,是在联合国教科文组织/国际水文计划的V&Ⅵ专题研究中被改进的,并且生态需水量的研究是这些计划中的重要主题(Zalewski 等,1997;Zalewski,2000)。作为生态水文学的重要内容之一,生态需水量的研究能够分析人类活动对生态需水的挤占程度,从而为生态恢复与环境保护和水资源合理配置提供科学依据(李九一等,2006)。因此,水资源的开发利用必须考虑生态需水量(Zhao 和 Chen,2002)。

塔里木河流域的关键问题是水资源开发过程中生态与经济的协调发展及流域水资源的管理问题。塔里木河流域的综合治理是以水资源合理分配和有效利用为核心的,旨在通过保护上游、治理中游来达到恢复下游生态系统的目的。从塔里木河流域综合治理的行为过程来看,上游重点是山地水源涵养区的生态保育问题,中游涉及的是河道生态工程治理问题,而下游则主要是在生态输水条件下的以自然生态恢复过程为主的合理生态水位、生态需水量和生态系统的安全等问题。本研究结合对塔里木河流域涉及流域生态安全和生态需水量等生态水文问题研究现状分析,提出内陆河流域生态水文问题研究的热点与关键问题,并根据流域不同区域的生态功能差异和保护目标的不同,选择与之相适应的一种或多种方法对维系流域生态安全的生态需水量进行估算,取得了一系列成果。该研究可促进干旱区内陆河流域生态水文问题的深入发展。

13.1 区域生态需水估算方法研究

我国的生态水文学基础研究刚刚起步。尽管在一些方面已经取得令人鼓舞的成果,如陈亚宁在新疆塔里木下游生态需水方面新的研究等(陈亚宁等,2008),但总的来看,目前处在初期发展阶段,没有比较成熟的估算方法,还存在这样或那样的问题,需要多途径比较与发展。

现行的区域生态需水估算方法主要思路是:依据不同气候带与降水等条件,开展自然生态系统分区,确定生态需水计算的不同类别的生态-水文参数;利用遥感提供中国西部区域土地利用信息,确定生态需水计算的不同类别的范围;通过不同植被类型的蒸散发计算、流域降水—径流计算确定河道外生态需水(地带性和非地带性的生态需水)及河道内生态需水,最后利用水资源分区的水量收支平衡控制,估算生态需水或生态耗水总量。

由于对于生态需水概念理解的不同,实际中生态需水估算的方法就有不同或者差异。例如,按照维护现状生态系统不再退化的理解,就会有一套基于2000年的遥感图,依生态分区、分类及用总水量平衡核算的核算方法。按生态建设目标(过去、现状和未来),又有不同数量的估算方法。

客观地说,基于生态水文学的研究思路是估算生态需水的基本途径,它从成因观点估算流域的生态需水,有比较好的理论依据。但是,由于西部地区生态环境问题的复杂性,特别是缺乏必要的生态水文过程与空间变化的资料,由点的植被蒸散发扩展到面的植被耗水机理的尺度问题等,导致目前估算有一定困难与结果的差异。现行的水量平衡方法估算生态耗水,只能够从宏观总量上给予控制,但是生态需水的精度取决于水资源平衡中对其他耗水部门估算的正确与否。因此,在区域生态需水估算方法不成熟的情况下,鼓励多种途径方法的相互比较和佐证,可能比一种方法为好,这也是新生事物学科发展所需要的。如何在有限水文水资源资料和生态监测资料条件下,获得更为客观与科学的生态需水估计,的确是一个重要的挑战性任务与课题。

13.2 生态安全与生态需水量研究的关键问题

水是干旱区内陆河流域生态系统构成、发展和稳定的基础,决定着中国西部干旱区绿洲化过程与荒漠化过程这两类极具对立与冲突性的生态环境演化过程,是中国西部生态脆弱区最关键的生态因子。生态需水的实质是生态系统结构、功能和水分之间相互关系的问题。生态需水研究面临许多新的挑战。

(1) 干旱内陆河流域的水文过程与生态系统的稳定性有着密切的联系

干旱区内陆河流域的水文过程控制着生态过程,对流域生态系统的稳定性有着直接影响。作为干旱区生态系统的重要组成部分,荒漠河岸林,特别是组成荒漠河岸林的非地带性植物的生存主要依赖于地下水和地表水,而在一些内陆河下游无地表水补给的断流河道,地下水则成为维系荒漠河岸林植物生长的唯一水源。因此,植物群落变化、植被格局则因循于水文过程的改变而作出响应,浅层地下水位变化及土壤水分异质性控制着荒漠河岸林的组成和格局,与生态系统稳定和生态安全有着密切关系。然而,浅层地下水位变化及土壤水分异质性与植物群落健康的关系研究还较少,涉及与生态系统稳定和生态安全方面的研究尚显薄弱。

(2) 干旱区内陆河流域的合理地下水位研究对确定生态需水量有重要意义

干旱区内陆河流域植物恢复和生长的合理地下水位的研究是确立生态需水量的基础,它涉及水分胁迫下的植物适应机理等问题。在干旱荒漠区植物为了适应荒漠环境,具有许多生理结构上的变化。国外学者 Evenri 把荒漠植物分为两类(Evenri 等,1998):一类是随水变植物,这类植物对极端干旱具有许多生理上的适应性,但大多数植物属于恒水植物,这些植物对干旱有许多适应机制,并从植物生理、生态角度进行不同植物的水分利用效率和对水分亏缺的生理响应机制等研究;Hortont 等(2001)针对植物在不同地下水位埋深的生理反应进行了研究,提出了植物进行光合等生理作用的地下水位埋深阈值;我国学者针对西北干旱区特定的生态环境条件,通过分析凝结水对沙生植物作用及地下水位埋深对植物生长和土壤盐渍化影响,探讨了地下水位对生态环境的控制作用,认为保持合理的生态地下水位是防止植物死亡和土地沙漠化的关键(陈亚宁等,2003c;冯起,1998)。还有学者结合对塔里木河下游不同地下水位条件下植物生理、生态特性分析,提出了塔里木河下游天然植被生存与退化的合理生态水位、胁迫地下水位和临界地下水位等(Chen Fahu 等,2003;Chen Zongyu 等,2006),但涉及由水循环过程联系在一起的流域生态需水量问题还需要进一步探讨。

(3) 干旱区内陆河流域的生态需水量研究对维系生态安全有着直接的指导意义

干旱内陆河流域涉及荒漠地区合理地下水位与生态需水量为主要内容的生态水文过程研究与生态系统的稳定性有着密切的联系。干旱区内陆河流域的水文过程控制着生态过程,对流域生态系统的稳定性有着直接影响。作为干旱区生态系统的重要组成部分,荒漠河岸林,特别是组成荒漠河岸林的非地带性植物的生存主要依赖于地下水和地表水,而在一些内陆河下游无地表水补给的断流河道,地下水则成为维系荒漠河岸林植物生长的唯一水源。因此,植物群落变化、植被格局则因循于水文过程的改变而作出响应,浅层地下水位变化及土壤水分异质性控制着荒漠河岸林的组成和格局,与生态系统稳定和生态安全有着密切关系。在干旱区内陆河流域下游,浅层地下水位变化及土壤水分异质性与植物群落健康有着密切的关系,而维系天然植被生存的合理地下水位研究对确定涉及与生态系统稳定和生态安全方面的生态需水量研究有重要意义。

(4) 干旱内陆河流域水资源利用和水循环对生态系统功能有重要影响

干旱内陆河流域水资源对生态系统功能的重要影响受到了众多学者的关注和重视,但是基于内陆河流域生态脆弱区生态系统稳定和生态安全的生态需水研究仍处在探索和发展阶段,要揭示水文过程与植物群落变化之间相互制约的内在联系尚需进一步深入研究。干旱区内陆河流域是一个相对独立的水环境生态系统。系统内的水因子与生态环境因子相互联系、相互制约,共同构成了河流生态系统的主体。解决人类活动导致的河流水环境质量恶化和生态系统的衰退,必须深入研究水循环机理和流域生态需水量等科学问题,从维持流域生态平衡和生态安全的角度出发,在水资源开发利用过程中,把流域系统作为一个有机整体,兼顾流域的经济、环境和生态功能,使三者协调发展。这是干旱区生态学和水文学的主要研究内容,也是今后干旱区水资源学研究的前沿和热点。

(5) 干旱内陆河流域的生态安全分析应以生态水文过程研究为核心

干旱内陆河流域生态脆弱区的生态安全分析是以生态水文过程研究为核心的,其主要内容涉及流域水文、水循环过程的生态系统完整性和稳定性、生态过程的连续性和生态系统健康和服务功能的可持续性。生态安全的研究包括不同的尺度,从自然生态方面分析,包括从个体、种群、群落到生态系统。生态安全所研究的对象具有特定性和针对性,主要发生在生态脆弱区。就自然生态系统的生态安全而言,应包括自然内陆河流域自然绿洲的生态阈值、生物多样性、植被盖度与生物量、生态环境用水量(比例)、地下水位、地表物资构成与土壤含盐量及沙漠化程度等。而基于流域生态系统稳定和生态安全的生态需水研究还涉及不同气候带与降水条件,以及自然生态系统的分区、生态需水计算过程中不同类别的生态—水文参数及流域降水和径流计算、不同植被类型的蒸散发计算及由点的植被蒸发扩展到面的植被耗水机理、干旱胁迫条件下植物群落组成结构、分布格局与演变过程及不同植物的生态需水规律等,它们是目前干旱区水文科学、资源环境学科、生态科学研究的重要领域,亟待取得突破性进展。

13.3 研究区概况

塔里木河地处我国西北干旱区,是我国最长的内陆河,也是世界著名内陆河之一,具有自然资源丰富和生态环境脆弱的双重性特点,以其鲜明的地域特色和环境问题著称于世,在干旱区内陆河生态水文过程研究中具有典型性和代表性。塔里木河流域是环塔里木盆地的阿克苏河、和田河、叶尔羌河、车尔臣河、克里亚河、迪纳河、喀什噶尔河、开都河—孔雀河、渭干河等九大水系114条河流的总称,主要由高山区冰雪融水和降水补给。从水文学角度讲,塔里木河流域是一个封闭的集水区,是一个在空间上靠近中国最大沙漠——塔克拉玛干沙漠的独特的淡水生态系统。

塔里木河干流全长1321 km,西自阿克苏河、叶尔羌河水系、和田河三河汇合口肖夹克,东至台特玛湖,由上游、中游和下游三部分构成。在塔里木河干流区,肖夹克至英巴扎称干流上游段,长495 km;英巴扎至恰拉为中游段,长398 km;恰拉以下到台特玛湖为下游段,河长428 km。

塔里木河干流环绕塔克拉玛干沙漠的北部和南部,属极端干旱地区,年均降水量低于50 mm,蒸发量高于2000 mm。塔里木河干流自身不产流,历史上,塔里木河流域的九大水系均汇入塔里木河干流,目前的车尔臣河、克里亚河、迪纳河、喀什噶尔河、开都河—孔雀河、渭干河等相继与塔里木河干流失去地表水力联系。和田河和叶尔羌河只在洪水期偶尔有水补给塔里木河干流。目前,在汇入塔里木河干流的三源流中,阿克苏河是塔里木河干流水量的主要补给来源,补给量占73.2%,和田河为23.2%,叶尔羌河只占3.6%(Chen 等,2004b)。

在过去的50 a里,塔里木河流域在以水资源开发利用为核心的大强度人类经济、社会活动的作用下,流域及周边地区经济得到了迅速发展,但生态环境也发生了很大变化,水资源开发过程中生态与经济的矛盾日益突出,首先,表现为进入塔里木河干流的径流量逐年减少,由20世纪60年代的$51.79×10^8 m^3$减少到90年代的$42.04×10^8 m^3$,减少约$9.75×10^8 m^3$,平均每年以$0.25×10^8 m^3$速率递减,到达塔里木河下游恰拉水文站的水量从20世纪60年代的$13.53×10^8 m^3$减少到90年代的$2.67×10^8 m^3$,40 a里减少了80%(冯起,1998);同时,塔里木河下游以天然植被为主体的生态系统和生态过程因人为对自然水资源时空格局的改变而受到严重影响,河道断流,湖泊干涸,地下水位大幅度下降,以胡杨林为主体的荒漠植被全面衰败,沙漠化过程加剧发展,生物多样性严重受损。塔里木河下游已成为中国西北地区生态环境问题研究的热点地区之一,生态恢复与生态安全问题已引起了社会各界和政府的高度关注。专家们多次发出"拯救塔里木河下游绿色走廊"的呼吁,水利部将塔里木河列入大江、大河治理规划,林业部把塔里木河下游"绿色走廊"纳入全国防沙、治沙重点地区,国家投资107亿元对塔里木河流域进行综合治理,紧急向塔里木河下游实施以恢复生态、拯救塔里木河下游"绿色走廊"为目的的生态输水工程,世界银行针对塔里木河流域生态保护给予巨额贷款支持。

塔里木河流域生态安全与生态综合治理是以水过程为主线、水资源合理分配和有效利用为核心的,其关键点在于解决水土资源开发中生态与经济的矛盾冲突。从塔里木河流域综合治理的行为过程来看,上游重点是山地水源涵养区的保育和阿克苏河、叶尔羌河、和田河等三大源流区绿洲灌区农业节水问题;中游涉及的是干流河道工程治理与河道堤防外的生态保护问题;下游则主要是以自然生态恢复过程为主的合理生态水位、生态需水量和生态系统的安全等问题,其中"水"问题最为突出,是塔里木河流域生态综合治理的关键。

13.4 四源流天然植被生态需水量

塔里木河源流区年降水量几十毫米,相比年蒸发量两千多毫米,降水量可忽略。而影响植物生长的土壤水分状况取决于潜水蒸发量的大小,对较大的空间尺度而言,当土壤处于稳定蒸发时,不仅地表的蒸发强度保持稳定,土壤含水量也不随时间而变化,即潜水蒸发强度、土壤水分通量和土壤蒸散强度三者相等(王让会等,2001)。塔里木河两岸为中、旱生的非地带性植物,主要依靠地下水来维持生命,所以可近似地用潜水蒸发估算维护天然植被的生态需水,这是依据植被耗水估算生态需水的基本原理。但在塔里木河流域不同的区域,对不同的潜水蒸发法必须进行合理性分析。阿克苏水平衡站与叶尔羌河潜水蒸发试验场均位于塔里木河流域的源流区,所以源流区使用阿克苏水平衡站公式和叶尔羌灌溉试验站公式进行计算。

我们采用潜水蒸发法计算裸地蒸发量,公式如下:

阿克苏水平衡站公式:

$$E = E_{20}(1 - H/H_{max})^{2.51} \qquad (13.4.1)$$

叶尔羌灌溉试验站公式:

$$E = E_{max}(1 - e^{-\eta E_{\Phi 20}/E_{max}}) \qquad (13.4.2)$$

式中：E 为潜水蒸发强度（mm）；H_{max} 为潜水极限埋深；H 为地下水埋深（m）；$E_{\Phi 20}$ 为 20 m² 蒸发池水面蒸发量；η 为经验系数取 0.85（宋郁东等，2000）；E_{max} 是与潜水埋深相关的极限蒸发强度，这里利用清华大学在叶尔羌河和渭干河灌区试验拟合公式 $E_{max}=1.2H^{-1}$ 计算。

以上各式计算结果均为裸地的潜水蒸发量，有植被覆盖时要乘以植被影响系数，植被影响系数采用不同埋深时植物蒸发对潜水影响系数（宋郁东等，2000），如表 13.4.1 所示。

表 13.4.1 不同潜水埋深的植被系数

潜水埋深(m)	1.0	1.5	2	2.5	3	3.5	4
植被影响系数	1.98	1.63	1.56	1.45	1.38	1.29	1.00

通过蒸发蒸腾模型的计算得到不同地下水埋深的潜水蒸发量，通过某一地下水埋深的植被生态系统的面积与相应地下水埋深的潜水蒸发量相乘得到植被的生态需水量。

E_{20} 取阿克苏水平衡站实测值（多年平均）1292.2 mm，和田河流域、阿克苏河流域、叶尔羌河流域、开—孔河流域的 E_{20} 取 2330.1 mm，林地适宜地下水埋深范围是 2~4 m（宋郁东等，2000），草地适宜地下水埋深范围是 2~4 m，取平均值得到林地、草地潜水埋深 3 m，极限埋深取 4.5 m。由遥感解译得到和田河流域、阿克苏河流域、叶尔羌河流域天然植被面积，计算天然植被的生态需水量如表 13.4.2 所示。

表 13.4.2 源流区生态需水量估算

源流区流域	和田河流域		阿克苏河流域		叶尔羌河流域		开—孔河流域	
植被类型	林地	草地	林地	草地	林地	草地	林地	草地
面积(10^4 hm²)	4.81	25.87	0.45	88.94	12.13	41.5	0.65	56.96
总需水量(10^8 m³)	4.9		14.07		8.43		9.06	

13.5 基于不同保护目标的干流生态需水量

13.5.1 定额法

以某一地区某一类型植被的面积乘以其生态需水定额计算得到该类型植被的生态需水量，某地区各类型植被生态需水量之和即为该地区植被生态需水总量（韩英等，2006）。计算公式为（胡广录等，2008）：

$$W = \sum W_i = \sum A_i r_i \tag{13.5.1}$$

式中：W 为植被生态需水量（m³），W_i 为植被类型 i 的生态需水量（m³），A_i 为植被类型 i 的面积（m²），r_i 为植被类型 i 的生态需水定额（m³/hm²）。

该方法适用于基础条件较好的地区与植被类型，如防风固沙林、人工绿洲及农田系统等人工植被的生态需水量计算。用该方法计算植被生态需水量的关键是要确定不同类型植被的生态需水定额，即确定单位时间内、单位面积上某一植被类型所需要消耗的水量（胡广录等，2008）。

用定额法估算塔里木河干流生态需水量时,在实验的基础上,结合现状年植被生长状况和洪灌、淹灌造成的无效和低效水量消耗,确定乔、灌、草的现状生态需水定额分别为 3800 m³/hm²、1800 m³/hm²、1800 m³/hm²(王让会等,2001),估算出维持塔里木河干流的现状生态需水量为 33.89×10^8 m³(表 13.5.1)。

表 13.5.1 定额法估算的塔里木河干流生态需水量

植被类型	面积(10⁴hm²)				需水定额 (m³/hm²)	生态需水量(10⁸m³)			
	上游	中游	下游	合计		上游	中游	下游	合计
林地	17.77	20.40	3.37	41.54	3800	6.75	7.75	1.28	15.78
灌木	10.19	6.84	0.25	17.28	1800	1.84	1.23	0.05	3.12
草地	18.85	53.90	10.54	83.29	1800	3.39	9.70	1.90	14.99
合计	46.81	81.14	14.16	142.11		11.98	18.68	3.23	33.89

13.5.2　潜水蒸发法

用某一植被类型在某一地下水位的面积乘以该地下水位的潜水蒸发量与植被系数,得到该面积下该植被生态需水量,各种植被生态需水量之和即为该地区植被生态需水总量。计算公式为(胡广录等,2008):

$$W = \sum W_i = \sum A_i W_{gi} K_c \tag{13.5.2}$$

潜水蒸发量采用如下两种公式(宋郁东等,2000):

阿维里扬诺夫公式(简称阿氏公式):

$$W_{gi} = a(1 - h_i/h_{\max})^b E_{\phi 20} \tag{13.5.3}$$

根据新疆地矿局设在塔里木河中下游群克水均衡场试验结果,建立了地下水埋深、20 cm 口径蒸发皿水面蒸发值和潜水蒸发关系(群克公式):

$$W_{gi} = 0.234 E_{\phi 20} H^{-1.49876} \tag{13.5.4}$$

以上各式中:W 为植被生态需水总量(m³);W_i 为植被类型 i 的生态需水量(m³);A_i 为植被类型 i 的面积(m²);W_{gi} 为植被类型 i 所处某一地下水位埋深时的潜水蒸发量(m³);H 为地下水埋深(m);K_c 为植被系数,是有植被地段的潜水蒸发量与无植被地段的潜水蒸发量之比值,常用试验确定;a、b 为经验系数;h_i 为地下水位的埋深(mm);$h_{\max}$ 为潜水蒸发极限埋深(mm);$E_{\phi 20}$ 为常规蒸发皿蒸发量(mm)。

塔里木河干流乔、灌、草各植被类型对应的面积及其平均地下水埋深如表 13.5.2 所示。

天然植被耗水量与其所需水量之间还有很大差异,植被耗水量并不是真正的需水量,实际的需水量要比所估算的耗水量多,在估算植被的生态需水量时还需考虑水的利用系数,根据理论研究及实践经验,还需要增加 25%～30% 的水量,才可以基本保证维持天然植被生存的最低需水量(陈亚宁等,2008)。本研究在计算生态需水量时选取增加 27% 的水量。并根据已有研究将潜水蒸发极限埋深 $h_{\max}$ 定为 5 m(叶朝霞等,2007);a、b 的值参考宋郁东等(2000)在塔里木河水资源与生态问题研究中的取值,即 a 取 0.62,b 取 2.8;中国科学院新疆生态与地理研究所在阿克苏水平衡站的研究结果表明,当潜水埋深从 1 m 增大到 4 m 时,植

被系数 K_c 由 1.98 减小到 1.0（胡广录等，2008），在此取 K_c 值为 1.0；$E_{\phi 20}$ 为阿克苏、沙雅、库车、轮台、库尔勒、尉犁和铁干里克 7 个气象站 1995—2004 年平均蒸发量。两种公式计算的结果如表 13.5.3 所示。由于两种公式计算的潜水蒸发量区别较大，在此基础上计算的生态需水量误差也相应产生，因此，将两种计算结果算术平均，得到潜水蒸发法估算的塔里木河干流现状年的生态需水量为 $23.97 \times 10^8 \mathrm{m}^3$。

表 13.5.2 塔里木河干流乔、灌、草植被类型的面积及其地下水埋深

植被类型		面积($10^4 \mathrm{hm}^2$)				计算潜水蒸发的平均地下水埋深(m)
		上游	中游	下游	合计	
乔木	幼林和中龄林	5.06	5.81	0.96	11.83	2.00
	近熟和成熟林	3.50	4.01	0.66	8.17	2.50
	过熟林	0.62	0.72	0.12	1.46	4.00
	衰败和枯木林	8.59	9.86	1.63	20.08	4.50
	林地小计	17.77	20.40	3.37	41.54	
灌木	灌丛	3.80	2.55	0.09	6.44	2.50
	稀疏灌丛	1.88	1.26	0.05	3.19	4.00
	稀疏衰败灌丛	4.51	3.03	0.11	7.65	4.50
	灌木小计	10.19	6.84	0.25	17.28	
草地	沼泽草地	1.27	3.64	0.71	5.62	1.00
	草甸草地	6.37	18.21	3.56	28.14	2.50
	灌丛草地	5.86	16.76	3.28	25.90	3.00
	稀疏退化草地	5.35	15.29	2.99	23.63	4.50
	草地小计	18.85	53.90	10.54	83.29	

根据 1995—2004 年的月平均蒸发量，用两种公式计算的月生态需水量如图 13.5.1 和图 13.5.2 所示。从月生态需水量来看，6 月是一年中生态需水量最多的月份，月生态需水量以 6 月为中心向两侧递减。植被生长期（4—10 月）生态需水量用阿氏公式和群克公式计算结果分别为 $22.39 \times 10^8 \mathrm{m}^3$、$18.92 \times 10^8 \mathrm{m}^3$，均占全年生态需水量的 86%，尤其在植物生长旺盛时期的 5、6、7、8 四个月，蒸腾量大，生态需水量多，两种公式计算的结果均占全年生态

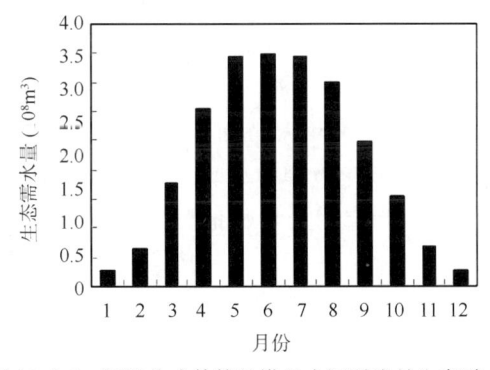

图 13.5.1 阿氏公式估算的塔里木河干流月生态需水量

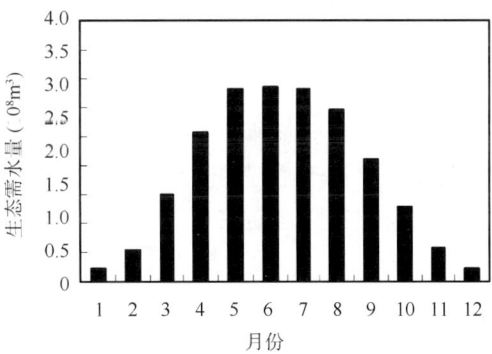

图 13.5.2 群克公式估算的塔里木河干流月生态需水量

需水量的 59%,而其余月份生态需水量相对较少。因此,应重点保证植物生长期的生态需水量。

表 13.5.3 潜水蒸发法估算的塔里木河干流生态需水量

植被类型		阿氏公式潜水蒸发量 (m^3/hm^2)	群克公式潜水蒸发量 (m^3/hm^2)	阿氏公式生态需水量 ($10^8 m^3$)				群克公式生态需水量 ($10^8 m^3$)			
				上游	中游	下游	合计	上游	中游	下游	合计
乔木	幼林和中龄林	3468	1936	2.23	2.56	0.42	5.21	1.24	1.43	0.24	2.91
	近熟和成熟林	2082	1386	0.93	1.06	0.17	2.16	0.62	0.71	0.12	1.45
	过熟林	160	685	0.01	0.01	0.01	0.03	0.05	0.06	0.01	0.12
	衰败和枯木林	23	57	0.03	0.03	0.01	0.07	0.62	0.71	0.12	1.45
	林地小计			3.20	3.66	0.61	7.47	2.53	2.91	0.49	5.93
灌木	灌丛	2082	1386	1.00	0.68	0.02	1.70	0.67	0.45	0.02	1.14
	稀疏灌丛	160	685	0.04	0.03	0	0.07	0.16	0.11	0.01	0.28
	稀疏衰败灌丛	23	57	0.01	0.01	0	0.02	0.33	0.22	0.01	0.56
	灌木小计			1.05	0.72	0.02	1.79	1.16	0.78	0.04	1.98
草地	沼泽草地	7762	5472	1.25	3.59	0.70	5.54	0.88	2.53	0.49	3.90
	草甸草地	2082	1386	1.69	4.81	0.94	7.44	1.12	3.21	0.63	4.96
	灌丛草地	1115	1055	0.83	2.37	0.47	3.67	0.79	2.25	0.44	3.48
	稀疏退化草地	23	57	0.02	0.04	0.01	0.07	0.39	1.11	0.22	1.72
	草地小计			3.79	10.81	2.12	16.72	3.18	9.10	1.78	14.06
总计				8.04	15.19	2.75	25.98	6.87	12.79	2.31	21.97

13.5.3 地下水储量变化法(Fu 等,2008)

由于干旱区天然植被主要依靠地下水来维持生命,植物生长期的蒸发量导致水量和地下水位的变化,因此天然植被的生态需水量可用下式表示:

$$W = \sum W_i = \sum u A_i \Delta H_i \tag{13.5.5}$$

式中:W 为植被生态需水总量(m^3);W_i 为植被类型 i 的生态需水量(m^3);A_i 为植被类型 i 的面积(m^2);ΔH_i 为植被类型 i 覆盖下的年地下水位变化量(m);u 为地下水给水度;i 为植被类型。

塔里木河干流地区年地下水位的动态变化量与塔里木河的来水量和植被的蒸发有关。不同植被类型需水量不同,因此,植被覆盖下的年地下水位变化也存在差异。结合黑河下游额济纳绿洲资料和新疆地勘院在塔里木河干流地区资料,确定胡杨等林地覆盖下的年地下水位变幅为 1.2~1.6 m,灌木覆盖下的年地下水位变幅为 0.8~1.0 m,草地覆盖下的年地下水位变幅为 1.1~1.3 m。计算生态需水量时,林地、灌木、草地覆盖下的年地下水位变化量分别取 1.4 m、0.9 m、1.2 m,u 取值为 0.2,计算结果如表 13.5.4 所示。

表 13.5.4　地下水储量变化法估算的塔里木河干流生态需水量

植被类型	地下水位变化(m)	面积($10^4 hm^2$)				生态需水量($10^8 m^3$)			
		上游	中游	下游	合计	上游	中游	下游	合计
林地	1.40	17.77	20.40	3.37	41.54	4.98	5.71	0.94	11.63
灌木	0.90	10.19	6.84	0.25	17.28	1.83	1.23	0.05	3.11
草地	1.10	18.85	53.90	10.54	83.29	4.15	11.86	2.32	18.33
总计		46.81	81.14	14.16	142.11	10.96	18.8	3.31	33.07

13.6　下游天然植被最低生态需水量

13.6.1　数学方法

(1)植被特征指数

本节采用 DPS 3.1(data processing system)统计软件对表征植物多样性、丰富度和均匀度的指数进行计算(唐启光等,2002)。

Simpson 指数：

$$D' = 1 - \sum_{i=1}^{s} \left[\frac{n_i(n_i-1)}{N(N-1)}\right] \tag{13.6.1}$$

Shannon-Wiener 指数：

$$H' = -\sum_{i=1}^{s} p_i \mathrm{lb}(p_i) \tag{13.6.2}$$

Brillouin 指数：

$$H = \frac{1}{N}\mathrm{lb}\left(\frac{N!}{n_1!n_2!n_3!\cdots}\right) \tag{13.6.3}$$

在 DPS 系统中,根据 Shannon-Wiener 信息指数计算均匀度,其公式是：

$$J' = \frac{H'}{H'_{\max}} = \frac{H'}{\mathrm{lb}S} \tag{13.6.4}$$

McIntosh 指数：

$$D_{Mc} = \frac{N - \sqrt{\sum_{i=1}^{s} n_i}}{N - \sqrt{N}} \tag{13.6.5}$$

以上各式中：n_i 为抽样中第 i 个物种的个体数量；N 为抽样中所有物种的个体总和；S 为物种总数；p_i 为第 i 种物种个体数占群落总个体数的比例；$H'_{\max}$ 为 H' 的最大值,等于 $\mathrm{lb}S$(lb 是以 2 为底的对数)。

(2) 潜水蒸发法

同样,采用潜水蒸发法计算植被生态需水量,主要采用四种模型进行计算,分别是群克水均衡场公式、阿氏公式、反 Logistic 公式和指数公式,前两个公式在前面已经介绍,此处不再赘述,后两个公式表达如下:

反 Logistic 公式(尚松浩等,1999):

$$W_{ni} = \sum_{i=1}^{n} A_{pi} E_{ik} \tag{13.6.6}$$

$$E_i = E_{\phi 20} \frac{K}{1 + Be^{rH}} \tag{13.6.7}$$

指数公式(毛晓敏等,1998):

$$W_{ni} = \sum_{i=1}^{n} A_{pi} E_{ik} \tag{13.6.8}$$

$$E = a' e^{-b'H} E_{\phi 20} \tag{13.6.9}$$

式中:E 为潜水蒸发强度(mm);$E_{\phi 20}$ 为常规气象蒸发皿蒸发值(mm),使用铁干里克气象站观测的多年月平均值;H 为地下水埋深(m);H_{max} 为地下水蒸发极限埋深;a、b 是与植被覆盖度、土质有关的待定系数;A_{pi} 是天然植被类型 i 的面积(m^2);E_i 为第 i 类型植被在某一地下水埋深时的潜水蒸发量;K、B、r 是采用可变多面体法(又称单纯形搜索法)对该公式进行了非线性拟合系数;a'、b' 为与土质有关的拟合系数。

13.6.2 地下水与天然植被的关系

生态系统水分耗散过程基本是水分来源与消耗的平衡过程,水分的来源途径包括降水性补给、径流性补给(地表来水和地下水的补给),而水分的消耗主要是植被蒸腾与土壤蒸发消耗。塔里木河下游属于干旱荒漠区,降水稀少,几乎没有有效降水供植被消耗,再加上河道断流三十多年,因此,其天然植被生态系统主要是依靠消耗地下水资源来维持,其水分来源主要是从博斯腾湖调水经大西海子水库下泄,通过河道漫溢、渗透补给。而天然植被生态系统水分消耗主要就是通过蒸散发的方式。

塔里木河下游水文循环过程见图 13.6.1,河道下泄的水量通过垂向和侧向方式补给地下水,地下水通过毛细管的作用补充包气带中的土壤水,然后植被通过其根系直接吸收土壤水维持生命,随着植被不断地蒸腾消耗,地下水源源不断地补充土壤水,这期间同时伴随裸露土地的潜水蒸发和河道水域的蒸发。当水源地对地下水的补给能力小于植被、荒漠区以及河道的蒸腾消耗,因补给小于消耗使得地下水位下降,加大了植被根系与地下潜水面之间的距离,相应的地下水供给植被水分的能力降低,如果低于植物的生理需水,植被的生长就会受到抑制,严重则会枯萎、死亡。因此,在干旱区,地下水对于天然植被的生存具有重要意义。由于地表径流量时空分布的巨大差异,从上而下沿河道,由近及远沿河道垂直方向的地下水位呈现逐渐下降的趋势,地表植被的组成、分布及长势都发生着变化(徐海量等,2004)。

根据生态适宜性原理,在植被最适地下水位附近植物生长最好,出现频率最高,相应的植被盖度就高;在植物的适宜地下水范围内,植物生长良好;在其他地下水范围内则植被长

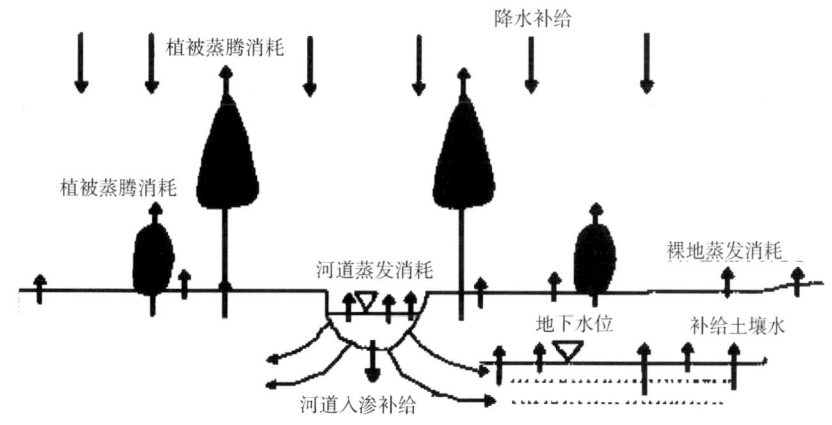

图 13.6.1　塔里木河下游水文循环过程示意图

势受水分亏缺或土壤盐渍化的影响,生长相对不好,出现频率相应就低,盖度就低(孙儒泳,2000)。从塔里木河下游 9 个断面地下水变化与野外实地调查数据的统计分析可见,塔里木河下游植被的盖度、物种数、植物总高度等,在不同的地下水位范围内差异明显(图 13.6.2)。总的来说,植被盖度、物种数和总高度这三个指标随着地下水埋深的增加而呈现下降的趋势:在地下水位 4 m 以内植被盖度下降速度较快,4～5 m 之间变化不大,超过 5 m 植被盖度冉次下降,且低于 10%;随着地下水位的下降,样地内植物种类也逐渐下降,从最高一个样地的 8 种降到只剩 2 种植物,说明随着水分条件的恶化,群落结构趋向单一;总高度在下降过程中存在起伏波动,这是由不同地下水位生长的植物种类不同所引起的。5 m 左右是植被特征发生显著变化的埋深。

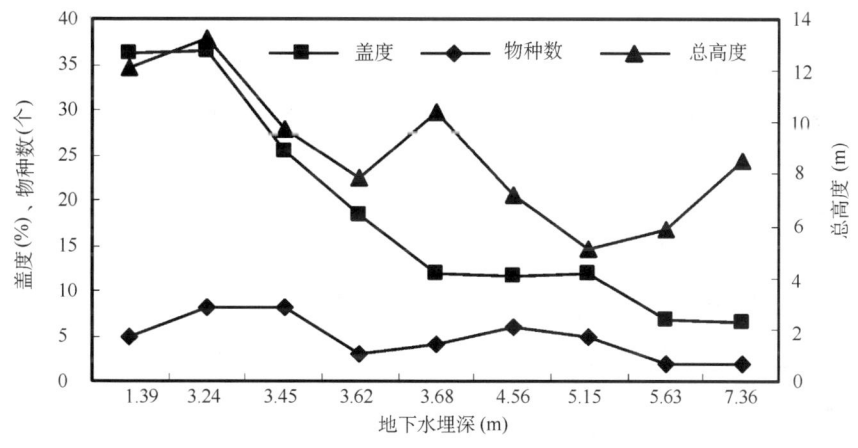

图 13.6.2　塔里木河下游地下水埋深与植被特征变化关系

为进一步证实这一现象,本研究采用 DPS 统计软件对地下水埋深在 1.39～9.8 m 范围内的植被调查数据进行统计,得到表征植被特征的五种指数及所有物种的总个体数(图 13.6.3),结果表明:塔里木河下游地区植物的丰富度、均匀度和多样性指数随着地下水位变化,其变幅较大;Simpson(J) 和 Shannon(H) 指数分别在 0.0669～0.7819 和 0.2262～2.3183 范围间变动;均匀度和 McIntosh(Dmc) 指数分别在 0.1296～0.9751 和 0.0354～0.6113 间变化;变化幅度最小的 Brillouin 指数,其变化区间为 0.2181～0.2752。观察图

13.6.3 发现,指数值较大的样地多分布在地下水位为 1～5 m 的区域,因此,本研究将多样性指数按照不同地下水埋深范围分成三组,可以发现当地下水埋深范围在 1.39～5.15 m 时,除均匀度外,其他各类指数的均值都比其他埋深范围的值大(表 13.6.1)。

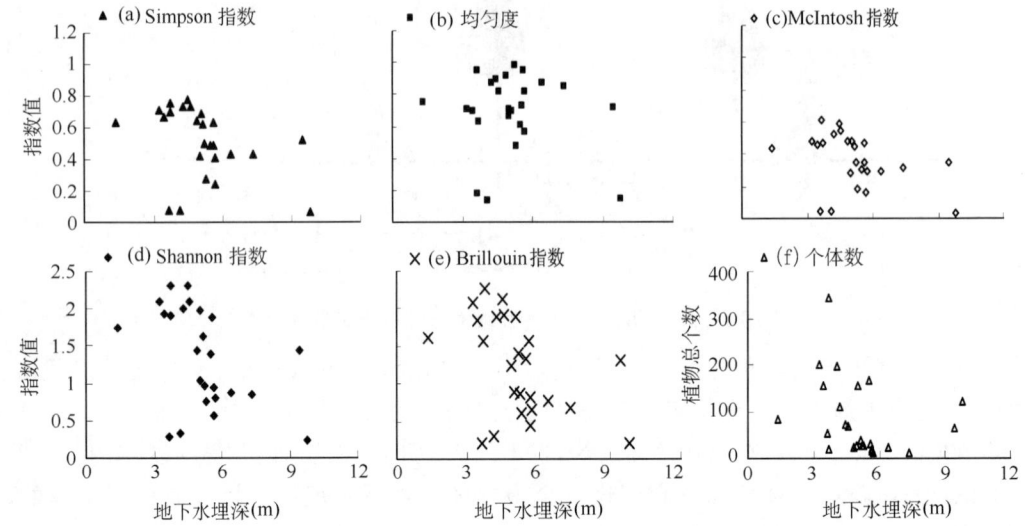

图 13.6.3 物种多样性指数随地下水埋深变化规律

表 13.6.1 塔里木河下游不同地下水埋深范围物种多样性指数均值表

地下水埋深范围(m)	Simpson	Shannon	均匀度	Brillouin	McIntosh
1.39～5.15	0.5904	1.6520	0.6838	1.5184	0.4204
5.23～6.41	0.4365	1.0241	0.7464	0.8838	0.3009
7.36～9.80	0.3423	0.8331	0.5673	0.7316	0.2339

从历年的植被调查情况来看,地下水埋深与物种多样性指数之间表现出极强的负相关性(表 13.6.2),即地下水埋深越大,物种多样性指数越小,植被多样性程度就越低;同时可以看出,地下水埋深与多样性指数相关程度由大到小依次为 McIntosh 指数、Simpson 指数、均匀度、Shannon 指数和 Brillouin 指数。

表 13.6.2 塔里木河下游物种多样性指数与地下水埋深相关系数表

	Simpson	Shannon	均匀度	Brillouin	McIntosh
地下水埋深	−0.9374**	−0.7388**	−0.8936**	−0.4952*	−0.9489**

注: ** 为极显著相关($P<0.01$); * 为显著相关($P<0.05$)

通过以上分析,可以认为 5 m 是大多数植被生存的生态地下水位下限。如果超过这一水位,潜水停止蒸发,不能增加上层土壤水分含量,植被难以生存(张武文等,2002)。有研究(徐海量等,2003a)表明,在塔里木河下游地下水位在 4.5 m 以上时,基本能满足乔、灌木生长需求,一般不会发生荒漠化,考虑到塔里木河下游水资源匮乏现状和主要恢复植被以本区主要建群植被胡杨和柽柳为主,水位低一些更加适合,因此,这里将 5 m 定为地下水蒸发的极限埋深是合理的。

13.6.3 土壤水与天然植被的关系

土壤的水分和盐分都和地下水位高低有关,地下水位过高,在强烈的蒸发条件下,溶解于地下水中的盐分可在表土聚积,使土壤发生强烈次生盐渍化,不利植物生长。地下水位过低,地下水不能通过毛管上升到植物根系层,使土壤干旱、植被衰败、发生沙质荒漠化(宋长春等,2002;严登华等,2002;Thomas等,2000)。在塔里木河干流区域非垦区的研究结果表明(郑丹等,2005):地下水埋深浅,土壤含水率亦高;地下水埋深下降,则土壤含水率也下降;且全剖面平均含水率随地下水埋深增加呈指数下降规律。张元明等(2004)的研究显示塔里木河下游筛选的 7 个环境因子中相关程度最高的是土壤含水率和地下水位,因此研究二者的关系对于保护天然植被的正常生长至关重要。由表 13.6.2 的分析可知,地下水埋深与植物多样性指数的相关系数在 -0.4952 与 -0.9489 之间,相关程度极高,而在干旱荒漠区,地下水埋深是影响土壤含水量的决定性因素,因此,土壤水与植物多样性的关系也十分密切。

在干旱区,土壤含水量是限制植物生长发育的重要生态因子,植物群落的生长发育及其适宜生产力是由土壤资源中的土壤水分供给状况来决定的。季方等(2001)通过英巴扎断面实测资料,对塔里木河冲积平原胡杨林的土壤水分状况进行了研究,结果表明:在胡杨幼林区域,地下水位高,再加上洪水漫溢,利于胡杨种子萌发与植株扎根。另外,此区域土壤 40 cm 表层的土壤体积含水率已相当于饱和含水率的 $65\%\sim75\%$,满足胡杨幼苗的生长和发育需要;在胡杨青壮林区域,$20\sim100$ cm 土壤体积含水率仅相当于饱和含水率的 $10\%\sim25\%$,难以满足胡杨幼苗萌发与扎根,但对于胡杨青壮林来说,它能够吸收 $2.5\sim4$ m 深的土壤水分,因而此区域可以满足它的生长要求;在胡杨衰败林区域,土壤剖面 $3\sim4$ m 范围内除了个别层次因受土壤质地的影响出现波动外,土壤含水量均很低,无法满足胡杨的生长和发育,因而胡杨呈现衰败状态。章予舒等(2004)在塔里木河下游研究表明:在有胡杨林存在条件下,林下灌木生存与否与 $40\sim60$ cm 深度土壤含水量相关系数最大,当此层土壤水含量低于 16%时,胡杨林下灌木开始消亡。崔亚莉等(2001)研究表明,不同植物在不同气候条件下,其凋萎系数是不同的,西北内陆盆地草本植物凋萎系数为 8%以上,沙生植物和旱生植物为 3%,天然植被退化的土壤含水量为 7%,塔里木河下游流域分布着以胡杨、柽柳为主的天然乔、灌木,因此,将 7%作为该流域天然植被的凋萎系数符合实际情况。

根据 2005 年 7 月对塔里木河下游实际土壤含水量的测定发现,当地下水埋深在 $3.72\sim4.86$ m 间变动时,土壤含水量的变动范围是 $4.403\%\sim11.404\%$,平均土壤含水量为 8.129%,略高于该流域天然植被的凋萎系数 7%,说明当地下水埋深超过 5 m 时土壤水分得不到有效供应,低于该凋萎系数,植被将逐渐衰亡。土壤含水量与天然植被的这种关系进一步证实 5 m 可作为地下水蒸发的极限埋深。

13.6.4 植被面积与模型参数的确定

利用美国 ERDAS 公司开发的遥感图像处理系统 ERDAS IMAGING 8.5 软件,以及地理信息系统 ESRI ArcGIS 9.0 和 ESRI ArcView 3.2 软件进行图像解译、数据的空间分析、数据叠加等。得到塔里木河下游 2005 年天然植被分布面积(黄青,2007)。

根据各种景观型的含义及实际调查资料,确定每种植被类型的地下水埋深范围和平均埋深。河岸有林地和灌木林地分布在平均地下水埋深为 2 m 的区域，疏林地分布在平均地下水埋深为 4 m 的区域，天然草地被分为高覆盖度、中覆盖度和低覆盖度草地，经过遥感解译的数据发现，低覆盖度草地的面积约占天然草地总面积的 82%，而高、中覆盖度草地只分别占 6% 和 12%，所以按低覆盖度分布区域的平均地下水埋深计算，取 4 m，然后按照不同植被类型和不同生长状况下的潜水平均埋深蒸发值，计算下游天然植被需水量。

在反 Logistic 公式中，引用尚松浩等(1999)的研究(表 13.6.3)及研究区域的土壤质地，确定 K、B、r 的值分别为 1.35、1.10 和 1.2。

表 13.6.3 不同土质反 Logistic 公式的拟合结果

土质	砂砾石	粉砂	粉砂石	砂壤土	轻壤土	中壤土
K	0.75	0.80	1.00	1.30	1.35	1.40
B	0.04	0.12	0.50	1.00	1.10	1.50
r	4.8	3.6	1.5	1.5	1.2	1.0
C_{max}	0.72	0.71	0.67	0.65	0.64	0.56

表 13.6.4 给出了不同土质反 Logistic 公式各参数的拟合结果，其中 C_{max} 为潜水埋深 0 m 时的潜水蒸发系数，表达式如下：

$$C_{max} = \frac{K}{1+B} \quad (13.6.10)$$

C_{max} 的值随着土质颗粒变细和黏性增大，从 0.72(砂砾石)下降至 0.56(中壤)类似于大面积水面蒸发与 $E_{\phi 20}$ 的比值，说明潜水埋深 0 m 的蒸发类似于水面蒸发，但同时还将受到土质的影响(尚松浩等，1999)。

在指数公式中，引用毛晓敏等(1998)文献(表 13.6.4)确定 a'、b' 的取值分别为 0.62、0.8。

表 13.6.4 不同土质的指数函数的系数取值表

土质	砂砾石	粉砂	粉砂石	砂壤土	轻壤土	中壤土
a'	0.62	0.62	0.62	0.62	0.62	0.62
b'	1.55	1.5	0.8	1.1	0.8	0.9

13.6.5 生态需水量

运用式(13.5.3)~式(13.5.4)及式(13.6.6)~式(13.6.9)计算得到不同地下水埋深潜水蒸发量。对于相同月份，随着地下水埋深的增加，潜水蒸发量逐渐减少，当地下水埋深达到 4.5 m 时，潜水蒸发量接近 0；对于相同地下水埋深的情况，6 月是一年中潜水蒸发强度最大的月份，月蒸发量以 6 月为中心向两侧递减，地下水埋深越浅，潜水蒸发量向两侧递减的速度越快。

从各月份来看，植被生长关键期(4—9 月)平均需水量为 2.6×10^8 m³，占全年需水量的 81%；尤其是在 5、6、7 这三个月，植被生长的旺盛时期，蒸腾量大，生态需水量多，占全年的 47%；其余月份植被蒸腾较小，生态需水量也相对较少(图 13.6.4)。

群克公式计算得到塔里木河下游天然植被生态需水量为 3.9×10^8 m³，阿氏公式计算结

果为 $2.4×10^8 m^3$，反 Logistic 公式计算结果为 $2.4×10^8 m^3$，指数函数计算结果为 $4×10^8$ m^3。综上所述，塔里木河下游天然植被生态需水量为 $2.4×10^8 \sim 4×10^8 m^3$。

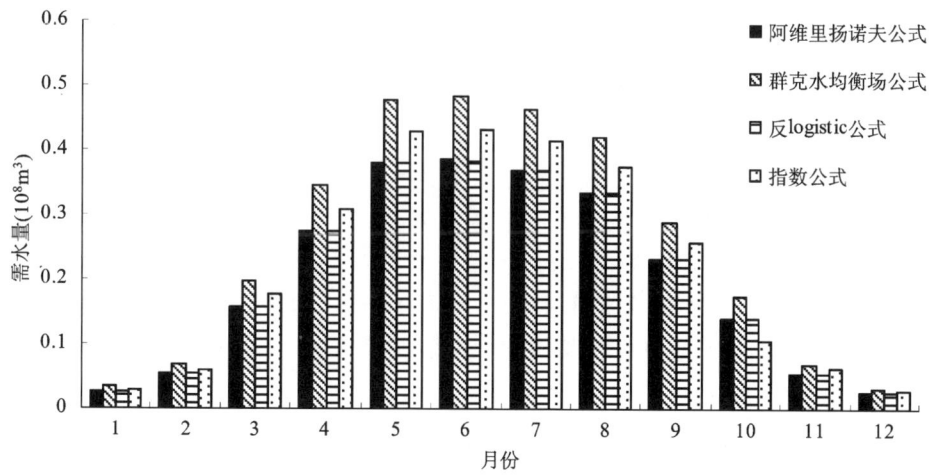

图 13.6.4　塔里木河下游现状年天然植被生态需水量

13.7　下游天然植被适宜生态需水量

13.7.1　河道耗水规律研究

塔里木河下游地区在河道断流期间，区域内的地下水埋深大都在 $6\sim13$ m，根本无法满足大多数植物的生存。将各次输水过程中各监测断面所有监测井的地下水埋深数据进行平均后可以反映出整个塔里木河下游地区地下水埋深的变化情况（图 13.7.1）。可以看出，除第四次和第八次输水期间地下水埋深出现了微弱下降外，其余各次输水期间地下水埋深都呈上升趋势。输水前，塔里木河下游九个监测断面的平均地下水埋深为 8.36 m，经过输水后，已变为 4.74 m，抬升幅度达 56.6%，六年来的应急生态输水对绝大多数断面的地下水埋深抬升有显著影响。各监测断面中，除喀尔达依、阿拉干、依干布及麻和考干断面潜水埋深

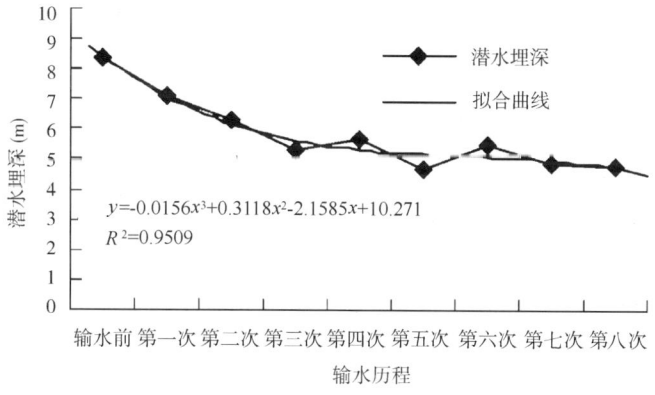

图 13.7.1　塔里木河下游输水过程中地下水埋深变化

超过 4.5 m 外,其余各断面潜水埋深最低为 4.26 m,这已经达到该区乔灌木生长的合理生态水位(宋郁东等,2000),必将促使塔里木河下游生态环境的良性发展。

塔里木河下游地区的地下水补给的主要来源是地表径流,而下游河道断流多年,唯一的来源就是生态输水工程输送的水量,有分析也证实,塔里木河下游地下水埋深的变化与生态输水有着直接的联系。为了建立二者的定量关系,本研究作了如下尝试,以英苏断面距河道 150 m 的井位为例,由图 13.7.2 可以看出,地下水位上升量基本符合这一规律,其中输水量较大的阶段,地下水位上升量也较大,如第二次、第三次(第一阶段、第二阶段)、第四次。其中,虽然第二次输水量并不是所有输水阶段中最大的,但是由于该阶段处于输水工程初期,塔里木河下游地区地下水位普遍较低,河道渗漏较为严重,地下水位抬升幅度最大,达 3.6 m。第四次输水总量最多,其对应的地下水位上升量为 2.56 m,第五次第二阶段输水后地下水位上升量最小,为 0.2 m。通过比较其他断面两者关系发现,二者的关系不具有稳定性,究其原因可能是受输水季节、历时、河道长度等多方面因素的影响。

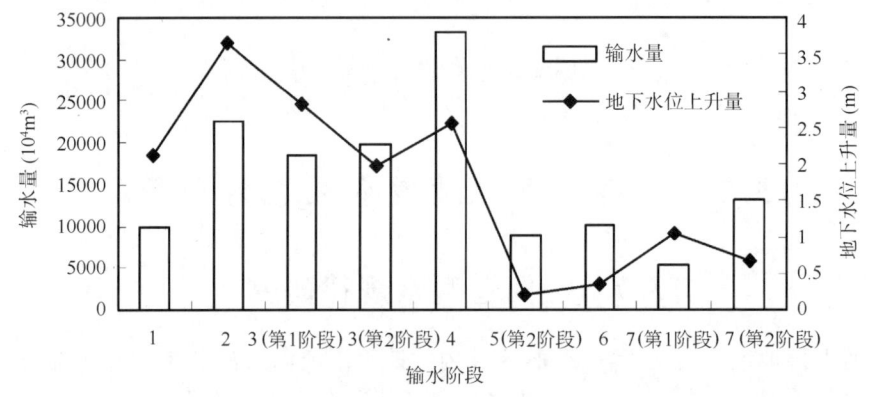

图 13.7.2 历次输水大西海子下泄水量与地下水位上升量

已有研究(曲炜等,2005)表明,单位河长耗水量与地下水位上升值之间存在对数关系。首先根据水平衡原理利用英苏断面实测的 7 次应急输水地表水径流量,计算出该区消耗水量,为了消除河道长度对研究的影响,把区间耗水量折算成单位河长耗水量。计算结果及英苏断面距河道不同距离处地下水位上升量资料见表 13.7.1。

把表 13.7.1 中的观测数据在图上绘出散点并进行拟合分析,可得到英苏断面不同距离处地下水位上升值(Y)与单位河长耗水量(X)的关系图和拟合函数,见图 13.7.3。

由图 13.9 可以看出,不同距离处的地下水位上升量随单位河长耗水量的变化均呈现对数曲线变化规律。拟合曲线相关程度较高,相关系数(R^2)为 0.7365~0.857。当保持相同单位河长耗水量的情况下,距离河道越近,地下水位上升量越大;同理,当要求抬升相同地下水位时,距离河道越远,单位河长耗水量越多,即特定河段消耗的水量越多。其他断面河道状况与英苏断面基本相同,因此我们以英苏断面所得模型代替整个下游河道单位河长耗水量与地下水位上升量的关系。当给定部分区域地下水位目标时可以求得单位河长耗水量(X),乘以河段长得总耗水量,再根据沿程耗水率计算得到大西海子水库所需放水总量。

经分析计算,结果表明,以保护英苏断面为目标,且使地下水位抬升至 2~4 m,需水量约 0.79×10^8 m³。同理可以推算不同保护目标下的需水量,以大西海子水库至罗布庄为保护目标,年需水量约为 1.58×10^8 m³。随着保护范围的扩大,需水量随之增加。

表 13.7.1 英苏断面历次输水后地下水位变化

输水阶段	单位河长耗水量 ($10^4 m^3/km$)	历次输水后地下水位上升值(m)					
		50	150	300	400	500	700	1050
第一次	139.60	2.36	2.13	/	0.91	/	/	/
第二次	216.99	/	3.66	3.05	2.39	1.71	/	/
第三次第一阶段	140.13	/	2.8	2.6	17	1.1	/	/
第三次第二阶段	88.67	/	1.98	1.82	0.78	0.39	0.25	/
第四次	129.22	3.8	2.56	3	2.06	1	0.57	/
第五次第二阶段	34.92	/	0.2**	0.27**	0.03**	0.13**	0.2**	0.18**
第六次	21.87	/	0.35*	0.26*	0.21*	0.08*	0.04*	0*
第七次第一阶段	40.64	/	1.03*	0.46*	0.15*	0.04*	−0.06*	−0.05*
第七次第二阶段	88.62	0.61	0.68*	0.95*	0.59*	0.41*	0.01*	0.1*

注：**数据引自文献(曲炜等,2005)，*数据引自塔里木河流域管理局监测数据，其他为课题组野外观测数据。

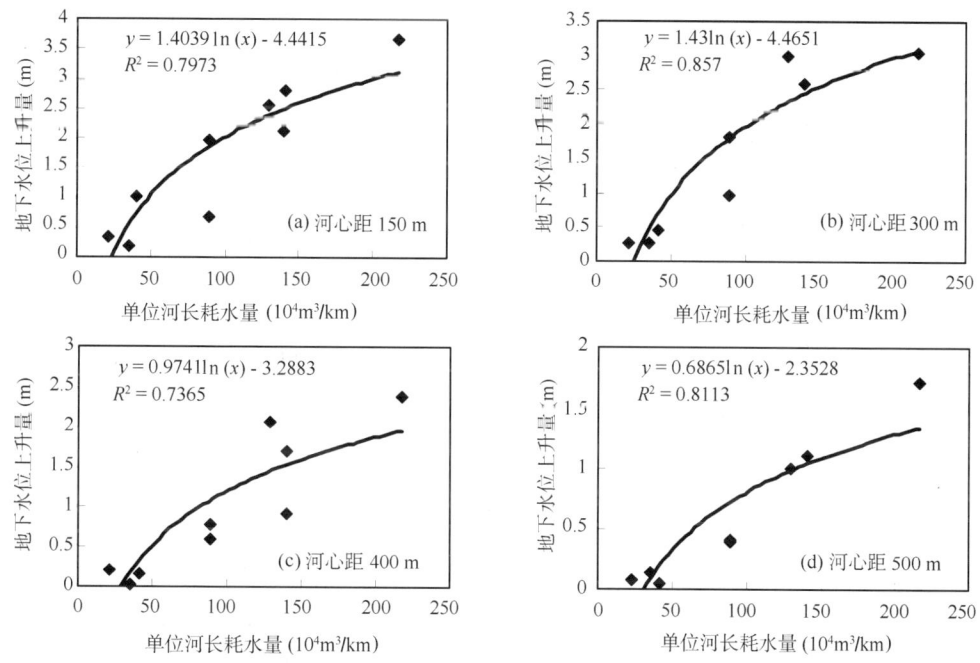

图 13.7.3 英苏断面不同距离处地下水位上升量与单位河长耗水量关系

13.7.2 生态输水影响范围

(1) 地下水与距河道垂直距离的关系

为减小自然和人为的活动对地下水的影响，选择一个较短的时期对生态输水的横向效应进行分析更具有代表性。这里以第七次输水第二阶段为例，输水前的资料选取的是 2005 年 8 月 24 日所测地下水埋深值，输水后采用该次输水地下水位最高回升值。断面选择英苏、喀尔达依、阿拉干、依干布及麻、考干等 5 个断面。每个断面布置横向监测井 6 个，离河心垂直距离分别是 50 m、150 m、300 m、500 m、700 m、1050 m。

地下水位在输水河道横向上的响应范围是输水生态效应的一个重要指标,也是判断天然植被恢复范围的一个重要依据(徐海量等,2003a)。

　　由图 13.7.4 可以看出,除英苏断面外,其余 4 个断面的地下水抬升高度都是随离河心垂直距离(以下简称河心距)的增加而降低的,而且离河道越近,变化幅度越大,即下降速度越快;从曲线斜率上初步判断 300 m 是一个转折点,该距离以外降幅基本趋于平缓,最大升幅只有 0.55 m,最小的仅 0.03 m。说明此次输水在较近范围内响应显著,随着河心距的增加响应程度明显降低;其中英苏断面出现特例,即在 300 m 范围内,越靠近河岸地下水位抬升高度越小,主要原因是前面 6 次输水的累积效应使得该断面近河岸土壤水分含量高,本身地下水埋深较浅,下渗能力明显减弱,所以地下水位抬升幅度不高;依干布及麻断面没有明显的转折点,曲线平缓,这与其距离输水源头太远有关;考干断面虽然离输水源头较远,但受塔里木河尾闾台特玛湖的影响表现出与其他断面相似的变化规律,只是转折点更靠近河道。

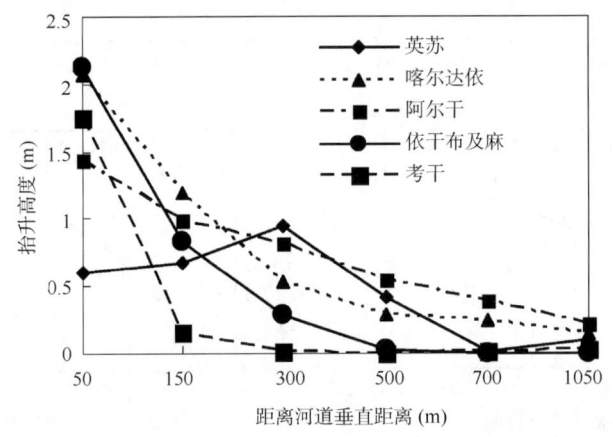

图 13.7.4　塔里木河下游地下水位升高量横向比较

　　由于不同断面递减规律表现出差异性,我们首先运用回归分析方法对各个断面的地下水位升高量与河心距之间的关系进行模拟(表 13.7.2)。

　　由表 13.7.2 可知,英苏断面地下水位升高量与河心距成线性关系,相关程度较高。这与前期实施的多次生态输水密切相关,英苏断面靠近下游的上段,输水次数较多,获得的水量也较多,地下水位已经上升到比较稳定的水平。其余 4 个断面均表现出对数关系,且喀尔达依、阿拉干、依干布及麻的模拟曲线相关性极强,R^2 达到 0.9 以上。通过模拟曲线找到曲线与横轴的焦点,即令纵坐标为 0,求出横坐标的值,就可以初步确定此次输水达到的最大影响范围(表 13.7.3)。

　　当然,本次计算结果是在这样一个假设基础之上建立的,即如果没有生态输水,该地区的地下水埋深保持不变,或变化微弱。若地下水位一直处于下降趋势,则经过输水后地下水位保持不变的区域实际上也不同程度受到输水的影响,这说明实际影响范围要稍大于理论计算值。此次计算是以第七次第二阶段输水前后的地下水埋深为基础,历时 65 d,输水处于秋冬季节,在无外界干扰的情况下,地下水位比较稳定,基本保持不变,因此可以认为计算结果与实际情况比较接近。由表 13.7.3 可知,阿拉干断面的影响范围是最广的,其次是英苏断面,最后是最靠近尾闾的考干断面。实际情况显示:该次输水采用双河道输水,在阿拉干断面汇合,因此该断面过水量最大,说明最大影响范围与输水量成正比。

表 13.7.2　塔里木河下游各断面水位升高量(y)与河心距(x)关系表

断面名称	模拟方程	R^2
英苏	$y=-0.0008\ln(x)+0.8088$	0.6253*
喀尔达依	$y=-0.6575\ln(x)+4.5074$	0.9534**
阿拉干	$y=-0.3983\ln(x)+3.0138$	0.9914**
依干布及麻	$y=-0.7092\ln(x)+4.606$	0.9012**
考干	$y=-0.5227\ln(x)+3.3224$	0.6895*

注：** 为极显著相关($P<0.01$)；* 为显著相关($P<0.05$)。

表 13.7.3　最大影响范围预测表

断面名称	英苏	喀尔达依	阿拉干	依干布及麻	考干
最大影响范围(m)	1011	949	1933	662	576

(2)生态输水量与影响范围的关系(Ye 等,2009)

计算恢复下游受损生态系统所需的水量是一项非常有意义的研究,本研究尝试运用现有的资料,对历次应急输水的下泄的水量与最大影响范围之间的关系进行模拟。以英苏断面为例,以历次输水前后地下水埋深拟合曲线为基础,可求出每次输水过程中河道横向上的最大影响范围(输水后与输水前地下水埋深曲线交点对应的横坐标值就是河道横向上单侧的最大影响范围)。结果显示两者具有很好的相关性,模拟效果显著($Sig.=0.0068$)(图 13.7.5)。按照此方程,推断对一定范围内的地下水埋深产生影响所需的输水量(表 13.7.4)。这一结果只能作为参考,由于输水的年限有限,这一结论有待进一步检验,但是本次尝试可以为今后需水量的研究提供另一条思路。

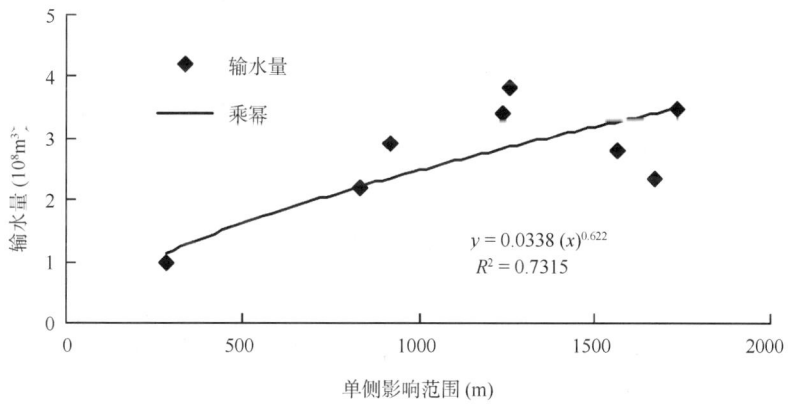

图 13.7.5　输水量与单侧影响范围关系

表 13.7.4　河流单侧不同影响范围的需水量

目标影响范围(m)	500	1000	1500	2000
需水量($10^8 m^3$)	1.613 155	2.482 657	3.194 813	3.820 827

第14章 国内外流域科学发展、现状与趋势

14.1 基本认识与理解

流域科学以流域为单元,强调多学科的交叉和综合集成,综合应用自然和社会科学的研究方法认识流域系统、流域过程及其联系,预测变化趋势,探讨应用技术和模式,为流域水管理提供决策依据,保证流域自然资本与经济财富的最大化。

USGS 认为,流域科学是流域系统及其相关过程的多时空尺度、多学科研究的综合集成,既包括自然-社会过程及其相互作用对流域系统形成和变化的影响,也包括流域本身对这些过程的影响(CRS 等,2007)。

近 10 a 来流域科学寻求流域水、生态和发展等问题的平衡方法和解决方案,集成地学、生命科学、社会经济学等的方法和成果,力图解决流域复杂系统的科学问题,在流域可持续发展的目标下,初步形成了流域科学的基本框架和集成流域管理(GWP,2000)等科学方法。

14.2 流域科学的发展过程

20 世纪 80 年代以前以"管理"为主的流域科学仍然孕育在水科学及其相关科学之中(Vertessy,2001),以工程管理为主,生态管理处在起步阶段(WSTB 等,2008)。20 世纪 30 年代河流综合开发思想已经基本形成,已提出河流开发治理要综合考虑防洪、航运和发电的规划思想。1933 年美国《田纳西流域管理局法》揭开了河流综合开发管理的序幕。二战后工业化国家河流的严重污染一度推动着流域科学发展,保护莱茵河国际委员会(ICBR),通过立法、协作和公众参与等踏上了生命之河的修复征途。然而,各科学侧重解决局部的、与学科联系紧密的实际问题,流域科学的国家需求并不明显。20 世纪 70 年代开始的农业非点源污染强调分析而不是综合(NRC,1999),河流生态学家的流域自然过程的模拟隐现了流域科学集成的主旨(Vannot 等,1980)。

20 世纪最后的 20 a,学科的交叉与综合推动流域科学集成。为了应对全球环境恶化、生态退化、生物多样性破坏,整合人与自然系统的流域方法受到重视,"生命之河"、"绿色走廊"、"为河流让出空间"等计划推动流域生态管理从理念走向实践。水量充足、水质良好、生态健康,流域水资源不仅在人类活动中,而且在人与自然之间公平分配、合理利用(Dahm 等,1995;Bosler 等,2003)。20 世纪 90 年代美国有 20 个州推广水问题的流域解决方案,强调在州尺度上的环境改良结果(EPA,2002)。1992 年法国基于流域管理分权制下,实施流域管理。澳大利亚(CSIRO)关注流域尺度的水、盐、养分平衡,政府出资保证流域健康的环境流量,强调流域科学综合服务功能(Vertessy,2001;Kevin,2003)。

进入 21 世纪,公众、科学界和决策层形成共识,力求建立相对完善的学科体系,强调学科综合、交叉与研究集成;方法和技术上注重流域尺度的野外观测站网和试验平台支持、数据模型集成的时空过程分析与预测;流域科学方法致力于解决全球水问题、保证区域可持续发展。2000 年底欧盟实施水框架指令(WFD),实施以流域为单元的整体保护,开展流域规划、河道恢复和湿地保护的区域示范。2001 年夏美国的 480 多名科学家、社团领导和高层决策者举办了"国家流域论坛"研讨会,着力推进流域科学研究(MI,2001;CRS 等,2007),促进了自然科学与社会科学的综合集成。2002 年 WSSD 就已确认集成流域水管理是解决水问题的基本方法。2004 年 NARBO(Network of Asian River Basin Organizations)成立,旨在提高亚洲地区的水资源综合管理,实施集成水资源管理(IWRM)。2007 年 USGS 提交了流域科学研究计划(CRS 等,2007)。

14.3 流域科学的最新进展和发展趋势

(1)优先领域

水文过程和生态过程的相互作用格局和方式控制着干旱区环境质量和生态系统的稳定性,传统的流域管理首先向基于水环境管理的流域生态系统管理转变,迫切需要很好地理解和设计生态学的解决办法,不仅是保护和恢复,而且要有针对性地进行生态设计(Kijne 等,2003;Falkenmark 和 Rochstorm,2004)。

流域水—生态管理力求衔接市场机制,2001 年出版的《流域尺度集成水资源管理》超越了"实体水"理念讨论流域集成水管理目标,跨学科的流域水—生态—经济系统的水循环、水平衡研究成为流域科学的重要方向(Rockstriiml 等,2001;UNESCO,2003)。

USGS 流域科学优先领域(CRS 等,2007):一是学科交叉,调查与综合,流域过程模拟与预测;其二,主题科学核心领域:环境流与河流恢复,沉积运移与地貌学,地表水和地下水相互作用;其三,流域科学研究的支撑体系,流域监测和数据集成,数据建档、发布和管理。

澳大利亚实例:墨累—达令河流域地表水、地下水水权私有化,实现农业、河流和市场有机结合,政府购水恢复断流河(www.aciar.gov.au)。三级流域管理机构(流域部长级会议、流域委员会和公众咨询协会)保证流域水资源平等、高效、可持续利用。

国际水文计划(IHP-VII 2008—2013)确定了五个主题:流域和浅层地下水系统对全球变化影响的适应性研究;加强水资源管理,提高水资源利用的可持续性;面向可持续性的生态水文学;淡水与生命支撑系统;面向可持续发展开展水资源保护教育(ihp.bafg.de/servlet)。

(2)支撑体系——方法与技术

随着仪器、设备、通信、计算和数据技术的进展,构建现代野外科学实验综合观测站网、数字观测网和数字流域已经成为可能。实验观测帮助我们认识物能平衡与循环,理解尺度、异质性,探讨驱动力和时序过程等。数据和模型集成认识和填补学科综合和交叉的空白,拓展时空过程知识,真正实现流域尺度的科学研究(Vertessy,2001)。

美国科学基金会—水文科学进展大学联盟(NSF-CUAHSI)大尺度综合环境观测站网是美国科学基金研究会正在策划的前瞻性、基础性的战略布局,强调在实验观测网的基础上依托数字技术、在流域尺度实现学科的综合与集成,推动科学与工程的进步。2005 年的科学实施计划指出,"我们还不明确如何设计最优观测站网和实施具体观测内容;我们还缺乏对水文和生物地球化学过程在流域尺度或更大尺度上进行空间和时间综合观测的能力"(CLEANER,2006)。

欧盟 2006 年启动欧洲里程碑式的研究基础设施计划,有史以来首次大尺度研究设备/设施投入(Eu,2006;CUAHSI,2004)。国际水委员会 2005—2015 年"生命之水"十年计划也着手建立水资源观测网。筹建一个数据采集、传输、发布的流域监测系统。CSIRO 水土分部为未来的流域科学强调数据、模拟、软件工程和团队战略(Vertessy,2001)。

我国生态系统联网观测具有世界先进水平,但还没有生态与水文和经济结合的综合的观测系统和流域尺度的平台。获取长序列、高精度的观测、试验资料,满足流域水－生态－经济综合研究和试验示范的需求,支撑多学科、跨网络、跨区域/国家的科研合作,急需建立我国流域科学野外研究共享平台。

14.4 流域科学的应用前景

联合国千年发展目标指出:到 2015 年结合各国项目,通过综合集成管理,恢复遭破坏的环境损失,实现环境可持续发展(UN,2007)。全球水伙伴强调未来数十年,集成的流域水资源管理方法转化成具体的措施是克服与水问题挑战的关键时期(GWP,2004)。

20 世纪末我国大江大河的水患、水荒、水污染,以及淮河污染、黄河断流;西部内陆河流域、湖泊干涸、河川断流,绿洲变成沙漠,沙尘暴席卷中国北方。进入 21 世纪,国家仅在我国西北地区就先后启动了黑河、塔里木河、江河源、青海湖、石羊河、陇南水源区等以流域为单元的生态抢救与环境工程等项目,投资逾 500 亿元。一方面急需流域科学的支撑,同时也是流域科学发展的挑战和机遇。

主要参考文献

Aamlid D, turseth k, Venn K, et al. 2000. Changes of forest health in Norwegian boreal forests during 15years. *Forest ecology and management*, **1**(3):103-118.

Alexander S F. 1996. Ecosystem Engineering by a Dominant Detritivore in a Diverse Tropical Stream. *Ecology*, **77**(6): 1845-1854.

Allen J. 1998. Virtual water: A strategic resource, global solutions to regional deficits. *Groundwater*, **36**(4): 545-546.

Allen R G. 2000. Using the FAO56 dual crop coefficient method over an irrigated region as part of an evapotranspiration intercomparion study. *Journal of Hydrology*, **229**:27-41.

Allen R G, Pereira L S, Raes D, Smith M. 1998. Crop evapotranspiration: Guide-lines for computing crop water requirements. *FAO Irrigation and Drainage Paper*, FAO, Rome.

Allen R G, Tasumi M, Trezza R, et al. 2005. METRIC: High resolution satellite quantification of evapotranspiration. Idaho: University of Idaho, 94, http://www.kimberly.uidaho.edu/water/metric/index.html.

Arantzazu L, LuzuriagaA E, Jos M O, et al. 2005. Regenerative role of seed banks following an intense soil disturbance. *Acta Oecologica*, **27**(1):57-66.

Auerbach J A, Kotlikoff L J. 1987. *Dynamic Fiscal Policy*. London: Cambridge University Press.

Baker R D, Barry H L, Arron B, et al. 2001. The influence of soil moisture, coastline curvature, and land-breeze circulation on sea breeze initiated precipitation. *American Meteorological Society*, **2**: 193-211.

Berkowitz A R. 1988. Mechanisms of plant interactions in weed crop mixtures. In: Altieri M A, Liebman M, eds. *Weed Management in Agroecosystems: An Ecological Approach*. Florida: CRC Press, 89-119.

Bosler, et al. 2003. The National Project Schools for a Living River Elbe: Selected Differences in Germany after the Reunification.

Boyle D. 1993. *What Is New Economics?*. Cambridge: New Economics Foundation.

Braud I, Dantas-Antonino A C, Vauclin M, Thony J L, Ruelle P. 1995. A simple soil-plant-atmosphere transfer model (SiSPAT) development and field verification. *Journal of Hydrology*, **166**:213-250.

Buchmann S L, Nabhan G P. 1996. The pollination crisis—The plight of the honey bee and the decline of other pollinators imperils future harvests. *Sciences-New York*, **36**(4): 22-27.

Caims J. 1997. Protecting the delivery of ecosystem services. *Ecosystem Health*, **3**(3): 185-194.

Carpenter S R, Turner M. 2000. Opening the black boxes: Ecosystem science and economic valuation. *Ecosystems*, **3**: 1-3.

Chases T N, Pielke sr R A, Kittel T G F, et al. 1999. Potential impacts on Colorado Rocky Mountain weather due to land use changes of the adjacent Great Plains. *Journal of Geophysical Research*, **104**:16673-16690.

Chaudhry M H. 1993. Open Channel Flow. Prentice Hall.

Chazdon R L. 2003. Tropical forest recovery: Legacies of human impact and natural disturbances. *Perspectives in Plant Ecology, Evolution and Systematics*, **6**:51-71.

Chen F, Dudhia J. 2001. Coupling an advanced land surface-hydrology model with the Penn State-NCAR MM5 modeling system. part I, Model implementation and sensitivity. *Monthly Weather Review*, **129**: 569-585.

Chen F, Janic Z, Mitchell K E. 1997. impact of atmospheric surface layer parameterizations in the new land-surface scheme of the NCEP mesoscale Eta model. *Bound-Layer Meteorology*, **85**: 391-421.

Chen F, Mitchelk, Schaake J, et al. 1996. Modeling of land-surface evaporation by four schemes and comparison with FIFE observations. *Journal of Geophysical Research*, **101**: 7251-7268.

Chen F, Mitchell K E. 1999. Using the GEWEX/ISLSCP forcing data to simulate global soil moisture fields and hydrological cycle for 1987-1988. *Journal of Meteorological Society of Japan*, **77**: 167-182.

Chen Fahu, Wu Wei, Holmes J A, et al. 2003. A mid-holocene drought interval as evidenced by lake desiccation in the Alashan Plateau, Inner Mongolia, China. *Chinese Science Bulletin*, **48**(14): 1401-1410.

Chen Zongyu, Nie Zhenlong, Zhang Guanghui, et al. 2006. Environmental isotopic study on the recharge and residence time of groundwater in the Heihe River Basin, northwestern China. *Hydrogeology Journal*, **14**: 1635-1651.

Clapp R B, Hornberger G M. 1978. Empirical equations for some soil hydraulic properties. *Water Resource Research*, **14**: 601-604.

Clark ID, Fritz P. Trace of the hydrological cycle. *Environmental Isotopes in Hydrogeology*. Canada: CRC Press. 1997.

Clawson M. 1959. Methods of measure the demand for and value of outdoor recreation. *Resource for the Future Reprint*. No. 10, Washington, D. C.

CLEANER (Committee on the Collaborative Large-Scale Engineering Analysis Network for Environmental Research, National Research Council). 2006. *CLEANER and NSF's Environmental Observatories*. Washington D. C.: National Academies Press.

Clements F E, Weaver J E, Hanson H C. 1929. Plant competition: An analysis of community functions. *Washington resources research*, **36**(1):3-9.

Connell J H, Slatyer R O. 1977. Mechanisms of succession in natural communities and their role in community stability and organization. *American Naturalist*, **111**: 1119-1144.

Constanza R, Arge R, Croot R, et al. 1997. The value of the world's ecosystem services and natural capital. *Nature*, **386**:253-260.

Cosby B J, Hornberger G M, Clapp R B, et al. 1984. A statistical exploration of the relationships of soil moisture characteristics to the physical properties of soils. *Water Resource Research*, **20**: 682-690.

Costanza R, Arge R D, Groot R, et al. 2003. Sustainability: Ecological, social, economic, technological and systems perspectives. *Clean Tachnology Environmental Policy*, **5**:167-180.

Craig H. 1961. Isotopic variations in meteoric waters. *Science*, **133**: 1702-1793.

CRS (Committee on River Science), USGS, NRC (National Research Council). 2007. *River Science at the U. S. Geological Survey*. Washington D. C.: National Academies Press.

CUAHSI(The Consortium of Universities for the Advancement of Hydrologic Science). 2004. *Hydrologic Information System*, at:http://www.cuahsi.org/his/.

Dahm C N, et al. 1995. An ecosystem view of the restoration of the Kissimmee river. *Restoration Ecology*, **3**: 225-238.

Daily G C, eds. 1997. *Nature's Services: Social Dependence on Natural Ecosystems*. Washington D. C.: Island Press.

Daniel R, Hernán A M, María E G, Paula A Z. 2008. Changing climate and endangered high mountain ecosystems in Colombia. *Science of the total environment*, **398**: 122-132.

Dansgaard W, White J W, Johnsen S J. 1989. The abrupt termination of the Younger Dryas climate event. *Nature*, **339**: 532-534.

Davis G W, Richardson D M. 1995. *Mediterranean-type Ecosystems: the Function of Biodiversity*. Berlin: Springer-Verlag.

Davis M A, Thompson K, Grime P J. 2005. Invisibility: The local mechanism driving community assembly and species diversity. *Ecography*, **28**(5): 696-704.

Davis W J. 1996. Focal species offer a management tool science. *Science*, **27**(1): 1362-1363.

De Groot R S. 1994. Environmental functions and the economic value of natural ecosystem. In: Jansson A M (Ed). *Inverstion in Natural Capital: The Ecological Economics Approach to Sustainability*. Washington D C: Island Press, 151-168.

De Groot R S. 1992. *Functions of Nature: Evaluation of Nature in Environmental Planning, Management and Decision Making*. Groningen: Wolters-Noordhoff.

De Groot R. 2002. Typology for the classification, description, and valuation of ecosystem function. goods and services. *Ecological Economics*, **40**:393-408.

Demske D, Mischke S. 2003. Palynological investigation of a Holocene profile section from the Palaeo Gaxun Nur Basin. *Chinese Science Bulletin*, **48**(14): 1418-1422.

Downer Cary W, Nelson E J, Byrd A, et al. 2002. Using WMS for GSSHA Data Development. In: A primer. Bringham

Young University Environmental Modeling Research Laboratory.

Edward B B. 1994. Valuing environmental functions: Tropical wetlands. *Land Economics*, **70** (2): 155-173.

Ehrlich P R, Ehrlich A H. 1992. The value of biodiversity. *AMBIO*, **21**: 219-22.

EPA (U. S. Environmental Protection Agency). 2002. A review of statewide watershed management approaches, Final report.

EU. 2006. The European Strategy Forum on Research Infrastructures, at:http://cordis.europa.eu/esfri/.

Eugene P, Odum. 1954. Two reviews of Odum's fundamentals of ecology fundamentals of ecology. *Ecology*, **35**(2):297.

Evenari M. 1998. Adaptations of plants and animals to the desert environment. In: Evenari, M et al. eds. *Hot deserts and arid shrublands. Ecosystems of the world* 12A, Amsterdam: Elsevier, 79-92.

Falkenmark M, Rochstrm J. 2004. Balancing water for human and nature-the new approach in Ecohydrology. James and James/Earthsion.

Farber S, Constanza R, Wilson. 2002. Economice and ecological concepts for valuing ecosystem sercices. *Ecological Economics*, **41**:375-392.

Fatma D A, Suut D, Erinc Y. 2003. Macroeconomics of Turkey's agricultural reforms: An intertemporal computable general equilibrium analysis. *Journal of Policy Modeling*, **25**(6-7): 617-637.

Francisco G C, Jorge S A. 2003. The Impacts of Trade on the Brazilian Labor Market: A CGE Model Approach. *World Development*, **31**(9): 1581-1595.

Freeze R A and Cheng J A. 1979. *Ground Water Prentice-Hall; Englewood Cliffs*, NJ. 604P.

Gambiza J, Bond W, Frest PGIE, et al. 2000. A simulations model of mirage woodland dynamics under different management regimes. *Ecol. Econ.*, **33**:353-368.

Gan Y Q, Li X Q, Zhou A G, Liu C F, Wu J B. 2008. Characteristics of deuterium excess parameter of groundwater in Heihe River Basin. *Geological Science and Technology Information*, **27**(2): 85-90.

Gao Y, Lu Shihua, Cheng Guodong. 2004. Simulation of rainfall and watershed convergence process in upper reaches of Heihe River Basin. *Science in China (Series D: Earth Sciences)*, **47** (suppl. I): 128.

Gat J R, Carmi I. 1970. Evolution of the isotopic composition of atmospheric waters in the Mediterranean Sea area. *J Geophys Res.*, **75**: 3039-3078.

Gates J B, Edmunds W M, Ma J Z, Scanlon B R. 2008a. Estimating groundwater recharge in a cold desert environment in Northern China using chloride. *Hydrogeol. J.*, **16**: 893-910.

Gates J B, Edmunds W M, Darling W G, Ma J Z, Pang Z H, Yuong A A. 2008b. Conceptual model of recharge to southeastern Badain Jaran Desert groundwater and lakes from environmental tracers. *Applied Geochemistry*, **23**: 3519-3530.

George P M. 1864. *Man and Nature*. New York, C. Scribner.

Geyh M A, Gu W Z, Liu Y, He X, Deng J Y, Qiao M Y. 1998. Isotopically anomalous groudwater of Alxa Plateau, Inner Mongolia. *Advances in Water Sciences*, **9**(4): 333-337.

Giller P S. 1996. The diversity of soil communities, the poor man's tropical rainforest. *Biodiversity and Conservation*, **5**(2):135-168.

Glasscock S N, Grant W E, Drawe D L. 2005. Simulation of vegetation dynamics and management strategies on South Texas, semi-arid rangeland. *Journal of Environmental Management*, **75**: 379-397.

Grasso M. 1998. Ecological-economic model for optimal rangrove trade off between forestry and fishery production: Comparing a dynamic optimisation and simulation model. *Ecol. Model.*, **112**:121-150.

Grifo F, Rosenthal J. 1997. *Biodiversity and human health*. Washington D C: Island Press.

Grime J P. 1989. Seed bank in ecological perspective. In: Leck M A, Parker V T, Simpson R L, eds. *Ecological of Soil Seed Bank*. SanDiego: Academic Press.

Grime J P. 1997. Biodiversity and ecosystem function: The debate deepens. *Science*, **277**:1260-1261.

Grime J P. 1998. Benefits of plant diversity to ecosystems: Immediate, filter and founder effects. *Ecology*, **86**: 902-910.

Groot D E. 1994. Environmental functions and the economical value of natural ecosystems. In: Jansson A M (ed.), *In-*

vesting in Natural Capital: The Ecological Economics Approach to Sustainability. washington D C: Island Press, 151-168.

Grootes P M. 1983. New light on climate from old isotope ratios. *Nature*, **303**: 753-754.

Grubb P J. 1977. The maintenance of species-richness in plant communities: The importance of the regeneration niche. *Biological Reviews*, **52**: 107-145.

Guariguata M R, Ostertag R. 2001. Neotropical secondary forest succession: Changes in structural and functional characteristics. *Forest Ecology and Management*, **148**: 185-206.

Guo Z W, Xiao X M, Gan Y L, et al. 2001. Ecosystem functions, services and their values: A case study in Xingshan County of China. *Ecol. Econ.*, **38**:141-154.

Gutman G, Ignatov A. 1998. The derivation of t he green vegetation fraction from NOAA/AVHRR data for use in numerical weather prediction models. *International Journal of Remote Sensing*, **19**(8): 1533-1543.

GWP (Global Water Partnership). 2000. Integrated Water Resources Management. Technical Advisory Committee (TAC).

Gürkan S, Kumbaro L. 2003. Environmental taxation and economic effects: A computable general equilibrium analysis for Turkey. *Journal of Policy Modeling*, **25**(8): 795-810.

Hall D O, Rosillo-Calle F, Williams R H, et al. 1997. Biomass for energy: Supply prospects in: Johansson T. Kelly H. Reddy A. and Williams R. (eds.) *Renewable energy: Sources for fuels and electricity*. Washington D C: Island Press, 593-651.

Hanley N D, Ruffell R J. 1993. The contingen-baluation of forest characteristics: Two experiments. *J Agru Ecom*, **44**: 218-220.

Hans W P, Timothy F S. 2003. Scaling up: The next challenge in environmental microbiology. *Environmental Microbiology*, **5**(11): 1025-1038.

Harvey S, Nancy S S, Paul B, et al. 2003. The development and implementation of indicators of ecosystem health in the Great Lakes Basin. *Environmental Monitoring and Assesment*, **88**(1-3):119-151.

Herman D, John B Cobb. 1989. For the Common Good: Redirecting the Economy Toward Community. *Environment, and a Sustainable Future*.

Herman John R, Goldberg, Richard A. 1978. Sun, Water and Clmate. Seientific and Tichnical Information Branch, National Aeronautics and Space Administration, Washington, D. C.

Herzschuh Ulrike, Harald K urschner, Rick Battarbee, et al. 2006. Desert plant pollen production and a 160-year record of vegetation and climate change on the Alashan Plateau, NW China. *Veget Hist Archaeobot*, (15):181-190.

Herzschuha Ulrike, Pavel Tarasov, Bernd Wu nnemann, et al. 2004. Holocene vegetation and climate of the Alashan Plateau, NW China, reconstructed from pollen data. *Palaeogeography, alaeoclimatology, Palaeoecology*, (211): 1-17.

Hillel D. 1980. *Applications of Soil Physics*. New York: Academic Press.

Hobbie S E. 1996. Temperature and plant species control over litter decomposition in Alaskan tundra. *Ecol. Monogr*, **66**: 503-522.

Hobbs R L, Norton D A. 1991. Towards a conceptual framework for restoration ecology. *Restoration Ecology*, **4**(2): 93-110.

Holder J, Ehrlich P R. 1974. Human population and global environment. *American Scientist*, **62**:282-297.

Holl K D, Howarth R B. 2000. Paying for restoration. *Restore. Ecol*, **8**:260-267.

Holmes T P, Bergstrom J C, Hussar E, et al. 2004. Continger: Valuation, net marginal benefits, and the scale of riparian ecosystem restoration. *Ecol. Econ*, **49**:19-30.

Horton J L. 2001. Physiological response to groundwater depth varies among species and with river flow regulation. *Ecological Applications*, **11**(4): 1046-1059.

Howarth R, Farber S. 2002. Accounting for the value of ecosystem services. *Ecological Economics*, **41**:421-429.

Hyatt L A, Casper B B. 2000. Seed bank formation during early second-ary succession in a temperate deciduous forest.

Journal of Ecology, **88**: 516-527.

IPCC. 1996. Climate Change 1995. Impacts, Adaptation, and Mitigation. Cambaridge.

IPCC. 2008. Summary for Policymakers of Climate Change 2007: The Physical Science.

Irma A, Erinc Y. 2000. The minimal monditions for a financial crisis: A multiregional intertemporal CGE model of the Asian crisis. *World Development*, **28**(6): 1087-1100.

Jackson R B, Schenk H J, Jobb gy E G, et al. 2000. Belowground consequences of vegetation change and their treatment in models. *Ecology Applied*, **10**: 470-483.

James T, William D. 1972. Economic research: Retrospect and prospect economic growth. Natl Bureau of Economic Res.

Jansson P E, Moon D S. 2001. A coupled model of water, heat and mass transfer using object orientation to improve flexibility and functionality. *Environmental Modeling & Software*, **16**: 37-46.

Ji X B, Kang E S, Chen R S, et al. 2007. A mathematical model for simulating water balances in cropped field experiment under conventional flood irrigation in arid inland of Northwestern China. *Agricultural Water Management*, **87**(3): 337-346.

Johnsen S J, Dansgaard W, White J W C. 1989. The origin of Arctic precipitation under present and glacial conditions. *Tellus*, B **41**: 452-468.

Jonathan A. Foley, Ruth DeFries, Gregory P. Asner, et al. 2005. Global consequences of land use. *Science*, **309**:570-574.

Jorgensen S E, Niclson S N, Mejer H. Emergy. 1995. environmental exergy and ecological modeling. *Ecological Modelling*, **77**:99-109.

Jouzel J, Froehkich K, Schotterer U, 1997. Deuterium and oxygen-18 in present-day precipitation: Data and modeling. *Hydrological Sciences*, **42**(5): 747-763.

Jouzel J, Merlivat L. 1982. Deuterium excess in an East Antarctic ice core suggests higher relative humidity at the oceanic surface during the last glacial maximum. *Science*, **299**: 688-691.

Jouzel J, Merlivat L. 1984. Deuterium and oxygen 18 in precipitation: Modelling of the isotopic effects during snow formation. *J. Geophys. Res.*, **89**, 11749-11757.

Jouzel J, Stievenard M, Johnsen S J, Landais A, Masson-Delmotte V, Sveinbjornsdottir A, Vimeux F, von Grafenstein U, and White JWC. 2007. The GRIP deuterium-excess record. *Quaternary Science Reviews*, **26**(1-2): 1-17.

Karin E L, Robert V O, Robert C, et al. 2002. Special issue: The dynamics and value of ecosystem services· Integrating economic and ecological perspectives: complex systems and valuation. *Ecological Economics*, **41**: 409-420.

Keri M K, Paul C S, Michael C. 2002. Evaluation scale dependence of ecosystem service valuation: A comparison of NOAA-AVHRR and Landsat TM datasets. *Ecological Economics*, **41**:491-507.

Kevin F G. 2003. Environmental flows, river salinity and biodiversity conservation: Managing trade-off in the Murray-Darling basin. *Australia Journal of Botany*, **51**: 619-625.

Kijne J W, Barker R, Molden D. 2003. *Water productivity in Agriculture-limits and opportunities for improvement*. CABI Publishing.

Kim K C. 1993. Biodiversity, conservation and inventory: Why insects matter. *Biodiversity and Conservation*, **2**: 191-214.

Kulshreshiha S N, Gillies J A. 1993. Economic evaluation of aesthetic amenities: A case study of river view. *Water Resources Bulletin*, **29**(2): 257-266.

Lawton J H, V K Brown. 1993. Redundency in ecosystems. In: Schulze, E. D, H. A. Moneyeds. *Biodiversity and ecosystem function*. New York: Springer-Verlag.

Leontief W. 1986. *Input-Output Economics*. New York: Oxford University Press.

Leopole A. 1949. *A Sandy County Almanar and Sketches from Here and There*. New York: Cambridge University Press.

Levine J M, D'Antonio C M. 1999. Elton revisited: A review of evidence linking diversity and invisibility. *Oikos*, **87**: 15-26.

Li Qian, Sun Shufen. 2008. Development of the universal and simplified soil model coupling heat and water transport. *Science in China* (Series D: Earth Sciences), **51**(1): 88-102.

Li Y D, Wu Z M, Zeng Q B. 1998. Carbon pool and carbon dioxide dynamics of tropical mountain rain forest at Jianfengling, Hainan Island. *Acta Ecol Sin*, **18**(4): 371-378.

Liang Eryuan, Shao Xuemei, Kong Zhaochen, et al. 2003. The extreme drought in the 1920s and its effect on tree growth deduced from tree ring analysis: A case study in North China. *Ann. For. Sci.*, (60): 145-152.

Limburg K E, Folke C. 1999. The ecology of ecosystem services: Introduction the special issue. *Ecological Economics*, **29**: 179-182.

Lockwood J L, Cassey P, Blackurn T. 2005. The role of propagates pressure in explaining species invasions. *Trends in Ecology and Evolution*, **20**(5): 223-228.

Loomis J, Kent P, Strunge D, et al. 2000. Measuring the total ecomomic value of restoring ecosystem services in an impaired river basin: Results from a contingent valuation survey. *Ecol. Econ*, **33**: 103-117.

Lotze H K, Worm B, Sommer U. 2000. Propagule banks, herbivory and nutrient supply control population development and dominance patterns in macroalgal blooms. *Oikos*, **89**: 46-58.

Loveland T R, Merchant J W, Ohlen D O, et al. 1991. Development of a land cover characteristics database for the conterminous U. S. *Photogrammetric Engineering and Remote Sensing*, **57**: 1453-1463.

Lu Xiangyang, Yuan Baoyin, Guo Zhiyu, et al. 1997. The 5000-year environmental changes and associated human activities at Sokho-nor lake, Inner Mongolia, P. R. China. *Nuclear Instruments and Methods in Physical Research* (B), **123**: 460-463.

Mac Donald C V, Hanley N, Moffatt I. 1999. Applying the concept of natural capital criticality to regional resource management. *Ecological Economics*, **29**: 73-87.

Maille P, Meneisohn R. 1993. Valuing ecotourism in Madagascar. *J Enouron Mgm*, **38**: 213-218.

Major J, et al. 1966. Buried viable seeds in California bunchgrass sites and their bearing on the definition of a flora. *Vegetatio*, **13**: 253-282.

Mario L, Jorge N, El sa S. 1999. Honduras: Application of a CGE model. *The North American Journal of Economics and Finance*, **10**(1): 149-168.

Marsh G P. 1864. Man and Nature. New York: Charles Scriliner.

Masson-Delmotte V, Jouzel J, Landais A, et al. 2005. GRIP deuterium excess reveals rapid and orbital-scale changes in greenland moisture origin. *Science*, **309**(1): 118-121.

Mc Names J, Suykens J A K, Vandewalle J. 1999. Time series prediction competition. Published in Internation. *Journal of Bifurcation and haos*, **9**(8): 1485-1500.

McMichael A J, Bolin B, Costanza R, et al. 1999. Globalization and the sustainability of human health: An ecological perspective. *Biology science*, **49**: 205-210.

Merlivat L, Jouzel J. 1979. Global climatic interpretation of the deuterium-oxygen 18 relationship for precipitation. *J. Geophys. Res.*, **84**, 5029-5033.

MI (Meridian Institute). 2001. Final report of the national watershed forum. Arlington, Virginia.

Mischke S, Demske D, Schudack. 2003. Hydrologic and climatic implications of a multidisciplinary study of the mid to late Holocene lake Eastern Juyanze. *Chinese Science Bulletin*, **48**(14): 1411-1417.

Mitchell K, Collaborators. 2002. The Community NOAH Land Surface Model User's Guide. ftp://ftp.emc.ncep.noaa.gov/mmb/qcp/ldas/noahlsm/ver.2.5.2/.

Mitchley J, Grubb P J. 1986. The control of relative abundance of perennials in southern in southern England. Ⅰ: Consistsncy of rank order and results of pot and field experiments on the role of interference. *Journal of Ecology*, **74**: 1139-1166.

Mosier A, Schimel D. 1991. Methane and nitrous oxide fluxes in native, fertilized and cultivated grasslands. *Nature*, **63**(16): 330-332.

Naeem S, Knops J M H, Tilman D. 2000. Plant diversity increases resistance to invasion in the absence of co-varying extrinsic factors. *Oikos*, **91**(1): 97-108.

Norin E. 1980. *Sven Hedin Central Asia Atlas, Memoir on Maps*. Stockholm: States Etnografiska Museum, 94-110.

NRC(National Research Council). 1999. *New Strategies for America's Watersheds*. Washington, D C: National Academy Press.

Odum E P. 1969. The strategy of ecosystem development. *Science*, **164**: 262-270.

Odum E P. 1989. Ecology and our endangered life-support systems. Sunderland, M A: Sinauer Associates.

Olsen J A, 1985. Adaptation of detailed input-output information: Restructuring and aggregation. *Review of Income Wealth*, **4**: 397-411.

Osbom P. 1948. *The Plundered Planer*. Boston: Liule, Browm and Company.

Osem Y, Perevolotsky A, Kigel I. 2002. Grazing effect on diversity of annual plant communities in a semi-arid rangeland: interactions with small-scale spatial and temporal in primary productivity. *Journal of Ecology*, **90**: 936-946.

Ouyang Z Y, Wang R S, Zhao J Z. 1996. Ecological niche suitability model and its application in land suitability assessment. *Acta Ecologica Sinica*, **16**(2): 113-120.

Pachur H J, Wüennemann B, Zhang H. 1995. Lake evolution in the Tengger Desert, Nort hwest China, during the last 40 000 years. *Quaternary Research*, **44**: 171-180.

Pavol B, Ladislav A. 2000. Calculation of FISIM in the process of SNA1993/ESA1995 implementation in the National Accounts of the Slovak Republic. Item Ⅲ. 5b on the agenda of the Meeting of the Working Party on National Accounts. *Luxembourg*, 22-23.

Pearce D W. 1993. *Economic Values and the Natural World*. London: Earth scan.

Pemrce D W. Blueprint A. 1989, *Capturing Global Environmental Value*. London: Earth Scan

Peter G W. 2003. Assessing health of the Bay of Fundy concepts and framework. *Marine Pollution Bulletin*, **46**:1059-1077.

Peters C A. Gentry A H. Mendeisohm R O. 1989. Valuation of an Amazonian reforest. *Nature*, **339**:655-656.

Peterson G, Allen C R, Holling C S. 1998. Ecological resilience, biodiversity and scale. *Ecosystems*, **1**:6-18.

Peters-Lidard C D, Zion M S, Wood E F. 1997. A soil-vegetation-atmosphere transfer scheme for modeling spatially variable water and energy balance processes. *Geophys. Res.*, **102**(D4), 4303-4324.

Petit J R, White J W C, Young N W, Jouzel J, Korotkevich Y S. 1991. Deuterium excess in recent Antarctic snow. *J. Geophys. Res.*, **96**:5113.

Pickett S T A, Models. 1987. Mechanisms and pathways of succession. *Botanical Review*, **3**: 335-342.

Pimentel D, Wilson C. 1997. Economic and environmental benefits of biodiversity. *Bioscience*, **47**(11): 747-758.

Portela R, Rademaeher I. 2001. A dynamic model of patterns of deforestation and their effect on the ability of the Brazilian Amazonia to provide ecosystem services. *Ecol. Model*, **3**:115-146.

Potthoff M, Jackson L E. 2005. Soil biological and chemical properties in restored perennial grassland in California. *Restor Ecol*, **13**(1):61-73.

Prescott-Allen R, Prescoot-Allen C. 1990. How many plants feed the world? *Conservation Biology*, **4**:223-278.

Proops J L R. 1988. Energy Intensities, Input Output Analysis and Economic Development, 201-215.

Qi S Z, Luo F. 2006. Land-use change and its environmental impact in the Heihe River Basin, arid northwestern China. *Environ Geol.*, **50**, 535 540.

Rapport D J. 1989. What constitutes ecosystem health? *Perspective in Biology and Medicine*, **33**:120-132.

Repetto R. 1992. Accounting for environmental assets. *Scientific American*, 64-70.

Richard D B, Angela C J, David L J, et al. 2001a. Soil microbial community patterns related to the history and intensity of grazing in sub-montane ecosystems. *Soil Biology and Biochemistry*, **33**: 1653-1664.

Richard T, Woodward, Yong Suhk Wui. The economic value of wetland services: A meta-analysis. *Ecological Economics*, 2001b, (37): 257-270.

Richards P W. 1996. *The tropical rain forest: Anecological study*. Cambridge: Cambridge University Press.

Rockstriiml J, Gordon L. 2001. A sessment of green water flows to sustain major biomes of the world: Implications for future ecohydrological landscape management. *Phys. Chem. Earth*, **26**(1-12): 843-851.

Rodriguez-Iturbe I. 2000. Ecohydrology: A hydrologic perspective of climate-soil-vegetation dynamics. *Water Resources Research*, **36**(1):3-9.

Ruizj M C, Aidet M. 2005. Restoration success: How is it being measured. *Restoration Ecology*, **13**(3): 569-577.

Sala O E, Oesterheld M, Leon R J C, et al. 1996. Grazing effects upon plant community structure in subhumid grasslands of Argentina. *Vegetatio*, **67**: 27-32.

Salati E. 1987. The forest and the hydrological cycle. In: DickinsonR (ed). *The Geophysiology of Amazonia*. New York: John Wiley and Sons, 273-294.

Samuel A A, Craig J P. 1999. Forest health monitoring in the United States: First four years. *Environmental Monitoring and Assessment*, **55**(2):267-277.

Saulei S M, Swaine M D. 1988. Rain forest seed dynamics during succession at Guinea. *Journal of Ecology*, **76**: 1133-1152.

SCEP(Study of Central Environmental Problems). 1970. *Man's Impact on the Global Environment*. Berlin: Springer, Verlag.

Schaeffer D J, Henricks E E, kerster H W. 1996. Ecosystem health: Measuring ecosystem health. *Environmental Management*, **12**:445-455.

Schlesinger W. 1991. *Biogeochemistry: An Analysis of Global Change*. San Diego: Academic Press.

Schulze K D. 1993. Money H(ed). *Biodiversity and Ecosystem Function*. Berlin: Springer-Nerlag.

Seidl A F, Moraes A S. 2000. Global valuation of ecosystem services: Application to the Pantanel da Nhecolandia Brail. *Ecol. Ecom.*, **33**:1-6.

Sharma G P, Singh J S, Raghubanshi A S. 2005. Plant invasions: Emerging trends and future implications. *Current Science*, **88**(5):725-734.

Si Jianhua, Feng Qi, Zhang Xiaoyou, Chang Zongqiang, Su Yonghong, Xi Haiyang. 2007. Sap flow of Populus euphratica in desert riparian forest in extreme arid region during the growing season. *Journal of Integrative Plant Biology*, **49**(4):425-436.

Sonntag C, Klitzsch E, Lohnert E P, El-Shazly E M, Munnich K O, Junghans C H, Thorweihe U, Weistroffer K and Swailem F M. 1979. Palaeoclimatic information from deuterium and oxygen-18 in carbon-14 dated north Saharian groundwaters: Groundwater formation in the past. In: *Isotope Hydrology* 1978 (Volume 2), *IAEA*, 569-581.

Stephen R. Palumbi. 2001. Humans as the world's greatest evolutionary force. *Science*, **293**: 1786-1790.

Swarz J A A, Van der Windi H J, Keulaztz J, et al. 2001. Valuation of nature in conservation and restoration. *Res. Ecol.*, **9**:230-238.

Ta Wanquan, Dong Zhibao, Sanzhi Caidan. 2006. Effect of the 1950s large-scale migration for land reclamation on spring dust storms in Northwest China. *Atmospheric Environment*, **40**:5815-5823.

Taylor K C, Mayewski P A, Alley R B, et al. 1997. The Holocene-Younger Dryas Transition Recorded at Summit, Greenland. *Science*, **278**: 825-827.

Thomas M C, Sheldon F. 2000. Water resource development and hydrological change in a large dry land river: The Barowon-arling River, Australia. *Journal of Hydrology*, **228**:10-21.

Thompson K. 1986. Small-scale heterogeneity in the seed bank of an acidic grassland. *Journal of Ecology*, **74**:733-738.

Thompson K, grime J P. 1979. Seasonal varition in the seed banks of herbaceous species in ten contrastiny habitatus. *Journal of Ecology*, **67**:893-921.

Thompson L G, Yao T, Mosley-Thompson E, Henderson K A and Lin P N. 2000. A high-resolution millennial record of the South Asian Monsoon from Himalayan ice cores. *Science*, **289**: 1916-1919.

Thurow T L, Blackburn W H, Taylor C A. 1986. Hydrologic characteristics of vegetation types as affected by livestock grazing systems, Edwards Plateau, Texas. *Journal of Range Manage*, **39**: 505-509.

Tilman D. 1988. *Plant strategies and the dynamics and structure of plant communities*. Princeton University Press.

Tilman D. 1996. Biodiversity: Population versus ecosystem stability. *Ecology*, **77**: 350-363.

Tilman D. 1997. Biodiversity an ecosystem functioning. In Daily G(ed). *Nature's Services: Sodietal Dependece on Natural Ecosystem*. Washington D C: Island Press, 93-112.

Tobias D, Mendelsohn R. 1997. Vlaring ecotourism in a tropical ram forest reserve. *Ambio*, **20**: 91-93.

Toh H, 1998. The RAS approach in updating I-O matrices: An instrumental variable interpretation and analysis of structure change. *Economic Systems Research*, **10**(1): 63-78.

Tong C. 2000. Review on environmental indicator research. *Research on Environmental Science*, **13**(4): 53-55.

Tongway D J, Ludwig J A. 1994. Small-scale patch heterogeneity in semi-arid landscapes. *Pacific Conservation Biology*, (1): 201-208.

Turner R K, Jeroen C J M, van den Bergb, *et al*. 2000. Ecological-economic analysis of wetlands: Scientific migration for management and policy. *Ecological Economics*, **35**(1): 7-23.

Turner R K, Paavols J, Cooper P, *et al*. 2003. Valuing nature: Lessons learned and future research directions. *Ecol. Econ*, **46**: 493-51043.

UN. 2007. The Millnennium Development Goals Report.

UNESCO. 2003. Jean Burton: Integrated water resources management on a basin level, a training manual. Cambridge: University Press.

UNFAO(United Nations Food and Agriculture Organization). 1994. FAO yearbook of fishery statistics.

Valiente-Banuet A, Vital Rumebe A, Verd M, Callaway R M. 2006. Modern quaternary plant lineages promote diversity through facilitation of ancient Tertiary lineages. *Proc. Natl. Acad. Sci.*, **103**: 16812-16817.

Van der Straaten, C M, Mook W G. 1980. Stable isotopic composition of precipitation and climate variability. *Palaeoclimates and palaeowaters*. Vienna: IAEA, 53-64.

Vannote, R L, Minshall G W, Cummins, Sedell J R, Cushing C E. 1980. The river continuum concept. *Canadian Journal of Fisheries and Aquatic Sciences*, **37**: 130-137.

Velázquez E. 2005. An input output model of water consumption: Analysing intersectoral water relationships in Andalusia. *Ecological Economics*, **56**(2): 226-240.

Vertessy R. 2001. Integrated catchment science. CSIRO land and water, technical report 21/01.

Villa F, Wilson M A, de Groot R, *et al*. 2002. Designing an integrated knowledge base to support ecosystem services valuation. *Ecal. Ecom*, **41**: 445-456.

Vitousek, Hooper D U. 1993. Biological diversity and terrestrial ecosystem biogeochemistry. In: Schulze F D, eds. *Biodiversity and Ecosystem Function*, Berlin: Springer Verlag, 3-14.

Vitousek P M, Mooney H A, Lubchenco A. 1997. Human domination of Earth's ecosystem. *Science*, **277**: 494.

Vitousek P, Ehrlich A, Matson P. 1987. Human appropriation of the products of photosynthesis. *Bioscience*, **36**: 368-373.

Vogt W. 1948. *Road to Survival*. New York: William Sloan.

Vuille M, Bradley R S, Werner M, Healy R, and Keimig F. 2003. Modeling $\delta^{18}O$ in precipitation over the tropical Americas: Interannual variability and climatic controls. *Journal of Geophysical Research*, **108**(6): 4174.

Vàgen T G, Lal R, Singh B R. 2005. Soil carbon sequestration in sub-Saharan Africa: A review. *Land Degrad. Dev*, **16**: 53-74.

Walker B H. 1992. Biological diversity and ecological redundancy. *Conservation Biology*, **6**: 18-23.

Walker B H. 1995. Conserving biodiversity through ecosystem resilience. *Conservation Biology*, **9**: 747-752.

Wang B and Lin Ho. 2002. Rainy season of the Asian-Pacific summer monsoon. *Journal of Climate*, **15**: 386-398.

Westrman W E. 1977. How much are nature's services worth?. *Science*, 960-964.

Wetzel P, Chang J T. 1987. Concerning the relationship between evapotranspiration and soil moisture. *Journal of Climate and Applied Meteorology*, **26**: 18-27.

Whitford W G. 2002. *Ecology of Desert Systems*. London: Academic Press.

Whitmore T C. 1998. *An introduction to tropical rain forests*. Oxford: Oxford University Press.

Wigmosta M S, Lettenmaier D P. 1999. A comparison of simplified methods for routing topographically driven subsurface flow. *Water Resources Research*, **35**(1): 255-264.

Wigmosta M S, VailL W, Lettenmaier D P. 1994. A distributed hydrology-vegetation model for complex terrain. *Water Resources Research*, **30**(6): 1665-1679.

Wilson E O. 1989. Threats to biodiversity. *Scientific Amerivan*, **9**: 108-116.

Wilson M A, Howarth R. 2002. Discourse-based valuation of ecosystem services: Establishing fair outcomes through group deliberation. *Ecological Economics*, **41**: 43-443.

Wilson M F, Henderson-Sellers A, Dichinson R E and Kennedy P J. 1987. Sensitivity of the biosphere-amosphere transfer scheme (BATS) to the Inclusion of variable soil characteristics. *American Meteorological Society*, **26**: 341-362.

WRI (World Resources Institute). 1994. *World Resources: A guide to the global environment*. Oxford: Oxford University Press.

WSTB (Water Science and Technology Board), NRC (National Research Council). 2008. *Integrating Multiscale Observations of U. S. Waters*. Washington D. C.: National Academies Press.

Wunnemann B, Pachur H J, Zhang H. 1998. Climate and environment changes in the deserts of Inner Mongolia, China, since late Pleistocene. Alsharhan A S. *Quaternary Desert and Climate*. Rotterdam: Balkema, 381-394.

Xiao Honglang, Gao Qianzhao and Li Fuxing. 1996. Development strategies of water and land resources in Hexi region, China. *Chinese Geographical Science*, **6**(1): 49-56.

Xiao Honglang. 1998. Land degradation in the lower reaches of inland rivers in the arid zone of China. *Chinese Journal of Arid Land Research*, **11**(4): 275-284.

Xiao Honglang. 1998. Land degradation in the lower reaches of inland rivers in the northwestern China. *Chinese Journal of Arid Land Research*, **11**(4): 234-249.

Xiao Shengchun, Xiao Honglang, Kobayashi Osamu, et al. 2007. Dendroclimatological investigations of sea buckthorn (*Hippophae rhamnoides*) and reconstruction of the equilibrium line altitude of the July First Glacier in the Western Qilian Mountains, northwestern China. *Tree-Ring Research*, **63**(1): 15-26.

Xiao Shengchun, Xiao Honglang, Si Jianhua, et al. 2005. Lake level changes recorded by tree rings of lakeshore shrubs: A case study at the Lake West-Juyan, Inner Mongolia, China. *Journal of Integrative Plant Biology*, **47**(11): 1303-1314.

Xiao Shengchun, Xiao Honglang. 2007. Radial growth of Tamarix ramosissima responds to changes in the water regime in an extremely arid region of northwestern China. *Environ Geol*. DOI 10. 1007/s00254-007-0666-1.

Yang X P. 2000. Landscape evolution and precipitation changes in the Badain Jaran Desert during thelast 30,000 years. *Chin. Sci. Bull.*, **45**: 1042-1047.

Ye Z X, Chen Y N, Li W H, et al. 2009. Effect of the ecological water conveyance project on environment in the Lower Tarim River, Xinjiang, China. *Environmental Monitoring and Assessment*, **149**: 9-17.

Zalewski M, Janauer G A, Jolankaj G. 1997. Ecohydrology. A new paradigm for the sustainable use of aquatic resource. In: Conceptual background, working hypothesis, rational and scientific guidelines for the implementation of IHP-V project 2. 32. 4. *Technical Document in Hydrology*, No. 7. Paris: UNESCO, 55-80.

Zalewski M. 2000. Ecohydrology: The scientific background to use ecosystem properties as management tools toward sustainability of water resource. *Ecological Engineering*, **16**: 1-8.

Zhang J L. 2007. Barriers to water markets in the Heihe River basin in northwest China. *Agricultural Water Management*, **87**(1): 32-40.

Zhao W Z, Chen G D. 2002. Review of several problems on eco-hydrological processes in arid zones. *Chinese Science Bulletin*, **47**(5): 353-360.

Zhao Wenzhi, Chang Xueli, He Zhibin, et al. 2007. Study on vegetation ecological water requirement in Ejina Oasis. *Science in China* (Series D: Earth Sciences), **50**(12): 121-129.

白文娟, 焦菊英, 张振国. 2007. 安塞黄土丘陵沟壑区退耕地的土壤种子库特征. 中国水土保持科学, 5(2): 65-72.

白永飞, 李凌浩, 黄建辉等. 2001. 蒙古高原针茅草原植物多样性与植物功能群组成对群落初级生产力稳定性的影响. 植物学报, 43(3): 280-287.

毕晓丽,葛剑平. 2004. 基于IGBP土地覆盖类型的中国陆地生态系统服务功能价值评估. 山地学报,**22**(1):48-53.
蔡文. 1994. 物元模型及其应用. 北京:科学技术文献出版社.
曹玲,董安祥,窦永祥等. 2007. 黑河洪峰变化及其对全球气候变暖的响应. 干旱地区农业研究,**25**(2):230-234.
曹文炳,万力,周训等. 2004. 黑河下游水环境变化对生态环境的影响. 水文地质工程地质,(5):21-25.
曹宇,欧阳华,肖笃宁等. 2005. 额济纳天然绿洲景观变化及其生态环境效应. 地理研究,**24**(1):130-139.
曹宇,肖笃宁,欧阳华等. 2004. 额济纳天然绿洲景观演化驱动因子分析. 生态学报,**24**(9):1895-1902.
常娟,王根绪,王一博. 2005. 黑河流域土地利用变化的影响因素——以张掖地区为例. 冰川冻土,**27**(1):117-123.
常学向,赵文智. 2004. 荒漠绿洲农田防护林树种二白杨生长季节树干液流的变化. 生态学报,**24**(7):1436-1441.
常学向. 2006. 荒漠绿洲主要防护林树种耗水规律与尺度转换研究. 中国科学院寒区旱区环境与工程研究所博士学位论文.
陈东景. 2005. 环境经济综合核算的理论与实践. 郑州:黄河水利出版社.
陈国阶. 2002. 论生态安全. 重庆环境科学,**24**(3):1-3,18.
陈家琦,王浩,杨小柳. 2002. 水资源学. 北京:科学出版社.
陈江南,李会安,王国庆等. 2003. 黑河下游额济纳旗典型植被调查与分析. 水土保持学报,**17**(5):129-131.
陈敬安,万国江. 1999. 云南洱海沉积物粒度组成及其环境意义辨识. 矿物学报,**19**(2):175-182.
陈玲飞,王红亚. 2004. 中国小流域径流对气候变化的敏感性分析. 资源科学,**26**(6):62-68.
陈隆亨,曲耀光. 1992. 河西地区水土资源及其合理开发利用. 北京:科学出版社.
陈隆亨,肖洪浪. 1991. 土地资源及其粮食生产潜力分析. 见:乌鲁木齐地区水资源及其承载力研究. 北京:科学出版社. 151-209.
陈隆亨,肖洪浪. 2003. 河西山地土壤. 北京:海洋出版社
陈隆亨. 1996. 黑河下游地区土地荒漠化及其治理. 自然资源,(1):35-43.
陈庆秋,陈晓宏. 2004. 基于社会水循环概念的水资源管理理论探讨. 地域研究与开发,**23**(3):109-113.
陈仁升,高艳红,康尔泗等. 2006c. 内陆河寒山区流域分布式水热耦合模型:MM5嵌套结果. 地球科学进展,**21**(8):830-837.
陈仁升,韩春坛. 2010. 高山寒漠带水文、生态和气候意义及其研究进展. 地球科学进展,**25**(3):255-263.
陈仁升,康尔泗,吉喜斌等. 2007. 黑河源区高山草甸的冻土及水文过程初步研究. 冰川冻土,**29**(3):387-396.
陈仁升,康尔泗,吕世华等. 2006b. 内陆河高寒山区流域分布式水热耦合模型Ⅱ:地面资料驱动结果,**21**(8):819-829.
陈仁升,康尔泗,杨建平等. 2002b. 黑河出山径流的非线性特征分析. 冰川冻土,**24**(3):292-297.
陈仁升,康尔泗,杨建平等. 2003a. 黑河干流山区流域月径流计算模型. 干旱区地理,**26**(1):37-43.
陈仁升,康尔泗,杨建平等. 2003b. 内陆河流域分布式日出山径流模型. 地球科学进展,2003,**18**(2):198-206.
陈仁升,康尔泗,杨建平等. 2003c. Topmodel在黑河干流出山径流模拟中的应用. 中国沙漠,**23**(4):428-434.
陈仁升,康尔泗,杨建平等. 2004. 内陆河流域分布式水文模型——以黑河干流山区建模为例. 中国沙漠,**24**(4):416-424.
陈仁升,康尔泗,张济世. 2001a. 小波变换在河西地区水文和气候周期变化分析中的应用. 地球科学进展,**16**(3):339-345.
陈仁升,康尔泗,张济世. 2001b. 基于小波变换和GRNN神经网络的黑河出山径流模型. 中国沙漠(增刊):12-16.
陈仁升,康尔泗,张济世等. 2002a. 河西地区近50a来气象和水文序列的变化趋势. 兰州大学学报,**38**(2):163-170.
陈仁升,康尔泗,张智慧等. 2005. 黑河流域树木液流秋末冬初的峰值现象. 生态学报,**25**(5):1221-1228.
陈仁升,吕世华,康尔泗等. 2006a. 内陆河高寒山区流域分布式水热耦合模型:模型原理. 地球科学进展,**21**(8):806-818.
陈守煜. 1997. 中长期水文预报综合分析理论模式与方法. 水利学报,(8),15-21.
陈兴芳,赵振国. 2000. 中国汛期降水及其应用. 北京:气象出版社,21-64.
陈兴芳. 1994. 西太平洋副高异常变化及成因分析. 气象,**21**(12):3-7.
陈亚宁,陈亚鹏,李卫红等. 2003a. 塔里木河下游胡杨脯氨酸累积对地下水位变化的响应. 科学通报,**48**(9):958-961.
陈亚宁,崔旺诚,李卫红等. 2003b. 塔里木河的水资源利用与生态保护. 地理学报,**58**(2):215-177.
陈亚宁,郝兴明,李卫红等. 2008. 干旱区内陆河流域的生态安全与生态需水量研究——兼谈塔里木河生态需水量问题.

地球科学进展,23(7):732-738.
陈亚宁,李卫红,徐海量等. 2003c. 塔里木河下游地下水位对植被的影响. 地理学报,58(4):542-549.
陈仲新,张新时. 2000. 中国生态系统效益的价值. 科学通报,45(1):17-22.
陈宗宇,聂振龙,张荷生,程旭学,赫明林. 2004. 从黑河流域地下水年龄论其资源属性. 地质学报,4:560-567.
陈宗宇,万力,聂振龙,申建梅,陈京生. 2006. 利用稳定同位素识别黑河流域地下水的补给来源. 水文地质工程地质,(6):9-14.
程芳芳. 2004. 绿色GDP及其测算方法. 统计与决策,(9):52-53.
程国栋. 2003. 虚拟水——中国水资源安全战略的新思路. 中国科学院院刊,18(4):260-265.
程国栋,肖洪浪,徐中民等. 2006. 中国西北内陆河水问题及其应对策略——以黑河流域为例. 冰川冻土,28(3):406-413.
程国栋等. 2009. 黑河流域水-生态-经济系统综合管理研究. 北京:科学出版社,54-58.
迟振卿,王永,姚培毅等. 2006. 内蒙古额济纳旗嘎顺淖尔XK1孔揭示的第四纪晚期沉积特点及古环境. 湖泊科学,18(2):106-113.
楚永伟,蓝永超,李向阳等. 2005. 黑河莺落峡站年径流长期预报模型研究. 中国沙漠,25(6):869-873.
丛沛桐,王瑞兰,王珊林等. 2003. 东灵山辽东栎林生态系统健康仿真与评价研究. 系统仿真学报,(15):640-642.
崔保山,杨志峰. 2002a. 湿地生态系统健康评价指标体系Ⅰ:理论. 生态学报,22(7):1005-1011.
崔保山,杨志峰. 2002b. 湿地生态系统健康评价指标体系Ⅱ:方法与案例. 生态学报,22(8):1231-1239.
崔丽娟. 2001. 湿地价值评价研究. 北京:科学出版社,34-51,160-162.
崔亚莉,邵景力,韩双平. 2001. 西北地区地下水的地质生态环境调节作用研究. 地学前缘,8(1):191-196.
崔云胜. 2005. 从均水到调水——黑河均水制度的产生与演变. 河西学院学报,21(3):33-37.
达光文. 2009. 旱泉沟流域次生林演替过程中种群格局动态. 草业科学,26(6):41-46.
单良,王晓. 2006. 可持续发展与绿色GDP. 价值工程,2:4-7.
丁宏伟,张荷生,王文科等. 2002. 河西走廊地下水勘察报告. 甘肃省地质调查院.
丁宏伟,张荷生. 2002. 干旱区内陆平原地下水持续下降及引起的环境问题——以河西走廊黑河流域中游地区为例. 水文地质工程地质,(3):71-74.
丁永建,叶柏生,刘时银. 2000. 祁连山中部地区40a来气候变化及其对径流的影响. 冰川冻土,22(3):193-199.
丁永建,叶柏生,周文娟. 1999. 黑河流域过去40a来降水时空分布特征. 冰川冻土,21(1):42-48.
董安祥. 1993. 甘肃近五千年气候变迁的初步研究. 高原气象,12(3):243-250.
董光荣,陈慧中,王贵勇等. 1995. 150 ka以来中国北方沙漠/沙地演化和气候变化. 中国科学(B辑),25(12):1303-1312.
董鸣等. 1996. 陆地生物群落调查观测与分析. 北京:中国标准出版社.
董胜,刘德辅. 1999. 年极值水位的马尔可夫预报模型. 水利学报,(1):60-63.
杜峰,山仑,梁宗锁等. 2005. 陕北黄土丘陵区撂荒演替过程中的土壤水分效应. 自然资源学报,20(5):669-678.
杜茜,沈海亮,王季槐. 2006. 宁夏荒漠草原植物群落结构和物种多样性研究. 生态学杂志,25(2):222-224.
段晓男,王效科,欧阳志云. 2005. 乌梁素海湿地生态系统服务功能及价值评估. 资源科学,27(2):110-115.
段志刚,冯珊,岳超源. 2003. 北京市社会核算矩阵的编制. 统计研究,12:35-38.
樊胜岳,奚周坤,肖洪浪. 1998. 河西地区经济与环境协调发展研究. 北京:中国环境科学出版社,134.
范玮熠,王孝安,郭华. 2006. 黄土高原子午岭植物群落演替系列分析. 生态学报,26(3):706-714.
冯起,司建华,席海洋. 2008. 极端干旱区天然植被耗水规律试验研究. 中国沙漠,28(6):1095-1103.
冯起,司建华,席海洋. 2009. 荒漠绿洲水热过程与生态恢复技术. 北京:科学出版社.
冯起,司建华,张颜武,姚济敏,刘蔚,苏永红. 2006. 极端干旱地区绿洲小气候特征及其生态意义. 地理学报,61(1):99-108.
冯起. 1998. 荒漠绿洲植被生长与地下水位的研究. 中国沙漠,18(增刊):107-109.
冯绳武. 1981. 甘肃河西水系特征和演变. 兰州大学学报(自然科学版),(1):125-129.
傅伯杰,刘世梁,马克明. 2001. 生态系统综合评价的内容与方法. 生态学报,21(11):1885-1892.
傅伯杰. 1995. 黄土区农业景观空间格局分析. 生态学报,15(2):113-120.

傅国斌,刘昌明. 1991. 全球变暖对区域水资源影响的计算分析. 地理学报,**46**(3):277-288.
傅辉恩,车克钧. 1987. 祁连山水源涵养林小气候效益分析. 甘肃林业科技,(3):10-14.
傅娇艳,丁振华. 2007. 湿地生态系统服务功能和价值评价研究进展. 应用生态学报,**18**(3):681-686.
傅立. 1992. 灰色系统理论极其应用. 北京:科学技术出版社,50-157.
甘肃省肃南县牧业区划办. 1986. 肃南县牧业区划资料汇编,179-326.
甘肃省统计局. 1979—2003. 甘肃省统计年鉴 1978—2002. 北京:中国统计出版社.
甘肃省张掖市志编修委员会. 1995. 张掖市志. 兰州:甘肃人民出版社,1-1062.
高长波,陈新庚,韦朝海. 2006. 区域生态安全:概念及评价理论基础. 生态环境,**15**(1):169-174.
高吉喜. 2001. 可持续发展理论探索:可持续生态承载理论、方法与应用. 北京:科学出版社.
高前兆,李福兴. 1990. 黑河流域水资源合理开发利用. 兰州:甘肃省科学技术出版社,228.
高前兆,杨新源. 1985. 甘肃河西内陆河径流特征与冰川补给. 中国科学院兰州冰川冻土研究所集刊(5). 北京:科学出版社,131-141.
高学杰,徐影,赵宗慈. Jeremy S PAL, Fullppo GIORGI. 2006. 数值模式不同分辨率和地形对东亚降水模拟影响的试验. 大气科学,**30**(2):185-192.
高学杰,徐影,赵宗慈等. 2006. 数值模式不同分辨率和地形对东亚降水模拟影响的实验. 大气科学,**30**(2):185-192.
高彦华,汪宏清,刘琪璟. 2003. 生态恢复评价研究进展. 江西科学,**21**(3):168-182.
高艳红,陈玉春,吕世华. 2004a. 水分胁迫对绿洲影响的数值模拟. 地理科学进展,**23**(3):67-73.
高艳红,陈玉春,吕世华. 2004b. 西北干旱区绿洲不同灌溉制度的数值模拟. 地理科学进展,**23**(1):38-50.
高艳红,吕世华. 2001. 非均匀下垫面局地气候效应的数值模拟. 高原气象,**20**(4):354-361.
龚家栋,程国栋,张小由等. 2002. 黑河下游额济纳地区的环境演变. 地球科学进展,**17**(4):491-496.
龚家栋,董光荣,李森. 1998. 黑河下游额济纳绿洲环境退化及综合治理. 中国沙漠,**18**(1):44-50.
勾晓华,陈发虎,杨梅学等. 2004. 祁连山中部地区树轮宽度年表特征随海拔高度的变化. 生态学报,**24**(1):172-176.
关文彬. 2002. 贡嘎山地区森林生态系统服务功能价值评估. 北京林业大学学报,**24**(4):80-84.
郭斌. 2001. 黑河水土资源开发历史及分水制度. 甘肃水利水电技术,**37**(专刊):137-138.
郭明,肖笃宁,李新. 2006. 黑河流域景观绿洲景观生态安全格局分析. 生态学报,**26**(2):457-467.
郭铌,梁芸,王小平. 2004. 黑河调水对下游生态环境恢复效果的卫星遥感监测分析. 中国沙漠,**24**(6):740-744.
郭铌,杨兰芳,李民轩. 2003. 利用气象卫星资料研究祁连山区被和积雪变化. 应用气象学报,**14**(6):700-707.
郭中伟. 2000. 建立自然生态安全的早期预警和保护系统. 科技导报,**1**:54-56.
韩英,饶碧玉. 2006. 植被生态需水量计算方法综述. 水利科技与经济,**12**(9):605-606.
何平,程国栋,俞祁浩等. 2000. 饱和正冻土中的水、热、力场耦合模型. 冰川冻土,**22**(2):135-138.
何平,程国栋,朱元林. 2001. 土体冻结过程中的热质迁移研究进展. 冰川冻土,**23**(1):92-98.
侯元兆. 1995. 中国森林资源核算研究. 北京:中国林业出版社.
胡安焱. 2006. 博斯腾湖水质评价的属性识别模型. 水资源保护,**22**(6):25-27.
胡春元,李玉宝,高永. 2000. 黑河下游生态环境变化及其与人类活动的关系. 干旱区资源与环境,**14**(增刊):10-14.
胡发成,于天明,段军红等. 2007. 祁连山东部北坡植被垂直分布特征及保护措施. 草业科学,**24**(1):13-16.
胡广录,赵文智. 2008. 干旱半干旱区植被生态需水量计算方法评述. 生态学报,**28**(12):6282-6291.
胡和平,叶柏生,周余华等. 2006. 考虑冻土的陆面过程模型及其在青藏高原 GAME/Tibet 试验中的应用. 中国科学(D辑),**26**(8):755-766.
胡顺军,郭谨,王举林等. 2004. 应用常规气象观测资料估算塔里木盆地水面蒸发量. 干旱区地理,**27**(2):212-215.
胡兴林,郝庆凡. 2001. 黑河干流洪水预报模型研究. 中国沙漠,**21**(增刊):48-52.
胡兴林. 2000. 甘肃省主要河流径流时空分布规律及演变趋势分析. 地球科学进展,**15**(5):516-521.
胡兴林. 2005. 甘肃河西地区地表水和地下水相互转化规律及水资源优化配置模式研究,70-145.
胡兴林等. 2005. 全国水资源综合规划——甘肃省水资源调查评价报告,40-71.
胡秀芳,赵军,钱鹏等. 2007. 草原生态安全理论与评价研究. 干旱区资源与环境,**21**(4):93-97.
胡隐樵. 1990. 河西戈壁小气候和热量平衡特征的初步分析. 高原气象,**9**(2):197-206.
胡永宏,贺思辉. 2000. 综合评价方法. 北京:科学出版社.

黄嘉佑.1984.气象中的谱分析.北京:气象出版社,10-55.
黄青,任志远.2004.论生态承载力和生态安全.干旱区资源与环境,1(2):11-17.
黄青.2007.塔里木河干流景观格局与生态水文过程的耦合关系.中国科学院研究生院博士学位论文.
黄清华,张万昌.2004.SWAT分布式水文模型在黑河干流山区流域的改进及应用.南京林业大学学报(自然科学版),28(2):22-26.
黄祖杰,周淑清.1993.草地重要有毒植物——狼毒.四川草原,4:24-27.
霍世青,温丽叶.1996.黄河径流量变化与太阳活动关系初探.黄河水文科技成果与论文选集.郑州:黄河水利出版社,184-188.
霍文冕,姚檀栋.2001.敦德冰芯19世纪中叶以来的环境记录.地球化学,30(3):203-207.
吉喜斌.2007.黑河中游人工绿洲灌溉农田SVAT系统水热传输过程研究.兰州:中国科学院寒区旱区环境与工程研究所博士学位论文.
季方,马英杰,樊自立.2001.塔里木河冲击平原胡杨林的土壤水分状况研究.植物生态学报,25(1):17-21.
贾海生,张虎如.1997.河西灌溉农业的演变.干旱地区农业研究,15(2):115-120.
贾艳琨,刘福亮,张琳,聂振龙,申建梅,陈宗宇.2008.利用环境同位素识别酒泉-张掖盆地地下水补给和水流系统.地球学报,29(6):740-744.
贾仰文,王浩,严登华.2006.黑河流域水循环系统的分布式模拟(I):模型开发与验证.水利学报,37(5):534-542.
简永兴,李仁东,王建波等.2001.鄱阳湖滩地水生植物多样性调查及滩地植被的遥感研究.植物生态学报,25(5):581-587.
姜海楼,高秀山.1987.草原常见毒草及中毒家畜的治疗.中国食草动物,6:24-26.
金博文.2007.祁连山水源涵养林的气候和水文效应及生态功能试验研究.中国科学院研究生院博士学位论文.
金菊良,杨晓华,丁晶.2001.年径流预测的遗传门限回归模型.四川水力发电,20(1):22-31.
靳芳,鲁绍伟,余新晓.2005.中国森林生态系统服务功能及其价值评价.应用生态学报,16(8):1531-1536.
靳鹤龄,肖洪浪,张洪等.2005.粒度和元素证据指示的居延海1.5 ka BP来环境演化.冰川冻土,27(2):233-240.
景爱.1994.额济纳河下游环境变迁的考察.中国历史地理论丛,(1):41-70.
康尔泗,陈仁升,张智慧等.2007.内陆河流域水文过程研究的一些科学问题.地球科学进展,22(9):940-953.
康尔泗,程国栋,董增川等.2002.中国西北干旱区冰雪水资源与出山径流.北京:科学出版社.
康尔泗,程国栋,蓝永超等.1999.西北干旱区内陆河流域出山径流变化趋势对气候变化响应模型.中国科学(D辑),29(S1):47-54.
康兴成,程国栋,康尔泗等.2002.利用树轮资料重建黑河近千年来出山口径流量.中国科学(D辑),32(8):675-685.
康兴成,程国栋,陈发虎等.2003.祁连山中部公元904年以来树木年轮记录的旱涝变化.冰川冻土,25(5):518-525.
孔红梅,赵景柱,姬兰柱等.2002,生态系统健康评价方法初探.应用生态学报,(4):486-490.
孔昭宸,杜乃秋等.1985.内蒙古自治区额济纳旗汉代烽燧遗址的环境考古学研究.环境考古研究,(1):120-121.
赖祖明.1988.祁连山北坡河川径流变化的分析及趋势预测.冰川冻土,10(1):47-56.
赖祖铭.1992.甘肃内陆河径流变化极其气候影响.中国科学院兰州冰川冻土研究所集刊.北京:科学出版社.
赖祖铭.1992.祁连山东段山区温度变化与径流的关系初探.中国科学院兰州冰川冻土研究所集刊.北京:科学出版社.
赖祖铭.1992.祁连山区河流的补给及径流量随高度的变化.中国科学院兰州冰川冻土研究所集刊.北京:科学出版社.
蓝永超,康尔泗.2000.河西内陆干旱区主要河流出山径流特征及变化趋势分析.冰川冻土,22(2):147-152.
蓝永超,丁永建,康尔泗等.2003.黑河流域水资源动态变化及其趋势的灰色Markov链预测.中国沙漠,23(4):435-440.
蓝永超,丁永建,马燮铫.2005.河西内陆河流域水资源及其动态变化(英文).冰川冻土,27(2),881-890.
蓝永超,胡兴林,肖洪浪等.2008.全球变暖情景下黑河山区水循环要素变化研究.地球科学进展,23(7):739-748.
蓝永超,康尔泗,金会军等.1999b.黑河出山径流量年际变化及趋势预测.冰川冻土,21(1):49-53.
蓝永超,康尔泗,徐中民等.2001.B-P神经网络在径流长期预测中的应用.中国沙漠,21(1),97-100.
蓝永超,康尔泗.1999a.Kalman滤波方法在黑河出山径流年平均流量预报中的应用.中国沙漠,19(2):156-159.
蓝永超.1997.灰色预测模型在径流长期预报中的应用.中国沙漠,17(1),49-52.
李爱军,闫成云.2007.黑河流域节水工程实施对地下水补给资源影响变化分析.干旱区资源与环境,21(7):101-105.
李邦宪.1987.因子筛选与周期分析相结合的逐步回归双重分析预报模型.气象,14(6):41-48.

李并成. 1996. 河西走廊历史时期气候干湿状况变迁考略. 西北师范大学学报(自然科学版), **32**(4):56-61.
李并成. 1998. 河西走廊汉唐古绿洲沙漠化的调查研究. 地理学报, **53**(2):106-114.
李并成. 2003. 河西走廊历史时期绿洲边缘荒漠植被破坏考略. 历史地理论丛, **18**(4):124-134.
李长荣. 2004. 武陵源自然保护区森林生态系统服务功能及价值评估. 林业科学, **40**(2):16-20.
李栋梁,冯建英,陈雷等. 2003. 黑河流量和祁连山气候的年代际变化. 高原气象, **22**(2):104-110.
李圭白,李星. 2001. 水的良性社会循环与城市水资源. 中国工程科学, **3**(6):37-40.
李宏毅,王建. 2008. SRM融雪径流模型在黑河流域上游的模拟研究. 冰川冻土, **30**(5):769-775.
李九一,李丽娟,姜德娟等. 2006. 沼泽湿地生态储水量及生态需水量计算方法探讨. 地理学报, **61**(3):289-296.
李林,王振宇,汪青春. 2006. 黑河上游地区气候变化对径流量的影响研究. 地理科学, **26**(1):40-46.
李敏翠,候金柱. 2004. 发展绿色GDP核算的必要性. 经济论坛, **18**:142-143.
李琪,陈立杰. 2003. 农业生态系统健康研究进展. 中国生态农业学报, **11**(2):144-146.
李启森,赵文智. 2004. 黑河分水计划对临泽绿洲种植业结构调整及生态稳定发展的影响——以黑河中游的临泽县平川灌区为例. 冰川冻土, **26**(3):333-343.
李强坤,黄福贵,罗玉丽等. 2006. 额济纳地区绿洲恢复生态需水量研究. 水资源与水工程学报, **17**(2):9-13.
李全发,刘文耀,沈有信等. 2005. 南涧干热退化山地不同恢复群落土壤种子库储量及其分布. 北京林业大学学报, **27**(5): 26-31.
李仁东,刘纪远. 2001. 应用Landsat ETM数据估算鄱阳湖湿地植被生物量. 地理学报, **56**(5):532-540.
李森,李凡,孙武等. 2004. 黑河下游额济纳绿洲现代沙漠化过程及其驱动机制. 地理科学, **24**(1):61-67.
李少宁,王兵,赵广东等. 2004. 森林生态系统服务功能研究进展-理论与方法. 世界林业研究, **17**(4):14-18.
李世明,程国栋,李元红等. 2002. 河西走廊水资源合理利用与生态环境保护. 郑州:黄河水利出版社.
李卫红,陈永金,陈亚鹏等. 2006. 新疆塔里木河下游生态输水对地下水位和水质的影响. 资源科学, **28**(5):157-163.
李文华,欧阳志云,赵景柱. 2002. 生态系统服务功能研究. 北京:气象出版社, 1-27.
李文鹏,郝爱兵. 1999. 中国西北内陆干旱盆地地下水形成演化模式及其意义. 水文地质工程地质, (4):28-32.
李新荣,肖洪浪,刘立超等. 2005. 腾格里沙漠沙坡头地区固沙植被对生物多样性恢复的长期影响. 中国沙漠, **25**(2): 173-181.
李艳春. 2003. "绿色GDP"核算方法初探. 北京统计, (4): 31-33.
李永宏. 1995. 内蒙古典型草原地带退化草原的恢复动态. 生物多样性, **3**(3):125-130.
李裕元,邵明安. 2004. 子午岭植被自然恢复过程中植物多样性的变化. 生态学报, **24**(2):252-260.
梁文举,武衷杰,闻大中. 2002. 21世纪初农业生态系统健康研究方法. 应用生态学报, (8):1022-1026.
廖利,张露,邹茜. 2006. 区域生态安全评价方法研究以温州市瓯海区为例. 华中科技大学学报(城市科学版), **23**(3):16-19.
林玉. 1997. 试论国内生产总值增长的代价和正负效应——兼论建立"绿色GDP"考核指标之必要性. 新视野, (1):20-21, 62.
刘艾,刘德福. 2005. 我国草地生物量研究概述. 内蒙古草业, **17**(1):7-11.
刘宝勤,封志明,姚治君. 2006. 虚拟水研究的理论、方法及其主要进展. 资源科学, **28**(1):120-127.
刘潮海,谢自楚. 1987. 七一冰川物质平衡变化与气候相关关系的初步研究. 冰川冻土, **9**(4):301-309.
刘国彬,杨勤科,许明祥等. 2004. 水保生态修复的若干科学问题. 中国水利, **16**:31-33.
刘海波. 1996 随机过程在灾变预测中的应用. 系统工程理论与实践, (9):19-23.
刘惠清,许嘉巍,吴秀片. 2003. 西藏自治区乃东县生态系统的健康性评价. 地理科学, (3):366-371.
刘济明. 2000. 茂兰喀斯特森林中华蚊母树群落土壤种子库动态初探. 植物生态学报, **24**(3):366-374.
刘加珍,陈亚宁,李卫红等. 2004. 塔里木河下游植物群落分布与衰退演替趋势分析. 生态学报, **24**(2):379-383.
刘加珍,陈亚宁. 2002. 新疆塔里木河流域植物群落逆向演替分析. 干旱区地理, **25**(3):231-236.
刘敏超,李迪强,栾晓峰等. 2005. 三江源地区生态系统服务功能与价值评估. 植物资源与环境学报, **14**(1):40-43.
刘普幸,陈发虎,勾晓华等. 2005. 额济纳旗近100 a来胡杨年表的建立与响应分析. 中国沙漠, **25**(5):764-768.
刘时银,沈永平,孙文新等. 2002. 祁连山西段小冰期以来的冰川变化研究. 冰川冻土, **24**(3):227-233.
刘桃菊,陈美球. 2001. 鄱阳湖湿地生态功能衰退分析及其恢复对策研讨. 生态学杂志, **20**(3):74-77.

刘蔚,王忠静,席海洋. 2008. 黑河下游水土理化性质变化及生态环境意义. 冰川冻土,30(4):688-695.

刘晓宏,秦大河,邵雪梅等. 2004. 祁连山中部过去近千年温度变化的树轮记录. 中国科学(D辑),34(1):89-95.

刘信中. 2000. 江西湿地. 北京:中国林业出版社,184-263.

刘亚传. 1992. 居延海的演变与环境变迁. 干旱区资源与环境,6(2):9-17.

刘延泽,冀春如,冯卫生译. 1987. 瑞香科植物的化学成份于药理作用. 中草药,18(2):32-41.

刘胤汉,杨东朗,刘彦随等. 1996. 陕西秦巴山区垂直自然带的土地演替. 山地学报,14(1):9-15.

刘永,郭怀成,戴永立等. 2004. 湖泊生态系统健康评价方法研究. 环境科学学报,24(4):723-730.

刘钟龄,朱宗元,郝敦元等. 2001. 黑河(额济纳河)下游绿洲生态系统受损与生态保育对策的思考. 干旱区资源与环境,15(3):1-8.

刘足根,朱教君,袁小兰等. 2007. 辽东山区长白落叶松(Larix olgensis)种子雨和种子库. 生态学报,27(2):579-587.

柳景峰,张勃. 2007. 西北干旱区近50年气候变化对出山径流的影响分析——以黑河流域为例. 干旱区资源与环境,21(8):58-63.

鲁春霞,谢高地,成升魁. 2001. 河流生态系统的休闲娱乐功能及其价值评估. 资源科学,23(5):77-81.

罗跃初,周忠轩,孙轶等. 2003. 流域生态系统健康评价方法. 生态学报,23(8):1606-1614.

马金宝,张培栋,李新荣. 2007. 旱泉沟流域天然灌丛退化成因及保育对策. 草业科学,24(4):23-26.

马开玉. 1993. 气候统计原理与方法. 北京:气象出版社,315-348.

马克明,孔红梅,关文彬等. 2001. 生态系统健康评价:方法与方向. 生态学报,(12):2106-2116.

马克平. 1994. 生物群落多样性的测度方法 I α多样性的测度方法(上). 生物多样性,2(3):162-168.

马文斌,唐德善,朱春江. 2007. 黑河调水及节水改造工程对中游地区地下水位的影响——以张掖市甘州区为例. 干旱区资源与环境,21(11):13-16.

马新辉,任志远,孙根年. 2004. 城市植被净化大气价值计量与评价——以西安市为例. 中国生态农业学报,12(2):180-182.

马秀峰等. 1999. 西北内陆河区水旱灾害. 郑州:黄河水利出版社.

马燕,郑祥民,曹希强等. 2006. 近200a来黑河下游天鹅湖湖泊沉积记录的环境变迁. 湖泊科学,18(3):261-266.

马燕. 2005. 近现代以来黑河下游额济纳地区湖泊沉积的环境信息研究. 华东师范大学硕士论文.

马耀明,刘东升,王介民. 2003. 卫星遥感敦煌地区地表特征参数研究. 高原气象,22(6):531-536.

马中. 1999. 环境与资源经济学概论. 北京:高等教育出版社.

毛端谦,刘春燕. 2002. 鄱阳湖湿地保护与可持续发展利用研究. 热带地理,22(1):24-27.

毛晓敏,李民,沈言俐等. 1998. 叶尔羌河流域潜水蒸发规律试验分析. 干旱区地理,21(3):44-50.

蒙吉军,吴秀芹,李正国. 2005. 黑河流域LUCC(1988—2000)的生态环境效应研究. 水土保持研究,12(4):17-21.

孟宪红,吕世华,张宇等. 2007. 基于MODIS的金塔绿洲上空大气水汽含量反演研究. 水科学进展,18(2):264-269.

米湘成,马克平. 2003. 中国植物生态学研究进展 II 中国植物群落生态学研究. 植物学报,45(增刊):70-76.

宁宝英,樊胜岳,赵成章. 2004. 肃南县草地退化原因分析与分区治理对策. 中国草地,26(3):65-68.

欧阳毅,桂发亮. 2000. 浅议生态系统健康诊断数学模型的建立. 水土保持研究,7(3):194-197.

欧阳志云,王如松,赵景柱. 1999a. 生态系统服务功能及其生态经济价值评价. 应用生态学报,10(5):635-640.

欧阳志云,王效科,苗鸿. 1999. 中国陆地生态系统服务功能及其生态经济价值的初步研究. 生态学报,19(5):607-613.

潘文斌,唐涛,邓红兵等. 2002. 湖泊生态系统服务功能评估初探:以湖北保安湖为例. 应用生态学报,13(10):1315-1318.

潘玉君. 2001. 地理学基础. 北京:科学出版社.

彭剑峰,勾晓华,陈发虎等. 2006. 阿尼玛卿山不同海拔祁连圆柏树轮宽度年表特征对比分析. 冰川冻土,28(5):713-721.

彭涛,高旺盛,隋鹏. 2004. 农田生态系统健康评价指标体系的探讨. 中国农业大学学报,9(1):21-25.

蒲健辰,姚檀栋,段克勤等. 2005. 祁连山七一冰川物质平衡的最新观测结果. 冰川冻土,27(2):199-204.

戚登臣,陈文业,郑华平等. 2008. 甘南黄河上游水源补给区"黑土滩"型退化草地现状、成因及综合治理对策. 中国沙漠,28(6):1058-1063.

齐善忠,王涛,罗芳等. 2005. 黑河中游张掖地区沙漠化土地动态变化. 山地学报,23(2):153-157.

千年生态系统评估项目概念框架工作组. 2003. 生态系统与人类福利:评估框架(摘要),World Resources Institute.
强胜. 2001. 杂草学. 北京:中国农业出版社, 8-35.
乔西现,蒋晓辉,陈江南等. 2007. 黑河调水对下游东、西居延海生态环境的影响. 西北农林科技大学学报(自然科学版), 35(6):190-194.
秦大河,丁一汇,苏纪兰等. 2005. 中国气候与环境评估(I):中国气候与环境及未来变化趋势. 气候变化研究进展,1(1): 4-9.
秦大河总编. 2002. 中国西部环境演变评价. 北京:科学出版社,32-57.
秦珊,熊黑钢,徐长春等. 2004. 新疆陆地生态系统服务功能及生态效益的估算. 新疆大学学报(自然科学版),21(1):38-44.
邱东. 2003. 国民经济统计学. 大连:东北财经大学出版社.
曲格平. 2002. 关注生态安全之一:生态环境问题已经成为国家安全的热门话题. 环境保护,5:3-5.
曲炜,唐德善,黄尧等. 2005. 用动态规划方法对塔里木河下游水量配置研究. 中国农村水利水电,(7):21-24.
曲耀光,周聿超. 1992. 中国干旱区水文及水资源利用. 北京:科学出版社,44-80.
任海,杜卫兵,王俊等. 2007. 鹤山退化草坡生态系统的自然恢复. 生态学报,27(9):3593-3600.
任继周. 1998. 草业科学研究方法. 北京:中国农业出版社,1-29.
尚松浩,毛晓敏. 1999. 计算潜水蒸发系数的反Logistic公式. 灌溉排水,18(2):18-21.
尚占环,龙瑞军,马玉寿等. 2006. 黄河源区退化高寒草地土壤种子库:种子萌发的数量和动态. 应用与环境生物学报,12(3):313-317.
申元村,汪久文,伍光合等. 2001. 中国绿洲. 开封:河南大学出版社.
沈景林,孟杨,谭刚等. 2000a. 应用除草剂防除草地毒杂草对草地植被的影响研究. 中国草地,22(4):48 50.
沈景林,谭刚,乔海龙等. 2000b. 草地改良对高寒退化草地植被影响的研究. 中国草地,10(5):49-54.
沈景林,周学东,孟杨等. 1999. 草地狼毒化学防除的试验研究. 草业科学,16(6):53-56.
沈永平,刘时银,甄丽丽等. 2001. 祁连山北坡流域冰川物质平衡波动及其对河西水资源的影响. 冰川冻土,23(3):244-250.
史志诚. 1997. 中国草地重要有毒植物. 北京:中国农业出版社,140-150.
袁兴中,刘红,陆健健. 2001. 生态系统健康评价——概念框架与指标选择. 应用生态学报,(4):627-629.
司建华,冯起,张小由,苏永红,张颜武. 2005. 黑河下游分水后的植被变化初步研究. 西北植物学报,25(4):631-640.
司建华,冯起,张小由,苏永红. 2007. 极端干旱区荒漠河岸林胡杨生长季树干液流变化. 中国沙漠,27(3):442-447.
司建华,张小由,屈建军,张克存. 2006. 黑河下游生态输水及其环境效应研究. 祝列克主编:中国荒漠化与沙化动态研究. 北京:中国农业出版社,184-192.
司建华. 2007. 极端干旱区荒漠河岸林胡杨耗水特性研究. 中国科学院研究生院博士论文.
宋长春,邓伟,李取生等. 2002. 松嫩平原西部土壤次生盐渍化防治技术研究. 地理科学,22(5):610-614.
宋克超. 2005. 黑河流域典型景观植被带水热传输观测与模拟研究. 中国科学院研究生院博士学位论文.
宋克超,康尔泗,金博文等. 2004. 黑河流域山区植被带草地蒸散发试验研究. 冰川冻土,26(3):349-356.
宋兰兰,陆桂花,陆凌. 2004. 浅析生态系统健康评价研究现状. 河海大学学报(自然科学版),32(5):539-541.
宋轩,杜丽平,李树人等. 2003. 生态系统健康的概念、影响因素及其评价的研究进展. 河南农业大学学报,37(4):375-379.
宋永昌. 2001. 植被生态学. 上海:华师范大学出版社.
宋郁东,樊自立,雷志栋等. 2000. 中国塔里木河水资源与生态问题研究. 乌鲁木齐:新疆人民出版社.
苏永中. 2006. 黑河中游边缘绿洲农田退耕还草的土壤碳、氮固存效应. 环境科学,27(7):1312-1318.
孙刚,盛连喜,周道玮. 1999. 生态系统服务及其保护策略. 应用生态学报,10(3):365-368.
孙洪祥,王林和,田永祯. 2000. 额济纳绿洲生态系统的演变与整治. 干旱区资源与环境,14(增刊):15-18.
孙军艳,刘禹,蔡秋芳等. 2006. 额济纳233年来胡杨树轮年表的建立及其所记录的气象、水文变化. 第四纪研究,26(5):799-809.
孙儒泳译. 2000. 生态学. 北京:科学出版社.
唐景绅. 1983. 明清河西垦田面积考实. 兰州大学学报(社科版),(4):86-92.

唐启光,冯明光. 2002. 实用统计分析及其 DPS 数据处理系统. 北京:科学出版社,171-174.
陶诗言. 1980. 中国之暴雨. 北京:科学出版社,225.
田辉,文军,马耀明等. 2007. 复杂地形下黑河流域的太阳辐射计算. 高原气象,26(4):666-676.
田立德,姚檀栋,White JWC,余武生,王宁练. 2005. 喜马拉雅山中段高过量氘与西风带水汽输送有关. 科学通报,**50**(7):669-672.
田立德,姚檀栋,孙维贞,Stievenard M, Jouzel J. 2001. 青藏高原南北降水中 δD 和 $\delta^{18}O$ 关系及水汽循环. 中国科学(D辑),**31**(3):214-220.
田沁花. 2006. 祁连山中-西部近 500 年来气候变化对比研究. 中国科学院研究生院硕士论文.
万国栋,胡阀成,周顺成. 1996. 武威地区天然草地有毒植物及其防除. 草业科学,13(1):4-7.
汪美华,谢强,王红亚. 2003. 未来气候变化对淮河流域径流深的影响. 地理研究,22(1):79-87.
汪诗平,李永宏. 1999. 内蒙古典型草原退化机理的研究. 应用生态学报,10(4):437-441.
汪应洛. 2001. 系统工程(第 2 版). 北京:机械工业出版社.
王根绪,程国栋. 1998. 近 50 a 来黑河流域水文及生态环境的变化. 中国沙漠,18(3):233-238.
王根绪,程国栋. 2000. 干旱荒漠绿洲景观空间格局及其受水资源条件的影响分析. 生态学报,20(3):363-368.
王根绪,刘进其,陈玲. 2006. 黑河流域典型区土地利用格局变化及影响比较. 地理学报,61(4):339-348.
王根绪,马海燕,王一博等. 2003. 黑河流域中游土地利用变化的环境影响. 冰川冻土,25(4):359-367.
王根绪,杨玲媛,陈玲等. 2005. 黑河流域土地利用变化对地下水资源的影响. 地理学报,60(3):456-466.
王国宏. 2002. 再论生物多样性与生态系统的稳定性. 生物多样性,10(1):126-136.
王国庆,史忠海. 2000. 气候变化对黄河上游水文的影响. 河南气象,4:20-22.
王建华,吕宪国. 2007. 湿地服务价值评估的复杂性及研究进展. 生态环境,16(3):1058-1062.
王介民. 1990. 应用涡旋相关法对戈壁地区湍流输送特征的初步研究. 高原气象,9(2):207-220.
王可丽,程国栋,江灏等. 2003. 祁连山-黑河流域水循环中的大气过程. 水科学进展,14(1):91-97.
王录仓,程国栋,赵雪雁. 2005. 内陆河流域城镇发展的历史过程与机制——以黑河流域为例. 冰川冻土,27(4):598-607.
王乃昂,赵强,胡刚等. 2003. 近 2 ka 河西走廊及毗邻地区沙漠化过程的气候与人文背景. 中国沙漠,23(1):95-100.
王宁练,张世彪,贺建桥,蒲健辰,武小波,蒋熹. 2009. 祁连山中段黑河上游山区地表径流水资源主要形成区域的同位素示踪研究. 科学通报,**54**(15):2148-2152.
王宁练,张世彪,蒲健辰,贺建桥,蒋熹,武小波. 2008. 黑河上游河水中 $\delta^{18}O$ 季节变化特征及其影响因素研究. 冰川冻土,**30**(6):914-920.
王清华. 2004. 植被变化的生态水文效应分析. 西安理工大学学位论文.
王让会,宋郁东,樊自立等. 2001. 塔里木河流域"四源一干"生态需水量的估算. 水土保持学报,15(1):19-22.
王仁忠. 1998. 放牧和刈割对松嫩草原赖草草地影响的研究. 生态学报,18(2):210-213.
王顺德,王彦国,王进等. 2003. 塔里木河流域近 40a 来气候、水文变化及其影响. 冰川冻土,25(3):315-320.
王涛,杨保,Braeuning A 等. 2004. 近 0.5ka 来中国北方干旱半干旱地区的降水变化分析. 科学通报,49(9):883-887.
王炜,刘钟龄,郝敦元. 1996. 蒙古典型草原退化群落恢复演替的研究 II. 恢复演替时间进程的分析. 植物生态学报,20(5):460-471.
王晓峰,任志远,谭克龙. 2006. 陕北长城沿线地区生态系统服务价值变化研究. 干旱区地理,29(2):243-247.
王心源,郭华东,王长林等. 2001. 额济纳旗绿洲生态环境的遥感动态监测分析. 水土保持通报,21(1):60-62.
王亚军,陈发虎,勾晓华. 2001a. 利用树木年轮资料重建祁连山中段春季降水的变化. 地理科学,21(4):373-377.
王亚军,陈发虎,勾晓华. 2004. 黑河 230 a 以来 3—6 月径流的变化. 冰川冻土,26(2):202-206.
王亚军,陈发虎,勾晓华等. 2001b. 祁连山中部树木年轮宽度与气候因子的响应关系及气候重建. 中国沙漠,21(2):135-140.
王勇,肖洪浪,陆明峰. 2008. 张掖市国民经济用水的投入产出分析. 中国沙漠,28(6):1197-1201.
王云璋,薛玉杰. 1997. 太阳黑子活动与黄河径流、洪水关系初探. 西北水资源与水工程,8(3):30-40.
卫克勤,林瑞芬. 1994. 祁连山敦德冰芯氧同位素剖面的古气候信息探究. 地球化学,23(4):311-320.
魏克勤. 1990. 祁连山水源涵养林区的青海云杉林. 兰州大学学报(自然科学版),26(专辑):2-8.

魏兴琥,李森,杨萍等. 2008. 藏北高山嵩草草甸植被和多样性在沙漠化过程中的变化. 中国沙漠,27(5):750-757.
魏智,金会军,蓝永超等. 2008a. 黑河实施分水后中游灌区地下水资源量的变化分析. 冰川冻土,30(2):344-350.
魏智,金会军,蓝永超等. 2008b. 黑河分水后下游地下水位和可开采储量的变化. 干旱区研究,25(3):336-341.
温小浩,李保生,李森等. 2005. 2.5 ka BP 以来额济纳绿洲沙丘的粒度特征及其反映的沉积过程. 地质学报,79(5):710-718.
翁俊雄. 1985. 唐朝鼎盛时期政区与人口. 北京:首都师范大学出版社,1-132.
吴刚,肖寒,赵景柱等. 2001. 长白山森林生态系统服务功能. 中国科学(C辑),31(5):471-480.
吴豪,许刚,虞孝感. 2001. 关于建立长江流域生态安全体系的初步探讨. 地域研究与开发,20(2):34-37.
吴建国,常学向. 2005. 荒漠生态系统健康评价的探索. 中国沙漠,25(4):604-611.
吴江天. 1994. 江西鄱阳湖国家级自然保护区湿地生态系统评价. 自然资源学报,9(4):333-330.
吴锦奎. 2006. 内陆河流域中游绿洲农田能水平衡研究. 兰州:中国科学院寒区旱区环境与工程研究所博士学位论文..
吴锦奎,丁永建,沈永平,牛丽,王根绪. 2005. 黑河中游地区草地蒸散量试验研究. 冰川冻土,27(4):582-590.
吴亚平. 2003.生态安全理论形成的背景探析. 合肥工业大学学报(社会科学版),17(5):24-27.
吴玲玲,陆健健,童春富等. 2003. 长江口湿地生态系统服务功能价值的评估. 长江流域资源与环境,12(5):411-416.
吴晓军. 2000. 河西走廊内陆河流域生态环境的历史变迁. 兰州大学学报(社科版),28(4):46-49.
吴优. 2004. 国民经济核算的新领域——绿色GDP核算. 中国统计,(6):5.
吴征镒. 1995. 中国植被(第二版). 北京:科学出版社.
仵彦卿,慕富强,贺益贤等. 2000. 河西走廊黑河鼎新至哨马营段河水与地下水转化途径分析. 冰川冻土,22(1):73-77.
武选民,陈崇希,史生胜. 2003. 西北黑河额济纳盆地水资源管理研究. 中国地质大学学报(地球科学),28(5):527-532.
武选民,史生胜,黎志恒等. 2002a. 西北黑河下游额济纳盆地地下水系统研究(上). 水文地质工程地质,(1):16-20.
武选民,史生胜,黎志恒等. 2002b. 西北黑河下游额济纳盆地地下水系统研究(下). 水文地质工程地质,(1):30-33.
席海洋,冯起,司建华,苏永红,常宗强. 2007. 分水对额济纳绿洲浅层地下水化学性质的影响. 水土保持研究,14(5):129-131.
夏军,孙雪涛,谈戈. 2003. 中国西部流域水循环研究进展与展望. 地球科学进展,18(1):58-67.
夏军,王纲胜,谈戈等. 2004. 水文非线性系统与分布式时变增益模型. 中国科学(D辑),34(11):1062-1071.
肖笃宁,钟林生. 1998. 景观分类与评价的生态原则. 应用生态学报,9(2):217-221.
肖笃宁,布仁仓,李秀珍. 1997. 生态空间理论和景观异质性. 生态学报,17(5):413-460.
肖风劲,欧阳华,孙江华等. 2004. 森林生态系统健康评价指标与方法. 林业资源管理,1:27-30.
肖风劲,欧阳华. 2002. 生态系统健康及其评价指标与方法. 自然资源学报,(2):203-209.
肖寒,欧阳志云,赵景柱等. 2000. 森林生态系统服务功能及其生态经济价值评估初探——以海南岛尖峰岭热带森林为例. 应用生态学报,11(4):482-485.
肖洪浪,李福兴. 1998. 河西走廊经济发展与环境整治的综合研究. 北京:中国环境科学出版社,155.
肖洪浪,程国栋. 2006. 黑河流域水问题与水管理的初步研究. 中国沙漠,26(1):1-5.
肖洪浪,高前兆,李福兴. 1995. 甘肃省河西地区二十一世纪初水土资源开发战略. 中国沙漠,15(3):256-260.
肖洪浪,赵文智,冯起等. 2004. 中国内陆河流域尺度的水资源利用率提高研究——黑河流域水—生态—经济管理试验示范. 中国沙漠,24(4):381-384.
肖洪浪. 2000. 中国水情——水源、水患、水利. 北京:开明出版社.
肖生春,肖洪浪,宋耀选等. 2004a. 2000年来黑河中下游水土资源利用与下游环境演变. 中国沙漠,24(4):405-408.
肖生春,肖洪浪,肖笃宁等. 2006. 额济纳蒙古族民间景观格局反映的区域环境状况. 冰川冻土,28(4):492-499.
肖生春,肖洪浪,周茅先等. 2004b. 近百年来西居延海湖泊水位变化的湖岸林树轮记录. 冰川冻土,26(5):557-562.
肖生春,肖洪浪. 2003. 黑河流域环境演变因素研究. 中国沙漠,23(4):385-390.
肖生春,肖洪浪. 2004. 近百年来人类活动对黑河流域水环境的影响. 干旱区资源与环境,18(3):57-61.
肖生春,肖洪浪. 2008. 近2000年来黑河流域水资源平衡估算与下游水环境演变驱动分析. 冰川冻土,30(5):733-739.
肖生春. 2006. 近2000 a黑河下游水环境演变及其驱动机制研究. 中国科学院研究生院博士论文.
肖玉,谢高地,安凯. 2003. 莽措湖流域生态系统服务功能经济价值变化研究. 应用生态学报,14(5):676-680.

谢高地,鲁春霞,成升魁. 2001. 全球生态系统服务价值评估研究. 资源科学, 23(6):5-9.
谢高地,张镱锂,鲁春霞等. 2001. 中国自然草地生态系统服务价值. 自然资源学报, 16(1):47-53.
谢钦铭,李长春,彭赐莲. 2000. 鄱阳湖原生动物群落生态的初步研究. 江西科学, 18(1):40-44.
辛琨,肖笃宁. 2002. 盘锦地区湿地生态系统服务功能价值估算. 生态学报, 22(8):1345-1349.
《新疆生产建设兵团统计年鉴》编辑委员会. 2006. 新疆生产建设兵团统计年鉴 2006. 北京:中国统计出版社.
新疆维吾尔自治区统计局. 2006. 新疆统计年鉴 2006. 北京:中国统计出版社.
邢福,王正文. 2000. 科尔沁草地有毒植物及保障家畜安全的对策. 草业学报, 9(3):66-73.
徐福留,卢小燕,周家贵等. 2001. 大型水利工程环境影响评价指标体系及模糊综合评价——以巢湖"两河两站"工程为例. 水土保持通报, 21(4):10-14.
徐福留,赵珊珊,张颖等. 2005. 经济发展可持续性状态与趋势定量评价方法研究. 环境科学学报, 25(6):711-720.
徐国昌,董安祥. 1982. 我国西部降水量的准三年周期. 高原气象, 1(2):11-16.
徐国昌. 1981. 青藏高原东北侧干旱的天气气候特征. 长期天气预报论文集, 北京:气象出版社, 125-123.
徐海量,陈亚宁,李卫红. 2003a. 塔里木河下游生态输水后地下水的响应研究. 环境科学研究, 16(2):19-23.
徐海量,宋郁东,陈亚宁. 2003b. 生态输水后塔里木河下游合理水位探讨. 水土保持通报, 23(5):22-25.
徐海量,宋郁东,王强等. 2004. 塔里木河中下游地区不同地下水位对植被的影响. 植物生态学报, 28(3):400-405.
徐影,丁一汇等. 2001. 美国 NCEP/NCAR 近 50 年全球再分析资料在我国气候变化研究中可信度的初步分析. 应用气象学报, 12(3):337-347.
许健. 2006. 黑河下游木能诺尔湖泊沉积记录的环境演变信息研究. 华东师范大学硕士论文.
许宪春. 2005. 中国投入产出理论与实践. 北京:中国统计出版社.
许宪春. 2004. 关于绿色 GDP 的几点认识. 中国国情国力, (7):14-15.
许吟隆,黄晓莹,张勇. 2005. 中国 21 世纪气候变化情景的统计分析. 气候变化研究进展, 1(2):80-84.
薛达元,包浩生,李文华. 1997. 生物多样性的经济价值评估——以长白山自然保护区案例研究. 北京:中国环境科学出版社.
薛达元,包浩生,李文化. 1999. 长白山自然保护区森林生态系统间接经济价值评估. 中国环境科学, 19(3):247-252.
薛忠歧,龚斌,万力等. 2006. 黑河下游额济纳绿洲变化规律及其相关因素分析. 地学前缘, 13(1):48-51.
鄢帮有. 2004. 鄱阳湖湿地生态系统服务功能价值评估. 资源科学, 26(3):61-68.
闫志坚,陈敏,安渊等. 2002. 大针茅+羊草退化草场改良技术的研究. 中国草地, 24(3):7-14.
严登华,何岩,邓伟等. 2002. 东辽河流域坡面系统生态需水研究. 地理学报, 57(6):685-691.
严登华,王浩,秦大庸等. 2005. 黑河流域下游水分驱动下的生态演化. 中国环境科学, 25(1):3-41.
严小龙. 2007. 根系生物学——原理与应用. 北京:科学出版社.
燕雪飞,杨允菲. 2007. 松嫩平原碱化草甸两个群落土壤种子库动态. 生态学杂志, 26(6):822-825.
阳小成,李旭光,叶志义. 1995. 四川绵阳官司河流域防护林的演替预测. 山地学报, 13(4):226-232.
阳勇,陈仁升,吉喜斌. 2007. 近几十年来黑河野牛沟流域的冰川变化. 冰川冻土, 29(1):100-106.
阳勇,陈仁升,吉喜斌等. 2010. 黑河高山草甸冻土带水热传输过程. 水科学进展, 21(1):29-35.
杨慧,娄安如,高益军等. 2007. 北京东灵山地区白桦种群生活史特征与空间分布格局. 植物生态学报, 31(2):272-282.
杨玲媛,王根绪. 2005. 近 20 a 来黑河中游张掖盆地地下水动态变化. 冰川冻土, 27(1):290-296.
杨缅昆. 2003. 国民福利核算的理论构造——绿色 GDP 核算理论的再探讨. 统计研究, (1):35-38.
杨文治,邵明安. 2000. 黄土高原土壤水分研究. 北京:科学出版社, 86-133.
杨小波,陈明智,吴庆书等. 1999. 热带地区不同土地利用系统土壤种子库的研究. 土壤学报, 36(3):327-333.
杨小波,张桃林. 2002. 海南琼北地区不同植被类型物种多样性与土壤肥力的关系. 生态学报, 22(2):190-196.
杨小平. 2000. 近 3 万年以来巴丹吉林沙漠的景观发育与雨量变化. 科学通报, 45(4):428-434.
杨银科,刘禹,蔡秋芳等. 2005. 以树木年轮宽度资料重建祁连山中部地区过去 248 年来的降水量. 海洋地质与第四纪地质, 25(3):113-118.
杨允菲,祝玲,张宏一. 1995. 松嫩平原两种碱蓬群落土壤种子库贮量及幼苗死亡的分析. 生态学报, 15(1):66-70.
杨针娘,王强,朱守森. 1996. 祁连山北坡寒区水文对气候变化的响应. 冰川冻土, 18(增刊):305-313.
杨针娘. 1988. 祁连山冰川水资源. 冰川冻土, 10(1):36-46.

杨针娘. 1992. 祁连山冰川水资源及其在河流中的作用. 中国科学院兰州冰川冻土研究所集刊(7), 北京: 科学出版社, 10-20.
杨自辉, 高志海. 2000. 荒漠绿洲边缘降水和地下水对白刺群落消长的影响. 应用生态学报, 11(6): 923-926.
姚檀栋, Thompson L G. 1992. 敦德冰芯记录与过去 5 ka 温度变化. 中国科学(B辑), 10: 1089-1093.
姚檀栋, 谢自楚, 吴篠舲. 1990. 敦德冰帽中的小冰期气候记录. 中国科学(B辑), 11: 1196-1201.
叶朝霞, 陈亚宁, 李卫红. 2007. 基于生态水文过程的塔里木河下游植被生态需水量研究. 地理学报, 62(5): 451-461.
余新晓, 鲁绍伟, 靳芳等. 2005. 中国森林生态系统服务功能价值评估. 生态学报, 25(8): 2006-2102.
袁明鹏, 严沙. 2003. 城市生态系统健康评价的层次分析法应用研究. 区域发展, 24(8): 84-86.
袁作新. 1990. 流域水文模型. 北京: 水利电力出版社.
臧润国, 丁易. 2008. 热带森林植被生态恢复研究进展. 生态学报, 28(12): 6292-6304.
曾晓舵, 丁常荣, 郑习健. 2004. 生态系统健康评价及其问题. 生态环境, 13(2): 287-289.
翟凡, 李善同. 1996. 中国经济的社会核算矩阵. 数量经济与技术经济研究, 1: 42-48.
翟宛华. 1985. 试述西汉对河西的开发. 兰州学刊, 6: 66-72.
张炳淳. 2006. 论全球化背景下生态安全的法律保护. 西北大学学报(哲学社会科学版), 36(2): 117-122.
张德二. 1984. 我国历史时期以来降尘的天气气候学初步分析. 中国科学(B辑), 3: 278-288.
张光辉, 聂振龙, 谢悦波, 陈宗宇, 程旭学, 申建梅, 王金哲. 2005. 甘肃西部平原区地下水同位素特征及更新性. 地质通报, 24(2): 149-155.
张光辉, 刘少玉, 张翠云等. 2004. 黑河流域地下水循环演化规律研究. 中国地质, 31(3): 289-293.
张洪, 靳鹤龄, 肖洪浪. 2004. 东居延海易溶盐沉积与古气候环境变化. 中国沙漠, 24(4): 409-415.
张继义, 赵哈林, 张铜会等. 2004. 科尔沁沙地植被恢复序列上群落演替与物种多样性的恢复动态. 植物生态学报, 28(1): 86-92.
张坚. 1988. 回归-马尔可夫链联合预测方法. 系统工程, 6(2), 42-46.
张杰, 韩涛, 王建. 2005. 祁连山区 1997—2004 年积雪面积和雪线高度变化分析. 冰川冻土, 27(5): 649-654.
张杰, 熊必永. 2004. 城市水系统健康循环的实施策略. 北京工业大学学报, 30(2): 185-189.
张举, 丁宏伟. 2005. 灰色拓扑预测方法在黑河出山径流量预报中的应用. 干旱区地理, 28(6): 751-755.
张凯, 韩永翔, 张勃等. 2006. 基于水资源和气候系统影响下的黑河流域生态环境变迁研究. 干旱地区农业研究, 24(2): 159-163.
张丽. 2004. 黑河流域下游生态需水理论与方法研究. 北京林业大学博士论文.
张良. 2006. 祁连山空中水资源及水循环研究. 兰州大学硕士论文.
张明军, 周立华. 2004. 对生态系统服务价值问题的思考. 国土与自然资源研究, 1: 48-49.
张鹏, 张涛, 陈年来. 2009. 祁连山北麓山体垂直带土壤碳氮分布特征及影响因素. 应用生态学报, 20(3): 518-524.
张强, 赵鸣. 1997. 西北地区荒漠绿洲大气边界层的数值模拟. 干旱区地理, 20(4): 17-26.
张秋根, 王桃云, 钟全林. 2003. 森林生态环境健康评价初探. 水土保持学报, 17(5): 16-18.
张武文, 史生胜. 2002. 额济纳绿洲地下水动态与植被退化关系的研究. 冰川冻土, 24(4): 421-425.
张小由, 龚家栋, 周茂先, 司建华. 2003. 应用热脉冲技术对胡杨和柽柳树干液流的研究. 冰川冻土, 25(5): 585-590.
张小由, 龚家栋, 赵雪等. 2005. 额济纳绿洲近 20 年来土地覆被变化. 地球科学进展, 20(12): 1300-1305.
张小由, 龚家栋, 周茅先, 司建华. 2004. 胡杨树干液流的时空变异性研究. 中国沙漠, 24(4): 489-492.
张小由, 龚家栋. 2004. 利用热脉冲技术对梭梭液流的研究. 西北植物学报, 24(12): 2250-2254.
张小由, 康尔泗, 司建华. 2006a. 胡杨蒸腾耗水的单木测定与林分转换研究. 林业科学, 42(7): 28-32.
张小由, 康尔泗, 司建华. 2006b. 黑河下游胡杨林耗水规律研究. 干旱区资源与环境, 20(1): 195-197.
张小由, 康尔泗, 司建华等. 2006c. 额济纳绿洲中柽柳耗水规律的研究. 干旱区资源与环境, 20(3): 159-162.
张掖市统计局. 2003. 张掖统计年鉴 2002.
张掖市统计局. 2006. 张掖统计年鉴 2005.
张应华, 仵彦卿. 2007. 黑河流域中上游地区降水中氢氧同位素与温度关系研究. 干旱区地理, 30(1): 16-21.
张元明, 陈亚宁. 2004. 塔里木河下游植物群落分布格局及其环境解释. 地理学报, 59(6): 903-910.
张振克, 吴瑞金, 王苏民等. 1998. 近 2600 年来内蒙古居延海湖泊沉积记录的环境变迁. 湖泊科学, 10(2): 44-51.

张志华,吴祥定. 1996. 祁连山地区 1310 年以来湿润指数及其年际变幅的变化与突变分析. 第四纪研究,(4):368-378.
张志强,程国栋. 2004. 虚拟水、虚拟水贸易与水资源安全新战略. 科技导报,3:7-10.
张志强,徐中民,王建等. 2001. 黑河流域生态系统服务的价值. 冰川冻土,23(4):360-367.
张志强,徐中民. 2004. 黑河流域张掖市生态系统服务恢复价值评估研究——以连续型离散型条件价值评估方法的比较应用. 自然资源学报,19(2):230-239.
张自和. 2000. 无声的危机——荒漠化与草原退化. 草业科学,4:10-12.
张作发,王文江. 1992. 用 2,4-D 丁酯防除狼毒的试验研究. 中国草地,4:71.
章家恩,徐琪. 1999. 生态退化的原因. 生态科学,18(3):27-32.
章新平,姚檀栋. 1993. 祁连山敦德冰帽冰芯中气候记录的综述. 新疆气象,16(6):1-6.
章予舒,王立新,张红旗等. 2004. 塔里木河下游沙漠化土壤性质及分形特征. 资源科学,26(5):11-16.
赵成章,樊胜岳,殷翠琴等. 2004a. 毒杂草型退化草地植被群落特征的研究. 中国沙漠,24(4):507-512.
赵成章,樊胜岳,殷翠琴等. 2004b. 祁连山区退化草地植被群落结构特征的研究. 中国草地,26(2):26-35.
赵桂久,刘燕华,赵名茶. 1993. 环境整治和恢复技术. 北京:北京科学技术出版社.
赵哈林,赵学勇,张铜会等. 2002. 北方农牧交错区沙漠化的生物过程研究. 中国沙漠,22(4):309-315.
赵景柱,段光明. 2004. 生态环境对经济系统贡献的相对价值评估研究. 环境科学,25(5):1-4.
赵景柱,肖寒,吴刚. 2000. 生态系统服务的物质量与价值量评价方法的比较分析. 应用生态学报,11(2):290-292.
赵同谦,欧阳志云,贾良清等. 2004b. 中国草地生态系统服务功能间接价值评价. 生态学报,24(6):1101-1110.
赵同谦. 2004a. 中国陆地生态系统服务功能及其价值评估研究. 北京:中国科学院生态环境研究中心博士论文.
赵万华,柳瑞禹. 2005.绿色 GDP 与可持续发展. 价值工程,24(2):1-3.
赵文智,程国栋. 2001. 生态水文学——揭示生态格局和生态过程水文学机制的科学. 冰川冻土,23(4):450-457.
赵文智,常学礼,何志斌. 2003. 额济纳旗河岸林分布格局对水文过程的响应. 中国科学(D辑),33(增):21-30.
赵文智,常学礼,李秋艳. 2005. 人工调水对额济纳胡杨荒漠河岸林繁殖的影响. 生态学报,25(8):1987-1993.
赵文智,程国栋. 2008. 生态水文研究前沿问题及生态水文观测试验. 地球科学进展,23(7):671-674.
赵永复. 1986. 历史时期河西走廊的农牧业变迁. 历史地理(第四辑),75-87.
赵志义. 1985. 挖除毒草补播优良牧草改良草地. 中国草原与牧草,2(3):42-43.
郑丹,李卫红,陈亚鹏等. 2005. 干旱区地下水与天然植被关系研究综述. 资源科学,27(4):160-167.
郑德祥,钟兆全,龚直文等. 2005. 闽江流域生态安全问题及建议. 北华大学学报(自然科学版),6(5):445-448.
郑玉歆,樊明太. 1999. 中国 CGE 模型及政策分析. 北京:社会科学文献出版社.
郑宗成,王振堂. 1984. 实用预测方法 BASIC 程序库. 广州:中山大学出版社.
中国草地资源编辑委员会. 1996. 中国草地资源. 北京:中国科学技术出版社.
中国科学院地学部. 1996a. 关于拯救额济纳绿洲的紧急建议. 地球科学进展,11(1):5-6.
中国科学院地学部. 1996b. 西北干旱区水资源考察报告. 地球科学进展,11(1):1-4.
中国农业部畜牧兽医司等编. 1994. 中国草地资源数据. 北京:中国农业科技出版社.
中国人民解放军 00927 部队. 1980. 区域水文地质普查报告,嘎顺淖尔幅.
中国生物多样性国情研究报告编写组编. 1998. 中国生物多样性国情研究报告. 北京:中国环境科学出版社,191-210.
中华人民共和国农业部畜牧兽医司,全国畜牧兽医总站. 1996. 中国草地资源. 北京:中国科学技术出版社.
中华人民共和国水利部. 2000. 水文情报预报规范(SL250-2000). 北京:中国水利水电出版社,18-19.
钟超. 2006. 对绿色 GDP 核算的研究. 前沿,4:99-102.
钟赓起(清). 1995. 甘州府志. 兰州:甘肃文化出版社,1-793.
钟华平,刘恒,王义等. 2002. 黑河流域下游额济纳绿洲与水资源的关系. 水科学进展,13(2):223-228.
钟业喜,彭薇. 2003. 城市生态系统健康评价初探. 江西科学,21(3):253-256.
周华坤,赵新全,周立等. 2006. 不同放牧强度对鹅绒委陵菜克隆生长特征的影响. 西北植物学报,26(5):1021-1029.
周剑,李新,王根绪等. 2008. 一种基于 MMS 的改进降水径流模型在中国西北地区黑河上游流域的应用. 自然资源学报,23(4):724-736.
周淑清,黄祖杰,阿荣. 1998. 狼毒异株克生现象的初步研究. 中国草地,4:52-55.
周先叶,李鸣光,王伯荪. 2000. 广东黑石顶自然保护区森林次生演替不同阶段土壤种子库的研究. 生态学报,24(2):222-

230.

朱蓓蕾. 1989. 动物毒物学. 上海:上海科学技术出版社.

朱俊凤,朱震达. 1999. 中国沙漠化防治. 北京:中国林业出版社.

朱震达,刘恕,高前兆. 1983. 内蒙古西部古居延——黑城地区历史时期环境的变化与沙漠化过程. 中国沙漠, **3**(2): 1-8.

朱震达,吴正,刘恕等. 1980. 中国沙漠概论. 北京:科学出版社.

朱志红,王刚,王孝安. 2006. 克隆植物矮嵩草对放牧的等级性反应. 生态学报, **26**(1):281-290.

庄大昌,欧维新. 2003. 洞庭湖湿地退田还湖的生态经济效益研究. 自然资源学报, **18**(5):536-542.

庄大昌. 2000. 洞庭湖区湿地生物资源特征及生态系统评价. 热带地理, **20**(4):261-264.

卓正大,胡双熙,张先恭等. 1978. 祁连山地区树木年轮与我国近千年(1059—1975)的气候变化. 兰州大学学报, (2): 145-157.

邹长新,沈渭寿. 2003. 生态安全研究进展. 农村生态环境, **19**(1):56-59.

左伟,周慧珍,王桥. 2003. 区域生态安全评价指标体系选取的概念框架研究. 土壤. (1):2-7.